郑和宝船效果图

7500～8000年前的独木舟

宁波船的船首部分

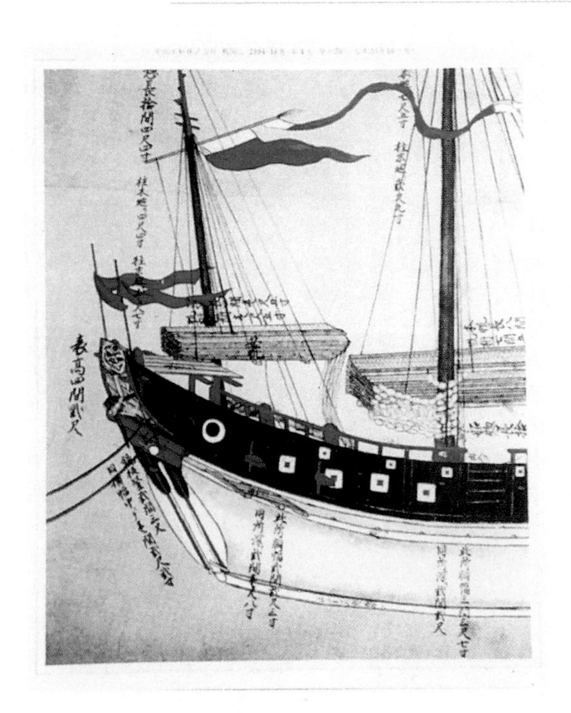

宁波船的船尾部分

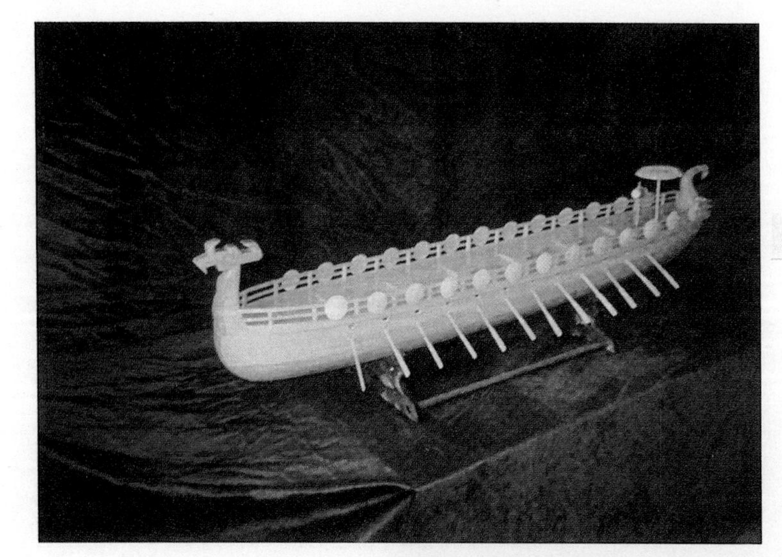

春秋吴国的大翼战船

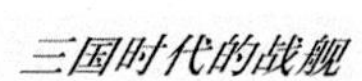

三国时代的战舰

隋代五牙舰

卢嘉锡　总主编

中国科学技术史

交通卷

席龙飞　杨　熺　唐锡仁　主编

科学出版社
北京

内 容 简 介

本书是《中国科学技术史》中的《交通卷》。全卷分造船技术史、水运技术史、陆路交通史三篇。造船技术史篇论述了中国舟船的起源，古代造船技术的奠基、发展、臻于成熟和鼎盛，以及中国帆船业的衰败和近代船舶工业的发展。水运技术史篇论述了中国古代海上航路的开辟与演变，内河、运河水运工程，以及海上管理制度。陆路交通史篇论述了各历史时期陆路交通网络的开拓和发展，交通设施的建立，以及道路修筑的技术和管理制度等。

本书可供历史、科学技术史、交通史工作者及高等院校相关专业师生阅读、参考。

审图号：GS（2022）2033号

图书在版编目（CIP）数据

中国科学技术史·交通卷/席龙飞，杨熺，唐锡仁主编. —北京：科学出版社，2004.1

ISBN 978-7-03-011671-0

Ⅰ.中… Ⅱ.①席…②杨…③唐… Ⅲ.①自然科学史-中国②交通运输史-中国 Ⅳ.N092

中国版本图书馆CIP数据核字（2003）第058498号

策划编辑：孔国平/文案编辑：邱 璐/责任校对：柏连海

责任印制：徐晓晨/封面设计：张 放

科学出版社 出版

北京东黄城根北街16号

邮政编码：100717

http://www.sciencep.com

北京厚诚则铭印刷科技有限公司 印刷

科学出版社发行 各地新华书店经销

*

2004年1月第 一 版 开本：787×1092 1/16

2022年4月第五次印刷 印张：44 插页：1

字数：1 123 000

定价：265.00元

（如有印装质量问题，我社负责调换）

《中国科学技术史》的组织机构和人员

顾　问（以姓氏笔画为序）

王大珩　王佛松　王振铎　王绶琯　白寿彝　孙　枢　孙鸿烈　师昌绪
吴文俊　汪德昭　严东生　杜石然　余志华　张存浩　张含英　武　衡
周光召　柯　俊　胡启恒　胡道静　侯仁之　俞伟超　席泽宗　涂光炽
袁翰青　徐苹芳　徐冠仁　钱三强　钱文藻　钱伟长　钱临照　梁家勉
黄汲清　章　综　曾世英　蒋顺学　路甬祥　谭其骧

总主编　卢嘉锡

编委会委员（以姓氏笔画为序）

马素卿　王兆春　王渝生　孔国平　艾素珍　丘光明　刘　钝　华觉明
汪子春　汪前进　宋正海　陈美东　杜石然　杨文衡　杨　熺　李家治
李家明　吴瑰琦　陆敬严　罗桂环　周魁一　周嘉华　金秋鹏　范楚玉
姚平录　柯　俊　赵匡华　赵承泽　姜丽蓉　席龙飞　席泽宗　郭书春
郭湖生　谈德颜　唐锡仁　唐寰澄　梅汝莉　韩　琦　董恺忱　廖育群
潘吉星　薄树人　戴念祖

常务编委会

主　　任　陈美东

委　　员（以姓氏笔画为序）

华觉明　杜石然　金秋鹏　赵匡华　唐锡仁　潘吉星　薄树人　戴念祖

编撰办公室

主　　任　金秋鹏

副 主 任　周嘉华　杨文衡　廖育群

工作人员（以姓氏笔画为序）

王扬宗　陈　晖　郑俊祥　徐凤先　康小青　曾雄生

《交通卷》编委会

总　　序

中国有悠久的历史和灿烂的文化，是世界文明不可或缺的组成部分，为世界文明做出了重要的贡献，这已是世所公认的事实。

科学技术是人类文明的重要组成部分，是支撑文明大厦的主要基干，是推动文明发展的重要动力，古今中外莫不如此。如果说中国古代文明是一棵根深叶茂的参天大树，中国古代的科学技术便是缀满枝头的奇花异果，为中国古代文明增添斑斓的色彩和浓郁的芳香，又为世界科学技术园地增添了盎然生机。这是自上世纪末、本世纪初以来，中外许多学者用现代科学方法进行认真的研究之后，为我们描绘的一幅真切可信的景象。

中国古代科学技术蕴藏在汗牛充栋的典籍之中，凝聚于物化了的、丰富多姿的文物之中，融化在至今仍具有生命力的诸多科学技术活动之中，需要下一番发掘、整理、研究的功夫，才能揭示它的博大精深的真实面貌。为此，中国学者已经发表了数百种专著和万篇以上的论文，从不同学科领域和审视角度，对中国科学技术史作了大量的、精到的阐述。国外学者亦有佳作问世，其中英国李约瑟(J. Needham)博士穷毕生精力编著的《中国科学技术史》(拟出 7 卷 34 册)，日本薮内清教授主编的一套中国科学技术史著作，均为宏篇巨著。关于中国科学技术史的研究，已是硕果累累，成为世界瞩目的研究领域。

中国科学技术史的研究，包涵一系列层面：科学技术的辉煌成就及其弱点；科学家、发明家的聪明才智、优秀品德及其局限性；科学技术的内部结构与体系特征；科学思想、科学方法以及科学技术政策、教育与管理的优劣成败；中外科学技术的接触、交流与融合；中外科学技术的比较；科学技术发生、发展的历史过程；科学技术与社会政治、经济、思想、文化之间的有机联系和相互作用；科学技术发展的规律性以及经验与教训，等等。总之，要回答下列一些问题：中国古代有过什么样的科学技术？其价值、作用与影响如何？又走过怎样的发展道路？在世界科学技术史中占有怎样的地位？为什么会这样，以及给我们什么样的启示？还要论述中国科学技术的来龙去脉，前因后果，展示一幅真实可靠、有血有肉、发人深思的历史画卷。

据我所知，编著一部系统、完整的中国科学技术史的大型著作，从本世纪 50 年代开始，就是中国科学技术史工作者的愿望与努力目标，但由于各种原因，未能如愿，以致在这一方面显然落后于国外同行。不过，中国学者对祖国科学技术史的研究不仅具有极大的热情与兴趣，而且是作为一项事业与无可推卸的社会责任，代代相承地进行着不懈的工作。他们从业余到专业，从少数人发展到数百人，从分散研究到有组织的活动，从个别学科到科学技术的各领域，逐次发展，日臻成熟，在资料积累、研究准备、人才培养和队伍建设等方面，奠定了深厚而又广大的基础。

本世纪 80 年代末，中国科学院自然科学史研究所审时度势，正式提出了由中国学者编著《中国科学技术史》的宏大计划，随即得到众多中国著名科学家的热情支持和大力推动，得到中国科学院领导的高度重视。经过充分的论证和筹划，1991 年这项计划被正式列为中国科学院“八五”计划的重点课题，遂使中国学者的宿愿变为现实，指日可待。作为一名科技工作者，我对此感到由衷的高兴，并能为此尽绵薄之力，感到十分荣幸。

《中国科学技术史》计分30卷，每卷60至100万字不等，包括以下三类：

通史类(5卷)：

《通史卷》、《科学思想史卷》、《中外科学技术交流史卷》、《人物卷》、《科学技术教育、机构与管理卷》。

分科专史类(19卷)：

《数学卷》、《物理学卷》、《化学卷》、《天文学卷》、《地学卷》、《生物学卷》、《农学卷》、《医学卷》、《水利卷》、《机械卷》、《建筑卷》、《桥梁技术卷》、《矿冶卷》、《纺织卷》、《陶瓷卷》、《造纸与印刷卷》、《交通卷》、《军事科学技术卷》、《计量科学卷》。

工具书类(6卷)：

《科学技术史词典卷》、《科学技术史典籍概要卷》(一)、(二)、《科学技术史图录卷》、《科学技术年表卷》、《科学技术史论著索引卷》。

这是一项全面系统的、结构合理的重大学术工程。各卷分可独立成书，合可成为一个有机的整体。其中有综合概括的整体论述，有分门别类的纵深描写，有可供检索的基本素材，经纬交错，斐然成章。这是一项基础性的文化建设工程，可以弥补中国文化史研究的不足，具有重要的现实意义。

诚如李约瑟博士在1988年所说："关于中国和中国文化在古代和中世纪科学、技术和医学史上的作用，在过去30年间，经历过一场名副其实的新知识和新理解的爆炸"(中译本李约瑟《中国科学技术史》作者序)，而1988年至今的情形更是如此。在20世纪行将结束的时候，对所有这些知识和理解作一次新的归纳、总结与提高，理应是中国科学技术史工作者义不容辞的责任。应该说，我们在启动这项重大学术工程时，是处在很高的起点上，这既是十分有利的基础条件，同时也自然面对更高的社会期望，所以这是一项充满了机遇与挑战的工作。这是中国科学界的一大盛事，有著名科学家组成的顾问团为之出谋献策，有中国科学院自然科学史研究所和全国相关单位的专家通力合作，共襄盛举，同构华章，当不会辜负社会的期望。

中国古代科学技术是祖先留给我们的一份丰厚的科学遗产，它已经表明中国人在研究自然并用于造福人类方面，很早而且在相当长的时间内就已雄居于世界先进民族之林，这当然是值得我们自豪的巨大源泉，而近三百年来，中国科学技术落后于世界科学技术发展的潮流，这也是不可否认的事实，自然是值得我们深省的重大问题。理性地认识这部兴盛与衰落、成功与失败、精华与糟粕共存的中国科学技术发展史，引以为鉴，温故知新，既不陶醉于古代的辉煌，又不沉沦于近代的落伍，克服民族沙文主义和虚无主义，清醒地、满怀热情地弘扬我国优秀的科学技术传统，自觉地和主动地缩短同国际先进科学技术的差距，攀登世界科学技术的高峰，这些就是我们从中国科学技术史全面深入的回顾与反思中引出的正确结论。

许多人曾经预言说，即将来临的21世纪是太平洋的世纪。中国是太平洋区域的一个国家，为迎接未来世纪的挑战，中国人应该也有能力再创辉煌，包括在科学技术领域做出更大的贡献。我们真诚地希望这一预言成真，并为此贡献我们的力量。圆满地完成这部《中国科学技术史》的编著任务，正是我们为之尽心尽力的具体工作。

卢嘉锡

1996年10月20日

前　言

人类社会的发展和人们的日常活动，诸如生产、交换和交往，都有赖于交通。远古人类从事狩猎、采集活动，还有频繁的迁徙活动，都是凭借人的体力。最原始的交通运输方式是手提、头顶、肩挑、背扛。

旧石器时代的人以采集为生，随遇而安。虽也可能有一定的居所，但难免在外游荡。新石器时代的人显然有所进步。虽不免还进行狩猎和采集，实际上已经能够从事农耕，并形成定居生活。由于当时未知掘井，故居所就多近于水边泽畔。近水而居除了可获得水源之外，也有利于开展水上交通。

在新石器时代，随着火和石斧的应用，适应捕鱼和渡水的需要，更创造出最早的水上交通工具——独木舟，这是人类历史上的一件大事。浙江河姆渡遗址曾出土了7000年前的古木桨；浙江萧山遗址最近更出土了7500～8000年前的独木舟。中国舟船文明之盛，获得了新的考古学证据。这一交通领域里的重大考古发现，在中国是惟一的，在当今世界上也是罕见的。一苇之航远较翻山越岭为容易，河流沿岸遗址较为繁多，就是具体的说明。

人类早期在交通方面另一件大事是懂得饲养牛、马、骆驼和大象等牲畜，并用它们代替人力运送货物，还供人骑乘。新石器时代的文化遗址陆续相望，盖可推知陆上交通道路已初步形成。

古代陆上交通用的主要工具是车，创始于原始社会时期。车的发明过程可能由徒手搬运重物发展到用圆木棍垫在下面拖拉重物，进而导致车轮和车的发明。从河南安阳孝民屯、大司空村等处发掘的车马坑看，有辐条的轮子至迟在商代就已发明。车马同坑，说明已用马力挽车。周代的车制又有进步，尤其是战车发展很快。《史记·周本纪》载周武王伐纣的大军就有“戎车三百乘，虎贲三千人，甲士四万五千人”。车出现以后，为了加快运送速度和提高负荷量，便产生了修筑道路的要求。

在有关文献中，可以看到关于上古陆上交通道路的脉络。《史记·五帝纪》中载有黄帝：“披山通道，未常宁居。东至于海，登丸山，及岱宗。西至于空桐，登鸡头。南至于江，登熊、湘。北逐荤粥，合符釜山，而邑于涿鹿之阿。”据此认为黄帝的行踪似遍于全国，而所至之地相距皆甚悬远。其后，虞舜也曾远巡。同书则载有：“南巡狩，崩于苍梧之野，葬于江南九疑，是为零陵。”苍梧在今广西，九疑山在今湘、粤两省之界，而古代的零陵则位于今湘、桂之间。及至春秋、战国时代，则纵通南北并横贯东西的道路网已基本形成。

本卷第一、第二篇中分别论述水上交通工具船舶技术史及水运技术史。陆上交通工具车辆的技术发展主要在机械卷中论述，本卷中的陆上交通史主要论述陆路交通网络的开拓和发展，交通设施的建立以及道路修筑的技术和管理制度等。

第一篇造船技术史。取造船技术通史体例，以综述各历史时期的造船技术。撰写时既重视征引历史文献宏观论述造船技术的发展，更重视出土文物、出土古船所证实的微观的技术成就。因而，书中所附的拓片、图样和照片，对于深入了解船舶技术发展不仅是必要的，而且是十分珍贵的。撰写中充分注意引用近年来国内外学者的最新研究成果，也融入了撰著者自己的研究心得。本篇共分八章。第一至第六章分别论述中国舟船的起源，木板船的产生，古代造船技术的奠基、发展、臻于成熟，以及造船技术鼎盛时期的造船技术，由席龙飞撰著。第七、第八章论述中国帆船业的衰败和近代船舶工业的发展，由辛元欧撰著。由席龙飞任主编。研究表明：船尾舵、水密舱壁、车轮舟和指南针等发明是中国对世界造船技术的重大贡献。

第二篇水运技术史。取按专业技术分章论述的体例。全篇共分六章。由杨熺任主编。第九章海上航路的开辟与演变、第十一章内河水运技术和第十二章运河水运工程，由杨熺撰著。第十章海上水运技术，由李万权撰著。第十三章航路指南及水道图，由朱鉴秋撰著。第十四章古代的海运管理制度，由王杰撰著。指南浮针的应用和向全世界推广，是中国对世界航海技术的重大贡献并推动了大航海时代的到来。郑和航海图则是世界上最早的可用于实际航海的航海图。近年我国曾出版过《中国航海史》（分古代、近代、现代航海史三册），《长江航运史》（分古代、近代、现代部分三册）和各省、区的地方航运史书及各港口史书凡数十册。这一批航运史书基本上定位为经济技术史。本篇的中国水运技术史则着重于论述各水运专业技术的发展，这在我国还是第一次。诸如海上水运技术、内河水运技术、运河水运工程、航路指南及水道图等专门技术史，都融入了各撰著者的研究成果。

第三篇陆路交通史。取通史体例，共分七章，由唐锡仁任主编。第十五章到第二十一章分别论述夏代至西周、春秋战国、秦汉、魏晋南北朝、隋唐五代、宋辽金元和明清的陆路交通史。由汪前进、张九辰、艾素珍、杨文衡、李进、李之勤、唐锡仁等撰写。中国在春秋战国时期，战争频繁，修筑了许多通行战车的道路。在秦岭地区开辟了著名的“金牛道”。秦始皇统一六国后，大修驰道，颁布“车同轨”的法令，使车辆可畅通全国。同时又设置驿道，颁布有关邮驿的法令，大大方便了官府文书和军事情报的转送。汉代开辟了经西域通往西方的道路，中国精美的丝绸可由此运往波斯以至罗马，这条通道被后人称之为丝绸之路。唐代国运昌隆，又注意对外交往，边境陆路和国际通道的建设尤有所成。作为陆上交通的全面而深入的著述，本卷有开创性。

《中国科学技术史》常务编委会和编撰办公室各位同仁，对本卷的撰著给以大力支持并做了相当的组织工作，在此谨致以谢意。还要感谢大庭修教授曾惠予日本松浦史料博物馆所珍藏的“唐船图卷”照片的反转片。

论述中国古代以迄近代的水陆交通史，要梳理如此浩繁的史料和众多的文物、古迹。我们虽已尽了很大的努力，但深知各自的学识有限，取材不当和论述中有所偏颇之处，敬请有关专家和读者不吝赐教。

席龙飞、杨熺、唐锡仁
2003年1月

目　录

第三篇　陆路交通史

第一篇　造船技术史

第一章 中国舟船的起源

第一节 原始的渡水工具

远古先民在猎取食物以及与洪水搏斗中，溺死于水中的事必然是时有发生的。当他们经常见到落叶、枯木等物体能漂浮在水面之上时，自然会对某些物体的漂浮现象逐渐有所感知。当他们多次利用浮性好的自然物体得以生存时，则更能加深对浮性的感知。在为取得食物，或是对某一隔水相望的地方产生向往的时候，想必更能促使他们根据已有的漂浮于水面的认识，选择浮性好的自然物体，作为泅渡工具。纵然是跨着一段枯木渡水，也是经过多次实践而取得的重大突破。

古书《世本》记有："古者观落叶，因以为舟。"而《淮南子》更记叙有："见窍木浮，而知为舟。"尽管后者在记叙中突出了关键的一个"浮"字，但两者把舟船的产生都未免说得过于轻而易举了。这些都不过是后人在已经有了舟船之后替前人说的话而已。

《物原》一书的记载，比较能说明舟船由低级形式向高级形式发展的层次和规律。其载："燧人氏以匏济水，伏羲氏始乘桴。"匏就是自然界生长的葫芦。桴就是渡水用的筏。《物原》中的这句话是立足于谈筏的起源，顺便说到在筏出现以前曾有过抱着葫芦渡水的情况。

现在，很难知道燧人氏和伏羲氏究竟是何许人，甚至也很难说是否确有其人，古书又很难令人信服地说明他们存在的确切年代。古代史学者不过是借燧人、伏羲之名，示意所论时代的远古罢了。不过可以认为，这些远古先民，在舟船尚未出现的很长一段时间里，只能跨着一段窍木或者抱着一个大葫芦作为渡水工具而已。

由于原始的渡水工具都是有机质的，易腐难存，所以在中国石器时代的考古中尚未有所发现。但是，根据中国民族学学者在一些民族地区的考察，近在十数年前，甚至在目前，仍在沿用着形形色色的原始浮具。这些都被当做是社会的活化石，它对于认识和研究舟船的产生，有着重要的借鉴作用。

一 葫芦——腰舟

葫芦具有体轻、防湿性强、浮力大等特点，所以很早就被人类作为渡水工具。

中国古代称葫芦为瓠、匏、壶，后来又称壶芦、葫芦等等。在浙江余姚河姆渡新石器时代遗址曾发现葫芦的种子，这是中国早在7000年前早已栽培葫芦的有力见证①。

《易经》中有"包荒（kāng）冯（píng）河"这句卜辞。包是匏的假借同义字，就是葫芦。荒是空虚的意思。冯河是指涉水渡河。"包荒冯河"就是抱着空心的葫芦渡河。葫芦这种浮具也许被沿用了一两万年之久。

抱着葫芦渡河，在后来的诗歌里也曾被提到。《诗经·邶风·匏有苦叶》中说道："匏有苦

---

① 河姆渡遗址考古队，浙江河姆渡遗址第二期发掘的主要收获，文物，1980，(5)：1～15。

叶，济有深涉。深则厉，浅则揭。”[①] 说的是，葫芦有枯黄的叶子，可以用来渡过深水。深水要漫过腰带，浅水只要提起衣裳就行了。在《国语·晋语》中有：“夫苦匏不材，于人共济而矣。”其中济即渡，说的也是利用葫芦渡水。

《庄子·逍遥游》中说：“今子有五石之瓠，何不虑以为大樽而浮乎江湖。”[②] 虑就是用绳缀结在一起。樽为酒器，缚之亦可自渡。由此可以看出，从单个葫芦进而把几个葫芦用绳连缀到一起，不仅浮力可成倍增加，而且双手可以解脱，用以划水。这应当说是一个很大的进步。

过河时把几个葫芦拴在腰间，也称为腰舟（图 1-1）。这种腰舟的遗风，在一些兄弟民族地区至今还能看到。中国云南省哀牢山下礼社江两岸的彝族同胞，当捕鱼或远出外地的时候，就在腰部拴上几个葫芦[③]。这种腰舟在黄河流域也有遗迹可寻，例如在 1949 年前后，晋南黄河岸边的农民，为了耕田就骑着两个葫芦往返于黄河两岸。

图 1-1　葫芦——腰舟

二　皮　囊

在人们从狩猎、采集进入到锄农业和饲养牲畜之后，在某些地区还出现过用牲畜的皮革制成皮囊以为浮具。其做法是在宰杀牲畜时，先将头部割去，稍割开颈部，去掉四蹄，将整个皮革翻剥下来。经过加工后再把颈部和三个蹄部的孔口系牢，留一个蹄孔作为充气孔道。用时，先把皮囊吹鼓，然后再结扎充气孔，便可单独作为浮具了。

皮囊是作为浮具用的，也称浮囊，它还有另外的名称“浑脱”（图 1-2）。唐人李筌在《太白阴经》中记有：“浮囊，以浑脱羊皮，吹气令满，系缚其孔，缚于腋下，可以渡也。”[④]

---

① 《诗经·邶风·匏有苦叶》。

② 周·庄周撰，晋·郭象注，《庄子》第 1 卷，四部备要·子部，台北，中华书局，1980 年，第 9 页。

③ 宋兆麟，从葫芦到独木舟，武汉水运工程学院学报，1982，(4)：92。

④ 唐·李筌，《太白阴经》卷 4。

这里的“浑脱羊皮”，原是指宰羊剥皮的一种方法。由于翻剥羊皮用做皮囊，久而久之，人们把皮囊也称作“浑脱”了。明代李开先在《塞上曲》中的诗句有：“不用轻舟与短棹，浑脱飞渡只须臾。”[①]

图 1-2　皮囊（采自《武经总要》）

皮囊出现的年代，由于缺少考古学的发现，目前还难以考究。如果断定为出现在有饲养业以后，那当是进入新石器时代以后的事情了，但见于文字记载者只有近 2000 年的时间。在《后汉书·南匈奴列传》中，记有永平八年（65）汉与北虏的争斗中使用革船的事例。文曰：“其年秋，北虏果遣二千骑侯望朔方，作马革船，欲度迎南部畔者，以汉有备，乃引去。”[②] 在《后汉书·邓寇列传》中，记有章和二年（88）护羌校尉邓训在青海贵德一带击迷唐时也曾使用过“缝革为船”，文曰：“训乃发湟中六千人，令长史任尚将之，缝革为船，置于箄上以渡河。”[③] 这里记述的“作马革船”和“缝革为船”，与皮囊相比较则是更为高级的浮具，可见皮囊的出现将较公元初年更为久远。至于“缝革为船，置于箄上”，说的就是皮

① 鲁人勇，古老的水上运输工具——皮筏，中国水运史研究，1987，(1)：102。

② 南朝宋·范晔《后汉书·南匈奴列传》，中华书局，1959 年，第 2949 页。

③ 南朝宋·范晔《后汉书·邓寇列传》，中华书局，1959 年，第 610 页。

筏了。

应用皮囊的地区，在中国主要是在黄河和长江的上游。皮囊制作简单，应用时携带方便，更不怕浅水、激流和险滩。

中国在许多少数民族地区都有过使用皮囊的经历，这些少数民族是羌族、藏族、回族、蒙古族、彝族、纳西族、普米族等。唐代诗人白居易，在叙述少数民族弟兄由边陲到达国都长安时，有诗曰："泛皮船兮渡绳桥，来自巂州道路遥。"巂州即四川省的越巂县，今改为越西县。迄今在中国的西北和西南的少数民族地区，使用皮囊的事例仍有所见。民族学家宋兆麟[①]曾发表近年普米族同胞使用皮囊的照片。据认为皮囊以及皮筏是中国少数民族的一项发明。清人赵翼在其《陔馀丛考》中说："以革为舟夜渡，是牛皮为船，由来久矣，皆出于番俗也。"[②]

三　筏

筏是由单体浮具发展起来的。一根树干，在远古就是一件浮具。树干呈现圆柱形，在水中易于滚动。为使其平稳，也是为获得更大的浮力，人们将两根以上的树干并拢，用藤或绳系结起来应用。这样一来，集较多的单体浮具为一体就形成了筏（图 1-3）。

图 1-3　中国古代的筏

筏，因其大小和取材的不同而有不同的名称。《尔雅》记有："桴、栰，编木为之。大曰栰，小曰桴。"郭璞注解说："木曰栰，竹曰筏，小筏曰桴。"

中国南方盛产竹，竹筏的使用很是广泛。用火将竹的两端烧烤后使其向上翘起，然后以藤条、野麻编缚在一起，划动起来则阻力较小，顺流而下则漂浮如飞。图 1-4 为见于台湾海峡的竹筏。由于该筏还带有篷帆，可见其年代并不久远。

将许多皮囊编扎在一起，就成了皮筏。组成皮筏的皮囊少则 6～12 个，多者可达 400～500 个[③④]。

皮筏，虽是较原始的渡水和运载工具，但它的应用经久不衰。这是因为它具有独特的优点：制作简单，操纵灵活；安全可靠，不怕搁浅；成本低廉，不耗能源。图 1-5 为近年在宁

① 宋兆麟，从葫芦到独木舟，武汉水运工程学院学报，1982，(4)：96。

② 同①。

③ 鲁人勇，古老的水上运输工具——皮筏，中国水运史研究，1987，(1)：102。

④ ［日］上野喜一郎，船の世界史（上卷），東京，舵社，1980 年，第 23 页。

图 1-4　见于台湾的竹筏

图 1-5　近年在宁夏所见的皮筏（鲁人勇提供）

夏黄河岸边还能见到的小型羊皮筏。这种小型羊皮筏的重量很轻，一个人就可以用肩背起来上路。

制作羊皮筏时需将皮囊充气。制作牛皮筏时则皮囊可不必充气，而填以所装运的羊毛之类轻货。如不运此类轻货，则填以干草，俗称“草筏”。装货时应注意载荷的平衡。

在大型长途运行的皮筏上，可张设帐幕，作旅客及筏工歇息处。皮筏的每一个皮囊都是一个密封的提供浮力的单元。航行中即使有若干个皮囊破洞而失去浮力，但绝大多数皮囊仍不至于进水，其浮力足可以使皮筏脱离险境。中国西北地区历来有大宗的土特产如羊毛、药材、皮毛、菸草等，数量大而且是单向运输。过去，皮筏曾经长期作为主要的运输工具。

皮筏运输也有很大的局限性，最大的缺点是不能逆水而行，故有“下水人乘筏，上水筏乘人”之谚。

筏有因地制宜、取材不拘一格、制作简单和稳性好等优点。尽管筏的构造简单，但它确是人类征服自然的智慧结晶。人们从半身浸在水中抱着葫芦或皮囊渡水，一旦得以登上筏，甚至还能载上些猎物，其欢欣鼓舞之情，是不难想像的。

筏不仅供作渔猎和作为运载工具用来渡过大江大河，它甚至适于在海洋上漂流。“特别是中国首创的竹筏，体轻，抗折，它随着百越人的海上活动，最远传到了拉丁美洲的秘鲁沿海各地。”①

民间使用的竹筏、木筏，原来是一种水上运载工具，后世仍有沿用。不过将筏当做运载工具者日见其少，绝大多数竹筏、木筏本身就是被运载的货物，如在山区采伐下来的竹、木材，主要靠山间小溪或小河漂流到山下集中，然后编结成筏，顺江、河漂流下运。南宋诗人陆游，乾道六年（1170）入蜀任夔州通判。所著《入蜀记》写下沿长江所见：在江中“遇一木筏，广十余丈，长五十余丈，上有三四十家，妻、子、鸡、犬、臼、碓皆具，中为阡陌相往来。亦有神祠，素所未睹也”。他还听说：“舟人云此尚小者耳，大者于筏上铺土作蔬圃或作酒肆。”② 近代在长江中的竹、木筏上，押运人确实搭着简单的竹木棚屋居住，有时也带着家眷，支着锅灶，养着鸡、狗，但铺土种菜和开酒馆等项传闻或为夸饰之辞。不过，木筏自为货物自运的运输方式，也只限于顺江而下。正如陆游所说：“皆不复能入峡，但行大江而已。”

在原始的渡水工具中，葫芦或是皮囊只可称为浮具，筏也算不得船。更具有容器形态的，也就是具有干舷的，才能称作舟或船。只有在独木舟问世以后，在人类的文明史上，才算是出现了第一艘船。

第二节　独　木　舟

一　独木舟出现的年代

第一艘独木舟是什么时候出现的？第一艘独木舟的发明权又属于何人？对这个问题，有许多古人曾想探本溯源。在中国古籍中，有多处做过记载或推测。《山海经·海内经》说是番禺开始作舟。《易经·系辞》则又把舟的出现向前推进一段时间，说是黄帝、尧、舜挖空木头做成舟，切削木头做成桨，就是《易经》上“刳木为舟，剡木为楫，舟楫之利，以济不通，致远以利天下”③ 这句话。《世本》又说是黄帝的臣子共鼓、货狄这两个人发明了舟。《墨子》说舟是巧垂这个人发明的，但又说舜的臣子后稷首先做成了舟。可见墨子也是先后矛盾

① 中国航海学会，中国航海史（古代航海史），人民交通出版社，1988年，第10页。

② 宋·陆游，《入蜀记》卷4，知不足斋丛书。

③ 《易经·系辞》。

而缺少定见，一时还难以说得准确。《吕氏春秋》却提出舟的发明人是舜的臣子虞姁。《发蒙记》说舜臣伯益是舟的创始人。《舟赋》又说黄帝的臣子叫道叶的人“刳木为舟，剡木为楫”。《拾遗记》又转过头来说还是黄帝从木筏改进而做成了舟。以上8种古书，提出了11个发明人，众说纷纭，令人无所适从，难以将发明舟船的荣誉加诸于何人。这些古书的作者们写下自以为正确的记载，或取自传说，或根据所见到的典籍，并不一定有什么信实可靠的根据。不过，古代治学者所反映的人类文化的进化观，还是值得珍视的。

从“以匏济水”到“始乘桴”，再“变乘桴以造舟楫”，准确地说明了舟船发展的层次和规律。“刳木为舟，剡木为楫”句中的“刳”与“剡”两字，按辞书的解释是：将木材“剖其中而空”为刳；“削令上锐”为剡。刳木与剡木，倒是真实地反映出独木舟和桨的制造过程。

在中国现代民族学资料中虽尚未发现用火烧、用石斧砍刮的办法制造独木舟的实证，但云南省佤族人在制造木臼时，却是沿用火烧斧挖的办法①。

独木舟出现的年代，按前述中国多种古籍的记载，上限于黄帝轩辕。然而在实际上，独木舟是新石器时代早期的产物。

根据古人类学的研究成果，我们知道，约在18 000年以前，人种开始分化，进入现代人所居住的各个大陆。中国的柳江人、山顶洞人，便是这一时期的代表，他们生活在旧石器时代的晚期。这时已经发明了人工取火，并且开始出现磨制石器。从这时再经过几千年，便进入到新石器时代。

新石器时代，是从磨制石器和烧制陶器出现为特征的。摩尔根（Lewis Henry Morgan，1818～1881）在其代表著作《古代社会》中写道：“燧石器和石器的出现早于陶器，发现这些石器的用途需要很长时间，它们给人类带来了独木舟和木制器皿，最后在建筑房层方面带来了木材和木板。”② 恩格斯（Friedrich Engels，1820～1895）在《家庭、私有制和国家的起源》一书中更进一步指出，在新石器时代，“火和石斧通常已使人能够制造独木舟，有的地方已经使人能够用木材和木板来建筑房屋了。”③

新石器时代，约在10 000年到4000年前，中国经历了6000年。火和石斧这两个基本条件，在烧制陶器以前便全部具备了。独木舟出现的时间可能在大约10 000年以前，最迟当不晚于8000年以前。

1921年，在中国河南渑池县仰韶村，首次发现中国新石器时代的一种文化遗址。其生产工具以磨制石器为主，常见的有刀、斧、锛、凿等。骨器也相当精致。日用陶器以细泥红陶和夹砂红褐陶为主。红陶常有彩绘的几何图案，故也称彩陶文化。据碳14测定，其绝对年限在6500年以前。史学界推论，以黄帝为名的文化当是仰韶文化。从中国的考古学发现和研究成果看，中国出现独木舟的时间要远早于6500年以前，即较黄帝的时代更为早些。

发现于长江中下游和滨海地区的河姆渡文化，要早于仰韶文化，其绝对年代在7000年以前。在河姆渡文化遗址的发掘中，发现有“干栏”式建筑遗迹，梁柱间用榫卯结合，地板用企口板密拼，具有相当成熟的木构技术。生产工具有伐木用的石斧、石凿。特别值得注意

---

① 宋兆麟，从葫芦到独木舟，武汉水运工程学院学报，1982，(4)：98。

② ［美］摩尔根，古代社会（上册），北京，商务印书馆，1977年，第13页。

③ ［德］恩格斯，家庭、私有制和国家的起源，马克思恩格斯选集（第4卷），人民出版社，1972年，第19页。

的是，在出土文物中还有 6 把木桨[1][2]。这些木桨全是在第 3、第 4 文化层所发现，当为 7000 年前的遗物。所有木桨都是用单块木料加工而成，桨柄与桨叶自然相连，不用销钉或榫卯相接。保存较好的一件残长 92 厘米，另一件残长 63 厘米，宽 12.2 厘米，厚 2.1 厘米。柄部残，断面呈方形，粗细仅容手握。做工精细，桨柄与桨叶结合处，阴刻有弦纹和斜线纹图案（图 1-6）。显而易见，这样做工精细的木桨，绝不会是最原始的。原始木桨的出现当然会更早，如果推到 8000 年前或更早一些，应当说也在情理之中。考古学家认为，桨是随着船的出现而出现的，有舟未必有桨，有桨却必定有舟。"独木舟在长江中下游和滨海地区形成于 8000 年前或更早，也概可定论。"[3]

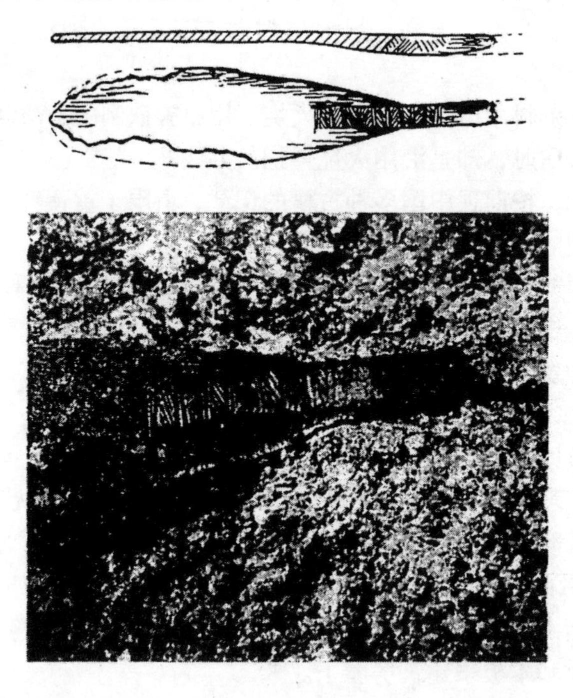

图 1-6　7000 年前的河姆渡雕花木桨，投影图及照片

河姆渡木桨的发现是极其宝贵的，但不是惟一的。在浙江省另外两处新石器时代的文化遗址中，也有原始木桨的出土。1958 年前后，中国考古工作者分别在濒临太湖的吴兴钱三漾和杭州水田畈两处[4][5]，发掘出新石器时代末期的文物，其中有五六支木桨。据鉴定，这些都是 4700 年前的遗物。钱三漾木桨（图 1-7 下）以青冈木制成，桨叶呈长条形，长 96.5 厘米，稍有曲度，凸起的一面正中有脊，柄长 87 厘米。水田畈木桨，分宽窄两种。宽者叶宽而扁平，宽 26 厘米，厚 1.5 厘米，末端削成尖状，另作桨柄捆绑其上。窄者数量较多，桨叶宽 10～19 厘米，用整根木料削成，桨柄呈圆锥形（图 1-7 上）。这一批木桨的发现足以

① 河姆渡遗址考古队，浙江河姆渡遗址第二期发掘的主要收获，文物，1980，(5)：1～15。

② 吴玉贤、王振镛，史前中国东南沿海海上交通的考古学观察，中国与海上丝绸之路，福建人民出版社，1991 年，第 276～277 页。

③ 席龙飞，中国造船史，湖北教育出版社，2000 年，第 15 页。

④ 浙江省文物管理委员会，吴兴钱三漾遗址第一、第二次发掘报告，考古学报，1960，(2)：93。

⑤ 浙江省文物管理委员会，杭州水田畈遗址发掘报告，考古学报，1960，(2)：103。

证明，在长江中下游和滨海地区，在新石器时代，舟船活动就已相当广泛。舟楫的出现和应用，对于促进生产发展和文化交流都具有重大意义。

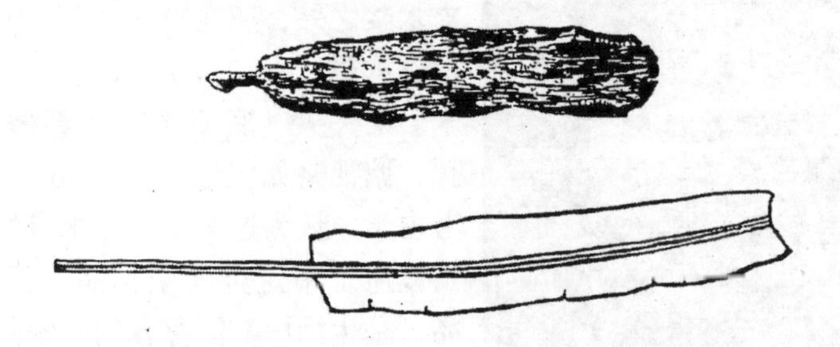

图 1-7　杭州水田畈、吴兴钱三漾出土的古木桨

二　新石器时代的舟形陶器

在中国有多起舟形陶器出土，这也是中国早在新石器时代就广泛应用独木舟的实物证据。

1958 年在陕西省宝鸡市新石器时代的文化遗址，出土 1 件舟形壶（图 1-8）[①]，底呈弧形，两端尖而向外突出，腹部宽而外鼓，最重要的是侧面绘有渔网纹，这应当是模仿当时渔捞用舟而制成的陶器。

图 1-8　宝鸡新石器时代遗址出土的舟形陶壶

1973 年在地处长江中游的湖北省宜都市红花套新石器时代文化遗址出土 1 件陶器，复原后形如一矩形槽，方头方尾，两端略向上翘，底呈弧形。这很可能是模仿当时方首方尾平

① 考古所宝鸡发掘队，陕西宝鸡新石器时代遗址发掘报告，考古，1959，(5)：229～230。

底式独木舟的陶制品（图 1-9）。该遗址经碳 14 测定，其年代为距今 5775±120 年①。

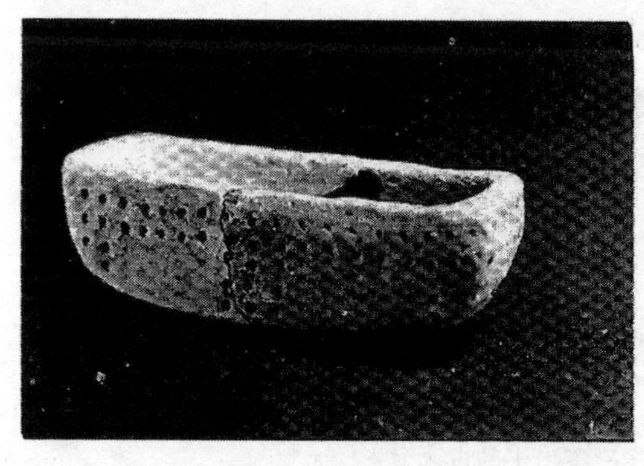

图 1-9　湖北省宜都市红花套遗址出土的陶器

在浙江省余姚县河姆渡遗址，除了出土若干支木桨之外，还在第 3、第 4 文化层采集到一件舟形陶器，长 7.7 厘米，高 3 厘米，宽 2.8 厘米。两头尖，底略圆，尾部微翘，首端有一透孔，俯视略如棱形（图 1-10）。参与现场发掘的考古学家认为这是模仿独木舟的制品。因为在河姆渡遗址中这类陶塑作品，基本上都是写实作品，是生活中实际存在的实物的模仿②③。

从中原到沿海，从南方到北方，新石器时代的舟形陶器都有所发现。据报道，在辽东半岛黄海沿岸和近岸岛屿上，曾有 3 件舟形陶器先后出土。考古学家认为：这一地区的古先民早在六七千年前就已使用独木舟，利用地物导航来往于大陆与海岛之间。随着以后对天文知识的了解，人们逐渐能利用日月星辰测定船行方向，独木舟就能在离岸较远的海中航行④。

图 1-10　浙江省余姚县河姆渡遗址出土的陶器

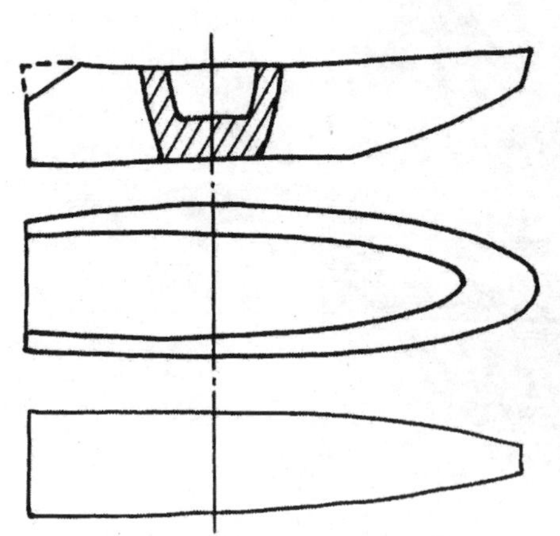

图 1-11　大连长海县广鹿岛吴家村遗址出土的舟形陶器

在辽东半岛黄海沿岸和沿海岛屿上出土的舟形陶器共有 3 件，兹分述如下。

（一）大连长海舟形陶器

在大连市长海县广鹿岛吴家村遗址，早在 20 世纪的 40 年代，就曾发现舟形陶器残件，平底，身窄长，端部略向上翘。残长 7 厘米，宽约 2 厘米，

① 戴开元，中国古代的独木舟和木船的起源，船史研究，1985，(1)：11。
② 吴玉贤，从考古发现谈宁波地区原始居民的海上交通，史前研究，1983，(创刊号)：156。
③ 席龙飞，开辟海上丝绸之路的中国古船，中国与海上丝绸之路，福建人民出版社，1991 年，第 248 页。
④ 许玉林，从辽东半岛黄海沿岸发现舟形陶器谈我国古代独木舟的起源与应用，船史研究，1986，(2)：1~19。

中间有凹槽，凹槽深 0.5 厘米（图 1-11）。吴家村遗址经碳 14 测定为距今 5375±135 年[①]。

（二）丹东东沟舟形陶器

在黄海沿岸的丹东市东沟县马家店乡三家子村后洼遗址下层，曾发现 1 件舟形陶器。该器系手工制造，长椭圆形，横剖面呈半圆形。长 13 厘米，宽 5.5～6.5 厘米，高 2.2 厘米，壁厚 0.4 厘米（图 1-12）。后洼下层文化应在 6000 年以上[②]。

图 1-12 丹东市东沟县后洼遗址出土的舟形陶器

（三）大连市旅顺口区舟形陶器

在大连市旅顺口区郭家村遗址上层，也曾发现 1 件舟形陶器，系夹砂灰褐陶，器表粗糙，呈长条椭圆形，平底。长为 17.8 厘米，底部长 14.4 厘米，宽为 8 厘米（图 1-13）。郭家村上层文化距今 4000 年[③④]。

这些舟形陶器器形都较小，当是模拟实物的一些艺术品。因为在出土有舟形陶器的遗址中，还出土很多装饰性艺术品，其中有陶塑人头像，有陶塑小动物如鹅、鸭、猪、狗、兔等。这些舟形陶器也可能是一种小明器，因为在这一些遗址中出土了不少模拟生活用具的陶器，有各种小罐、小杯、小豆等。考古学家认为，古人把小舟与其他生活用具作成小明器，存放

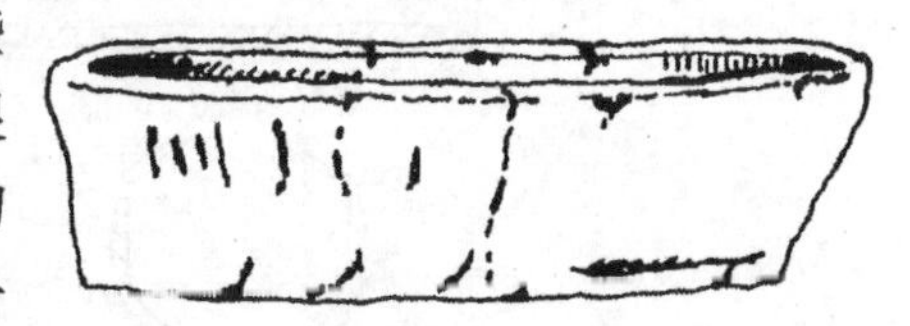

图 1-13 大连市旅顺口区郭家村遗址出土的舟形陶器

① 辽宁省博物馆等，长海县广鹿岛大长山岛贝丘遗址，考古学报，1981，(1)：63。
② 许玉林，东沟县后洼遗址，中国考古学年鉴，文物出版社，1984 年，第 95～96 页。
③ 辽宁省博物馆等，大连市郭家村新石器时代遗址，考古学报，1984，(3)：287。
④ 许玉林、苏小幸，略谈郭家村新石器时代遗址，辽宁大学学报，1980，(1)：44～45。

在墓中成为一种专用随葬品，反映了舟也同其他生活用具一样，为当时人们不可或缺的用具。还有另一种说法，认为这些舟形陶器是儿童游戏时使用的玩具。考古工作者[①] 认为："不论说舟形陶器是艺术品也好，是明器也好，是玩具也好，这些舟形陶器确是仿实际生活中存在的器物而塑造的。舟形陶器的发现说明客观实际中存在着舟船。"

三　已发现的独木舟遗存

在木板船尚未出现的时候，独木舟当是最主要的水上交通工具，而且使用了相当长的历史时期，这是毫无疑义的。然而在过去，在中国广袤的国土上几乎未有发现独木舟遗存物。西方和日本的一些学者有一种颇为流行的观点，即中国古代极少有或没有独木舟；中国的木船是由竹筏和木筏直接发展演变而来的；"中国的木船是以没有纵向构件为特征的"[②]。然而这种观点缺少事实依据，并且为中国大量的考古学及民族学研究成果所否定。

在20世纪的50年代以后，随着大规模经济建设的开展，在山东、江苏、四川、浙江、福建、广东等省，曾先后发现过30余艘古代独木舟遗存物，今摘其要者简述如下。

（一）1965年发现江苏武进西周独木舟

1965年在江苏省武进县奄城曾出土两艘独木舟。一艘长4.34米，宽0.7～0.8米，深0.56米，底部厚约6厘米，一端尖锐上翘，另一端呈U形开口，两舷凿有大致对称的孔，尖端部凿一大圆孔，可能是供系缆绳之用（图1-14）。从整体看，它似乎是一独木舟的残段。据碳14测定为2890±90年前的遗物[③]，其年代为西周早期。同时出土的另一艘长7.35米，宽0.8米。

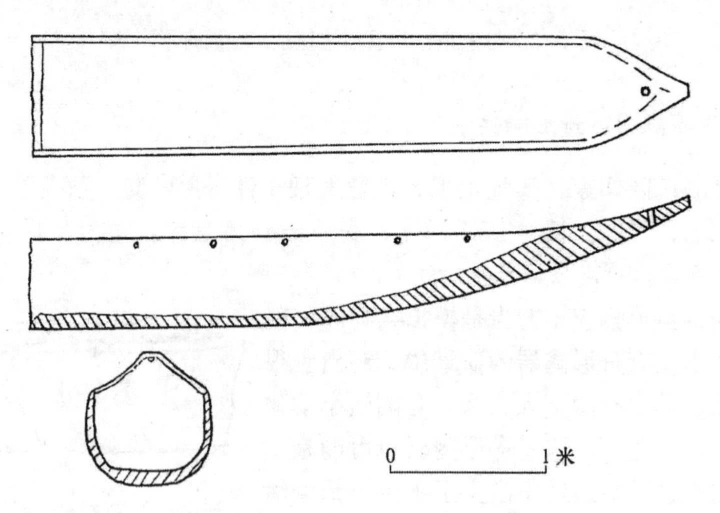

图1-14　在江苏省武进县奄城出土的西周时期的独木舟

① 许玉林，从辽东半岛黄海沿岸发现舟形陶器谈我国古代独木舟的起源与应用，船史研究，1986，(2)：4。

② ［日］上野喜一郎，船の世界史（上卷），東京，舵社，1980年，第50页。

③ 戴开元，中国古代的独木舟和木船的起源，船史研究，1985，(1)：5。

（二）1958年发现江苏武进春秋、战国独木舟

1958年在江苏省武进县奄城曾出土战国时期的独木舟。该独木舟长11米，口宽0.9米，舟内底宽约0.56米，深0.42米，舟体形制如梭。中间宽，两端窄，尾部凿有一槽可能是供安放挡板用，两舷凿有若干对对称的孔（图1-15）。根据同时出土的器物断代，约为春秋晚期至战国初期的遗物①。

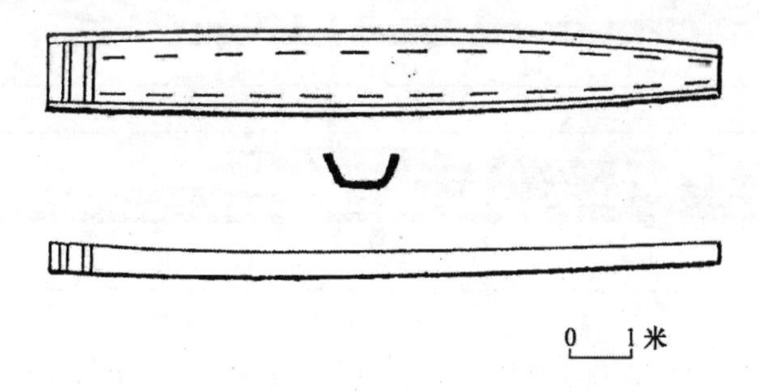

图1-15 在江苏省武进县奄城出土的春秋、战国时期的独木舟

（三）福建连江西汉独木舟

1973年在福建省连江县出土一艘西汉时期的独木舟。该独木舟长7.1米，首宽1.2米，尾宽1.6米，樟木挖制。船舱中间有一座凸起的方形座（图1-16）。连江独木舟的尾端并不完整。据碳14测定，为距今2170±95年前的遗物，其年代大约是西汉早期②。

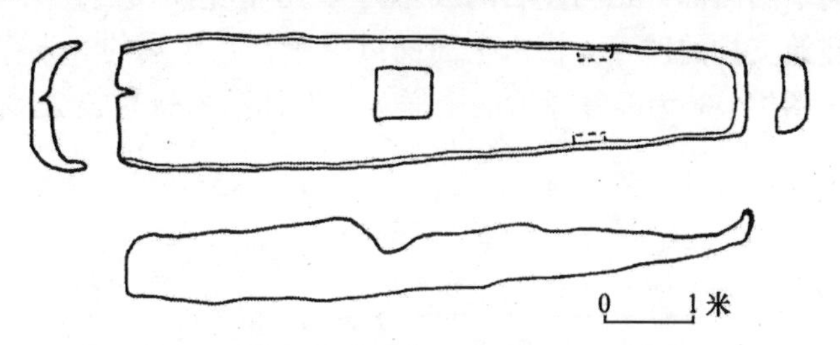

图1-16 在福建省连江县出土的西汉时期的独木舟

（四）广东化州独木舟

1976年在广东省化州县石宁村发现6艘独木舟。这一批独木舟的1号舟缺头部，残长3.68米，厚2.2厘米，两侧残破。2号舟基本完整，长5米，宽0.5米，深0.22米，厚1.5厘米。中间较宽，首尾较窄，形制如梭，首尾部略向上翘。据碳14测定年代为距今1745±100年，这相当于东汉时期。3号舟最大，残长6.2米，残宽0.72米，厚5厘米，尖形。据碳14测定年代为距今1750±85年。石宁独木舟也是取一段巨木劈出一部分，局部火烧，逐次将中间挖空而成的，舟内还可见经火烧变炭然后挖凿的痕迹。然而工艺水平较高，如2号舟内有斧、凿、钻等金属工具加工的痕迹。见图1-17③。

① 谢春祝，奄城发现战国时期的独木舟，文物参考资料，1958，(11)：80。

② 卢茂村，福建连江发掘西汉独木舟，文物，1979，(2)：95。

③ 湛江地区博物馆、化州县文化馆，广东省化州县石宁村发现六艘东汉独木舟，文物，1979，(12)：29～31。

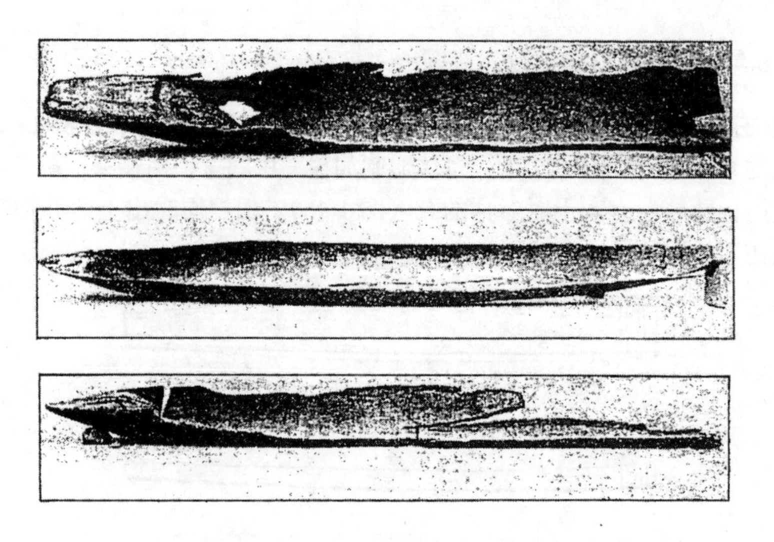

图 1-17　在广东省化州县石宁村出土的东汉时期的独木舟

(五) 山东平度独木舟

1976 年在山东省平度县出土 1 艘隋代双体独木舟。双体独木舟在中国尚属首例发现。其每一舟体用三段树木刳制，衔接处以舌形榫槽搭接，凿 10 余个方孔穿木榫固定（图 1-18）。再以 20 根左右横木贯穿连接两只单体舟，还发现有另一型横木 3 根，残长 2.7 米，两头型制对称，有向下凸出部分正与左右两独木舟 U 形槽宽度相当，两个竖孔正与 U 形槽中心相对，是上层建筑支柱的遗存。横木上面铺以甲板，在尾端的 3 根横木上立 6 根支柱，设篷盖即上层建筑。图 1-18b 为经复原后的图样。该双体独木舟总长 23 米，总宽约 2.8 米，载重约 23 吨[①]。

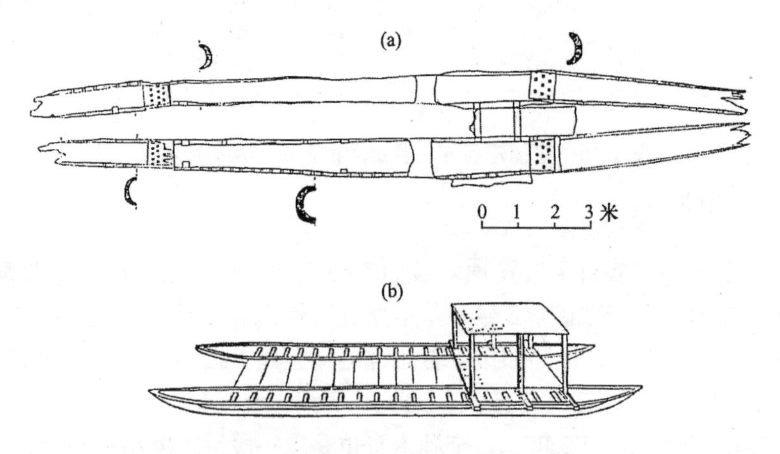

图 1-18　山东省平度县隋代双体独木舟（测绘图及复原图）

① 山东省博物馆、平度县文化馆，山东平度隋船清理简报，考古，1979，(2)：145～148。

（六）胶东半岛独木舟

1982年在胶东半岛荣成县发现商周时代的独木舟。1982年9月，山东省文物考古所和荣成县文化馆在考查胶东地区原始文化的分布时，在该县泊于乡松郭家村的毛子沟发现1艘古代独木舟[①]（图1-19）。该独木舟是在挖蓄水池时发现的。此处是一海相沉积小盆地，北临黄海，距现在的海岸线约2公里。独木舟出土层位深距地表约4米。

独木舟保存基本完整，仅右侧有部分损坏。舟体全长3.9米，头部宽0.6米，中部宽0.74米，尾部宽0.7米；舟体高度：头部0.18米，中部0.24米，尾部0.30米。"由于年代久远，表面腐蚀，没有发现有火灼和工具痕迹，但就其工艺水平判断，当是金属时代的产物"。

"4米多厚的地层堆积，特别是下层的海相堆积，也有助于独木舟年代的推定。"山东的考古工作者，依据渤海、黄海和东海海岸带7处不同堆积深度下的牡蛎、贝壳的放射性碳素测定数据，估计毛子沟独木舟，"最下层的堆积当不会晚于距今3800～3000年这一时期。"[②]

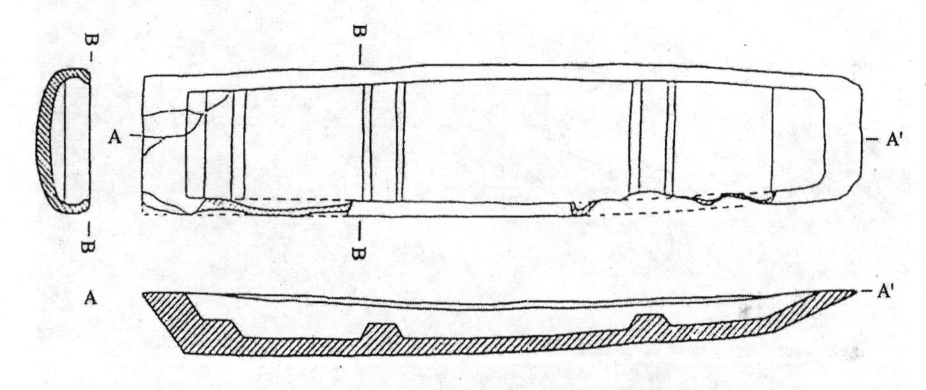

图1-19　胶东半岛毛子沟商周时期的独木舟

胶东地区三面环海，有着广阔的水域和浅海滩涂。毛子沟的独木舟正是古代先民从事近海交通、渔捞和滩涂采集的重要工具。山东胶州半岛毛子沟独木舟和一些贝丘遗址的被发现，再一次证明：中国沿海一带的先民在与海洋接触并且在充分利用海洋的同时，也在创造属于自己的海洋文化。

与许多航海国家一样，中国也发现有许多古代的独木舟遗存物。"中国是最早制造独木舟的国家之一"[③]。根据在中国出土的新石器时代的许多舟形陶器判断，中国的独木舟也是新石器时代的产物。根据在河姆渡新石器时代文化遗址的第4文化层发现有7000年前的精致的雕花木桨判断，在中国的这一地区，独木舟的出现最晚也当在距今8000年以前。根据考古学的材料所论断的独木舟出现的年代，要比中国许多古代文献所记述的年代，还要更早些。

---

① 王永波，胶东半岛上发现的古代独木舟，考古与文物，1987，(3)：29～31。

② 同①。

③ 梁淑芬、李宜昌，独木舟初探，华中工学院，1983年，第11页。

四 在跨湖桥遗址发现了新石器时期的独木舟

浙江省和杭州市萧山区的文物考古工作者，在1990年和2001年，两次对该区跨湖桥遗址进行了发掘。“在620平方米的有效发掘范围内，出土了制作精美的彩陶和黑陶器及石器、骨角木器、玉器等大批珍贵史前文物。根据碳14测定，这批出土物距今约8000年到7500年之间。经考证，跨湖桥遗址的器物群基本组合，制陶技术，彩陶风格等，都自成一体，它存在的时间上限要早于浙江境内著名的河姆渡文化、良渚文化。”最可宝贵的是出土了一艘距今约8000年到7500年的独木舟。“经测量，船体显露处宽50厘米，船身最宽处70厘米，船舱深约15厘米。船体的两侧各有一处小木桩。”① 图1-20为在现场拍摄的独木舟的照片。

图1-20 浙江萧山跨湖桥遗址出土的7500～8000年前的独木舟（席龙飞摄）

据笔者的现场考察，浙江萧山独木舟，是先用火烧然后再用有段石锛等石器刳制的：因为舟底随处见有火烧的痕迹；周围则发现一些大、中、小型的有段石锛及其木柄。萧山跨湖桥独木舟显然已经使用多年，颇为破旧：在舟底处已发现有破漏的痕迹；首部残缺；舷部蚀损严重显得船舱很浅。2003年1月，浙江省文物部门邀集全国的文物保护专家议定将独木舟就地保护，并建设跨湖桥遗址博物馆，长期保存及展出独木舟等有关文物。

萧山跨湖桥独木舟，是中国惟一的新石器时期的独木舟。如此重大的考古发现，在世界范围来说也是罕见的。笔者仅见的一例是在荷兰出土的公元前6300年前的独木舟②。两独木舟在年代上来看大体是相当的。

杭州市的萧山区地处钱塘江南岸。跨湖桥地区在古代是通江达海的。跨湖桥独木舟与大、中、小各型有段石锛等石器，当都是中国海洋文化的代表性器物。

---

① 新华社杭州电，中国造船史始于7500年前，人民日报（海外版），2002年11月20日。

② Richard Woodman, *The History of the ship*, London, Conway Maritime Press, 1997, 11.

第二章　木板船的产生

第一节　独木舟向木板船的演变

从原始社会进入奴隶社会，是人类社会的进步。进入奴隶社会后，出现了商品的交换和以贝为代表的货币。伴随着生产的发展和商品交换的需要，逐渐提出了提高水上运载工具的装载量并改善其适航性能的要求。这时，筏与独木舟都逐渐显得不能适应了。

筏的特点和弱点在于没有干舷，筏体本身又有较大的缝隙。当筏的载重量增加时，乘载在筏上的人和货不可避免地要受到水的浸淹。独木舟虽然不漏水而且有一定的干舷，但在水中的稳性不好。独木舟的大小还要受到原株树木大小的制约和局限。沉重的独木舟也难以满足载重量日益增长的需要。

一　独木舟发展演变的途径

为增加载量和改善稳性，独木舟有三种可能的发展方向和演变途径。第一种，以两只或多只单体独木舟并排连接，舟体宽度成倍增加，既增加了载重量，又能显著地改善稳性。第二种，以火烤、日晒等加热的办法并加横向支撑以扩展舟体宽度，再进一步则是在舷侧加木板形成复合舟。第三种，设置舷外支架或舷外平衡物体[①]。

独木舟发展演变的上述第三种途径，即设置舷外支架或舷外平衡物体，主要是用来改善舟的稳性。其舷外平衡物体既能提供浮力，又可能有助于增加载重量。这种办法的遗迹，在中国的考古学研究中尚未见，但是在南洋，例如在印度尼西亚诸岛的沿岸，有许多小型渔船，经常是采用这种办法[②]。

独木舟发展演变的上述第一种途径，即并列单体独木舟的办法，在中国屡见不鲜。山东平度的双体独木舟，是考古发现中的一个典型实例。此外，广东的“双船”，黑龙江流域的“联二为一”的“威呼”，贵州省清水江的三体龙舟等，均属此类模式。

中国出土的独木舟遗存，大多设有横向支撑构件。广东化州独木舟（图 1-17），其舟壳较薄，首尾起翘较大，又在舷部设 7 具横向支撑构件，很可能经火烤加横向支撑以扩展中宽。

独木舟在演变过程中，还有一种独特的方式，即在纵向上增加长度。山东平度的双体独木舟，其舟体由 3 段构件插榫搭接而成，这不仅增加舟体长度，而且便于形成首尾部起翘。

---

① 戴开元，中国古代的独木舟和木船的起源，船史研究，1985，(创刊号)：13。

② ［日］柴田惠司，關于西北太平洋地區沿岸固有漁船漁具的比較研究，日本長崎大學出版，1989 年，第 74～77 页。

二　独木舟向木板船演变中的实例

在中国的考古发现中获得了独木舟正在向木板船演变中的古船实物。

(一) 江苏武进古船

1975年，在江苏省武进县万绥镇蒋家巷通往长江的古河道上，发现一艘古船[①]。其结构形式奇特，出土的木船结构包括船底、一侧船舷、木榫和木梢[②]。底部板由3段木材组成，采用搭接，搭接处用4只5厘米×5厘米的方榫固定。底部中段残长2.22米，宽0.58～0.64米，厚0.12～0.20米。底部的两侧开有与船舷板相榫接的长方形榫孔。船舷是用独木一剖为二刳空而成。外缘仍保持原木的形态，内缘经挖凿表面不齐整，厚薄也不均，内径为60～100厘米，残长4.6米。这圆板形舷材的下边沿也开有与船底木材孔距完全相同的榫孔。两侧的舷材用木榫与船底材相榫接。榫接的方法是一边由外向内插榫，另一边由内向外插榫，插孔呈斜面。木榫长42厘米，宽8厘米，厚5～7厘米。这种长木榫可以插得很深，榫帽又合缝镶嵌在木板内，不致移位，因此有很强的牢度。经榫接的船体横剖面形状和船底材搭接的方式如图2-1所示。

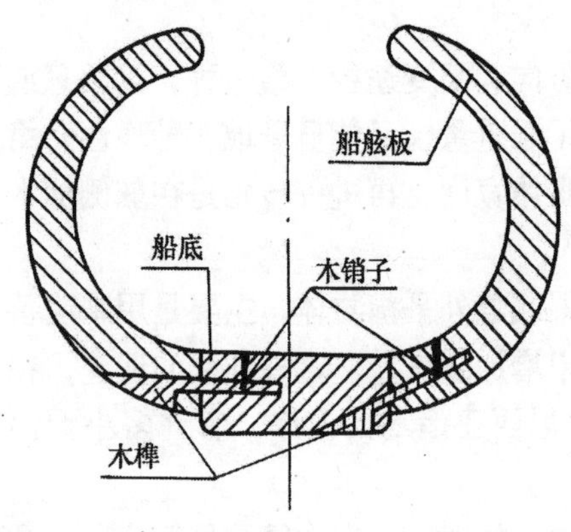

图2-1　江苏省武进县万绥镇出土的汉代木船

江苏武进万绥古船的两舷，具有独木舟的形态，然而底部又采用一块厚重的木板，这是一艘典型的复合舟。可以看出，这是由独木舟向木板船过渡的一种形态。

江苏武进古船周围出土的遗物，多为汉代器物。木船经南京大学地理系碳14测定为距今2195±95年；又经中国社会科学院考古研究所碳14测定为距今1945±85年。据此可断定木船是西汉时期的遗物。

江苏武进古船既不是很典型的木板船，也不是中国历史上最早的木板船，但它却反映了一种较为原始的技术状态。它的宝贵之处就在于为今人提供了一份很典型的实例，即由独木舟向木板船过渡的一种形式。

(二) 上海川沙川扬河古船

1979年，在上海浦东川沙县川扬河开掘过程中，于北蔡镇出土一艘造型别致的古船[③]。古船被发现于吴淞口水准零点以下95厘米，距地表4.6米处。该处在公元6世纪为古海岸。

古船残体结构十分简单，通体只有3部分：一条独木舟；两舷装有舷侧板。这是一艘典型的加板独木舟。舷底由3段独木连接而成，中段长11.62米，宽约90厘米，厚约42厘米，形似独木舟，只是所挖去的部分较浅，只有10厘米。古船的舷侧板是厚度为5厘米的

① 王正书等，川沙县、武进县发现重要古船——从独木舟向木板船的过渡形式，船舶工程，1980，(2)：62。
② 武进县文化馆、常州市博物馆，江苏武进县出土汉代木船，考古，1982，(2)：373～376。
③ 王正书，川扬河古船发掘简报，文物，1983，(7)：50。

独幅木板，具有弧形，有经过火烤加工的痕迹。舷板用钉钉接在船底独木两侧深5厘米的接口上，在接口处填了大量油灰，未发现麻丝等掺人物。在舷板距口沿6厘米的水平线上，有一排间距为24.5厘米的小方孔，它是安装横向支撑的榫孔。古船的残体及复原后的横剖面图如图2-2所示。该古船复原后的总长约18米。

伴随古船曾出土1枚唐代铜钱“开元通宝”，其形制与武德四年（621）开元钱相符。参与发掘和研究的博物馆专家认为，这艘古船可能造于隋代，至唐武德年间尚在使用。这一论断也为古船木料的标本碳14测定所证实。

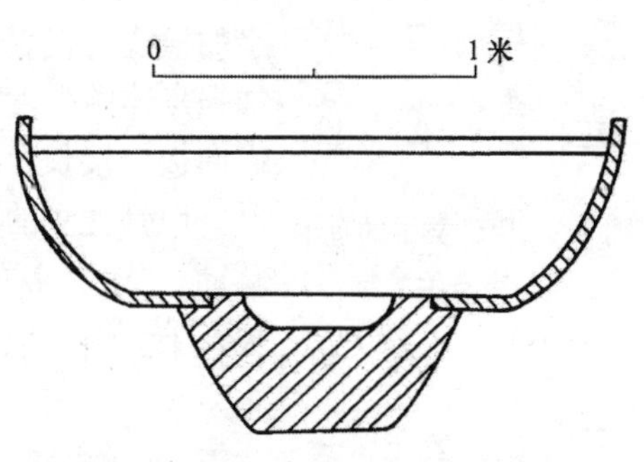

图2-2　上海川沙县川扬河古船的结构

江苏武进万绥镇古船和上海川沙川扬河古船，是独木舟向木板船过渡过程中的典型实例。这两则典型雄辩地说明，独木舟也是中国船舶的祖式，是独木舟进化为当今船舶的龙骨，从而否定了中国不曾有独木舟和中国古船没有龙骨的观点。

第二节　木板船出现的年代

由于目前已发现的从独木舟向木板船过渡形态的古船实例尚不多，当然也不能依据这两个实例就断定木板船出现在汉代或隋代。不过，出现木板船的首要和必备条件，却是必须具有木板。按前已述及的摩尔根[①] 的学术见解：是石器的出现和应用，给人类带来了木板。这也为在中国新石器时代的河姆渡文化遗址[②] 所发现的木板遗迹和相当成熟的木构技术所证实。过去曾经认为，只有出现青铜器之后，才有可能剖制木板。看来这种学术见解将难以维持。当然，在7000年前的以河姆渡文化为代表的新石器时代，是否能出现木板船，还有待考古学的研究，不可草率结论。但是，那时既然已能为构筑“杆栏式”建筑而剖制木板，又有相当成熟的榫卯技术，可见那时制造木板船的物质条件已经基本具备了。

在中国出现木板船的有力见证，还是甲骨文中所见到的“舟”字，从而推论木板船最晚也应是殷商时代的产物[③]。其时限相当于公元前16世纪到公元前11世纪，距今约3500多年到3000多年以前。

公元前16世纪，商汤灭夏桀后建立起奴隶制国家商，定都于亳（今河南省商丘县北）。从汤到盘庚，曾经五次迁都，盘庚迁都到殷（今河南省安阳县小屯村），因而商也称殷商。商代自汤传到纣共17代，被周武王攻灭，公元前11世纪立国号为周。商代的农业比较发达，已用多种谷类酿酒，手工业已能铸造精美的青铜器和烧制白陶，交换扩大，出现了规模较大的早期城市。文字纪录材料主要保存在甲骨、铜器及其他器物上，其中以甲骨上的为最多，甲骨文即指这种文字[④]。甲骨文，1899年始发现于殷商遗址，即今河南省安阳市的小屯

① ［美］摩尔根，古代社会（上册），商务印书馆，1977年，第13页。

② 河姆渡遗址考古队，浙江河姆渡遗址第二期发掘的主要收获，文物，1980，(5)：1～15。

③ 杨槱，中国造船发展简史，中国造船工程学会1962年年会论文集（第二分册），国防工业出版社，1964年，第2页。

④ 翦伯赞，中国史纲要（上册），人民出版社，1983年，第19、29页。

村，它是中国已发现的最古的汉字。由于甲骨文的笔画部位尚未定型，所以分散见到的"舟"字及与舟有关的字，写成了不同的式样（图 2-3）。

图 2-3 甲骨文中的舟字及与舟有关的字

象形文字，是客观事物实体特征的描绘。从甲骨文中的"舟"字，可以看出它所表征的舟，是由纵向和横向构件组合而成的。舟字的横线，代表肋骨或舱壁等构件，它既能支撑两舷的纵向板材以加强舟体的强度，又能将舟体分隔成若干隔舱。更重要的是可以将纵向板材接长，即可用较短的木板造出长于木板的舟船。

甲骨文中的"般"字，从字形看，像一个人持桨或篙使船旋转移动。"般"字有一种读音为 pán（盘），可当盘旋解。在《康熙字典》上，对"般"的一种解释是"象舟之旋"。

第三节 古文献对早期舟船及舟船活动的记述

根据甲骨文中多次出现舟字以及与舟有关的字，推断早在距今 3000 至 3500 年以前的殷商时代就已出现了木板船。这一论断也有若干古文献对早期舟船及舟船活动的记述作为佐证。

一 "东狩于海，获大鱼"

夏代是中国历史上的第一个世袭王朝，中国社会也正是在夏朝时由石器时代进入铜器时代。《左传·宣公三年》："（夏）铸鼎象物，百物而为之备。"鼎是一种古代炊具，其体积硕大，外形复杂。人们既能铸造鼎，当然也不难造出其他的器皿、武器和生产工具。夏的统治中心虽在平原地区，但从一些传说和记载来看，夏后氏同水运、航海也有密切关系。例如夏朝的始祖大禹即以善于治理洪水而著称于世。相传他"陆行载车，水行载舟"。后来传说少康的儿子抒曾"征于东海"，则表明夏王朝军事政治势力由中原地区扩张到沿海一带①。中国古史《竹书纪年》说到夏代第九代帝王帝芒曾"东狩于海，获大鱼"②。当时应有大批随从跟着，并组成具有一定规模的船队。《禹贡》则载："扬州厥包橘柚锡贡，沿于江海，达于淮泗。"《史记》中也说："其包橘、柚锡贡，均江海，通淮、泗。"③ 这里的均字古代读为沿，有顺水航行之意。从扬州的贡物沿江入海，沿海北上，再溯淮水入泗水，达到中原地区，可见夏代航海运输已有相当的规模。稍后，在中国古代史上以善于航海的百越人，据传也是夏禹的子孙。"越王勾践，其先，禹之苗裔"④。

二 "相土烈烈，海外有截"

商朝是继夏朝而兴起的国家。商灭夏以前，已是中国东部一个兴旺的部落。《诗经·商

① 姚楠、陈佳荣、丘进，七海扬帆，香港，中华书局有限公司，1990 年，第 10 页。
② 梁·沈约附注，《竹书纪年》卷上。
③ 汉·司马迁，《史记·夏本纪》。
④ 汉·司马迁，《史记·越王勾践世家》。

颂》在追颂商汤的祖先相土时，有“相土烈烈，海外有截”的赞颂[①]。今人对“海外有截”的解释尚有不同：有的认为当时商部落已有海外的领地；有的则解释为“四海诸侯截然归服”[②]。不过，郭沫若则提出：“可能相土的活动已经到达渤海，并同‘海外’发生了联系。”[③] 在商朝的武丁时期曾不断对外用兵，在排除西北方面的侵扰之后，商王武丁曾“南击荆蛮”。《诗经·商颂》还有：“挞彼殷武，奋伐荆楚，深入其阻，裒荆之旅。”[④] 这是武丁时期商人在江、汉流域打了大胜仗的记述，说的是武王讨伐叛逆荆楚。深入其险要之地，俘虏了众多的叛逆。这说明商朝的势力拓展到了长江流域。随着商人对外战争的不断胜利，商的疆域也日益扩大起来[⑤]。章巽以商末周初时有商的王族箕子出走朝鲜之事，说：“看来商朝一代已超出近海，而在渤海以东发展了海上交通。”[⑥]

三　武王伐殷与强渡孟津

在商朝的500余年期间，很少见到有关于使用舟船的记述，木板船究竟发展到何种规模，也缺乏确切的记载。不过，在商朝最后一个帝王即商纣王被周武王攻灭的决定性战役中，当时的大型船舶却是发挥了重要作用。在这次战役中，周军在孟津（今洛阳市北）渡黄河时，用船舶作了敌前抢渡。《艺文类聚》引《太公六韬》：“武王伐殷，先出于河，吕尚为后将，以四十七艘船济于河。”[⑦]

在武王伐殷强渡孟津的战役中，调集起来务急之用的船舶只不过47艘，堪称其少。然而这47艘船却在敌前抢渡了45 000大军。史载，武王“率戎车三百乘，虎贲三千人，甲士四万五千人以东伐纣，十一年十二月戊午师毕渡盟（孟）津”[⑧]。

指挥敌前抢渡的吕尚，即姜太公，他用船队来执行军事运输任务，表明水上运输之发达。他调用的这47艘船，既非沉重的独木舟，更非一叶扁舟。这说明在商朝末年已经有供许多名桨手撑驾的较大型的船舶了。

四　“造舟为梁”和“于越献舟”

商朝被攻灭以后兴起的周朝，是中国早期的一个重要王朝。周族原为居住在今陕西渭水中游以北的一个历史悠久的部落，在时间上大约与夏、商两族同时。

西周时期与船舶有关的记述，值得注意的有周文王用舟船搭成浮桥迎娶新娘的故事。《诗经》上记载：“迎亲于渭，造舟为梁，丕显其光。”[⑨]“丕显其光”，说这是一桩煊赫、显耀的盛事，显示了新娘——大姒的光辉。用船搭成浮桥，很难说是周文王姬昌的发明，但经

① 《诗经·商颂·殷武》。
② 王宁主编，评析本白话十三经，北京广播学院出版社，1992年，第184页。
③ 郭沫若，中国史稿第一册，人民出版社，1976年，第157页。
④ 同①。
⑤ 翦伯赞，中国史纲要（上册），人民出版社，1983年，第20页。
⑥ 章巽，我国古代的海上交通，商务印书馆，1986年，第3页。
⑦ 唐·欧阳询等，《艺文类聚》卷71。
⑧ 汉·司马迁，《史记·周本纪》。
⑨ 《诗经·大雅·大明》。

他在结婚时用过一次，便写下了中国以舟船搭浮桥的最早记录，距今已经是3100年前的事了。不过自此以后却制定了按官阶和身份等级乘船的制度。《尔雅》中记："天子造舟（四舟以上并联），诸侯维舟（四舟并联），大夫方舟（二舟并联），士特舟（单舟），庶人乘桴(筏)。"①

《尔雅》的记述说明，即使处于西周的统治中心，舟船也并不发达。不过中国国土辽阔，当时东部沿海一带，分布着相当强大的各族夷人，其中较重要的，有山东半岛东部的莱夷，淮水下游一带的徐夷和淮夷，还有领地相当于今江苏南部太湖以东一带的吴人，以及浙江沿海一带的百越人。夷人、吴人和百越人，濒海而居，素有鱼盐之利。尤其以百越人善于造船而著称。《艺文类聚》引《周书》有"周成王时，于越献舟"② 的记载。周成王为周武王之子，时为公元前11世纪。于越在今江浙一带，献舟必经海上航行，绕山东半岛，入济水才能到达中原。"越人造船历史悠久，技艺高超，所谓献舟，实际上是献了宝贵的造船技术和航海知识。这对周人的造船与航海技术当有重大推动"③。

五 舟牧覆舟

西周时期曾专设主管舟船的官员，叫做舟牧。舟牧大约要执行类似如今日的船舶检验机构和验船师的职责。《礼记》曰："季春之月……命舟牧覆舟，五覆五反，乃告舟备具于天子焉。天子始乘舟。"④ 从这段记述看，舟牧主要是为了保证天子乘船的安全，还要翻来覆去检验五遍，然后报告是否合于天子乘坐的安全条件。当时的庶民只能乘筏子，至于诸侯、大夫等人所乘的舟船，是否归舟牧检验，尚不得其详。尽管如此，舟牧毕竟是作为舟船的安全检验官员而出现在公元前10到公元前11世纪的中国。

说到要建立对天子所乘舟船进行安全检验制度并设置舟牧这一官职，就要联系到周代的第四个帝王——周昭王——的死。按《通俗文》的记述，当周昭王攻楚时，有人向楚王献策，令船匠大造王舟，用胶粘合船板，泊在汉水渡口，待周昭王到达汉水，由楚君假意相迎，请周王登胶合舟使其与舟共溺中流。《史记》则记有："昭王之时，王道微缺。昭王南巡狩不返，卒于江上，其卒不赴告，讳之也。"⑤ 在注解中还引《帝王世纪》："昭王德衰，南征，济于汉。船人恶之，以胶船进王。王御船至中流，胶液船解，王及祭公俱没于水中而崩。" 从这段关于昭王的记述中，从侧面反映出地处江汉平原的楚国，也具有高超的造船技艺。

从殷商时代的甲骨文和钟鼎文中的舟字和与舟有关的字，断定木板船最晚也应是殷商时代的产物，这一点已被记述夏、商、周时代舟船和舟船活动的诸多文献所一再证明，应可定论。

---

① 《尔雅·释水》。
② 唐·欧阳询等，《艺文类聚》卷71。
③ 姚楠、陈佳荣、丘进，七海扬帆，(香港) 中华书局有限公司，1990年，第12页。
④ 《礼记·月令第六》。
⑤ 汉·司马迁，《史记·周本纪》。

第三章 古代造船技术的奠基

第一节 春秋时代的水运船舶及战船

春秋时代（公元前770～前476），是奴隶制经济行将结束及封建地主制经济开始形成的时期。春秋时的冶铁技术已有所发展。公元前513年，晋国铸就一个铁质刑鼎，鼎上铸有刑书的条文。铸鼎的铁是作为军赋征自民间。“这说明至迟春秋末期出现了民间炼铁作坊，而且已较好地掌握了生铁的冶铸技术。”① 随着冶铁技术的发展，铁制工具的出现则进一步推动了生产。手工业的分工更加细密，木工技术达到了新的水平。中国古代的建筑工匠公输氏名般，春秋时鲁国人，也称鲁班，相传曾发明木作工具。铁制的斧、凿、锯等木工工具的出现和使用，为传统造船技术的发展奠定了技术基础。

一 春秋时代的水运及船舶

春秋时的船舶因航区不同或运输要求各异，逐渐出现了特点不同、形状不一的各类船舶。民间有以快速为主的轻舟、扁舟，还有适用于短途交通的舲船。屈原在《楚辞·九章》中唱“乘舲船余上沅兮”，就指这种有棚有窗的小船。艅艎则是大舰，又称王舟，专供国君乘坐。这类王舟建造坚固，航行轻快，并且雕刻华丽，技术工艺已达到了较高的水平。

春秋时水上运输的实践，使人们认识到，船舶在运输中有承载量大，且不费牛马之力的优点，特别是在运输粮谷时，船的效能是车辆所无法比拟的。春秋时期有在黄河上的秦国赈济晋国粮食的“泛舟之役”的纪事：“（僖公）十三年（公元前647）冬，晋荐饥，使乞籴于秦。”秦伯（秦穆公）乃向左右征询意见。有的同意，说：“救灾恤邻，道也，行道有福。”也有人持反对意见，“请伐晋”。秦伯则说：“其君是恶，其民何罪?”“秦于是乎输粟于晋，自雍及绛，相继，命之曰泛舟之役。”② 雍是秦国都城，在今陕西省凤翔县，临渭水。绛是晋国都城，在今山西省绛县，傍汾水。自雍到绛的水道，先是沿渭水东下，入黄河则逆流北上，再东折入汾水，航程六七百里。船舶能前后“相继”，那真是相当庞大的船队。运粮的船称作漕船，“漕”字原来就是水运的意思，后来演变成水运粮食的专用词了。因此，历史上把泛舟之役看做是漕运之始。

春秋时，即使是中原地区，比起西周来，船舶也有了很大发展。沿黄河和汾水逆流而上的航程是很艰难的，划桨和拉纤当是并用的，当时是否有橹还不得而知。

春秋时位于长江流域的楚国和吴国，水运和造船技术也有很大提高。吴国的都城是现今的苏州市，西滨太湖，东通大海。吴国是一个“不能一日而废舟楫之用”的国家。吴国人还特别善于治理水道。吴王夫差时，曾于公元前486年开掘邗沟。《左传》记有哀公九年秋，

---

① 杜石然、陈美东等，中国科学技术史稿，科学出版社，1982年，第89页。

② 清·高士奇，《左传纪事本末》卷52。

“吴城邗，沟通江、淮”[①]。公元前484～前482年又开掘深沟，东边沟通沂水和泗水（二水皆通淮水），西边沟通济水和黄河，这样，就把江、淮、河、济四条大河的水道都贯通起来了[②]。

春秋时期，由于列国争霸的需要，也促进了航海事业和海船的发展。吕尚，西周初年官太师，也称师尚父。辅佐周武王灭商有功，被封于齐，为周代齐国始祖，有齐太公之称。《史记·齐太公世家》记有：“武王已平商而王天下，封师尚父于齐营邱（在今山东省青州市临淄北）……太公至（齐）国，修政，因其俗，简其礼，通商工之业，便鱼盐之利，而人民多归齐。”[③] 当时占据山东半岛的莱夷（今莱州市一带）“与太公争国”，时而对齐进行攻伐。公元前567年，齐国终于灭了莱夷，齐国将领域扩大到山东半岛南部。富有海上生活经验的莱人，也与齐人相融合。渤海海面以及环绕山东半岛的航行，也就归齐人掌握了。汉代著作《说苑》说：“齐景公（公元前547～前490）游于海上而乐之，六月不归。令左右曰：敢有先言归者致死不赦。”[④] 由之可见当时航海规模之大。即使是在近海，6个月的航程也是相当可观的，不仅足以绕山东半岛过渤海湾，而且可能抵达朝鲜半岛。国君远征，必定有大批随行人员和护卫的将士，可以认为，齐景公统帅的必是规模相当大的船队。其时，不仅国君有大型船队出海，民间的海上活动也见诸于文献。《艺文类聚》引《邓析书》曰：“同舟涉海，中流遇风，救患若一，所忧同也。”[⑤] 邓析是春秋时人，此处所说的显然指海船上的乘客和船员遇到了风浪，他们同舟共济，形同一人。文献中所述涉海的舟究竟是客舟还是从事海上运输的货船尚不得而知，但民间的海上交通及其艰难险阻已录于文献。

都城位于会稽（今浙江绍兴市）的越国，主要根据地是今浙江省境一带，但百越民族分布范围很广，南到今福建、广东、广西以至越南的北部，包括广大的沿海地区及附近的岛屿。现在舟山群岛中的定海，当时称甬勾东，就是越国的直属领土。百越人各族间的联系，多依靠海上交通。正如越王勾践（公元前496～前465）所说，其人“水行而山处，以船为车，以楫为马，往若飘风，去则难从”[⑥]。前已述及，早在西周时就有“于越献舟”之举，实则是由越人向中原地区传授造船技术。及至春秋，沿海及中原的造船技术都有进一步发展。孔子在《论语·公冶长第五》中说道：“道不行，乘桴浮于海。”孔子之欲浮于海，当然不是谋鱼盐之利，而是要从海道前往其他国家，即欲乘其桴筏，浮渡于海，易居九夷。孔子是否确实浮海而易居他处，尚无定论，但当时沿海交通之便利已溢于言表。孔子卒于公元前479年，其后6年，越灭吴。越国大夫范蠡为避祸，乃经海路赴齐国的定陶经商而致富。《史记》记有：“范蠡以为大名之下，难以久居……乃装其轻宝珠玉，自与其私徒属，乘舟浮海以行，终不反。……范蠡浮海出齐，变姓名，自谓鸱夷子皮。”[⑦] 公元前474年，越国将都城由会稽迁至琅琊（今山东诸城市东南），随行者有“死士八千人，戈船三百艘”，这俨然

---

① 清·高士奇，《左传纪事本末》卷51。

② 章巽，我国古代的海上交通，商务印书馆，1986年，第5～6页。

③ 汉·司马迁，《史记·齐太公世家》。

④ 汉·刘向，《说苑·正谏篇》。

⑤ 唐·欧阳询等，《艺文类聚》，上海古籍出版社，1982年，第1230页。

⑥ 《越绝书》卷8。

⑦ 汉·司马迁，《史记·越王勾践世家》。

是一支浩浩荡荡的庞大船队，也是当时海上交通事业发达的有力证明[①]。

二　春秋时代的水战及战船

春秋时代各诸侯国之间的兼并战争激烈而频繁。从田亩辽阔的中原到江河交错的江南，争战四起。中原争战用车，江南水战则以舟船为主。战争的需要，推动了造船业的发展，也促进了船型的多样化。

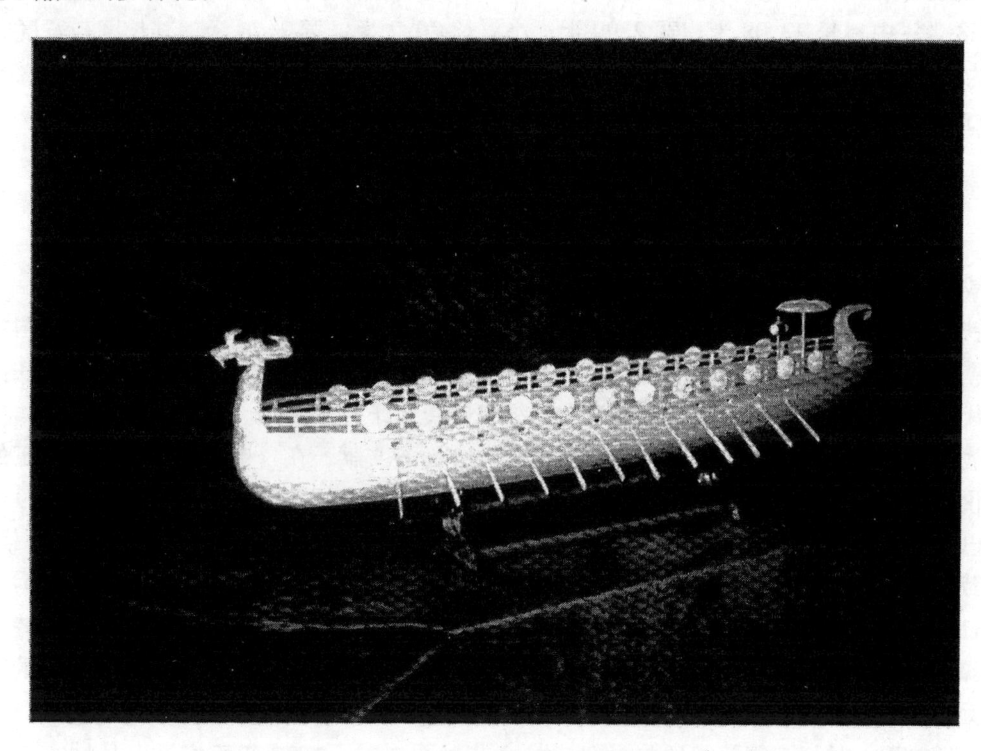

图3-1　吴国战船大翼的复原模型，现展于嘉兴船文化博物馆

中国史籍记载的首次重大的水战，发生在公元前549年夏，楚康王以舟师伐吴。《文献通考·兵》载："用舟师自康王始。"说的是楚康王十一年："楚子为舟师以伐吴，不为军政，无功而还。"[②] 吴楚之间的水战相当频繁。到了公元前525年，又发生一次激烈的水战，是吴国派公子光率舟师逆长江而上攻打楚国，结果反而被楚国俘去王舟艅艎。这就是《史记》所载："王僚二年，公子光伐楚，败而亡王舟。光惧，袭楚，复得王舟而还。"[③] 自此之后，水战频仍，不仅在江河作战，甚至发展到海上作战。吴王夫差十一年（公元前485），"徐承率舟师，将自海入齐，齐人败之，吴师乃还"[④]。《吴越春秋》记述着吴楚水师的大小战例20余起。吴越之间的争夺，水战也很频繁。吴国的战船有大翼、中翼、小翼三种，另外还有楼

① 姚楠、陈佳荣、丘进，七海扬帆，（香港）中华书局有限公司，1990年，第13页。

② 清·高士奇，《左传记事本末》卷49。

③ 汉·司马迁，《史记·吴太伯世家》。

④ 清·高士奇，《左传记事本末》卷51。

船、突冒、桥船等。《越绝书》关于吴王阖闾与伍子胥讨论水师训练方法的对话记有："阖闾见子胥，敢问船运之备何如？对曰：船名大翼、小翼、突冒、楼船、桥船。令船军之教比陵军（陆军）之法，乃可用之。大翼者当陵军之车，小翼者当陵军之轻车，突冒者当陵军之冲车，楼船者当陵军之行楼车也，桥船者当陵军之轻足骠骑也。"① 吴国战船大翼长12丈，宽1丈6尺，"容战士二十六人，棹（卒）五十人，舳舻三人，操长钩、矛、斧者四，吏仆夫长各一人，凡九十一人"②；中翼长9丈6尺，宽1丈3尺；小翼长9丈，宽1丈2尺。据考证，晚周到战国时的尺度，每尺约相当于0.23米③，折合成今日的米制，大翼长27.6米，宽3.68米；中翼长22.08米，宽2.99米；小翼长20.7米，宽2.76米。其长度与宽度之比分别为7.5、7.39和7.5。这三翼战船船体修长，若顺水而下，再用50名桨手奋力操桨，则船行如飞（图3-1）。

第二节　战国时代的水运及船舶

战国时代（公元前475～前207）的铁兵器有甲、杖、剑、锥、戟、刀、匕首等④。常用的铁制手工具有斧、削、锯、锥、凿、锤等。由于铁制工具的进步和发展，加上各国之间的争霸和战争，推动了造船技术的进步与发展。战国时代的造船技术成就，为在其后的秦、汉时代造船技术的大发展，以及开辟海上丝绸之路奠定了技术基础。

战国时，关于长江水运的规模和水运优势性方面的文献，在《史记》中是以秦惠王的使臣张仪（？～公元前310）到楚国游说时，向楚怀王介绍秦国的情势时述说的。文曰："秦西有巴蜀，大船积粟，起于汶（音岷，与岷通）山，浮江已下，至楚三千余里。舫船载卒，一舫载五十人与三月之食，下水而浮，一日行三百余里，里数虽多，然而不费牛马之力，不至十日而距扞关（楚之西界，今湖北长阳）。"⑤ 在张仪的游说中对秦国难免不存在吹嘘和夸张之辞，但对航道和舫船载卒的表述，当在情理之中。在西周时期只有大夫这一等级的官员才能乘坐的舫船，到了战国时期则变成了实用的货运工具，可见造船业发展之迅速。

战国时期，楚怀王赐给鄂地封君名启的金节（图3-2），1957年于安徽寿县城东丘家花园出土⑥。此种青铜器分两种：一为车节；一为舟节。舟节是一个特准的水路运输免税通行凭证。舟节上铸有错金铭文，字形耀目："大司马昭阳败晋师于襄陵之岁。"查《史记》卷四十载，楚怀王"六年，楚使柱国昭阳将兵而攻魏，破之于襄陵，得八邑"⑦。由此可断定此金节为楚怀王六年（公元前323）所铸。这金节可能是这位名字叫做启的鄂地封君随军战晋有功，因而获得楚怀王的恩赏。金节铭文中的"败晋"与《史记》中所记"攻魏"并不相悖。因为到公元前377年，韩、赵、魏"灭晋侯，而三分其地"⑧。

---

① 宋·李昉等，《太平御览》卷770。
② 宋·李昉等，《太平御览》卷315。
③ 丘光明编，中国历代度量衡考，科学出版社，1992年，第6～8页。
④ 战国时期，一说从公元前475年算起，一说从公元前476年算起，又一说从公元前403年算起，今用第一说。见：沈起炜编著，中国历史大事年表，上海辞书出版社，1983年，第49页。
⑤ 汉·司马迁，《史记·张仪列传》。
⑥ 殷涤非、罗长铭，寿县出土的"鄂君启金节"，文物参考资料，1958，(4)：8～11。
⑦ 汉·司马迁，《史记·楚世家》。
⑧ 张传玺，中国通史讲稿（上），北京大学出版社，1982年，第66页。

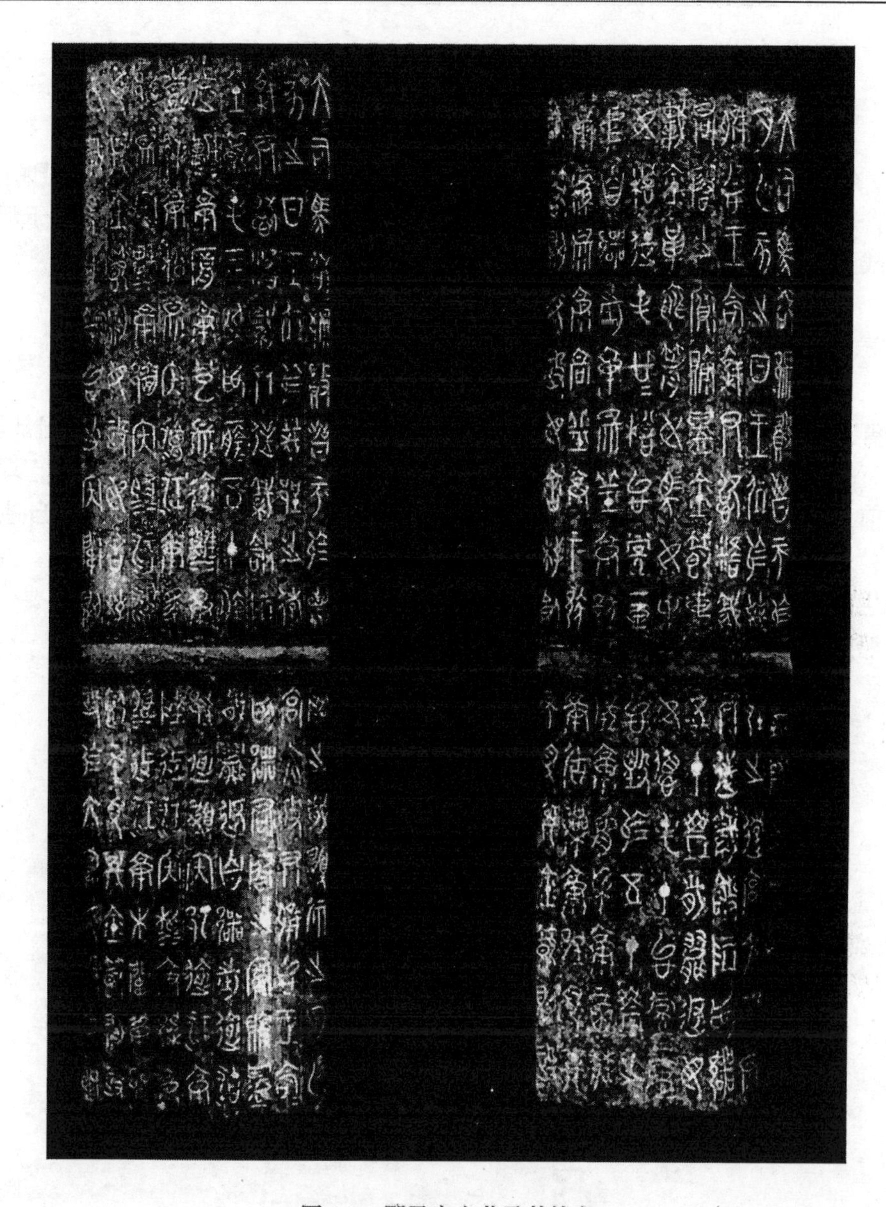

图 3-2　鄂君启金节及其铭文

鄂君启金节所铸铭文，规定了舟船的数目：以 3 艘船为一批，每年以 50 批即 150 艘为限。还具体划定了通航路线：自武昌出发经长江中游、汉水、湘、资、沅、澧和赣江，可走遍楚国各地。铭文有："见其金节则毋政，毋舍桴饮，不见其金节则政。"郭沫若考释为："言见其金节则不征税收，并要加以优待，不要给予不好的食物。没有通行证，那就要征税，当然更不会受优待了。"[①] 在楚国类似鄂君启这样具有水上运输特权的封君还有不少，鄂君启只是其中一个例子[②]。从鄂君启金节这一文物，人们可以了解到战国时期的楚国得水独厚，船舶及水运业空前活跃。

① 郭沫若，关于鄂君启节的研究，文物参考资料，1958，(4)：15。
② 梅雪等，湖北航运史，人民交通出版社，1995 年，第 25～27 页。

第三节 从战国随葬船看战国的造船技术

春秋、战国距今已2000多年，我们只能通过有关文献和文物去了解当时船舶的概貌。若想得到古船的实物，则是很困难的。正因为这样，我们对在1974年到1978年于河北平山县发掘出战国时期的随葬船，感到特别珍贵。

一 战国中山王墓中的随葬船

河北省文物管理处在平山县三汲乡发现战国时期的古城遗址一座，即中山国都城灵寿。古城内外有战国墓30座。一号墓出土器物极丰，经考古学界考定为中山王之墓，埋葬时期约在公元前310年前后①。三汲乡在滹沱河北岸，古墓之封土现高约15米，当地称之为“灵台疙瘩”。中山王墓尚有若干陪葬及附葬坑，其葬船坑内有船数只，极为罕见。此等船只是中山王生前所御之游艇，用以随葬。如图3-3所示，葬船坑在整个墓葬中占重要位置，足见当年对船舶的重视。

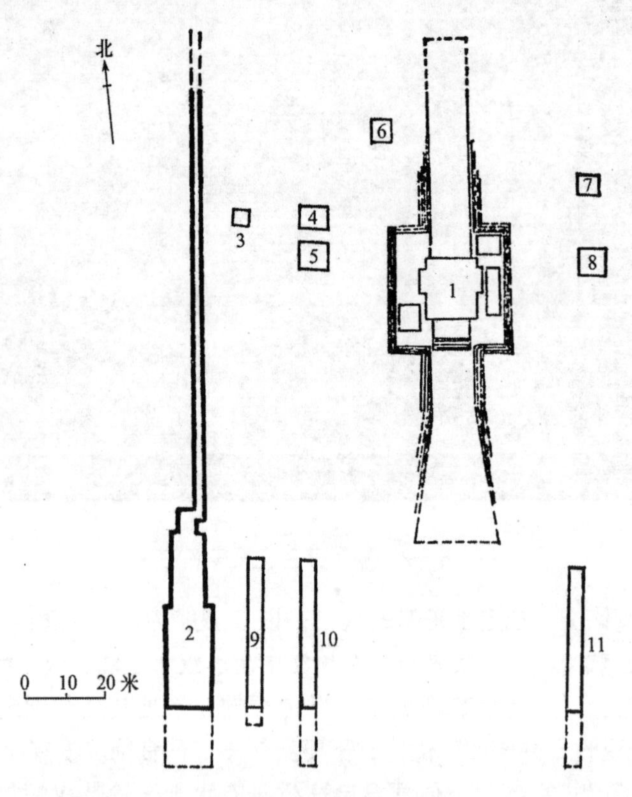

图3-3 河北平山中山王墓及葬船坑位置图

1. 一号墓墓室；2. 葬船坑；3～8. 陪葬墓；9. 杂殉坑；10～11. 车马坑

① 河北省文物管理处，河北平山中山国墓葬发掘简报，文物，1979，(1)：4～10。

葬船坑总长136米，分为南室、北室、北沟道等三部分。北沟道总长100米，宽2米；其中未发现任何器物，据认为有象征河道之意。北室长18米，宽7.6米；南室长17.8米，宽9.3米，坑壁均夯土筑成。南室坑壁有柱10对，又有两行中柱，每行6柱，将南室分为3跨，各跨约3米。南室每跨均有一船，中、东、西并列木船3只，船首向南船尾在北。西船的灰痕漆迹较为完整，以西船为主兼用中船、东船的遗迹作为补充，据以获得中山王御用游艇的完整形象。经复原研究[①]，其船身总长13.1米，最大宽度2.3米，最大深度0.76米。假设吃水为0.6米，则排水量为13.28吨，方形系数为0.74，中剖面系数为0.94，棱形系数为0.78。其船体型线如图3-4，这是中国所发现的较古老的船舶遗迹。从船体型线图可以看出，战国游艇的尺度比例谐调，船舶具有相当理想的流线型，横剖线匀称，水线流畅飘逸。如果不是有河北平山战国游艇这一考古发现，人们很难想像早在2300年以前就有如此完美的船型。

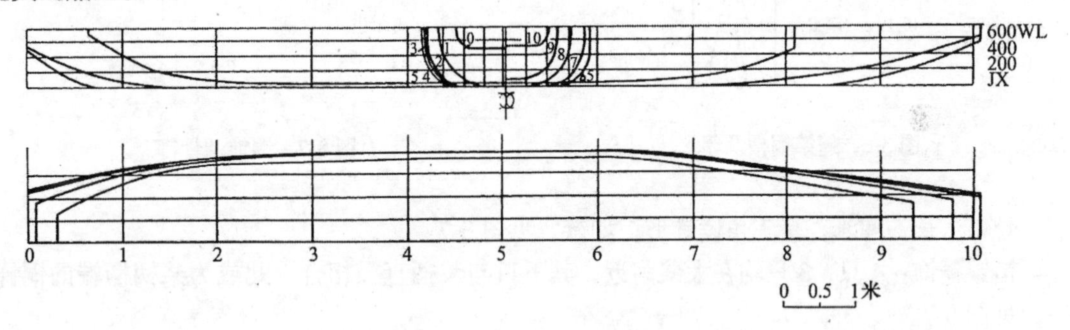

图3-4　战国游艇船体型线图

二　随船出土的船具等器物

在葬船坑的南室出土有船舶属具等器物。

桨：大桨5只，桨身长141厘米，宽9.5厘米，桨柄残长17厘米；小桨2只，桨身长58厘米，宽9.5厘米，桨柄残长28厘米。大小桨均有褐色及朱色彩绘，图饰瑰丽(图3-5)。

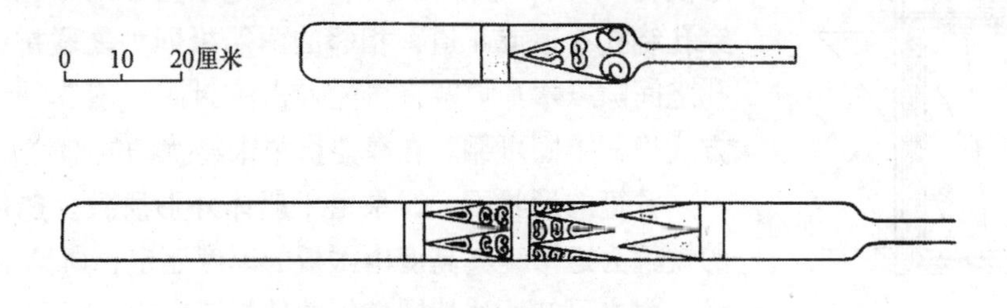

图3-5　随船出土的木桨

篷竿铜帽及环：篷竿铜帽30只，见图3-6。有些铜帽尚与篷竿残段相连，篷竿上也有彩绘。铜帽上有一钩，铜环即套于钩上，铜环下的平直部分即用以结篷。由此推知，此船或无上层建筑，仅张篷盖而已。由于铜帽多在中船尾段，或仅中船有篷也未可知。

---

① 王志毅，战国游艇遗迹，中国造船，1981，(2)：94～100。

铜编钟及石磬：在西船中部的舷处有编钟 3 只。编钟和石磬当为泛舟时供演奏音乐之用。此葬船坑曾两次被盗掘，编钟等器物或有失落，用于演奏的编钟当不止 3 只。

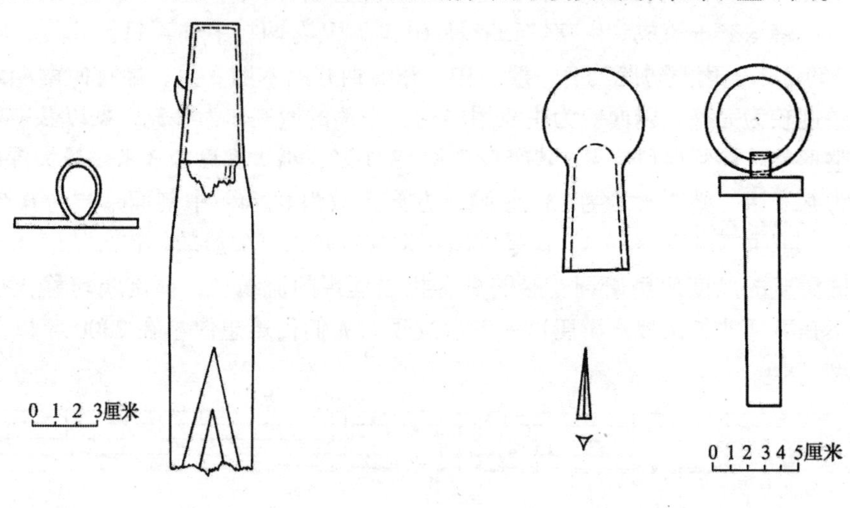

图 3-6　篷竿铜帽及环　　　　图 3-7　铜饰及骨钉

骨钉：长 5 厘米，呈三角棱锥形，如镞，见图 3-7。

错银铜饰：4 只，3 只均在大桨附近，其下口与桨柄直径相合，此或为桨柄柄端的铜饰件，见图 3-7。

铜饰件：2 只，在中船中部。这或许是设在船的甲板舷边处，用以系缆绳之用，见图3-7。

三　从连接船板的铁箍看战国时的造船工艺

在葬船坑的南室发现很多铁箍，西船 31 只，中船 32 只，东船 8 只。铁箍为宽 20 毫米，厚约 3 毫米的长铁片绕制而成。铁片虽未经金相分析，但肉眼观察几乎与现代锻打的熟铁无异，可见当时的冶铁技术已经相当进步。船板的连接方法是先在相邻两列船板上，于距船板边接缝 40～50 毫米处各凿一 20 毫米见方的穿孔，以铁片经穿孔绕扎 3 道或 4 道，相邻的两船板即为之联拼；然后将穿孔之间隙以木片填塞，再注入铅液封固（图 3-8）。这种联拼方式极其牢固可靠。在葬船坑中未经扰动的部位，铁箍如初。

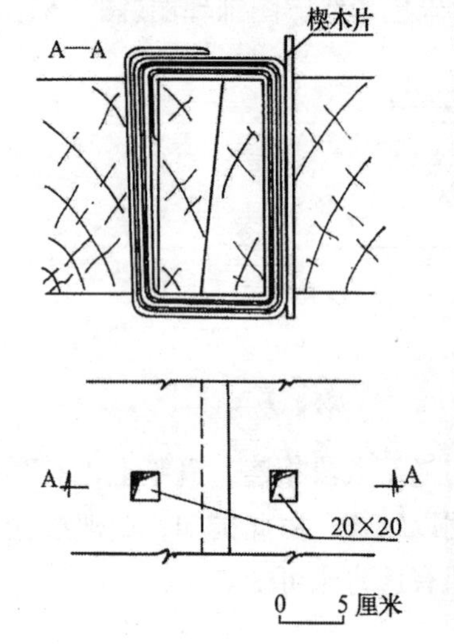

图 3-8　战国游船用铁箍联拼船板

铁箍的形状不一，系由于船体外形所致。船体平直部分的铁箍为矩形，其高度由木板的厚度而定，所见 100～150 毫米，由之可知所述战国游艇的外板厚度为 100～150 毫米。由于绕扎铁箍的穿孔距相邻两列板的边缝各 40～50 毫米，则确定了铁箍的宽度约 80～150 毫米。在舭部的铁箍，其高度、宽度与前者相近，但其一边则随船体型线而呈不规则曲线。铁箍的纵向间距在 0.8～1.0 米。

由随葬船在底部和侧壁的灰痕漆迹可以看到，船板的宽度为 400～600 毫米，船首处的船板则稍窄，仅约 300 毫米。

在两列板的边接缝处以铁箍相联拼，既牢固又可靠。

当时为什么不用铁钉而用铁箍？既能锻制铁箍，当然也能锻制铁钉。与铁钉相比，铁箍费工费料。可能是在铁器应用之始，尚缺少对铁钉功效的认识，铁箍的应用当为用铁件联拼船板的早期阶段。嗣后，铁器使用日久，次要部位逐渐以铁钉代替骨钉，后经实践证明铁钉也能达到充分牢固可靠的效果，便完全取代铁箍了。这也许就是木船建造中使用铁钉钉联船板的历史演进过程。现代木船在最重要部位使用的锔钉，也称“蚂蟥钉”，实际上就是半个铁箍，显然是铁箍的继承和发展。战国时代以铁箍联拼船板的工艺，发展成宋代使用的锔钉或挂锔工艺，对保证船舶的坚牢具有重要意义。

中山国为北方少数民族白狄所建。春秋以来虽经华夏化，但战国时期仍不过是只有“千乘”的小国。中山地处北陲，且少大江大河之利，竟有如此纹饰瑰丽的游船和这般高超的造船技艺，那么齐魏大邦定会更有甚之，南方的楚、吴、越各国，濒江滨海，自古以来即有舟楫之盛，当非中原所能及。正因为在战国时期的舟船技术有了坚实而广泛的基础，所以才有可能使中国从秦汉时代开始大力发展海洋船舶，并且开拓了海上丝绸之路。

第四节　战国时代战船的形制

一　从战国青铜器上的船纹看战船的形制

战国早期水战与战船的情况，在出土和传世的铜鉴和铜壶上得到了生动而翔实的反映。

战国水陆攻战纹铜鉴①，于1935年在河南省汲县（今卫辉市）山彪镇一号墓出土，纹饰图案大致相同的有两件。战船纹如图3-9。

图3-9　战国铜鉴的战船纹

铜鉴上的水战画面，描绘了左右向对驶的两艘战船，形制大致相同，都是船身修长，首尾起翘。战船设有甲板，战士在甲板上面作战，划桨手在甲板下面的船舱内划桨。划桨采用立姿，划桨手也身佩短剑。每船虽只绘出4名桨手，但左右舷当为8人。看来这种战船并没有风帆，完全以人力划桨作为动力，也没有尾舵。甲板之上在船首树立大旗，旗杆顶端安有戟头。旗后排列三个战士，为首的一个正俯身挥剑杀敌，看上去像是阻止和刺杀欲登船之敌人。随后的两个战士手持长柄的戟和矛，正在厮杀。船尾立一鼓架，上悬金鼓，下置钲，钲是铜制行军中的乐器。鼓架后立有战船的指挥，一手持戟，一手握桴击鼓。战船上所有的战

① 郭宝钧，山彪镇与琉璃阁，科学出版社，1959年，第18页，第20页图11。

士皆腰佩短剑。右面的战船其形制与左船基本相同，只是击鼓的指挥员双手各执一桴，鼓前的战士正在张弓搭箭待发。

图 3-10 传世的宴乐渔猎耕战纹铜壶的拓本

另一件重要的青铜器是北京故宫博物院藏传世文物宴乐渔猎耕战纹铜壶，其拓本如图 3-10[①]。无独有偶，1965 年又有成都市百花潭中学战国时期十号墓中出土一件与之相类似的嵌错宴乐渔猎耕战纹铜壶[②]，其器形和纹饰拓本如图 3-11。从铜壶的纹饰看，两者的构图和技法几近相同。图案共分 3 组，上层为采桑和射猎；中层为渔、猎和乐舞；下层为水战和攻城战。就水战的战船形制而论，两铜壶又更相似些。与铜鉴上的战船有 4 名桨手不同，这里每船只有 3 名桨手。当然，这 4 名和 3 名也只有象征意义，真实的数字当几倍于此数。如前所述，在《越绝书》中大翼战船有棹卒 50 人，首尾操驾 3 人，还有 4 人持长钩、矛、斧专门负责在两船接舷时任钩推之职，这样操船战卒在全船凡 91 人中约占 2/3。再有，就战船的船型看，两铜壶的船型更具美感。首部有似后世所说的鹢首，而尾部似后世龙舟的尾形，曲线柔中寓刚，这说明即使是战国时代的战船，其设计、制作的工匠，也非常注意战船的美

① 采用《文物》1976 年第 3 期第 51 页图一，参见刘敦愿，青铜器舟战图像小释，文物天地，1988，(2)：15～17。
② 四川省博物馆，成都百花潭中学十号墓发掘记，文物，1976，(3)：40～46。

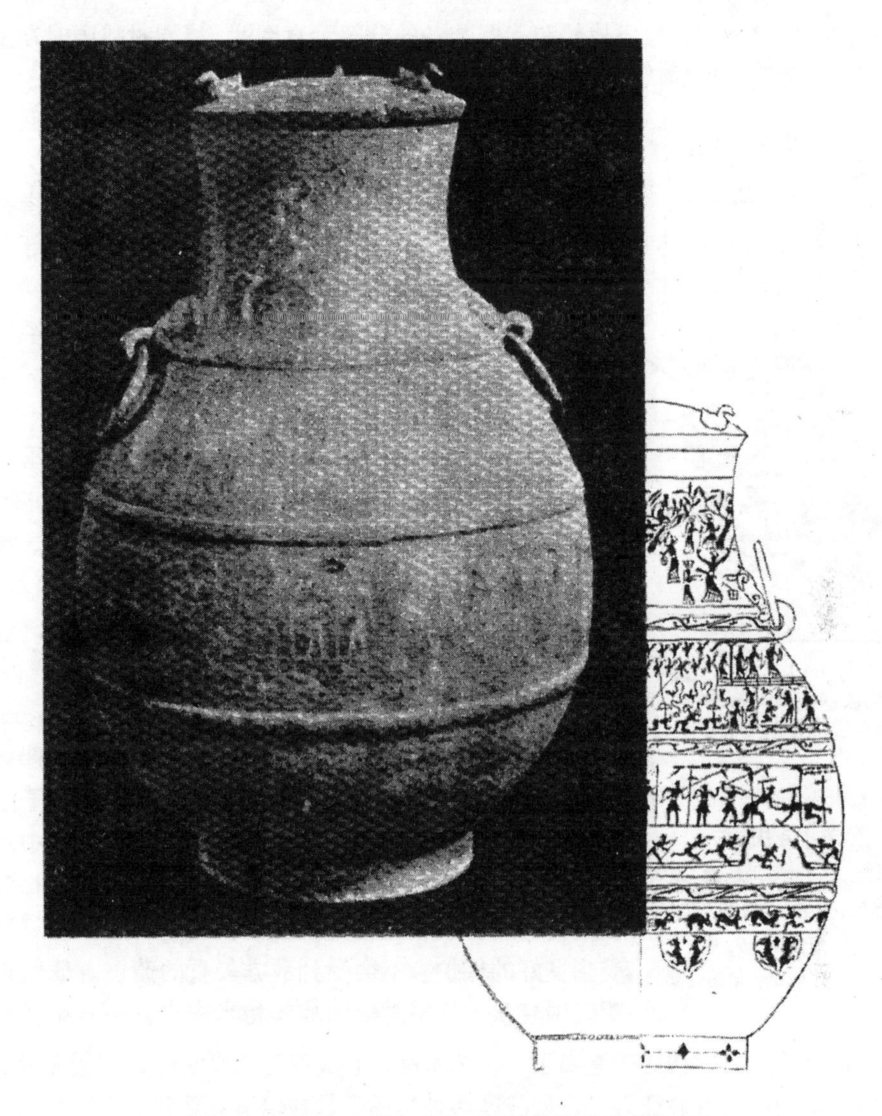

图 3-11 成都百花潭中学宴乐渔猎耕战纹铜壶及拓本

观和视觉效果。最后，与铜鉴的船底不同，两铜壶的战船船底皆具有两道线，难免有人将依此断定战国的战船带有水密的双层底，这当然是个误会。如铜鉴和铜壶的船纹所示，战船的划桨手皆采用立姿划桨，为了划桨的方便和有效，在船底设一层活动的木铺板是必要的，因为船底部有龙骨和肋骨等木构件，对划桨手的操作将带来不便。从技术上说，当时的船舶尺度较小，不可能对船的内底和外底都获得水密捻缝。再有，古代没有水泵，双层底也将难以排除因渗漏所造成的积水。战船底部设木铺板的学术见解获得了有关研究家的赞同①。

二 战国战船的形制和装备

鉴于出土的战国铜鉴、传世及出土的战国铜壶均有水战的战船纹饰，且几近相同，今以

① 刘敦愿，青铜器舟战图像小释，文物天地，1988，(2)：15。

山彪镇铜鉴的战船纹为例，绘成战船和武器装备的分解示意图①，将能对战国时期战船的形制和装备有较深刻而准确的认识。

图 3-12　战国的战船和武器装备分解示意图

(1) 指挥系统：1. 金鼓和钲；8. 战旗；

(2) 武器系统：5～6，弓矢；2～3. 戟和矛；4. 短剑刀；7. 盾；

(3) 战船本体：9. 船体，甲板，桨。

如图 3-12 所示，战船及其装备可分为指挥、武器和船体 3 部分或 3 系统。

指挥系统：船首有战旗，船尾设鼓架，战船指挥者立于船尾鸣金、击钲以节制战船的进退，指挥者在尾部能环视全船且较不易受到敌方的攻击。

武器系统：在战国时战船上，多沿用陆战已经成熟且习惯的各类武器，主要是冷兵器，只是装的柄更长一些②。远射有弓和矢，近战和接舷战有长戟和长矛，且每个战卒都身佩短剑，为了防护还有盾牌。此外，在青铜器上虽未表现出来，但战国时期确已惯用的尚有弩和兜鍪。弩是安有臂的弓，弓臂上设有弩机。战国时期的弩分为夹弩、庾弩、唐弩和大弩等 4 种。前两种较轻便，射程远，发射速度快；后两种是强弩，射程较远，但发射速度慢。兜鍪则是头盔。《越绝书》讲到吴国战船大翼"容战士二十六人"时讲到"弩各三十二，矢三千三百，甲兜鍪各三十二"③。

战船本体：如分解示意图中之 9 所示，分为船体、甲板和桨。战船首尾起翘并且颇具流线型。如果看铜壶上的船纹，其造型更为美观，尾部形似龙舟之龙尾状。船纹中均设有甲板，而且甲板之上作为战场，甲板之下是棹卒划桨的场所，征战与驾船各不相扰，而且在甲板之下划桨，使划桨的战卒受到良好的保护，不会受到敌方矢石的袭击。战船设甲板表明我国春秋、战国时期的战船相当进步，一开始就建立了良好的传统。前已述及，青铜器毕竟属于一种艺术品，它具有艺术真实性，如船体具流线型且设有甲板等，但有的具有象征意义，如战卒和棹卒的人数在船上只看到 8 人，其实这表征了全船有 90 人之众。

值得提出的一个重要问题是，既然是在甲板之下舱内划桨，则必须在甲板之下、水线之上的适当部位开棹孔，此棹孔即为划桨的支点。如果以此为出发点，对战国的战船进行复原的话，图 3-1 所表现的大翼战船的形制，较能符合三种战国青铜器所透露的格局和艺术风格。即大翼战船在舱内划桨，在露天甲板上作战。仿照三种战国青铜器的模式，在首尾立雄兽的造型。将盾牌挂在大翼战船两舷的栏杆上。鼓架立于船尾。尽显战船的风格。

再有，各战船均采用立姿划桨。立姿，较能发挥桨手的体力，特别是腰部的力量。由于棹孔开在水线之上，采用立姿在高度上也较为适宜。如各船纹所示，棹卒在划桨时均面向船舶前进的方向，这是中国划桨的传统方式。中国船的桨手都是面向前方的，少有例外，这是

① 杨泓，水军和战船，文物，1979，(3)：77。

② 唐志拔，中国舰船史，海军出版社，1989 年，第 44 页。

③ 宋·李昉等，《太平御览》卷 315。

与西方绝然相反的传统。此点，也从一个侧面证实了青铜器船纹和水战的场面是有其艺术真实性的。

三　吴国战船大翼的复原

按本章第一节所述，吴国战船大翼长度为12丈，宽度为1丈6尺。按每尺相当于0.23米计，则长度与宽度分别为27.6米和3.68米。考虑到在舱内划桨，舱底又铺设木铺板，则舱深似不应小于2.2米。假定大翼战船的吃水深度约为5尺，则合1.15米。试取木铺板的高度为0.25米，又假设船舶剖面略呈盆状，可设绘出战船的船中剖面图如图3-13。

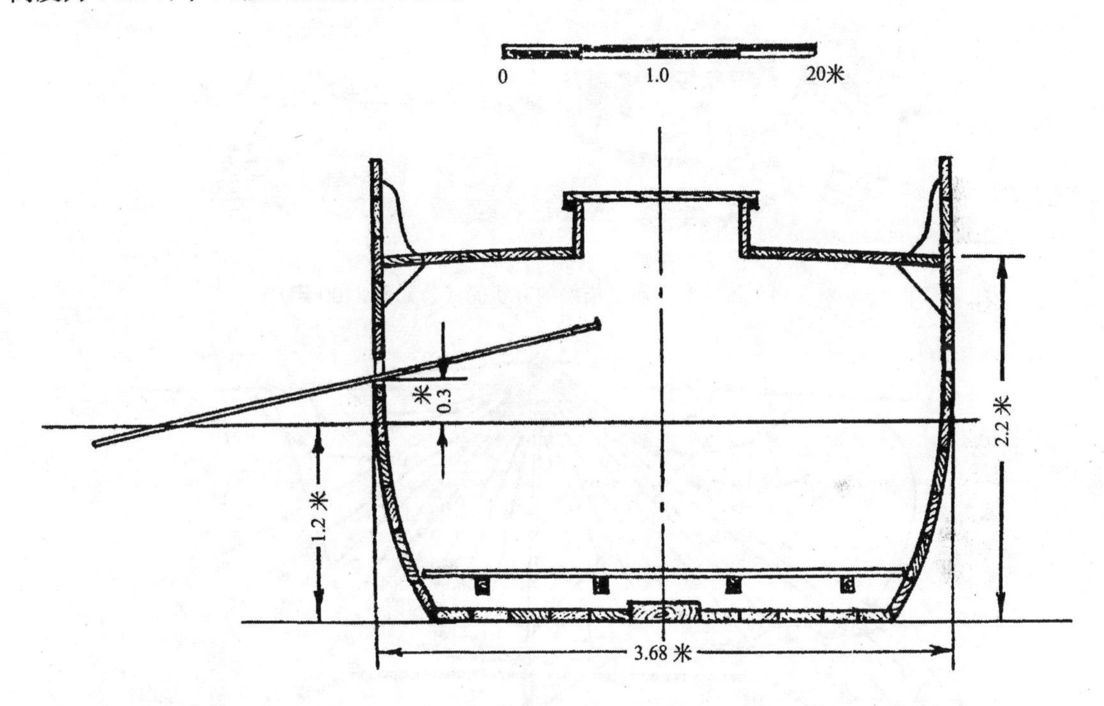

图3-13　大翼战船的船中剖面示意图

如按上述试取船深、吃水，则大翼的宽深比为1.67；宽与吃水比为3.2。这些取值虽然是从划桨的要求为出发点的，但也能合于今日对船体强度与稳定性的基本要求。

如图3-13所示，桨孔在水线以上的高度约为0.3米，桨长3.25米，则划桨的力点到支点的距离为1.5米，支点距桨叶尖端为1.75米。这样的安排对划桨尚称方便，一把桨可由一名桨手划动，必要时也可由两名桨手同时划一把桨。桨孔离水线只有0.3米，这难免会被舷外水浸入，但只要在桨孔周围钉以牛皮套并将此套绑缚在桨柄上，既可防舷外水入浸，又不妨碍桨的划动。如按图3-13复原，则能与三种青铜器的船纹相一致，较便于划桨，船的重心较低，有利于船的生命力。

第五节　中国船舶风帆出现的年代

风帆，是推动船舶前进的推进工具。帆与桨、篙和橹一样，都可被统称为船舶推进器。

所不同的是，风帆是利用自然界的风作为动力，不再受人力资源的局限，使船舶的航速、航区大为扩展，为船舶技术的进一步发展奠定基础，也是船舶发展史上的重要的里程碑。风帆在船上的应用，为船舶的大型化和远洋航行开辟了广阔的前景。

若论帆出现的年代，外国可能比中国早得多。埃及方帆船的图样（图 3-14），是据上埃及新石器时代晚期的陶质花瓶所描绘的，其年代可推溯到公元前 3100 年[1]。该船首尾两端高高地翘起，在近端处竖一桅并挂一方帆，但是桅与帆究竟是怎样支撑和张挂的还看不清楚。在公元前 1500 年，埃及某女王曾用帆船去远征，根据阿里-巴哈里的寺院里的浮雕可绘出该帆船的图形，如图 3-15 所示[2]。该船长约 30 米，除每舷有 15 名桨手划桨之外，还竖一桅挂一方帆。由这些文物，可确信尼罗河流域帆船出现之早。

图 3-14 古埃及花瓶所描绘的方帆船（公元前 3100 年）

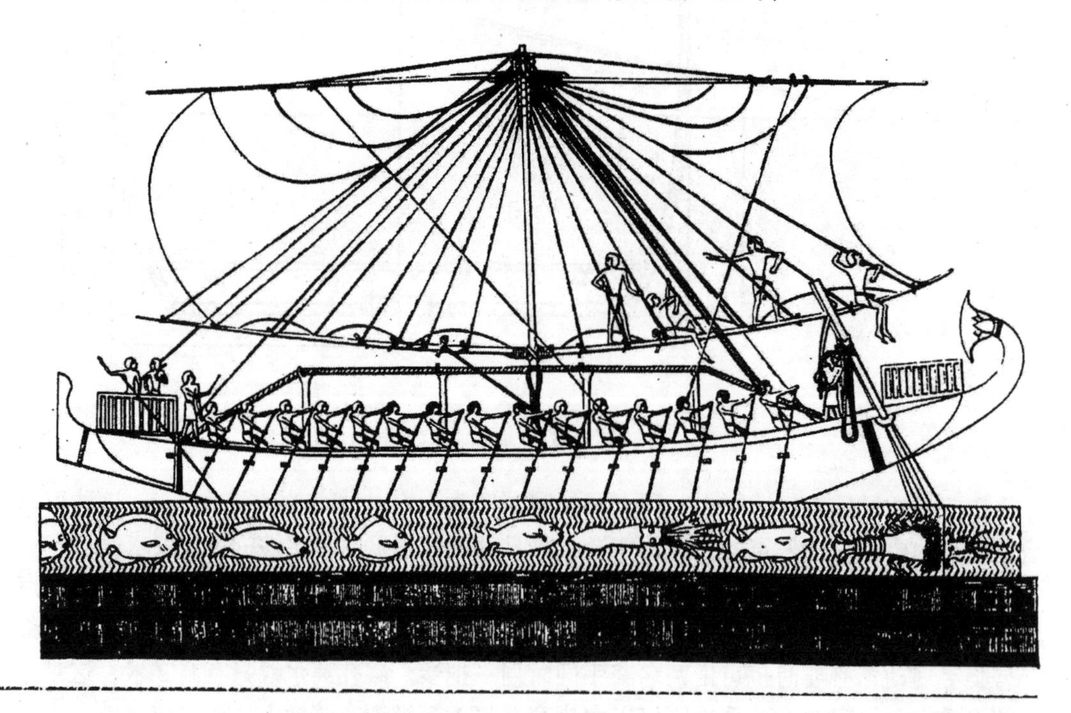

图 3-15 埃及某女王远征用的帆船（公元前 1500 年）

中国船舶风帆出现的年代，迄今虽尚无定论，但据近年的研究和一些考古发现，逐渐趋

① *Mariner's Mirror* (1960), Vol.46, No.2, Combridge University Press, 145.

② Peter Kemp, *The History of Ships*, London, Orbis Publishing Limited, 1978, 13.

于明朗。

一　殷商时代出现风帆说

在中国，认为在殷商时代就曾出现了风帆的学术见解比较流行，那就是认为甲骨文中的“凡”字即为帆。杨槱在《中国造船发展简史》中写道：“在甲骨文中还有‘凡’字很像船的帆，因此商代的人可能已在船上装帆利用风力来行船。”[①] 此种学术见解获得一些学者的赞同，房仲甫在《扬帆美洲三千年——殷人跨越太平洋初探》中，从文化传播的角度和有关文物例证出发，探讨商代即有人夺海逃亡，终至到达了美洲[②]。在《殷人航渡美洲再探》一文中，作者更从美洲的文化与商文化的渊源，“墨西哥发现的商代文化遗迹”等多角度继续探讨殷人航渡美洲问题。在谈到“殷人的航海能力”时作者认为：“甲骨文既已有‘帆’字，当即有桅，可认为当时已能立桅扬帆。扬帆美洲单就航船来说，已有实据。商代既能织出世界最早的提花织物，帆用织物当不致匮乏。”[③] 张墨也认为商代出现了风帆[④]。《中国航海史》也以甲骨文中的凡字释为帆，杨熺将刘鹗的《铁云藏龟》二三七上片的卜辞“戊戌卜，方其凡”，释义为“戊戌日占卜，船上必须挂帆”[⑤]。唐志拔在《中国舰船史》中，也同意此种观点，不过将上述卜辞释读为：“戊戌卜，方其凡?”释义为：“一定要在航船上挂帆吗?”[⑥] 该书还就新石器时期山东的黑陶流传到辽宁、东南沿海直到台湾一带的事实，认为在海上长途航行，只靠划桨不用风帆是不可能办到的；还有，在出土的新石器时代的文物中曾发现鲨鱼、鲸鱼等深海动物的骨骼，这说明当时人们已能驾船到较远的深海捕鱼了。“如果没有帆作为动力，光靠桨划行，是不可能航行那么远距离的”。

看来，中国在殷商时代出现风帆的论据主要有两个：一是将甲骨文中的凡字释为帆；二是从文化传播的角度出发，认为只有帆的出现和使用，才能使船舶作长途航行。这一学术观点在年代上与埃及相比，大致是说中国的帆较尼罗河流域晚 1500 年，因之也易于为人们所接受。

二　东汉前半期出现了记载帆的文字

在中国的学术界，也有不少人对殷商时代即出现风帆的论点持有异义。朱杰勤在《中国古代海船杂考》中提出：“大致在公元前后，中国航海船舶已知使用风帆行驶在大海上。”[⑦] 与之相近似的见解是《中国科学技术史稿》的论述：据《释名》说，“随风张幔曰帆，帆，泛也，使舟疾泛泛然也”[⑧]。作者在这里指出：“这说明东汉已经使用了布帆，它是利用风力

---

① 杨槱，中国造船发展简史，中国造船工程学会 1962 年年会论文集，国防工业出版社，1964 年，第 8 页。

② 房仲甫，扬帆美洲三千年——殷人跨越太平洋初探，人民日报，1981.12.5。

③ 房仲甫，殷人航渡美洲再探，世界历史，1983，(3)：47～56。

④ 张墨，试论中国古代海军的产生和最早的水战，史学月刊，1981，(4)：35。

⑤ 中国航海学会，中国航海史（古代航海史），人民交通出版社，1988 年，第 13 页。

⑥ 唐志拔，中国舰船史，海军出版社，1989 年，第 22 页。

⑦ 朱杰勤，中国海船杂考，东南亚史论文集（第 1 集），暨南大学历史系东南亚史研究室，1980 年，第 11 页。

⑧ 杜石然、陈美东等，中国科学技术史稿，科学出版社，1982 年，第 214 页。

解决船舶动力问题的重大发明。"《释名》的作者为刘熙，其生卒年不详，据清代学者毕沅考证，刘熙大约是东汉末年或三国魏时人[①]。以《释名》对帆做了解释，认为在东汉末年已经使用了帆，当然是准确的，而且东汉末是帆出现年代的下限。

在针对中国风帆出现的年代的学术讨论中，以文尚光的《中国风帆出现的时代》[②]一文值得注意。首先，作者从《甲骨文编》、《古文字类编》中查出清末以来几十年中发现的甲骨文中的"凡"字共28种体形和周代的金文及秦代的篆文中的"凡"字，这些字都不能被认为具有"帆"的形象，它们甚至完全不像"日、月、水、舟"等字那样能表现出实物形象的某种特征。其次，从甲骨卜辞中"凡"字的释义来看，"凡"字有凡、般、盘、风、犯等5种释义，另外用做字的偏旁时与"舟"字、"皿"字相同。在《诗》、《书》、《易》、《礼》、《春秋》等13部儒家经典中，有"凡"字的句子共856句，也没有一句可将其中的"凡"字释为"帆"。由之得出结论是："甲骨文的'凡'字并不能释为'帆'字，所以，不能以之作为三千多年前的殷商时代就已有风帆的证据。"[③] 据文尚光的研究："不但在先秦诸子百家的著作中没有关于风帆或桅樯的记载，甚至在西汉的典籍中也是如此。"[④] 与汉武帝同时代的历史学家司马迁，其足迹遍历黄河上下、大江南北，然而在其所著《史记》中，仍未见有孤桅片帆。

在中国的历史文献中，有关风帆的记载以东汉马融（79～166）的《广成颂》为最早。在汉安帝永初二年（115），针对俗儒世士以为"文德可兴，武功宜废"的言论，马融上书以谏。在讲到将战舰余皇组成水军的船队时，有对风帆的生动描述："然后方余皇，连舼舟，张云帆，施霓帱，靡飓风，陵迅流，发棹歌，从水讴，淫鱼出；蓍蔡浮，湘灵下，汉女游。"[⑤] 如译成现代汉语，其大意是：把像艅艎那样的战船组成船队，升起似云彩、若霓虹的绸帆，乘着高风，踏着激流，唱着船歌开航前进，鱼儿和灵龟浮到水面倾听，湘水和汉水的女神也降临了！

既然在115年马融在《广成颂》中明白无误地记载着船帆，在其后的文献中关于帆的记载就越来越多，因之可断定，至迟到公元1世纪中国已出现风帆了。如此精美的彩绸帆，当然不会是最原始的帆，帆出现的上限年代还值得深入研究。

三　战国时代出现风帆的考证

林华东在《中国风帆探源》中，也不赞成风帆始于殷商的观点，文中指出："倘殷商已有风帆，那么，历经西周至春秋当有发展，为何典籍和文物中均未见踪影，盖不足信矣。"基于对战国时代有关海上航行的文献的分析和对战国时期的两件文物的考证，林华东认为："中国船上的风帆，在战国时代已经在吴、越，或者楚和齐等地开始出现。当然，这是原始的风帆，并不普遍，它可能是顺风便张帆，而逆风即划桨的小型而又简陋的帆船。"[⑥]

---

① 清·王先谦，《释名疏证补》。

② 文尚光，中国风帆出现的时代，武汉水运工程学院学报，1983，(3)：63～70。

③ 同②。

④ 同②。

⑤ 南朝宋·范晔，《后汉书·马融传》。

⑥ 林华东，中国风帆探源，海交史研究，1986，(2)：85～88。

关于在春秋和战国时代在海上航行的文献记载，本章第一节已提到《说苑·正谏篇》："齐景公游于海上而乐之，六月不归。"还有《艺文类聚》引邓析书"同舟涉海，中流遇风，救患若一，所忧同也"。《越绝书》卷八对海上航行的形容尤其生动："往若飘风，去则难从。"这些记载当会引起人们的思考和联想：作为帝王在海上航行又能感到乐趣，其船队当有相当的安全度和舒适性；6个月的航程也不谓不远，只靠划桨恐难以胜任；"往若飘风"可理解为有相当的航速，至少是并不需付出很大的艰辛；"去则难从"说的当是船在风的吹袭下，航向难以操纵。帆船在没有尾舵的配合时，其操纵性很差，已为当今的许多实践所证明。《越绝书》的这段记叙，恰是说到了开始使用风帆而尚未使用舵的一种技术状态。

在春秋末及战国初年，中国北方沿海的航路已经开通，史书中的记载比比皆是。如果只靠划桨而无风帆作为船的动力，史籍上的诸多事例当难以实现。如《史记·吴太伯世家》载吴王夫差十一年（公元前485)："齐鲍氏弑齐悼公，吴王闻之，哭于军门外三日，乃从海上攻齐，齐人败吴，吴王乃引兵归。"接着，于吴王夫差十四年（公元前482）春，"吴王北会诸侯于黄池，欲霸中国，以全周室"①，"于是越王勾践乃命范蠡、舌庸率师，沿海泝淮，以绝吴路"②。再如于公元前473年越国灭吴国之后，《史记·越王勾践世家》记有："范蠡以为大名之下，难以久居……乃装其轻宝珠玉，自与其私徒属，乘舟浮海以行，终不反。"③"范蠡浮海出齐"，是从现今的东海北上，到达黄海，海程数百公里。如此在海上长途跋涉，对私人旅行已是常见的事了。

在战国时代，不仅在沿海的交通便捷通畅，人们更积极向外海发展。司马迁在《史记》中，对此种探索做过形象而生动的描述："自威、宣、燕昭，使人入海求蓬莱、方丈、瀛洲。此三神山者，其传在渤海中，去人不远；患且至，则船风引而去。盖尝有至者。"④这段叙述说明：齐威王、齐宣王和燕昭王等都曾多次派人出海远航。既是帝王派出的船队，其规模和技术均应属上乘，远航的艰难也跃然纸上。"船风引而去"更透露出"当时远航已用风帆，然而不能掉戗驶风，而被风引来引去，终莫能至"⑤。

当然，上述关于海上航行的诸多事例见诸于各种文献，只能说明战国时代航海业的繁盛。"往若飘风，去则难从"以及"患且至，则船风引而去"等记载，也只是透露了这些是船舶已经使用风帆的一些征候，毕竟不能依此即认定这时已经使用风帆了。林华东在《中国风帆探源》中引用两件战国时代的文物，提出了"中国船上的风帆始于战国时代"⑥的论点，值得人们注意与重视。其一，1976年在浙江鄞县甲村石秃山曾出土1件战国时期的青铜钺⑦，正面高9.8厘米，刃宽12厘米，銎厚2厘米。其正面镌印有一幅珍贵的图案：下方以边框线示舟船，船上有4个泛舟者。4个泛舟者头上有羽冠图案。许多研究家认为此"羽冠"与许多铜鼓上那种紧戴在划舟人头上的羽冠不同，若为旗帜之类，又与水陆攻战纹铜鉴

---

① 汉·司马迁，《史记·吴太伯世家》。
② 清·高士奇，《左传纪事本末》第三册。
③ 汉·司马迁，《史记·越王勾践世家》。
④ 汉·司马迁，《史记·封禅书》。
⑤ 孙光圻，中国古代航海史，海洋出版社，1989年，第100页。
⑥ 林华东，中国风帆探源，海交史研究，1986，(2)：85～88。
⑦ 曹锦炎、周生望，浙江鄞县出土春秋时代铜器，考古，1984，(8)。

战船上的旗帜有异。林华东认为："或许这正是一种原始的风帆。"① （图 3-16）其二，就是在湖南出土的战国时代越族铜器錞于，在其顶盘上刻有船纹。其中一种船纹在中部立有一扇状图形很像风帆。也有的船纹在船首尾有桨，中部的图形也似为风帆之属（图 3-17）。

图 3-16 战国青铜钺拓片摹本

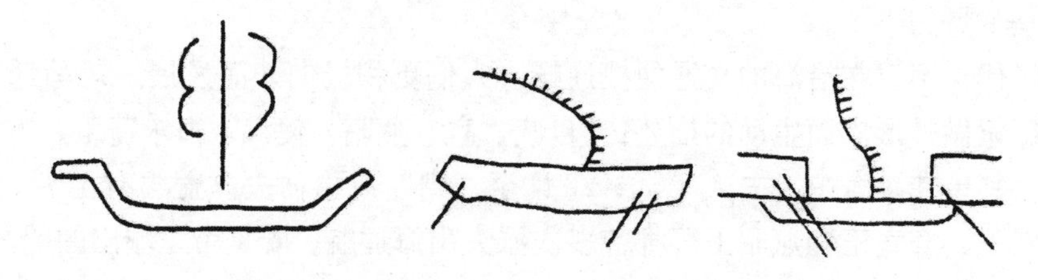

图 3-17 錞于顶盘上刻画的船纹图案

综合各研究家的学术见解，由于甲骨文中的凡字不能释为帆，甚至在《诗》、《书》、《易》、《礼》等 13 部儒家经典著作中的凡字也不能释为帆，在先秦诸子百家的著作中，也不见有关于风帆和桅樯的记载，所以不能说在殷商时代就已有风帆。但是，如果以东汉时期才出现帆字，就认定风帆只在东汉以后才出现，也未免过于偏颇。许多技术的出现有渐进性，有一个演变过程。从战国时期中国沿海船舶交通较为繁盛的事实出发，再联系到这一时期积极开发远海交通的诸多事例，结合战国时期铜钺和铜錞于上曾出现带有风帆图案的船纹，"可以认定，中国船上的风帆始于战国时代"②，"可能是在吴、越，或楚、齐等地最先出现，但还不普遍，它可能是顺风便张帆，而逆风即划桨的小型而又简陋的帆船"③。

---

① 林华东，中国风帆探源，海交史研究，1986，（2）：88。

② 同①。

③ 施圆宣、林耀琛、许立言，风帆始于何时？千古之谜——中国文化史 500 疑案，中州古籍出版社，1989 年，第 857 页。

第六节　战国时代为发展古代造船业奠定技术基础

继商、周时代青铜器的广泛使用之后，到春秋、战国时代则广泛使用了铁器。特别是铁制工具斧、凿、锯等木工工具的出现和使用，为古代传统的造船技术奠定了技术基础。据考古发现，战国时期造船时已采用铁箍联拼船板。铁器作为造船材料用到船上还具有划时代的意义。

据文献记载：春秋时期的秦国、晋国，已在黄河上用船舶大规模漕运粮食；到了战国时期，不仅在长江上游由秦及楚有了大规模的舫船队，甚至在长江中游并遍及汉水、湘、资、沅、澧和赣江等广大支流，船舶和水运业都十分活跃和繁盛。春秋时期，水战频仍，“用舟师自康王始”，说的是楚康王十一年（公元前549）“楚子为舟师以伐吴”；吴王夫差十一年（公元前485）吴国从海上攻齐并为齐国所败；越王勾践十五年（公元前482），“吴王北会诸侯于黄池”，“越王勾践乃命范蠡、舌庸率师，沿海泝淮，以绝吴路”。楚、齐、吴、越都有强大的水师，频繁的水战则促进了战船的发展。

春秋、战国时期，沿海航线已经开辟并渐趋活跃，环今山东半岛的齐国和渤海沿岸的燕国，更有向远海探求和开发的强烈要求与实践。这就是齐威王、齐宣王、燕昭王等相继使人入海求三神山，且尝有至者。

据诸多学者考证，从文献和文物两方面求索，在战国时期，风帆已出现，为船舶大型化，提高航速与扩大航区提供了技术保证。综上所述，经过春秋时期的306年、战国时期的253年，中国古代传统造船技术的演进已粗具规模，且为进一步发展奠定了技术基础。

第四章　古代造船技术的发展

中国古代造船技术，在秦、汉时代获得大发展，出现了中国造船史上第一个高峰时期。

秦始皇于公元前221年结束了战国长期割据的混乱局面，建立了统一的封建帝国。秦代共二世、15年，继而兴起的是汉代。秦汉两代441年。汉代结束后相继出现了三国、西晋、东晋和南北朝的封建割据局面，战乱频仍达361年之久。在这段风云变幻的时代里，比较起来，汉是发展经济与文化成效最大的朝代。

汉代统一国家后，相对稳定地发展了60多年，封建制经济已基本形成，生产繁盛。司马迁在《史记》中描述当年的繁荣景象时写道："汉兴，海内为一，开关梁，弛山泽之禁，是以富商大贾周流天下，交易之物莫不通，得其所欲。"[①] 当时，国内交通四通八达，可谓已经无远不至。国外交通，除从河西走廊经塔里木盆地南北边缘通向中亚、西亚的丝绸之路以外，还形成了从广东出发通向印度洋的航路，从山东半岛出发经朝鲜半岛通向日本的航路。为适应发展海外交通的需要，中国舟船获得了大发展。海外交通的发展，又为中国舟船技术的发展开辟了广阔的前景。

第一节　秦代的船舶

秦代的国祚只有短短的15年，迄今缺少关于秦代船舶的形象资料。依据确凿的文献分析，秦时的江、海船舶当有相当的规模和水准。

秦始皇于三十七年（公元前210）十月曾南巡，《资治通鉴》曾记有："十一月行至云梦，望祀虞舜于九疑山，浮江下，观籍柯，渡海渚，过丹阳，至钱唐，临浙江。"[②] 九疑山在今湖南省宁远县南，秦始皇只是在今湖北省的云梦县"望祀"而已，然后即顺江而下。丹阳在今安徽省当涂县，濒长江；钱唐即今杭州市西的灵隐山麓。秦始皇此次南巡先乘了江船，然后"并海上，北至琅邪"，派遣徐福第二次入海远航。同时，他还亲自乘船出海，"令入海者赍捕巨渔具，而自以连弩候大鱼出射之。自琅邪北至荣成山，弗见。至之罘，见巨鱼，射杀一鱼，遂并海西"[③]。秦始皇在有生之年的最后一次出巡中，既乘船航行于长江，也航行于黄海、渤海，还环绕了山东半岛，说明"秦统一中国后的航海实力已相当可观"[④]。

关于秦始皇所乘船舶的形制，从战国时代的战船可以得到有益的启示：像战国的战船一样，秦代船舶也必然是设有甲板的。战船的甲板上因作战需要，并未见船楼，然而对于皇帝乘坐的座船，当有适宜的船楼，即上层建筑，用以遮风蔽雨。

如第三章第五节的分析与考证，秦代的座船也应当具有风帆，这是远航所必要的。据

---

① 汉·司马迁，《史记·货殖列传》。

② 宋·司马光，《资治通鉴》卷7。

③ 汉·司马迁，《史记·秦始皇本纪》。

④ 孙光圻，中国古代航海史，海洋出版社，1989年，第126页。

"徐福船队东渡航路"[①] 的探讨，徐福船队由琅邪起航，绕过今山东半岛的成山头到达之罘港，然后由之罘而到蓬莱，经今庙岛群岛而到达辽东半岛的南端老铁山，接着沿海岸航行并跨过鸭绿江口，继续沿朝鲜半岛西海岸航行，到达朝鲜半岛东南部海岸，即今釜山、巨济岛一带。在徐福东渡日本的航路中，以渡过朝鲜海峡具有更大的难度。由朝鲜半岛东南沿海趁北风举帆南驶，釜山海峡最窄处的航程约 26 海里，晴天时可隔水相望对马岛。到对马岛后，船队可绕至东岸南航，在前进途中当可发现东南海域中的冲岛，此冲岛正好是渡过对马海峡的中间站。从冲岛到大岛约 25 海里，一旦船队到达大岛，则等于已航抵日本北九州沿海了。过朝鲜海峡时，会遇到流速为 1～1.5 节（海里/小时）的对马暖流。如果只靠划桨航行，这段航路将异常艰巨。然秦时船舶已具有风帆，使横渡朝鲜海峡的航行便捷多了。

第二节　汉代南北海上航路的开辟

秦始皇虽然开创了封建帝国的统一大业，可是由于对广大农民的残酷奴役与剥削，很快就被农民起义军推翻了。接着是楚汉争夺封建统治权的长期战争。在这场战争中，生产受到严重破坏，社会经济凋敝。新建的西汉政权，府库空虚，财政困难。《史记》记有："自天子不能具钧驷，而将相或乘牛车，齐民无藏盖。"[②] 以刘邦为首的西汉统治者，不得不实行一系列恢复农业生产，稳定封建秩序的"与民休息"的各项政策。

从汉初（公元前 206）到文帝、景帝统治时期（公元前 179～前 141）的 60 多年间，社会经济逐渐恢复和发展，出现了一代繁荣景象，历史上称之为"文景之治"。史载："汉兴，七十余年之间，国家无事，非遇水旱之灾，民则人给家足，都鄙禀庾皆满，而府库余货财。京师之钱累巨万，贯朽而不可校。太仓之粟陈陈相因，充溢露积于外，至腐败不可食。"[③]

汉武帝刘彻，是在文景之治的社会经济繁荣和财富积累雄厚的背景下登上历史舞台的，他对陆上和海上交通路线的开辟起到了一定的历史作用。

汉建元三年（公元前 138）武帝派遣张骞出使西域凡十数年，开辟了一条中西贸易的交通大道，这就是迄今仍载誉中外的丝绸之路。这条通路经常受到匈奴的骚扰时而中断，汉武帝不得不设法另寻他途。于是在元狩元年（公元前 122）派使者从四川开辟经过印度通往西方的新路线，由于种种原因而未获成功。因此，开辟海上的航路就提到了议事日程。但是，汉武帝在两方面遇到了阻碍：一是来自南方的百越人；二是来自朝鲜半岛。

一　征服百越及开通南方航路

秦始皇时，虽曾征服过百越，但在秦以后，百越各国又相继拒汉。为了征服百越和开辟海上交通线，汉武帝曾派遣严助、朱买臣等吴人，建立海上的武力。汉建元三年（公元前 138），闽越出兵进攻东瓯，武帝使严助发会稽（郡治在今苏州市）兵浮海往救。

元鼎五年（公元前 112），汉武帝借平定南越吕嘉叛乱之机，"遣伏波将军路博德出桂

---

① 孙光圻，中国古代航海史，海洋出版社，1989 年，第 149～156 页。

② 汉·司马迁，《史记·平准书》。

③ 同②。

阳，下湟水（今广东连江，北江支流）；楼船将军杨仆出豫章，下涢水（今广东省境，北江支流）；……皆将罪人，江、淮以南楼船十万人。”① 第二年（公元前111）冬季攻克番禺（今广州）。吕嘉入海逃亡，被汉水军追杀。“遂以其地为南海、苍梧、郁林、合浦、交趾、九真、日南、珠崖、儋耳九郡。”②

元鼎六年（公元前111），东越王余善又叛汉，汉武帝用九路兵将反击，其中还有由句章（今浙江宁波市西）出发的水师，浮海南征。《资治通鉴》记有：“上乃遣横海将军韩说出句章，浮海从东方往；楼船将军杨仆出武林(《汉书·武帝纪》为出豫章)，中尉王温舒出梅岭，以越侯为戈船、下濑将军，出若邪、白沙，以击东越。”③

从南征百越的几次用兵中可以发现，当时水师对于季风已有了相当的认识。“两次的船军和海军都在秋季出发南航，顺利获胜，显然是在航行进军中充分掌握和利用了秋冬季节北来的季风的”④。

自攻克番禺之后在南越所设九郡，除在海南岛的珠崖（治所在今琼山)、儋耳（治所在今儋县）两郡之外，就是在今广东省、广西省南部的南海、苍梧、郁林（治所在今桂平)、合浦四郡和在今越南境内的交趾、九真、日南三郡，号称交趾七郡。此七郡与中原和北方的交通主要取道于海上。《后汉书》记有：“旧交趾七郡，贡献转运，皆从东冶泛海而至，风波艰阻，沉溺相系。”⑤ 东冶在今福州，由东冶向南则航抵今广东、广西及今越南沿海，向北则可达句章、会稽。汉建初八年（83)，大司农郑弘奏开零陵、桂阳峤道（岭路)，即增开通往今广东、广西的陆道，然海上航路仍然畅通。《后汉书》曾记有桓晔、袁忠诸人自会稽浮海到交趾的航程⑥；《三国志》也曾记许靖等“浮涉沧海，南至交州。经历东瓯、闽、越之国，行经万里，不见汉地”⑦。

二　击朝鲜并开通北方航路

在北方和朝鲜，汉初曾有燕人卫满侵入朝鲜半岛北部，灭了箕氏朝鲜，自立为王，史称卫氏朝鲜，建都王险，即今平壤附近。卫氏朝鲜对于半岛中部的真番及南部的辰韩等邻国进行侵略，而且破坏他们与汉帝国的交通与联系，使汉帝国在渤海以东的航运受阻。

汉武帝在收复百越以后两年，即元封二年（公元前109)，遣海陆两军征讨朝鲜，打通北方航路。即史载：“上募天下死罪为兵，遣楼船将军杨仆从齐浮渤海，左将军荀彘出辽东，以讨朝鲜。”⑧ 经过两年艰苦卓绝的征战，“遂定朝鲜，为乐浪、临屯、玄菟、真番四郡。”⑨

通过上述几次战争，汉帝国东面整个的海上交通线，北起渤海，南迄今越南沿岸，都畅

---

① 宋·司马光，《资治通鉴》卷20。
② 同①。
③ 同①。
④ 章巽，我国古代的海上交通，商务印书馆，1986年，第16页。
⑤ 南朝宋·范晔，《后汉书·郑弘传》。
⑥ 南朝宋·范晔，《后汉书·桓荣传》；《后汉书·袁安传》。
⑦ 西晋·陈寿，《三国志·蜀书·许靖传》。
⑧ 宋·司马光，《资治通鉴》卷21。
⑨ 同⑧。

通无阻了，如图 4-1[①] 所示。

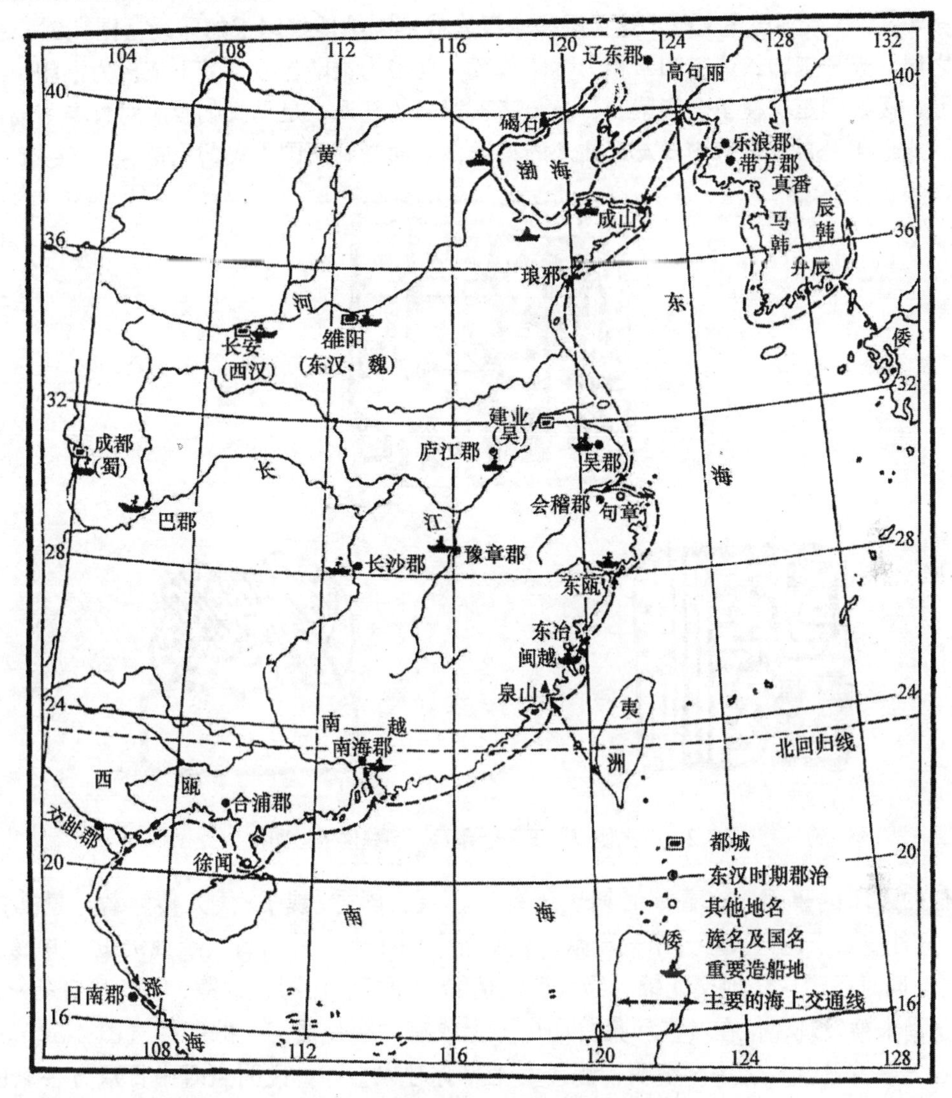

图 4-1　两汉及三国时代的沿海航路图

《汉书·地理志》记有："乐浪海中有倭人，分为百余国，以岁时来献见云。"[②] 这是说汉武帝攻占朝鲜后，得以与日本建立了正常的海上交往。日本虽在中国的东方，但限于当时的航海知识和技术等条件，双方只能沿着传统形成的绕经朝鲜的沿岸航线。这是自汉武帝以后直至曹魏时期的中日交往的主要航线。近代在日本弥生时代的文化遗址发掘中，发现很多中国的古镜、璧、玉及王莽时代的货泉，这当然是汉代中日间海上交往的有力见证。

《后汉书·东夷传》记有："建武中元二年（57），倭奴国奉贡朝贺，使人自称大夫，倭国之极南界也。光武赐以印绶。"[③] 由此可见，到东汉初年，中日双方的交往更加密切了。日

① 章巽，我国古代的海上交通，商务印书馆，1986 年，第 17 页。

② 汉·班固，《汉书·地理志》。

③ 南朝宋·范晔，《后汉书·东夷传》。

本于天明四年（1784）在筑前国糟屋郡志贺岛（今北九州福冈县）发掘到刻有“汉倭奴国王”的金印①。联系到历史文献，这无疑是东汉光武帝赐给倭奴国王的印绶（图 4-2）。按汉代印绶之制，天子玉印，诸王和宰相为金印紫绶，九畿为银印青绶，其下依次为铜印黑绶与木印黄绶。倭奴国王被授予金印紫绶，获与诸王相当的礼遇，足见汉朝政府对日本列岛的亲密关系。此金印是自古以来中日友好往来的见证，因而受到两国人民的重视。

图 4-2 “汉倭奴国王”金印及“亲魏倭王”印样

类似的赐印的事例，在曹魏时期也还有过。《三国志·魏书·倭人传》载，景初二年(238)，六月倭女王遣大夫难升米等朝献，魏明帝于同年十二月诏封“亲魏倭王”并赐以金印紫绶②，同时还赠送绛地交龙锦、绉粟罽、倩绛、绀青、白绢、铜镜、刀、珍珠等③。这方金印虽尚未被发现，但在《宣和集古印史》上收有“亲魏倭王”的印样（图 4-3），在日本也收在《好古日录》之中。魏明帝赐倭女王卑弥呼以金印，说明当时中日双方往来的密切。从魏景初二年到正始八年（238～247）前后 10 年间，除平常交通往来以外，倭国派到魏国的使节有 4 次，魏派赴倭国的使节有 2 次④。魏朝使臣以亲身经历，把赴日本沿途所到的地方和行程，都详细记录在《魏书·倭人传》中。从双方平均一年多便有一次专使来看，中国早期通往日本的航路，发展到曹魏时期，已经是相当方便和频繁了。

三 印度洋以西海上丝绸之路的开拓

西汉时在开通沿海航路之后，沿海航运的发展，也促进了经南洋到今日印度洋的海上丝

① 木宫泰彦著，胡锡年译，日中文化交流史，商务印书馆，1980 年，第 12、14 页。

② 同①。

③ 西晋·陈寿，《三国志·魏书·倭人传》。

④ 同③。

绸之路的开通。

最早具体提到从中国沿海经南洋诸岛到达今日印度半岛这条海上丝绸之路的是《汉书·地理志》。书中写道："自日南障塞、徐闻、合浦，船行可五月，有都元国；又船行可四月，有邑卢没国；又船行可二十余日，有谌离国；步行可十余日，有夫甘都卢国。自夫甘都卢国船行可二月余，有黄支国，民俗略与珠崖相类。其州广大，户口多，多异物，自武帝以来皆献见。有译长，属黄门，与应募者俱入海市明珠、璧流离、奇石异物，赍黄金杂缯而往。所至国皆禀食为耦，蛮夷贾船，转送致之，亦利交易，剽杀人。又苦逢风波溺死，不者数年来还。大珠至围二寸以下。平帝元始中，王莽辅政，欲耀威德，厚遣黄支王，令遣使献生犀牛。自黄支船行可八月，到皮宗；船行可二月，到日南、象林界云。黄支之南，有已程不国，汉之译使自此还矣。"①

在上述航路中，有若干距今已有2000余年的古地名或古国名。其中起、迄的地名或国名，经中外学者考订，全有明确的均属一致的结论。诸如日南郡的治所即地处今日越南平治天省广冶河与甘露河的合流处；徐闻，即今广东省最南端濒琼州海峡的徐闻县，汉时属合浦郡；合浦郡即今广西壮族自治区最南端的合浦县，现有港名北海，为今广西最大港。据《汉书·地理志》载，合浦郡当时有15 398户，78 980人。

该航路以黄支国为终点，黄支国为地域辽阔、人口众多、物产丰富的大国，其民俗约与当时的海南岛差不多，自汉武帝时代便多次遣使贡献。所到的黄支，普遍被认为即今印度南部东海岸泰米尔纳德邦首府马德拉斯西南的康契普腊姆。黄支之南的已程不国，即为今斯里兰卡，即古代称之为狮子国的。该地盛产珍珠、宝石，又是南亚、西亚海上贸易中心地区，汉使既是带上黄金、丝绸以"市明珠、璧流离、奇石异物"为旨，该地是非去不可的。船舶离黄支南航，也非常方便。"黄支国和已程不国都是泰米尔人聚居地，西汉时中国已经有人通其语言"②。汉代皇帝的黄门近侍中有专门通晓番语的官员，在整个航程中充作译员。

返航时，从黄支出发，经已程不国，历时八月可到皮宗。对皮宗的考订，虽不尽一致，但多指马六甲海峡的东端一带，其中一说是今新加坡西面的比实岛。自皮宗船行二月则返抵日南郡的象林县界，约在今越南岘港湾之北，为当时西汉帝国所经略的最南境。

在此航路中所经历的都元国、邑卢没国、谌离国、夫甘都卢国4处，各家的考据结果相差很大，因此所考订的航线也差别很大。著名中西交通史学者张星烺③早在1930年即对黄支国、已程不国有确切考证，惟对上述4处的考证尚需商榷。

一部较有影响的著作考订都元国在现在苏门答腊岛西北部；邑卢没国在今缅甸南部勃固附近；谌离即今缅甸伊洛瓦底江口西边的一港；夫甘都卢国则在今缅甸伊洛瓦底江中游东岸蒲甘一带④。如依此说，自伊洛瓦底江口的谌离，到该江中游的蒲甘即夫甘都卢国，陆路约有五六百多公里，绝不是步行十余日所能到达的。况且，汉使和一些入海经商的"应募者"，似无必要弃船步行并深入到缅甸的内陆蒲甘。再有，夫甘都卢地处缅甸的内陆，距海岸近处尚有150公里，但翻过阿拉干山脉是十分困难的，又怎样能"自夫甘都卢国船行可二月余"

① 汉·班固，《汉书·地理志》。
② 刘迎胜，丝路文化·海上卷，浙江人民出版社，1995年，第20页。
③ 张星烺，中西交通史料汇篇（第六册），辅仁大学丛书第一种，1930年，第38～39页。
④ 章巽，我国古代的海上交通，商务印书馆，1986年，第19页。

到黄支国呢？鉴于种种疑点，此说似难以使人信服。

在诸多地名和航路的考订工作中，笔者以为《中外交通史》① 和《七海扬帆》② 的工作值得重视。该书对此段航程的表述是："汉使乘船离开日南（郡名，治今越南广治附近）或徐闻、合浦后，顺中南半岛东岸南行，经五个多月来到湄公河三角洲，泊于都元即今越南南部的迪石一带（古代扶南的著名海港即在此）。复沿中南半岛北行，经四个月航抵泰国的湄南河河口，停靠在邑卢没即今佛统（亦古之贸易港）一带。由此南下沿马来半岛东岸，经二十余日驶抵谌离即今泰国之巴蜀。在此弃舟登岸，横越地峡，步行十余日到达夫甘都卢即今缅甸丹那沙林。从夫甘都卢再度登船，向西航行于印度洋，经两个月终于抵达黄支国即今印度东南岸之康契普腊姆。回国时，由黄支南下至已程不国即今之斯里兰卡，然后向东直航经八个月驶抵马六甲海峡，泊于皮宗即新加坡西面的皮散岛（即前述比实岛），最后再航行两个来月，由皮宗驶还日南郡的象林县境（治今越南维川县南的茶荞）。"③

西汉时代海上丝绸之路航路图如图 4-3，此航路及所到地点和国名的考订，或有可商榷之处，但是西汉时代由中国通向印度的从太平洋进入印度洋的海上丝绸之路已经开通则是举世不争的事实。当时汉使和应募的商人、船工主要是携带黄金和丝绸，途中常有番舶前来交

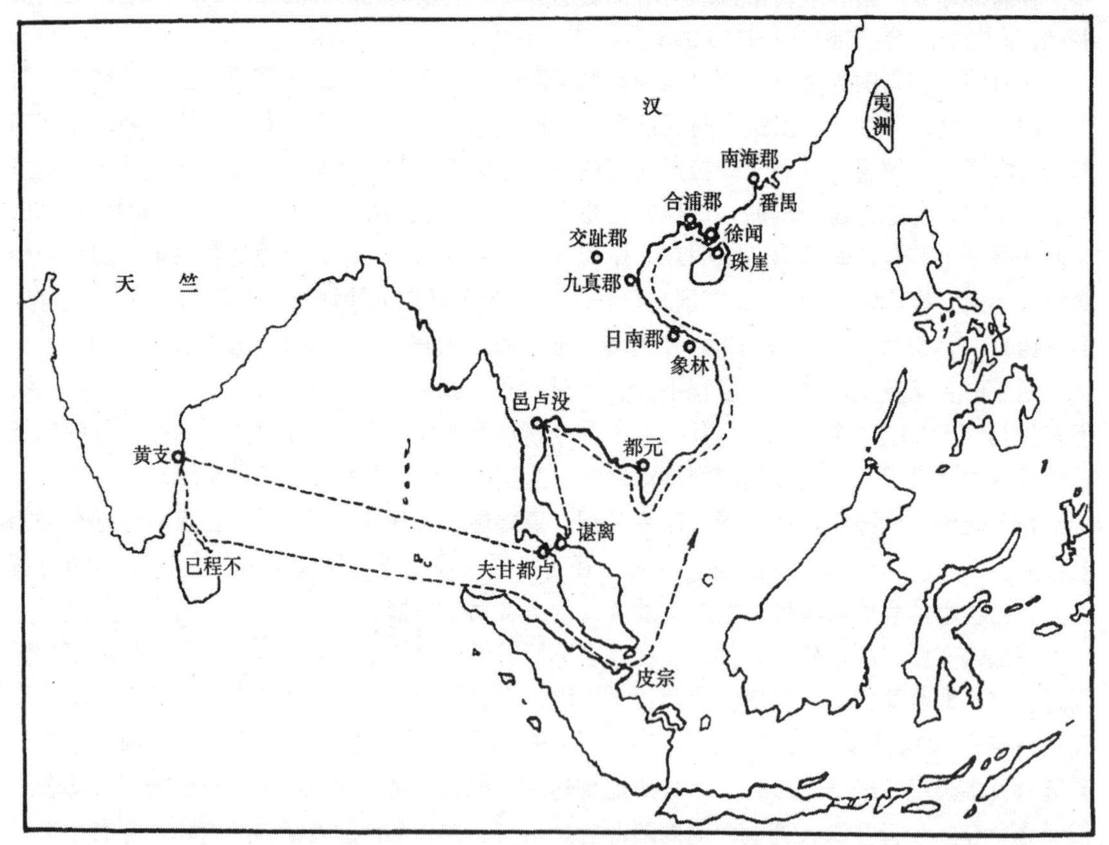

图 4-3　西汉时代海上丝绸之路航路图

① 陈佳荣，中外交通史，学津书店，1987 年，第 52～55 页。

② 姚南、陈佳荣、丘进，七海扬帆，（香港）中华书局有限公司，1990 年，第 29～34 页。

③ 同①，第 54～55 页。

易，贸易的利益虽十分丰厚，但也很危险，除不时有海盗抢掠以外，遇风浪翻船死人之事亦非罕见。航路开通以后，海外物产也源源不断地进入中国。《汉书》卷十二记有："（元始）二年(2)春，黄支国献犀牛。"[①] 同书卷九十九记有："黄支自三万里贡生犀。"[②] 看来航路开通之初，朝贡贸易性质的交往较多。及至东汉，类似的交往更加频繁。《后汉书》卷一一六载："肃宗元和元年（84），日南缴外蛮夷究不事人邑豪献生犀、白雉"[③]。据研究认为，古音"究"读若"甘"，究不事即今日柬埔寨的对音。《后汉书》卷六载：永建六年（131），"十二月，日南缴外叶调国（今爪哇）、掸国（今缅甸）遣使贡献"。东汉官修的《东观记》更记有："叶调国王遣使师会诣阙贡献，以师会为汉归义叶调邑君，赐其君紫绶，及掸国王雍由亦赐金印紫绶。"[④]

自西汉商人到达印度之后，得知自印度有海道通安息（波斯）和大秦（海西，罗马帝国），也有人随附印度商使远赴罗马。罗马帝国时代的史家在公元1世纪的史书中还对中国人的到达有所记载。据研究认为，"这次出使不见于汉籍记载，大约是中国商人冒使臣之名私下前往罗马"[⑤]。在中国与西域大秦的交往中，安息人图谋以中间经纪人身份从中盘剥。《后汉书》卷一一八记有："与安息、天竺（今印度）交市于海中，利有十倍。……其王常欲通使于汉，而安息欲以汉缯彩与之交市，故遮阂不得自达。"[⑥] 直到公元166年，大秦国才得以直接与我国通使。"至桓帝延熹九年（166），大秦王安敦遣使至日南缴外，献象牙、犀角、玳瑁，始乃一通焉"。这里提到的大秦王安敦即公元161～180年在位之罗马皇帝马尔古斯·奥列尤斯·安东尼努斯（Marcus Aurelius Antoninus，121～180），汉籍中没有留下名字的这位使臣，很可能是一位私商[⑦]。由中国南海经印度洋并通往大秦的航路，即使在今日也堪称远洋航路。

第三节　汉代船舶及其建造地点

一　汉代船舶的文献记载

据文献记载，汉武帝曾亲自巡海七次[⑧]。这在历代帝王中是绝无仅有的。元封元年（公元前110），其时刚收复南越一年，更准备在第二年东征朝鲜，武帝从泰山东巡海上，横渡渤海，到达河北的碣石山，同时又巡视了辽宁西部。元封二年（公元前109）春正月，武帝第二次巡行东莱，四月回京。同年秋，"上募天下死罪为兵，遣楼船将军杨仆从齐浮渤海，左将军荀彘出辽东，以讨朝鲜"[⑨]。从武帝两次巡行的路线与征讨朝鲜的路线何其一致，可以看出武帝的航海活动的动因，并非只是为了"求仙觅药"，显然是为打通航路的战前巡视。

---

① 汉·班固，《汉书·平帝纪》。
② 汉·班固，《汉书·王莽传》。
③ 南朝宋·范晔，《后汉书·南蛮西南夷传》。
④ 南朝宋·范晔，《后汉书·顺帝纪》。
⑤ 刘迎胜，丝绸文化（海上卷），浙江人民出版社，1995年，第26页。
⑥ 南朝宋·范晔，《后汉书·西域传》。
⑦ 刘迎胜，丝绸文化（海上卷），浙江人民出版社，1995年，第27页。
⑧ 中国航海学会，中国航海史（古代航海史），人民交通出版社，1988年，第49页。
⑨ 宋·司马光，《资治通鉴》卷21。

元封五年（公元前106），武帝又亲自巡视了自古以来的造船重地庐江郡，并从浔阳（今江西九江、湖北黄梅一带）乘船顺江而下，文献记述这次航行的规模是船舶首尾相继千里，浩浩荡荡驶出长江口并从海上航行到琅邪①。汉武帝亲自出海航行，反映了他对开拓海疆、沟通海上航路极为关注，对迈出国门、走向海洋，抱有强烈的愿望。他巡视庐江、浔阳这些造船重地，说明他相当重视船舶的建造和发展。

《太平御览》引扬雄《方言》说："舟自（潼）关而东谓之船，自关而西或谓之舟，方舟或谓之舫。"② 此种划分，也只是大概而论，未免过于笼统，但至少说明到了汉代，已经注意到舟船的地区特点。《太平御览》关于豫章大船则记有："武帝作大池周匝四十里，名昆明池。作豫章大船，可载万人，船上起宫室。"③ 一船载万人，当为过分夸张之谈，但船上起宫室的记述确值得重视。《史记》卷三〇记有："治楼船，高十余丈，旗帜加其上，甚壮。"④《后汉书》更有"又造十层赤楼帛栏船"⑤ 的记载。所谓帛栏，即以帛饰其栅栏。船有十层颇难令人理解，但在汉代发展了带有多层建筑的楼船，并且"旗帜加其上，甚壮"则是可信的。

关于汉代兴起的楼船，其最主要特征是具有多层上层建筑。所谓上层建筑，概指船舶甲板之上的船室。早在春秋、战国时期的各式战船，均设有甲板，这甲板也正是中国古船的特征之一。船舶设有甲板，不仅可以使船舱少受风雨的侵袭，而且甲板与船底、船舷可构成封闭的框架，使船体更具整体刚性，有助于提高船体强度。关于甲板、甲板之上的高层上层建筑，在汉代的著作中都有专名和释义："其上板曰覆，言所覆虑也；其上层曰庐，象庐舍也；其上重屋曰飞庐，在上，故曰飞也；又在其上曰爵室，于中望之，如鸟爵（通雀）之警视也。"⑥ 如依此说，汉代楼船的形制和规模当是：甲板之下为舱，供棹卒划桨之用。在舱内的棹卒有良好的保护，可免受敌人矢石之攻击。甲板上的战卒手持刀剑，以便在短兵相接时作接舷战。舷边设半身高的防护墙，称为女墙，以防敌方的矢石。在甲板上女墙之内设置第二层建筑即为庐，庐上的周边再设女墙，庐上的战卒手持长矛，有居高临下之势。再上有第三层建筑为飞庐，弓弩手藏于此，是远距离的进攻力量。最高一层为爵室，"如鸟雀之警视"，这正如今日的船桥，常称之为驾驶室或指挥室。

楼船的图样如图4-4，采自北宋成书的《武经总要》⑦。该书的成书虽晚于汉末八九百年，但对楼船具有多层上层建筑的格局，确有真切的反映，与汉代文献的记述尚属相符。

汉代楼船军的规模可有战船千艘。汉建武十八年（42），伏波将军马援南击交趾军就曾"将楼船大小二千余艘，战士二万余人"⑧。再如，晋义熙六年（410），卢循率军分两路沿湘江、赣江北上，进攻长沙和南昌，大军在长江会师，"乃连旗而下，戍卒十万，舳舻千计，败卫将军刘毅于桑落洲（今九江江心）"⑨。

---

① 汉·班固，《汉书·武帝纪》。
② 宋·李昉等，《太平御览》卷769。
③ 同②。
④ 汉·司马迁，《史记·平准书》。
⑤ 南朝宋·范晔，《后汉书·公孙述传》。
⑥ 汉·刘熙，《释名·释船》。
⑦ 宋·曾公亮，《武经总要》卷11。
⑧ 南朝宋·范晔，《后汉书·马援传》。
⑨ 唐·房玄龄等，《晋书·卢循传》。

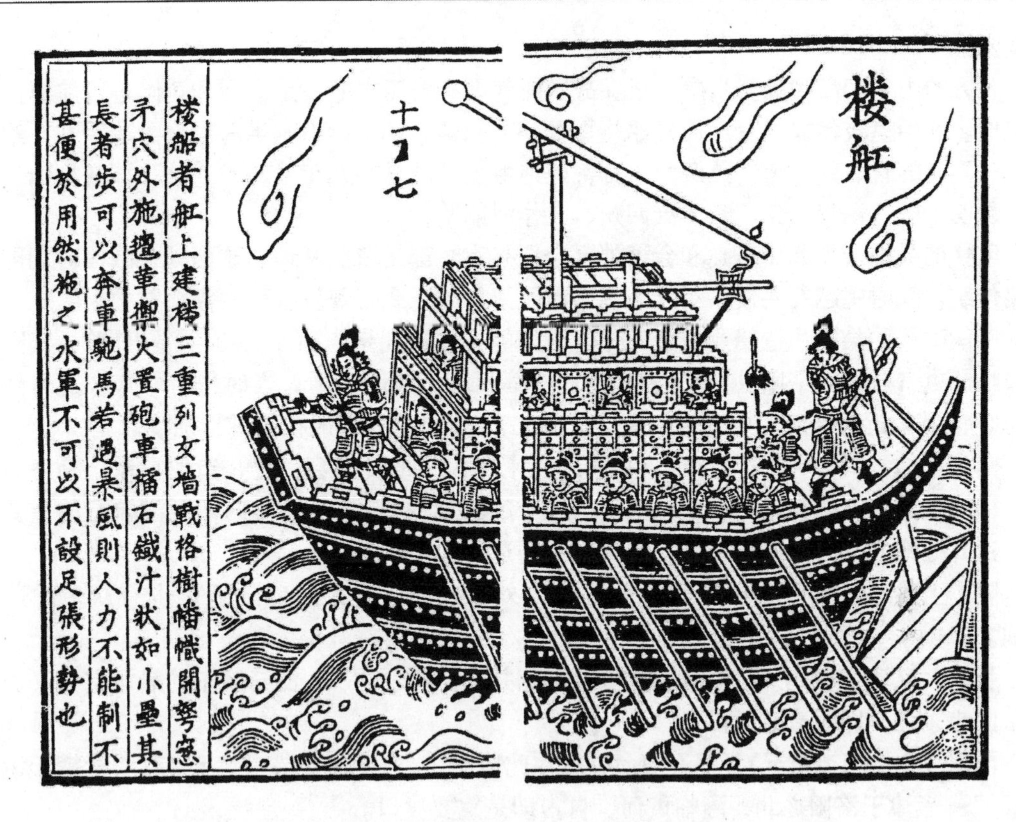

图 4-4　楼船（采自《武经总要》）

东汉以后，古籍上常将航行于海中的大船称为舶。《南州异物志》就有对大型海舶的记述。该书为三国时东吴太守万震所撰，原书虽已失，但有关资料被收入《太平御览》而得以流传，如“外域人名舡曰舶①，大者长二十余丈，高去水三二丈，望之如阁道，载六七百人，物出万斛”②。如按每丈为 2.3～2.5 米计，则 20 丈的船，有 46～50 米的长度。关于船舶载量的记叙，其中载六七百人较为明确。“物出万斛”，或记载重量之大。如果将 3 世纪的斛约合一石计算，每斛可视为百公斤，万斛的船则相当于千吨。

关于在长江上的大船，则有益州刺史王濬为伐吴所造大船。晋泰始八年（272），“（晋）武帝谋伐吴，诏濬修舟舰。濬乃作大船连舫，方百二十步，受二千余人。以木为城，起楼橹，开四出门，其上皆得驰马来往。又画鹢首怪兽于船首，以惧江神。舟棹之盛，自古未有。”③

二　汉代船舶的建造地点

中国古代的造船场地，遍及沿海一带和内陆沿黄河和长江的许多地点。据各种文献记载

① 原为舡字，冯承钧、章巽等认为是舶字之误。见章巽：我国古代的海上交通，商务印书馆，1986 年第 2 版，第 36 页。

② 宋·李昉等，《太平御览》卷 769。

③ 唐·房玄龄等，《晋书·王濬传》。

其概要如下。

北方的山东半岛和渤海沿岸，早在战国时代即有舟船之盛，是齐国和燕国进行航海活动的基地。秦始皇攻匈奴以及汉代楼船将军杨仆击朝鲜，都曾以山东半岛沿岸为造船和补给基地。三国时的青、兖、幽、冀四州，都曾建造海船。魏景初元年（237），公孙渊自称燕王拒魏，魏明帝曾“诏青、兖、幽、冀四州，大作海船”①。

汉代的吴郡（今苏州市）和会稽郡（今绍兴市）都是造船基地。这两处在战国时期即有造船传统。汉时闽越发兵侵东瓯（今温州市瓯海）时，武帝曾发会稽兵浮海往救。

三国时代的吴国，造船业最为发达。沿海的主要造船地点有永嘉（今温州市），其附近有横屿船屯（今浙江平阳县）；又置建安（今福州市）典船校尉，当时曾将罪人“送付建安作船”②。其附近有温麻船屯（今福建连江县北），也是建安典船校尉的造船场。

南海郡的番禺县（今广州市），自战国以来即为一重要都会，也是造船重镇。南海、合浦，以及在其南方的交趾、日南两郡（均在今越南境内），是汉代对向印度洋航行的重要门户。这几处地方其时都盛产林木，都是重要的造船地点③。

除了上述沿海地区有一系列造船场地之外，在幅员广大的内陆地区也有众多的造船场地。

长安，汉武帝在此开昆明池，造豫章大船并训练楼船军④，长安以东的船司空县（今陕西华阴市东北）即因造船而得名。

雒阳（今洛阳市附近），曹丕曾命杜畿在此造船，《三国志》卷一六记有：“杜畿于孟津试船。”⑤ 孟津于洛阳之北，濒临黄河，自古即是重要渡口。

巴郡，即今重庆市；蜀郡，即今成都市。两地自古以来即是造船重地。

长沙郡及洞庭湖一带，《太平御览》引《荆州土地记》说：“湘洲七郡，大艑之所出，皆受万斛。”⑥

庐江郡，即今安徽庐江县一带，辖居巢、枞阳、浔阳等12县，汉时在此设楼船官⑦。

豫章郡（今江西南昌市）附近一带，辖南昌、庐陵、鄱阳、彭泽、赣等18县，自古即是百越人“伐材治船”⑧ 的地区。直到三国时仍是重要的造船地，所造的船称艑艎大艑。《三国志》卷五四记有：吕蒙袭关羽时，“蒙至寻阳，尽伏其精兵艑艎中”⑨。

造船地点的分布可参阅图4-1。

---

① 西晋·陈寿，《三国志·魏书·明帝纪》。

② 西晋·陈寿，《三国志·吴书·孙皓传》。

③ 章巽，我国古代的海上交通，商务印书馆，1986年，第22～23页。

④ 宋·李昉等，《太平御览》卷768。

⑤ 西晋·陈寿，《三国志·魏书·杜畿传》。

⑥ 宋·李昉等，《太平御览》卷770。

⑦ 汉·班固，《汉书·地理志》。

⑧ 汉·班固，《汉书·严助传》。

⑨ 西晋·陈寿，《三国志·吴书·吕蒙传》。

第四节　从出土汉船模型看汉代船舶

一　已出土的4艘汉代船舶模型

自1949年中华人民共和国成立以后，随着经济建设的开展，相继在长沙、广州、湖北荆州出土了汉代的木质和陶质的船舶模型，借助这些文物可以对汉代船舶的形制有较深入的了解。

（一）长沙西汉木船模型

建国初期，在长沙曾出土一艘西汉时期的木船模型（图4-5）。据当时的发掘报告说，这只船模的船身是由一段整木雕成的，船形细长，头部较狭，尾部稍宽，中部最宽，船底呈圆弧形。在船首、船尾上又各接出一段长方形平板，总长1.54米。船首部稍高，尾部方阔，上部外侧最宽处为0.2米。在船身两侧和首尾平板上都有模拟的钉孔。两侧有较高的护舷板，左右共16只桨，为内河快速船型。尾有桨1只，可用来操纵航向。现存中国历史博物馆①。

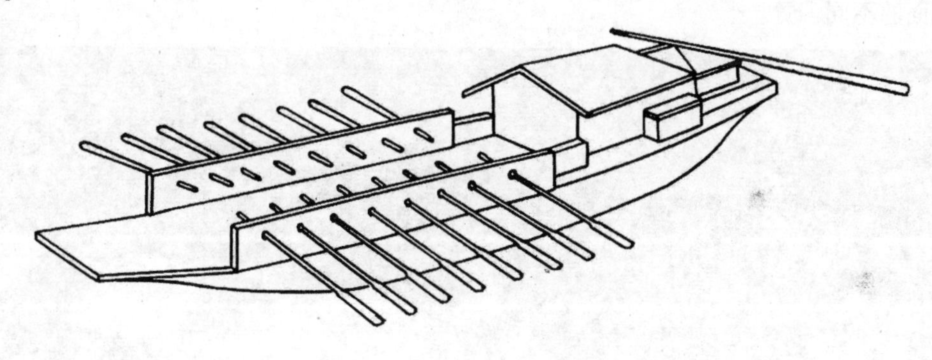

图4-5　长沙西汉木船模型

（二）广州西汉木船模型

1956年于广州西郊西汉木椁墓中出土一艘木质船模（图4-6）②。这只船模也是用一段整木雕成。船底中部略平而首尾部分略上翘，船中部有两个小房，前房较高呈方形，上为四阿（坡）式盖顶。后房稍低，长形，篷盖是两坡式。在两小房的两侧有用长板条构成的通道。前房以前为操舟之所，有木俑4个，持桨并坐两排，各持短桨一把。尾部有狭小的小房，顶盖是三面斜坡。在这尾区还有一个木俑，持一桨，或许是掌船的方向。此船模全长0.806米，通高0.206米。

---

① 章巽，中国航海科技史，海洋出版社，1991年，第33页。

② 广州市文物管理委员会，广州皇帝岗西汉木椁墓发掘简报，考古通讯，1957，（4）：22～29。

图 4-6　广州西汉木船模型

（三）广州东汉陶船模型

1955 年于广州东郊的东汉墓中出土一艘陶质船模型（图 4-7）①。底略平，全长 54 厘米，宽 11.5 厘米，通高 16 厘米。前窄后宽，从船首到船尾架 8 根横梁，横梁上铺甲板，甲板上建小房三处，前房矮而宽，上有横形篷顶。中房略高，方形，上盖圆形篷顶。后房又高，也是横形篷顶，作为舵楼。船首两侧各安桨架 3 支，船首悬一碇。最为重要的是船尾有舵，舵叶上有一孔。两舷有外延的板条，可作为船员司篙的通道。船上有 6 个姿态各异的陶俑，分布在船面的不同位置。

图 4-7　广州东汉陶船模型

① 广州市文物管理委员会，广州东郊汉砖室墓清理纪略，文物参考资料，1955，(6)：61～76。

（四）湖北江陵西汉木船模型

1973 年于湖北荆州地区江陵县凤凰山西汉墓中出土一艘木质船模（图 4-8）[①]，系用一段整木雕成，全长 71 厘米，宽 10.5 厘米。船形细长，尾部略宽，首都呈流线型上翘。甲板上置两横梁并伸出舷外，作为舷边通道板之支承。前部有 4 木俑各持 1 桨，尾部有后梢 1 支，与广州西汉木船模型颇有相似之处。该船模现陈列在湖北省荆州博物馆[②]。

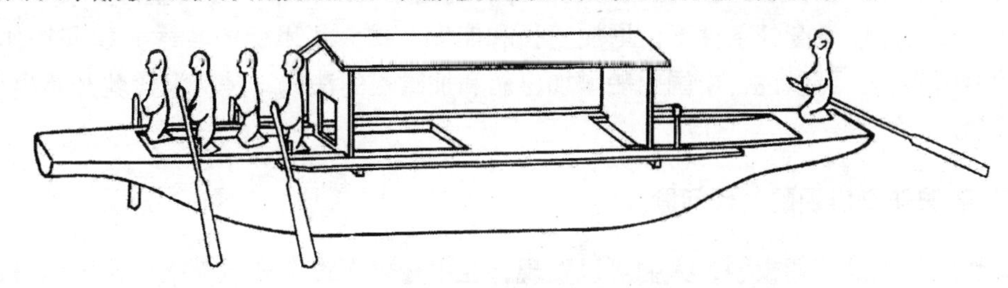

图 4-8　湖北江陵西汉木船模型

二　从出土汉船模型看汉代船舶

在广东、湖南、湖北三省出土的 4 艘汉代船模，尽管在年代上有西汉、东汉之分，船模有木质和陶质的不同，船模的用途也不尽一致，但是从这 4 艘船模的对比分析中，还是能看到汉代船舶的一些基本特征。

（一）汉代船舶设有甲板和上层建筑

船上普遍设有甲板和上层建筑，是 4 艘汉代船模共同特点。汉代刘熙所著《释名》中所述："其上板曰覆，言所覆虑也；其上屋曰庐，象庐舍也。"[③] 现在获得了实物证据。

以广州东汉的陶船模为例，上层建筑的长度几乎占了全船的 3/4。即使是长沙西汉 16 桨船模，为了加快船速，设了众多的桨手和桨，也具有相当长的上层建筑。如果和西方古希腊、罗马、北欧维京（海盗）船（约在公元 10 世纪）等大部都没有甲板或没有上层建筑的船形比较起来。中国船的甲板和上层建筑都是别具特色的。

（二）汉代船舶在两舷设瞰板即舷伸甲板

在上述 4 个船模上，除长沙西汉船模之外，其余 3 个船模在两舷都设有"瞰板"，现代造船术语中称为"舷伸甲板"。在古代木船上可用做撑篙船员的通道。在图 4-6 所示长沙西汉木船模中虽未见处在两舷的"瞰板"，但据当时发掘报告，尚有 93 号、94 号两块大小相同的长木板，不知应安装在何处？如果借鉴广州西汉木船模型（图 4-6）和湖北江陵木船模型（图 4-8），这两块长木板也应是"瞰板"，并装在船之两舷，用做通道。

---

① 长江流域第二期文物考古工作人员训练班，湖北江陵凤凰山西汉墓发掘简报，文物，1974，(6)：48。

② 章巽，中国航海科技史，海洋出版社，1991 年，第 35 页。

③ 清·王先谦，《释名疏证补》卷 7。

“瞰板”的作用，除用做通道和撑篙使用之外，沿瞰板尚可缚上成捆的蒲草或树枝，当船舶超载时可提供一部分浮力，当船舶横向倾斜时可增加稳性并能减缓摇摆。

（三）前出艄和后出艄

在上述3个木船模上，在船首、船尾都有向外延伸的部分或木板，这在古船的建造法式上被称为“前出艄”和“后出艄”。在船上设计成前出艄和后出艄，在两舷再安装两块瞰板，便可以在不改变船舶量度的条件下，增加船长和船宽，扩大了甲板的装载面积和操作面积。从出土的船模实例，可以说，中国船舶增加出艄和加瞰板的法式，是从汉代就开始出现并沿用到现代的。

（四）船舶舱壁出现的年代问题

试观察广州东汉陶船模型，人们可以发现，在甲板之下设有8道横梁。这横梁是现代船舶的重要构件。横梁对上是甲板的支承，它更能支承两舷的外板，使船舶形成封闭的环形框架，十分有利于船体的强度和刚度。广州东汉陶船的3个上层建筑的前后端壁均置于横梁上，可以获得良好的支承，此种构造显得十分科学、合理。如果进一步提出问题：上层建筑前后端壁处有没有隔舱壁？甲板以上分有3个相对独立的房舱，甲板以下是不是也有分舱？

尽管这是个非常重要的问题，但是从发现的几个船模中，还不能得到明确的回答。联系到本书第二章第二节讲到的殷商时代甲骨文中的“舟”字，那象形字中的横向构件是不是舱壁？舱壁究竟是什么时代出现的呢？在西汉的文献中虽无查获，但在紧接着的晋代文献中却有所记载。《艺文类聚》引《义熙（405～418）起居注》曰：“卢循新造八槽舰九枚，起四层，高十余丈。”[①] 这八槽舰被认为是用水密舱壁将船体分隔成8个舱的舰船。如果是，则船体如某处触礁破洞进水，将不至于漫延到邻舱。卢循所造带有四层楼并分为八舱的楼船，可作为晋代楼船的代表船型。卢循原来跟随孙恩起义。晋元兴元年（402）孙恩为晋军击败“乃赴海自沈”[②]，余众遂由卢循统帅。元兴三年卢循泛海攻克番禺（今广州），“自摄州事，号平南将军”。晋义熙六年（410），“乃连旗而下，戎卒十万，舳舻千计，败卫将军刘毅于桑落洲（今九江附近），迳至江宁”[③]。孙恩、卢循起义军多用水战，凡十数年，对舟船技术或有发明创造，乃近于常理。

船舶水密隔舱壁，是中国的一项发明创造，到唐代已经普遍使用，并且为多艘被发掘的唐代古船所证实。依据《义熙起居注》所记，水密隔舱壁当约在公元400年时出现，其首创者当推卢循。

（五）铁钉在造船上的应用

在长沙西汉木船模型的舷侧板以及其他若干部件之间的连接部位上，都可见到模拟的钉孔。汉时的模型制作者的细微精神，为我们提供了实证。那就是在战国时期应用铁箍联拼船板技术的基础上，到汉代人们在造船时已广泛使用铁钉。长沙西汉木船模本是一种明器，该

---

① 唐·欧阳询等，《艺文类聚》卷71。

② 唐·房玄龄等，《晋书·孙恩传》。

③ 唐·房玄龄等，《晋书·卢循传》。

明器制作者必是模仿当时社会的生产实际，以求该明器具有逼真的形象。

汉代造船使用铁钉联拼船板，也符合铁器的技术发展规律。前已述及，在战国时期，铁制工具已广泛使用。在广州，还确实发现有秦汉时的铁钉。“广州秦汉造船遗址仅发现铁钉三枚，此项铁钉与近代木船建筑所用铁钉几无二致，但其数量确乎太少，尚不足以说明当时船舶的船板连接情况”[①]。以长沙西汉木船模外板上的模拟钉孔，再联系到在广州地区在秦汉时代确实已有铁钉，人们当可确信西汉时期已广泛使用铁钉来联拼船板。

关于所谓“广州秦汉造船工场遗址”，虽然有一篇试掘报告[②]在《文物》杂志上发表，但是该遗址作为造船工场的论据不足。已有造船工程和船史研究学者发表了论文进行质疑[③]。新近编撰出版的《广州市志·船舶工业志》[④]也完全不视“秦汉造船工场遗址”之说。

中国造船工程学会船史研究会等十个学术团体，于2000年12月8～9日，在广东省立中山图书馆召开了“秦代造船遗址”学术研讨会。到会的造船学者认为在广州发现的并非造船遗址；而古建筑学者却一致认为这里是南越王宫殿遗址。会后出版了学术争鸣集[⑤]。

三　《洛神赋图》所表现的双体游舫

洛水（即今河南洛河）的女神洛嫔，谓系宓（伏）羲之女，称宓妃，因渡水淹死成为水神，其名也见于《离骚》。曹植（192～232）曾作有《洛神赋》。顾恺之（346～407）是晋代著名画家，其画作《洛神赋图》描绘了洛神乘双体画舫嬉游的生动场面。毫无疑问，顾恺之作为4世纪时的画家，其所绘双体游舫当为晋代双体船的珍贵的形象资料[⑥]。由图4-9可见，该游舫的尺度并不大，因采用双船连舫，必然有良好的船舶稳性，这也是遵照《释名》中“短而广，安不倾危者也”这一船舶理论的设计实践。双体游舫是靠撑篙推进的，尾部有一操纵桨可谓之梢。在广阔的甲板上设有暖阁，其上则设有遮阳的凉棚，可谓布置设计合理，造型典雅美丽。

据研究认为，目前我们所见到的《洛神赋图》是宋人的摹本，其中以故宫博物院所藏清乾隆所题的第一卷为最古[⑦]。如果不苛求这些艺术珍品的艺术真实性，就以其作为魏、晋时期的船舶形象资料一事，我们也足以感到欣慰了。

第五节　汉代船舶的属具

船舶属具，是船舶航行中不可缺少的器物，是伴随船舶的技术进步而逐步发展的，因之可以说，从船舶属具技术进步的程度，可以判断和评价船舶技术进步与发展的程度。每一种

① 王志毅，战国游艇遗迹，中国造船（2），1981。

② 广州市文物管理处、中山大学考古专业75届工农兵学员，广州秦汉造船工场遗址试掘，文物，1977，（4）：1～16。

③ 戴开元，“广州秦汉造船工场遗址”说质疑，武汉水运工程学院学报，1982，（1）：17～25。

④ 张德荫、潘惟忠、王宸等撰，《广州市志·船舶工业志》，广州船舶工业公司，1997年。

⑤ 广东省立中山图书馆编，“广州秦代造船遗址”学术争鸣集，中国建筑工业出版社，2002年。

⑥ 王冠倬，中国古船，海洋出版社，1991年，第67页。

⑦ 唐兰，试论顾恺之的绘画，文物，1961，（6）：7～12。

图 4-9 《洛神赋图》所表现的晋代双体游舫

属具都有一种或一种以上的功用。桨、篙、橹等，都是推进工具，而它们又可用于控制和操纵船舶的航行方向。桅，是用来张挂旗帜、灯具等信号和照明用具的，而将船索系于桅顶则可引船前进，将帆挂在桅上就成了船的推进工具。

有些船舶属具，如桨，早在新石器时期就曾出现。浙江余姚河姆渡古木桨（图 1-6）是早在 7000 年前所使用的。篙，则是在浅水区或在沿岸边航行时用来撑岸边、河底而推船前进的，其出现和实际使用的年代当是相当久远的，不过尚缺乏确切的考证。但是，在汉代的文献中则讲到了篙而且作了说明。橹，则是相当先进、相当科学的船舶属具，由于在汉代的文献中首次做了记载和说明，因而定为汉代的发明创造。舵，作为操纵和控制船舶航向的属具，迄今已推广到全世界。从出土的汉代文物和汉代的文献则可断定，舵出现在汉代。

鉴于到汉代时，各种船舶属具已基本齐备，而且汉代的文献又最早最系统地对船舶属具作了诠释，故本节将直到汉代已经出现并使用的船舶属具分别加以诠叙，由之当可对迄至汉代的船舶技术能有较全面的认识。

一 桨、篙、纤

桨，是最原始的船舶推进工具之一，其产生当在舟的产生之后[①]。有的著作认为最早的桨是人的两只手。最初，人们是抱着一棵树干或乘在独木舟上，用两只手划水使舟漂流的速度快一些。桨正是手的延伸。桨，古称为櫂、札、楫。中国早期对桨做过详细论述的著作，首推东汉人刘熙所著《释名》，在《释船》这一章里，对桨的定义和解释是：“在旁拨水日櫂。櫂，濯也，濯于水中也，且言使舟櫂进也。又谓之札，形似札也。又谓之楫。楫，捷也，拨水使舟捷疾也。”[②] 桨，由桨叶和桨柄两部分构成。桨叶为扁板，桨柄多为圆杆（图 3-5）。划桨分有立姿和坐姿。《太平御览》引吴时外国传扶南国行船，说：“立则用长棹，坐

① 席龙飞，桨舵考，武汉水运工程学院学报，1981，(1)：19。

② 汉·刘熙，《释名·释船》。

则用短棹，水浅乃用篙。”[①] 将这些诠释与汉代木船模型相印证，可知：长沙西汉木船模型（图 4-5）上有 16 把桨，也就是所说的长棹。桨柄伸进舷板上的圆孔，这圆孔实际上构成桨的支点，行船时桨手站立着划进。广州东汉陶船模型（图 4-7）的船首部左右也各有 3 个支撑棹的支架，构成支点。棹较长，力矩大，有了支点，棹的操作按照杠杆原理，桨手划动时可以较小的力量获得较大的推船效率。广州西汉木船模型（图 4-6）和湖北江陵西汉木船模型（图 4-8）的 4 个木俑则各持一把短桨，并且是坐在船凳上以坐姿划桨。

有的坐姿划桨以双手持短桨直接向船后拨水，并不利用支点。1955 年，在云南晋宁石寨山的古遗址和墓葬中，曾出土战国末期到西汉前期的铜鼓 2 种[②]，铜鼓上有竞渡船纹（图 4-10）[③]，其持短桨的划桨姿势与现今龙舟竞渡基本一致。

图 4-10　云南晋宁西汉早期铜鼓上的船纹

篙，由长竹竿或长木杆构成。近代又为避免篙头被磨损或破裂，常在篙的下端安装铁箍，有的同时装铁尖和铁钩。篙的制作简单，使用方便，最适用于浅水河道和近岸航行的船舶。利用篙撑水底或岸边地物，按照力的作用与反作用原理，可使作为浮体的舟船向用力的相反方向前进。一艘船通常是由两个人分持两支篙轮流撑：一个撑篙人将篙撑在水底或岸边并且由船首走向船尾，则船将向撑篙人行走的相反方向前进；另一撑篙人则持空篙由船尾返回到船首。如此反复撑船，则船将持续前进。在《释名》一书中所说的“交”即篙：“所用斥（撑）旁岸曰交（篙）。一人前，一人还，相交错也。”[④] 书中特别说明篙应撑到旁岸，这是撑篙的基本动作。书中“一人前，一人还”，说的是两个人同撑一艘船时的相互配合，何其形象而生动。前述已出土的 4 只汉代船模，船之两舷都装有畋板，即舷伸甲板，都可用做撑篙人的通道，这正是为撑篙的需要而设计的。因船之大小，可以用一双到数双篙。

纤，是用来牵引舟船前进的索具，也称纤索，通常是用竹篾编成。《尔雅》中有：“汎汎杨舟，绋缡维之。”[⑤] 绋是大绳，缡是船缆。这里说的是用纤索牵引杨舟，汎汎然也。鉴于《尔雅》成书在公元前 400～前 300 年间，看来用纤索牵引船具有很久的历史。汉代将纤索也称为“筰”。筰字带有竹字头，说明这时的纤索是用竹篾编制的。竹编的纤索具有弹性，强度大，不怕雨水，且耐腐蚀。图 4-11 为竹篾编制的纤索。《释名》中记有：“引舟者曰筰。作也，作起也。起舟使动行也。”[⑥] 引舟前进时，纤索系在何处？未见有明确记载。今人见到的纤索常是系在桅的顶端，这样呈悬链线的纤索不至于被水浸湿，也能少遭致额外的水对纤索的阻力。更为重要的是，系于桅顶的“纤索”和“桅”都具有一定弹性，即使拉纤的力

① 宋·李昉等，《太平御览》卷 769。
② 云南博物馆，云南晋宁石寨山古遗址及墓葬，考古学报，1956，(1)：43。
③ 冯汉骥，云南晋宁出土铜鼓研究，文物，1974，(1)：51～60。
④ 清·王先谦，《释名疏证补》。
⑤ 《尔雅·释水》。
⑥ 清·王先谦，《释名疏证补》，上海古籍出版社，1984 年，第 381 页。

具有脉冲性，舟船也会平稳地前进。北宋时的《清明上河图》绘有多人拉纤和纤索系于桅顶的生动画面（图 5-17）。

图 4-11　竹篾编纤索图

二　橹

橹，是船舶推进工具中一件带有突破性的重大发明。《释名》说："在旁曰橹。橹，膂也。用膂力然后舟行也。"① 在旁，指橹的安装与操作位置。膂作脊梁骨解，用膂力则意味着以腰部为主并带动全身的力气以推动舟船前进。这段记载可准确地说明橹的出现至少是在汉代。但可惜没有进一步说明橹的特点。用桨时要"划"，用橹时却要"摇"。《三国志》卷五四记吕蒙取南郡败关羽事。"蒙至寻阳，尽伏其精兵舺艫中，使白衣摇橹，作商贾人服"②，这个"摇"字，是对橹的特点的集中概括。

作为船舶推进工具的使用，划桨比撑篙已有显著的优越性，这是指划桨可以在远离岸边的深水区域中进行。划桨，是靠水的反作用力推船前进的。但桨在划动时，桨叶入水作功一次之后，则要离开水面为第二次作功做准备，是间歇作功。对舟船来说，是间歇推进。橹，则可以左右连续不断地摇，橹就不间歇地连续作功。橹对舟船是连续推进，这在推进工具中是一次带根本性的改革。

橹，与桨相比较则有更高的效率，这是它的另一大优点。橹与长桨（或称之为棹），虽然都较长，都必须有一个支点，但在使用上有显著不同："纵曰橹，横曰棹。"棹是横向布置，前后划动，利用划水产生的反作用力推船前进。橹是纵向布置（图 4-12），左右摇动橹柄，橹板则在水中以较小的攻角左右滑动。由于攻角较小，滑动时很省力，但却能产生较大的升力推船前进，这是橹被称为高效推进器的根本原因。

橹是由橹板、橹柄以及将二者连接起来的"二壮"所构成（图 4-12）。在操橹甲板上，装设一橹支纽作为支点，这是一个带球顶的铁钉，俗称橹人头。在橹的中间部位钉一硬木块叫橹垫，也叫橹脐，使用时将橹脐置于橹支纽上，这就构成一个球面运动系统：橹相对于支点橹支纽具有三向约束但却对三轴具有三个旋转自由度。橹柄的顶端以橹索系在甲板上的铁环上。橹索，一是起固定橹的作用，二是可以伸缩其长度来调节橹板的入水深度。

摇橹时，橹以纽支纽为支点可以充分转动，既可以调整橹板滑水时的攻角，使省力而具较大推船力，也可以调节橹与船舶中线面的角度，可以操纵和控制船舶的航向。

橹的作用和产生的推进力，如果从流体力学的角度分析的话，是水对滑动的橹板的升力，并非水的反作用力。既不同于划桨时水对桨的反作用力，也不同于鱼摆动鱼尾时产生的

① 汉·刘熙，《释名·释船》。

② 西晋·陈寿，《三国志·吴志·吕蒙传》。

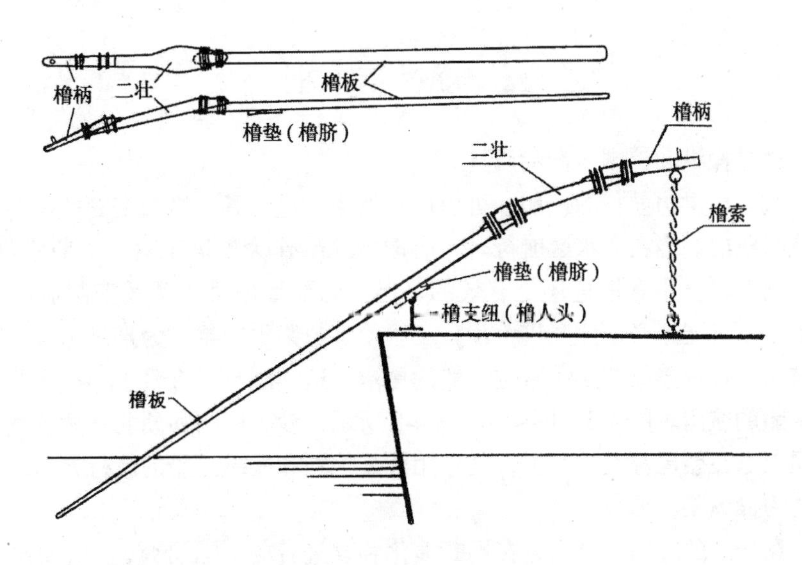

图 4-12 橹的构造与布置

反作用力。

由于橹是连续、高效推进工具，又有操纵和控制船舶航向的能力，所以，自从它出现以后，无论是在内河或沿海，都广泛获得应用。即使在帆装齐备的船上，橹仍作为一种辅助推进工具与风帆长期并存。远洋海船当进入无风带时仍须靠摇橹。大船进出港口时也要靠橹节制进退和控制航向。

橹最早出现的年代尚无确切的考证结果。既然《释名》上首作记载并诠释，那么橹出现的年代当不迟于2000年前的汉代。橹，起初是设在船的两舷的，所以《释名》说“在旁曰橹”。这或许是由于早期的舟船首尾起翘较大，尾部又常设有尾楼，因而设尾橹或有不便。现今的一些小船上用橹时几乎都设在尾部，这或有一个演变过程。敦煌第323窟的初唐壁画上，描绘着一艘无帆无桨的大船，在船尾装一大橹用以推进船舶。由此可知，最迟在唐初已出现了尾橹①。1983年秋，广州象岗山西汉南越王墓出土酒器中有提筒9件，提筒上的船纹在尾部有长棹，有的文献“估计是尾橹”②。鉴于该船纹尾部的长棹具有相当大的板（侧视）面积，摇动时将相当费力气，恐难与橹的特点相符。

橹，是中国对世界造船技术的重大贡献之一。橹的效率高的特点，是由于橹在水中以较小的攻角滑动时，阻力小而升力大，再加上橹是连续性推进工具，而且有操纵船舶回转的功能，一直到现在仍为科技史学者所称道。

现代广为应用的螺旋桨推进器，它的不间歇作旋转运动的叶片，实际上也与在水中滑动的橹板相似。桨叶的叶片也是具有阻力小而升力大的特点和优点。螺旋桨的发明和改进，虽不能说源于橹，但其作用原理则是一致的。这当然是非常有趣的问题。

① 章巽，中国航海科技史，海洋出版社，1991年，第39页。

② 周世德，中国古船桨系考略，自然科学史研究，1989，(2)：189。

三　舵　与　梢

舵与梢，都是操纵和控制航向的属具。

在浅水区域或沿岸边航行的船舶，可以用篙作为推进工具，当改变篙的撑持方向时也就可以改变和控制航向。当在深水区航行时，船舶常靠桨作为推进工具，大船常需配备多桨。当由众多桨手划船时，用做推进还是有效的，但是既要推进又要顾及控制航向就有相当困难。一桨两用已不可能，必须使桨进一步分工。使多数桨手以桨作为推进工具，另由一名桨手专司操纵航向。负责操纵的桨手常位于船的尾端，这样既与推进桨手不相干扰，位于尾端又有利于改变船的航向。图 4-5、图 4-6、图 4-8 所示长沙、广州和湖北江陵 3 艘汉代的木船模，一个共同点是在船尾都设一桨手，其作用就是控制和操纵舟船的航行方向。这设于尾部的桨通常称之为操纵桨。

操纵桨，在长期的应用中当然是在不断演化和改进着的。据研究，“增加桨叶的面积以便于控制船的方向，逐渐产生了舵”。“增加桨柄长度，逐渐形成了梢（或曰招）”①。

广州东汉陶船模型（图 4-7），距今已近 2000 年，在其尾部正中位置上已经有了舵。这个舵已比操纵桨有很大的演进和发展，它比桨叶的面积宽展了许多，有了较大的舵面积，舵面积系数（即舵面积与船长和吃水乘积之比）约为 9%。若仔细观察陶船模，还会发现，这个舵还不是沿着竖直的舵杆轴线转动，还残留着以桨代舵的痕迹。即使是这样，这个舵已经不是桨了，它是舵的祖式。更早的关于舵的图像，则有 1976 年广西贵县出土的铜鼓，其上有龙舟竞渡纹饰，龙舟上已有舵纹，有研究者还认为，广州南越王墓出土提筒上龙舟尾部的纹饰也是舵纹②。在西方的一些船舶发展史著作里，认定最早的舵出现在 1242 年，其最有力的凭证是德国埃尔滨城的徽记中有“Cog”型船，而该船的尾部有一个很窄的舵③，如图 4-13。1242 年，在中国是南宋淳祐二年。这个时期不仅普遍使用了舵，而且已经采用了具有现代意义的平衡舵。这种普遍采用的平稳舵的形象在著名的绘画中被流传至今④，甚至还曾经出土了一具远比 1242 更早的平衡舵实物（图 5-22）。

《释名》一书对舵的解释是：“其尾曰柁。柁，拖也。在后见拖曳也。且言弼正船使顺流不使他戾也。”⑤ 柁即舵，书中明确说明舵的位置在船尾，用途是扶（弼）正船的航向。至于舵的形状与构造，《释名》里没有进一步的说明。不过，从汉代的文物——广州东汉陶船模型，即可知道舵的构造及其使用了。从汉代的文物和汉代的书籍两相对照，当可断定舵是产生于汉代的。因其位于尾部，也称船尾舵⑥。船尾舵到何时才演变到沿垂直轴线转动，迄今尚无确凿物证。不过唐开元年间著名画家郑虔所绘山水画中已出现具有垂直轴线的舵⑦。

---

① 席龙飞，桨舵考，武汉水运工程学院学报，1981，(1)：28。

② 金秋鹏，凌波至宝——舵，中国科技史料，1994 (3)：64～65。

③ Goerge F. Bass, *A History of Seafaring—Based on Underwater Archaeology*, Walker and Compony, New York, 1972.13.

④ 宋·张择端，清明上河图。

⑤ 清·王先谦，《释名疏证补》，上海古籍出版社，1984 年，第 380 页。

⑥ 席龙飞，船尾舵，中国大百科全书机械工程卷，中国大百科全书出版社，1987 年，第 100 页。

⑦ 金秋鹏，中国古代的造船和航海，中国青年出版社，1985 年，第 49 页。

图 4-13　带有尾舵的德国埃尔滨城的徽记

这就说明至少在唐代或唐以前，舵的轴线早已垂直化了。文物和文献都证明：中国舵的发明和应用大约早于西方 1000 年，是不争的事实。

扩展桨叶面积使桨演变成舵，这是船的定向工具发展演变途径之一。另一个途径是，增长桨柄的长度则使桨成为梢。

梢，是用一根整木料制成的，其长度可达到船长的 70%。梢的末端做成大刀形状，多用于急流航道的船上。桨向梢的演变，在西汉长沙木船模上还可以看到。该木船模全长 1.54 米，两舷共有 16 把长棹，每把长 0.52 米，约等于船长的 1/3。尾部有一只大长桨，桨叶呈刀形，背厚刃薄，架在尾部正中凹缺处，长 1.02 米约占船长的 70%。可见这尾部的大长桨与两舷其他 16 把长棹是完全不同的，它就是控制航向的长梢。

图 4-10 所示战国末期到西汉初期的铜鼓上所铸舟船竞渡的纹饰，其中除有多支短桨外，在尾部还架着一支长桨，用来掌握舟船的航向。这支长桨或正是由桨向梢演变中的一种过渡形式。

梢与舵相比，结构简单（图 4-14）。增长桨柄演变成为梢，可能要比增大桨叶面积演变成为舵要容易得多。看来梢的出现要比舵为早。前已述及的，在 1983 年秋于广州象岗山西汉南越王墓中出土 9 件提筒上的船纹，被“估计是尾橹”[①] 的长棹，鉴于其具相当大的（侧视）面积，在转动时不具备阻力小升力大的特点，难以认定为橹。更鉴于此长棹能产生使船回转的力矩，与其说是尾橹还不如认定为梢更为贴切。

---

① 周世德，中国古船桨系考略，自然科学史研究，1989。

图 4-14　八人合力奋长梢（临摹自《清明上河图》）

梢，在古文献中也有记载。《晋书》卷九四为夏统立传。夏统生长在海滨，一生不愿为官，却练就了一身娴熟的驾船技艺。书中生动地描写了夏统驾船表演的场面：“操舵正橹，折旋中流”，“奋长梢而船直逝者三焉。”“观者皆悚遽。”[①] 为了获得更大的转船力矩，梢的柄要加长，从而操纵梢时也十分费力气，有时要几个人同时操纵。上述“奋长梢”，把驾船的场面描绘得生动而形象，读起来如身临其境。

图 4-14 所绘者为八人合力奋长梢的场面，这个画面临摹自北宋张择端所绘制的著名长卷《清明上河图》[②]。据研究，该图为北宋晚期所作，距今已有 890 多年。“梢”这一名称，迄今在四川、云南仍在沿用。在湖北、河南以及北方地区，也有称之为“招”的。

四　桅、帆与驶风技术

桅，最早的用途是悬挂旗帜。如战国铜鉴上的船纹，其前方即立一旗帜，见图 3-9、图 3-12 中之 8。《释名》记有：“前立柱曰桅。桅，巍也。巍巍高貌也。”[③] 这里虽然未对桅的作用和用途加以诠释，但与战国战船的形制相对照，主要也是用做悬挂旗帜。

桅的用途，除了挂旗帜之外，也用做挂灯号。自风帆应用到船上之后，桅的一个重要作用是张帆。无论帆的形式如何，帆总是与桅相联系的。

如在第三章所论，中国的风帆出现在战国时期。到了汉代则获得广泛应用。《释名》记有：“随风张幔曰帆。帆，汎也，使舟疾汎汎然也。”[④] 比汉刘熙的《释名》更早的文献，还有《后汉书》卷九十中有关于船和帆的记载。马融在元初二年（115），向汉安帝上《广成

① 唐·房玄龄等，《晋书·夏统传》。

② 宋·张择端绘，张安治著文，清明上河图，人民美术出版社，1979 年。

③ 清·王先谦，《释名疏证补》。

④ 同③。

颂》，文中就有对风帆的描绘（详见第三章第五节）。

中国风帆的出现和使用，虽然较国外为晚，但因有船尾舵与之相配合[①]，加上中国风帆的特点，再就是最晚从汉代起，就有相当成熟的驶帆技术，从而使中国的帆船能够跨越海洋，领先于全世界。

关于汉代的驶风技术，《南州异物志》的记述为我们提供了宝贵的文献资料。《南州异物志》为三国东吴太守万震所撰，原书虽已失传，但所记关于从广州出发的海舟等内容，由于被收入《太平御览》而得以保存。

最为重要的还是《太平御览》卷七七一引《南州异物志》关于风帆的构造和驶风技术的记载："外徼人随舟大小，或作四帆，前后沓载之。有卢头木，叶如牖形，长丈余，织以为帆。其四帆不正前向，皆使邪移相聚，以取风吹。风后者激而相射，亦并得风力，若急则随意增减之。邪张相取风气，而无高危之虑，故行不避迅风激波，所以能疾。"[②] 从这段叙述中我们可以得知：第一，汉代由于船舶长而载量大，已经开始使用多桅多帆；第二，帆为卢头木叶所织成，迄今虽不确知卢头木为何种植物，但从后世使用的由蒲叶和篾片织成的帆来看，这用卢头木叶织成的帆当属于硬帆；第三，用植物叶织成的帆，古曰篷，厚而硬，可利用侧向风力，"其四帆不正前向"就说明了这一点；第四，汉代已经注意到多帆的相互影响，要随时调节帆的位置和帆角，更要因风力的大小而调节帆的面积。

多桅多帆是一项重大进步。随着船长增加采用多桅多帆，可在获得大推进力和高航速的同时，使桅不过分高，以确保船的稳定与安全性。多桅多帆还可使船体受力较为均匀，有利于船体的强度。三国时还曾出现七帆的快船。吴国曾遣康泰等航海往访林邑（今越南东南部）、扶南（今柬埔寨及越南最南端一带）等国，还曾经游历南洋诸岛的若干岛屿。康泰的《吴时外国传》记有："从加那调州乘大伯舶，张七帆，时风一月余日，乃入秦，大秦国也。"[③] 此航线据研究概指由今爪哇岛西端到今波斯湾或今红海沿岸一带，只需一月余，不可谓之不快。

用植物叶编织而成的帆，硬而重，虽升帆时较为费力，但在偶遇骤风时可迅速解缆降帆，以确保船的安全。在急风时可升帆于桅之半，即可"随意增减"帆的面积，以保航行安全。

用植物叶编织而成的硬帆，最大的优点和特点是可以利用侧风。自然界里"风有八面"。除正逆风之外，硬帆皆可利用。由侧向吹往硬帆的风，按空气动力学原理，可获得较大的升力但阻力却很小，即硬帆还有较高的帆效（图 4-15）。

侧向风在产生对船的推进力的同时，还产生横漂力，将使船横移。如图 4-15 所示，由于此横漂力在船舶重心之前，将使船向右旋转。为保持既定的航向，应将舵向左转一定角度，舵力的作用可使船向左旋转。帆与舵适当地取得平衡，则可以保持既定的航向。随着风力的大小和方向的变化，经常地改变帆角和舵角是十分重要的。"看风使舵"这一航海术语，在中国家喻户晓，这透露了舵必须与风帆相配合的信息。在中国，大致在战国时期就出现了风帆。接着，在汉代就出现并应用船尾舵。帆与舵两者相得益彰，有力地推动了中国的航海

① 席龙飞，中外帆和舵技术的比较，船史研究（1），1985。

② 宋·李昉等，《太平御览》卷 771。

③ 同②。

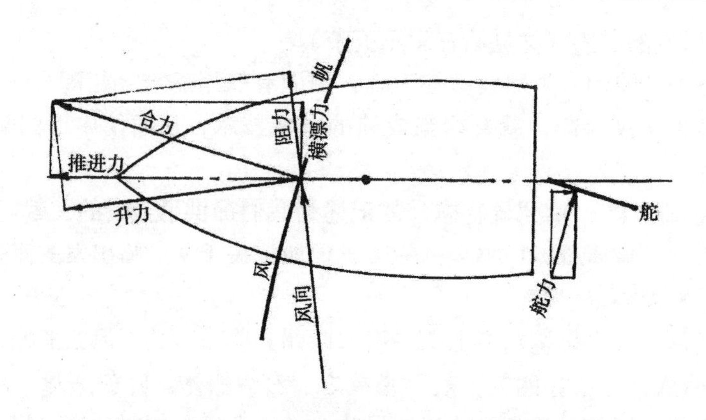

图 4-15 帆及舵受力示意图

业，对世界的航海业做出积极贡献。“相比之下，在西方，虽然帆出现很早，但缺少舵的配合。操纵桨的作用是难以与舵相比的”。“自从 13 世纪在 Cog 型船上开始使用舵之后，尾舵得到普遍推广，……全世界都公认尾舵的效用。”①

李约瑟（Joseph Needham，1900～1995）说道：“中国的这些发明和发现往往远远超过同时代的欧洲。”“在 3 到 13 世纪之间保持一个西方所望尘莫及的科学知识水平。”② 我们从中国发明的橹、舵以及驶风技术的先进性，当可看到李约瑟的这一论断是公允的。

五 碇

舟船作为水上运载工具，要有行有止。行靠篙、纤、桨、橹，或者利用自然界的风力；止要靠各种系泊工具。现代系泊工具主要是锚；古代就是碇。

在独木舟和舟船活动初期，可以靠河岸上的树木或木桩系船，有时也可把船用缆或绳系在岸边大的石头上。当船舶向开阔水域或海洋发展以后，没有近岸的树木、木桩或石头可借以系泊，便只有靠专用的系泊工具了。

早期的系泊工具叫做“碇”，用绳索将一块未经加工但其形状却便于捆扎的石头，绑扎起来投入水底，利用石块的重量拖住船身，这是简而易行的方法。也可以用网兜装上石块投入水底以系船。随着使用经验的丰富，或者将石块稍加雕凿成为易于绑扎的形状，或者将石头凿孔穿系长绳。用石头系泊并固定船的位置，古籍上概用“下碇”两字，启航则为“启碇”。

若干古代碇石的出土文物是值得人们注意的。“我国浙江余姚河姆渡遗址发掘中，曾发现新石器时代晚期的石碇，是用一块直径 50 厘米的圆石，装在专门编织的网兜内。这可以说是我国发现最早的锚”③。

据报道，1976 年在美国加利福尼亚帕拉斯维德半岛浅海中，发现两起被称为石锚的人工石制品：一起是两件圆柱形和一种正三角形人工石制品；另一起是一块中间有孔大而圆的

① 席龙飞，中外帆和舵技术的比较，船史研究，1985，(1)：45。

② ［英］李约瑟，中国科学技术史，第一卷导论，科学出版社，1990 年，第 1～2 页。

③ 沈同惠，蓬莱古船属具论析，蓬莱古船与登州古港，大连海运学院出版社，1989 年，第 81 页。

石头，它是在加利福尼亚的麦德西诺小岬附近由美国调查船打捞出来的。有的学者认为它是有二三千年历史的“中国人最先到达美洲的新物证”[①]。两起“石锚”如图 4-16。其中右图的圆形石碳，被认为是移作碇石用的“我国特有的农用碾场的碌碡”[②]。该项人工石制品的断代是以石头上积聚的一层薄薄的锰矿外衣为根据的，在学者们中间还存在着争议，但确认这些是产自亚洲的石锚。美国圣地亚哥大学的莫里亚蒂说：“毫无疑问，这是一个来自亚洲的早期船碇”[③]。

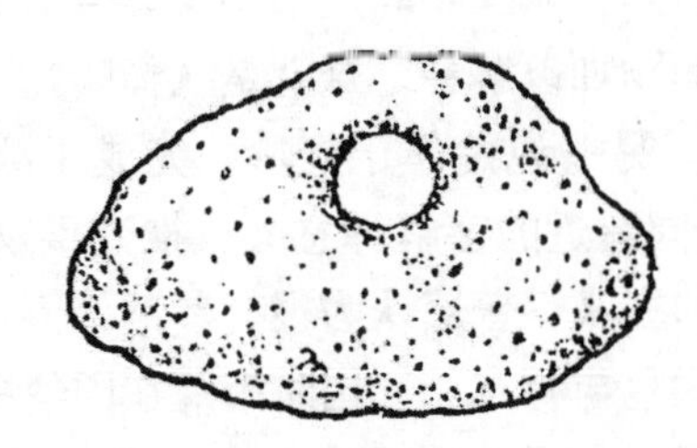
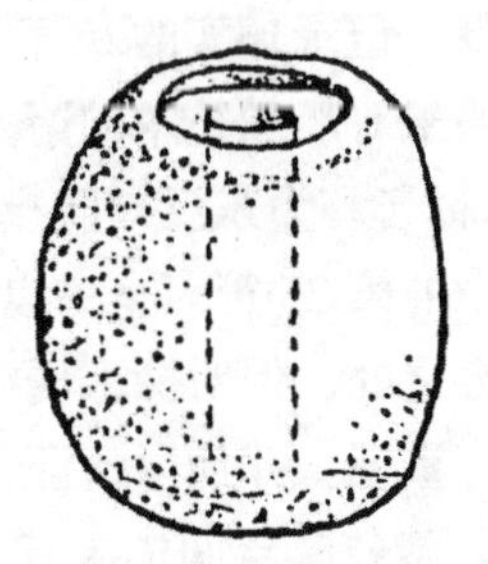

图 4-16　1976 年加利福尼亚浅海发现的人工石制品

关于系石为碇的早期记载见于汉代的文献。汉献帝建安十三年（208），孙权击黄祖。“祖横两蒙冲挟守沔口，以栟闾大绁系石为碇，上有千人，以弩交射，飞矢雨下，军不得前”[④]。该书在注解中也称“碇”为“碰舟石”。

碇石的构造，到了汉代有了长足的进步。在图 4-7 所示广州东汉陶船模型的船首悬挂有碇。仔细观察此碇的构造就可以发现有两个爪，在垂直于两爪构成的平面又有一横杆。有的文献对此种构造的概括和评价为：“正视呈‘＋’字形，侧视则为‘V’字，已具有后世多齿锚或有杆锚的特点。”[⑤] 如果按照东汉陶船模型将此碇进行复原，这实际上是一种木石结合碇，如图 4-17 所示[⑥]。知道利用爪的抓力泊船，较单靠碇石重量泊船则是泊船原理的质的飞跃。

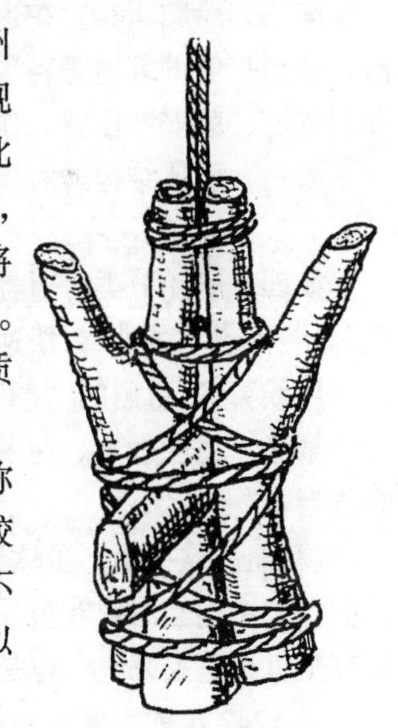

图 4-17　东汉陶船木石结合碇的复原图

“令人惊异的是，近代西方所发明并曾风靡全球的有杆锚或称为海军锚，便是采用这种构造形式”[⑦]。海军锚的优越性是可以较小的锚重而获得较大的系船力，这已为举世所公认。虽然我们不能说海军锚的发明是借鉴过中国汉代的木石结合碇，但至少可以说汉代的碇在构造上的合理性，已为后世的大量实践所证实。

发端于汉代的木石结合的碇，沿用了很长时间，而且不断有所改进。在此后的唐、宋的文献中也有叙述，也有不少文物被发现。

① 房仲甫，中国人最先到达美洲的新物证，人民日报 1979-8-19（6）。
② 石钟健，古代中国船只到达美洲的文物证据，思想战线，1983，(1)。
③ 房仲甫，殷人航渡美洲再探，世界历史，1983，(3)：56。
④ 宋·司马光，《资治通鉴》卷 65。
⑤ 沈同惠，蓬莱古船属具论析，蓬莱古船与登州古港，大连海运学院出版社，1989 年，第 83 页。
⑥ 席龙飞、杨熺，中国造船发展史，武汉水运工程学院，1985 年，第 24 页。
⑦ 章巽，中国航海科技史，海洋出版社，1991 年，第 42 页。

第六节　汉代造船技术的总结

一　汉代的船舶技术著作《释名·释船》

在汉代，还没有人把当时的造船技术成就，编撰出像后世《南船记》、《漕船志》那样图文并茂、记录翔实的专著。但是，东汉年间成书的类似今日辞书的著作《释名》，却有专门的一篇来对船舶技术的诸多问题加以解释，这就是《释船》。

《释名》为东汉刘熙撰①。另一说始作于刘珍，完成于熙。全书分8卷27篇，《释船》为其中的第25篇。全书以音同音近的字解释意义，推究事物所以命名的由来。其中虽有穿凿附会之处，但对探求语源的古义，普遍认为很有参考价值。正因为如此，后世的学者对其也颇为重视，并加以疏证、润色与补充。三国时韦曜在囚禁中还曾作"官职训及辩释名各一卷"②。清乾隆年间毕源有《补遗》及《续释名》各1卷，清光绪二十二年王先谦有《释名疏证补》。

全书既然类似于辞书，免不了分条记述，漫无层次，像似随其所见信手写成，但仔细排比以后，便可发现关于船舶的内容大概可分为以下五个部分。

第一，总结定义。给船的性质和船的作用定了名，做了诠释。

第二，船舶属具。在这一部分里，除对碇这种系泊工具遗漏之外，对桅、帆、桨、篙、橹，甚至拉船的纤绳等各项属具，从作用、形状、操作部位等，都做了解释和说明。对中国发明的舵，就安装位置、作用，也有简要的说明。

第三，船体结构。对汉代船舶的甲板、舱底结构，对上层建筑的庐、飞庐、爵室等均有说明。

第四，船舶分类。对各类船舶分别立名，在兵船中，根据战时的作用分有攻击舰"先登"，装甲舰"蒙冲"，快速战船"赤马"，多层战舰"槛"（舰）。还以载重量分五百斛以上的"斥候"，三百斛的"䑩"和二百斛的"艇"等。

第五，稳性理论。在书中明确地讲到船的主要尺度对稳性的重大影响。"短而广，安不倾危者也"③。

《释船》这一篇，虽然还算不得有关造船技术的鸿篇巨制，但是，它能在一千七八百年以前，把中国当时曾获得的造船成就和达到的技艺水平，翔实地记录下来，不仅在中国，即使在全世界范围来说，也是难能可贵的。外国的一些船史著作中，迄今还仍在片面地强调：舵，是1242年前后发明和使用的，最有力的证据就是某城的一个带有船尾舵图案的徽记。然而在中国，不仅有公元前后的船尾舵的文物，而且有《释名》这样的文献，对舵的作用、安装与操作部位均加以明确的解释。这就是说，在公元前后，中国不仅有了舵在使用，而且已经引起文人学士的注意，认为有必要在他的著作中加以概括。

《释名》的作者刘熙，是汉末的训诂学家，是知天文、晓地理、博学广知的学士，对造

① 唐·魏徵，《隋书·经籍志》。

② 西晋·陈寿，《三国志·韦曜传》。

③ 清·王先谦，《释名疏证补》。

船工匠和操舵驶帆的水手们的技艺，显然是间接了解到的。“短而广，安不倾危者也”，这种在今天看来也是十分正确的科学结论，既不是刘熙的发明，也不是少数船工所能断言的。应该看到，这是许多年来在航行实践中获得的经验总结。由此可以看出中国造船技术的悠久历史和到汉代时舟船获得重大发展的概貌。

二　汉代典型船舶——赤壁水战的斗舰

关于汉代最著名的船舰当属楼船。楼船相当于今日舰队中的指挥舰或旗舰，如《史记》卷三十所记：“治楼船高十余丈，旗帜加其上，甚壮。”① 楼船在舰队中的作用虽可壮大军威，但难以操纵，常带来负面效应，故水军中所设楼船的目的并不是为了作战，而主要是为了张扬声势。汉代水军中最为重要并具有代表性的船舰当为斗舰。

斗舰是东汉时出现的一种新型战舰，对它的记述首见于《三国志》中。孙权的部属说：荆州“刘表治水军，蒙冲斗舰，乃以千数”②。雄踞江东已历三世的孙权，其水军斗舰之规模，当不亚于刘表，甚或过之。据《三国志》卷六十所载：孙权的将军贺齐“性奢绮，尤好军事，兵甲器械极为精好，所乘船雕刻丹镂，青盖绛襜，干橹戈矛，葩瓜文画，弓弩矢箭，咸取上材，蒙冲斗舰之属，望之若山。”③ 联系到汉代刘熙所撰《释名·释船》对舰的诠释：“上下重板曰舰，四方施板以御矢石。”斗舰则是有两层甲板并且每层皆具有防护设施的极为坚固的“望之若山”的大型战舰。

斗舰，在孙权与刘备组成联军共同抵御曹操的强大兵力的赤壁之战中，创造了中国历史上有名的以少胜多的辉煌战例。赤壁之战确定了三国鼎立的局面。这样大规模的以水战为主的战役，在水战史上也是空前的，它反映了当时中国造船技术的高超和造船业的发达。斗舰，作为代表性船型，也反映了东汉末年我国造船技术所达到的历史高度。

东汉末年，曹操托名汉相，挟天子以征四方，遂统一了北方。随即秣马厉兵，训练水军，准备攻灭控制荆襄的刘表和雄踞江东的孙权。汉建安十三年（208）七月，曹操统兵20余万，号称80万，南下争雄。在今湖北当阳大败依附刘表的刘备，又占领了荆州，收降刘表的水军七八万。刘备逃至夏口（今武昌），旋又退至樊口（今湖北鄂州市西北）。

孙权、刘备面对压境大军，组成5万兵力的联军，溯江而上，抗击曹军。在赤壁（今湖北蒲圻市西北，长江南岸）与在乌林（长江北岸）的曹军隔江对峙。孙军统帅周瑜的部将黄盖献计曰：“今寇众我寡，难与持久。操军方连船舰，首尾相接，可烧而走也。”④ 周瑜采纳黄盖这一火攻之计，“乃取蒙冲斗舰十艘，载燥荻、枯柴，灌油其中，裹以帷幕，上建旌旗，预备走舸，系于其尾。先以书遣操，诈云欲降。时东南风急，盖以十艘最著前，中江举帆，余船以次俱进。操军吏士皆出营立观，指言盖降。去北军二里余，同时发火，火烈风猛，船往如箭，尽烧北船，延及岸上营落。顷之，烟炎张天，人马烧溺死者甚众。瑜等率轻锐继其后，擂鼓大震，北军大坏，操引军从华容道步走……”⑤

① 汉·司马迁，《史记·平准书》。
② 西晋·陈寿，《三国志·吴书·周瑜传》。
③ 西晋·陈寿，《三国志·吴书·贺齐传》。
④ 宋·司马光，《资治通鉴》卷65。
⑤ 同④。

图 4-18　《武经总要》中的斗舰图

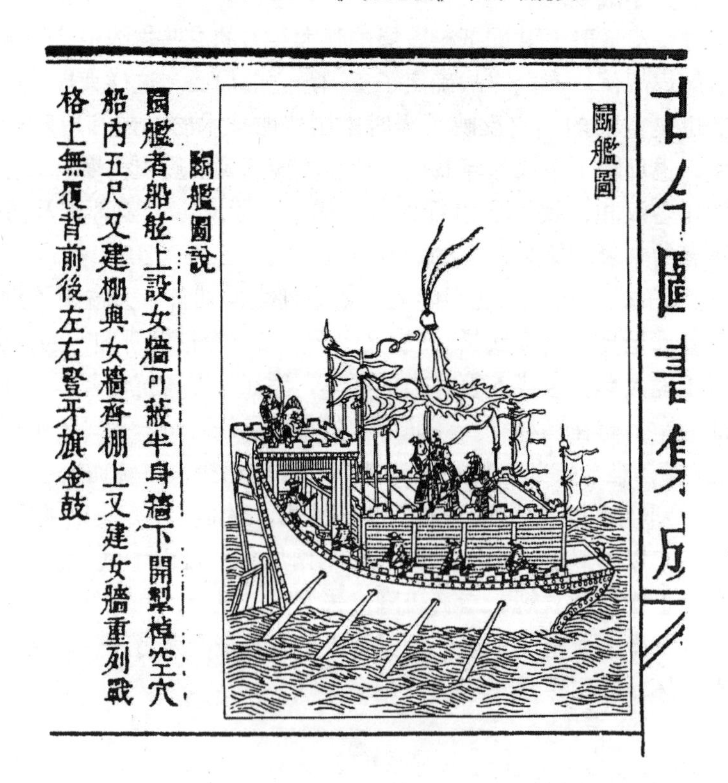
古今圖書集成

鬬艦圖

鬬艦圖說

鬬艦者船舷上設女牆可蔽半身牆下開掣棹空穴船內五尺又建棚與女牆齊棚上又建女牆重列戰格上無覆背前後左右豎牙旗金鼓

图 4-19　《古今图书集成》中的斗舰图

关于斗舰的形制，刘熙的《释名》稍嫌简略。唐代李筌所撰《太白阴经》成书于乾元二年（759），对斗舰有如下描述："战舰，船舷上设中墙半身，墙下开掣棹孔。舷（内）五尺又建棚，与女墙齐，棚上又建女墙，重列战格。上无覆背，前后左右树牙旗、幡帜、金鼓，战船也。"[①] 李筌的对斗舰的描述则详尽得多，但两书中对斗舰形制的特征——两层甲板而且都有以"施板"或"女墙"的防护设施等记载，基本上是相符的。比《太白阴经》晚42年成书的唐代杜佑的《通典》，对斗舰的形制也有大体相同的记载[②]。甚至北宋曾公亮的《武经总要》和明代茅元仪的《武备志》对斗舰的描述，除个别辞语外，也与《太白阴经》及《通典》相一致。这说明东汉末年兴起的斗舰，其型制早已规范化了。然而对斗舰型制的形象资料备感缺乏，未见汉代、唐代传世的图样。迄今只见有《武经总要》和《武备志》所附斗舰的外观图（图4-18及图4-19）。应该说，上述两书所绘的斗舰图，只能算得上是极草率的示意图而已。其中船体、人物、旗帜、武器等，相互间缺少适当的比例。船体的主要尺度也与舰船的法式不相符合。

1987年，应北京中国军事博物馆之邀，我们曾完成对赤壁之战斗舰的复原研究[③]。经过论证的斗舰复原[④] 尺度是：总长37.4米，水线长32.7米，船宽9.0米，船深3.0米，吃水1.8～2.0米，战棚高2.3米，舵楼高2.5米。因而上层建筑就要有5米多高。如图4-20所示，在斗舰的上甲板上设战棚，战棚的长约占船长的3/4。上甲板和战棚甲板均设有"可隐半身"的女墙，女墙上均设供射箭用的垛口。战棚的四周有可供射击和隐蔽均便的弩窗和四

图4-20　三国赤壁之战的斗舰（现展于北京军事博物馆）

① 唐·李筌，《太白阴经·水战具篇第四十》。

② 唐·杜佑，《通典》卷160。

③ 席龙飞，长江古代的两型战舰，长江日报1988-2-14（3）。

④ 李蕙贤、文尚光，赤壁之战斗舰的复原研究，武汉水运工程学院学报，1990，(3)：310～315。

通大开门。全船设两桅、两帆、30 把桨。两只木石结合碇位于首部。起碇及带缆用的人力绞车分别设在主甲板前部和战棚甲板上。上层建筑采用飞檐、斗拱与雕栏相结合，首封板饰象征勇猛必胜的虎头浅雕，全船设有四方旗、帅旗、旌旗、金鼓、矛戈等。所复原的斗舰以1:30 的比例，制成楠木船模一具，今收藏并陈列于北京中国军事博物馆中的古代战争馆。

图 4-21　赤壁大战的斗舰（现展于嘉兴船文化博物馆）

1987 年，我们为中国军事博物馆对斗舰进行复原研究和设计时，曾在船尾设绕垂直舵杆转动的不平衡舵一具。现在看来此种设计是很幼稚的，当然也是不正确的。

虽然在东汉的陶船上出现了舵，汉代的著作《释名·释船》也写着柁（舵），但见到的是拖舵。什么年代才开始出现绕垂直舵杆转动的不平衡舵还不很清楚。自从我们考察和研究了隋唐运河出土的一批唐船和拖舵，我们才认识到拖舵的有效性①。2001 年，我们为澳门海事博物馆作斗舰的复原研究和设计时，则采用了如图 4-21 所示的拖舵。嘉兴船文化博物馆展出的斗舰，也采用了此种模式。

① 阚绪杭、龚昌奇、席龙飞，隋唐运河柳孜唐船及其拖舵的研究，哈尔滨工业大学学报（社会科学版），2001，(4)：35～38。

第五章　造船技术在唐宋时期臻于成熟

中国传统的造船技术，在汉代获得重大发展，出现了中国造船历史上第一个发展高峰时期。这个时期，在船舶形制、构造与属具等方面，都有一些突出的贡献。从时间上来说，大约是从公元前220年到公元220年，前后共440多年。

中国传统造船技术的日臻成熟，则是唐代及宋代这一历史阶段的事情。

唐代自618年立国，到907年结束，经历了290年，唐末又出现了五代、十国的分裂局面，前后历时54年。到960年，北宋王朝建立才又出现了统一的局面。南宋到1279年结束，北宋和南宋共经历了320年。在唐宋两代六七百年的时间里，是中国封建社会发展较快的时期，也是中国造船技术发展的第二个高峰时期①。其特点是船舶种类齐全，制造工艺精良，在国内运输和交通海外方面都起到了重大的作用。犹如唐人崔融所写："天下诸津，舟航所聚，旁通巴、汉，前指闽、越，七泽十薮，三江五湖，控引河洛，兼包淮海。弘舸巨舰，千轴万艘，交贸往还，昧旦永日。"② 值得注意的是，这个时期的主要造船基地，多与盛产丝绸、瓷器的地区相结合。造船与丝、瓷生产两者相互推进，相得益彰。指南浮针在宋代用于航海，更使中国的航海与造船业形成了超越前代的繁盛形势。

在唐代以前，还有一个立国只有37年的隋代。"隋代统一中国的时间，虽然只有短短的二十多年，但是对于造船、开运河以及发展海上交通，却曾做了许多事情"③。

在本章论述中国古代传统造船技术日臻成熟的问题，在时间跨度上，则是从581年起到1279年止，约计700年。

第一节　在统一全国战役中发挥作用的隋代五牙舰

一　五牙舰在统一全国战役中的历史作用

三国以后，虽然有过西晋短暂的统一，但不久又形成了东晋、十六国及以后的南北朝的对峙局面。南朝与北朝的分裂状态，阻碍了经济文化交流和社会的发展。南方的统一是历史的必然，而北方各民族的融合及南方经济的大发展，"增强了南北进行经济交流的迫切需要"④。这又为实现全国统一准备了客观条件。

577年，北周灭北齐，统一了中国北方。581年，北周大贵族杨坚夺取政权，改国号为隋，定都长安。隋初的领土北达长城，南临大江，西至河西，东濒沧海，西南则包括四川大部，地域相当辽阔。在建国之初，统治尚不巩固，北方的突厥和南方的陈朝，是杨坚统一中

---

① 席龙飞、杨熺，中国造船发展史，武汉水运工程学院，1985年，第1页。

② 后晋·刘昫，《旧唐书·崔融传》。

③ 章巽，我国古代的海上交通，商务印书馆，1986年，第38页。

④ 李培浩，中国通史讲稿（中），北京大学出版社，1983年，第4页。

国的两大障碍。584年，隋对突厥的斗争取得决定性胜利，这不仅解除了北方的威胁，而且也为消灭陈朝创造了有利条件。

为了讨伐江南的陈叔宝（后主），隋文帝杨坚吸取了280年晋于益州（今四川）大造船舰伐吴的历史经验，命行军元帅杨素于永安（今重庆奉节）大造船舰，训练水师。隋开皇八年（588年），杨素统帅由五牙战舰为主力的，包括黄龙、平乘、舴艋等各型战船组成的庞大舰队，在长江上与陈朝守军展开激战。

第一次激战在开皇八年（588）冬于长江三峡展开。"陈将戚欣以青龙百余艘，屯兵数万人守狼尾滩，以遏军路"①。杨素对这次战役非常重视，以为"胜负大计，在此一举"。乃分别以步卒击南岸，以甲骑击北岸，"杨素亲率黄龙数千艘，衔枚而下"，遂使陈将戚欣败走，"悉俘其众"②。

第二战是于开皇九年（589），杨素夜袭陈将吕仲肃，破其横江三条铁锁。陈南康内史吕仲肃屯岐亭，正据江峡，于北岸凿岩，缀铁锁三条，横截上流，以遏战船。素与（刘）仁恩登陆俱发，先攻其栅。仲肃军夜溃，素徐去其锁③。

第三战最为激烈。"（吕）忠肃复据荆门之延洲，素遣巴蜑（习水性、善驾舟的部族）千人乘五牙四艘，以拍竿碎其十余舰，遂大破之，俘甲士二千余人，忠肃仅以身免"④。"巴陵以东，无敢守者"⑤。

由杨素统帅的以五牙舰为主力的舟师，在消灭陈朝统治，结束南北朝的分裂局面，从而在统一全国的大业中发挥了重要的历史作用。

二　有关文献对五牙舰的记述及其复原

《隋书·杨素传》记有："素居永安，造大舰，名曰五牙。上起楼五层，高百余尺，左右前后置六拍竿，并高五十尺，容战士八百人，旗帜加于上。次曰黄龙，置兵百人。自余平乘、舴艋等各有差。及大举伐陈，以素为行军元帅，引舟师趣三峡。"⑥

《四库全书》载有五牙舰的图样（图5-1）。该图能给人启示的是该船起楼五层。至于船楼是否会像图中显示那样高大丰满？从船舶的稳性及其他航行性能审视，颇有可商榷之处。关于拍竿的形制，该图并未能就其机理有所揭示。

宋代李昉（925～996）等撰《太平御览》及宋、元时期马端临（1254～1323）撰《文献通考》等文献关于五牙舰及隋陈水战的记述，大体与《隋书·杨素传》相类似。

明代李盘所撰《金汤借著十二筹》卷十一则有对拍竿及五牙舰的记述："拍竿：其制如大桅，上置巨石，下作辘轳，绳贯其颠，施大舰上。每舰作五层楼，高百尺，置六拍竿，并高五十尺，战士八百人，旗帜加于上。每迎战敌船，迫逼则发拍竿击之，当者立碎。"⑦ 该

① 唐·魏徵，《隋书·杨素传》。
② 宋·司马光，《资治通鉴》卷176。
③ 唐·魏徵，《隋书·杨素传》。
④ 宋·司马光，《资治通鉴》卷177。
⑤ 同①。
⑥ 同①。
⑦ 明·李盘，《金汤借箸十二筹》卷11。

书对五牙舰的记述也与《隋书》相一致。从几种文献的排比中，大致可以看出：关于五牙舰以及隋陈水战的记述，可能皆出自《隋书》；关于拍竿的记述则以《金汤借著十二筹》的记述最为生动而具体。

关于五牙舰的复原，可分述于下。

（一）五牙舰的形制及尺度

从形制上分析，起楼五层是五牙舰的重要特征。中国自汉代起有楼船，但只起楼三层。即使是三层楼的楼船，也是出于壮军威的目的而设，在航行性能上并无好处。《太白阴经》记有：“楼船：船上建楼三重，列女墙、战格……忽遇暴风，人力不能制，不便于事。然为水军，不可不设，以张形势。”[①]具有三层楼的楼船，在暴风中都有麻烦，何况五层楼的五牙舰！如果五牙舰果真像图 5-1 所示那种格局，由于风暴中行动不便，因而也必然会减弱其作战能力。

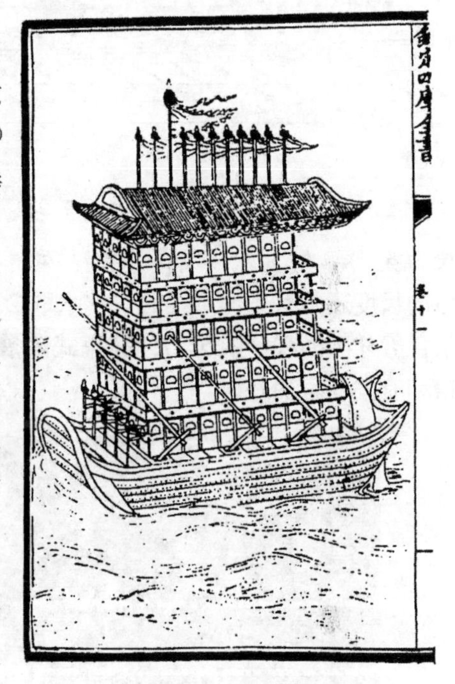

图 5-1　五牙舰图
（采自唐志拔《中国舰船史》）

鉴于各种文献都强调“起楼五层”，当应作为复原依据。经复原研究[②]的五牙舰图如图5-2。以北周及隋尺合 0.7353 市尺计，每尺合 24.51 厘米[③]。“高百余尺”则高达 24.5 米以上，可见并非楼高，故取通高为 25 米，即在五层楼的甲板上再竖旗杆，其旗杆顶端高度达 25 米。

鉴于有五层楼的上层建筑，还有“并高五十尺”（合 12.5 米以上）的 6 根拍竿，为保证船的稳性，船宽当不可太窄。再考虑到全舰要载战士 800 人，而且要在舰上操纵拍竿、划桨、摇橹、操舵并使用弓弩等冷兵器作战，甲板面积太小也是不适宜的。经多方权衡，在复原研究中最终选取的五牙舰主要尺度如下：

舰长	54.6 米	水线长	50.0 米	甲板宽	16.0 米
型宽	15.0 米	型　深	4.0 米	吃　水	2.2 米

由现时上推 1400 年，总长为 55 米的大舰，当然也属于是庞然大物了。“不过，这样大的船在长江三峡中还是有先例的，这就是西晋灭吴时曾在四川造过大船”[④]。《晋书·王濬传》载：“武帝谋伐吴，诏（王）濬修舟舰。濬乃作大船连舫，方百二十步（围长约 170 米）受二千余人。以木为城，起楼橹，开四出门，其上皆得驰马来往。”[⑤] 两船并列称“连舫”。总

① 唐·李筌，《太白阴经·水战具篇》。
② 席龙飞，长江上的五牙舰及其复原研究，中国水运史研究，1990，(3)：1～6。
③ 吴承洛，中国度量衡史，商务印书馆，1937 年，第 192 页。
④ 同②。
⑤ 唐·房玄龄等，《晋书·王濬传》。

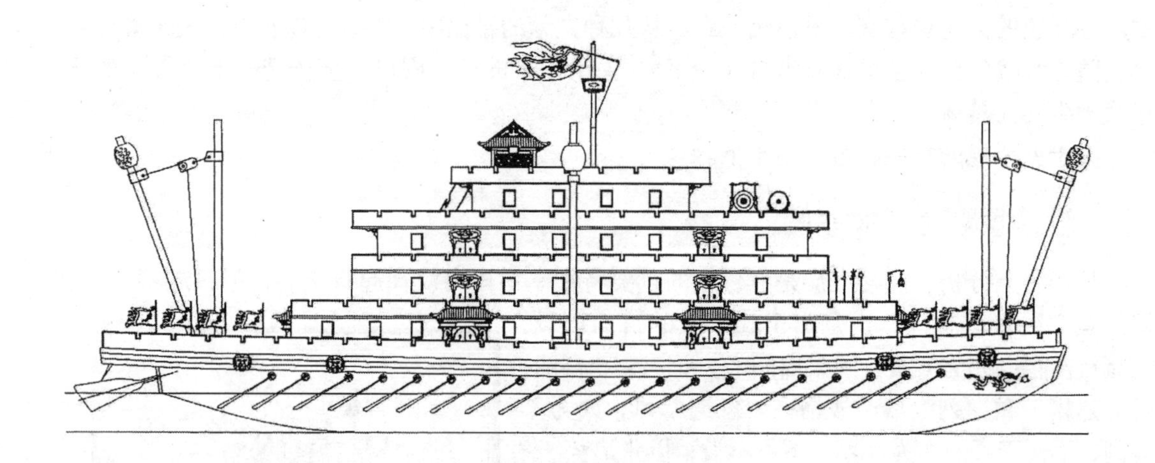

图 5-2 经复原研究的五牙舰图

长为 55 米、宽为 15 米的两艘船并列，则恰好合“方百二十步”之数。由之可见五牙舰所复原的尺度还是有先例可援的。吃水取 2.2 米，即使冬季枯水也可通航。经论证研究所复原的隋代五牙舰模型（图 5-3），已正式陈展于北京军事博物馆古代战争馆，并“受到军事博物馆和有关专家的好评”①。

图 5-3 经论证研究所复原的隋代五牙舰模型

① 席龙飞，长江古代的两艘主力战舰，长江日报，1988-2-14（4）。

（二）拍竿的形制及布置

五牙舰上的拍竿，并高五十尺，按前述隋尺计，当在12.5米以上，复原时取15米。

拍竿的形制可能有如图5-4所示3种。图中（a）型者，类似如宋代水军车船中使用的抛石机[①]。虽然也运用杠杆原理，但攻击力不强，似不足取。图中（b）型者，虽较有攻击力，但不便于操作，而且与《金汤借箸十二筹》中的论述相悖。图中（c）型者，拍竿的支点（转轴）离甲板较近，力点（拍竿之“上置巨石”）离支点较远，即旋转半径较大。拍竿顶端的巨石转落时其加速度与旋转半径的平方成正比，最有攻击力。而且大体上与文献上所记“其制如大桅，上置巨石，下作辘轳，绳贯其颠”句相符。按此种型式复原也获得上海同济大学机械史学者陆敬严教授的首肯。

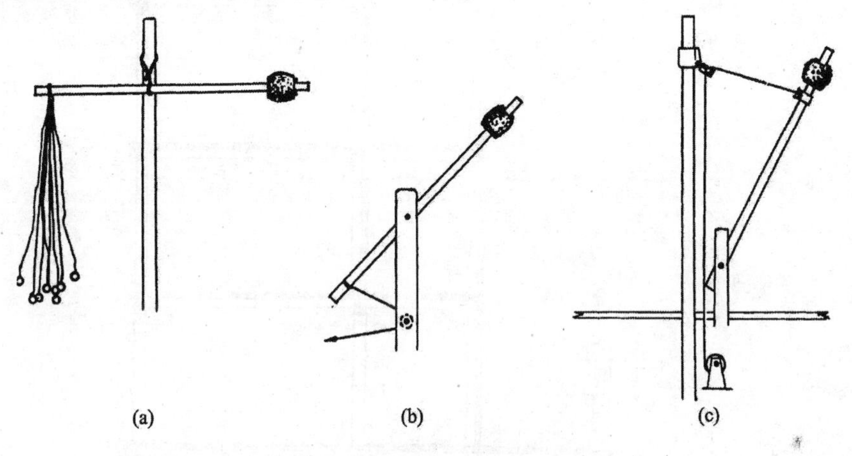

图5-4　拍竿的3种复原型式

拍竿的布置取前后各两只，左右舷各一只。辘轳（绞盘）设在甲板之下，操作有足够的空间，而且可防敌人的矢石，较为安全。

（三）五牙舰的动力与操纵

五牙舰是否装帆，未见于诸文献。从具有高大、丰满的船楼看，似无装帆的可能。舰的动力以划桨为主，所复原的船模取40把长桨。甲板及各层战棚的周边设半身女墙以用作战场，划桨则在甲板之下的舱内。在川江的急流中，舰的操纵要靠拖舵。前已述及，在1987年的复原研究中，我们也曾采用普通舵用作舰的操纵。在发现大运河的唐船仍使用拖舵时，才作了此种改进（图5-2）。

（四）五牙舰的舰体结构

舰船的中剖面结构如图5-5所示，第五层甲板之上建一小型阁楼（图5-2），以供瞭望、指挥之用，并且可以符合“起楼五层”之数。横舱壁高度取为1.8米，其上设置纵向梁木并铺以木铺板。木铺板之下填以土石以有利于船的稳性，木铺板之上供战卒划桨和起居之用。

---

① 潘吉星主编，李约瑟文集，辽宁科技出版社，1986年，第260页图6。

“下实土石，上为战场，中寝处”的格局，不仅见于后世的《明史·兵制》[①]，而且是由来已久的传统，至少可上溯到战国时期。例如战国时期青铜器舟战图像中的战船皆铺设木铺板的。在战船纹样中看似“双重底”的构造，并非今日船舰中的水密的双重底，实际上是铺平舱底以利划桨、转动辘轳等项操作，当然，“下实土石”则更是船舶稳性的需要[②]。

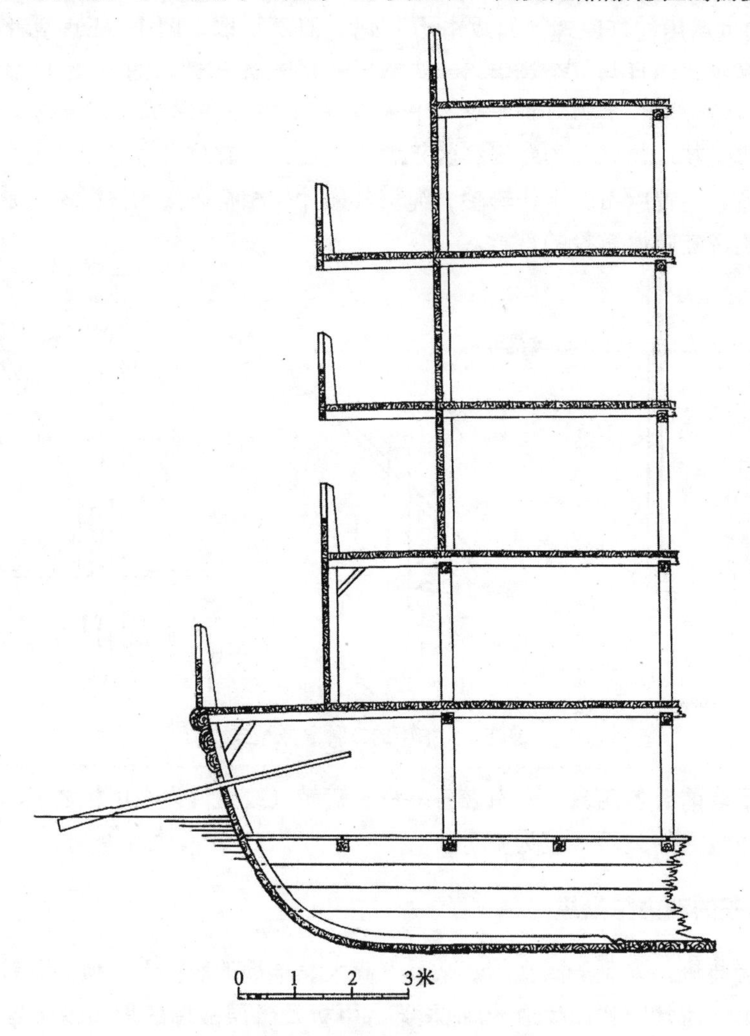

图 5-5　五牙舰的船中剖面结构图

第二节　隋代船舶的发展

一　隋代船舶的建造

隋代南北大运河的扩展和开凿，使黄河流域和长江流域两个经济发达的广大地区血脉相通，既推动了漕运的发展，也促进了造船业的繁荣。

---

① 清·张廷玉等，《明史·兵制》。

② 刘敦愿，青铜器舟战图像小释，文物天地，1988，(2)：15～17。

隋炀帝于605年、610年和616年，三次率庞大的旅游船队巡游江都，挥霍民财扰乱民生达于极点。为了在大业元年（605）八月巡游江都，“自长安至江都，置离宫四十余所”①。为此一项，特建造龙舟以及各种游船数万艘。《隋书·炀帝纪》记有：“庚甲，遣黄门侍郎王弘、上仪同、于士澄往江南采木，造龙舟、凤艒、黄龙、赤舰、楼船等数万艘。”② 由此足见当时造船能力之强大。不过这都是在严苛监督下建造的，“役丁死者什四五”③。

大业元年八月，隋炀帝自漕渠出洛，御龙舟。“龙舟四重，高四十五尺，长二百尺。上重有正殿、内殿、东、西朝堂，中二重有百二十房，皆饰以金玉，下重内侍处之。皇后乘翔螭舟，制度差小，而装饰无异。别有浮景九艘，三重，皆水殿也。又有漾彩、朱鸟、苍螭、白虎、玄武、飞羽、青凫、陵波、五楼、道场、玄坛、板艙、黄篾等数千艘，后宫、诸王、公主、百官、僧、尼、道士、蕃客乘之，及载内外百司供奉之物，共用挽船士八万余人，其挽漾彩以上者九千余人，谓之殿脚，皆以锦彩为袍。又有平乘、青龙、蒙冲、艚艖、八棹、艇舸等数千艘，并十二卫兵乘之，并载兵器帐幕，兵士自引，不给夫。舳舻相接二百余里，照耀川陆，骑兵翊两岸而行，旌旗蔽野”④。隋炀帝第一次巡游江都的龙舟船队拥有船只5191艘（表5-1），这是隋代造船能力和船舶制式的一次大检阅。

表5-1　隋炀帝第一次巡游江都龙舟船队船只一览表

船　名	艘数	船　名	艘数	船　名	艘数	船　名	艘数
龙　舟	1	二楼船	250	飞羽舫	6	艨　艟	500
翔螭舟	1	板　艙	200	青凫舸	10	艚　艖	500
浮景舟	9	朱鸟舫	24	凌波舸	10	八棹舸	200
彩漾舟	36	苍螭舫	24	黄蔑舫	2000	舴艋舸	200
五楼船	52	白虎舫	24	平　乘	500		
三楼船	120	玄武舫	24	青　龙	500		

隋代龙舟的形制、式样，在现存的文物中尚未有发现过。后世北宋张择端所绘《金明池争标图》对这类帝王乘坐的龙舟有形象的描绘。宋代孟元老在《东京梦华录》里也有文字的叙述。宋时的龙舟长三四十丈，阔三四丈。头尾鳞鬣，皆雕镂金饰。在山东蓬莱的中国船舶发展陈列馆陈列的隋代龙舟模型（图5-6），可显示龙舟的概貌。

龙舟在布置上的一大特点是具有高大的上层建筑，船舶重心必高；为显示龙的形象其船身狭长，长与宽的比值近于10，船宽相对较窄。如何保证船舶稳性的问题至为重要。稳性问题如果不能获得妥善解决，龙舟等许多具有高大上层建筑物的各式船舶，势必经常会出现翻沉的危险。稳性问题是如何解决的，使人疑虑重重。然而孟元老在书中对龙舟特别写明：“底上密排铸铁大银样如桌面大者，压重庶不欹倒也。”⑤ 这说明当时人们对压重的必要性是重视的，对解决稳性问题是有办法的。隋代龙舟长20丈，到了宋代如《东京梦华录》所记就增加到三四十丈。对这一尺度人们或有疑窦。但从孟元老所记以桌面大小的铸铁件作压重而且

---

① 宋·司马光，《资治通鉴》卷180。
② 唐·魏徵等，《隋书·炀帝纪》。
③ 同②。
④ 同①。
⑤ 宋·孟元老撰，邓之诚注，《东京梦华录注》。

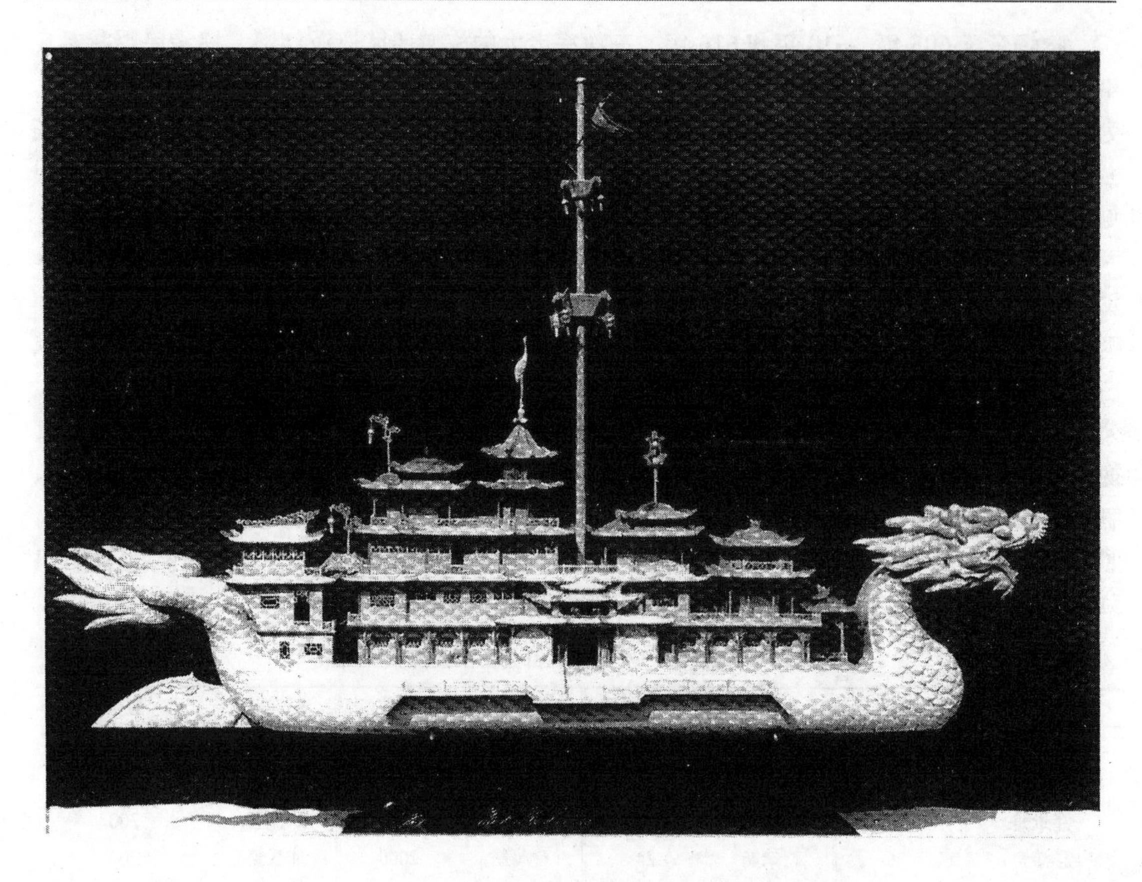

图 5-6　龙舟模型（陈列于山东蓬莱中国船舶发展陈列馆）

“密排”，说明压重量较大。这又从侧面反映出龙舟之大。如果完全是虚夸不实之词，当时或并不深谙船舶原理的孟元老，恐怕也难以编造出“底上密排铸铁”这样有分量的词句来的。

隋代有很强的造船能力，但未能用之于国计民生。“杨广又是个好大喜功的人，他因高丽王不肯来朝，于 612 年、613 年、614 年，三次派兵进攻高丽”①，“这些战争意在征服高丽，所以是侵略性质的战争”②。大业七年（611）春：“下诏讨高丽，敕幽州总管元弘嗣往东莱（今山东掖县）海口造船三百艘，官吏督役，昼夜立水中，略不敢息，自腰以下皆生蛆，死者什三四。……七月，发江、淮以南民夫及船运黎阳及洛口诸仓米至涿郡，舳舻相次千里，载兵甲及攻取之具，往返在道常数十万人，填咽于道，昼夜不绝，死者相枕，臭秽盈路，天下骚动。”③ 三年三次入侵高丽，612 年时，隋的水师从江淮出发，先到东莱，再向平壤进航；614 年时则从东莱郡进发。由于高丽军的反抗和本国人民的反对，都以失败而告终。

二　隋朝廷注意发展海上交通

自开皇元年（581）杨坚建立隋朝，使中国自西晋以来近 300 年的纷争割据局面得以结

---

① 白寿彝主编，中国通史纲要，上海人民出版社，1980 年，第 186 页。

② 李培浩，中国通史讲稿（中），北京大学出版社，1983 年，第 19 页。

③ 宋·司马光，《资治通鉴》卷 180。

束，全国重新统一，社会逐步走向繁荣，人民得以休养生息。但到隋炀帝时，却醉心于游乐和黩武。此两项敝政，耗资巨大，为害之极，导致隋朝迅速灭亡。“但从另一角度上看，在这种虚荣的追求之中，却也间接地提高了中国的造船技术”①，发展了海上交通。

首先是继续发展大陆沿海和台湾之间的船运，开发台湾。台湾在当时称为流求，隋炀帝在大业三年、四年，两次派羽骑慰朱宽入海慰抚流求②。大业六年（610）“又命陈棱和张镇州带兵一万多人，从义安郡（今广东潮州市）航海出发，经高华屿和奎辟屿（即现在的花屿和奎辟屿，属澎湖），到达流求，进行‘慰谕’，并在流求留居了一个时期才回来。”③“流求人初见船舰，以为商旅，往往诣军中贸易。”④ 可见祖国大陆与台湾之间，一直存在着航海通商等等联系，自隋以来关系更进一步密切了。

隋代重要的发展海上交通的事项是，大业三年（607）“屯田主事常骏、虞部主事王君政等请使赤土”⑤。“赤土国，扶南之别种也。在南海中，水行百余日而达所都。土色多赤，因以为号。东波罗刺国，西婆罗娑国，南诃罗旦国，北拒大海，地方数千里”⑥。据《隋书》记载：“骏等自南海郡乘舟，昼夜二旬，每值便风，至焦石山（今越南岘港）而过，东南泊陵伽钵拔多洲……又南行，至师子石（今越南南部海岸外之昆仑岛），自是岛屿连接。又行二三日，西望见狼牙须（今泰国北大年一带）国之山，于是南达鸡笼岛（或即马来半岛东岸外之大雷丹岛），至于赤土之界。”⑦ 可知赤土国实位于马来半岛的南半部。其东的波罗刺国，当为今日之婆罗洲。

“常骏之出访，不仅使中国与赤土国的外交关系得以加强和发展，而且推动南海其他国家与中国的密切交往，如林邑、真腊、婆利等国，皆向隋遣使贡献。常骏等人归国后著有《赤土国记》二卷，另有人撰成《真腊国事》一卷”⑧。这些著作虽多已湮灭无闻，但其菁华则被《隋书》和新旧《唐书》所采录，成为今日之宝贵史料。中西交通史学者张星烺则写道：“炀帝好勤远略，亚洲西部各国，如波斯……并遣使贡朝。而西域，龟兹，天竺……歌曲音乐，亦于是时输入中国矣。”⑨

第三节 唐代的内河及海洋船舶

一 唐代的内河航运及船舶

农桑是人民衣食的根本，又是封建朝廷财政收入的主要来源。为了促使生产恢复和保证朝廷的税收，唐“武德七年（624）四月，颁布了均田令和租庸调法”⑩。租，就是每个成年

① 姚楠、陈佳荣、丘进：七海扬帆，中华书局有限公司，1990年，第61页。
② 唐·魏徵等，《隋书·东夷传·流求国》。
③ 章巽著，我国古代的海上交通，商务印书馆，1986年，第38页。
④ 唐·魏徵等，《隋书·陈棱传》。
⑤ 唐·魏徵等，《隋书·南蛮传·赤土国》。
⑥ 同⑤。
⑦ 同⑤。
⑧ 同①，第62页。
⑨ 张星烺，中国交通史料汇编第一册．辅仁大学丛书第一种，1930年，第117页。
⑩ 翦伯赞，中国史纲要（上册），人民出版社，1983年，第421～422页。

男性农民每年要向政府缴纳实物地租粟2石；庸，是每个农民每年向政府无偿地服劳役20天，若不服役，准许每天纳绢3尺或布3尺7寸5分抵免；调，就是随乡土所出，每年缴纳绢（或绫、絁）2丈，绵3两。不产丝绵的地区，每个农民每年缴纳布2丈5尺、麻3斤。政府以庸代役和徭役的征发注意不误农时，这就方便了大批自耕农民。在统一和平的环境里，农民能够自由地支配劳动时间，这就保障了社会经济的发展，从而也使内河航运在国计民生中占相当重要的地位。《旧唐书》记有："今国用渐广，漕运数倍于前。"[①] 开元二十二年（734）兼任江淮、河南转运使的裴耀卿，分析了南北漕运欠通畅的缘由：江南户口众多，为国库的重要来源。然而其所运送的租庸调等，于正、二月上道，至扬州进入运河的斗门，适逢水浅而受阻。到四月份以后才能渡淮河而入汴河，这时又属汴河干浅季节，加上搬运、停留，到六、七月份方能到达黄河。这时每又逢黄河水涨而不适于航运，常须停一两月等待水势减弱才能航行。"计从江南至东部（洛阳），停滞日多，得行日少，粮食既皆不足，欠折因此而生。又江南百姓不习（黄）河水，皆转雇河师水手，更为损费"[②]，因此提出实行分段运转法，"凡三岁，运米七百万斛，省僦车钱三十万缗"[③]。

安史之乱，前后历时7年多方结束，严重破坏了生产。时关中缺粮，米斗千钱。广德二年（764），刘晏任河南、江淮转运使，疏浚汴水，更针对汴河的水文建造"歇艎支江船"，每船千斛，十船为纲，每纲300人、篙工50人。还依黄河的急流，特别是要具有驶上三门峡的能力，建造了"上门填阙船"。两种船建造数千艘以应需要。自刘晏以来漕运更形成定制："未十年，人人习河险。江船不入汴，汴船不入河，河船不入渭；江南之运积扬州，汴河之运积河阴，河船之运积渭口，渭船之运入太仓。岁转粟百一十万石，无升斗溺者。"[④]"唐世推漕运之能者，惟（刘）晏为首，后来皆遵其法度云。"[⑤]

在内河航运较为发达的唐代，除了在黄河有著名的"上门填阙船"、在黄河与长江之间有适宜于汴河和通济渠的"歇艎支江船"之外，航行于长江的则有大型船舶"俞大娘船"。《唐国史补》载："江湖语云，水不载万，言大船不过八九千石。然则大历、贞元间有俞大娘航船最大，居者养生、送死、嫁娶悉在其间，开巷为圃，操驾之工数百，南至江西，北至淮南，岁一往来，其利甚薄。此则不啻载万也。"[⑥] 此种俞大娘船的名称来源虽不得而知，但所谓生死嫁娶悉在船上，实为以船为家的传统，文献所载者也较为可信。关于俞大娘船载量超过八九千石的规模，也为以后的文献所证实。北宋张舜民《画墁集》，记述了他亲眼所见的万石船的实况："丙戌，观万石船，船形制圆短，如三间大屋，户出其背。中甚华饰，登降以梯级，非甚大风不行，钱载二千万贯，米载一万二千石。"[⑦] 其船"形制圆短，如三间大屋"，只是个大概轮廓。要确知其载量大小，还须从载钱、载米的多少判断。据沈括的《梦溪笔谈》记载："以粳米一斛之重为一石。凡石者以九十二斤半为法。"[⑧] 1.2万石米当为

① 后晋·刘煦等，《旧唐书·裴耀卿传》。
② 后晋·刘煦等，《旧唐书·食货志》。
③ 宋·司马光，《资治通鉴》卷214。
④ 宋·欧阳修等，《新唐书·食货志》。
⑤ 宋·司马光，《资治通鉴》卷223。
⑥ 唐·李肇，《国史补》卷下。
⑦ 宋·张舜民，《画墁集》卷8。
⑧ 宋·沈括，《梦溪笔谈》卷3。

111万斤，可折成555吨。但“载钱二千万贯”之说似有可疑，或可能是“二十万贯”[①] 之误。按《宋史·食货志·钱币》所记，一贯钱净重约5斤，20万贯铜钱，折合100万斤，可折算为500吨。两数相比十分相近。所谓万斛船，其载重量为500～550吨。其主要航区在长江中下游一带，像前述俞大娘船所通行的航线，是往来于江西与两淮之间，船形短而圆宽，其长与宽的比值约在4左右。

二 唐代建造了车轮战舰

作为船舶推进工具的桨，操作时只能作前后直线、间歇运动，对船的推进也是间歇性的。“桨的进一步发展就是轮桨的出现，即‘车船’的出现。从桨转化为轮桨，在船舶推进工具发展史上是一件足以使史家和工程界人士为之兴奋的大事。轮桨在我国创用之早以及后来宋朝车船种类之多、规模之大均足以震惊世界。它使船舶的人力推进工具产生了一个飞跃，达到了半机械化的程度，成为古代船舶人力推进技术的最高水平”[②]。所谓“轮桨”，即将桨的叶片装在轮子的周边，这就可以使原本桨的直线、间歇、往复运动，变为圆周、连续、旋转运动。由连续旋转的轮桨不断划水，不仅可以连续推进，避免了手力划桨时产生的虚功，而且借助自身的体重用脚踏转轴可较为省力。在同根转轴上可因船宽的大小安装很多踏脚板，由很多人同时踏之，可以发挥多人的作用，提高车轮舟的推进效能和船速。车轮向前转船就前进，车轮向后转则船可后退。进退自如，机动灵活，这就提高了船的机动性，对战船尤为重要。

唐代的李皋（733～792）对车船的发展起了承前启后的作用[③]。李皋为唐宗室，嗣为曹王。曾任衡州、潮州刺史。他在任江西节度使时曾率军讨伐李希烈叛乱。转任江陵（今属湖北）尹、荆南节度使时，曾造战舰，并装有脚踏木轮作为推进机械，即车轮战舰。李约瑟对李皋的技术成就很是重视的，他在1964年的“科学与中国对世界的影响”一文中写道：“这种船的结构，以及其在湖上和河上进行水战，在8世纪已是十分明确的。那时候唐曹王李皋建造并率领了这样一支船队。”[④]《旧唐书》载：李皋“常运心巧思为战舰，挟二轮蹈之，翔风鼓浪，疾苦帆席，所造省而久固。”[⑤]《新唐书》还有：“教为战舰，挟二轮蹈之，鼓水疾进，驶于阵马。有所造作，皆用省而利长。”[⑥]《古今图书集成》载有车轮舸图（图5-7）[⑦]，由之可窥见车轮舟的概貌。

确认李皋对车轮舟的发展起了承前启后的作用，是因为车船早在李皋之前就已经出现过，而且在文献中已有所载。早在汉代，以水力推动的轮轴机，如水排、水碓、水磨等已相继出现，这无疑会对手划桨转化为轮桨起到推进作用。及至魏、晋、南北朝时期，车轮舟已

---

① 水运技术词典，古代水运与木帆船分册之“万石船”条释为载钱二十万贯，人民交通出版社，1980年，第24页。

② 周世德，中国古船桨系考略，自然科学史研究，1989，(2)：190。

③ 周世德，车船·中国大百科全书，机械工程卷，1987年，第54页。

④ 潘吉星，李约瑟文集，辽宁科学出版社，1986年，第261页。

⑤ 后晋，刘煦等，《旧唐书·李皋传》。

⑥ 宋·欧阳修，《新唐书·曹王皋传》。

⑦ 清·陈梦雷、蒋廷锡，《古今图书集成·经济汇编·戎政典》。

图 5-7　车轮舸图（采自《古今图书集成》）

见萌芽。文献中常有“水车”名称出现，当即为车轮舟。

最早的记载见于晋末。晋将刘裕在镇压了农民起义军卢循、徐道覆（411）以后，又攻灭割据成都的谯纵（413），然后就大举北进以攻建都长安的后秦①。义熙十三年（417），“王镇恶请率水军自河入渭以趋长安，裕许之。……镇恶溯渭而上，乘蒙冲小舰，行船者皆在舰内，秦人见舰进而无行船者，皆惊以为神”②。南朝梁的徐世谱为巴东（今属湖北）人，世居荆州，有膂力，善水战。侯景之乱时任员外散骑常侍，导领水军。梁大宝二年（551），与侯景战于赤亭湖（今湖南华容境）时，景军甚盛。“世谱乃别造楼船、拍舰、火舫、水车，以益军势。将战，又乘大舰居前，大败景军，生擒景将任约，景败走。”③ 又有认为《南齐书》记载的祖冲之“又造千里船，于新亭试之，日行百余里”④ 即为车轮舟，但因记载过于简略，尚难确定。

从一系列文献中，人们可了解到：唐曹王李皋不仅在 8 世纪建成车轮战舰，“翔风鼓浪”、“驶于阵马”，而且所造省而久固，“有所造作，皆用省而利长”。也就是说，李皋所造车轮战舰实用经济。从前述引文中人们更了解到，早在 5 世纪初，就曾出现过“泝（溯）渭而进，舰外不见有行船人”⑤ 的蒙冲小舰，接着还有祖冲之的千里船及“日行百余里”的纪

① 翦伯赞，中国史纲要，人民出版社，1983 年，第 345 页。
② 宋·司马光，《资治通鉴》。
③ 梁·萧子显，《南齐书·祖冲之传》。
④ 唐·姚思廉，《陈书·徐世谱传》。
⑤ 唐·李延寿，《南史·王镇恶传》。

录。到6世纪中叶，徐世谱又将车轮舟的技术向前推进一步。“世谱性机巧，谙解旧法所造机械并随机损益，妙思出人”。“绍泰元年（555），（徐）征为侍中、左卫将军。高祖之拒王琳，其水战之具，悉委（徐）世谱”①。

由之可见，唐代之建成车轮战舰，是有其技术传统的。由晋而南北朝，继之由唐而宋，到了宋代竟获得空前的发展，甚至“在鸦片战争期间（1839～1842），有大量的踏车操作的明轮作战帆船派去同英国船作战，而且证明颇有成效”。在欧洲，车轮船的第一次试验，是于1543年在巴塞罗那进行的。“西方人曾认为中国的这些船是模仿他们的明轮汽船而制造的。但对中国当时的文献进行的研究表明，根本就不是那么回事。……在4世纪的拜占庭，曾经提出了一项用牛转绞盘驱动明轮船的建议，但没有证据说明曾经建造过这种船。由于手稿仅仅在文艺复兴时期（14～16世纪）才被发现，因而不可能对中国造船匠产生什么影响”②。事实上，中国的文献证明，几乎在欧洲刚刚开始提出车轮船设想时，中国在渭水已经有在船内踏车前进的车轮舟出现了。在中国已大规模发展车轮战船并编成水军时，尚较欧洲的第一次试验早了约400年。

三 由出土的唐代木船看造船技术

（一）在江苏如皋发现的唐代木船③

据南京博物院报道，1973年6月，在江苏如皋县蒲西乡的农业生产中，发现一只古代木船，在8月中旬清理发掘完毕并运回南京。

如皋木船的船首部分已有损坏，船尾残缺，一部分船舷和船底木质腐朽，盖仓板多已不存。但船身和船底以及舱壁板大部分完好，木纹和结构均清晰可见。该木船的平面和纵断面图如图5-8所示。现存船身残长17.32米，复原后约为18米。船宽2.58米，船深1.6米。船体细长，用3段木料榫合而成。首部和尾部较狭，船底横断面呈圆弧形。船舷木板厚40～70毫米，船底木板厚80～120毫米。自首及尾共分为9个舱，在第2舱后舱壁处尚存一段残桅，残长1米，尚存有一块带桅孔的盖板。显然这是一艘单桅运输船。据估算，该船排水量约为33～35吨，载重量可达20～25吨。

随船同时出土文物大多数是陶瓷器：青绿色釉瓷缸1件；青灰色釉瓷坛2件；紫褐色釉瓷钵2件；青灰色釉瓷碗4件；还有无釉全残而无法复原的陶缸1件。青色釉，有斑点，且釉不及底，这是唐代瓷器的一般特征，唐以后则少见。从胎釉、形制、质地来看，考古学家断定：可能属越窑系瓷器，应来自江南。坛、缸之类均有系或洞眼，便于穿绳提携，也便于在船上应用。器形简陋，质地粗糙，均是民间日用品，这在已知的隋唐五代出土的陶瓷器中，很是少见。

在船舱的木板缝中出土“开元通宝”铜钱3枚，显系船民所遗留。3枚铜钱大小不一，字体亦异，又无州名之铸迹，因此断为可能是江民私铸之钱，从铜钱也可推测出此船年代的上限。伴随出土的陶瓷器，考古学家认为“此船应属唐代，约在高宗以后”，即应在公元

① 唐·姚思廉，《陈书·徐世谱传》。
② 潘吉星主编，李约瑟文集，辽宁科学技术出版社，1986年，第261页。
③ 南京博物院，如皋发现的唐代木船，文物，1974，（5）：84～90。

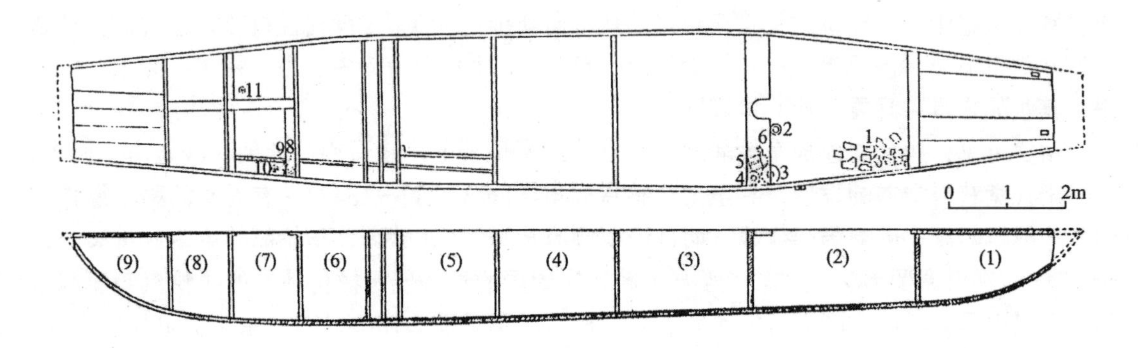

图 5-8 江苏如皋发现的唐代木船（采自《文物》1974（5）：85）

649 年以后。

在第 7 舱发现兽骨 2 块，一为牛后腿跗骨，一为羊后肢胫骨，均放在瓷碗和瓷钵旁。这显然是食物的残骸。此外，看到第 6、7 舱之间为舱门，7、8 舱的舱底铺有木板，木板上有竹席。因之可认为第 6、7、8 舱可能是船民居住的生活舱。在舱面上覆盖有竹篷。在第 2 舱底有 1 件木水勺，应是挹水用具。在前舱之外淤土中发现有竹缆绳，当是系船的索具。

比如皋唐船出土在如皋东南约 70 里，南距长江不到 30 里。在唐代距江较近，或即为通江的河口。该船型瘦长，船板又不厚重，当是一种宜于在江河中行驶的快速运输船。

江苏如皋唐代木船的发掘，最可宝贵的是使人们看见了中国传统造船技术的先进性。

第一，船长约 18 米的船，分成 9 个船舱，两舱之间设水密舱壁。此船舱长最长者为 2.86 米，最短者为 0.96 米。此种分成多舱的船型有两大优点：一者若因触礁或碰撞即使某舱有破洞而淹水，也将不致波及到邻舱，从而可保证全船的安全；二者由众多舱壁支撑的船底、船舷和甲板，使全船具有整体刚性，当可增加船舶的总体强度和局部强度。船舶的水密舱壁是中国的一项创造。其首创者最早记录为晋代的起义军领袖之一的卢循。除前引《义熙起居注》的“卢循新造八槽舰九枚”之外，《宋书·武帝纪》也记有：“（卢）循即日发巴陵（今岳阳一带），与（徐）道覆连旗而下，别有八槽舰九枚，起四层，高十二丈。”[①] 时为晋义熙六年（410）五月[②]。由之可见，水密舱壁的出现，依文献之记载当在公元 5 世纪之初。江苏如皋唐代木船所见的舱壁，则是迄今所能见到的（造于 649）最早的实物证据。提到“用横向舱壁来分割货舱”，李约瑟写道：“我们知道，在 19 世纪早期，欧洲造船业采用这种水密舱壁是充分意识到中国这种先行的实践的。”[③]

第二，江苏如皋唐代木船，“除船底部是用整木榫接外，两舷和船隔舱板以及船篷（舱面）盖板均用铁钉钉成，它的两舷共用七根长木料上下叠合，以铁钉成排钉合而成。铁钉断面方形，每边 0.5 厘米，长 16.5 厘米，钉帽直径 1.5 厘米。（每二列木板边接缝的）铁钉共分两排，上下交叉钉成，相隔 6 厘米。这种重叠钉合的办法，称为人字缝”[④]，其技术有其时代的先进性，奠定了中国古代造船技术的优秀传统。据日本学者桑原考证，唐时大食（波

① 梁·沈约，《宋书·武帝纪》。
② 宋·司马光，《资治通鉴》卷 115。
③ 潘吉星主编，李约瑟文集，辽宁科学技术出版社，1986，第 258～259 页。
④ 南京博物院，如皋发现的唐代木船，文物，1974，(5)：88。

斯）船舶“不用钉，以椰子树皮制绳缝合船板，其隙则以脂膏及他尔油涂之，如此而已”①。桑原还特别提及，唐末刘恂居广州，其所著《岭表录异》在“大食船与中国船之比较”条中说“贾人船不用钉，只使桄榔须系缚，以橄榄糖泥之，糖乾甚坚，入水如漆也”②。

第三，江苏如皋唐代木船的发掘报告中，特别报道了该船的捻缝技术：“船舱及底部均以铁钉钉成人字缝，其中填石灰、桐油，严密坚固。”③ 桐油是油桐树产的油桐子所得的甘性油，是中国特产。其化学成分是桐油酸甘油脂，易起氧化、聚合作用，形成的漆膜坚韧耐水。石灰的主要成分是氧化钙。将石灰和桐油调和，能促进桐油的聚合而干结，并能生成桐油酸钙，有很好的填充、隔水作用。将麻丝或麻制旧品（如旧渔网）经人工复捣，掺在桐油、石灰捻料中有充填、增加附着性、防止开裂和提高团块的机械强度等重大作用，迄今仍是木船捻缝时所必需的充填材料精品。

（二）扬州施桥发现了古代木船④

1960年3月，在江苏扬州施桥镇挖河工程中，发现古代大木船一只（图5-9），同时还伴有一只独木舟。施桥镇在扬州市南9公里，镇东不远有一条长江的夹江，夹江西段称沙头河，它由东向西流到距施桥300米处，南折入长江。1960年的挖河工程即是修浚一条南北向的新河道，向南五里即进入长江。木船就是在距施桥东南400米处的新河的靠西坡处发现的。

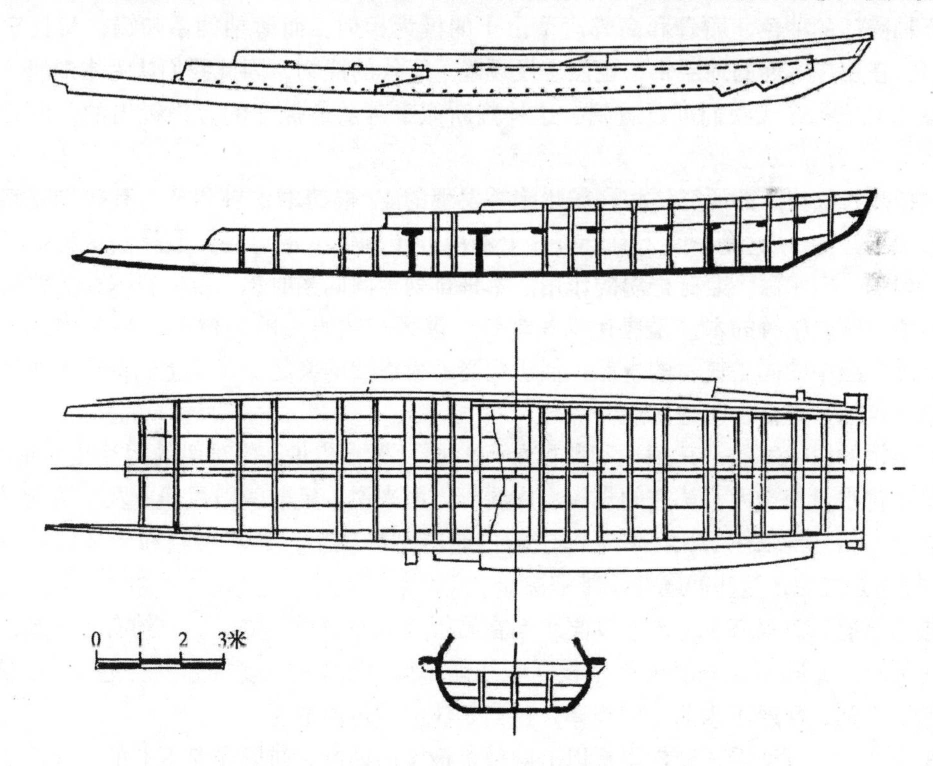

图5-9　扬州施桥的古代木船（按《文物》1961（6）：53改绘）

① ［日］桑原骘藏著，陈裕著译，蒲寿庚考，中华书局，1929年，第96页。
② 唐·刘恂，《岭表录异》卷上。
③ 南京博物院，如皋发现的唐代木船，文物，1974，（5）：86。
④ 江苏省文物工作队，扬州施桥发现了古代木船，文物，1961（6）：52～54。

大型木船由楠木制成，料厚质坚。出土时船尾部分破坏严重，残长 18.4 米（原长 24 米），中宽 4.3 米，底宽 2.4 米，深 1.3 米，船板厚 13 厘米。全船分作 5 个大舱。整个船身是以榫头和铁钉并用连接的，船内隔舱板及舱板枕木，均与左右船舷榫接。船舷是由 4 根大木料，以铁钉成排钉合而成。铁钉长 17 厘米，钉帽直径 2 厘米。平均每隔 25 厘米一钉，船底亦用同法建造。

扬州施桥古船的结构坚实，制作精细，木板之间都以油灰填缝。木料上有节疤和裂痕处，则用小木块补塞。

在木船所处河底向北约 300 米的地方，发现有一排东西向的木桩共 17 根，木质与船相同，也是楠木，其直径有大到 25 厘米的，长短大小不一，竖立在与木船同样深度的土层中。在此附近，还发现有从上层打下的井一类的砖砌建筑物，中有碌碡（石滚子）。

木船在离现在地表 6 米深的灰色冲积砂土层中。在河坡的断面上共有 4 种土层堆积：地表是一层厚约 0.5 米的扰乱土；以下为 3 米多厚的黄砂土层，该两层中出土有明清时代的遗物；黄砂土层之下是厚 0.3 米～0.5 米的赭黄色土层；再往下即是灰色冲积沙土层，这两层除了上层扰乱部分外，出土的全是唐宋时代的遗物，而且数量较多。

关于扬州施桥古船的年代，负责发掘工作的江苏省文物工作队在 1961 年的报告中十分不肯定。报告中说："由于掌握的材料不够全面，木船的绝对年代尚无法肯定。根据出土遗物看，青釉陶钵的釉色、胎骨和高邮唐墓出土的极为相似，而薄釉四系陶罐，又具宋代特色。同时，在出土木船的地层中，也没有发现晚于宋代的遗物，因此我们认为木船属于宋代的可能性较大。"① 今天我们可以看到，这种判断似乎是从最保守的方面提出的，而且并不很肯定。

据《扬州古港史》的研究认为，扬州施桥发现的 17 根楠木木桩和其上有砖砌建筑物和碌碡（石滚子）等，"这是一座下有群桩，上部用方砖砌体的港口码头驳岸。这种木桩码头能保证近岸的一定水深，兼有护岸的作用。木桩排列走向同当时镇（江）扬（州）河段北岸线走向一致。所以施桥的木桩是唐代扬州港长江港区桩式码头的残留部分"②。因此，与木桩同一深度土层中的同是楠木的木船，似也应当断为唐代的文物。事实上，国内不少文物工作者也都认定扬州施桥古船是唐船③④。

扬州施桥的唐代木船，其用途和航区如何？原发掘报告说："对船的用途也不能确知。不过，该船排水量相当大，从它的规模、用料等方面来说，定非一般民船所及，可能是一艘官用运输船，而且是来往于长江和运河中的木船。"⑤ 事实上，认真考察和分析施桥唐船的图样（图 5-9）之后，这些问题并不难解决。

首先，该船舱深只有 1.3 米。其吃水当在鰍板（舷伸甲板）之下，只约有 1.0 米。从其吃水之浅判断，这既不是海船也不是长江干线船。按《新唐书·食货志》所记："江船不入汴，汴船不入河，河船不入谓"的规律，这当是汴河即运河的船。

从图中的船中剖面看，舷伸甲板以上的舷板极度向内倾，排除了是客船的可能性。如果

① 江苏省文物工作队，扬州施桥发现了古代木船，文物，1961，(6)：54。
② 吴家兴等，扬州古港史，人民交通出版社，1988 年，第 26 页。
③ 朱江，海上丝绸之路的著名港口——扬州，海洋出版社，1986 年，第 50 页。
④ 王冠倬，中国古船，海洋出版社，1991 年，第 68 页。
⑤ 同①。

是货船，为什么舱壁又非常之低，只有大约1.0米，而且在沿舱壁顶端一线，遍设一系列横梁？这大约高度为1.0米的一系列横梁，对在舱内装卸货物，显然是不方便和不适宜的。一个合理的解释是：在低矮的舱壁和一系列横梁之上铺以木板，然后在木铺板上载货。此种船的特点是：船体肥阔，底平舱浅，正与当今的“半舱驳”相类似，适于在长江与黄河之间的运河上运输粮食和盐巴。以其吃水浅和底平舱线的特点看，这或正是《新唐书·食货志》上提到的“歇艎支江船”。

《新唐书·食货志》记有：“（刘）晏为歇艎支江船二千艘，每船受千斛。”① 按前述“以粳米一斛之重为一石。凡石者以九十二斤半为法”计算，这“受千斛”之船，其载重当为46.25吨。按扬州施桥唐船长、宽及吃水的尺度，取船长为24米，宽只有3.6米，再取吃水为1.0米，船体方形系数设为0.70，则其排水量约为60.48吨。其净载重量足可达到45吨之数。与“受千斛”相当。

航行在汴河（运河）上的船，其推进方式主要是两种：一是撑篙；二是拉纤。施桥唐船每舷均设舷伸甲板，正是为撑篙而备。该船舷墙极度向内收拢，正好便于在货物之上加盖以蔑席。该船发掘时，在船底及周围，清理出许多竹缆（拉纤用）和竹编织物残片。这些均可为“歇艎支江船”之说当佐证。

四　唐代的海上交通与船舶

唐朝（618～907）在中国历史上是极其昌盛和强大的。就其经济之繁荣，文化之发达，疆域之广袤，国力之强盛，在当时世界上是仅见的。在唐帝国兴起之时，在西亚，也兴起了一个非常强大的阿拉伯帝国。阿拉伯帝国的经济和文化，也很发达。两大帝国相互间经济和文化的往来日益密切，从而极大地促进了唐代海上交通的发展。

在阿拉伯许多地理著作中经常提到，由西而东至中国须经“七海”。马苏第（Al Masudi,？～956）的《黄金草原》指出这七海即今波斯湾、阿拉伯海、孟加拉湾、安达曼海、泰国湾、占婆海（即南海西部）、涨海（即南海东部）。“阿拉伯人所谓的七海航程，与贾耽所载由南海到印度洋的‘通海夷道’是不谋而合的，而且贾耽所记更具体、更翔实。这充分说明，中国水手们早在一千多年前，已经在七海到处扬帆了！”②

由于海上交通和对外贸易的发展，唐代在广州设立了市舶使的官职统管诸项事务。《旧唐书·玄宗纪》记有，开元二年（714）十二月乙丑，“时右威卫中郎将周庆立为安南市舶使”③。由之可知中国最早的职掌海运及海关事务的机构市舶司，建于8世纪初。

唐代中国远洋航行的海舶，以船身大、容积广，构造坚固、抵抗风涛力强以及中国船员航海技术纯熟，著称于太平洋和印度洋上。东晋高僧法显（约337～约422）由印度由海路回国时所乘“商人大船”，每船大约载200余人。到了唐代，大的船舶长达20丈，可载六七百人，载货万斛④。由于唐代中国海船这样巨大，所以在波斯湾内航行时，只能止于阿拉伯

① 宋·欧阳修等，《新唐书·食货志》。

② 姚楠、陈佳荣、丘进，七海扬帆，（香港）中华书局有限公司，1990年，第68页。

③ 后晋·刘煦等，《旧唐书·玄宗纪》。

④ 杨槱，中国造船发展简史，中国造船工程学会1962年年会论文集（第二分册），国防工业出版社，1964年，第12页。

河下游及今阿巴丹港一带，如再向西至幼发拉底河口，须要换小船转运商货①。鉴于中国海船坚固和完善，所以自唐代末期（9世纪）以后，阿拉伯商人来中国都希望搭乘中国海船。迄今为止，中国尚未发现有唐代的海船出土，因而缺少其形象资料。甘肃敦煌莫高窟现存的壁画和雕塑作品，反映了中国从6世纪到14世纪的部分社会生活，其中第45窟就有唐代海船的壁画（图5-10）②。壁画中的海船虽然并不能反映出当时船舶的技术水平的典型性，但是唐代的航海和船舶已成为当时社会生活中值得重视的事物则是不争的事实。

图5-10　甘肃敦煌莫高窟第45窟的壁画"唐代海船"（北京中国历史博物馆提供）

据诸文献所记，唐时来中国的海船有各种名称：①蛮舶（《旧唐书·卢钧传》）；②蕃舶（《新唐书·孔巢父传》）；③西域船（《旧唐书·李勉传》）；④西南夷舶（《新唐书·李勉传》）；⑤南海舶（《唐国史补》）；⑥师子国舶（《唐国史补》）；⑦昆仑舶（《新唐书·王琳传》）；⑧波斯舶（《大唐西域求法高僧传》）③ 等。唐李肇所撰《国史补》记有："南海舶，外国船也。每岁至安南、广州。师子国舶最大，梯而上下数丈，皆积宝货。至则本道奏报，郡邑为之喧阗。有蕃长为主领，市舶使籍其名物，纳船脚，禁珍异，蕃商有以欺诈入牢狱者。舶发之后，海路必养白鸽为信。舶没，则鸽虽数千里亦能归也。"④

中日海上通路的开辟，是两国造船师和航海家经多年奋斗和牺牲而获得的成果。日本船

① 章巽，我国古代的海上交通，商务印书馆，1986年，第48页。

② 王冠倬，中国古船，海洋出版社，1991年，第68页。

③ ［日］桑原骘藏著、陈裕菁译，蒲寿庚考，中华书局，1929年，第49～50页。

④ 唐·李肇，《国史补》卷下。

史著作《船的世界史》写道："自公元630年到894年的264年间，虽计划派出遣唐使计有18次，然而实际成行的有15次，其中得以完成任务并安全返国的，只有8次。"[①] 由于当时的航海安全还缺少保证，出使海外的使节都以誓死报国的忠贞，解缆出海，日本天皇常给以赏赐，不仅有盛大的壮行场面，对使船还要授予"位"的荣誉。日本"文武天皇庆云三年（706）二月，以从五位下授予遣唐执节使粟田真人所乘叫佐伯的船，考谦天皇天平宝字二年（758）三月，又以从五位下授给名叫播磨、速岛的使舶，并赐给锦制的冠。"[②]

在9世纪中，往来于中国和日本之间的，大体上完全是唐船。日本遣唐使或学问僧，所乘遣唐船，虽由日本朝廷下令在日本各地监造，但也注意吸收中国造船的经验，有的也由中国工匠监造[③]。图5-11为日本遣唐船，这是依据日本1975年发行的邮票图案[④] 绘制的。船上所用双帆是用篾席制成，这种硬帆的优越性在于可利用侧向来风。只要是非正逆风，皆可行驶，这是中国风帆的优秀传统。首部设有绞碇机，由图可见，这碇石显然是木石结合碇。在舷侧缚有竹橐，可有两个作用：一是在横摇时可增加入水一舷的浮力，减缓横摇的幅度；二是像今日的载重线标志，用以限制船舶的装载。北宋的文献对此记有："又于舟腹两旁，缚大竹为橐以拒浪。装载之法：水不得过橐，以为轻重之度。"[⑤]

图5-11 日本遣唐船

① ［日］上野喜一郎，船の世界史（上卷），舵社，1980年，第104页。
② ［日］木宫泰彦著，胡锡年译，日中文化交流史，商务印书馆，1980年，第98页。
③ 同②，第108页。
④ 同①，第103页。
⑤ 宋·徐兢，《宣和奉使高丽图经》卷34。

五　唐代的造船地点

在唐代，随着国内生产力的发展和国际海上交往的频繁，造船生产能力不断扩大。造船地点几乎遍及全国各地。值得注意的是，这个时期的主要造船基地，多与盛产丝绸和瓷器的地区相一致。造船与丝、瓷生产两者相互推进，相得益彰①。

沿海地区历来是建造海船的主要地区。北方主要有登州、莱州；南方则以扬州、明州（今宁波市)、温州、福州、泉州、广州、高州（今属广东茂名)、琼州（海口市一带）和交州（今属越南）等地为著②。

内陆广大地区设有造船工场。有文献可考的有江南的宣州（今安徽宣州市)、润州（今江苏镇江市)、常州、苏州、湖州（今浙江湖州市)、杭州、越州（今绍兴市)、台州（今浙江临海市)、婺州（今浙江金华市)、括州（今浙江丽水市)、江州（今江西瑞昌市)、洪州（今南昌市)、饶州（今江西波阳县）以及剑南道（今四川境内）沿江各地③。

第四节　唐代由多种舰艇组成的混合舰队

中国利用舟师进行水战是有历史传统的。早在公元前549年，楚康王即以舟师伐吴。吴国的伍子胥就曾建造过战船大翼、中翼、小翼。汉武帝为平百粤凿昆明池置楼船将军。东汉时伏波将军马援南击交趾等曾率楼船大小2000余艘。西晋大将王濬造大舰连舫方百二十步以伐吴。到了唐代，既承继前朝的各型战舰，又有新的创造，这就是出现了可以全天候作战的“海鹘船”。

唐时曾任河东节度使、幽州刺史并本州防卫使的李筌，于乾元二年（759）撰著《太白阴经》十卷。他继承和发展了先秦的军事辩证法，从刑赏能影响人的勇怯，得出人性可移，人心可变的结论。在军事上他认为战争的胜负主要决定于人事。《太白阴经》卷四为“战具”，包括：攻城具、守城具、水攻具、火攻具、济水具、水战具、器械、军械等8篇。其中“水战具篇第四十”的书影如图5-12（采自《守山阁丛书》，原书板框高15、宽10.8厘米)。李筌在其《太白阴经·水战具篇》④ 写道：

> 经曰：水战之具，始自伍员。以舟为车，以楫为马。汉武帝平百粤，凿昆明之池，置楼船将军。其后马援、王濬各造战船，以习江海之利。其船阔狭、长短，随用大小，皆以米为率。一人重米二石，则人数率可知。其楫、棹、篙、橹、帆席、绠索、沉石，调度与常船不殊。
>
> 楼船：船上建楼三重。列女墙、战格。树旗帜，开弩窗、矛穴。置抛车、垒石、铁汁，状如城垒。晋龙骧将军王濬伐吴，造大船长二百步（《晋书》为方百二十步)，上置飞詹阁道，可奔车驰马。忽遇风暴，人力不能制，不便于事。然为水

---

① 席龙飞、杨熺，中国造船发展史（第三章)，武汉水运工程学院，1985年。

② 陈希育，中国帆船与海外贸易，厦门大学出版社，1991年，第10页。

③ 宋·司马光，《资治通鉴》。

④ 唐·李筌，《太白阴经·水战具篇》。

水戰具篇第四十

經曰水戰之具始自伍員以舟爲車以楫爲馬漢武帝平百粵鑿昆明之池置樓船將軍其後馬援王濬各造戰船以習江海之利其船闊狹長短隨用大小皆以米爲率一人重米二石。張刻本作一石 則人數率可知其楫棹篙櫓樓席。通典百六十樓作

縆索沉石調度與常船不殊

樓船船上建樓三重。船字原本不重依通典補 列女墻戰格樹旗幟開弩窻矛穴置拋車壘石鐵汁狀如城壘晉龍驤將軍王濬伐吳造大船長二百步上置飛簷閣道可奔車馳馬忽遇暴風人力不能制不便於事然爲水軍不可不設以張形勢

蒙衝以犀革蒙覆其背兩相開掣棹孔前後左右開弩窻矛穴敵不得近矢石不能敗此不用大船務於速進。張刻本此下有速退二字 以乘人之不備非戰船也

戰艦船舷上設中墻半身墻下開掣棹孔舷五尺又建棚與女墻齊棚上又建女墻。已上七字原缺依文淵閣本補 重列戰格人無覆背前後左右樹牙旗幡幟金鼓戰船也

走舸亦如戰船舷上安重墻棹夫多戰卒少皆選勇士精銳者充往返如飛乘人之不及兼備非常救急之用

遊艇小艇以備探候無女墻舷上槳床左右隨艇大小長短四尺一床計會進止回軍轉陣其疾如飛虞候居之非戰船也

海鶻頭低尾高前大後小如鶻之狀舷下左右置浮板形如鶻翅其船雖風浪漲天無有傾側背上左右張生牛皮爲城牙旗金鼓如戰船之制

图 5-12　李筌撰《太白阴经·水战具篇》书影

军，不可不设，以张形势。

蒙衝：以犀革蒙覆其背，两相开掣棹孔，前后左右开弩囱矛穴。敌不得近，矢石不能败。此不用大船，务于速进，以乘人之不备，非战船也。

战舰：船舷上设中墙半身，墙下开掣棹孔。舷五尺又建棚，与女墙齐，棚上又建女墙。重列战格，人无覆背。前后左右树牙旗、幡帜、金鼓，战船也。

走舸：亦如战船，舷上安重墙。棹夫多，战卒少，皆选勇士精锐者充。往返如飞，乘人之不及。兼备非常救急之用。

游艇：小艇以备探候。无女墙，舷上桨床左右。随艇大小长短，四尺一床，计会进止。回军转阵，其疾如飞。虞候居之，非战舶也。

海鹘：头低尾高，前大后小，如鹘之状。舷下左右置浮板，形如鹘翅。其船虽风浪涨天无有倾侧。背上左右张生牛皮为城，牙旗、金鼓如战船之制。

李筌所列6种战术作用各不相同的舰艇：一曰楼船，用其“以张形势”，相当于当今的旗舰；二口蒙衝，“以犀革蒙覆其背”，取其“矢石不能败”，当为装甲舰；三曰战船，前后左右皆可迎敌，取其“人无腹背受敌”之虞，相当于当今的战列舰；四曰走舸，“棹夫多，战卒少”，“往返如飞”，取其乘人之不及备，这是快艇；五曰游艇，“回军转阵，其疾如飞”，这是为侦察、巡逻官员“虞候”预备的侦察、巡逻艇；六曰海鹘船（图 5-13），“舷下左右置浮板，形如鹘翅，其船虽风浪涨天无有倾侧”，显然这是具有优异航海性能的战船，可理解为全天候战舰。

在李筌的6型战船中，前5种前朝早已出现过，惟有这海鹘船始见于唐代。海鹘船的主要性能特点是“其船虽风浪涨天无有倾侧”。就是说这型战船摇摆幅度较小，在风浪中也有较好的稳性。其所以能有此优越性能，无外乎两点：一是在船型上“头低尾高，前大后小，

图 5-13　海鹘船图（采自《武经总要》）

如鹘之状”；二是在装备上“舷下左右置浮板，形如鹘翅”。依当代船舶耐波与适航性研究成果审视，其船型方面的优越尚需继续探讨。在装备方面所谓“浮板”，目前有两种解释：一说为披水板；另一说为舭龙骨，两种说法都各有道理[①]。披水板，在《江苏海运全案》[②] 中称作“撬头”，设在船之两旁。此披水板虽也有增加横摇阻尼的作用，但其根本用途在于防止和减缓船舶在受侧风时产生的横向漂移。舭龙骨，在《江苏海运全案》中称作梗水木，即减摇龙骨，也称舭龙骨。梗水木是设在舷下船舶底部开始向舷部转弯部位（即舭部）的两条木板，当船舶横摇时因有梗（阻）水的作用，从而产生阻尼力矩以减轻摇摆。十分可庆幸的是，带有此种减摇龙骨的北宋建造的帆船已经出土[③④]，为李筌《太白阴经》所记述的全天候的战船提供了实物证据。

① 席龙飞、何国卫，中国古船的减摇龙骨，自然科学史研究，1984，3（4）：368～371。
② 清·贺长龄，《江苏海运全案》，第 12 卷。
③ 林士民，宁波东门口码头遗址发掘报告，浙江省文物考古所学刊，文物出版社，1981。
④ 席龙飞、何国卫，对宁波古船的研究，武汉水运工程学院学报，1981，(2)：23～31。

第五节　宋代的内河及海洋船舶

一　宋代海运业的发展及其海港的分布

自唐末至五代，由于连年割据战争的结果，中国社会经济遭到极大的破坏。960年正月，后周的御前都点检赵匡胤在陈桥驿发动兵变，回开封建立了北宋。北宋建立后仍须进行统一全国的战争。北宋初年，在广州、泉州、成都、常德、江陵、杭州和金陵，都还存在着割据政权，在河东还存在着北汉。北宋王朝南征北战十多年才相继使他们纳土归附，到太平兴国四年（979），才把十国中的最后一个北汉加以征服。但是，穷其国力仍无法控制北方及西北地区的混乱局面。由于辽与西夏的阻遏，河西走廊已完全隔绝，在整个宋代统治的300多年间，与西域的陆路交往严重受阻。因此，中国与外部世界的交流主要依赖海上交通，尤其是在南宋偏安时期，宋代的海上交通有了长足的发展。

特别应当提到的是："在北宋，独立手工业者的数量较前代加多了，矿冶、制瓷、丝织和造纸等手工业部门的发展都十分显著。"[①] 在宋代，丝绸生产从黄河流域和巴蜀地区，向南方发展起来。浙江地区的丝织品也"名著天下"。据陆游所记，亳州出轻纱，拿在手里若有若无；用来做衣服，淡淡的就像蒙上一层烟雾，可谓精妙绝伦。瓷器的制造，在北宋一代，不论在产量上或制作技术方面，都比前代有很大的提高。北宋有五大名窑：定、汝、官、哥、钧窑，各具特色。定窑，在今河北曲阳、定州市，所出为名色瓷，有刻花、划花、印花等花色。汝窑在今河南汝州市临汝镇，属青瓷窑，以玛瑙屑为釉。钧窑，在今河南禹州市，所出瓷器有朱砂红、葱翠青、茄皮紫等色，"红如胭脂，青若葱翠，紫若墨黑"。哥窑在浙江龙泉市，所出为青瓷，器形复杂。官窑在今河南开封一带，风格大体同于哥窑，以粉青色为上。南宋时官窑南迁，在杭州凤凰山、乌龟山下建窑，产品承继了北宋官窑的风格。此外则有景德镇，唐时为昌南镇，宋景德年间以制青白瓷著名，遂改名景德镇，建瓷窑几万座，在江西吉安还有吉州窑。南宋时在广州和潮州也发展了以外销瓷为主的制瓷业。福建沿海的制瓷业密集在同安、泉州、福清、连江等地，都以烧造青瓷为主，产品包括各式碗、盏、碟、盘等，主要是销往海外。

宋代的丝、瓷贸易，主要依靠海上航运。在唐以前中国同外国的贸易往来以丝绸为大宗，到了宋代，则陶瓷大有后来居上之势。当时"船舶深阔各数十丈，商人分占贮货，人得数尺许，下以贮货，夜卧其上。货多陶器，大小相套，无少隙地"[②]。中国盛产的精美陶瓷，由广州或泉州出发，经由南海而行销东南亚、南亚、西亚、北非乃至东非沿岸各港埠。

为了方便对商贸事务和往来船舶的管理，宋政府在主要的通商海港设立有市舶司、市舶务或市舶场等机构。除了前已述及的唐代开元二年（714）在广州设立市舶使之外，在北宋及南宋时曾设立市舶司的地方有以下多处。

广州（971年设市舶司），这是汉、唐以来南方的主要海港，侨居的外国人很多，宋时

---

① 翦伯赞，中国史纲要（下册），人民出版社，1983年，第22页。

② 宋·朱彧，《萍舟可谈》卷2。

称为蕃坊。“南宋初年，广州仍保持着最大航海贸易港的地位”①。

杭州（978年设两浙（路）市舶司，989年设市舶司），“北宋时，它是直通汴京的大运河与海相通的南大门，故以国际贸易港和中转港的面目出现，其作用是舶货的进口征榷，使节、贡物由外海转内河并向京城汴梁的中转。南宋时，国都设在杭州，因而杭州港更带有浓厚的友好交往港的形态，以接待来访的各国使臣和舶商为主。从海外贸易角度来说，它是中国惟一的建过都城的海港”②。

明州（今宁波市，999年设市舶司），在建立市舶司之前曾先后由两浙市舶司、杭州市舶司管辖。明州虽非都会，但为海道辐辏之所，南通闽广，东则倭国，北则高句丽，商舶往来，物货丰衍。北宋末年起，为避免辽东金人的骚扰，所有与日本、高丽往来的船舶，悉由明州进出。

泉州（1087年设市舶司），位于闽东南海滨，扼晋江的入海口，既有江岸，又有海湾，利于靠泊。是交通南洋的门户，海舶往来之盛仅次于广州。南宋时获得大发展，到宋末元初时，泉州的重要性竟凌驾于广州之上。

密州板桥镇（今山东胶州市，1088年设市舶司），是北宋时北方的重要海口。由于山东半岛北面的登州、莱州太靠近辽国，故在此设市舶司。

秀州华亭县（今上海松江县，1113年设市舶务），有专任盐官，旋即改由县官兼监，不久又改为专任。南宋绍兴二年（1132），一度将两浙市舶司移此，至乾道二年（1166）罢。绍兴年间，两浙市舶司下有市舶务六处，包括临安、明州、温州、江阴以及秀州的华亭与青龙镇（今上海青浦东北）。

温州（1132年以前开始设市舶务）。

江阴（1145年设市舶务）。

秀州澉浦（今属浙江海盐县，1246年于此设市舶官，1250年设市舶务）。

除了上述设有市舶司、务的港口之外，长江以北的通州（今南通）、扬州、楚州（今淮安）、海州（今江苏东海）、长江江南的镇江、平江（今苏州）、越州（今绍兴）、台州（今浙江椒江市）、福州、漳州、潮州（今广东潮安）、雷州（今广东海康）、琼州（今海口市）等等，也都是两宋时期重要的通商港口。

二　宋代造船技术的进展

宋代海上交通的大发展，是以造船技术的进步为基础的。

（一）海洋客船及客船队的产生

宋代造船业的成就还表现在出现了以载客为主的客船。隋代炀帝巡幸江南的船队，可以称得上最早的内河大型客船队或内河旅游船队。航行在海上的客船和客船队则始于北宋，这就是神舟和客舟。

《宋史·高丽传》记下了宋神宗于元丰元年（1078）遣安焘出使高丽国事，“造两舰于明

① 中国航海学会，中国航海史（古代航海史），人民交通出版社，1988年，第161页。

② 吴振华，杭州古港史，人民交通出版社，1989年，第190页。

州（今宁波），一曰凌虚安济致远；次曰灵飞顺济，皆名为神舟。自定海绝洋而东。既至，国人欢呼出迎”①。

宋徽宗于宣和四年（1122）遣路允迪及傅墨卿出使高丽时，就组成“以二神舟、六客舟兼行”的大型豪华船队。《宣和奉使高丽图经》记有：“其所以加惠（高）丽人，实推广熙（宁）、（元）丰之绩。爰自崇宁（1102）以迄于今，荐使绥抚，恩隆礼厚。仍诏有司更造二舟，大其制而增其名：一曰鼎新利涉怀远康济神舟；二曰循流安逸通济神舟。巍如山岳，浮动波上。锦帆鹢首，屈服蛟螭。所以晖赫皇华，震慑夷狄，超冠古今。是宜（高）丽人迎诏之日，倾国耸观而欢呼嘉叹也。”② 同行的六艘客舟也“略如神舟”。徐兢在书中写道：“旧例每因朝廷遣使，先期委福建、两浙监司顾募客舟，复令明州装饰，略如神舟，具体而微。其长十余丈，深三丈，阔二丈五尺，可载二千斛粟。其制皆以全木巨枋，搀叠而成。上平如衡，下侧如刃，贵其可以破浪而行也。”③

客舟的载量按2000斛计，以每斛粟为120斤核算，则共计可载120吨。按前述长、阔、深的尺度计，其排水量约为250吨，盖可称是。如按书中所述“若夫神舟之长、阔、高大，什物、器用、人数，皆三倍于客舟也”计算，神舟的载量应能达到360吨之数。客舟、神舟的长度将分别达到35米和46米之数。

（二）船舶航海性能的提高与船舶安全的保障

从宋代的文献记述中，更可窥知宋代船舶有较优良的航海性能，能抵御海洋中的风浪。除了在船舶形制、设备上有长足进步之外，篙师、水手也具有与风浪搏斗的丰富经验。依《宣和奉使高丽图经》等所记，宋时船舶提高航海性能并增加航海安全有以下各种技术措施：

（1）在船两舷缚两捆大竹以增加在风浪中的稳定与安全。如所记“于舟腹两旁，缚大竹为以拒浪。装载之法，水不得过橐，以为轻重之度”。

（2）“若风涛紧急，则加游碇，其用如大碇。”当船舶在风涛中作横向及纵向摇摆时，游碇均可增加对摇摆的阻尼作用，以减缓摇摆，增加稳定与安全。

（3）“后有正拖（舵），大小二尊，随水浅深更易。”所记说明，可以因水道深浅而使用两种不同的舵。而且在大洋之中，为了控制航向和避免横向漂移，在船舶尾部，“从上插下二棹，谓之三副拖（舵），唯入洋则用之”。

（4）帆樯的设计和驶风技术都有改进。除了以蔑制成的硬帆（利蓬）外，还设有软帆（布驱）；将帆转向左右两舷之外，以便获得最大的风力；在正帆之上还加设小帆（野狐帆），风正时用之。书中则有：“风正则张布驱（帆）五十幅，（风）稍偏则用利篷。左右翼张，以取风势。大樯（桅）之巅，更加小驱十幅，谓之野狐帆，风息则用之。然风有八面，唯当头风不可行。……大抵难得正风，故布帆之用，不若利篷翕张之能顺人意也。”

（5）在风浪海中，船舶难免失速，降低了抵御风浪的能力。加野狐帆，借风势劈浪前进是改善风浪中耐波性、适航性的最有效措施。徐兢在《图经》卷三十四“半洋焦”条中有极精彩的记述：“舟行过蓬莱山之后，水深碧色如玻璃，浪势益大。洋中有石，曰半洋焦

① 元·脱脱等，《宋史·高丽传》。
② 宋·徐兢，《宣和奉使高丽图经》卷34。
③ 同②。

(礁)，舟触焦则覆溺，故篙师最畏之。是日午后，南风益急。加野狐飒（帆），制飒之意，以浪迎舟，恐不能胜其势，故加小飒于大飒之上，使之提挚而行。”

（6）船舶在远洋航行中，如何及时妥善处理海损事故，提高船舶生存能力，至为重要。现代海军称之为“损害管制措施”。今日从宋代的文献中也能窥其一斑。《萍洲可谈》即记有：“船忽发漏，既不可人治。令鬼奴持刀、絮自外补之。鬼奴善游，入水不瞑。”[①]

（三）船舶建造工场遍布沿海与内陆

宋代的船舶在航海性能上有所提高。在长期习惯于客货混装的基础上，又出现了以载客为主的客舟、神舟，用于出使外国，增加了海运船舶的辉煌。即使在运河上，也有明显的客船和货船在构造上的区别。北宋时期建都于开封，南北的漕运还占相当重要的地位，在船舶种类中漕运船也称纲船为大宗，其他也有座船（客舟）、战船、马船（运兵船）等类。到了南宋时，运河的漕船锐减，漕运船（纲船）产量随之下降，因江、海防的任务较突出，战船的产量逐渐有所提高。宋代的造船工场遍布内陆各州和沿海各主要港埠地区。

北宋真宗（998～1022）末年，纲船产量为每年2916艘，其中江西路虔州（后改名为赣州）、吉州占1130艘[②]。至北宋后期，两浙路的温州、明州的造船份额增大，额定年产量各为600艘，而江西路与湖南路的虔州（今赣州）、吉州（今江西吉安）、潭州（今湖南长沙）、衡州（今湖南衡阳）4州共723艘[③]。巴蜀的泸州、叙州（今四川宜宾）、眉州（今四川眉山）、嘉州（今四川乐山）也是重要的船舶产地。再有凤翔府的斜谷（今陕西眉县西南）和汉水金州（今陕西安康）也生产船舶。

南宋时海运业大盛。宋政府曾在福建路、广东路建造船工场。南宋初年，官府从广东路潮州发运粮食三万石到福州，每一万石为一“纲”，共“三纲”，另外还有一支船队则载粮前来温州交卸[④]。

“福建、广南海道深阔”，不若两浙路如明州一带，是“浅海去处，风涛低小”，因而所造船舶较大[⑤]，吃水也较深并有较优越的适航性能。“海中不畏风涛，惟惧靠搁，谓之凑浅，则不可复脱”[⑥]。

宋代造船业有官营和民营两类。为江防、海防打造战船之类任务当由官营造船工场承担。漕运船、客舟之类任务虽也有官营，但民营的分量将不会小。甚至朝廷出使国外，也要仰仗民营造船工场并向其“顾募客舟”[⑦]。

宋代的官营造船工场具封建性，其造船工匠来源盖有三种：被发配的犯人；招募兵员中的地方军（时称厢军）中的有一定手艺的兵役；从民间征发来的工匠。所谓具有封建性是指各类工匠都无自由可言。如果有“厌倦工役，将身逃走”者，得追捕办罪[⑧]。在各工匠中以

① 宋·朱彧，《萍洲可谈》卷2。
② 清．徐松等，《宋会要辑稿·食货》。
③ 清．徐松等，《宋会要辑稿·食货》；《宋会要辑稿·职官》42之53。
④ 同②。
⑤ 同②。
⑥ 同①。
⑦ 宋·徐兢，《宣和奉使高丽图经》卷34。
⑧ 清·徐松等，《宋会要辑稿·职官》。

犯人的身份最低下。“昼者重役，夜则镣锃，无有出期”①。北宋仁宗天圣七年（1029），荆湖南路转运使上陈，要求将“诸州杂犯配军”“悉送潭州”从事“水运牵挽又造船冶铁工役”②。

官营造船工场的这种封建性，当影响了船场的发展。南宋政府曾在福建路、广东路设立官营船场，到孝宗二年（1164）时即行诏罢③。而民营的造船工场，在繁盛的国内外贸易中则得以充分发展。《宋会要》中记有：“漳、泉、福、兴化，凡滨海之民所造舟船，乃自备财力，兴贩牟利而已。”④ 由之可看出民营造船业的发达景况。兴化即今福建兴化湾的莆田市。

关于宋代官营、民营造船工场的分布（图 5-14），盖以内河与沿海运输的港口和连接点为主，并且要计及到有利于造船材料（木材、铁钉、桐油、石灰、麻皮、煤）的供应。在诸多研究中以日本学者斯波义信的著作⑤，对造船工场的考证最为详尽。他充分利用中国的文献列出的地点如下。

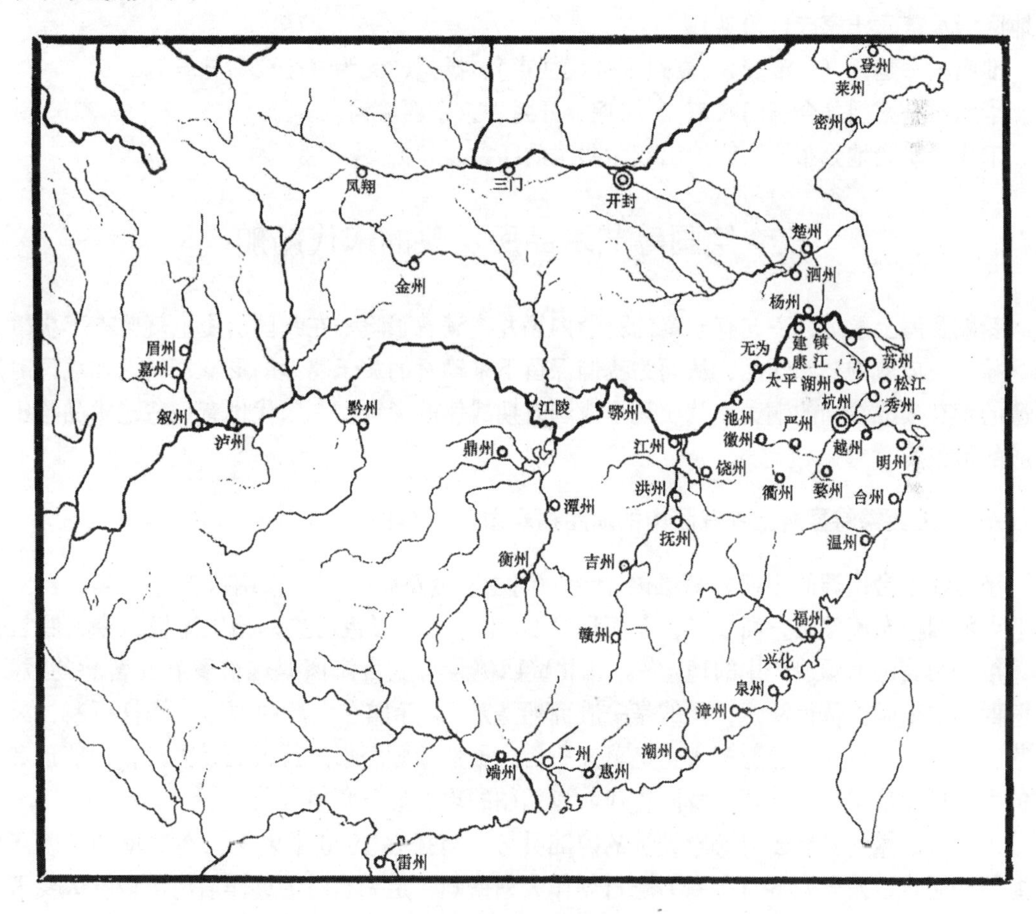

图 5-14　宋代造船场地的分布

① 清·徐松等，《宋会要辑稿·职官》。
② 清·徐松等，《宋会要辑稿·刑法》。
③ 清·徐松等，《宋会要辑稿·食货》。
④ 同②。
⑤ ［日］斯波义信，宋代商业史研究，风间书店，1968 年，第 73 页。

两浙——温州、明州、台州（今椒江市）、越州（今绍兴）、严州（今建德）、衢州、婺州（今金华）、杭州、杭州澉浦镇、湖州、秀州（今嘉兴）、秀州华亭县、苏州、苏州许蒲镇、镇江、江阴。

福建——福州、兴化（今莆田）、泉州、漳州。

广南——广州、惠州、南恩（今址待考）、端州（今肇庆）、潮州。

江东——建康（今南京）、池州（今安徽贵池）、徽州（今安徽歙县）、太平（今安徽当涂）。

江西——赣州、吉州（今吉安）、洪州（今南昌）、抚州（今临川市）、江州（今九江）。

湖北——鄂州、江陵、鼎州（今湖南常德）、荆南（亦即江陵）。

湖南——潭州（今长沙）、衡州（今衡阳）、永州（今湖南永州市）。

四川——嘉州（今乐山市）、泸州、叙州（今宜宾市）、眉州（今眉山县）、黔州（今黔江地区彭水苗、土家族自治县）。

淮南——楚州（今淮安）、真州（今仪征市）、扬州、无为（今安徽辖县）。

华北——三门（今三门峡市）、凤翔、开封、京东西濒河。

宋代造船场地分布图当能给出较为明确的印象。

三　绘画等艺术品所反映的宋代船舶

船舶及海上航运，一向有丰富的科学内涵并充满着艰险。在我国历史上就曾有不少赞誉和讴歌此类成就的艺术作品，从而为我们保留下来珍贵的关于船型的形象资料。如战国时期铸造的带有攻战纹饰的铜壶，就展现了战国时期战船的形制。在宋代也有一些艺术品给出了船舶的形象。

（一）山西繁峙县岩上寺壁画中的海船遇难图（图 5-15）

坐落在五台山麓的山西繁峙县岩上寺，创建于金正隆三年（宋绍兴二十八年，1158），岩上寺的四壁布满壁画，高 3 米，总面积为 90 平方米。彩色纷披，精工至极，令人眩目惊心，被誉为我国壁画遗产中的瑰宝[①]。其北壁西侧绘有五百海商遇难被罗刹女营救的故事。南壁西侧的壁画更值得注意，画的是一艘商船遇难[②]。船舶在大海中颠簸，桅杆折断，风帆飘落，船夫奔走抢险，船舱中人仓皇莫知所措。虽然壁画磨损过甚，面目漫漶，但船形和人物的生动形象依稀可辨，这是我国古代航海船舶的珍贵形象资料[③]。

山西省的繁峙县属于离海岸较远的内陆县分，海拔在 1000 米以上。在这里的寺院还以航海船舶遇难以及营救五百海商为题材创作大型壁画，足见当时的远洋航海事业在人民群众中的影响。

① 潘絜兹，灵岩彩壁动心魂，文物，1979，(2)：3～10。

② 山西省古建筑保护研究所编，岩上寺金代壁画，文物出版社，1983 年，第 33 图“商船遇难”。

③ 忻县地区文化局、繁峙县文化局，山西繁峙县岩上寺的金代壁画，文物，1979 (2)：1～2。

图 5-15　山西省繁峙县岩上寺壁画中的海船遇难图

（二）宋代《江天楼阁图》中的江船（图 5-16）

宋代的著名画作《江天楼阁图》① 及其宋代江船的素描，较生动而形象地反映出宋代内河船的技术状态和技术水平。如图所示：首先可以看出这是一艘载客的客船。甲板之上设计成整整一层客舱。首部虽无客舱，但搭有遮阳、蔽雨的凉棚，用以下碇和绞缆。两舷在舷伸甲板之下，缚有原木、竹了各一捆以为橐，用以拒浪，又可作为载重线标志。客舱有的窗关闭不见内景，有的窗开启，只见诸客围坐从容交谈。其次，船舶推进靠撑篙，左舷正有两篙工在撑船中。桅是可眠式，想必是过桥时已将桅眠倒。图中水手们在顶棚上正全力以赴地将桅竖起。桅之颠可系上纤绳用以拉纤。第三，船舶属具较为齐备：首部设有绞缆车，既可绞缆，也可用以起碇。尾部设舵，而且可明显看出所使用的是转舵省力的平衡舵。图中可见舵杆延伸到客舱顶棚之上，舵工可以在顶棚上操舵。顶棚上设拱形篾棚，可为舵工遮风蔽雨。船尾端设一横向圆辊，转动圆辊可调节舵的升降。吃水深时将舵降下可以获得较高的舵效，

① 王冠倬，中国古船，海洋出版社，1991 年，第 56、57 页。

吃水浅时将舵升起可以获得对舵的保护。

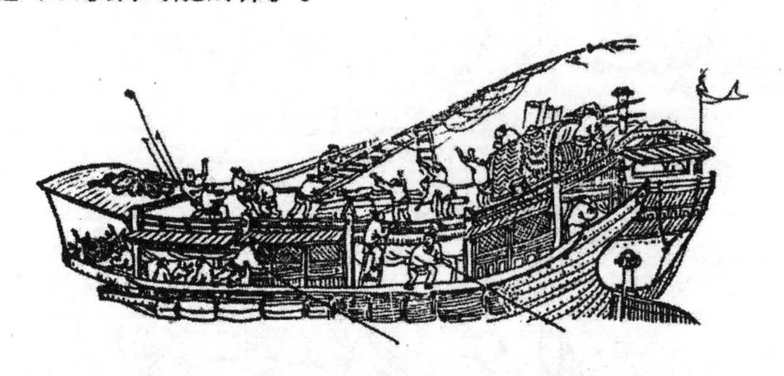

图 5-16　宋代《江天楼阁图》中的江船（素描）

（三）北宋《清明上河图》所表现的汴河船（图 5-17）

北宋徽宗时期的宫廷画师张择端所绘《清明上河图》，约成画于政和、宣和年间，即 1111～1125 年。这是一幅描绘北宋都城汴京社会经济生活的宏伟巨著。在长达 5.25 米的长卷里，画家以生动完美的技巧，如实地表现了从宁静的春郊到汴河上下的众多景物，斜跨大河的虹桥，巍峨的城楼和繁华的街市。河上大船浮动，街上车水马龙。“它的伟大价值不仅表现在画面人物众多，景象的宏伟丰富以及表现技巧的生动完美，更值得注意的是它所反映的社会内容，在美术史上具有鲜明的先进性和突出的重要意义！”“即使从世界美术史看，在十二世纪初期，就能够以这样的规模反映社会经济活动和都市面貌的绘画作品也极其少见”①。

(a)

图 5-17　续图

① 宋·张择端绘，张安治著文，清明上河图，人民美术出版社，1979 年，第 10、19 页。

(b)

(c)

图 5-17　张择端《清明上河图》(局部) 中的船舶

难能可贵的是在《清明上河图》长卷中画有各种视角的船舶 24 艘，其中客船 11 艘，货船 13 艘。客船在构造、形态上与货船的重大区别反映了北宋时汴河上下经济生活的繁荣和当时造船业的进展。

特别重要的是，由于在历史上人们有偏重于科举登仕，不同程度地卑薄工程技术的传统，在浩如烟海的著作中，特别缺少关于工程技术的较为真实形象的插图、图样。且不论春秋、战国时期，即使是秦汉、隋唐时代，也几乎见不到多少各个时代的较为真实、形象的船舶图样。然而张择端却开历史之先河，为后世留下了能反映当时技术成就的诸多船舶图样。北宋时当然不可能探讨高等数学上的悬链线方程式，但他所绘出的拉纤船夫所牵拉的系在桅顶的纤绳的形象，却合乎悬链线方程，真实而形象。张择端观察的细微，表现的真切，至少在船舶图样方面是前无古人的。

《清明上河图》所表现的汴河船，具有时代的先进性。汴河，它是在天然河流基础上加以人工整治的运河，由于原取水于黄河，黄河河身的不断变化使汴河取水口不得不随着伸缩改动。黄河水猛涨猛落，也给航运带来困难。大量的挟沙使汴河水不畅，甚至形成地上河。宋神宗元丰二年（1079），完成了清汴工程，闭塞旧汴口，建清汴引水渠，即引洛河的清水为汴河水源。汴河"自元丰二年至（哲宗）元祐初，八年之间，未尝塞也"[①]。岁漕江、淮、湖、浙米数百万及至东南之产，百物众宝，不可胜计。"故于诸水，莫此为重"。从而，汴河船也正是宋代最具代表性的内河船型。从图上所绘的船舶中，可以探索到船舶发展中的许多技术成就。

第一，在船型上有明确的货船与客船的区别，这充分反映了当时汴河的货运和客运是各具规模的。如汴河船图[②]（图 5-18）中的后数第 2 艘船，体态丰盈，尾甲板并不向后伸延，是一艘典型的货船。最后一艘则是客船，除了遍设客舱之外，在两舷设舷伸甲板供作走廊之用。与货船的最大区别，还在于尾部向后延伸，相当于现代内河船常用的假尾，古时称为虚梢，从而增加了甲板和舱室的面积。从货船与客船的对比中，可以看出设计思想的进步和设计者独到的匠心。

图 5-18　汴河船图（临摹自《清明上河图》）

第二，客船的总体布置精当而合用。客舱的两舷都有相当大的窗子，通风与采光是相当充足的，遇风雨气候可用木板窗将窗口关闭，这时顶棚的两列气窗既可供采光又可供通风。客舱的顶棚用苇席制成，显然是轻型的。顶棚之上，只供少数船员进行起、倒桅操作，也可存放一些轻型物件，如蓑衣、绳索之类，显然这对于船的稳定与安全是有利的。

货船的顶棚与客船不同，从成排的钉眼看，显然是用木板钉成拱棚以挡风雨，而装卸货物则通过开向两舷的货舱口。这种以拱形顶棚代替甲板的设计，对于宽度大而船深、吃水小的船来说，能多装货物而且便于装卸。

---

① 元·脱脱等，《宋史·河渠志》。

② 席龙飞，北宋的汴河运输和船舶，内河运输，1981，(3)：75。

关于汴河船的尺度，可以参照中国桥梁史学家罗英[①] 按人的身高、肩宽估算虹桥长宽尺度的办法，进行估算。根据在客船舷伸甲板上走动的水手身高略高于顶棚，可大致认为自舷伸甲板到顶棚的高度约1.5米，稍大些的货船长约24米或更长，宽5米，长宽比约4.8。据《宋史·河渠志》的记载“大约汴舟重载，入水不过四尺”[②]，从而吃水可取1.2米。如取汴河货船的方形系为0.6，则其排水量约为86.4吨。载重量可达50～60吨。这相当于1000料的货运船。

第二，从图上看来，汴河里的船未见有用帆的，船上的人字桅显然是供逆水而上时拉纤用的。过桥时人字桅须放倒，所以都采用轻型的，而且在结构上并不伸向船底，而是榫接在横在顶棚的圆木上。这根圆木由两舷的木柱支撑并可转动，从而使人字桅的起、倒都很方便。图5-19所示汴河客船的模型是上海交通大学船舶与海洋工程系按《清明上河图》监制，在1983年8月于比利时的列日国际航模赛会中获得金奖的。

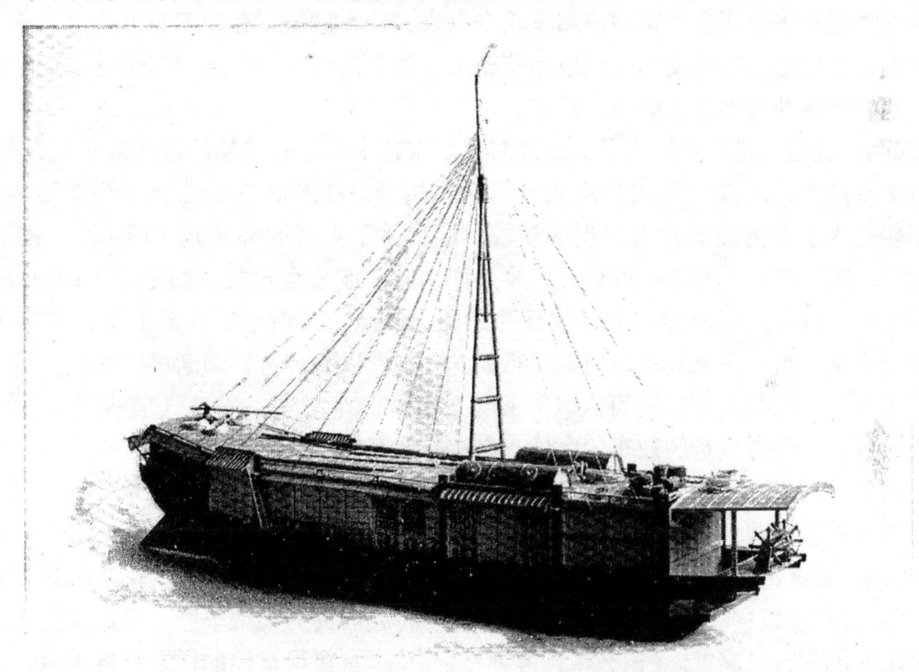

图5-19　汴河客船模型（上海交通大学船舶工程系提供）

第四，北宋时船舶所用的舵是相当先进的，从图中可见，舵叶的一部分面积在舵杆（舵的转轴）之前，这说明中国远在12世纪之初就开始应用平衡舵。很明显，转动这种平衡舵轻便得多，既可减轻舵工的劳动强度，更可改善船的操纵灵活性。此外，“舵都用链条或绳索拉住并卷在船尾的横向圆辊上。可因航道的深浅而降下或升起。将舵降下可提高舵效；将舵提起可得到保护”[③]。舵叶在结构上是用竖向板拼接，纵向用木桁材加固，这与近代舵叶结构无甚区别，反映了宋代舵技术的成熟和达到的先进水平。要知道，在欧洲的许多国家，在我们已经应用平衡舵的年代，那里尚未出现最早的舵。他们声称：最早的舵出现在1242

① 罗英，中国桥梁史料（初稿），见中国科学社主编，中国科学史料丛书，1961年，第67页。

② 元·脱脱等，《宋史·河渠志》。

③ 席龙飞，桨舵考，武汉水运工程学院学报，1981，(1)：27。

年。

第五，船头设起碇用的绞车。碇或锚应是必备的属具，但在各船上没有发现。这或许是船舶在岸边靠泊时用缆索拴在岸上的木桩而不必用锚。作画人目所未见之物，也不妄自填加，说明作者具有忠于现实的严谨的创作态度。在一艘客船的近尾处设有一圆形围栏约高1.2米，这或者就是供旅客入厕的处所。

张择端的一幅《清明上河图》，绘出客、货船舶24艘。把宋代汴河上的船舶体型、结构和布置特点、船用属具以及航行操驾等各方面的直观资料概括无遗。它既是美术作品的瑰宝，也是考稽中国宋代内河船的重要文物。

四　车轮舟的空前发展及其重大作用

自从5世纪初王镇恶在晋军中应用车轮舟以来，在5世纪末有南朝齐祖冲之，在6世纪中叶有南朝梁徐世谱相继开发和实际应用车轮舟。到8世纪时唐曹王李皋建造并率领了一支车船队。这些都是开世界之先的技术成就。

“到宋朝，我国古代车船进入了大发展时代。宋朝水军备有桨轮战舰的最早记录是1130年。其时宋室南渡，江淮之间成为南北对峙的主战场，江防的重要性上升到首要地位”[①]。宋朝将车船列入水军的编制并有相当的规模，这得益于当时的都料匠（即木匠、船匠）高宣。宋代的文献记有：“偶得一随军人，原是都水监白波辇运司黄河扫岸水手都料高宣者，献车船样，……打造八车船样一只，数日并工而成。令人夫踏车于江流上下，往来极为快利。船两边有护车板，不见其车，但见船行如龙，观者以为神奇，乃渐增广车数，至造二十至二十三车大船，能载战士二三百人。”[②] 图5-20为23车战船，采自《李约瑟文集》[③]。凡车数出现单数者，除有成对的舷车轮之外，必有一尾车轮。

建炎四年（1130）二月，钟相、杨么起义叛宋[④]。宋廷“遣统领官安和率步兵入益阳，统制官张崇领战舰趋洞庭，武显大夫张奇统水军入澧江，三道讨之”。绍兴元年（1131），“鼎澧镇抚使程昌寓造二十至三十车大船”，且不听部下劝阻，必欲向起义军炫耀其大型车船的威力，“竟发车船以进”。奈何义军有备，不仅虏得程昌寓的大型车船，而且还获得了随车船作维修工作的都料匠高宣。《杨么事迹考证》记有：“水寨得车船的样及都料手后，于是杨么造和州载二十四车大楼船，杨钦造大德山二十四车船，夏诚造大药山船，刘衡造大钦山船，周伦造大夹山船，高癞造小德山船，刘诜造小药山船，黄佐造小钦山船，全琮造小夹山船。两月之间，水寨大小车楼船十余制样，势益雄壮。”[⑤]

对于杨么起义军之盛，宋代的文献《中兴小记》记有，绍兴二年（1132），“时鼎（州，今湖南常德）寇杨么、黄诚，聚众至数万，……分布远近，共有车船、海鳅头多数百艘。盖车船如陆军之阵兵，海鳅如陆战之轻兵，而官军船不能近，每战辄败。”书中引李龟年记杨么本末曰：“车船者，置人于前后踏车，进退皆可。其名曰大德山、小德山、望三洲及浑江

---

① 周世德，车船考述，文史知识，1988，(11)：38。

② 宋·鼎澧逸民撰、朱希祖考证，杨么事迹考证，史地小丛书，商务印书馆，1935年，第21页。

③ 潘吉星主编，李约瑟文集，辽宁科学技术出版社，1986年，第260页，图6。

④ 宋·李心传，《建炎以来系年要录》卷31。

⑤ 宋·鼎澧逸民撰、朱希祖考证，杨么事迹考证（卷上），史地小丛书，商务印书馆，1935年，第5~6页。

图 5-20　南宋时高宣等人建造的、有 23 个踏轮的车船（1130 年）
长 100、宽 15～20 英尺（原始图）

龙之类，皆两重或三重，载千余人，又设拍竿，其制（如）大桅，长十余丈，上置巨石，下作辘轳，（绳）贯其巅。遇官军船近，即倒拍竿击碎之。浑江龙则为龙首。每水斗，杨么多乘此。”①

杨么起义军获船匠高宣之助，大造车船，且有其名不籍的新式武器“木老鸦”，使官军屡战屡败。《建炎以来系年要录》记有：“绍兴三年（1133）十月甲辰，荆潭置使王燮，率水军至鼎口，与贼遇。贼乘舟舶高数丈，以坚木二尺余，剡其两端，与矢石俱下，谓之木老鸦。官军乘湖海船，低小。用短兵接战，不利。燮为流矢及木老鸦所中，退保桥口。”②

绍兴五年（1135）六月，杨么起义军终被岳飞所败。《岳飞传》记有：“（杨）么负固不服，方浮舟湖中，以轮激水，其行如飞。旁置撞竿，官军迎之辄碎：（岳）飞伐君山（洞庭湖北岸）木为巨筏，塞诸港汊，又以腐木乱草浮上流而下，择水浅处，遣善骂者挑之，且行且骂。贼怒来追，则草木壅积，舟轮碍不行。”③ 杨么被擒斩。

南宋大诗人陆游在其晚年所著《老学庵笔记》中，对起义军与官军间的战事、车船及其影响等均有精当的描述：“鼎澧群盗如钟相、杨么，战船有车船、有桨船、有海鳅头。军器有拏子、有鱼叉、有木老鸦。拏子、鱼叉以竹竿为柄长二三丈，短兵所不能敌。程昌寓部曲虽蔡州人，亦习用拏子等遂屡捷。木老鸦一名不籍。木取坚重木为之，长才三尺许，锐其两端，战船用之尤为便捷。官军乃要作灰炮，用极脆薄瓦罐，置毒药、石灰、铁蒺藜于其中。

① 宋·熊克，《中兴小记》卷 13。
② 宋·李心传，《建炎以来系年要录》卷 69。
③ 元·脱脱等，《宋史·岳飞传》。

临阵以击贼船，灰飞如烟雾，贼兵不能开目。欲效官军为之则贼地无窑户不能造也，遂大败。官军战船亦效贼车船而增大，有长三十六丈广四丈一尺，高七丈二尺五寸，未及用而岳飞以步兵平贼。至完颜亮入寇，车船犹在颇有功云。”①

陆游在《老学庵笔记》中在讲述南宋官军仿效杨么起义军大造车船的轶闻遗事时，所述与当时的著作，与《宋史》并不相悖，或可认为较为真实可信。《笔记》提供了两个重要信息：第一，当时所造车船确实很大，有长 36 丈的；第二，车船虽未能有效地与起义军作战，但在其后的抗金长江水战中却发挥了重要作用。

关于大型车船的规模和尺寸，前已述及的《中兴小记》中有“皆两重或三重，载千余人”；《杨么事迹考证》中有“程昌寓造二十至三十车大船”；在《宋会要》中也有大型车船通长 30 丈或 20 余丈，每支可容战士七八百人的记载：“（绍兴）四年（1134）二月七日，知枢院张浚言：近过澧鼎州询访，得杨么等贼众多系群聚土人，素熟操舟，凭恃水险，楼船高大，出入作过。臣到鼎州亲往本州城下鼎江阅视，知州程昌寓造下车船通长三十丈或二十余丈，每支可客战士七八百人，驾放浮泛，往来可以御敌。缘比之杨么贼船数少，臣据程昌寓申：欲添置二十丈车船六支，每支所用板木、材料、人工等共约二万贯。若以系官板木止用钱一万贯，共约钱六万贯，乞行支降。”② 张浚（1097～1164）是宋代大臣，绍兴四年再任枢密，次年为宰相。张主持策划镇压义军③，前线视察后还代知州程昌寓上奏，请拨款 6 万贯建造 20 丈车船。其中言车船长 30 丈，可谓言之确凿。

至于抗金的长江水战，最著名的是虞允文的“采石之战”。宋绍兴三十一年，金正隆六年（1161）十一月初，40 万金兵在国主海陵王完颜亮亲自统帅下，“驻军江北，遣武平总管阿邻先渡江至南岸，失利上还和州（今安徽和县东），逐进兵扬州。甲午会舟师于瓜洲渡，期以明日渡江”④。驻守和州对岸采石（今安徽马鞍山市之南）的“宋军才一万八千”，守军将领王权弃军而去，接防的将领李显忠尚未到任。兵无主帅，军心涣散。到采石犒师的虞允文不避危险，力排众议，挺身而出。虞谓“坐待显忠则误国事……危及社稷，吾将安避”⑤。虞允文代替主帅，组织宋军抗金，使采石之战告捷。

“采石之战”中，宋军的车船发挥了空前强大的威力。十一月初八，完颜亮指挥几百艘战船强渡长江，为首的 70 艘战船已逼近南岸，被虞允文指挥的名为“海鳅”的车船所冲撞，犁沉过半。这时恰有溃军来自光州（今河南光山县），虞允文授予旗鼓从山后转出，金兵以为援军到达，遂逃遁，江面留尸凡 4000 余。第二天对金兵用夹击战术，焚其舟 300 余，金兵乃退败扬州。虞允文预计金兵将进攻京口（今江苏镇江）继续南犯，遂又率领 16 000 人援京口。他“命战士踏车船中流上下，三周金山，回转如飞，敌持满以待，相顾骇愕”⑥。不久，金兵内乱，金主完颜亮“为其下所杀”。“采石之战”创以 1.8 万人胜 40 万人的辉煌战例，虞允文和车船都功不可没。

---

① 宋·陆游撰，李剑雄点校，《老学庵笔记》卷 1。
② 清·徐松等，《宋会要辑稿·食货》。
③ 元·脱脱等，《宋史·张浚传》。
④ 元·脱脱等，《金史·海陵传》。
⑤ 元·脱脱等，《宋史·虞允文传》。
⑥ 同⑤。

第六节　从出土古船看宋代的造船技术

一　天津市静海县出土的宋代内河船

（一）静海宋船的概况

1978年6月，在天津静海县东滩头乡元蒙口村清理了一只宋代木船（图5-21）。木船齐头、齐尾、平底。体长14.62米，最大宽度为4.05米，型深1.23米，首尾有相当的起翘。无隔舱，无桅杆遗迹，但有一较完整的平衡舵。船体较完好，惟左舷上部有腐朽①。照片为出土现场。

图5-21　静海宋代河船出土现场（天津市文物管理处提供）

随船出土的遗物只有一些陶碗、瓷碗残片以及“开元通宝”、“政和通宝”等钱币。“政和通宝”提供了沉船年代的上限，即应晚于政和元年（1111）。从地层看，其第4层到船口的第6层，均为浅黄色、黄色的淤积、冲积土层，总厚度约为1.5米，土质十分纯净。这极有可能是政和七年黄河泛滥、沧州河决所造成，静海距沧州约70公里。由此推断船的建造年代应在政和七年（1117）之前。这种判断和舱内遗物的年代也颇一致。

静海宋船的发掘报告认为，船出自俗称“远粮河”的古河道，而船又是通舱，估计为内

① 天津市文物管理处，天津静海元蒙口宋船的发掘，文物，1983，(7)：54～58。

河货运船。报告还正确估算其排水量约为 38 吨，因此其静载重量也会不少于 28 吨。

据发掘发告，船的舷板经鉴定多用楸木、楠木或槐木，横梁为槐木。船材主要是就地取材，制作不精，有的多利用树木的自然丫杈，左右舷常并不对称，显然是民间或船工所造。

(二) 静海宋船结构简洁而合理

静海宋船虽然是民间利用就地取材的板材及树木枝丫所作成，但其结构有其合理性，反映出宋代造船技术的普及，该船的发掘使今人增长见识。

就船体强度而言，对小型内河船主要应保证横向强度。图 5-22 为发掘报告中给出的静海宋船的基本结构图，主要是依据实际测绘的资料所绘制。由图可见，该船未装设横水密舱壁，使结构大为简化，但却设有 12 只较强的横梁，因其上无甲板，故称之为空梁。与空梁相对应，在舱底设有 12 只肋骨。空梁与舷板，舱底肋骨与舷板，均用拐形肘材于以衔接。这样，由船底板及舱底肋骨、舷板和空梁就构成封闭的框架，这对保证船的横向强度十分有效。宋代的民间造船工对此尤嫌不足，在每两道空梁之间加设一道肋骨，肋骨贯穿舷部并顺势弯到船底有 1 米多不等。由于该船舷与底近于直角，这肋骨多利用树的大致成直角的枝丫或再稍加弯曲而成。此外，在第 5 到第 8 只空梁处又在舷内加设加强肋骨，全船共 4 对 8 只。这加强肋骨因并非在每道横梁处都有，故在船体横剖面结构图上用双点划线表示。第 5 到第 8 道横梁正处于船体最宽处，航行中常会与码头、桥桩或其他船舶相撞，这 4 对加强肋骨对保证横强度十分有效，这也是船舶设计建造的科学合理之所在。

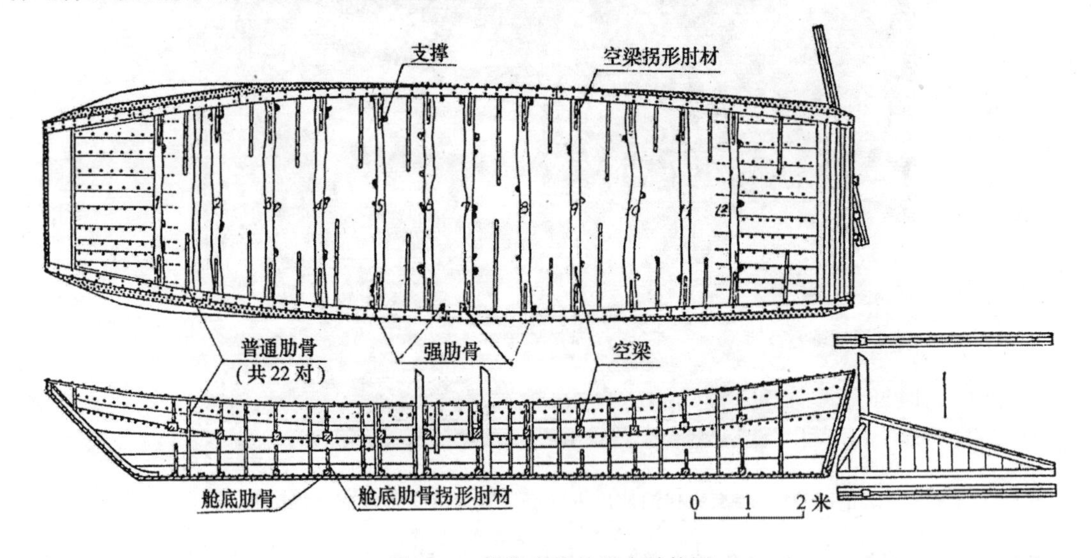

图 5-22　静海宋船的基本结构图

空梁的间距约为 0.66～0.93 米，截面宽 100～170 毫米，厚 130～200 毫米。舱底肋骨截面宽 90～150 毫米，厚 80～110 毫米。舷内加强助（只有 4 对）宽 70～80 毫米，厚 90～100 毫米。如船体横剖面结构图所示，由空梁、底肋骨、舷加强肋骨，构成了坚固的封闭框架。在空梁间还有径为 30～50 毫米的树枝椏作成的肋骨（图 5-23 中未绘出）于以加强。还有在空梁上、在底肋骨上均有拐形肘材。所有这些构件保证了船体有足够的横向强度。此外，在空梁与底肋骨之间还有短支撑木于以支撑，这对于构成整体刚性和传递在空梁上因载货物而承受的力，都是有益的。

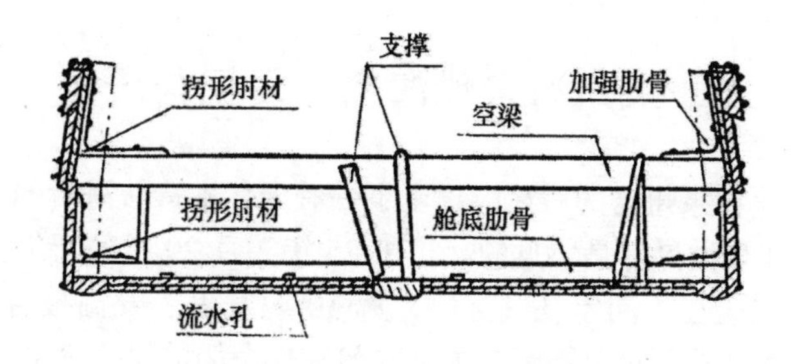

图 5-23　静海宋船的横剖面结构图

鉴于空梁的间距很小，空梁与底肋骨之间又有许多短支撑，底肋骨还开了不少流水孔，舱底难免会存积少量因渗漏而涌入舱内的水，笔者以为在通舱内载货是不甚适宜的。如果在空梁上铺以木板和苇席，在空梁上载包装货甚至散装粮谷都是可行的。空梁以上直到船口尚有约 0.5 米的空间，载货的容积也是足够的。

（三）静海宋船的平衡舵堪称世界第一

天津的文物工作者曾将静海宋船复原成功一只模型并在发掘报告中发表了模型的照片。今据照片等资料绘成一幅静海宋船的复原外观图，由之可对全船的造型、结构以及舵装置等有形象的了解。

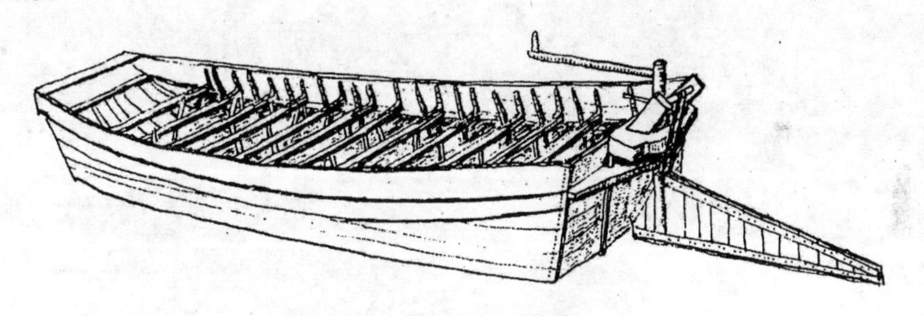

图 5-24　静海宋船复原图

静海宋船在出土时，发现舵被淤泥挤在紧靠船尾板的位置（图 5-24）。舵杆为一修整过的树干，残高 2.19 米。舵叶呈三角形，底边长 3.9 米，高为 1.14 米，舵叶总面积为 2.223 平方米。在舵杆前的平衡部分面积为 0.285 平方米，舵的平衡系数为 12.8%。此舵的平衡系数偏小，大约只有现代船舶的 1/2[①]，但此舵仍不失为平衡舵。此舵叶的形状与《清明上河图》中的船舵非常相似，只因所处河道极浅，此舵的展弦比（舵叶高/舵叶宽）更小些。静海宋船的年代与《清明上河图》的年代基本一致，静海宋船平衡舵的发现，从一个方面证实了张泽端所绘船舶形象的准确与可信。

平衡舵，可使转舵较为省力。对现代船可节约舵机的功率。这也是极为重要的一项技术发明。如本编第四章所述，在 1117 年，西方尚未曾出现过舵，更不用说平衡舵了。所以，静海宋船的平衡舵，是迄今为止世界上最古老的舵。“最可宝贵的是，它提供了第一个保存较为完好的宋代平衡航实物，这是我国船舵臻于成熟的重要物证”[②]。

① 席龙飞、冯恩德等，船舶设计基础，武汉水运工程学院，1978 年，第 424 页。
② 席龙飞，桨舵考，武汉水运工程学院学报，1981，(1)：25。

二　泉州湾宋代海船的发掘与研究

1974 年夏，在福建省泉州湾的后渚港出土了一艘宋代木造航海货船（图 5-25）。这一重大考古发现，在中国和全世界都是罕见的。当 1975 年 3 月 29 日的新华社播发了新闻电讯[①]之后，引起国内外广泛关注。同年在《文物》第 10 期发表了发掘报告[②] 以及有关学术论文。自此，在全国各种学术刊物上不断有关于泉州宋代海船的研究论文相继发表。1979 年 3 月在古港泉州召开了“泉州湾宋代海船科学讨论会”，集中了考古、历史、造船、航海、海外交通、地质、物理、化学、医药和海洋生物等诸多学科约百多位学者，就宋代海船的年代、建造地点、航线、沉没原因、古船的复原以及出土文物的鉴定与考释等问题进行了深入的讨论并得出相应的结论。泉州宋代海船的复原模型作为一项重要展品，1983 年 6 月在美国芝加哥科学工业博物馆举行的《中国：七千年的探索》展览会上展出。美国《芝加哥论坛报》在 6 月 5 日发表评论文章：“中国人对世界发展做出了巨大贡献。”[③] 文中对中国的水针罗盘、造船和航海技术给以高度的评价。

图 5-25　泉州湾宋代海船于 1974 年夏出土

① 1975 年 3 月 30 日人民日报载，福建泉州湾发现一艘宋代木造海船；1975 年 3 月 31 日光明日报载，福建省文物考古工作者在泉州湾发掘出一艘宋代木造海船。

② 泉州湾宋代海船发掘报告编写组，泉州湾宋代海船发掘简报，文物，1975，(10)：1～8。

③ 见 1983 年 6 月 28、29、30 日参考消息。

（一）泉州宋代海船的船型

泉州宋代海船出土时，船身基本水平。船体上部的结构已损坏无存，基本上只残留一个船底部。船首保存有首柱和一部分残底板。“船身中部底、舷侧板和水密舱壁保存较完好。舱底座和船底板也较好地保存下来”①。图 5-26 为古船残骸的测绘草图。

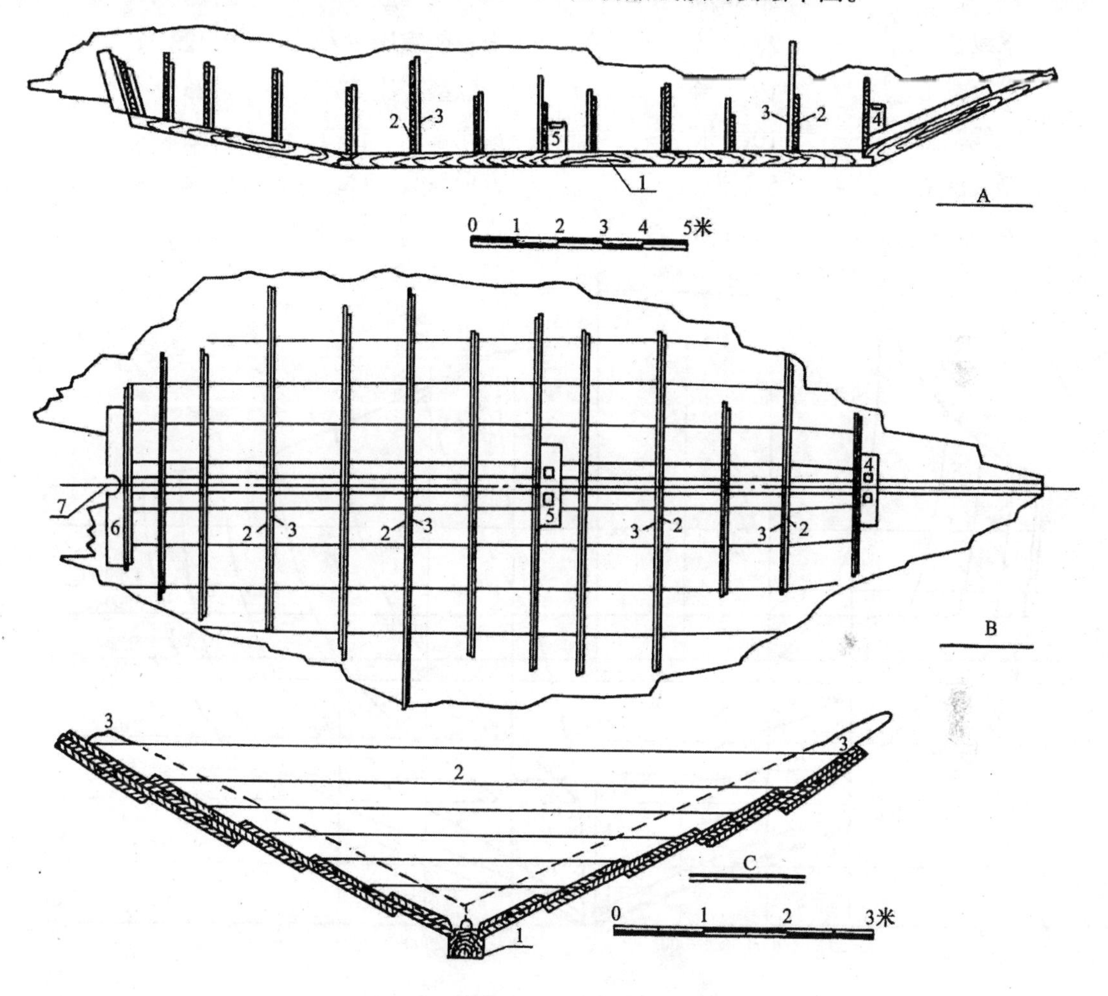

图 5-26　泉州湾宋代海船的测绘草图

1. 龙骨；2. 舱壁；3. 肋骨；4. 头桅座；5. 主桅座；6. 舵杆承座；7. 舵轴孔

古船残骸长 24.20 米，宽 9.15 米，深 1.98 米。据残长，将各舱壁及首、尾轮廓线顺势外延，可初估船长为 30 米。庄为玑等指出：宋代海船已经有大中小分类，依长度分为 30 丈、10 丈、10 丈以下。“泉州古船可达 30 米左右”②。

鉴于残宽已达 9.15 米，如使横剖线光顺地向上过渡，甲板处的宽度至少应为 10.5 米，这时满载水线处的宽度为 10.2 米。

---

① 泉州湾宋代海船发掘报告编写组，泉州湾宋代海船发掘简报，文物，1975，(10)：1～8。

② 庄为玑、庄景辉，泉州宋船结构的历史分析，厦门大学学报（哲学社会科学版），1997，(4)。

许多史料都指出宋代远洋海船的吃水深且具有较好的航海性能。“海中不畏风涛，唯惧靠搁”[①]。“海行不畏深，惟惧浅搁。以舟底不平，若潮落，则倾覆不可救，故常以绳垂铅锤试之”[②]。据此，笔者依各种尺度比值的分析对比，船舶吃水取为3.75米，并获得泉州宋代海船的主要尺度为[③]：

船　长 L	30.0米	干　　舷 F	1.25米
水线长 L_{WL}	27.0米	干舷船宽比 F/B	0.123
甲板宽 B_{max}	10.5米	干舷型深比 F/D	0.25
水线宽 B	10.2米	深吃水比 D/T	1.33
型　深 D	5.0米	方形系数 C_B	0.44
吃　水 T	3.75米	排　水　量 Δ	454吨

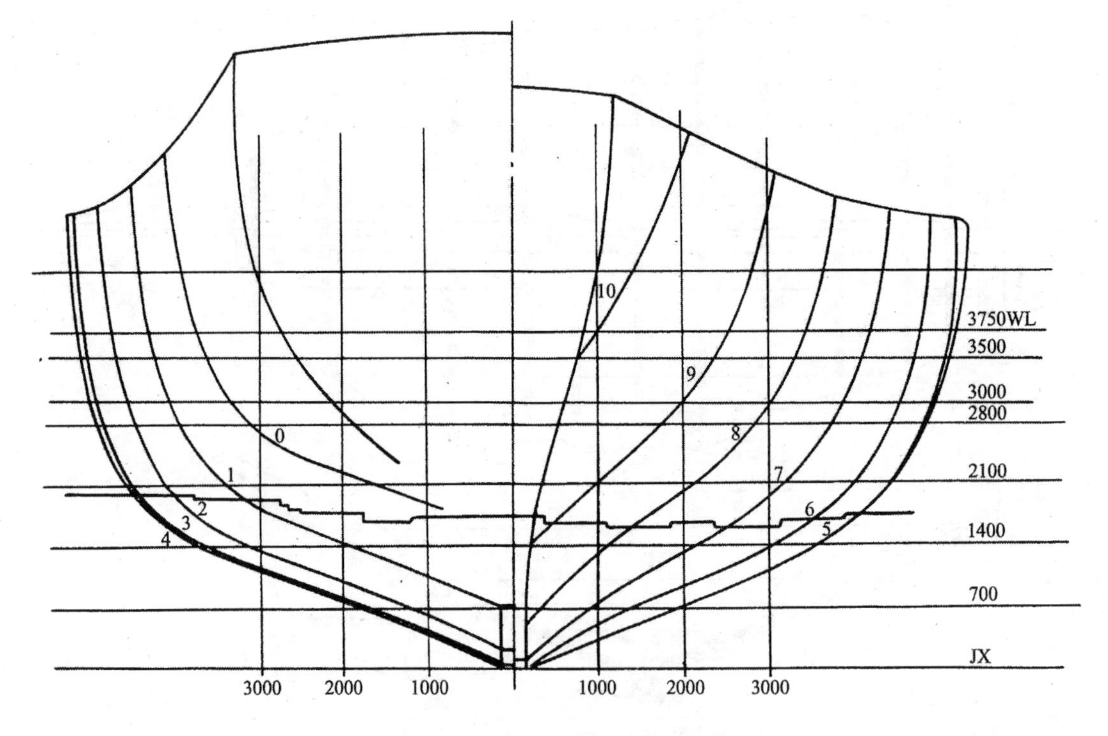

图5-27　泉州宋代海船复原的型线草图

经复原的型线草图（图5-27）所示，图中标注线（高度约2.0米）以下为据实测值精确绘制，标注线以上为复原的结果。对船长及船宽的复原获得杨槱教授[④]的支持，杨对型深的复原为4.15米。《复原初探》[⑤]中深度有4.21米之议。杨教授所取的型深虽较低，但其甲板具有相当的拱度，应当说这种安排也是有道理的。

① 宋·朱彧，《萍州可谈》卷2。

② 宋·徐兢，《宣和奉使高丽图经》卷34。

③ 席龙飞、何国卫，对泉州湾出土的宋代海船及其复原尺度的探讨，中国造船，1979，(2)：117；福建省泉州海外交通史博物馆编，泉州湾宋代海船发掘与研究，海洋出版社，1987年，第94页。

④ 杨槱，对泉州湾宋代海船复原的几点看法，海交史研究，1982，(4)：34。

⑤ 泉州湾宋船复原小组，泉州造船厂，泉州湾宋代海船复原初探，文物，1975，(10)：9～23。

泉州宋船的宽度大而长与宽之比小，这对保证船舶稳性是极为有利的。船长不过分大也有利于尽量减少板材的接头，对船体强度有利。这样小的长宽比也并不会影响到船的快速性，因为木帆船毕竟比现代船舶的航速低得多，对应于较低的航速选小的长宽比还是可行的。特别应当指出，古船的型线非常瘦削，这对保证快速性是很重要的。正如宋代徐兢在《宣和奉使高丽图经》中所说："上平如衡，下侧如刃，贵其可以破浪而行也。"[①] 由复原的型线图可见："横剖线呈V形，斜剖线很平缓，水流除满载水线附近是沿水线流动之外，主要是沿斜剖线流动。据计算，该船的方形系数 C_D 为 0.44，中剖面系数 C_M 为 0.69，均较现代货船小得多。这一点可弥补长宽比过小对快速性带来的不利影响，同时，平缓的斜剖线可使弯曲外板的加工工艺得到改善。V形的横剖面有利于改善耐波性。尖底和深吃水相配合可有较好的适航性，受到横向风吹袭时，抗横漂能力也较强。由此可见，泉州湾宋代海船的船型设计是综合考虑了稳性、快速性、耐波性和加工工艺等多种要求的。从现代船舶设计理论的角度来评论，也是值得称道的。"[②]

1975年在《文物》第10期发表《发掘报告》的同时，也发表了泉州湾宋船复原小组的《泉州湾宋代海船复原初探》[③] 一文并给出船体复原图（图5-28）。该图充分反映了福建沿海著名船型——福船的各种特点。

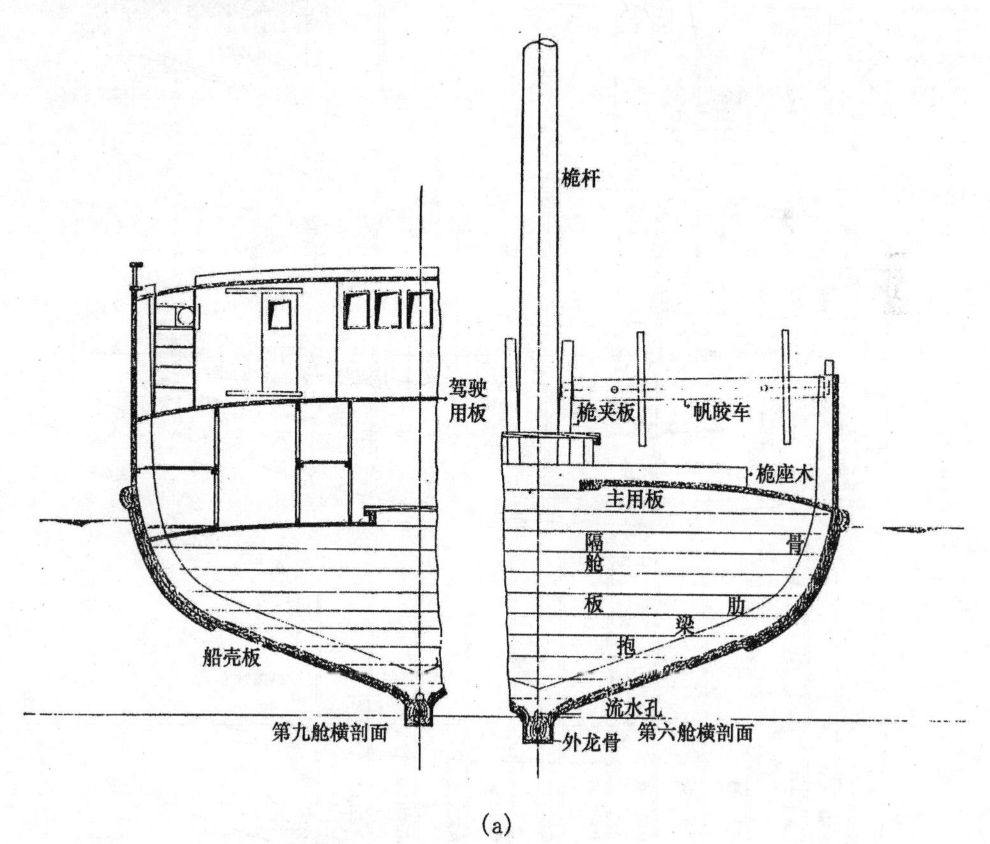

(a)

图5-28　续图

① 宋·徐兢，《宣和奉使高丽图经》卷34。

② 席龙飞、何国卫，对泉州湾出土的宋代海船及其复原尺度的探讨，中国造船，1979，(2)：111。

③ 泉州湾宋船复原小组、泉州造船厂，泉州湾宋代海船复原初探，文物，1975，(10)：9～23。

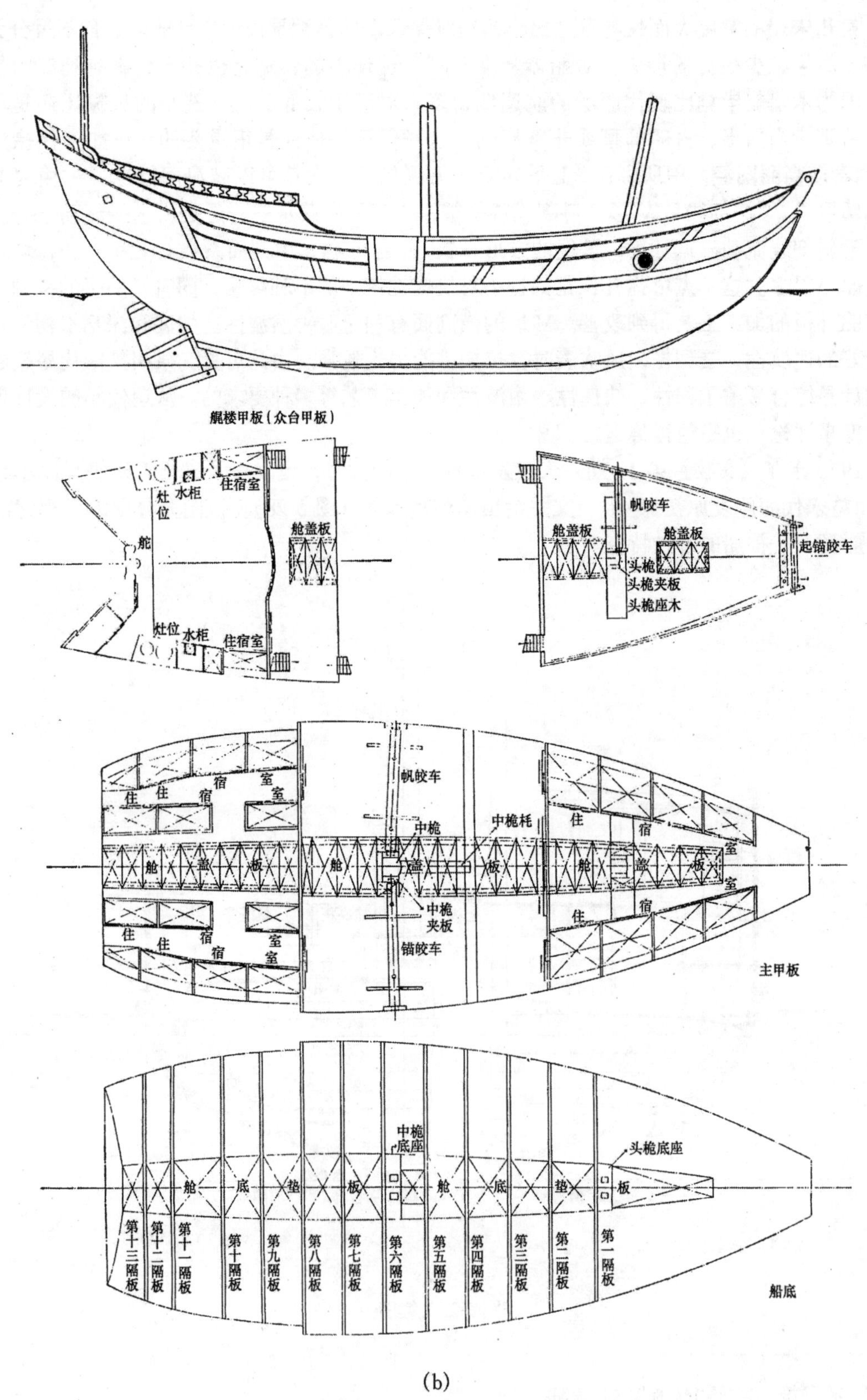

(b)

图 5-28 泉州湾宋代海船船体复原图（《文物》1975（10））

在1979年3月于古城泉州召开的"泉州湾宋代海船科学讨论会"上，对泉州古船的研究获得以下几项重要成果：

（1）关于古船的年代。断定泉州船为宋代船根据有三：首先，船舱中出土大量陶瓷器碎片、能复原的共58件，从器形、釉色、纹饰看都是有宋代特征，未见有宋以后的瓷器；第二，舱中出土铜钱504枚，除33枚为唐钱外，其余全为宋钱。其中最晚的是一枚背为"七"的南宋"咸淳元宝"，乃咸淳七年（1271）所铸。这可认为是海船沉没绝对年代的上限①；第三，对沉船地点淤泥样品进行了海滩沉积环境的研究，结论是该船的沉没埋藏过程当有700年以上的时间②。

（2）关于古船的航线。综合研究的结论是：这是一艘由南洋返航的远洋船。首先，船舱中出土的香料、药物，在数量上占出土文物的第一位，计有降真香、沉香、檀香等香料木和胡椒、槟榔、乳香、龙涎、朱砂、水银、玳瑁等药物。这些香药的主要产地是南洋诸国和阿拉伯沿岸，俗称"南路货"，而载此货的船当为南路船；第二，北宋元祐二年（1087），政府已在泉州设市舶司，南宋时泉州是通向南洋的重要门户，判断该船航南洋合于历史、地理条件；第三，船中出土的贝壳和船壳附着的海洋生物，大部分属于暖海种。更发现船壳上有很多钻孔动物——巨铠船蛆，对船板破坏严重。这种船蛆标本是在我国沿海从未发现过的。这是船舶来自南洋一带的最有力的证据③。

（3）关于古船的建造地点。从造船工艺看，船板用铁钉钉合，缝隙又塞以麻绒油灰，这不仅与大食（波斯）船、日本船、扶南（柬埔寨）船很容易区别，就是与本国的广东船建造方法也不相同。"特别值得注意的是，海船龙骨接合处凿有'保寿孔'（图5-29），中放铜镜、铜铁钱等物，其排列形式似'七星伴月'状，据称这是本地造船的传统习惯。"④

（4）关于海船的沉没原因。船底无损，可信并非触礁；港道水深，不会搁浅；只要驶向附近的洛阳江也可避台风；即使遇难，只要有人管理也可营救。从海船上部皆损破，大桅也被拔掉，舱内瓷器多成碎片，且一件瓷器的碎片分散到各舱等情况看，说明沉船前或有风浪冲击，或有人为的战乱，造成了"野渡无人舟自横"的局面。许多史学家分析，南宋末年，泉州提举市舶司蒲寿庚降元朝，宋将张世杰率军进攻泉州，泉州风云突变，战火纷飞。海船可能是这个期间沉没的，时为1277年。

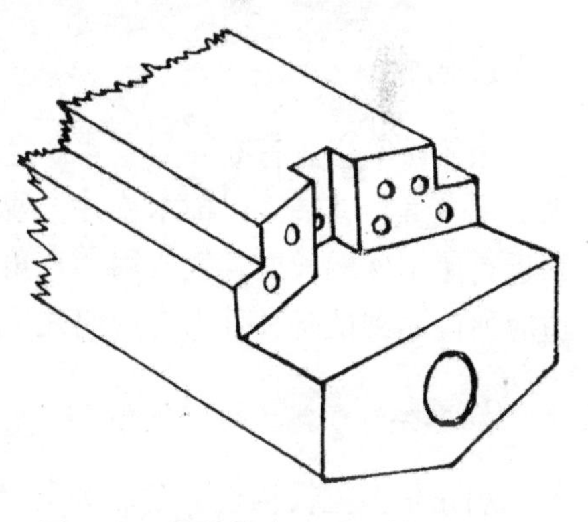

图5-29　龙骨接头处的"保寿孔"图

为了开展科学研究的需要，泉州湾宋代海船，已陈列在泉州海外交通史博物馆的古船陈列馆（图5-30）。在精美的大理石立柱上刻着金字的诗句："州南有海浩无穷，每岁造舟通异域。"这是采录南宋时代惠安人谢履的两句诗，这既是福建泉州地区造船事业兴旺发达的写照，也是言决心扩大造船与航海业之志。泉州古船陈列馆以其展品具有丰富的造船科学内

① 泉文，泉州湾宋代海船有关问题的探讨，海交史研究，1978，(创刊号)：51。
② 林禾杰，泉州湾宋代海船沉没环境的研究，海交史研究，1982，(4)：42～51。
③ 李复雪，泉州湾宋代海船上贝类的研究，海交史研究，1984，(6)：107。
④ 同①。

涵，已为国内外广大群众和学术界所关注。

图 5-30　泉州海外交通史博物馆的古船陈列馆（成冬冬摄）

（二）泉州宋代海船船体结构的特点

1. 龙骨

泉船松本主龙骨断面为宽 420 毫米，厚 270 毫米，长 12.4 米。在尾部接上长度为 5.25 米的尾龙骨。首端接以樟木首柱，残长 4.5 米（图 5-26）。龙骨的接头部位选在弯矩较小的靠近首尾 1/4 船长处，接头用“直角同口”榫合，接口 340 毫米，未见铁迹。接头的形式能适应所能遇到的各种外力。造船匠师的深思熟虑得以充分展现。

2. 壳板

船壳系多重板构造。紧临龙骨的第 1、第 2 列板用樟木，余为杉木。壳板都以整木裁制，板宽 280～350 毫米，长 9.21～13.5 米。船壳的内层板厚 82～85 毫米，中层厚 50 毫米，外层厚 45～50 毫米。关于中国船舶在结构上的特点和优点，马可波罗曾说：“船用好铁钉结合，有二重板叠加于上。”[①] 日本学者桑原曾考证：“侧面为欲坚牢，用二重松板。”[②] 泉州宋船为上述论述提供了实物证据。

壳板的边缝系混合采用平接与搭接方式，从外观看是搭接的且残留 4 个级阶：第一级宽约 500，逐级加宽 100、第 4 级约宽 900 毫米。每一列壳板的端接缝则采用“斜角同口”、“直角同口”方式。所有边接缝和端接缝均采用子母口榫合，并塞以麻丝、桐油灰捻料，还

---

① 冯承钧译，马可波罗行记，商务印书馆，1936 年，第 620 页。

② 桑原骘藏著，陈裕菁译，蒲寿庚考，中华书局，1929 年，第 5 页。

加上铁钉。钉有方、圆、扁诸种，钉法多样。

3．舱壁及肋骨

泉船设有12道水密舱壁将船分隔成13个货舱。舱壁板厚100～120毫米，多用杉木，边缝榫接并填塞捻料。最下一列壁板用樟木以耐腐蚀，在近龙骨处开有120毫米×120毫米的流水孔（图5-26C）。

“舱壁板周边与壳板交界处，装设由樟木制成的肋骨。值得注意的是：船中以前的肋骨都装在壁板之后；船中以后的肋骨又都装在壁板之前，这有助于舱壁板的固定和全船的整体刚性。近代铆接钢船上的水密舱壁设周边角钢，从功用到安装部位，这肋骨与周边角钢都是一致的，可以说后者是由前者演变而来的。古船这种极其巧妙而合理的设计，使今日的造船工程师也称赞不已”①。

马可波罗说：“若干最大船舶有最大舱十三所，以厚板隔之，其用在防海险，如船身触礁或触饿鲸而海水透入之事，其事常见，……至是水由破处浸入，流入船舶。水手发现船身破处，立将浸水舱中之货物徙于邻舱，盖诸舱之壁嵌甚坚，水不能透。然后修理破处，复将徙出货物运回舱中。”② 泉州宋船用12道舱壁将船分隔成13个舱，与马可波罗的记叙是非常一致的。

4．可眠桅技术

泉州船保存下来两个桅座，都用大块樟木制成。首桅座在第1舱中，长1.76米，宽0.5米，厚0.36米。座面开有两个240毫米×210毫米的桅夹柱孔，间距400毫米。主桅座在第6舱中，长2.7米，宽0.56米，厚0.48米，桅夹柱孔为320毫米×240毫米，间距600毫米（图5-26（a）及（b），图5-31）。与现代中国帆船相一致，两个桅夹柱应是与舱壁相连接的，用来固定船的桅杆。中国船的桅杆可眠倒和拆卸，在泉船主桅前的第5号舱壁上留有宽300毫米，残高340毫米的方形孔，证实了泉州船当时已经采用了可眠桅、卸桅的技术。

图5-31　主桅座

① Xi Longfei. 1997. *Marine Transportation and Ships of Quan zhou in Song Dynasty*. *Selected Papers of SCNAME*. Vol. 12. Shanghai. The Editorial Office of SHIP BUILDING OF CHINA. 121.

② 冯承钧译，马可波罗行记，商务印书馆，1936年，第620页。

大桅可以起、倒之技术，在《清明上河图》已有所见，在北宋的文献上也有记载。《梦溪笔谈》中有一故事："嘉祐（1056～1063）中，苏州昆山县海上有一船，桅折风飘抵岸，船中有三十余人。"衣冠如唐人，但语言不可晓，后得悉为高丽船。时赞善大夫韩正彦知昆山县事，"正彦使人为其治桅。桅旧植船木上不可动，工人为之造转轴，教其起倒之法，其人又喜。"① 由之可见，其时桅的能够起、倒已是成熟技术。

5. 舵可以升降

现存的舵承座由 3 块大樟木构成，又用两重樟板加固于承座之背面。舵承座板残长 3.44 米，残高 1.37 米，宽 0.44 米。附加樟板厚 200 毫米。舵承的轴孔直径 380 毫米，可知所配舵杆直径应近于 380 毫米。舵承的轴孔向后倾斜 22 度，这一数据与现代船相近。

在第 11 舱还曾出土一樟木的绞车轴残段，长 1.4 米，直径 350 毫米②。轴身凿有两个直径 130 毫米的圆通孔，当是绞棒孔。这绞车轴或就是起舵用的绞关构件。中国海船的舵一向可以升降：降下去可以提高舵效，还有利于抗横漂；升起来使舵获得保护。看来这一成熟技术在宋代泉州海船上已经使用。

(三) 造船工艺的先进性

1. 二重、三重板技术（图 5-32）

泉船三重板的总厚度约为 180 毫米。若用单层板，不仅弯板困难，而且由于板材具有残留应力而有损于强度，是不可取的。但是，若采用双重、三重板，两重板之间应不留空隙，以避免和减缓腐蚀，这就要求加工工艺十分精细。泉船发掘过程中，曾将各层外壳板卸下，各板列保存十分完好，而且有充分的弹性。工艺的精细已得到证明。

图 5-32　三重板结构

① 宋·沈括，《梦溪笔谈》卷 24。

② 福建省泉州海外交通史博物馆编，泉州湾宋代海船发掘与研究，海洋出版社，1987 年，第 21～22 页，图十八。

2. 选材适当而考究

泉船各种构件均依所处部位、受力状况和受腐蚀程度的不同而选用不同的木材。各部位的木材均经过科学鉴定①。

龙骨，采用马尾松，取其纹理直、结构粗壮，也耐腐。其材在我国分布很广，福建数量最多，从古到今都是我国南方造船用材。

舷侧板、船底板、舱壁板等，主要采用杉木，取其纹理直、疖节少、材质轻。杉木分布于浙江、安徽、福建、江西、湖南、湖北、四川、贵州、云南、广西、广东各省，一向是我国的优良造船材料。

肋骨、首柱、舵承座、桅座、舱壁最下一列板，临龙骨的第1、第2列壳板以及绞车轴等，均采用樟木，取其结构细致、坚实和耐腐蚀的特点。樟木分布于福建、台湾、江西、浙江等许多省份，而以福建、台湾为最多，历来是我国南方重要的造船材料之一。

泉州船在我国的重要地位，也在于它能就地取材。

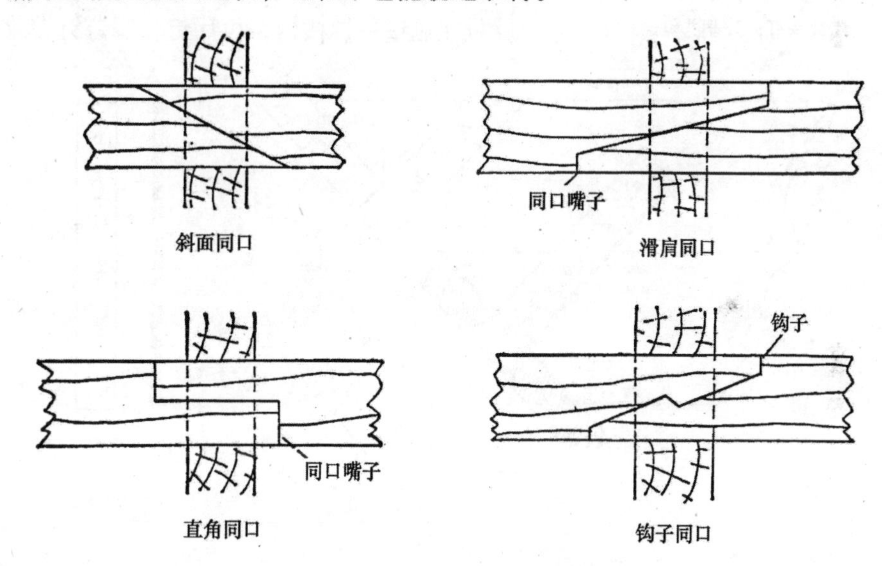

图 5-33　板列纵向连接的几种方式

3. 壳板的钉连技术

壳板横向的连接缝系平接与搭接混合使用。纵向则采用“斜面同口”、“滑肩同口”和“直角同口”等方法，“钩子同口”在泉船尚未发现（图 5-33）。“不论是横接或纵接都予以子母榫榫合，并塞以麻丝、桐油灰捻料，还加上铁钉”②。铁钉的断面形状有方、圆、扁、棱形等多样并有不同的钉帽，但多已严重锈蚀，钉的名称多因地而异，如图 5-34 所示。据日本学者桑原考证，唐时大食（波斯）船舶“不用钉，以椰子树皮制绳缝合船板，其隙则以脂膏及他尔油涂之，如此而已”。桑原还特别提及，“唐末刘恂居广州，其所著《岭表录异》在‘大食

① 陈振端，泉州湾出土宋代海船木材鉴定，海交史研究，1982，(4)：52。

② 福建省泉州海外交通史博物馆编，泉州湾宋代海船发掘与研究，海洋出版社，1987 年，第 19 页。

船与中国船之比较'条中说：'贾人船不用钉，只使桄榔须系缚，以橄榄糖泥之'"[①]。然而在中国，用钉钉连船板的技术可上溯到战国时代，战国时代用铁箍拼连船板的技术，当是锔钉（蚂蟥钉）的祖式。在泉州古船出土之前已发现有多艘唐、宋时期的船舶采用钉连船板技术。1962年杨櫆教授就得出结论："宋时造船无疑已广泛采用铁钉来钉连船板。"[②]

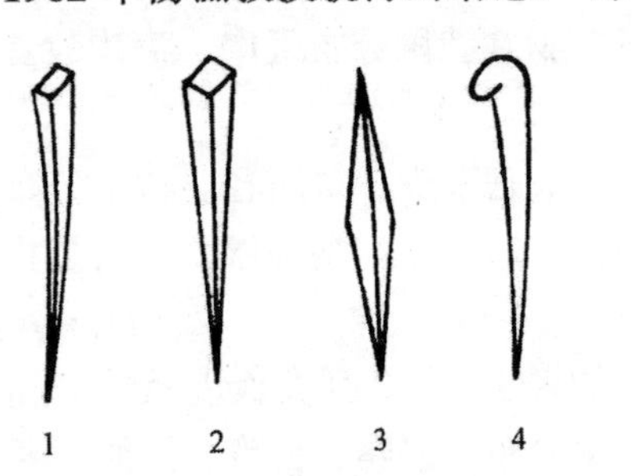

图5-34　船用钉
1. 锹钉（铲钉）；2. 方钉；3. 枣核钉；4. 爬头钉；5. 扁头钉

在中国，钉连船板技术中最为重要的，也最具有技术先进性的，是使用挂锔或称为锔钉，这在泉州古船也有发现。锔钉长约500、宽50、厚6毫米，一端摺成直角，用以钩住外板并钉在舱壁上，为此锔钉上有4个小方孔。"铁钩钉（即锔钉）的残迹，仅第八舱就残留14处之多"[③]。

如图5-35所示，挂锔的根本作用，在于将外板拉紧并钉连在舱壁上。作法是先在舱壁上预先开锔槽，在外板上开孔缝，把锔（钉）由外向内打进并就位在舱壁的锔槽内，再用钉将锔钉钉在舱壁上。

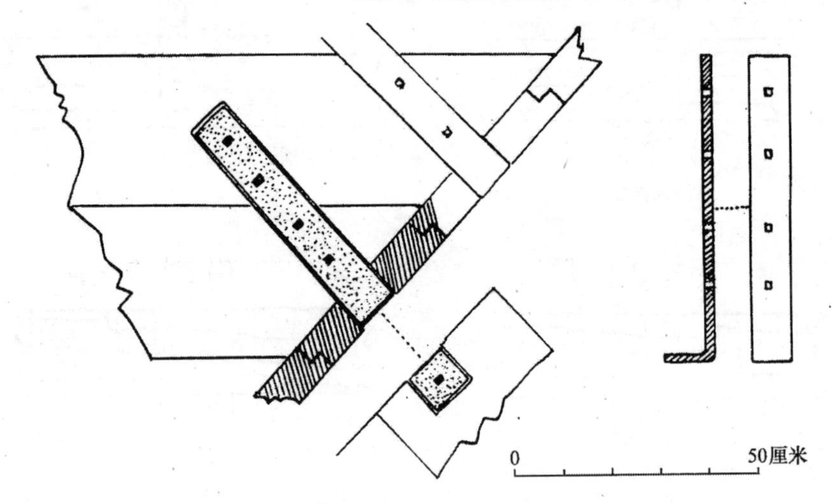

图5-35　泉州宋船所用挂锔（锔钉）及其钉法

在应用挂锔或锔钉之前，是应用木钩钉将外板紧紧地钉在舱壁上。所谓木钩钉，实际上就是木质舌形榫头。此种结构在离泉州湾古船不远处的泉州法石乡南宋古船上就曾发现。

1982年在福建泉州市法石乡试掘到一艘南宋古船（图5-36）[④]。"隔舱板和底（部外）板除用方钉钉合外，还用木钩钉（舌形榫头）加固。""现存的木钩钉（舌形榫头）中，仅有2根完整的。长约75厘米，钉头横剖面呈6厘米×6厘米的方形，钉尖横剖面则呈2厘米×3厘米的矩形。"

---

① 唐·刘恂，《岭表录异》卷上。

② 杨櫆，中国造船发展简史，中国造船工程学会1962年年会论文集（第二分册），1962年。国防工业出版社，1964年，第13页。

③ 徐英范，挂锔连接工艺及其起源考，船史研究，1985，(1)：66。

④ 中国科学院自然科学史研究所等联合试掘组，泉州法石古船试掘简报和初步探讨，自然科学史研究，1983，(3)：164～172。

木钩钉（舌形榫头）的安装方法是：“先在底部外板贴近舱壁板前侧交界处凿通一个6厘米×6厘米的方孔，然后将木钩钉（木质舌形榫头）由底板外侧垂直打进方孔，使它的内侧面紧挨舱壁板的前侧面，再用铁钉把它与隔舱板钉合。”①

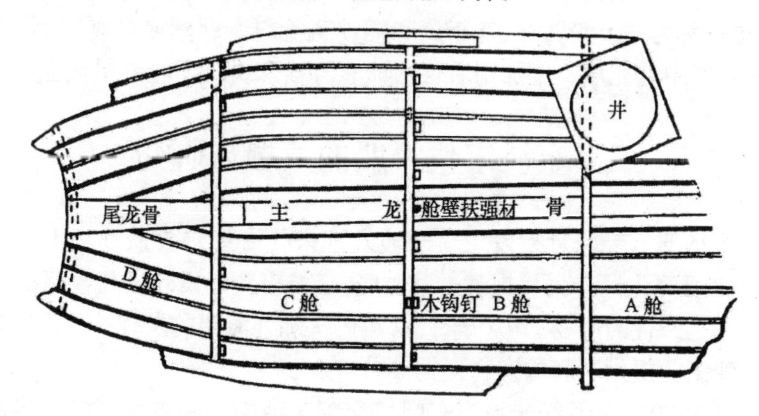

图5-36　法石宋代古船及其木钩钉的分布
（注：舱壁板前一系列小方形即木钩钉——舌形榫头）

显然，“因为铁器较之木器使用在后，技术上铁锔更为先进，所以可初步得出结论：铁（挂）锔是对木钩钉（舌形榫头）的模仿、改进和发展”②。

1978年在上海市嘉定县封浜乡也曾出土一艘南宋时期的木船，在该船舱壁与底部外壳板的结合处，也发现有宽背铁钩钉（挂锔）紧紧钩住外壳板并钉在舱壁上，如图5-37所示③。由之可见，这种较为先进的挂锔（铁钩钉）技术，在宋代已是成熟的实用技术。

图5-37　封浜宋船在舱壁与壳板结合处的宽背钩钉

4．水密捻缝技术

泉州船在各种构件间广泛采用子母榫榫合、铁钉钉连和挂锔技术，此外更采用以麻丝、桐油灰捻缝，以保证水密并使铁钉减缓锈蚀的技术。此种成熟的技术一直沿用到现在。关于捻料，在泉州发现的有两类：一类捻料的构成为麻丝、桐油、石灰（应为贝壳灰）；一类捻料的构成为桐油、石灰。前者适用于填塞板缝及较大的缺损部位，后者适用于表面填补和封闭④。

---

① 中国科学院自然科学史研究所等联合试掘组，泉州法石古船试掘简报和初步探讨，自然科学史研究，1983，(3)：167。

② 徐英范，挂锔连接工艺及其起源考，船史研究，1985，(1)：69。

③ 倪文俊，嘉定封浜宋船发掘简报，文物，1979，(12)：32。

④ 李国清，对泉州湾出土海船上捻料使用情况的考察，船史研究，1986，(2)：32～33。

桐油是我国特产，其化学成分是桐油酸甘油脂，易起氧化、聚合反应，形成的漆膜坚韧耐水。石灰本身有很强的粘接性，将石灰和桐油调合，能促进桐油的聚合而干结，并能生成桐油酸钙，有很好的隔水填充作用。贝壳灰的碳酸钙含量可达 90%以上，经高温焙烧的俗称“蛎灰”，历史上称为“上粉”，最适于调和桐油灰捻料。麻丝或麻制旧品（如旧渔网等）经人工复捣，在捻料中有充填、增加附着性、防止开裂和提高团块的机械强度等重大作用。

三 宁波宋代海船的发掘与研究

1979 年 11 月 26 日，新华社播发了“宁波发现宋代海运码头遗址和古船”的消息。接着，1980 年 1 月 3 日《人民日报》报道：“浙江省宁波市新近发现古代海运码头遗址和一艘古船。据考证，这是宋代的遗物。……宋代海运码头和外海船的发现，为研究古代宁波的对外交通贸易和造船工业提供了新的实物证据。”[①]

宁波古船是在 1979 年 4 月于宁波市东门口交邮工地施工中被发现的。尾部自第 8 号肋位起因施工而遭到严重破坏。好在自首至尾的第 1 号到第 7 号肋位的船体底部均得以发掘并有实测图可作为复原的依据[②]。宁波古船压在宋代层之下，“在船的底部出土有‘乾德(963～968)元宝’一枚。出土瓷器也是五代至北宋时期的产品，因之据认为船舶是属于北宋时期所建造的。”

（一）宁波宋船的船型概况

依据《发掘报告》提供的实测图，将各肋位横剖面线向上自然延伸，试取 1.5 米、1.75 米、2.0 米 3 种吃水，得到相应的型宽和各种尺度，经过论证，宁波古船的复原尺度为[③]：

水线长	13.00 米	总　长	15.50 米
型　宽	4.80 米	甲板宽	5.00 米
吃　水	1.75 米	型　深	2.40 米
排水量	53.00 吨		

宁波古船的这一组尺度，与宁波、温州的著名船型“绿眉毛”[④] 相比，除长宽比较小之外，其他尺度比皆属正常（表 5-2）。

表 5-2 宁波古船与浙江“绿眉毛”船的比较表

船　型	L_{WL}	B	D	T	L/B	B/T	B/D	D/T
宁波绿眉毛	15.6	3.38	2.26	1.45	4.64	2.34	1.47	1.56
温州绿眉毛	17.4	5.12	2.46	1.62	3.40	3.16	2.17	1.52
宁波古船	13.0	4.80	2.40	1.75	2.71	2.74	2.00	1.37

① 宁波发现宋代海运码头遗址和古船，人民日报，1980-1-3。

② 林士民，宁波东门口码头遗址发掘报告，浙江省文物考古所学刊，文物出版社，1981 年，第 105～129 页。

③ 席龙飞、何国卫，对宁波古船的研究，武汉水运工程学院学报，1981，(2)，23～32。

④ 浙江省交通厅，浙江省木帆船船型普查资料汇编，1960。

根据已有的实测图，我们绘出了经复原的宁波宋船船体型线图草图。《发掘报告》正确地指出："这是一艘尖头、尖底、方尾的三桅外海船。"

（二）宁波宋船的结构特点

古船的龙骨剖面为260毫米×180毫米，其接头选在首尾弯矩较小的部位。龙骨接头采用"直角同口"连接，并选在舱壁或肋骨所在位置（图5-38）。

图5-38　宁波宋船的龙骨采用直角同口连接（宁波文管会提供）

龙骨用松木，首柱用杉木。首柱与龙骨交接处选在第1号舱壁之下，此舱壁之前设有头桅座，在这狭小的空间填以麻丝与桐油灰以确保水密。

在第5号肋位设有水密舱壁，舱壁之前设主桅座（图5-39）：长105厘米，宽25厘米，厚18厘米。中间开有2个150毫米×80毫米×50毫米的桅夹柱孔，孔距150毫米。前桅座与主桅座制作讲究。

在主桅座紧临的第5号舱壁的后面，有一根1米多长的舱壁"扶强材"，从龙骨的下面榫入，一直穿透龙骨并紧贴在第5舱壁的后面，用钉与舱壁钉牢。此"扶强材"的构造形式，与前述法石宋船的"木钩钉"的作用基本一致："限制构件之间的相互移动，保证舱壁板的定位；把舱壁板和外板紧密地连接起来，保证船体的强度和刚度；用于加强舱壁列板之间的连接，起舱壁扶强材的作用。"[①]

宁波宋船在结构上的一个特点是：全部用樟木制成"抱梁肋骨"，制作规整，宽度一般在底部为160～250毫米，越向上越窄。其厚度仅70～100毫米。在此处如若加舱壁，则舱

① 徐英范，挂锔连接工艺及其起源考，船史研究，1985，(1)：68。

图 5-39　宁波宋船的主桅座（宁波文管会提供）

壁加在此“抱梁肋骨”之上（图 5-40）。它是船体横向结构的主要部分，由于是用樟木制成的，所以保存都较完好。在底部，即与龙骨交接处，每档都有一个流水孔。

船壳板多用杉木制作，也有松、樟木的。壳板最宽达 420、最窄的 210、厚 60～80 毫米。壳板的纵向接头采用“滑肩同口”连接（见图 5-33），接头的长度达 1.55 米以上。壳板横向边接缝以子母口榫合的方法，子母口高度为 20～40 毫米。壳板缝均用桐油、石灰、麻丝捣成的捻料加以填充。

（三）宁波宋船装上了减摇龙骨

宁波宋船的出土有一项惊人的发现，那就是该船竟装有现代海洋船舶经常装设的减摇龙骨。减摇龙骨由半圆木构成，最大宽度 90 毫米，贴近船壳板处的厚度为 140 毫米，残长达 7.10 米，用两排间隔 400～500 毫米的参钉固定在第 7 和第 8 列壳板的边接缝上。

如图 5-41 所示，此半圆木远在舷边之下，它绝不是通常的护舷木，从部位和断面尺寸看，也不是对纵总强度有重要作用的大橇。由图 5-41 可以看出，此半圆木正处在船的舭部，即使船舶在空载时它也不会露出水面。当船舶在风浪里作横摇运动时，它会增加阻尼力矩从而能起到减缓摇摆的作用，它正是现代船舶中经常运用的舭龙骨，即减摇龙骨①。

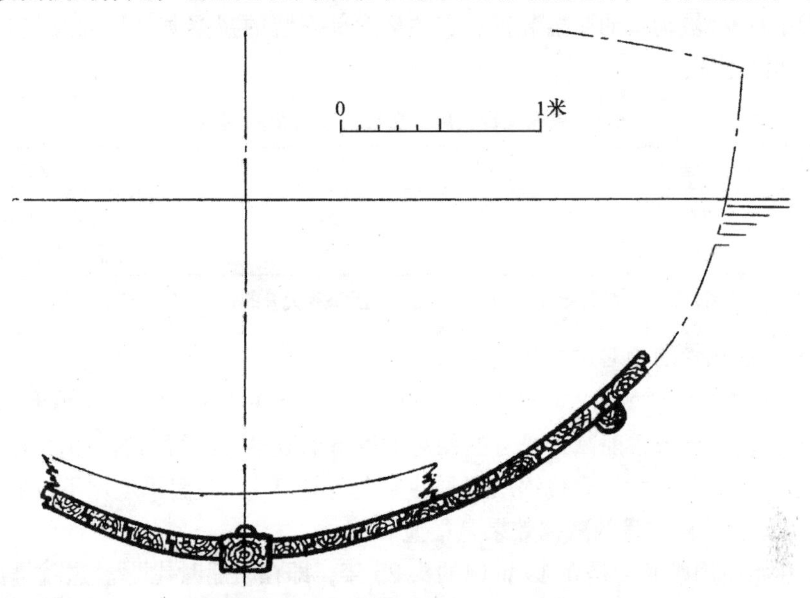

图 5-40　宁波宋船第 6 号肋位的实测图

图 5-41　宁波宋船的减摇龙骨（宁波文管会提供）

① 席龙飞、何国卫，对宁波古船的研究．武汉水运工程学院学报，1981，(2)：29。

减摇龙骨通常是顺着流线安装在船体舭部的长板条，它是靠船舶横摇时的流体动力作用产生稳定力矩的一种被动式的减摇装置。在两舷舭部安装的减摇龙骨尺寸及其总面积 A_b 通常有表 5-3 的相对值[①]。

表 5-3 减摇龙骨长度、宽度、总面积的相对值*

l/L	b/B	A_b/LB	$0.5A_b/LT$	参考文献
0.25～0.75	3%～5%	2%～4%	—	《船舶摇摆》
0.25～0.75	2%～5%	—	2%～4%	《船舶摇摆与操纵》

* 表中 L、B、T 分别为船长、船宽及吃水；l、b、A_b 分别为减摇龙骨的长度、宽度及总面积。

宁波古船减摇龙骨的相对尺寸分别为：

$$l/L=0.57;\ b/B=1.88\%;\ A_b/LB=2.16;\ 0.5A_b/LT=2.96\%。$$

两者相比较，除宁波古船减摇龙骨的相对宽度 b/B 比表 5-3 所列的数值稍小之外，其余几项，大致相符。据此尺寸按现代钢质扁平的舭龙骨计算[②]，摇摆幅度比不设此舭龙骨可减小 25.0%。可见，减摇龙骨的减摇效果是很显著的。

国外，“开始使用舭龙骨是在 19 世纪的头 25 年，即在帆船时代”[③]。这就是说在 1800～1825年间。“宁波出土的宋代海船说明，我国至晚在北宋（960～1127）末年，就实际应用了减摇龙骨，它比国外大约要早七百年”[④]。

经查阅，中国关于减摇龙骨这一技术也有文字记载和图形资料。清代道光六年（1826）刊印的《江苏海运全案》中有“沙船底图”，图 5-42 中的梗水木[⑤] 即减摇龙骨。

梗水木是设在船舶底部开始向舷部转弯部位（即舭部）的两条木板（图 5-42），当船舶在风浪作用下横摇时，因梗水木有阻水的作用，从而产生阻尼力矩以减轻摇摆。用梗水木一词既确切又形象。这幅图画得逼真，不失为我国古典图籍中之少有佳品。

讲到梗水木的《江苏海运全案》成书较晚。在北宋之前还有记叙船舶在风浪中具有较好适航性与耐波性的文献，即唐代李筌所撰《太白阴经》。李筌在书中讲到海鹘船：“头低尾高，前大后小，如鹘之状，舷下左右置浮板，形如鹘翅，其船虽风浪涨天，无有倾侧。”[⑥] 海鹘船之所以能在风浪海中有较好的卸浪性能，在于“舷下左右置浮板，形如鹘翅”。这“梗水木”或“减摇龙骨”，是否就是李筌书中的“浮板”？如果从御浪机理来说，这梗水木确有改善耐波性的作用，当可自圆其说。但对浮板的“浮”字应作何理解？也是值得进一步探讨的问题。

我们还注意到，清代陈元龙的《格致镜原》引《事物绀珠》关于海鹘船的这样一段记载：“海鹘船头低尾高，前大后小，左右置浮板，如翅。”同书同卷又引《海物异名记》，有“越人水战有舟名海鹘，急流浴浪不溺”[⑦] 的记载。可见各文献对海鹘船良好的抗风浪性能

① ［苏］勃拉哥维新斯基著、魏东升等译，船舶摇摆，高等教育出版社，1959 年，第 422 页；冯铁城，船舶摇摆与操纵，国防工业出版社，1980 年，第 114～115 页。

② 中华人民共和国船舶检验局，海船稳性规范，人民交通出版社，1981 年，第 9 页。

③ ［苏］勃拉哥维新斯基著、魏东升等译，船舶摇摆，高等教育出版社，1959 年，第 420 页。

④ 席龙飞、何国卫，中国古船的减摇龙骨，自然科学史研究，1981，(4)：369。

⑤ 清·贺长龄，《江苏海运全案》第 12 卷。

⑥ 唐·李筌，《太白阴经·战具》。

⑦ 清·陈元龙，《格致镜原》，卷 29。

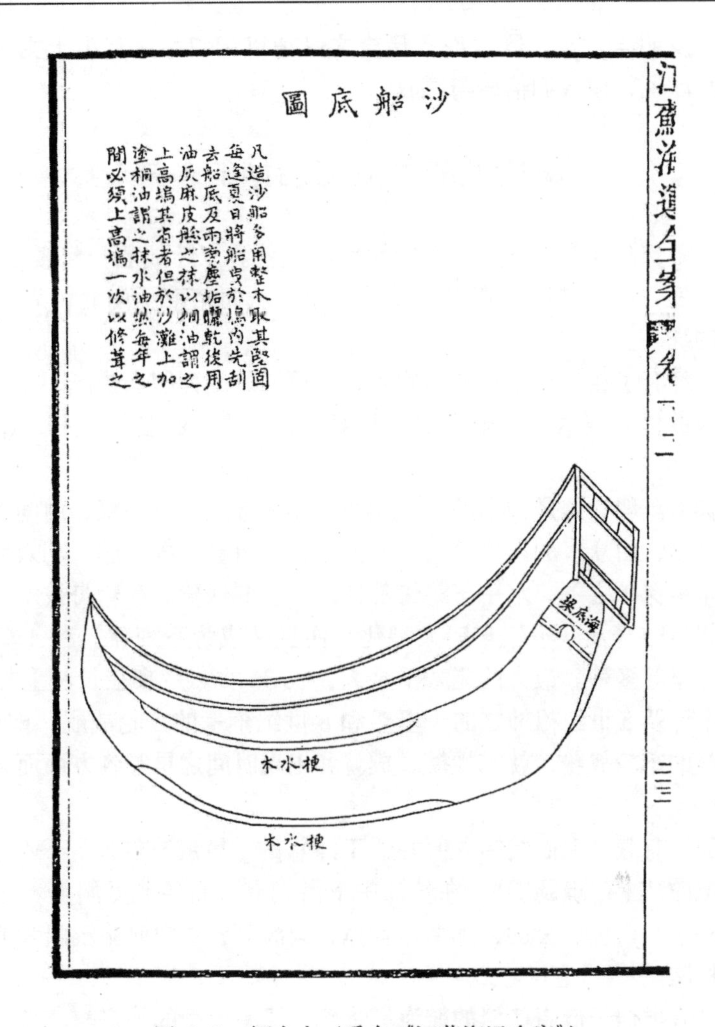

图 5-42　梗水木（采自《江苏海运全案》）

都是肯定的，同时也说明浙江地区所建造的海船有很好的航海性能。

越人所建造的海船具有良好航海性能并有相当的自信，这在文献上也有记载。宋代："孝宗隆兴二年（1164 年）五月二日，淮东宣谕使（张浚）言：去年三月都督府下明、温各造平底海船十艘，因明州（今宁波）言平底船不可入海，已获旨准。"①

宁波宋船实际应用了减摇龙骨这一技术，对改善船舶航海性能、保证航海安全，起了重要作用。"由于这一技术具有简单、经济的重要特点和优点，迄今仍在继续发挥重要作用。这是我们祖先对世界航海事业的重大贡献之一"②。

第七节　传统造船技术的发展与成熟

在隋、唐、宋三代大约 700 年的期间里，造船技术有许多新的发展与成就，有些是对世

① 清·徐松等，《宋会要辑稿·食货》。

② 席龙飞、何国卫，中国古船的减摇龙骨，自然科学史研究，1981，(4)：371。

界造船技术的重大发明与贡献。既有许多历史文献加以记叙，又有出土文物提供了实物证据，有的两者互相印证，使人们信服与感叹。

一　新船型的发展与船型的多样化

承继前代的基础，隋代在战舰上有新的发展与成就。五牙战船，起楼五层，高百余尺，从长江上游奉节出发，所向披靡，直捣今日的南京，从而结束了南北朝划江而治的分裂局面，实现了全国的统一。

到了唐代，已经有了相当于今日的由旗舰、装甲舰、战列舰、快艇、侦察艇及全天候战舰等六型战舰组成的混合舰队。这全天候战舰即当时的“海鹘船”，“任风浪涨天，船无有倾侧”。

车轮舟，或称为车船，这是中国的一项发明。作为推进工具的桨，由间歇的往复运动而变成连续的旋转运动，由众多的人力踏之，成为一种半机械化的船舶，功效得以提高，航速得以加快。在护车板保护之下，水手与桨轮都得以妥善的保护。车轮舟技术，在唐代有所发展，到宋代得到相当的普及，不仅车船大型化，而且又成为系列化。有 4 车、6 车、8 车、20 车、24 车和 32 车等多种。最大的能载千余人，长 36 丈。后来在长江上抗击金兵发挥了重大作用。姑且不计及 5 世纪祖冲之的千里船和 8 世纪李皋的二轮战舰，即使 12 世纪杨么起义军的非常有效的车轮战船，就其规模、成就和出现时间之早等各方面而论，都堪称为世界之最。

在内河船方面，有载量大而装卸方便并适于汴水的“歇艎支江船”，又有适于驶向黄河三门峡段险要航道的“上门填阙船”。在长江中下游则有万石船或万斛船。龙舟、翔螭舟以及滏彩、朱鸟、苍螭、白虎、玄武、飞羽、青凫、凌波等各式内河旅游船和船队，更可视之为中国舟船的大检阅。

在海船方面，有类似于遣唐使船的航海客货船，又有大型的神舟与客舟。中国这些制作精良、装饰华焕的船舶；“锦帆鹢首，浮动波上，巍如山岳，屈服蛟螭”。到了外国将会出现“倾国耸观，而欢呼嘉叹”的轰动场面。泉州湾出土的宋代海船，就是这类航海货船的典型代表。

二　船舶航海性能的改善与提高

船舶作为水上航行的建筑物，保证浮性使船舶具有很可靠的水密性是第一要务。自唐以来就应用桐油、石灰、麻丝的混合物作为捻料以保证良好的水密性和浮性。

船舶航行中受碰撞、被搁浅、遭波浪袭击是不可避免的。“如船身触礁或触饿鲸而海水透入之事，其事常见”。由于中国在世界上首先创造了水密隔舱壁这一“用在防海险”的技术，使船舶具有“不沉性”或“抗沉性”。

船舶受风浪作用或受碰撞而翻沉的事件是时有发生的。中国不仅早已知道“短而广，安不倾危者也”这个船舶主尺度对稳定性至关重要的基本道理，到了唐代则更懂得在船底加固定压载物以降低重心，确保船的安全。这就是所谓“压重庶不欹倒也”。

更为难能可贵的是，“任风浪涨天，船无有倾侧”，这就是船舶的耐波性；“上平如衡，下侧如刃，贵其可以波浪而行也”，这可以说是船舶的快速性。要船舶达到如此优越的性能，一要在船型方面努力改进，有的还要加装相当的设备。总之是要保证船的适航性。在宁波古船上发现的减摇龙骨，就是改善耐波性的重要手段和措施。这已经为在19世纪末的船舶模型试验和实船航行实验所证实。然而，值得我们骄傲和自豪的是，早在1826年的文献证实，我们早已经应用了“梗水木”这一减摇设备；在北宋年间的宁波海船上，我们发现了减摇龙骨；在唐代的海鹘船，除了船型上的措施之外，就是“舷下左右置浮板”。将此“浮板”理解成“梗水木”，就减摇和改善耐波性的机理来说，是顺理成章的。如果与国外使用舭龙骨的年代相比较，则中国要提早了近千年。还有，“又于舟腹两旁，缚大竹为橐，以拒浪”。“若风涛紧急，则加游碇”[①]。这些都是改善耐波性的有效技术措施。

从南宋末年建造和使用的泉州宋代海船的复原后的型线图可以看出：“横剖线呈V形，斜剖线很平缓，水流除满载水线附近是沿水线流动之外，主要是沿斜剖线流动。据计算，该船的方形系数C_B为0.43，中剖面系数C_M为0.67，均较现代货船小得多。这一点可弥补长宽比过小对快速性带来的不利影响，同时，平缓的斜剖线可使弯曲外板的加工工艺得到改善。V形的横剖面有利于改善船的耐波性。尖底和深吃水相配合可有较好的适航性，受到横向风吹袭时，抗横飘能力也较强。由此可见，泉州湾宋代海船的船型设计是综合考虑了稳性、快速性、耐波性和加工工艺等多种要求的。从现代船舶设计理论的角度来评论，也是值得称道的。”[②]

三　船舶在结构上的特点和优点

对于内河船舶因吃水浅多设计成平底，从扬州施桥出土的唐代内河船、天津静海县出土的宋代内河船以及《清明上河图》表现的内河船看，都不设剖面很大的龙骨，但都设计成较强的封闭的横向框架，以增加横向强度，这对经常会遭受与码头、桥梁以及与其他船舶相碰撞的内河船来说，是科学而合理的。对于航海船舶，如在宁波宋船、泉州宋船所看到的，都有断面很大的龙骨。与之对应的船舶顶部则设置有“大欓”，相当于现代船舶的加厚的舷侧顶列板。底部的龙骨与顶部的“大欓”，因距船舶中剖面的中和轴较远而能显著增大船舶的剖面模数，从而可使船体强度得到提高。这是中国船舶的传统优点。某些外国学者以中国内河船结构为特例，认定中国木船没有龙骨，没有纵向构件，这实在是一种误解，或者是以偏概全。

船舶外板的联拼，横向的边接缝有鱼鳞式搭接和对接之不同。对接者有平接和子母口榫接。对小型船用单层板，对大型船有用二重三重板的实例。外板的纵向接缝有直角同口、斜面同口、滑肩同口等多种常用的形式。迄今尚未见到唐宋船舶有用“钩子同口”的，但在随后的元代船舶中就常会见到“钩子同口”技术，这说明结构形式也是日新月异的。

中国船舶设有许多道水密舱壁，除了前已述及的对抗沉性有利之外，更对强度有重大作用。水密舱壁是中国对世界造船技术的重大贡献之一。设横舱壁的传统，似乎可上溯到殷商的甲骨文时代。到了晋代则有卢循的八槽舰，到了唐代则出土有具有横向水密舱壁的实船作

① 宋·徐兢，《宣和奉使高丽图经》。

② 席龙飞、何国卫，对泉州湾出土的宋代海船及其复原尺度的探讨，中国造船，1979，(2)：111。

为实物证据。

泉州宋船的横舱壁，在底部和两舷均有肋骨予以环围，顺理成章可以相信在甲板下应有横梁与周边的肋骨构成封闭的框架。这既有利于水密，又能有效地使舱壁不至于移位。"值得注意的是，船中以前的肋骨都装在舱壁之后，船中以后的肋骨又都装在舱壁之前。如果再看看近代铆接钢船的水密舱壁及其周边角钢，对比之后可以发现，从功用到部位，古船与近代铆接钢船两者都非常一致。可以肯定地说：近代铆接钢船的周边角钢，完全是由古船的结构形式演变而来的。古船的这种极其成熟的设计。使今人也为之称赞不已"①。

四　在施工工艺方面的成就

除船体结构设计合理之外，选材也考究而适当。例如在底部经常有积水而易腐蚀的部位常选用樟木或杉木，对强度要求高的构件也时而采用樟木等，对于一般的构件则常用并不昂贵的松木。

中国船舶早在公元前310年的战国时代，就知道应用铁箍联拼船板。到了汉代就开始应用铁钉，这见于西汉长沙木船模型上有模拟的钉孔。到了唐代已将铁钉钉连船板的技术广泛应用于造船。这对保证强度和水密性都是非常重要的。应用桐油、石灰加麻丝的捻缝技术，更是中国所首创。

为了将外板与舱壁紧密地连接起来，开始用木钩钉或称为舌形榫头，后来则应用钩钉挂锔，工艺既简单且更增加了连接强度。

在论述唐宋时期的造船工艺时，特别应提到金朝正隆年间（1156～1160）张中彦创造的模型造船的技术。"舟之始制，匠者未得其法，中彦手制小舟才数寸许，不假胶漆而首尾自相钩带，谓之'鼓子卯'，诸匠无不骇服"② 张中彦采用的是船模放样的造船技术，与现代造船中的放样原理基本一致。宋代处州知州张觷，"尝欲造大舟，幕僚不能计其直，觷教以造一小舟，量其尺寸，而十倍算之"③。这也是放样原理的实际应用。

船渠修船法，也是宋代在修船实践中的创造。在熙宁（1068～1077）年间，为修理金明池中的大龙舟的水下部分，宫官黄怀信献计，据龙舟的长宽尺度，先在金明池北岸挖一个大渠，渠内竖立木桩，上架横梁，然后将金明池与渠间凿通，水则入渠，然后引龙舟入渠就于木梁之上。再堵塞通道，车出渠内之水，龙舟便坐在横梁之上，即可施工修整船底。完工后再如前法放水入渠浮船④。

宋太宗年间（976～997），因新造舟船常有被湍悍河流漂失之虞，张平创造了渠池泊船法，"穿池引水，系舟其中"⑤，即可免去守舟之役。

在宋代还创造和实际应用了舟船滑道下水的技术。"浮梁巨舰毕功，将发旁郡民曳之就水。（张）中彦召役夫数十人，治地势顺下倾泻于河，取秫稭密布于地，复以大木限其旁，

① 章巽，中国航海科技史，海洋出版社，1991年，第75页。
② 元·脱脱等，《金史·张中彦传》。
③ 元·脱脱等，《宋史·张觷传》。
④ 宋·沈括，《梦溪笔谈》。
⑤ 元·脱脱等，《宋史·张平传》。

凌晨督众乘霜滑曳之，殊不劳力而致诸水"①。应当说，这是近代船舶纵向下水的早期形式。文中所说"秫秸'即北方或黄河流域的高梁秸，新秫秸水分充足，抗压力强，摩擦系数较小。故"乘霜滑曳"时有"殊不劳力"之效。张中彦所用"乘霜滑曳"之法，必是多次实践中取得的成功经验。时至今日，在我国长江及内河一些小型船厂中，仍方便地应用润滑性良好的稀泥布于地，曳船下水，其理与张中彦同。

五　船舶设备、属具的创造与进步

风帆，作为推进工具，在宋代又有所改进。"大樯高十丈，头樯高八丈。风正则张布帆五十幅，稍偏则用利篷。左右翼张，以便风势。大樯之颠，更加小帆十幅，谓之野孤帆，风息则用之。然风有八面，唯当头不可行"②。"利篷"即用竹篾等编织的硬帆。这里说的是硬帆与（软）布帆同时使用，硬帆之上又加野孤帆，也是风正时用之，以增加船速。宋代的帆装考究而记述也较为详尽。这当是出使高丽的副使徐兢的亲历，言之确凿。

船舶有行有止，要止则须下碇。虽说东汉的陶船模型在船首曾悬有一只有锚爪和横杆的木石结合碇，但是，1975 年 4 月间在泉州法石乡晋江滩地出土一件宋元碇石（图 5-43）③，还是使人兴奋。"这碇石长 232 厘米，中段宽 29 厘米，厚 17 厘米，两侧对称地凿有 29 厘米×16 厘米×1 厘米的凹槽，用坚硬的花岗岩制成"，现保存在泉州海外交通史博物馆。经研究和鉴定认为这是宋元碇石。该碇石加工细致，如图 5-43 所示。

如果按北宋徐兢所撰的"石两旁夹以二木钩"的记叙，就能复原相当先进的宋代木石结合碇。当将石碇垂到海底时，如果任一木钩均未抓入海底泥土，则石碇必有一端支撑在海底并成为不稳定态势，只要碇索稍有摆动，则碇将翻转并必使一只木钩将抓入海底泥，碇石将有助于木钩抓泥并使碇的抓力增加数倍。

舵，是控制航向并保证船舶操纵灵活性的重要属具。自汉代起已广泛应用舵以来，舵与风帆相配合，使船舶的航线大为扩展。到了唐宋时期，舵的技术已成熟。出现了在舵杆之前也有部分舵叶面积的平衡舵，使转舵省力、快捷，可保证操纵船舶航向的灵活性。

"船舶操纵性是船舶重要的航行性能之一"④。舵，则是保证操纵性的重要属具。1955 年出土的广州东汉陶船模型，带有拖舵，汉代的著作《释名·释船》也写到柁（舵）。证明舵是中国的一项发明，并且为全世界所公认。1999 年在隋唐大运河发现一批唐船，其中一号船应用的仍是拖舵，证明了拖舵的有效性⑤。所以，在隋代五牙舰的复原中采用了拖舵。唐代开元年间郑虔所绘山水画中出现了垂直轴线舵，从而可以确认，到了唐代舵杆已演变成垂直式⑥。到了宋代则出现了平衡舵。

《清明上河图》中的船舵、天津静海县宋代内河船的舵，都是中国在北宋时期已出现平

---

① 元·脱脱等，《金史·张中彦传》。

② 宋·徐兢，《宣和奉使高丽图经》卷 34。

③ 陈鹏、杨钦章，泉州法石发现宋元碇石，自然科学史研究（2），1983。

④ 冯恩德、席龙飞，船舶设计原理，大连海运学院出版社，1990 年，第 119 页。

⑤ 阙绪杭、龚昌奇、席龙飞，柳孜运河一批唐代沉船的发掘与研究，见《淮北柳孜运河遗址发掘报告》，科学出版社，2002 年，第 144～161 页。

⑥ 金秋鹏，中国古代的造船与航海，中国青年出版社，1985 年，第 49 页。

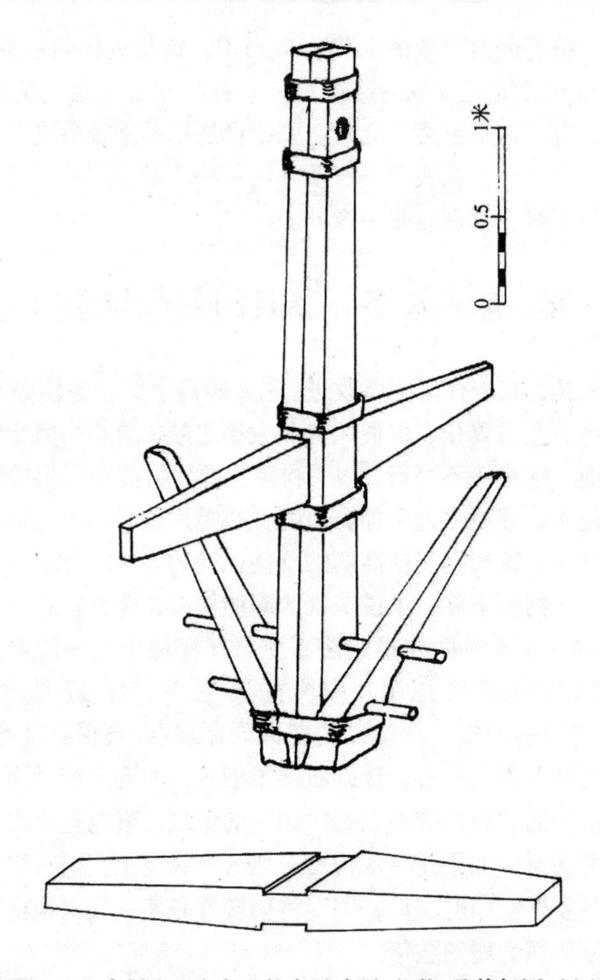

图 5-43　泉州法石乡发现的宋元碇石（下）及其复原（上）

衡舵的实物证据。此外，其时的舵可以升降。深水时将舵降下，既可提高舵效，也可提高抗横向漂移的能力。浅水时将舵提起使舵得到保护。《清明上河图》中舵的升降索和绞车是实物证据，泉州宋船和宁波来船的舵杆承座都是舵可以升降的实物证据。

当中国在北宋时期（1125 年以前）已经广泛使用平衡舵的时候，在外国尚不知使用舵。中国发明的舵现在已在全世界广泛应用，用的最多的正是平衡舵，有时是半平衡舵。

“舵也是我国古代劳动人民对世界造船技术的重要贡献”①。

唐宋两代，尤其到了宋代，中国的造船能力获得大发展，造船技术臻于成熟，推动了中国乃至全世界航海事业的发展。经过元代较短的一段时间的承前启后，转折演变，中国古代造船技术，便推进到元、明两代的鼎盛时期。

---

① 席龙飞，船舶概论，人民交通出版社，1991 年，第 150 页。

第六章　古代造船技术鼎盛时期的船舶

元代经过40多年的战争于至元十六年（1279）消灭宋代而取得全国政权。骑兵骁勇的蒙古贵族统治者，在夺取全国政权的战争中，就建立起自己的水师。元世祖时还曾多次用兵于邻国。元朝的国祚虽不长，但却是“当时世界上最强大最富庶的国家，它的声誉远及欧亚非三洲”。“由于中外交通的频繁，中国人发明的罗盘、火药、印刷术经过阿拉伯传入欧洲”[①]，中国所造的巨大海船已闻名于世[②]。在不断的农民大起义中，在至正二十八年（1368）朱元璋建立了明朝，改元洪武。“明初的官营手工业如冶铁、铸铜、造船、制瓷、织染、军器火药的制作以及特种手工艺如土木建筑，在质量上已超过了前代的水平。”[③]“明朝的中国是当时亚洲的一个强大的国家，它在政治经济文化各方面对亚洲各国都有较深远的影响。明朝政府在永乐、宣德时曾经派遣大批使臣出使亚、非各地，……从永乐三年（1405）到宣德八年（1433）之间，中国杰出的航海家郑和曾率领船队七次下‘西洋’，前后经历了亚、非三十多个国家。这是一件闻名中外的大事”[④]。

元明两代共经历了366年。元代和明代前期，把中国古代传统的造船技术推进到一个鼎盛时期。其表现是造船能力强大，以郑和宝船为代表的船型巨大、设备完善，航海组织严密有序。在明代还出现了《南船记》、《龙江船厂志》、《漕船志》、《筹海图编》、《武备志》等一系列有关造船的著作。明代著名的科技著作《天工开物》中第九卷有舟车一节，将船舶分为漕舫、海舟、杂舟三类加以论述，兼及舵与帆的使用原理。在锻造一节则对大型铁锚的锻造工艺尤有精辟的论述。在《武备志》中对各类舰船有图有论，在240卷的最后一卷总名“航海”，实为“自宝船厂开船从龙江关出水直抵外国诸番图”，后人统称为《郑和航海图》。该图是“不再依附于航路说明，而是能独立指导航海的地图”[⑤]。

本章将对中国造船技术达到鼎盛时期的元明两代的船舶及其技术分别加以论述。

第一节　元代的水师、海运与舰船

一　元代的水师

蒙古军在消灭金军之后，与宋军相峙并频繁交战。宋军常以水军控扼江淮、江汉防线，阻遏蒙古军南下。

为了克服江河的屏障，蒙古军不得不建立自己的水师。蒙古窝阔台汗十年（1238），其

---

① 翦伯赞主编，中国史纲要（下册），人民出版社，1983年，第132页。

② 沙海昂注、冯承钧译，马可波罗行纪，第157章，商务印书馆，1936年。

③ 同①，第194页。

④ 同①，第250~251页。

⑤ 朱鉴秋，郑和航海图概论，船史研究，1997，(11、12合刊)：124。

将领解诚，“善水战，从伐宋，设方略，夺敌船千计，以功授全符、水军万户，兼都水监使。”[①] 此盖为元代水军之始。

南宋根据其时的形势，采取了以汉中保巴蜀，以樊城、襄阳卫鄂州，以两淮卫长江的战略。宋宝祐四年（1256），时年二十一岁的文天祥中状元，理宗皇帝“亲拔为第一”。是年文天祥曾上书进言：“元人未必不朝夕为趋浙之计，然而未能焉，短于舟，疏于水，惧吾有李宝在耳……夫东南之计，莫若舟师，我之胜（金大将）兀术于金山者以此，我之毙（金国主完颜）亮于采石者以此。”[②] 文天祥对元军的评价代表了当时朝野几乎一致的见解，惟忽略了元军吸取金人因水战失利遭致溃灭的教训而迅速扩建水师的新动向。

元世祖忽必烈，史称：“仁明英睿……思大有为于天下。延藩府旧臣及四方文学之士，问以治道。”[③] 在忽必烈即位的中统元年（1260），即任命张荣实为水军万户兼领霸州，加上孟州、沧州及滨棣州海口、睢州等地诸水军将吏共1705人[④]。还有先前的水军万户解诚是时统领的1760人，元水军已达3460余人。更为重要的是，忽必烈在向南宋大举进攻时，采纳了宋降将刘整的“先事襄阳，浮汉入江”的进军策略。至元七年（1270）三月，“阿术与刘整言：‘围守襄阳，必当以教水军、造战舰为先务。’诏许之。教水军七万余人，造战舰五千艘”[⑤]。至元十年（1273）三月，“刘整请教练水军五六万及于兴元（今陕西汉中市）金（州，今陕西安康市西）、洋州（今陕西泽县）、汴梁等处造船二千艘，从之”[⑥]。

对襄阳、樊城久攻未下。至元十年（1273）正月，元军用张弘范计，先切断襄阳、樊城间的水上联络，接着调炮队并集中水陆兵力猛攻樊城。“相地势，置炮于城东南隅，重一百五十斤，机发，声震天地，所击无不摧陷，入地七尺”[⑦]。樊城攻陷后，襄阳守将开城降元。次年九月，元军出襄阳沿汉江南下。十二月，伯颜率战舰数千艘克鄂州（今湖北武汉）。至元十二年（1275）七月，阿术率战舰数千艘蔽江而下。“贾似道迫于朝野压力，亲自督师，率诸路军马十三万，号称百万，并战舰二千五百艘，迎击元军。两军在池州下游的丁家洲遭遇，宋军未战而溃，丢弃战舰二千余艘，兵甲器仗无数”[⑧]。“镇江一战，南宋溃不成军。元水军乘胜出长江口。在长江口收编了渔民武装首领朱清、张瑄所部数千人，获海船500艘。然后，元军浮海南下，直捣临安。接着，又进攻闽粤”。“至元十六年（1279），元军以水军大举进攻南宋的最后基地崖山（今广东新会以南）。宋军战败，陆秀夫负宋帝赵昺投海自尽。至此，统治中国三百多年的赵宋王朝灭亡”[⑨]。

元灭宋之战，得力于水师，短短三年间就造成8000艘江船。这说明了当时造船业的规模和能力。

元世祖忽必烈野心勃勃，在国内战争尚未完全结束的情况下，就着手进行海上扩张的准备。为适应海上作战的需要，在福建建立了沿海水军万户府，招募水兵，练习海战。为征日

① 明·宋濂等，《元史·解诚传》。
② 宋·文天祥，《文山先生全集》。
③ 明·宋濂等，《元史·世祖纪》。
④ 明·宋濂等，《元史·兵志》。
⑤ 同③。
⑥ 同③。
⑦ 明·宋濂等，《元史·阿老瓦丁传》。
⑧ 李培浩，中国通史讲稿（中），北京大学出版社，1983年，第193～194页。
⑨ 张铁牛、高晓星，中国古代海军史，八一出版社，1993年，第113、114、117页。

本，在至元五年（1268），就曾诏谕高丽“当造舟一千艘，能涉大海可载四千石者”。两年后“于高丽设置屯田经略司”，又诏谕高丽“兵马、船舰、资粮，早宜措置”，甚至指责高丽：“往年所言括兵造船至今未有成效。”①

至元十一年（1274）和至元十八年（1281），忽必烈两次发兵进攻日本。至元十九年（1282），从海上进攻占城（今越南南部）。至元二十四年（1287），又从海上进攻安南（今越南北部）。至元二十九年（1292），跨海南征爪哇。这5次海上用兵，动用了大量兵力，官兵少则5000人，多则14万人；战船少则500艘，多则3400艘。可见元海军实力强大，具有远海作战能力。

但是，这几次渡海作战，都由于战争的非正义性，指挥失误，缺乏后援等原因而遭到重大损失，败师而归。从此，元水军便一蹶不振了②。

二　元代的海上交通

继两宋之后的元朝（1279～1368）是一个强大的帝国。一方面，在成吉思汗及其继承者们率领下的蒙古大军东征西讨，到处诉诸于武力。可是它的政治和文化，却又吸收了许多被征服的国家特别是南宋的宝贵传统，并大力加以发扬。在海上交通方面尤其如此。

元世祖忽必烈灭宋以后，收纳了南宋许多和航海事业有关的人才。其中最著名的，有曾在南宋时任提举泉州市舶30年、拥有大量海舶的蒲寿庚。蒲寿庚降元后，大受宠信，先后升任到闽广大都督兵马招讨使、江西省参知政事、中书左丞等职，并受命招谕海外，以复互市。《元史》记有，至元十五（1278）八月，“诏行中书省唆都、蒲寿庚等曰：‘诸蕃国列居东南岛屿者，皆有慕义之心，可因蕃舶诸人宣布联意。诚能来朝，朕将宠礼之。其往来互市，各从所欲。’”③ 还有南宋末年长江口的崇明人朱清和嘉定人张瑄。他俩全是渔民出身，一同贩过私盐，也做过海盗，官吏搜捕紧急时，则航海北逃到渤海一带，“往来若风与鬼，影迹不可得”，他们十分熟悉海道与航海业务。被忽必烈收用后，曾随元丞相伯颜浮海南下攻灭南宋，后来成为“大元海运”的主持人。

元承宋制。宋代的诸海港，仍是元代的重要海港。元代也和宋代一样，在全国几个重要海港分设市舶司。主要有三处，即泉州、广州、庆元（今宁波）之市舶提举司④。除此之外，其他设立过市舶司的还有上海、澉浦、温州、杭州等处。元代这些设立市舶司的地方，都在长江口以南，在长江口以北的海上交通运输，主要是兴办“海运”⑤。

元代一向重视对外的经济与文化交流，海外来中国的各界人士甚众，且多受到元朝廷的优厚待遇，有的还在元朝位居要职。同时，元朝也不断派出使节、游历家至海外通好。其中影响较大的有亦黑迷失、杨庭璧、周达观、汪大渊等。

亦黑迷失是今新疆维族人，是元初的著名航海家和外交家。他曾任兵部侍郎，荆湖、占城等处行中书参知政事，两次奉诏参与元朝对东南亚的军事行动。至元九年（1272）起，屡

① 明·宋濂等，《元史·高丽传》。
② 张铁牛、高晓星，中国古代海军史，八一出版社，1993年，第114页。
③ 明·宋濂等，《元史·世祖纪》。
④ 明·宋濂等，《元史·百官志》。
⑤ 章巽，我国古代的海上交通，商务印书馆，1986年，第58页。

次出使僧伽剌（今斯里兰卡）、八罗孛国（今印度东南部泰米尔纳德邦境）等国，并“偕其国人以珍宝奉表来朝”。以后又至占城（今越南南部）、南巫里（今苏门答腊西）、速木都剌（苏门答腊）等国。密切了元朝与海外诸国的关系，扩大了元朝在海外的影响。官至平章政事为集贤院使。仁宗念其屡使绝域，诏封吴国公①。

杨庭璧，是元代出使海外的外交家中成绩最为显赫的一员。“(至元）十六年（1279）十二月，遣广东招讨司达鲁花赤杨庭璧招俱蓝（今印度西南端的奎隆)。十七年三月至其国。国主必纳的令其弟肯那却不剌木省书回回字降表，附庭璧以进，言来岁遣使入贡”②。在杨庭璧等屡次出使俱蓝及南海诸国的影响下，到至元二十三年（1286），与中国建立航海贸易关系的，已有马八儿、须门那、僧急里、南无力、马兰丹、那旺、丁呵儿、来来、急兰亦带、苏木都剌等十国。

元朝廷在遣使沟通西洋航路的同时，还派人加强同邻近国家真腊（今柬埔寨）和占城（今越南中部）的海上联系。元贞二年（1296），周达观随使臣出使真腊，前后三年，谙悉其俗，返国后遂记其闻，撰成《真腊风土记》一书，约 8500 字。该书虽不长，但记载了柬埔寨 13 世纪末叶社会生活的情景，生动而翔实。

在周达观赴真腊 30 多年后，又有汪大渊两下西洋之举。在长期的远航活动中，汪大渊所到之处，凡“其目所及，皆为书记之”。据两次经历，撰成《岛夷志略》，记载他所到达之地有 200 余处，几乎包括现在的越南、柬埔寨、泰国、新加坡、马来西亚、印尼、菲律宾、缅甸、印度、斯里兰卡、马尔代夫、沙特阿拉伯、伊拉克、民主也门、索马里、坦桑尼亚、肯尼亚等国家的广大地区③。值得指出的是，汪大渊在当时仅为一介平民，其身世不见经传。他能够不畏艰险，独身附舶，远洋跋涉，遍游东西洋诸国，实难能可贵。而他所撰《岛夷志略》，内容宏富，分条细致，记载翔实，可补正史之缺，纠前人之偏，诚为中外海上交通之珍贵史料。这也正标志着元代海外交通的发展。元代中国船舶、商旅较之唐宋时期，更为频繁地进出与往复南海至东、西洋之间，中国对西方国家的了解也大大进了一步，无怪乎元顺帝曾遣外国人为使赴欧，其诏书提到“咨尔西方日没处，七海之外，……”④ 云云。

三 元代的漕运

元代的海上漕运，突破以往任何一个朝代，由最初的至元二十年（1283）的年运量 4 万余石，到天历二年（1329）最高年运量达 350 万余石，前后经历 47 年之久。元建都于大都（今北京），十分仰仗江南盛产的粮食，所以海上漕运正是每岁二运的经常而重要的任务。

《元史·食货志》记有：“太祖（成吉思汗）起朔方，其俗不待蚕而衣，不待耕而食，初无所事焉。世祖（忽必烈）即位之初，首诏天下，国以民为本，民以衣食为本。”⑤ “元都于燕，去江南极远，而有司庶府之繁，卫士编民之众，无不仰给于江南。自丞相伯颜献海运之言，而江南之粮分为春夏二运。盖至于京师者一岁多至三百万余石，民无挽输之劳，国有储

① 明·宋濂等，《元史·亦黑迷失传》。

② 明·宋濂等，《元史·八马儿等国传》。

③ 张铁牛、高晓星，中国古代海军史，八一出版社，1993 年，第 111 页。

④ 姚楠、陈佳荣、丘进，七海扬帆，(香港）中华书局，1990 年，第 158 页。

⑤ 明·宋濂等，《元史·食货·农桑》。

蓄之富，岂非一代之良法欤。”[①]

然而，早期为了要沟通北方的政治中心和东南的经济中心地区，元政府曾从事开通南北大运河，结果却未能完全满足需要，尤其是在粮运方面，不得不假道于海上。《大元海运记》记有：“运浙西粮涉江入淮，由黄河逆水至中滦旱站，搬运至淇门之御河，接运赴都。次后创开济州泗河，自淮至新开河，由大清河至利津河入海接运。因海口沙壅，又从东阿旱站运至大清河至利津河及创开胶莱河道通海缵运。至元十九年（1282），太傅丞相伯颜见里河之缵运粮斛，前后劳费不赀而未见成效，追思至元十二年（1275）海中搬运亡宋库藏图籍物货之道，奏命江淮行省限六十日造平底海船六十只，听候调用。于是行省委上海总管罗璧、张瑄、朱清等依限打造。当年八月有旨，今海道运粮至扬州，罗璧等就用官船军人，仍令有司召顾梢碇水手，装载官粮四万六千余石，寻求海道。”[②]

元代“海运”的主要创行者，就是张瑄和朱清。据《大元海运记》卷下，海漕运粮数字逐年增加。例如1283年（至元二十年）为4.6万石，1284年猛增到29万石。1286年为57.8万石，1290年为159.5万石，1305年为184.3万石，1310年为292.6万石，1315年为243.5万石，1320年为326.4万石，到1329年达到352.2万石，这是最高额。所用平底海船数额，在延祐元年（1314）时，由浙西平江路刘家港开洋者为1653艘，由浙东庆元路（今宁波）烈港开洋者为147艘，合计共1800艘。此期船舶的载量是：小者二千余石，大者八九千石。

对于张瑄、朱清的海运业绩，少不了有一些蒙古族官吏并不赞赏，也有的以朱、张为“南人”，屡有谗言。还有阿八赤等人“广开新河”以运粮，“然新河候潮以入，船多损坏，民亦苦之”[③]。惟忽必烈始终重用张瑄和朱清。至元二十八年（1291）世祖“罢江淮漕运，完全用海道运粮”。更升迁张瑄为骠骑卫上将军、淮东道宣慰使兼领海道都漕运万户府事，朱清为骠骑卫上将军、江东道宣慰使兼领海道都漕运万户府事，中书省奏准合并设立海道都漕运万户府二处[④]。

元代“海运”的航线，有过两次重大变化。最初的航线（1282～1291）是，从平江路刘家港（今江苏太仓浏河口）出航，经海门（今江苏海门）附近的黄连沙头及其北的万里长滩，一直沿着海岸北航，靠着山东半岛的南岸向东北以达半岛的东端成山角，由成山转而西行，到渤海湾西头进入界河（即今海河口），沿河可达杨村码头（今河北武清县），便是终点。这一航线因离岸太近，浅沙甚多，航行不便，时间要长达几个月之久，且多危险。

至元二十九年（1292），朱清等决心“踏开生路”，粮船出长江口以后便离开海岸，如得西南顺风，一昼夜约行1000多里到青水洋，过此后再值东南风、四日便可到成山角，转过成山角，仍按原航线航抵渤海湾西头的界河。这一航线离开了多浅沙的近海，还利用了西太平洋自南向北的黑潮暖流，航行时间大为缩短。

至元三十年（1293），千户殷明略又开新线。从刘家港出发，由长江口出海后即直接向东进入黑水大洋，再直奔成山角，再转向西由渤海南部以达界河口。风向顺利时只要10天

---

① 明·宋濂等，《元史·食货·海运》。

② 清·胡书农，《大元海运记》卷上。

③ 同①。

④ 同②。

左右便可航完全程[①]。从连续3年间航线的两次变化，便可看出元代海运的创办者们的勇敢的探索精神。

四 元代的舰船

(一) 战船

在灭宋战争中，为军事需要，在短短3年中，就造战船7000艘（至元七年5000艘，至元十年2000艘）。这是按宋降将刘整的奏请并由刘整督造的。元代还多次用兵海外，从至元十一年到至元二十九年，共造海船9900艘[②]。此外，其间还命高丽建造了1900艘。这就是至元五年（1268）要高丽“当造舟一千艘，能涉大海可载四千石者”[③]。再有则是至元“十一年三月，命凤州经略史忻都、高丽军民总管洪茶丘，以千料舟、拔都鲁轻疾舟、汲水小舟各三百，共九百艘”[④]。总之海外用兵竟动用海船近12 000艘。此项造船任务工程巨大，为造船要大举伐木。元人当时有诗感叹此情景：“万木森森截尽时，青山无处不伤悲，斧斤若到耶溪上，留个长松啼子规。”[⑤]

(二) 漕船

这是元政府很突出很重要的船种。一是运河漕船，一是海运漕船。

元代的运河漕船船体窄长，长宽比为7:6，载重量限为150～200料，约为12吨。这种标准船型的产生，与京杭大运河的航道管理有关。元代从至元十七年（1280）便致力于开凿京杭运河。到至元二十八年（1291）才全部完工，其中从东平到临清一段叫会通河，是全程中的最高程，水源不足，河道浅窄，只准150料漕船通行。到了延祐初年，有些“权势之人并富商大贾，贪嗜货利，造三四百料船或五百料船，于此河行驾，以致阻碍官民舟楫”，于是影响河道畅通。为此都水监差官在这段会通河的南端沽头和北端临清两处建设闸门，闸口仅宽9尺，称作“隘闸”，只有船宽8尺5寸的200料船才能通过。超过这个宽度的船，受隘闸所限，便不能在运河全程通航。一些航商为了提高单船载货量，便在8尺5寸宽度的限制下，尽力增加船长。《元史·河渠志》记有，泰定四年（1327）以后，“愚民嗜利无厌，为隘闸所限，改造减舷添舱长船至八九十尺，甚至百尺，皆五六百料，入至闸内，不能回转、动辄浅搁，阻碍余舟，盖缘隘闸之法，不能限其长短”[⑥]。因之河道拥塞问题仍未解决。经过访问造船工匠，得知200料船，宽若限为8尺5寸时，船长应该是6丈5尺。其后又在隘闸旁再立中间距离为6丈5尺的两块石标，叫做“石则”，船过闸时先要量长短，超过石则者不准入隘闸，即所谓“有长者罪遣退之”。

1976年，在河北磁县南开河村，出土了6艘元代内河船。船首朝向东北，船上装载着磁县产的瓷器，第4号船尾两舷上，烫有“彰德分省粮船”字样的大印。据《元史·百官

---

① 章巽，中国古代的海上交通，商务印书馆，1986年，第59～60页。

② 章巽，中国航海科技史，海洋出版社，1991年，第79页。

③ 明·宋濂等，《元史·高丽传》。

④ 明·宋濂等，《元史·日本传》。

⑤ 吴蕨兰，元代的造船事业，中国造船工程学会成立四十周年论文集，1983年，第111～116页。

⑥ 明·宋濂等，《元史·河渠志一·会通河》。

志》，元至正十二年（1352）二月置彰德分省的建制，可见此船当为正元十二年或其后建造的漕船。第5号船，船板用齐头错缝平接，梁与舷连接处用大铁钉钉牢，梁板用子母口接合，全长16.6米，合元尺5丈3尺4寸；宽约3米，合元尺9尺6寸，长宽比为5.6。磁县离临清约560里水程，由漳河可到临清而入运河。这批粮船或者可由临清而驶向运河北段，不需过限宽的隘闸。总之这批船并非元代标准的运河漕船船型①。

海运漕船主要有遮洋船和钻风船二型，钻风船约可载400余石，遮洋船载货800石或1000石。遮洋船是行驶万里长滩、黑水洋及山东半岛北面的沙门岛（今长岛县）航道，风险不大，建造费用仅及出使琉球、日本海船的1/10，尺度比运河漕船略大，但舵杆必用铁梨木制，坚固可靠。"凡海舟，元朝与国初运米者，曰遮洋船，次者曰钻风船"②。《水运技术词典》遮洋船条记有："遮洋船容载一千石，船体扁浅，平底平头，全长八丈二尺，宽一丈五尺，深四尺八寸，共十六舱。其长宽比5.4弱，宽深比3.1强。设双桅，四橹，铁锚二。舵杆用铁力木，有吊舵绳，使舵可升降。"③ 延祐以来，海运船已航驶在离岸深水航道上，船舶体型和载量均增大。小者2000余石，大者八九千石。"当时以海关石计算，海关石等于154.5公斤，说明延祐以来大小海船容量已是从300吨到1390吨了"④。

（三）远洋海船

元代的远洋海船，由马可·波罗的《东方见闻录》而远播海外。马可·波罗（Marco Polo,1254～1324），在1271年（至元八年）夏，随父、叔离开故乡威尼斯，1275年（至元十二年）由陆路丝绸之路到达元朝的上都，觐见世祖，深得世祖之宠信，留仕元朝17年。1291年（至元二十八年）初，为护送阔阔真公主一行，分乘14艘四桅十二帆、配备两年食物的大船，从刺桐（今泉州）港起碇，赴伊儿汗国的都城⑤。

马可·波罗在他的游记中说道："我郑重的告诉你们罢，假如有一只载胡椒的船去亚力山大港或到奉基督教国之别地者，比例起来，必有一百只船来到这刺桐（泉州）港。因为你们要晓得，据商业量额上说起来，这是世界上两大港之一。"关于中国船舶在结构上的特点和优点，马可·波罗说道："船用好铁钉结合，有二厚板叠加于上。""若干最大船舶有大舱十三所，以厚板隔之，其用在防海险，如船身触礁或触饿鲸而海水透入之事，其事常见……至是水由破处浸入，流入船舶。水手发现船身破处，立将浸水舱中之货物徙于邻舱，盖诸舱之壁嵌甚坚，水不能透。然后修理破处，复将徙出货物运回舱中。"⑥ 马可波罗对中国元代船舶的描述，已为泉州湾出土的沉于宋末（1277）的远洋海船所证实，由此更能领会舟船有"元承宋制"这一事实。

---

① 章巽，中国航海科技史，海洋出版社，1991年，第84页；另见水运技术词典，人民交通出版社，1980年第1版，第69页。

② 清·陈梦雷、蒋廷锡，《古今图书集成. 经济汇编·考工典》。

③ 水运技术词典，人民交通出版社，1980年，第25页。

④ 吴葳兰，元代的船舶事业，中国造船工程学会成立四十周年论文集，1983年，第111～117页。

⑤ 姚楠、陈佳荣、丘进，七海扬帆，香港，中华书局，1990年，第164页。

⑥ 张星烺译. 马哥孛罗游记，商务印书馆，1937年，第337～342页；冯承钧译，马可波罗行纪，商务印书馆，1936年，第619～620页。

第二节　元代古船的发掘与研究

虽然关于元代船舶的文献并不缺乏，但关于元代船的微观描述和较为准确的图样，仍很难觅获。因此，对于在考古发掘中获得的元代实船，确有重大学术价值。从中使人们得悉中国船舶在设计、构造以及施工中的许多精湛之处。

迄今为止，已经出土并经过相当研究的元代古船有两艘：一是在韩国全罗南道光州市木浦新安海底打捞到的中国元代航海货船；一是在山东省蓬莱市水城发掘到的一艘元代末年的战船。此外在河北磁县曾发现元代内河船①。

一　韩国新安海中国元代航海货船的发掘与研究

（一）新安船的发现、发掘及展出

1976年，在韩国全罗南道光州市的西部新安郡道德岛海面作业的渔船，起网时曾发现几件中国瓷器。以此为开端，韩国政府直接参与，由文化公报部所属的文物管理局组成调查团，由海军派潜水员协助，于1976年11月进行试发掘，查明确有木质船体遗存，沉船位置在北纬35°01′15″，东经126°05′06″。黄海海面岛屿间的潮流速率每小时5海里左右，作业只能在停潮的不足1小时的时间内进行。海面下的能见度只有几米，作业十分艰苦②。采用方格栅法打捞文物。方格栅为边长2米的正方形，以长6米、宽4米为一组并两两相连，将76个方格栅顺序布置在沉船上面，潜水员进入指定的方格栅打捞遗物并提供准确信息。随着发掘的深入，沉船的平面轮廓大致出现：残长约28米，宽6.8米，埋在水深20米的海底，船身向右倾斜约15度，船体由7个舱壁分隔成8个舱，上半部已经腐朽，埋在海泥里那部分船舱才免于损坏，尚可辨认出原本的形状。沉船残骸拼装后如图6-1所示③。

在1976～1984年的9年间，发掘打捞工作持续进行了10次，在1984年和1987年还有两次复查性打捞。所获文物异常丰富，见于表6-1④。

所获文物中陶瓷器20 691件，除仅有几件高丽青瓷和日本陶瓷之外，绝大多数是中国宋元时代的制品，其中有不少精品。如表所述，尚有金属遗物729件，石材45件。此外尚有每件长1～2米的紫檀木1017件，还有船员日常用品1346件。值得重视的是还有铜钱28吨又19.6千克，铜钱是用吸引软管打捞起的。这些铜钱都是中国铸造的，包括唐、北宋、南宋、辽、金、西夏、元等各代的产品。

新安沉船和相关文物的打捞，受到国际学术界的重视。1977年在汉城，1983年在日本，

① 磁县文化馆，河北磁县南开河村元代木船发掘简报，考古（6），1978，388～399。

② ［韩］尹武炳，新安海底遺物の引揚ばとその水中考古学的成果，新安海底引揚げ文物，東京国立博物館，中日新聞社，1983年。

③ Lee Chang-Euk［李昌忆·韩］. 1991. *A Study on the Structural and Fluid Characteristics of a Rabbetted Clinker Type Ship*（*The Sunken Ship Salvaged off Shinan*）. Procedings of International Sailing Ships History Conference. Shanghai. China. 154～168.

④ 韩国文化公报部文物管理局，新安海底遺物（综合篇），汉城，高丽书籍株式会社，1988年，第144页。（朝鲜文）

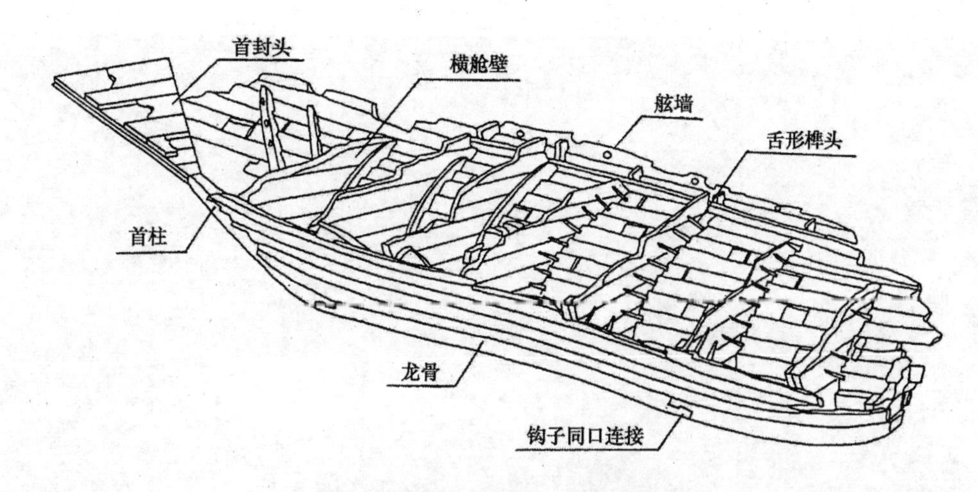

图 6-1　新安沉船残骸（据李昌忆）

先后召开了两次“新安海底文物国际学术讨论会”。1991 年 12 月在上海召开的“世界帆船史国际学术讨论会”上，韩国学者发表了“关于新安海底沉船的学术报告”。

1994 年 12 月，在光州市木浦海滨建成“国立海事博物馆”（National Martime Museum），陈列了新安船（图 6-2）及另一艘小型古船及相关文物。

表 6-1　新安海底打捞文物一览表

次别	年、月、日	种类别								计
		青瓷	白瓷	黑釉	杂釉	白浊釉	金属	石材	其他	
第 1 次	1976. 10. 26－11. 2	52	20	2	23				15	112
第 2 次	1976. 11. 9－12. 1	1201	421	54	9	18	12		169	1884
第 3 次	1977. 6. 27－7. 31	1900	1866	56	604	74	264	4	138	4906
第 4 次	1978. 6. 15－8. 15	2787	1289	96	623	63	86	11	91	5046
第 5 次	1979. 6. 1－7. 20	76	21	29	101		6			233
第 6 次	1980. 6. 5－8. 4	1112	200	30	66	2	31	2	18	1461
第 7 次	1981. 6. 23－8. 22	1528	668	63	143	17	105	5	35	2564
第 8 次	1982. 5. 5－9. 30	983	328	41	220	6	109	9	45	1741
第 9 次	1983. 5. 29－11. 25	1013	307	61	467	3	102	6	47	2006
第 10 次	1984. 6. 1－8. 17	1669	178	72	48	4	14	6	16	2007
复　查	1984. 9. 13－10. 12	38	5	2	1	1				47
复　查	1987. 4. 15－5. 14	18	8	3	1			2	1	30
计		12 377	5311	509	2306	188	729	45	575	22 040

（二）新安沉船的年代

所发掘的元代铜钱中有“至大通宝”，这是元武宗至大三年即 1310 年铸造的。所以，1310 年当为沉船年代的上限。韩国尹武炳教授曾以未曾发现青花瓷为依据，断定沉船的下限时间。据东洋陶瓷史的研究成果，青花瓷的制作始于元，一般认为是 1330 年。当然，以

图 6-2 韩国国立海事博物馆（木浦）展出的新安船

此为据并不是很严格的。关于沉船年代的下限，有人以明初实行海禁为据，定在元代末年。也有的以方国珍起义队伍劫夺海运为据，引《元史·顺帝纪》：“（至正十二年）是岁海运不通”[①]，把下限定在至正十二年即 1352 年。

在打捞到的瓷器中，发现一件龙泉窑的青瓷盘，在底面阴刻有“使司帅府公用”6 字[②]，这可作为判断沉船年代的重要依据。“使司帅府”当为“宣慰使司都元帅府”的简称。据《续资治通鉴》记载，于大德六年（1302）十月甲子，元朝的浙东道宣慰使改为“宣慰使司都元帅府”[③]，此青瓷盘应为该府成立以后烧制的。

由于在 1982 年打捞的表明货主的木签中，发现有两个墨书至治三年即 1323 年木签，这应看做是解决沉船年代问题的重要依据。这一年代与前述各种推断是可以统一起来的。

(三) 新安沉船的目的港与始发港

弄清楚新安船的目的港与始发港对了解船舶是必要的。

新安船的目的港是哪个国家，可以从船上运载的大量中国元瓷和中国铜钱找到答案。

大量的中国铜钱是运往日本的，这在两国的古文献中都能找到依据。虽然元政府曾有两次派兵征讨日本，但据日本历史的记载，元代日本赴中国的贸易船从未间断，而且“发现日元之间的交通意外频繁”[④]。《元史》则记有：“（至元）十四年（1277），日本遣商人持金来易铜钱，许之。”[⑤] 日本古文献《和语连珠集》则载有：“上古本邦无铜，以异邦输入之铜铸

① 明·宋濂，《元史·顺帝纪》。
② 李德金等，朝鲜新安海底沉船中的中国瓷器，考古学报，1979 (2)。
③ 清·毕沅，《续资治通鉴》(元大德六年)，中华书局，1957 年，第 5284 页。
④ [日] 木宫泰彦著，胡锡年译，日中文化交流史，商务印书馆，1980 年，第 389 页。
⑤ 明·宋濂，《元史·日本传》。

造。”[①] 由之可见，日本输入铜和铜钱则由来已久。

关于中国元瓷，韩国尹武炳[②] 和中央博物馆崔淳雨馆长[③] 都一致指出：在13、14世纪时的高丽是生产青瓷的主要国家之一，它没有必要输入元代中国瓷器。从考古学的角度看，在朝鲜出土的中国瓷器以北宋时期的居多，元代的几乎见不到。当时的日本倒是中国瓷器的主要进口国。

鉴于瓷器中有3件高丽青瓷，于是有朝鲜可能是中途港的议论。中国陶瓷专家冯先铭则认为，3件高丽青瓷是在中国装船的。因为宋时的高丽青瓷和中国定窑白瓷都堪称天下名品，当时也有很多高丽青瓷流入中国。“在本世纪五十年代以后，从安徽省、浙江省和北京的古墓中曾出土过高丽青瓷，安徽省出土的康津窑龙纹罐，其特征与在新安海底打捞到的完全相同”[④]。尹武炳的论文证实：3件高丽青瓷是从压在3个木箱下边的另一个木箱中发现的，这就排出了在朝鲜装3件高丽青瓷的可能性。他也同意这样一种论断：当时，日、中、韩三国利用中国海形成了一个海上贸易圈，各国商品在流通中将在库品进行再输出的可能性是存在的[⑤]。

新安船的始发港是何处呢？比较集中的意见是浙江的明州（今宁波）和福建的福州。

明州是中国著名港口，唐宋以来就是通向朝鲜和日本的主要港口之一，在新安船上发现一个镌有“庆元路”铭文的秤砣[⑥]，反映了该船与明州的密切关系。

另一种意见是从诸多瓷器的窑址去考察和分析。龙泉青瓷，其窑址包括浙江南部瓯江沿岸的龙泉、丽水、遂昌、云和以及永嘉。宋时青瓷的重要产地逐渐从瓯江下游移到上游。龙泉青瓷能方便地沿着松溪运到福建的福州，然后再由商船运往国外市场。新安沉船打捞到的瓷器，其窑址除设在浙江南部的以外，就是江西和福建的北部。闽北的窑址分布在今沿松溪的松政，沿南浦溪的浦城，沿崇溪的崇安、建阳，沿建溪的建瓯、南平，沿富屯溪的光泽、邵武和顺昌。诸窑址的瓷器产品都可以沿闽江方便地运到福州。中国台湾学者陈庆光持这种见解。他指出：“元代的税局就设在泉州，商船为了逃税，往往从福州开航。”[⑦] 沉船中没有发现位于泉州附近同安窑的瓷器。根据这一情况，新安船的始发港当是福州。

从下面讨论的船型特征看，“新安船是中国著名船型之一的福船，它的基地港主要是泉州和福州。说该船是由福州开出的将更为合理”[⑧]。

---

① 郭沫若，出土文物二三事，人民出版社，1972年，第35页。

② ［韩］尹武炳，新安海底遺物の引揚ばとその水中考古学的成果，新安海底引揚ば文物，東京国立博物館，中日新聞社，1983年。

③ ［韩］崔淳雨，韩国出土的宋元瓷器，新安海底文物国际学术讨论会论文，1977年。

④ Feng Xian-min（冯先铭），Problems Concerning Ceramics Found off the Sinan Coast.（新安海底打捞文物，1983年国际讨论会讲演摘要）1983年。

⑤ 同②。

⑥ 同②。

⑦ 陈庆光，福建输出的早期元瓷研究，参见1997年新安海底文物国际学术讨论会论文，1977年。

⑧ 席龙飞，朝鲜新安海底沉船的国籍与航路，太平洋（中国太平洋历史学会编），海洋出版社，1985年，第141页。

(四) 新安船的船型特征及建造地点

新安沉船的船型特征和建造地点，一直引起学术界的注意。随着发掘工作的进展，几乎所有的学者逐渐都认为这是建造于中国的海洋货船。在 1977 年汉城“新安海底文物国际学术讨论会”上，担任新安海底遗物调查团团长的忠南大学博物馆馆长尹武炳教授著文指出：“造船专家、汉城大学工学院教授金在瑾（Z. G. Kim）认为有可能是中国人建造的船舶，特别是舱壁构造特征更显出是中国形式。”但同一文章中也指出：“没有任何东西可以确切地说明其国籍问题。”①

汉城大学金在瑾教授作为船舶学术权威曾参与新安沉船的发掘与研究。在 1980 年 9 月的《新安海底文物发掘调查报告书》中曾给出初步复原图。他给出的复原尺度是：总长约 30 米，最大宽度约 9.4 米，型深约 3.7 米，水线长由侧面图可以看出约为 26.5 米，长宽比约为 2.8，宽深比约为 2.54。金在瑾认为：“本船属高丽船的可能性甚少，更非日本船。以构造的方式也可几乎确认为中国船。”但是他也认为：“这类构造的方式是非常特殊的，是东西方古船中至今尚未见到过的。”

在 1982 年开始在海底肢解古船残骸之前，曾用泵吸出充满船体内的铜钱。在打捞铜钱时发现若干表明货主的木签，木签多数长约 10 厘米，宽 2.5 厘米，厚 0.5 厘米。木签表面墨书有货主的姓名。判读这些姓名时不仅发现确有日本人的姓名，而且还有（日本）“东福寺”这样的寺名②。这是否意味着沉船有可能是日本船呢？参加 1983 年在日本召开的国际学术讨论会的中国陶瓷专家冯先铭，从其直感出发，他认为船无疑是中国的。但在与会过程中他曾发现有的日本学者疑为日本船，虽然他们并没有发表有关论文。1984 年 1 月 3 日，在全国人大常委会副委员长周谷城教授的主持下，中国太平洋历史学会在北京人民大会堂召开了成立大会，笔者躬逢其盛。承学会相约和冯先铭研究员提供 1983 年国际会议的有关文献，笔者乃以“朝鲜新安海底沉船的国籍与航路”③ 一文向学术界求教。该文确信新安沉船是中国建造的福船船型并陈述论据。如今，韩国文化公报部文化财管理局已有正式发掘报告《新安海底遗物》（朝鲜文）相继于 1981、1984、1985、1988 年分篇发表，我们还见到了日本船史专家多田纳久义博士 1990 年对韩国木浦海底遗物保存馆（现今木浦国立海事博物前身）的访问记④ 和韩国学者李昶根⑤、李昌忆⑥ 的学术论文。在’91（上海）世界帆船史国际讨论会上还看了新安船发掘录像。这些资料和研究成果支持了笔者 1985 年论文的观点，《对韩国新安海底沉船的研究》⑦ 一文，更以 8 点论据，确信新安海底沉船为建造于中国福建的福船船型。人们从船型的这些特点入手，更能了解该船的概貌及其技术成就。

---

① ［韩］尹武炳，新安古沉船之航路及有关问题，汉城“新安海底文物国际学术讨论会”论文，1977 年。

② ［韩］尹武炳，新安海底遺物の引揚ばとその水中考古学的成果，新安海底引揚ば文物，東京国立博物館，中日新聞社，1983 年。

③ 席龙飞，朝鲜新安海底沉船的国际和航路，中国太平洋历史学会编，海洋出版社，1985 年，第 129～142 页。

④ ［日］多田納久義．韓国光州木浦の海底遺物保存館走訪れそ，（日本）関西造船協會覽，平成 2 年第 2 號，1990 年。

⑤ Lee Chang-Kenu［李昶根，韩］，*The Conservation of a 14th Century Shipwreek*. Conference of MAHIR’91.

⑥ Lee Chang-Euk［李昌忆，韩］. *A Study on the Structural and Fluid Characteristics of a Rabbetted Clinker Type Ship*（*The Sunken Ship Salvaged off Shinan*）. Proceedings of International Sailing Ships History Conference（Shanghai）. 1991.

⑦ 席龙飞，对韩国新安海底沉船的研究，海交史研究，1994，(2)：55～74。

1. 新安船的主尺度比值与泉州古船十分相近

将各家对两船主尺度比值的研究成果列于表 6-2。

表 6-2　新安船与泉州船主要尺度比值的对比

船　舶	水线长 L	宽 B	深 D	L/B	B/D	作者或文献
新安船	26.5	9.4	3.7	2.82	2.54	[韩] 金在瑾 (1980)
	27.5	10.5	4	2.61	2.63	[韩] 李昌忆 (1991)
泉州船	25.5	11.0	4.21	2.32	2.61	《泉州湾宋代海船的发掘与研究》(1987)
	26.0	10.5	4.15	2.48	2.49	杨槱,《海交史研究》1982 (4)
	26.5	10.5	5.0	2.52	2.1	席龙飞、何国卫,《中国造船》1979 (2)

由之不难看出，两船的 L/B 和 B/D 是十分相近的。

2. 新安与泉州两古船的型线相似

李昌忆给出的新安船横剖型线图如图 6-3 所示，与图 5-27 反映的泉州船横剖型线图十分相似。

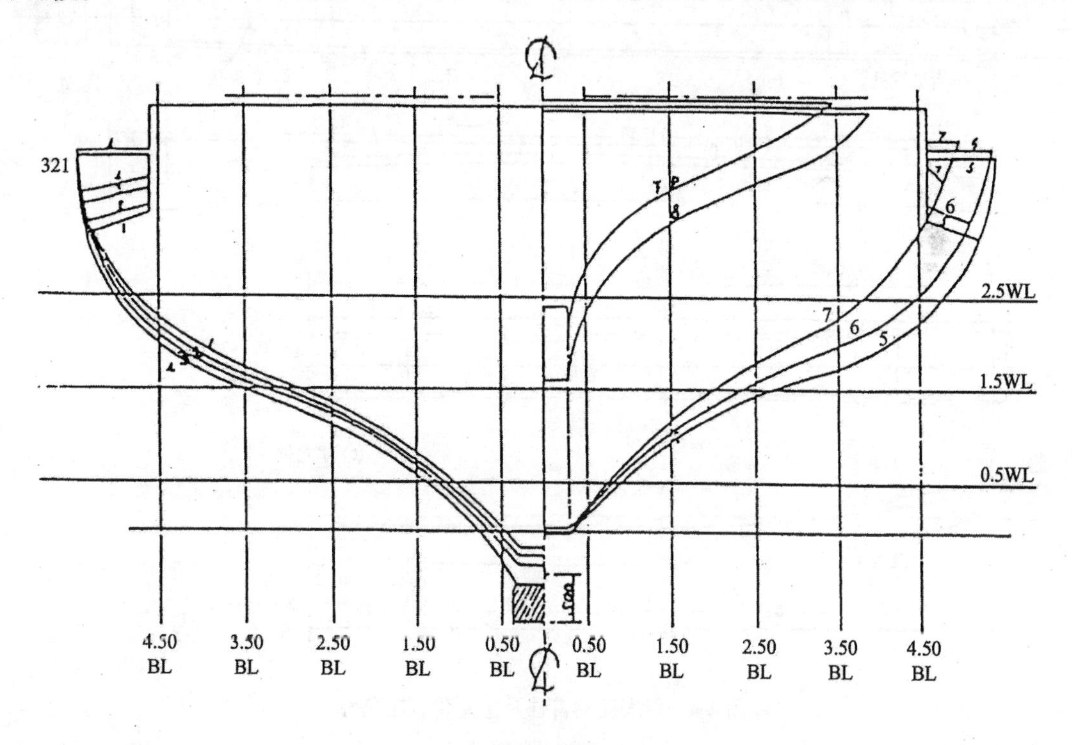

图 6-3　新安沉船的横剖型线图（据李昌忆）

李昌忆在论文中特别提到：“古代船舶的船首结构一般有两种：一是方形首，另一种是尖形首。”这当然是对的。笔者认为：中国的沙船，属方形首，这是与平底相配合的。与沙船相比，新安船虽有个小方头（见图 6-1），但仍属尖头船。图 5-27 所示泉州古船属典型的尖底尖头的福船，其首端仍有一个小方头。就船首形状看，新安船与泉州船也十分相似。以为新安沉船系方形船首，可能是对中国的沙船和福船的首部形状的原则区别不甚了解。

3. 龙骨的构造、连接和线型具有福船的特色

新安船具有截面为700毫米×500毫米的龙骨。龙骨分中段（主龙骨）、尾段（尾龙骨）和首部（即首柱）计长24.6米（见图6-4）。

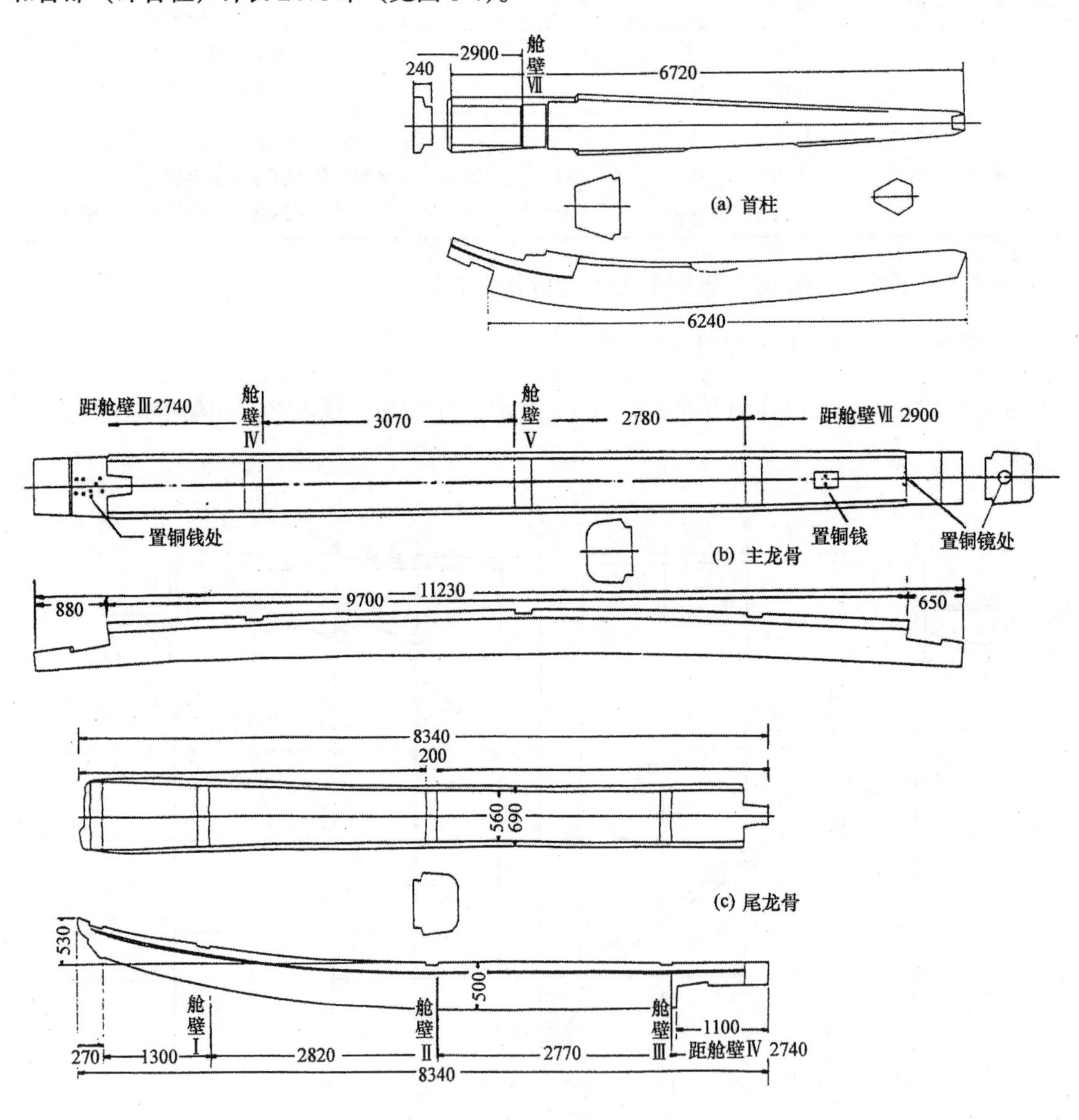

图6-4　新安船的首柱及主龙骨、尾龙骨

新安船的龙骨呈曲线形，且有0.54米的挠度。这种曲线形龙骨也正是福建船的一种传统。航行在福州、连江、平潭、晋江沿海和浙江一带的丹阳船（俗称担仔船），就正是具有呈曲线的龙骨。此种船型在20世纪的60年代还有450艘之多。《福建省木帆船船型汇编》①

① 福建省交通厅木帆船船型普查办公室主编，福建省木帆船船型汇编，1960年。

收录了龙骨呈曲线型的丹阳船的型线图、结构图和帆装总布置图以及技术数据等。两相对比，两种船型的龙骨线型相似。据认为，龙骨呈拱起的曲线，当船舶呈中垂状态时具有较好的强度。

此外，在本章中即将论述的元代末期的蓬莱古船，其龙骨也呈曲线形，只是其挠度缺少实测数据。

4. 在龙骨嵌接处置入铜镜和铜钱实为福建民俗

日本船史学者在对木浦的新安海船保存馆的访问记[①] 中，报道了在中段主龙骨与首、尾两段龙骨的嵌接处置有铜镜和铜钱事，并绘出置入铜镜、铜钱的位置图。在中段主龙骨首垂直端面内有一枚直径为117毫米、厚2毫米的铜镜。在中段龙骨尾嵌接部位的水平面上有直径为24毫米的铜钱7枚，另外在中段龙骨前部的水平面上还有2枚铜钱。这一事实与1974年在中国福建省泉州湾发掘的宋代海船有惊人的一致性。泉州宋船在龙骨接头部位挖有“保寿孔”并置入铜镜和7枚铜钱。据称这是“七星伴月”的象征，是福建造船业的一种传统民俗[②]。在新安船的龙骨中发现置有铜镜和铜钱，特使人们相信，这一艘古船不仅是中国船，而且是在福建境内建造的。

5. 隔舱壁、舱壁肋骨的构造与装配

如图6-1所示，新安船设有7道舱壁，将船体分隔成8个舱。与许多欧洲古船广设横向肋骨以增强横向强度的模式不同，中国古船是以多数横舱壁来保证横向强度和船舶总体刚性的。李昌忆对“中国古船这一特点”的分析是正确的，但是该文献对新安船舱壁以及中国古船舱壁的分析稍欠精当。

从图6-1以及新安船其他各舱壁的结构图中，都可以清楚地看到，舱壁与外板的交接处，设有肋骨并称之为舱壁周边肋骨（boundary timber）。以船舶中部最宽处为界，对中部以前的舱壁其肋骨设在舱壁板之后，对中部以后的舱壁其肋骨设在舱壁板之前。这种装配模式可以保证舱壁不致于向前或向后移位，从而极有利于船舶总体刚性。当木船向钢船过渡时，钢质舱壁板与底部、舷部外板以及甲板交接处，均用角钢加以铆接，此角钢称为周边角钢（boundary angle）。此种周边角钢与舱壁板的相对位置，与中国古代木船舱壁肋骨的装配模式完全相同。许多船史研究者都相信，铆接钢船的舱壁及其与周边角钢的装配，是从中国古代木船的优秀传统借鉴来的。应当指出，新安船的舱壁及其周边肋骨的装配模式，与图5-26所反映的泉州宋船的模式完全相同。

新安船的每个舱壁的最低点附近都有一个方孔，这流水孔是便于洗舱时排除积水用的，只要用木塞堵上就可保证完全水密，因此不存在“横舱壁不是完全水密”的问题。综合已发现的几艘中国古船，可以说每艘船的水密舱壁上都有此类流水孔。所以，新安船舱壁的流水孔，绝对不会构成“对李约瑟关于中国古船通常有若干水密舱壁学说的强烈挑战”。

图6-5表现了新安船的船中剖面结构，该图采自李昌忆的论文。从中可以看到舱壁板的

---

① ［日］多田納久義，韓国光州木浦の海底遺物保存館走訪ねて，（日本）関西造船協會覽，平成2年4月，1990年。

② 泉州湾宋代海船发掘报告编写组，泉州湾宋代海船发掘简报，文物1975，（10）：3。

横向板列相互间开有凹凸槽，这可避免舱壁板列的相对错位，从而增加舱壁的整体刚性。迄今为止在已发掘的宋代船舶中尚未见有此种较为先进的结构。元代新安船和下面就会讲到的元代蓬莱古船，其舱壁板列都是取凹凸槽对接，这似乎应当被看做是中国船舶的进步和进化过程。

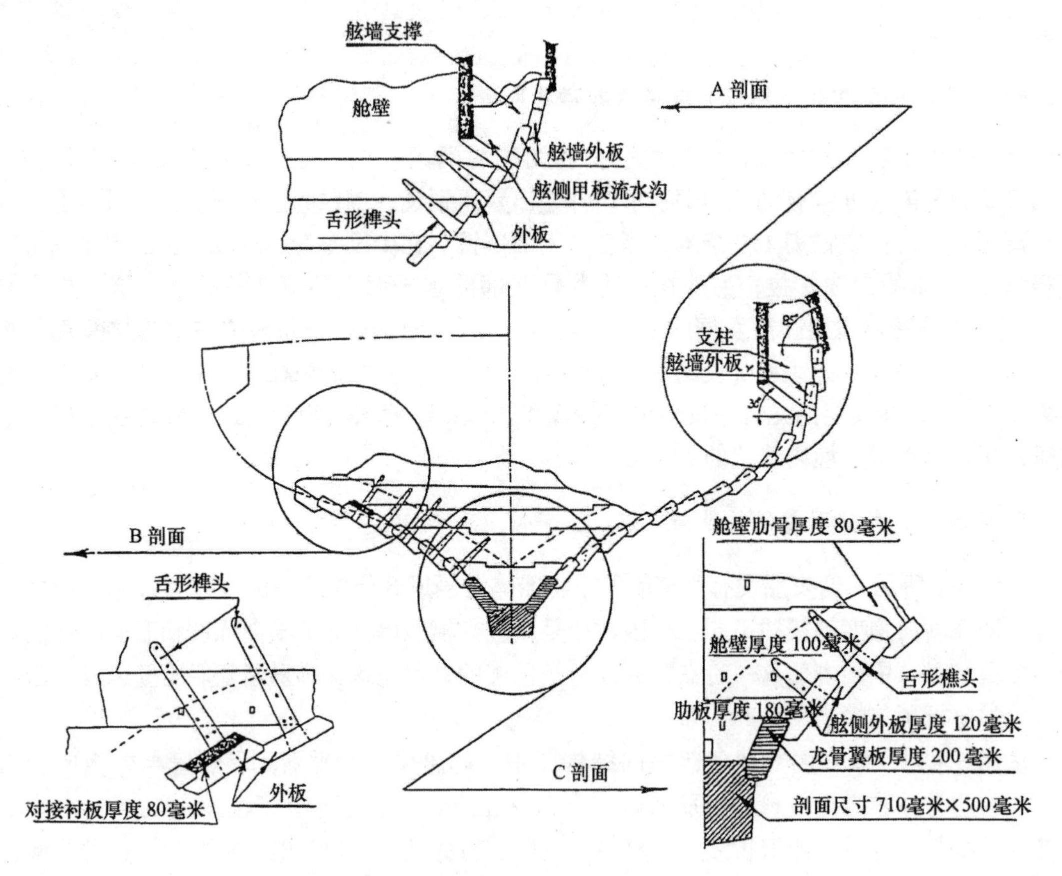

图 6-5　新安船的船中剖面结构（采自李昌忆）

6. 鱼鳞接搭式外板与舌形榫头连接

新安船的外板是鱼鳞式构造并用舌形榫头与舱壁连接的，如图 6-5 所示。这一特殊的构造使参与研究的韩、日学者备感惊奇："这类构造的方式是非常特殊的，是东西方古船至今尚未见到的。""这种鱼鳞式构造在东方是迄今未采用过的。"

这种使外国学者感到惊奇构造可概括为两点：其一，外板板列相互逐一叠压呈鱼鳞状；其二，每一列外板均采用一只洞穿外板的舌形榫头（长 400～800 毫米）钉在舱壁上，而且是与舱壁周边肋骨不在同一壁面。如图 6-1 所示者，自尾起第 1 到第 4 这 4 个舱壁上，诸舌形榫头都钉在舱壁之后壁面上，所以看得清楚。按前述舱壁周边肋骨的装配规则，这 4 只舱壁的舱壁周边肋骨都装在前壁面上。在图 6-1 中还可以看到第 5 到第 7 这 3 个舱壁的后壁面上都有舱壁周边肋骨，显然诸舌形榫头都装在前壁面上了，所以一个都看不到。

为了正确表达构件的真实作用，这里已经采用了舌形榫头（rabbet）一词取代了原文献中的舱壁扶强材（bulkhead stiffener）。笔者认为，垂直于外板的舌形榫头，虽然对舱壁也会有“扶强”的作用，但主要作用仍是钉连外板于舱壁。况且，现代船舶上的舱壁扶强材，通常是用诸多不等边角钢或球角钢从上到下垂直焊接在舱壁上。区区400～800毫米的木质榫头，名之为bulkhead stiffener是名不副实的。

在理清了鱼鳞式外板及其连接的实质之后，人们会发现，这种构造在中国古船中都能找到相应的例证。

第一，鱼鳞式搭接的外板，在中国古船也不是没用过的。图5-26（c）所示的泉州宋船的舱壁及外板结构，就正是采用鱼鳞式搭接的外板。泉州古船今陈列于福建省泉州海外交通史博物馆内的古船馆，当可作为实证。当然，泉州船的外板是3层、2层重叠在一起的，与新安船的单层板不尽相同。然而，就鱼鳞式构造而言，新安船与泉州船则是同样的。如果将3层和2层均合而为一视作单层的话，两者几乎无任何大的差别。

第二，新安船所使用的钉连外板于舱壁上的木质舌形榫头，在中国古船中也有先例可援。在本书第五章第六节在讨论“壳板的钉连技术”时曾引用泉州法石船的实例，法石船所用的木钩钉即为舌形榫头（图5-36）。该舌形榫头“长约75厘米，钉头横剖面呈6×6厘米^{2}的方形，钉尖横剖面则呈2×3厘米^{2}的矩形”，其安装方法是：“先在底部外板贴近舱壁板前侧交界处凿通一个6×6厘米^{2}的方孔，然后将木钩钉（木质舌形榫头）由底板外侧垂直打进方孔，使它的内侧面紧挨舱壁板的前侧面，再用铁钉把它与隔舱板钉合。”①

在泉州湾宋代海船上，也有与新安船舌形榫头在用途、构造、使用部位以及施工工艺方面均堪称一致的“扁形铁锔板”或称锔钉（图5-35）。所不同的只是榫头是木质的，而锔钉是铁的。两者孰先孰后当可探讨。但是，“因为铁器较之木器使用在后，技术上铁锔更为先进，所以可初步得出结论：铁锔是对木钩钉（木质舌形榫头）的模仿、改进和发展”②。

综上所述，新安船的鱼鳞式外板结构及用舌形榫头钉连外板的技术，尽管有些个别的特点，但均为中国的传统技术，在中国已出土的古船中，均能找到相应的实物例证，并不“特殊”。

7. 前桅座与主桅座结构

新安船在第7、第4号舱壁之前，分别设有前桅与主桅座，此点与中国已出土的诸多古船基本一致。多田纳久义在其《访问记》③中，指出第7号舱壁（即最前一个舱壁）略向前倾斜，他认为前桅一定也是与舱壁同一角度前倾，这当然是正确的。在中国已发现的古船中尚未见前桅后的舱壁呈前倾者。不过近现代的帆船其前桅后的舱壁都是与桅具同一的前倾角。此点在福建省交通厅于1960年主编的《福建省木帆船船型汇编》④一书的各个船图中都能看到。因此可以说新安船的第7号舱壁呈前倾是一种技术进步。

多田以发现两只桅座为据，以为新安船可能是两只桅，韩国的学者也存在相同的学术见解。然而根据中国的技术传统，尾桅通常是小型的，目的在于助舵。此小型尾桅不必生根于舱底，所以无桅座。此点在《福建省木帆船船型汇编》的诸多船图中可以看得清楚。据此，

① 中国科学院自然科学史研究所等联合试掘组，泉州法石船试掘简报和初步探讨，自然科学史研究，1983，(3)：167。

② 徐英范，挂锔连接工艺及其起源考，船史研究，1985，(1)：69。

③ [日] 多田納久義，韓国光州木浦の海底遺物保存館走訪ねて，(日本) 関西造船協會覽，第7號，平成2年4月，1990年。

④ 福建省交通厅木帆船船型普查办公室主编，福建省木帆船船型汇编，1960年。

新安船或者可能是具有 3 桅 3 帆。

8. 液舱的设置

新安船在第 4、第 5 号舱壁之间的左右两舷，设有约 5.5 立方米的木制液舱柜，如图 6-6[①] 所示。在已出土的我国古船中，液体舱柜这还是首例。此液体舱柜有助于对古船设计的了解，是对中国古文献的极有力的解说。

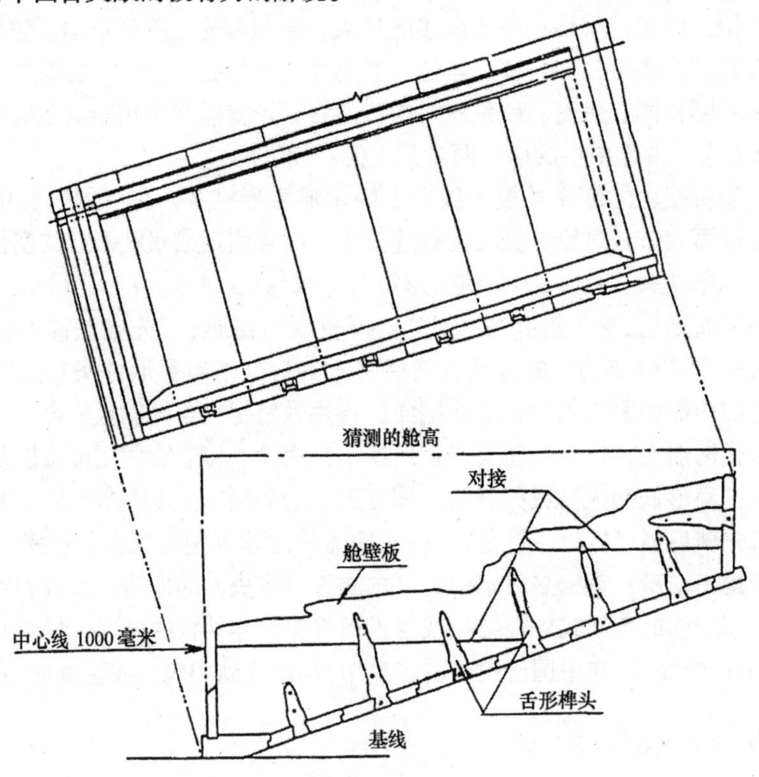

图 6-6　新安船液舱柜的构造

提到设液体舱柜问题，人们当会注意到北宋宣和年间（1119～1125）徐兢出使朝鲜时的著作《宣和奉使高丽图经》，书中写道："海水味剧咸，苦不可口。凡舟船将过洋，必设水柜，广蓄甘泉，以备食饮。盖洋中不甚忧风，而以水之有无为生死耳。华人自西绝洋而来，既已累日，（高）丽人料其甘泉必尽，故以大瓮载水，鼓舟来迎，各以茶米酌之。"[②] 对中国船的壮观与完善，曾使高丽人惊叹不已，并有"倾国耸观而欢呼嘉叹"的盛况。

在该书的"客舟"条中还特别提到水柜是设在舱底："其中分为三处，前一仓，不安艎板（舱底铺板），唯于底安灶与水柜，正当两桅之间也。"[③]

图 6-6 虽提供了研究水柜的实物资料，但对如何装水，日常又如何提取生活用水，尚未见报道。一种合理的安排是，在水柜顶部应有圆形开口，盛水后可用木盖塞紧，或者制成带颈的开口，可用牲畜的膀胱（制成品）绑紧以封口。总之，即使船舶在摇晃时水也不致于被溢出。

① 韩国文化公报部文化财管理局，新安海底遗物（资料篇Ⅱ），三星文化印刷社，1984 年，第 140 页。（朝鲜文）

② 宋·徐兢，《宣和奉使高丽图经》卷 33。

③ 宋·徐兢，《宣和奉使高丽图经》卷 34。

综合上述8点，人们当会认识到，在韩国全罗南道新安郡海底发掘的古船，无疑是在福建建造的中国船。新安船以其精彩的实例，丰富了中国造船技术史的内涵。

（五）关于新安船的复原

1. 舷墙和货舱口的构造

如图6-5所示的新安船中剖面结构，其中“A”剖面反映了舷墙结构，这在中国迄今出土的海船中，还是绝无仅有的。新安船的出现十分宝贵而重要。假使将靠近舷边的甲板造成非水密结构，例如可使甲板积水流入舷边的沟槽，则既便于消除甲板积水，又可收到减缓摇摆的功效。

2. 桅、帆装及总体形象

多田纳久义[①]、李昌忆[②]，都以发现两个桅座为据，认为新安船为两桅帆船。韩国木浦海洋遗物保存处理所的崔光南，曾在《刻在进行复原的中国宝物船》[③]文中绘有新安船复原图（图6-7），以其建筑风格而论颇与当年的遣唐使船相类似。

图6-7　韩国文物管理局1986年拟议的新安船复原设想图（崔光南提供）

---

① ［日］多田納久義，韓国光州木浦の海底遺物保存館走訪ねて，（日本）関西造船協會覽，平成2年4月，1990年。

② Lee Chang-Euk［李昌忆，韩］. 1991. *A Study on the Structural and Fluid Characteristics of a Rabbetted Clinker Type Ship*（*The Sunken Ship Salvaged off Shinan*）. Proceedings of International Sailing Ships History Conference（Shanghai）.

③ ［韩］崔光南，刻在进行复原的中国宝物船，韩国文物管理局，1986年。

3. 新安古船复原后的实船建成

韩国文化电视台为了纪念全世界反法西斯战争胜利50周年，已组织对新安古船的复原与重建。鉴于该古船最有可能是由福建建造的福船船型，遂确定由福建省渔轮修造厂进行复原制造（图6-8），现已建成并在航行中。据《船史研究》报道：仿“新安古船”的主要尺度是：“总长31米；最大宽度9米；型深2.7米；吃水1.9米。设3桅：主桅总长21米，主帆面积11米×6.5米；首桅总长17米，首帆面积9米×6米；后桅总长10米，后桅不挂帆，帆采用竹席。”①

图6-8　由韩国学者复原设计、由福建省渔轮厂建造的仿“新安古船”

二　山东蓬莱元代战船的发掘与研究

（一）蓬莱古船的发掘、研究与展出

1984年6月，在全国重点文物保护单位——蓬莱水城（登州港）进行了一次大规模清淤工程。施工人员在港湾的西南隅2.1米深之淤泥中，发现了3艘古代沉船。蓬莱县和烟台市的文物工作者将其中1艘较完整的古船进行了清理发掘。该船残长28.6米，残宽5.6米，残深0.9米，是中国目前发现的最长的一艘古船（图6-9）②。

① 船史研究会，记韩国MBC电视台三次访问船史研究会，船史研究，1997，（11～12）：300。
② 邹异华，蓬莱古船与登州古港·序言，大连海运学院出版社，1989年，第Ⅰ页。

图 6-9　蓬莱古船出土时的全貌

1987 年 11 月在中国船史研究会组织召开的中国古代船史研讨会（武汉）上，烟台和蓬莱的文物工作者宣读了《蓬莱水城清淤与古船发掘报告》，引起了与会的船史研究工作者的高度重视。经过一年的筹备，由武汉水运工程学院、烟台市文管会和蓬莱县文化局联合举办的全国性蓬莱古船与登州古港学术讨论会于 1988 年 10 月在蓬莱召开，并于 1989 年 9 月正式出版了会议的论文集《蓬莱古船与登州古港》[①]，收录了发掘报告及有关学术论文 15 篇以及同时发现的石碇、木碇、四爪铁锚、缆绳等船具，铜炮、铁炮、石弹、灰弹瓶等武器和一部分瓷器等各种文物的照片 82 幅。

经过两年的建设，我国第一座古船博物馆建成于山东省蓬莱市，并于 1990 年 5 月举行了开馆典礼[②]。在专门设计的仿古木结构建筑物里，开辟了古船展厅，此外还有展出石碇、木碇、铁锚、铜炮、铁炮以及有关陶瓷器等展室。图 6-10 为展出中的蓬莱古船。

（二）蓬莱古船的年代及用途

首先，蓬莱水城的修建为古船的断代提供了线索。现在的蓬莱水城建于明洪武九年(1376)，其水门实宽 8 米，水门至港内的平浪台的距离只有 44 米。像蓬莱古船这样大型的船只，若出入水门就相当费时费力。情况紧急时必将贻误战机。据此，经研究认为："蓬莱古船是在明朝初年水门未修以前即元朝时期进入港内的。"再者，从古船的地层看，该层文

① 席龙飞主编，蓬莱古船与登州古港，大连海运学院出版社，1989 年。

② 舟桥，我国第一座古船博物馆，舰船知识，1990，(10)：15。

图 6-10　登州古船博物馆展厅中的蓬莱古船

物都是元朝器物，如高足杯、瓷碗等，既没有宋朝的遗物，又未见明、清两朝的器物。而“高足杯是元代瓷器中最流行的器形”。“综上所述，我们认为蓬莱古船是元朝建造使用的，其最晚使用期限不应晚于明初洪武九年，即 1376 年蓬莱水城修建以后”①。

蓬莱古船（图 6-10）残长达 28.6 米，残宽只有 5.6 米，其长宽比接近 5.0，这比通常的航海货船大许多，说明它的用途与一般海洋货船有所不同。古船出土时船内外伴有石弹、铁炮、铜炮以及许多装有石灰的瓷瓶等武器，说明它应是一艘具有较高快速性的战船。

特别应当注意到，蓬莱水城在历史上就曾是驻扎水师的港埠。北宋庆历二年（1042）为抵御辽国的南侵，登州郡守郭志高“奏置刀鱼巡检，水兵三百戍沙门岛，备御契丹”②。因其水师所驾驶的战船，形狭长酷似刀鱼，也称刀鱼战棹，此水寨也称“刀鱼寨”。元朝的蓬莱水城仍像北宋时期一样，照旧驻扎着水师，用于巡逻海面，出哨防洋。所用的战舰当为沿袭宋朝的“刀鱼战棹”③。

刀鱼船船型源于浙江沿海，俗称钓槽船。“浙江民间有钓鱼船，谓之钓槽，其尾阔可分水，面敞可容兵，底狭尖可破浪，粮储器杖，置之簧版下，标牌矢石，分之两旁。可容五十

① 邹异华、袁晓春，蓬莱古船的年代及用途考，蓬莱古船与登州古港，大连海运学院出版社，1989 年，第 76 页。

② ［清］道光年间，《蓬莱县志》卷 4。

③ 同①，第 77 页。

卒者，而广丈有二尺，长五丈，率直四百缗”①。此类刀鱼战船长宽比值较大，吃水不深，造价也不高，对于沿海风涛不很大的海域较为适用。北宋时曾将“措置合用刀鱼战船，已行画样，颁下州县”② 制造。元代是中国在海上对外用兵的全盛时期，而且船也愈造愈大，但其船型一般仍是元承宋制③。

综上所述，蓬莱古船应是沿用刀鱼战船型的海防战船。

（三）蓬莱古船的结构特征与工艺特点

蓬莱古船残骸的俯视及纵剖面图如图 6-11 所示，其狭长的船身充分显示了刀鱼战船的基本特征。

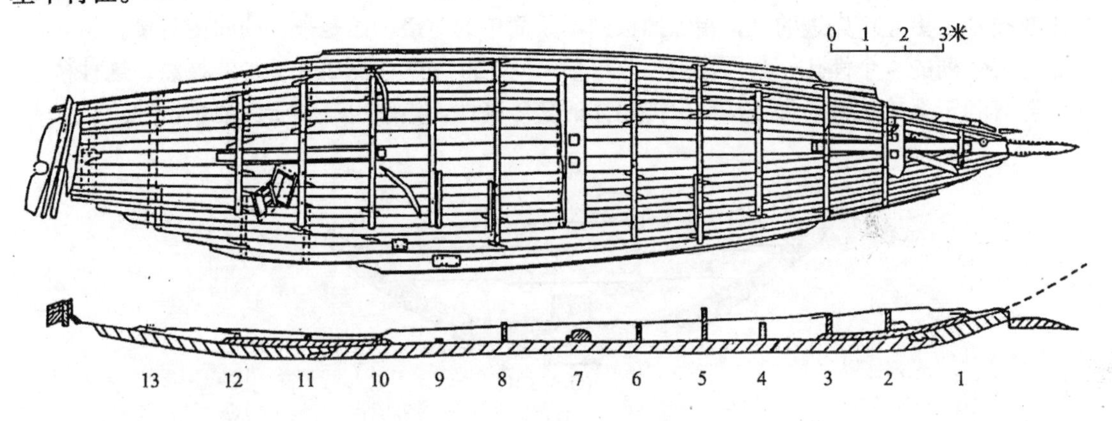

图 6-11　蓬莱古船的平面及纵剖面图

1. 龙骨

龙骨是船体的主要部件，由二段方木以钩子同口加凸凹榫连接。主龙骨长 17.06 米，用松木制成；尾龙骨 5.58 米，用樟木制成，尾端上翘约 0.6 米，全长 22.64 米。龙骨截面在很长一大段为矩形，中部最厚处为 300 毫米，向尾部逐渐过渡到 280 毫米，向首部逐渐过渡到 250 毫米。龙骨截面以在 6 号舱壁处最宽，为 430 毫米，到最尾部宽度减缩到 200 毫米。到首部 2 号舱壁处龙骨宽度过渡到平均约 375 毫米且呈上窄下宽的梯形④。

由主龙骨支撑尾龙骨和首柱，这与泉州、宁波两艘宋代海船大体相一致，但是蓬莱古船采用的是带有凸凹榫的钩子同口连接，榫位长度达 0.72 米，约为宋代两船的两倍。更为突出的特点是，主龙骨与尾龙骨、首柱的接头部位增加了补强材，其长度各为 2.2 米和 2.1 米，其断面尺寸是宽 260 毫米、厚 160 毫米（图 6-11)。“可以认为这是经过一二百年之后较宋代两艘古船的技术进步”⑤。主龙骨在船中部位略向上翘曲，但发掘时未能精确测量到其翘曲值。

---

① 宋·李心传，《建炎以来系年要录》卷 7。
② 清·徐松辑，《宋会要辑稿》，食货 50 之 8。
③ 辛元欧，蓬莱水城出土古船考，蓬莱古船与登州古港，大连海运学院出版社，1989 年，第 69 页。
④ 顿贺、袁晓春、罗世恒等，蓬莱古船的结构及建造工艺特点，武汉造船，1994，(1)：19。
⑤ 席龙飞、顿贺，蓬莱古船及其复原研究，武汉水运工程学院学报，1989，(1)：3。

2. 首柱

首柱长3.6米。用樟木制成。后端受主龙骨支撑并与之采用带凸凹榫的钩子同口连接，连接长度约为0.72米。断面与主龙骨相同，向前则逐渐转化为锥体，其尖端约高出船底2米。在首柱与主龙骨连接部位的补强材上，又设有第1、2、3号舱壁，相互加固。

3. 舱壁板

全船由13道舱壁隔成14个舱，舱壁板厚160毫米，用锥属木制成。其中以第3、第5号舱壁较为完整（见图6-12）①，尚存有4列壁板，总宽度约为0.8米。与出土的宋代船舶相比在技术上更显得先进的是，相邻的板列不是简单的对接，而是采用凸凹槽对接，相邻板列更凿有错列的4个榫孔，其尺寸是长80毫米，宽30毫米，深120毫米。显然，这种精细的构造有利于保持舱壁的形状从而保持船体的整体刚性，当然也有利于保证水密性。

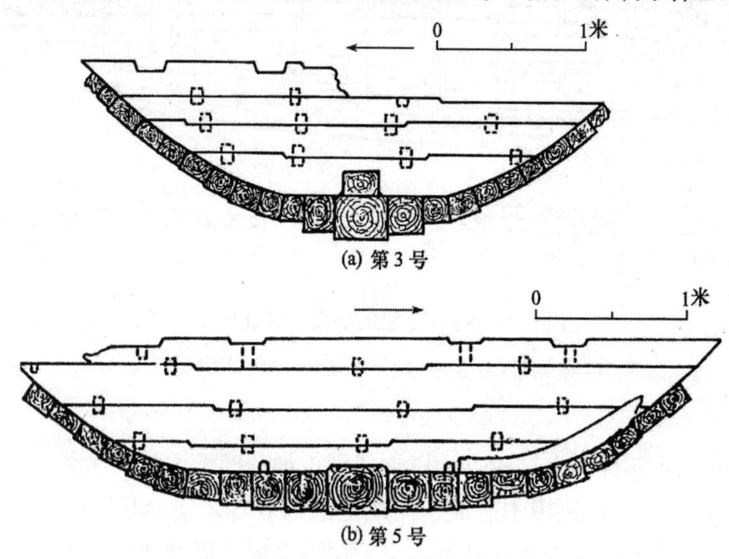

(a) 第3号

(b) 第5号

图6-12 第3号及第5号舱壁的测绘图

与中国古船的传统相一致，蓬莱古船虽然无舱壁周边肋骨，但在两舷舭转弯处，均设有局部肋骨（见图6-12（b））。以船体最宽处为中心，凡前于此处的局部肋骨均设在舱壁之后，凡后于此处的局部肋骨均设在舱壁之前。其作用显然是为了固定舱壁而有利于船体的刚度与强度，也有利于舱壁及外壳板的水密性。

在第3、第5这两只较为完整的舱壁上，在自下而上第4列壁板上，出现有以往从未发现的两对相距约为0.7米的凹槽。笔者认为，这凹槽当是为设置两对纵向桁材而凿成的，在纵向衔材上可铺设木铺板，以为战卒起居之用。前引李心传撰《建炎以来系年要录》载刀鱼船的船型特点时，曾有“粮储器杖，置之簀版下”。此“簀版”，也有的写成“艎板”，即木铺板。《明史·兵志》在述及苍山船时写道：“其制上下三层，下实土石，上为战场，中寝处。

① 烟台市文物管理委员会、蓬莱县文化局，山东蓬莱水城清淤与古船发掘，蓬莱古船与登州古港，大连海运学院出版社，1989年，第30页。

其张帆下碇，皆在上层。”① “从在蓬莱船中所获文物甚少这一点来看，或者就是因为‘下实土石’所致。这点可作为蓬莱古船为兵船的旁证。”②

4. 外板

外板用杉木制成。残存板列左右舷分别为10、11列。每列板最长为18.5米，最短为3.7米，最宽为440毫米，最窄为200毫米。因为腐蚀相当严重，厚度为120～280毫米，但以邻龙骨的板列为最厚。外板列数由首到尾是不变的，于是首部板列较窄，到中部则逐渐增宽。这与宁波古船是一致的③。

列板的边接缝采用简单的平口对接，用3种铁钉钉连：一种是在板厚的中心处钉进穿心钉，其钉长约为0.4405米，呈四棱锥体，根部断面为15毫米×15毫米；一种是在壳板内面钉进铲钉，钉孔距边接缝约为40～50毫米，铲钉间距约150毫米，钉位错开排列成“人”字形。用穿心钉、铲钉钉连壳板略如图6-13所示④。

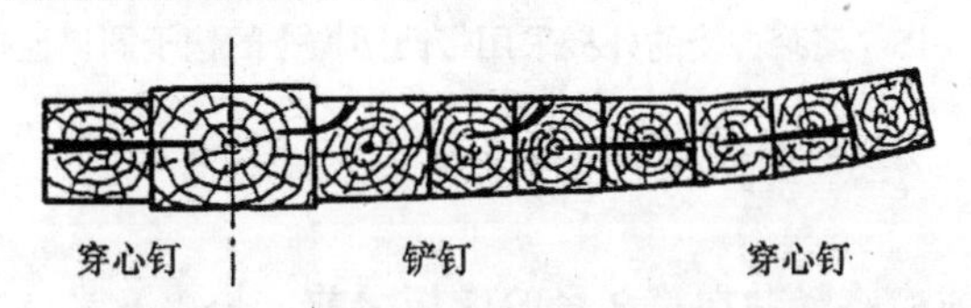

图6-13 蓬莱古船采用的穿心钉及铲铁

第3种钉则为定位锔钉。如图6-14⑤ 所示，此种锔钉类似于挂锔的锔板，用在舱壁板一线，卡在2列外板之间，并能严格限定横舱壁的位置以避免舱壁的移动。在船中最大宽度处以前，所有锔钉均设在舱壁之后，在船中最大宽度以后，所有锔钉则均设在舱壁之前。锔钉的功能除能严格对舱壁限位之外，也能防止外板板列的相互错动。如果锔板上有钉孔并钉在舱壁上，则是很理想的挂锔，但未发现锔板上有钉孔。锔钉的尺寸是：厚度10毫米，宽

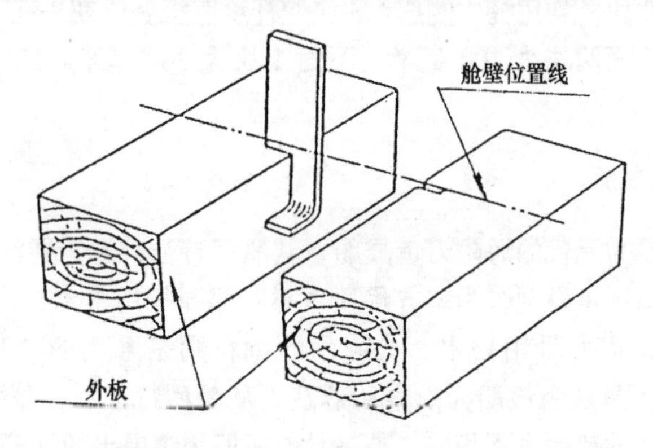

图6-14 蓬莱古船舱壁板的定位锔钉

① 清·张廷玉等，《明史·兵志》。

② 席龙飞、顿贺，蓬莱古战船及其复原研究，武汉水运工程学院学报，1989年，(1)：4。

③ 席龙飞、何国卫，对宁波古船的研究，武汉水运工程学院学报，1981年，(2)：27。

④ Xi Longfei and Xin Yuanou. 1991. *Preliminary Research on the Historical Period and Restoration Design of the Ancient Ship Uneanthed in Penglai*. Proseedings of International Sailing Ships History Conference. Shanghai, China. 236.

⑤ 同④。

度60毫米，长度约400毫米，其中折边约有100毫米。

蓬莱古船外板的连接较宋代已发现的各古船有显著的技术进步。最能引人注意的是，外板板列的端接缝，均选在横舱壁处（见图6-11），以舱壁对外极板列的强力支撑以增强接缝处的连接强度。特别是采用了带凸凹榫头的钩子同口连接（图6-15）[①]，以尽量减少端缝处在连接强度上的削弱。

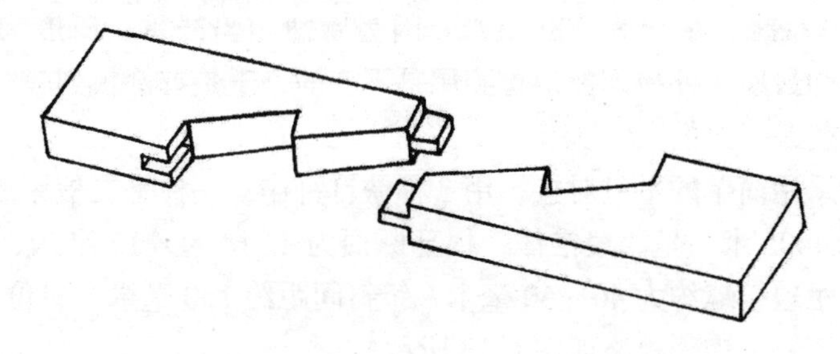

图6-15 蓬莱古船的外板采用带凸凹榫头的钩子同口连接

5. 桅座

桅座用楠木制成。前桅座紧贴在第2号舱壁板之前，长1.6米，宽460毫米，厚200毫米。前桅座上开有200毫米×200毫米的方形桅夹板孔，孔边最近距离为220毫米。主桅座紧贴在第7号舱壁板之前，长3.88米，宽540毫米，厚260毫米。中部有两个桅夹板方孔260毫米×260毫米，孔距320毫米（见图6-11）。桅座也是用铁钉与外壳板、舱壁板相钉连。

6. 舵杆承座

舵杆承座现存有3块，均用楠木制成。3块舵杆承座板叠压在一起，长2.43米，宽400毫米。承座板厚度，上面两块为100毫米，下面1块为260毫米。舵承座孔径约为300毫米。

（四）蓬莱古船的复原

前已述及，蓬莱船为元代的海防刀鱼战船，其船型特征，源于浙江沿海的钓槽船[②]。如果注意考究其造船材料则可发现多为南方优质木材：船壳板用杉木，桅座、舵承座用楠木，首柱、尾龙骨用樟木，主龙骨用松木。捻缝用的捻料则是采用的“麻丝、熟石灰、生桐油”[③]。因而许多研究人员认为该船为南方所建造。从船型特征看，蓬莱古船也与登州、庙岛群岛一带的方头方梢的船型大不相同。长岛县航海博物馆展出的许多原藏于该岛天妃宫内的船舶模型，与蓬莱古船大相径庭。据此，在复原时应多参照南方，例如浙、闽沿海船型的特点。

① 席龙飞，中国造船史，湖北教育出版社，2000年，第215页图7-12。
② 辛元欧，蓬莱水城出土古船考，蓬莱古船与登州古港，大连海运学院出版社，1989年，第69页。
③ 顿贺、袁晓春、罗世恒等，蓬莱古船的结构及建造工艺特点，武汉造船，1994，(1)：27。

1. 关于古船主要尺度及型线的复原

在长度、宽度方面可采用顺势自然延伸的办法进行复原，只有船深较难确定。

依据现有诸舱壁的型线顺势画出其延长线，再结合本船首柱顶端约高出船底线2米这一点，试取吃水为1.8米，再采纳杨槱教授的干舷大致取船长的2.5%的见解①，本船的干舷大约应为0.8米。这样古船的型深应为2.6米。这一数据与福建省的丹阳船相当②。据此所复原的型线图如图6-16所示。

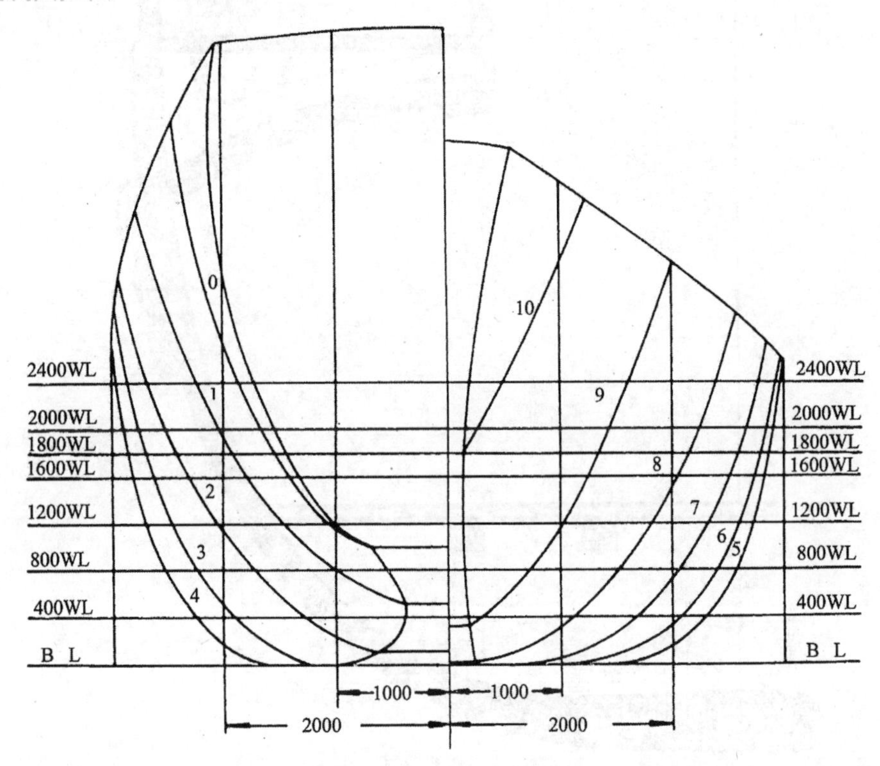

图6-16　经复原的蓬莱古船横剖型线图

古船的主要尺度是：总长32.2米，垂线间长28.0米，型宽6.0米，型深2.6米，吃水1.8米。经计算，方形系数为0.560，其满载排水量为173.5吨。

2. 关于船体横剖面结构的复原

参照《明史·兵志》关于“下实土石″和“中为寝处”的记载，舱壁上的凹槽可以认为是放置纵向桁材（梁木）之需。纵桁之上铺以木铺板以作为“寝处”和供士兵活动的处所。中国的战船在船底之上铺以木板的传统由来已久，至少可上溯到战国时期。例如战国传世的宴乐渔猎攻战纹铜壶，其船底有两道线，顶上的线即代表木铺板③。蓬莱古船“长宽比”很

① 杨槱，对泉州湾宋代海船复原的几点看法，海交史研究，1982，（总4）：34。

② 福建省交通厅主编，福建省木帆船船型汇编，1960年，第5、11页。

③ 刘敦愿，青铜器舟战图像小释，文物天地，1988，（2）：15。

大而船宽偏小，舱底填以土石以保证船舶稳性则是十分必要的。

在船中剖面结构图中（图 6-17），采用原木的半剖面构成对纵总强度极有效的强力构件，这是参照了明代的船舶图样集《筹海图编》里的类似的构件①。

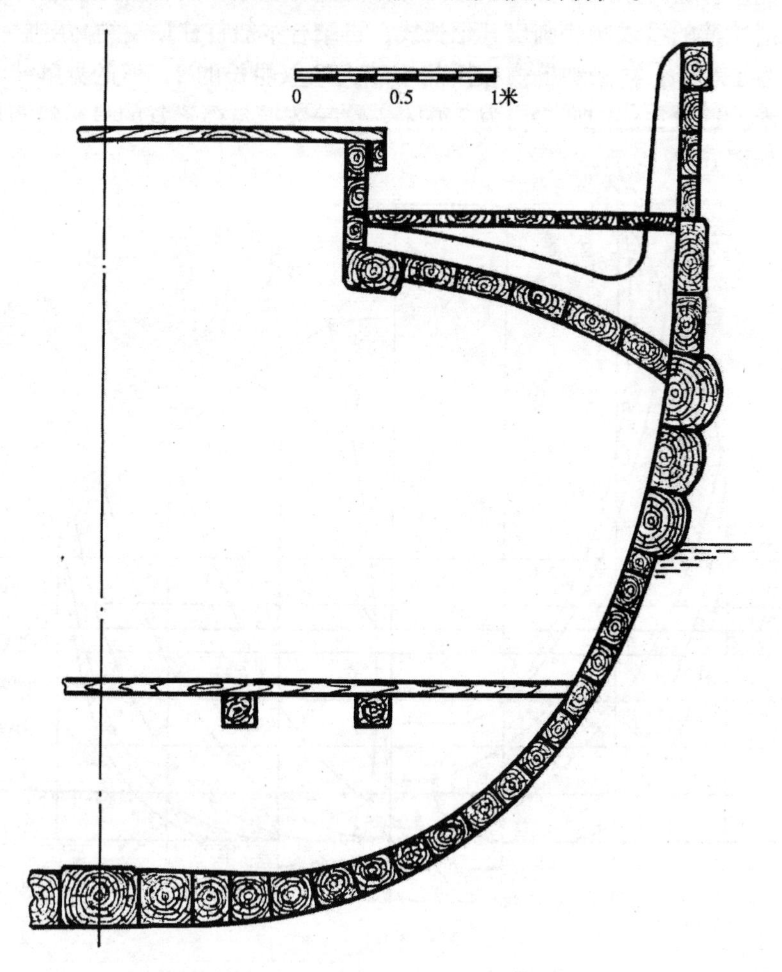

图 6-17　蓬莱古船船中剖面结构图

复原的结构图中取较大的梁拱，贵在可以使舱内有较大空间，并可以排出波浪涌来的积水。其上的平甲板可充作“战场”，这也是与前引《明史·兵志》相符合的。

3. 关于桅、帆及总体布置的复原

借用《福建省木帆船船型资料汇编》中关于桅高与水线长的比值以核算桅高。鉴于蓬莱古船修长，加一尾帆以助舵是适宜的，这也与中国沿海船的法式相符合。帆装与船的总体布置图略如图 6-18 所示。桅、帆、舵的尺寸均参照福建沿海帆船的资料选取②：

首桅：长 21.45 米，头径 350 毫米，前倾 25°，帆面积 96 平方米；

① 明·胡宗宪、郑若曾、邵芳等，《筹海图编》。

② 席龙飞、顿贺，蓬莱古船及其复原研究，蓬莱古船与登州古港，大连海运学院出版社，1989 年，第 56 页。

主桅：长 26.72 米，头径 540 毫米，后倾 1°，帆面积 229.5 平方米；
尾桅：长 12.5 米，头径 200 毫米，后倾 1°，帆面积 31.2 平方米；
舵叶长 4.3 米，宽 1.75 米，舵面积 7.525 平方米，舵面积系数 14.9%。

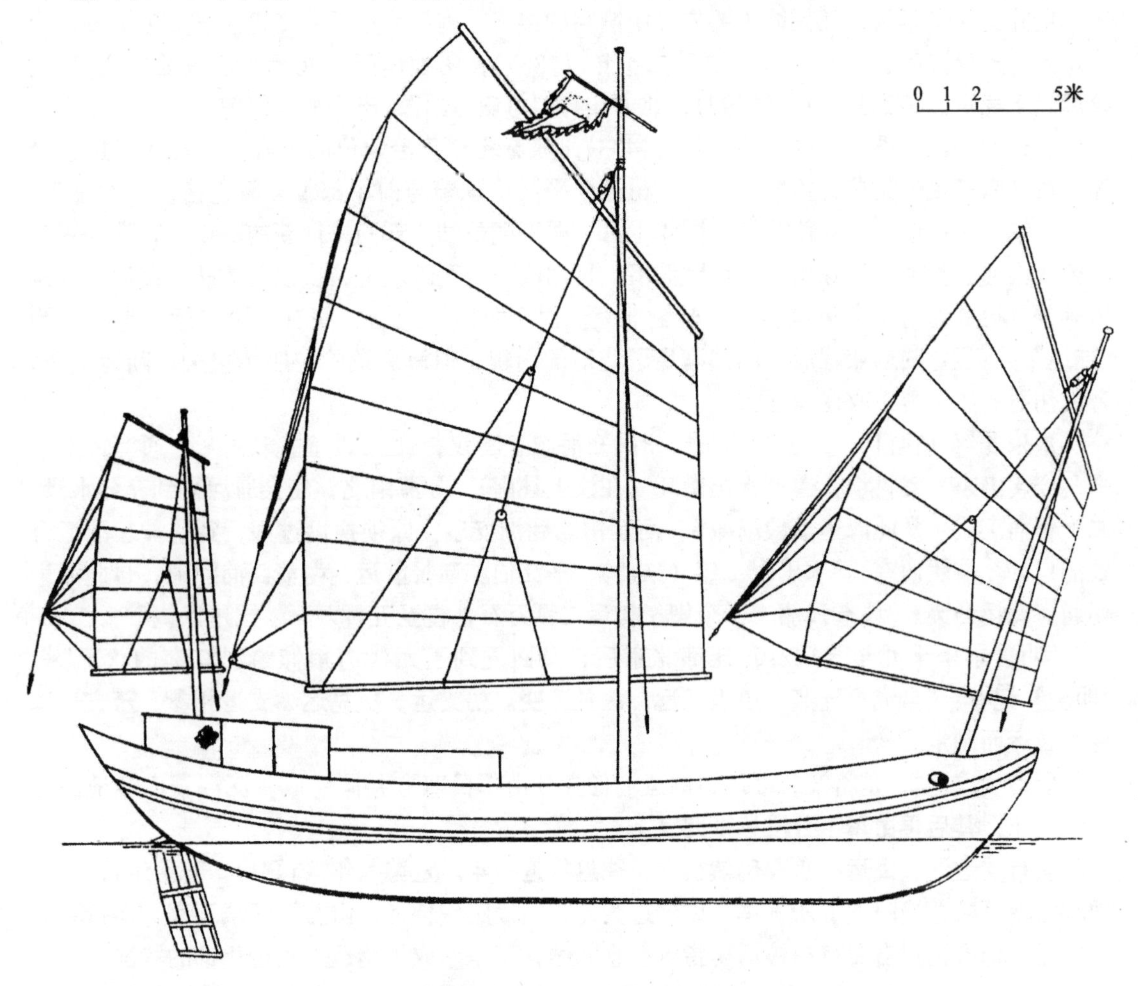

图 6-18　蓬莱古船总布置及帆装图

第三节　明代的水运与船舶生产

一　明代的内河航运与海上交通

（一）明代的内河航运

明王朝建立之初，以金陵为京师，皇城金陵不仅是明王朝的统治中心，也是漕粮的消费中心。输往南京的漕粮，主要通过江运与河运。江西、湖广等地的粮谷，循江而至；东南沿海地区的粮谷，或溯江而上，或由江南运河运抵；凤阳、泗州的粮谷由淮而运；河南、山东的粮谷经黄而至。正如《明史》所记："太祖都金陵，四方贡赋，由江以达京师，道近而易。"[①]

洪武前期，辽东战事频繁。前朝元兵在北方还有相当的残余势力。明王朝在辽东及北平一带屯驻了大量军队，其粮饷主要靠江南漕粮的接济。南粮北运的方式仍沿袭元朝旧制，由苏州太仓刘家港起航实行海运。洪武二十年（1387），明朝消灭了北元在辽东的残余势力，政局趋于稳定。洪武三十年（1397），北方实行"屯田自给"，于是海运停罢。

经过"靖难之役"后的永乐元年（1403），随着北京政治地位的上升，消费人口迅速增加，对江南漕粮的需求日益增长。明成祖遂令平江伯陈瑄与前军都督佥事宣信，各率舟师，海运粮饷，一往辽东，一往北京。同年十月，明王朝采纳户部尚书郁新的奏议，在淮安用船载粮入淮河、沙河，至陈州颍岐口跌坡下，再用浅船运至跌坡上，换以大船载入黄河至八柳树等处，再令河南车夫运赴卫河，转输北京。由于黄河与卫河之间有一段车运，也称之为"陆运"。海运、陆运兼运后，固然满足了北地的用粮，但海运危险，船坏粮失；陆运糜费，劳民伤财。故不得不改变漕运方式。

永乐九年（1411），成祖同意济宁州同知潘叔正奏议，命工部尚书宋礼开会通河，筑东平（今属山东）戴村坝，遏汶水出南旺（在汶上县南），分流南北，使会通河得到充分水量，二十旬而工成，从此海运漕粮渐减[②]。河运漕船到淮安后，原须挽运过坝，到达黄、淮汇合处清口（今淮阴西南）。永乐十三年（1415），平江伯陈瑄督漕运，凿清江浦河道，自此漕运畅通，海运乃废。"议造浅船二千余艘，初运二百万石，寖至五百万石，国用以饶"[③]。

"明自永乐十九年（1421）迁都北京后，又回复到了元代漕粮仰给于江南的状况"[④]。《明史》记有："自成祖迁燕，道里辽远，法凡三变。初支运，次兑运、支运相参，至支运悉变为长运而制定。"[⑤]

所谓"支运"，是将江、淮漕粮的运输任务分由军民双方共同完成。江淮湖广各地民运至淮安止，其后再由军丁分段运抵北京。

实行支运法，民运的水程仍然很远，往返将近一年。宣德六年（1431），陈瑄请行兑运。即将江南民粮兑拨附近卫所官军，以远近为差，给以路费耗米，由官军运载至京。实行兑运法之后，仍有民户自愿将漕粮运至指定粮仓卸纳，于是形成了兑运、支运相参的状况。

成化七年（1471），又有对兑运法的改革，即命运军到江南交兑，民间除担负一定运费外，还支付渡江费用，不再自运。"由是悉变为改兑，而官军长运遂为定制"[⑥]。此后长运法便成为主要的漕运方式贯彻至明末。

"运船之数，永乐至景泰，大小无定，为数至多。天顺（1457）以后，定船万一千七百七十，官军十二万人"。其时运船每只载米 472 石，而后因船数缺少，每船载米七八百石。为保持运船的良好技术状态，要实行"三年小修，六年大修，十年更造"的制度。于是每年为漕运一项，即应造船 1177 艘之多。

---

① 清·张廷玉等，《明史·食货志三》。
② 清·张廷玉等，《明史·宋礼传》。
③ 清·张廷玉等，《明史·陈瑄传》。
④ 罗传栋，长江航运史（古代部分），人民交通出版社，1991 年，第 315 页。
⑤ 同①。
⑥ 同①。

明代除了粮食的漕运之外，还有一些大宗货物的水运。如四川向云南、贵州、施州卫(今湖北恩施)、永宁卫（今叙永县)、建昌卫（今西昌）松潘、叠溪等地的饷边粮运；四川向云、贵、荆、襄的盐运。还有最繁重的是木材运输。明朝多次采伐四川楠木，均由水路运输。永乐四年，为修建北京行宫，明成祖先后五次敕命工部尚书宋礼赴川，采伐和督运大木，由长江转运北上。嘉靖三十六年，为营建三殿，又派官员到四川，采巨木 15 712 根。万历三十五年，复向四川额定采伐楠木 24 610 根，限三年内分运北京。川江上下，船筏争流，号子歌声，震荡峡谷①。还有，江西的木材扎排流经鄱阳湖，转道长江运往南京、常州等地。江西的木材在江浙木材市场上占有重要地位。明代江西景德镇已经发展成为全国的瓷业中心。洪武年间，景德镇有御器厂 1 所，辖窑 23 座，宣德年间有 58 座。民窑数量更大，隆庆、万历年间达 900 座。景德镇瓷器不仅出江西销往全国，而且出中国销往世界，主要靠水运②。

（二）明代的海上交通

继承宋、元以来繁盛的海上交通传统，明代的海上交通事业，有很充实的基础。明代初年为要保证北平、辽东的军需，仍沿元代的传统经营“海运”，把江南的粮食运往北方。永乐元年（1403)，将北平改称北京顺天府，漕粮的需求增加。直到永乐十三年（1415）五月，大运河整理“工成”，“增置浅船三千余艘。设徐、沛、沽头、金沟、山东、谷亭、鲁桥等闸。自是漕运直达通州，而海陆运俱废”③。

1. 沿海航运

由佚名作者成书于嘉靖庚戌年（1550）的《海道经》，详细记述了明初经营“海运”的航线④：

（1）由长江口的刘家港到山东半岛东端的成山角航线；

（2）由成山西航，经刘（公）岛、芝罘岛、沙门岛（今庙岛，属山东省长岛县)，转北入铁山洋（今旅顺老铁山以南海面）而到达辽东各码头；

（3）由直沽（在今天津市区内）向东南经渤海南部的沙门岛、刘（公）岛，转过成山咀，再依第一条航线，即可到达长江口的刘家港；

（4）由辽河口南航到旅顺老铁山，东南直至成山，仍依第一条航线南航到长江口外的茶山（今佘山)，收刘家港抛泊；

（5）由福建闽江口长乐港的五虎门开洋北上，过福宁县（今霞浦县）东海面，入浙江省境，过温州、台州（今台州市)、及宁波府定海卫以东，望北航达长江口外的茶山，再依第 1 条航线北航即可到达成山。

从上述 5 条航线看，明初沿海的远距离航行，即采取了离海岸较远的直航航道。这相应要求有性能好的海船和较高的航海技术。

---

① 王绍荃，四川内河航运史，四川人民出版社，1989 年，第 98～100 页。

② 沈兴敬，江西内河航运史，人民交通出版社，1991 年，第 75～77 页。

③ 清·张廷玉等，《明史·河渠志三》。

④ 《海道经》，丛书集成初编，商务印书馆，1936 年，第 2～7 页。

这本《海道经》对当时闽江口以南的航路没有提及，但是从传世的《郑和航海图》则可以了解到闽江口以南的航线以及郑和下西洋的远洋航线的状况。

2. 明代对外的海上交通——郑和下西洋

明成祖朱棣为扩大明朝的政治影响，争取和平稳定的国际环境，他以明初强大的封建经济为后盾，以先进的造船业和航海技术为基础，把中国与海外各国、各民族之间的友好往来推进到一个繁盛的新阶段。在这样的时代背景下，出现了举世瞩目的郑和下西洋航海壮举。

郑和，回族，云南昆阳县人，其祖先原居西域，世奉伊斯兰教。原名马三保（宝），因随明成祖起兵“靖难”有功，被擢任为内官监太监，赐名郑和。他在永乐三年（1405）至宣德八年（1433）的28年间，曾率领百余艘大小舰船组成的庞大船队，7次远航西洋，共访问过亚洲、非洲30多个国家和地区（图6-19）。

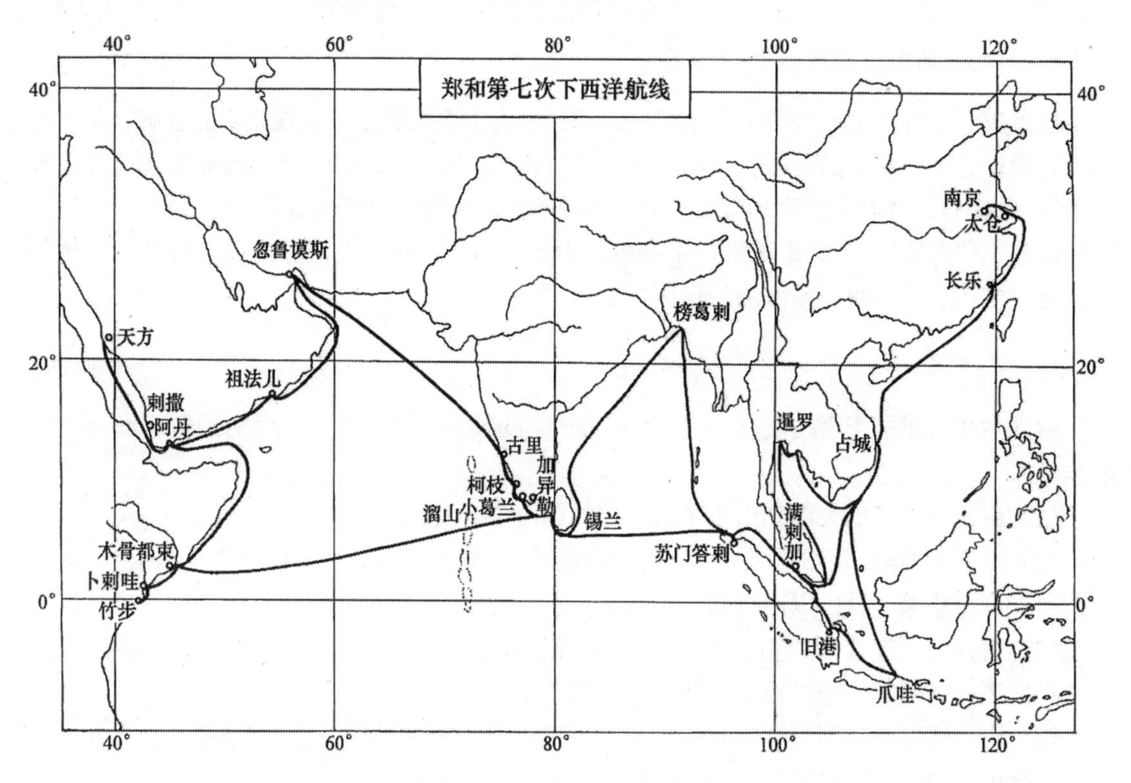

图 6-19 郑和第七次下西洋航线

根据郑和亲自刊立娄东刘家港天妃宫《通番事迹记》碑和福建长乐天妃宫《天妃灵应之记》碑，并参照《明实录》和郑和下西洋随行人员所著《瀛涯胜览》、《星槎胜览》、《西洋番国志》等文献，可将郑和历次下西洋往返年月及所经过的主要国家和地区列表，见表6-3所示。

在15世纪初叶，郑和统帅着以大型宝船为帅船，由百余艘船舶组成的混合舰队，“维绡挂席，际天而行”，那宏伟的场面，确实是渺渺沧沧，浩浩荡荡。“这不仅在当时，即使是集其百年后全部欧洲航海家的船队，与郑和的宝船队相比也要黯然失色”①。

① 席龙飞，郑和与其后清航海家的比较，郑和论丛（第一辑），云南大学出版社，1993年，第88页。

表 6-3　郑和下西洋往返时间及所经国家和地区①

序　次	出发年月	回国年月	所经主要国家和地区
1	永乐三年（1405）十月～十二月	永乐五年（1407）九月二日	占城、暹罗、旧港、满剌加、苏门答剌、锡兰、古里
2	永乐五年（1407）冬末，或次年春初	永乐七年（1409）夏末	占城、暹罗、渤泥、爪洼、满剌加、锡兰、加异勒、柯枝、古里
3	永乐七年（1409）十二月	永乐九年（1411）六月十六日	占城、暹罗、爪洼、满剌加、阿鲁、苏门答剌、锡兰、甘巴里、小葛兰、柯枝、溜山、古里、忽鲁谟斯
4	永乐十一年（1413）	永乐十三年（1415）七月八日	占城、爪洼、古兰丹、彭亨、满剌加、阿鲁、锡兰、柯枝、溜山、古里、木骨都束、忽鲁谟斯、麻林
5	永乐十五年（1417）秋～冬	永乐十七年（1419）七月十七日	占城、渤泥、爪洼、彭亨、满剌加、锡兰、沙里湾泥、柯枝、古里、木骨都束、卜剌哇、阿丹、剌撒、忽鲁谟斯、麻林
6	永乐十九年（1421）秋	永乐二十年（1422）八月十八日	占城、暹罗、满剌加、榜葛剌、锡兰、柯枝、溜山、古里、祖法儿、阿丹、剌撒、木骨都束、卜剌哇、忽鲁谟斯
7	宣德六年（1431）十二月九日	宣德八年（1433）七月六日	占城、暹罗、爪洼、满剌加、苏门答剌、榜葛剌、锡兰、小葛兰、加异勒、柯枝、溜山、古里、忽鲁谟斯、祖法儿、阿丹、剌撒、天方、木骨都束、卜剌哇、竹步

郑和七下西洋，“既要组织好又能安全航行，必须具有科学的航海技术，这是不言而喻的”②。关于郑和船队的航海技术可以概括为③：

（1）船队功能完备、分工明确、组织严密、队形合理；

（2）善于利用季风并有成熟的驶风技术；

（3）以罗经指示航向、以“更”数计航程和以测天体高度测定船位的船舶定位及导航技术；

（4）《郑和航海图》反映了郑和下西洋高度的航海技术成就。

《郑和航海图》原名《自宝船厂开船从龙江关出水直抵外国诸番图》，载于明代茅元仪所辑的《武备志》第240卷。该海图有三个特点：其一，图形一字排开，类似于当今长江航线上应用的海图，便于航行时使用；其二，采取对景图的形式，有山画山，遇岛画岛，浅滩浅礁皆莫不齐备，图上列地名五百多个，国外地名约占3/5，说明郑和时代中国对南洋、印度洋、西亚和东非一带的认识有较大发展；其三，在所绘百余条航线上用针路标注方位，用更标注里程。在没有陆标的大洋中，就要使用“过洋牵星术”这种天文导航法了。

章巽认为：绘制海图在我国是有传统的。徐兢的《宣和奉使高丽图经》即有海道图在内；王应麟的《玉海》卷十五又载有《绍兴海道图》。“明刻本《海道经》里面的《海道指南图》，大体是根据元人底本，这是我们现在还能看到的。这些都是《郑和航海图》所继承了

① 朱鉴秋、李万权，新编郑和航海图集，人民交通出版社，1988年，第1～2页。

② ［日］寺田隆信著、庄景辉译，郑和——联系中国与伊斯兰世界的航海家，海洋出版社，1985年，第119页。

③ 武定国，郑和下西洋在航海上的伟大成就，联合国教科文组织海上丝绸之路综合考察组织委员会编. 中国与海上丝绸之路. 福建人民出版社，1991年，第266页。

的。然而《郑和航海图》却有了极明显的提高，不但范围广大，地名丰富，而且详细地注出了针位和航路，并且还附有四幅利用天体测定船位的《过洋牵星图》。在我国古代航海图的发展史上，《郑和航海图》实在是水平最高，系统最完备，在继承中又有了重大创造和发展的”①。

徐玉虎更将《郑和航海图》与其后的葡萄牙国航海图做了对比：“念及多年前葡萄牙国驻港领导柏比道曾将该国十五、十六两世纪航海图两巨册，赠送香港大学。考该海图为葡萄牙国自西元1500～1600年，诸航海家历次航海所绘制，由简而繁，由模糊而清晰，亦注录各地海岸、山脉、河流、树木与房舍等。对航线未有标注，只此一点足让该图在实用上，不如《武备志》所录之海图。如再从时间上言之，盖在葡萄牙东航前百年，即明成祖永乐三年(1405)，郑和业经率领巨艅六十有二艘，官兵两万七千余人，乘长风破万里浪，远航非洲东海岸，往来于南中国海与印度洋凡七次，创下世界航海史上之伟绩。斯时也，欧人之航海尚在摸索之中。同时，尤属可贵者，郑和等尚绘制中国与非洲间航海图，该图则早于葡萄牙人航海图百年。两图比较，后者既有葡图之优点，又志葡图所缺而为舟子所需之航行标注指南，故其价值远非葡图可比。”②

《郑和航海图》，比荷兰瓦格涅尔编绘并于1584年出版的号称世界第一部航海图集《航海明镜》，要早100多年，而且，就海图所绘的海域范围来说，也要广阔得多③。

二　文献所记述的明代船舶

与宋元时代相比较，明代曾有多种有关船舶、船厂的著作问世。这些著作，对船舶的形制及其法式，叙述较为细致、深入，而且多文图并茂。对船舶的生产量以及用料、用工及造价等记述颇为详尽。对船厂的生产管理也有述及。从这些文献可以看出明代的船舶技术较前代又有长足的进步。现简述其要者以考察明代船舶的技术成就。

(一)《天工开物》④

明代宋应星撰成并刊刻于崇祯丁丑（1637)。其第九卷舟车记有：“凡舟古名百千，今名亦百千。或以形名，如海鳅、江鳊、山梭之类。或以量名（载物之数)，或以质名（各色木料)，不可殚述。游海滨者得见洋船，居江湄者得见漕舫。若趣居山国之中，老死平原之地所见者一叶扁舟、截流乱筏而已。”

《天工开物》所提出的三种分类方法尚不够全面。按其原则还可以产地分类，以航区分类。《明史·职官志》则有按舟船的用途进行分类的叙述：“凡舟车之制：曰黄船，以供御用；曰遮洋船，以转漕于海；曰浅船，以转漕于河；曰马船、曰风快船，以供送官物；曰备倭船、曰战船，以御寇贼。”⑤

---

① 章巽，新编郑和航海图集序，新编郑和航海图集，人民交通出版社，1988年，第3页。

② 徐玉虎，明代郑和航海图之研究，郑和研究资料选编，人民交通出版社，1985年，1976年，第361页。

③ 朱鉴秋，郑和航海图在我国海图发展史中的地位和作用，郑和下西洋论文集（第一集)，人民交通出版社，1985年，第229页。

④ 明·宋应星，《天工开物》。

⑤ 清·张廷玉等，《明史·职官志一》。

《天工开物》第九卷舟车绘有漕舫图（图 6-20）并记有："凡京师为军民集区，万国水运以供储，漕舫所由兴也。元朝混一以燕京为大都，南方运道由苏州刘家港、海门黄连沙开洋，直抵天津，制度用遮洋船。永乐间因之以风涛多险，后改漕运。平江伯陈某始造平底浅船，则今粮舡之制也。"关于桅、锚还记有："凡舟长将十丈者，立桅必两。""凡铁锚，所以沉水系舟，一粮船计用五六锚，最雄者曰看家锚，重五百斤内外，其余头用二枝，稍用二枝。凡中流遇逆风不可去又不可泊，则下锚沉水底，其系绛绕将军柱上，锚爪一遇泥沙扣底抓住，十分危急则下看家锚。"

图 6-20 《天工开物》所绘漕舫图

《天工开物》还绘有六桨课船图（图 6-21）并记有："江汉课舡，身甚狭小而长，上列十余仓，每仓容止一人卧息，首尾共桨六把，小桅篷一座。风涛之中，恃有多桨挟持。不遇逆风一昼夜顺水行四百余里，逆水亦行百余里。国朝盐课，淮扬数颇多，故设此运银，名曰课舡。行人欲速者亦买之。其舡南自赣、西自荆襄，达于爪（洲）、仪（真）而止。"文中的"课"指捐税。

不仅在《天工开物》的第九卷讲述到锚的应用，在第十卷锤锻和在第八卷冶铸中还讲述到四爪铁锚的锻造工艺和锚爪的焊接工艺。由之可见，在明代制造和应用四爪铁锚的技术已十分成熟。

《天工开物》第十卷绘有锤锚图（图 6-22）并记有："凡舟行遇风难泊，则全身系命于锚，战舡海舡有重千钧者。锤法先成四爪，以次逐节接身。其三百斤以内者，用径尺阔砧安顿炉旁，当其两端皆红，掀去炉炭，铁包木棍夹持上砧。若千斤内外者，则架木棚，多人立其上共持铁链，两接锚身。其末皆带巨铁圈链套，提起、捩转，咸力锤合。……盖炉锤之中

图 6-21　《天工开物》所绘六桨课船图

此物其最巨者。”

在锤锻焊接铁件时，通常还要加以焊剂。在“冶铸”一卷中记有：“凡焊铁之法，西洋诸国别有奇药（焊剂），中华小焊用白铜末，大焊则竭力挥锤而强合之，历岁之久终不可坚。故大炮西番有锻成者，中国则惟事冶铸也。”

“凡铁性逐节粘合，涂上黄泥于接口之上，入火挥椎，泥滓成枵而去，取其神气为媒合，胶结之后非灼红斧斩永不可断也。”

在锻接锚时，《天工开物》又强调焊剂不用黄泥而是用“陈久壁土”，这可能是长期实践的经验之谈。文曰：“合药不用黄泥，先取陈久壁土筛细，一人频撒接口之中，浑合方无微罅。”

南宋周密所撰《癸辛杂识》就说到锚，且锚有四爪，但把锚字写作“猫”。后世清代的官府海运档案汇编《江苏海运全案》上也说：“大樯之前有舟牙焉，所以起猫也。”如此说来，“猫”倒是本字。这或许是最初把这种 4 个爪的泊船工具类比作猫，当猫被普遍使用之后，才既保持其原音又根据材质是金属的特点，才创造出一个“锚”字。撰纂于清康熙五十五年（1716）的《康熙字典》收有“锚”字，其解释为“船上铁猫曰锚”。由之可见“猫”字的应用已为时不短并相当广泛。

“四爪锚是中国独创的系泊工具。四爪锚必有两爪同时抓泥，这是它的优点，因而被外国船舶所引用。这种锚，日本叫做‘唐人锚’。流传到西方时，这个被称作‘猫’的船舶属

图 6-22　《天工开物》所绘锤锚图

具连同它的名称，也传到西方。例如在英文中，吊锚杆叫作‘cat-davit’，起锚滑车叫作‘cat-block’，‘cat’就是猫，也是锚。德文‘katzenker’是猫锚，即四爪锚。俄文‘кошка’，既是猫，也是四爪锚。西方也猫、锚通用，透露着中国四爪锚向外传播的信息”①。

“1978年，广州六榕路铁局巷出土明代四爪锚（见图6-23，现藏于广州市博物馆），高3.4米，反映了明代（的广州）造船具有很高的水平”②。

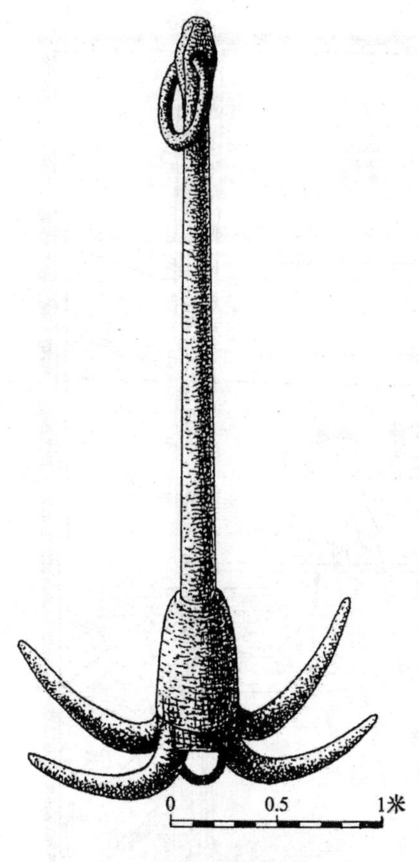

图6-23　藏于广州市博物馆的明代四爪锚

《天工开物》在“杂舟”一节中除江汉课船之外尚有三吴浪船、东浙西安船、福建清流稍篷船、四川八橹船、黄河满篷稍、广东黑楼船及盐船、黄河秦船等。这些船航域不同，各有特色，书中的讲述颇言简意赅。有些船是其他文献所少见。现分述于下。

1. 三吴浪船

浙西平江纵横700里内，尽是深沟小水湾环。浪船（最小者名曰塘船）以万亿计其舟。行人不分贵贱贫富均以其代车马。即使小船也有堂房门窗，多用杉建造。此船对载人货的平衡非常敏感，载重些微偏移即产生欹倾，俗名天平船。在镇江横渡长江时需候风静，再渡过青江浦溯黄河浅水200里则入闸河则即安稳。船的动力靠尾部大橹，须两三人推摇前进，或者以纤绳拉船逆水而上。

2. 东浙西安船

自今浙江常山县、开化县沿马金溪、衢江、富春江而达钱塘，800里水径并无他途。船用竹篾制篷，高可二丈。因钱塘有潮涌，急时易于落帆。

3. 福建清流梢篷船

自今闽西的清流县沿九龙溪，自今闽西北的光译县沿富屯溪起，至现南平市共入闽江而达于福州洪塘（洪山桥）而止。此清流梢篷船因用于载货物或客商的不同，形制略有差异。因流域流速很大，尾部不用舵，却在船首设一大舵用以操纵航向。遇滩险时要4舟之人在船尾拉住船缆以缓其趋势。风篷常年悬而不用。

---

① 章巽，中国航海科技史，海洋出版社，1991年，第95页。

② 广东省地方史志编纂委员会编，广东省志·船舶工业志，广东人民出版社，2000年，第43页。

4. 四川八橹船

川水通江汉，然川船达荆州而止。再向下游即行更舟。上水自夷陵（今宜昌）入峡，用竹篾编成的竹缆挽船。舟中击鼓，挽舟人在山中闻鼓声而使力。中夏至中秋川水封峡断航。到几处极险滩处，人与货尽盘岸登陆行半里许，只有空舟溯水而行。船型制为腹圆而首尾尖狭，以其可以破浪滩云。

5. 黄河满篷稍

其船自（黄）河入淮，自淮溯汴用之。质用楠木，工价颇优。大小不等，巨者载3000石，小者500石。下水则首颈之际压一梁。巨橹两只两旁推轧而下。锚、缆、纤、帆制与江汉相仿云。

6. 广东黑楼船、盐船

北自大庾岭南之南雄，沿北江可达珠江三角洲。黑楼船为官贵所乘，盐船以载货物。舟制两旁可行走，风帆编蒲为之，不挂独竿桅，双柱悬帆，不若中原随转。逆流凭借纤力则与各省同功云。

7. 黄河秦船

俗称摆子船。造作多出自韩城（今陕西韩城市，位黄河西岸），巨者载石数万钧。顺流而下供用淮徐地面。舟制首尾方阔均等，仓梁平下不甚隆起。急流顺下巨橹两旁，夹推来往，不凭风力。归舟挽纤多至20余人，甚至有弃舟空返者。

(二)《南船记》

明代沈㟳撰，成书于嘉靖二十年（1541）。沈㟳曾任南京工部营缮清吏司主事，曾主持龙江船厂多年。他以实际经历和诸多数例撰成此书，共四卷。第一卷篇幅最大，历数龙江船厂所承造的20余类船舶的图式、构造名称及尺寸；第二卷为各卫、所应备船舶数量；第三卷记述都水司、提举司的组成及人员；第四卷记述各型船舶的用料、用工和船价。现将书中所记各主要船型的尺寸、用工和船价列成简表如下。

关于战船和哨船，沈㟳在书中写道："盖战船者，斗舰之遗；哨船者，游艇之变也。"

表6-4中的四百料战座船，按明代工部尺相当于0.311米计算，此战船长为27米，宽为5.29米。两桅，主桅挂帅旗，尾设望亭，这是水军指挥官的座船。作者沈㟳认为，这种船装饰得威武显赫，以其"大而雄坚"的体态，以求达到"鼓扶摇之势，有不战而先夺人之心"的效果。对表中尺度基本一致而形制相仿的四百料巡座船，作者颇有严苛的批评：巡逻之政不可不讲。然巡船"皆以我之无形致彼之有形也。轻挠健棹，云掩星驰，犹惧为其所觉察，而何有座船之壮观反示之有形也哉！总戎（主将、指挥员）以身殉国而欲与士卒分劳而设也，果欲分任其劳，又不必座船之暇逸也"。该作者认为，战巡本应合并，平时用巡，有警便战。以此看来，巡座船属于那种空摆排场、装腔作势而并无实效的花架子船。

表 6-4　《南船记》所记各主要船型的尺寸、用工及造价

船　型	长（L）	阔（B）	长宽比 L/B	用工数	造价银（两）
预备大黄船	8丈4尺5寸	1丈5尺	5.63	2558	76.785
大黄船	8丈5尺3寸	1丈5尺6寸	5.47	1022	30.66
小黄船（扁浅黄船）	8丈3尺	1丈6尺4寸	5.06	934	28.2
四百料战座船	8丈6尺9寸	1丈7尺	5.11	2487	74.61
二百料战船	6丈2尺1寸	1丈3尺4寸	4.63	1000	30.0
一百五十料战船	5丈4尺4寸	1丈6尺	3.40	751	22.53
一百料战船	5丈2尺	9尺6寸	5.42	490	14.7
三板船	3丈8尺	8尺4寸	4.52	256	7.7
划　船	3丈8尺	8尺4寸	4.52	246	7.4
浮桥船	5丈9尺9寸	1丈5尺1寸	3.97	666	30
四百料巡座船	8丈6尺9寸	1丈7尺	5.11	1400	42
二百料巡沙船	6丈7尺	1丈3尺6寸	4.93	870	26
九江式哨船	4丈2尺	7尺9寸	5.32	252	7.56
安庆哨船	3丈6尺7寸	7尺8寸	4.71	252	7.56
轻浅便利船	5丈2尺5寸	1丈0尺5寸	5.00	876	26.28
蜈蚣船	7丈5尺	1丈6尺	4.69	—	—

《南船记》卷一所载第一种船即预备大黄船，这是供皇帝出巡时专用的座船。古代黄色是皇室独用的颜色，以显示皇权的尊贵。它常年停泊在通州备用。虽多年未必动用一次，但也必须轮番修造，以备不时之需。这就是在黄船前加“预备”二字的原因。“预备者，备巡幸也。”《龙江船厂志》上说它是“国朝御用之船，以石黄涂其外，梢上有亭如殿，故名水殿”，也称“水殿黄船”。大概因为这是为皇帝准备的座船，沈便有意避而不谈了。这种水殿，虽然没有史籍上所记载皇家龙舟那样豪华，但也是一艘劳民伤财的庞然废物。

(三)《龙江船厂志》[①]

明代李昭祥撰，成书于明嘉靖年间，共八卷。明代于南京三汊河设龙江船厂，李昭祥为该厂后期主事人，李以其亲身经历写成此书。书中附有该厂全貌布置图（图 6-24）。

《龙江船厂志》卷二为舟楫志，记载明代船舶类型及其结构和造船所需物料、人工计算规定；卷四为建置志，记述龙江船厂规模；卷八为文献志，记述自刳木为舟以来历代船舶沿革。其他各卷，分别记述船厂组织、管理制度等。纲目相属，先后有序，系统地记述了我国船舶发展概况和古代船厂的管理规程。

《龙江船厂志》所记内容难免与其他文献有所交叉或重复，如《南船记》中的预备大黄船，在此书中也称“水殿黄船”。《明史·职官志》中有马船、风快船，以供送官物。《大明会典》中有马快船条，说原是“以备水军进征之用”。“既建都北京，遂专以运送郊庙香帛，上

① 明·李昭祥，《龙江船厂志》。

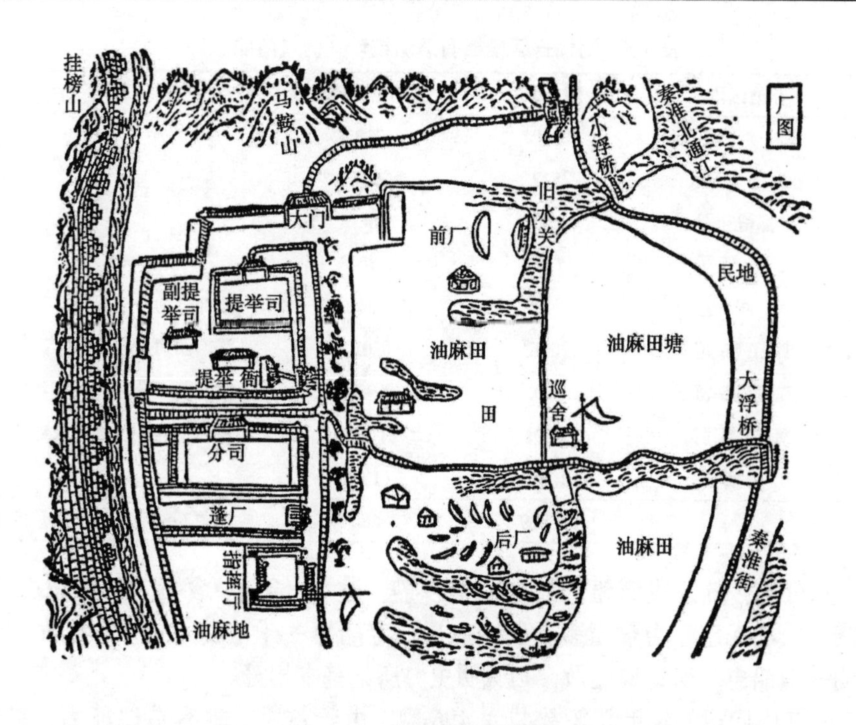

图 6-24 明代龙江船厂图

供物品，军需器仗及听候差遣，但属南京兵部掌握，轮流差拨。”此书也记载了马快船改为皇家专用供船的事。据所运物品的种类来看，马快船又像是《南船记》中所记的大小两种黄船。

(四)《漕船志》

明代席书编撰，后经朱家相增修。席、朱二人多年从事漕运，并先后主持清江船厂（在今江苏淮阴市）。这是以其亲身经历撰写的关于漕船和船厂的专著。书中记述了明代清江船厂与卫河船厂（在今山东临清市）这两个专造漕船工厂（后二厂合并为一）的历史沿革与生产情况。书中对历代漕运管理，亦有记述。

前已述及，由于海漕多险，工部尚书宋礼于永乐九年（1411）有开会通河开辟运河漕运之举。《明史·河渠志》记有：“陈瑄之督运也，于湖广、江西造平底浅船三千艘。”① 永乐十三年（1415），平江伯陈瑄凿清江浦河道工成，自此漕运畅通，《河渠志》又有“增置浅船三千艘”②。的记载。这样，在短短的4年之内，总计造6000艘。后来分段划区，指定各航运区段保持额定船数和逐年的更新数字。《明史·食货志》记有：“初，船用楠杉，下者乃用松。三年小修，六年中修，十年更造。”由此可知每年更造的新船为总船数的1/10。这些都显示了明代水运管理和造船制度的严整。席书所撰《漕船志》录有各航运区段拥存船舶数，略如表6-5。

---

① 清·张廷玉等，《明史·河渠志三》。

② 同①。

表 6-5　明代各区段拥有漕船统计（据《漕船志》）

序	存泊区段	艘　数	年更新数	附　注
1	南京卫	2130	213	
2	江北直隶	2542	254	
3	中都留守司	887	88	
4	山东都司	776	77	
5	遮洋总	548	54	此部分为海漕船
6	浙江都司	2046	(205)	江南四司所在地都有造船能力，
7	江西都司	899	(90)	按更新十分之一，每年四司就
8	湖广都司	759	(76)	地建造共 496 艘。政府按额拨款
9	江南直隶	1252	(125)	
计		11 839	686	此更新数应由清江船厂完成

由表 6-5 可见，各区段漕船总数为 11 839 艘。这与《明史·食货志》所记“运船之数，永乐至景泰，大小无定，为数至多。天顺以后，定船万一千七百七十”① 之数，只相差 69 艘。这说明《漕船志》所记漕船数，与《明史》所记基本相符。

表 6-5 中江南四司的年更新船数共为 496 艘。由于各所在地有造船能力，可以就地建造，由政府按定额拨款。因此就勿需清江船厂负担。南京卫、江北三司和遮洋总 5 处的年更新船数共为 686 艘，须由清江船厂与卫河船厂负责建造与补充。《漕船志》上记有：“每年清江、卫河各厂改建粮船约有七百余艘。”《大明会典》记述了明朝廷的实际指令：“今例，清江提举司，每年建造六百八十只。”然而实际上，自弘治三年（1490）到嘉靖二十三年（1544），前后 55 年之内，清江（及卫河）船厂只有 4 年完成了 700 艘之数，其他年份均在五六百艘上下，700 艘是清江船厂最高的生产数。

（五）《筹海图编》

原题“明少保新安胡宗宪辑，曾孙庠生胡维极重校”。据研究认为实出自胡之幕僚郑若曾（开阳）之手。然其体裁多由邵芳参划，遂相与商订成书。共 13 卷。书成于嘉靖年间。主要记述嘉靖时抵御倭寇事略，上溯追述明代前和明初中日交通情况。书中附有对沿海布防形势图及战船、武器详图。其对船舶的记述和所附船图虽可新人耳目，但与稍后出书的《武备志》相比，并不出色。在此着重介绍《武备志》对船舶的阐述。

（六）《武备志》

明代茅元仪撰，成书于天启元年（1621），共 240 卷。茅元仪之祖茅坤，曾任职兵部，做过胡宗宪的幕僚，熟悉海防，元仪出于将门，并曾亲历战阵，讲求韬略，博采历代兵书 2000 余种，经 15 年辑成，约 200 万言。应当说这是阐述古代水陆军事装备的专著，对河漕、海运、海防、江防及航海也有论述。其中 116 及 117 两卷，图文对照详述各型各类战船的特点及其应用。前已述及，其第 240 卷为《郑和航海图》。

① 清·张廷玉等，《明史·食货志三》。

《武备志》中对前朝早已有之的游艇、蒙冲、楼船、走舸、斗舰、海鹘船等均有详述，兹不赘言。现将其他各型各类战船及船舶分述如下①。

图 6-25 广东船图

1. 广东船

“广东船两旁搭架摇橹，风篷札制俱与福船不同。”(见图 6-25)

2. 新会县尖尾船及东莞县大头船

新会县在广州之南，东莞在广州之东，相距只约 50～70 公里。此两船只是广东船的一种变型（见图 6-26 和图 6-27)。

“广船今总名乌艚，又有横江船数号。其称白艚者皆福建船。”

“广船，视福船尤大，其坚致亦远过之。盖广船乃铁力木所造，福船不过松杉之类而已。二船在海若相冲击，福船即碎，不能挡铁力之坚也。倭夷造船亦用松杉之类，不敢与广船相冲。广船若坏须用铁力木修理，难于其继。且其制下窄上宽，状若两翼，在里海则稳，在外海则动摇，此广船之利弊也。广东大战船，用火器于浪漕中，起伏荡漾，未必能中贼。即使中矣，亦无几何，但可假此以吓敌人之心胆耳。所恃者有二：发铲，佛郎机。是惟不中，中则无船不粉，一也。以火球之类于船头，相遇之时，从高掷下，火发而贼船即焚，二也。大福船亦然。广船用铁力木，造船之费加倍福船，而其耐久亦过之。盖福船俱松杉木，蛾虫易食，常要烧洗，过八九汛后难堪风涛矣。广船木质坚，蛾虫纵食之，亦难坏也。”

3. 大福船（图 6-28)

“福船一号吃水太深，起止迟重，惟二号船今常用之。福船高大如楼，可容百人。其底尖，其上阔，其首昂而口张，其尾高耸，设楼三重于上，其旁皆护板，护以茅竹，竖立如垣。其帆桅二道，中为四层，最下层不可居，惟实土石，以防轻飘之患。第二层乃兵士寝息之所，地柜隐之，须从上蹑梯而下。第三层左右各设木椗，系以棕缆，下椗起椗皆于此层用力。最上一层如露台，须从第三层穴梯而上。两旁板翼如栏，人倚之以攻敌，矢石火炮皆俯瞰而发。敌舟小者相遇则犁沉之，而敌又难于仰攻，诚海战之利器也。但能行于顺风顺潮，回翔不便，亦不能逼岸而泊，须假哨船接渡而后可。”

“戚继光② 云，福船高大如城，非人力可驱，全仗风势，倭船自来矮小，如我之小苍

① 明·茅元仪，《武备志》，卷 116 及 117。

② 戚继光（1528～1587)，明抗倭名将、军事家，山东蓬莱人，出身将门。在东南沿海抗倭时多用福船。

船，故福船乘风下压，如车碾螳螂。斗船力而不斗人力，是以每每取胜。设使贼船亦如我福船大，则吾未见必济之策也。但吃水一丈一二尺，惟利大洋。不然，多胶于浅，无风不可使。是以贼船一入里海沿浅而行，则福船为无为矣，故有海沧（船）之设。”

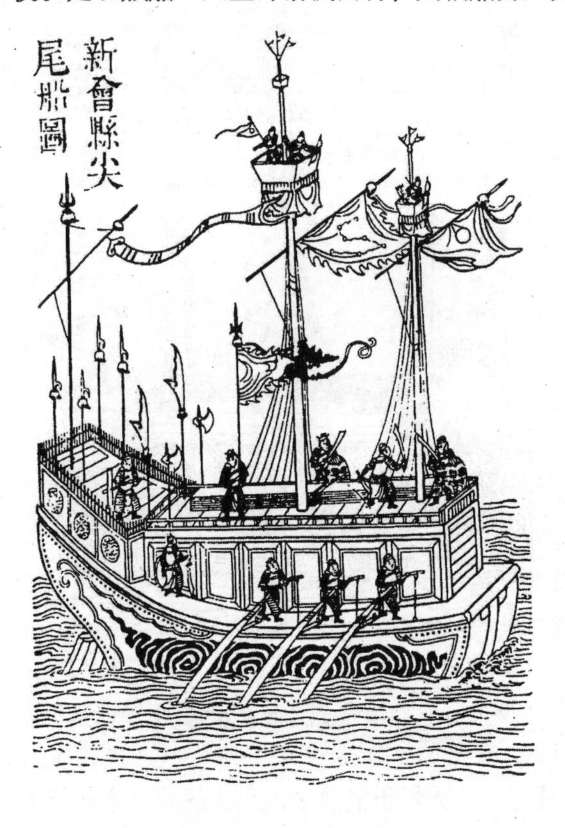

图 6-26　新会县尖尾船图

图 6-27　东莞县大头船图

《武备志》接着写道：“按福建船有六号：一号、二号俱名福船；三号哨船；四号冬船；五号鸟船；六号快船。势力雄大，便于冲犁。哨船、冬船便于攻战追击，鸟船、快船，能狎风涛，便于哨探或捞首级。大小兼用俱不可废。船制至福建备矣。惟近时过于节省，兵船修造估价太廉，求其板薄钉稀，不可得也。欲船之坚须加工料可也。”

“草撇船即福船之小者。”（图 6-29）

“冬船与哨船同，特两旁不钉竹披耳。”（图 6-30）

戚继光云：“海沧稍小福船耳，吃水七八尺，风小亦可动，但其功力皆非福船比。设贼船大而相拼，我舟非人力十分胆勇死斗，不可胜也。二项船皆只可犁沉贼舟，而不能捞取首级，故又有苍船之设。”

开浪船“即鸟船，特今不用桨。快船与鸟船亦同而差小也。”（图 6-31）

“戚继光云：开浪，以其头尖故名。吃水四尺，四桨一橹，其形如飞。内可容三五十人，不拘风潮顺逆者也。”

“庄渭阳曰：广船不如福船，广船下狭上阔，不耐巨浪，又其上编竹为盖，遇火器则易燃，不如福船上有战棚，御敌尤便也。往年游击侯国弼改造福船，业有成效，今合酌用其制。底用广船式，上用福船面，庶足涉鲸波而销氛祲也。”

图 6-28　大福船图

图 6-29　草撇船（今名哨船）图

图 6-30　海沧船（今名冬船）图

图 6-31　开浪船（鸟船）图

4．叭喇唬船

“(以后船制出自浙直）叭喇唬船浙中多用之，福建之烽火门亦有其制。底尖面阔，首尾一样，底用龙骨，直透前后，阔约一丈，长约四丈，末有小官舱，艞面两旁各用长板一条，其兵士坐向后而擢桨，每边用桨十枝或八枝，其疾如飞，有风竖桅用布帆，桨斜向后，准作偏舵，亦能破浪，甚便追逐哨探，倭奴号曰软帆亦畏惮。”（图 6-32）

5．艟𦨴船

戚继光云：“近者改苍山船为艟𦨴船，比苍山船尚大，比海沧船更小而无立壁，最为得其中制，遇倭舟或小或少皆可施功。”（图 6-33）

图 6-32　叭喇唬船图

图 6-33　艟𦨴船图

6．苍山船

“首尾皆阔，帆橹兼用，风顺则扬帆，风息则荡橹。其橹设船之两旁腰半以后，每旁五枝，每技二跳，每跳二人。方橹之未用也，以板闸于跳上，常露跳头于外。其制以板隔二层，下层镇之以石，上层为战场，中一层穴梯而下，卧榻在焉。其张帆下旋，皆在战场之处。船之两旁俱饰以粉，盖卑隘于广福船而阔于沙船者也。用之冲敌颇便而健。温州人呼之为苍山铁。”（图 6-34）

“苍船最小，旧时太平县地方捕鱼者多用之。海洋中遇贼战胜，遂以著名。殊不知彼时各渔人为命负极之势，亦由贼之人我地故也。今应官役，便知受命。然此船水面上高不过五尺，就加上木打棚架，亦不过五尺。贼舟与之相等，既势均不能冲犁。若使经遇贼舟，两艘相连以短兵斗刀，我兵决非长策，多见惧事。但若贼舟甚小，一入里海我大福、海沧不能入，必用苍船以追之。此船吃水六七尺，与贼舟等耳。其捞取首级，水潮中可以摇驰而快便，三色之中此为制。”

7. 八桨船

“八桨船但可供哨探之用，不能击贼。今闽、广、浙直皆有之。”(图 6-35)

图 6-34　苍山船图

图 6-35　八桨船图

8. 渔船

“渔船于诸船中制至小，材至简，工至约而用为至重。何也？以之出海，每载三人，一人执布帆，一人执桨，一人执鸟咀铳。布帆轻捷无垫没之虞，易进易退，随波上下，敌舟瞭望所不及，是以海上赖之取胜，擒贼者多其力焉。”

9. 鹰船（两头俱尖）

“崇明沙船可以接战，但上无壅蔽，火器矢石可以御之，不如鹰船两头俱尖，不辨首尾，进退如飞。其旁皆茅竹密钉，如福船傍板之状。竹间设窗，可出铳箭。窗之内船之外，隐人可荡桨。先用此舟冲敌入贼队中，贼技不能却，沙船随后而进，短兵相接，战无不胜矣。鹰船沙船乃相须之器也。”

10. 沙船

“水战非乡兵所惯，乃沙民所宜，盖沙民生长海滨习知水性，出入风涛如履平地，在直隶（指南京）、太仓、崇明、嘉定（今属上海市）有之。但沙船仅可于各港协守小洋出哨，若欲赴马迹、陈钱等山必须用福苍及广东乌尾等船。”（图 6-36）

“沙船能调戗使斗风，然惟便于北洋而不便于南洋，北洋水浅南洋深也。沙船底平不能破深水之大浪也。北洋有滚涂浪，福船、苍山船底尖，最畏此浪，沙船却不畏此。北洋可以抛铁锚，南洋水深惟可下木椗（此船当与鹰船说参看）。”

11. 鸟嘴船

“出温（州）、台（州）、松门（今浙江温岭县海滨）、海门（今浙江椒江市）等处，船首形如鸟嘴，有风则篷，无风用橹，长四五尺，南人亦用捕鱼。”（图 6-37）

图 6-36 沙船图

图 6-37 鸟嘴船图

（七）《使琉球录》①

明嘉靖十一年（1532），陈侃奉谕出使琉球对中山王世子尚清进行册封，为此第二年赴闽造船。嘉靖甲午（1534）三月舟始毕工，当年去还，归后写成此书。书中尽述使船的概

① 明·陈侃，《使琉球录》。

况，关于桅、舵、锚、橹等细节和海上遇险折桅等情景，叙述尤为生动。

陈侃写道："其舟之形制与江河间座船不同，座船上下适均出入甚便，坐其中者八窗玲珑开爽明霞，真若浮屋然，不觉其为船也。此则舱口与船平，官舱亦止高二尺。深入其中，上下以梯艰于出入。面虽启牖，亦若穴之隙。所以然者，海中风涛甚巨，高则冲，低则避也。故前后舱外犹护以遮波板（今名舷墙）高四尺，虽不雅于观美而实可以济险。因地异制造作之巧。长一十五丈，阔二丈六尺，深一丈三尺。分二十三舱，前后竖以五掩大桅，长七丈二尺，围六尺五寸，余者以次小而短。舟后作黄屋二层，上安诏勒，尊君命也，中供天妃，顺民心也。舟之器具：舵用四副，其一置，其三防不虞也。橹三十六枝，风微逆，或求以人力胜，备急用也。大铁锚四约重五十斤，大棕索八，每条围尺许。长百丈。惟舟大故运舟者不可得而小也。划船二，不用则载以行，用则借以登岸也。水四十柜，海中惟甘泉为难得，勺水不以惠人，多备以防久泊也。通船以红布围幔，五色旗大小三千余面。刀铳弓箭之数多多益办。佛郎机亦设二架，几可以资戎者莫不周具，所以壮国威而寒外丑之胆也。"

该船的大桅是由五小木攒成，束以铁环，风浪中环断其一，遂有桅折帆倾之险。再就是陈侃认为：原舟用钉不足，捻麻不密，板联不固，隙缝皆开，乃有水进船舱之祸，以数十人引水，水仍不止。后来还是速找隙缝而塞之，方保无虞。鉴于航海的危险，出航前皆有万全之策。如清康熙三年（1664）张学礼写道："前朝旧例，封舟出海，恐漂流别岛不能复回，

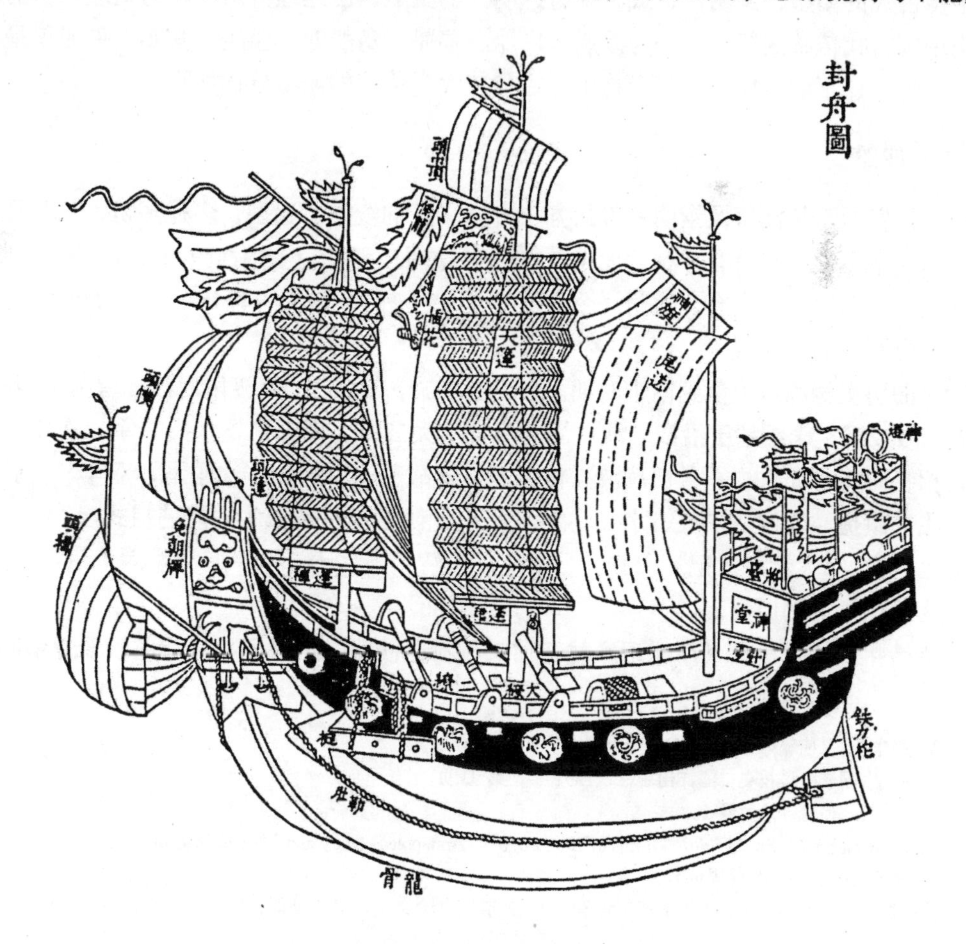

图 6-38　出使琉球的封舟图

随带耕种之具。”[①]

陈侃之后，明代出使琉球还有4次，到清代则更频。赴琉球的使船封舟（图6-38），由礼部负责，指派福建当地官员具体施工。船厂就设在福建闽侯县闽江中叫做南台的小岛上[②]。使船的送迎仪式也在南台举行。陈侃写道：“予等启行，三司诸君送至南台”，“南台距海百余里，大舟畏浅必潮平而后行”[③]。

美国学者斯万生（Bruce Swanson）曾撰成关于中国舰船史的著作《龙的第八次航程》[④]，其中刊有封舟图，对封舟的描绘细致全面，其形象与各文献所记颇多相合。如陈侃记有：“舵叶亦坏，幸以铁梨木为柄得独存舟之所恃以为命者。”张学礼的使船也曾折桅，舵的勒索（图中为肚勒）断，须易绳下舵。图中船尾设楼二层，设将台、神堂、针房（今名驾驶舱）等，也与文献所记一致。

明代为发展与琉球间的交流往来，朝廷曾下令“赐闽中舟工三十六户，以便贡使往来”[⑤]，这是将福建船匠的造船技术向海外传播交流的实绩。

三 中国古代的三大船型

中国古代的船型，到明代，或者说通过明代的文献，已经理得出清晰的条理。从前曾有人提出中国古代传统的船型可分为沙船、广船、福船、鸟船四大船型，其实，鸟船仅是福船派生的船型，还不能自树一帜。现将中国古代三大类传统的船型分述如下。

（一）沙船

沙船是发源于长江口及崇明一带的方头方梢平底的浅吃水船型，多桅多帆，长与宽之比较大。因底平不怕沙浅，有“稍搁无碍”之效。“过去，多在上海附近的太仓浏河等地制造。在历史上以崇明为著。太仓，通州（今江苏南通），海门，常熟，嘉定，江阴等处均有。道光年间上海有沙船五千艘”[⑥]。

沙船的历史渊源可追溯到南宋时期。《宋史·兵志》记有：“南渡以后江淮皆为边境故也。建炎初（1127），李纲请于沿江、淮、河帅府置水兵二军，要郡别置水兵一军，次要郡别置中军，招善舟楫者充，立军号曰凌波、楼船军，其战舰则有海鳅、水哨马、双车、得胜、十棹、大飞、旗捷、防沙、平底、水飞马之名。”[⑦] 此防沙、平底似为沙船的祖式。

前已述及，《大元海运记》中载：委张瑄、朱清“限六十日造平底海船六十只”，此平底海船盖为后世沙船的原型。

明嘉靖年间沈啓所撰《南船记》载有“二百料巡沙船”图并记有“所谓沙船像崇明三沙

---

① 清·张学礼，《使琉球纪》。

② 章巽，中国航海科技史，海洋出版社，1991年，第93页。

③ 明·陈侃，《使琉球录》卷1。

④ Bruce Swanson. 1982. *Eighth Voyage of the Dragon*. Annapolis. Maryland. Naval Institute Press. 34.

⑤ 清·张廷玉等，《明史·外国传》。

⑥ 周世德，中国沙船考略，中国造船工程学会1962年年会论文集，第二分册，国防工业出版社，1964年，第33页。

⑦ 元·脱脱等，《宋史·兵志一》。

船式也”。明嘉靖年间成书的《筹海图编》始有沙船的图文。

周世德在《中国沙船考略》中，实测了大型沙船的帆装图（图6-39）和结构图（图6-40)。该文认为：“在主要尺度比值方面，古代沙船与现代沙船很相近。”表6-6列出四型沙船的主要尺度及其比值。

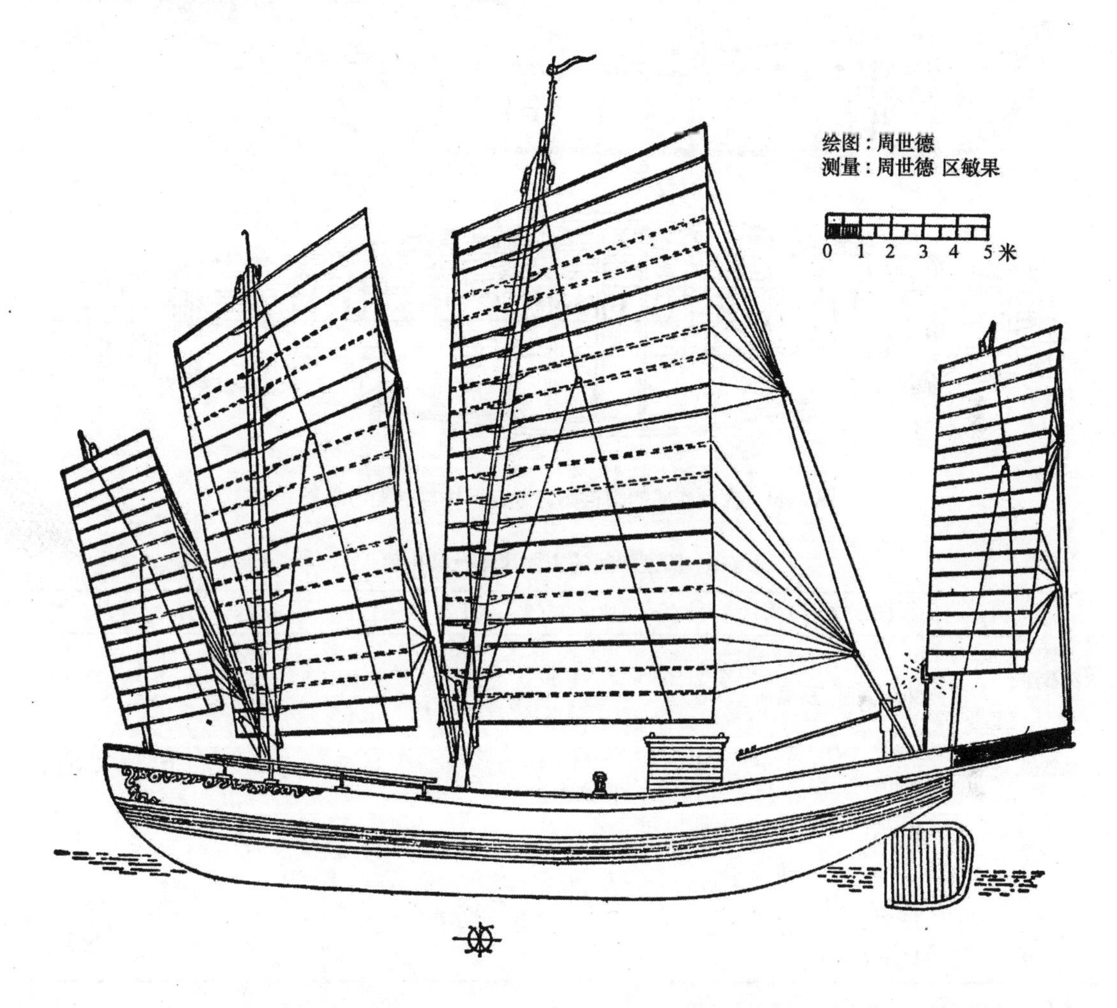

图6-39　大型沙船的帆装图，采自《中国沙船考略》

茅元仪的《武备志》记述了沙船的突出优点：“沙船能调戗使斗风。”这可能是引用稍前出书的胡宗宪的《筹海图编》。逆风行船必须走“之”字形的航迹。利用逆风行船时，帆除获推进力之外，还附带产生使船横向漂移的力。由于沙船吃水较浅，其抗横漂的能力有限，遂必须使用披水板，放在下风一侧，用时插入水中，以阻扼船横向漂移。图6-41所示沙船模型照片左舷所挂者即披水板。造船专家王世铨（公衡）认为“防止横漂的披水板也是中国首创”①。

① 王世铨，讨论周世德的《中国沙船考略》时的发言，中国造船工程学会1962年年会论文集，第二分册，国防出版社，1962年，第61页。

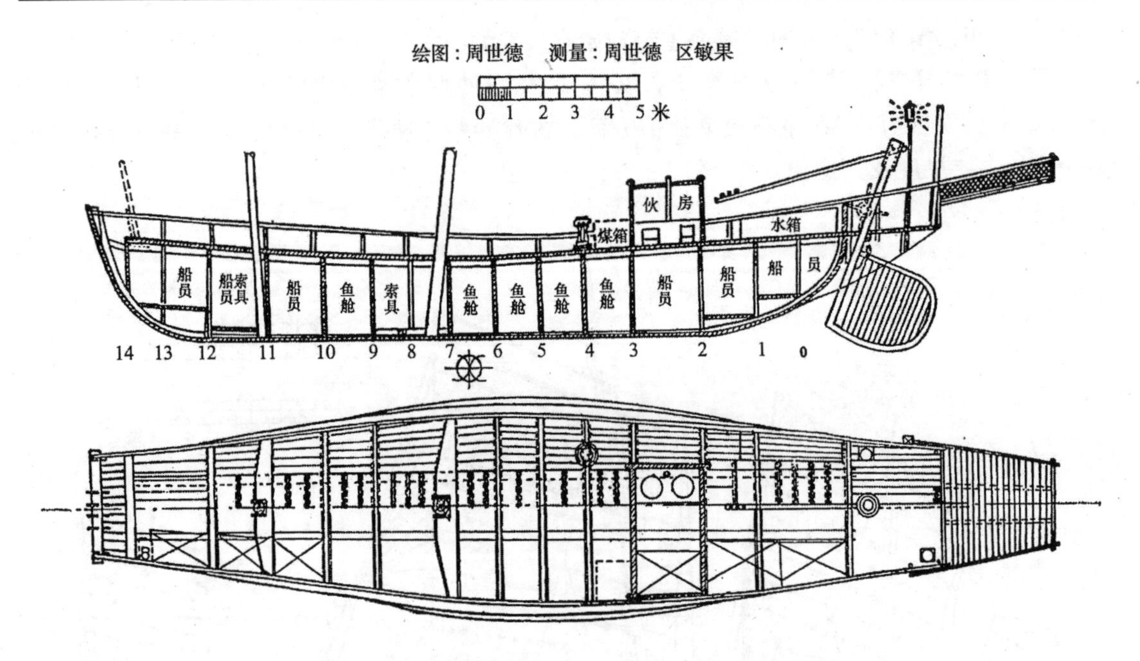

图 6-40　大型沙船的结构图，采自《中国沙船考略》

表 6-6　四型沙船的主要尺度及其比值

名　　称	长 L（米）	宽 B（米）	深 H（米）	吃水 T（米）	L/B	L/H	B/T	H/T	L/T
大型沙船	22.25 30.12	5.78 6.62	2.50	1.60	3.85	8.80	3.61	1.56	13.75
中型沙船（一）	17.00 21.00	4.18 4.28	1.09	1.00	4.06	15.59	4.18	1.09	17.00
中型沙船（二）	14.75 19.40	4.05 4.30	1.03	0.70	3.64	14.32	5.78	1.47	21.07
小型沙船	13.81 14.16	2.70	1.08	1.00	5.11	12.78	2.70	1.08	13.81

注：长宽两栏内，下面的数字是总长和总宽。

（二）福船

福船，是福建、浙江沿海一带尖底海船的统称，其所包含的船型和用途相当广泛。

福建造船业历史悠久，春秋时吴王夫差曾在闽江口设立造物场①。三国时吴国曾在今福州置建安典船校尉，将罪人“送付建安作船”②。唐宋时期，福建对外交流扩大。宋时的福州、兴化、泉州、漳州已成为重要的造船中心，当时朝廷遣使外国时常到福建顾募客舟，其船“上平如衡，下侧如刃，贵其破浪而行也。”船舶的这些特点为产生后世的福船奠定了技术基础。

① 陈奇、陈颖东，中国福船，福建造船，1992，(1)：12。

② 晋·陈寿，《三国志·吴·孙皓传》。

图 6-41　沙船模型照片（采自中国船舶发展陈列馆）

明天启元年（1621）茅元仪撰成《武备志》，博采历代文献二千种，继嘉靖年成书的《筹海图编》之后，明确提出福船的船型系列。综合起来可以如下图表示。

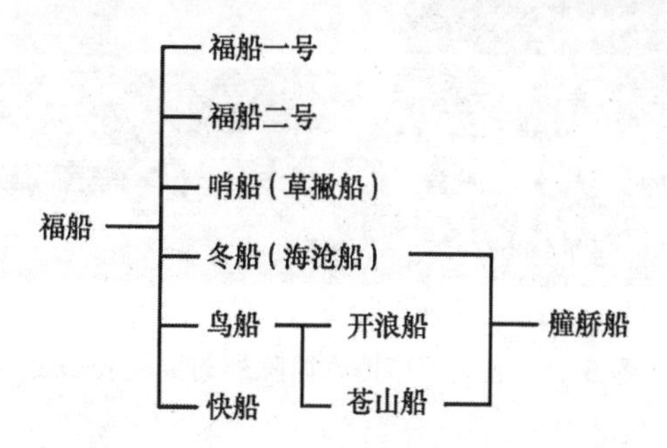

据《武备志》所述，开浪船即鸟船，以其头尖故名。在福船船型系列中，以苍山船为最小。若敌船进入内海，因大福船、海沧船皆不能入，必用小苍船以追之，用之冲敌颇便而健，温州人呼之为苍山铁，也有铁头船之名。“戚继光云：近者改苍山船为艟䑽船，比苍山船大，比海沧船更小而无立壁（侧壁不披茅竹），最为得其中制。遇倭舟或小或少，皆可施功。”①

由之可见，鸟船只是福船的一种小型者，自然不能成为独立的船型。

明代抗倭名将戚继光在闽浙沿海抗倭时，即应用了福船的系列船型。我们曾应邀为北京军事博物馆复原戚继光抗倭大福船（图 6-42），现今仍陈列在该博物馆的古代战争馆。该船型取吃水为 3.5 米，这相当“吃水一丈一二尺”之数。水线长 29.5 米，总长 40.0 米，船宽

① 明·茅元仪，《武备志》卷 117。

10.0米，船深4.3米。该模型是由福建省惠安造船厂由老工人完全按福船的型制建造的，长约6米，保持了福船的全部特色和风格。

图6-42　北京军事博物馆陈列的抗倭大福船

（三）广船

南海郡的番禺县（今广州市），自战国以来即重要都会，也是造船重镇。南海、合浦以及其南的交趾、日南（今越南境内），是汉代向印度洋航行的重要门户。诸地又盛产林木，是重要的造船地点。唐、宋时期的广州、高州（今茂名市）、琼州（今海口市）、惠州、潮州等地的造船业兴盛。“广船原系民船，由于明代东南沿海抗倭的需要，将其中东莞的‘乌艚’、新会的‘横江’两种大船增加战斗设施，改成为良好的战船，统称‘广船’”[①]。“‘广船’是当时中国最著名的船型，在肃清倭患的战斗中做出了贡献”[②]。

① 广东省地方史志编纂委员会编，广东省志·船舶工业志，广东人民出版社，2000年，第40页。
② 张德荫、潘惟忠、王宸，广州市志·船舶工业志，广州船舶工业公司，1997年，第1页。

《明史·兵制》对广船的评价是："广东船，铁栗木为之，视福船尤巨而坚。其利用者二，可发佛郎机，可掷火球。"[①]《武备志》对广船缺点也有客观评价："广船若坏须用铁力木修理，难于其继。且其制下窄上宽，状若两翼，在里海则稳，在外海则动摇，此广船之利弊也。"[②]

广船的帆形如张开的折扇，与其他船型相比最具特点（图 6-43）。为了减缓摇摆，广船采用了在中线面处深过龙骨的插板，此插板也有抗横漂的作用。为了操舵的轻捷，广船的舵叶上有许多菱形的开孔，也称开孔舵。广船在尾部有较长的虚梢（假尾）。

图 6-43 广船的帆形别具特点（采自 Peter Kemp）

第四节 明代古船的发掘与研究

明代关于船舶的著作多而且精彩，反映了这一时期造船业趋于鼎盛的情势。现今还有已发掘并经研究或正在研究中的明代古船两艘：一是山东梁山县河船；一是浙江象山县海船。从这两艘明代古船的实例，更能对明代的造船技术水平有深入而形象的了解。

一 山东梁山县明代河船的发掘与研究

1956 年 4 月，山东省梁山县黑虎庙区馆里乡贾庄村农民在村西宋金河支流挖藕时，发

① 清·张廷玉等，《明史·兵志四》。
② 明·茅元仪等，《武备志》卷 116。

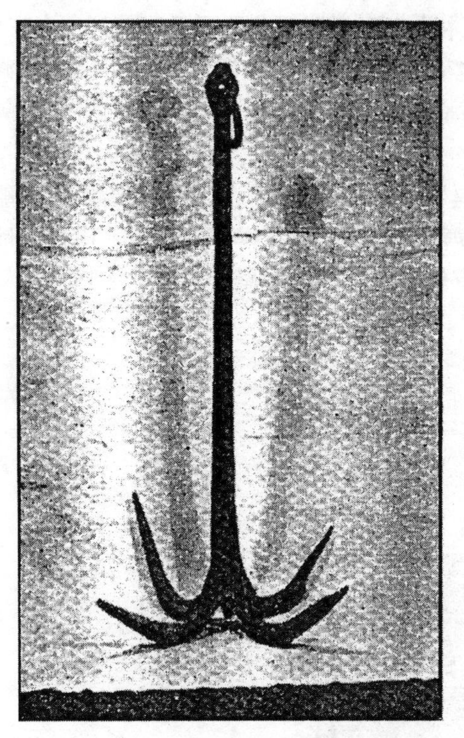

图 6-44　随梁山船出土的明代铁锚
（采自《文物参考资料》1958（2））

现木船一艘[①]。随船出土有：手持铜铳 1 只，长 44.2 厘米，口径 3.9 厘米，壁厚 0.8 厘米，上刻“杭州护卫教师吴住孙习举□人王宦音保铳筒，重三斤七两，洪武十年（1377）□月日造”铭文。铁锚（图 6-44）1 只，上刻“甲字五百六十号，八十五斤，洪武五年（1372）造。□字一千三十九号，八十五斤重”铭文。还有铜钱 4 枚，计“洪武通宝”2 枚（1 枚背有“浙”字），“大观通宝”1 枚，另 1 枚字迹不清。同时出土的兵器有铁刀、铁剑、铁箭头、铁矛头等，其他还有铁盔甲、马鞍、马镫、马刷子、马嚼子、铜锅、铜盔、铜壶等。陶瓷器则出土有碗、高足杯、瓶等。

（一）梁山船的年代及用途

从铁锚和铜铳的制造年代看当属洪武初年。从出土的碗、高足杯及陶瓶的式样看，显然是元代的器物，且未见明以后的器物。文物工作者于 1958 年发表了发掘报告[②] 把古船断为明初船舶是准确的。

发掘报告在结语中指出：“在洪武时期，这一地带并没有水战，由浙江到北京，那时水路的漕运，也极重要。漕运需要保护，这船也许是一艘护航的船。”有的研究认为“这是一艘明初水师中的运输船，船上的武器是用来护航自卫的。”[③]

断为有武装护卫的运输船与明初的政治背景也颇相符：“明初，京卫有军储仓。洪武三年增置至二十所，且建临濠、临清二仓，以供转运。……二十四年（1391）储粮十六万石于临清，以供训练骑兵。”[④] “古船的出土地点，离临清只有水路 260 公里。因此，认为古船是向临清仓或骑兵训练基地提供粮秣与军事装备的快速运输船，并不牵强。”[⑤]

（二）梁山船的主要尺度及型线

梁山船的底板、舷板、舱壁板、甲板以及货舱开口等构件基本完整，是中国出土古船中最完整的一艘，弥足珍贵。山东省博物馆曾专建一平房对古船妥为保管，当时并未公开展出。1987 年 8 月，我们在博物馆的支持下对梁山船进行了实测，绘成型线图如图 6-45 所示[⑥]。设吃水为 0.75 米，则排水量为 31.96 吨。

---

① 梁山县文化科，山东省梁山县发现明初木船，文物参考资料，1956，(9)：73～74。
② 刘桂芳，山东梁山县发现的明初兵船，文物参考资料，1958，(2)：51～54。
③ 唐志拔，中国舰船史，海军出版社，1989 年，第 144 页。
④ 李洵，明史食货志校注，中华书局，1982 年，第 128 页。
⑤ 顿贺、席龙飞、何国卫等，对明代梁山古船的测绘及研究，武汉交通科技大学学报，1998，(3)：260。
⑥ 同⑤，1998，(3)：258。

经实测、绘图并计算后，梁山船的主要要素为

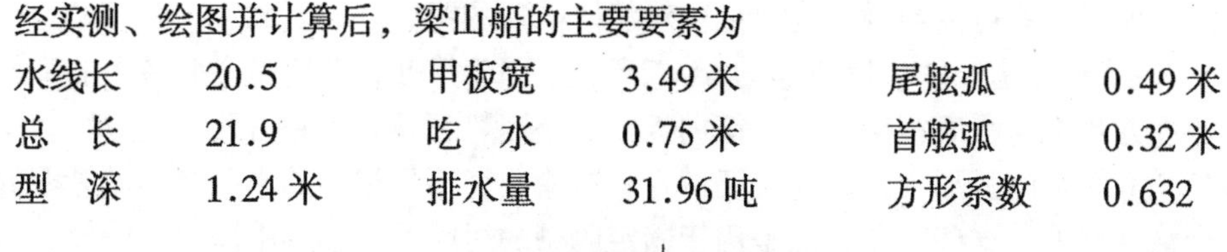

水线长	20.5	甲板宽	3.49 米	尾舷弧	0.49 米
总　长	21.9	吃　水	0.75 米	首舷弧	0.32 米
型　深	1.24 米	排水量	31.96 吨	方形系数	0.632

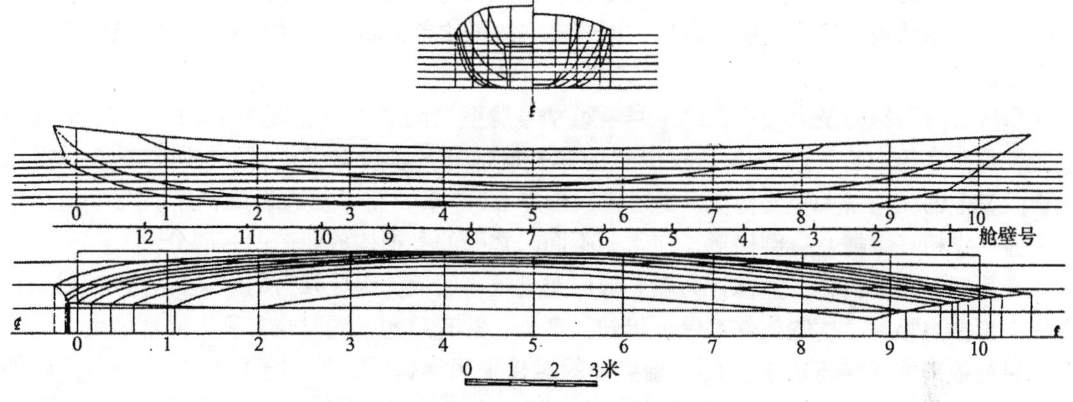

图 6-45　山东梁山县明代河船的船体型线图

（三）梁山船的船体结构

龙骨板及船底板　船体用松木。船底以 9 列木板构成，中间 3 列合宽 675 毫米为龙骨板，厚 165 毫米。龙骨板在第 5、9 及 11 号船舱内有接头，当然 3 列板的接头是相互错开的。船底左右尚各有 3 列底板，厚约 80 毫米。

舭部及舷侧板　舭部板左右共 4 列，舷侧板左右共 8 列，均厚约 80 毫米。在舷侧略高于吃水线处，有以两块厚木料构成的护舷材，也可称其为“浮檔”。这是鉴于此“浮檔”形似“大檔”有利于总纵强度。

图 6-46 所示各外板板列均按《南船记》标注了各种名称。由于板列数目与《南船记》

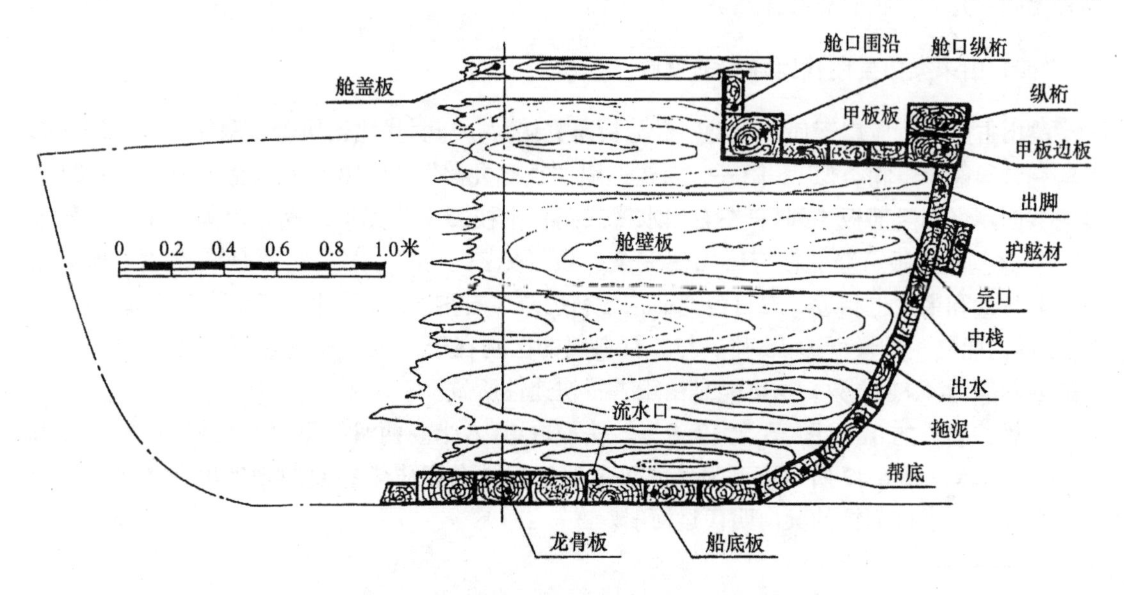

图 6-46　梁山船第 8 号舱壁处的横剖面结构图

所述完全相同，所以此图可以当做《南船记》对船体构造的图解。

舱壁板　全船设12道舱壁，壁板厚约65毫米。上图为第8号舱壁是全船最大的。最低一列舱壁板，在龙骨板与平底板交接处，借助板厚之差因势利导开了左右两个流水孔。舱内曾发现许多长约0.8米的弧形木条，经现场试合，这些曲度不尽相同的木条与不同舱壁的舭部型线配合得恰到好处。这些木条显然是用于固定舱壁的短肋骨。在船中以前舱壁处，这些短肋紧贴在舱壁板之后，在船中以后，则紧贴在舱壁之前。这些短肋对固定诸舱壁使其不向船中移位是十分有效的。

甲板、舱口纵桁及大欄　在第1号至第9号舱壁之间的舱口宽度为1.11～1.64米直线过渡，舱口宽约为船宽的46%。在甲板的非开口部分，以舱口纵桁材、3列甲板板和甲板边板及其上的纵桁（大欄）构成。3列甲板板厚60毫米，而甲板边板则稍厚。在甲板边板上重叠一纵桁（大欄）呈倒梯形，与常船不同。常船的大欄构成船舷的一部分。

在甲板上由纵桁材、大欄，与船底部的龙骨板、底板，组成强力的纵通构件。在船舶承受纵向弯曲力矩时，这些构件对保证船舶强度是非常有效的，同时也有利于局部强度。

纵向板列的对接与边接　板列端接缝的对接采用倒钩式，称钩子同口，同口的长度约470毫米。钩子同口技术在元末的蓬莱船出现过，今又在明初的内河船中出现，说明明代造船技术已获普及性的提高。

船身板列的边接，采用平行拼接且采用铲钉，钉帽深入相当深度后再用油灰填实。

舱壁板列之间也采用同样的连接工艺。

残桅　在第3、第7舱壁之前有桅座、桅夹和残桅。首桅残高1.81米，其截面为300毫米×160毫米，主桅残高1.325米，其截面为280毫米×195毫米。

居住舱　在第10号舱壁中间开有宽1.33米、深0.96米的开口。这显然是第10第11两舱的通道。在第10号舱内还发现船底铺板，这是将第10、11两舱作为居住舱的需要。两舱总长约3米，在甲板上再装设高约1米的舱棚，能构成相当适用的住舱。

在第2号舱壁中间开有深为0.78米倒梯形开口，通常这是眠桅的需要。但在第6号舱壁有无此种开口，我们尚有存疑。

（四）山东梁山县明代运河船的复原

梁山古船究竟应属于何种船型？经分析研究认为：与明代沈峦所著《南船记》中的“二百料一颗印巡船”相类似[①]。第一，所述巡船“正底九路”（底由9列板组成）；左右帮底、拖泥共四路（即舭部板4列）；左右出水栈二路、中栈二路、完口二路、出脚二路（共舷板8列）。这些船底板、船舷板与梁山船完全一致（见图6-46）。第二，都是两桅运河船。第三，载货量和用途也相近，二百料船，按1料船载1石重60公斤计，应能载12吨。排水量为31吨的船其载重量可达15吨。与二百料船的区别在于：梁山船的长宽比为6.28，远大于二百料船为4.88之数，这可能是由于求得快速性所致。

主桅按船长的0.7计，现取13.6米。头桅取10.6米。两帆的面积各取43.24平方米和16.32平方米。图6-47所示模型为经武汉造船工程学会船史学组复原现展出在山东省蓬莱市中国船舶发展陈列馆的梁山明代运河船。

---

① 顿贺、席龙飞、何国卫等，对明代梁山古船的测绘及研究，武汉交通科技大学学报，1998，(3)。

图 6-47　山东梁山明代运河船复原模型（采自中国船舶发展陈列馆）

如图所示，在第 9 号至第 11 号舱壁之间，设高约 1 米的舱棚，顶棚取四阿式，确像古代“官印”状，如“一颗印”船之造型。

据《南船记》取不平衡舵，舵杆的倾斜度与尾封板的倾斜度相适应。首设 2 将军柱（缆桩）；设四爪锚 1 只重 85 斤；再配大橹 6 只。

二　浙江象山县明代海船的发掘与研究

（一）浙江象山船的发掘及初步报告

“1994 年，在浙江省宁波市象山县涂茨镇后七埠村，平岩头砖瓦厂取土时发现一条古代海船。”“沉船位于南距南堤坝约 200 米处的海泥堆积层中。在筑堤前，海潮直至沉船位置，从地理位置看，此区域是一个良好的避风海湾。”“1995 年 12 月 9 日至 28 日进行了抢救性发掘，清理出的海船保存较为完好。”① （参见出土时的全景照片，图 6-48）

宁波市的文物工作者于 1998 年在《考古》第 3 期发表了初步报告，其要点如下。

木船残长 23.7、残宽 4.9 米。龙骨线微向上弯曲，挠度约为 0.1 米。此船龙骨的断面尺寸虽不突出，但仍较其他外板的尺寸为大。在第 1 至第 3 号舱壁处和在第 9 号至第 11 号舱壁处各有长度为 3.25 米和 4.1 米的补强材。报告中虽未提到，但可以肯定，在第 2 号舱壁处是龙骨与首柱的接头，在第 10 号舱壁处，是主龙骨与尾龙骨的接头。正是由于要保证龙骨接头部位的强度才特设了龙骨的补强材。该补强材用杉木。

① 宁波市文物考古研究所、象山县文管会，浙江象山县明代海船的清理，考古，1998，(3)。

图 6-48　明代浙江象山船出土时全景（宁波文物所提供，丁友甫摄）

全船由 12 道舱壁将船体分成 13 个船舱（图 6-49）。舱壁板系采用若干块大樟木板制成，厚约 10～12 厘米。舱壁与船体外板交界处都置有抱梁肋骨并用铁钉固定。舱壁与抱梁肋骨在靠近船底处开有两个流水孔。设流水孔是为了便于排出舱内积水，如用木塞堵上，又可使舱壁保证水密。

象山“海船最具特点的是存在纵向从 2 号隔舱壁开始，穿过 3 至 12 号各隔舱板的两根‘龙筋’。龙筋系用整根杉木做成圆角方形，宽约 18～20、高约 14～20 厘米。龙筋在第四、五、九、十、十一舱保存较好，其他舱已残缺，只有在隔舱板上遗留有孔槽。……这两根龙筋的间距在各舱不等，为 1.18～1.7 米，其中第三舱最小，向后逐渐扩展，从第七舱至第十二舱基本保持平行。龙筋距船底的距离也随底部的变化而不同，约 0.45～0.75 米”①。

船舶横剖面在首部呈“V”形，中部略呈“U”形，近尾部弧度变小（图 6-50，1～8）。

船板（包括龙骨板、底板与舷板）用材均为杉木，质地坚硬。底板厚度可达 16～20 厘

① 宁波市文物考古研究所、象山县文管会，浙江象山县明代海船的清理，考古，1998，(3)。

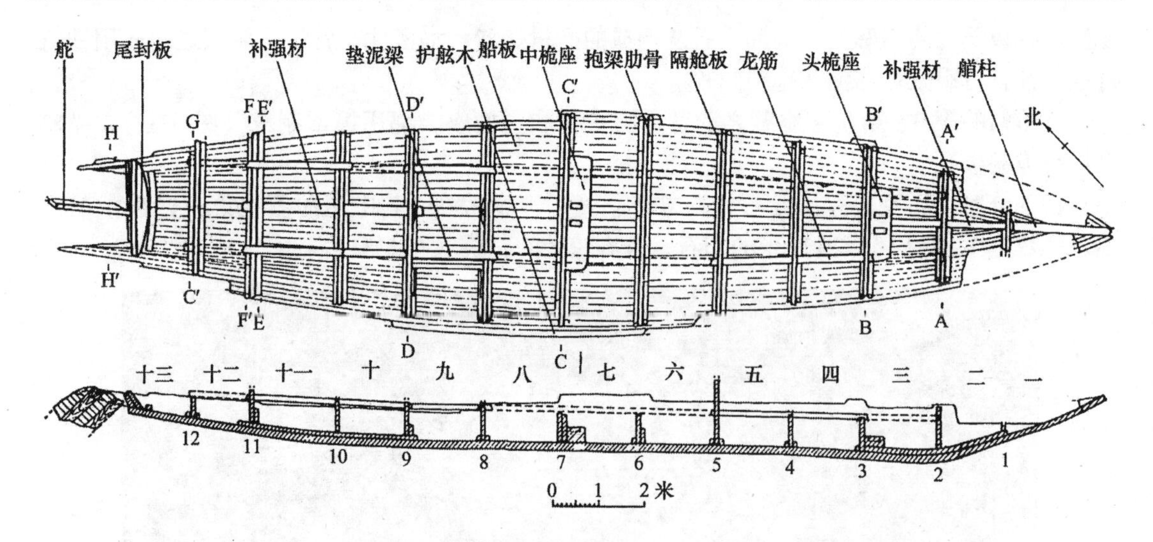

图 6-49 浙江象山古船的平面及纵剖面图（采自《考古》1998（3））

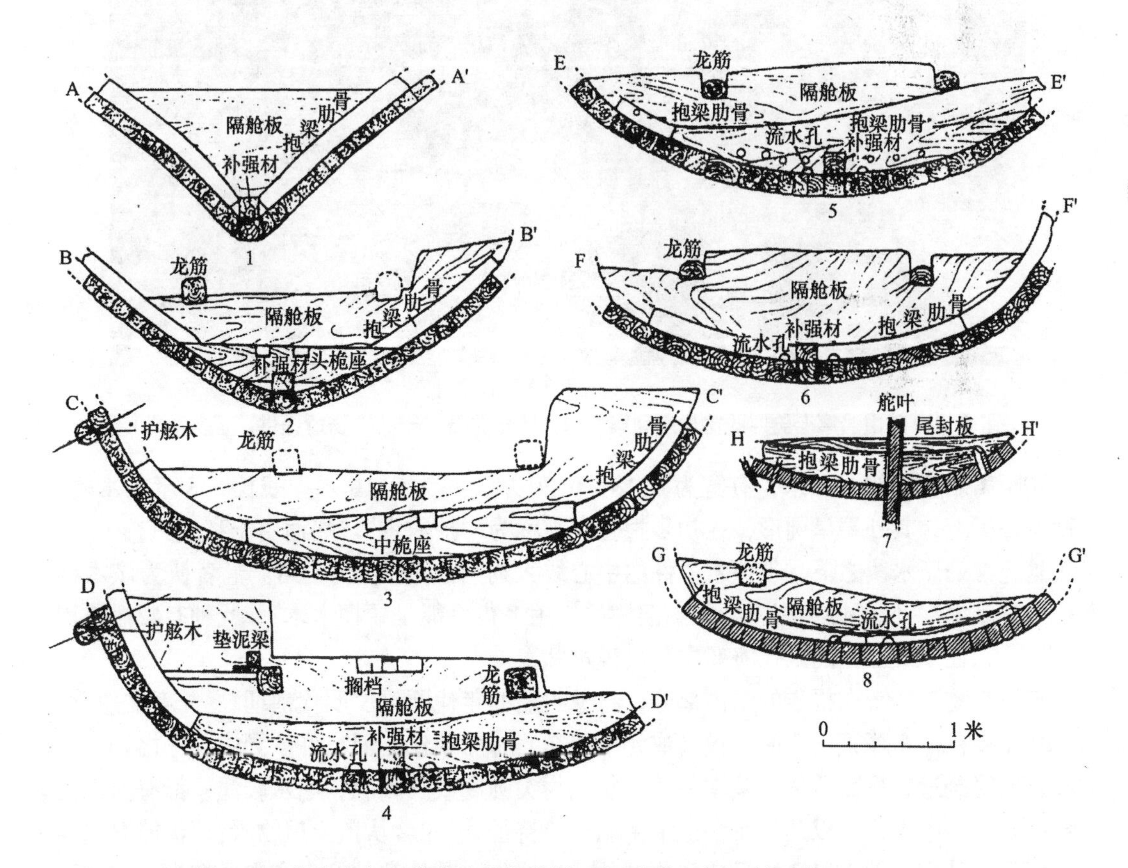

图 6-50 象山古船各横舱壁处的横剖面实测图（采自《考古》1998（3））

1. 第 2 号隔舱板剖面 2. 第 3 号隔舱板剖面 3. 第 7 号隔舱板剖面 4. 第 9 号隔舱板剖面
5. 第 10 号隔舱板剖面 6. 第 11 号隔舱板剖面 7. 船尾剖面 8. 第 12 号隔舱板剖面

米，舷板厚约 14～16 厘米。板列的宽度 8～20 厘米，船中部最宽，向首尾逐渐变窄。船板的横向连接采用平接式，残存板列在最宽处保留有 34 列之多。船板的纵向采用平面同口法连接。各板缝处均用麻丝、桐油、石灰构成的捻料捻缝，水密性非常好。船板之间还用铁钉钉连，凡有钉眼处均用油灰捻料封盖。

象山船的第3、第7号舱壁之前各设有首桅和主桅座，都用樟木制成（图6-51）。桅座上均有桅夹板孔。

在部分舱内还发现有压舱石、长方砖、筒瓦、板瓦等。其中压舱石在第三四舱数量最多，多数是直径约10～20厘米的卵石，也有较大的石块（图6-51）。

图6-51　象山船第七舱内的主桅座和第八舱内的压舱石（宁波文物所提供，丁友甫摄）

在距离船底高约1.2米，有宽为0.18～0.20米，厚为0.16米，残长5.8米的木构件，紧贴在外板上，其外端呈圆形，在初步报告中被称为“护舷木”。然而由于高度只有1.2米，显然是经常处于水线之下，且该木构件的中心线大约与水平线成40°角。笔者认为该木构件不是“护舷木”，倒是因为有阻梗船舶摇摆的作用，很可能是“梗水木”，此种有减摇作用的“梗水木”，在宁波出土的宋代海船中曾出现过①。

宁波文物工作者在报告的结语部分，将象山船的年代断为“明代前期”。一者在船型上：“与1984年在山东蓬莱出土的元代（或元末明初）海船相比，似有许多异曲同工之处：它们的长宽比很接近；平面造型也基本一致；船底为尖圆底或圆弧底；吃水较浅；都有前后两段补强材和头、中桅座；以及具有多道水密舱壁等特征。”二者从出土遗物看：“仍能看出某些时代特征。其中一件小口瓷瓶是比较典型的元代器物，其他几件龙泉窑瓷器多为明前期的产品。”②

① 林士民，宁波东门口遗址发掘报告，浙江省文物考古所学刊，文物出版社，1981年，第105页；席龙飞、何国卫，中国古船的减摇龙骨，自然科学史研究，1984，(4)：368。

② 宁波市文物考古研究所、象山县文管会，浙江象山县明代海船的清理，考古，1998，(3)，38。

（二）对浙江象山明代海船的基本分析

宁波的文物工作者已经正确地断定象山船与蓬莱船在船舶型制上的相同性和一致性，除上述一些主要特征之外，还有：两船的龙骨的线型都有“微向上弯曲”的特点。象山船的“挠度约0.1米”，“蓬莱古船的龙骨也呈曲线型，只是其挠度缺少实测数据”[①]。据认为此种挠度对船舶经常处中垂状态的强度是有利的。再有一项相同之处是：蓬莱船虽然没有发现象山船那种高度约为0.75米的两列“龙筋”，但在各舱壁上有两个凹槽。经研究认为：“参照《明史·兵志》关于‘下实土石’和‘中为寝处’的意见，舱壁上的凹槽可认为是放置纵向梁木之需。纵向梁木之上铺以木板作为‘寝处’和供士兵活动的处所。”[②] 象山船的纵向两列“龙筋”的发现，证实了蓬莱船的两列“纵向梁木”必然是有的。象山船大量压舱石的发现也证实了文献上关于“下实土石”的技术是有实物证据的。

象山船与蓬莱船相比较也有微小差异之处。象山船的外板板列多而用材的断面尺寸较小，舱壁板用材也欠规整。外板板列的接头不是用带凸凹榫头的钩子同口，而是较简单的平面同口。就施工之精细程度而论也稍逊于蓬莱船。由此点推断，象山船很可能是一艘民间的运输船而不是官家的战船，虽然它仍是“刀鱼船”的船型。

鉴于在舱底有许多压舱石，在0.75米高度处又有两列“龙筋”（纵桁，纵向梁木），又由于存在不可避免的些微渗漏，舱底常会有些许积水。此处既不适于居住，也不适于装运货物。通常应在“龙筋”之上铺木铺板以供载货。参照图6-52，为了适居和载货，船的深度在“龙筋”之上至少尚应有1.5米左右。依第7号舱壁（此处近于船的最大宽度）将型线顺势延伸，其船深至少应为2.4米。相应的船甲板宽为5.34米，水线宽为5.2米。吃水可取约为1.6米。由上图当会看出船深不可能再降低，设计吃水也不能再减少。所谓“护舷木”

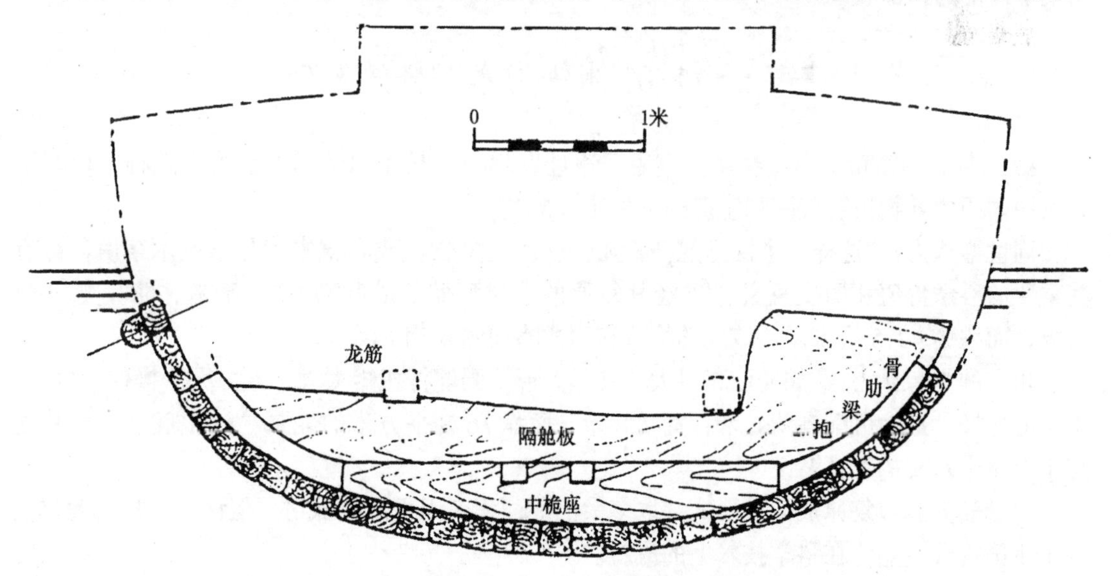

图6-52　依象山船第7号舱壁对宽度和深度的复原设想

---

① 席龙飞，对韩国新安海底沉船的研究，海交史研究，1994，(2)：62。
② 席龙飞、顿贺，蓬莱古船及其复原研究，蓬莱古船及登州古港，大连海运学院出版社，1989年，第54页。

全在甲板的宽限之内，如果甲板边处有强力的大欀则更是如此。由图可以看出，此圆弧形木构件在船体左右两侧，又在水线之下，其梗水减摇的作用明显，这是象山船最为重要的发现之一。

依据《考古》1998 年第 3 期给出的象山船残骸的纵剖面图，将首柱和尾封板顺延，在设定为 1.6 米的吃水线上，可获得该（残长为 23.7 米的）古船水线长为 22.4 米。依此获得的象山船主要尺度复原值如表 6-7。

表 6-7 象山船的主要要素复原值及其与蓬莱船的对比

船 型	排水量/吨	总长	水线长	宽	水线宽	深	吃水	宽/深	宽/吃水	长/宽
象山船	107	27.6	22.4	5.34	5.2	2.4	1.6	2.23	3.25	5.17
蓬莱船	173.5	32.2	28.0	6.0	5.7	2.6	1.8	2.3	3.4	5.36

注：尺度的单位均为米。

刀鱼船这种船型，因其体形细长而得名。估计其最早“出现于五代末或宋初”[①]，其发源地即浙江沿海。早期可能是作为渔船，以其快速性较好后来演变成战船，或者也可充作其他各种用途。李心传撰《建炎以来系年要录》载：“浙江民间有钓鱼船，谓之钓槽，其尾阔可分水，面敞可容兵，底狭尖可破浪，粮储器仗，置之簧版下，标牌矢石，分之两旁。可容五十卒者，而广丈有二尺，长五丈，率值四百缗。”[②] 其船虽宽度相对较小，但加了压舱石可以保证稳性。从出土的残骸发现左右舷侧装设有“梗水木”则可以得知，该船型也将具有摇摆的缓和性。象山船的发现，还有在 20 世纪 80 年代发现的蓬莱船，都是浙江沿海优秀造船技术传统的物证。

三 长 11.07 米铁力木舵杆的发现

1957 年，南京市文管会在明代宝船厂遗址发现一只长 11.07 米的铁力木舵杆，现在于北京中国历史博物馆明代陈列室陈列（见图 6-53）。

周世德认为：“这样一个巨型舵杆，无论就历史文物，或者就古代科学技术来说，都有其重要的科学价值和历史意义。”[③] 经其复原的沙船型舵的舵叶高 6035 毫米、舵叶宽 7041 毫米，面积为 42.5 平方米。该舵的构造和型式略如图 6-54 所示。

也有的学者认为：“如舵面积过大，又呈方形，则舵杆扭矩太大，人力无法操作。11.07 米长的舵杆，最大可配高约 6 米，宽 2.8 米，面积 16.8 平方米的舵”，“这根舵杆最大只能配十七至十八丈的船。”[④]

尽管舵究竟应复原成何种形式并取多大的舵面积，尚可继续探讨，但该古舵杆底确也反映了中国古代造船业在科学技术上的成就。

① 辛元欧，蓬莱水城出土古船考，蓬莱古船与登州古港，大连海运学院出版社，1989 年，第 69 页。

② 宋·李心传，《建炎以来系年要录》卷 7。

③ 周世德，从宝船厂舵杆的鉴定推论郑和宝船，文物，1962，(3)：35。

④ 杨槱、杨宗英、黄根余，略谈郑和下西洋的宝船尺度，海交史研究，1981，(3)：18～19。

图 6-53　中国历史博物馆陈列的长度为 11.07 米的铁力木舵杆（中国历史博物馆提供）

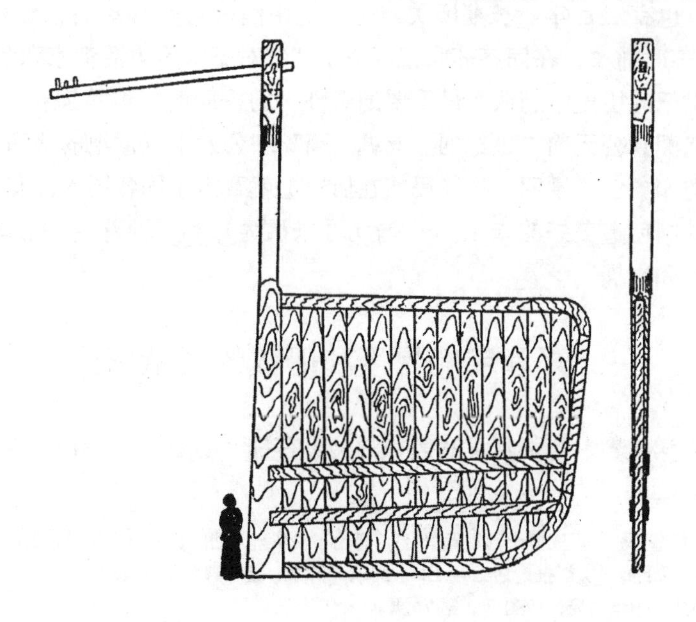

图 6-54　宝船厂舵复原图（据周世德）

第五节　中国古代造船技术鼎盛时期的结晶——郑和宝船

中国当代明史学家吴晗在 1962 年为中共中央党校讲授明史时，对郑和（1371～1433）的伟大航海实践曾做专题论述。指出郑和下西洋“其规模之大，人数之多，范围之广，那是历史上所未有的，就是明朝以后也没有。这样大规模的航海，在当时世界历史上也没有过。郑和下西洋比哥伦布（Cristopher Columbus，1451～1506）发现新大陆[①]早八十七年，比迪亚士（Bartholomeu Dias，1455～1500）发现好望角早八十三年，比达·伽马（Vasco da Gama，1469～1524）发现新航路早九十三年，比麦哲伦（Ferdinand Magellan，1480～1521）到达菲律宾早一百一十六年。比世界上所有的航海家的航海活动都早。可以说郑和是历史上最早的、最伟大的、最有成绩的航海家。”[②]

鉴于《明史·郑和传》记有：“成祖疑惠帝亡海外，欲踪迹之；且欲耀兵异域，示中国富强。永乐三年六月，命和及侪王景弘等通使西洋，将士卒二万七千八百余人，多赍金币，以次遍历诸番国，造大舶，修四十四丈者六十二。”[③] 所以有人曾把郑和下西洋简单地概括为“通四夷，给封赏，扬国威，示富强”。甚至还有人把这一伟大事件轻蔑为：“它是一次几乎纯而又纯的政治游行。”[④] 这种简单化的认识和极其肤浅的评价，理所当然地为人们所扬弃。

郑和七下西洋的壮举，是由永乐年间的政治及经济形势所决定的。尽管这一壮举受到夭折而并未得到发扬，但它对中国甚至世界的影响是不可磨灭的。邓小平曾深刻地指出：“现在任何国家要发达起来，闭关自守都不可能。我们吃过这个苦头，我们的老祖宗吃过这个苦头。恐怕明朝明成祖时候，郑和下西洋还算是开放的。明成祖死后，明朝逐渐衰落。以后清朝康乾时代，不能说是开放。如果从明朝中叶算起，到鸦片战争，有三百多年的闭关自守，如果从康熙算起，也有二百年。长期闭关自守，把中国搞得贫穷落后，愚昧无知。”[⑤] 江泽民在 1991 年出访苏联前夕，在回答苏联记者关于“您对哪些历史活动家和政治家最感兴趣？请举出中国诸多世纪的历史中您认为最重要的事件”的提问时，他答道：“就古代而言，中国对外交往可以追溯到公元前二世纪的‘丝绸之路’和公元十五世纪的郑和下西洋，这些都给我留下了深刻的印象，这说明，中华民族在历史上就致力于同各国人民友好往来，进行文化和经济交流，共同创造美好的未来。”[⑥] 据此可以认为郑和下西洋这一壮举最本质的概括当是“开放、交流和发展”。

一　郑和宝船尺度和船数的文献依据

记录郑和下西洋人数、宝船尺度和船数的文献首推《明史》，其引文如前。《明史》为清

① 墨西哥史学家何塞·马·穆里亚博士近年曾指出：“哥伦布发现新大陆的提法既不恰当，也不科学”，“准确的提法应该是两个大陆相遇。”见上海《文汇报》1988 年 12 月 20 日学林版：是相遇而不是发现。

② 吴晗，明史简述，中华书局，1980 年，第 74 页。

③ 清·张廷玉等，《明史·郑和传》。

④ 苏晓康、王鲁湘，河殇，现代出版社，1989 年，第 37 页。

⑤ 邓小平，在中央顾问委员会第三次全体会议上的讲话，邓小平文选，第三卷，人民出版社，1993 年，第 90 页。

⑥ 刘志鹗，中央首长论郑和的伟大现实意义，郑和研究，1992，(15)，4～7。

代张廷玉等撰，刊于乾隆四年（1739）。《明史》所记者明确是永乐三年第一次下西洋的盛况。

第二是《国榷》，这是编年体的明代史。书中所记仍是第一次下西洋的情况：宝船六十三艘，大者长四十四丈，阔一十八丈；次者长三十七丈，阔一十五丈。下西洋官兵人数记为二万七千八百七十人①。其编撰者谈迁自明天启元年（1621）起，花费30余年时间，到清顺治十三年（1656）始告完成。原书在清代未经刊行，向来只有抄本，故未经清人窜改，史料价值较高，直到1958年才正式出版。

第三是《瀛涯胜览》②，作者马欢是下西洋随行翻译，曾于第四、第六、第七次三次随行。该书撰于明永乐十四年（1416），其中卷首载："宝船六十三号，大者长四十四丈四尺，阔一十八丈；中者长三十七丈，阔一十五丈。"下洋官兵人数为27 670员名。所记当是第四次下西洋情况。

第四是《三宝征彝集》。《天一阁书目》曾著录，法国著名汉学家伯希和未敢确定是《瀛涯胜览》的别本③。中国著名海外交通史学家冯承钧生前竟也只闻其名而未睹其书。1935年他在《郑和下西洋考》序中写道："这部孤本《三宝征彝集》现在或尚存在，若能取以校勘纪录汇编本，必更有所发明。"④ 可喜的是，1983年春在九江市召开的郑和下西洋学术讨论会上，山东大学一位攻读中西交通史硕士学位的青年学者邱克⑤，报告了他在北京图书馆见到了这海内孤本，不仅证实了这是《瀛涯》的早期抄本，更以复印件披露了所载宝船数、尺度、下洋官兵数全用会计数码大写（图6-55）。这就排除了各种数字在传抄中产生讹舛的可能性。这当是20世纪80年代郑和研究中重大收获之一。

第五是《客座赘语》，载有："宝船共六十三号，大船长四十四丈四尺，阔一十八丈；中船长三十七丈，阔一十五丈。"⑥ 该书作者为明末顾起元（1565～1628）。顾原籍江苏昆山，与四度随行下西洋并著有《星槎胜览》的费信是同乡。顾的著作引费信的行纪及乡里传闻乃意中之事。不过从所记宝船尺度看却与《瀛涯胜览》相同。

第六是明末罗懋登所撰小说《西洋记》⑦。该书成于明万历二十五年（1597），虽为文学著作，但古今学者均普遍认为对考订郑和宝船有学术价值。冯承钧写道："《西洋记》所采《瀛涯胜览》之文可资参证者不少，未可以为小说而轻之也。"⑧ "向觉明从前也曾取《西洋记》所载古里国的碑文，来校订《瀛涯胜览》古里条所载碑文的错误。"⑨《西洋记》第十五回详细记有宝船九桅、马船八桅、粮船七桅、坐船六桅、战船五桅并各种船型长、阔尺寸，今录之并编制表6-8。

第七是《郑和家谱》，可参见李士厚撰《郑和家谱考释》⑩。《郑和家谱》载："公和三使

① 清·谈迁、张宗祥校点，《国榷》卷13。
② 明·马欢、冯承钧校注，《瀛涯胜览校注》。
③ 法·伯希和著、冯承钧译，郑和下西洋考，商务印书馆，1935年。
④ 冯承钧，伯希和撰郑和下西洋考序，郑和研究资料选编，人民交通出版社，1985年，第57～58页。
⑤ 邱克，谈明史所载郑和宝船尺寸的可靠性，文史哲，1984，(3)。
⑥ 郑鹤声、郑一钧编，郑和下西洋资料汇编（上册），齐鲁书社，1980年，第219页。
⑦ 明·罗懋登，《西洋记》第十五回。
⑧ 冯承钧，瀛涯胜览校注序，郑和研究资料选编，人民交通出版社，1985年，第62页。
⑨ 同④，第60页。
⑩ 李士厚，郑和家谱考释，1937年。

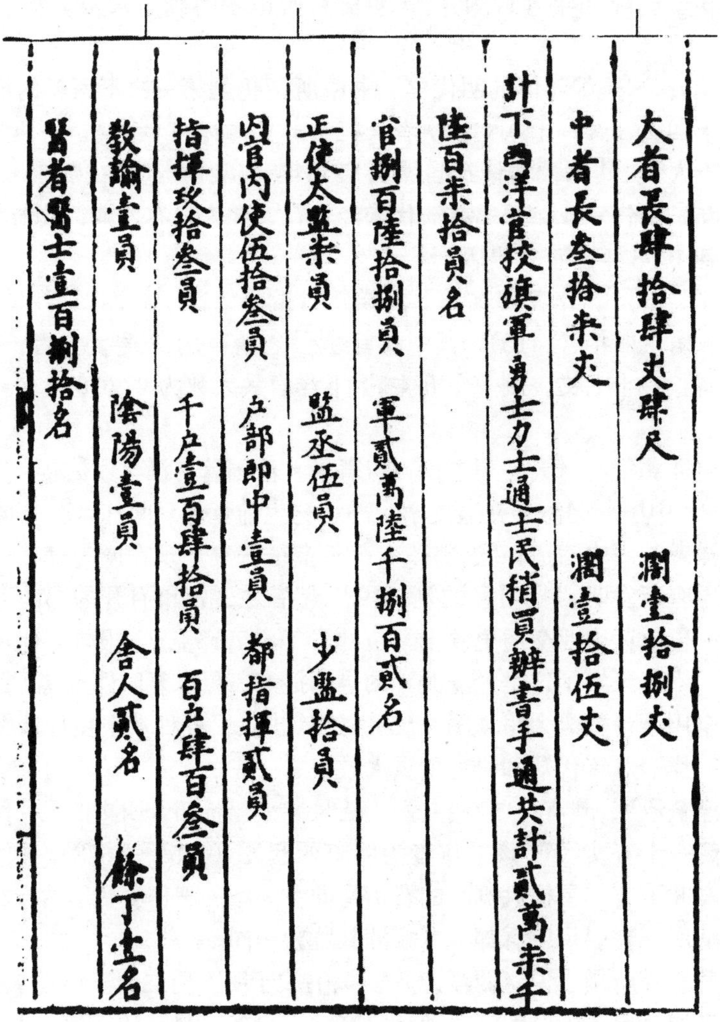

大者長肆拾肆丈肆尺　濶壹拾捌丈
中者長叁拾柒丈　濶壹拾伍丈
計下西洋官校旗軍勇士力士通士民梢買辦書手通共計貳萬柒千
陸百柒拾員名
官捌百陸拾捌員　軍貳萬陸千捌百貳名
正使太監柒員　監丞伍員　少監拾員
内官内使伍拾叁員　户部郎中壹員　都指揮貳員
指揮玖拾叁員　千户壹百肆拾員　百户肆百叁員
教諭壹員　陰陽壹員　舍人貳名　餘丁貳名
醫者醫士壹百捌拾名

图 6-55　《三宝征彝集》对宝船尺度的记载

西洋”。所指为第一、三、七次，对二、四、六这三次都缺如。对宝船则记有：“拔舡六十三号，大船长四十四丈，阔一十八丈；中船长三十七丈，阔一十五丈。”

表 6-8　罗懋登著《西洋记》所载下西洋 5 种船型

船　型	桅　数	长与阔尺度	长宽比值
宝　船	九	长四十四丈四尺，阔一十八丈	2.4666……
马　船	八	长三十七丈，　阔一十五丈	2.4666……
粮　船	七	长二十八丈，　阔一十二丈	2.333……
坐　船	六	长二十四丈，　阔九丈四尺	2.55319
战　船	五	长一十八丈，　阔六丈八尺	2.64706

七种文献所记下西洋的哪一次以及所到达的国家，皆各不相同，概可证明其资料来源各异。但是，最大宝船的尺度均为长四十四丈，或四十四丈四尺，宽十八丈。人数和船数也相

差不大。据此可以认为郑和宝船的尺度和船数的文献依据是充分的、可信的。

二　郑和宝船尺度的文物依据

郑和宝船的船长与船宽的比值很小，如前述表6-8所示者只有2.33～2.64。这常常使研究者产生各种疑窦。有人以俗语的“长船短马”为例，诘问郑和宝船何以这样短而肥宽？自从1975年出土了泉州宋代海船、1978年出土了宁波宋代海船和在1976～1984年在韩国新安郡海底发掘出一艘中国元代海船之后，人们的疑窦被解开了，因为这3艘宋、元时代的中国古船其长宽比都是很小的。可以说郑和宝船的长宽比值有了充分的文物例证。表6-9中为各种文献给出的已出土中国古船的长宽比之值，由之可以看出郑和宝船的长宽比值与出土文物的比值非常接近。

表6-9　已出土的中国古船的长宽比值

古船名	发掘地址	发掘年份	古船年代	长宽比	作者及文献发表年代
泉州船	泉州湾	1975	南宋	2.52 2.48	席龙飞、何国卫①，1979 杨槱②，1982
宁波船	宁波市	1978	北宋	2.71 2.8	席龙飞、何国卫③，1981 徐英范④，1981
新安船	韩国木浦	1976～1984	元代	2.8 2.61	席龙飞⑤，1985，1994 Lee Chang-Euk⑥，1991

三　郑和宝船的船型与建造地点

郑和宝船属何种船型？究竟建于何地？这是宝船研究中的重大问题，也是经常引起争议的问题。

郑和船队庞大，其船均由朝廷下令督办，在全国各地建造。《明成祖实录》卷十九至卷一百十四，记载了永乐元年至十七年（1403～1419）之间新建与改建海船的翔实资料⑦，我

① 席龙飞、何国卫，对泉州湾宋代海船及其复原尺度的探讨，中国造船，1979，(2)：117。

② 杨槱，对泉州湾宋代海船复原的几点看法，海交史研究，1982，(4)：35。

③ 席龙飞、何国卫，对宁波古船的研究，武汉水运工程学院学报，1981，(2)：26。

④ 徐英范，浙江古代航海木帆船的研究——兼谈宁波宋代海船复原，中国科学院自然科学史研究所硕士学位论文，1981年，第21页。

⑤ 席龙飞，朝鲜新安海底沉船的国籍和航路，太平海，海洋出版社，1985年，第135页；席龙飞，对韩国新安海底沉船的研究，海交史研究，1994，(2)：55。

⑥ Lee Chang-Euk [李昌忆．韩]. *A Study on the Structural and Fluid Characteristics of a Rabbetted Clinker Type Ship* (*The Sunken Ship Salvaged off Shinan*). Proceedings of International Sailing Ships History Conference (Shanghai). Dec. 1991. 154.

⑦ 郑鹤声、郑一钧，郑和下西洋资料汇编·上册，齐鲁书社，1980年，第199～201页。

们在 1982 年在撰写《试论郑和宝船》① 时曾根据《明成祖实录》的记载列出这一期间的建造与改造海船统计表。此表曾为许多研究者所引用，今转录为表 6-10。

表 6-10　《明成祖实录》所载永乐元年至十七年建造海船统计表

序	时间	建造地点	艘数	建或改	明实录卷数	附注
1	元年五月辛巳	福建	137	建造	卷十九	海　船
2	元年八月	京卫及浙江、湖广、江西、苏州	200	建造	卷二十一	海运船
3	元年十月	湖广、浙江、江西	188	改造	卷二十三	海运船
4	二年正月壬戌	京卫	50	建造	卷二十六	海　船
	正月癸亥	福建	5	建造	卷二十六	特指遣使西洋
5	三年五月	浙江	1180	建造	卷三十五	海　舟
6	三年十月	浙江、江西、湖广及直隶、安庆	80	改造	卷三十八	海运船
7	三年十一月	浙江、江西、湖广	13	改造	卷三十九	海运船
8	四年十月	浙江、江西、湖广及直隶、徽州、安庆、太平、镇江、苏州	88	建造	卷四十六	海运船
9	五年九月	（命都指挥王浩改造海运船）	249	改造	卷五十二	备使西洋诸国
10	五年十一月	浙江、湖广、江西	16	改造	卷五十四	海运船
11	六年正月	（命工部）	48	建造	卷五十五	宝　船
12	六年二月	浙江金乡	33	改造	卷五十五	海运船
13	六年十一月	江西、浙江、湖广及直隶、苏松	58	建造	卷六十	海运船
14	七年十月	江西、浙江、湖广及苏州	35	建造	卷六十六	海　船
15	七年十一月	扬州等	5	建造	卷六十七	海运船
16	九年十月	浙江临山、观海、宁波、昌国	48	建造	卷七十九	海　船
17	十年九月	浙江、湖广、江西及镇江	130	建造	卷八十五	海运船
18	十年十一月	扬州	91	建造	卷八十六	海风船
19	十一年十月	江西、湖广、浙江及镇江	63	改造	卷八十九	海风船
20	十三年三月	（命都督同知督造）	?	建造	卷九十六	海　船
21	十七年九月	（未指明）	41	建造	卷百十四	宝　船

由表 6-10 可以看出，为组建下西洋船队，曾采取了新建与改建相结合的方针，还将造船任务分配到全国各造船中心。所以，船舶类型必然是多样的。

在第一次出使西洋的永乐三年六月之前，《明实录》记有五次大规模造船活动。除“永乐元年（1403）五月辛巳，命福建都司造海船百三十七艘”之外，更有“永乐二年（1404）正月癸亥，将遣使西洋诸国，命福建造船五艘”的记载。可见福建这个宋元以来的造船中

① 席龙飞、何国卫，试论郑和宝船，武汉水运工程学院学报，1983，(3)：13；又郑和下西洋论文集第一集，人民交通出版社，1985 年，第 99 页。

心，对建造郑和宝船具有重要地位。当然，浙江等其他造船中心，也共同承担了任务。宋代徐兢在报告他出使高丽之行时记有："旧例每因朝廷遣使，先期委福建、两浙监司顾募客舟。"① 看来明代仍是援引旧例。

如果考察郑和出使的航线和基地港，则可知福建更有重要地位。元、明两代向北京、辽东一线的海运，太仓作为基地港具有重要作用。对郑和出使西洋，太仓的重要性则有所变化。例如《西洋朝贡典录》在自序中记有："西洋之迹，著自郑和。……命和为使，二以侯显，妙择译人马欢辈从之行，总率巨艅万艘，发自福州五虎门，维艄挂席，际天而行。"②

据费信的《星槎胜览》③ 和马欢的《瀛涯胜览》④：永乐七年（1409）第三次出使是，九月自太仓刘家港开船，十月到福建长乐太平港停泊，十二月于福建五虎门开洋；永乐十一年（1413）第四次出使是，自福建福州府长乐县五虎门开船。

第五次奉使的日期，据《郑和航海图考》⑤，是永乐十四年（1416）十二月丁卯；据《郑和遗事汇编》⑥，也是永乐十四年十二月十日。然而翌年（即永乐十五年，1417）五月十六日，郑和却在泉州郊外灵山的"伊斯兰教圣墓"行香并有刻石为记。郑和行香碑今仍存于圣墓，文曰：

钦差总兵太监郑和前往西洋忽鲁谟斯等国公干永乐十五年五月十六日于此行香望灵圣庇佑镇抚蒲和日记立

考察现存于福建长乐的由郑和亲自立于"宣德六年岁次辛亥仲冬吉日"的《天妃灵应之记》碑，第五次出使是永乐十五年⑦。合理的解释是，郑和一行是在永乐十四年冬由江苏出发，在福建长乐和泉州一带集中修整待发近一年之久。当时造船技术先进的福建，又处于开洋港地位，较多地承担宝船的建造任务，当在情理之中。

福建的造船业，在宋、元两代的基础上，到明代更有所发展。例如为了便于与琉求的往来，明太祖朱元璋曾下令："赐闽中舟工三十六户，以便贡使往来。"⑧ 明代出使琉球使臣的座船称封舟，都是福建建造的。封舟比较讲求实效，采取封闭式舱室，舱口与船面平，缘梯上下。其虽不雅于美观，然而实可以济险。不像宋代的客舟、神舟，明知海上航行船体不应过高，只是为了装潢和排场反而加很高的上层建筑，这常常引起船员们的反对。客舟条记有"舟人极畏桥高，以其拒风不若引旧为便也"⑨，正是针对此事。

关于宝船的船型，当然离不开人们常说的四大船型：广船、福船、鸟船和沙船。然而，鸟船只是福船的第 5 号船型，正如本章前已述及的，鸟船不能独树一帜。

广船，是适于远洋航行的船型，以其折扇形帆常给海洋添美景，以其采用铁力木做龙骨和舵杆而具高强度。前已述及，作为战船，有时是福船所不及。然而因取材的严格常"难以

① 宋·徐兢，《宣和奉使高丽图经》卷 34。

② 明·黄省曾著、谢方校注，《西洋朝贡典录》。

③ 明·费信撰、冯承钧校注，《星槎胜览校注》。

④ 明·马欢撰、冯承钧校注，《瀛涯胜览校注》。

⑤ 范文涛，郑和航海图考，商务印书馆，1934 年。

⑥ 郑鹤声，郑和遗事汇编，中华书局，1947 年。

⑦ 萨士武，考证郑和下西洋年岁之又一史料——长乐"天妃灵应碑"拓片，郑和研究资料选编，人民交通出版社，1985 年，第 104 页。

⑧ 清·张廷玉等，《明史·琉球传》。

⑨ 同①。

为继”，限制了其发展。由上述永乐元年至十七年（1403～1419）建造海船统计来看，未见在两广造船，湖广在明代时是指湖北、湖南。所以广船在宝船队中即使有也只能是少数。

宝船队中的船型居多者当为福船和沙船。然而众所周知，沙船采用平底且吃水浅，适于广布沙洲的北洋航线，但难以破深海之大浪。福船为尖底深吃水的船型，“上平如衡，下侧如刃，贵其可以破浪而行也”。

明代天启辛酉年（1621）的著作《武备志》以两卷的篇幅综述各种船型、船舶的优劣。该书取材广博，常对各种船型进行对比。在介绍沙船时特别写道：

> 沙船能调戗使斗风，然惟便于北洋，而不便于南洋。北洋浅、南岸（洋）深也。沙船底平，不能破深水之大浪也[①]。

《崇明县志》载：“永乐二十二年（1424）八月，诏下西洋诸船悉停止。船大难进浏河，复泊崇明。”[②] 由此可见，尽管浏河北岸的太仓，是造船基地之一，也为下西洋船队造过船，但是郑和的大型宝船却肯定不是在浏河北岸的太仓建造的。

综合上述各项，可以归纳如下几点：

第一，自宋元以迄明代，福建都是全国著名的造船中心，特别是出国使臣乘坐的官船多选取福建的船型——福船；

第二，据《明成祖实录》，特有“将遣使西洋，命福建造海船五艘”的记载；

第三，据《明史》、《瀛涯胜览》、《郑和家谱》等一系文献的记载，宝船、马船等各船型的长度比均很小，约为2.3～2.6。此点由在泉州、宁波、韩国新安海底出土的诸尖底海船的实物所证实。长宽比如此之小的船型当肯定不是沙船，因为沙船的长宽比为3.6～5.1[③]。

第四，郑和宝船队是驶向南洋以及经印度洋去波斯湾和非洲东岸广深海域的，宝船的船型当然会选择适于深海航行的尖底、深吃水、长宽比小但却非常瘦削的船型。这种优秀船型非福船莫属。

根据上述四点，应当确信郑和船队中堪称为旗舰的大型宝船应是福船舶型。船队中有许多船是在苏州、湖广、江西、安徽等长江一线建造的，其中也会有一些沙船型的船舶，但只能是处于辅助地位。

四 中外学者对宝船的论述

郑和七下西洋这一空前壮举，是以明初封建国家政治上的统一与强盛为背景的，也是以整个社会经济发展与繁荣为基础的。郑和及其七下西洋引起全世界的瞩目并不断深入研究，是理所当然的事情。近代学者梁启超首先给郑和冠以航海家并为其立传：“‘本传’云：‘造大船修四十四丈、广十八丈者六十二，容士卒二万七千八百余人。’吾读此文，而叹我大国民之气魄，洵非他族所能几也。”[④]

---

① 明·茅元仪，《武备志》卷117。

② 康熙年间，《崇明县志》。

③ 周世德，中国沙船考略，中国造船工程学会1962年年会论文集，第二分册，国防工业出版社，1964年，第39、48页。

④ 梁启超，祖国大航海家郑和传，饮冰室文集卷41，中华书局，1904年。收入郑和研究资料选编，人民交通出版社，1985年，第22页。

比较地说，在对郑和的研究中以对宝船的研究显得不够充分。迄今为止，对史籍所载宝船的尺度持有疑义者，中外不乏其人。1947 年，管劲丞曾以南京静海寺残碑推断宝船“相当于二千料”，并提出“‘修四十四丈’之说不可信”[①]。1962 年杨槱在《中国造船发展简史》中写道：“郑和舰队的大海船据传是‘修四十四丈、广十八丈’（明史三〇四卷），但是这个尺度很是可疑。”[②]

及至 20 世纪的 80 年代，对郑和宝船的研究较为活跃，其特点是史学工作者与造船工作者相互切磋并取得一些进展。席龙飞、何国卫在 1983 年的论文《试论郑和宝船》[③] 中，就宝船尺度的文献依据和文物例证，提出宝船尺度和长宽比值是不宜任意修改的；鉴于宝船的长宽比值只有 2.466，这一特点与福船是一致的，又鉴于《明实录》有为遣使西洋要福建建造海船的记载，所以大型宝船应是福建建造的福船。文中更对关于船舶强度的质疑，利用类似的和传统的计算公式和方法给以肯定的回答。李邦彦也认为：“明史对大型宝船主尺度的记载是可信的，不同意几种质疑性的论点。”[④]

郑鹤声、郑一钧于 1984 年提出：“在明代以前，中国造船业发达的程度，已接近于能造长四十四丈，阔一十八丈的大船的水平。明朝永乐年间，在社会经济高度繁荣的基础上，出现了郑和下西洋这样的洲际规模的航海活动，有力地推动了当时的造船业进一步发展，完全可能具有建造大型宝船的技术水平。”[⑤]

庄为玑、庄景辉在《郑和宝船尺度的探索》中认为：“经过了从唐代的十八丈海船，到宋代三十丈神舟这样一个漫长的生产实践过程，在明初特定的历史条件下，宝船的出现是符合事物发展规律的。即使把郑和宝船推到世界造船史方面来看，也不能否定它的存在。因为在整个中世纪，中国造船技术在世界上居于先进地位。”[⑥]

文尚光在 1984 年对郑和宝船的各种质疑进行了答辩。他的论文：“对七种载有宝船长宽尺度的历史文献进行了比较分析，认为并非全都来源于一本书，而是有三种不同的资料来源，但这些文献所载的最大宝船的长宽均为 44（或 44.4）×18 丈，这个数字应是可靠的。‘南京静海寺残碑’，无刊刻年月及立者姓名，且残损太甚，文义难明，不能以之作为判断最大宝船仅长十余丈的根据。据对十七种文献的分析，郑和每次下西洋的船数是不相同的，少则 40 艘，多则 63 艘，其中长 44 丈多的是少数。明初经济实力雄厚，继承宋、元以来高超的造船技术，在二、三年内造成少数长 44 丈多的宝船，不是不可思议的。”[⑦]

在国外的学者中，我们已经看得出，越是对郑和研究比较深入的人，越是对宝船的尺度持肯定的态度。

法国汉学家伯希和（Paul Pelliet，1878～1945）于 1933 年，将马欢的《瀛涯胜览》、费

---

① 管劲丞，郑和下西洋的船，东方杂志，1947，43（1）：47～50。

② 杨槱，中国造船发展简史，中国造船工程学会 1962 年年会论文集，第二分册，国防出版社，1964 年，第 15 页。

③ 席龙飞、何国卫，试论郑和宝船，武汉水运工程学院学报，1983，（3）：9～18，又收入郑和下西洋论文集第一集，人民交通出版社，1985，第 93～107 页。

④ 李邦彦，锦帆鹢首的郑和宝船，郑和下西洋论文集第一集，人民交通出版社，1985 年，第 123 页。

⑤ 郑鹤声、郑一钧，略论郑和下西洋的船，文史哲，1984，（3）：3～9；又收入郑和下西洋论文集第一集，人民交通出版社，1985 年，第 55 页。

⑥ 庄为玑、庄景辉，郑和宝船尺度的探索，海交史研究，1983，（5）：32；又收入郑和下西洋论文集第一集，人民交通出版社，1985 年，第 75 页。

⑦ 文尚光，郑和宝船尺度考辨，武汉水运工程学院学报，1984，（4）：26。

信的《星槎胜览》、巩珍的《西洋番国志》和黄省曾的《西洋朝贡典录》等下西洋的纪行著作，经考订、注释后用法文出版，书名为《十五世纪初中国人的伟大海上旅行》。两年后即1935年，冯承钧将该书译成中文，译名为《郑和下西洋考》[①]。该书为“造大舶，修四十四丈，广十八丈者六十二”句加了注释曰：“此种海舶奇大，可参考格仑威耳德（Groen Veldt）书一六八页。总之每舟平均载四百五十人，其舟显然甚大，关于中世纪中国之大舶者，可参考玉耳·戈尔迭（Yule Cordier）之马可波罗（ Marco Polo）书，第二册二五三页，又契丹(Cathay)纪程，第五册二五页。伊本拔秃塔（ Ibn Battutal）以为中国之大海舶可容一千人，内水手六百，士卒四百。”

李约瑟在他的《中国科学技术史》第四卷第三章中写道：“明代文献中有关郑和船队旗舰的尺度，乍看似乎难以相信，但实际上丝毫不是‘奇谈’。”接着他还对明朝的水师加以概括：“在明朝全盛时期（公元1420年前后），其海军也许超过了历史上任何时期的亚洲国家。甚至可能超过同时代的任何欧洲国家，乃至超过所有欧洲国家海军的总和。永乐年间，明朝海军拥有三千八百艘舰只，其中包括一千三百五十艘巡逻船，一千三百五十艘属于卫、所、寨的战船，和以南京新江口为基地的有四百艘大战船的主力船队，以及四百艘运粮的漕船。此外，还有二百五十艘远航宝船，每艘宝船上平均规定人数由公元1405年的四百五十人增加到1431年的六百九十人以上，最大的宝船当然超过一千人。”[②]

寺田隆信在其所著《郑和——连接中国与伊斯兰世界的航海家》一书中，不仅盛赞中国的传统造船技术，而且将郑和船队与其后欧洲船队作对比。寺田写道：“造船技术的优劣，是一个国家生产技术水平的反映。像以上所说的那样，15世纪初的中国，以高超的传统造船技术，建造了难以置信的巨大船舶，接连不断地把他们送入大海之中。”

“对此，所谓‘大航海时代’的航海，不仅迟于郑和之后五六十年，而且所乘船舶的尺度、性能，船队的规模，无论哪一样都远不及郑和的船队。瓦斯科·达·伽马的船队，正如前面已叙述的，而1492年8月出航的哥伦布的船队，也仅有3艘，乘员88名，旗舰圣·玛利亚号只不过才250吨。并且，到达美洲时，已经失去1艘，留下的两艘也落得满身疮痍。1517年以周航世界为目标而启航的麦哲伦船队，其命运如何，这是众所周知的。”

“伽马、哥伦布、麦哲伦的航海的历史意义，是必须给予充分评价的。然而，造成那样的结果，这是与他们不仅在航海和操船技术方面有问题，而且与乘坐的船舶也经不起大洋的风浪不无关系。从总的方面来说，他们的航海，是一种探险的、冒险的活动。”[③]

牛津大学出版社于1994年出版的《中国曾控制过公海——1405～1433期间的宝船队》[④]一书，其第一章刊有美国作者詹氏（Jan Adkins）所绘“郑和宝船与哥伦布旗舰圣·玛利亚号的对比图”（图6-56）。两者在尺度与规模上的对比，何其显明与生动。

---

① ［法］伯希和著、冯承钧译，郑和下西洋考，商务印书馆，1935年。

② Joseph Needham［李约瑟，英］. 1978. *Science and Civilisation in China*. Vol. Ⅳ. Parts 3. The Cambridge University Press，479～485.

③ ［日］寺田隆信著、庄景辉译，郑和——连接中国与伊斯兰世界的航海家，海洋出版社，1988年，第135页。

④ Louise Levalhes. *When China Ruled the Seas——The Treasure Fleet of the Dragon Thorne* 1405～1433. New York，Oxford. Oxford University Press. 1994.

图 6-56　郑和宝船与哥伦布旗舰的对比（采自 Jan Adkins）

五　郑和宝船的复原问题

为了纪念郑和下西洋 580 周年，在纪念筹备委员会和中国航海史研究会的组织领导下，由交通部所属三院校大连海运学院、武汉水运工程学院和集美航海专科学校联合承担研究复原和制作宝船模型的任务。1984 年夏在大连复原宝船的会议上，笔者以《试论郑和宝船》①一文的长、宽为基础，取船深为 12 米，取深吃水比为 1.5，则吃水为 8 米。仿照泉州古船取方形系数 $C_B=0.43$，绘就两种型线图，会议采纳了其中之一。由集美航专提出布置方案图并承担了模型试制任务。

1985 年 3 月，由集美航专制造出宝船模型，并在厦门召开的审定会议上获得通过②。集美航专在研制模型工作中的一大贡献是，他们根据在福州出土的一把雕花漆木尺，确定了明代的 1 尺等于 0.283 米③。据此，依据拙文《试论郑和宝船》，宝船的主要要素为：

总长 $L_{oa}=444\times0.283=125.652$ 米

水线长 $L_{WL}-125.652/1.172-107.12$ 米（取 $L_{oa}/L_{WL}=1.172$）

总宽 $B_{max}=180\times0.283=50.94$ 米

型宽 $B=B_{max}/1.06=48.056$ 米

型深 $D=12.0$ 米；吃水 T=8～10 米

方形系数 $C_B=0.43$（与泉州船相同）

① 席龙飞、何国卫，试论郑和宝船，武汉水运工程学院学报，1983，(3)：9～18。

② 见 1985 年 3 月 20 日厦门日报。

③ 陈延杭、杨秋平、陈晓，郑和宝船复研究，船史研究，1986，(2)：51。

船舶排水量 $\Delta = L_{WL} \times B \times T \times C_B = 17\ 708.3$ 吨

1985 年由集美、武汉、大连三院校研制的宝船模型，取福船舶型，设九桅十二帆。在南京、昆明、太仓、长乐等四所郑和纪念馆收藏与展出后受到人们欢迎。其成功之处自不待言。但自首数的第六桅所张之帆，因与尾楼相抵触难以转动自如，自当加以改进。

图 6-57 则是我们经过改进后的宝船效果图。桅高、帆面积均经核算并设绘了总布置图和型线图。中间三只主桅上均设有桅顶软帆。

图 6-57 郑和宝船复原效果图

第七章　中国传统造船业的衰落与外资轮船业的渗透

第一节　海禁制约着中国木帆船业的发展

一　明代中叶厉行海禁，导致发达的中国海洋木帆船业迅速衰退

明代初年，中国沿海开始受到倭寇的骚扰。明太祖朱元璋为防止内地海商出海勾结倭寇为患，于洪武四年（1371）诏令“濒海民不得私自出海”①，遂开中国实施海禁国策之先例。洪武七年（1374）“罢明州、泉州、广州市舶司”②，洪武廿七年（1394）又严令“敢有私下诸番互市者，必置以重法”③。明成祖朱棣是一位有进取精神的封建皇帝，由他倡导的郑和下西洋（1405～1433）的伟大事业冲破了明初的海上禁令，采取海上开放的国策，重新开放明州等地市舶司，在世界范围内开向海洋进军的先河，曾使中国成为世界第一造船大国和海军强国。可曾几何时，明廷在永乐皇帝死后，却一反他的开海国策，斥郑和下西洋为弊政，逆世界潮流而动，采取禁海、闭关的国策。从而使中国的海洋木帆船业由其发展巅峰上跌落下来。

到了明代中叶的嘉靖年间（1522～1566），禁海尤烈。嘉靖二年（1523）又罢浙、闽、粤三地市舶司④。嘉靖四年（1525）规定“查海船但双桅者，即捕之”⑤。嘉靖十二年（1533）复令“一切违禁大船，尽数毁之”，凡“沿海军民，私与贼市，其邻舍不举者连坐”⑥。嘉靖廿六年（1547），浙江巡抚朱纨上任后，“下令禁海，凡双樯余皇，一切毁之，违者斩”⑦，因官方深知“双桅尖底，始可通番”⑧，这样尽数毁之，可绝其根。从禁造双桅航海大船到全部焚毁，从打击海商到实行连坐法，明王朝对私人海上贸易的打击日甚一日。迫使不少海商集团为谋生计，不得不与“倭表里为乱”，进行武装反抗，沦为“倭寇”，实则真倭当时不及十之一二。

嘉靖年间的倭患实际上是明廷实施严厉海禁的恶果。御倭战争结束后，明朝不少官吏已认识到开放海禁的重要性，懂得了“市通则寇转为商，市禁则商转为寇”的道理。明朝政府面对“片板不许下海，艨艟巨舰反蔽江而来；寸货不许入番，子女玉帛恒满载而去”⑨ 的现

---

① 引自《明太祖实录》卷70。
② 谈迁，《国榷》卷5。
③ 引自《明太祖实录》卷205。
④ 引自《钦定续文献通考》卷26。
⑤ 引自《明世宗实录》卷54。
⑥ 引自《明世宗实录》卷154。
⑦ 清·谷应泰，《明史纪事本末》卷55。
⑧ 清·胡宗宪，《筹海图编》卷4。
⑨ 明·谢杰，《虔台倭纂·倭原》，见《玄览堂丛书续集》。

实，遂于隆庆元年（1576）“开海禁，准贩东西二洋”[①]，取消了“寸板不许下海，寸货不许入番”的禁令，于是中国的民间商船终于冲破封建主义的重重包围，成批的中国双桅贸易船（日本人称之为唐船，因船之双桅帆犹如鸟之双翼，又名之为鸟船）活跃于日本海，中国的海上贸易再度繁荣。但就当时中国海船的吨位，性能、船队规模及海上航程而言，较之明初郑和下西洋时均呈明显的衰退趋势。具有成百艘大型远洋木帆船队的郑和时代已经一去不复返了。即便如此，海商们为了冲开海禁的锁链，已经付出了很大的代价。

二　清代展海中寓禁海的长期国策，限制了中国海洋木帆船业的发展

清王朝立国后，为防止东南沿海居民及明末遗臣如郑成功那样以海外基地为桥头堡，反攻大陆，危及王朝的生存，于顺治十二年（1655）效法明朝又重下“寸板不得下海”的禁令[②]。顺治十八年（1661），郑成功占领台湾后，清廷又颁布“迁海令”，强令闽、粤、江、浙沿海居民内迁30里，越界立斩[③]，这较之明代的海禁政策更烈，再次给国内的海商以致命的打击。结果反使台湾郑氏独擅通海之利。康熙廿三年（1684）攻克台湾，康熙皇帝由郑氏那里了解到开展海上贸易的诸多好处，遂于1685年正式废除“迁海令”，颁布了“展海令”，允许国人外出经商[④]。

自清廷1685年颁布“展海令”直到1840年的155年间，其中除康熙五十六年（1717）到雍正五年（1727）的十年间禁止中国商船前往南洋通商外，对民船出海无有禁令。康、雍、乾三代君主都认识到开展海外贸易对增加税收、充盈国库的重要性，他们也不像明廷不少君主那样盲目排斥国外商船来华通商。还是在1685年清廷颁布“展海令”的同时，即于粤东澳门（后为广州）、福建漳州（后为厦门）、浙江宁波、江苏云台山（后为上海）分别设立粤、闽、浙、江四海关[⑤]。康熙三十七年（1698），宁波海关还于定海建红毛馆，以接待英国商船。于是海外贸易一时又兴盛起来。后来为防止英国等东印度公司商船大量涌入中国内海，滋生事端，遂于乾隆廿二年（1757）以“民俗易嚣，洋商错处必致滋事”为由，下令关闭闽、浙、江三处海关口岸，仅限广州一口对外通商[⑥]。乾隆廿四年（1759）又指定广州黄埔为外商船舶惟一停泊口。

如前所述，清王朝立国后，海禁政策时松时紧，其中大部分时间呈开海的态势，一度使中国的海外贸易较之明代有所复苏和发展。但是开展海外贸易之利和海商集团内外勾结危及朝廷统治之弊始终是清朝统治者制定国策时考虑的相互矛盾的两个方面，且常以后者为主要方面。因此即使在清廷实施“展海令”期间，常寓禁海于开海之中，且不说朝臣们“禁海”、“开海”之争不断，清廷虽在衡量利弊得失后不得不开海，但对出海帆船的大小和桅数均严加限制。在1684年清廷解除海禁之初，即规定：“凡直隶、山东、江南、浙江等省人民，情愿在海上贸易捕鱼者，许令乘载五百石以下船只，往来行走。……如有打造双桅五百石以上

---

① 张燮：《东西洋考·饷税考》。
② 引自《大清会典事例》卷629。
③ 引自《重纂福建通志·海防》。
④ 引自《清圣祖实录》卷116。
⑤ 彭泽益，清初四榷关地点和贸易量的考察，社会科学战线，1984，(3)。
⑥ 引自《清高宗圣训》卷281。

违式船只出海者，不论官兵民人俱发边卫充军。”① 上述那种允许出海的所谓五百石以下、梁头（指船宽）不足七、八尺的单桅小船，在海中难抗风浪，无法远航，名曰开海，与禁海无异。实际上，开禁之初，江、浙、闽、粤等地方政府曾组织大批官民海船赴日，与荷兰追逐对日贸易之利，但为了出海远航，起码要用双桅海船，有时还有三桅大船出海，只准一桅帆船出海的禁令如同一纸空文。于是到了康熙四十二年（1703）不得不对出海帆船放宽限制。根据当时闽浙总督金世荣的建议，允许建造双桅海船，但限定其梁头不得超过一丈八尺②。此后，这项限制一直视为严令。既有这样的限制，出海帆船当难以超越甚多。偶有三桅、梁头超过一丈八尺的大船出海，已是一种特例了。当然不可能再去建造载重量大、抗风性能好的3桅以上的航海大船了。一艘梁头仅及一丈八尺的双桅帆船当无法在风力的使用上有较大的发展余地。

雍正十一年（1731）颁令：“往贩外洋商船准用头巾③、插花④，并添竖桅尖；其内洋商船及渔船，不许用头巾、插花、桅尖。”⑤ 一旦民用商船在满足梁头不超过一丈八尺禁令的前提下，性能有所改进，清政府即严令禁止使用。如乾隆十二年（1747）因“福建省舶仔头，桅高篷大，利于走风”，不利官船追逐和查验而下令“未便任其置造，以致偷漏，永行禁止，以重海防”⑥。为防止沿海帆船行走内海生事，后又规定内洋“商船、渔船不许携带枪炮器械”⑦，大大削弱了沿海商船的海上自卫能力。由上述众多禁令中可见，对远洋帆船限制较松，对沿海帆船限制甚严。实际上，许多远洋帆船往往超出禁令限制，常得官方默许，而沿海帆船一旦性能有所改进，就遭官方禁止。种种禁令严重限止了中国海洋木帆船业的发展，使中国海洋帆船性能在清朝150年所谓“开海”的时期内竟无所长进而裹足不前。

三　明末清初往返于日本长崎港的中国帆船

在中国明末到清初实行海禁政策的当时，东邻日本则正处于江户时代（1603～1867），也在实行锁国政策，然而却开长崎一港实行与中国、荷兰的海上贸易。不论是中国的货物运往日本，或者是将日本的货物运往中国，统由中国沿岸各港与长崎港之间的中国商船（当时称之为唐船）担任。当时，由唐船运载的货物远较荷兰船的货物更为珍贵，唐船的英姿，在介绍长崎读物的插图中，或在长崎的版画中均有遗存，不仅从美术史的角度，即使从海事史的角度来考察，也颇为珍贵⑧。1971年7～8月，英国李约瑟博士在日本逗留期间，了解到“唐船之图”并有强烈的兴趣。在李约瑟和日本著名学者薮内清两位博士的要求下，日本大庭脩教授于1972年3月在关西大学的学刊上系统介绍了“唐船之图”，并发表了11型中国帆船和1艘荷兰帆船的图样（黑白照片）。

---

① 引自《光绪大清会典事例》卷776。

② 引自《光绪大清会典事例》卷120。

③ 即以布数十幅为帆，张大篷顶上，若头巾，能使船身轻。

④ 即以布帆张在大篷两边，遇旁风使船不欹侧。

⑤ 引自《光绪大清会典事例》卷629。

⑥ 清·周凯：《厦门志》卷5。

⑦ 同②。

⑧ ［日］大庭脩，平戸松浦史料博物館藏‘唐船之図’について——江戸時代に來航した中国商船の資料，関西大学東西学術研究所紀要，1972，(5)：13～49。

1991年12月，世界帆船史国际学术讨论会在上海召开，大庭脩应邀到会并发表了《江户时期日本画师笔下的中国帆船》，论文中发表了30幅中国帆船的彩色图样①。

> 在英国李约瑟编撰的宏篇巨著《中国的科学与文明》中，在322页讲述航海技术的125幅插图中仅有2幅具体表现古代海船的图样。描绘中国古代船舶的绘画太少，造成了船舶史研究上的困难。由李约瑟的著作可以看出，此卷“唐船之图”可以确信是研究中国船舶在世界上有数的重要资料②。

据日本在20世纪50年代和60年代发表的文献和著作，自清廷于康熙二十四年（1685）颁布“展海令”起，中国赴日的商船数猛增。例如：1683年为24艘；1684年也是24艘；1685年为85艘；1686年则达到102艘。到康熙二十七年（1688）则高达194艘。自此以后是由日本方面对每年到港船舶数加以限制③。

“唐船”的始发港是山东（山东省）、南京（江苏省）、舟山、普陀山、宁波、台州、温州（浙江省）、福州、泉州、厦门、漳州、台湾、沙埕（福建省）、安海、潮州、广东、高州、海南等所谓濒海5省以及来自安南、广南（今越南归仁附近）、占城、暹逻、腊贾（马来半岛中部东岸）、宋卡、北大年、马六甲、爪哇等东南亚各地的港口。但是，从所绘船图可以看出，即使是来自广南和爪哇的船，也尽显中国船的风格。所绘暹逻船除了首部有一斜桅挂软帆是受西洋船风格的影响外也是中国船风格。

“唐船之图”画卷除了在色彩和美学上的成就之外，还在各部位注明名称和尺寸。图7-1所注名称原是日本当地名称，有把握的现已译为中文名。各部位的名称列于表7-1。

表7-1　唐船之图的各部位名称

	1	2	3	4	5	6	7	8	9	10	11	12	13	14	15	16	17	18	19	20
唐船图	主帆	首帆	高帆			主桅	首桅	尾旗杆	（内有	船神）		舵	镜板	前体	中体	后体	龙骨			定风旗
封舟图	大篷	头篷	头巾顶	一条龙	神旗				神灯	将台	神堂·针房	铁力舵					龙骨			
平底船图	大篷	头篷			妈祖旗	大桅		妈祖旗杆				舵	托浪板					龙骨	水仙门	定风旗

“唐船之图”中有11型中国帆船：南京船、宁波船、宁波船（停泊中）、福州造南京出航船、台湾船、广东船、福州造广东出航路、广南船、厦门船、暹逻船和爪哇船。其图分别列在图7-2到图7-12。

大庭脩教授在介绍南京船时引《长崎观览图绘》之注：指出南京船即沙船，并引用一大段《武备志》对沙船的评述。然后指出，与福船、苍山船、广东鸟尾等具有尖底即带有龙骨

---

① Osamu Oba［大庭脩．日］. 1991. Portraits of Chinese Junks Painted by Japanese Painters in Edo Period. Proceedings of International Sailing Ships History Conference. Shanghai MHRA of CSNAME. 5～18

② ［日］堀元美，唐船之図とその前景［その1］，中国塗料，1984，(1)：33

③ ［日］大庭脩，平戸松浦史料博物館藏唐船之図について——江戸時代に來航した中国商船の資料，関西大学東西学大研究所紀要，1972。(1)：15～16

的船相比，沙船以其底平，有利于在北洋浅海，并不航向南洋的深海等项。还讲到《武备志》所绘沙船，其尾部高度较大庭脩本人在论文中所列的尾高为高。

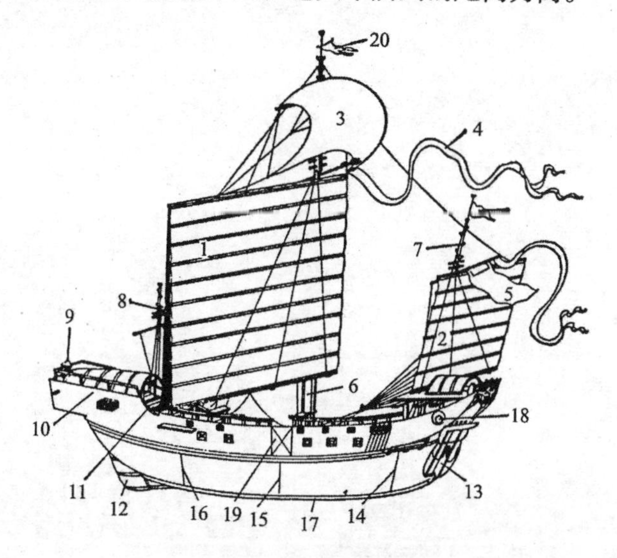

图 7-1　唐船之图的各部位名称（与表 7-1 对照）

图 7-2　南京船图

图 7-3　宁波船图

图 7-4　宁波船（停泊中）图

图 7-5　福州造南京出航船图

图 7-6　台湾船图

图 7-7　广东船图

图 7-8　福州造广东出航船图

图 7-9　广南（今越南归仁港附近）船图

图 7-10　厦门船图

图 7-11　暹逻船图

图 7-12　爪哇船图

日本海事史学家堀元美认为：“中国作为大陆国家的同时，也是具有 14 000 公里海岸线的海洋国家。在内陆还有长川大河和广阔的湖泊，自古以来舟船发达，在经济活动和军事活动方面都有重大的实绩。中国是文学之国，其文献之丰富达到惊人的程度。对舟船、海运、海战的记录可谓不少，然而奇怪的是遗留的关于舟船的绘画、雕刻等形象资料却非常之少。”因此他特别看重“唐船之图”对中国船舶史研究的重大意义，遂在日本《中国涂料》杂志 1984 年第 1～4 期，连续介绍《唐船之图》及其背景①。还用整页刊登了宁波船、南京船、福州造广东出航船、暹逻船和厦门船等 5 型中国帆船的画。更利用该杂志的封面介绍了 4 型船舶的局部（图 7-13 至图 7-16），这十分有利于对中国古代帆船构造和许多舣装设备的了解。

图 7-13　宁波船的船尾部分图

他在介绍南京船用于抗横漂的披水板时，提到荷兰沿海与扬子江口具有相类似的水文条件，其古帆船也备有相同原理的下风板（Lcc board）。不拘东洋西洋，针对同样的条件采取同样的对策而分别取得相同的成果，这是饶有趣味的。

17 世纪末在长崎港停泊的中国船的绘画——唐船之图，在长崎县立图书馆也有收藏。这是大正五年（1913）八月由长谷川雪香临摹的摹本，其真迹则收藏在平户松浦史料博物馆。本书发表的 11 型中国帆船图样则是真迹的写真，是由大庭脩教授专为笔者提供的胶片。

---

① ［日］堀元美，唐船之図とその背景，中国塗料（1）、（2）、（3）、（4），1984。

图 7-14 南京船的中央部分图

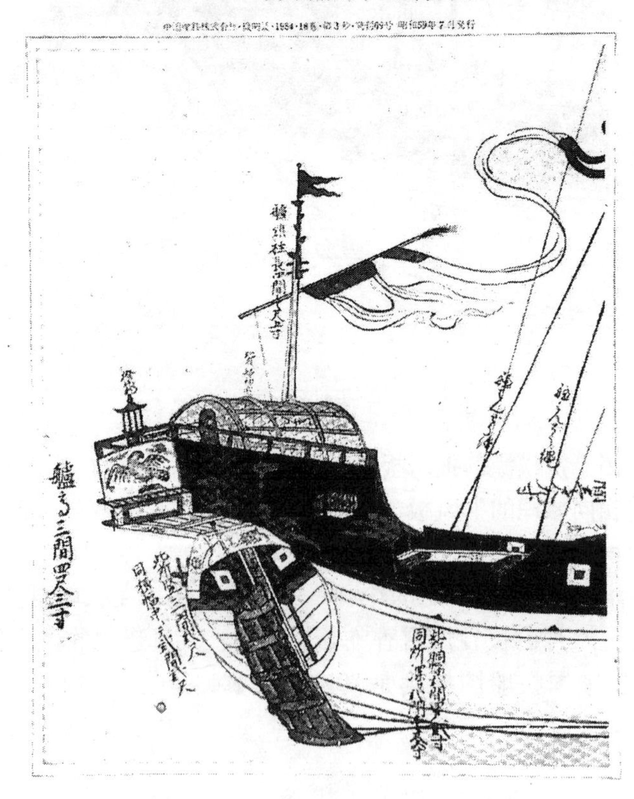

图 7-15 福州造广东出航船的船尾部分图

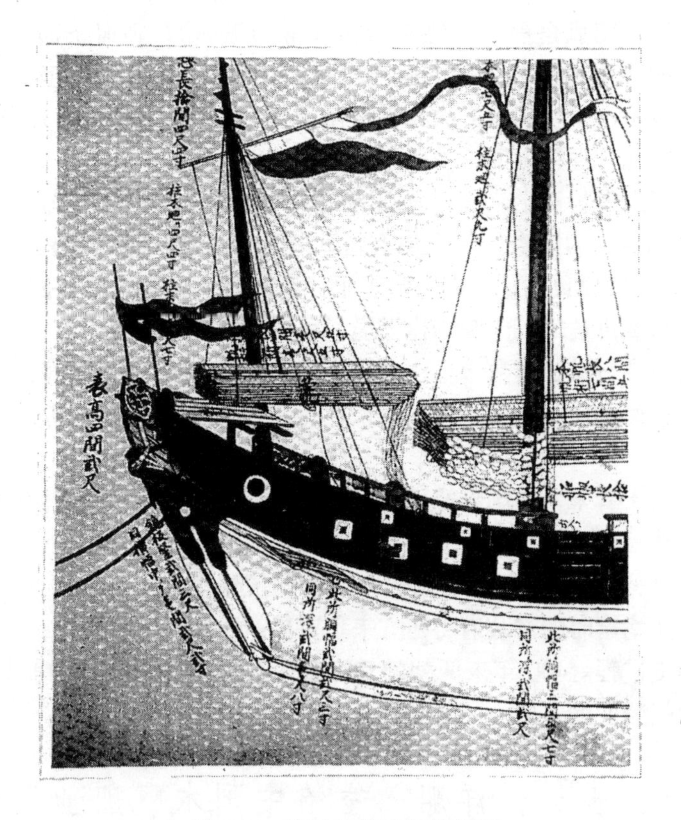

图 7-16　宁波船的船首部分图

四　西方海洋木帆船性能后来居上

在 15 世纪的郑和下西洋期间，西方海洋木帆船业不论在规模、航程、船舶性能和载重量等方面均远不如中国发达。可是在两个世纪后，当中国海洋帆船长期蒙受海禁的打击而呈日益衰退的趋势时，西方海洋帆船却在船舶性能、帆装和航海技术等方面有了长足的进步，且逐渐大型化，由几百吨发展到上千吨，而中国海洋帆船却由明初的数千吨减小到几百吨。还是在 1727 年清廷重开南洋海禁时，不少人就认为“番人造船比中国更固”[①]，“外国船大，中国船小”[②]。18 世纪西方帆船及航海技术进一步完善。当时盛行一类取横帆船和纵帆船两者之长的三桅以上的全装备帆船[③]。由于该船用板两层，其“厚径尺，横木架隔，必用铁板两旁夹之，船板上复用铜铅板遍铺，其旁细纤绊，悉皆铜铁造成，所以坚固”，中国人称之为“夹板船”。每船“大者三桅，小者两桅，……随风增减”。每桅“分作三节，每节横一杆，帆自杆下挂，多则九帆，少或四帆”。“每节用活笋系绳索数十条，或起或落，甚利便。遇飓风用桅一节，微风用桅二节，无风用桅三节，以索抽帆，随手旋转，四面风皆可驾驶”，

① 蓝鼎元，论南洋事宜书，《鹿洲初集》卷 3。

② 引自《皇朝文献通考》卷 33。

③ 辛元欧，试论西洋帆船之发展，船史研究，1993，(6)：40～41。

并可“以前两帆开门，使风自前入，触于后帆（常为纵帆），则风折而前，虽逆风亦可戗驶”[①]。逆风调戗原是中国古帆船领先于西洋帆船的独特性能，时已为西洋帆船所具备；而中国帆船及其驾驶技术由于受到官方的种种压制，到了18世纪却反而只能顺风行驶了。可见当时在海洋帆船的航行性能方面，中西方的差距已逐渐拉开。

当时英国夹板船大者长三十余丈，宽六七丈，入水出水，均二丈有奇。英国、荷兰东印度公司贸易船都属此类，为防盗，船上均有重武装，多者有火炮十余门、大铳和鸟枪几十枝[②]。至于西方的战船则就更大了。以明末进犯台湾的荷兰夹板战船为例，长三十丈，宽六丈，厚二尺余，排水量可达二三千吨，树五桅，后为三层楼，旁设小窗，置铜炮，桅下置二丈巨铁炮，发之可洞裂石城，震数十里，世称红夷大炮[③]。19世纪初，西方在多桅纵帆船的基础上又创制了在任何季风乃至微风中均能快速行驶的飞剪式帆船，其最高航速可达20余节[④]。

当时，由西方人士看来，中国帆船已“极为粗笨，中国人除了知道使用罗盘以外，不谙航海技术”[⑤]，完全失去了与西洋帆船竞争的能力。当1835年英国轮船“渣甸”号（Jardine）游弋中国广州海面时[⑥]，中国东南沿海竟仍在使用落伍于世界优秀海洋帆船近300年的沙、卫一类旧式帆船。所幸这时的清政府将西方来华贸易船限制于广州一口，才算延缓了中国沿海木帆船衰退的历史进程。400年来两朝的禁海政策，使中国木帆船的航海性能日趋落后，严重制约着中国木帆船业的发展。

第二节 航权丧尽，洋船入室给中国木帆船业以致命打击

一 在与西方夹板帆船竞争中失利和衰落的中国远洋木帆船业

18世纪，随着西方夹板帆船的东航，中国木帆船业首先在东南亚的海上贸易中遇到严重的挑战。不受国家保获，且在船舶吨位、航海性能和武备等方面又受到种种限制的中国远洋帆船业逐渐丧失了与西方夹板帆船抗争的优势。只是由于当时欧洲海军列强热衷于在大西洋争夺海上霸权，尚未进入大规模的海外贸易发展时期，致使中国远洋航运集团尚能在东南亚的海上贸易中占据主导地位。

从19世纪开始，随着国际商业资本的日益发展，资本主义列强觊觎中国这一商品输出最理想的市场，于是来南洋和中国的外国商船日益增多。而当时清朝官吏对远洋航运的敲诈、勒索又直接摧残着中国的远洋帆船业。于是东来的西方海外贸易集团依靠其性能先进、武备精良的帆船队及其航海技术、庞大的资本主义组织，甚至火炮和刀剑首先对中国在南洋的航运集团进行排挤和打击。他们霸占南洋各岛，并以此作为控制海上贸易的基地，对缺乏竞争力的中国远洋航运集团进行排挤，迫使其很快成为英国荷东印度公司对华贸易的中介和

---

① 周凯，《厦门志》卷5，卷8。

② 萧令裕，英吉利记，《鸦片战争》第1册，第21页。

③ 引自《明会典》卷77。

④ 辛元欧，试论西洋帆船之发展，船史研究，1993，(6)：42～45。

⑤ 姚贤镐，中国近代对外贸易史资料第1册，第61页。

⑥ 莱特，中国关税沿革史，第247页。

附庸，从而控制了南洋的帆船贸易。同时使中国帆船在南洋的贸易通道严重受阻，驶往南洋的中国帆船日益减少，在中国国内从事帆船海外贸易的民间机构亦纷纷倒闭。到了19世纪20年代，中国驶往东南亚的远洋帆船已只剩下295艘，运力只剩85 200吨[①]，并呈迅速衰退的趋势。

可是，来广州的西洋夹板帆船却日益增多。18世纪50年代进入广州的外国贸易船每年至多有20余艘，运力不过一二万吨[②]。可是到了1837年却已有213艘西洋帆船来华贸易，其运力已上升为83 000余吨[③]，已与中国远洋帆船运力相当，并呈逐步增长的趋势。于是中国远洋帆船业首先败下阵来。

二　长期繁荣的清代沿海和内河木帆船业

至于中国沿海和内河木帆船业，鉴于清朝升平日久，它一直成为繁荣市场、实施漕运的一个重要行业，自1685年颁布“展海令”后，逐步走向繁荣。由于清廷自乾隆二十二年关闭江、浙、闽海关，限制外洋商船只准在粤一口贸易，免除了洋船、洋商在沿海和内河航线上争利的可能性，致使国内航线上的木帆船业一直获得蓬勃的发展。当时东南大贾以船商为最富，即使到了鸦片战争前夕，中国沿海和内河木帆船业还是十分发达。

上海于康熙廿四年立榷关，当时它只是苏州的外港，可是到了乾隆年间，其城东门外，已是“舳舻相衔，帆樯比栉，不减仪征、汉口”[④]。到嘉庆年间，“其海船帆樯足以达闽、广、沈、辽之远，而百货集焉”[⑤]，已成东南都会。及至道光年间，更是“商贾云集，海艘大小以万计，城内外无隙地”[⑥]。其航运规模之大，已居全国港口之首。当时上海港内有专走牛庄、天津等埠的沙船，由于它大都装运关东豆麦类货物南下，故又称“豆船”；有较沙船稍小，专走山东各埠的卫船；有专走宁波的“宁船”；有行驶南洋的“南船”；有行驶长江的鸭尾船等，其中以行驶北洋航线的沙船为最多（图7-17）。嘉道年间，“沙船聚于上海约三千五百余号”[⑦]，沙船是上海的家乡船，早在康熙五十四年（1715）于上海城东马家厂（今南市会馆街）就设有沙船会馆[⑧]。

道光五年（1825），因黄河决口，运河梗阻，清廷遂于上海雇用沙船1562艘，重开前代海运漕粮之路。以往沙船北航向不满载，常用草泥压船，而今漕粮运输则总是满载，朝廷所给水脚（即运费）优厚，运粮一石，给水脚钱四钱[⑨]，仍准附载它货。故“沙船之利亦倍蓰于往日。……当时以沙船为恒产者，蒸蒸日上，获利无算，有富至百十万者”[⑩]。沙船业主

---

① 田汝康，17—19世纪中叶中国帆船在东南亚洲，第36页。
② 引自《粤海关志》卷24。
③ 同②。
④ 引自乾隆四九年续修《上海县志》卷1。
⑤ 引自嘉庆年间《上海县志》，卢浚及陈文述序。
⑥ 黄本铨，枭林小史弁言，上海滩与上海人丛书，上海古籍出版社，1989年，第2页。
⑦ 郑逸梅，上海旧话，上海文化出版社，1986年，第28页。
⑧ 叶亚康：上海的发端，上海翻译出版公司，1992年，第297页。
⑨ 包世臣，安吴四种·海运南漕议。
⑩ 引自“论沙船转机”，《申报》，光绪十四年六月十二日。

图 7-17　上海城东门外黄浦江中停泊的沙船群

得此机遇，在道光六年（1926）后，又新造大船二三百号[1]，从而使上海沙船业在鸦片战争前夕竟达到空间的繁荣。据统计，当时江苏全省每年进出海船的运输量当不下于 80 万吨，大部分船只集中于上海。

宁波是浙江的通商正口，港口历史悠久，广泛使用的船为疍（弹）船，船身轻重，不畏风浪，又能“过沙”，也是通航南北洋航线的著名海洋帆船；还有采砂船、疍船和鸟船三者之长的三不像船，这些船通称“宁船”。鸦片战争前，在浙江各港内往来的海船有 1000 多艘，年货运量达 10 万吨，大部分船只集中于宁波。

其他东南沿海各地在鸦片战争前每年出入海船的数量和总的运力，据统计，分别是：厦门：500 艘、10 万吨；福建全省：1500 艘、20 万吨；潮州：700 艘、10 万吨，广州：200 艘、4 万吨；广东全省：1600 艘、20 万吨；山东沿海各港：600 艘、4 万吨；直隶全省：1000 艘、17 万吨；盛京（指今辽宁）：200 艘、3 万吨。

据不完全统计，1840 年前中国沿海商帆船共约有 1 万艘，运力 150 吨，50 吨以上的内河帆船共约有 15 000 艘，运力亦有 150 吨。由此可见当时在中国国内航线上的木帆船运输业还是相当发达的。

汉口居长江中游，扼汉江通长江的要津。下水可通九江、芜湖、南京、上海各大港埠更可通海；上溯入川可达万县、重庆、宜宾；上溯汉水可达襄阳、谷城而趋陕南，历来是长江的航运中心。川江和汉水的艰险航道，多使洋船畏而却步。路易斯所著《中国帆船》[2] 刊有摄于 1905 年的汉口港的照片 2 幅（图 7-18），当会使人对中国内河木帆船产生深刻印象。

三　门户开放后列强的关税特权为洋船入室攘夺航运之利张本

随着两次鸦片战争的失利，西方资本主义列强迫使清政府先后签订了一系列不平等条约。1842 年 8 月 29 日签订的中英《南京条约》规定开放广州、福州、厦门、宁波、上海为通商口岸，并割让香港。就此英国船只就可在香港与五口之间自由进行通商贸易。而其他资本主义国家也相继逼迫清政府签订相应的不平等条约，来一个利益均沾，并不断扩大其侵略

---

① 樊百川，中国轮船航运业的兴起，四川人民出版社，1985 年，第 71～83 页。

② Louis Audemard. *Les Jonques Chinoises*. Vol. Ⅵ. Rotterdam. 1965.

(a)

(b)

图 7-18　汉口港林立的帆樯

的特权。于是中国水域开始成为各国船只横行之所了。

通商口岸丌设后，第二步就是如何压低来华洋船的各项税收，以获得更多的商业利益。1843 年 10 月签订的中英《五口通商章程：海关税则》中对外国商船征收的船钞有如下规定："凡英国进口商船，应查照船牌开明可载若干，定输税之多寡，计每吨输银五钱。所有纳钞旧例及出口、进口日月规银各项费用，均行停止。"① 同日签订的《五口通商附粘善后条款》第十七款又规定："凡航行于香港、广州、澳门间的 150 吨以下的小船，其载货者每进口（岸）一次，每吨纳钞银一钱。"② 而鸦片战争前进口（岸）的外国船只应纳正税每吨

① 王铁崖，中外旧约章汇编，第 1 册，第 41 页。

② 同①，38 页。

五两至七两七钱余，而且还有其他纳钞银的项目。上述对进口大船和小船的纳税规定，竟使进口船只的所纳钞银降低到不足原应纳钞银的1/10和1/50。1844年7月，中美《望厦条约》第六款进一步规定："或有船只进口，已在本港海关纳完钞银，因货未销，复载往别口转售者，…俟该船进别口时，止纳货税，不输船钞，以免重征。"① 1844年10月中法《黄埔条约》第十五款干脆规定："凡佛兰西船，从外国进中国，只须纳船钞一次。"② 法国船只既有此特权，各国按最惠国待遇又来一个一体均沾，于是中国不仅丧失了东南沿海的航权，而且也失去了征收船钞的自主权。

至于关税和内地贸易税两项，经过讨价还价，在1858年签订的中英《天津条约》的"协定税则"中规定了"值百抽五"的收取外国商船关税的原则，比清政府原进口征（关）税率低了2/3，使关税降到最低限度，于是西方列强又取得了"协定关税"的特权③。中英《天津条约》第二十八款对外国商船收取内地贸易税做了如下规定："英商已在内地置货，欲运赴口下载，或在口有洋货欲进售内地，倘愿一次纳税，免各子口征收纷繁，则准照行此一次之课。其内地货，则在路上首经之子口输交，洋货则在海口完纳，所征若干，综算货价为率，每百两征银二两五钱。"④ 按此，凡洋货由通商口岸运入内地，或洋商往中国内地购运土货出洋，只要缴纳一次2.5%的子口税，即可免纳沿途一切厘金（包括内地与口岸间转运货物沿途所课之税）而"遍运天下"。

中国的商船与洋船相比在税收上本来就没有享受到优惠，可是到了19世纪50年代，清政府为了镇压太平天国，所需军费浩繁，故而又大大加重了国内商船的税收，国内遍设厘卡，对过往商船收取捐厘（即捐税），国内商船仅交厘金一项就不胜负担。可见洋商和华商在税率上轻重悬殊，给中国木帆船运输业以沉重打击。"洋商税利值百抽五，华商则抽厘数成，而且层层设卡，处处抽厘，任意增加，徒令贸易尽为洋商所夺"⑤。

四 五口通商导致中国东南沿海木帆船业的衰退

第一次鸦片战争后，西方夹板帆船凭借其原先的性能优势和取得的薄税特权首先闯入中国东南沿海各口岸，开展贸易活动，给缺乏竞争力的中国帆船业以致命的打击，于是闽、粤沿海的木帆船业首先衰落下来。西方夹板帆船在性能和轻税方面的双重优势，使中国海船运输无利可图，被迫歇业。《南京条约》签订后刚过七年，清政府户部的奏折中就说："福建、广东两省向有海船带货至天津贸易，往年每省各数十只或百余只不等。近年来者日稀，致以贸易利益微薄。"⑥

19世纪50年代初，东南沿海渔民由于清政府与太平天国的战争而加重了他们的负担，难以谋生，从而使他们铤而走险，西方侵略者与其中之败类相勾结，形成一些"海盗"集

① 王铁崖，中外旧约章汇编，第1册，第52页。

② 同①，60页。

③ 严中平，中国近代经济史统计资料选辑，第59页。

④ 同①，100页。

⑤ 引自《皇朝经世文编》，李培禧，"整顿商务条"。

⑥ 引自盛康，《皇朝经世文续编》卷49，漕运下，"遵议御史朱琦奏海船带运京仓米石疏"（道光二十九年九月），第17页。

团，他们“习惯性地攻击贸易沙船和帝国（指清朝）沙船，屠杀船上的人们，并袭击村落”[①]，危害海上航运，更使武器装备受到政府严令限制的中国商船深受其害。于是武备精良的西方夹板帆船，乘华商帆船海上航行之危，以“护航”的名义，强行对中国帆船勒索护航费，大发其横财。1853 年，仅宁波一港，中国帆船所付出的“护航费”竟达 22 万元[②]。由于海路不宁，能否投保海险，几乎成了当时中国商人雇赁船只必须考虑的问题。可是资本主义的保险制度，只是对西方商船有效，中国帆船却无法向西方侵略者掌握的保险行投保，因此不仅外商不雇赁中国帆船，中国商人也不愿再雇赁中国帆船，于是海上保险的原则却反而成了西方侵略者消灭中国帆船的利器[③]。就这样，西方夹板帆船首先把中国东南沿海的贸易从本地帆船转移到自己手中[④]。

五　东部沿海和长江众多口岸的被迫开放，洋船入室，给中国木帆船业以致命打击

第二次鸦片战争后，西方列强迫使清政府开放更多的通商口岸，并从中夺得更多的特权。1858 年 6 月签订的中英《天津条约》第十一款规定：“即在牛庄、登州（后改为烟台）、台湾、潮州、琼州等府城口，嗣后皆准英商亦可任意与无论何人买卖，船货随时往来。”[⑤]中法《天津条约》又要求增辟淡水和江宁（南京）为通商口岸[⑥]。1860 年的中英《北京条约》再增天津为通商口岸[⑦]。这样，就把外国船只在通商口岸间的航行权由东南沿海扩大到东北沿海，并开始染指长江各口岸。1861 年 3 月由英国拟定的《长江通商收税章程》中除开放汉口、九江两处为通商口岸外，还允许一切经“核准的船只在镇江上游的沿江各口岸或地方装卸合法商货”[⑧]，这实际上是外国船只已取得在汉口以下的长江沿岸无限制的航行权和贸易权。

为了夺取北方看好的土货贸易的商业利益，1863 年 7 月中丹《天津条约》第四十四款明确规定在沿海“通商各口载运土货，均准出口先纳正税，复进它口再纳半税。后欲复运它口，以一年为期，准向该关取给半税存票，不复再纳正税，嗣到改运之口，再行照纳半税”[⑨]。此后，外国船只就完全获得了在通商口岸间任意载货（包括洋货和土货）往来的中国东部全部海域的沿海航行权。不准外国船只在中国境内返运土货的禁令一开，促使中国沿海帆船业迅速全线崩溃。素有豆船之称的沙船，原本独擅牛庄豆货运输之利，可是“自同治元年（1862）暂开豆禁，夹板洋船直赴牛庄等处装运豆石，北地货价因之昂贵，南省销路为其侵占。两载以来，沙船资本亏折殆尽，富者变为赤贫，贫者绝无生理。……停泊在港船

① 莱特，中国关税沿革史，引英国外交部档案，第 185 页。
② 费正清，中国沿海贸易与外交第 1 卷，第 342～345 页。
③ 引自《英领事报告》，1862～1864 年，第 121 页。
④ 丹涅特，美国人在东亚，第 274 页。
⑤ 王铁崖，中外旧约章汇编，第 1 册，第 98 页。
⑥ 同⑤，105 页。
⑦ 同⑤，148 页。
⑧ 同⑤，202 页。
⑨ 同⑤，203 页。

只不计其数，无力转运"①。豆禁开后没有几年，上海地区的"数千只沙船，尽行歇业"②，并减至只剩四五百号③。另据统计，到1866年，拥有1000多艘海船的福建，竟只剩下海船百余艘。原拥有七八百艘驰名中外的潮州船到1869年尚余300艘，而浙江蛋船这时竟已绝迹了。

19世纪60年代有人就外国夹板帆船的侵入对中国帆船业的致命打击，曾有过专门评述："沙船（实则指中国各类沿海帆船而言）之所以日见少者，皆因夹板日见多之故。沙船船货皆有捐厘，而夹板无之，此其利息不如夹板也。沙船非顺风不能行驶，而夹板则旁风亦能开行，此其迅速不如夹板也。沙船有风涛之险，有盗贼之虞，而夹板则炮火齐全，船身坚固，皆无是虑，此其安稳不如夹板也。沙船之利，初则为夹板所分，继且为夹板所夺，阅日既久，遂成废弃。"④

轮船是较之帆船更为先进的水上运输工具，到了19世纪五六十年代之交，西方轮船由于其航行的疾速和安全，当非夹板帆船所能匹敌，逐渐有取代后者的趋势。轮船特别对于长江运输较之帆船更有优越性，它不受风汛的影响，可以严格保证货物装运的日期，致使"洋商渐将其旧有帆船弃置不用，而群以轮船为代"⑤。

自19世纪60年代长江航行对外国船只开放后，就有大约近20艘，共约2万余吨的轮船涌入长江，这对货源只有缓慢增长的长江帆船航运业带来巨大压力。而外轮间进行的削减运费的竞争又使上海到汉口间的单程运费狂跌至每吨只有二两。按此，一只数千石的帆船，往返航行一次，所得运费收入不过数百两，连缴纳租金尚且不够，那里还能维持航行。更何况"中国帆船行程迟缓，不但有欠安稳，而且航无定期，上行时尤感困难。……以视轻便的洋式帆船，如横帆船、纵帆船之类，逊色已多，而轮船则尤非其敌"⑥。由于轮船"附载便捷，商贾士民莫不舍民船而就轮船"⑦。故长江木帆船业的破败，实则较沿海木帆船业更为惨重。自1860年开放长江，西方轮船通航，不过数年工夫，"数千艘（中国）帆船便被逐入支流"⑧。到19世纪70年代初，已是"民船生意日稀，凋零日甚"⑨ 了。于是长江的帆船航运业已完全陷入绝境。

19世纪70年代初，在中国江、海的主要航线上，不仅中国帆船往日"所获的巨额利润已经全部被外国轮船所夺去，即使偶然有一些零星货物的运输，……也已归了外国的帆船"⑩。可见，"自通商之后，夹板船兴，而沙卫等船减色矣；火轮船行，而沙卫等船更失业矣"⑪。这就是国门洞开，洋船入室后短短30年中中国帆船业蒙受致命打击的惨痛历史。

---

① 李鸿章："北洋货上海一口请归华商转运折"（同治三年九月初十日），《李文忠公全书·奏稿》卷7。
② 引自《同治朝筹办夷务始末》卷63。
③ 丁日昌："河运难复扩充海运情形疏"，《皇朝经世文续编》卷49。
④ 同③。
⑤ 班思德，最近百年中国对外贸易史，第77页。
⑥ 同⑤，第88页。
⑦ 姚贤镐，中国近代对外贸易史资料，第3册，第1417页。
⑧ 同⑦，第1415页。
⑨ 李鸿章，《复彭雪琴宫保》（同治十二年十一月十六日），《李文忠公全书·朋僚函稿》卷13。
⑩ 引自《北华捷报》1871年6月16日，第6卷，第445页。
⑪ 引自《申报》同治十二年十二月廿六日，"论上海今昔事"。

第三节　国门洞开后近代外资轮船修造业对中国造船业的挑战

一　西洋轮船入室产生了中国最早的由外资经营的轮船修造业

19 世纪 40～60 年代，中国在经历了两次鸦片战争之后，航权丧失，国门洞开。这一时期正是西方资本主义的兴盛期，他们为了对中国进行商品输出，逐步开辟和扩大中国市场，并使之纳入世界资本主义的大流通领域，他们利用所攫取到的种种特权，通过开辟商埠、压低税率等手段，巧取豪夺，进行商品输出。而实施其商品输出的第一步就是在中国发展普遍看好的航运业。这一时期，由于中国被迫开放的通商口岸已由广州一口增加到中国东部沿海的十数口，西方资本主义列强通过夹板帆船和轮船的长途运输把他们本国的棉纱、棉布、鸦片、煤油及其他廉价工业品倾销于中国，并从中国运回廉价掠取的丝、茶、棉花、牛皮等原材料与各种特产，对中国进行残酷的经济侵略。

轮船是西方工业革命的产物，于 19 世纪初才由美国人富尔顿（R.Fulton）创制成功，其航行所用动力是蒸汽机。轮船不仅克服了帆船必须候风的低效率运输的严重缺点，而且由于使用机器动力，大大降低了船员们的劳动强度，在船舶发展史上代表着一种新的生产力。鸦片战争前就已有近 20 艘英国明轮船在中国广州海面从事海上运输活动，不过当时由于飞剪式帆船亦已能在任何风向下航行，且航速很快，最高可达 22 节，超过明轮船很多。再加上轮船一开始的运价又较飞剪船高得多，致使飞剪船称雄一时。可是 19 世纪 50 年代以来，由于船用螺旋桨的使用，使轮船航速提高甚快，到 50 年代末，竟超过了飞剪式帆船，随着轮船设计建造技术的不断改进，先进推进工具及高压锅炉和复式蒸汽机的使用，使造船成本降低，运价亦日趋低廉。特别是 1869 年 11 月 17 日苏伊士运河允许轮船通航后，使轮船由西方来华的航程缩短了一半，于是轮船航运取得绝对优势，飞剪式帆船也只得无可奈何花落去，并最终结束了帆船时代。

由于轮船业代表一种新兴的行业，轮船代替帆船已是一种不可逆转的潮流，致使经营航运的外国商人开始由夹板帆船运输转向轮船运输。但轮船机器一旦失灵，必须就地修理，而当时大多数中国船匠尚不知轮船蒸汽动力机为何物，此等轮船机器的制造和修配技术均操西人之手，于是国门洞开后不久，近代外资轮船修造业就应运而生了。在其后的 20 年中，不少英美商人先后在香港、广州和上海等地开设近代轮船修造厂，独擅修理轮船机器之利。初期建立的机器厂几乎无一例外的都是轮船修造厂，并以此在中国起家，他们在攫取了高额利润后，有的随即离去，有的则通过兼并，成立规模更大的近代外资船厂，并开始雇佣中国劳工，从而使中国产生了第一批产业工人。

近代外资轮船修造业的兴起使中国造船业面临严重的挑战。素称发达的中国古代木帆船业在西方轮船入室后迅速衰退，而外资轮船修造业得以在中国境内逐步渗透和扩张，致使在相当一段时间内垄断了中国的近代修造船业。

二　最早在香港、广州开办的外资轮船修造业

英国自取得香港统治权后，英商便在此建立船坞，从事轮船修造工作。1843年2月7日英国林蒙船长（Captain John Lamont）利用开设在香港东角地方的林蒙船坞建造了一艘80吨的小轮船“中国”号[①]，林蒙船坞可算是外资在华地区经营的第一个工业企业。由于当时香港孤悬外海，还处于开发阶段，对停泊及坞修船只供应淡水也有诸多不便，外国来华船舶大多驶往广州黄埔停泊修理，故19世纪四、五十年代，香港没有新开设的船厂，由林蒙船坞独家经营，获利甚丰。1857年6月，林蒙与德忌利士轮船公司（Douglas Lapraik & Co.）经理拿蒲那（Douglas Lapraik）在香港南岸阿柏丁（Aberdeen）合资建立阿柏丁（石）船坞，一度营业兴旺。由于香港的航运业日见繁荣，林蒙又着手修建一座更大的贺普船坞（Hope Dock）。

广州黄埔长期以来一直是外国来华商船停靠的惟一去处，又是中国木帆船制造业的中心之一，有若干可修理木帆船的泥船坞。1845年，英国大英轮船公司开辟中国航线，该公司监管修船的职员柯拜（John Couper）见修船业有利可图，于是就租赁几座当地商民的泥坞，雇佣中国工人，经营轮船机器修造业。当时英国轮船到远东的航程日期已大大缩短，船舶进坞修理周期已愈来愈对轮船公司的利润产生重大影响。不几年，柯拜获得了高额利润，为扩大经营，柯拜在黄埔南端对岸的长洲岛北部建造了有浮闸门的石坞，名为“柯拜船坞”，船坞水泵用蒸汽机带动，是当时远东第一个石坞。该坞具备承修当时世界一流轮船的能力，并于1856年建造了一艘由柯拜自行设计的总长54米、宽6.7米的轮船“百合花”号[②]。柯拜船坞是外资在广州经营的最早的工业企业，“百合花”号是当时在中国建造的最大的外国轮船。

根据《南京条约》，虽开放通商口岸，但外国人无权在中国境内开设工厂。一开始，柯拜租赁船坞从事修船业是偷偷地进行的，后来见中国官府不加干涉就明目张胆地办起船坞厂来，为外国人在中国非法办工厂，进行经济侵略开了先例。于是英美商人接二连三在黄埔开办了丹斯岛船坞公司（Danes Island Dock Co.，1847年，美商）、旗记船厂（Thos Hunt & Co.，1850年，美商）、赖德船厂（Ryder's Dock，1850年，美商）和于仁船坞（Union Dock，1853年，英商）[③]。

第二次鸦片战争后，柯拜船坞经柯拜儿子的修复和扩建，可供5000吨级的轮船进坞修理，为当时中国最大的船坞（图7-19），并升格为柯拜船坞公司；与此同时，他还与美商肯特（T. Hunt）合资共建另一石坞，名为录顺船坞，并于1861年投产（图7-20）。19世纪60年代，在黄埔又陆续建立了好几座轮船修理厂，如高阿船厂（Gow & Co.，1863年，英商）、福格森船厂(Ferguson & Co.，1867年，英商)和花娇臣船厂（1863年，英商）等。这些外资轮船修造业已促使很多的广东本地居民移住到黄埔沿岸来了[④]。

---

① 孙毓棠，抗戈集，中华书局，1981年，第68页。

② 引自黄埔造船厂厂史参考资料汇编之二，第2页。

③ 同②，第3页。

④ 威廉，中华商务指南，1863年版，第157页。

图 7-19　1861 年经重建的柯拜船坞（黄浦船厂李春潮提供）

图 7-20　1861 年建成的录顺石船坞（黄埔船厂李春潮提供）

三　上海早期的外资轮船修造业

外资经营的近代轮船机器修造业的另一中心是上海。自 1843 年开埠后，外国轮船始来上海，由于它的重要地理位置，很快就取代广州成为中国对外贸易的中心，进入上海港的各国轮船逐年增加，自1845年到1863年，上海进出口船舶吨数增长了36倍（见表7-2）。为此，英、美商人在40年代末开始即在上海租界内经营轮船机器修造业。

表7-2　上海和广州进出口外国船舶的艘数和总吨数①②　(1845～1863)

年　代	上　海		广　州	
1845	89艘	24 585吨	302艘	136 850吨
1847	102艘	26 735吨	312艘	125 926吨
1849	132艘	52 574吨	331艘	142 357吨
1854	—		320艘	154 157吨
1855	437艘	157 191吨	—	
1863	3 547艘	996 890吨	867艘	300 500吨

1850年，上海已有一美商修船厂伯维公司（Purvis & Co.）。1852年，美国人杜那普（Dewsnap）在虹口江岸苏州河口建了一座泥坞修船，该泥坞时称“新船澳”，后称“老船澳”。1856年7月，在吴淞有一家由美国人贝立斯（Nicholas Baylies）开设的船厂制成一艘长21米、载重40吨、吃水0.82米、12马力的轮船“先驱”号（Pioneer），这是外国人在上海制成的第一艘轮船③，不久，另一姐妹船也相继下水。这一时期，美国引水员包德（M. L. Potter）因经营下海浦船厂而大发横财，不久他把在中国赚得的许多钱投资于美国的西部开发事业④。但上述几家由美国人开办的轮船修造厂的规模都比较小，设备简陋，基础薄弱，故他们这些冒险家待赚了一笔钱之后就远走高飞了，由他们所经营的几个船坞也就相继歇业。

英商比美商在上海经营轮船修造业的历史更长。19世纪40年代末，英国人密契尔（A. Mitchell）在浦东开办了上海第一家外资轮船修造厂——浦东船厂（Pootung Dock）⑤。1853年，具有造船经验的苏格兰人莫海德（David Muirhead）在浦东建造了董家渡（石）船坞（Tung-Ku-doo Dock），设备比较完善，附有仓库和码头，当时被称为远东最佳船坞。1859年，改称浦东火轮船厂（Pootung Dock），据当年的《上海年历》（Shanghai Almance）记载，该船厂当时的经营业务有造船、铁工、机器工程和炼钢等，其经营项目之繁多，为上海以往各轮船修造厂中所未见⑥。1872年，该厂集资94 000两白银组成浦东船坞公司（Pootung Dock Co.）。

自1859年起，英商霍金斯（E.Hawkins）在虹口杜那普船坞附近设立祥安顺船厂（Shanghai New Dock），建造了一座泥坞，名为“新船澳”。1863年，船厂改组后称霍金斯洋行，他收购了杜普那的船坞，并整修改建为石坞，保持原名“老船澳”（见图7-21）。1867年，该洋行集资22万两白银，组成上海船坞公司。

以上两家船坞公司成立后，已不再直接经营轮船修造业，而是把船坞长期出租，获取租

① 王志毅，中国近代造船史，海洋出版社，1986年，第29页。
② 黄苇，上海开埠初期对外贸易研究，上海人民出版社，1979年，第177页。
③ 康振常，上海史，上海人民出版社，1989年，第226页。
④ 孙毓棠，中国近代工业史资料，第1辑，第15页。
⑤ 同③。
⑥ 汪敬虞，十九世纪西方资本主义对中国的经济侵略，第350页。

图 7-21　1863 年霍金斯洋行在上海虹口建造的老船澳

金。19 世纪 60 年代以前在上海建立的还有浦东炼铁机器造船厂（M.Lamond & Co. 1857 年前，英商）和上海船厂（Shanghai Dock-Yard，1858 年，英商）。上海开埠后的 30 年中，"沿江数里皆船厂、货栈、轮船码头、洋商住宅，粤东、宁波人在此计工度日者甚众"[①]。1867 年一位常住上海的英国外交官梅辉立（W. F. Mayers）在书中写道："近来外国人在沿江一带已购置了很多场地，现已建造起不少宽敞的仓库、船坞和码头。"[②] 当时的上海港"洋栈占十分之七八"[③]。

四　英商在厦门、福州的早期轮船修造业

19 世纪 60 年代前后，英商分别在中国茶叶出口的中心地厦门和福州经营轮船修造业。1858 年，英商加斯（J. Cose）[④] 在厦门建立厦门船厂（Amoy Dock Co.），当地人俗称"大船坞"。该厂在厦门租界附近建有两座（石）船坞，其中一座稍大的石船坞长 91.5 米，宽 18.3 米，满潮时水深达 5 米，坞中装备有浮门及大的蒸汽抽水机。1867 年又在鼓浪屿内厝澳建起了第三座石船坞，能修理长达 100 米左右的船只。该厂以修理各种帆船和轮船为主，但在 1867 年也曾造过一艘小型的汽机拖船。该厂自成立以来一直营业兴旺，1892 年，改组为厦门新船坞有限公司（New Amoy Dock Co. Ltd.），在香港注册，资本 67 500 元。公司内设有机器厂、冶炼厂、锅炉厂、铁工和木工厂，各厂内都装有现代机器。该公司的经营业务包括船舶机械、电力工程、造船、锅炉制造和钢铁冶炼等，雇佣中国工人 200 名[⑤]。厦门地区于 1864 年前由英商建立的另一座白拉梅船坞（Bellamy Dock）于 1867 年也为当时的厦门

① 葛元煦，沪游杂记，卷 1。
② W. F. Mayers. *Treaty Ports of China and Japan*. 1867 年，第 385 页。
③ 聂宝璋，中国近代航运史资料，第 1 辑，上册，第 586 页。
④ 引自《中国航海史》（近代），人民交通出版社，1989 年，第 94 页。
⑤ 魏尔特，二十世纪之香港、上海及中国其他商埠志，第 827 页。

船厂所兼并。

19世纪60年代初，英商福士特（G. Forster）在福州罗星塔建立福州船厂（Foochow Dock Co.），其船坞长92米，宽29米，深7米，平均水深满潮时达5.2米，利用蒸汽抽水机抽干坞水。其规模较厦门船厂为小，曾修造过小型拖船。90年代初歇业[①]。

至于中国北方的外资轮船修造厂建立都较晚，为数不多，对中国近代船舶工业发展的影响也不大。

第四节　广州地区和上海外资船厂的兼并和发展

19世纪60年代后，在中国开办最早的广州地区和上海的外资轮船修造业开始进入船厂兼并和发展的时期。在这之前开设的外资船厂规模都很小，而且分散，并以修船为主，大多为一些个体冒险家的短期行为，他们等到一旦赚足了钱，就一走了之。因此投入船厂的资金有限，设备年久失修，缺乏竞争力。

第二次鸦片战争后，外国资本纷纷在中国设立轮船公司，比较著名的有大英火轮船公司（Peninsular and Oriental Co.）、英商怡和洋行（Jardine Metheson & Co.）、英商宝顺洋行（颠地洋行，Dant & Co.）、美商旗昌洋行（Russel & Co.）以及美商琼记洋行（Augastine Heard & Co.）等，他们分别在香港和上海两地设立分支机构。于是外国轮船一时蜂拥而至，他们由广州和上海两个外贸口岸出发，分别通过珠江和长江这两条中国主要内河航道向中国腹地深入。“在60年代初期，轮船已经定期航行于上海和当时实际上开放的沿海每一个口岸之间”[②]。在这种态势下，不少外国轮船公司已经有了“凡在中国航区内航行的轮船最好在中国建造”的实际需要，以尽量减少航行成本。于是兼营修船和造船两项业务的外资船厂如雨后春笋般地发展起来，而外资船厂间的竞争则更趋剧烈，通过竞争和兼并，从而形成竞争力比较强劲的外资船厂企业集团，长期垄断了两地的轮船修造业。

一　香港黄埔船坞公司的兼并活动及其发展

第二次鸦片战争后，英国资本开始在中国大规模发展轮船航运业，几家实力强劲的英国轮船公司看到经营修造船业的利润优厚，又有良好的发展前景。于是，由贩卖鸦片发了横财的英商怡和洋行，会同大英火轮船公司和德忌利士轮船公司于1863年7月1日合资创立香港黄埔船坞公司（Hongkong and Whampoa Dock Co.），注册资金24万元。公司创立时即收购了黄埔柯拜船坞公司的全部坞厂设备，拥有5座船坞，1865年，由于德忌利士轮船公司经理拿蒲那（当时已任香港黄埔船坞公司董事会秘书）的关系，又购买到香港林蒙船坞的全部坞厂设备，包括林蒙（东角）船坞、阿柏丁船坞以及当时尚未完工的贺普船坞。1867年，公司资本扩大至75万元。

几乎与香港黄埔船坞公司创立的同时，1864年在黄埔原于仁船坞的基础上成立于仁船坞公司（Union Dock Co.），资本50万元，拥有4座船坞，设备较为齐全，投入资金规模足

---

① 马耶，中日商埠志，1867年，第286页。

② 莱特，中国关税沿革史，第187页。

以与香港黄埔船坞公司相抗衡。该公司还在九龙的红磡地方购得坞址，准备为英国海军部建造一座新船坞，但迟迟未能建成投产。

香港黄埔船坞公司是当时设备最完善的船舶企业，经扩充改建的黄埔柯拜船坞能修理大型远洋轮船。当时它在黄埔的各船坞已采用浮箱坞门和蒸汽抽水机，加工设备则有车床、刨床、剪板机、冲孔机等。在香港的阿柏丁船坞则具有修理船壳和汽机的各种设备，机械厂装备有旋床、刨床、螺钻机、截断机和压弯机等，能进行规模修理，机械皆由蒸汽推动；造船厂和铁工厂设备也很齐全；还有炼铁厂和锅炉厂，可以制造锅炉以供新、旧轮船所需。由于当地较之黄埔地区的水深要深得多（约 8 米），厂区建有栈桥，船舶可靠泊栈桥，栈桥上的起重机可以提起锅炉和桅杆等①，其修理轮船的作业条件明显优于黄埔地区的浅水船坞。1870 年，香港黄埔船坞公司挟其雄厚的资本、政治势力以及其在香港、黄埔两地均拥有船坞的技术优势，兼并了于仁船坞公司，并增资到 100 万元。由于它拥有在黄埔地区的大部分船坞，故而垄断了黄埔地区的近代轮船修造业。

19 世纪 60 年代，香港黄埔船坞公司在黄埔经营的几个船坞营业相当发达，众多的外国商船均在那里修理，并雇佣着很多中国工人。由于珠江上溯至黄埔地段已为淡水区。故从香港开来需要修理的船舶很多，因为此地到处可供淡水，尤其是铁壳船，更需淡水洗刷。当时“差不多所有英法两国的邮船、汽船和很多的帆船，都为就淡水而来黄埔，并在那里的船坞从事修理”②。

可是好景不长，随着外国轮船的大型化，黄埔地区大部分船坞的长度、水深均不敷使用，再加上随着轮船业的发达，要求提高航运效率，缩短坞修时间。而 1860 年，按中英《北京条约》规定，将与香港隔水相望的广东珠江口东岸的九龙半岛九龙司地方一区，交与英国永租。于是停泊在香港需坞修的船舶可通过九龙方便地获取淡水，于是以往很多必须沿珠江开往黄埔的船只以及日后增大尺寸的大型轮船的洗刷和修理已不再去黄埔而均驻泊香港。故由 19 世纪 60 年代起，英商就有意在九龙地区也建造大型船坞。随着港九地区，特别是香港城市建设的发展，加上其突出的地理优势及水深条件，使近代外资轮船修造业自 70 年代起迅速由广州黄埔向港九地区转移，而在黄埔的近代外资轮船修造业也就逐步萎缩。

据1873 年 9 月 13 日《捷报》报道：“至 19 世纪 70 年代，黄埔诸船坞已经歇业，迁移到九龙和阿柏丁去了，黄埔这小地方已很苍凉。……回想从前……航船经常驶到黄埔，为就淡水。那里很早就修建了船坞，修船很便利，因此黄埔作为（广州的）一个附属港口，很能满足人们的需要。……但是近些年，阿柏丁船坞扩充了，人们渐渐感到九龙便利。……于是，在中国最早建立的黄埔诸船坞便被放弃了，而迁移到香港。”③

19 世纪 60 年代以来英商重点在港九地区发展轮船修造业，先后建立的船厂有设于西角（West Point）的福格森洋行（Ferguson & Brant）和桑兹船台（Captain Sand's Slips）；设于春园（Spring Gardens）的哈鲁洋行（S. P. Hall & Co.）和斯普拉特公司（W. B. Spratt & Co.）；设于湾仔（Wanchai）的麦克唐纳洋行（Macdonald & Co.）以及合摆洋行（G. Harpet & Co.）、罗塞·米契尔洋行（Russell Mitchell & Co.）、瓦格纳公司（S. M. Wagner

① 马耶，中日商埠志，1867 年，第 15～16 页。
② 吕实强，中国早期的轮船经营，第 143 页。
③ 孙毓棠，中国近代工业史资料，第 1 辑，第 6 页。

& Co.）和寰球船坞公司（Cosmopolitan Dock Co.）等共9家①。

在上述船厂中，数设在香港的桑兹船台和寰球船坞公司规模较大。桑兹船台共有两座船台；寰球船坞公司于1875年成立，原有一座船坞，后又在三水铺地方建造新坞，1880年2月投产。这两大船厂的成立对香港黄浦船坞公司构成严重威胁，它们不仅使后者在香港的船坞营业额大受影响，而且在黄埔通过兼并而来的十数座船坞又因任务严重不足而使其背上了沉重的包袱。于是香港黄埔船坞公司不得不改变方针，决定尽快放弃其在黄埔的分厂，集中力量发展其在香港的事业。适遇清朝两广总督刘坤一正拟扩充广东机器局，1876年，香港黄埔船坞公司以8万元的高价将陈旧的黄埔坞厂出售给刘坤一，并订了一个契约，只准中国船只在黄埔坞厂修理。经过这一调整，该公司终于凭借其雄厚资本和政治势力，击败了它在香港的主要竞争对手，于1879年和1880年先后兼并了桑兹船台和寰球船坞公司②。

此后，香港黄埔船坞公司虽仍保持原名，但在黄埔的坞厂已不复存在。1882年，该公司在九龙也建立了一座船坞，其他各坞厂也都有所扩充，并着手在九龙建造一座“可容纳(英国)皇家海军最大船只的新船坞”，亦称“海军船坞”（Admiralty Dock)，建造费超过100万元，英国政府补贴了25万元，英国政府船只享有优先使用权20年。该船坞于1888年建成投产后，使香港黄埔船坞公司的规模更为宏大，其在香港九龙共有八大船坞，两大船台（见表7-3)，具有设备完整的工厂，经常雇佣着2500～4500名中国工人③。据称，当时香港“大企业香港黄埔船坞公司所属的各处船坞和工厂，以前任何时期恐怕都比不上现在这样兴隆，尤其是九龙的船坞，异常忙碌。船坞都满了，坞外还有不少的轮船和军舰等候着入坞修理”④。甲午战争前，清朝北洋海军的“定远”、“镇远”、“济远”等大型舰艇，由于吃水深，1890年旅顺船坞建成前，“中国无可修之坞”，也就不顾路途遥远，开赴九龙大船坞修理，其坞修业务盛况空前。

香港黄埔船坞公司于1883年和1886年两度扩充资本，成为一个资本达156万元的强大的垄断性企业。当时其年纯利润率最高曾达其资本额的24%⑤。但其中并未包括隐性利润，并且在支出项下列入许多不应列入的开支，故其账面利润远比真正的利润为低⑥，其实际的利润更为惊人。终19世纪，它长期垄断了港九地区的近代轮船修造业（直到1900年太古船坞公司成立）。

表7-3 香港黄埔船坞公司所属各船坞的演变

序号	坞厂名称	地点	船坞建筑	长度（米）	宽度（米）	深度（米）	说　明
1	柯拜船坞	黄埔	石　坞	168	21.4	5.2	1863年为香港黄埔船坞公司收购，1876年售于清政府
2			木　坞	67	14.6	4.0	
3			碎石泥坞	55	14.6	4.1	
4			碎石泥坞	46	10.6	3.0	

① 王志毅，中国近代造船史，海洋出版社，1986年，第25～26页。
② 艾德，香港史，第565页。
③ 诺曼，远东，1895年，第24页。
④ 孙毓棠，中国近代工业史资料，第1辑，第11～12页。
⑤ 引自《北华捷报》，1886年，下卷，第215页。
⑥ 孙毓棠，中日甲午战争前外国资本在中国经营的近代工业，第65页。

续表

<table>
<tr><th>序号</th><th colspan="2">坞厂名称</th><th>地点</th><th>船坞建筑</th><th>长度（米）</th><th>宽度（米）</th><th>深度（米）</th><th>说　明</th></tr>
<tr><td>5</td><td colspan="2">录顺船坞</td><td>黄埔</td><td>石　坞</td><td>117</td><td>26.2</td><td>7.6</td><td></td></tr>
<tr><td>6</td><td colspan="2" rowspan="4">于仁船坞公司</td><td rowspan="4">黄埔</td><td>碎石水泥坞</td><td>73.2</td><td>13.7</td><td></td><td rowspan="4">1870 年为香港黄埔船坞公司收购，1876 年售与清政府</td></tr>
<tr><td>7</td><td>碎石水泥坞</td><td>56.4</td><td>11.1</td><td></td></tr>
<tr><td>8</td><td>碎石石坞</td><td>49.9</td><td>11.1</td><td></td></tr>
<tr><td>9</td><td>碎石石坞</td><td>58</td><td>10.8</td><td></td></tr>
<tr><td>10</td><td colspan="2">于仁船坞公司
红磡船坞</td><td>九龙</td><td>石坞</td><td></td><td></td><td></td><td>1870 年为黄埔船坞公司收购</td></tr>
<tr><td>11</td><td colspan="2" rowspan="2">高阿船厂</td><td rowspan="2">黄埔</td><td>木 石 坞</td><td>68.6</td><td>12.2</td><td></td><td rowspan="2">1870 年为香港黄埔船坞公司收购，1876 年售与清政府</td></tr>
<tr><td>12</td><td>木 石 坞</td><td>63.4</td><td>10.5</td><td></td></tr>
<tr><td>13</td><td colspan="2">福格森船厂</td><td>黄埔</td><td>木泥坞</td><td>73.2</td><td>15.2</td><td></td><td></td></tr>
<tr><td>14</td><td rowspan="3">林蒙船坞</td><td>林蒙船坞</td><td rowspan="3">香港</td><td></td><td></td><td></td><td></td><td rowspan="3">1865 年为香港黄埔船坞公司收购</td></tr>
<tr><td>15</td><td>阿柏丁船坞</td><td>石　坞</td><td>106</td><td>24.4</td><td>5.6</td></tr>
<tr><td>16</td><td>贺普船坞</td><td>石　坞</td><td>122</td><td>27.4</td><td>7.6</td></tr>
<tr><td>17</td><td rowspan="2">寰球船坞公司</td><td>寰球船坞</td><td rowspan="2">香港</td><td>石　坞</td><td></td><td></td><td></td><td rowspan="2">1880 年为香港黄埔船坞公司兼并</td></tr>
<tr><td>18</td><td>三水铺船坞</td><td>石　坞</td><td>170</td><td></td><td></td></tr>
<tr><td>19</td><td colspan="2">九龙船坞</td><td>九龙</td><td>石　坞</td><td></td><td></td><td></td><td>1882 年建成</td></tr>
<tr><td>20</td><td colspan="2">海军船坞</td><td>九龙</td><td>石　坞</td><td>152</td><td>36.2</td><td>8.8</td><td>1888 年建成</td></tr>
<tr><td>21</td><td rowspan="2">桑兹船台</td><td>一号船台</td><td rowspan="2">香港</td><td></td><td></td><td></td><td></td><td rowspan="2">1879 年为香港黄埔船坞公司兼并</td></tr>
<tr><td>22</td><td>二号船台</td><td></td><td></td><td></td><td></td></tr>
</table>

二　上海外资船厂的兼并活动与耶松船厂公司

19 世纪 60 年代，上海已成为中国最大的航运中心，英美资本纷纷抢滩上海经营看好的轮船修造业，当时他们先后在上海开设的船厂有虹口造船场（Hongkew Ship Yacht & Boat Building Yard，1860 年，美商）、宾夺船厂（Pinder G. H & Co. 1861 年，美商）、柯立·兰巴船厂（Collyer & Lambert Co. 1861 年，英商）、祥生船厂（Nicholson & Boyd Co. 1862 年，英商）、赉赐公司（1862 年，英商）、德卢船厂（G. H. Drew & Co. 1863 年，英商）、旗记铁厂（Hunt & Co. 1863 年，美商）、莫立司船厂（Morrice & Behncke Shipwright & Blacksmith，1864 年，英商）、莫莱船厂（Mulley & Co. 1864 年，英商）和耶松船厂（S. C. Farnham & Co. 1865 年，先为美商后为英商）等 10 家①。其中规模稍大的是祥生和耶

① 汪敬虞，十九世纪西方资本主义对中国的经济侵略，第 352～353 页。

松两船厂。祥生船厂成立时，在浦东建有小型坞厂。耶松船厂成立时，因无力建坞，只得长期租赁浦东船坞公司和上海船坞公司的全部设施，包括在浦东的董家渡船坞以及在虹口的“老船澳”和“新船澳”。在其创立之初，资本有限，也是与祥生船厂差不多的一个小厂。他们与香港黄埔船坞公司不同，都是通过改善经营管理，经历了不断扩充资本，增加修、造船设备而发展起来的。

祥生船厂成立不到三年，即能建造载重200吨、功率70马力的小轮船，1865年的修船量达4000吨以上，当时已号称“东方设备最完备的企业之一”①。1870年该厂为怡和轮船公司（Indo-China Steam Navigation Co.）建造了一艘“公和”号轮船，总长64米，舱深5.8米，吃水3米，排水量1300吨，载重量763吨，船体、主机和锅炉竟全为本厂所造，建造周期为9个月。

1874年，祥生船厂已有了足够的实力，收购了上海浦东炼铁机器公司（Shanghai and Pootung Foundry and Engineering Co.）的全部资产，该公司是由4家轮船公司于1872年建立的，资本为10万两。祥生船厂在兼并浦东地区的部分外资船厂的同时，还加紧自身设备的更新，1880年又增建了一座大型新船坞，可以容纳和修理当时上海港内最大的轮船。当时该船厂雇佣中国工人1000～1400名。据说只要把英商的设计图纸交到中国工人手里，他们即能完成一切必需的工作②。1883年该船厂曾为清政府建造2艘浮江炮艇③。

设在虹口外虹桥的耶松船厂（图7-22）原来是由美国人创办的，初创时的经营项目除修船外，还包括建筑设计、施工等项目。但不久他吸收了不少英国资本，又先后兼并了一些上海的英商船厂，于是耶松船厂逐渐变成了一个英商企业。耶松船厂靠租赁浦东船坞公司和上海船坞公司的大型船坞起家，嗣后逐步扩大规模。到了19世纪80年代，耶松船厂的规模已超过祥生船厂，雇佣中国工人2000余名，他在虹口老船澳的工厂占地30余亩，船厂内设木工厂、铁工厂、锅炉厂、油漆厂；地上有铁路，以备重车出入；木工凡锯、斧一切皆用机器；老船澳亦较之以往在长度、宽度和水深方面都有所扩展④。至于浦东的董家渡船坞到了80年代也添置了大型锅炉、大功率抽水机以及起重机等重要坞修设备，具备了相当强的造、修船能力⑤。1883年又收购了老船澳附近的哥立尔船坞（Collier's Dock），1884年，耶松船厂为怡和轮船公司建造了一艘“源和”号轮船，船长85米、载重量2522吨，时速11节，当时为远东所造的最大商船⑥。

英美早期在上海地区建立的大多数船厂因缺乏竞争力而陆续为祥生和耶松两船厂所兼并或挤垮。于是上海的轮船修造业遂完全掌握在旗鼓相当的祥生和耶松两大船厂之手。他们不仅可以修理当时来华的大型商船，而且经常为太古、怡和等轮船公司，上海、天津的拖驳公司，以及中国海关、招商局、清政府修造各种汽船、拖船、炮艇和货船。1882年至1893年，两船厂先后建造大小轮船37艘，清政府就定购了19艘，超过半数。祥生和耶松船厂分别于1891年和1892年都改组为股份有限公司，祥生资本为80万两，耶松则为75万两。

---

① 引自《字林西报》，1864年4月21日。

② 引自《北华捷报》卷上，1881年，第340页。

③ 引自《北华捷报》，1883年6月15日。

④ 引自《申报》，“游耶松船厂记”，光绪十三年（1887）十月廿九日。

⑤ 引自《北华捷报》，“董家渡船坞记”，1885年4月18日。

⑥ 王志毅，中国近代造船史，海洋出版社，1985年，第37页。

图 7-22　1865 年建于上海虹口外虹桥的耶松船厂

甲午战争前几年，祥生和耶松两厂历年赢利丰厚，所获纯利约为资本的 20%左右，实际上垄断着上海全部的轮船修造业。他们的坞厂设备完整，能修理大型轮船和建造拖船和中型轮船。19 世纪 90 年代，他们还建造了 10 余艘千吨以上沿海、沿江航行的轮船，并接受美国订货，为菲律宾造了 10 只小型炮艇①。当时，上海又成立了几家船厂，设在虹口的英商大成机器厂（The Hungkew Engine Co.）和亚古船厂（Acum's Boat-building Yard）规模很小，远不能与祥生、耶松相匹敌②。1896 年由英商合股成立的、设在下海浦的和丰船厂（Shanghai Engineering Shipbuilding and Dock Co.），资本达 60 余万两，建有船坞一座，名为"国际船坞"（International Dock），通称和丰船坞。成立 4 年中其赢利率不及耶松船厂的 1/6，后因资金周转困难而于 1900 年宣告破产，不久为耶松所吞并，其赢利率即上升为上一年的 4 倍。同年，耶松还兼并了在和丰船坞下游 500 米处的引翔港船坞（Cosmopolitan Dock）以及东方船坞（Oriental Dock）。于是耶松船厂于 1900 年的赢利率由 1899 年的 28.98%猛增到 34.94%，而祥生船厂的盈利率却由 1898 年 24.22%下降到 1900 年的 21.63%。上述两船厂实力虽不相上下，但在激烈的竞争中，祥生船厂已处于劣势，但耶松船厂想兼并祥生船厂，一时也不能得手。为避免两败俱伤，两厂经过谈判，决定于 1900 年底正式合并，组成新的耶松船厂公司（S. C. Farnham, Boyd & Co. Ltd.），增资到 557 万两（约合 75 万英镑），进一步增加设备，扩大规模。至此，公司已拥有 7 大船坞（见表 7-4），一个机器制造厂及仓库码头等各种附属设备，能修理 3000 吨以上的轮船，1906 年公司整顿财务，重新注册，改名为耶松有限公司（Shanghai Dock and Engineering Co., Ltd.）③。该公司为英帝国主义在中国工业投资中的最大企业之一④，成为嗣后 30 年中上海外资船舶企业中的佼佼者，并远远超过了香港黄埔船坞公司的投资额。

① 引自《海关贸易十年报告》卷上，第 2 辑，第 517 页。

② 引自《北华捷报》卷下，1888 年，第 675 页。

③ 同①。

④ 孙毓棠，中日甲午战争前外国资本在中国经营的近代工业，第 14 页。

表 7-4　耶松船厂公司所属各坞之演变

序号	坞厂名称	地点	船坞建筑	长度（米）	宽度（米）	深度（米）	说　明
1	董家渡船坞	浦　东	石　坞	116	38	6.4	1853 年建，1872 年作为浦东船坞公司的设备租给耶松船厂，1895 年为耶松船厂公司收购
2	老船澳	虹　口	石　坞	112	21.4	4.3	1859 年建，属祥安顺船厂，又称霍金斯洋行上海老船澳，1867 年作为上海船坞公司的设备租给耶松船厂，同时出租的泥坞新船澳因坞口严重淤积而被填平，另建厂房，1895 年为耶松船厂公司收购
3	祥生船厂新船坞	浦　东	石　坞	140	24.3	6.4	1880 年建成，1900 年合并于耶松船厂公司
4	哥立尔船坞	虹　口	石　坞				1883 年前租给耶松船厂，1883 年为耶松船厂公司收购
5	引翔港船坞	下海浦	石　坞				1900 年为耶松船厂公司收购
6	和丰船坞	下海浦	石　坞				1896 年建成，1990 年为耶松船厂公司收购
7	东方船坞	浦　东	石　坞				1900 年为耶松船厂公司收购

第八章　中国近代船舶工业的发端与兴衰

第一节　中国人对西方火轮船的早期探索

一　19世纪30年代前后中国人有关西方火轮船的见闻

自1807年美国人富尔顿（R. Fulton，1765～1815）发明了由明轮推进的蒸汽船之后，人类开始了用机器推进代替人力推进船舶的新时代。一开始船舶推进器采用装在船舷两侧的大型蹼轮，因其明显可见，又称明轮，其外观实为中国1000多年前已经发明的车船的变种；所不同的是其动力机用的是1764年英国人瓦特（J. Watt，1736～1819）发明的往复式蒸汽机。冷水通过带有烧火的火管锅炉，以火热水，使水变成蒸汽，以蒸汽推动蒸汽机活塞杆作往复运动，再通过曲柄连杆机构推动明轮作回转运动。故又有轮船、轮舟、车轮船、火轮船、火轮、汽船等别称。虽说1830年英国东印度公司轮船“福士”号（Forbes）是进入中国海域的第一艘西方火轮船，但中国人对西方火轮船却早有所闻。嘉庆廿五年（1820）有杨炳南者，在澳门遇曾充外国商船海员、行迹遍历世界各地，后因双目失明流寓澳门的广东梅县人谢清高，遂由谢口述、杨笔录成《海录》一书，书中已谈及：

> 火轮者，于船中多作机轮，使递相绞转，烧火而收其烟，以烟发轮。烟积气激，转轮如飞，拨水而前。不用帆桨，不借风，畏侧覆。常司二人司火，一人把舵，无远弗届①。

其记载虽简，但已可见大概。

另由清王大海所著《海岛逸志》的《域外丛书》本，有火轮船条云：

> 其船长十丈有余，桅帆备而不用，用车轮两枚，轮以铁叶，每叶六片，舱面竖大小烟具二管，管下置煤，旁设灶锅，贮以清水，火生气腾，冲动管上机盘，两轮旋转，铁叶扒水，船即行动如飞。

王大海，福建龙溪人，幼读诗书，因应试不第，于乾隆四十八年（1783）泛海至爪哇，后客居三宝垅凡八年，以亲身见闻撰《海岛逸志》一书，于乾隆五十六年（1791）完稿，但最早的刻本在嘉庆十一年（1806）问世，称《漳园》本，其后又有多种版本问世，其中《舟车所至》本与《漳园》本均未见有火轮船条，显然是后人添加的②。该书既成书于1791年，西方火轮船尚未问世，且王大海客居印尼，对西方火轮船的开创活动亦无从了解，岂能有上述对火轮船的清晰理解。按上述火轮船条较之《海录》中对火轮船的认识更为透彻，由于成书于1847年的魏源《海国图志》中也转录了上述火轮船条，这至少可以说明上述火轮船条大致是19世纪三、四十年代客居海外的中国人士对火轮船的认识。

---

① 吕实强，中国早期的轮船经营，1962年，第3页。

② 王大海撰，姚楠、吴琅璇校注，海岛逸志校注，香港学津书店，1992年，第Ⅶ页。

1831年福建晋江人丁拱辰随外国商船出国谋生，在此期间，他对国外的炮制、船制，特别对火轮船的蒸汽动力机殚心研究，颇有心得。

二　鸦片战争前后西方火轮船始被林则徐视为西方长技

鸦片战争前后，西方火轮船作为英国舰队中的一部分不时出没于中国东南沿海。林则徐在1840年上奏清廷的“英夷续来兵船情形片”中记载说：

五月二十三日，……又先后来有车轮船三只，以火焰激动机轴，驾驶较捷。此项夷船，前曾到过粤洋，专为巡风送信①。

同年七月，琦善对来华火轮船奏称：

据称名为火焰船，即前日驶进海口者是也。……其后梢两旁，内外俱有风轮，中设火池，上有风斗，火乘风起，烟气上熏，轮盘即激水自转，无风无潮，顺水逆水，皆能飞渡。撤去风斗，轮即停止。系引导兵船，投递文书等项所用②。

可见在鸦片战争初期，轮船仅作通信之用。由于轮船出航不受风向、水流影响，又可用之测量港口海岸的水势。1841年初，西方火轮船即参加了作战，比帆船机动灵活，“所用飞炮，与内藏放火药，所至炸裂焚烧”，为“夷兵械中向所未见”③。不久，较大的轮船也参加了作战。1842年8月，怡良奏报中对来华的较大轮船描述道：

至火轮之轮，高有二丈余，两边各有机轴转运，与车之同为一轴者不同，其舱中惟有两大柜，机轮悉在其中，无所开看。但见横列六大灶，各深八九尺，据说每日用煤四十担，用水二万数千余斤。但如何激动火轮，则无从测其端倪也④。

可见当时一般的东南沿海官绅对火轮船之外形也较熟悉，但对其发火推进原理却仍一无所知。1856年，当英国发动第二次鸦片战争时，以蒸汽机为动力的火轮兵船成了主力战舰，并出现了用螺旋桨（又称暗轮）推进的火轮兵船。随着蒸汽轮船耗煤量的迅速下降，轮船遂代替帆船成为西方用于水战和航运的主要船舶。

早在鸦片战争前，火轮船这一新生的航运工具已经深受林则徐的重视，面对敌人的坚船利炮，他针锋相对地提出应“师敌之长技以制敌”⑤。他把火轮船视为西方强敌的一种长技，并组织了一批懂西文的人才翻译有关介绍西方火轮船的国外报纸书刊，诸如1839年—1840年翻译的《澳门月报》及《华事夷言》均介绍了西方火轮船。如据《华事夷言》载：

夹板船，顺风逆风，皆能驾驶，而无风则不能引。爰有智士深思，……岂不可以火轮代风轮水轮乎，于是以火蒸水，包之以长铁管，括柄上下，张缩其机，借炎热郁蒸之气，递相鼓激，施之以轮，以使自转。既验此理，遂造火轮舟，舟中置器，以火沸水，蒸入长铁管，系轮速转，一点钟时可行三十余里，翻涛喷雪，溯流破浪，其速如飞，……弥利坚与欧罗巴隔海，……而火轮遄驶，不过四五旬，大则

① 清·林则徐，《林文忠公政书》，中国书店，1991年，第186～187页。
② 王志毅，1840年前后中国水域之汽船推进装置，船史研究，1993，(6)：18～19。
③ 齐思和整理，《筹办夷务始末（道光朝）》，第2册，中华书店，1964年，第710页。
④ 王志毅，1840年前后中国水域之气船推进装置，船史研究，1994，(6)：19。
⑤ 清·魏源，《道光洋艘征抚记》（上）《魏源集》，中华书店，1976年，第177页。

军旅，小则贸易，往返传命，有如咫尺，则皆中国所无，亦中国所当法①。

显然，《华事夷言》对轮船的介绍较之以往中国人对火轮船的理解要具体、准确得多。

三　丁拱辰对西方火轮船的研究

不仅目睹火轮船这一西洋奇器，而且能从其基本原理上第一个予以科学描述的中国人是丁拱辰。1840 年第一次鸦片战争爆发，他当时在广州经商，面对英国的侵略行径，怀着报国之志，根据他在西洋获得的有关西洋火炮和火轮舟、车制造的知识，于 1841 年写成《演炮图说》，为刊刻此书，他倾家所有。此书问世后即送给林则徐，因当时林则徐已被革职，于是此书于 1841 年底又转呈清廷，但道光皇帝只批“存候查核办理”而未予重视。后由户部主事丁守存勘定，并于 1842 年春呈靖逆将军奕山，获准按此书铸炮。并由丁守存帮助捐资公开刊印。1843 年丁拱辰将《演炮图式》修订成《演炮图说辑要》，刊刻后不久，丁守存和郑复光还分别为此书作序。书中《西洋火轮车、火轮船图说》一节别开生面地通过他绘制的详图，对西方火轮车、船的基本原理进行了介绍（图 8-1、图 8-2），更可贵的是亲自仿造。他在该节中，对火轮船这样描写道：

> 将火轮车之机械安于船中，换拨水大轮，伸出舷外，爬水而行。初制甚小，每船仅载数千斛至数万斛，惟专门飞递信息而已，今则愈变愈巧，渐增广大，至可容

图 8-1　《演炮图说辑要》中的火轮船图

① 清·魏源，《海国图志》，卷 83。

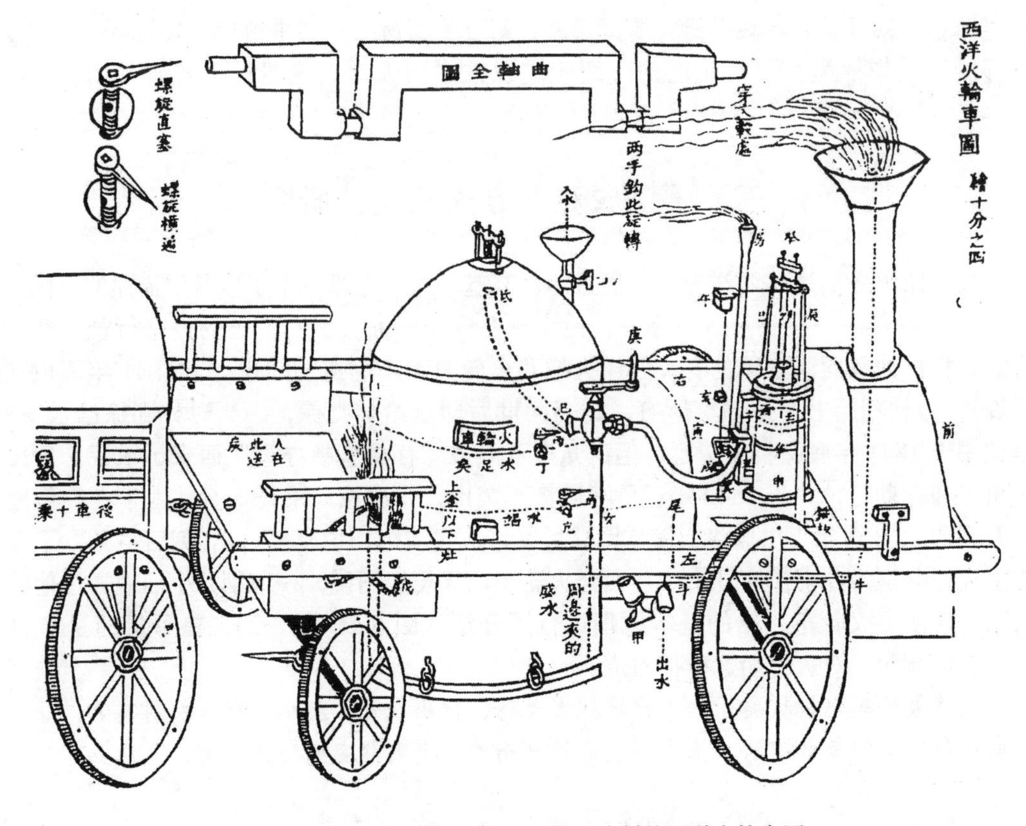

图 8-2　《演炮图说辑要》中丁拱辰绘制的西洋火轮车图

一万二千担。……系烧煤炭火，水沸烟冲，其行甚疾。……现外国甚盛，至此为渡船、行船之往来借通紧急。近时更以此为战舰，冲锋破阵，越线侵入重地，作为前导①。

据书中记载，丁拱辰曾目睹过小式蒸汽机车，他在书中说：“广州为各国贸易之大都会，多见奇器，昔时目睹小式，谨记胸臆，粗知机械之大概”。于 1850 年前，他还亲自绘制了小火轮车机械图（图 8-3），“召良匠督配尺寸，造小火轮车一乘”②。这台小蒸汽机车长 1 尺 9 寸，宽 6 寸，载重 30 余斤，配置铜质直立双作用往复式蒸汽机。他还用所设计的“火轮车机械，造一小火轮船，长四尺一寸，宽一尺一寸”，“用明轮推进，放入内河驶之，其行颇疾，惟质小气薄，不能远行。”③ 后来，丁拱辰又绘制成轮船图，虽限于当时中国的工业水平而难以制造，他遗憾地说：“粤东匠人无制器之器，不能制造大只”④，但丁拱辰毕竟是中国对西方火轮船进行大胆探索的先驱者和中国自行设计、试造火轮车、船的先行者。

① 清·丁拱辰，《演炮图说辑要》卷 4。
② 清·丁拱辰，《演炮图说辑要》卷 4。
③ 清·丁拱辰，《演炮图说辑要》卷 4。
④ 清·丁拱辰，《演炮图说辑要》卷 4。

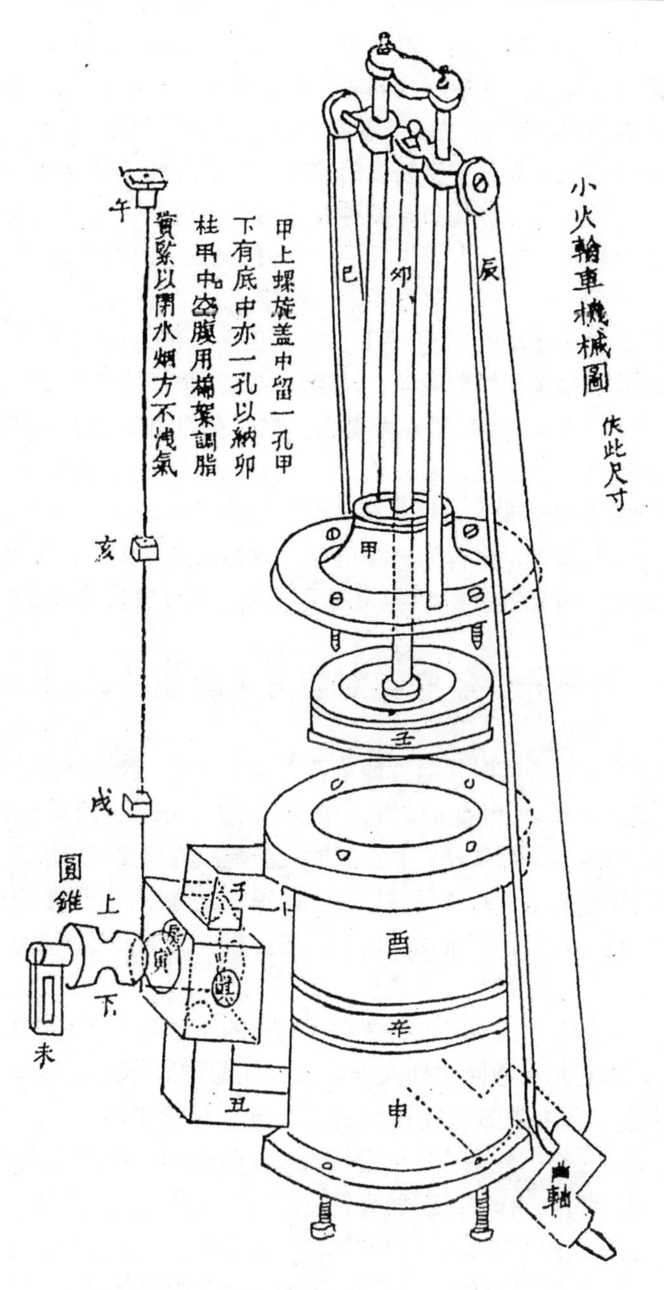

图 8-3 丁拱辰描绘的小火轮车机械图

四 19 世纪 40 年代中国人试造火轮船的活动

19 世纪 40 年代，不少有识之士就已从事仿造西方火轮船的活动。1842 年，广东绅士潘世荣雇洋匠试造小火轮船一艘，放入内河试行，但“不甚灵便”，原因是“该船必须机关灵巧，始能适用，内地匠役，往往不谙其法”①。清廷得知后，不仅不予鼓励，反而以“不适

① 齐思和整理，《筹办夷务始末（道光朝）》第二册，中华书局，1964 年，第 711 页。

用”为理由，下令“毋庸觅夷匠制造，亦毋庸购买轮船”[①]。但是嗣后介绍和仿造西方火轮车、船的活动却并未就此停息。几乎与此同时，曾目睹英国火轮船的原嘉兴县丞龚振麟也曾对西方火轮船进行过深入研究。他“精于泰西算法”，凡于“制造军械，皆能覃思”。1840年6月，他在宁波“见逆帆林立，中有船以筒贮火，以轮击水，测沙线，探形势，为各船向导，出没波涛，维意所适，人佥惊其异，而神其资力于火也”[②]。于是心有所会，欲仿其制。他也曾计划仿造一艘火轮船。据西人著作所云：“一位舟山人（指龚振麟）根据我们的明轮蒸汽机船模式，建造一艘小船，最初打算用蒸汽机推进它。”造成后，由于动力机未能解决，只得“用人力代替它，类似踏车的原理”[③]。龚振麟仅造一船，而试于湖，亦甚迅捷，据西人说，该船的内部结构类似于西洋明轮船，该船内“有两根长的旋转轴，连着明轮，明轮系硬木制成，直径大约十二尺”，为改用人力操作，临时在船内又加了一些硬木齿轮[④]。按此种船式，浙江巡抚刘韵珂“造巨舰，越月而成”[⑤]，1842年6月，新造了5艘这样的大车轮船，每艘船以4只脚踏木明轮推动，并进入水师服役。

当时广东匠役有何礼贵者，也曾为外洋造船，在外国船厂中工作了约20年，据称，他能造火轮舟及各式战船，道光皇帝在1942年秋还曾要求浙江官员了解他的有关情况[⑥]。

五　郑复光、丁守存对西方火轮船的研究活动

安徽歙县人郑复光，自青年时代起就博览西方技术书籍，精通格致之学，对光学原理尤为精通，著有《镜镜诊痴》。鸦片战争爆发，郑复光已年过花甲，面对殖民势力的海上入侵，他奋然投身于西方火轮船的研究事业。丁拱辰的《演炮图说辑要》出版后不久，他在丁守存处首先见到该书中的明轮船图，对他深有启发。据郑复光称：“昔见传钞火轮船图说，不能通晓，嗣见小样船，仅五六尺，其机具在内者，未拆视；又于丁君守存处，见一图，俱有内机，具与前图相表里，故今通其意，为之图说，其尺寸就小样船约之，质多用铜。”[⑦] 可见丁守存亦是火轮船的研究者，并藏有汽机驱动火轮船的原理图，据说他也著有关于火轮船的书籍，但该书已佚。郑复光在考阅中外人士有关火轮船的著作后，撰写《火轮船图说》一书，该书完整地讲述了火轮船的构造和汽机的原理，对轮船的明轮（图8-4）、架（舱）、轮、柱、传动装置（图8-5）、外轴、外轴套、汽缸（图8-6）、锅炉（图8-7）、桅、三角帆、舵等都分别作了介绍，并附有作者绘制的火轮船图，与《演炮图说辑要》中的火轮船图极为相似。该书还同时描绘了如何将火轮车中的汽机安装于船上。这一论著经他多次修订，先后收入他的《镜镜诊痴》以及魏源的《海国图志》内，这是中国最早的有关火轮船设计和制造的专著。

以上这些中国人对西方火轮车、船的探索为中国日后自造蒸汽轮船提供了必要的科学技

① 齐思和整理，《筹办夷务始末（道光）》，第五册，中华书店，1964年，第2470～2471页。
② 清·魏源，《海国图志》卷86。
③ Davis, *China During the War and Since the Peace*, Vol. 1, 258.
④ 清·魏源，《海国图志》卷86。
⑤ W. D. Bernard, The Nemesis, 326.
⑥ 引自《十朝圣训》卷111。
⑦ 清·魏源，《海国图志》卷85。

术依据。

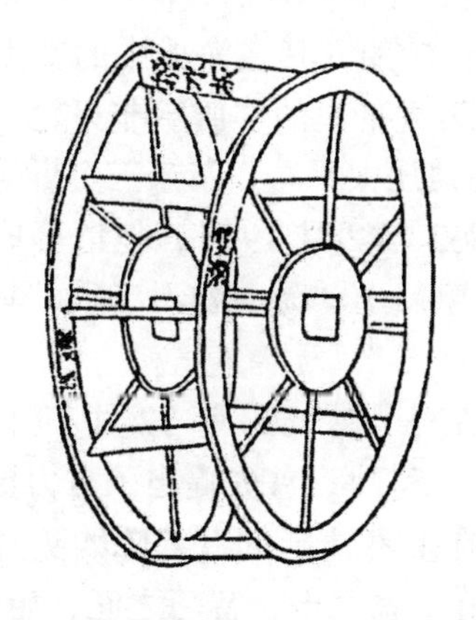

图 8-4　明轮外形（采自《镜镜诊痴》）

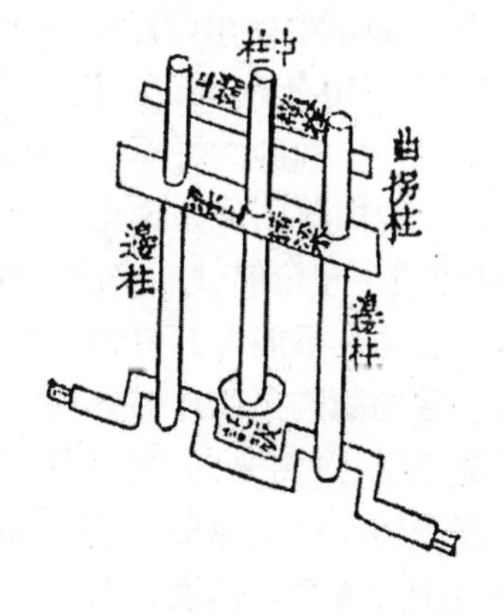

图 8-5　曲柄连杆机构（采自《镜镜诊痴》）

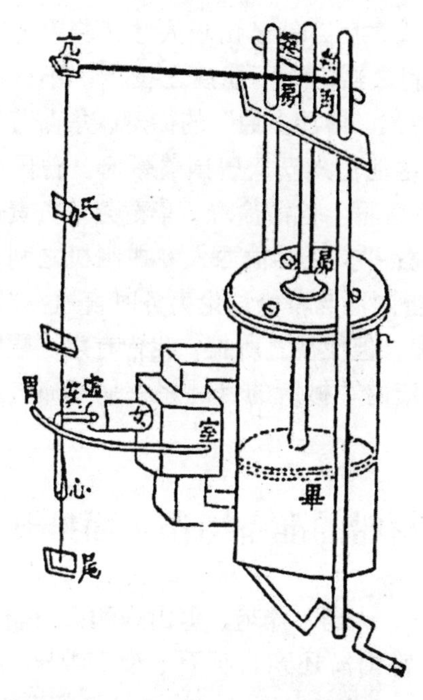

图 8-6　汽缸（采自《镜镜诊痴》）

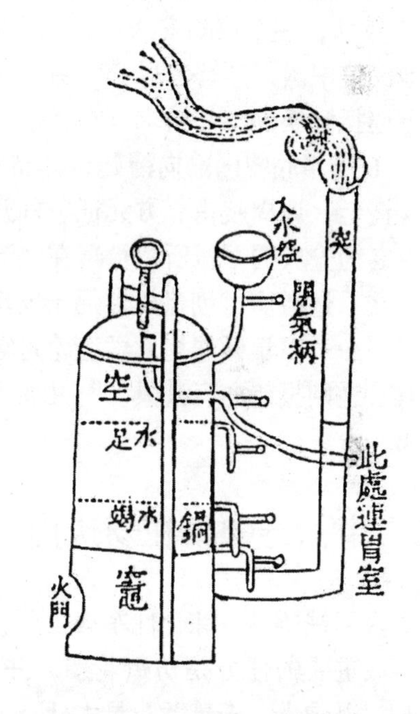

图 8-7　锅炉（采自《镜镜诊痴》）

第二节　安庆内军械所与“黄鹄”号轮船

一　中国近代第一座兵工厂——安庆内军械所

安庆内军械所是由洋务派曾国藩亲自建立的中国第一座仿造西洋船炮的军工厂。19 世纪 50 年代曾国藩在与太平军作战中亲身体验到西式武器的威力，1854 年湘军因使用了清廷购买的洋炮，使之取得与太平军作战的多次胜利。他认为：“湘潭、岳州两次大胜，实赖洋炮之力。"[①] 当时曾国藩的湘军使用的西式大炮在数量上超过了林则徐时代的2倍，约有600尊。60年代，湘军中使用西洋枪炮更为普遍。至于西洋火轮船，其在海战中的威力已是显而易见。还是在50年代末，时任浙江巡抚的何桂清即认为太平军的"艇船非火轮不能胜"，苏省大吏也认为要战胜太平军，"舍火轮船无良策"[②]。为镇压太平军，恭亲王奕䜣等奏请购买西洋船炮，曾国藩则认为这是"救时的第一要务"，1862年2月19日，他请幕僚周腾虎（弢甫）订购的一艘轮船驶抵安庆，他亲自登轮阅看，深感船上"无一物不工致，其用火激水转轮之处，仓卒不能得其要领。"[③]

可是，曾国藩购买西洋船炮的立足点在于自己能仿造。早在1860年12月19日，曾国藩就上奏清廷说："将来师夷智以造炮制船，尤可期永远之利"[④]，首先提出了自力更生造炮制船、发展中国舰艇工业的主张。1861年8月23日他在上奏清廷的《复陈购买外洋船炮折》中讲得十分清楚。他说，西洋船炮"购成之后，访募覃思之士，智巧之匠，始而演习，继而试造，不过一二年，火轮船必为中外官民通行之物"[⑤]。

1861年秋，湘军攻陷安庆后，他不等西洋船炮购成之后，就已访求人才，着手筹建兵工厂。他深信中国人"智者尽心，劳者尽力，无不能制之器，无不能演之技"[⑥]。不久，他通过江苏巡抚薛焕的悉心访求，在无锡发现了"深明器数，博涉多通"的徐寿、华蘅芳等科技人才，1861年底曾国藩向清廷以"特片保举人才"送他们入安庆曾国藩幕府。曾国藩同时还上奏清廷，调周弢甫、方元征、刘开生和赵烈文入曾幕。他命徐寿、华蘅芳等负责创建军工厂，名为安庆内军械所，徐珂在《清稗类钞》中说："文正尝愤西人专揽制机之利，谋所以抵制之，遂檄雪村创建机器局于安庆。"[⑦] 有一次曾国藩与幕僚讨论夷务时言道："欲求自强之道，……以学做炸炮、学造轮舟等具为下手工夫，但使彼之所长，我皆有之，顺则报德有其具，逆则报怨亦有其具。"[⑧] 由此可见，创立安庆内军械所的目的之一是"师夷之长技以制夷"。

二　由徐寿领衔在安庆内军械所试制轮船的准备工作全面推开

安庆内军械所是一综合性军火工厂，主要仿造子弹、火药、炸炮、劈山炮和火轮船。但最困难、最重要的任务是仿造轮船，并由徐寿领衔。曾国藩还亲自征召了龚芸棠[⑨]、吴嘉善、丁杰、冯俊光、李善兰、吴大廷、殷家隽、张斯桂、张文虎等有一技之长者帮助徐寿、华蘅芳造轮船。内军械所没有雇佣一个洋人，完全靠中国自身的技术力量摸索尝试。由于该所缺乏如车床等制器之器，"一切事宜，皆由自造"，更增加了制造轮船工作的难度。

徐寿和华蘅芳一到安庆内军械所，就接受了曾国藩下达的"自制轮船"的任务。要制造

---

① 清·曾国藩，"请催广东续解洋炮片"，《曾文正公全集》第二册，世界书局，第55页。
② 引自《何桂清等书札》，江苏人民出版社，1981年，第23页。
③ 引自《曾国藩全集·日记二》，岳麓书社，1987年，第713页。
④ 引自《曾国藩全集·奏稿二》，岳麓书社，1987年，第1272页。
⑤ 引自《曾国藩全集·奏稿二》，岳麓书社，1987年，第1603页。
⑥ 引自《曾国藩全集·奏稿十四》，1876年，第9页。
⑦ 清·徐珂，《清稗类钞》第5册，第2360页。
⑧ 引自《曾国藩全集·日记二》，岳麓书社，1988年，第748页。
⑨ 原嘉兴县丞龚振麟之子。

轮船，关键是创制蒸汽动力机，这在当时，对中国人来说是开天辟地的事。虽然徐、华两人深通格致之学，徐寿精于制器，华蘅芳博通算学，但以往对蒸汽动力机却没有专门研究。为此他们争取一切机会上轮船参观测绘。据《无锡文史资料》，上披露，“徐寿、华蘅芳在安庆准备造船时，正好有一艘英国轮船停泊江中，他们上船参观了整整一天，用笔在纸上画了许多草图”①。《字林西报》上也记载，他们曾“在船面观察轮机之动作”②。在曾国藩的日记中，当时也常有“出城至洋船”和“上洋船看”的记载，同时他请周弢甫购买的一艘轮船也停泊在安庆。此外他又奏请将前任江督向美商租赁的停泊在黄浦江面的两艘装有火炮的轮船“土只坡”和“可敷”号先调到安庆，供水师官兵练习。曾国藩的这些安排为徐、华登船细心察看和熟悉轮船和机器的动作和原理创造了许多机会。另一方面，他们尽可能收集当时所能找到的有关火轮船的资料。徐寿次子徐建寅曾为此去上海收集资料。当时有一本由英国医生合信（Benjamin Hobson）编著、由墨海书馆重印的《博物新编》，1858年徐寿、华蘅芳在上海墨海书馆曾阅读过。该书初集中“热论”一章，包括有“三质递变”、“蒸汽”、“火轮车”、“水甑”③、“汽柜”④、“冷水炉”、“火炉”、“脂粿”⑤、“轮拨”、“汽尺”、“汽制”等共十一节，在“蒸汽”一节中介绍了轮船的基本原理⑥。书中将蒸汽机分成低压和高压两类，并给出低压蒸汽机的原理示意图（图8-8）及其汽缸和锅炉图（图8-9）。图中分别标出各个零部件的名称，并用文字描述它们的作用。比如对火炉的描述颇为清晰，书中写道：

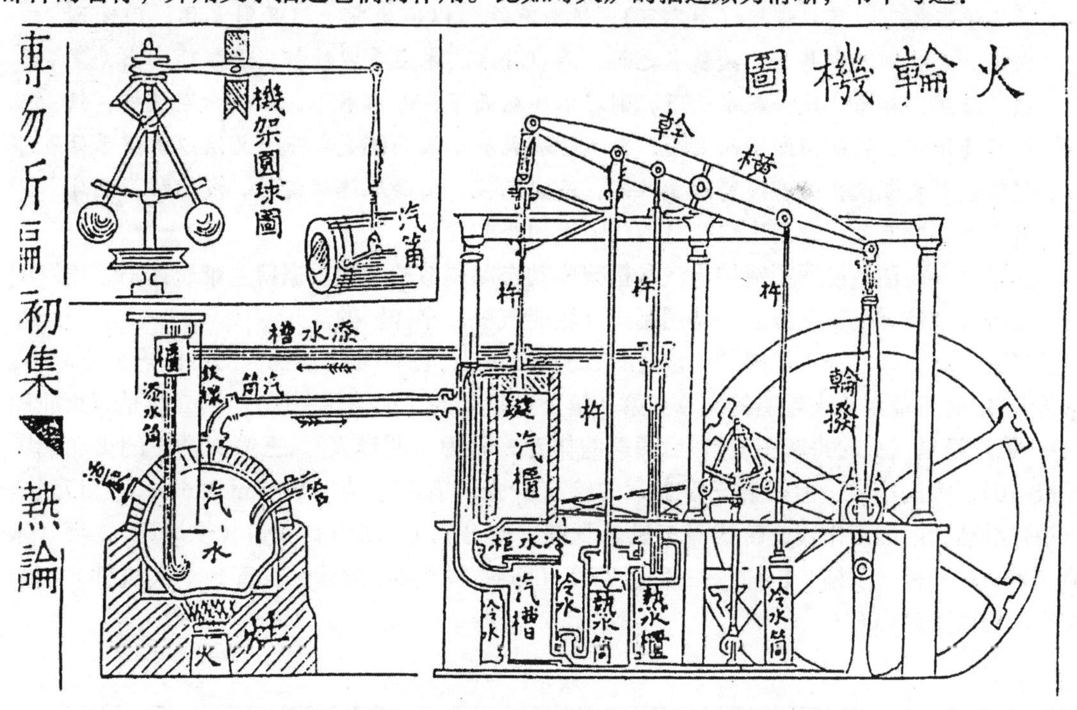

图8-8　火轮机图（采自《博物新编》初集“热论”）

① 引自《无锡文史资料》，第7辑，第27页。
② 引自《字林西报》1864年9月5日。
③ 即指锅炉。
④ 即指汽缸。
⑤ 即指装润滑油的容器。
⑥ 引自白广美、杨根《徐寿与“黄鹄”号轮船》，自然科学史研究，1984，(3)：285。

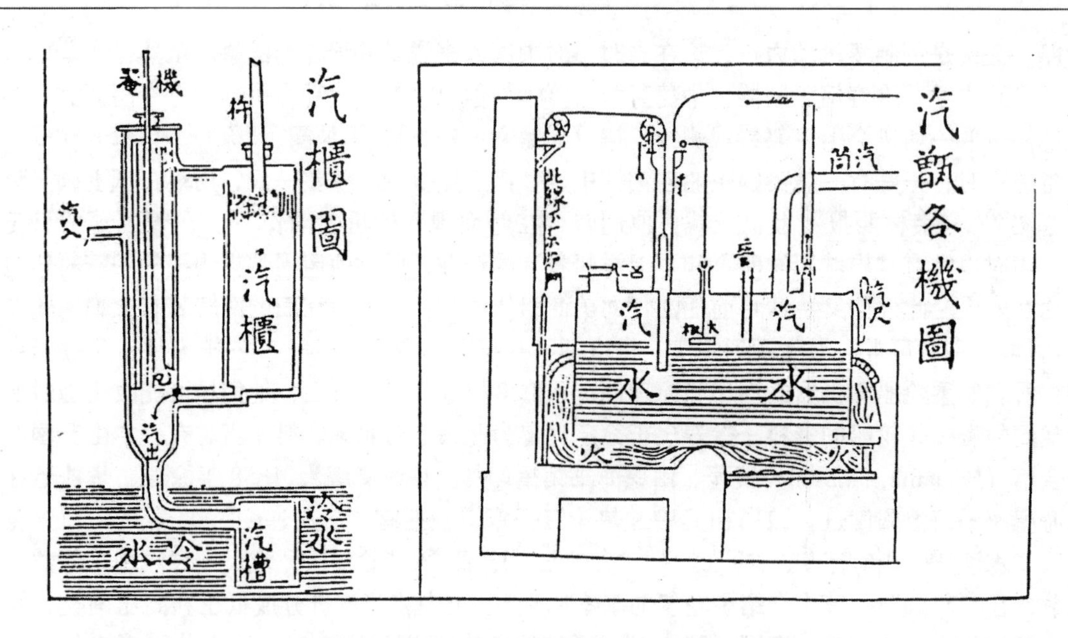

图 8-9　汽缸和锅炉图（采自《博物新编》初集“热论”）

炉在甑下，焚以煤炭（柴亦可），炉旁有铁门以通生气，门开则火猛，门闭则火烧。火猛则甑水易干，故甑水之面，浮以片木，木上贯以铁杆，透甑顶而出，复屈下与炉门相系。比如甑水干下，则浮木亦从而下，浮木渐下，必渐牵连铁杆，铁杆牵连炉门，则炉门渐闭而火慢，自不防有火炎水涸而甑裂之虞。又法以机架系两圆球，置之甑侧，另有汽筒连于机架，汽出触架，则两球浑然旋转。汽愈猛，则球转愈急，即有铁线牵闭汽门，自然使火汽均得其宜①。

这段文字简洁地说明了锅炉火汽和机架联动自动调节的过程。据傅兰雅“译书事略”中说：徐寿是“依《博物新编》中略图制成（轮船汽机）小样”的。

当时专门介绍西洋火轮船的书籍还有魏源所著，于 1847 年出版的《海国图志》百卷本。在卷 85 中有三篇制造火轮船的文章。第一篇是郑复光的《火轮船图说》；第二篇是《火轮船说》；第三篇是《火轮舟车图说》，后两篇的作者署名为“西洋人”。三篇文章中的火轮船图（图 8-10），大同小异，但在第三篇文章中绘有一张装有默多克（Willam Murdook，1754～1839）滑动阀门的双作用旋转式蒸汽机示意图（图 8-11），图中有一炉（子炉）；二竿（未竿、申竿）；三桶（辰桶、申桶、午桶）；四管（卯管、巳管、戌管、亥管）十大机件，其与现代名称对照如表 8-1。

表 8-1

《火轮舟车图说》名　称	子炉，丑罐	未竿	申竿	辰桶	申桶	午桶	卯管	酉管、巳管	戌管、	亥管
现代名称	锅炉	活塞杆	滑动阀杆	汽柜	滑动阀	汽缸	送汽管	进汽管	排气管	凝汽管

文中写道：

① ［英］合信，《博物新编》，墨海书馆重印本，1855 年，第 32 页。

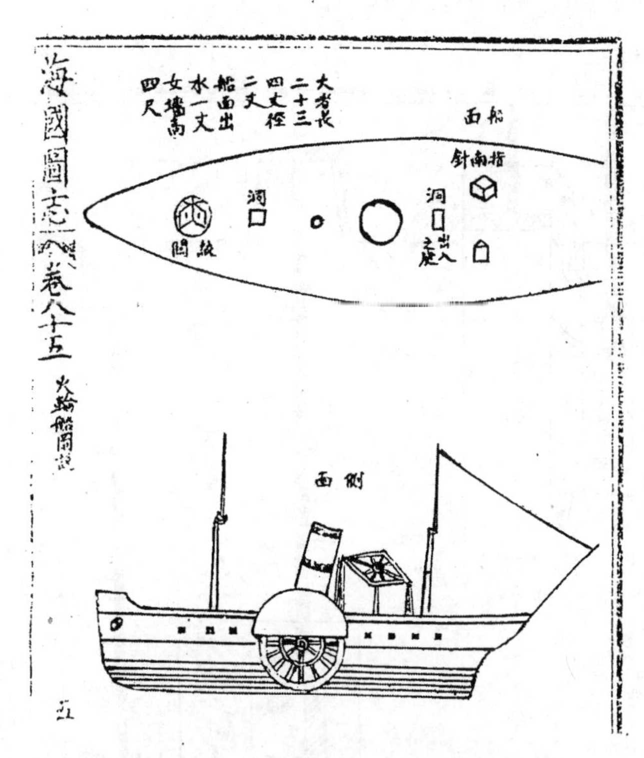

图 8-10　《海国图志》中的火轮船图

子作火炉，上开烟窗，丑为火罐，寅位开小洞，盖以铁板，上弯装一卯管与辰桶连，辰桶下装巳、酉、戌三管。巳管通午桶、未竿之底，致气推上，酉管通午桶、未管之上，致气推下，唯戌管独弯，通出气之亥管。又，辰桶中装小申桶，高低视辰桶之半而无底板，长短约可罩住巳、戌，或酉、戌二管。故丑罐水滚至极，气从丑上卯入辰，过巳至午，则未竿必上升，未竿升而申竿必下。未、申竿头装曲柄，各系转轮，竿上下不止，轮即辘轳不住，舟、车之利，莫利于此①。

这一段话基本上已把蒸汽机的动作原理表述清楚了。

该文还给出汽缸图（图 8-12），并作如下描述：

其丁筒内之戊号铁片，既水汽蒸激，如此其动甚快，激上迫下。则辛号用一条铁，连合戊号铁片，上出筒外，合着机关。辛号铁条就感动在外之机关。虽此条但上下感动，而因此牵制于别项活窍，则周围轮机无不转动也②。

这样的描述，在当时也可算简洁明了。徐、华等看到这些资料，自当受益匪浅。

就在徐、华仿制蒸汽机时，由合信翻译的《蒸汽机简述》刚刚问世，他们又对此书仔细研究一番，再结合他们上轮船时观察到的蒸汽机实物及其动作过程的许多实际知识，遂即开始了绘制蒸汽机的设计图、制造蒸汽机各部件的工作。由于对材料要求很高，华蘅芳告诉专门采办造机材料的赵烈文：“苏州阊门外旧有钢行三家，以李永隆为最，其业专炼铁取钢，用料甚重，非有存铁十万不可，其钢甲于天下。”③ 要求他去苏州采办钢材。

① 清·魏源，《海国图志》卷 85。
② 同①。
③ 引自《能静居士日记》卷 15。

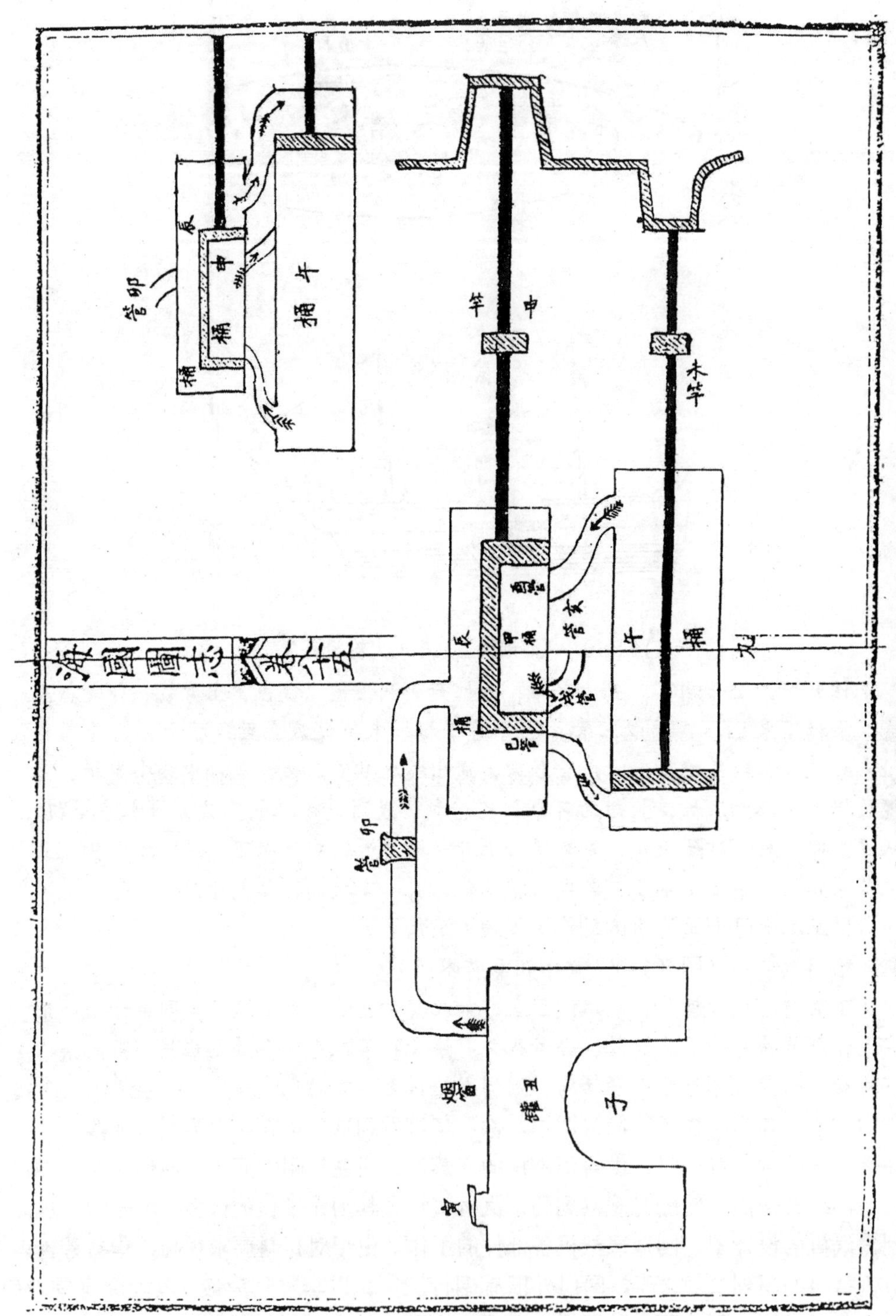

图 8-11　《火轮舟车图说》中的双作用旋转式蒸汽机工作原理图

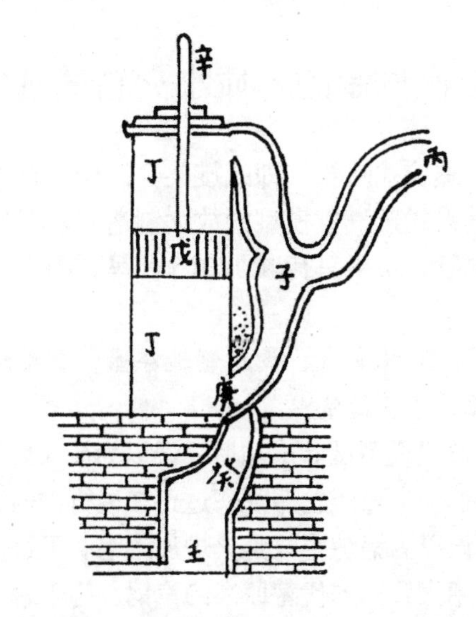

图 8-12　汽缸图（采自《海国图志》的“火轮舟车图说”）

三　由徐寿等用手工方式制作了中国第一台蒸汽机模型

1862 年 4 月，徐寿等在诸项准备工作完成后，就着手进行锅炉和蒸汽机模型的建造。徐寿凭他一双灵巧的手，竟用较为原始的手工方法把制造蒸汽机所必需的各类连接紧固件（如螺丝钉、活塞等）一一制造出来。汽锅采用锌类合金材料，汽缸采用苏州李永隆钢行的优质钢制造，汽缸直径为一寸七分。经过近 4 个月的奋战，蒸汽机模型终于制成。并于 1862 年 7 月 30 日进行了试验，并获得圆满成功。试验时赵烈文、周弢甫、杨永春等均往观看，曾国藩也亲临现场视察，他对这次试验有如下的详尽描述：

> 中饭后，华蘅芳、徐寿所作火轮船之机来此试演，其法以火蒸水气贯入筒，筒中三窍，闭前两窍，则气入后窍[①]，其机自退，而轮行上弦；闭后两窍，则汽入前窍[②]，其机自进，而轮行下弦。火愈大则气愈盛，机之进退如飞，轮行亦如飞。约试演一时，窃喜洋人之智巧，我中国人亦能为之，彼不能傲我以其所不知矣[③]。

赵烈文在日记中称该台蒸汽机模型“用火运动，与洋制无异”[④]。这台模型为单缸卧式双作用旋转式低压蒸汽机，引擎转速为 240 转/分。这台蒸汽机模型的成功试验，给曾国藩以极大的鼓舞。在日记中他写下了“保华蘅芳、徐寿”几个字。并决定“开始为小火轮之制造”，并向徐、华两人再三强调：“如有一次或两次试造之失败，此项工作仍需进行”[⑤]。于是，徐、华等试造小火轮的工作开始了。

---

① 原文误为前窍。
② 原文误为后窍。
③ 引自《曾国藩全集·日记二》，岳麓书社，1987 年，第 766 页。
④ 引自《字林西报》1864 年 9 月 5 日。
⑤ 同④。

四 首次试制的木质小火轮试航成功

该小火轮采用木质船壳，螺旋式暗轮（即螺旋桨）结构，自置备制造工具、器材、绘制设计图纸到船壳加工及上述汽锅式蒸汽机模型的放大制造和船上的机器安装，共花去一年时间，遂于1863年11月造成试航，结果只行驶了0.5公里，因汽锅不能连续供给蒸汽而停了下来。曾国藩曾记述此事：

同治二年（1863）间，驻扎安庆，设局制造洋器，全用汉人，未雇洋匠，虽造成一小轮船，而行驶迟钝，不甚得法[①]。

原来，在用气量较少的蒸汽机模型试验成功后，误以为放大后的动力机仍可用《火轮舟车图说》中那样的气锅，虽然他们曾上西洋轮船观察过正在运行中的锅炉，但在工作状态下的锅炉中的火管管口也不易看清而误以为锅炉中只是火炉加汽锅。不过，徐、华两人很快就觉察到机器出现故障的原因，马上改用火管锅炉代替原来的汽锅，终于解决了供气不足的矛盾。两个月后，即1864年1月，小火轮在安庆江面进行第二次试航，并取得了成功。当天，曾国藩亲临河下造船厂视察，并登上这艘改装后的小火轮参加试航。他在当日的日记中写道：

新造之小火轮船，长约二丈八九尺，因坐至江中行八九里，约计一个时辰可行二十五六里。试造此船，将以此放大续造多只[②]。

曾国藩充分肯定了这艘小火轮试制成功的重要意义，他说："造成此物，则显以定中国之人心，即隐以折彼族之异谋。"[③] 于是徐、华等又开始了续造较大轮船的工作。

五 "黄鹄"号轮船试制成功揭开了中国近代船舶工业发展的帷幕

一年后，由于南京已为湘军攻占，曾国藩的安庆幕府迁往南京，安庆内军械所也迁往南京（又称金陵），改称金陵内军械所[④]，徐、华等在南京继续大轮船的试制工作。曾国藩为了加速轮船的试制工作，其全部费用由其私人财源支付。为保证试制工作的成功，徐、华等人根据小火轮制造工程中的经验，改暗轮为明轮，改低压蒸汽机为高压蒸汽机。该蒸汽机为双联卧式蒸汽往复机，单式汽缸，有倾斜装置，汽缸直径1华尺，长2尺，主轴长14尺，径2寸2分。锅炉[⑤] 长11尺，径2尺6寸。锅炉管49支，长8尺，径2寸，船壳为木壳，长55华尺，载重25吨[⑥]。"各舱具在主轴位置之后，机器几乎占船体之前半"[⑦]。除主轴、锅炉以及汽缸配件的钢料购自外洋外，其他材料一律由国内解决。全部工具器材，连同雌雄螺旋、螺丝钉、活塞、气压计等，均经徐氏父子亲自监制，并无外洋模型及外人之协助。全部制造费用为纹银8000两。1866年春，该船在南京下关试航成功，顺流速度为225里/8小时，

---

① 引自《曾文正公全集·奏稿》卷27。
② 引自《曾国藩全集·日记二》，岳麓书社，1982年，第960～961页。
③ 王定安，《求阙斋弟子记》卷18。
④ 1865年夏，与外军械所合并为金陵军械所。
⑤ 锅炉为苏格兰式回烟烟管汽锅。
⑥ "黄鹄"号轮船排水量为45吨。
⑦ 引自《字林西报》1869年9月5日。

逆流速度为225里/14小时，曾国藩“勘验得实，激尝之，赐名‘黄鹄’”[①]。

“黄鹄”号的试制成功，在中国近代造船史上具有划时代的意义，她是中国人在极其困难的条件下，自行设计和用人工制造的第一艘大型轮船。主持试制工作的有徐寿、华蘅芳、吴嘉廉、龚芸棠和徐建寅等人。推求动理，测算汽机，蘅芳之力为多；造器置机，皆出寿手制[②]。徐寿之子徐建寅，字仲虎，时年虽未弱冠，但在轮船的试制工作中也起了重要作用。据杨模《仲虎徐公家传》记载：“公父方谋造‘黄鹄’轮船，苦无法程，日夜凝想，公屡出奇思以佐之。”[③]“黄鹄”号轮船制成后，徐寿还赢得“天下第一巧匠”的御赐称号。

安庆内军械所的成立和“黄鹄”号轮船的建成象征着中国帆船时代的行将结束和近代轮船时代的到来。掌握西方先进科学技术的中国近代科技人员在仿造西方轮船的工作中开始崭露头角。

第三节　江南制造局的创立及其造船活动

一　江南机器制造总局的创立

中国近代科学家徐寿、华蘅芳在安庆内军械所用手工方式试制成“黄鹄”号轮船的科学实践中，深知西方近代大机器生产对建造大型轮船的极端重要性。故他们与曾国藩幕府中的大数学家李善兰一起向曾国藩建议中国应进一步建设用近代大机器生产的西式工厂。曾国藩很快就采纳了徐寿等人的建议，决定要建立一“西式机器厂”。而当1863年他通过李善兰和张斯桂[④]的介绍召见中国第一个留美学生容闳，问及他“今日欲为中国谋最有益最重要之事，当从何处着手”[⑤]时，当即回答说：“中国应设立一西式机器厂。此厂以先立普通基础为之，不宜专供特别之应用。所谓立普通基础者，无它，即由此厂可造出种种分厂，更由分厂以专造各种特殊之机械。简言之，即此厂当有制造机器之机器，以立一切制造厂之基础也。”也就是先建立机器母厂，再由其派生出各子机器厂。曾国藩闻此言甚喜，不久就给容闳68 000两银子请至外洋购买“制器之器”。

几乎与此同时，李鸿章自1862年受曾国藩派遣率淮军8000人自安庆雇英轮抵沪后，深感洋人船炮之坚利。并写信告诉曾国藩，他“深以中国军器远逊外洋为耻，日戒谕将士，虚心思辱，学得西人一二秘法，期有增益，而能战之”[⑥]。在这种思想的驱使下，他即在沪创办上海洋炮局，主要制造开花炮弹。1863年12月淮军收复苏州，李鸿章移驻城中，同时把位于松江的上海洋炮局迁往苏州，更名苏州洋炮局。他接受其幕府中的英籍医生马格里（Halliday Macartney）的建议买下被清政府遣散的阿斯本舰队中生产舰用武器的各项机器设备，从而使苏州洋炮局的机械化程度大为提高，使之初步摆脱了手工操作，进入了机器制作阶段。苏州洋炮局共设有三局。“一为西洋机器局，派马格里雇洋匠数名照料铁炉机器，又

---

① 清·徐珂，《清稗类钞》第5册，第2360页。

② 赵尔巽，《清史稿》卷505。

③ 清·杨模，《锡金四哲事实汇存》，宣统二年（1910年）铅印本，第48页。

④ 张斯桂为宁波人，1857年容闳在上海与之相遇，时为中国第一炮舰之统带，后升迁人曾国藩幕府。

⑤ 清·容闳，《西学东渐记》，岳麓书社，1985年，第112页。

⑥ 清·李鸿章，“上曾相”（同治元年十二月廿五日），吴汝纶编，《李文忠公全书》，朋僚函稿，卷2，光绪三十四年金陵版，第46页。

派直隶知州刘佐禹选募中国各式工匠帮同工作；一为副将韩殿甲之局，一为苏松太道丁日昌之局，皆不雇洋匠，但选中国工匠，仿照外洋做法”①。设立韩、丁二局，表明他不愿使武器的生产完全依靠洋人的意图。通过苏州洋炮局的制造实践，他认识到发展机器枪炮局必须进一步提高机械化程度。例如当时该局尚无力进行的长炸炮制造，“非用外国全副机器，延请外国巧匠，不能入手”②。基于这种认识，1864 年 5 月李鸿章向总理衙门慷慨陈词，“鸿章以为中国欲自强，则莫如学习外国利器；欲学习外国利器，则莫如觅制器之器，师其法而不必尽用其人，欲觅制器之器与制器之人，则或专设一科取士，士终身悬以为富贵功名之鹄，则业可成，艺可精，而才亦可集”③。为了学习西学，首先要过语言关，就在这一年，李鸿章在上海又开设了一所外国语言文字学馆，即后来通称的“广方言馆”。

曾、李为建立“制器之器”工厂，乃催促苏松太道丁日昌尽快寻找出买铁厂机器的对象，不久丁日昌盘购了在上海虹口开设的一家修造轮船和机器的美商旗记铁厂，据称是当时洋经滨“外国厂中之机器最大者”，“能修造大小轮船及开花炮、洋枪各件”。1865 年，李鸿章赴南京出任两江总督，把苏州洋炮局一分为二，其中马格里西洋机器局迁南京成立金陵机器局，韩、丁两炮局迁上海，与收购的美商旗记铁厂合并，正值容闳在美国购买的百余台机器运抵上海。一厂、两局及这百台“制器之器”成为当时曾、李久欲建立的西式机器厂的基础，1865 年 6 月 3 日，遂成立中国第一座具有“制器之器”的近代工业母厂。李鸿章名之为“江南机器制造总局”（以下简称江南制造局）（图 8-13），由丁日昌任总办、冯俊光、沈

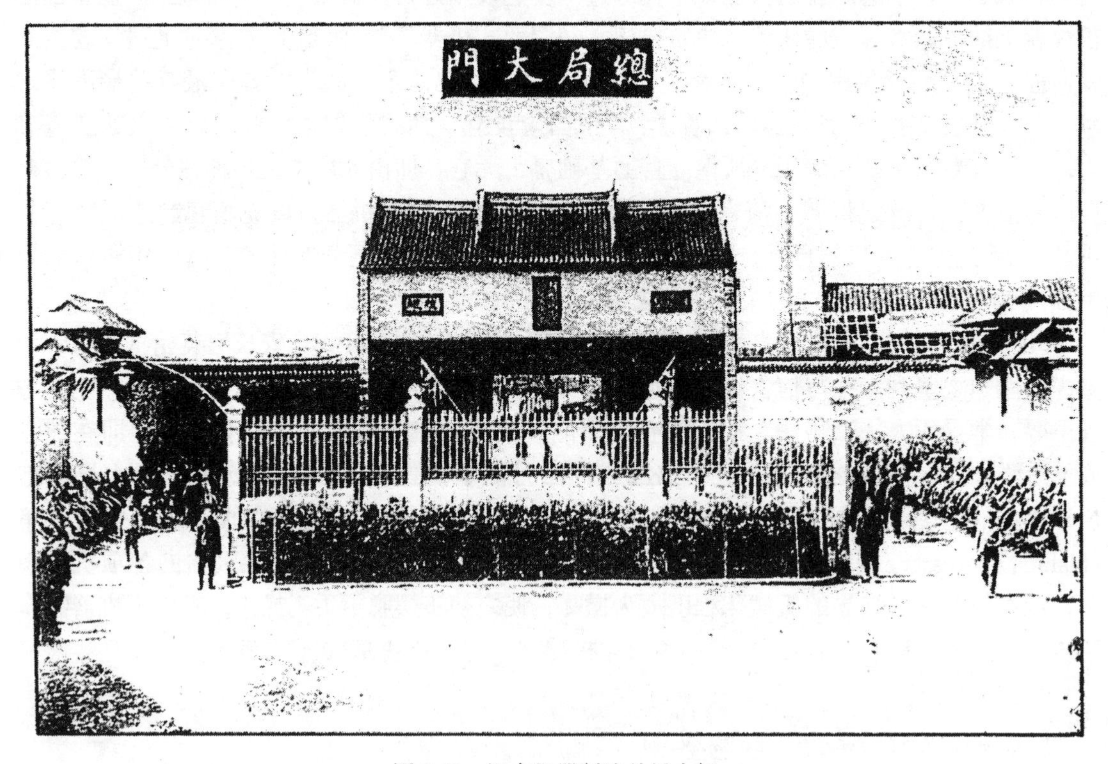

图 8-13 江南机器制造总局大门

① 清·李鸿章，“京营弁兵到苏学制外洋火器析”，《李文忠公全书》卷 9。

② 引自夏东元，洋务运动史，华东师范大学出版社，1992 年，第 76 页。

③ 引自《筹办夷务始末·同治朝》卷 25。

保靖分别任会办、襄办。

二　制造局制造枪炮不力，扩建新址造船

该局成立后，为与捻军作战，其主要任务是“以制造枪炮，借充军用为主”。原旗记铁厂留下的八个洋匠及一名匠目科而仅熟悉造船及修船业务，现转而生产枪炮弹药，无法胜任。李鸿章对于江南制造总局生产轻武器旷日持久，耗费浩繁，又不成功，感到恼怒。他也曾警告外国匠目科而，如再工作不力，将付清工资解雇，遣返回国，并致函美国领事，说明科而受雇不能令人满意。但科而等借口局内制造轻武器的设备不合用，回避责任。李鸿章只得仍旧购买外国轻武器，供正在与捻军作战的部队。1866年夏，在李鸿章奉调华北任直隶总督前夕，与即将回任两江总督、热衷于造船事业的曾国藩商议局务，李鸿章感到：“厂中机器及制器之器，非即是制枪之器也；厂中洋匠乃学造轮船之匠，非兼能造枪炮之匠也。”且场地狭小，亦难以发展。于是他与曾国藩合辞上奏清廷拟选新址，扩充总局的规模。他还于1866年7月19日致函总署：“拟饬将洋枪暂且停工，俟厂基移建，筹造轮船。”[①] 9月始确定把总局迁至紧靠黄浦江的城南高昌庙，征地70余亩（约4.6万平方米），令孙玉堂和已由安庆来沪的华蘅芳监造，重建新厂，开挖船坞。1867年夏竣工，江南制造局迁入高昌庙新址。

1866年12月，曾国藩回任两江总督。次年5月，他上奏清廷允准，将两江截留江海关二成洋税中的一成专供江南制造局造船之用[②]。在曾国藩幕府中的造船制器专家徐寿、华蘅芳、徐建寅等先后都随曾氏来到江南制造局任事[③]。当时曾国藩要求集中力量制造轮船，尽快做出成绩。他一方面责成苏松太道应宝时和总局总办冯俊光、会办沈保靖等“朝夕讨论，期于必成”[④]；另一方面他又告诫徐寿等在局委员，“专心襄办轮船，能于一年之内，赶快制成一二只，乃为不负委用。其轮船以外之事，勿遽推广”[⑤]。曾国藩把建造轮船的重任又一次交给了徐寿等人。所不同者在于这一次是在具有“制器之器”的江南机器制造总局里造船，与前次在安庆内军械所基本上靠手工造轮船的生产方式已经有了质的变化。

尽管当时地处高昌庙的总局各工厂还未全面投产，但1867年已开工的各工厂已具备了相当的生产能力。机器厂（图8-14）可制造大小兵轮用的蒸汽机、船坞泵和起重机件；木工厂可为各厂制造机器木模；铸铜铁厂内配备有铸造设备；熟铁厂可生产各厂船用的熟铁器具；轮船厂可为战船和各省的轮船生产零部件；锅炉厂除可生产锅炉外，还生产机件，以后又增加了装甲板和铁架的生产，还有枪炮工厂[⑥] 和负责修建房屋、道路、桥梁、沟渠的工程处[⑦]，同时已有了一座可供修船和船舶下水的99米长的泥船坞。有大机器生产作依托，江南制造局仅用了一年时间，于1868年8月建成中国第一艘兵轮，由曾国藩命名“恬

---

① 清·李鸿章，“论沪局仿制轮船火器”（同治五年六月初八日），《海防档》，丙（一），第27页。

② 曾国藩，“奏拨二成洋税银片”（同治六年四月初七日），《曾文正公全集·奏稿》卷4，世界书局，1936年，第808～809页。

③ 为江南机器制造总局委员。

④ 引自《曾文正公全集·奏稿》卷27。

⑤ 引自《曾文正公全集·批牍》卷6。

⑥ 原先，机器厂为仅属于枪炮工厂的一个分厂。

⑦ 引自美·约翰·罗林森，中国发展海军的奋斗（1839～1895）中译本，海军军事学术研究所，1993年，第41页。

吉"[①]，取四海波恬，厂务安吉之义，"恬吉"号的汽炉和木船壳均系自造，主机则由国外旧机器改装，一改"从前上海洋厂自造轮船，其汽炉、机器均系购自外洋，带至内地装配船壳，从未有自购式样造成重大机器汽炉全具者"[②] 的状况。该船长 59.2 米，宽 8.7 米，吃水 2.56 米，功率 292 千瓦（392 匹马力），载重 600 吨，装有火炮 8 门，时速平均为 9 节。"恬吉"号虽采用的是徐寿建造"黄鹄"号时一样的推进模式，即用明轮推进[③]，但不论就船之大小、航速、性能及建造周期，与两年前建造的"黄鹄"号轮船相比，均有显著提高，它是用"制器之器"建造出来的中国第一艘轮船。

图 8-14　江南制造局机器正厂

"恬吉"号于 1868 年 9 月 15 日[④] 自高昌庙试航，出吴淞口入海，由铜沙直出大洋，至舟山群岛返回，虽途中风逆浪大，但船行甚稳。当时报纸报道说，观看试航的"上海军民无不欣喜"，轰动一时。因沪上"先有轮船数只皆系买之西人，兹此船乃本国始初自造也"[⑤]。

---

① 后改名"惠吉"以避光绪皇帝载湉名讳。

② 引自《曾文正公全集》卷 4。

③ "恬吉"号是徐寿领衔建造成功的，因他第一次建造成功的是明轮船"黄鹄"号，由于他驾轻就熟，故第二艘轮船"恬吉"号仍用明轮推进，以免失误。

④ 农历为 7 月 29 日。

⑤ 引自《教会新报》第 1 卷，第 6 号，"中国始造轮船"，1868 年 10 月 10 日，第 24 页。

9月28日，轮船驶行南京，曾国藩邀请彭玉麟一同自下关登轮至采石矶下的翠螺山返回，试航获得圆满成功。他喜不自胜，在当天的日记中写道："中国初造第一号轮船，而速且稳如此，殊可喜也。"① 并上奏同治皇帝云：该船"坚致灵便，可以涉历重洋"。他在奏章上说："原议拟造四号，今第一号系属明轮，此后即续造暗轮②，将来渐推渐精，即二十余丈之大舰，可伸可缩之烟筒，可高可低之轮轴，或亦可苦思而得之"，他相信"中国自强之道或基于此"③。

"恬吉"号的建造成功，曾国藩深得清廷赞许，同治皇帝在一份上谕中说："中国试造轮船事属创始，曾国藩独能不动声色，从容集事，将第一号轮船造成，据称坚致灵便，可涉重洋，此后渐推渐精，即可续造暗轮大舰。……足见能任事者举重若轻，深湛嘉尚！"④ 江南制造局的造船活动显然已得到了清廷的支持。慈禧太后还亲自召见曾国藩，问及他有关造船的情况⑤。

三 江南制造局轮船制造的进步

按照曾国藩续造暗轮船的计划，1869～1870年，江南制造局陆续建造了"操江"、"测海"、"威靖"三艘木壳暗轮兵船，尽管当时曾国藩已不在两江总督任上，但这三艘船均由他命名。据时任两江总督的马新贻谈及总局建造的第一艘暗轮船"操江"号（图8-15）的规制系照外国暗轮兵船式样，机器小而灵动，"虽未能遽与外洋大兵船相颉颃，而船壳、汽炉及暗轮机器全副，均系厂内自造，顿觉机杼一新"⑥。"操江"号兵轮于1869年4月出吴淞江口放洋试航，经舟山返回，后又驶至金陵，两江总督马新贻登舟验视，见工料极为坚致，机器亦甚稳利，在长江行驶尤为便利。"操江"兵轮长57.6米，宽8.9米，深4.16米，吃水3.2米，炮8尊。载重640吨，航速9节，是中国建造的第一艘由螺旋桨驱动的兵轮，其航运性能较之"恬吉"号又前进了一步。"测海"和"威靖"两暗轮兵船亦如法赓造，大同小异。

1873～1875年，总局局员徐寿及其子建寅等督率中外员匠继续为实现造船计划，刻意讲求，精益求精，又建造了两艘大型木壳暗轮姊妹兵船"海安"和"驭远"号⑦。这两艘兵船不论就尺度、载重量、主机功率、航速和炮火配备等方面均较前4艘提高很多。两船长96米，宽13.4米，深6.7米，载重量2800吨，功率1341千瓦（1800马力），航速12节，炮20门，为19世纪70年代中国所建造的兵轮船中之最大者，功率最大，达到的航速亦最高。据称其"丈尺加广，实马力千八百匹，巨炮二十，兵丁五百，在外国为二等，在内地为巨擘"⑧。该两船之尾置双叶螺旋推进器，并作活式，起落甚便，"如遇顺风或煤斤缺乏，即

① 引自《曾国藩全集·日记二》，岳麓书社，1989年，第1541页。

② 即螺旋桨船。

③ 曾国藩，"新造轮船折"，《曾文正公全集》卷4。

④ 中国史学会，洋务运动，上海人民出版社，1961年，第19页。

⑤ 曾国藩，"答皇太后问造船事"（同治七年十二月十五日），《曾国藩全集·日记二》，岳麓书社，1989年，第1584页。

⑥ 马新贻，"续造第二号轮船工竣循案具报折"，同治八年六月十五日，《马端敏公奏议》卷7，第55～56页。

⑦ 清·杨模，"仲虎徐公家传"，《锡金四哲事实汇存》，第48页。

⑧ 吴汝纶编，《李文忠公全书》奏稿26，光绪三十四年，金陵版，第14页。

图 8-15 江南制造总局所造第 1 艘暗轮兵船“操江”号

将汽炉熄火，提起暗轮，便可张帆行驶”①。如又欲放下暗轮，“顷刻便能行动，轮翼又可旋转，螺距自能起缩，缩则二十尺，起则二十四尺”，据当时《申报》报道：1872 年 5 月 24 日②，“上海机器局第五号轮船③ 造成落水，彼时中外士女观者如云”，并赞“督理局务者能以所事为事，招匠必择其善，购物必求其精，故能月异而岁不同，其所造之轮船亦能日新而月盛。充斯量也，其制造之法不几可日进于泰西诸国也哉”④。当“驭远”号兵轮下水时，合城官绅以及士女往观者，不下万人。局中工匠艺精业熟，较“海安”号轮船入水更为妥帖，入水时不扬波，附近小舟均无碰撞之势。岸上观者如云，工匠似火，亦未伤损一人。据称“前数船入水时，船旁撑木有碰伤工匠者。岸侧小舟因激成波澜互相击动，甚至有掀翻河内、激赴岸上者，昨日均无其事。以舟高数丈之轮船落水，比长安拖坝之小舟尚觉平稳暇逸，亦可谓技精入神矣”⑤，反映了当时轮船下水技术之进步。一位英国领事称“海安”号兵轮为“海军造船学上最值得称道的船型”⑥，这艘兵轮除了螺旋推进器的轴和曲柄外，其余全都是由局内自己制造的。

由“恬吉”号到“海安”号，不到 5 年工夫，江南机器制造总局在造船技术上的进步是明显的。这除了局中工匠艺术日趋精湛外，与精通造船技术的徐寿父子等局员们的精心督理也是分不开的。1873 年，徐寿父子同时被命为江南机器制造总局“提调”。

鉴于原购铁厂修船之器居多，造炮之器甚少，乃利用原有洋器制造“制炮之器”30 余

① 引自《海防档》丙（一），第 137 页。
② 农历四月十八。
③ 指“海安”号轮船。
④ 引自《申报》1872 年 7 月 4 日。
⑤ 同④，1873 年 11 月 5 日。
⑥ ［美］约翰·罗林森：中国发展海军的奋斗（1839～1895）中译本，1993 年，第 42 页。

座，1869年建立了汽锤厂（1878年改为炮厂），当时所铸炮身经机器加工，使炮身外光如镜，内滑如脂。所造大炮、弹药皆与外洋所造者足相匹敌[①]。同年，还建立了枪厂（图8-16），则配备了更多的“制枪之器”，所造枪亦与购自外洋者无异。

图8-16 江南制造局炮弹厂车弹机器房

四 在造船縻费论的抨击下，江南停止造船主营枪炮

曾国藩去世后，江南机器制造总局归由李鸿章主政，建厂的指导思想有了变化。关于总局制造轮船一事，李鸿章一直缺乏信心。还是在建厂初期，他就认为：“此事体大物博，毫厘千里，未能擎长较短，目前当未轻议兴办，如有余力，试造一二，以考验工匠之技艺。”[②]在曾国藩逝世前夕，江南受到朝臣造船縻费的非难，建议暂停造船活动。在病中的曾国藩即上奏朝廷说：“刻下只宜自咎成船之未精，似不能谓造船之失计，只宜因费多而筹省，似不能因费绌而中止。”[③]奏折中虽语言婉转，但他坚持进行造船活动的态度十分坚决。此奏刚上不及一周，曾国藩就与世长辞了。而李鸿章虽对上述非难也予以反击，但他怀疑造船的成本效益。他将建造兵轮的规格限制在“海安”号的规模之下，并把江南所造兵轮出租商用，由各省政府负担维修和管理费用，以减少开支[④]。曾国藩在世的1869年，当时因军务肃清，

① 引自《江南造船厂厂史》，江苏人民出版社，1983年，第31页。
② 吴汝纶编，《李文忠公全书》奏稿9，光绪三十四年金陵版，第33～34页。
③ 引自《海防档》乙，第325页。
④ 同③，第370页。

军需无款可拨，于是制造枪炮弹药也在造船经费中支出，这无异于造船经费的缩减，而造船、养船的经费却因成船渐多而日增，经费日绌成必然趋势。尽管如此，直至1875年，江南在江海关中截留的洋税拨款主要还是用于造船。1872年开始在“操江”号兵轮上加装铁甲。1875年除建成在曾国藩时期就已在建的“海安”、“驭远”两木壳兵轮外，还建造双暗轮小铁壳船三号①。1876年建成小型铁甲兵轮“金瓯”号，长35米，宽6.7米，吃水2.3米，载重量250吨，主机功率149千瓦（200马力），航速10节，可容士兵三四十人。甲板上置一可升降的旋转炮塔，颇称灵捷，左右高低可调节，取代了舷侧炮；以后膛炮取代前膛炮，船旁装有火炮数门。其中有1门后膛火炮，可施放128磅开花弹，颇具威力；船首设有铁杆一支，直伸船外，形如犀牛之独角，极为锋利，借以撞击敌船②。该船在船体结构上完成了木壳到铁壳的过渡，在武力配置上比以往的6艘兵轮又有了新的突破。另建双暗轮铁壳小船二号、火轮舢板及夹板帆船各一艘③。

1875年5月，根据清政府新的海防政策，指派李鸿章筹建以北洋海军为主的三洋海军，当时他实际上接受了江南和福建两船局造船糜费的片面之词，认为：“中国造船之银，倍于外洋购船之价，今急欲成军，须在外国定造为省便”④，热衷于购船活动。而这时的江南机器制造总局成船已达14艘，其中大船、小船各7艘，而江南兵船出租商用以减轻兵轮维修和管理成本的方案也未能解救江南用款的燃眉之急。致使江南造船制炮业务势难两全。而为镇压捻军的需要，有关枪炮的制造，朝臣们均认为是急办之务，于是江南又恢复李鸿章在建厂初期时的旧观，以制造枪炮为主，1874～1891年又陆续建起了用于枪炮弹药生产的工厂6座⑤。只是在1885年左宗棠出任两江总督期间尽力建造了一艘功率达1900马力的钢壳兵轮“保民”号⑥（图8-17），后再无有造船、修船之举，船坞竟长期闲置近30年。表8-2，表8-3分别列出江南机器制造总局期间所造兵轮及1867～1891年的主要工厂和部门建置。

表8-2　江南机器制造总局时期所造兵轮表

船名	建成年份	船型	长/米	宽/米	型深/米	吃水/米	载重量/吨	航速/节	功率/千瓦	建造工艺	造价/万两	配炮/门
恬吉	1868	木壳明轮	59.2	8.7		2.56	600	9	292	铁钉连接	8.14	9
操江	1869	木壳暗轮	57.6	8.9	4.16	3.20	640	9	317	铁钉连接	8.33	8
测海	1869	木壳暗轮	56	9.0		3.20	600	9	320	铁钉连接	8.27	8
威靖	1871	木壳暗轮	65.6	9.8		3.50	1000	10	541	铁钉连接	11.80	15
海安	1874	木壳暗轮	96	13.4		6.40	2800	12	1341	铁钉连接	35.52	巨炮20
驭远	1875	木壳暗轮	96	13.4		6.40	2800	12	1341	铁钉连接	31.87	大炮18
金瓯	1876	铁甲暗轮	350	6.7		2.30	250	10	149	铆　接	6.26	后膛120磅弹子炮1
保民	1885	钢壳暗轮	72.0	11.5		4.34	1300	11	1416	铆　接	22.33	克虏卜炮8

① 吴汝纶编，《李文忠公全书》奏稿26，光绪三十四年金陵版，第14页。

② 引自《申报》1875年1月1日。

③ 中国史学会编，洋务运动，上海人民出版社，1961年，第37页。

④ 吴汝纶编，《李文忠公全书》奏稿24，光绪三十四年金陵版，第10～24页。

⑤ 即龙华黑药厂和枪子厂、松江火药库以及设于总厂内的炮弹厂、水雷厂和炼钢厂。

⑥ “保民”号是江南机器制造总局建造的中国近代第一艘钢壳兵轮。较之福建船政建造的第一艘钢甲钢壳兵轮“平远”号要早4年。

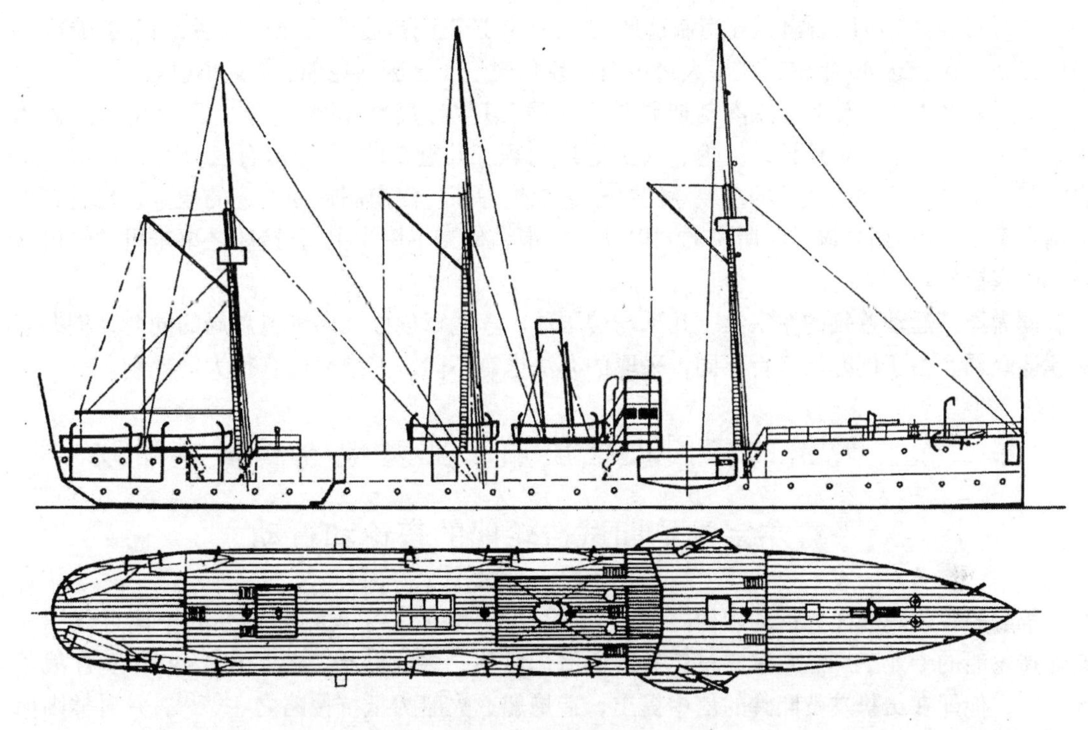

图 8-17 江南制造局于 1885 年建成的钢壳兵轮“保民”号（采自姜鸣《中国近代海军史事日志》）

表 8-3 江南机器制造总局时期主要工厂和部门建置表

名称	建置年份	主要生产任务	职工人数	厂屋间数	备注
机器厂	1867	制造船舶主辅机及本厂所需各机件	327	81	
洋枪楼	1867	各种枪支			
木工厂	1867	木模、木箱及各厂应用之木件	43	25	
铸铜铁厂	1867	铸造	59	49	
熟铁厂	1867	各厂及船舶所需之铁制件	84	26	
汽炉厂	1867	制造锅炉、锅炉附件	110	46	1875 年改为铁船厂，后又改称锅炉厂
轮船厂	1867	建造木质船舶、机器木座、炮架等	186	98	
船坞	1867			1 座	
各种仓库堆场等	1867				
公务厅、宿舍等	1867				
火箭分厂	1867				在陈家港
翻译馆	1868				次年又将原设于城内之广方言馆迁来
汽锤厂	1869	制造炮身	310	403	1878 年改为炮厂
枪厂	1869	各种枪支	415	275	原洋枪楼移此
黑色火药厂	1874	制造黑色火药，后又扩建制造栗色火药和无烟火药	156	273	在龙华
枪子厂	1875	各种枪弹	488	243	在龙华
火药库	1876				在松江城内
炮弹厂	1879		294	134	
水雷厂	1881		74	29	
炼钢厂	1890		275	332	

从所附表 8-1 可以看出，江南制造局自 1866 年迁至高昌庙筑坞建厂以后，直到 1905 年局坞分立，在长达 40 年中，花了大量经费，仅仅建造了 8 艘兵轮船，7 只小艇。

从所表 8-2 可以看出，江南制造局是一个兵工厂与造船厂的混合体，且以制造兵器为主。从表中所列不完全统计，枪炮、火药等厂的职工几近 2000 人，占有三分之二以上。这表明曾、李的“造炮制船”的主要意图在于造枪炮弹药。江南制造局上述的建置，也是符合李鸿章于 1865 年创办该局时所说的“以铸造枪炮，借充军用为主”，造船之事未可“轻议兴办”的宗旨的。

同为洋务运动首领的左宗棠，几乎与曾国藩、李鸿章创办江南制造总局的同时，创办了福建船政局。由于创办的宗旨不同，采取的办法也有不同，其结果也有很大的差别。

第四节 晚清的中国近代船舶工业基地——福建船政

一 左宗棠早期试造轮船的言论和行动

福建船政是晚清洋务运动领袖之一左宗棠（图 8-18）一手规划和创办的中国近代第一座建造轮船的专业工厂。左宗棠早年尝留心海国故事，多所涉猎。还是在 1840 年鸦片战争爆发时，他即在给挚友贺熙龄的信中提出，造炮船、火船为抵抗侵略之一策[①]。并对林则徐反对外国侵略的爱国行动及其不幸遭遇愤愤不平。1850 年初，左宗棠在湘江舟中巧遇林则徐时一见如故，论及天下大事，林则徐叹为“绝世之奇才”[②]。他们面对清廷腐败误国而抒发出的爱国热忱在畅谈中获得共鸣。就在这年末林则徐逝世，左宗棠“且骇且痛，相对失声”，主张为林则徐写行状家传时，要“质实陈叙”，使林则徐的爱国言行“尽白于天下后世”。他在“为以夷攻夷而作，为以夷款夷而作，为师夷长技以制夷而作”[③] 的魏源的《海国图志》中找到了明确的答案。他认为设厂造轮船为中国自强之一策。在洋务运动领袖中他是林、魏“师夷长技以制夷”思想的直接继任者，当 1857～1860 年第二次鸦片战争中国战败，签订了进一步丧权辱国的卖国条约时，左宗棠悲叹中国“廿年事局如故”。

第二次鸦片战争后，由于外国侵略的加深，左宗棠决心身体力行，把建造轮船之事付诸实施。1862 年，还在他受命在杭州与太平军作战时，他即致函总理衙门，提出“将来经费有出，当图仿制轮船，庶为海疆长久之计”[④]。关于试造轮船事，当时他回忆说：“思之十余年，诹之洋人，谋之海疆官绅者又已三载”[⑤]。1864 年，他在杭州觅匠仿造小轮船，船上可容两人，虽形模粗具，但驶行不速。他曾以该轮询之杭州法国洋枪队首领德克碑和税务司日意格，他们认为：大致不差，“惟轮机须从西洋购觅，乃臻捷便，因出法国制船图册相示，并请代为监造，以西法传之中土”[⑥]。这是左宗棠试造轮船的第一次实践，虽然并不成功，但使他更加认识到要试造轮船必须“师夷长技”的重要性。认为“此时而言自强之策，又非

---

① 清·左宗棠，“上贺蔗衣先生”，《左文襄公全集·书牍》卷 1，第 11 页。

② 引自《左文襄公全集》卷 17。

③ 清·魏源，《海国图志》原序。

④ 引自《左文襄公全集》卷 6。

⑤ 引自《左文襄公全集》卷 8。

⑥ 引自《船政奏议汇编》卷 1。

图 8-18 左宗棠（1812～1885）像（采自贝尔斯《左宗棠传》）

师远人之长还以治之不可”。当时法国在世界的造船技术又是首屈一指，于是左宗棠请他们回法国帮助购买机器和雇觅洋匠，就此拉开了左宗棠建厂造船的帷幕。

二 左宗棠向清廷大声疾呼建厂造船

1866 年 2 月，左宗棠回福州任闽浙总督，为巩固海防、振兴商务，他在上奏清廷的《试造轮船先陈大概情形折》中写道：“自海上用兵以来，泰西各国火轮兵船直达天津，藩篱竟成虚设，星驰飙举，无足当之。自洋船准载百货行销各口，北地货价腾贵。江浙大商以海船[①] 为业者，……费重运迟，……不唯亏折货本，寝至歇其旧业，……是非设局急造轮船不为功。……欲防海之害而收其利，非整理水师不可，欲整理水师，非设局监造轮船不可。泰西巧，而中国不必安于拙也，泰西有，而中国不能傲以无也。……彼此同以大海为利，彼有所挟，我独无之，譬犹渡河，人操舟而我结筏；譬犹使马，人跨骏，而我骑驴，可乎？……谓我之长不如外国，借外国导其先可也；谓我之长不如外国，让外国擅其能，不可也。……轮船成，则漕政兴，军政举，商民之困纾，海关之税旺，一时之费，数世之利也。”[②]

该奏折是左宗棠设厂造船的纲领，除了在奏折中有力地阐明了制造轮船的必要性外，还提出了不少解决设厂造船在选址、建厂、购机器、雇洋匠以及集资、驾驶、养船等方面所会遇到的种种困难的办法，乃至预测到兴此非常之举后会引起多方面的非难和阻力，他在上述奏折中也一一加以驳斥。他认为福建海口罗星塔一带，较之江、浙、粤更宜建船厂。

对 19 世纪 60 年代以来清廷重臣有关雇买轮船的活动，他在多种场合表示异议。他认为：“借不如雇，雇不如买，买不如自造”。自造轮船可以打破外国侵略者垄断“长技”，而

① 指木帆船。

② 清·左宗棠，“试造轮船先陈大概情形折”（同治五年五月十三日），《船政奏议汇编》卷 1。

买船则有受外国支配的弊病。他指出："彼族嗜利之心无微不喻，其出售船只必先其旧者、敝者，或制作未能坚致，……盖以彼之长傲我之短，以彼之有傲我之无，我固无如之何，其难一也。买船既定，仍须雇用彼人管驾，……则另雇更换均难由我，不得不勉强将就以冀相安，其难二也。轮船无一年半载不修之事，欲修造必就外国所设船厂、铁厂估价兴工，彼又得居为奇货，我欲贱而彼故贵，我欲速而彼故迟，其难三也。"[①] 而只有改购雇为自行制造，才能打破西洋各国在轮船业方面的垄断地位。在左宗棠的大声疾呼下，在福建设厂造船的创议，很快获清廷批准，在1866年7月14日的上谕中说："中国自强之道，全在振奋精神，破除耳目近习，讲求利用实际。该督现拟于闽省择地设厂、购买机器、募雇洋匠、试造火轮船只，实系当今应办急务。所需经费，即着在闽海关关税内酌量提用。……所陈各条，均著照议办理，一切未尽事宜仍著详悉议奏。"[②] 于是建设船厂的工程准备工作全面铺开。当年提出闽海关结款40万两为开办费，另由闽海关每月拨银5万两充常年经费。

一开始，左宗棠为"师夷长技"，不得不把法人日意格、德克碑选定为建船厂的外国合作者，请他们分别任船厂正、副监督，一切建厂规划和筹办事宜均委他们承办。1866年8月19日左宗棠与日意格一起到马尾选择厂址，决定设在福州下游40里之罗星塔马尾山下。该处土实水清，深及3.6米，有潮时更深。9月，又与日意格订立了洋员助建船厂的5年合同，其中明确规定洋监督是在船政大臣领导下管理船厂内工作的外国人员。并规定自船厂开工之日起以5年为限，"五年限满无事，该正、副监工及各工匠等概不留用"。日意格还立有"保约"："自铁厂[③] 开工之日起，扣至五年，保令外国员匠教导中国员匠，按照现成图式造船法度，一律精熟，均各自能造制轮船；并就铁厂家伙教会添造一切造船家伙，并开设学堂教习法国语言文字，俾通算法，均能按图自造。"[④] 后来左宗棠离开福州前，明确要求"条约外勿说一字，条约内勿私取一文"[⑤]，通过合同，左宗棠把船厂的领导权紧紧地掌握在中国人手里。

当筹建船厂的工作正在紧锣密鼓地进行时，1866年10月14日，清廷下谕旨调任左宗棠为陕甘总督，闽省绅民百余人联名呈请福州将军英桂、福建巡抚徐宗干转奏清廷，认为创造轮船一事，机不可失，恳留左宗棠暂缓西行，俟外国工匠毕集，创建工作一有头绪，即移节西征。此请获得清廷同意。

左宗棠在暂缓西行期间，加紧进行挑选建厂接班人的工作。他认为开局办船政是中国"自强"第一要着，对清廷原拟令新任闽浙总督吴棠接办船政很不放心，经精心选择，他决定推荐当时丁优在籍的原江西巡抚、林则徐的女婿沈葆桢来接替他。

沈葆桢办事素来认真，人亦公正廉明。左宗棠与英桂、徐宗干讨论后曾三至沈府商请，可沈葆桢却始终不肯出山，顾虑重重。为消除沈葆桢的种种顾虑，一方面左宗棠向日意格等说明，船政虽由沈葆桢负责，但他决不置身事外，并向清廷奏请，凡船政奏折须左、沈联名，既让日意格满意，也使沈葆桢放心。另一方面，他不顾沈葆桢婉言谢绝，径自上疏推荐沈葆桢主持船政，并请清廷授予沈葆桢以实际权力，"特命总理船政，由部颁发关防，凡事

---

① 引自《左文襄公全集》卷8。

② 引自《船政奏议汇编》，卷1。

③ 指福建船政坞厂。

④ 中国史学会，洋务运动（五），上海人民出版社，1961年，第36页。

⑤ 引自《左文襄公全集》书牍，第64页。

涉船政，由其专奏请旨"，并准其在母丧期满后到任。为保障船政经费，他又提出"其经费一切会商将军、督抚，随时调取"①，主动扫除了沈葆桢接办船政的一切障碍。1866年12月3日，清廷同意左宗棠的奏请，令沈葆桢出任船政大臣。1867年2月1日再下谕旨，着沈葆桢"先行接办"，"不准固辞"，于是沈葆桢只得于服阕前就出任船政大臣。按清朝惯例，本地乡绅不得出任当地政府大员，而沈葆桢却是个特例。船政大臣职务相当于督抚，且不受福建地方大吏的管辖。洋务运动中创办的所有工厂，都由各省督抚直接管辖，由其委派知府、道员一类中级官员任总办，惟独福建船政大臣是一个特例，他可直通清廷，其级别和权力超过所有工厂的总办，保证了嗣后船政造船活动的畅行无阻。

三　福建船政的创建并始造轮船

经过左宗棠的不懈努力，福建船政筹建工程于1866年12月23日在马尾山后破土动工。它主要由船坞及学堂两部分组成，工程进展很快，当1867年7月沈葆桢上任时，基建工作已大体完成。1868年8月，福建船政工程基本完工，计建有衙、廨、厂、场、栈房等80余所，占地39.4万平方米（600亩）。船坞建在马尾山麓中歧地方，前临闽江，群山西绕，中间平坦处，辟为船坞，周围延绵约170米；坞外三面绕有深壕。坞内临闽江处为铁船槽，其后设有铸铁厂（翻砂车间）、轮机厂（动力车间）、合拢机器厂（机器安装车间）和水缸厂（锅炉车间）。在这批厂屋之后设有捶铁厂（锻造车间）、拉铁厂（轧材车间）、广储所4处以及安放捶铁物件1处；之左设有钟表厂（制造仪表车间）、打铁厂（小锻造车间）、小轮机厂、打铜厂、木模厂、转锯厂（锯木车间）、帆缆厂、炮厂以及具有面临闽江的三座船台的船厂。在船台间还设有4座木工所（木料厂）。在船坞之北为局员办公厅、住宅、学校区，与船坞厂仅以一路相隔，船政大臣衙门（图8-19）、船政学堂、洋员住宅、工人宿舍、考工所及通事房均在其中。在东部滨江处为煤厂，特设栏栅以隔之，两边分置铁路，与中贯通，以便运物栅外②（图8-20）。当时有一位外国参观者赞赏"这个造船场与外国任何其他造船场并没有多少区别"③。该船坞厂雇有各类工人二三千人，在当时国际上的近代造船厂中，其规模也是比较大的，他是当时远东最大的近代造船厂。1865年日本创立的横滨铁厂和横须贺铁厂，其规模均无法与福建船政相比拟④。

还是在船坞厂建设过程中，福建船政于1868年1月18日即开始建造木壳轮船，沈葆桢亲自为之安装了第一根龙骨。建造木壳轮船需要大批木材，仅操办造船用木材一事，福建船政就花了近一年时间，可见当时建造轮船的开创工作的艰辛。由于闽地杉木质地轻而松，用作船材不足以耐风涛，台湾樟木，由于当地港狭山深，出运迟滞，而且其木质坚而体曲，只可作船中肋骨、杂具，而且采伐下来后，尚需阴干，否则难以加工。最适用者是柚木，盛产暹罗各岛，当地土人造舟、构屋皆用之。采购颇易，惟运途辽远，且其木料粗笨，轮船不能载，只能用夹板帆船运送，因其受风力影响，很难克期以待。船政即派员去暹罗、仰光各

① 左宗棠，"派重臣总理船政折"，《船政奏议汇编》卷1。

② 黄维煊，福建船政局厂告成记，怡善堂誊稿（上），转引自《中国近代舰艇工业史料集》，上海人民出版社，1993年，第415～416页。

③ ［英］寿尔，田凫号航行记，中国近代舰艇工业史料集，上海人民出版社，1993年，第413页。

④ 林庆元，福建船政局史稿，福建人民出版社，1986年，第50页。

图 8-19 福建船政办公厅正门

处，购致南洋柚木，直至 1868 年 10 月 20 日第一船暹罗木材到工，仅 500 余节，但直到 1868 年 11 月，第二船暹罗木何时到达尚不可知，于是又分别派员赴厦门和香港洋人船坞购致曲木、直木以添船肋和柚木以为船旁[①]。12 月 6 日和 12 日第三、第四船暹罗木陆续到达。于是第一号轮船的船壳建造进度得以加速。在法国洋匠的指导下，一切如法，按船体线型图放样，按施工图铆接骨架。由于船材已足，为了赶时间，当时还由外省招募了不少工匠，日夜兼程，“所有船肋、底骨、灰丝缝节一律完竣。内骨既成，施封外板，分段嵌镶，鳞次而上”[②]，进行船壳合拢装配。在船壳曲率变化较剧的部位，船板与骨架的连接处接触不太吻合，封钉非易，特别是尾肋，于是该洋匠等创设木气筒一座，木板于筒中蒸两时许便柔韧如牛皮，然后以钉船肋，竟然曲折随心，不烦绳削。船壳造好后，再安装铁肋横梁，布设各层舱板，搭盖上层建筑，安装锅炉、蒸汽机、排气铜管、螺旋桨、船舵和桅帆等。

经过近半年的加速施工建造，1869 年 6 月 10 日举行了福建船政制造的第一艘轮船的下水典礼，沈葆桢率提调周开锡等局员亲临现场。轮船下水时，十分平稳，“微波不溅，江岸无声，中外欢呼，诧为神助”[③]，该轮船起名为“万年清”号。轮船下水后，经员匠昼夜苦干，安置火炮并装修内部等。收尾工作于 1869 年 9 月中旬结束。沈葆桢和日意格于 9 月 25 日登船试航，该船管带贝锦泉等 80 名驾驶兵丁就位，“万年清”号启锚登程后，次日驶出闽江，进入大洋，正值东北风大作，潮声甚壮，逆风冲潮，白浪涛天，起落如山。于大洋中沈

① 指船之舷板。

② 引自《船政奏议汇编》卷 5。

③ 同②，卷 6。

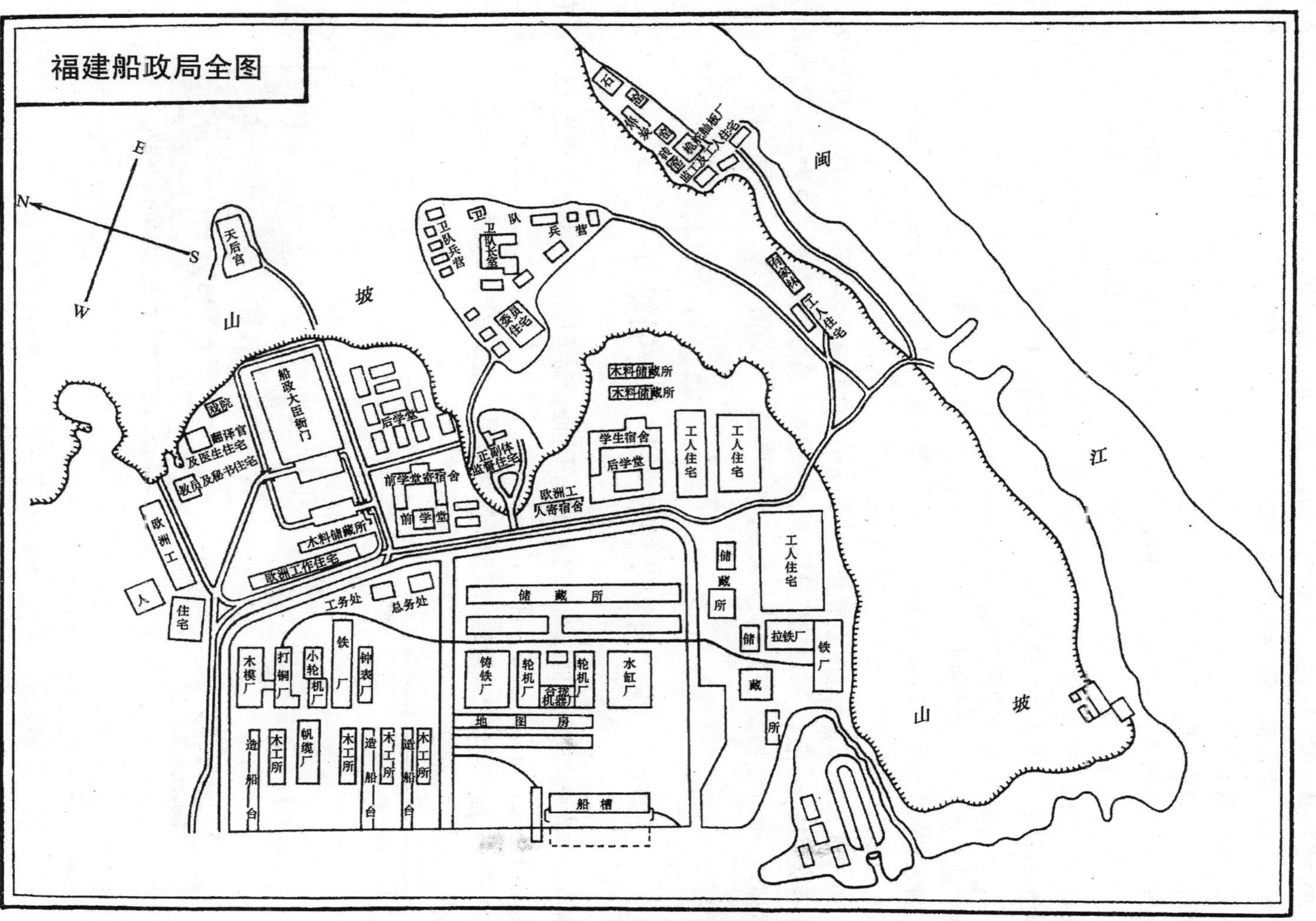

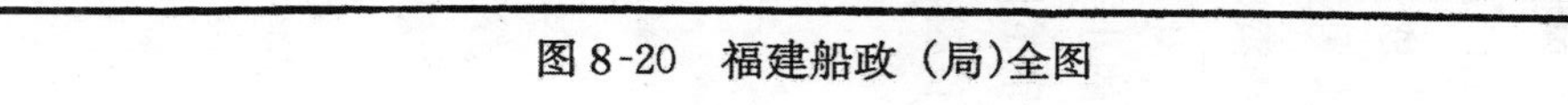
图 8-20　福建船政（局）全图

葆桢令“将船上巨炮周回轰放，察看船身，似尚牢固，轮机似尚轻灵，掌舵、管轮、炮手、水手人等亦尚进退合度”①。江南机器制造总局建造的第一艘轮船下水时，不论驾驶和管轮均雇用洋人，而“万年清”号下水时，船员中竟无一洋人，均由中国人自己操驾。这也反映出左、沈在建厂过程中强调“权自我操”原则的一个侧面。轮船在大洋中由正东转向福宁洋面，绕南茭、北菱各岛而归。试航取得圆满成功。

福建船政建造的第一号轮船“万年清”是一艘木壳兵商两用轮船，船长 76.2 米，宽 8.9 米，型深 5.12 米，吃水 4.54 米，载重量 450 吨，排水量 1370 吨。主机购自英国，系单缸往复式蒸汽机，功率 432 千瓦（580 马力）②，螺旋桨推进，转速 80 转/分，备有风帆助推，风帆总面积 953 平方米，锅炉 2 台，锅炉压力 2.75×10^5 帕，火炉 4 台，火炮 4 门，航速 10 节，全船造价 16.3 万两白银。不论吨位与功率都大大超过同时期日本仿造的“千代号”或“清辉号”等由螺旋桨推进的蒸汽轮船，“千代号”的排水量仅 138 吨，恰为“万年清”号排水量的 1/10，其功率 64 马力，较之“万年清”号的功率小很多。1865 年，日本虽在横滨、横须贺设立船厂，但只是“先试造航行于河港内的小火轮”而已③。

1870 年 3 月 26 日供修船用的铁船槽组装完成，该船槽分为两段，可以同置两艘 320 马力的小号兵轮或置一艘如“万年清”号那样的一艘 150 马力大号兵轮，成为一座能在水面上移动的船坞。由于船槽配有蒸汽动力设备，“万年清”号如需大修，只要两小时即可上槽，就位检修。

四　自制蒸汽机并扩大造船能力

根据左宗棠建厂时原先的造船计划，在法国洋匠帮助建厂的 5 年内，将建造 15 艘兵轮，其中有 5 艘是 320 马力的小号兵轮，10 艘是 580 马力的大号兵轮。继“万年清”号之后，到 1870 年底，福建船政已陆续建成“湄云”、“福星”（图 8-21）二艘小号兵轮，一艘“伏波”大号兵轮（图 8-22）。

图 8-21　“福星”号兵轮（采自姜鸣《龙旗飘扬的舰队》）

① 引自《船政奏议汇编》卷 6。

② 一般文献中“万年清”号马力为 150 匹，这是号马力，是虚的，本书中一律用“实马力”，与 150 匹“虚马力”对应的“实马力”为 580 匹，其他船艇的主机马力均类同。

③ ［日］胜安芳伯，《大日本创办海军史》卷 23，第 199 页。

图 8-22　"伏波"号兵轮（采自姜鸣《龙旗飘扬的舰队》）

经过近 2 年的建造实践，船政的员匠们对于兵轮木壳的建造已经驾轻就熟，但兵轮主机却均购自外洋，为了改变这一状态，沈葆桢决心要仿制 580 马力蒸汽机。蒸汽机的制造工艺流程比较复杂。首先要把整台蒸汽机部件按尺寸缩画成图式，再在木模厂按设计图纸制成放大样，经铸铁厂、打铁厂打铸成器，轮机厂刮磨、合拢，最后在水缸厂打造大小各节铜管镶配①。在成胚、车光、校准、刮磨、合拢的各工序中，都有十分严格的操作规程，对各部件和整机的安装均有极为苛刻的精度要求。蒸汽机的制造集中体现了当时机器制造业要求精密的特点，绝非以往的手工操作所能比拟。580 马力蒸汽机的仿制工作由 1870 年 8 月开始，经厂内法国技术人员的指导，中国员匠的精心制造，经过 10 个月的努力，福建船政自制的第一台蒸汽机问世。这是一台双汽缸竖式蒸汽机②，功率 432 千瓦（580 马力），锅炉压力达 2.76×10^5 帕（2.76 个大气压）。该台蒸汽机的仿制成功在中国的机械制造史上具有重要意义。它的工艺水平不亚于当时的先进造船国家。19 世纪 70 年代曾参观福建船政、亲眼目睹该台蒸汽机制造流程的一个英国人认为这台蒸汽机的"技艺与最后的细工可以与我们英国自己的机械工厂的任何产品相媲美而无愧色"③。该台中国自制的蒸汽机安装在福建船政建造的第 5 号兵轮"安澜"号上，其排水量为 1258 吨，航速 10 节，并于 1871 年 6 月下水。

鉴于福建船政最先建造的 6 艘兵轮功率小，炮位少，而兵轮的威力在于"炮位多而马力大，故能于重滔巨浪之中，纵横颠簸，履险如夷，制胜（才）确有把握"，为此，福建船政又注意到外国兵轮发展这一动向，决定加大功率，通过日意格向法国定购了 1130 马力主机一台，建造了一艘特大号兵轮"扬武"号（图 8-23 与图 8-24）。该轮为铁骨木壳，长 60.8 米、宽 11.5 米、型深 6.73 米、吃水 5.7 米，排水量 1560 吨；设有三桅，桅上竖以横帆，风帆总面积 1804 平方米，主机为新型蒸汽卧机，功率 842 千瓦（1130 马力），转速 82 转/分，有锅炉 4 台，锅炉压力 4×10^5 帕，烟筒分 3 节，可升降，利于避敌，航速 12 节。该兵轮共装备 10 尊新型前膛炮，其中最大一尊是 6 吨旋转炮，置于前桅之后，可发射 68 公斤重的炮弹；其余 9 尊均重 3 吨半，前甲板 2 尊，船尾 1 尊，左右两舷共 6 尊，可发射 32 公斤重的炮弹；全船可容纳 200 余人。这是当时由法国技术人员指导下建造的最大兵轮，其大

① 即真实铸件。

② 即谓省煤康邦竖机。

③ ［英］寿尔，田凫号航行记，1875 年 3 月，转引自《中国近代舰艇工业史料集》，上海人民出版社，1993 年，第 412 页。

图 8-23　"扬武"号（三桅）及"伏波"号（二桅）兵船在停泊中
（采自 Swanson, Eighth Voyage of the Dragon）

图 8-24　马江之战中的"扬武"号
（采自《点石斋画报》）

炮装备，在口径和数量上均超过了前6艘，属国外二等巡洋舰①，全船造价为25.4万两，由于造船经费昂贵及建造周期较长，在洋员帮助建厂的5年期内，第8号兵轮之后的各艘仍只能按原计划建造，即使这样，5年内船政花去各类费用已达500多万两，而原来预计为300万两，超支200万两。显然，通过自制蒸汽机及大马力、多炮位兵轮“扬武”号巡洋舰的建造，福建船政的造船技术有了显著的进步。

五 船局风波大论战

正当福建船政的造船活动已取得可喜进展的重要时刻，却受到来自多方面的责难。先是闽浙总督在建厂初期即散布“船政未必成，虽成又何益”② 的流言蜚语，并借端打击船政主管人员，沈葆桢据理抗争，朝廷只得把慈禧宠臣吴棠调离。由于船坞厂规模日扩，成船一多，还需一笔养船经费，因资金周转困难，特奏请朝廷设法解决，不料却受到朝臣们的反对。内阁学士宋晋首先发难，1872年1月23日他上奏清廷，认为：“闽省连年制造轮船，闻经费已拨用四五百万，未免糜费太重。此项轮船，将谓用以制夷，则早经议和，不必为此猜疑之举，且用之外洋交锋，断不能如各国轮船之利便，名为远谋，实同虚耗。”他建议应立即停办福建船政，停止江南机器制造总局的造船活动③。导致有名的船局风波大论战。

为此，左宗棠上疏力陈必须继续造船。他认为：“此举为沿海断不容已之举，此事实国家断不可少之事”，绝不可“功败垂成”，“国家旋失自强之远图”④。李鸿章权衡洋务运动的利弊得失后也上疏指责宋晋等辈为“士大夫囿于章句之学，而昧于数千年来一大变局，狃于目前苟安，而遂忘前二三十年之何以创钜而痛深，……求省费则摒除一切，国无与立，终不得强矣！左宗棠创造闽省轮船，曾国藩饬造沪局轮船，皆为国家筹久远之计，岂不知费巨而效迟哉！惟以有开必先，不敢惜目前之费以贻日后之悔。……苟或停止，则前功尽弃，后效难图”⑤。

沈葆桢更是在丁忧服丧期间破例上疏逐句驳斥宋晋谬论：“查宋晋原奏称‘此项轮船将谓以之制夷，则早经议和，不必为此猜疑之举’。果如所言，则道光年间已议和矣，此数十年来列圣所宵旰焦劳者何事？天下臣民所痛心疾首不忍言者何事？耗数千万金于无底之壑，公私交困者何事？夫恣其要挟，为抱薪救火之计者，非也。激于义愤，为孤注一掷之计者，亦非也。所恃者，未雨绸缪，有莫敢侮御之一日耳。若以此为猜疑，自碍和议，是必尽撤藩篱，并水陆各营而去之而后可也。原奏称：‘用之外洋交锋，断不能如各国轮船之利，名为远谋，实同虚耗’，夫以数千年草创伊始之船比诸百数十年孜孜汲汲精益求精之船，是诚不待较量可悬揣而断其不逮。旋亦思彼之擅是利者果安坐而得之也！抑亦苦心孤诣不胜靡费而得之耶？……勇猛精进则为远谋，因循苟且则为虚耗，岂但轮船一事然哉？……外人之垂涎

---

① 引自《中国近代舰艇工业史料集》，上海人民出版社，1993年，第9页。

② 中国史学会，洋务运动（五），上海人民出版社，1961年，第58页。

③ 清·宋晋，“船政虚耗折”（同治十年十二月十四日），中国史学会，洋务运动（五），上海人民出版社，1961年，第105～106页。

④ 清·左宗棠，“船政自强要著折”（同治十一年三月廿五日），中国史学会，洋务运动（五），上海人民出版社，1961年，第110～113页。

⑤ 清·李鸿章，“筹议制造轮船未可裁撤折”（同治十一年五月十五日），中国史学会，洋务运动（五），上海人民出版社，1961年，第127页。

船厂非一日矣，我朝弃则彼夕取。……今无故而废之，一则谓中国办事毫无把握，益启其轻视之心；一则谓中国帑项不支，益张其要求之焰。此微臣所以反复思之，窃以为不特不能即时裁撤，即五年后亦无可停，所当与我国家亿万年有道之长永垂不朽者也。"[①]

由于左、李、沈的全力坚持，终于使清廷下旨，不同意裁撤闽、沪两局的造船活动[②]，自强运动才免于中途夭折。为了缓和朝臣的反对情绪，沈葆桢奏准由船政暂造4艘商船，以便各省出资认领，以缓解造船经费之不足。但以后仍续造兵轮，以不失力图"自强"之本意。

六　福建船政造船技术不断进步并成为中国近代船舶工业基地

1874年，船政与日意格签订的5年合同期满，大多数洋员回国。在此期间，船政共建成11艘兵船、4艘商船，第16艘兵船"元凯"号正在建造中，圆满完成了左宗棠原订的第一期造船15艘的计划。经过5年的造船实践，船政的中国员匠均掌握了建造技术。1875年，在职的船政前学堂毕业生吴德章、罗臻禄、游学诗、汪乔年等献所自绘的200马力的船体机器各图，禀请试造，深得沈葆桢的赞赏和鼓励[③]。这艘近代蒸汽船的蒸汽机轮机和锅炉图纸由汪乔年测算绘制，船体图则由吴德章等三人共同测算绘制。其锅炉、主机均布置在船之吃水线之下，以策安全。此船兴工后，船壳则先造样板，机器则先制木模，次第赶工，自1875年6月安置龙骨到1876年3月下水，前后不到一年。因该木壳兵轮的建造"并无蓝本"，系中国人自己设计，故定名为"艺新"号。1876年6月，"艺新"号由管驾千总沈有恒并吴德章、汪乔年等驶出五虎门外试洋，证实船身坚固，轮机灵捷。时任船政大臣的丁日昌对"艺新"号的自行设计建造成功评价很高，他会同两江总督沈葆桢上奏清廷时说：自13号轮船"'海镜'以下等船虽系工匠放手自造，皆仿西人成式，唯艺童吴德章等独出心裁，克著成效，实中华发轫之始"[④]。"艺新"号的制造成功，是福建船政由外国员匠助造过渡到中国员匠自造的里程碑。

还是在1874年船政建造的第15艘船[⑤]"大雅"号下水后，根据当时国外造船技术的进步及船厂造船中存在的问题，沈葆桢向清廷上疏应及时外购大挖土机船、铁胁及新式轮机。购买大挖土机船即可清除船厂滨江地区近年来的严重泥沙淤积。以往船胁用木必为天然弯木，向运诸暹罗、仰光等处。多年采伐，近年该地此木亦少，故西洋船厂逐渐用铁胁代之。船政以前均用木胁，采购日益困难，需向法国定造铁船胁全副，请其带匠前来，教中国工匠打造和斗合[⑥]之术，旧式轮机用煤过费，故西洋又创新式省煤卧机和立机，卧机用于兵轮，使之置于水线面以下，以避炮击；立机用于商船，以多装货物。对此类机器，英国向称坚致，也需向英国购卧机和立机各一付，并带匠前来向中国匠徒传授铸造和安装之术。与此同时，他也提出船政日后应开始建造铁胁船[⑦]，并把打铁工程归并拉于铁厂，其新、旧打铁厂

---

① 清·沈葆桢，"船政不可停折"，中国史学会，洋务运动（五），上海人民出版社，1961年，第113～117页。

② 总署奕䜣，"船政乃自强之要折"，中国史学会，洋务运动（五），上海人民出版社，1961年，第127页。

③ 引自《船政奏议汇编》卷16。

④ 同③，卷13。

⑤ 系木壳运输船。

⑥ 指铁胁与船板之连接。

⑦ 即铁骨木壳船。

改作铁胁厂。之后不久，沈葆桢于1875年9月调任两江总督，并向清廷推举北洋帮办大臣丁日昌为船政大臣。

铁胁厂于1875年12月开始建设，1876年7月完工。厂中购置有钻、锯、剪、卷、碾、刨床及火炉等适用于造铁胁的机器设备。为了制造适应建造铁胁船所需铁板，1878年还对原拉铁厂的设备进行技术改造。1876年9月2日船政第一艘铁胁双层木壳兵轮"威远"号开工，铁胁虽较木胁之料易办，而工程之巨则较木胁多一倍。且铁胁船"船身制度视前大异，即轮机、水缸之体段亦迥然不侔"，故不得不聘用少数洋匠指导①。经过1年的努力，"威远"号于1877年5月15日下水，该船长69.4米，排水量1260吨，首次配用559千瓦(750马力）新式大功率康邦卧机，航速12节。1876～1880年，船坞厂为了自行建造铁胁船，又不断改进拉铁、轧铁工艺，并自行制造了一批加工设备，使铁胁、铁梁、铁牵及锅炉等所用铁板均能由厂内自制。当1880年建造第四艘铁胁船"澄庆"号时，"所有铁胁、铁梁、铁龙骨、斗鲸及轮机、水缸均系华工自造"②。船政由此进入了建造铁胁船时期，在造船技术上又进了一大步，而此类铁木合构船，西方盛行于19世纪60年代，船政第一艘铁胁木壳船"威远号"于1877年9月14日交付使用，虽比西方晚了16年，但还并不过时，当年西方尚有新建的铁胁船问世③。

鉴于"官厂艺徒虽已放手自制，止能循规蹈矩，不能继长增高"，故在沈葆桢的决策下，经过多年努力，获得清廷批准，船政通过精选，于1877年开始连续派出多批学生赴英、法留学。其中第一批留学生回国后，不少留在船政参与造船工作，致使船政的造船水平在原有的基础上又有所提高。

19世纪70年代中期，为加快建设北洋海军，清政府决定向国外订购大型铁甲舰，为与之相匹配，以练成一军，1880年3月李鸿章致函船政大臣黎兆棠要求福建船政迅速建造巡海快船④。这类兵船相当于西洋早期巡洋舰，英、法两国于19世纪70年代初也才制造出来。正值当时"精通制法"的陈兆翱、魏瀚等船政派出的第一批留学生已回船政，创制巡海快船正是他们施展才能的绝好机会。据称此类船当时为海防必不可少之利器，速度快、利于冲击，为中国以往所未有之大型舰只。在"绘图制式，既无旧制可承，选料庀材，又非一时可集，事事筹划，积阅月日，备极繁难"的情况下，由回国留学生吴德章、杨廉臣、李寿田领衔监造中国第一艘巡海快船"开济"号，分别由吴德章负责造船，杨廉臣、李寿田负责制机。为使船行驶轻灵，船体采用轻型的铁胁双层木壳结构，内层用铁栓，外层用铜栓，两相嵌固，不使渗漏。主机则采用1788千瓦（2400马力）的大功率康邦卧机，其中如铁汽鼓，铁轮机座、铁冷水柜、烟道等大小1000余件均由厂内自制。该船"机件之繁重，马力之猛烈，皆闽厂创设以来目所未睹。其大段款式，已与常式兵轮有异，制件之精良，算配之合法，悉皆制造学生吴德章、杨廉臣、李寿田等本外洋最新、最便捷之法而损益之，尤为各船所不可及"⑤。该船在开工前，经从新估算后所绘图纸就有600余张，制模2000余件。该船自1881年11月9日开工后经过一年多的艰苦努力，终于在1883年1月11日下水，同年10

① 引自《船政奏议汇编》卷17。

② 引自《船政奏议汇编》卷18。

③ 许景澄，《外国师船图表》卷1，第1页。

④ 引自《船政奏议汇编》卷18。

⑤ 引自《船政奏议汇编》卷20。

月 11 日完工。该船长 85 米、宽 11.5 米、型深 8.1 米、吃水 5.85 米，排水量 2200 吨。主机功率 1788 千瓦，航速 15 节；全船前后左右置炮 10 门，每门炮均可旋转轰击；船首水线下设碰船钢刀，用之冲击敌舰。“开济”号巡海快船（图 8-25）是以船政的技术人员为主建造成功的，他们“式廓前规，无烦借助”，充分显示了中国技术人员的创造才能。船政技术人员吴德章两次领衔自建“艺新”号和“开济”号，为福建船政树立了两块自主造船的里程碑。“开济”号的建造成功，使船政自开厂造船以来“规模始拓”[①]，引起南、北洋大臣们的重视，纷纷要求船政为南、北洋增建巡洋快船，这对于缓解船政的经费困难起了一定作用。嗣后福建船政连续接受南洋水师订货，又建造了“镜清”、“寰泰”两艘巡海快船，使船政进入了制造巡海快船的新时期。

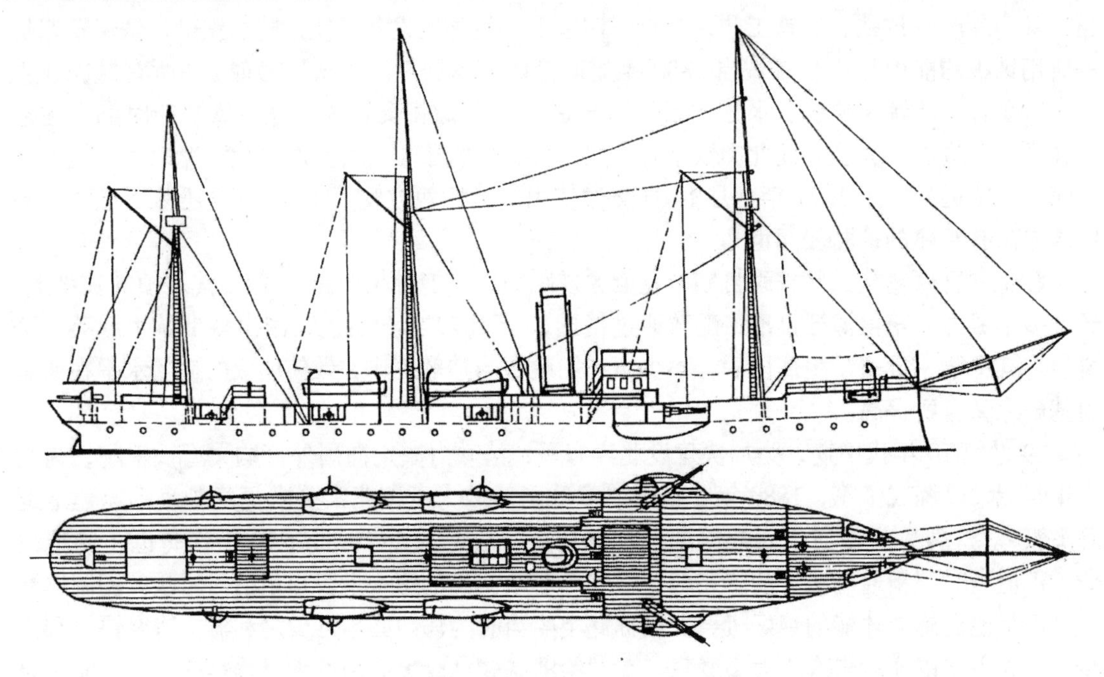

图 8-25　福建船政局建于 1883 年的铁胁双木壳巡洋舰“开济”号
（采自姜鸣《中国近代海军史事日志》）

1884 年 8 月马江海战发生，以船政所造舰船为主体的福建水师损失惨重，11 艘舰艇中有 9 艘被法国炮弹和鱼雷击沉，船政也受到重大损失。马江战役结束后不久才上任的船政大臣裴荫森，针对我方无铁甲船的弱点，接受已故船政大臣沈葆桢早在 10 年前就提出的“有铁甲而兵轮乃得用其长，无铁甲而兵轮终恐失所恃”[②]，必须购造铁甲舰的主张，决定自造铁甲舰。为了建造大型铁甲舰，自 1884 年至 1888 年，船政一面派船政留学生魏瀚赴外洋购办船身钢料和采访新船，他历英、法、德十余厂较量铁甲船图式，并详细考核了它们的造船工价；一面由国外进口及自制了一批大型机器设备，如铁胁厂添购了刨钢板机、碾钢板机、拗铁平床、开钢铁圈孔手机等；拉铁厂添制了铁水缸、砖炉、拉铁碾轮；轮机厂添置栈房一座等。并对已有船台、铁车道等进行了修整。从而使船政具备了造钢船的能力而使之进入钢

① 中国史学会，洋务运动（五），上海人民出版社，1961 年，第 371 页。
② 引自《船政奏议汇编》卷 27。

铁造船的时代。

经过一段时期的准备，1885年，裴荫森正式奏请试制双机钢甲船，并派出当时船政技术人员的最佳阵容参加监造，由魏瀚、郑清濂、吴德章监造船身；陈兆翱、李寿田、杨廉臣监造轮机。通过船政技术人员和工匠们的“独运精思，汇集新法”，竟不用一洋员洋匠，“脱手自造”。第一艘钢甲舰自1886年12月7日裴荫森亲率员绅安上龙骨起，到1888年1月29日下水，次年5月15日竣工，前后只花了14个月，取名“龙威”。该船长62.5米、宽12.6米、型深6.8米、吃水4.2米，排水量2100吨，为钢甲钢壳，首次采用铆接工艺，主机用的是与“开济”号同型的1788千瓦（2400马力）大功率省煤康邦卧机，航速14节。该舰为两重钢底，间距670毫米。船身前部甲厚125毫米，后部甲厚150毫米。机舱、锅炉房、弹药舱外的防护装甲，宽1.53米，厚200毫米，舱面甲厚50毫米，炮台甲厚145毫米。有前后旋转炮台，分设260毫米前主炮和120毫米后主炮1门，可三面施放。另有120毫米副炮2门、连珠炮4门，首尾还装有鱼雷发射管各2具，利于攻击，船上还装有探照灯2具，用以远照敌舰，以防受暗击。全船造价52.4万两白银，为中国当时由自己建造的武器装备最优良的兵轮。其“船式之精良，轮机之灵巧，钢甲之坚密，炮位之整严”①，均超过中国以往建造的所有兵轮。该船建造成功后，“外国师匠入厂游观，莫不诧为奇能，动色相告”②。1890年，“龙威”号以其优良的性能，强的火力编入北洋海军，改名“平远”号，成为北洋海军“八大远”中惟一的一艘国产巡洋舰（图8-26）。

鉴于钢甲钢壳船“龙威”号的设计和建造经验，1888年，船政开始为广东水师建造穹甲快船。所谓“穹甲者，内用铁胁，外加穹甲一层，以保护轮机、锅炉、弹药等舱，以便冲击敌船”。第一艘钢甲钢壳穹甲快船“广乙”号于1888年1月2日开工，1889年8月26日下水，1890年11月30日竣工（图8-27）。“广乙”穹甲快船长73.3米，宽8.4米，型深6米，吃水3.9米，排水量1030吨，铆接结构。采用1788千瓦（2400马力）大功率康邦卧机，航速14节，其航行稳定性和操纵性均优。该船是魏瀚根据国外新式兵轮图式仿造的。“广乙”之后，中国轮船建造大都采用钢壳铆接工艺技术，代替了以往一直使用的铁钉连接后还需捻缝的铁胁木壳船的旧式建造工艺。双机钢甲船“龙威”号和穹甲快船“广乙”号，集中反映了19世纪八九十年代中国舰艇工业的最高水平。

为了适应建造和修理大型兵轮的实际需要，只能修造2000吨以下船只的船政原船铁槽已不敷使用，必须兴建石底船坞。于是裴荫森又奏请在红山山麓“另造砌石大坞”，以备修理南北洋铁甲船之用。1887年11月，选址在马尾青洲罗星塔的石坞开工，1893年完工，命名为“青洲石坞”（图8-28）。该坞长128米，宽33.5米，深9.3米，前临马江，坞口潮平时深达10米，裴荫森在船政任职6年，为发展中国近代造船事业，事必躬亲，勤于职守，多所建树。1889年8月，他亲自参加钢甲舰“龙威”号试航，被大风刮倒，就此得病，只得被调任光禄寺卿的闲职，不几年就去世了。在历任船政大臣中，除了沈葆桢外，数他的建树最多。他是继沈葆桢之后，由左宗棠举荐的第二位极为理想的船政接班人，并于1885年2月出任船政大臣的，由此也可见左宗棠的知人善任。

---

① 引自《船政奏议汇编》卷37。
② 引自《船政奏议汇编》卷34。

图 8-26　福建船政局于 1889 年竣工的装甲巡洋舰“龙威”(编入北洋海军后改为“平远”)号
(采自姜鸣《中国近代海军史事日志》)

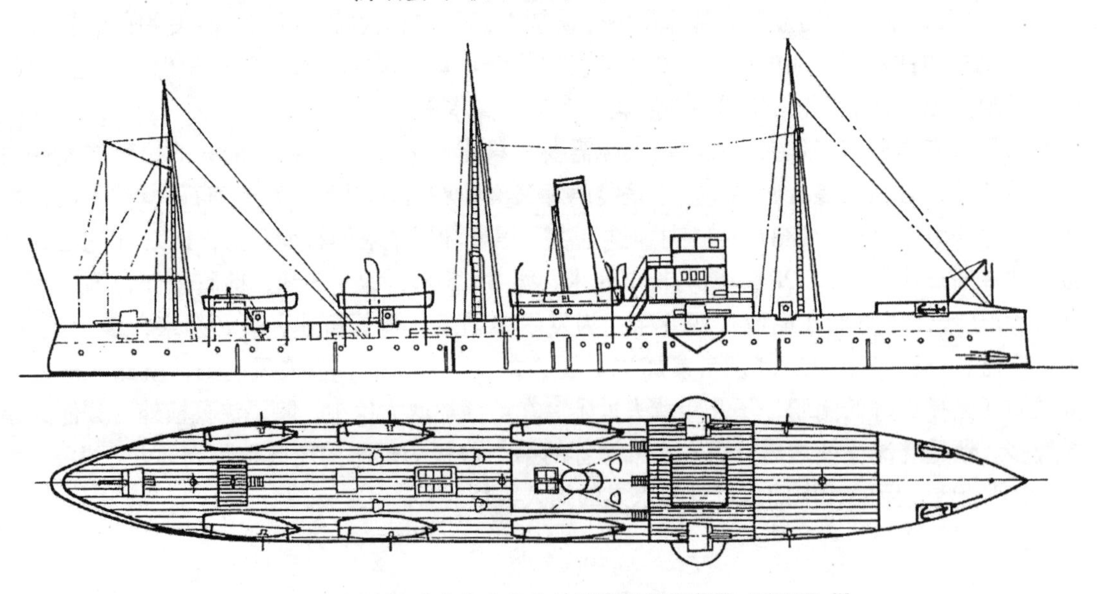

图 8-27　福建船政为广东建造的钢壳钢甲巡洋舰“广乙”号
(采自姜鸣《中国近代海军史事日志》)

图 8-28　福建船政于1893年建成的青洲石坞

福建船政自1866年创建以来到1894年中日甲午战争前共建造了33艘兵商轮船，是晚清时期中国近代船舶和舰艇工业的基地。表8-4、表8-5分别列出1869～1894年间福建船政建造的轮船以及福建船政的主要工厂和部门建置表。

表8-4　福建船政1869～1894年建造兵商轮船表

船名	建成年份	船型	长/米	宽/米	型深/米	吃水/米	排水量/吨	航速/节	功率/马力	建造工艺	配炮/门	造价/万两	备注
万年清	1869	木壳兵商轮船	76.16	8.90	5.12	4.54	1370	10	850	铁钉连接	6	16.3	1883年在东沙洋面为英舰击沉
湄云	1870	木壳兵轮	51.80	7.48	4.57	3.40	550	9	320	铁钉连接	3	10.6	中日甲午战争前调北洋海军
福星	1870	木壳兵轮	51.80	7.48	4.57	3.40	515	9	320	铁钉连接	3	10.6	1884年8月中法战争中毁于船厂
伏波	1871	木壳兵轮	69.70	11.20	5.28	4.16	1258	10	550	铁钉连接	5	16.1	1883年8月驶至林浦自沉
安澜	1871	木壳兵轮	64.00	9.60	5.76	4.16	1258	10	550	铁钉连接	5	16.5	1874年在台湾安平遭风沉没
镇海	1872	木壳兵轮	53.10	8.32	4.48	3.78	572	9	350	铁钉连接	6	10.9	
扬武	1872	木壳兵轮	60.80	11.50	8.72	5.70	1560	12	1130	铁钉连接	13	25.4	1884年8月中法战争中被击沉
飞云	1872	木壳兵轮	66.60	10.20	5.30	4.16	1258	9	550	铁钉连接	5	16.3	1884年8月中法战争中毁于船厂
靖远	1873	木壳兵轮	53.10	8.30	4.50	3.80	572	9	350	铁钉连接	6	11.0	
振威	1873	木壳兵轮	53.10	8.30	4.50	3.80	572	9	350	铁钉连接	6	11.0	1884年8月中法战争中毁于船厂
济安	1873	木壳兵轮	?	10.20	5.30	4.16	1258	10	850	铁钉连接	5	16.3	1884年8月中法战争中沉没
永保	1874	木壳商轮	66.60	10.20	5.30	4.18	1353	10	850	铁钉连接	3	16.7	1884年8月中法战争中被毁
海镜	1874	木壳商轮	66.60	10.20	5.30	4.18	1358	10	850	铁钉连接	3	16.5	归轮船招商局
琛航	1874	木壳商轮	66.60	10.20	5.30	4.18	1358	10	850	铁钉连接	3	16.4	1884年8月中法战争中毁于船厂
大雅	1874	木壳商轮	66.60	10.20	5.30	4.18	1358	10	850	铁钉连接	3	16.2	1874年在台湾遭风沉没
元凯	1875	木壳兵轮	65.20	10.20	5.30	4.16	1250	10	850	铁钉连接	5	16.2	
艺新	1876	木壳兵轮	38.00	5.40	4.20	2.56	245	9	200	铁钉连接	3	5.1	
登瀛洲	1876	木壳兵轮	65.40	10.70	5.30	4.16	1258	10	850	铁钉连接	5	16.2	
泰安	1876	木壳兵轮	65.40	10.70	5.30	4.16	1258	10	850	铁钉连接	10	16.2	
威远	1877	铁胁木壳兵轮	69.40	10.00	5.70	4.50	1268	12	750	铁钉连接	7	19.5	
超武	1878	铁胁木壳兵轮	69.40	10.00	5.70	4.50	1268	12	750	铁钉连接	5	20.0	1895年中日海战中在威海卫被鱼雷击沉

续表

船名	建成年份	船型	长/米	宽/米	型深/米	吃水/米	排水量/吨	航速/节	功率/马力	建造工艺	配炮/门	造价/万两	备注
康济	1879	铁胁木壳兵轮	69.40	10.00	5.70	4.50	1268	12	750	铁钉连接	6	21.1	
澄庆	1880	铁胁木壳兵轮	69.40	10.00	5.70	4.50	1268	12	750	铁钉连接	6	20.0	
开济	1883	铁胁木壳快舰	85.00	11.50	8.10	5.85	2200	15	2400	铁钉连接	10	38.6	1902 年在南京卜关因火药舱爆炸沉没
横海	1885	铁胁木壳兵轮	69.40	10.00	5.80	4.50	1230	12	750	铁钉连接	7	20.0	
镜清	1886	铁胁木壳兵轮	85.00	11.50	8.10	5.85	2200	15	2400	铁钉连接	10	36.6	
寰泰	1887	铁胁木壳兵轮	85.00	11.50	8.10	5.85	2200	15	2400	铁钉连接	11	36.6	
广甲	1887	铁胁木壳快舰	72.00	11.20	8.40	4.70	1300	14	1600	铁钉连接	11	22.0	1894 年中日海战中被毁
平远	1889	钢甲巡洋舰	62.50	12.60	6.80	4.20	2100	14	2400	铆　接	8	82.4	初名“龙威”，后编入北洋海军
广乙	1890	钢甲巡洋舰	73.30	8.40	6.00	3.90	1030	14	2400	铆　接	9	20.0	1894 年中日海战中被毁
广庚	1889	铁胁木壳鱼雷艇	46.30	6.10	4.60	3.00	316	14	440	铁钉连接	4	6.0	
广丙	1891	钢质巡洋舰	73.30	8.40	6.00	3.90	1030	13	2400	铆　接	11	20.0	
福靖	1893	钢质巡洋舰	73.30	8.40	6.00	3.90	1030	13	2400	铆　接	11	20.0	

表 8-5　福建船政主要工厂建置表

名　称	建置年份	主要设备和生产任务	职工人数		厂屋或场地面积/米^2	备　注
			最多	一般		
绘事院	1868	承绘船身、船机、锅炉以及镶配等总图和分图		39	632.06	
模　厂	1868	设各种锯机、刨机、旋机 20 余副；制造船模、汽鼓模、各机件模及细木雕刻各工	160	47	1405.50	包括原转锯厂
锅炉厂	1868	设卷铁床、水力泡钉机、剪床、钻床、刨床 41 副；制造船用锅炉、烟筒、烟舱、汤管、烟管、汽表、向盘各工	350	117	2751.32	原名水缸厂
轮机厂 合拢厂	1868 1868	设车光机、刨机、削机、钻机、砺石机、螺丝床、钳床 223 副；制造船用大小机器，制成后先在合拢厂做合拢试验	360	120	3090.40	合拢厂后合并于轮机厂

续表

名称	建置年份	主要设备和生产任务	职工人数		厂屋或场地面积/米^2	备注
			最多	一般		
拉铁厂	1868	设汽锤7架、最大者有7吨，拉铜、铁、打铁炉57座，各类机床51副；拉制铜、钢、铁并打铁等造船所必需各工，并审验钢、铜火候和锤力	386	87	8780.43	包括捶铁厂
铸铁厂	1868	设铸铁、铸铜大小铸炉11座，碾机、风箱、风柜等23副；专任造船所需之铸铁、铸铜及化验铜、铁工作	160	50	2683.93	包括原铸铜厂
帆缆厂	1868	制造船上之风帆、天遮、帆索，并桅上镶配各绳索，以及起落搭架等工	70	40	1718.65	
打铁厂	1868	设炼炉44座，铁锤3个，各重3吨；专制船舶修造中各小型铁件			248.18	
钟表厂	1868	制造钟表、望远镜和航海指南针			66.92	
船　厂	1868	设石制船台1座，长90.5米，木制船台1座，长84.1米，锯木机8座；建造木质、铁质、钢质、穹甲、钢甲各式船身，有5000吨级船的建造能力				
舢板厂	1868	制造桅、舵并大小舢板	1300	150	14 537.38	
皮　厂	1868	制造皮带和各式皮件				
版筑所	1868	制造船用炉灶、厨房、厕所，各厂烟筒、炉灶及一切泥水修筑各工				
广储所	1868	收发和保管铜、铁、煤炭、机件和油杂各种材料，有储（木）材所、机房9座及储煤场	60	42	5322.32	包括储煤场面积1405米^2
储炮厂		收储各船炮械、炮弹、鱼雷各件		2	191.48	
铁船槽	1871	船槽长98米，上设机房，拖船机40座，40马力轮机水缸一副；可容1000吨以上船舶上槽修理	60	37	1608.04	
铁胁厂	1876	设锯机、剪机、钻机、卷机、碾机、刨机35副；制造钢铁船胁、船壳、龙骨、横梁、泡钉以及船上各钢铁件打造、拗弯、镶配各工	700	68	7426.24	
船　坞	1893	设有抽水机厂、机器厂、官厅、丁役房、水手房、木料亭、栈房等，船坞长128米，宽33.5米，可容纳7000吨以下船舶进坞修理		27	27 234.35	

第五节　洋务运动中的其他官办造船机构

肇始于19世纪60年代，长达30年之久的晚清洋务运动把造船制炮作为其“师夷长技以制夷”最主要的活动。在这一期间，洋务运动的领袖们创建了一批官办船厂和军工厂，与造船有关的有四局二坞，其中除江南机器制造总局（沪局）和福建船政（闽局）外，尚有天津机器局、黄埔船局、大沽船坞和旅顺船坞。

一　天津机器局及特种船舶的制造

自沪局和闽局相继创立后，新式军事工业得以在南方迅速兴起，清皇室迫切希望增强京畿的军事实力。1866 年 10 月 6 日恭亲王奕䜣上奏："练兵之要、机器为先。……中国此时虽在苏省开设炸弹三局，渐次卓有成效，惟一省仿造究不能敷各省之用。现在直隶即欲练兵，自应在就近地方添设总局，仿外洋军火机器成式，实力讲求，以期多方利用。"[①] 时任江苏巡抚的丁日昌则进而上奏清廷："天津距京不远，而又近海，购料制造不为费手，宜速于扼要处所添设机器厂。"[②] 1867 年 5 月，清廷委派三口通商大臣崇厚于天津创办军火机器总局，1870 年，李鸿章任直隶总督接办该局，遂改称天津机器局，他一面整顿局务；一面扩建厂房，添购机器，建造火药库，并于是年底正式投产。

1867 年，在城东贾家沽先设立火药局，占地 54 万平方米[③]，是为东局。北洋水师学堂、水雷学堂、电报学堂均与东局毗邻。1868 年又在天津南关外海光寺再建铸造局，是为西局，以备东局机器随时添配物件、零星家具之用[④]。19 世纪 80 年代为天津机器局的全盛时期，当时西局设有从香港购买的修造枪炮、仿制炸弹、开花炮弹等的机器，有工匠六七百人，能制造洋枪和炮架等物；东局规模宏大，屋宇机器全备，有"机器等房 42 座，计 280 余间，大烟筒 10 座，洋匠住房 160 余间"[⑤]。1872 年增建铸铁、熟铁、锯木等厂，1873 年续建新机器房和第二座碾药厂，1874 年海光寺铸铁厂也移并东局，并在蒲口购地 23 万 9 千平方米（59 英亩），建成洋式药库 3 座，添建厂房 200 余间[⑥]。东局共有工匠二千余人，能制造火药、枪炮、水雷及各种军械，亦利用船坞兼修兵商轮船。1888 年建立的能制黑色和栗色各类火药的庞大火药厂，据称其规模是当时世界最大的火药厂之一[⑦]。1891 年还从英国购进成套炼钢设备建立了一座炼钢厂，1893 年投产[⑧]。这时天津机器局已成为当时中国的近代军火总汇。

天津机器局主要制造军火，但还承修兵商轮船，并建造特殊船舶。出于同样的建局目的，天津军火机器总局在创建时，就仿效江南机器制造总局的建厂模式，即在东局门外开挖船坞 1 座，并购置修造船用的一批机床设备，局内各建筑与大门外的船坞均铺设轨道与之相连[⑨]。1870 年李鸿章接办天津机器局后，开始修造舰船，主要修理北洋水师的舰艇和招商局的船只。关于天津机器局的修船情况，1878 年 4 月李鸿章在某奏折中说："该局承办之事，不仅制造军火，如驻巡北洋之'镇海'、'操江'轮船，需煤、需料，修船、修器皆由该局承

① 清·奕䜣等，"直隶练兵需用军器请在津设局制造由"，《洋务档》，第一历史档案馆藏。

② 引自《筹办夷务始末·同治朝》卷 55，1930 年故宫影印抄本，第 17 页。

③ 按天津机器局洋总办密妥士致英国驻天津总领事摩尔根的备忘录中记述，当时厂址选定在天津东门外一条小河岸上，厂地平坦，厂址由长 3380 英尺，宽 1720 英尺换算而来。

④ 引自《筹办夷务始末·同治朝》卷 78，1930 年故宫影印抄本，第 12～15 页。

⑤ 引自《筹办夷务始末·同治朝》卷 78，1930 年故宫影印抄本，第 10～15 页。

⑥ 吴汝纶编，《李文忠公全书·奏稿》卷 23，光绪三十四年金陵版，第 19～22 页。

⑦ 引自《北华捷报》卷 41，1888 年 11 月 23 日。

⑧ 引自《中国近代舰艇工业史料集》，上海人民出版社，1993 年，第 850 页。

⑨ 引自《英领事商务报告》（1866～1868 年），第 173 页。

应。运直、晋赈粮之福建、江南轮船，运江、浙漕粮之商局轮船，一有损坏，亦由该局拨工拨料，星夜修办。此外如挖河机器船等类，应随时整理者不少。"[①]

天津机器局自1875年始有造船活动，是年建造直隶挖泥铁壳工程船一艘，时称挖河机器。据《津门杂记》记载："浚河机器，其状如舟，大亦如之，名曰挖河船。以铁为之，底有机器，上有机架，形如人臂，能挖起河底之泥，重载万斤，置之岸上，旋转最灵，较人工费省而工速，试讲求水利不可少之器也。已于光绪初年在机器局造成试用，名曰直隶挖河船。"[②] 这是中国第一艘抓斗式挖泥船。1880年9月，该局又建成中国第一艘潜水艇，时称水下机船。关于这艘潜水艇的建造过程，据1880年6月和10月出版的上海教会报纸《益闻录》记载："客岁有某员禀请试造轮船，……得旨著就厂局试办，……。刻闻津门陈观察绘图帖说，募工鐖造，并经府道大员通牒大府，具保领款。并称如不适用，愿将开去款项，照数赔偿，具结申送。现于津厂后面，缭以周垣，开工设造，雇用工匠十余人，自备薪米油烛等费，并木料铁皮，分投采买，不动该厂公项。禁止外人窥探，即其余工师，均设严禁，不准窥视。闻夏秋之间，当可竣工。"[③] 足见这在当时，建造此类船型尚属全新的事物，是在绝对保密的情况下建造的。是年八月中秋（1880年9月19日）该船建成下水，试航成功。该船"式如橄榄，入水半浮水面，上有水标及吸气机，可于水底暗送水雷，置于敌船之下。其水标缩入船一尺，船即入水一尺。中秋节下水试行，灵捷异常，颇为合用。因内河水不甚深，水标仍浮出水面尺许，若涉大洋，能令水面一无所见，而布雷无不如意，洵摧敌之利器也"[④]。天津机器局在当时的设备和技术条件下，能制造出这样的潜水艇，这在中国近代舰艇工业史上确是一大创举。是年，该局还建造舟桥1套，由130余只行军桥船组成，"百丈之河顷刻布成平地"，1881年又"造成一百三十匹实马力、七丈螺桥船两只，专备海口布置水雷并作小战船之用"[⑤]。以上均由局中员匠锐意研求而自制的一些特种船舶。

1881年夏，天津机器局为直隶总督李鸿章建造座船"仙航"号小汽船，吃水0.375米，能载45～50人[⑥]。1887年，为慈禧太后造了两艘小汽船"翔云"和"捧日"号，作为她游览昆明湖及拖带游艇的御用船。1891年，按"捧日"号式样又为慈禧太后建造了一艘游览昆明湖的御用汽船"恒春"号。从1875年到1891年的18年间，天津机器局共建造大小轮船11艘。

1900年，洋务派苦心经营了30多年的中国北方最大的综合性近代军火工厂——天津机器局在八国联军侵华战争中遭到毁灭性打击，不久就"鞠为茂草，荡然无存"[⑦] 了（图8-29）。

---

① 吴汝纶编，《李文忠公全书》奏稿卷31，光绪三十四年金陵版，第11～13页。

② 张焘，《津门杂记》中卷，光绪十年版，第9～10页。

③ 引自《益闻录》，光绪六年五月十三日。

④ 引自《益闻录》，光绪六年九月廿七日。

⑤ 李鸿章，"机器局请奖折"（光绪七年八月初二日），吴汝纶编《李文忠公全书》奏稿，卷42，光绪三十四年金陵版，第3～5页。

⑥ 引自《北华捷报》卷27，1881年8月26日。

⑦ 孙毓棠，中国近代工业史资料，第1辑，科学出版社，1957年，第457页。

图 8-29　在八国联军铁蹄下被毁的天津机器局
（采自姜鸣：《中国近代海军史事日志》）

二　黄埔船局的变迁及其造船活动

1866 年至 1868 年，两广总督瑞麟向英、法两国购买“澄波”等巡缉兵轮 7 艘。为自行修造兵轮和仿制洋枪洋炮，1873 年瑞麟委任在籍候选员外郎温子绍为总办，在广州城南文明门外聚贤坊兴工创办广东军装机器局，次年开局[①]。为扩大军火生产规模，1875 年 7 月又在广州西门外增步设立军火厂[②]，1878 年 6 月竣工，该厂以仿制洋枪洋炮火药为主，还兼造轮船，以后改称军火局。

1876 年，两广总督刘坤一以 8 万元购得香港黄埔船坞公司在黄埔的全部坞厂[③]。当时除把原于仁船坞坞址用于开办西学馆外，其余两座石坞（柯拜、录顺船坞）（图 7-19、图 7-20）均用以扩充广东军装机器局，从事修造本省轮船。

刘坤一认为上述船坞所在地长州“实为虎门内第一重门户，未可委之外人”。故广东军装机器局自接收上述船坞以后，从未雇聘外国技术人员，雇用之工人大部分来自曾在外国人开设的工厂里做过学徒的中国人。自 1874 年至 1882 年，该局共建造内河小轮船和内河炮艇 27 艘，大多在柯拜、录顺两坞建造，包括“海长清”、“执中”、“镇东”、“缉西”、“海东雄”、“南图”等炮艇。当时广东军火局也建造了一艘炮艇。

由该局总办温子绍捐资仿造的蚊子船[④]“海东雄”号于 1881 年 9 月试制成功。据称该类蚊船轻快灵巧，用以防守海口，操纵自如，足以洞穿敌人铁甲舰，为海防第一利器。由于蚊船以攻为主，为工省价廉，使船轻行捷，不致鼓裂剥蚀，该船选用铁胁木壳，船长 41 米，

① 瑞麟、张兆栋，“设机器局片”，《广州府志》卷 65，建置略，第 2 页。
② 引自《刘坤一遗集》第 1 册，奏疏，卷 13，中华书局，1959 年，第 464～465 页。
③ 孙毓棠，中国近代工业史资料，第 1 辑，科学出版社，1957 年，第 457 页。
④ 一种浅水炮艇。

149 千瓦（200 马力），排水量 350 吨，航速 8 节。因为该船船身短小，为改善装子药条件和速度，改前膛炮为后膛炮，炮弹重由 2.7 吨减少到 1.5 吨。“先后经善后局司道委员验明，船身底板全用柚木，内以七、八寸方木密排为骨，铁条为根，弯木为横梁，内外要处包固厚铁，机器照康邦新式。……委实工坚料实。……即经驶赴虎门试演火炮，皆能合度”。当时正值由英国新购的蚊子船“海镜清”号抵粤，即令两船并驶放洋试炮。经比较，虽英国所制机器较多，通体纯钢，与木壳有异，而温子绍仿造之船，价值悬殊，规模形式、驶行迟速亦能“不甚相悬，洵足以资备御”[①]。而“海东雄”之造价仅为“海镜清”购价之 1/4。广东军装机器局向无洋员，技术工作及行政管理全由温子绍负责。

1884 年，张之洞督粤后，利用广东的有利条件，着手调整广东军事工业布局，积极筹办粤洋海军。是年 7 月在广州设立黄埔水雷局和鱼雷局；12 月，广东军装机器局合并于广东军火局，改为广东制造局，专门制造枪炮弹药；1885 年初利用原广东军装机器局的柯拜和录顺船坞开设黄埔船局[②]。为建造浅水炮艇，该船局由香港招雇华工，采取香港华洋船厂的设计图纸；从香港、上海以及国外采购机器和材料；同时修建厂房，安装机器设备。1885 年 3 月开工建造铁胁木壳的浅水炮艇，年底陆续建成 4 艘，分别命名为“广元”、“广亨”、“广利”、“广贞”，长 33.55 米，宽 5.49 米，型深 2.59 米，吃水 2.29 米，排水量 200 吨，采用双桨双康邦卧机，主机功率：“广元”、“广贞”为 60 千瓦（78 马力）；“广亨”、“广利”为 48 千瓦（65 马力），航速分别是 8.7 米节和 7.8 米节。可以行驶近海，其“船身转捩颇灵，行驶亦速，机器一切摩擦光洁”[③]，与洋造者无异。

考虑到浅水炮艇不能行驶于海上，还需制造巡海快船。但黄埔船局建造能力有限，经费不足，只得用官绅捐款，付船价一半的办法，委托福建船政协造铁胁木壳的快兵船“广甲”以及三艘大中型穹甲鱼雷快船“广乙”、“广丙”和一艘鱼雷快艇“广庚”。1888 年 5 月黄埔船局又先后建成铁胁木壳的浅水炮舰“广戊”、“广己”两艘姊妹舰，船长 45.72 米，宽 6.1 米，吃水 2.13 米，排水量 400 吨，采用双桨双卧机，功率 298 千瓦（400 马力），最高航速达 10 节。这两艘船的机器设备全部由该局技师谭茂等自行制造[④]。1890～1891 年，又先后建成铁甲姊妹炮舰“广金”、“广玉”，这是黄埔船局首次建造的两艘铁胁钢壳船，由该局差遣军功黄福华设计和承造[⑤]，并由张之洞添调闽厂出洋留学生郑成、曾宗瀛两人到工参加监造。这两艘船，长 45.72 米，宽 7.32 米，吃水 3.0 米，排水量 650 吨，采用双桨双机，功率 373 千瓦（500 马力），航速 11 节。截至 1891 年，广东军装机器局连同其后的黄埔船局共造船 20 艘，成为洋务运动中造船数量仅次于福建船政的第二家船坞厂，特别是 1884 年张之洞督粤调整军事工业布局以来，由于他着意海防，重视造船，通过 5 年连续建造兵轮 8 艘，使该局的造船技术有了明显的提高。船愈造愈大，由排水量 200 吨增加到 650 吨，主机功率由 65 马力提高到 500 马力，航速由 7 节增加到 11 节，造船结构和工艺也愈益进步，由铁胁木壳过渡到铁胁钢壳，由铁钉捻缝连接过渡到铆接。对于工厂设备条件较为简陋的黄埔船局而言，能长期坚持自主造船，可谓难能可贵。1889 年，张之洞调任湖广总督，继任的

---

① 何嗣焜编，《张靖达公奏议》卷 5，文海出版社，1974 年。
② 王树枏编，《张文襄公全集》卷 13，文海出版社，1963 年，第 1～2 页。
③ 王树枏编，《张文襄公全集》卷 17，文海出版社，1963 年，第 18～20 页。
④ 中国史学会编，洋务运动（二），上海人民出版社，1961 年，第 599～600 页。
⑤ 张之洞，“续造兵轮片”，《张文襄公全集》卷 28，文海出版社，1963 年，第 9～11 页。

李瀚章无有所为，1893年竟将黄埔船局裁撤。1901年，清廷虽又恢复黄埔船局，但其仅用于修船，已无造船情事。

三　大沽船坞及其修造船活动

1875年，清廷著派直隶总督兼北洋大臣李鸿章督办北洋海防。至1880年，他先后从英国、德国购进军舰11艘，用以装备北洋水师。所购军舰需要维修，由于当时北方地区无船坞，需往上海、福建等地的船坞入修，但因“程途窎远，往返需时，设遇有事之秋，尤难克期猝办，实恐贻误军需”[①]。于是，李鸿章奏请在天津建坞，以利北洋水师的舰艇修理。经清政府批准，1880年，即在京津门户、海防重镇大沽的海神庙附近购民地7.34万平方米，建立北洋水师大沽船坞。大沽船坞共有5座干船坞，甲坞在海神庙东北，可容纳2000吨以下船舶。其余各坞均分布在海神庙西北，又称西坞，其中乙坞和丙坞均能容纳1500吨以下船舶，丁坞可容纳300吨以下船舶，戊坞可容纳小型轮船数艘，又另设土坞两座，专为收藏蚊炮船避冻和维修之用。大沽船坞建有轮机厂、铸铁厂、模样厂、熟铜厂、熟铁厂、木工厂、锅炉房、抽水房、动力间、码头、起重架、绘图楼及办公用房。职工600余人。福建船政第一批出洋留学生罗丰禄为第一任大沽船坞总办。

大沽船坞自1881年开始承修北洋水师的舰艇。除“定远”、“镇远”、“济远”等7艘铁甲舰和巡洋舰因吨位过大进不了大沽口外，北洋水师的其余18艘舰艇都在大沽船坞进行过多次修理。另外由国外购进的一些中小型驱逐舰、鱼雷艇及北方8、9艘海防舰“操江”[②]、“镇海”[③]、“快马”等也曾多次进大沽船坞修理并配件。1881年至1900年，大沽船坞共修理大小舰艇73艘。1882年大沽船坞开始建造兵轮。先后建造过一些中小型的干雷艇、炮船和军用辅助船。其中最大的一艘为1886年建造的“遇顺”号钢壳拖船，长38.4米，宽6米，吃水2.72米，“船身用钢板，舱面用柚木板造成，气缸三具康邦汽机，全副350马力。每点钟行十二海里[④]，极为坚致灵捷，且舱面平厚，有事时即可拨兵设炮，为安置水雷之用”[⑤]。1888年，大沽船坞将北洋水师从英商那里购来的夹板帆船改建为“敏捷”号练船，编入北洋水师舰队服役。1882年至1911年，大沽船坞共建造兵轮12艘，在造船的规模和所造兵轮的数量、尺度、主机功率和航速等方面均次于黄埔船局。1892年，大沽船坞增建炮厂，从事大炮生产。在甲午战争期间，大沽船坞除昼夜赶修损坏的兵轮外，还赶制军火和水雷。1899年，旅顺鱼雷营也移设在大沽船坞内。此时的大沽船坞，不仅是中国北方最早的兵船修造厂，而且也是中国北方的一座重要军火工厂。

1900年6月17日，八国联军入侵大沽，大沽船坞为沙俄海军侵占，大批解雇工人，全厂职工减少大半。1902年12月，清政府收回大沽船坞，此时各坞已坍塌严重，各机厂也遭严重破坏。由于经费困难，各厂裁并，全厂仅剩工人260余人。大沽船坞的生产，到辛亥革命前，一直在走下坡路，只能通过承揽一些机器安装工程和少量修造船的业务以维持生计。

---

① 清·李鸿章，“建造船坞请奖片”，《李文忠公全书》奏稿，卷42，光绪三十四年金陵版，第10页。

② 系由江南机器制造总局于1869年建造。

③ 系由福建船政于1872年建造。

④ 即12节。

⑤ 清·李鸿章，“制造船只片”，《李文忠公全书》奏稿，卷63，光绪三十四年金陵版，第12页。

四　旅顺船坞的建设及其失陷

关于旅顺船坞的建设及其规模，清史的记载扼要而细致。文曰[①]："旅顺船坞创议于光绪七年（1881）。直隶总督李鸿章时值外洋订购兵舰到华，鸿章疏言：奉天、金州、旅顺口形势险要，局厂船坞各工当陆续筹兴。九年（1883）二月续陈旅顺工程开山濬海工大费钜，实难预为估定。旋由法国人德威尼承揽，鸿章派员督同兴办，并增筑拦潮石坝。十六年（1890）秋全工告成，派员赴旅顺验工。所筑大石船坞长四十一丈三尺（138 米）、宽十二丈四尺（41.3 米）、深三丈七尺（12.3 米）。石阶、铁梯、滑道俱全。坞口以铁船横栏为门，全坞石工俱用山东大方石垭以西洋塞门德土（水泥）凝结坚实，堪为油船修铁甲战舰之用。其坞外停舰大石澳东南北三面共长四百十丈六尺（1367.6 米），西面拦潮大石坝长九十三丈四尺（311 米），形如方池。潮落时尚深二丈四尺（8 米）。西北留一口门为兵船出入所由，四周悉砌石岸。由岸量至澳底深三丈八尺（12.7 米），周岸泊船不患风浪鼓荡。凡兵舰入坞油底之后即可出坞傍岸镶配修整，至为便利（图 8-30）。坞边修船各厂九座，占地四万八千五百方尺，为锅炉厂、机器厂、吸水锅炉厂、吸水机器厂、木作厂、铜匠厂、铸铁厂、打铁厂、电灯厂。又澳南岸建大库四座，坞东建大库一座，每座占地四千八百七十方尺，备储船械杂料。以上厂库概用铁梁铁瓦，高宽坚固，足防风雪火患。又于澳坞之四周，联以铁道九百七丈（3020 米）。间段设大小起重铁架五座，专起重大之物，以济人力之穷。又于各厂库马头等处设大小电灯四十六座，为并作夜工之用。虑近海咸水之不宜食用也，远引山泉束以铁管由地中穿溪越陇曲屈达于澳坞四旁，使水陆将士机厂工匠不致饮水生疾。又虑临海远滩之不便起卸也，建丁字式大铁码头一座，使往来兵舰上煤运械不致停滞。其余如修小轮船之小石坞、藏舢板之铁棚、系船浮标、铁臼以及各厂内一应修船机器设置完备，于是年九月二十七日工竣，由是日起限一年系代德威尼担保之银行照料，限满再保固十年，均与包工监工洋人订明，此项工程共用银二百余万两。"该坞规模庞大，设备完善，当时为东方一流的海军修造船基地。

1890 年 11 月，旅顺船坞首次坞修 2200 吨的钢壳巡洋舰"平远"号。次年 1 月，修理"济远"号巡洋舰和北洋海军主力舰"定远"、"镇远"号。由于北洋海军舰艇长年失修，旅顺船坞落成后，就近进坞修理的舰艇达 25 艘，坞修任务爆满。据不完全统计：1890 年至 1894 年的 5 年间，旅顺船坞共修理舰艇 58 艘次，建造了一批锅炉和船用机器，还为青岛、刘公岛等处建造铁码头 4 座。1893 年，为"超勇"、"扬威"两艘巡洋舰换新锅炉 4 台[②]。1894 年又添建吸水厂大铁房 1 座，铆锅厂、合拢锅炉厂大铁房各 1 座，舢舨厂大铁房 1 座，船械局库 1 所，以备各舰更换锅炉，制造舢舨，领换器械之用[③]。除了负责北洋舰船的维修外，船坞局还兼管本坞海口操防事宜。

1894 年 7 月 25 日，中日甲午战争爆发，旅顺船坞抢修了为前线运送物资、弹药的"普济"号等运输船（图 8-31）。1894 年 9 月 17 日至 10 月 16 日，该坞厂提前完成在黄海海战

---

① 赵尔巽，《清史稿·兵志·海军》。

② 清·李鸿章，"议兵轮分年大修"，《李文忠公全书》海军函稿，卷 4，光绪三十四年金陵版，第 27～28 页。

③ 清·李鸿章，"校阅海军事竣折"，《李文忠公全书》奏稿，卷 78，光绪三十四年金陵版，第 13～15 页。

图 8-30 旅顺船坞的大坞及形如方池的泊船大石澳
（采自《中国近代舰艇工业史料集》）

中受重创的“定远”、“镇远”等 7 艘舰艇的抢修任务。11 月 22 日，旅顺陷于日军，后因俄、德、法“三国干涉还辽”才重归中国。由于受到日军的破坏和劫掠，到 1897 年末，该坞厂仅存锻造、铸造、轮机、舢舨、吸水机、锅炉等 6 厂，主要修船机械设备 26 台，工人 100 余名，减少到仅为原坞厂工人的 1/10，只能承担舰艇的少量坞修保养业务。1898 年和 1905 年，旅顺船坞分别落入沙俄和日本之手近 50 年。旅顺船坞在历史上进行过 3 次大的改造，最大的一次是俄国占领期间为修大型装甲舰和巡洋舰，将船坞加长 40 米。该坞迄今还在使用中。

至 20 世纪初，显赫一时的“四局二坞”实已凋残委顿。天津机器局被毁（1900 年），黄埔船局曾一度停撤（1893～1901），旅顺船坞为俄、日先后侵占（1898，1905），大沽船坞遭受严重破坏（1902），福建船政的造船业务到 1905 年也难以为继，不得不于 1907 年暂行停办。江南机器制造总局虽未受战火波及，但早已饬令停造轮船，船坞、船台等造船设施竟闲置达 20 年之久。眼看具有近 30 年辉煌的中国近代船舶工业又已走到了它的尽头，幸而 1905 年江南机器制造总局实行“局坞分立”，设立江南船坞，“仿照商坞办法”，改变经营方式才又获得了新的转机。

图 8-31 改造中的旅顺大坞

第六节 福建船政的衰落和江南船坞的崛起

一 政府拨款造船致使船政经费日绌

福建船政是洋务运动中兴办的最重要的军事工业部门，花钱也最多。随着福建船政所造新船的增加，除了造船费用外，还需一笔养船和修理的费用。在开局之初，其经费一向由闽海关关税供应，1866 年即提取闽海关结款 40 万两作为开办费，另由闽海关每月拨银 5 万两充常年经费。进入 19 世纪 70 年代以后，随着外国资本主义经济侵略的不断加深，关税收入也连年缩减，无法按规定数额按时解济。1875 年闽海关欠解船政的经费达 60 万两①。到丁日昌继沈葆桢主持船政后，又奏请将养船经费归由福建地方筹措②，这样，船政的造船经费仍抑给于闽海关，养船经费取资于闽省税厘局③，试图使经费调拨有所缓解。尽管清廷三令五申，强调“船政经费均关紧要，必须源源接济，以期毋误要需”。并命令闽省将军督抚，必须“将船政局造船、养船两款尽先解拨，毋稍延缓其欠解之款，并著随时解清，俾资应用”④，但海关欠款依旧。从 1875 年至 1880 年的 5 年间，闽海关共欠款 68 万两，且“解不应时，积欠甚巨”。1876 年，当李鸿章致函船政大臣吴赞诚要求制造新型的巡海快船时，虽当时船政已有快船图式，留洋归国学生魏瀚、陈兆翱等精通制法，终因经费支绌而未能及时开造。

由于船政以往所造船只皆由国家拨款，船成后无偿调拨各地使用，生产不计成本，工厂没有扩大再生产的能力。而且随着成船的增加，所需经费也成倍上升，即使闽海关不欠解，

① 中国史学会，洋务运动（五），上海人民出版社，1961 年，第 170 页。

② 同①，第 179 页。

③ 清·吴赞诚，“经费支绌请旨分饬赶解片”（光绪五年六月初七日），《船政奏议汇编》卷 16。

④ 清·吴赞诚，“制船养船经费两绌折”（光绪三年十二月十八日），《船政奏议汇编》卷 15。

长此以往，国家也难以维持。再加上当时海关欠款甚巨，致使经费之匮，更倍往常，采用国家派造方式难以为继。到了1880年5月，逼得时任船政督办的黎兆棠只得会奏清廷，为了仿造南洋海军所需之巡海快船请饬南洋协拨银两以为经始之费[①]。采用这种“协造”方式，通过南洋“协款”，船政才得以建造出中国第一艘巡洋舰[②]“开济”号。“协款”办法是“船工所造南洋之船应向南洋项下报销”，尽管还是由国家出钱，但毕竟减轻了船政的经费负担。用这种办法船政先后又于1886年和1887年为南洋协造了两艘巡海快船“镜清”和“寰泰”[③]两号及防守长江的小型兵轮10艘。致使船政的造船活动又日起有功。一度重现繁荣，使船政造船规模跃上新台阶，为“预筹接续之工，庶不致虚糜厂用”，继而在1887年至1891年间又为粤海军协造快艇1艘，穹甲快船3艘，分别命名为“广甲”、“广乙”、“广丙”、“广庚”。虽广东协款均来自官绅之捐款，仅及船价之半，但“粤济闽经费之不足，闽助粤工力所有余”[④]，毕竟使船政造船经费奇缺的状况得以改善，“协造”方式成了当时船政筹集造船经费的一种有效办法，这较之19世纪70年代完全由国家无偿调拨，在经营方式上前进了一大步。所造船舶对福建船政来说已不完全是产品，而有了一点商品的含量。

二　甲午战争后清廷力图整顿船政，建造新型舰艇

进入19世纪90年代，为南洋、粤洋“协造”舰艇的任务已经结束，此时闽海关应拨船政之款项不断欠解，每年仅拨交二三十万两，不及应解款项之半，船政经费再度发生危机。1894年，船政经费减至每年不足20万两，有些年份甚至全部不解送。经费缺绌制约了船政的生产发展，尽管该时期船政的造船技术水平有显著提高，但其实际生产规模却日益萎缩。

甲午战争后，国势危殆，朝野对海军及船政各局如何再图振作颇多议论。当时顺天府尹胡谲棻尖锐地指出：“窃谓中国欲籍官厂制器，虽百年亦终无起色”，必须“准各省广开各厂，令民间自为讲求”[⑤]。给事中诸成博建议将已有各局厂卖给私商。光绪皇帝也同意“招商承办”。面对当时经费日绌的窘境，福建船政也曾向国内外招商承办。可是中国的民族资本家和华侨吸取以往创立的商办企业轮船招商局、开平矿务局的失败教训，这些商办企业名为商办，实由官主。慑于官方的种种干涉而竟无有应者。而法、日等国却亟欲承办，形成法日交乘的局面。当时的福建船政已有七八年不造船了。清廷眼看船政因经费支绌，日渐废弛，即令福州将军裕禄兼充船政大臣以图重新整顿船政，并发挥船政已有的造船能力，筹款建造新型舰艇。并令闽海关以前积欠过多的经费，“亟应源源拨解，以济要工”[⑥]。

1896年9月，法国公使派员来福建与船政大臣裕禄洽谈成交，法国派杜业尔等5名洋员来船政帮助中国建造新型舰艇，又以5年为限，并令杜业尔任福建船政正监督。度当时款

---

① 清·黎兆棠，“会奏仿造快船请饬南洋协拨银两以为经始之费片”（光绪六年三月廿三日），《船政奏议汇编》卷18。

② 时称巡海快船。

③ “镜清”和“寰泰”两号巡快船是1885年左宗棠任南洋大臣时定造的。这位福建船政的创始人以南洋之款请船政造船，促使船政的造船活动进入一个崭新的时期。

④ 清·裴荫森，“奏覆协造广东兵轮援案动支官款折”（光绪十三年十月十七日），《船政奏议汇编》卷36。

⑤ 清·胡燏棻，“变法自强条陈疏”，《光绪政要》卷21。

⑥ 上谕（光绪二十二年六月十八日），《船政奏议汇编》卷46。

力，可造2500马力的鱼雷艇2艘，6500马力的钢质鱼雷快舰[①] 1艘。由杜业尔绘制的快船图，经魏翰等人“详加研求，佥谓此项船只，洵属现在新式”[②]。该类舰艇具有可捉获鱼雷艇的功能，故又称“猎舰”。而准备建造的2艘鱼雷艇则已过时，魏翰等还认为上述这类猎舰较之鱼雷艇“大而得用”，费用也合算[③]。于是决定集中力量建造鱼雷快舰2艘。

1898年10月，船政建造的第一艘鱼雷快舰“建威”号开工，次年同型姊妹舰“建安”号也动工。为建造这两艘新型舰艇，船政又添置了不少设备，为推求制铁之法，还创设了锤铁钢厂[④]。上述两舰均于1902年12月完工。这两艘舰艇以钢槽为胁，钢板为壳，船体、轮机和锅炉均自行制造。船长82.5米，宽8.5米，型深4.3米，吃水3.7米，排水量850吨，设置新式大汽力锅炉4座，主机采用省煤主机，功率4843千瓦（6500马力），航速提高到23节，较之以往的巡海快船又提高了8节，续航力5700海里，船首配100毫米快炮1尊，共有65毫米快炮3尊，1尊置船尾，另2尊置船侧，可前后施放，船侧还置有37毫米连珠炮6尊，可左右施放，配鱼雷炮2尊，鱼雷4具，全船还配有电灯、新式暖气炉、电风扇等新设备[⑤]。每舰造价63.7万两，比以往最高造价的“龙威”号还要多花10余万两。其“船身全钢壳，不取其厚，体质既轻，吃水自浅，转动自灵”，“船坚且快，炮大而远”[⑥]。这是船政建造的功率最大、速度最快、武备最强的两艘新型舰艇，该型舰艇下水时，航行“异常稳捷，同观之中外人士咸拍手称快”[⑦]，其性能超过以往建造的所有舰艇，船政的造船技术又上新台阶。原先两艘建成后，应拨归北洋遣用，后因北洋协款无着，又只得改拨粤洋使用，粤省共筹协款工料银50万两拨解船政。

新型舰艇的建造成功理应带来船政造船活动的再度繁荣，可是事与愿违，船政经费支绌依旧。利用七八年不造船的旧时积款及粤省协款，总算在船政的造船史上来了一个最后冲刺，造出了两艘全新的海军舰艇。可它并未成为导致船政进而发展繁荣的一个里程碑，而只可算是在船政衰落过程中的回光返照。

三　福建船政因督理不善、经费支绌终成昔日黄花

法国人杜业尔自担任船政正监督后，日渐专横，引起各方面的不满。1903年，魏瀚会办船政，与法方几经交涉，终于遣走了杜业尔。魏瀚自是著名造船专家，颇思振作，但却受到兼办船政的福建将军崇善的排挤，于1904年去职。崇善既不振兴船政的实业，却又任人唯亲，致使管理混乱，机构臃肿，一时贪污、贿赂公行，厂务日渐废弛。

船政由于招商承办的打算未能实现，另外虽也开辟了修船业务、兼营民运，还接受商船客户订货。但由于闽省地理位置不如上海和广州，南方兵商轮船专门来福建船政修理的并不多，而北洋海军的大量舰只一般又均入大沽和旅顺船坞修理。1903年船政还铸造过铜元。

---

① 即驱逐舰。

② 同①。

③ 清·裕禄，“筹造新式快舰折”，《船政奏议汇编》卷49。

④ 清·裕禄，“整顿船政延订法国洋员片”，《船政奏议汇编》卷47。

⑤ 同③。

⑥ 清·郑观应，《盛世危言》卷8，第39页。

⑦ 引自《船政奏议续编》卷1。

这些"开自然之利"的多种经营方式的实施，确也表明船政大臣们曾想方设法使船政的经营机制能够不断商务化，以适应社会商品经济发展的需要，但这种种努力却未获成功。

1907年，由于无造船任务，船政已难以维持下去，经陆军部①筹议，于6月17日上奏清廷称："查船厂为海军根本，闽厂积弊既深，亟须整顿。前经南、北洋大臣派员前往详查，嗣据覆称，该厂机器多系旧式，又无专门工师，加以基址不宜，款项支绌，似宜另图改建等情，是该厂腐败情形，既经南、北洋大臣查勘明确，自应暂行停办。"②同日，清廷即批准"暂行停办"。福建船政就此结束了作为中国近代船舶工业主要基地的地位。

福建船政的衰落是中国近代造船史上的最大悲剧。与其他官办军事工业部门相仿，封建衙门式的管理和国家拨款派造船舰的经营方式，使船政经费长期支绌。所幸在30年中，船政出现了如沈葆桢、裴荫森一批勤于职守、事必躬亲的船政官员和魏瀚、陈兆翱等一批杰出的造船、轮机专家，竟能在朝臣们的一片反对声中实现了30年的造船辉煌，这是值得它的创建者左宗棠感到欣慰的。可是到了19世纪90年代，自裴荫森因长期工作劳累，得病去职后，福建船政就此改由闽浙总督或福州将军兼管，这些督抚像走马灯似的调换，船政也就失去了管理的中枢，致使封建衙门中的种种弊端恶性发作，积弊日深，乃至无法收拾，只落得个无可奈何花落去的下场。

四　1905年江南船坞宣告独立，改革中带来生机

比福建船政早创建一年的江南机器制造总局的造船活动早在1879年就差不多已经停止了，船坞闲置将近30年。甲午战争后的10年，战乱不断，中国官办近代船舶工业面临全面衰退的危机。为此清廷派员先后到闽厂和沪厂调查，以图振作。

"1904年冬，两江总督周馥衔命过沪，亲赴制造局考察一切，以船坞为造、修兵轮而设，日久偏废，几同虚设，实为振兴海军之障碍，非筹议改良不足以扫积习；非仿照商办不足以挽利权。……时总理南、北洋海军提督叶祖珪驻节沪上，乃相与筹议整顿之方，将船坞与制造局划分，暂借江安粮道库银20万两为开办费，另派大员专管，仿照商坞办法，常年经费自行周转，以期工归实用，费不虚糜"③。1905年4月，江南机器制造总局"局坞分立"，成立江南船坞。按《局坞划分章程》，"凡与船坞相因之轮船、机器、锅炉、熟铁、木工、铸锻等厂，一律划拨接收。……自东至西之江岸码头，也均归船坞接管"。江南船坞占地4万平方米（60亩），有100米长的泥坞1座，各厂共有大小厂屋265间，还有栈房5所，华洋式住房14所④。江南船坞的厂地及设备规模远较当时的船政规模为小。

局坞分立后的江南船坞在生产经营体制方面有了重大改变，其要点有三：①自行承揽修造华洋兵商轮船；②自负盈亏；③赢利提成酌留花红，大部分则作为扩大再生产的资金。这些商务化的措施，使江南船坞不再是旧时封建衙门式的官办军事工厂，而逐渐转变为具有资本主义性质的企业⑤。

---

① 当时海军处属陆军部管辖。

② 陆军部奏，"遵旨筹议福州船厂事宜折"，《海防档》乙，第1118页。

③ 引自江南造船所纪要，1922年，第9～10页。

④ 同③，第13～14页。

⑤ 引自《中国近代舰艇工业史料集》，上海人民出版社，1993年，第15页。

清政府聘英人毛根（R. B. Mauchan）为江南船坞总稽查兼总工程师，授予船坞的经营管理权。毛根精通机械工程，1887年来中国后任英商祥生船厂的机器工程师，1894年来中国后任招商局的机器工程师，后又担任英商和丰船厂经理，既熟悉造、修船的一般技术，又熟悉上海的造、修船市场行情，是管理船坞的一个行家。毛根上任后在江南船坞推行的一套管理制度，几乎完全从英商船厂搬用过来，他由英商船厂带来了一个技术人员和监工头班底。对于原划归船坞的400多名职工，仅留下20余名技术上乘的员匠，各厂委员也一律辞退，改用由他带来的监工头督率工人、学徒从事各项工厂作业。还组织了一个精干的洋账房，作为商务经营的办事机构。这就在人事制度上保证了商务化经营方针的具体实施。他还从英商船厂移植过来一套包工制度，减少固定工人，这对广大工人无异是有残酷剥削的一面，但对刺激工人的劳动积极性和适应船厂生产的季节性和突击性等方面，均存在促进生产的合理因素，包工制度实际上给江南船坞创造了大量的剩余价值。为了招揽修、造船业务，他不遗余力，经常派手下洋员乘专用小火轮，外出打探洋船进港消息，一待洋船停泊江岸，立即上船招揽生意。有时为了捷足先登，不惜远道到吴淞江、蕴藻浜一带去等候。对外国轮船来坞修造的介绍人或经办人，还给予优厚的回扣，以资拉拢。毛根还尽量利用他与洋商方面的私人关系，招揽洋商业务，如他熟识美商大来洋行经理，通过这一关系，使大来洋行的航运部门成为江南船坞的经常主顾①。

生产经营体制的改变，给江南船坞带来生机，其修船业务日益发展，生产技术水平有所提高，经营效益十分可观，显示出前所未有的生命力。自局坞分立至1911年辛亥革命的6年间，江南船坞共造船136艘，修船524艘。这与江南机器制造总局时期的40年间仅造船15艘，修船11艘相比，差别悬殊。1911年，江南船坞提前还清了局坞分立时所借的20万两白银的开办费，彻底改变了以往长期靠清政府拨款撑持的局面。1911年建成的海军大臣载洵钢质双桨座船“联鲸”号军舰，以备巡阅南北洋海军之用，为江南船坞时期建造的最大军舰。全用柔钢造成，船长53.4米，宽7.6米，型深2.7米，吃水0.8米，排水量500吨，主机为两架三汽鼓回汽机②，总功率746千瓦（1000马力），航速14节，船之首尾各配40毫米73磅快炮2尊，望台左右配麦克沁机关炮2尊，瞭望台顶配麦克沁机关炮1尊。其余探海灯、电灯、暖气管、电风扇等装配完备。船式之美，工程之坚，深得海军大臣载洵赞许③。1911年开工建造的“江华”号（图8-32），为江南船坞时期建造的最大内河船舶。该船长100米，排水量4130吨，主机功率2240千瓦（3000马力），航速14节，其尺度和性能为当时长江客货轮之冠，优越的航行性能，使其服务于申汉线客货运输达40余年。截至1911年，江南船坞每年的营业收入近100万银元，且均有盈余，6年中累计盈余70余万银元，大部分用于扩大再生产，从而逐步扩充了生产规模。6年中，先后扩充厂坞码头并添购机器。把原有的100米长之泥坞改为木质干船坞，拓长加宽，经改造后，该干船坞长114.3米，面宽22.8米，底宽18.3米，潴水最深可达5.5米，使之可容纳5000吨级船舶；增建了打铁厂、木工厂和坞东码头；填平锅炉厂前之土地以扩充造船场；添置船体加工设备10余台。从而使江南船坞的造船、造机和坞修设施日益完善，为大规模造船准备了条件，据统

---

① 姜铎，略论江南制造局局坞分家的历史经验，船史研究，1995，(8)：13。

② 引自《江南造船所纪要》，第26页。

③ 同②。

计，江南船坞于1911年同时开工建造的兵轮就有“永绩”、“永健”、“建中”、“永安”等炮舰和浅水炮艇11艘，还加1艘4000余吨的大型长江客货船“江华”号（图8-32）。

图8-32　1911年江南船坞建造的长江客货轮“江华”号

江南船坞的繁荣，为近代船舶工业的发展提供了十分有益的历史经验。它一改以往清政府由国家拨款造船的经营管理旧习，代之以适应市场经济需要的商务化经营方针，敢于聘任近代造船厂的外国经营管理行家，推出一套当时西方先进的造船厂所采用的经营管理模式。再加上当时上海的全国最大的航运中心地位，大批国外船舶云集上海。当时的江南船坞兼具天时、地利、人和三方面的综合优势，遂使其和嗣后的江南造船所能一花独放，在中国其他近代船舶工业部门日趋衰败的情况下崛起，独领风骚近半个世纪，并取代福建船政成为民国时期中国近代船舶工业和近代海军装备的主要基地。值得人们回顾的是，在第一次世界大战期间，江南船坞（时称江南造船所）竟能应美国的急需，于1918年签订了为美国承造“官府”（Mandarin）号等4艘万吨级远洋货船的合同。尽管大战已于1918年末结束，但4艘万吨级货船仍如期交货。这4艘船是全遮蔽甲板型蒸汽机货船，总长135米，型宽16.76米，型深11.57米，指示功率3670马力，安装的是本厂制造的三缸蒸汽机。第1艘“官府”号于1919年1月开工，1920年6月30日下水，1921年2月17日交船后开往美国（图8-33）。《东方杂志》报道说：“江南造船所承造的一万吨汽船，除日本不计外，为远东从来所造最大之船……从前中国所需军舰及商船，多在美、英、日三国订造，今则情形一变，向之需求于人者，今能供人之需求，中国产业史上乃开一新纪元。”① 第2艘“天朝”（Celestial）号，1920年8月下水；第3艘“东方”（Oriental）号，1921年3月下水；第4艘“震旦”（Cathay）号，1921年5月下水。至1922年4艘万吨轮全部交船完毕②。这一批远洋货船的建造质量甚优，直到第二次世界大战时仍在营运。人们可以从90年前还处于封建末世的江南船坞在经营体制改革中的成功，看到市场经济的一束曙光。

① 《东方杂志》16，（2）。

② 吴熙敬主编，中国近现代技术史，科学出版社，2000年，第335页。

图 8-33 江南船坞于 1921 年为美国建造的 14 750 吨远洋货船“官府”号

第七节 江南制造局翻译馆的创建及其贡献

一 徐寿首倡创建江南制造局翻译馆

1861 年，曾国藩驻节安庆，徐寿、华蘅芳因研精器数，博涉多通而被同荐于朝廷，并与徐寿次子徐建寅同入曾幕。时曾国藩以求贤才为急务，罗致懂西学的中国科技人才不遗余力。19 世纪 60 年代初的安庆曾幕中，“凡法律、算学、天文、机器等专门家无不毕集，几乎举全国人才之精华汇集于此”[①]。一时成了中国的科技人才库。19 世纪 50 年代在上海墨海书馆任译员的李善兰、王韬等都到了安庆，徐寿等日与他们为伍，曾幕中研讨西方科学技术的浓郁文化氛围自不待言。而上海传播西学的良好环境又一直对徐寿等人有很强的吸引力。“黄鹄”号轮船的制作工作一结束，徐寿即向曾国藩请求，希望久居上海，考究西学。获准后，乃于 1867 年到上海江南制造局工作，时也正值曾国藩回任两江总督，代替李鸿章经营江南制造局。

徐寿在多年的工作实践中，深知翻译西书的重要性和迫切性，故他一到江南制造局，即向曾国藩提出四项建议，即“一为译书；二为开煤炼铁；三为自造火炮；四为操练轮船水师”[②]。而他的第一项建议就是翻译西书，以探求西方科学真谛。与此同时，他又向江南制造局总办冯俊光、会办沈保靖提议，仿照上海墨海书馆“设一（翻译机构）便考西学之法，至能中西艺术共相颉颃”，他认为：“将西国要书译出，不独自增识见，并可刊印播传，以便

① 清·容闳，《西学东渐记》（及其他三种合刊一册），岳麓书社，1985 年，第 110 页。

② 清·徐宾远，“先高祖雪村公逝世一百周年”，《增辑锡金四哲传记纪念文字》，第 50 页。

国人今知"[1]。冯、沈在征得曾国藩同意后允其领衔组织有关中外人士先试译几本与制造局工作密切相关的西书。于是徐寿通过江南制造局聘请了当时在沪的著名英国学者傅兰雅、伟烈亚力，美国学者玛高温等参加译书工作。他一面托傅兰雅写信到英国购买《泰西大类编书》（即《大英百科全书》）以及其他西书；一面进行创建翻译馆的筹备工作。

从1867年下半年到1868年上半年，徐寿亲自组织伟烈亚力与他自己；傅兰雅与徐建寅；玛高温与华蘅芳合作，由前者口译，后者笔述，共译出《汽机发轫》、《汽机问答》、《运规约指》和《泰西采煤图说》等4部与机器制造密切相关的西书。当这批西书的中文译稿送交曾国藩审阅时，曾国藩不胜赞赏，兴奋不已，遂正式上奏朝廷开办翻译馆。他在1868年10月求设翻译馆的奏章中明确提出：拟"另立学馆以习翻译，盖翻译一事，系制造之根本。洋人制器出于算学，其中奥妙皆有图说可寻，特以彼此文义扞格不通，故虽日习其器，究不明夫用器与制器之所以然。本身局中委员[2]于翻译甚为究心，先订请英国伟烈亚力、傅兰雅、美国玛高温三名，专择有裨制造书详细翻出"[3]。于是江南制造局翻译馆得以正式开张。

1868年以后的几年，江南制造局制船、造炮、译书三业并举，特别是翻译馆的译书活动尤为活跃。翻译馆按曾国藩的要求，明定其宗旨为优先"翻译格致、化学、制造各书"，以俾急用，这充分反映了曾国藩这位经世学派头领人物的指导思想。至1870年4月，除《金石识别》、《制火药法》、《汽机尺寸》等工程技术书籍外，还译成《奈端[4]数理》、《化学鉴原》等自然科学理论书籍，连同前述所译的4部，已共译有西方科学技术名著10部，计118卷。

翻译馆中，中外译员众多，当时采用西（人）译中（国人）述的译书方法。翻译馆聘请了一批国外学者和传教士，诸如英国傅兰雅、伟烈亚力、罗亨利、秀耀春，美国林乐知、金楷理、玛高温、卫理等人参加译书活动，中国学者除徐寿、华蘅芳、徐建寅（图8-34）外，尚有舒高第、赵元益、郑昌棪、钟天纬、瞿昂来、李凤苞、贾步纬等47人参加译书活动，几集全国格致名家之精华。翻译馆因采用译书、出版并举的方式，故出书速度甚快，往往一年要出好几部西书译著。

在西方学者中，译书最多、历时最久者首推傅兰雅，其共译书77部，占全馆译书总数的1/3以上，徐寿于19世纪70年代曾言及翻译馆"各种书籍，傅先生所口译者十居六七"[5]。他对翻译馆擘画甚多，翻译馆所译西书的很大一部分由他向英国订购，译书计划也听取了他很多意见。在中国学者中，译书最多、贡献最大的则是徐寿，他既是翻译馆译书工作的主要组织者，又是主要编译者。在长期的译书活动中他与傅兰雅结成了深厚的友谊，译书工作配合得十分默契，以他们两人为主确定了一套译书原则，诸如译名的确定、新名词的创造、中西翻译名词对照表的编定等，这对后来中国的翻译界影响很大。

该翻译馆所译西书在当时全国所有译书机构所出版的西书译著中数量最多，质量也最高。其中包括"编辑既精、译笔尤善，为算学家必读之书"[6]的《代数术》；"条理分明，欲

---

① 清·傅兰雅，江南制造局翻译西书事略。引自张静庐《中国近代出版史料初编》，群联出版社，1954年，第11页。

② 指徐寿等。

③ 引自《曾文正公全集》卷4。

④ 指牛顿。

⑤ 清·徐寿，《格致汇编·序》。

⑥ 引自《江南制造局译书提要》卷2。

图 8-34 江南制造局翻译馆的主要中国译员徐寿、华蘅芳和徐建寅

习化学，应以此为起首工夫"[①] 的化学善本《化学鉴原》；"透发至理，言浅事显，各有实得，且译笔雅洁，堪称善本"[②] 的《地学浅释》等，它们的译者分别是傅兰雅、华蘅芳；傅兰雅、徐寿；玛高温、华蘅芳。在翻译馆出版的全部译著中，以傅兰雅与徐寿合作翻译的全套化学译著价值最高。在译书过程中徐寿总是要加上不少的注释或按语，这些都是他的研究心得。徐寿在译《化学鉴原》时，加了"华字命名"一节，编入了中国最早的中文化学元素表，并确定了以罗马字母名称的重要音节再加偏旁的命名原则，奠定了中国嗣后化学元素中文命名的基础，这一原则至今仍为我国翻译工作者所沿用。后来日本柳原光前到翻译馆考察学习时，曾购取大量化学译著归国仿行，致使"日本所译化学名词，大率仍袭寿[③] 本者为多"。傅、徐所译《化学鉴原》及其续编、补编为中国化学方面的开山译作，在中国科学史上的价值不亚于利玛窦、徐光启所译之《几何原本》，且犹过之。因后者仅译 6 卷，后 9 卷是过了 200 年后才由伟烈亚力与李善兰译出后补齐的，而前者则为全套。

徐寿不仅对自己译的书一丝不苟，对其子建寅与傅兰雅合译的书，亦常常参与讨论。如

① 清·孙维新，"泰西格致之学与近刻翻译诸书详略得失何者为最要论"，《格致书院课艺》，光绪己丑年春季，第 10 页。

② 徐维则、顾燮光，《增版东西学书录》，地学，第二十。

③ 指徐寿。

徐建寅所译《声学》一书，因徐寿素通律吕之学，他经反复研究，用开口铜管试验，发现只有两管管长之比为4∶9时，才能吹奏出相差八度的音，从而纠正了原书中“有底管、无底管生音之动数，皆与管长有反比例”此等不够确切的提法。傅兰雅就此问题写信给原书作者田大里，同时将信的复本寄给英国《自然》杂志。《自然》杂志请人作了答复，提出徐寿的结论是正确的，这一结论是晚近才被人证明的一种新的声学定律。于是英国《自然》杂志以《声学在中国》为题，明确指出：“我们看到，一个古老定律的现代科学的修正，已由中国人独立解决了，而且是用那么简单原始的器材证明的。”① 由此可见徐寿学识的博大精深。傅兰雅和徐寿是翻译馆最优秀的译员，是晚清传播西方科学技术的一对黄金搭档。

二　翻译馆的历史贡献

翻译馆当时的译书方法是：“将所欲译者，西人先熟览胸中而书理已明，则与华士同译，乃以西书之义，逐句读成华语，华士以笔述之；若有难言处，则与华士斟酌何法可明；若华士有不明处，则讲明之。译后，华士将稿改正润色，令合于中国文法。”② 由于当时外国学者不精通中文，中国学者不熟悉外文，必须两相结合，采用西译中述的译书方法，故翻译时犹为困难，在译书过程中，常碰到大量既难意会，更难言传的译句。当时以翻译“信达雅”著称的中国学者华蘅芳曾描述其从事译书活动时往往“平日所入于耳，寓于目而有会于心者，其境界一一发见于若梦若寐之际，而魂魄亦为之不安”③。为了寻找合适的表述语言，译员们常昼思暮想，难于入寐，可见当时译书活动的艰苦。中外译员们各采所长，紧密结合，克服了文字语言上的重重困难，造出了许多中国以往从未使用过的西方科学术语。翻译馆先后编定出版了《金石中西名目表》(1883)、《化学材料中西名目表》(1885)、《西药大成药品中西名目表》(1887) 和《汽机中西名目表》(1889) 等。当时学术界对这些西方术语中西名目对照表评价很高，认为它们“最易查验，所定名目，亦切当简易。后有续译者，可踵而行之也”④。为中国现代科技词汇和文字学的发展做出了重要贡献。

翻译馆自1868年至1907年先后翻译出版的书籍计有23类（见表8-6），160种，1076卷，译书数量几为京师同文馆的6倍以上，到1919年底翻译馆已共出售译书32 111部，83 454册。所译书籍除少量历史和政治书籍外，绝大部分是自然科学和工程技术方面的书籍，“自象纬、舆图、格致、器艺、兵法、医术，罔不搜罗毕备，诚为集西学之大观”。这些中文本的西方科学技术译著公开发行后，广为流传，为嗣后中国开办的各新式学堂用作教科书，有些流传到日本，遂开风气之先。

晚清西学东渐，中国开始诞生了译书机构，不下十余所，但向中国国内系统介绍西方科学技术历时最久，出书最多，影响最大的译书机构当推江南制造局翻译馆，其译书活动对向世界东方传播西方科学文化以及日后中国近代科技、教育和出版事业的发展起到了很大的促进作用。

---

① 王冰，明清时期物理学译著考，中国科技史料，1986，(5)。

② 熊月之，西学东渐与晚清社会，上海人民出版社，1994年，第496页。引自傅兰雅《江南制造局翻译西书事略》。

③ 华蘅芳，地学注释·序。

④ 梁启超，读西学书法。

表 8-6　江南制造局翻译馆译书种类[①]　(1868～1907)

类别	种类	卷数	类别	种类	卷数	类别	种类	卷数	类别	种类	卷数
史志	6	45	工程	4	38	算学	7	89	地学	3	51
政治	10	73	农学	9	45	电学	4	17	医学	11	74
兵制	12	73	矿学	10	72	化学	8	62	图学	7	55
兵学	21	109	工艺	18	106	声学	1	8	补遗	2	15
船政	6	11	商学	3	6	光学	1	2	附刻	10	91
学务	2	2	格致	3	9	天学	2	22			

梁启超曾说："曾文正公开府江南，创制造局，首以译西书为第一方。"[②] 把翻译西书看做是曾国藩创办江南制造局的首要任务，似乎强调过分，可是他在江南制造局创立翻译馆，对于西学东渐，开风气之先，培养中国近代科技和外交人才，促进中国近代教育事业的发展等方面的确起到了一个先行者的作用，翻译馆译书活动影响之深远亦为曾国藩当时所始料不及。

第八节　福建船政学堂是培育中国近代造船科技及海军人才的摇篮

一　船政根本，在于学堂

福建船政学堂是左宗棠创办船政时执行"不重在造而在学"的指导方针的产物。他认为："重在学造西洋机器以成轮船，俾中国得转相授受，为永远之利"，故在创办福建船政的同时也必须兴办学校。他上奏清廷说："夫习造轮船，非为造轮船也，欲尽其制造、驾驶之术耳，非徒求一二人能制造、驾驶也。欲广其传，使中国才艺日进，制造、驾驶辗转授受，传习无穷耳。故必开艺局，选少年颖悟子弟习其语言文字，诵其书，通其算学，而后西法可衍于中国。"[③] 他认为"艺局之设，必学习英、法两国语言文字，精研算学乃能依书绘图，深明制器之法，并通船主之学，堪任驾驶，是艺局为造就人才之地，非厚给月廪不能严定课程，非优予登进则秀良者无由进用"[④]。左宗棠要培养的是通外国语言文字、造船制器和航海驾驶的一批各类专业的配套人才。

1866 年底，左宗棠进一步提出："开设学堂，延致熟习中外语言文字洋师，教习英、法语言文字、算法、画法，名曰求是堂艺局，挑选本地资性聪颖，粗通文字子弟入局肆习。"[⑤] 并还主持制订了艺局章程 8 条，对学制、培养目标、学生待遇、考试制度等均作了具体规定，凡子弟入学，均以 5 年为限。

---

① 引自《江南制造局译书提要》，清宣统元年七月石印版。

② 清·杨模，《锡金四哲事实汇存》，宣统二年，第 1 页。

③ 清·左宗棠，"密陈船政机宜并拟艺局章程折"（同治五年十一月初五日），《左宗棠全集》奏稿卷 3，岳麓书社，1989 年。

④ 引自《船政奏议汇编》卷 2。

⑤ 同④。

1867年7月18日，沈葆桢正式接任船政大臣后向清廷递交的第一篇《船政任事日期折》中即郑重指出："船政根本，在于学堂，臣访闻所派教习咸能认真讲授，生徒英敏勤慎者亦多，其顽梗钝拙者随时去之，有蒸蒸日上之势。"[①] 实际上，还是在船政于1866年底动工兴建时，沈葆桢就已事先责成专人在福州城内外借址[②] 招生上课了。城内的两处借址是定光寺[③] 和仙塔寺，城外则借址在亚伯尔顺洋房。首先招生的专业是驾驶，反映了左、沈创办船政以振兴中国海军之初衷。据事后福州将军英桂奏称：船政"于11月17日[④] 开局，……习学洋技之求是堂，亦经开设，并选聪颖幼童人学，先行肆习英语英文"[⑤]。据当时考入求是堂艺局驾驶班的近代著名思想家严复回忆说："不佞年十有五则应募为海军生。当是时，马江船厂司空草创未就，借城南定光寺为学舍，同学仅百人，学旁行书算，其中晨夜伊毗之声与焚呗相答[⑥]。……已而移居马江之后学堂。"[⑦] 当时，求是堂艺局首批学生入学时的部分试题由沈葆桢亲自命题和批阅，时严复所答试题"大孝终身慕父母"情文并茂，为沈葆桢所激赏，常"置冠其曹"，并定为总生入学考试第一。足见沈葆桢对于兴学育材的关注是绝不下于建厂造船，因为这才是自强兴国的治本之道。

1867年初，在亚伯尔顺洋房开设法语班，令部分入学幼童肄习法语法文。当1867年7月沈葆桢到任时，称作法语和英语学堂的两堂基建工程已完工，学堂后面是学生宿舍，各30余间。于是将原设于亚伯尔顺洋房的艺童归入法语学堂，习法文，授制造；将原设于白塔寺和仙塔寺两处艺童并入英语学堂，授驾驶。由于法语学堂靠近船政衙门在前，英语学堂远离船政衙门在后，故19世纪70年代后分别被称为船政前、后学堂（见图8-35)。沈葆桢还曾写下以下楹联悬于船政学堂大门：

（头门）且慢道见所未见，闻所未闻，即此是格致关头，认真下手处；
何以能精益求精，密益求密，定须从鬼神屋漏，仔细扪心来。

（仪门）以一篑为始基，从古天下无难事；
致九泽之新法，于今中国有圣人[⑧]。

楹联不仅道出了他创办船政的宗旨，同时还激励广大学生要认真刻苦地学习格致，并表明他通过创办船政应尽早孕育出新一代能精通科学技术的能人学者，为中国的近代造船事业迅速作出贡献的强烈愿望。

1867年，沈葆桢因当时"中国匠人多目不知书，且各事其事，恐他日船成未必能悉全船之窍要，故特开画馆两处，择聪颖少年通绘事者教之，一学船图，一学机器图，庶久久贯通，不至逐末遗本"[⑨]。画馆的培养对象是绘图员，这是船政学堂开设的设计专业。1867年末改为绘事院，设于轮机厂之楼上。

---

① 引自《沈文肃公政书》卷4。
② 包括课堂和教室。
③ 俗称白塔寺。
④ 相当于公历1866年12月23日。
⑤ 引自《海防档》乙《福州船厂》(一)，第59页。
⑥ 指学生们朗读英文字母与数学符号希腊字母之声此起彼伏。
⑦ 引自中国近代舰艇工业史料集，上海人民出版社，1993年，第844页。
⑧ 严复，"送沈涛园备兵淮扬"，《愈懋堂诗集》。
⑨ 引自《船政奏议汇编》卷4。

图 8-35　船政学堂

1868年上半年，由于华匠与洋匠，“器用不同，言语不同，事事隔阂”。同时也由于中年工匠“心气耗散，往往不能探赜通微”，于是沈葆桢乃令各厂选拔15～18岁的聪颖少年，令他们向在厂洋员和洋匠学习，称为艺徒，共百余人，对这些人“不能无以钤束，乃是复有艺圃之设”①。艺圃实则就是船政学堂所开设的艺徒班。

当时船政是由法国人帮助建厂，凡船壳和机器的设计、制造、绘图用的都是法文资料，故绘事院和艺圃的学生也均需习法语，因此他们虽与前学堂不在一处，但均属前学堂管辖。实则在前学堂学习的仅是制造专业的学生，故前学堂又称制造学堂。而后学堂的驾驶专业以及于1868年加设的管轮专业则均学习英文，后学堂又称驾驶和管轮学堂。其学习年限为5年。据称当时英国海军甚为发达，而法国则以造船见长。这是船政前后学堂分别学习法文、英文及设立专业的根据。

二　船政学堂的课程设置与办学特色

船政学堂各专业的课程设置原则在于实用，前学堂的各专业都是直接为培养船厂建设和造船人才而设置的；后学堂的专业主要是为日后培养驾驶军舰和使用机器的人才而设置的。其课程设置情况如下：

制造专业：入学头三年学习法文，辅以汉文和数学。后两年学习的课程有：物理、化学、画法几何、重学、材料力学、微积分、机械学，还有造船和制机两门船厂实习课。

设计专业：修业年限为3年。课程有法文、算术、几何、几何作图、微积分、透视原理，还有一门完整的某船用蒸汽机结构实习课。

学徒班：修业期限为3年，半天上课，半天在厂里学工。课程有：法文、算术、几何、几何作图、代数、设计和蒸汽机构造课。学生在学习法语时是按车间分片学习②。

驾驶专业：课程有英文、算术、几何、代数、解析几何、割锥、平三角、弧三角、微积分、动静重学、水重学、电磁学、光学、音学、热学、化学、地质学、天文学、航海学。还有一门到练船上训练驾驶和演炮的实习课。

管轮专业：课程有英文、算术、代数、三角、重学、物理、汽理③、轮船汽机、机器画法、机器实习、修订鱼雷、船用蒸汽机操作和维修、船用仪表。还有一门在船上安装蒸汽机的实习课。

船政学堂办学有两大特色，一是理论密切联系实际；二是采用严格的淘汰制度，这是他日后取得成功的关键。利用船厂建设以及制造军舰的有利条件，制造专业学生通过学堂安排的造船和制机两门实习课，直接参与船体或轮机的各项性能计算、设计、装配、制造等各项工序，使之能独立管理一个车间，为日后当好监工准备了条件。驾驶专业学生在练船上曾进行过几次航行内海和外海的练习，通过亲自操炮、驾驶、导航的实习，培养学生能独立操驾轮船、军舰，故学习效果特佳。19世纪70年代初，当船政学堂第一批学生毕业时，制造专业学生基本上达到工程师的水平，“明于制造理法者，则以李寿田、游学诗、罗臻禄、吴德

---

① 引自《沈文肃公政书》卷4。

② 各车间均有洋员专门负责教授学徒法语。引自《沈文肃公政书》卷4。

③ 即热力学。

章、郑清濂、汪乔年为最。”[①] 87 名艺徒已能按图施工，其中 53 人已具监工能力，个别达到了工程师水平。船政正监督日意格对这批毕业的艺徒评价很高。他说：“如果把这批人送到欧洲去工作三四年，他们中一些人不仅能够锻炼成能按图施工的工头，还能成为车间一级的负责人。”[②] 驾驶专业的毕业生中有 14 人具有远程航行的水平，“其驾驶心细胆大者，则粤童张成、吕翰为之冠；其精于算法、量天尺之学者则闽童刘步蟾、林泰曾、蒋超英为之冠。”[③] 学堂教育初见成效。为了优胜劣汰，学堂执行严格的考试制度。按船政学堂章程规定：“每三个月考试一次，由教习洋员分别第等。……考列一等者有赏；二等者无赏无罚；三等者记惰一次，三次连考三等者斥出。”[④] 学堂招收的新生，从入学到毕业，除了死亡外，被淘汰的学生近一半之多，从而保证了毕业学生的学习质量。

三 船政学堂建设的创举——选派留学生出国深造

船政大臣沈葆桢自创办船政之初，在培植和提拔人才方面别具匠心。他强调“中朝人才，必取资学堂”[⑤]，而“船政替人，似当于通西学者求之”。在当时一向以科举取士为正途的清封建王朝，居然提出应由通西学的人来掌握船政大权这种由内行治厂的改革人事制度的主张，有着极为深远的战略意义。

1873 年 11 月 18 日，日意格在给沈葆桢有关船政学堂教学效果的禀文中，建议选派优秀学生赴欧留学，进一步深造，以堪大用。这一重要建议正中沈葆桢下怀，于是他即在 12 月 7 日上奏清廷的《船工将竣谨筹善后事宜折》中力陈应由船政学堂派遣留学生出国深造。他在奏折中说：“前学堂习法国语言文字者也，当选其学生之天资颖异，学有根柢者，仍赴法国深究其造船之方，及其推陈出新之理。后学堂习英国语言文字者也，当选其学生天资颖异、学有根柢者，仍赴英国深究其驾驶之方，及其练兵制胜之理，速则三年，迟则五年，必事半而功倍。”[⑥] 他认为只有这样，才能使船政学堂的毕业生经过亲历西洋，窃西学精微之奥，否则就会停留在“只能就已成之绪而熟之，断不能拓未竟之绪而精之”[⑦]。当时直隶总督、北洋大臣李鸿章首先致函总理衙门支持沈葆桢，认为沈的奏折所言“洵为根本之论”，并建议由日意格带队。7 天后，陕甘总督左宗棠也致函总理衙门表示支持，认为“幼丹[⑧] 诸疏，语语切实，能见其大”。南洋大臣李宗羲同样也全力支持沈葆桢的奏折[⑨]。谈及经费，沈葆桢认为，船政学堂毕业生留欧，显然比容闳带领的幼童留美[⑩] 年开销大，但他们已有一定的西方语言文字技能和科技知识，以原有的基础出国深造，只需在国外再学 5 年，而不像幼童需在美国培训 15 年，在经济上将更为上算。但一时因无巨款可筹，沈葆桢只得精选

① 中国史学会，洋务运动（五），上海人民出版社，1961 年，第 181 页。

② 日意格，福州船政局，第 23 页。

③ 中国史学会，洋务运动（五），上海人民出版社，1961 年，第 139 页。

④ 引自《船政奏议汇编》卷 2。

⑤ 这里是指船政学堂。

⑥ 引自《沈文肃公政书》卷 4。

⑦ 引自《沈文肃公政书》卷 4。

⑧ 指沈葆桢。

⑨ 林庆元等，沈葆桢，福建教育出版社，1992 年。

⑩ 指由曾国藩和李鸿章于 1871 年奏准连续 4 年派赴留美学生共 120 名。

"在学堂多年，西学最优"的前学堂学生魏瀚、陈兆翱、陈季同，后学堂学生刘步蟾、林泰曾五人，趁日意格去欧洲采办机器之机，分别派往法国和英国学习。

1875年10月29日沈葆桢离闽赴沪，调任两江总督，继任的船政大臣丁日昌和吴赞诚等均极力主张派船政学堂部分优秀学生出国考察学习，这一主张始终得到李鸿章的赞赏。1876年6月李鸿章令李凤苞、日意格分别担任船政学堂留学生华、洋监督，去天津拟定留洋章程。他于1877年11月13日向清廷呈上《闽厂学生出洋学习折》，奏折中说："察看前、后堂学生内秀杰之士，于西人造驶诸法多能悉心研究，亟应遣令出洋学习，以期精益求精。臣等往返函商，窃谓西洋制造之精，实源本于测算、格致之学，奇才迭出，月异日新。即如造船一事，近时轮机铁胁一变前模，船身愈坚，用煤愈省，而行驶愈速。中国仿造皆其初时旧式，良由师资不广，见闻不多。官厂艺徒虽已放手自制，止能循规蹈矩，不能继长增高。即使访询新式，孜孜效法数年，而后西人别出新奇，中国又成故步，所谓随人作计，终后人也。若不前赴西厂观摩、考索、终难探制作之源。至如驾驶之法，近日华员亦能自行管驾，涉历风涛，惟测量天文、沙线、遇风保险等事，仍未得其深际。其驾驶铁甲兵船于大洋狂风巨浪中，布阵应战，离合变化之奇，华员皆未经见。自非目接身亲，断难窥其秘钥。"[①]

1876年冬，倾心于"自强"的郭嵩焘奉派为中国第一任驻英公使，他亲身感受到欧风美雨，在致函给李鸿章的信中力言自强必须以教育为急务，"人才国势，关系本原，大计莫急于学"[②]。更促进了清廷由船政学堂选派留学生的决心。经过一翻筹划，终于落实了经费，1877年2月17日船政学堂派出了第一批留学生共38人[③] 分别到法国、英国留学。学习的专业主要是造船、轮机制造和驾驶，也有少数学习矿务、法律和化学、物理的。学习期限一般为3年，也有短则2年，长则6年的。1880年前后，第一批留学生相继回国，于是又在1881年12月、1886年3月、1896年12月分别派船政学堂毕业生10名、34名和6名作为第二、三、四批留学生去法、德、英深造[④]。其中第二、三批留学生学的专业比第一批留学生有所拓展，除制造和驾驶外，还涉及枪炮、测绘、海军公法和万国公法等。

由船政学堂派遣留学生出国深造是中国近代学校建设的一项创举。对中国近代的社会教育和人才培养具有划时代的意义。其中特别是第一批留学生学习质量最高，其中不少人日后成为中国近代著名海军宿将、造船、轮机专家，军事家、外交家和思想家，成为传播西学、创立中国近代海军和舰艇工业的先驱。其中有思想家严复、外交家马建忠、翻译家陈季同、罗丰禄、造舰专家魏瀚、造机专家陈兆翱、海军将领萨镇冰等等，他们回国后对中国近代海军建设、外交事务等方面均有多方面的建树，而魏瀚、陈兆翱等原船政学堂制造专业学生回船政后成了设计和监造新型舰艇的顶梁柱。

四　船政学堂是孕育中国近代造船科技和海军人才的摇篮

船政学堂在创办的前15年内，得到了平稳的发展，当时造船活动不断，学生的实践机

---

① 清·李鸿章，"闽厂学生出洋学习折"，《李文忠公全书》，奏稿28，光绪三十四年金陵版。

② 郭嵩焘，"致沈幼丹制军"，《养知书屋文集》卷11。

③ 38人中包括已先期到法、英留学的魏瀚等5人。

④ 第四批留学生选派时因英国格林书院额满，故仅派了6名制造专业毕业生到法国留学。

会多，故其毕业生既有理论知识，动手能力也很强，毕业后，大多又直接投入到船政的造船活动中去。船政初期，当厂内洋员大部返国时，其造船速度和质量之所以仍能保持原有水平，除了有充裕的经费外，当时船政学堂为船厂及时输送了一批精于造船、造机的毕业生当是最根本的原因。当清廷于 19 世纪 80 年代初需要建造更为新型的巡海快船及钢甲舰时，正好船政学堂派到欧洲深造的第一批留学生已回到船政，在他们的努力下，使船政的造船水平又多次跃上新台阶。1884 年的中法战争和 1894 年的中日战争，虽两次对船政学堂的招生、师资、经费等均造成很大影响，学校的规章制度也曾一度松弛，可是船政的建设者们还是尽力整顿，想方设法坚持办学。

船政学堂是在晚清洋务运动中创办的一所培养中国近代造船科技和海军人才的新型学校，其成绩显著，影响深远。自 1867 年到 1911 年的 30 多年中，共培养制造专业学生 8 届 178 名，驾驶专业学生 19 届 261 名，管轮专业学生 14 届 281 名。大部分毕业生后来皆成为近代中国海军、造船、航运及其他科技、外交等部门的著名将领和专家学者，船政学堂是名副其实的孕育中国近代造船科技和海军人才的摇篮，也是中国近代科技教育的策源地。

第二篇　水运技术史

第九章　海上航路的开辟与演变

中国是一个历史悠久的古国，又是世界海洋文化的发祥地之一。史前期中国濒海而居的上古先民，对海洋的开发起源于求生的本能。为了生存他们因地制宜，就地取材，各自以不同的工艺制造出形状各异但功能相同的生产工具。大家在一起靠海吃海，以涉滩拣贝和浮海捕鱼为生，逐步建立起具有共同生产和共同生活方式的群落，成群结伙为追逐或寻觅生活资源，开始前赴后继地向海洋迈进。

第一节　开发海洋的新曙光

一　海洋文化的萌芽

根据地质学资料所见，在全新世，大约距今 15 000 年前，正当旧石器时期与新石器时期交替之际，全球进入了冰后期，天气渐暖，海平面回升，海岸线向大陆侵进。后来由于大小河流泥沙的冲积，陆地逐年淤涨，海岸线又逐渐向东退移。此后，中国的海岸地貌状况基本形成，北部从辽东半岛向南至钱塘江口一段，是海积平直海岸和冲积平原海岸；从钱塘江口向南一直至海南岛，全部是海蚀断层海岸。台湾岛西侧是海蚀港湾海岸；东侧是海蚀断层海岸。在各海蚀断层海岸中的小河流入海口处，有小面积的冲积平原，或狭窄条带状海积平直海岸。发展到距今 6000 多年前，逐渐达到近似现在的海岸状态，华北海岸在今之昌黎、文安、任丘、献县、德州、济南一线，泰山东部与成山还为海岛；苏北海岸在今之赣榆、海州、灌云、涟水、高邮、扬中一线；长江以南的无锡、苏州、嘉兴、绍兴都濒临海边，而宁波还浸在海中没有成陆。可见据今一万一二千年至七千五六百年前，北京的山顶洞人、山东的大汶口人、浙江的河姆渡人、福建的越人，都是中国濒海而居的先民。

近年，中国考古界在北起辽宁，南至两广的沿海地带，发现了众多新石器时代的贝丘遗址。这些遗址是沿海先民以海贝肉为食，将贝壳弃置在居住地附近长期堆积而成的。在石器时代遗存下来的贝丘里，往往可以发现当时的渔猎工具，显示着中国沿海先民在大规模开发滩涂的基础上，已开始向海洋渔捞发展。这种现象在沿海发现的较大遗址中皆有所见：

小珠山遗址。因首见于大连市广鹿岛中部的小珠山而得名。在此遗址中发现大量海洋贝壳和网坠、骨镞、石镞等捕鱼工具。

大连市郊小磨盘山贝丘遗址。东西长 20 米，南北宽 5 米，堆集的贝壳厚 0.5 米，其中长牡蛎最多，蛤仔次之，还有一些蝾螺。

大连广鹿岛东西大礁贝丘。长、宽各 200 米，堆集厚度 1～2.5 米。同存物有半月形卵石网坠、双孔石刀和陶器碎片。

从 1949 年以来，在黄、渤海分界线上的长山列岛上，陆续发现过多处贝丘遗址。如小长山岛大庆山北麓的贝丘，南北长 500 米，东西宽 300 米，贝壳堆积厚度 0.3～1.5 米，主要是鲍鱼、海螺、海蛤等。还有一处英杰岭东地贝丘，长约 400 米，宽约 300 米，堆积厚度

0.3～2.5米。同存物有陶片、骨制鱼钩、石网坠和石斧。

大长山岛上的马石贝丘，长约300米，宽约150米，堆积厚度0.3～3米。同存物有网坠和石斧。在此岛的其他新石器时代遗迹中，都出土有大量贝壳、鱼骨和石网坠、骨镞、渔钩、蚌刀、蚌镞等渔猎工具。

山东胶县三里河的大汶口文化遗址中，出现了5千年前的海产鱼骨和成堆的鱼鳞，主要是鳓鱼、黑鲷、梭鱼和蓝点马鲛鱼的鱼鳞，成堆的堆积在坑内。

江苏连云港市二涧村北辛文化遗址中，出土渔猎工具石镞和骨鱼镖50多件，龟、青鱼骨、丽蚌壳和中国圆田螺壳。

浙江嘉兴马家浜文化。是年代较早以种植稻谷为主要生产的新石器文化，但也出土了石箭头、骨鱼镖、陶网坠等捕鱼工具。

5000年前分布于苏南和浙江的先民，以种稻为食，创建了良渚文化，在其文化遗址中也发现了渔猎工具和木桨，说明当时已有了舟筏或独木舟一类的水上运载工具，有可能已在更广阔的水域进行渔猎活动。

7000～5000年前，由分布在浙江宁绍平原上的先民所创建的河姆渡文化，是以种植水稻，饲养家畜与渔猎共存的文化。在该地濒临海岸和河口处，还发现有骨镞、木矛、石丸、陶球等渔猎工具以及木桨与陶质船模。

福建闽侯县石山文化。位于闽江下游，以农业种植为主，渔猎也很发达，出土有陶网坠、石镞、骨镞等渔猎工具，有大量的贝壳堆积，最厚处可达3米。

圆山贝丘。在台湾省台北市的圆山，是4500～3000年前的贝丘遗址，直径数百米，堆积的贝壳厚达4米。计有水晶螺、小旋螺、棱芋螺、牡蛎等海栖贝类，还有中国田螺、台湾小田螺及川蜷类等淡水贝类。共存物中有石箭、骨鱼叉、石网坠等渔猎工具。

富田屯贝丘遗址。在福建金门岛富国屯。此处贝丘有20多种贝壳。共存物中有黑色、红色印纹陶片。

陈桥贝丘遗址。在广东省潮州市。出土贝壳数十万斤，以牡蛎、海螺、乌狮为最多，其次为魁蛤、文蛤、海蛏和少量的淡水贝壳。共存物中发现有专用于采取牡蛎肉的蚝蛎啄。

新村港湾贝丘遗址。在海南岛陵水，堆积的多为螺壳。共存物中有39件石网坠。

东兴亚菩山贝丘遗址、杯较山贝丘遗址、马兰嘴贝丘遗址。分别在广西东兴的沿海地带。出土的贝壳有牡蛎、文蛤、魁蛤等。共存物有蚝蛎啄204件，蚶壳网坠19件。这种网坠是用钻上圆孔的蚶壳做成的，只能成串的用在捕小鱼和虾的网上，至今在广西东兴海边仍有人使用①。

在上述沿海新石器时代遗址发掘中，贝丘和渔猎工具到处可见，展示了中国上古先民由采集贝类为食，演进到主动到海上捕鱼为食的发展进步过程。由于中国疆域辽阔，绵长的海岸线依靠着广袤的大陆，同时在相邻地区的先民，靠陆吃陆，养殖、种植与靠海吃海者同步发展，由而形成了中国特色的海洋农业文化的独特模式。

---

① 宋正海，东方蓝色文化——中国海洋文化传统，广东教育出版社，1995年。

二　上古先民的海上活动——漂航

中国上古濒海而居的先民，在劳动生息的过程中，创造了带有海洋特色的九夷文化和百越文化。这两支文化，是以舟、筏等水上运载工具为条件，以漂航为特征，开创了上古先民的海洋活动。他们大致以淮河为界，在淮河以北者，历史上统称作东夷；在淮河以南者，统称作越人。又有九夷、百越之称，盖言其是两大族系而有分支众多的部族。据《越绝书》卷三吴内传第四所记："越人谓船为须虑"，"习之于夷。夷，海也"。又见《史记·太公世家》说："太公望吕尚者，东海上人。"集解则注明"东夷之人"。据此可知，夷就是海，东夷与东海同义。显见越人、夷人都是习于海上活动的人。九夷人在6600年前创建的大汶口文化；百越人在7000年前创建的河姆渡文化；还有在淮河口越人与夷人聚居处，两族相互交融而成的青莲岗文化，都是同期形成而带有海洋特征的文化。

大汶口文化是与黄河仰韶文化后期重叠出现的一种文化，在其后出现的东夷龙山文化，是大汶口、龙山、岳石由低级到高级一脉相承演变发展起来的①。它具有农业文化与渔猎文化的双重特征，主要分布在山东省的汶、泗、沂、淄、潍等水流域和沿海各地。龙山文化的典型器物有半月形偏刃石刀、长方偏刃石锛、矩形石斧和黑色细泥陶器。其中的长方偏刃石锛是加工独木舟的专用工具。由此可知，龙山人是生息在沿海地区乘舟弄潮的先民。

聚居于长江以南的百越人创建的越文化，是海洋文化与农业文化相结合的一种文化，主要分布在今之江苏、浙江、福建、台湾、广东、海南岛沿海各地。典型器物有印纹陶器和有段石锛。其中特型的有段石锛是越人刳制独木舟的专用工具。

沿海的九夷文化、百越文化和中原仰韶文化，是史前期中国境内的三支主体文化，历经数千年的相互交融、推动、发展，形成了大陆黄色文化与海洋蓝色文化兼容并蓄的中华文化，以及与之相适应的物质文明和精神文明。由此56个兄弟民族凝聚成一个坚如磐石牢不可破的伟大的中华民族。

从现在考古发掘所见，龙山人和百越人的海上活动，是随着洋流漂航的原始蒙昧航海。当时他们并不知道所趁洋流的起止和去向，也没有事先预定的目的和航线，只是为了寻取生活资料，随波逐流漂航而行。从今天发现他们遗留下文物的地方来看，恰好是在某些洋流所经流的沿途各地，由此而得知他们当时随流漂航的行踪，并且由此看到是先由沿海、近海、后至远洋，分三个阶段逐步发展起来的。

（一）上古先民的近海海上活动

新石器时代的早期，是沿海先民走向海洋的初始。那时的人们对海洋的认识还处在蒙昧状态，所用的运载工具还很简陋，基本上还不敢离岸太远，非常害怕在视界范围内看不到陆地②，只能在沿岸邻近岛屿间作短距离航行。

第二阶段，约在6000多年以前，发展到较远距离的沿岸航行，中国北方沿海的龙山人与南方沿海的百越人，已经开始了在视力所及范围内的逐岛航行。

---

① 山东博物馆，大汶口文化讨论文集"碳14测定大汶口文化""谈谈大汶口文化"，齐鲁书社，1979年。

② ［日］茂田寅男，《世界航海史》。

1. 龙山人的近海航行活动

龙山人是大汶口人的一支，长期是以海为生的先民[①]。随着他们早期的海上活动，将龙山文化的器物和民俗，从山东半岛逐岛漂过渤海和黄海，传播到辽东半岛各地。1958 年，中国考古界在辽宁大连市的大台山和王庄寨，发现了龙山文化的遗存，两地出土的文物，与在山东半岛西北部的出土文物基本相同。在大连皮子窝贝丘中发现的红褐和青灰陶器，与渤海南岸龙口市贝丘中的遗存物类似。从考古界发现的龙山文化分布状况来看，证明龙山人是通过海上活动，将这些文物传播到辽东的。近年来，又在黄海大长山岛的马石贝丘中，发现了辽宁新乐文化的蓖纹陶器，而且是叠压在龙山文物之下，经测定是 6600 年前的遗存[②]。这证明在大汶口文化形成年代的同时，辽宁沿海的先民带着自己的文化在海上漂航，与早期的龙山人先后交会于中途的海岛上，从而遗留下北方沿海先民逐岛漂航的足迹。

2. 百越人的近海航行活动

百越人是泛指上古时期中国东南沿海及岭南地区越族各系先民。百越人自古以来便是“水行而山处，以舟为车，以楫为马，往来飘风，去则难从”[③]，是濒海而居且长于海上活动的民族。

百越文化的典型遗址在浙江省余姚河姆渡，此地保留着 7000 年前百越文化遗址，若将此地遗存文物与其他地区所发现的同类遗址相比较的话，可以看到百越文化有从此向南北沿海传播的现象。1975 年，在舟山群岛的十字路、塘家墩、孙家山等地，发现了河姆渡第二层类型的文化遗存，距今约有 5500 多年，是至今在舟山群岛发现的最早人类聚居遗址。舟山群岛与河姆渡相距虽不算远，其间的传播竟晚于发源地 1500 余年，显示着百越人在这一带的海上活动，很长时间没有离开海岸太远。但同时的闽越先民，却经过这段时间，漂航到了台湾。

大陆人到台湾分作前后两期，前期约在第三、四纪之间，当时台湾、琉球还与大陆相连，大陆古人、古生物便从陆桥徒步移徙到台湾。在台湾发现的“左镇人”顶骨化石，属于北京人的一支，与山顶洞人相近，他们使用的石器工具，与大陆南部的旧石器基本相同[④]。后期则在新石器时期，此时陆桥已经沉没，台湾海峡已经形成，百越人经过漂航陆续移徙到台湾，同时将百越文化的印纹陶器和有段石锛传播过去[⑤]。近代在台湾相继发现了大量百越文化遗存，说明台湾人属于百越的一系，与越人有密切血缘关系，像扬越、骆越、闽越、于越一样，自有其名，史称外越[⑥]。

（二）龙山人漂渡太平洋的路线

从现在海外发现的龙山文化遗址分布状况来看，龙山人是先从山东半岛北岸出发，沿庙

---

① 山东博物馆：《大汶口文化讨论文集》“碳 14 测定大汶口文化”“谈谈大汶口文化”，齐鲁书社，1979 年。
② ［日］滨田耕作著，汪馥泉译，东亚文化之黎明，上海，黎民书局，1931 年。
③ 《越绝书外传·记地传第十》。
④ 厦门大学考古研究室，台湾省三十年来的考古发现。
⑤ 林惠祥，《中国东南区新石器文化特征之一——有段石锛》，考古学报，1958，(3)。
⑥ 《越绝外传·记地传第十》。

岛列岛逐岛渡过渤海到达辽东半岛南端，然后沿半岛东侧漂行，过鸭绿江口，再沿朝鲜半岛西侧到达该半岛南端，借左旋环流之便漂至日本西岸北部出云地区，穿越津轻海峡，在北纬40度，趁北太平洋暖流，长年西风、东流，流速每日20～25海里（每海里＝1.852公里），顺风顺水，漂到北美洲西岸。近代考古界在朝鲜、日本、阿拉斯加、北美洲西岸发现的龙山人特有器型的有孔石斧、有孔石刀和黑质陶器，便分布在左旋环流和北太平洋暖流所流经地区附近，展示了龙山人是趁这两条海流漂航东去的行迹。

（三）百越人漂渡太平洋的两条路线

越人漂渡太平洋的第一条路线是北太平洋海流，它位于北纬30°以北的西风带，长年东流，流速12海里。假若以北纬30°为航路基线，正是越人所在地钱塘江口的河姆渡，越人趁此洋流，中途经过夏威夷群岛，漂渡到拉丁美洲墨西哥北部的瓜达卢佩岛。近代考古工作者在夏威夷岛上出土了越人刳制独木舟的特型专用工具——有段石锛，并出土了与土著人体形不同的中国古人遗骸。据此证实，中国古越人在这条海流上向东漂航过的踪迹。

越人漂渡太平洋的第二条海流是赤道逆流，它在北纬3～10°之间，长年东流[①]。在全过程中，到东经140～180°海区时流速24～33海里，到东经180°～西经80°海区时流速20～23海里[②]。越人是从浙江或福建跨海到了台湾，而后又到了菲律宾。还有另一支越人从广东也到了菲律宾。两支相遇后便就近经婆罗洲北部到达苏拉威西岛。以上这一段越人漂航的线路，是根据在这些地方考古界发现的各处有段石锛遗址连结成线而显示出来的。越人到达苏拉威西岛以后，没有再向南前进，而是趁着赤道逆流向东漂航。在东经180°处，赤道逆流又分为两股，一股继续东流；一股南下成为澳大利亚洋流，又转向东流成为新西兰洋流，再与南太平洋的西风漂流相合，一直向东，流到南美洲的秘鲁。在这条洋流几经纵横分合所流经海域的岛屿上，如玻里尼西亚群岛中的夏威夷岛（Hawaii IS）、马奎萨斯岛（Margueses IS）、社会岛（Society IS）、库克群岛（Cook IS）、奥斯突拉尔岛（Austral IS）、塔希地岛（Tahiti IS）、查森姆岛（Chathan IS）等岛上，都经考古界发现了中国东南沿海古越人创制的有段石锛。在新西兰和西摩亚（Samoa IS）诸岛上也有少量的发现。远至太平洋东部的复活节岛（Easter IS）上，还有南美大陆的厄瓜多尔也都发现了中国古越人有段石锛的遗存。

有段石锛是一种体型构造比较复杂的磨制石器，不可能在世界各地丝毫不差的同时产生出来，一般是起源于一地，而后随着创制者的移徙传播于所到之处。从器物发展的顺序来看，在中国东南沿海大量发现者多为初、中级器物，高级者较少；而在玻里尼西亚群岛所见者，多为高级者，而制作时间也比在中国所见者晚。中外考古界人士据此断定有段石锛的制作起源于中国。近代在太平洋各岛与南美洲沿海有段石锛遗址的发现及其分布状况，证实了中国上古越人漂航横渡太平洋直达拉丁美洲航路的存在。德国考古学、民族学家海尼·格尔顿（Robet Heine Geldrn）据此指出，大洋洲的文化是来源于中国的。他还认为当地人是在新石器时期，从中国东南沿海使用澳亚语系语言（Austroasiatic Speech）的民族漂洋过海迁过去的。海尼·格尔顿的这种论述，以后被考古发现和语言学的研究所证实。从人类学的角度来看，加里曼丹的尼亚洞穴人，澳大利亚的维兰德拉湖古人是广西柳江古人东渡的后裔。

---

① 世界主要航线简介，北京人民交通出版社，1979年。

② 同①。

浙江河姆渡和福建昙石山新石器时期古人的遗骨，与澳大利亚尼格罗人极为近似。在玻里尼西亚的关岛和夏威夷岛上发现的古人遗骨，与山东大汶口6000年前的古人相对照，头骨枕部喙嘴状的特征相同，其身长与大汶口人平均身高1.72米也相一致。并在头骨上明显的保留着大汶口人将近十几岁时拔掉四颗门牙风俗的痕迹[①]。另外，美国人约翰·亨德森（John·W·Henderson），在其所著的《太平洋地区手册》上，指明大洋洲的澳大尼西亚语，与菲律宾、台湾的澳亚语系的关系十分密切，都是继承着5000年前中国东南沿海地区的语言内容。他从语言学的角度，证实了太平洋诸岛的古文化与中国的源流关系，在时间上，又与河姆渡文化、大汶口文化存在的时代吻合。若把以上各家的考证、论述，与太平洋诸岛有段石锛的遗存结合起来研究，可以说，凡是出土了有段石锛的岛屿，便是百越人海上活动的所到之地，百越人从中国东南沿海逐岛漂航，一直漂渡过太平洋，到达了拉丁美洲西岸。至于全程漂渡的分段，漂渡的总计时间，还有待于今后科技史界的进一步的研究。

当龙山人与百越人在海上漂航时，当时的生产条件，只有屈指可数的几种简陋的渡水工具，其中最高级者则数独木舟和筏两种。百越人虽曾将双体独木舟传送到太平洋的汤加和萨摩亚等岛[②]，但从长途漂航着眼，当以采用木筏或竹筏更为有利。它可以不受原材料的局限，根据需要结扎相宜大小的筏，而且具有独木舟无法比拟的适航性和抗沉性，而抗沉性良好与否是远海漂航中至关重要的条件。特别是中国首创的竹筏，它体轻、抗折，浮性强，随着百越人的海上活动，最远传播到拉丁美洲西岸的沿海各地[③]。

1947年，挪威人海尔达尔（Heyerdahl，Thor，1914～）为证明玻里尼西亚人的祖先是拉丁美洲人，而在太平洋作仿古漂航验证，他把出发地点选在拉丁美洲秘鲁北部的卡亚俄港附近，利用常年西流的南赤道洋流，从东向西漂航。他这样做出于两个原因：第一，既称仿古漂航，首先是在当地能找到适于远程漂航的原始航具。例如1970年，他选用埃及的原始芦苇舟，从埃及出发漂渡大西洋；1977年，他又选用美索不达米亚的芦苇舟，从波斯湾漂航到北非的吉布提。由此可以窥测他在仿古漂航时尽力采取出发地的原始航具这种设想。第二，海尔达尔主观地认为，玻里尼西亚人是从拉丁美洲向西漂渡到玻里尼西亚各岛的。因此他受了自己主观设定的从东向西的束缚，又要有西向洋流和原始渡具的这样一个地方，所以才选定了秘鲁北部卡亚俄港附近为出发点。海尔达尔并不知道百越人数千年前已乘竹筏，从另一条常年东行的洋流漂航到了南美，并为他准备下可据以仿造的漂渡航具。他用九根原木扎成一个原始的木筏，命名为“康—提基”号，经历了三个月时间，完成了5000海里的漂航。他无意中也为中国人在5000年前驾着竹筏，趁着赤道逆流，由西向东，逐岛漂航，横渡太平洋到达了拉丁美洲西岸的壮举，作了一次趁流漂航不容置疑的重复演试和证明。

第二节　沿海南北航路的开辟与演变

上古先民的海上航行，待到进入阶级社会，出现了商品交换以后，才成为一种交流运输

① 吴汝康，广西柳江发现的人类化石，古脊椎动物与人类，1（3）一卷三期；张小华，中国历史上的太平洋人种，学术研究1984，4。

② 梁剑韬，西瓯族源初探，学术研究，1997，1。

③ 潘利、张小华，太平洋初创时期的中国因素，史前研究，1985。

手段，发展成社会的生产力。同时，有来有往的航海贸易商品对流又决定了航路的形成。

一　先秦时期沿海航路的开辟与演变

1980年，在河南省偃师县二里头的夏文化遗址中，发现了12枚按海贝形状仿制的骨贝和石贝①。参照《盐铁论·错币》上关于中国古代货币的记载，说是“夏后以玄贝，周人以紫石，后世以金钱、刀、布”，说明出土的这些仿制骨贝和石贝，就是夏代市场交流通用的货币，显见自夏代已有了商品交流活动，由此推动着水陆交通的发展。随着交流范围的扩大，自然也会延伸到沿海与海外。从商代青铜器饕餮纹鼎铭文中的一个“荡”字（图9-1），可以略知商代水上贸迁活动的概况。

图9-1　商代饕餮纹鼎荡字

这个字形是描绘一个人驾船，一个人肩挑贝币或货物搭乘在木船上。这个金文象形会意字，记载下当时船舶已参与水上贸迁运输的事实，再结合近代在安阳殷墟考古出土的海贝、象牙、鲸鱼骨和占卜用的马来半岛的龟甲一起研究，便看到这些原产于海外的出土文物，都是航海船舶从海外交流得来的货物。可见航海已作为一种水运交通事业，从上古无目的的漂航中蜕化出来，发展到既有航行目的，又有既定航线和操驾技术的专门行业。但此时的航路还只能是分区分段开辟出来的。

（一）北方沿海航路

这段航路，是在史前期龙山人跨越渤海航路的基础上所形成的，南起于山东蓬莱，中经庙岛群岛，北止于辽宁大连。现代考古发掘，在辽东半岛南端的大连双砣子古文化遗址中，发现了山东龙山文化的遗物和殷商中期青铜文物共存现象。经碳14测定，早期文化的绝对年限为公元前2465年，早于夏朝立国之前；后期文物为公元前1360年遗存。这段时间与氏族社会末期到夏、商两代的历史纪年基本相符。说明距今4400多年前夏、商两代便形成了这段航路。

周朝立国后，到春秋战国时期，地处沿海的齐国，以渔盐之利为立国之本，被称为海王之国；燕国与齐国都是“海上方士”聚集之地；南方沿海的吴国，已不能一日废舟楫之用；越国向例以舟为车以楫为马。显然这一时期沿海各诸侯国的航海实力远远超过夏商时期，航海活动范围比前代大有扩展，形成了一些沟通沿海诸侯国之间的航路。如春秋周敬王三十五年（前485），吴国与齐国争霸，派徐承率水军沿海北上攻击齐国。周敬王三十八年（前482），正当吴国争霸中原时，越国水军从浙江出发沿海北上，攻入淮河截断吴军后路，击败

① 中国历史的童年，中华书局，1982年，第151页。

吴国。周贞定王元年（前468），越王勾践发水军八千，戈船三百艘，迁都琅邪，立观台以望东海，称霸关东。又据《孟子·梁惠王下》，记齐景公（公元前547～前489）对晏婴说："吾欲观于转附（烟台港）、朝舞（今成山），遵海而南，放于琅邪。"从以上春秋后期的海战活动中可知，从琅邪到浙江已经形成航路，若以琅邪为基点，把南北两段衔接起来，便是一条北起辽宁，南至浙江长达数千里的沿海航路。处于航路中心点的琅邪港是齐国的辖地，据《史记·货殖传》所载，当时是"齐带山海，膏壤千里，宜桑麻，人民多文采布帛渔盐"；渤海北岸的燕国"亦勃、碣之间一都会也……有渔、盐、枣、栗之饶。北邻乌桓、夫馀，东绾秽貉、朝鲜、真番之利"，环渤海及黄海沿岸，已是一处富饶而有交通海上之利的好地方。燕、齐两国的海上方士经常往来和聚集在经济、文化繁盛的琅邪港。

（二）南方沿海航路

《淮南子·原道训》说："九疑之南，陆事寡而水事重。于是民人被发文身，以像鳞虫；短绻不绔，以便涉游；短袂攘卷，以便刺舟。"广东属九疑之南，此说也包括广东越人，当地人为适应水上生活，几乎全是这样穿着打扮。番禺为南越中心城市，近年在这里出土的文物所见，与湛江、海南原始文化有很多相似之处。另外出土的彩陶器，又与连云港青莲岗文化有联系，说明岭南先民并非与外界隔绝的孤立群体，沿海航路是他们与北方中原联系时最为方便的通道。周安王二十三年（公元前379），越人又从山东琅邪回迁到吴，立其后人摇为东海王，都于东瓯（今浙江永嘉）；立无诸为闽越王，都于东冶（今福建福州），后皆临海割据自立。时经海路相互争战，长江口以南的沿海航路均已形成，将南北各段交互连接，北起辽宁南至海南岛及琼州海峡的航路也已经基本形成。但由于沿线各地方诸侯国分裂割据，互相侵并争战不已，全线始终未能贯通。秦始皇统一全国后，各诸侯国俱被兼平，但其执政时间短促，秦朝末年，陈涉、吴广揭竿起义，天下响应，已被推翻的诸侯趁机又复辟了战国时期的割据局面。

二　西汉初期南北沿海航路的贯通

西汉立国后，汉高祖五年（公元前202）复立无诸为闽越王，仍都于东冶；惠帝三年（前192）复立摇为东海王，仍都东瓯。建元三年（公元前138），闽越发兵围攻东瓯，东海王摇告急，武帝派遣严助发会稽郡兵由海道往救，闽越兵闻汉水师来救，便自动解东瓯之围引兵撤退。此时东海王提请举国迁入内地，武帝乃悉举其民四万余人迁徙到庐江郡（今安徽庐江县）。遂将东海王的建置撤除。

秦汉改朝换代之时，原秦朝南海郡尉赵佗据番禺自立为南越王。到汉高祖十一年（公元前196），西汉朝廷宣布承认南越割据政权，颁给印信派驻汉使，令其和集百越，维持一种羁縻关系。元鼎五年（公元前112），南越相吕嘉杀南越王与汉使，发兵反汉。秋季，汉武帝调江淮以南楼船军十万往讨。元鼎六年（公元前111）冬，攻克番禺城，吕嘉败逃海上，被追获，南越割据政权覆灭，汉将南越地分置为九个郡。

闽越王无诸复辟后，又传位于其弟余善。当元鼎五年（公元前112），汉武帝讨南越时，余善自请率水军八千人随楼船将军杨仆讨吕嘉。兵至揭阳，借口海风不顺按兵不行，暗与南越勾结。攻占番禺后，杨仆拟乘胜击灭闽越，武帝以士卒劳倦，暂屯兵豫章休整。余善闻讯后，杀汉三都尉，兴兵反汉。元封元年（公元前 110）余善旧部衍侯吴阳、建成侯敖、繇王居股合谋杀死余善，率其军降汉。至此，东南沿海的割据势力全被削平。

北部与朝鲜之间，自古有沿海航路可通。西汉立国后，仍将朝鲜视为辽东故塞。惠帝元年（公元前 194），燕人卫满率众东入朝鲜，据王险城（今平壤）称王。当时汉朝廷无力顾及中原以外，则对卫满采取羁縻政策，以卫满为外臣，受辽东太守约束。但传到其孙右渠王，不仅背约断绝与汉之关系，并阻止各族经朝鲜与汉朝来往，通日航路长期不通。到元封二年（公元前 109），武帝派左将军荀彘从辽西出兵，楼船将军杨仆率水军五万从山东渡海，水陆并进攻击右渠。次年（公元前 108），由于朝鲜内讧右渠被杀，战事结束，武帝在朝鲜设乐浪、玄菟、临屯、真番四郡。经武帝四年时间的经营，沿海航路南起广西北仑河口，北至辽宁鸭绿江口，终于全线贯通。后人以南北海域地理条件、洋流多有差异，便以长江入海口为准，以南称南洋航线；以北习称北洋航线。

北洋航路至元代始有演变。元代建都北京，需东南粮米接济，由于内河运期滞缓，运量甚微。到至元十九年（1282），由朱清、张宣创行海上漕运。船队从太仓刘家港出发，顺江而出，经通州、海门县黄连沙头，转向北上，沿岸航行，一年到达直沽（今天津市），水程 13 350里，运粮 42 172 石。这条航路迂远，行运十年后，于至元二十九年（1292），另开第二条航路。漕船从刘家港出发，一日抵撑脚沙，泊船过夜；次日趁西南风到三沙洋子江；再趁西南风一日到扁担沙抛泊；来日过万里长滩直放大洋，得西南风一昼夜到青水洋（北纬 34°东经 122°海区水呈绿色）；三昼夜过黑水洋（北纬 32°～36°东经 123°以东海区·水呈蓝黑色）；一日夜至成山；一日夜至刘公岛；一日夜至芝罘；再一日夜至沙门岛（今庙岛），守得东南便风，可放莱州大洋；三日夜达界河口（今海河口）。在这条新路上航行，若一路顺风，半月可达直沽。

至元三十年（1293）漕运千户殷明略开第三条航路，即漕船从刘家港开航后，驶经崇明岛向东一直入黑水洋，然后转北直驶成山，再转向西达刘公岛，集合船队稍事整顿补充粮水后，开船驶经沙门岛，过莱州大洋驶入界河到达直沽。“当舟行风信有（时），自浙至京师不过旬日而已”[①]。在这条航路上离岸近海航行，路程径直，缩短了航期，奠定了近代北洋航线的基本走向。

西汉时期贯通南北沿海航路的同时，在其南北两端，又各延伸了一条跨国远洋航路。一条是恢复北端的通向朝、日的航路；另一条是新开辟的通向西洋的航路。

第三节　通朝鲜、日本航路的开辟和演变

春秋战国时期，当时北方沿海的燕齐海上方士，为求仙山探寻海外航路，从山东半岛出发，跨越渤海，沿辽东半岛、朝鲜半岛海岸航行到朝鲜半岛南端，然后再航行到日本。这条航路习称三半岛航路，其末端前后有过两次演变，一次是春秋时期开辟的左旋环流航路；另一次是战国时期开辟的对马岛直航北九州的航路。

① 《大元海运记·漕运水程》。

一　春秋时期的左旋环流航路

这是一条趁左旋环流到达日本西岸的航路。左旋环流起源于鞑靼海峡的里曼寒流，它沿朝鲜半岛东岸南下，流至北纬36度，相当于朝鲜半岛南端庆州以外海域，与西南流来的对马暖流相遇。遂后，里曼寒流分成两支，一支成为潜流继续南下，到济州岛附近再度上浮为表流，成为中国沿海寒流的源头。另一支与对马暖流相遇后，形成一股沿着四周陆岸做逆时针向左旋转的海流，流到日本西海岸山阴、北陆地区，再沿着日本西岸转而流向西北，直到津轻和宗谷海峡，又分成几小股支流，流势逐渐减弱，最后在库页岛附近消失。趁着这一段左旋环流，便可从朝鲜半岛南端漂航到日本西岸山阴、北陆地区。

近代在日本山阴、北陆地区出土了大小350多件铜铎，据日本学者栗山周一考证，这些青铜铎的形状和细部的涡旋雷纹、锯齿纹等花纹、图案都酷似中国的曩侯钟。曩侯钟是著名的山东“陈氏十钟”之一，原为春秋时山东登州曩侯国所铸。曩侯国是东夷人诸侯国，后来一支迁至辽西。栗山氏据此认定，日本出土的铜铎，是起源于中国北部沿海东夷人的文物[①]。这种铜铎，还在朝鲜半岛庆尚南道沿海一带有多处发现。尤其在入室里出土的小铜铎，与1918年在日本大和葛城郡吐田乡出土者一样。说明铜铎是由曩侯国迁渡到辽宁的一支东夷人经朝鲜半岛传到日本的。从出土铜铎的遗址来看，均在左旋环流行经的沿途，这是在2700多年前，中国的东夷人开辟的第一条通向日本有往无还的单向航路。

二　战国时期的经对马岛至北九州航路

中国最早记载过日本的古文献，是战国时期成书的《山海经》。在《山海经·海内北经》盖国条上说：“盖国在距燕南，倭北。倭属燕。”据注释，“盖国”即“高句丽盖马大山”。按其方位又在倭之北，当是指对马岛。这条记载，指示了对马岛与通北九州航路的关系。文中提到了“倭”，在中国古籍中全称“倭面土”，或称“倭奴”。这些名称皆来自古汉字音译。“倭”字古音读作ya，据此，“倭面土”则读若yamandu，为“大和”族的日语读音ヤマト的汉字音译[②]。所以中国古籍中的“倭”，实指日本无疑。具体说来，《山海经》上的这条关于对马岛和日本连在一起的记载，是由这条航路的走向而来的。在这条航路的沿途遗存下大量战国时期的青铜剑和青铜鉾（戈），标示着这条航线的走向。航线的北端起自朝鲜半岛的庆尚南、北道，在这里发现了战国青铜剑、鉾遗址3处，共遗文物11件；由此向南，在对马岛发现17处，共59件；日本博多湾沿岸有22处，共85件；北九州的筑后有15处，共48件；丰后12处，共43件[③]。这些些青铜兵器的遗址的分布点连接起来，便看清楚朝鲜半岛南端的釜山是这条航路的中间站，再渡对马海峡向南经对马岛到日本北九州。据《读史方舆纪要》所记：“釜山滨大海，与日本对马岛相望，扬帆半日可至。”对马岛有上下两岛，南北长73公里，东西宽18公里。岛中央的御岳山高490米，是渡对马海峡的陆标。从对马岛南

---

① 孟宪仁，《日本秦族二重结构》。

② 王辑五，中国日本交通史，商务印书馆，1998年。

③ ［日］木宫泰彦著、胡锡年译，日中文化交流史，商务印书馆，1980年。

端出发，向东南行驶35海里可达冲之岛。该岛位于对马岛与关门海峡西口的连线中间，其高点224米，是航行途中的良好陆标和寄泊地。过冲之岛可见25海里处的大岛，岛高234米，地标明显。船过大岛即到北九州的宗象。这条航线是中国文化传向日本的一条重要海上交通干线。

当在这条航路上航行时，往返都要横渡流速24海里的对马海流，由此可知，这条航路的开通，说明在战国时期，中国造船技术在风帆配置上，驾驶技术在实船操作上，都已具备了克服对马海流迫使船体横向漂移的能力。

在日本，出土铜铎的地方，则基本上少见或不见铜剑和铜铧；反之，出土铜剑和铜铧的地方也不见铜铎，至今也未发现两种文物交杂或迭压同见的现象。有学者认为这是两个文化圈，但说不出产生这种现象的原因。但是若注意到以上两条航路的不同海流的话，便可清楚看到，铜铎和铜剑分离遗存的现象，是由先后两个不同的传播时期，两条不同的传播航路所造成的。特别是在经对马岛至北九州航路的沿途，除发现了战国时期的铜剑和铜铧外，还同时一路都发现了燕国货币“明刀”的遗存。据此才把这条航路开辟的时间断定在战国时期。

春秋战国时期，是中国思想、文化百花齐放、百家争鸣的繁荣时期。战国时成书的《庄子·天下篇》中，记录了惠施的话：“我知天下之中央，燕之北越之南是也。”惠施首先提出了大地球形的观点。稍后又兴起了齐人邹衍的大九州学说，突破了儒家“禹序九州”的成说，提出全球陆地共分九个大州，每个大州又包含九个小州，中国仅是八十一个小州之一；全球陆地又为一个整体大海洋所环抱。邹衍大九州学说，首先认为世界海洋面积大过陆地面积，陆地又被海洋所环绕，对这一海洋统一整体论的大九州学说，司马迁曾评为“闳大不经”。但这一“闳大不经”之说，有其历史的必然性和历史的连续性，包括思想动因和物质条件两件内涵。邹衍以其学说游说四方，到了梁国，梁惠王亲自出城相迎，执宾主之礼；到赵国时，平原君侧行襒席；到燕国，昭王拥彗先驱，愿列弟子座请受业①。各国诸侯把他待为上宾，显见邹衍的学术思想已被社会上层人士认可，无疑已得到社会上的重视，流传于各诸侯国之间，闪烁着一种向海外开发的思想光辉，激发起人们向海外探索的热望，预示着秦汉海洋开发的大发展。

秦始皇统一全国时，邹衍已不在世，但不可忽视受邹衍学说熏陶的燕齐海上方士对秦始皇的影响。《史记·封禅书》明确记载这一学说的继承性：“自齐威、宣之时，邹子之徒论著终始五德之运，及秦帝而齐人奏之，故始皇采用之。”司马迁在《封禅书》中，对海外三神山的神话传说，又用信其事之有，但疑其说之非的笔法写道：“自威、宣、燕昭，使人入海求蓬莱、方丈、瀛洲。此神山者，其传在渤海中，去人不远……盖尝有至者，诸仙及不死之药皆在焉……而黄金、银为宫阙……。”早在秦始皇前一百多年，这种诱人的神话传说，在燕齐海上方士中广为流传。“任何神话都是用想像以征服自然力，支配自然，把自然力加以形象化。”② 特别是关于仙药和金银的传言神话，一旦与方士和商人的急切追求交织纠缠在一起，便促使他们整装、造船，怀着寻求仙药和搜取黄金的奢望，蜂拥出海而去。《封禅书》又说：对这一块富贵宝地，“世主莫不甘心焉。及至秦始皇并天下，至海上，则方士言之不可胜数。始皇自以为至海上而恐不及矣，使人乃赍童男女入海求之。”徐福东渡，第一次到

① 汉·司马迁，《史记·孟子荀卿列传》。

② ［德］马克思，政治经济学批判导言。

达日本后，见到的并不是法力无边的神仙，而是过着渔猎生活蒙昧的原始部落人，到处都是有待开发的处女地。徐福第一次东渡可能已产生了开垦这片沃土的打算。秦始皇三十七年（公元前 210）第三次巡视琅邪港时，徐福二次在琅邪晋谒秦始皇，伪称见到三山神仙，与海中大神进行了对话："大神言曰：汝西皇之使邪？臣答曰：然！汝何求？（答曰）愿请延年长寿药。神曰：汝秦王之礼薄，得视不得取……于是臣再拜问曰：宜何资以献？海神曰：以令名男子（良家男子）若及振女（童女）与百工之事，即得之矣。秦始皇大悦，遣振男女三千人，资以五谷种种，百工而行。徐福得平原广泽，止王不来"。

从这段引文可知，所谓海神向秦始皇索讨的厚礼，正是徐福为开发日本农耕生产所必需的有繁殖后代能力的青壮劳力；精通各种生产技艺的能工巧匠；各种粮食种子和金属生产工具。当获得秦始皇资助后，便率领着一支数千名有组织的移民大军东渡到日本，开创了日本列岛的农耕生产时代，推动着列岛土著先民，走出原始蒙昧部落时代，集成了村落，形成国家，飞跃到文明社会阶段。

徐福东渡时的航路，是率领船队从山东半岛南侧的琅邪港启航，沿岸向东北行经灵山湾、胶州湾、石岛港抵达成山，一路陆标清晰湾泊方便。再从成山出发，沿山东半岛北侧西行，中经刘公岛、芝罘、八角镇到蓬莱。然后从蓬莱接渡日三半岛航路，循该航路经对马岛通北九州航路，最后在日本北九州登陆。

徐福第二次东渡当年秦始皇病逝，立胡亥为二世皇帝，诸侯复辟并起叛秦，秦亡。西汉立国后，历时六十几年，至元封三年（公元前 108），汉武帝灭汉之外臣右渠后，"使译通于汉者三十许国"[①]。

东汉初，在日本列岛上已出现了地区性农业生产，生产与消费之间的交换已经开始。据《后汉书·东夷传》记载："建武中元二年（公元 57），倭奴国奉贡朝贺，使人自称大夫，倭国之极南界也，光武赐以印绶。"这是中国史书上第一次对外与日本建立正式政府间外交关系的记载。1784 年（中国清乾隆四十九年，日本国天明四年），在日本九州福冈县志贺岛一位农民整修水沟时，挖得一方刻有"汉倭奴国王"五字印文的金印。证明东汉时中日之间的往来，仍是沿着三半岛航路经对马岛到达北九州这条航路。

三国时期，曹魏雄踞北方，对日航路改从山东渡渤海，沿岸航行至朝鲜带方郡，直航对马岛，转向南下，不再中经原来的冲之岛和大岛的航路，而是直取壹岐岛而达九州福冈松浦，这条航路在原来的航道西侧。

同时，东吴黄龙三年（231）派将军卫温、诸葛直探寻通日航路，二人至夷洲（台湾），半途返回，被孙权斥其"违诏无功，下狱，诛死"。嘉禾元年（232）再派将军周贺，开辟经朝鲜通日之路，被曹魏侦知，派青州军在成山设伏，击毙周贺，军士被俘，东吴通日航路终未打通。

西晋初年，日本曾遣使来华。不久，鲜卑族在辽西重新崛起，隔断了西晋与朝鲜半岛的联系。同时貊族人侵占了朝鲜的乐浪郡与带方郡北部，建立了高句丽国，与百济、新罗形成朝鲜半岛三足鼎立的局面，相互征战不休。东晋时政治中心南迁建康（今南京），末年又有倭人侵朝。通日航路长期被阻。东晋以后，继为南朝刘宋，仍定都建康，对日航路演变为中日"南道航线"。据《文献通考》解释说："倭人初通中国也，实自辽东而来……至六朝及宋

① 南朝·范晔，《后汉书·东夷传》。

则多从南道浮海入贡及通互市之类，而不自北方，则以辽东非中国土地故也。”这条新演变的南道航路是以建康为始发港，航船顺江而下，出长江口后，转向沿岸北驰，先到成山头以北的文登地方，因当时朝鲜半岛南端的百济“与日和通”，有了“道经百济”的条件，航船稍事休整，然后横渡黄海，过济州海峡，经对马岛到达日本福冈（博多），再过关门海峡（穴门），入濑户内海，直达难波津（大阪）。这条经过演变的航路一直延用到隋代。

当隋大业五年（609），炀帝派文林郎裴世清出使日本时，东渡航路的出发港便是在山东文登县莫邪口起航，渡百济，行至竹岛（朝鲜全罗南道西南），南望耼罗国（济州岛），经都斯麻国（对马岛），又东至一支国（壹岐岛），又至竹斯国（北九州），又东至秦王国（严岛或周防），再经十余国，最后到难波（大阪）。

这条航路，到唐代仍继续适用，遣唐使藤原常嗣、求法僧圆仁都是由此路返日。华北沿海商船去日本，也就近从文登启航。

三 唐、宋两代对日本航路的开辟

唐、宋两代是中国海上水运业的繁盛时期。这一时期，船舶型制已基本定型，奠定了以后各代的造船法式。有些技术成就，还对世界造船业产生了广泛的影响。尤其在航路开辟上，已逐步脱离沿岸航行，开始向远洋发展。

（一）唐代对日航路的开辟

唐朝是中国经济、文化繁荣发达的时期，成为当时东方的文明中心。东方近邻的朝鲜半岛，新罗兼并了百济和高句丽实现了统一。日本经过大化革新，建立了封建家奴制国家，其朝野有识之士，为加强自身社会改革，不断派出遣唐使、留学生、学问僧来华。自贞观四年（630）至乾宁元年（894），中日之间帆舟相继，亲密往来经久不断。遣唐使是代表日本国来华敦睦邦交的使臣，留学生和学问僧则是热心来华学习先进文化和技艺的民间人士。他们多数搭乘中国商船，横渡大海前来中国。当时中日之间的航路，或因沿途政局变迁，或因航行技术提高，曾有过多次改变，前后共有四条。最早的一条是传统的“登州海行入高丽渤海道”或称北道，除此以外，还有新开的三条跨洋航路。

1. 北道

又称“登州海行入高丽渤海道”（图 9-2），这条航路见于《新唐书·地理志》，记这条航路从登州（蓬莱）东北海行，过大谢岛（长山岛）、龟歆岛（鼍矶岛）、末岛（大小钦岛）、乌湖岛（南隍城岛），三百里渡乌湖海（黄洋川海面，老铁山水道），至马石山（老铁山）东之都里镇（旅顺口），二百里。东傍海，过青泥浦（大连又称青泥洼）、桃花浦（清水河口）、杏花浦（庄河花园口）、石人汪（石城岛）、橐驼湾（大洋河口）、乌骨城（丹东市）、鸭绿江口，然后溯鸭绿江北上，到吉林临江镇后，舍舟陆行而达渤海王城上京龙泉府（黑龙江集安县）。原来老道仍旧从鸭绿江口南向，沿朝鲜半岛经对马岛通向日本，这条“登州海行入高丽渤海道”，是徐福度日三半岛航路的中间一段。

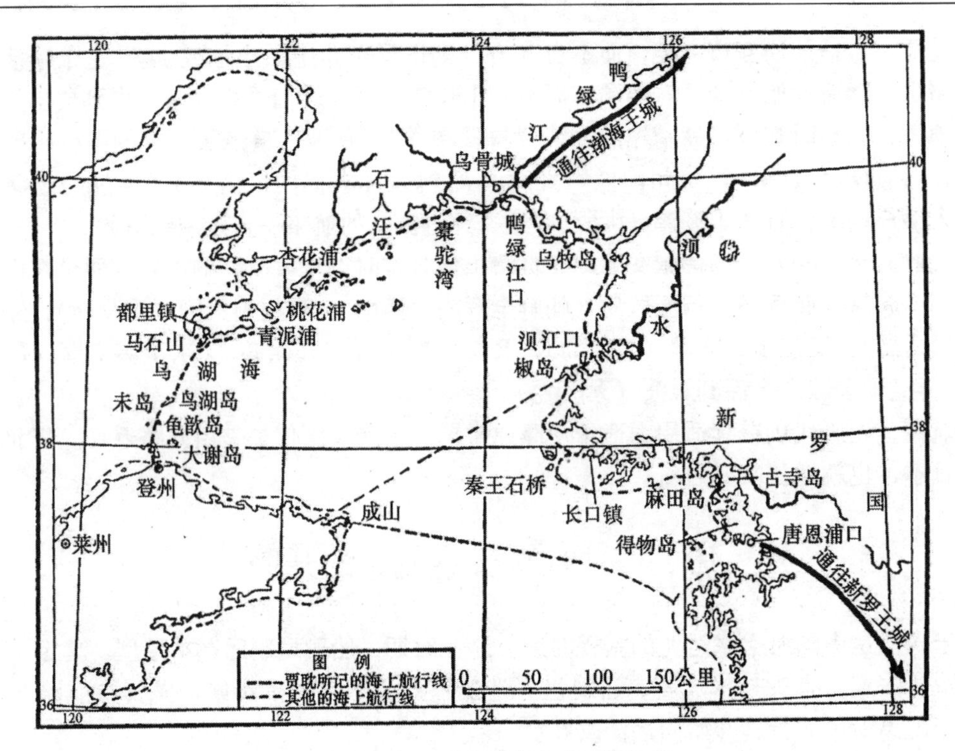

图 9-2　登州海行入高丽渤海道

2. 南岛航路

据《唐书·东夷传》记载：天宝年间“新罗梗海道，更由明州（今浙江宁波）、越州（今绍兴）朝贡”。由于日本与新罗关系恶化，天宝八年（749）、十五年（756），日本曾两次准备攻打新罗。因此中国通朝、日的北路被阻，不得不开辟新路，名为南岛航路。

这条航路的出发港是扬州，从扬子江口入海；有时也从楚州的盐城县或明州（宁波）出发。船舶出海后直接横渡东海，中途不作停泊，直达日本本土以南的奄美大岛（南岛）。然后转向北航，经夜久（屋久岛）、多弥（种子岛），再从萨摩海岸北上到达博多、北九州。

唐朝高僧鉴真和尚在天宝十二年（753）十一月东渡日本时，即从这条新辟航路而往。据《唐大和尚东征传》记载：鉴真在十月二十九日，先从扬州龙兴寺出发，乘船至苏州黄洫浦（又称黄歇浦，即今黄浦江）。十一月十六日四舟同发，二十一日到阿儿奈波岛（冲绳岛），在多弥（种子岛）西南，已偏离到奄美大岛以南。在阿儿奈波岛停留多日，十二月六日南风起，船仍下碇石未动，七日起航到益救岛（屋久岛）。十八日发船，十九日遇大风雨，二十日到达日本本土萨摩国阿多郡秋妻屋浦（川边郡秋目）。

据《续日本纪》天平胜宝六年（754）二月条所载，“丙戌，敕大宰府……高桥连牛养于南岛树牌。因其牌经年，今既朽坏，宜依旧修树，每牌显著岛名，并泊船处，有水处，及去就行程，遥见岛名，令漂着之船知所归向”。日本在南岛航路所经各岛上设立的标牌，将岛名，各去处的航程以及泊船和汲取淡水的处所，均记写清楚，这些内容实际是引导过路船舶航行的“航路指南”。这些指路牌说明南岛航路的存在和走向，也说明当时这是一条中日间往来频繁的航路。

南岛航路看似一条横渡东海的捷径，其实在初创时期，由于受航行技术上的制约，全程航期颇费时日。不如走传统的北路，全程既有地标定位，又无偏航之虞。大约过了二十几年以后，又开辟了一条南路。

3. 南路

这条航路从长江口楚州或明州出发，横渡东海，中途不作停泊，直航日本值嘉岛，即今之五岛列岛。船到值嘉列岛中的任一岛后，再前进经过松浦，博多到达筑紫（北九州）。唐大历十二年（777），日本遣唐使来华已不再走南岛旧道，而由南路到扬州登岸。这条航路与北路或南岛航路相比，航程最短，若遇一路顺风，10天左右便可到值嘉岛。据《安祥寺惠运传》记载，唐会昌二年（842）八月二十四日，海商李处人的船走南路从日本回国，一路左舷偏顺风，“得正东风，六个日夜，法（流）着大唐温州乐城县玉留镇府前头”。同书记大中元年（847）六月二十三日，海商张支信的船从明州出发，走南路“得西南风，三个日夜，才归着远值嘉岛那留浦（奈留岛）。才入浦口，风即止”。创三天到达日本的新记录。

又据《头陀亲王入唐略记》记载，唐咸通五年（864）由张支信在日本松浦郡柏岛建造海船，并由他亲自驾驶来华，全船除头陀亲王外，还搭载僧俗60人，八月十九日先到远值嘉岛（指群岛最南端的福江岛），九月三日趁东北风启航，六日未时顺风忽止，逆浪打船，便收帆下碇。此时波涛甚高终夜不息。“晓旦间，风气微扇，乃观日晖，是如顺风，挑帆随风而走。七日午刻遥见云山，未刻着大唐明州之杨扇山，申刻到彼山石舟奥泊，即落帆下碇”。这次张支信船九月三日从值嘉岛出发，顺风七日中午到达明州。全程走了五天，除去途中遇逆风落帆下碇停航将近一天，实际航行只占了四天。显见南路是一条赴日的直捷航路，一般船少则三天，多则六、七天便可到达。

4. 渤海国毛口崴通日航路

渤海国，是中国东北地区粟末靺鞨部受唐朝廷册封的地方自治政府。那里有一条从毛口崴（近代划归俄国即今波谢特湾的克拉斯基诺）通向日本的航路。毛口崴古称盐州，在渤海国东京龙原府（今吉林珲春八连城）东南百里，所以这条航路又称“龙原日本道”。在渤海立国二百余年间，由这条航路共出使日本35次，日本国回访3次，见记于《渤海国志长编》下编。双方有官方性的访问，也有文化、贸易的往来交流。每次渤海去日本的船队规模都比较大，如大历六年（771），渤海使臣“壹万福等三百二十五人，驾船十七只，到着出羽（今日本山形、秋田）”。另外，民间专为贸易而去的人数更多，天宝五年（746），渤海“国人及铁利部人千一百余”，分乘40余艘海船，“贾于日本”。贞元十五年（799），铁利部商人350余人，乘船17艘渡日贸易。当时从毛口崴去日本，根据商船所取的航向和到日本登陆地点不同，具体分为两条航路：

（1）渤海至能登航路。早期这条航路从毛口崴出发，东南走向，到日本本州中部的能登（石川能登半岛）、加贺（石川县南部）一带登陆，由于初辟航路时对日本海的气象、洋流状况的知识不足，常于这一海域大风盛行的夏季出航，在海上常遇风暴，造成海难事故。如开元二十七年（739）五月，渤海大使胥要德等40人覆船溺死。宝应二年（763），日本使臣板振廉束从渤海国回日，船在“海中遇风”，“漂流十余日”历尽艰难得幸回国。据粗略统计，到第12次访日为止，渤海国死于海难的使臣竟有200余人。经过长期的实践与付出巨大的牺牲代价，使渤海国的航海者逐步掌握到日本海季风气象规律，也认识到这一海域有来自鞑鞑海峡紧傍锡霍特山脉东岸南下的里曼海流。于是在贞元十一年（795），渤海国第十三次访日大使吕定琳，便把出航日期改在秋末冬初，出港后先趁里曼海流顺水南下，然后再转向东南驰向日本能登。待次年夏季趁东南风返航，从此以后便得平安往返。这条经过改造的航路全程约500海里（约926公里），成为渤海国与日本间的一条主要航路。

日本国对这条航路同样十分重视，因考虑到渤海国来船多在能登停泊，遂下令能登地方官员对渤海来人“停泊之处，不可疏陋，宜早造客院”盛情款待。又“敕令能登国禁伐损羽、昨郡福良泊山木。渤海客着北陆岸之时，必造归舶于此山，任民采伐，或烦无材，故预禁伐大木”。为渤海使船和商舶预先准备好修造船舶的木料，可见当时日本国的殷切情意。

（2）渤海至筑紫航路。这条航路是从毛口崴出发，东南行渡日本海，直达筑紫（北九州）。日本与渤海国通航早期，日本政府曾正式通知渤海国大使乌须弗说：“从今以后，宜依旧例，就筑紫道来朝。”因自隋、唐以来，日本在筑紫大津浦（福冈）开港，设置了专管对外事务的太宰府。“凡往外国船舶，咸泊于此”，便于对航海贸易的统一管理。因此日本一方，希望唐船、渤海船、新罗船一律从筑紫大津浦进口。这条新路，渤海国船只在乾元二年（759）高南申出使日本时走过一次，而且还是在日本太宰府公布这一规定的14年前，因渤海船嫌航程太远，不愿多担风险舍近就远，虽经日方再三提倡，渤海船仍取毛口崴至能登航路不变。

渤海毛口崴对日航路，是中国东北地区与日本交流文化、互通经济的联系纽带。大中十一年（857），渤海使臣乌孝镇将《长庆宣明历》传送到日本，被日本取作通用历法，沿用了800多年。一些日本遣唐使、留学生、学问僧，有时也经此路往返于日本与大唐中原之间。开元二十二年（734），遣唐使平群广成一行人员，从苏州入海回日，因遇风未能成行。至开元二十七年（739），改从山东登州入海，五月入渤海界，随渤海国船出发，七月广成等率众到着出羽国（秋田）。乾元二年（759），日本政府关心所派使臣藤原清河因安史之乱阻留中国未归，命高元度入唐接回藤原，并致书渤海王大钦茂，求“假道贵邦达于大唐”。此时藤原清河也“遣人赍表自唐来”，借道渤海“归国告迟归之故”。渤海郡一面派杨方庆陪高元度入唐接近藤原清河；一面派高南申陪同回国的日本使臣，携带着藤原的表文，“十二月乘船渡海前去日本”。“日皇方忧念清河，览表甚喜”。这些频繁的外交活动，足见渤海国与日本交往的密切关系，而毛口崴通日航道，在中日航海交通史中，也是一条关乎双方政局的重要航路。

到唐宋交替时期，自天祐四年（907）至北宋立国（960），中间经历53年混乱分裂的五代十国时期。割据东南沿海的钱氏吴越国，还维持着唐代与日本航海交通的余势，舟舶继路未绝。不过此时日本正当平安朝时代，实行闭关锁国政策，对航海贸易态度消极，往来于中日间的全是中国商船。所出发港口、航路、航期均循唐代旧规未变。据日本太宰府报告说：日本朱雀天皇天庆八年（吴越钱佐五年，945），“大唐吴越船舶来到肥前国松浦郡板岛”。据其管下高来郡肥前最埼警固所署呈文说：“该船飞帆自南海迅速驶来。管下当即调派士兵等，以三十艘船追踪，截获留置肥前最埼岛港内。”从此报告中可以看出，五代时日本对中日航海贸易十分冷淡，中国船已不似从前那样受欢迎。

（二）宋代对日本、朝鲜航路

北宋时，正当日本藤原氏执政的全盛时期，是日本文化繁盛的时代，已没有从前向唐朝汲取盛唐文化那样的积极性，仍采取闭关政策。只有北宋一方对日的航海贸易活动。

南宋时，带有宋代特色的文化已经形成，此时是日本新兴的武家幕府当政，着手建立新的体制，开始积极汲取宋朝文化；南宋也正在推行开展航海贸易的国策，从而中日间的海上交往又重新恢复起来。由于前后时代背景的更替变迁，北宋、南宋与日本的航海往来，便各具其时代特色。

1. 北宋的对日航路

北宋设广南东路的广州、两浙路的明州（宁波）、福建路的泉州为对外口岸，并称为三路市舶司，设官管理海上进出口贸易。当时日本政府闭关，严禁日人出海经商，凡私自渡海贸易者，货物没收归官，本人治罪。在这样的严格限制下，日本无船来华，一时往来于中日之间的只有中国商船。当时对日的主要出发港有明州、泉州两港。当时日本国开放的主要港口在博多，并为接待中国商船在港内修筑一座长袖状的人工港，日本称其名“袖凑”。近代在“袖凑”遗址，考古界发现了宋代海商与船工的居住遗址，出土了北宋的“元丰通宝”、“绍圣通宝”铜钱和宋代青、白瓷器，都是北宋时期中国对日本航海贸易的遗存。看来日本政府虽严禁本国人出海，却十分欢迎中国商船前去贸易，互通有无①。北宋渡日航路，仍沿南路，与唐代及五代时的渡日航路一致。一般春夏季赴日，秋冬季东北信风时返航，全程航期可见于熙宁五年（1072）宋海商孙忠船的记载：他三月十九日从日本松浦郡壁岛（加部岛）启航，二十五日到达苏州，全程航期七天，与唐代的航速近似。

2. 南宋对日航路

南宋偏安东南后，初始30年间，由于局势不稳，中日航运一度沉寂。其间有史可查者，只有海商刘文仲去过日本一次。此后日本正值平氏武家兴起，到其后人平清盛时，掌握了中央政权，直接控制着主管海外贸易的太宰府，垄断了日本与中国的海上通商，大肆招揽宋船渡日贸易。同时南宋也正在鼓励海外通商，扩大财政收入，中日之间的贸易商舶逐日增多，重又恢复了过去的繁盛局面②。

南宋朝廷指定明州为对日通航口岸；日本方面最后也集中到博多一个港口。原遣唐使出发地值嘉岛，这时成为博多港外停泊地。日人亨庵宗元所著的《荣尊和尚年谱》，记荣尊和尚于端平二年（1235）来华经过说：“师岁四十一，与辩圆共乘商船，出平户，经十昼夜，直达大宋明州。”又见《元亨释书·荣西传》，记荣西从中国回日说：“西趋出到奉国军（明州·庆元府），乘杨三纲船，抵平户苇浦。”这两段记载中所提到的平户岛，即指值嘉岛（五岛列岛）最北端的一岛。说明南宋渡日也是走南路。

南宋渡日商船，去时多在五六月份；回航多在三四月间。据《宋会要辑稿·职官》所载，（乾道）三年（1167）四月三日，姜诜言：“明州市舶务每岁夏汛，高丽、日本外国船舶到来，依例提举市舶官于四月初亲去检察”。说明当时对这条横渡东海航路上的气象规律，已经掌握得比较清楚，在汛期前预作迎接日船进港的准备。

---

① 《悠久友谊的见证》1978年10月，北京光明日报。

② 王金林，简明日本古代史，天津人民出版社，1984年，第182～183页。

3. 宋代通高丽航路

宋代有两条通高丽的航路。一条北路，一条南路。由于宋代北疆时受辽金骚扰和国内政局变化的影响，到北宋中期以后北方港封闭，只剩下以明州为起点的航路。

（1）登州通高丽航路。据《宋史·高丽传》所记，在淳化四年（993）二月，宋朝廷派秘书丞陈靖、刘武二人出使高丽，从登州出发，到八角海口（今福山县西北八角镇），“登舟自芝罘岛（芝罘、今烟台）顺风泛大海，再宿抵瓮津口（朝鲜黄海道瓮津）登陆，行百六十里抵高丽之境曰海州，又百里至阎州（朝鲜延安），又四十里至白州（白川），又四十里至其国（开城）”。这条北路比唐代的“登州海行入高丽渤海道”沿岸迂回航路程短而便捷。当时宋与辽国敌对，以大茂山、白沟为界，渤海北岸属辽。登州（蓬莱）港地近北虏，号为极边，虏中山川，隐约可见，“便风一帆奄至城下”。宋在此“常屯重兵，教习水战，旦暮传烽，以通警急”，登州成了北宋的海防重镇，实行海禁，严禁商人自海道来登州、莱州经商。于是熙宁七年（1074）宣布封闭登州港，将对朝鲜的始发港移到明州。

（2）明州通高丽航路。这一条是宋通高丽的南路。出发港在明州，终点港在朝鲜半岛西海岸的礼成江口。一直到南宋，与高丽的来往主要靠这条航路。《苏东坡奏议集·乞禁商旅过外国状》中说：“诸非广州市舶司辄发过南蕃纲舶船；非明州市舶司而发过日本、高丽者，以违制论。”说明此时的明州，已是通高丽的法定港口。

这条航路在《宋史》、《文献通考》、《续资治通鉴长编》上均有记载，但寥寥数语过于简略，记载详细者，首推徐兢所著《宣和奉使高丽图经》。此行出使高丽共有神舟2艘、客舟6艘，于宣和四年（1122）五月十六日从明州出发，先到镇海招宝山集合，五月二十四日以次解发，航程分为六段。

第一段：五月二十四日自招山起航，二十五日至沈家门抛泊。二十六日至梅岭（普陀山）停泊待风。二十八日八舟同发，二十九日过白水洋、黄水洋（长江入海口外），黑水洋。

第二段：六月一日至淮河口外，转向东行，乘西南风，二日到夹界山，华夷以此分界，转向北行，沿朝鲜西岸，过黑山（济州岛西北黑山岛），至阑山岛、跪苦。

第三段：六月四日过竹岛（兴德西七里海中）。五日到苦苫苫（猥岛）。六日到群山岛。七日到横屿。

第四段：六月八日到马岛（安兴）。

第五段：六月九日至紫燕岛（仁川西之永宗岛），八舟抛泊过夜。

第六段：自紫燕岛起航，午后至急水门（黄海南道礼成江口），落帆摇橹乘潮，泊于蛤窟（礼成江口内）过夜。十二日晨，随早潮到达目的地礼成港。全程航行18天。据《宋史·高丽传》记，他人的行期为15天；《续资治通鉴长编》记11天。建炎二年（1128）使臣杨应诚航行6天，除此一例外，航期大体相差不多。徐兢回程遭遇“东南风暴，复遇海动”，全程航行了42天，亦属于例外，总之正常情况下，在这条航路上行驶所需航期大约在15天左右。

四　元、明两代的对日航路

元至元十六年（1279）至明宣德八年（1433），前后154年间，是我国海运业的鼎盛时期。但这两代的对外航运政策却有极端的差异。元代承袭自汉以来内外互惠开放的航海贸易方针；明代自立国伊始，便推行对内“寸板不准下海”严禁出海，对外“限期朝贡，厚往薄来”的闭关锁国政策，落后于世界潮流，丧失了中国海洋大国的地位。在对日海上往来活动中，便明显反映着两代各自不同的航运政策特征。

（一）元代对日航路

元代对海外贸易管理，多承袭前代成法，以宋代“市舶则例”为蓝本制定了《整治市舶勾当二十二条》。废除了前代对舶货禁榷专卖制，改为只抽征舶商的货物税与船税，其他苛捐杂税一律废除。同时派遣专人到各国联系，招徕海外来华通商。其中曾八次派人到日本“通问结好，以相亲睦”。至元五年（1268），首次派高丽起居舍人潘阜，携元朝玺书至日本，不得要领而还。第二次，至元六年（1269）三月，派兵部侍郎黑的和礼部侍郎殷弘赴日通好，至对马岛被拒。第三次，同年九月派高丽金成、高柔持中书省牒赴日，仅获太政官复牒返。第四次，至元七年（1270）九月派秘书监赵良弼，持忽必烈敕书赴日，日本太宰府遣弥四郎等十二人，伪称使者来华。第五次，至元八年（1271）三月中书省多次派人去日不得要领。忽必烈将欲出兵日本，遣送弥四郎等回日。第六次，至元十年（1273）三月，再派赵良弼至日本太宰府，被拒而回。忽必烈决定出兵，赵良弼劝谏无效。至元十一年（1274），发水军 15 000 人，战船 900 艘攻日本。是役攻陷对马、壹岐，败日军于博多，日军伤败惨重。在交战期间，因夜遭暴风雨，元军舟船多触崖石沉没，引兵撤退。至元十二年（1275）二月，忽必烈再派礼部侍郎杜世忠、兵部侍郎何文著、计议官撒鲁都丁，第七次去日本通使，九月诸使臣被日本杀害。第八次：至元十六年（1279），派周福、栾忠出使日本，在博多被镰仓幕府的执政北条时宗杀害。至元十八年（1281），元朝廷再发东路军与江南军战舰 3500 艘，二次攻日本，日军数败，全国震惊。后因元军联系失期，夜半大风暴作，战舰皆击撞破碎，元水军覆灭。从此以后元日互修战备，数十年间处于敌对状态，两国没有建立过政府之间的关系。日本长期对元朝持有戒心，防范甚严，严禁中国商船进入日本海域，但不禁止日本商船到中国贸易。在元朝一方则对中外海商一视同仁，而对日本商船格外优容，特准日船装载大量中国铜钱回国，并在扬州设淮东宣慰使，诏谕各港与日本商船通商。

元代中国对日的主要港口是庆元（明州）；日方的港口仍为博多。航渡东海仍在 10 天左右，去日多在五六月间，回程在春夏之交的三四月份。在这一海区三四月称大汛，九月称小汛，约在春之清明，秋之重阳两节前后，海上和风静浪，最宜行舟。在元代中后期的几十年间，日本海商独占了这条航路，熟悉了这一海区的气象、洋流、岛礁状况，在以后倭寇骚扰东南沿海时，都是利用大汛、小汛的条件联船而来，这两个汛期成为中国沿海防倭的紧张季节。

（二）明代的“朝贡贸易”

1. 明代的“朝贡贸易”

明朝不像以往唐、宋、元三代对航海贸易采取鼓励政策，而是自立国初年便实行海禁。因朱元璋疑虑立国时击溃的张士诚、方国珍残余势力，逃亡海岛或邻近海国，有勾结海外势力卷土重来的可能。再是明初倭寇之患比较严重，北起辽东，南至闽浙，沿海地方屡遭抢劫。明朝不得不派汤和在山东、江苏、浙江沿海修筑屯军城寨 59 处，又派周德兴在福建沿海筑15城，加强海防工事。另外又怕海商“私下诸番贸易香货，因诱蛮夷为盗”，引起“海疆不靖”。据《洪武实录》记载，洪武二年（1369）时谕令福建参政蔡哲说：“福建地濒大海，民物庶富，番舶往来，私交者众。”四年（1371）十二月又谕告大都府官员说：“朕以海道可通外国，故尝禁其往来。”故“明初定制，片板不准下海”，严格厉行海禁政策。但又要把当时存在的航海贸易，严格控制在海禁政策范围之内进行活动，于是便创立了明代特有的“朝贡贸易”（又称勘合贸易）制度。

据《明会典·东南夷》记载，明初把朝鲜、日本、琉球、安南、爪哇、占城、暹罗、苏门答腊等周边17个国家和地区定为“不征之国”，这些地方来华贸易，必须以“附庸国”向“宗主国”进贡名义进口，来船称作“贡舶”，来人称作“贡使”。分别规定了“朝贡”期限三年或五年、十年一贡不等。并限定了各国的“贡舶”艘数，“贡使”人数，“贡品”种类，进口的地点。为防止入贡者冒伪滥充，明朝廷制定了一定格式的勘合，一份留作底簿，一份发给前来“朝贡”的国家。“入贡”船到中国指定的港口后，先呈验勘合，经检验符合，则允准“入贡”，否则立即遭到驱逐出境。“入贡”货物称作“贡品”，中国偿付的货物叫做“赏赐”。这种“附庸国”与“宗主国”的关系和地位，是用“朝贡”仪式表示出来，实际是一种以物易物的商业活动，不过一般是“厚往薄来”，每次“赏赐”货值，远远超出“贡品”货值的若干倍。对这种涂抹上“朝贡”色彩的商业交换行为，《明实录》曾记，在洪武十三年（1380）时，朱元璋一语道破了其实质说：海外各国“顷尝遣使中国，虽云修贡，实则慕利，朕皆推诚以礼焉……所以怀柔远人”。显见明代的朝贡贸易，“以礼相待”“皆免其征(税)”、“厚往薄来”、“赏赉宜厚”，都是怀柔远人的一种手段。

由于“朝贡贸易”是以“宗主”与“附庸”间以物易物的活动，历代所设的市舶司机构已无继续存在的必要，因此在洪武三年（1370）撤罢太仓黄渡市舶司，洪武七年（1374）又将泉州、广州、明州三市舶司全部裁撤。

2. 日本争贡之乱

明朝对日本的“朝贡贸易”限十年一次，每次贡船三艘，人员不得超过百人。嘉靖二年(1523)，时值日本贡期，原来发给日本的三道入贡“勘合”被大内藩侯独占，派宗设谦道为贡使，带领“贡船”到明州进行“朝贡贸易”。同时，宋素卿和鸾冈瑞佐，也同时代表细川藩侯带领“贡船”来明州“进贡”。因无“勘合”文书，由宋素卿私下贿赂了市舶太监赖恩，取得了合法贡使身份；宗设谦道携有三道“勘合”反成滥充冒伪。宗设谦道怒杀鸾冈瑞佐，率倭人抢掠市舶仓库，攻城杀人。随后退至海上，继续流窜抢劫，造成沿岸城乡一带大乱，给江浙沿海造成严重损失。明朝宣布封闭市舶司，与日本断绝“朝贡贸易”往来。

在争贡之乱以前，正德十二年（1517）葡萄牙使臣皮莱资（Thomas Piyez）到北京要求通商，遭明朝拒绝，于是葡萄牙舰队便侵占广州湾屯门岛，建筑工事留居不去。正德十六年(1521)，海道副使汪鋐率领军民驱逐葡萄牙侵略者，次年即嘉靖元年（1522）收复屯门岛。葡萄牙侵略者便退占广州湾外浪白澳，又派舰侵占了福建漳州海外的浯屿岛及明州海外的双屿岛，长期盘踞骚扰。此时，葡萄牙殖民主义者在侵入中国之前，早已霸占了南洋各地，明朝与周边邻邦的“朝贡贸易”制度已经彻底瓦解了。明朝廷对当时的世界大势几乎一无所知，针对争贡和拒绝葡萄牙通商两次纠纷，下令禁海，限令愈发严森，成为明代海禁最为严酷的时期。在《明嘉靖实录》中记录的几次禁海法令如：

嘉靖四年（1525）八月，“查海船但双桅者，即捕之。所载即非番物，以番物论，俱发戍边卫。官吏军民知而故纵者，俱调发烟瘴”。

“禁沿海居民毋得私充牙行，居集番货，以为窝主。势豪违禁大船，悉报官拆毁，以杜后患。违者一体重治”。

嘉靖十二年（1533），“兵部其亟檄浙、福、两广各官，督兵防剿，一切违禁大船尽数毁之。自后沿海军民，私与贼市，其邻舍不举者连坐”。

虽有严禁之令，而“倭寇之患”日趋严重，“海禁”亦日加严厉。当时南洋地区的“贡船”绝迹，国内自发形成的海商刚刚兴起，明朝廷仍泥守“朝贡贸易”成规，一意孤行严禁出海，拆沉新兴中国海商船舶，自毁海上航运实力，索性连沿海渔业捕捞也一律禁止。结果激起国内海商的对抗，演变成武装走私与镇压武装走私的官民海上内战，时起时伏，前后长达40年之久。

第四节　西洋航路的开辟与演变

西汉武帝刘彻，从建元元年（公元前140）至后元二年（公元前87），在位54年，其间曾巡海七次。《汉书·大宛传》对其巡海的活动做了概括的叙述，说：“是时，上方数巡狩海上，乃悉从外国客。大都、多人，则过之。散财帛赏赐，厚具饶给之。以览视汉富厚焉。”显见武帝巡海时，邀请了许多陆行海浮而至的外国商人随行，沿途专选大都市和人口众多的地方巡视，并向外商赏赐财物，供应丰厚。同时还“令外国客遍观各仓库府藏之积，欲以见汉广大，倾骇之”。其目的是向外商夸示中国富强，施加政治影响，招徕各国来华通商。当时便得到了“外使更来、更去”，倭人百余国“以岁时来献”，南洋各国从“武帝以来皆献见”的效果，为开辟西行航路准备了双向商品对流的条件。

一　西汉对西方航路的开辟

西汉元鼎六年（前111），汉武帝削平南越，划越地为九个郡，从番禺（广州）经外港徐闻为起点，以已程不（今斯里兰卡）为终点，开辟了一条远洋航路，史称“徐闻、合浦南海道”（图9-3），见记在《汉书·地理志》：

> 自日南障塞、徐闻、合浦，船行五月有都元国；又船行可四月，有邑卢没国；又船行可二十余日，有谌离国；步行可十余日，有夫甘都卢国；自夫甘都卢国，船行可二月余，有黄支国，民俗略与珠崖相类，其州广大，启口多，多异物，自武帝以来皆献见。有译长，属黄门，与应募者俱入海市明珠、壁流离、奇石异物，赍黄金杂缯而往，所至国皆禀食为耦，蛮夷贾船转送致之，亦利交易。剽杀人，又苦逢风波溺死，不者，数年来还。大珠至围二寸以下。平帝原始中，王莽辅政，欲耀威德，厚遗黄支王，令遣使献生犀牛。自黄支船行可八月到皮宗；船行可二月，到日南象林界云。黄支之南有已程不国，汉之译使至此还矣。

在这段引文中包括了三个内容。

一是开辟这条航路的人“有译长，属黄门”。“黄门”是汉代皇帝近侍内臣的衙门，以太监宦官为主，可见在出国的远洋船上，主要是派遣无妻儿家口牵连的太监担任使者，这种安

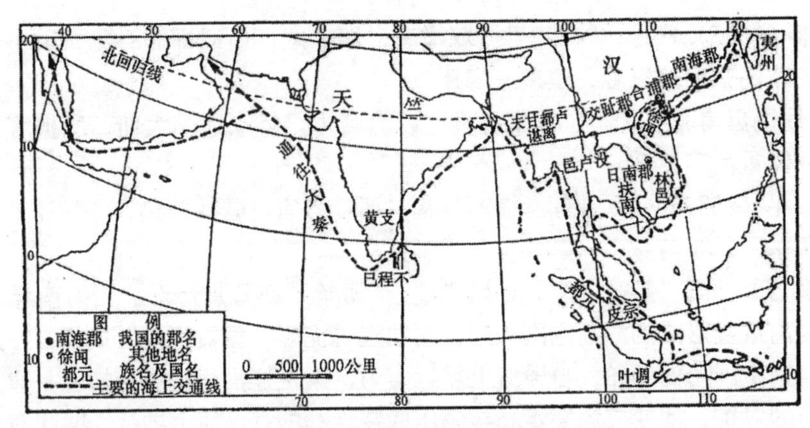

图 9-3　徐闻、合浦南海道

排几乎成为历朝官办航业的不成文定制。另外招募大批惯习出海的冒险商人，携带各种丝织品和黄金，随船同往海外收买明珠、璧琉璃等珍奇宝货。

二是这条航路是从广州出发，沿岸航行五个月到都元国（今越南沱瀼）。再四个月到邑卢没国（今泰国湾入口处之叻丕 Ralburi)。又二十余日到谌离国（今缅甸西海岸南部之丹那沙林），由此向北步行十余日，到夫甘都卢国（伊洛瓦底江口之卑谬 Prome，毗连锡当河的 Taung-ngu)。从卑谬顺孟加拉湾沿岸航行，两个多月到黄支国（今印度东岸之甘吉布勒姆 Kanchipurm)。由此南行一个多月，到达目的港已程不国（古读“巳秩不”。即斯里兰卡古巴利文 Sihadipa 师子洲的译音）。“汉之译使自此还矣”。汉使的回程是从“已程不”出发经黄支、邑卢没八个月到达皮宗（马来半岛西南岸的 Pisang 岛）。再由皮宗船行两个月回到南部郡象林界。

三是根据海运原理，货物流向，尤其是贸易双方货物相互对流的流向，是形成海上航路的必须条件。假若双方有时必须在某一中转港口互相交易的话，这个中转港口，便自然成为双方航路的终点。据此来看，汉船所载运的丝绸与西方的珍珠、璧琉璃、奇石异物在斯里兰卡进行交易，因此这一卖出买进的交易港口，便是汉船航路最终目的港。

国外古代文献中，也曾说明当时欧亚海上中转贸易港即在斯里兰卡。古罗马学者普林尼（Gaius Plinius Secundus，23～79）所著的《博物志》中，说到在罗马帝国的奥古斯都·恺撒时期，有一名斯里兰卡的拉切斯（Rachias——意为区长）率领四个人，从海路到达罗马，据这位拉切斯说，他曾到过中国，提到中国和罗马两个东西方大国，都与斯里兰卡有直接往来。《博物志》上还说，罗马人通过印度航商用宝石和红海的珍珠，在斯里兰卡与中国的商船交换衣料（丝绸）。而汉代中国海商，还在印度东海岸的科罗曼德尔（Cormandel）和斯里兰卡设立了货栈，与来自埃及的商船交换货物[①]。

又据吉本所著的《罗马帝国之衰亡》一书的记载：与（罗马）通商之邦，首推阿拉伯与印度。每岁约当夏至节时，一百二十艘商船，自迈奥霍穆出发，因风四十日可渡大洋，到印度的马拉巴及锡兰（斯里兰卡），与亚洲来的商船进行交易，约在十二月或一月回航非洲。然后将船上带回的货物，再由骆驼商队沿红海、尼罗河送到亚历山大港，而后渡过地中海运

① 沈福伟，璧琉璃和印度宝石贸易。

到罗马都城①。说明当时印度和阿拉伯海商，已开通了与埃塞俄比亚的海上航路，经营红海至斯里兰卡的海上贸易，将中国的丝绸转贩到罗马；再将汉人所需购进的珍珠、宝石贩卖给中国海商。这时从中国到罗马的海上丝绸之路已经沟通，不过中国与罗马东西两大帝国间还没有直接交往，而是由阿拉伯、印度海商从中传递，正如《汉书·地理志》中所说："蛮夷贾船，转送致之，亦利交易。"

西汉早期，由于受当时船舶规模和航海技术所限，从广州发船，还无力渡过海南岛东北角的木兰头急流和东南侧的七洲洋。这一带被当时航海者视为畏途。因此"徐闻、合浦南海道"这条远洋航路，主要采取沿岸航行。汉武帝元鼎六年（公元前111）设南海九郡，其中的合浦郡，郡治行政机关设在雷州半岛南端的徐闻，它与内陆无河道联系，陆路交通也甚困难，不具备货物吞吐集散的条件，在西汉被列为这条远洋航路港口，其原因如《元和郡县志》所说："雷州徐闻县，本汉旧县……。汉置左右侯官，在徐闻县南七里，积货物于此，备其所求，与交易有利。"它不是一处主要进出口岸，而是一个囤积进、出口货物和补充给养的后勤港。文中提到的日南，是南海九郡中最边远，最南的一郡。《汉书·地理志》颜师古注释日南得名的由来，是因它在"日之南，所谓开北户以向日者"。汉代日南郡即今越南国的广治地区，地理位置在北纬16°40′左右，北回归线在北纬23°27′，夏至时，太阳确在日南之北，古时在日南郡治西卷县"建八尺之表，日影度南八寸"。在汉船航程中，起首第一句便是"自日南障塞、徐闻、合浦"开始计算航期，因日南是汉朝疆土的边境一郡，故称其为障塞，汉船从广州、徐闻、合浦出发，一直到离开日南港继续南下，才是离出国境远航了。

二　东汉及六朝时期西方航路的发展

东汉至六朝，是中国航海事业发展的后期。自黄巾起义后，东汉从统一走向分裂，其间除西晋五十一年短暂的统一外，一直到隋开皇九年（589）为止，前后分裂了369年，这一时期的中国航海业大致又可分作两个时间段。前一个时间段在东汉时期，它在西汉成就的基础上略有推进；后一个时间段起于三国时期，由于东吴偏居东南沿海一隅，航海盛衰与东吴的存亡关系甚大，东吴势必发奋图存全力以赴向海外开拓，也是我国航海业承前启后的关键时刻，在航路开辟和航海技术上都有较大的发展和提高。

（一）东汉西方航路的发展

东汉立国后，又将丝绸之路转移到陆上。东汉朝廷为争取丝路畅通，连年动员数十万军队，耗费了"八十余亿"饷钱②，几经努力，结果是三通三绝。在前后79年间断断续续地通了46年，阻塞了33年。在这条路上，东汉使者曾到达过安息与条支交界的波斯湾海口。得知条支国城就在海湾边的山上，从此马行六十余日至安息。从安息陆路绕海北行可至罗马（大秦）③ 这里所说的条支城，是指波斯湾幼发拉底河与底格里斯河汇合入海处的安提阿克城（Antioch）。是希腊、阿拉伯、印度和埃塞俄比亚商船会聚的港口。此港是仅次于地中海

---

① 翦伯赞，秦汉史，北京大学出版社，1983年，第416页引录。

② 南朝·范晔，《后汉书·西羌传》。

③ 南朝·范晔，《后汉书·西域传》。

亚历山大港的贸易城市[①]。东汉永元九年（66），甘英取道条支探寻出使大秦的海上航路。当甘英抵达条支准备西渡大秦时，安息船人谎骗甘英说："海水广大，往来者逢善风三月乃得渡，若遇迟风，亦有二岁者，故入海人皆赍三岁粮。海中善使人思土恋慕，数有死亡者。"甘英一时畏难，"闻之乃止"[②]。甘英此行虽没有达到预期的目的，但在条支所见阿拉伯、印度、埃塞俄比亚商船出入的盛况，至少会想到尽早改由海路，摆脱中亚商路时断时续的困境。

到东汉中期，通向西方的航路已有两条。

1. *永昌郡经掸国出海航路*

永昌郡建于东汉永平十二年（69），辖区相当于今之云南大理及哀牢山以西地区，郡之治所在不韦（今云南保山）。是当时与掸国（缅甸）、天竺等国进行贸易的要地。由保山沿萨尔温江（中国境内称怒江）可以直达掸国的毛淡棉海口，与"徐闻、合浦南海道"的孟加拉湾段相接，可西行达斯里兰卡港。这条航路是通过掸国为中介与西方进行接触的。据《后汉书·南蛮·西南夷》记载，永宁元年（120），"掸国（缅甸）王雍由调复遣使者诣阙朝贺，献乐及幻人，能变化吐火，自肢解，易牛马头，又善跳丸，数乃至千。自言我海西人。海西即大秦也，掸国西南通大秦"。从这一记载看，掸国王受东汉和帝赐"金印紫绶"册封，负责这条航路上的中间联系工作。掸国借遣使祝贺汉安帝改换年号的机会，把罗马的杂技演员引见到洛阳。这是中国史册上记录的第一批来华的罗马人。

2. *"徐闻、合浦南海道"的延伸航路*

西汉末年时，西方的罗马帝国也陷于群雄割据的混乱局面。不久被渥大维统一。相当于东汉明帝年间（58～76），罗马又生内乱。到韦斯巴芗皇帝时（69～79），再复统一。其后一直到公元180年是罗马史上的"继承皇帝时代"，其间图拉真皇帝在位时（98～116），是罗马帝国的极盛时期。公元161～180年马可·奥理略·安东尼（Marcus Aurelius Antoninus）相继为帝，罗马帝国占领了安息，将波斯湾一带囊括于罗马势力范围之内。据《后汉书·西域传》记载："桓帝延熹九年（166），大秦王安敦遣使自日南徼外献象牙、犀角、玳瑁，始乃一通焉。"《后汉书》所说的"大秦王安敦"，便是安东尼（Antoninus）的音译。当时罗马派遣使臣从波斯湾由海路来华，与中国建立了直接联系。这条航路是"徐闻、合浦南海道"向西的延伸，突过了斯里兰卡中介港，把东西两段航路的终点延接到条支，即波斯湾北岸两河汇流入海处的安提阿克城（Antioch）。

（二）三国与六朝西方航路的发展与演变

《梁书·诸夷传》曾概括三国孙吴航海发展状况说："海南诸国，大抵在交州南及西南大海洲上，相去近者三五千里，远者二三万里。其西与西域诸国接。……及吴孙权时，遣宣化从事朱应、中郎康泰通焉。其所经及传闻，则有百数十国，因立记传。"《梁书》的记载，反映了东吴的海外交通已远远超过西、东两汉的规模。孙权在此期间所建的功业，为南朝宋、

---

① 沈福伟，中西文化交流史，上海人民出版社，1985年，第42～43页。

② 南朝·范晔，《后汉书·西域传》。

齐、梁、陈的海外活动以及唐、宋时期的航海大发展，奠定了基础。

1. 东吴时期西方航路的发展与演变

据《太平御览·布帛部》记载：魏文帝曹丕，于黄初元年（220）遣使东吴，愿“与孙骠骑和通商旅”，求取海外珠宝、香药。曹魏的这一要求，反映出东吴开展海外贸易，在于“贵致远珍名珠、香药、象牙、犀角……以益中国”[①]，增加财政收入以固国本，所以对开展海外贸易十分重视，使东吴在三国鼎立中，成为一个“泛舟举帆，朝发夕到，士风劲勇，所向无敌”的海洋强国。

据《梁书》卷五四记载：东吴黄武五年（226），有一名叫秦论的大秦商人来到交趾，太守吴邈将其送见孙权。“权问论方土谣俗，论具以事对”。秦论回国时，孙权“差吏会稽刘咸送论，咸于道物故，（秦论）乃经径还本国”。以上记载，说明东吴立国方才五年，已与罗马建立了联系。文中所提到的这个大秦商人秦论，是北非利比亚国“昔兰尼”地方的一个海商，当时把“昔兰尼”这个地名的对音译成“秦论”，便把“昔兰尼”误认成他的姓名了[②]。

当时中国周边南海各国的政治、经济形势，与两汉时期相比已发生了很大变化。当扶南国王范旃执政后，以“兵威攻伐旁国，威服属之，自号扶南大王。乃治作大船，穷涨海，攻屈都昆、九稚、典孙等十余国，开地五六千里”，成为南海一大强国，控制了中南半岛称雄海上。其辖区内的典孙，即今马来半岛北部的董里（Trang）[③]，三国时十分繁盛，“东界通交州，其西界接天竺、安息徼外诸国，往还交市。……其市东西交会，日有万余人，珍物宝货，无所不有”，是东吴开展西方海上贸易必经的互市港口。黄武四年（225），扶南诸外国来献琉璃[④]，始引起东吴对扶南的重视。第二年便派康泰、朱应出使扶南。

康泰、朱应在扶南留居20多年。经长期调查，康泰写成《吴时外国传》，朱应写成《扶南异物志》。惜原书均已散失不存，其内容散见于其他文献中，从中可大致看出当时东吴西方航路的三段路程，前两段见记于朱应的《扶南异物志》。

第一段：从广州出发，经西沙群岛直航南海，出马六甲海峡西口，到达扶南的句稚港。句稚又称九离或称投拘利（Takkola），故址在今泰国西海岸的塔库巴（Takuapa）。在三国时，此处是中国海船与西方商船汇集的港口[⑤]。这一段为新开航路，不再沿用“徐闻、合浦南海道”的沿岸航线。

第二段：从扶南句稚港出发，中经蒲头，到达歌营。即从今之塔库巴港开船，经过尼科巴群岛中之一岛，到达印度东海岸的高韦里河（Cauvery River）口的高韦里镇。希腊地理学家托勒密（Ptolemy，公元前2世纪）称此港作科佛里镇（Khaberis Emporion），三国时译音为歌营。

这一段航路也不再走“徐闻、合浦南海道”的沿岸航路，而是直接横渡孟加拉湾，缩短了航程，约一个月时间，便可从塔库巴到达印度高韦里河口[⑥]。

---

① 晋·陈寿，《三国志·吴志·士燮传》。
② 沈福伟，《中西交通史稿》上册，第133页。
③ 《辞海·地理分册》典孙条。
④ 《古今图书集成·食货典》。
⑤ 《古今图书集成·食货典》。
⑥ 沈福伟，中西文化交流史，上海人民出版社，1985年，第54页。

第三段：此段海程见记于康泰的《吴时外国传》，书中说："从迦那调洲西南入大海湾，七八百里，乃到枝扈黎大江口，渡江迳西行，极大秦也。"同书又说："从迦那调洲乘大舶，船张七帆，时风一月余日，乃入大秦国也"①。迦那调洲为今印度东海岸的甘吉布勒姆(Kanchipurim)，即"徐闻、合浦海南道"中的"黄支"，西南行七八百里，到达高韦里河口(Cauvery River 枝扈黎大江)。然后转向西行，"时风一月余日"便到红海口曼德海峡的奥赛里斯附近②。东汉丹徒太守万震，在他所著的《南州异物志》上说，当时中国海船的航路向西最远达到"加陈国"。加陈国是古波斯铭文中 Kusa 的音译。是指居住在埃塞俄比亚马萨瓦港附近的 Kacen，早期译称 Kossėr，即今之古赛儿（Qusseir）港。东吴的远洋海船已与埃塞俄比亚建立了海上贸易关系。

西汉的"徐闻、合浦南海道"航路的走向是先要经日南郡，然后沿岸向西方航行。近代在当年日南郡的要港呵克厄呵（Oc Eo）（今越南迪石 Rach-gia 以北）遗址发掘出大量东汉铜镜和罗马文物③，但却未见后代遗物。从考古结果来看，自三国东吴为始，由于造船与航海技术水平的提高，中国海船逐渐脱离沿岸航行，开辟了一条以广州为起点，横渡中国南海，穿过马六甲海峡，经过塔库巴横越孟加拉湾，经印度西渡阿拉伯海的新航路，假若连续航行的话，大约四个月可以行完全程。航期大为缩短，适应了东西交往日益频繁的要求，对促进中国与南亚、北非的海上贸易和文化交流，起着有益的推动作用。"徐闻、合浦南海道"便被新辟航路所替代，演变成地方区间的短程航路。

2. 东晋和南朝的西方航路

晋朝避乱南迁江东，是为东晋。

东晋及南朝各代，偏据东南沿海半壁江山，所以对向西方各国开展海上贸易，比东吴时更加重视。由于当时印度佛教在中国传布渐广，因此在六朝的航海活动中，时见经济贸易与佛教流传同步并行的现象。中、印佛教徒或僧侣多借助海上商舶彼此往来。东晋隆安三年(399)，法显和尚由陆路前赴印度取经，兴元二年（403）到达北天竺南境，然后遍历印度各地。义熙五年（409）初冬，从印度乘海船到达师子国（今斯里兰卡）。在那里停留两年后，于义熙七年（411）八月初，乘船由海路回国。法显将这次航海经历，详细记录在他写的《佛国记》上。这是有关 1500 多年前中印航路的记载，从中可以获知当时的航路概况：

义熙七年（411）八月法显带着从印度求取的写经及画像，在师子国求得的弥沙塞律藏本……"即载商人大船上，可有二百余人，后系一小船，海行艰险，以备大船毁坏。得好信风，东下二日，便值大风，船漏水入。商人欲趣小船，小船上恐人来多，即斫絙断，商人大怖，命在须臾，恐船水漏，即取粗财货掷著水中……如是大风昼夜十三日，到一岛边。潮退以后，见船漏处，即补塞之。于是复前，海中多有抄贼，遇辄无全。大海弥漫无边，不识东西，唯望日、月、星宿而进。若阴雨时，为逐风去，亦无准。当夜暗时，但见大浪相搏，晃然火色，鼋鼍水性怪异之属，商人荒遽，不知哪向。海深无底，又无下石住处。至天晴已，乃知东西，还复往正而进，若值伏石，则无活路。如是九十日许，乃到一国，名耶婆提（爪

① 宋·李昉等，《太平御览》卷 791 引《吴时外国传》。

② 沈福伟，中西文化交流史，上海人民出版社，1985 年，第 54～55 页。

③ 同②。

哇或苏门答腊)”。这段海程一出发走的是接近现代的十度海峡航路，全程1900海里（3519公里)，横渡孟加拉湾。但从原文中提到“海中多有抄贼，遇则无全”，是指海盗聚集的尼科巴群岛，正常航行见此岛即进入马六甲海峡西口向东行驶，但原文不见记载，而是从尼科巴群岛偏东南，从苏门答腊岛外侧驶过，到达耶婆提国（今爪哇或苏门答腊)。全程航行了105天。

“停此国五月日，复随他商人大船，上亦二百许人，赍五十日粮，以四月十六日发。法显于船上安居。东北行趣广州，一月余日，夜鼓二时，遇黑风暴雨，商人贾客皆悉惶怖。于是天多连阴，海师相望僻误，遂经七十日，粮食、水桨欲尽，取海咸水作食。分好水，人可得二升，遂便欲尽。商人议言：常行时可五十日便到广州，尔今已过期多日，将无僻耶？即便西北行求岸，昼夜十二日，到长广郡界牢山南岸”。

法显所著的《佛国记》共13 000多字，是我国详细记载印度、斯里兰卡的第一本书。其内容远远超出了宗教范围，他所记回程海路的描述，用现代航海技术分析，与这一海区的实际状况是十分吻合的。从法显对这两段海程的记录，可以推知当时的航海者已掌握了信风的知识，但对某一具体海区的气象变化，大概仍不甚了了。当其从师子国出发后，正值孟加拉湾季风转换季节，风向不定，最大风力可达12级，伴有大风雨。一路不得顺风，航行105天。当从耶婆提出发后，进入南海区，正值台风开始季节，航行一月余，“夜鼓二时，遇黑风暴雨（台风)”船在海上随风所至，航行了近90天，航程2850海里（5278公里)。当时，对这种远洋航行中的不利因素，尚无预先规避的能力。

至南朝刘宋时期，与印度支那半岛的林邑、扶南等国经常有使节往来，交易方物。与南海各国也保持着时常交往。元嘉五年（428)，师子国（斯里兰卡）遣使建交，同年天竺迦毗黎也遣使建交。七年（430)，印尼境内的诃罗陁国派使臣来华，提出与刘宋“年年奉使”的通商要求。这时国内虽然战乱频起，而中国商船仍时常越过印度到达波斯湾沿岸各地。当时人竺枝（446～478）著有《扶南记》一书，记载了波斯湾与斯里兰卡间的航路说：“安息国去私诃条国（斯里兰卡）二万里，国土临海上，即《汉书》天竺、安息国也。户近百万，最大国也。”在曼苏地所著的《黄金草原和宝石矿》一书上，也曾提到幼发拉底河支流阿蒂河的希拉地区（今那杰夫Najaf)[①]。在5～6世纪时，拉克米德王朝便建立在这里，中国和印度的商船便沿河而上到希拉，与拉克米德王朝进行贸易[②]。两种记载互相印证，说明刘宋时期的中国商船至少仍能到达波斯湾北端。《宋书·蛮夷传》的传论说：“若夫大秦、天竺，迥出西溟，二汉衔役（使)，特艰斯路。而商货所资，或出交部，泛海凌波，因风远至。……千名万品，并世主之所虚心，故舟舶继路，商使交属。”由此可看见，刘宋时期的西行航路，是循法显回国的航路，从广州出发，直航南海到达耶婆提国（苏门答腊)，由此过马六甲海峡，出海峡西口，走十度海峡航路横渡孟加拉湾，直达印度南端，北进波斯湾两河入海口。全程为跨洋航行，较三国东吴航路东半段径直，航程更短，比前代演变和发展了一大步。

南齐时，与南海和西方各国的海上贸易，承袭着刘宋的成规。

梁朝立国55年（502～557)，开国皇帝萧衍在位46年（502～548)，笃信佛教，这个时期的海上通商，可以说是与佛教传播同步进行的，航海贸易和文化交流都受到梁朝廷的支

① 冯承钧，西域地名，中华书名，1955年，第46～47页。

② 沈福伟，中国交通史稿（上册)，第138页，引曼苏地《黄金草原和宝石矿》。

持，是佛教由海路传入中国的极盛时期。

关于南朝的海外交通，《南史·夷貊传》曾有概括的论述："自晋氏南度，介居江左，北荒西裔隔碍莫通。至于南徼东边，界壤所接，洎宋元嘉抚运，爰命干戈，象浦之捷，威震溟海。……以洎齐、梁，职贡有序。及侯景之乱，边鄙日蹙。陈氏基命，衰微已甚，救首救尾，身其几何。故西赉南琛，无闻竹素。"

据文中所说，由宋、齐、梁发展起来的西方航海贸易，因受侯景之乱的冲击，逐日败落，陈朝立国时已自顾不暇，再无力开展西方航路。但自东吴以来，继六朝的连续发展，在海上航路开辟、航海贸易、文化交流等方面的成就，都超过了两汉的水平，随后带来了唐宋航路开拓的大发展。

三　唐、宋时期西方航路的发展与演变

581年，杨坚在中原地区继北周而起，建立了隋朝，年号开皇。开皇九年（589），攻克建康平灭了陈朝。随之又将浙、闽、岭南各地戡平，统一了全国，传至杨广共两代，立国不过三十八年（581～618），将黄河、长江两流域广大地区的经济、文化统一成了一个整体。唐宋两代即在隋朝开创的基业上，将我国海上事业推进到一个新的繁荣时期。在此期间，几乎与唐代同时，西亚兴起了一个阿拉伯帝国，都城所在地，即两汉时所说的"条支"国。"条支"是阿拉伯语 Tajiks 或波斯语 Tagur（贸易者）的音译，唐宋两代将其译音改为"大食"。632年（唐贞观六年），第一任哈里发艾卜·伯克尔以伊斯兰教义为主体，建立了政教合一的阿拉伯帝国。第二任哈里发欧麦尔，执政20年便将西亚、北非等地并入阿拉伯帝国版图，并东进至印度，北与大唐帝国接壤。唐永徽二年（651），阿拉伯帝国遣使长安开始建交通好。天宝九年（750），阿布·阿拨斯任哈里发，建阿拨斯王朝，阿拉伯帝国进入极盛时期，中国史籍称为黑衣大食。阿拉伯帝国的兴起，代替了古罗马地位，与中国东西对应，共同把亚洲航海贸易推进到一个新的高度。

唐宋时期，中国是西太平洋区域的航海大国；阿拉伯帝国是西方印度洋区域的航海先驱，东西方这两大航海实力兴衰同步。当1258年蒙古军攻陷了报达城，阿拉伯帝国灭亡；1279年蒙古军攻占江南，南宋覆灭。阿拉伯帝国建国比唐朝晚12年，覆亡比南宋早21年，彼此相处于同一时代，东西呼应，相互对流，把世界航海事业推进到一个新时期。若从世界全局着眼，应该说，唐宋和阿拉伯帝国的航海事业大繁荣，是彼此互为依托而推动起来的。

（一）唐代的西方航路

唐开元年间（713～741），贾耽记录下一条《广州通海夷道》（图9-4），辑入《新唐书·地理志》中，从中可以看到唐代海船远及东非的航路全貌：

> 广州东南海行，二百里至屯门山（今大屿山及香港以北），乃帆风西行，二日至九州石（海南岛东北角）。又南二日到象石（海南岛东南之独珠山）。又西南三日行，至占不劳山（马来语 Pulau Cham 今越南占婆岛），山在环王国（林邑）东二百里海中。又南二日行，至灵山（燕子岬）。又一日行，至门毒国（越南归仁）。又一日行，至古笪国（梵文 Kauthara 今衙庄）。又半日，至奔陀浪洲（即宾童龙 Panduranga 今称藩朗）。又两日到军突弄山（马来语 Pulau Kundur，大食语作

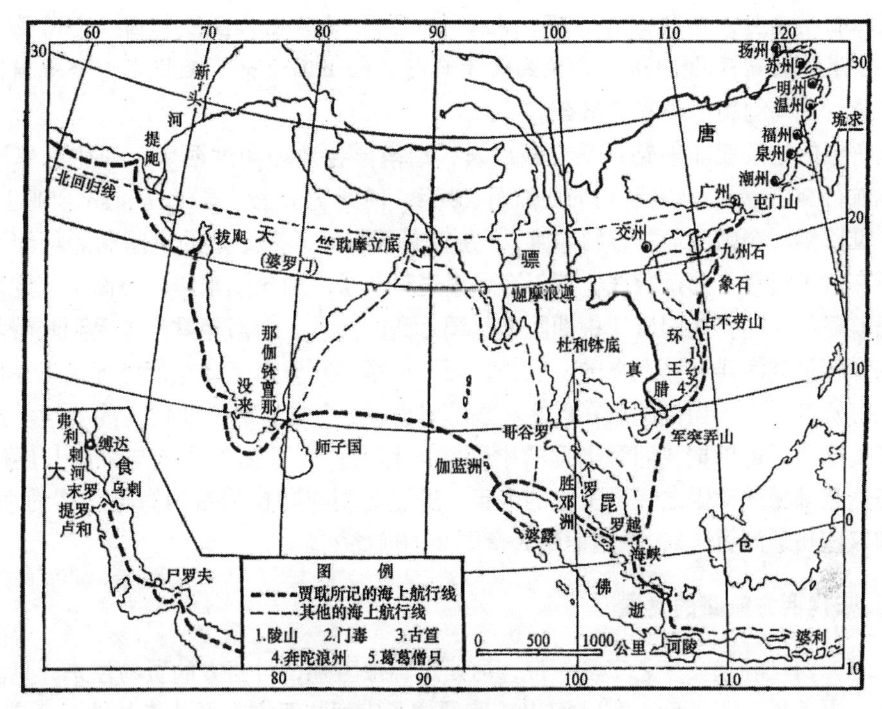

图 9-4 广州通海夷道

Kundrang，今昆仑岛）。又五日到海硖，蕃人谓之质（马来语 Selat，意即海峡，指马六甲海峡），南北百里，北岸则罗越国（梵文 Raja 之对音，今马来半岛南部）。南岸则佛逝国（今苏门答腊岛东南部）。佛逝国东水行四五日至诃陵国（今爪哇），南中洲之最大者。又西出硖，三日至葛葛僧祇国（海峡南部不罗华尔岛 Brouwers），在佛逝西北隅之别岛，国人多钞暴，乘舶者畏惮之。其北岸则箇罗国（马来半岛西岸之吉打）。箇罗西则哥谷罗国（大食语 Qagola 今克拉地峡西南方）。又从葛葛僧祇四五日行，至胜邓洲（今棉兰之北日里 Deli 附近）。又西五日行，至婆露国（今苏门答腊西海岸 Baros）。又六日行，至婆国迦蓝州（今尼克巴群岛）。又北（北为十字之误）四日行，至师子国（今斯里兰卡）。其北海岸距南天竺大岸百里。又西四日行，经没来国（今印度之奎隆 Quilon，宋称故临），南天竺之最南境。又北行经十余小国，至婆罗门西境。又西北二日行，至拔飓国（今不罗区 Broach）。又十日行，经天竺西境小国五，至提飓国（今喀剌奇略东），其国有弥兰大河，一曰新头河（Sindhu 今印度河），自北渤昆国来，西流至提飓国北入于海。又自提飓国西二十日行，经小国二十余，至提罗卢和国，一曰罗和异国（今波斯湾头阿巴丹附近）。国人于海中立华表，夜则置炬其上，使舶人夜行不迷。又西一日行，至乌剌国（Vbolla 巴士拉以东之奥布兰），乃大食国之弗利剌河（幼发拉底河）南入于海。小舟溯流，二日至末罗国（巴士拉 Basra），大食重镇也。又西北路行千里，至茂门王所都缚达城（巴格达）。自婆罗门南境，从没来国至乌剌国，皆缘海东岸行。其西岸之西，皆大食国。其西最南谓之三兰国（Samran 即亚丁 Aden 十世纪时两名同用）。自三兰国正北二十日行，经小国十余，至没国（大食语 Shihr 意为海岸，阿拉伯半岛南岸某港）。又十日行，经小国六七，至萨伊瞿和竭国，当海西岸（应在阿拉伯半岛突出部东隅)。又西六七日行，经小国六七，至没巽国（今阿曼湾之苏哈尔港）波斯语称 Mezoen。又西北十日行，经小国十余，至拔离诃磨难国，又一日行，至乌剌国，与东岸路合。

贾耽所记的这条亚非航路是从广州出发，经南洋各地和印度西岸，到达忽鲁谟斯的乌剌，全程航行 90 余天。从乌剌再向西航行 48 天，便到达了三兰国（Samran 今亚丁）。大食人提到的没巽港（今阿曼湾的苏哈尔港），在唐末宋初时，来此港的中国商船相继不绝，中国海商还在这里设置了储运货栈，常年在那里进行贸易。阿拉伯来华的海商也从此港搭船起航。这条航路的兴起，是因唐代中期陆上丝绸之路的陇右、河西相继沦落受到吐蕃隔断，而后捨陆从海转移到海洋航路上来的。这时，阿拉伯帝国阿拨斯王朝正值曼苏尔王在位，商业鼎盛，航海贸易发达，当他选定在巴格达建都时曾说："这里是一处优良的营地。此外，这里有底格里斯河，可以把我们和老远的中国联系起来。"[①] 可见为适应与中国开展航海贸易是在巴格达建都城的动因之一。贾耽的生年，适逢唐朝与阿拉伯帝国海上交往的全盛时期，他记录的《广州通海夷道》，是东西两大帝国间的航路实录。

（二）宋代西方航路的发展

北宋时，西夏崛起在今之宁夏一带，河西走廊被阻塞，对西方的贸易往来，只能"自广州路入贡，更不得于西番出入"[②]。海上航路便成了宋朝与西方各国往来的惟一通道。

宋代对东南亚、阿拉伯及非洲东岸的广大地区，统称为"南海诸国"。宋代中国海船所到的地区，远远超过了唐代海船活动的范围。宋人周去非所著《岭外代答》一书说，当时与中国来往密切的"诸蕃国富盛多宝者，莫如大食国。其次阇婆国，其次三佛齐（苏门答腊岛东部），其次乃诸国耳"。周去非对大食的具体地理状况还不十分明晰，说"大食者，诸国之总名也，有国千余，所知名者特数国耳"。若把《岭外代答》卷二的"海外诸蕃国"、卷三的"航海外夷"和宋代赵汝适所著《诸蕃志》综合在一起，可以看出当时已把中国海船活动的范围划分成了六个海域。

1. 宋代的海域划分

（1）我国西南最近的海域是"交趾洋"。

（2）正南方的三佛齐（苏门答腊东部），是诸国海上往来之要冲。三佛齐之南是"南大洋海"。

（3）三佛齐东面是阇婆（爪哇），阇婆之东是"东大洋海"。

（4）向西，在今天中南半岛和斯里兰卡之间是"细兰海"。

（5）从故临国到阿拉伯半岛一带的海域，是"东大食海"。

（6）再向西的海域，即到地中海木兰皮国（指非洲西北部和西班牙南部地带）为界，是"西大食海"。

以上周去非的这一分区法清晰明白，具有很高的准确性。在当时，能对整个亚洲南部的海洋地理做出如此的区划，足见我国海上航运业已发展到相当高的水平。

---

① 岑仲勉，隋唐史（下册），高等教育出版社，1957 年，第 612 页。

② 清·徐松等，《宋会要辑稿》蕃夷七之二二。

根据《岭外代答》、《诸蕃志》两书的记载，宋代远洋商船从泉州或广州出发，基本上是沿着唐代的“通海夷道”航路先到达东南亚与波斯湾各地。然后，沿着阿拉伯半岛继续向西航行，最远可到达红海和非洲东部沿海的弼琶啰（索马里北部柏培拉），中理国（索马里索科特拉岛），层拔国（索马里以南沿海地区），昆仑层期国（马达加斯加及附近沿岸）。近代考古界在非洲东岸许多地方发掘出土了宋代瓷器① 或宋朝铜钱②。

从以上文献史籍记载和出土文物来看，宋代远洋海船已沟通了从中国直达红海和东非的亚非航路，橹声帆影遍及亚非各港。就像戴维斯的《古老非洲再发现》一书所说的那样：“在十二世纪，不管什么地方，只要帆船能去，中国船在技术上也都能去了。”③

宋代航行在亚非航路上的中国商船，基本上都是离岸远洋直航。从广州到达蓝里（南巫里，今马六甲海峡西口的班达亚齐），航期40天④，再到大食60天⑤。全程航期100天，比唐代多10天。若把气象变化、风力顺逆等条件考虑在内，唐宋两代的航速基本一致。说明这一时期我国海船操驾技术已经成熟。这时中国商船乘东北季风西去，三个月可以到达目的港，待来年春末西南季风回航，远处不足一年，近处不过半年便可返航。但论者多有不察，根据《岭外代答》故临国条所说的“广舶四十日到蓝里住冬，次年再发舶，约一月始达其国。……然往返经二年矣”这段话，误解中国商船在蓝里等待季风，耽搁了航期。实际每年11月至次年4月盛行东北季风有六个月之久，船从广州出发40天便到蓝里，尚有三四个月的顺风期，足够到达阿拉伯或非洲所需的时间，反而住冬待来年后的季风再走，令人难解且难以自圆其说。另见同书《岭外代答》卷3大食诸国条说：“有麻离国（阿拉伯半岛南岸），广州自中冬以后，发船乘北风行，约四十日到地名蓝里，博买苏木、白锡、长白藤。住至次冬，再乘东北风，六十日顺风方到此国。”此条清楚的说明在蓝里住冬是为了进行贸易。《诸蕃志》麻逸国条说中国商船到麻逸国“入港，驻于官场前……蛮贾丛至，随篓篙搬取货物而去。……蛮贾乃以其货转入他岛屿贸易，率至八九月始归，以其所得准偿舶器”。说明中国商船到达外国港口，与当地商人有一种赊销和代售代购的关系，为收回欠款欠货需要在港等八九个月之久。只得等到来年季风时才能继续西行，所以海商在外住冬是为沿途留住进行贸易活动。这是宋代航海贸易中较为普遍的现象。

2. 宋代缩短航运周期的措施

宋朝政府为克服商船长期停港住冬，加速航运周转，增加税收，于隆兴二年（1164）订立了免收或减收市舶税的“饶税”法，规定出海商船“若在五个月内回舶，与优饶抽税，如满一年内，不在饶税之限；满一年以上，许从本司根究”⑥。根据当时海船的连续航期来算，要求赴南洋的海船“五个月内回舶”，远去大食的海船在十二个月内返航，是切实可行的。这项“饶税”法，推动了宋代远洋船舶的建造技术向快速性、适航性和增大载重量发展，促进了运商与海商开始分离经营，把中国的航业提高到一个新的水平。

① ［日］三上次南，《陶瓷之路》。
② 《蒲寿庚考》32页记1888年在桑给巴尔，1898年在索马里均出土宋代铜钱，中华书局版陈裕菁译本。
③ 引自张铁生《中非交通史初探》。
④ 宋·周去非，《岭外代答》卷3故临国条。
⑤ 宋·周去非，《岭外代答》卷3大食诸国条。
⑥ 清·徐松等，《宋会要辑稿》职官四四之二七。

古代的航海贸易是货主与船主合而为一，自己船装自己的货。海船本身自兼多用，航行时是运载工具，到港后便是储货仓库和交易场所，亦买亦卖，所以住港时间很久，停港时间多于航期数倍，一般往返一次多需二年。随着航运贸易的发达，为加快船舶周转，便逐渐出现了卸货留人，克服船舶住港，运输只管运输，交易者只营交易，货主与船主开始分离。长期驻外的中国海商，他们在大食首都巴格达开辟了中国商品市场，在阿曼湾没巽港（苏哈尔港）设立了储运货栈。在朝鲜首城长驻“华人数百，多闽人，因贾至者”。在交趾有“福建、广南人因商至交趾，或闻有留彼用事者”[①]。

伴随着单纯经营海外贸易的海商的形成，被称为“番船主”的专业航商也出现了。南宋乾道年间（1165～1173），在福建有一位名叫王仲珪的大“番船主”，他一次能“差拨海船百艘”[②]。这就是从船主货主混合体制中分离出来的专业航海运输商人。

宋代的“饶税”法促成了航海贸易中出现了海商与航商，推动宋代商船在亚非航线上缩短了运输周期，相对增加了航海贸易次数，促进了东西方经济、文化交流的繁荣，这一大变革，很快被阿拉伯国家所采纳，其海商也长期侨居广州和泉州，中国政府为他们开辟了居留地——蕃坊，列肆经营买卖。

四 元、明两代的西洋航路

元以前对东、西方航路所及的地区，统称为“海外诸国”，或称作“海南诸国”。到元代张翥为《岛夷志略》所作的序文中，有“西江汪君焕章，当冠年，尝两附船东、西洋”之语。则东、西两洋的地域概念，至迟在元代中期已经确立。后因见于《明史·婆罗传》：“婆罗又名文莱，东洋尽处，西洋所自起也。”此说直接因袭明未张燮所著的《东西洋考》。张著的《东西洋考》是以苏门答腊岛上的南巫里（亚齐）为最西界。最东、最南都是以地闷为界，张著卷九原注说：“地闷即吉里地闷（Gili Timur），是诸国最远处。”张著所列举的“西洋”各国或地方，全部都在马六甲海峡西口以东，是一片较为狭窄的航海范围。但此书以《东西洋考》为名，在概念上极易与明初郑和下西洋联系在一起，致人误入歧途。《东西洋考》成书于万历辛巳（1617），此时葡萄牙殖民者已侵占了南洋地区，中国商船基本已被迫退出苏门答腊与爪哇海域。《东西洋考》可能是张燮在对前代航运大势一无所知情况下，凭当时耳闻而作。

郑和下西洋时期，对东、西洋的概念与元代基本相同。费信所著《星槎胜览·爪哇国》条中说：爪哇“地广人稠，实甲兵器械，乃为东洋诸番之冲要”，肯定了爪哇属于东洋地域，而与西洋的最终分界点是在苏门答腊西端的南浡里（南巫里）。马欢所著《瀛涯胜览》南浡里国条中说：此国“西、北皆临大海……国之西北海内有一大平顶峻山，半月可到，名帽山（今韦岛 Pulo Weh），其山之西亦皆大海，正是西洋也”。

元明时期的西洋，实指的是印度洋。

---

① 《世界简明通史》、《回教百科辞典》、《宋史·高丽传》、《续资治通长编》卷237。

② 清·徐松等，《宋会要辑稿》。

(一) 元代的西洋航路

至元十六年(1279)十二月,忽必烈派遣广东招讨司达鲁花赤杨庭璧出使具蓝(宋之故临,今印度奎隆),目的是为以后向波斯湾、红海地区和东非沿海发展,建立前进分航枢纽基地。次年(1280)三月,杨庭璧再抵其国,具蓝王派其弟持国书随杨来华,与元朝约定于至元十八年(1281)正式航海通商。至期杨庭璧第三次赴具蓝,中途遭风返回,至元十九年(1282)二月第四次出航至达具蓝。经杨庭璧多次出使联络,近则与南洋,远则与印度、阿拉伯各国之间航路基本复航。

至顺元年(1330),汪大渊由泉州出海航行东西洋,元统二年(1334)夏秋间返回中国;至元三年(1337)冬,由泉州再次出海远航,至元五年(1339)夏秋间返回。至正九年(1349)冬撰成《岛夷志略》一书。汪大渊航海期间,正值元代的航海贸易发展到极盛时期,《岛夷志略》所载的国家和地区有219处,据书之后序说,都是汪大渊"身所游览,耳目所亲见。传说之事,则不载焉",从中可见元代以民营为主体的航运业的活动。当时中国商船在西洋航路及阿拉伯的哩伽塔(亚丁)、红海的麦加、阿思里(库赛),非洲东岸的层摇罗(桑给巴尔,宋称层拔)。在东方,中国商船遍及印尼群岛、菲律宾群岛、中南半岛沿海各地。在交易方式上,除了以物易物和以金银为交换媒介的传统手段外,在不少地区,也可以用元朝纸币"中统钞"作为市场流通货币,并与当地的货币之间已有固定的汇兑比价,享有一定信誉。说明当时航海贸易交易数额、货物品类、交换频率等更具有商业活动的性质。

(二) 郑和下西洋航路

明成祖朱棣为扩大明朝的政治影响,争取稳定和平的国际环境,以明初强大的封建经济为后盾,以先进的造船工艺和航海技术为基础,尽力推行明初"不穷兵,不疲民,而礼乐文明,赫昭异域"的对外政策,把中国与海外各国、各民族之间的友好往来推进到一个繁盛的新阶段。对这些国家和地区的社会经济发展,起了积极的促进作用。

郑和在永乐三年(1405)至宣德八年(1433)28年间,七次远航西洋,共访问过亚、非30多个国家和地区。这支远洋船队的海船,按其大小、功能、性能可分为五个等级:

(1)宝船,为船队中的旗舰。长四十四丈四尺(138米),宽十八丈(56米),九桅十二帆。其篷、帆、锚、舵非二三百人莫能举动。

(2)马船,为大型快速攻击和货物运输两用舰船。长三十七丈,宽十五丈,八桅。

(3)粮船,为船队所需粮食、物品的后勤供应船。长二十八丈,宽十二丈,七桅。

(4)座船,又名战座船,为大型战船。长二十四丈,宽九丈四尺,六桅。

(5)战船,为护航战船。长十八丈,宽六丈八尺,五桅。

除以上主体战船外,船队中还有一些担任供应淡水的"水船"及其他辅助船舶。据英国人米尔斯推算,宝船的载重量约有3000吨,被国外学者誉为世界造船史上的奇迹,达到19世纪以前世界木帆船建造技术的顶峰。这支多功能船舶组成的混编船队随乘人员有27 500余人,当其到海外以后,便开始"分䑸",将整队改编为几组分遣船队,以满剌加(今马六甲)、苏门答剌(今苏门答腊岛西北端),古里(今印度卡利卡特)为基地,分别驶赴各地进行访问和贸易。舟帆相继,形成50余条区间航线,构成了南海、印度洋地区的海上交通网。郑和船队在实际航行中以罗盘针路指向行舟,观测地标转向航驶,以更数计程、测定航速,并辅助于测探和牵星的定位方法，提高了船舶定位的精确度，把定量航行技术提高到接近于近代航海的水平。并在远航实践的基础上，绘制成自南京龙江关至东非广大海域的航海地图——《郑和航海图》，图载中外港市地名500余处，真实地反映了亚非地理状况，扩大了人们的视野，增进了人们对亚非地区的了解。

今根据郑和船队绘制的《自宝船厂开船从龙江关出水直抵外国诸番图》所记的地名，依序逐个加以详细考释，并将其今名、经纬度数加以注记，编成《郑和航海图》古今名对照表附于书后。从中不难看出郑和的航海壮举及其亚非航路的踪迹。

明朝立国伊始便闭关锁国实行海禁，寸板不得下海，与周边少数邻国仅保持着数年一次的有来无往的"朝贡贸易"。

朱棣是以庶纂嫡夺权登基的，年号永乐，在当时封建宗法制度下，名分上是冒天下大不韪的，永乐极欲争取国外内向，标榜正统，以安国内谤议。因此，他只有循"朝贡贸易"成规，贵买贱卖和无价赠送争取海外邻国好感，希望借此达到"不待威而从，不假力而致也……。近者即悦，远者毕来"的局面，显示自己是承天命的慎德明王。在朝贡名义下大作亏本贸易；反回来，又借亏本贸易维持朝贡关系。积极贯彻永乐这种意图，便是郑和下西洋的首要任务。

宣德六年（1431），郑和第七次下西洋出发前，在福建长乐亲立石碑，综述其七次下西洋的目的，碑文说："若海外诸番，实为遐壤，捧琮执贽，重洋来朝。皇上嘉其忠诚，命和等统率官校数万人，乘巨舶百余艘，赍币往赉之，所以宣德化而柔远人也。……和等上荷圣君宠命之隆，下致远夷敬信之厚，统舟师之众，掌钱帛之多，夙夜拳拳，惟恐弗逮，敢不竭忠以国事，尽诚于神明乎！"这是郑和六十岁时的自述，说明他率船二百余艘，带着大批货物，亲到国外登门送礼（赍币往赉之），其目的就是为着"通西南海道朝贡"，"宣德化而柔远人"，通过"赏赐、颁奖"无价赠送，达到"近者心悦，远者毕来"的目的。

郑和像许多伟大历史人物一样，受着一定历史条件的局限，对自己毕生孜孜以求的事业缺乏自觉的理解和认识，他忠心执行的朝贡贸易，长期贬价贱卖，无偿赠送，耗费巨大。《明实录》上说，在永乐年间已感到朝贡贸易是一项重大负担，"连年四方朝贡之使，相望于道，实罢（疲）中国"。《续文献通考》上也提到待讲邹缉指责朝廷遣内官下番，"收货所出常数十万，而所取曾不及一二。且钱出外国自昔有禁，今乃竭天下所有以与之，可谓失其宜矣"。可见下西洋的赏赐开支疲于应敷，致使国库枯竭，财政短绌，长此下去终会导致经济崩溃。

郑和一生致力的航海事业终被停罢，这是封建朝贡贸易的必然结果。

五 清朝对海外贸易的政策

清朝自1644年立国至1911年结束共历时267年。

清朝对海外贸易不实行闭关自守，而是采取有限制的贸易政策。"闭关锁国"这一贬词是西方侵略者强加在清王朝头上的。当时西方各国口岸只准本国商船进出，本国进口货物只准自己的商船或原产国载运，他们自称这种办法为保护政策。但对其他国家，又强迫洞开国门任其自由出入和垄断。他们这种对外扩张行为在南洋各地均已得逞，唯独在中国遭到坚决抵制，一直到鸦片战争前夕还没有达到目的。因此他们把中国欢迎平等互惠的航海贸易，反对侵略的态度，诬蔑为“闭关锁国”。清朝立国之初至康熙二十三年（1684）共41年从未闭关。据《闽海纪要》所载：“先是厦门为诸洋利薮，癸卯（康熙二年，1663），破之，番船不至……至是英圭黎（英国）、万丹、暹罗、安南诸国，常以贡款求互市，许之。岛上人烟辐辏如前。”当时的厦门还处在与台湾郑氏军事对峙前线，海禁未开，而且对英国还不甚了解的情况下，竟能同意其进出厦门贸易，据此怎能说清朝对外开放是消极的？康熙二十二年（1683）清兵攻占台湾，二十三年停止海禁，宣布广东澳门（后改移广州）、福建漳州（后移厦门）、浙江宁波、江苏云台山（后移上海）为对外开放口岸。从此年起算至1840年鸦片战争为止，前后156年间，清朝基本是对外开关的。鸦片战争以后，帝国主义窃夺了中国的海关主权，关门洞开，已无关可闭。帝国主义者反诬清朝闭关排外，显见为其侵略辩护的用心。对此，应就清朝的造船和航海贸易政策进行分析。

（一）清朝对造船业的政策

康熙四十二年（1703），清政府对建造海船有多种限制，海船仅许竖双桅，梁头不得过1.8丈，载重不过500石（30吨）舵水人不得超过28人。规定：“凡直隶、山东、江南、浙江等省民人……如有打造双桅五百石以上违式船只出海者，不论官兵民人俱发边卫充军。”[①]禁令虽非常苛刻，但从未认真实行。实际出海的远洋海船，载重量可达七八千石[②]（420～480吨）。规定颁布初期实施了很短时间后，闽浙总督梁鼐则上疏言：“仅求合于丈有八尺之梁头，而船腹与底或仍如旧，是有累于商，而实无关海洋机务。”[③] 由于商人反对，康熙下令弛禁。而对远洋海船“照旧准其备用，毋庸禁止”[④]。

（二）清朝对航海出国经商的政策

清朝一向不准人民移居海外，因此限定海商出洋在外的期限。康熙五十六年（1717）定例出洋海商三年内回国，但对货账未得收清者，允其越期不归。所以限期规定对海商的正常贸易活动并无干扰。

清朝对商人、水手的出国条件规定。福建水师提督施琅主张“听官民之有根脚、身家、不至生奸者”方准从事航海贸易。按照这一主张，只能由官员、富商垄断航海贸易，而小本海商则受排斥。清朝廷否定了他的主张，规定：“客商必带资本、货物；水手必查有家口来历，方许在船。”即全体在船人等，必须是注册人员，以防止有人充冒移居海外。由于清朝廷对出国商人的条件相对比较宽松，为大量中、小海商提供了方便，“商贩赴安南贸易，均是小本经营”。出洋商船只要不违反海关规定，不走私漏税，归航可以收泊沿海各口岸贸易。

（三）清朝对若干商品的鼓励与限制

清初对进出口商品没有采取过任何限制措施，随着海外贸易的发展，才开始进行干预。主要表现在对大米进口的鼓励和对丝茶出口的限制。由于东南沿海人口增长，耕地面积不

---

① 《光绪大清会典事例》卷235。
② 林春胜等编，《华夷变态》上册475、655、642页。
③ 清·蒋良骐等，《东华录》卷20。
④ 范咸，《台湾府志》卷5。

足，粮食紧缺。乾隆六年（1741），广东巡抚王安国密谕海关，劝谕海商进口大米。次年，乾隆帝宣布“免征米、豆税银，商民尤为踊跃”，对于载运大米回国的商人，进口2000石以上者，则得九品官衔顶带。4000～6000石者得八品官衔；至10 000石者得七品官衔。乾隆二十年（1755），两广总督也援此例，鼓励广东商人从暹罗、安南进口大米。三十年，闽浙总督为进一步鼓励商人，奏请照原进口标准提高一级授衔。此外，还允许海商在海外造船运米回国，增加运力。

乾隆二十四年（1759），清政府下令禁止丝绸出口这一方面是为了平抑丝价上升，更重要的是为配合把外国商船限制在广州一港贸易而采取的措施。两广总督李侍尧支持这项措施时说：“近年英吉利洋商，屡违禁令，潜赴宁波，今丝斛禁止出洋，可抑外洋骄纵之气。”①这一措施显属不当，产生了不少恶果。首先，“粤、闽贸易番船甚觉减少”，即内地贩洋商船亦多有停驾不开者。使得丝农苦于卖丝困难。在此情况下，清廷被迫调整政策，在颁布禁令的第二年，便批准赴日商船载丝品出口。二十九年（1764），又允许赴南洋商船装载丝品出口。为保证从日本购进铸钱用铜，最早解除对日丝绸之禁。

嘉庆二十二年（1817），又颁令限制茶叶只准从广州一港出口。以茶叶为主要出口品的厦门港备受影响。这一不得人心的措施，不久被走私贸易逐渐取代，清朝限制遂成一纸毫无意义的具文。

清朝虽不闭关自守，但实行有限制的开放贸易政策。并且，随其不同时间、不同需求和有利条件而不断调整措施，由而显示出清朝航海贸易政策的灵活性、实用性，自然也形成有清一代航海贸易的起伏性和政策的阶段性。另一方面，在清朝廷内部对航海贸易的态度也有不同，在中央的朝官，从海疆安全因素着想，多持保守态度；大多数地方官员，从地方经济和民生问题（包括个人利益因素）出发，对开海通商持比较积极的态度。有些富有胆略和远见的封疆大吏，据理力争，使海外贸易政策较少发生逆转，在鸦片战争发生以前，基本还是朝着积极的方向发展。但是清代中国海商能够活动的范围，当时仅剩下苏门答腊以东的南洋和菲律宾一带海域。面对着西方资本主义政府对华贸易扩张政策支持的半官半商航运公司，中国海商还处于分散经营的前资本主义性质的贸易状态。两种社会制度的优劣之分，使中国海外贸易处于劣势地位，致使中国海外贸易逐步走向衰弱。

鸦片战争是中国远洋帆船贸易由盛而衰的重大转折点，这场侵华战争对中国商船造成很大的直接破坏。鸦片战争以前，中国的江海船舶有20余万艘，共400多万吨，当时英国有2万1千余艘，共240万吨，美国有135万吨②。”当时航行在东南亚地区的中国远洋商船有295艘，共计85 200吨；英国东印度公司投入这一地区的商船，平均每年约21 432吨③，中国商船占绝对优势。鸦片战争以后，西方列强迫使清朝廷签订了一系列不平等条约，窃据了中国海关大权，强占通商五口，撤除行商制度，强订值百抽五协定关税，实行领事裁判权等。在西方列强的排挤下，中国航海帆船的处境每况愈下。据记载，外国船舰“遇商货大船即截住，或令下锚，或割蓬索，或掠货物，将人赶回，或留舵工，出海在船令其帮驶”④。

---

① 王之春，《国朝柔远记》。

② 樊百川，中国轮船航运业的兴起，四川人民出版社，1985年，第65～84页。

③ 田汝康，十七～十九世纪中叶中国帆船在东南亚洲航运业的地位，历史研究，1956，8。

④ 《鸦片战争》第三册422页《浙江嘉湖道探得夷情禀》。

道光二十二年（1842），在江苏沿海，“有洋铜商船两号，将驶入口，人船均掳去”[①]。英军在浙江乍浦港，“登岸焚掠，将商局停泊在坞之日新、全新两船，全行烧毁。”中国帆船的数量以惊人的速度锐减，在上海“自外夷通商以来，商船大半歇业”[②]。道光初年，在上海原有沙船3000余艘，到同治五年（1860），只剩下400～500艘[③]。越来越多的本国商人租用外国轮船代运，“近年商贩利用洋船，中国之舟几废，今宁波蜑船，上海沙船存者无多，东卫等船南来亦少”[④]。到了19世纪70～80年代，中国各口岸与东南亚之间的航路上的运力，已完全被外国商船所占据。从此，中国海运业沦入中衰时期，这一时期长达109年之久。

① 《鸦片战争》106页，《壬寅闻见纪略》。
② 史料旬刊36期，319～320页。
③ 《总理各国事务衙门清档》“议购夷板船试办海运”。
④ 《浙江海运全案重编》。

第十章　海上水运技术

中国内地海岸线，北起辽宁丹东大东沟，南至广西北仑河口，从东北向西南呈弧形延伸，全长18 000余公里，沿线还分布有大、小岛屿6000多个，总面积8万平方公里。海域外侧面向太平洋，自南至北有若干著名海峡，与周边邻国相通。并有纵贯南北的沿海航路和畅通亚非的远洋航路。

第一节　古代地文航海技术

一　古代航海的导航方法与设施

在中国漫长的海岸水域内，按其地形和水文特征来说，可将近海分为渤海、黄海、东海、南海以及台湾以东的太平洋海区。其海岸在杭州湾以北，除辽东半岛，山东半岛属于山地丘陵海岸外，绝大部分为平原海岸。杭州湾以南，除局部港湾和中小型河口三角洲属于平原海岸外，绝大部分属于山地丘陵海岸。北方岛屿较少，南方岛屿星布[①]。由珊瑚礁和红树构成的海岸，仅分布在南海及东海部分沿海地段。这些沿海丘陵、山峰、河口、岛屿、礁浅等地貌特征，在古代早期海上航行时，即被当作导航的重要陆标。

优越的海疆地理环境和丰富的资源，为勤劳睿智的先民提供了探索海洋和征服海洋的条件。使他们得以在人类航海史上，谱写下光辉的篇章。

航海技术是实践性较强的应用技术。英国的W.E.May所著的《航海史》中说："航海是引导船舶安全地从地球水面的一地到另一地的艺术。"日本高等学校《航海教科书》上说："所谓航海术，就是确定船只在海上的位置，驾驶船只安全而经济地驶到目的地的技术。"雍成学著的《实用航海学》上说："航海是一种方法，它不是单纯的科学或单纯的艺术。"而是"科学与艺术之混合体"。以上的说法都多少疏忽了一点，就是"船舶操驾技术"不是一个物质实体，而是人的一种能力，是人通过对船舶实际驾驶操作的经验而获得的能力和技巧。因此在船舶操驾中，驾驶者人的主观因素起着主导作用。而在航行中具体体现在两个方面。

一是定位：船舶航行在浩瀚的海洋上，首先是测定船体自身的位置点是否在设计的航线上，保证无误地沿着设计航线安全到达目的港口。

二是避碰：熟悉航道上的礁石、浅滩，避免碰礁搁浅。在港区繁忙的海面上，避免船舶对撞、横碰、追尾以及碰岸等事故，保证安全航行。

因此，航海人员必须熟悉航行海区的山形水势、岛礁沙浅、潮流气象等自然航行条件，知道那些有利航行，应予利用；何者有碍航行，需要回避。同时还要有利用天体定向、定位

---

① 据我国自1988年至1996年对全国岛屿综合调查，沿海岛屿面积在500平方米以上的共有6961个，其中有常人居住的433个。海岛面积为6691平方公里，岸线长度为12 710公里。引自海风：《为中国海岛写家谱》（见《郑和研究》1997.4）。

的能力以确保操驾船舶时刻处于预计的安全位置上，不致迷误航向。

另外航海技术又是多种科学技术的综合运用。这一点在近代与当代航海技术中尤为明显。

（一）对景定位

这是一种最为古老而简便的定位导航方法，见于文字记载的有：公元前5世纪齐景公（公元前547－前490）曾对晏子说："吾欲观于转附（今山东烟台）、朝舞（今成山），遵海而南，放于琅邪（今山东胶南县琅邪台西北）。"① 即是船从转附出发向东航行，至成山，便以成山头山势作为航路转向陆标，到此转向南下，即可至胶州湾一带海域的琅邪。在这一时期，据史籍所载，有公元前485年，吴国大夫徐承率舟师从海入齐。公元前468年，越灭吴，勾践率戈船三百艘，迁都琅邪②。说明从转附可以通到浙江沿海。浙江以南的福建、广东沿海一带的越人，于"魏襄王七年（前312）四月，越王使公师隅来献乘舟，始罔及舟三百，箭五百万，犀角、象齿焉"③。这些大规模活动，都是以沿岸地貌特征为导航标志，逐步分段开通了一条沿海航路。一直至汉武帝平定了闽越和南粤的分裂割据，统一了全国以后，才贯通成一条长达18 000多公里的南北沿海大航路。

西汉立国初年，经过文景之治（公元前179～前141），生产逐年恢复，社会稳定，到汉武帝即位时，呈现出国力强盛，经济富庶，商业繁荣的盛世。汉武帝几经遣使西域，开辟欧亚丝绸之路，终因中亚政局动乱，路途漫远，时通时塞。于是在当时造船和航海实力支持下，首次开辟了由中国广州通向西亚的海上丝绸之路。这条航路史称"徐闻、合浦南海道"。原文中许多古国地名、位置，虽经中外学者多年研究，尚难统一，但其航路的大体走向可趋一致，即由广州、徐闻等地出发，沿中国和越南海岸西南行，绕过越南南端的金瓯角，沿泰国湾，绕过马来半岛南端，再沿半岛西侧，即孟加拉湾沿岸航行，然后航抵印度的黄支（今甘吉布勒姆 Kanchipurm），再沿岸航行到达目的港已程不（即斯里兰卡）。由于以沿岸地物导航，日行夜泊，全程往返多则"数年来还"。回程经马六甲海峡返航。这条航路的开辟，对促进东西方经济、文化交流无疑发挥了重要作用。从中亦可以看出，当时因受船舶性能和航行技术的限制，只能以沿岸地物对景定位导航，还不能在大洋中直航，但对后人积累和完善这条海上丝路航行技术，起了先导作用。

唐代（618～907）的初、中期是经济繁荣科技进步的时期。北方港口与高丽、日本往来频繁；南方则以广州港与南亚、西亚、北非地区二十余国建立了海上贸易关系。唐开元年间，地理学家贾耽（730～805）记述了"登州海行入高丽渤海道"和"广州通海夷道"两条东西远洋航路，辑入《新唐书·地理志》。其中详实地记载了这两条航路的沿途港口、城镇、岛屿等物标。

（1）"登州海行入高丽渤海道"的航路，是沿用了秦汉时期通朝鲜和倭国（日本）的旧道，不过补记了沿路秦汉对导航物标之缺。若与《海道经》所记合于一起，可以看到途中的地物标志在现代航行中依然沿用。该航路及其物标即自登州（蓬莱）沙门岛（庙岛）开洋望

---

① 《孟子·梁惠王下》。
② 《越绝书·记地传》。
③ 《竹书纪年》。

北，至旅顺70余海里间，有12大岛，平均每5海里有一导航地物标志，逐岛航行，安全到达旅顺口老铁山（图10-1）。老铁山为辽东半岛南端的望山（高465.2米），是船舶出入渤海口必经老铁山水道时的导航标志。然后沿辽东半岛到鸭绿江口，由此溯江北上到高丽国和渤海国。

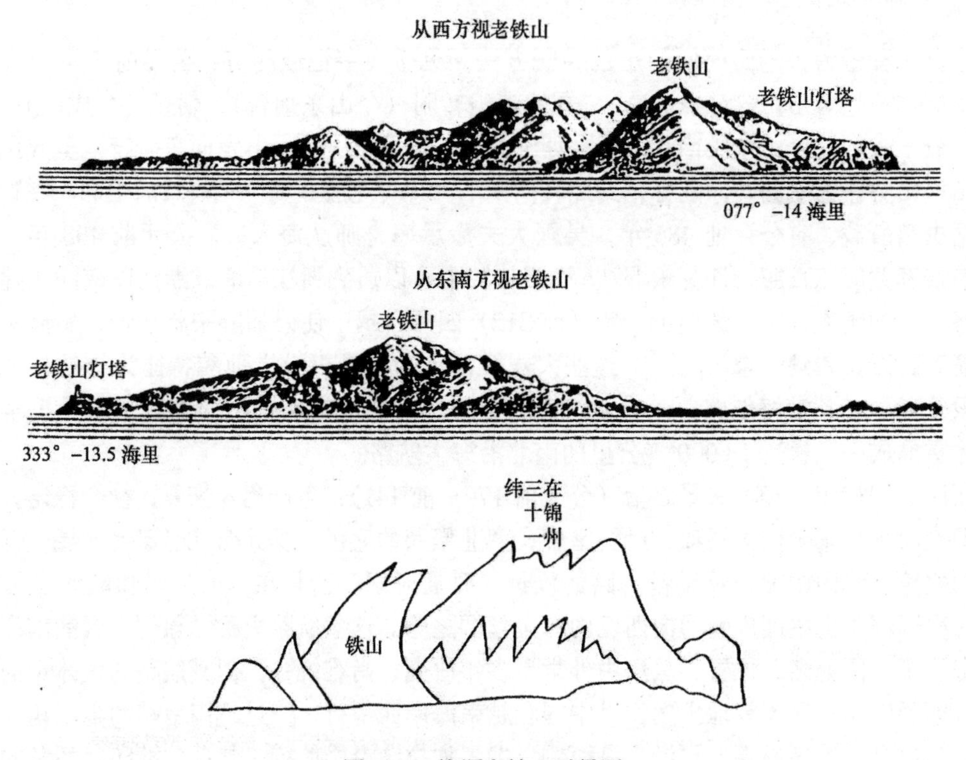

图10-1 旅顺老铁山对景图

宋代以后，中国海商船舶在海外活动的海域范围超过前代，扩大了中国人对海外各国风土，山川、物产的了解。同时，也使航海舟师深化了对各地海岸、山形、水势、地貌及其对导航重要性的认识。宋周去非在《岭外代答》卷六中说："舟师以海上隐隐有山，辨诸番国，皆在云端。若曰往某国，顺风几日望某山，舟当转行某方。或遇急风，虽未足日已见某山，亦当改方。"从中可知海中山形物标在古代航海中的重要导航作用。

根据海中出现陆地大小不同，在《宣和奉使高丽图经》中进而做出区别："至若波流而漩伏，沙土之所凝，山石之所峙，则又有其形势，如海中之地，可以合聚者，则曰洲，十洲之类是也；小于洲而亦可居者，则曰岛，三岛之类是也；小于岛则曰屿；小于屿而有草木，则曰苫，如苫屿；而其质纯石，则曰焦（礁）。"① 这样按海中陆地不同地貌命名的区分法，无疑对船舶航行中借为辨识物标，以确定船位有十分重要的意义。

迨至郑和七下西洋（1405～1433）时期所绘的《郑和航海图》，所记里程远达南洋、中亚、东非各地，其中记有山形水势状况，岛礁沙浅分布，庙宇古塔形象，内容丰富，"其图列道里国土，详而不诬"。这是中国古代航海家的智慧结晶，也是世界上最早的古代航海图之一。明代时期还有许多有关航海著述，如《东西洋考》、《顺风相送》、《指南正法》等，对

① 宋·徐兢，《宣和奉使高丽图经》卷34"海道"条。

各条航路上的山形、岛礁等物标记载有更进一步的发展。从这些载籍中可以看到，这些地物标志名词，已经约定俗成为一些规范性的专用术语，例如：

山——沿岸陆地突起的山头，或指海中水面高耸的海岛。

屿——指露出水面不高，地势平缓上有草木的小岛。

门——海中两岛间有水道可以航行的入口处。

嘴——海岸的山角，又名为岬。

头——航行在山石洲浅附近最先看到或接于航道一端的山头。

尾——船行经山石洲浅最后看到或远离航道的一端。

沉礁——潜沉于水面下的礁石。

坤身——又作鲲身，指沿岸的丘陵或海边起伏的沙岸。

石牌——形如牌状的礁石。

石排——形如排栅的礁石。

老古石——又作卤股石，老古、卤股均为马来语 rongkol 音译，译意则是“簇聚”。是簇聚状岩石，似指珊瑚所成的一种岩石。

老古地——石质海底。

山水——露出水面。

这些专用术语的规范化，是古代航运业的一种技术进步现象。舟师口传心授的“水路簿”，在使用统一术语后，有利于在地文导航中船舶定位避碰技术的交流与提高。

（2）唐代贾耽所记的“广州通海夷道”，记述了从广州启航至波斯湾所经各地的地名和港名，并且详细记述了航向和各港之间的航行日程。这条航路的总体走向，与三国和晋代的西方航路基本上接近一致。它向西最远到达了红海口东侧的三兰国（Samran，今也门首府亚丁 Aden 的别名）。还记述说，在这条航路的波斯湾头阿巴丹附近建有导航灯塔标志：“罗和异国（阿巴丹），国人于海中立华表，夜则置炬其上，使舶人夜行不迷。”[①] 这是最早有关国外灯塔的记载。当时在这条航路的始发港广州，也建有导航灯塔，名怀圣塔，唐开元二十九年（741），由大食首领和萨所建[②]，该灯塔轮囷直上，凡六百十五丈（为百六十五尺），绝无等级，其颖标一金鸡，随风南北。每岁五六月，夷人率以五鼓登其绝顶，叫佛号，以祈风信。下有礼拜堂[③]。此塔为圆柱形砖塔，高 36.3 米，中为实心柱。又因夜间塔顶高竖导航明灯，塔身笔直光滑，遂俗称光塔。这是中国沿海早期为海船入港引航设置的灯塔，对宋代以后港口建塔导航开创了范例。光塔附近，即是唐代专供阿拉伯海商的寄居区“番坊”。

（二）宋代及历代的导航灯塔

两宋王朝重视通过航海贸易增加收益以资国用，积极推行鼓励海商出海和招徕外商来华的政策。特别是指南针用于航海以后，使海上航行跨入崭新的定量航行阶段，从而带动了海上贸易的繁荣，促进了港口引航设施的改善，推动了自宋及其后历代各港的导航塔标建设。

---

① 宋·欧阳修等，《新唐书·地理志》。

② 韩振华，唐代广州怀圣塔考。

③ 宋·方信儒，《南海百咏》。

1. 杭州六和塔

又名六合塔。在浙江杭州市南钱塘江边月轮山上。北宋开宝三年（970）吴越王钱俶所建。塔身九层，高五十余丈。塔上装灯，江上夜行船赖以导引。宣和三年（1121）毁于兵火。现在砖构塔身系南宋绍兴二十三年（1153）重建，塔刹系明代遗物。今塔高59.8米，八面七级，每层中心都有室。四周廊子铺有阶梯，可通顶层。

2. 晋江六胜塔

俗称石湖塔。在福建晋江县石湖村的金钗山上。北宋政和年间（1111～1117）初建，后废。元至元二年至五年（1336～1340）重建。八角五层，高31米，塔形与泉州开元寺的双塔相近。控钗山，临东海，为引导海船入泉州港的导航标志。

3. 晋江姑嫂塔

又名万寿宝塔、关锁塔。在石狮镇东南5公里。兀立宝盖山巅，面临泉州湾。塔建于南宋绍兴年间（1131～1162），高21.65米，共五层，如楼阁，内壁有石级可绕上。据《闽书》记载："昔有姑嫂为商人妇，商人贩海久不至，姑嫂塔而望之，若望夫石然，塔中刻二女。"凡远航归国船舶，遥见塔影，指顾之间即抵泉州安海港。

4. 青浦青龙塔

又名吉云禅寺塔，在上海青浦县，距旧青浦镇约1公里许。唐宋时此地系对外贸易港口，海舶辐辏，商贾云集。唐天宝二年（743）建报德寺，长庆元年（821）改名隆福寺时建塔。北宋庆历年间（1041～1048）重建。砖木结构，七级八角，今仅存砖身，系宋代所建。南宋后期，青龙江逐渐淤塞，镇亦衰落。

5. 福建三峰寺塔

在福建长乐县城西南山顶，又名雁塔。塔为石筑，仿木楼阁式，八角七层，高27.4米，为北宋政和七年（1117）建。明初郑和下西洋船队泊驻长乐，即以此塔导引船队入南山下之太平港。

6. 福建罗星塔

俗称磨心塔。在闽江出海口马尾港附近罗星山上。建于宋代，明万历间（1573～1620）塔毁，天启间（1621～1627）修复，重建七层八角石塔，高31.5米，耸立岸边，为海船驶入闽江的导航标志。

7. 太武山延寿塔

福建厦门南，澄海东北百里的太武山，山高千仞，其南十里为镇海卫。上有延寿塔，高数仞，海中归舶，望以为标。

8. 温州净光塔

又称逆川塔，在古温州港区，宋绍兴元年（1131）开港，元代始建泊船码头，并在港区范围内建塔，突兀高出，“夜置灯火”，“塔灯荧煌”，“雄镇一方”，年久颓毁，遗迹无存。其形制与作用，见记于明宋濂之《宋文献公全集·逆川塔碑铭》。

9. 立标指浅标

元至大四年（1311）十二月，常熟船户苏星因海运粮船时在长江口甘草浅滩一带搁浅，遂建议“立标指浅”，并用自己二艘小船抛泊在西暗沙嘴，竖立旗缨。由海运千户认可，并“晓谕运粮船户，起发粮船，务要于暗沙东、苏星渔船偏南正西行驶，于所立号船西边经过，往北转，落水行驶，至黄连沙抛泊”；还规定“如是潮退，号船桅上，不立旗缨，粮船只许抛住，不许行驶。”[①]

10. 龙山庙望标

元延祐四年（1317）十二月，“（有司）令浙江行商制造幡竿，筹备绳索、灯笼，次年春，由海运万户府顺便运载直沽，在直沽海口的龙山庙前，高筑土堆，四傍石砌，其上竖立望标。每年四月十五日为始，有司差夫添力将标杆竖起，杆顶日间悬挂布幡，夜间挂点灯火。”[②] 每年海运完毕，望标设备又交看庙僧人保管。望标的设立，对保证漕船航行的安全，促进南北粮运的完成发挥了重要作用。

11. 宝山烽堠

明永乐十年（1412），陈瑄督海漕于太仓州，以嘉定县浜海之地平衍，海上来船入港时无目标可依，遇黑夜风雨，航海者不知所泊，往往搁浅覆溺，命海运将士筑此，以建烽堠，周六百丈，高三十丈，为海运标识，昼则举烟，夜则明火，海洋空阔，一望千里。先是，居民尝见其地有山影，至是山成，因名曰宝山，御制诗文，刻石其上。海运废，山仍为戍守之所[③]。万历十年（1582）七月，海潮狂溢，宝山烽堠及旧城为洪涛冲没殆尽。明成祖朱棣撰写的《宝山烽堠碑》幸存，今移置上海文庙院内。

12. 山海关南海口灯标

明代晚期，山海关为兵戍重地，船运军粮等军需物资，须经潮河、石河交汇处的南海口泊于潮河码头。为便于昼夜行船和靠岸，于天后宫庙前树起高数丈的旗杆识物，夜挂红灯，为明代在此港最早的灯标。

清道光（1821～1851）以后，在南海口天后宫两侧，增设导航标杆，高三丈余，昼挂四方红旗数面，夜悬一串灯笼。以示这一带有海流旋涡，以防覆舟事故。同时，在天后宫东侧和老龙头间，又设立“转盘探海灯”。灯架为高三四丈的三角或四柱形的木框架。在框架中间的地面上设一石臼，上耸四丈余高的垂直木轴。木轴穿过框架顶端横向木板的轴孔，顶端

---

① 《大元海运记》卷下。

② 同①。

③ 清·顾祖禹，《读史方舆纪要》卷24，宝山条。

托放随木轴转动的明暗相间的巨型“转盘探海灯”一盏。木轴底部距地面三尺有轮把，由人力或畜力推动旋转，导引夜间过往航船驶进码头庄港。这种导航设备在当地是首次出现，为秦皇岛一带北方港口的先进技术设施①。

（三）清代新式航行标志的设置

1840年（道光二十年），英帝国主义悍然发动了侵华鸦片战争，清政府失败。战后1842年8月签订的《南京条约》，迫使清政府对外开放了广州、福州、厦门、宁波、上海五港为通商口岸。由于清政府昏庸腐败，继而在列强迫逼下，又签订了《天津条约》、《北京条约》等一系列不平等条约，使中国沿海、内河的主权完全丧失，从此沦落为半封建半殖民地社会，进入了一个屈辱的历史时期。中国沿海港口关门洞开，外商云集。帝国主义列强出于向中国倾销商品和攫取资源的方便，窃夺了中国的港口管理权、引水权，在中国港口出入航道的险要路段设标立桩，以利洋船航行安全。清末在中国沿海各港设置的新式导航标志有：

1．长江口附近的新式航标

（1）道光二十六年（1846），江海关拨出专款，在长江口铜沙浅滩设置木质灯船一艘，并在吴淞口外布设浮标和灯桩等标志。

（2）道光二十七年（1847），驻上海苏松太道筹拨款项，由英国人巴夏礼主持，先后在长江口北岸及南岸浅滩处，各设专为轮船导航的标桩一具②。这是清政府第一次设立的新式助航标志。

（3）咸丰五年（1855）底，苏松太道兼海关监督吴健彰饬令海关外籍税务司筹备款项，购灯船一艘，名“柯普登爵士”号（Sir Herbert Compton），设置在长江口铜沙西南水深一丈七尺处，以指示铜沙沙嘴。船身为红色，黑色单桅，左右有英文“TUNGSHA”字样，称为“铜沙灯船”。桅上悬一黑色铁丝圆笼，内置凹镜逼射白光明灭灯，每半分钟明灭一转。灯光距水面三丈四尺，晴照三十三里。守船人若见来往船只误入险途，即施放一炮，并举旗示以应行之路。如遇大雾，则每十秒吹戒险汽螺一次③。由美国人泼来勃尔（Preble）负责管理。

（4）咸丰六年（1856）十月，在长江口南岸原设标桩处新建高70英尺，外涂红白两色方格的塔标一座，指示船舶白天航行。同治元年（1862）在塔标基础上改建成近代中国第一座九段灯塔，上有两灯，一在塔顶，为白色光灯；一置于塔身中部，距地面约30英尺（9.14米），为红光灯。船在5～6海里外，先见到白灯，以引起警觉，当船只驶入浅水地段时，可见到红灯，警示船只迅速避开附近浅滩④。

（5）同治四年（1865），在吴淞口左岸（即教场尖沙嘴）一处洋式矮屋内设一灯标，以指示船只进入黄浦江。1872年改建为灯塔，称吴淞灯塔。

（6）同治八年（1869），在大戢山岛建造第一座灯塔。

（7）同治九年（1870），建花鸟山灯塔，初建时为旋转镜机，每1分钟旋转一周，用四

---

① 秦皇岛港史（古、近代部分）人民交通出版社，1986年。

② 聂宝璋，中国近代航运史资料，第一辑（上册），上海人民出版社，1983年，第81页。

③ 黄义，长江下游航道史，武汉出版社，1991年。

④ 王轼刚主编，长江航道史，人民交通出版社，1993年。

芯灯头，燃植物油，烛力38 000支。以后屡经改建，1950年遭到蒋军破坏。解放后重建为黑白相间的圆塔，总高89米，标身16.5米，闪白15秒，射程24海里，岛上装有雾笛及无线电指向站，雾笛每分钟鸣响5次，听程3.8海里①。

（8）1871年，建成佘山灯塔。

（9）1879年，在鸡骨礁与铜沙浅滩间设置自鸣声浮，在黄浦江内又陆续设立浮标，到1900年，黄浦江内浮标已有39具，使航行条件得到改善。

2. 其他港口的新式航标

（1）天津，1886年，在英国人把持下，于大沽口外大海中黑沙小岛上，建成曹妃甸螺旋铁柱灯桩，高44英尺，用四等透镜白光电石气灯，烛力为2500支，晴夜灯光射程12海里。1878年，天津海关利用旧趸船改成灯船一艘，设在海河拦江沙外水7.4米处，船身红色，两旁书有白色英文字"TaKu"字样，装有四等透镜白光灯，烛力5万支，称大沽灯船②。

（2）广州，在1870～1880年间，先后在通往广州港的广东沿海水道、珠江进口至黄浦外港、广州内港设置灯塔、灯浮、灯桩37座。

（3）宁波，先后于1865、1872和1907年建造了虎蹲山灯塔、七里屿灯塔、鱼腥脑灯塔和唐脑山灯塔。

（4）秦皇岛，1900年在港口码头东侧南山上建设了简陋灯塔。1919年重建，灯光为1000支光，用六等旋转透光镜发出，光达16海里。

（5）台湾，1882年在台湾南端鹅銮鼻小半岛南端距海岸140米处高地建灯塔，名鹅銮鼻灯塔。塔高18米，总高55米，光照20海里，与菲律宾的吕宋岛遥对；中间的巴士海峡为南海与太平洋间的主要航道。此塔为东亚著名灯塔。

百余年来，中国沿海导航标志的设置，是在中国丧失主权情况下，适应帝国主义者的侵华航运需要而建立的，从来未曾为适应中国航运和国防需要设想。到1949年全国解放前，中国18 000多公里的漫长海岸线上共有323座航标，集中分布在30余处港湾附近，而在漫长的沿海航线上却是残缺不全或是空白。

（四）测深定位

测深是一项简而易行的定位和避碰的引航技术。对探测和掌握航路水深、底质的情况，预防航船触礁、搁浅和寻求选择适泊港澳、锚地等至为重要。自古以来，航船多将测深技术视为保证安全航行的重要手段之一。

测深所用的工具，因大小船体不同而异。沿岸航行的小船，多用竹篙或木杆测深，篙杆还可以用来撑船。随着船体增高及其在海中活动范围的扩大，以篙测深已无济于事，而须使用"测深钩"或"铅锤"等测深工具。据《海道经》记载，船行至镇江金山寺长江中的焦山，"仔细戳水行，西南嘴有浅滩，唤作姜婆沙，西北下戳水，中洪好行"。又记北方海船去上海、太仓到绿水洋转向西南行一日，"点竿累戳二丈，渐渐减至一丈五尺，水下有乱泥，

① 徐作生，中国五大历史悬案揭秘，学苑出版社，1994年，第126页。

② 天津港史（古、近代部分），人民交通出版社，1986年。

约一二尺深，便是长滩，转西，收洪”即进入长江正流，溯江而上便可到达太仓、上海。

下钩测深法见于宋朱彧《萍洲可谈》(1119) 中：“以十丈绳钩取海底泥嗅之，便知所至。”即于绳端系钩，放到水中钩取海底泥沙来辨识海底底质，参照航路的水深，以判断船位所在的地点。

铅锤测深法，最早载于宋元丰（1078～1085）年间，庞元英所著的《文昌杂录》卷三中记有：“鸿胪陈大卿言：‘昔使高丽行大海中，水深碧色，常以镴（铅与锡合金）碣，长绳沉水中为候，深及三十托以上，舟方可行。既而觉水色黄白，舟人惊号，已泊沙上，水才深八托。凡一昼夜，忽大风，方得出。’”北宋，徐兢在《宣和奉使高丽图经》(1123) 中也记载：“舟人每以过沙尾为难，当数用铅锤测其深浅，不可不谨也。”“海行不畏深，惟惧浅阁，以舟底不平，若潮落，则倾覆不可救，故常以绳铅锤以试之。”

到清代，麟见亭在《鸿雪姻缘图记》中，描述19世纪前期中国海船的测深记载尤详。书中“海舶望洋”一章中说：“又有水垂，以铅为之，重十七、八斤，系以水线，棕绳为之，其长短以托计，五尺为托。……盖铅性善下垂，必及底，锤蒙以布，润以膏腊，所至辄锤水底，俾泥沙缘锤而上。验其色，则知地界；量其线，即知深浅。”李元春在《台湾志略》卷一中也详细记述：“所至地方……如无岛屿可望，则用棉纱为绳，长六七十丈，系铅锤，涂以牛油，坠入海底，粘起泥沙，辨其土色，可知舟至某处；其洋中寄碇候风，亦依此法。倘铅锤粘不起泥沙，非甚深，即石底，不可寄泊矣。”上述说明，古人在航海中积累下丰富的测深知识，测深对掌握水深及水下底质，进而对安全航行有其重要作用，所使用的工具亦在不断改进和完善。

由于海上水深对航行安全至关重要，故古今航路指南和海图上均有水深记载。明《郑和航海图》的航路上即多处注明：“……船出洪（指长江南水道），打水丈六七，正路见，茶山（今佘山）在东北边过。用巽巳（142.5°）针，四更，船见大小七山（今大戢山、小戢山），打水六七托。用坤申（225°）及坤未（217.5°）针，三更，船取台山，打水二十托”等。及丁未针三更，船取滩头。即是说船的航向142.5°航行四更时间以后，测到六七托水深处，便转232.5°航向，再走三更时间后，便到了滩山。这是用测深定位办法，找出航路中的转向点，以保持船舶按照设计航线安全航行。

文中的“打水”二字，是古时对“测深”的俗称，并以“托”作计算水深的数量单位。明张燮的《东西洋考》卷九说：“方言谓长如两手臂分开为一托”。合旧尺五尺，相当今四尺。

随着科学技术的发展、远洋航行、海洋开发对海洋测深的需要，虽然已有机械测深仪、回声测深仪、声纳探测等的出现和应用，但这些传统的测量水深用具与技术，置于现代某些江、海水域，仍不失其重要作用。

二　古代对海况和气象的预测

无论在风帆航海时代还是在动力机械的航海时代，海上的自然条件，如海流、潮汐、波浪和风速、风向、雨、雾等因素，都与船舶航行的安全密切相关。古代科学家和江海航行者，对这些自然现象曾作过许多探究和卓越的论述。唐代以后留有许多实测记述，宋元明之后，也有重大发展。如元末的《海道经》、明代的《东西洋考》(1617)、戚继光的《风涛歌》

及《顺风相送》等著作，都对海上的海况和气象变化征兆广为搜集和整理，为便于人们记诵，甚至还编成歌谣或谚语。在《海道经》、《东西洋考》中，将其分为占天、占云、占风、占日、占虹、占雾、占电、占海、占潮九个门类。因这些谚语符合客观实际，有一定的科学性，在海上实际航行中，能有效地用于预测和预防，至今在人们日常生活中仍广被流传。

（一）对潮流、海流的观测

我国近海的潮汐，主要是由西太平洋潮波经两条通道传入引起的。一是经日本九州、台湾间进入东海，另一条是穿过巴士海峡进入南海。

进入东海的潮波又分为南北两支，主要的一支向西北进入南黄海，成为南黄海潮汐系统；再往北流至山东半岛成山头以东，又构成北黄海潮汐系统，潮波中心作逆时针旋转向西推移。当向西潮波经渤海海峡进入渤海湾时，顺着海岸又分别构成两个渤海潮汐系统：一个在秦皇岛外海东面，一个在黄河口东北面。这种现象，在元末《海道经》占潮门条中，就有所表述：

"水涨东北，东南旋瀿。西南水回，便是水落"。

说明这种现象是出现在南黄海潮汐系统的海域，即在黄海东部，高潮是由南向北逐渐推迟，转到西部则由北向南推迟。如青岛3时出现高潮，当高潮推到吕泗时，已是近午11时。

在渤海湾内的潮汐现象，更切近现实。如：

"北海之潮，终日滔滔。高丽涨来，一日一遭。

莱州洋水，南北长落，北来是长，南退方觉。"

因进入渤海湾水域的潮是由东面推进而来，由于这一海域各地均为正规半日潮，潮汐涨落时间平均以24小时50分（一个太阳日）为一周期，一周期内两涨两落。莱州湾的潮汐，因受黄河口东北面潮波系统影响，其潮流则是由北往南，转而向东向北做逆时针旋转。高潮发生时间也是依此方向逐渐推迟。

海流是海水朝着一个方向经常不断地流动现象。影响我国沿海的最大海流是来源于北太平洋北赤道的黑潮（暖流），主流方向为西北，流速1～2节。古籍中所称的黑水洋即此海流，其盛行月份为2～3月和8～9月。因盛行风与盛行流的一致性，故我国沿海冬季多为东北流，夏季多为西南流。海流直接影响着船舶的航速和航向及推算船位的准确度，故航海人员只有掌握海流流速和流向的规律，才能提高定位准确度，减少事故，保证安全航行。

（二）对潮汐的预测

海上潮汐涨落，因与海上运输或渔业的生产关系密切，从而引起人们对这一自然现象的观察和研究。到东汉时，有朴素唯物主义思想的王充（27～97），明确做出了"涛之起也，随月盛衰，大小满损不齐同"[①] 的科学论断。东晋葛洪（281～341）说："潮者，据朝来也；汐者，言夕至也。见潮来去，或有早晚，辄言有参差，非也。水从天边来，一月之中，天再东再西，故潮来再大再小也。"[②] 说明已知潮汐涨落有其规律，且与月球对地球的运行有关。

唐代随着航海事业的发展，对潮汐观测和研究也达到了一个新的水平。出现了窦叔蒙论

① 汉·王充，《论衡·书虚篇》。

② 晋·葛洪，《抱朴子·外佚文》。

海潮的专门著作《海涛志》六章，又名《海峤志》，约成书于公元 770 年前后。他从长期的观察中，发现潮汐的涨落与月球运动之间的规律性。指出："(涛)［海］之潮汐，并月而生，日异月同，盖有常数矣。盈于朔望，消于朏魄，虚于上下弦，息于朓朒，轮回辐次，周而复始。"① 他说明了潮汐涨落最大的日期是在朔、望，朔、望后三日开始减小，上下弦时最小；朔望前三日开始逐渐增大，这样循回周而复始。他还通过精密计算，得出每天潮水所推迟的时间是 50 分 24 秒（强），这个数据与现在计算正规半日潮每日推迟 50 分钟极为相近。同时，还创立了科学的图表表示法，用以示明潮汐运动规律。在《海涛志》中记有制图的方法。

在这以后的几十年间，封演的《闻见记》精确地记述了涨潮时间逐日的变化。李吉甫在《元和郡县图志》(814) 中写得同样精确，他说："假如月（出）［初］潮以平明，二日三日渐晚，至月半则月初早潮翻为夜潮，夜潮翻为早潮矣。如是渐转至月半之早潮复为夜潮，月半之夜潮复为早潮。"② 每个月循环一周。此外，相继在大中四年（850），又有卢肇的《海潮赋》，从这篇赋中，得知当时已经使用了正规的潮汐表（涛志）。

到北宋时期，天圣三年（1025），余靖著有《海潮图序》，主要介绍北宋著名科学家燕肃（961～1040）所著的《海潮图论》。余靖在广西、广东、浙江任职期间，对潮汐观测十年之久，在明州（宁波）绘制了《海潮图》，对潮汐的成因和变化作了正确的论述。

北宋至和三年（1056），吕昌明编制出潮汐表，收入在施谔的《淳祐临安志》中，名为《四时潮候图》。宋元祐元年（1086），沈括所著《梦溪笔谈补》说："予尝考其行节，每至月正临子、午，则潮生，候之万万无差。此以海上候之，得潮生之时，去海远，即须据地理添时刻。"③ 说明了各地港口区域涨潮时间，应随其离海远近作相应的推迟，与现在所谓"港口平均高潮间隙"，又称"港口常规时差"的概念相同，即某地理上的大潮时间与当地大潮实际出现时间有其固定差数。

明代人宣昭，即宣伯聚，仁和（今杭州）人。在杭州为官时，著有《浙江潮候图说》一文，文中说："杭之为郡……商贾之所辐辏，舟航之所骈集，则浙江为要津焉。而其行止之淹速，无不毕听于潮汐者。或违其大小之信，爽其缓急之宜，则必至于倾垫底滞，故不可以不之谨也。"又将四时潮候图刻成石碑立于钱塘江畔浙江亭内，提示航船利用潮汛时，船行快慢若违背潮汐变化规律，必将发生倾覆、搁浅的危险，务宜谨慎。

明代张燮（1574～1640），在《东西洋考》(1617) 中，指出了福建漳州沿海渔民利用潮汐航海的经验说："海上渔者，于海啸则知风，海动则知雨，潮退则出，潮长则归。其方言云：初一十五，潮满正午，初八廿三，满在早晚，初十廿五，日暮潮平。"指出了出海船只应在潮退时出海，潮涨时返航。又说："至驾舟洋海，虽凭风力，亦视潮汛以定响住。或晦夜无月，惟瞻北斗为度。"说明即使船在海洋中，虽靠风力行驶，也要按潮汛来确定航向。如夜黑无日，可用北斗星来定向，以便利用潮汛航行。

---

① 唐·窦叔蒙，《海涛志》，转引自《中国古代潮汐论著选译》，科学出版社，1980 年。

② 唐·封演，《封氏闻见记》，转引自《中国古代潮汐论著选译》。

③ 宋·沈括，《梦溪笔谈》或同上。

（三）风向和风力

1. 对风向和风力的了解与掌握

风是气象中与人们生产、生活密切相关的自然因素，了解和掌握风的变化规律对航海舟师尤为重要。我国历代古籍中，对这一自然因素多有记载。公元前三世纪《周礼·春官》中，“以十二风察天地之和”，记述了在一年中，风是按十二地支方位变化成为季风的。唐代李淳风的《乙巳占》占风图，列有二十个风向的名称。对于风向的观测，《淮南子》中记有：“辟若俔之见风也，无须臾之间定矣。”“俔”即为风向器，盖指系在风杆上的丝带。在《高丽图经》中，还有一种测风器，“立竿以鸟羽候风所向，谓之五两”。

三国时期以后，历代的船上舟师均能掌握和利用季风规律驶帆航行了。在唐代，航行于南海的船只，是“舶船去十一月、十二月就北风；来以五月、六月就南风。船方正若一木斛，非风不能动。”[①] 因而，“舶司岁两祈风”，即市舶司为了迎送外国海商，每年在“夏四月”、“冬十月”，举行两次祈风仪式[②]。

到清代，对东北季风和西南季风的交替时间和季风的成因有了更深刻的认识。康熙三十二年（1693），福建分巡台厦道高拱乾编撰的《台湾府志》中写道：“九月则北风初烈”，“十月以后，北风常作”；“清明以后，地气自南而北，则南风为常；霜降以后，地气自北而南，则以北风为常风。”这里所谓的“地气”，是指由于海上与陆地温度对比和季节转换，而产生方向变化的盛行风。冬季因大陆受高气压控制，海洋上为低气压控制，风从大陆吹向海洋，在地球自转偏向力作用下，我国沿海多吹西北风，北印度洋多吹东北风；夏季大陆受低气压控制，海洋上为高气压控制，风从海洋吹向大陆，我国沿海多吹东南风，北印度洋则多吹西南风。但各个地区因受当地地理位置，地形特点及地表状况等影响一般还会有其当地特有的风。

风力强弱与海上波浪的大小、船舶的航速、航行安全有重要影响，在殷代甲骨卜辞中，表示风力强弱的记载分为：小风、大风、大掫风（骤风）、大飓（狂风）。到唐代，已采用以地面物体受风影响所发生的破坏程度来表示风力大小。《乙巳占》将风分为八级：一级动叶，二级鸣条，三级摇枝，四级堕叶，五级折小枝，六级折大枝，七级折木飞砂石，八级拔大树及根。若再加上无风、和风，合为十级[③]。这比英国人蒲福（Francis Beaufort，1774～1857）于1805年将风力分为十三级的“蒲福风力等级表”早一千多年。

2. 台风预报

中国东南沿海，每年4～11月时是台风频发时期，对人民生命财产危害极人。米代对台风已有明确记载，范正敏的《遯斋闲览》记有：“泉州濒海，七八月多大风，俗云瘸风，亦云飓风（指台风）。其来风雨俱作，飞瓦拔木，甚者再宿乃止”文中将台风发生的主要月份、风力、破坏力、台风雨及其延续时间都作了详细记述。

据清《厦门志》记载，明代戚继光督兵防倭时，曾将台风时天气特征及征兆现象编成歌谣《风涛歌》，使军士咸诵之。据《纪效新书》注释其文：“……海波（一作沙）云起，谓之

---

① 宋·朱彧，《萍洲可谈》。

② 泉州九日山祈风石刻文。又庄为玑，《古刺桐港》。

③ 杜石然等，中国科学技术史稿（上册），科学出版社，1982年，第194页。

风潮，名曰飓风，大雨相交（夏秋之交大风，及有海沙云起，谓之风潮；名曰飓风，此乃飓四方之风。有此风，必有霖淫，大雨同作），单起单止，双起双消（凡风单日起，单日止，双日起，双日止）。”在歌中总结出台风过境时的天气特征和须延续三天左右的规律。还提示刮台风前，天空先见“海波云”。海波云是指高云族的云状，如钩卷云或毛卷云，见这种云预示台风将要来临。

清代康熙年间成书的《台湾府志》，对台风的记述尤为详细，并与飓风（强烈风暴）作了多方面对比：从风速大小看，“风大而烈者为飓，又甚者为台”；从风向看，“台将发则北风先至，转而东南，又转而南，又转而西南”；在发生时间上，“大约正、二、三、四月发者为飓，五、六、七、八月发者为台”，九月则“间或有台”；在降雨特征上，“九降（风）则无雨而风”，而“台雨严厉”。还有，“飓风骤发，发台则有渐（指有明显的前兆和稍长的发展过程可察）；飓或瞬倏止，台则常连日夜或数日而止”①。

台风是一个强大的低压，它的范围一般为300公里，大的可达1000公里，小的仅有几十公里。台风中心附近有一个直径约25公里左右的台风眼。航行船舶察觉台风将来时，应迅速找一安全港澳躲避。一旦遭遇时，应迅速判断台风动态和所处位置，由于台风是逆时针旋转气旋，右半圆为危险半圆，左半圆为可航半圆。即使航船处于可航半圆（左半圆），但也应迅速远离台风行进路径以策安全。

3. 风对船舶的驱动及驶风技术

帆船利用风力航行，虽可用桅端风向标测出风向和风速，但此时所见的是视风向和风速，是真风向和真风速与船舶运动产生的船风风向和风速的合成结果（图10-2)。须经过矢量换算，才可求得真风向和真风速，真风＝视风＋船风② 而真风向和真风速则是在视风向之后，真风向大小才是驱动船舶航行快慢的推动力。汉末，吴人万震在《南州异物志》上记

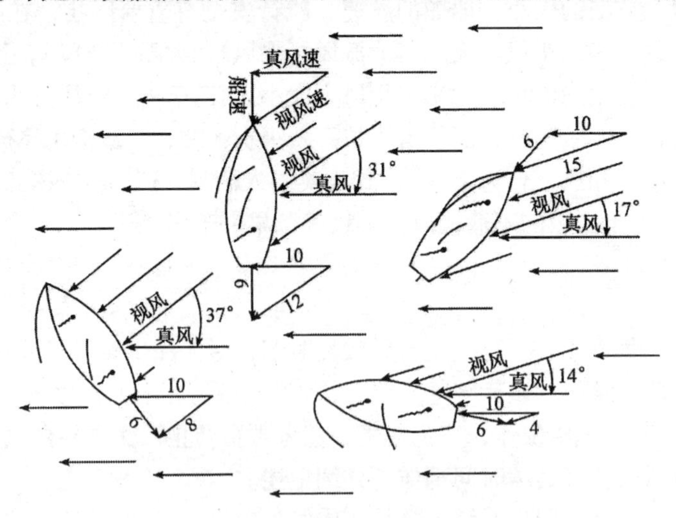

图10-2 真风向与视风向

① 陈瑞平，我国古代对台湾海峡的气象和水文的认识，科技史集刊第10集，地质出版社，1982年。

② 航海问答，人民交通出版社，1990年，第283页。

述驶风时说："风后者激而相射，并得风力。"指出了推动船舶航行的真风是在视风向之后。据此，当视风向偏船首向 45°时，则真风向近于船的正横。如视风向来自正横，则真风向在船的后方，且角度较大，一般为 10°～40°，如视风向从船后吹来，则真风向近船尾①。

在以风作为船舶的动力时，主要是利用真风向。

风作用于桅杆上纵帆产生的推力，驱动船只航行，根据真风向随时调整帆面与受风的角度，使船只按预定航线行驶。最理想的情况是顺风或偏顺风，但航行中常会出现航向与风向不同的情况，如遇到横风、逆风（或偏顶风等），古人在这种航行条件下，则利用调整帆面驶船航行，俗称"船驶八面风"，即将航向、风向、帆面调整到最佳角度（图 10-3），达到逆风航行。

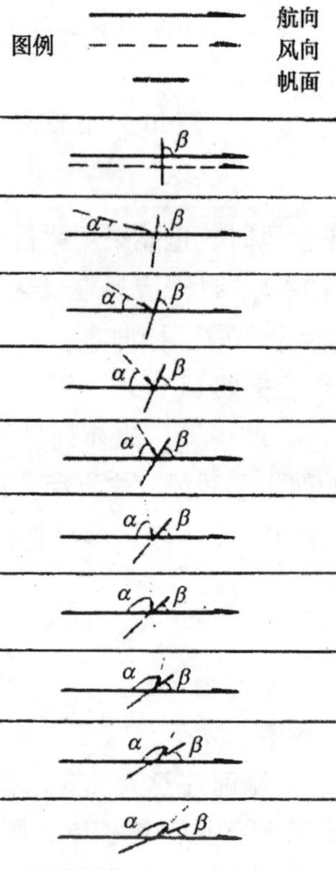

图例　航向 风向 帆面	风角 (α)	最有利帆角 (β)
β	0°	90°
α β	15°	82.5°
α β	30°	75°
α β	45°	67.5°
α β	60°	60°
α β	75°	52.5°
α β	90°	45°
α β	105°	37.5°
α β	120°	30°
α β	135°	22.5°

图 10-3　风角与帆角的关系

当船首斜前方味来偏顶风作用在帆面时，帆位应置于与船舶首尾线成一小于 90°夹角的位置上，现从力的概念来分析，风对帆的作用，如图 10-4 所示。

当船首斜前方吹来偏顶风作用在帆面时，帆的受风面上则压力大，而背风面上的压力小，两面之间产生压力差，此压力差在帆上产生作用力 GA。将作用力再分为与船首线平行的分力 GB 和与首尾线成垂直的分力 GC。GB 分力是推动船只前进的动力；GC 是推动船只横移的力，这样使得船只在行驶中既前进又作横移。由于船侧面水的阻力远大于船首处水的阻力，故船的前进力大于横移力，因而船的前进可明显地看出，横移却不明显。古人为力求

① ［美］D. 伯奇著，钱悦良译，应急航海术，人民交通出版社，1991 年。

减少帆船在行驶中向下风横漂，采用了多种设施，如在船体中间设置腰舵[①]或披水板等，用以增加船舷水的阻力，力求减小横移。

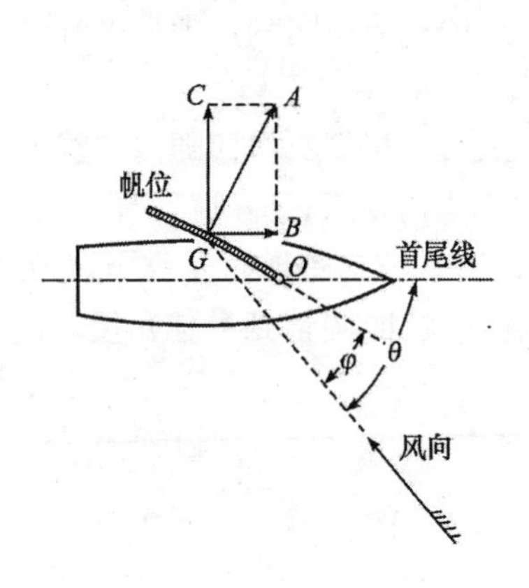

图 10-4 偏顶风船帆受力分析

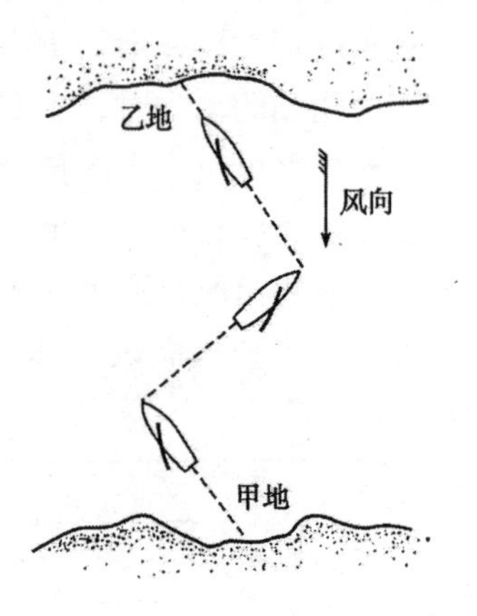

图 10-5 正顶风"打戗"驶风航行

古代舟师不仅能在偏顶风中驶船，即使遇到正顶风时，也能采用曲折的"之"字航行技术，驶到目的地，这种方法称"打戗"航行（图 10-5）。明宋应星在《天工开物》中记述："凡风从横来，名曰抢风。顺水行舟，则挂篷之玄游走，或一抢向东，止寸平过，甚至却退数十丈；未及岸时，捩舵转篷，一抢向西，借贷水力兼带风力轧（压）下，顷刻十余里。"这种方法就是，当帆船行驶一段路程后，将帆由这一舷受风，改换到另舷受风。每改换一次，舵、帆就转向一次。经多次反复地变换，船的航行路线成"之"字形曲折前进，最后驶达目的地。在驶偏风或打戗航行中，用舵调整船首向迎风一舷，便可把推力发挥到最大效率，保持船体在设计线路上行驶。

（四）对云雾虹电的观测和利用水色、生物导航

古代舟师历来重视海上天气形势对航行安全的影响。宋吴自牧在《梦粱录》中说，凡船舶"自入海门，便是海洋，茫无畔岸，其势诚险"，应随时注意天气变化和观察预兆："验云气则知风色顺逆，毫发无差；远见浪花，则知风自彼来；见巨涛拍岸，则知次日当起南风；见电光则云夏风对闪。"说明熟悉和掌握这些天气变化征兆，便可做到主动预防，防止灾害发生。

元末明初的《海道经》中的天气预报的歌谣，正是沿海船夫、渔民在海上观测气象变化的实践经验，有些是符合气象原理的，因而至今流传。如占天、占云等，现摘释部分，可见古人已具有天气预测的能力。

1. 根据云状预测天气变化

云是地面水分蒸发、飘浮在空中的凝结物，水凝结物飘浮在地面者则为雾，当水凝物体积扩大，重量增加，上升气流不能托起，而以水态下落着地者则为雨。因此，通过对云的观

---

① 明·宋应星，《天工开物》。

测可以判断未来天气状况。《海道经》中记有：

“朝看东南有黑云起，东风势急，午前必有雨。暮看西北有黑云，半夜必有雨。”

我国东南沿海地区，在春、秋季节时，常因太平洋上的暖气团，带有大量水汽和黑色积雨云侵入江南一带，形成低气压或低压槽，随东南风逼近，东南沿海地区，必将下雨刮大风。但在夏季，只有台风来临之前才有这种情形。后句，是因大气环流自西东移，当北风冷锋势强，与暖气流接触后使暖空气提高，产生大规模对流运动，结果在冷锋前缘地带出现雷雨云带，使与暖流接触的锋面东移，不久必有风雨。

“早起天顶无云，日出渐明。暮看西边无云，明日晴朗。”

朝起天空如果有云，只要是天顶尚隐约可见，则必是雾或层云，这是夜间大气冷却水汽凝结所致，日出后必将散去，天气晴朗。在非台风季节，“日暮西边无云”，说明西方无坏天气系统东移现象，明日仍是晴朗天气。

“游丝天外飞，久晴便可期。”“游丝”指毛卷云，“天外飞”说明这种云孤立地出现，表示高空大气比较稳定，若云不再系统地增多变厚，一段时间内天气继续晴朗。

“清朝起海云，风雨霎时辰。”“海云”似为波状云，状似海面波浪起伏。表明高层大气不稳定，有气旋即将入侵，预示风雨即将来临。

“风静郁蒸热，雷雨必振烈。”是指冷暖气团对峙时，气流静止而无风，但空气中湿度增大，气压低，人感郁闷。当云层间云气空气的电位差增大到一定程度，则产生放电现象，这时空气强烈增加，水滴汽化，体积骤然膨胀，则发出强烈爆声雷鸣。

“云势若鱼鳞，来朝风不轻。”“鱼鳞天”一般是在低气压、低压槽或暖锋前部生成的卷积云。这种云出现，有时风雨俱来，一般是有风无雨。

“云钩午后排，风色属人情。夏云钩内出，秋风钩背来。”

“属人情”为浙地俗语，意为“预料之中”。这里所谓“云钩”是指高云族的钩卷云。通常出现在低压前部或暖区内。此种云出现，说明低压前部的暖锋或后部的冷锋即将影响本地，因而是下雨的征兆。

“云阵两双尖，大飓连天恶。恶云半开闭，大飓随风至。”

云状成“两双尖”是指地平线上辐辏状卷云的形状，这种云是由低气压或台风形成的，辐辏云状呈下小上大，如辐辏自中心向外扩展，从远处视之，俨如燕尾分开，为恶天气将临的预兆，如从东来，即为台风，如从西来，即为低气压。

“恶云半开闭，大飓随风至。”“恶云”是指积雨云，它是由冷锋、热雷雨或台风所形成。这种天气系统的中心部位未到达当地之前，地平线上空先有积雨云耸立，有如半开的巨门，这是大风雨来临前的征兆。

“乱云天顶绞，风雨来不少。”“乱云”指天空多云，上下有几层。“绞”指云系并不稳定，扰动性很大，上下对流旺盛。这些现象预示风雨就要来临。

“红云日出生，劝君莫出行。红云日没起，晴明便可许。”

当日出或日落时形成“红云”，是由空气中水分子的散射作用而生成的。当夏季早晨东方有红霞时，表明东方低空含有许多水滴，有云层存在，随着太阳升高，热力对流活动也渐向平地发展，云层也会渐密，坏天气渐向本地逼近，天气将变坏。在傍晚，由于太阳温度升高，低空大气水分不多，尘埃因对流变弱而可能大量集中到低层，因此，如出现红色晚云，西方天气较干燥，说明未来本地天气不会变坏。

由上可知，古代舟师可从云状、云量、云色、云的出现时间、云层厚度和走向、云层高低、流动速度等方面，来预测出天气系统的变化。

2. 根据晕、雾、电等现象对天气预测

“日晕午前，风起北方。午后日晕，风势须防。”

晕，是太阳光（或月光）经过高空中由冰晶组成的卷层云的折射、反射，而形成的以日（或月）为中心的光环。出现日晕（或月晕），表明这里地面虽在冷气团控制下，天气平静，但高空已有暖锋面存在，当地面暖锋越来越近本地时，云层越加变低，风力逐渐增强和即将降雨。晕是风雨将临的前兆。

“虹下雨垂，晴朗可期。断虹晚见，不明天变。断虹早挂，有风不汨（怕）。”

虹是光线以一定角度照射在水滴上所发生的折射、分光、内反射、再折射等造成的大气现象。虹总是出现在太阳对面，所以朝虹见于西方，暮虹见于东方。虹的出现方向，就是水滴存在的方向。我国大部地区处于西风带，大气系统一般是自西向东移动。“早虹”是东方为云雨区，以后越加东移，故不需担心。

“断虹”或称短虹，是出现于东南海面上的半截虹，无常见雨虹的弧状弯曲，色彩不鲜，一般在黄昏出现。是由台风外围低空中水滴折射阳光而成。闽、粤一带民谚有“断虹见，天要变”，即指台风来临征兆。因非本地区空中水滴所致，因而无弧状弯曲。断虹晚见，则预示夜间即将发生天气变化。

雾是地面之云，都是由悬浮于空中的微细水滴或冰晶组成。降雾时能见度较低，视界不清，导致航船碰撞、迷途、触礁等海损事故发生，危害极大。掌握雾的出没现象，及时采取措施，对海船舟师尤为重要。《海道经》中雾的内容有：

“晴雾即收，晴天可求。雾收不起，细雨不止。”

因雾主要由近地气层中水汽冷却凝结所致。日出后，低层空气温度上升，空气又复回到未饱和状态，雾即消失。所以，早晨辐射雾，常预示当日天气晴好。

若早雾不散，“细雨不止”，如是辐射雾，浓雾底下可能降水滴。但有时是冷暖气流交界的锋面雾，一般以暖锋附近居多。锋前雾是因锋面上中心较暖，雨滴落入地面冷空气内蒸发，使空气达到过饱而凝成；而锋后雾则是暖湿空气移至原来被暖锋前冷空气占据过的地区，冷却达到过饱和而形成。这种雾多带有毛毛雨。

我国春夏季节，沿海常被冷空气所控制，这时，只要有暖湿空气从东南面吹来，空气和海水温度差异很大，低层暖空气很快冷却而达到过饱和，就容易形成雾，且随季节北移。2～3月主要在东南沿海，3～5月主要在东海，5～7月主要在黄海、渤海沿岸海面。8月以后，海雾出现较少。

“三日雾濛，必起狂风。”“白虹下降，恶雾必散。”

若出现连日有浓雾或毛毛雨天气，则预示这次冷风已在暖空气中变暖变湿，将会有随之而来的冷锋，因冷锋出现时必伴有大风，所以说必起狂风。后句是指暖锋前暖的情况。这种雾在新的发展快的气旋扰动下内部最为浓厚，俗称“恶雾”，一般消失于锋后。锋面云出现在锋面上，有时会降于地面。如锋线从西移来，则形成锋前低密云幕上的虹，可下降着地。与此同时，“恶雾”随之消失。

“电光西南，明日炎炎。电光西北，雨下连宿。”

雷雨是从积雨云发展而成的天气现象，闪电和雷声相伴而生，多出现在夏季，而在南方内陆一些地方，则出现在春季。雷雨虽是局部性，时间短，范围小，但有时常与大风、暴雨、电闪、冰雹等同时出现，会带来很大的破坏性。今天流传有类似的民谚："东闪日头，西闪雨。南闪火门开，北闪有雨来。"这仍适用于春夏时对天气变化的预测。

"辰阙电飞，大飓可期。"

"辰"按古代24向罗盘是东偏南方位，即罗经方位112.5°～127.5°这15°的范围。罗盘上借皇帝宫门这个"阙"字，美称"辰"字，这15°如门的缺口为"辰阙"。用在这里是指东南方位出现闪电时，多是由台风中强烈气流引起的，说明台风已渐向本地逼近。

3．利用海洋水色和生物导航

（1）利用海洋水色导航。中国古代舟师可以根据不同海区的水色变化，来判断舟船的位置和避碰，这对安全航行具有重要意义。宋吴自牧在《梦粱录》中指出："相水之清浑，便知山之近远。大洋之水，碧黑如淀；有山之水，碧而绿；傍山之水，浑而白矣。"① 海上水色有差异，是海水对太阳光线的吸收、反射和散射时呈现的现象。不同水色一般可表示不同的水深。以上是我国东南沿海，岩底水深出现的情况。

在长江口至连云港的近海地区则迥然不同。绿水洋是指长沙之东10海里以内海面，天气良好时，水呈一片绿色，当刮西南或西北风时，则水呈黄色。黄水洋，"即沙尾也，其水浑浊且浅。舟人云：其沙自西南而来，横于洋中千里余，即黄河入海之处。"② 这一海区正在长江、淮河和旧黄河入海口，河水所携带的大量泥沙泄入黄海，当风浪较大时，海水激起的泥沙，使海水浑浊呈黄色而得名。而离岸远处，海水较深，海底泥沙未被卷起，水质清澈，这一海区被称为青水洋。黑水洋，离岸更远，海水更深，"其色黯湛渊沦，正黑如墨。"③ 这一海区，是太平洋黑潮北向洋流，经过东海、黄海的流经海域。元至元三十年(1293)海运千户殷明略在海漕运粮时第三次选定的北洋航线。即是利用黑潮海流的便捷航线。"自刘家港开洋，至崇明三沙洋，望东行使（驶）入黑水大洋，取成山，转西至刘家岛，聚艅取登州沙门岛，经莱州大洋入界河。"④ 缩短了航程，将数月的航期减到十天左右，这是借舟师熟悉海区开拓的一条便捷航路。

在中国东南沿海，如台湾海峡水域的不同海域也各有水色差异现象。明万历年间(1573～1620)沈有容的《闽海赠言》记有："澎湖以内，水色犹碧，谓之沧海。澎湖以外(以东)，水色深黑，谓之溟海。溟海浪高……风涛异常。"这里的所谓"溟海"，是指流经台湾岛东西两岸北向的黑潮（暖流），与长江、钱塘江汇合形成的东海南下沿岸流相交而出现"浪高"的现象⑤。

清初，对经过澎湖附近的海流有明确的记载。郁永河《采硫日记》中说："台湾海道，惟黑水沟最险，自北流南。""沟水独黑如墨，势又稍窳，故谓之沟，广约百里，湍流正驶，时觉腥秽袭人。"在道光十二年（1832）成书的《厦门志》中记载："今东渡台、澎洋中，春

① 宋·吴自牧，《梦粱录》，卷12。
② 宋·徐兢，《宣和奉使高丽图经》卷34。
③ 同②。
④ 《大元海运记》卷下。
⑤ 上海师范大学等，中国自然地理（上册），人民教育出版社，1981年。

分后南流强，秋分后北流强。”说明这一海域的海流有随季节变化的规律。实际上，台湾海峡是东海和南海水体交换的重要通道，夏季，整个海峡充满向北流动的南海海流；冬季，海峡中，西部是南下的东海沿岸流，东部则为一支流幅很狭，沿着台湾西部海岸北上的黑潮暖流[①]。航行驾驶人员可根据海流变化，趁流航行提高航速。

清黄叔璥（1666～1742）对海峡水色变化更有详细的记载，《台湾使槎录》中记有：“由大担门出洋，海水深碧或翠色如靛。（至澎湖附近）红水沟色稍赤，黑水沟如墨（即深蓝），更进为浅蓝色，入鹿耳门黄白如河水。”[②] 这里记载的不同海区的水色变化已相当翔实，与乾隆年间的《台湾县志》所记从台湾驶向大陆航线中所述水色变化基本相合，后者且更详细，如：“鹿耳门外，初出洋时，水色皆白。东顾台山，烟云竹树，缀翠浮蓝，自南抵此，罗列一片，绝以屏障画图。已而渐远，水色变为淡蓝，台山犹隐于海面。旋见水色皆黑，则小洋之黑水沟也。过沟，黑水转淡，继而深碧，澎湖诸岛在指顾间矣。自澎湖放洋，近处水皆碧色，渐远或苍或赤，苍者若靛绿，赭者若胭红。再过深黑如墨，即大洋之黑水沟，横流迅驶，乃渡台极险处。既过，水色依然苍赤。有纯赤处，是名红水沟，不甚险。比见水皆碧色，则青水洋也。顷刻上白水，而内地大武山，屹然挺出于鹢首矣。”[③] 从中可以看出，大陆至台湾间航行，根据不同地区的水色变化，就可以判明船只航行距岸里程和所处的地理位置，从而为舟师定位导航提供了可靠的依据。

（2）利用海洋生物导航。古代舟师在航海中重视各个海域的生物和植物的繁衍栖息，可用以判明航船所到达的海区和位置。宋吴自牧记有：“有鱼所聚，必多礁石，蓄石中多藻苔，则鱼所依耳。”[④]《指南正法》中又进而指出海洋生物在南海海域的特征：“凡船到七洲洋及外罗，遇涨水退数乃须当斟酌。初一至初六、十五至二十，水俱涨，涨时流西。初八至十三，念二至念九，水退，退时流东。亦要至细审看，风看大小，流水顺逆，可准正路。慎勿贪东贪西，西则流水扯过东，东则无流水扯西。西则海水澄清，朽木漂流，多见拜风鱼。贪东则水色黑青，鸭头鸟成队，惟箭鸟是正路。若过七洲，贪东七更，则见万里长沙，远似舡帆，近看二三个船帆，可宜牵舵，使一日见外罗对开。东七更便是万里石塘，内有红石屿不高，如是看见舡身低水可防。若到交趾洋，水色青白，并见拜风鱼，可使开落占笔罗，惟得出。若见柴成流界并大死树，可用坤申针，一日一夜见灵山大佛。”文中指出航经这一海区时，应留意海流、水色的变化和海鱼、海鸟的特征来选择正确的航路。

在《顺风相送》、《指南正法》的山形水势中也有同样的记载：

独猪山　打水一百二十托，往回祭献。贪东多鱼，贪西多鸟。内是海南大洲头，大洲头外流水急，芦荻柴成流界。贪东飞鱼，贪西拜风鱼。七更舡开是万里长沙头。（《指南正法》）

交趾洋　低西有草屿，流水紧，有芦荻柴多。贪东有飞鱼，贪西有拜风鱼。打水四十五托。贪东七更船有万里石塘。（《顺风相送》）

独猪山又称独珠山，即今海南岛万宁县东南距岸 3.5 海里的大洲岛。此岛有两个山头，

---

① 上海师范大学等，中国自然地理（上册），人民教育出版社，1981 年。

② 黄叔璥，《台海使槎录》卷 2，第 31～32 页。转引自陈瑞平《我国古代对台湾海峡的气象和水文的认识》（《科学史集刊》），地质出版社，1981 年。

③《台海县志》卷 2，转引自章巽《中国航海科技史》，第 219 页。

④ 宋·吴自牧，《梦粱录》卷 12。

南部山高289米，今设有灯塔；北部山高150米。为南海航行的望山。交趾洋，即今北部湾，在雷州半岛和广西壮族自治区南部至越南中部间的海域。

上文中的“箭鸟”，在朱仕玠成书于乾隆三十年（1765）的《小琉球漫志》中，引用陈洪照（1701～1773）《吧游纪略》中的记述：“既过七洲洋，是为外罗山（越南中部岸边列岛，Culao Re)。有鸟焉，白羽尖喙，其大如鸡，中尾一羽似箭，长三、四寸，名曰箭鸟。是鸟也，见有人至，则回翔于其上。”[①]

“飞鱼”为南海热带特产之燕鳐鱼的俗名，在空中“飞行”是靠尾柄和尾鳍快速摆动跃出水面，借助两个伸张开的宽大胸鳍在空中滑翔，是在逃避敌害追捕和受惊时的适应动作。它能在空中滑翔几十公尺，且可连续跃出水面[②]。

中国古代舟师航行南海航线，多是经独猪山，横渡交趾洋（北部湾），以越南中部的外罗山为望山，然后沿岸南下，至越南南端的昆仑岛，再横渡南海至海外各地。独猪山南侧海域有大面积珊瑚岛礁的西沙群岛（即万里石塘），它由宣德群岛、永乐群岛和东岛等八个分散岛礁组成，其中永兴岛最大，东西长1800米，南北宽1160米，面积1.85平方公里，海拔10米。在西沙群岛东方70海里处，还有中沙群岛，为一水下珊瑚环礁，在天气恶劣时，其礁缘上的海浪汹涌。同样，在越南南端头顿角与海上的昆仑岛间及其以东附近海边也有许多浅滩与岩礁，船经这两个海区，亟应注意安全。《梦粱录》中有：“自古舟人云：‘去怕七洲，回怕昆仑。’”元《岛夷志略》有：“上有七洲，下有昆仑，针迷舵失，人船孰存。”此后的一些书中，如《星槎胜览》、《西洋朝贡典录》、《东西洋考》等，多有相同记载，以提示后人，航经此海区应谨慎行驶。

三　指南针在海上的应用和航海技术的发展

唐宋时期是中国航海事业繁荣和发展的历史阶段。此前，除在前方到港具有绵长陆岸条件时，可以进行离岸跨海航行外，大部分船舶还是依赖岸上物标，沿岸航行的。约在公元9至10世纪唐末宋初，中国首先把指南针应用在海船上，开创了使用仪器导航的先河，从而产生了一系列以定向航程来推算海上船位的航海技术，使航船真正摆脱了对岸上物标的依赖，即使在阴晦黑夜，也可保持正常航行，使航海技术进入了定量航行的历史新时期。

（一）指南针在海上的应用及磁偏差

指南针，是利用磁铁在地球磁场中的南北指极性而制成的一种指向仪器。春秋战国时期的《管子》、《鬼谷子》、《韩非子》等书中多有关于磁石的记载，《韩非子·有度》中说：“立司南以端朝夕。”“司南”（即指南）也可用来定东西方向。汉代的王充在《论衡·是应》中也记有：“司南之杓，设之于地，其柢指南。”知当时是将磁石磨成勺状，置于光滑的“地盘”（上刻方位）上，转动之，静止后长柄便指示南方，晋代还出现有指南船或指南鱼。

约8世纪中叶，唐代中期以后，在堪舆术中始用罗盘定向，沿用《淮南子·天文训》中

① 陈佳荣、陈洪照，吧游纪略，海外交通史1994，2。

② 王存信，我国西沙群岛的鱼类，海洋科学，1977，(2)。

采用的十二地支、八天干（略去其中戊、己）及四维（指八卦中的乾、艮、巽、坤）组成二十四向。与当代罗经全周360°相对应，则每向为15°，航海中有时用单针或缝针，实际上可以指示48向，每向7.5°。

海船上使用罗盘的记载，始见于1119年的朱彧所著《萍洲可谈》中："舟师识地理，夜则观星，昼则观日，阴晦观指南针。"1123年，徐兢《宣和奉使高丽图经》中又进而指出："若晦冥，则用指南浮针，以揆南北。"说明海船所用的是水浮罗盘。在明巩珍《西洋番国志》中更明确指出："皆斲木为盘，书刻干支之字，浮针于水，指向行舟。"同时，"选取驾船民梢中有经惯下海者称为火长，用作船师。乃以针经图式付与领执，专一料理，事大责重，岂容怠忽。"说明当时已将不同地区航线的航行针路整理成罗经针簿图式或"铖位篇"①明代以后出现的许多航海著述，如《顺风相送》、《指南正法》、《海国广记》、《东西洋考》等，都详细地记录下各航线的航行针路。《郑和航海图》就是集历年航行西洋实践而形成的重要航海技术文献。

利用指南针定向，亟应注意的是地磁对罗针指向产生的偏差。晚唐时期的《管氏地理指蒙》书中有"磁者母之道，针者铁之笺。母子之性以是感、以是通，受笺之性以是复、以是完。体轻而径所指，必端应一气之所名。士曷中，而方曷偏"等语。这里"方曷偏"是说磁针所指向"为何要偏于一方"。反映出唐代已知道有磁偏角，且提到磁和针，说明已使用了罗盘。北宋庆历元年（1041），杨惟德指出："要正四方之方位，磁针应指在'丙午间'，中而格之。"② 说明已增分了"缝针位"，将罗经指向增到48个方位，提高了罗经精度。沈括《梦溪笔谈》中说："方家以磁石磨针锋则能指南，然常微偏东，不全南也。"更明确地指出，在指南针以南为基准指向时，存在磁针微偏东的偏差现象。按现代科学计算，以北为准（0°），应是偏西。

现代科学表明，地球自身具有磁性，地球和近地空间存在着磁场。它的两级接近于地球两极，但有一定的距离。

据推算，地磁极大约650年绕地极旋转一周。地磁极的移动，必然引起各地磁差变化，年差量大约0°～0.2°。据1980年资料，地磁北极位于北美洲帕里群岛附近（约77.3°N，101.8°W），地磁南极位于南极洲的威尔克斯附近（约65.6°S，139.4°E），且两个地磁极不是对称的位于地球同一直径的两端。据1970年我国地磁实测结果，各海区的"磁差和年变率"在北纬14°13′（海南岛附近）一带磁差是0°，此纬度以北为偏西差，以南为偏东差。偏西差自南向北逐渐增大，年变率为1′～+2′。长江口附近是偏西4°左右，大连附近则约偏西7°，而加拿大西海岸则偏东25°，磁差因地而异。现今各国所出的海图中均标明测出当地磁差的年份、磁差大小和方向以及年差等，供航海者用图时据以修正。

航海者在航行中总是要保持本船的准确航向，不断修正各种偏差，罗经差是罗经指北偏离真北之间的角度，当罗经指北偏在真北西边时为西罗经差，反之为东罗经差（图10-6）。将此罗经偏差进行东加、西减即可求得真北方向。近代钢材造船出现后，船体自身还产生对磁针指向性影响而形成的自差，这时的罗经差则为磁偏差和自差的总和。

① 《西洋朝贡典录》。

② 杨惟德，《茔原总录》，转引自吕作昕、吕黎阳《古代磁性指南的源流及其有关年代新探》，历史研究，1994，(4)。

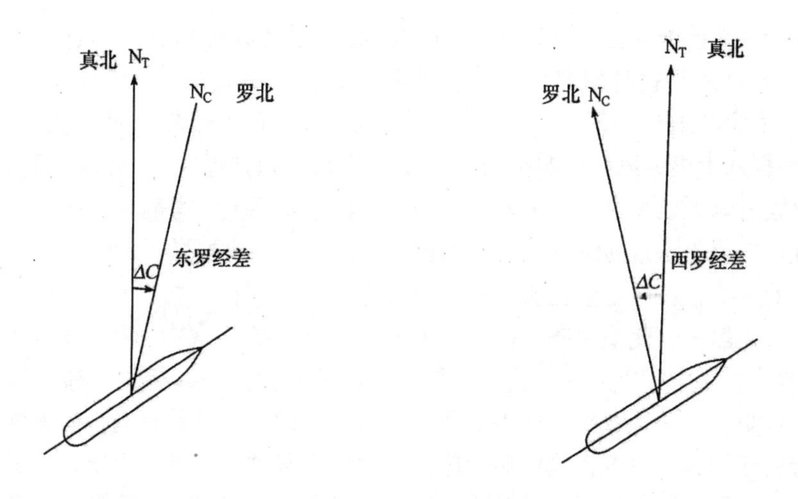

图 10-6　罗经差示意图

中国水浮式罗盘用于航海以后，这一技术先被阿拉伯船员采用，以后“磁针从阿拉伯人传到欧洲人手中，1180 年左右”① 随着航海业的发展，很快传播到世界各地，并在航行实践中互相交流、改进，形成水罗经和旱罗经两大类。旱罗经，约在 16 世纪明中叶，经日本又传入中国，当时李豫亨在《推蓬寤语》中说：“倭船尾率用旱罗盘以辨海道。”其型式是：“以针入盘，贴纸方位上，不拘何方，子午必向南北。”② 其结构应是以支轴尖端顶住磁针重心，磁针可绕轴平衡旋转。支轴直立于圆形方位盘上。将整个罗盘装于达芬奇发明的常平双环架上，使磁针始终处于水平状态。

西方旱罗盘传入中国后，中国航海者曾“获之仿其制，吴下（江南）人始多旱罗盘”③。我国海船上水罗经的浮针，在天池中没有固定的轴心，磁针有易偏斜而产生误差的缺点，遂也改用干罗经。随着 18 世纪蒸汽动力的铁甲军舰的出现，为防止船舶震动对罗盘的干扰，于是出现了现代的液体罗经。在密封罗经体内注满液体（水、酒精混合剂），可使罗经面平静，易于观测，盘面旋转灵便。这种罗经的出现，是航海定向技术上的重大改进，一直沿用到当代④。

（二）古代航海中的计时和计程

罗盘在海船上应用后，航船可用罗针方位导向，从一地至另一地不再凭借岸标，可以直线驶达目的地或转向点，从而提高了航行速度和船舶的利用率。明巩珍《西洋番国志》中说：“经旬累月，计算无差，海中之山屿形状非一，但见于前或在左右，视为准则，转向而往，要在更数起止，计算无差，必达其所。”说明海上航行，最重要的是计算到达目的地或转向点间的航行距离和航行时间，必须准确无误。古人是将“更”既作为计时单位，又作为计程单位。《西洋朝贡典录》称：“海行之法，六十里为一更。”《筹海图编》说：“更者，每一昼夜分为十更，以焚香支数为度。”清黄叔璥《台海使槎录》也说：“更也者，一日一夜，

① 恩格斯，《自然辩证法》。
② 李豫亨，《青鸟绪言》。
③ 同②。
④ 杨熺，中国航海史（古代部分），人民交通出版社。

定为十更，以焚香几枝为度。”是以“更”计时。海船因受风浪颠簸，不便使用古代传统的计时“壶漏”，早在南北朝时期即采用焚香计时的方法。一昼夜分为十更，则一更约合今2.4小时；用于计算航程时，每更约合60里的距离。清陈伦炯《海国闻见录》（1730）中阐明：“每更约水程六十里，风大而顺则倍累之，潮顶风逆则减退之。”可知“更”并非定数，因而在各书中竟有每更五十里、四十里、三十里诸说。实际上，海船在航行中，因受航速与风潮顺逆、航道广狭等因素的制约，故每更航程，只能是一个概数。

测定船速的方法，在《指南正法》的“定船行更数”记有：“凡行船先看风汛顺逆。将片柴丢下水。人走船尾，此柴片齐到，为之上更，方可为准。”《中山传信录》中更详述为：“以木柿，从船头投海中，人疾趋至梢，人柿同至，谓之合更；人行先于柿，为不及更；人行后于柿，为过更。……人行先于柿为不及者，风慢船行缓，虽及漏刻，尚无六十里，为不及更也。人行后于柿为过更者，风疾船行速，当及六十漏刻，已逾六十里，为过更也。”

据各种古籍所记更数与船行实际对比，以每更航行里程约为40里似为适宜，这与清李元春《台湾志略》中“每更舟行可四十里”相符。按今1.85公里为1海里，则1更约为11海里左右。“更”就是在一定时间内，船舶在标准航速时的航行距离，可以按所定针路和航行更数来推算是否到达所计划的地理位置和目的港。

西方航海者多用沙漏作为海船计时器。李日华在《紫桃轩杂缀》中说：“鹅卵沙漏，犹如鹅卵，实沙其中，而颠倒渗泄之，以候更数。”徐葆光在《中山传信录》（1719）中记载：“今西洋船用玻璃（沙）漏定更，简而易晓。细口大腹玻璃瓶两枚，一枚盛沙满之，两口上下对合，通一线以过沙，悬针盘上，沙过尽为一漏，即倒转悬之，计一昼夜约二十四漏。”此种计时器直到雍正初期才被中国海船引用，见记于雍正八年（1730）陈伦炯《海国闻见录》“南洋记”中：“中国用罗经，刻漏沙，以风大小顺逆，较更数。”但据王振铎先生考证，沙漏系由荷兰与西班牙海船来华时传入中国。据此，则比《海国闻见录》所记提前一个世纪左右①。

四　航迹推算

我国自北宋晚期，海上航船便使用罗盘导向航行，但记载使用针位航行的史料，始见于南宋宝庆二年（1226）赵汝适所著的《诸蕃志》阇婆国条，说：从泉州开船，航向为“丙巳方（165°）”，顺风一月可到。咸淳年间（1265～1274），吴自牧所著《梦粱录》上说：“风雨冥晦，惟凭针盘而行，乃火长掌之，毫厘不敢差误，盖一舟人命所系也。”元代周达观在元贞元年（1295）奉命随使真腊（今柬埔寨）归著的《真腊风土记》中说：“自温州开洋，行丁未（202°30′）针。”“自真蒲行坤申（232°30′）针，过昆仑洋，入港。”约元末成书的《海道经》中记有海船出长江口至成山的航行针路：自转“了角嘴(《筹海图编》作廖角嘴，在长江口北岸今海门东端)，开洋，过长滩，一日见黑绿水望正北（0°）行使（驶）”。继宋元之后，航线广泛开辟，航海图出现，航海技术相应提高，到明郑和航海时代（1405～1433），在国内外不同航线上，已形成规范式的航行针路。现存的《郑和航海图》则记下了当时中国至南海及亚非各航线的针路和航程。同时期的《铖位编》原书已佚，只散见于后人黄省曾

① 孙光圻，中国古代航海史，海洋出版社，1989年。

1520年撰述的《西洋朝贡典录》中。稍后还有明吴朴的《渡海方程》（1521，已佚），慎懋赏的《海国广记》（1579）、佚名的《顺风相送》（约16世纪末）、《指南正法》（约18世纪初）等书。其中除记载东至日本、琉球，南至爪哇、帝汶，西至孟加拉、锡兰、印度及波斯湾和阿拉伯、非洲东北各港的针路外，还详细地记述了沿途各地区的山形、水势、岛礁、沙浅、水深等资料。清黄叔璥的《台海使槎录》中说："舟子各洋皆有秘本，名曰洋更。"这些珍贵的航海史料，有的散存在民间，时被发现。它们是古人航海技术和智慧的结晶，是研究中国航海技术史的重要文献。

（一）对航迹推算有影响的主要偏差

古代海上航行主要以风帆为推进动力，从而在航线和航行时间选择上要受自然因素制约。若从中国驶往南海、西洋各地，则是"船舶去以十一月、十二月就北风，来以五月、六月就南风"。在盛行风（即季风）与盛行流一致的情况下，虽有利于船舶航行，但在船舶实际航行中，因风流影响，往往造成实际航向离出计划航向，船位向下风漂移。因此在航海实际工作中，须随时修正风、流所产生的偏差，使航迹向（实际航向）与计划航线保持一致。从有关航线针路的记述中可以看出古人已注意到在计划航向中将风流压偏差量估算在针路内，从而使实际航向可按计划航向航行，驶达预期目的地。

为了保持船舶在计划航线上航行，通常是预先估算出风压差（即是真航向与计划航迹或推算航迹向之间的差角），即船向下风漂移时，将船首向上风偏转一个风压差角。当船受下风漂移时，左舷受风，航迹向偏在真航向之右，风压差为"+"（图10-7（a））。右舷受风时，航迹向偏在真航向之左，则风压差为"－"（图10-7（b））。

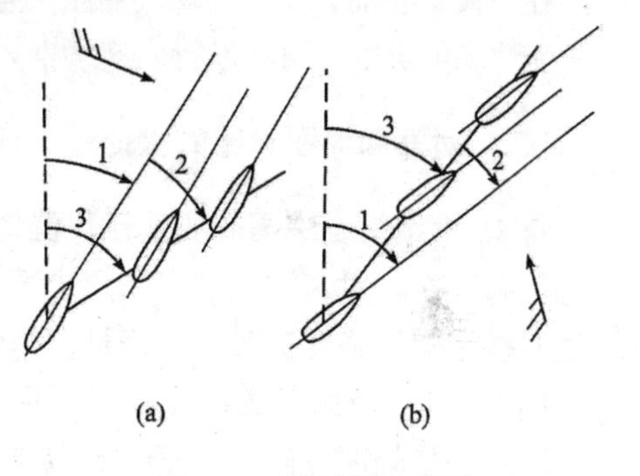

图10-7　风压差示意图

1-真航向；2-风压差；3-航迹向

其关系式为：

真航向＝计划航向±风压差

风压差的大小与风速、风舷角、船速、干舷吃水和船吃水有关。

另一个影响船舶漂移的因素是海流或潮流（参见风压差图）。当左舷受流，航迹向大于真航向，流压差为"+"；反之，右舷受流，流压差为"－"。为使航迹向与计划航向一致，通常亦应预先计及流压差。即将船首朝上游方向偏转一个流压差角。

其关系式为：

真航向＝计划航向±流压差

因古代海上航向基本上利用季风、顺流航行，风和流的一致性形成风流合压差，且多为左舷受风。这时的真航向为：

真航向＝计划航向＋总偏差（风流合压差、磁差）

只有在计划航向时将风流合压差以及磁偏差计算在航行针路内，才能确保航船的航迹向无误地到达目的地。《郑和航海图》及古代各航线的针路，虽为古代舟师经验的结晶，但在实际中，"须知船身高低、风汛大小、流水顺逆，随时增减更数、针位，或山屿远近高低形势、探水浅深、牵星为准，的实无差，保得无虞矣”①。说明船舶在大洋中航行，应根据船舶在风流中的适航情况，及时调整针路，核定船位，方可确保无误地按计划航向驶达目的地。从《郑和航海图》的满剌加（今马六甲）返占城（今越南南部）航线中，由东西竹山（今奥尔岛）横渡南海至昆仑山（今昆仑岛）的一段航行，即可明显地看出计划航向中已将流压合差和磁偏差等包含在计划航向之内（表 10-1）②。

表 10-1 东西竹山至昆仑山航路表

航行区段	航行针路	设计航向	航迹向	风流压合差	航程
东西竹山 至昆仑山	东西竹山过，用子丑（子癸） 及单癸针，四十五更船取昆仑山	子癸（7.5°） 单癸（15°）	21.5°	14° 6.5°	45 更

注：东西竹山，今奥尔岛（pelaw Aur，104°31′E，2°27′N）；
昆仑山，今昆仑岛（Con Dao，106°35′E，8°45′N）。

这是由于南海海域每年 5～10 月受西南季风影响，风力约 2～3 级。9 月至次年 5 月受东北季风影响，平均风力约 4～5 级，以 12 月份最强，北部海域较南部海域为强。海流是 9 月至次年 4 月，受东北风影响为西南流，流速约 0.5～1 节。4～9 月则受西南季风影响为东北流，流速约 0.5 节左右③。

在当代备有动力装置的现代船舶，有克服一些自然因素干扰的能力，在设计航线时，对当时风流情况的影响，可在航行中连续推算船位时，随时修正航向，保证船舶按计划航向行驶。

（二）对郑和海图针路的验证

自 15 世纪初，中国海船就已广泛地使用罗针导航和利用航迹推算船位，航海技术日趋完善。有些学者对《郑和航海图》中某些针路，利用现代航海图书资料加以验证，结果证明了当时确定的针路、更时的正确性。举例如下：

例 1 “官屿溜用庚酉针（262.5°）二百五十更收木骨都束”。

起点，官屿溜，即今马尔代夫岛的马累（Male，73°30′E，4°10′N），到达地木骨都束，即今东非北部索马里的摩加迪沙（Mogadishu，45°20′E，2°01′N）。

海图绘算：真航向 265°，航程 1656 海里。据有关海图资料记载：

印度洋赤道信风：夏季为南风（S），有时西南风（SW）；冬季一般为南风（S），少数为东北风（NE）。

赤道北洋流：每年 5～10 月流向东（E），流速每日 10～45 海里，即 0.4～1.9 节。

11～4 月流向西（W），流速 0.4～1.9 节。

磁差：东部偏西 4°，西部偏西 3°，年差为 0°。

验算：针路庚酉针，即磁航向 262.5°，本船自差 0°，修正磁偏差 −3～ −4°W 后，取 −3.5°W，航迹向为 259°左右，与真航向 265°比较，航向偏差角为 6°，实为偏南风（S）所造成的风压角 α，如图 10-8 所示。另根据 250 更（即 600 小时，共 25 天）和实际航程 1656 海里计算，实际航速为 2.8 节。对照航海资料，可以推断此航次时间在 11 月～4 月（即冬

① 指南正法，见向达校注，《两种海道针经》，中华书局，1982 年。
② 郑和下西洋，人民交通出版社，1985 年。
③ 世界主要航线简介，人民交通出版社，1979 年，第 30～31 页。

季）间进行的，此时期为西流顺流，流速 1.9 节，由南风所产生船速约 0.9 节。与实际航速相符（图 10-8（a））。

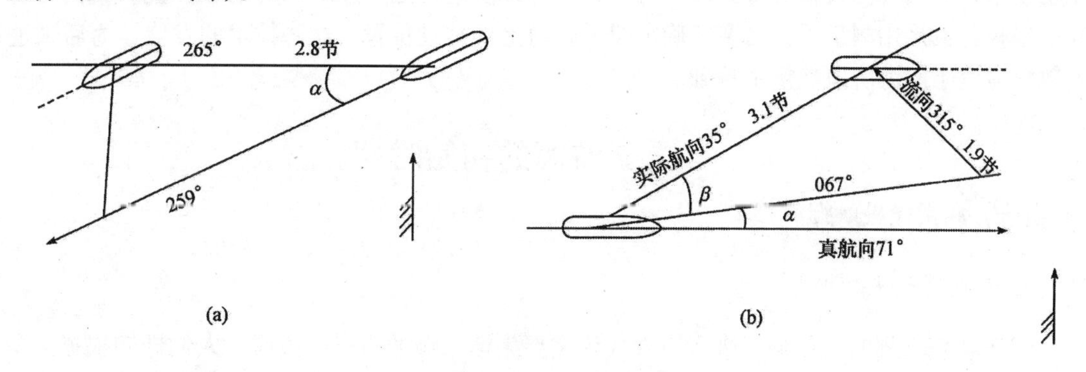

图 10-8 航迹推算

例 2 从“官屿”用单甲针四十五更船收小葛兰。

据史书记载，小葛兰即今印度西南端的奎隆（Qulion，76°38′E，8°50′N），实际航向为 35°，航程 330 海里，45 更（108 小时），计算实际航速 3.1 节。海图资料：

印度西南海域，每年冬季 11 月～4 月，多数南风（S），少数东北风（NE）。

海流流向西北（NW），流速 0.4～1.9 节。磁差偏西 4°（W），年变化为 0°。

验算：用单甲针，即磁航向 75°，修正 4°偏西磁差，真航向为 71°，与实际航迹向比较差 36°；作流压三角形得流压角 β= －32°，风压角 α= －4°，如图所示，故绘算实际向与所记针路相符（图 10-8（b））[①]。

从上述实例验证中，可知郑和时代及其以后的有关针路记录，基本上是准确可信的，说明古人在艰辛的海上实践中已掌握了风流压差及磁差和航迹推算方法。他们所遗留下的记录，是今人认识古代航海者技术成就的丰厚史料。

第二节 古代天文航海技术

天文航海又称天文导航，是利用天体的高度、方位或其他参数，测定船舶在航行中的方位和导航等问题的技术。其特点是不需岸标，不受海域限制，而且准确可靠，是船舶横渡大洋，远程航行所采用的重要方法。

自中国先民有海上活动以来，到航海者能利用天体定向导航，其间经历了一段漫长的历史时期。海上利用天体导航的最早记载，见于约公元前 150 年刘安的《淮南子·齐俗篇》：“夫乘舟而惑者，不知东西，见斗极则寤矣。”说明当时舟师已能利用北斗星和北极星来辨别方位。晋代高僧法显（342～423）在《法显传》（又名《佛国记》）中，记述从天竺（今印度）经师子国（今斯里兰卡）乘商人大舶循海而还时的情景：“大海弥漫无边，不识东西，惟望日、月、星宿而进。”[②] 可知当时海上航行，不只利用极星，而且可利用日、月及各星宿导航定向，说明当时的天文导航技术已有较高的发展。

① 袁启书，郑和航海图验证，大连航海，1986，1。

② 章巽，法显传校注，上海古籍出版社，1982 年。

唐末宋初，指南针在海上应用后，海船可凭定向仪器指南针测定准确的航向；同时天文导航技术方面出现测天仪器量天尺，可以较准确地确定海上船舶所在的地理位置。明代出现的牵星板，也是用测量天体高度来确定船舶在海上的地理位置。这些技术的发展，为后来进入数学应用于航海阶段奠定了基础。

一　天文航海的初始时期

（一）利用恒星航行

1. 早期的天文知识

我国在新石器时代中期，进入以农牧为主要生活来源的历史阶段后，人们即知根据天象知识来掌握季节变化，以便不误农时。据史籍载，上古颛顼时（约公元前2450年）即“初作历象”，并设有“火正”官，对亮星大火（心星二）进行观测[①]。帝尧时（约公元前2297年），命羲和观测天象，并曾组织天文官到东南西北四个地方观测天象，以“日中星鸟，以殷仲春；日永星火，以正仲夏；宵中星虚，以殷仲秋；日短星昴，以正仲冬”制定历法，以三百六十六日为一年，置闰月，以正四时[②]。

约公元前21世纪建立的夏王朝，即设有专司天文人员，对以前的天文历法知识加以整理，使天文、历法得以较大发展。到春秋时代，用土圭测日影以定冬、夏至，置闰月以定四时成岁，制度逐渐完善。

到战国时代，随着实践的发展，三垣二十八宿（又称舍）划分星空体制也逐渐确立。三垣即紫微垣，是北极星周围约三十六度的星区，居北天中央位置；太微垣在北斗的南方，约占天空六十三度的范围；天市垣则在紫微垣的东南，约占东南天空五十七度的范围。在三垣制定后，随着星象观测的进步，又创立四象以资补充。

四象是东方苍龙、南方朱雀、西方白虎、北方玄武（龟蛇），即分别代表春、夏、秋、冬四季的星象，每象各有七宿，共二十八宿。全部名称最早的记载见于公元前240年的《吕氏春秋》。

春秋战国时期，诸侯各国都十分重视天文观测和历法研究，天文家辈出。其中最著名的是魏人石申，著有《天文》八卷；齐人甘德，著有《天文星占》八卷。原著早佚，但从《史记》、《汉书》、《开元占经》引文中尚可了解其梗概。后人把两书合为《甘石星经》，书中载有120颗恒星位置，是世界上最早的星表。到东汉张衡时期（公元100年），定出常明星（恒星）124个，定名的星320个，计数出肉眼能看到的星2500个，微星11 520个。并创制了浑天仪，测定出黄赤道相交为24度，分球体天空为365 $\frac{1}{4}$度[③]。使天文学有较高的发展。

三国时期，吴太守陈卓，“总甘、石、巫咸三家所著星图”，绘制成全天星图，收有星座283组，计1464颗星[④]。这项成就被后人奉为圭臬。

到汉代，由于掌握了较高水平的天文知识，这就为海上利用天体导航提供了可靠的保

---

① 《今本竹书纪年疏证》。
② 《尚书·尧典》。
③ 陈遵妫，中国天文学史（第二册），上海人民出版社，1982年，第401页。
④ 《晋书·天文志》。

证。《汉书·艺文志》的天文书目中有《海中星占验》二十八卷、《海中五经杂事》二十二卷、《海中五星顺逆》二十八卷、《海中二十八宿国分》二十八卷、《海中二十八宿臣分》、《海中日月彗虹杂占》十八卷等有关航海天文、气象的专著，总数竟达一百三十六卷之多。这些专著今已佚，只在唐《开元占经》中还保留片断。17世纪清顾炎武在《日知录》"海中五星二十八宿"条中认为："海中者，中国也。故《天文志》曰：甲乙海外，日月不占……盖天象所临者广，而二十八宿专主中国，故曰海中二十八宿。"① 1280年左右王应麟的《汉书艺文志考证》，《后汉书·天文志》注引《海中占》、《隋志》有《海中星占》、《星图海中占》各一卷。即张衡所谓"海人之占也"。《新唐书·天文志》："开元十二年（724）诏太史交州测景，以八月自海中南望老人星殊高，老人星下，众星粲然，其明大者甚众，图所不载，莫辨其名。"李约瑟认为这是在海上观测星体，从而推测到战国时期齐、燕海上方士们的著作，为船舶远离岸边和夜间航行，利用恒星定向创造了条件②。汉代能够开辟中国远航印度的"海上丝绸之路"，虽然是出于经济发展的需要，但在航行实践中又与当时天文知识的发展密切相关。

汉代天文学的发展且为唐、宋以后的进一步提高及远洋航海的发展开创先河。

我国古代天文学家虽为天文学的发展做出过卓越的贡献，但受当时历史条件的局限，尚不能概括整个星空全貌，且古今星名和星座划分差异极大，因此只能结合当代天文星座和星名，对古人利用星体的导航技术做出简述。

2. 海上导航星座

整个天空星座包括南天极附近的星座，是在16世纪环球航行之后，才于17和18世纪逐渐定下来的。到1922年，国际天文协会决议，将天空星体划分为88个星座，统一命名。其中：在北天星座有29个、黄道星座有12个、南天星座有47个。航海者常用的只是各星座中最亮的星座，主要是：

北天星座有：小熊、仙后、大熊、牧夫、天琴、天鹅、御夫、天鹰、飞马……

黄道星座有：金牛、双子、天蝎、摩羯

南天星座有：猎户、小犬、大犬、南十字、半人马、船底……

其中黄道星座是指在天球黄道南北各8度宽的黄道带上，也是月亮和大行星（如金、火、水、土、木五大行星）运动的范围。

国际天文协会还按星的亮度分为不同等级，用希腊字母α.β.γ…标注在星图上。非常亮的恒星约20颗，称为一等星，其中半数是在北半球，包括：织女星（天琴座α）、五车二（御夫座α）、大角（牧夫座α）等。南半球最亮的有两颗，是天狼星（大犬座α）和老人星（船底座α）等。

二等星有70颗左右，这些恒星比一等星暗二至三倍，北斗七星（大熊星座）即为二等星。小熊星座中除北极二（又称帝星，即水杓的杯端）和北极星（即勾陈一，水杓的柄端）为二等星外，其余均为三等星。整个天空中三等星约有200颗。有些暗星因裸眼无法看清，故不为航海者所用。

---

① 顾炎武，《日知录》卷30，天文，岳麓出版社，1994年。

② Joseph Needham（李约瑟，英），*Science & Civilisation in China* Vol Ⅳ.Part.3 P561.

所有恒星都是从东方升起，向西方落下。恒星高度最大时，通常是此恒星位于测者的正南或正北。由于地球绕太阳公转，地球还要自转，使一个太阳日比一个恒星日每天向东移动约 1°，所以每晚看到恒星升起时间都比前一晚上提前 4 分钟。而一年中出现四季不同星空，如猎户座总在 12 月中旬越过我们所处的子午线，而天蝎座则总在 6 月初的午夜越过我们所处的子午线。

任何恒星都环绕天球上与地球相对应的某个特定纬度运转，对恒星来说，此特定纬度基本上保持不变，这个特定的纬度称为恒星的赤纬。例如：亮星大角（牧夫座 α）的赤纬为 19°17′N（约在我国海南岛上空）；织女星（天琴座 α）的赤纬为 38°46′N（约在山东长岛附近上空）；而猎户座却分居赤道两侧，其上半部位于北半球，下半部位于南半球，其中最靠西的恒星非常接近于赤纬 0°，正位于天球赤道上。

总之，北半球恒星总是从正东偏北处升起，在正西偏北处落下；南半球恒星总是在正东偏南处升起，在正西偏南处落下。古代航海者在远岸航行没有任何观察工具和仪器的情况下，主要是靠目视北斗星指引北极星定向。

3. 用北极星定向与岁差

天球北极的北极星是小熊座 α（勾陈一）。测定方向时，测者经线的切线指向北极星，用“N”表示，即近代圆周法中计量方向的 000°。为区别于罗北、磁北，将测者经线所确定的北为真北。

北极星（小熊座 α）应与地球自转轴的延长线相重合，实际上，现今相距有 1°距离，而且逐年拉近变小。古代在晋成帝时（300 年前后），虞喜发现了这一天文现象后，才知道北极星也在移动，并测知冬至点每 50 年移进 1°；隋代（600 年左右）刘焯测定每 75 年西移 1°，已和现代测定的准确数相当接近了，而当时西方天文学界仍用每 100 年西移 1°的数据。虞喜把这种逐年变化的差距称为“岁差”。

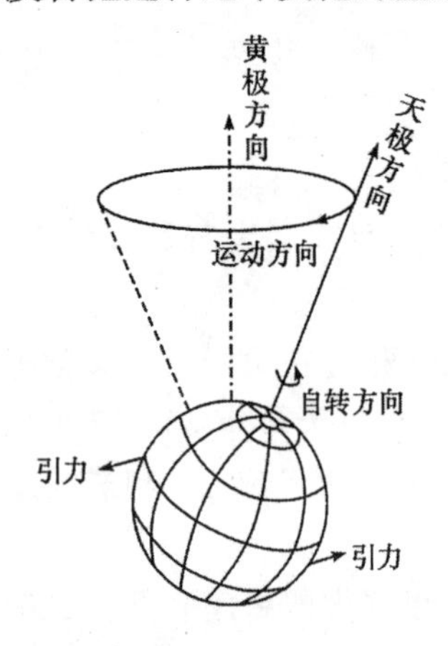

图 10-9　地轴的圆锥运动

岁差的产生，是由于地球是一个椭圆体，赤道部分较为突出，赤道与黄道相交成 23°27′角度。日、月、行星在黄道上运行时，其引力作用于地球赤道，使地球自转轴在黄道轴上作圆锥形运动，每年向西逆行进行 50.2″，约 71 年 8 个月向西逆行 1°。这个圆锥形运动绕黄道周围一周，约为 25 800 年，形成岁差现象（图 10-9）。

所以古今所指的北极星，也随岁月递增有所变移，周秦时以“帝星”为极星，《史记·天官书》所载“其一明者”即指帝星。隋唐至宋，以“天枢”为极星。天枢是北极五星的一颗小星，《隋书·天文志》所称“四辅抱极”，意即以四星抱天枢。所以《朱子语类》说：“取旁一小星为极星。”① 现北天极在小熊座 α（北极星），岁差相距大约 1°。这个距离还在不断缩短。一直到公元 2100 年时岁差为 28′，逐渐与北极星接近。此后小熊座 α 将要离位，公元 3500 年北极星的位置将为仙王座 γ 所取代。公元 7500 年，北极星是仙王座 α。公元 13 600 年的北极

① 陈遵妫，中国天文学史（第三册），上海人民出版社，1984 年，第 829～832 页。

星，将为光辉夺目的织女星。过 25 800 年以后，现在这颗小熊座 α，再次复位北极星[①]。

利用北极星确定测者所在的地理位置，是航海者的重要导航方法。由于某一地点的地理位置所在的纬度，与在该地所观测的北极星仰角高度有关，北极星位于北半球正北方星空，航行者观测到它在海平面上的高度，就等于船位的纬度。若观高度为 30°或是 45°，则船位即在北纬 30°或 45°。也可以说，在北半球，某地的纬度等于该地的北极星高度（或者是北极星天顶距的余角）。所以在不同纬度地区，在同一时间里各地观测者所看到的北方星空也不相同。实际上，在纬度低于 5°N 左右时，几乎已看不见北极星了。

4. 利用北斗星确定时间和指引北极星

北方星空中北斗七星比较明亮，特别引人注目。因它呈古代舀酒的斗杓状，故称为北斗星。阿拉伯人视之为车的形象，称之为“车星”。在欧洲，人们把它看成熊的形象，称为大熊星座。

北斗七星的中文名称次序是：天枢、天璇、天玑、天权、玉衡、开阳和摇光[②]。在现今星表中，按其在星座的亮度配以相应的希腊字母，从斗身到斗柄依次按 α，β，γ……排列。但在此七星中次序却特殊，其中最亮的不是天枢 α 星，而是玉衡 ε。

星空中不仅有周日视运动。如在晚间同一时刻观察星空，便会发现星辰位置的季节性变化。古人便是用北斗星斗柄指向来确定季节的，汉代《鹖冠子》书中说：“斗柄指东，天下皆春；斗柄指南，天下皆夏；斗柄指西，天下皆秋；斗柄指北，天下皆冬。”这都是指在黄昏时观察星的斗柄方向而言。3000 多年前，古人发现的这一规律到今天仍可适用。

由于地球不停地自转，北斗星也在一昼夜中按逆时针方向绕北极星旋转，晚间不同时间里北斗星的位置也不同。若知道当天初昏时斗柄的位置，即可按斗柄离开初昏位置的度数，推算当时的时间，每转 15°是一小时。古代没有计时钟表，即用它推测时间。《史记·天官书》中说：指示黄昏的是杓星（玉衡等三星）；指示午夜的是衡星；指示黎明的是魁星（天枢等四星组成的斗身）。

在航海中，北斗星除用于测定时间外，还可以确认北极星，用以辨识方向。在北半球星空中，杓状北斗星终年可见，春末夏初它位于最高纬度区。以北斗七星杯体前部两颗恒星（天枢、天璇）间距的长度延伸 5 倍，即是北极星。所以这两颗星又称作“指极星”当伸直手臂，如指极星的间距为两指宽，则从天璇向天枢外延至离天枢约 10 指宽的距离处，即为北极星的位置（图 10-10）。

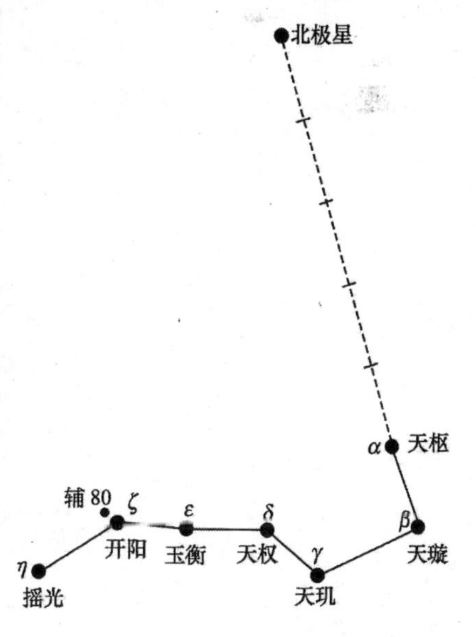

图 10-10　用北斗星的指极星确定北极星

① 南京大学天文系，天文知识，上海人民出版社，1976 年，第 78～79 页。

② 元·脱脱等，《宋史·天文志》中在叙述北斗七星后，又说：“第八星曰弼，在第七星右不见。”“第九星曰辅星，在第六星左，常见。”这颗辅星较暗，是六等星。

由于北斗星座绕天北极星做逆时针旋转时，这两颗星总是位于星座的前端，所以任何时候都可用此二星找到北极星。这两颗位于星座前端的恒星又称为前导星。

航海中识别有关星座中的前导星对确定方向极有帮助，尤其当夜间海平面视线不清时，如若认出有关星座的前导星，就可用它作为导向找出极星，确定正北方位。恒星总是从东方升起向西方运动，如果已知东方位置便可确定恒星的运行路径。也可使先求恒星运行路径的方法来确定出东方的方位。

5. 利用御夫、飞马、织女等星座指引北极星

(1) 御夫座是由五颗星组成呈大五边形的星座。冬季时，在北方星空尤为显著。此五边形以最明亮的恒星五车二（御夫座 α）（赤纬 45°58′N）为前导星穿过天空。在五边形后边的两颗（五车三、五车四）为指极星，从五车三至北极星的距离约为此指极星间距的五倍（图 10-11）。

五车二为亮星，此恒星在初夏的夜晚向西北方落下，在夏末的夜晚从东北方向升起。当在北纬约 45°时，五车二可视为指极星。

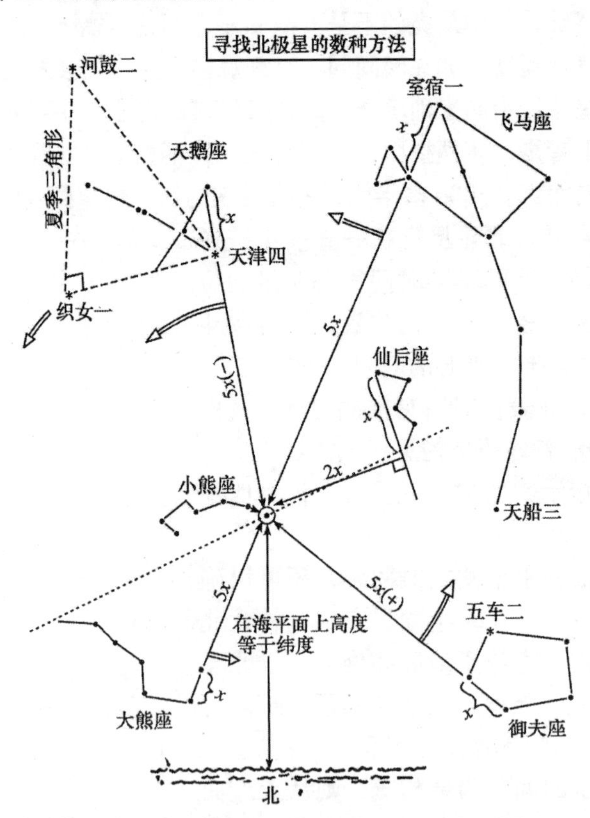

图 10-11　用御夫、飞马、织女等星座确定北极星

(2) 飞马座是夏秋季北方星空中一个大正方形的星座。飞马座的正方形也可视为一个巨形水杓的杯体，杯体前端的两颗前导星（室宿二和室宿一）为指极星，其至北极星的距离为指极星间距的五倍。

当飞马座大正方形位于天空较高位置时，此杯体的顶边和底边（与指极星垂直）即为指

示东西的方向线。

(3) 在夏季和秋季星空中，当晨光、昏影时，引人注目是亮星织女星（天琴座 α，赤纬 38°46′N）、牛郎星（天鹰座 α，河鼓二，赤纬 8°48′N）与天津四（天鹅座 α，赤纬 45°12′N）三颗星组成一完整的三角形，被称为夏季三角形（图 10-11）。织女星位于夏季三角形的直角顶点，又是此三角形穿过天空时的前导星，而东面的天津四为后导星，与河鼓二所构成的夏季大三角形几乎占据了整个顶部天空。

把西面明亮的前导星织女星与东南的后导星天津四相联结，就可用以确定东西方向。用这种方法定向对航海人员极有使用价值。应注意的是北极星处于织女星和天津四边线的一边，与牛郎星（河鼓二）所处的方向相反。

天津四既位于夏季三角的最北端，又是著名的北十字星座中最明亮的恒星。“天津”意为天河上的渡口，因为天鹅座是银河流经的星座。天津四和北十字座的后导星（天津九）为指极星，至北极的距离也为指极两星间距的五倍。无论在古代和现代航海技术中，织女星都是用于导航定向的重要恒星之一。

6. 利用仙后座指引北极星

当夜中不能看到北斗七星时，利用仙后座确定北极星也非常方便。仙后座一般在秋季星空出现，与大熊星座（北斗七星）在北极星两边遥遥相对。仙后座在天空呈 W 形状，星座中的 α 星（中名王良四）亮度较高，颇为醒目。当大熊星座很靠近地平线时，仙后座的位置却很高，如从 W 字的左端恒星（或视为 M，则为右端的恒星），向上移动二倍脚星的宽度距离，使移动路线与脚星连成直角，所指的上方即为正北方向（图 10-12），即为北极星所在的位置。

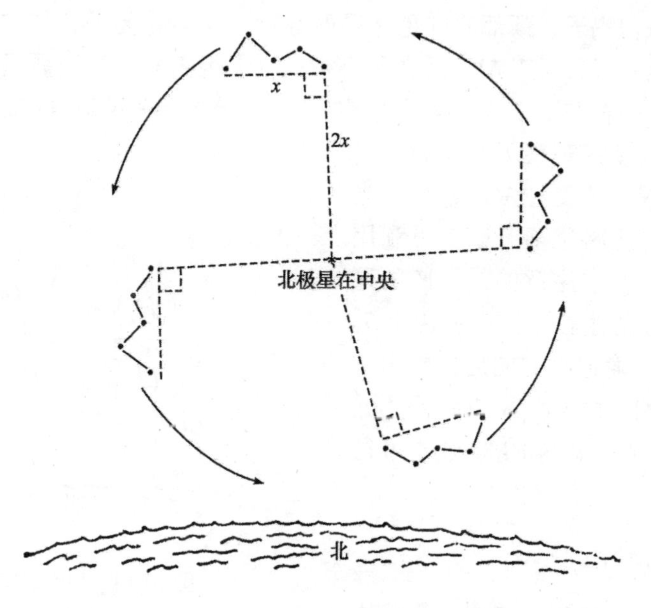

图 10-12　用仙后座确定北极星

7. 利用猎户座定向

猎户座是冬季星空中横跨赤道的著名星座，我国古称参宿。主要是由参宿一至七共七颗星组成，所称参星即指星座中间并列的参宿一、二、三共三颗星。参宿四（赤纬 7°24′N）、五（赤纬 6°19′N）在赤道以北，参宿六、七（赤纬 8°13′S）在赤道以南（图 10-13）。尤其冬季夜空，猎户座的腰带（即参宿一、二、三星）从正东升起，正西落下，夜间明亮的恒星形成壮观景色。

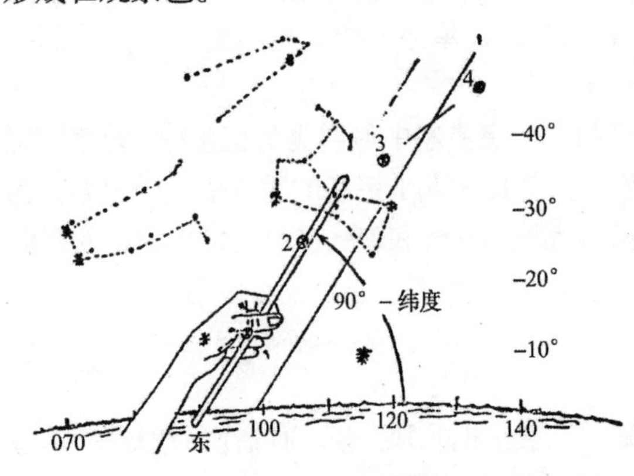

图 10-13　用参宿三运动路径求正东方位

当猎户座的参宿三升至海平面以上或升至上空几小时后，航海人员多用它求出正东的方向，即利用恒星运动知识，沿参宿三原运行路径返回到海面，此路径与海平面相交处即为正东方向。其做法是使用一根小棒与此星重合，使小棒与海平面的夹角为 90°减去测者所处的纬度，此棒与海平面的交叉处即为正东（图 10-13）。图中示出了在 35°N（升角为 55°），参宿三升起后 2.5 小时的情况。图中参宿三在各个小时的位置用⊗记号表示，此方法的误差约为 10°左右。

8. 利用天蝎座定向

天蝎座出现在夏季星空，是黄道星座中的亮星，它与冬季星空出现的猎户座相对于太阳的另一面。天蝎座状似蝎子，颈部的红色亮星即心宿二（天蝎座 α），古称大火，它左右各有一星，前者是心宿一（天蝎座 δ），后者是心宿三（天蝎座 τ），这三颗星是二十八宿中的心宿，古名称商星。心宿左下方的一串星是尾宿；右上方的几颗星是房宿。

当在北半球高纬度区观察天蝎座时，它处于天空中较低位置，长度经常被遮住；当船舶向南航行时，星座将逐渐升高。可利用此星座确定南北方向，应注意的是星座的尾直立时头朝南，头直立时尾朝南（图 10-14）。或者在根据其他恒星确定出方向后，再由图中所示方法确定正南。由于此星座头部不是由成直线的恒星组成，熟练的舟师才可能掌握。

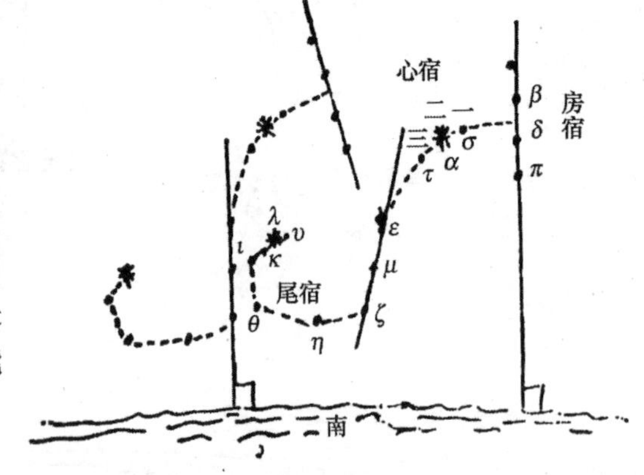

图 10-14　用天蝎座定向

（二）利用太阳航行

古代海上航行还未使用罗经时，舟师在长期实践中，能够“昼则揆日而行，夜则考星而泊”和“大海弥漫无边，不识东西，惟望日月星辰而进”，即赖于当时掌握了天体运行的基本规律和利用天体确定方向。若是在白昼，却不像夜间利用恒星那样方便，因此，只有利用太阳确定方向航行。现只能依据古人留存的针路书中所记的经验作进一步探索。

1. *利用日出和日没方位定向*

（1）太阳的赤纬。地球绕太阳运行，地球的自转轴与公转轨道面呈倾斜，即地轴（指向北天极）与公转轨道面的交角为66°33′，亦即地球赤道面与公转轨道面（黄道）的交角为90°－66°33′＝23°27′。因而在天球上天赤道与黄道的交角（黄赤交角）也是23°27′。黄道和天赤道有两个交点，即春分点和秋分点。太阳沿黄道作周年视运动，在春分（约3月21日）和秋分（9月23日）这两天，先后到达这两点，这时太阳直射在赤道上，太阳赤纬为0°，此时，太阳是从正东方升起向正西方落下。当太阳直射在北回归线时（23°27′N）为夏至（6月22日），太阳从正东偏北升起，向正西偏北落下；当太阳直射在南回归线时（23°27′S）为冬至（12月22日），人们在北半球观测太阳时是从正东偏南升起，向正西偏南落下，这时太阳赤纬最大。若测者掌握了太阳视运动规律，就可以根据观测时间、所在地点来辨识和推测方向。

在公元前一世纪的《周髀算经》中所记载黄赤交角数据与近代理论上推出的结果相近；我国舟师根据海上长期观察和实践，也总结出便于记忆的《定太阳出没歌》①，对辨认太阳出没方位有着重要意义。

正月出乙没庚方，二八出兔没鸡场。
三七出甲从辛没，四六生寅没犬藏。
五月出艮归乾上，仲冬出巽没方坤（坤方）。
惟有十月十二月，出辰入申仔细详。

为了便于理解歌诀含意，将其在各个月份（指夏历）太阳的出没方位与相应的赤纬列如表10-2。

表10-2 各月太阳出没方位与相应的赤纬表

月（阴）	日出方位	日没方位	太阳赤纬	月（阴）	日出方位	日没方位	太阳赤纬
一	乙（105°）	庚（255°）	17°S～8°S	七	甲（75°）	辛（285°）	18°N～8°N
二	卯（90°）	酉（270°）	8°S～4°N	八	卯（90°）	酉（270°）	8°N～3°S
三	甲（75°）	辛（285°）	4°N～15°N	九	乙（105°）	庚（255°）	3°S～14°S
四	寅（60°）	戌（300°）	15°N～22°N	十	辰（120°）	申（240°）	14°S～22°S
五	艮（45°）	乾（315°）	22°N～23°N	十一	巽（135°）	坤（225°）	22°S～23°S
六	寅（60°）	戌（300°）	23°N～18°N	十二	辰（120°）	申（240°）	23°S～17°S

这首歌诀所反映的不同月份的太阳出没方位，与实际太阳出没方位相差无几。春分和秋分时，太阳在赤道上作东西向运动，太阳运动路径的赤纬最高，即在南北纬度23°27′处。歌诀只能近似地描述这一现象，指出大致出没方位，具体时间与地点的实际天体方位，还须舟师根据实践经验来掌握。如果定出了日出日落的方位，掌握了中天时太阳在正南（或正北）中天时间，依据更香计时，便可以判断出准确的方向，用以导航。

① 向达校注，两种海道经·顺风相送，中华书局，1982年。

（2）利用日出日没方位定向。在利用太阳确定方向时，先须知道日出的方向，日出的精确方向与观测者所处地理位置（纬度）和时间有关。在北纬度区，秋季和冬季（9月23日至来年3月21日）太阳在南赤纬运行，日出的方向为正东偏南，日没于正西偏南；在春季和夏季（从3月21日至9月23日），太阳在北赤纬运行，日出的方向为正东偏北，日没于正西偏北，如图10-15所示。仅在春分与春分前后一周之内，太阳是在正东升起，正西没下(约有5°误差)。

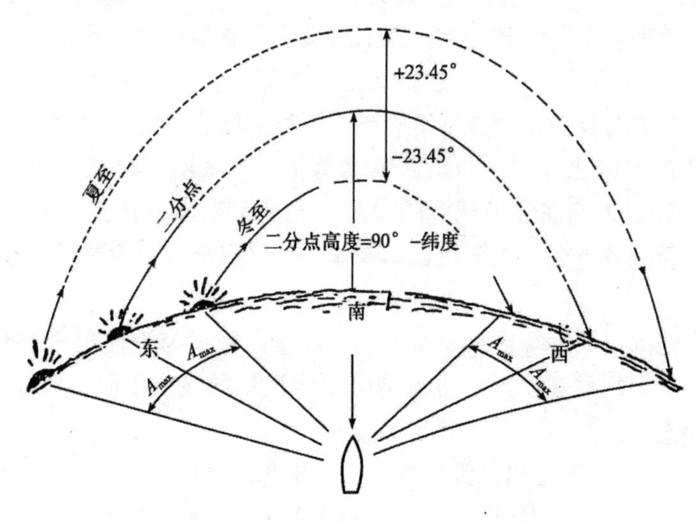

图 10-15　北纬度区观测到的太阳运动路径

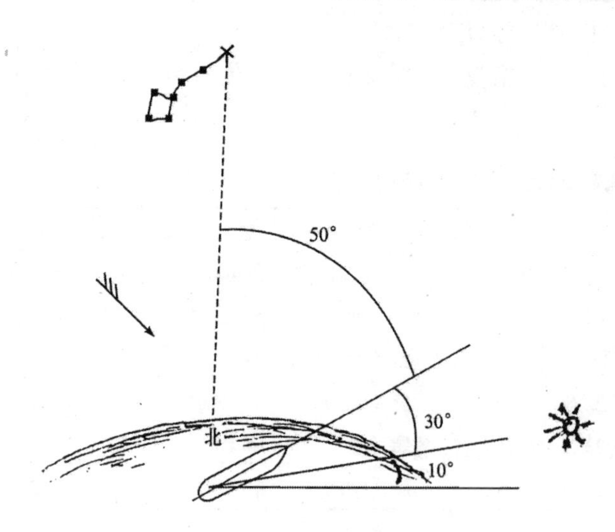

图 10-16　确定日出方向的方法

用这种正东、正西偏南偏北所示的方位值，十分笼统而不精确，在多日远涉大洋航行中，必会造成脱离预计航路的事故。最可靠的办法还是用北极星定向。古代舟师则采取夜间以北极定向，第二日再用校订太阳幅角的办法加以解决。例如：已用北极星定出船首航向为50°，这时风从左舷正横吹来，调整风帆沿此航向航行，直至太阳开始升起，知太阳从船右30°处升起，则日出方位即为80°。一旦确定出日出方位，就可得出太阳偏离正东的角度，从本例可知日出方位为正东偏北10°，即太阳从正东偏北10°处升起，向正西偏北10°处落下（图10-16）。

日出方位与正东（日没方位与正西）之间的差值，即为太阳的幅角，本例的太阳幅角为北纬10°。只有二分点时，太阳的赤纬为0°，随后太阳赤纬每天都逐渐增加，直至二至点为止。幅角随日期变化的关系和所到达的最大值是与测者所处纬度有关，如测者所处纬度不太大时，则太阳幅角在几天之内的变化也不大，仍可适用。

2. 利用上午太阳和下午太阳定向

船舶在海上航行，如需在日出 2 或 3 小时（约古代一更时间）后确定方位，则可沿太阳的运动路径使之返回其升起的海面位置。这时须估计出此时太阳偏离日出方向的角度。其方法与在猎户座中用参宿三的运动路径返回海平面的方法相同（见图 10-13）。如图 10-17 所示。如在北纬 30°处，位于东方的太阳以 60°角升起，而在北纬 10°处，则太阳升角为 80°。测者所在纬度越高，太阳升角越低；所在纬度越低，升角越高。

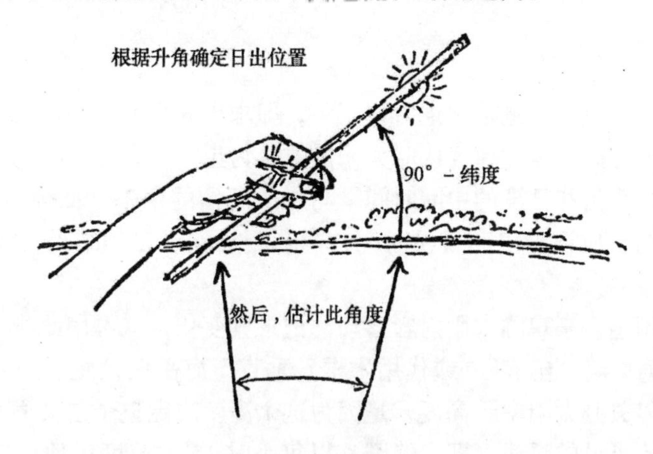

图 10-17（a）　根据太阳的升角求日出位置

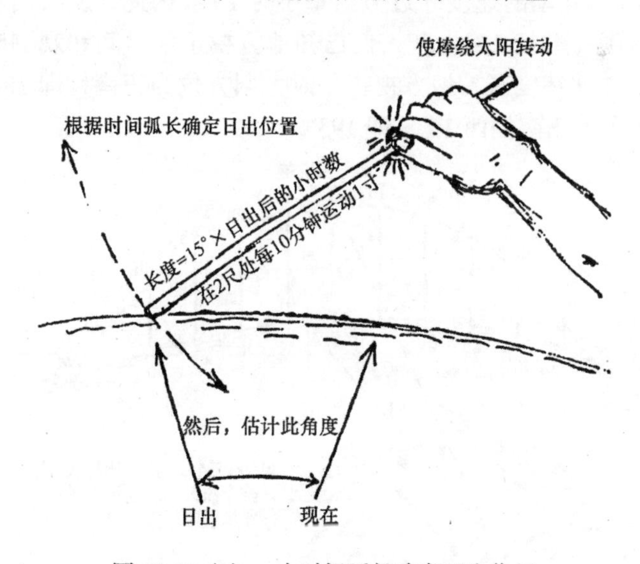

图 10-17（b）　由时间弧长确定日出位置

我国古代船上备有量天尺（或用木棒）一类工具，可用以测定太阳穿过天空的路径。观测时将持木尺的手臂伸长，使其与太阳运动的路径重合，眼睛距尺二尺，则可看出太阳沿尺的运动速度约每 10 分钟为 1 寸左右。因天空中所有天体都以每小时 15°的速度运动，而在尺上是以每 10 分钟移动约 1 寸的距离。

若人们已知太阳日出时间和观测时间，就可以确定太阳偏离日出位置的距离。用此法时，先在尺上做出标记，使此标记至尺端的距离等于日出后太阳已移动的距离，然后，将拇指放在标记处，并用拇指对照太阳加以转动，尺的端部与海平面的交点，就是太阳海平面升起时的位置。(图 10-17（b))。只有从此位置才能测出太阳升起并运行一定距离后到达所观测的位置。此法也可用于下午观测太阳落入海平面时的方位。

在航海技术中，日出时间是指太阳上缘刚出现在海平面上的时刻，称为视出，即在 2 或 3 分钟后即可看到整个太阳；日没时间是指太阳上缘刚从海平面上消失的时刻，称为视没。这个时刻与测者所处纬度和日期有关。当船只移动距离不远时，日出和日没的差值在数天之内变化不会太大，不会超过 5 或 10 分钟。

3．利用太阳求地方视正午

利用太阳定向时，重要的是求出地方视正午，即求出太阳通过测者所在地（子午线）时在天空中最大高度的时间。在北纬度区时太阳的方位为正南（南纬度区为正北）。

地方视正午是指日出和日没的中间时间，与一般所谓的中午（如今之 12 时）不同。为确定地方视正午时间，应记日出和日没时间，两者相加除以二的结果，即是地方视正午时刻。

我国古代曾使用圭表来观测太阳射影移动，记录其变化，就可用此法来检验太阳的中天高度。在进行检验时，将“圭表”（或代用木棍）垂直于海平面，使“圭表”的投影与海平面平行。人们之所以关心太阳中天高度，是因为这个高度决定整个白天里太阳方向变化的快慢。太阳总是沿其不可见的弧线（即赤纬圈）以每小时 15°的速度运动，仅当太阳中天高度小于 45°时，其沿海平面运动的速度才近似为每小时 15°。因此，从日出至日没时间使用此法都可取得较好的精度（图 10-18）。若人们已知地方视正午时间和观测时间，就可方便地计算出太阳的方位。在北纬度区，地方视正午时太阳方位为正南，即 180°；在地方视正午后 1 小时，太阳的方位为正南偏西 15°，即 195°。

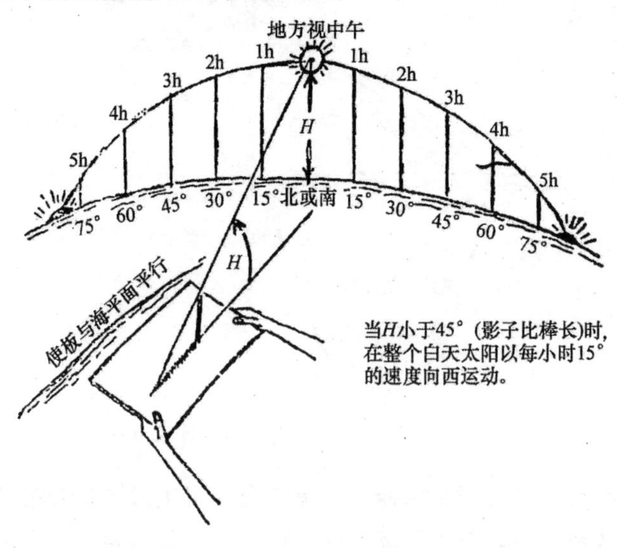

图 10-18　太阳时法的原理

又如，若知道地方视正午的时间为 13：40，测者的观测时间为地方视正午前 2 小时 20 分（即 2.33 时），则太阳必须运动 2.33×15°或 35°，才可到达正南。也即在观测时，太阳方位为 180° − 35°，即 145°。如图 10-19 所示。

在使用此法时，须知道太阳的赤纬变化，太阳的赤纬是从 6 月 23 日由北纬 23°27′缓慢地变化到 12 月 22 日为南纬 23°27′。太阳的赤纬每天最多变化 0.5°，但在一般情况下一天中的变化不到 0.5°的一半（约 15′.2）。所以如果知道太阳在一周以前的赤纬，则仍可利用这个概值计算。

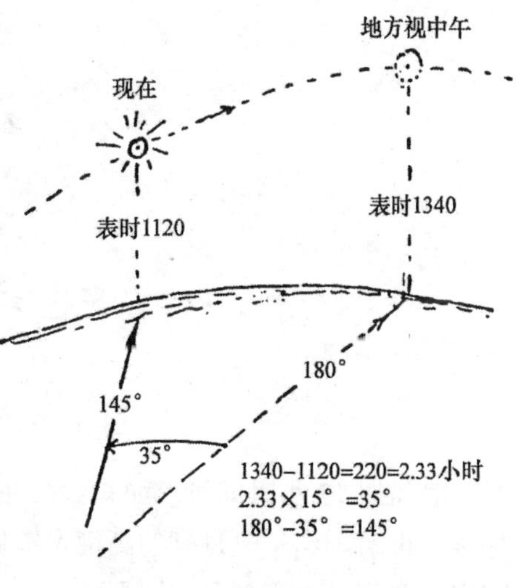

图 10-19　太阳时法的使用

（三）利用月亮航行

所有天体都是按其自身运行轨迹在天空中运行。其中以月亮的亮度最为显著，古人深知其运动规律，若航路所处位置和气候条件允许时，舟师在航行时可以用它作为定向的重要基准物标。

1. 月球的运行

月球是地球的惟一卫星，它本身并不发光，汉代张衡已有科学的论述："月光生于日之所照，魄生于日之蔽；当日则光盈，就日则光尽也。"当月球运行到地球和太阳中间，被太阳照亮的一边背着地球时，人们就看不到月光；当月球转动到地球的另一面，被太阳照亮的半边正对着地球时，人们便看到明亮的满月。

由于地球的旋转，月球每天也和恒星一起自东向西运行，月球绕地球运行的轨道叫"白道"，白道与黄道的交角在 4°57′至 5°19′之间变化。平均为 5°08′。月亮赤纬最大可达 28°46′（= 23°27′ + 5°19′），因此月球总是在黄道附近的星座中运行。

月球出没的方向以及经过天子午线时的高度变化很大，这是因为白道很靠近黄道，月球在一个月内于太空上运动的情况与太阳的周年视运动相仿。以满月为例，此时日月处于相反方向。夏季，满月类似冬季的太阳，从东南升起西南下落，中天时的高度很低，照耀时间短。冬季，与夏季的太阳相仿，月亮从东北方升起，西北下落。中天位置很高，照耀的时间比其他季节的满月长。月亮赤纬变化较复杂，在一个月里约有半个月时间在南赤纬，半个月在北赤纬。夏至月份，满月在南赤纬，月初月末时在北赤纬；冬至月份，满月时，月亮在南赤纬；春秋分月份，月初和满月时，月亮在赤道附近，而上下弦时期则在赤道南北两侧移动。

2. 月亮的运动与月相

人们每天所见月亮东升西落是地球自转的反映，实际月亮转绕地球的运动表现为它在星座间自西向东移动。移动一周历时一个恒星月，平均每天东移约 13°（360°/27.32 日）。因此，月亮升起时间平均每天推迟 50 分钟。如果月亮在某一晚上靠近毕宿五（金牛座 α），则在下一个晚上，其必然在毕宿五的东方约 13°处（这一距离略等于伸直手臂时所伸开手掌宽度的一半）。如图 10-20 所示。

由于地球绕太阳旋转，每天太阳也穿过恒星向东方偏移 1°（360°/365 日），在此可以忽略，假定月亮每天也相对于太阳移 1°左右，则仍可利用月亮作为航行导标。如果已知太阳时，在特殊情况下，月亮将会十分有用。当满月时，月亮情况类似太阳，只将太阳中午（地

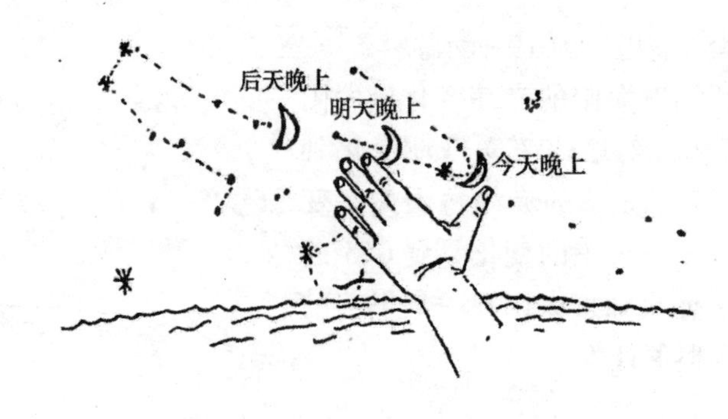

图 10-20　月亮穿过恒星向东方移动

方时）时间加 12 小时即可。如知太阳在 13：00 时方位为正南，则在此晚上 01：00 时，月亮将位于正南。当午夜月亮的高度足够低时（小于 45°），从上例中，即太阳午夜后 3 时，月亮的方位为 180°＋3×15°，即 225°。

对月亮使用太阳时法，必须准确地确定月相，且在一个月中，只有一个晚上才为满月。满月即地球位于月亮和太阳之间，而且在日没时月亮升起，日出时月亮落下。在满月之后，月亮每天相对太阳向东移动 13°。

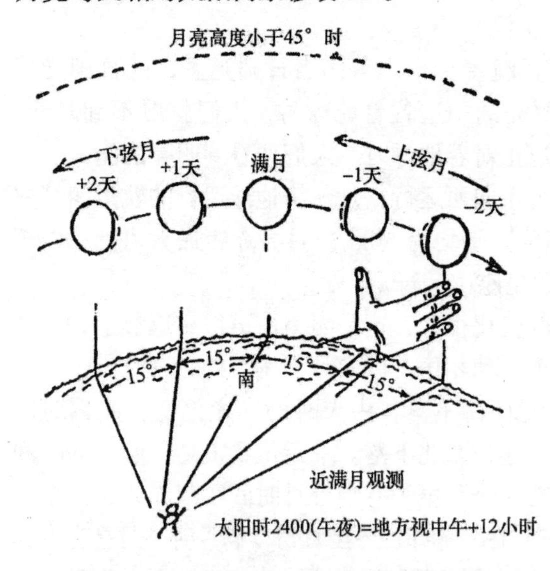

图 10-21　满月前后月亮到达子午线的时间

在满月之后的几天里，月亮的中天时间则比午夜时间晚，即午夜时月亮尚未到达中天高度。从观察中可知，满月之后的第一天，月亮在午夜时的方位偏子午线东 13°，如为满月之后的第二天，则午夜月亮方位为偏子午线东 26°。

据同理，在满月之前，月亮的中天则发生在午夜之前，如已知当天是满月之前的第二天，则月亮在午夜时的方位为偏离子午线西 26°，若为满月前的第一天，月亮的中天时间则比午夜早。如图 10-21 所示。

由于此法存在固定误差，故用月亮每天绕地球旋转 15°以代替每天旋转 13°时，并不会对精度带来多大影响。如上例，满月时月亮在太阳时 24：00 穿过子午线，满月之前或后一天，则月亮分别在午夜前 1 小时（23：00）或后 1 小时（01：00），穿过子午线。

因月亮和地球都是被太阳光芒照亮，而日、月、地球三者的相对位置随着月亮绕地球运动而变化，使月亮呈现出各种圆缺形状的“月相”更迭变换。当月亮位于日、地之间，此时月球暗的半面对向地球，人们不能见到月亮，中国历法上称为“朔”。朔后一二天，新月在傍晚从西方天空露出，凸面对着落日方向。以后月亮相对于太阳逐渐向东移动，明亮部分日益扩展。五六天以后成为半圆形，这时的月相称为“上弦月”，日落时月亮在天子午线附近。再经过七天，便到“望”即满月，月亮同太阳遥相对映。这时，圆月傍晚东升，晨曦西落。满月之后，圆月西部逐渐亏缺，到“下弦月”时呈半圆形，在半夜升起。下弦月是东边半圆被照亮，下弦以后，半月继续亏缺，成为黎明前出现在东方天空的残月。最终又回到与太阳相同方向，“朔”又来临。总之，在北半球观察时，当月亮的右边被照亮时，即为上弦月；若月亮左边被照亮时，则为下弦月（在南半球时相反）。掌握了这一规律，就便于夜间观测。

航海人员可利用半月相来确定方向，如图10-21所示。下弦半月在太阳时06：00（即地方视中午前6时）通过子午线；上弦半月是在太阳时18：00（即地方视中午后6时）通过子午线。

由于从朔到望（阴历上半月）月亮位于太阳东边，上弦月在日落以前出现在天空，呈“日未落，月已出”现象；而从望到朔是月亮位于太阳西边，下弦月是日出以后仍留在天空，呈“日已出，月未落”现象。因而航海中在利用时间上比满月时更方便。所以，利用半月相（图10-22）确定方向比利用满月更为合适。

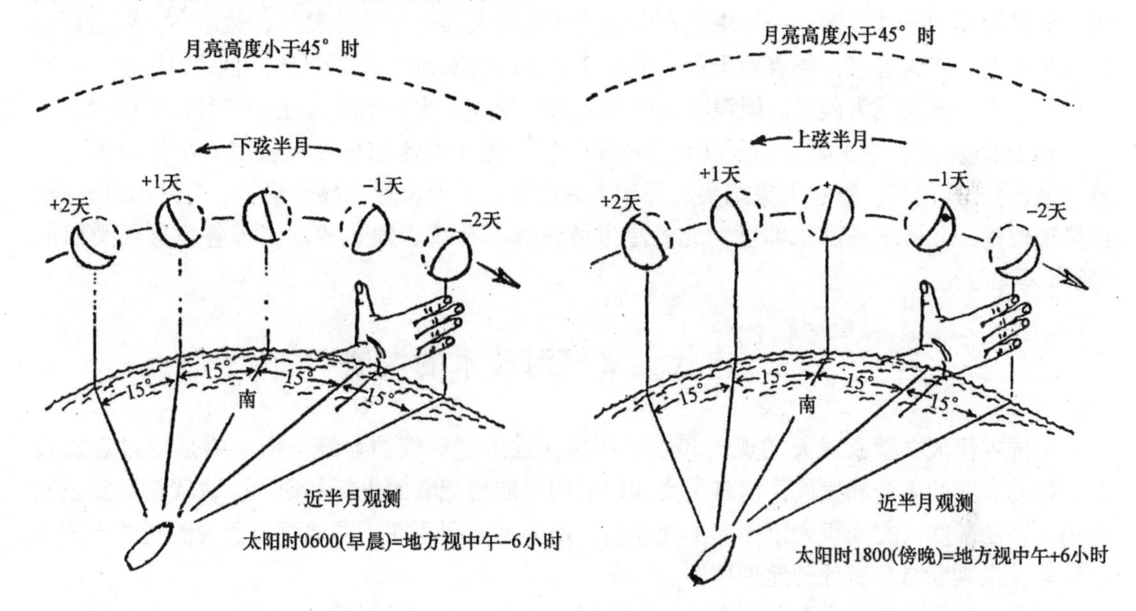

图10-22（a）　在早晨观测到的下弦半月　　图10-22（b）　在傍晚时观测到的上弦半月

现将月球呈现的各种月相形状、方位列如表10-3。

表10-3　依月相判断方位表

月相	阴历　方位　时间	18时	21时	24时	3时	6时
新月	初一、二	西				
上弦	初五、六	西南	西			
上弦	初八、九	南	西南	西		
上弦	十二、三	东南	南	西南	西	
满月	十五、六	东	东南	南	西南	西
下弦	十八、九		东	东南	南	西南
下弦	廿二、三			东	东南	南
下弦	廿五、六				东	东南

注：阴历每月初一叫新月，初八、初九是半圆形（右边亮）叫上弦月，廿三、四（左边亮）叫下弦月①。

① 郭琨，海洋手册，海洋出版社，1984年，第274页。

应当指出，用月相定向的方法，不如用北极星定向准确，尤其所谓在清晨和黄昏这段时间里月亮的方位变化很大，不易得出满意的结果。而且有时只有上半个月在黄昏时能看到月亮，下半个月在清晨时能看到月亮。不过这种方法在必要时仍有其实用价值。

在绕太阳运行的九大行星中，古人知道木、水、土、火、金五星最早。殷商时期及以后历代都对其观测过，《诗经》中“东有启明，西有长庚”，就是指金星在黎明前出现于东方时叫启明星，夕暮现于西方星空时称为长庚，或叫太白星。因这些行星在空中易被误认为恒星，而其运行规律却不易掌握，故在古代如《指南正法》、《顺风相送》等航海类书籍中均未见诸记载。说明使用恒星定向比用行星更为稳定可靠。

例如，金星运行轨道在地球轨道内，是内行星，异常明亮，闪烁小，它比地球更接近太阳。但其运动却不易掌握。一年中它在太阳前面运行大约7个月为晨星，然后在太阳后面潜行4个月左右成为昏星，再重新出现。金星作为昏星时间也约为7个月，然后约用1个月时间移至太阳前方又成为晨星。但没有现代天文历的古代，难以预示其在不同时日的位置。

自1955年始，中国紫金山天文台与海军合作，每年编制出版专供航海人员使用的《航海天文历》。其内容包括：天象纪要、每年岁差度数、天体位置、晨昏蒙影、日月出没时间、恒星视位置、北极星高度求纬度、北极星方位角等。凡航运发达的国家都各自出版类似的《航海天文历》。

二　古代天文航海技术的发展

中国古代天文学家对天文观测和制定历法，做出过辉煌的业绩，但主要是用以观象授时，推动农业的生产和发展，而将天文知识应用于航海记载的史料却很少。古代航海家虽能利用有限的一些天文知识来定向，不使迷误，但还不能利用在不同地理位置观测到的天体高度变化，来判断自身所处的地理位置。

唐代中期，为了制定完善的历法，进行了大规模的子午线测量。实测结果，不仅纠正了历史上用日圭测影的“寸差千里”的错误论述，而且能精确地测得极星高度变化一度时子午线长度（即地理纬度）一度的距离。从而为其后宋元明时期海上利用观测天体不同高度，确定所处地理位置和航行里程提供了理论依据。宋代后期指南针在海上应用以后，由于在横渡大洋时可按针路直线航行，用天文航海技术予以校正船位，与地文航海两相结合，使中国古代航海事业得以空前发展。

（一）唐代的子午线实测对天文航海的影响

唐代是中国封建王朝统一兴盛的时代，政治、经济、文化、科技和中外交通等方面都比以前历代得到空前发展。唐玄宗时为求新编历法与实际天象相符，适用于全国各地，令僧一行（683～727）于开元十二年（724）领导进行了大规模的大地测量，僧一行发明了一种名为“覆矩”的测试仪器供测星使用。

测试地点有13处，南起林邑（约北纬十八度，今越南中部），北至铁勒（约北纬五十一度，今俄罗斯贝加尔湖附近）。另外还有南宫说（唐太史丞）领导在白马、浚仪、扶沟和上蔡四地，测试了每一地的冬、夏二至和春、秋二分日中八尺高表的日影长及北极高和每两地间的距离。据测量结果，可以确定观测地点的纬度和黄赤交角，就可以算出子午线每度的长度。这四地都在今河南，地势较平坦，介于东经 114°～115°，得出的结论："三百五十一里八十步而极差一度。"据浚仪、扶沟两地间的测量结果，算得子午线一度为 122.8 公里，比现代值 111.12 公里约多 12 公里"[①]。

从僧一行和南宫说对子午线的实测结果可知，某地的北极高度与该地的纬度相等，从南北两地观测北极星高度不同，可以算出测者所在地的南北距离。反之，从一地到另一地的南北位移，也可推算出测者所在的地理纬度。这与航海中利用天文导航求所在纬度的要求是一致的。

僧一行所创制的"覆矩"观测仪图 10-23，顾名思义是把矩（直角尺）覆过来，在直角顶上悬挂一条附有垂物的垂线，下面装置有一个刻度的弧，沿着矩的一边瞄准北极星，从垂线落在的刻度，就可以知道北极的倾角[②]。

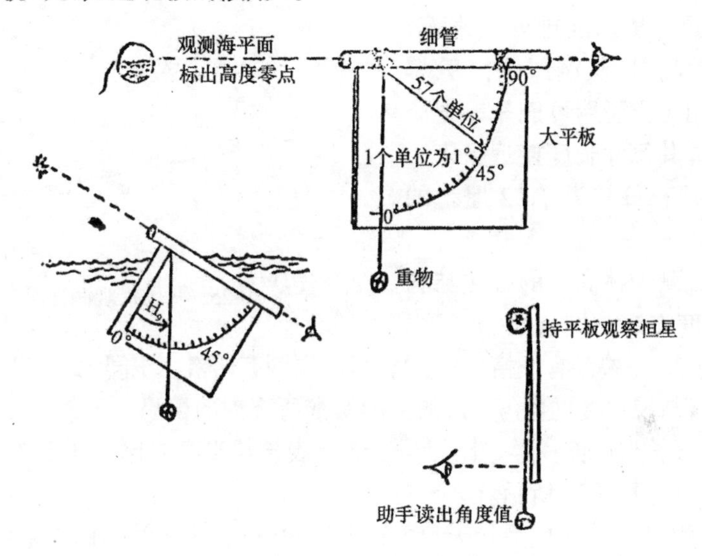

图 10-23　覆矩示意图

这种观测仪虽在我国航海史中未见使用的记载，但在西方，葡萄牙人在 1840 年所使用的四分仪（Quadrant）就是基于相同原理。这种四分仪被用来测定了整个非洲沿岸纬度[③]。为了提高观测精确度，将上面直尺变为窥管，使管孔中心与极星对准，读出垂线所指出的角度，即是北极星高度。

（二）宋元时期的量天尺

宋元时期，国内外贸易空前发展，商舶相互往来频繁。由于指南针在海舶上普遍使用，使远洋航船定向技术基本上得到保证，而天文航海也相应地得到发展。但这一时期，舟师使用何种测天仪器以校正海上风、流形成的漂移的误差，却少见文献记载，一直存疑。迄至 1974 年 6 月至 8 月，在我国福建省泉州湾后渚港发掘出土一艘宋代古船，在该船第十三舱（舵师工作处）中，发现了一把不同一般的竹尺，经韩振华先生考证，证明是一把舟师专用

---

① 陈遵妫，中国天文学史（第三册），上海人民出版社，1984 年，第 827。

② 同①，第 825 页。

③ Joseph Needham（李约瑟，英），*Science & Civilisation in China* Vol. Ⅳ.P. 557.

的量天尺，量天尺的发现补充了史料的空缺[①]。

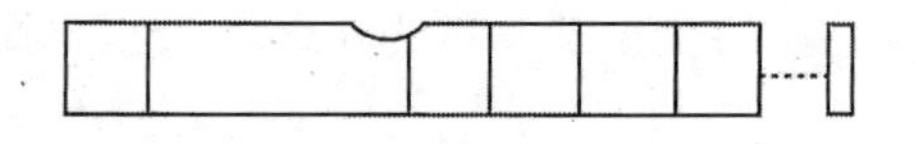

图 10-24　泉州出土的量天竹尺

据《泉州湾宋代海船发掘报告》说："竹尺，一件。出于第十三舱，已断为三段，可连接复原。脱水后残长 20.7 厘米、宽 2.3 厘米。右半长 13 厘米，有四个刻度，每刻度平均长 2.6 厘米。"（图 10-24)以十刻度计算，全长应为 26 厘米。按宋代一尺为 30.72 厘米（吴承洛《中国度量衡史》)，此尺比宋尺短。再者，从竹尺的刻度上来看，左边为一格，右边为四格，中间空一段无刻度。按没有脱水全干的长度左边一格 2.6 厘米，中间无格部分长 7.7 厘米，右边四格共 10.4 厘米，全长 20.7 厘米，接近于 8 格的长度（20.8 厘米）。

一般的尺子是一尺十寸，中无空格一段，而出土的竹尺，从刻度排列上来看，似为特殊的专用尺。且从海船十三舱海师、舵公工作处出土，说明可能是一把海师专用的量天尺。其每寸长度接近于宋元以前沿用的唐小尺，每寸为 2.52 厘米的尺制。

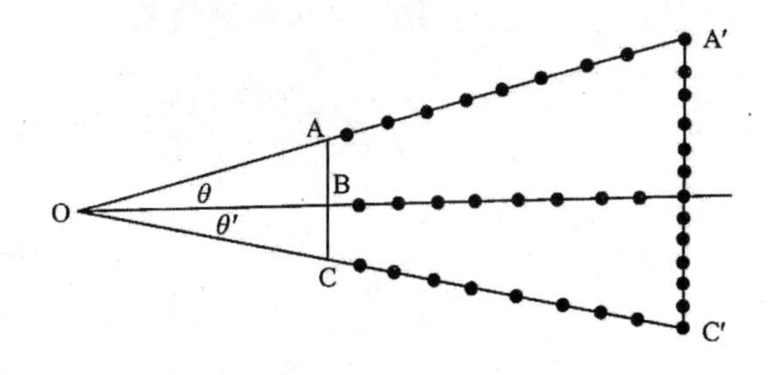

图 10-25　量天尺观测恒星高度原理

使用量天尺观测天体高度的方法与利用勾股原理求高度方法相同（图 10-25)。尺全长八格（8 寸），一端刻有一格（1 寸），另一端刻有四格，中间无刻度部分长度约 3 寸，为手握部位。将臂与尺垂直成直角，尺的上端对准所观测的恒星，尺的下端与海平面相切，以臂长 20 寸计，臂长与尺长一半之比相当于陆上表长与圭高之比，即 5∶1，这时求观测恒星出水高度原理，如图 10-25 所示。

设图中 O 为测者眼睛，AC 为量天尺，B 为尺的中点，OB 为由眼至尺中点的距离，相当于臂长；A′为所测的恒星，OC 为尺下端与水线相切，2θ 为恒星出水高度。

按余切公式 $\mathrm{Cot}\theta = OB/AB$，已知 CB＝20 寸，AB＝4 寸，$\mathrm{Cot}\theta = OB/AB = 5$，则 $\theta = 11°19'$，$2\theta = 22°38'$，即量天尺 8 寸时所测恒星的出水高度。

同理，可求出用量天尺不同刻度（每格一寸，即 2.5 厘米）测得的恒星出水高度值（表 10-4)。

表 10-4　用量天尺测量恒星出水高度表

尺的刻度（寸）	1	2	3	4	5	6	7	8
恒星出水高度（度）	2°52′	5°44′	8°36′	11°24′	14°16′	17°04′	19°56′	22°38′

其每寸（2.5 厘米）间的差值平均为 2°50′（按今公制 1 厘米高度相当于 1°强）

关于古代航海使用量天尺的记载史料极少，仅就《马可波罗行记》中所记载资料[②] 摘要说明。

元代至元二十八年（1291）冬，马可·波罗自福建泉州乘中国官船护送蒙古阔阔真公主

① 泉州海外交通史博物馆编，泉州湾宋代海船发掘与研究，海洋出版社出版，1987 年，第 110～116 页。

② 冯承均译，马可波罗行记，商务印书馆出版，1936 年。

去波斯，在船上目睹了中国海员使用量天尺观测北极星确定船位，并将其所见作了记录。在其记述中，除“小爪哇”、“苏文答剌”不见北极星外，有具体出水高度的有三处。

“戈马利，自苏门答剌至此。今不能见之北极星，可在是处微见之。如欲见之，应在海中至少三十迈耳，约可在一古密高度上见之。”“迈耳”（Mile）即英里，“古密”（Cubit）即肘。冯承钧先生译文时，恐与今之的英里、肘相混，乃改用音译为迈耳、古密。

“马里八儿国，在此国中，看到北极星是更为清晰，可在水平面二古密见之。”

“胡荼剌国，至是观北极星更审，盖其出现于约有六古密的高度之上也。”

由于以前对中国海员在测天中使用的观测工具不了解，对极星出水高度的计算单位一直存疑，今宋代量天尺出土后，经韩振华教授考证，知“古密”（Cubit）即为“中国尺寸之寸的欧洲译语”，是中国当时以“寸”作为测量极星高度的计算单位。

今据该地当时极星出水高度求其地理纬度，验证如下式。

当时极星出水高度＋去极度＝现今地理纬度

按 1293 年的小熊座 α（勾陈一）的去极度为 4°22′，依上式求得各地纬度如表 10-5 所示。

表 10-5　按 1293 年的小熊座 α 的去极度求戈马利等地的地理纬度表

原书地名	现今地名	极星尺度	换算今度	去极度	相当今纬度	说　明
戈马利	科摩林岬	1 古密	2°52′	4°22′	7°14′	按在科摩林岬南 30 迈耳（45 公里处），纬度为 7°38′,误差 0°24′。
马里八儿	印度西南部马拉巴海岸	2 古密	5°44′	4°22′	10°06′	如按在柯枝纬度为9°58′，误差为 0°08′。
胡荼辣	印度古吉拉特邦卡提阿瓦半岛	6 古密	17°04′	4°22′	21°26′	按该半岛在 21°N，数字相近。

从以上实例看出，测者所测得的北极星高度经换算后，均约等于测者所在地的地理纬度，说明中国古代舟师已成熟地掌握了利用北极星高度确定纬度的方法。

另据藏于中国民间的《针路簿》中的“定子午高低法”用的就是量天尺，其记“吕宋子午高五寸六分，表尾子午高七寸二分，浯屿门子午高一尺七寸”①。海南岛文昌保线大队的船工，至今仍用直尺测量天体的高度。

（三）明代郑和航海测天时的牵星图与牵星板

明代永乐、宣德年间，郑和七下西洋（1405～1433），“统师官校旗军数万人，乘巨舶百余艘”，大规模远航亚、非，到达“大小凡三十余国，涉沧溟十万余里”②。这样的远洋航海，既需舟师具有战胜艰险的毅力，尤需掌握驾驭巨舶的高超航海技术，因“行路难者有人可问，有径可寻，有地可止。行船歧者海水连天，虽有山屿，莫能识认。虽知正路，全凭指南之法，罗经针簿，全凭主掌之人。需知船身高低、风汛大小，流水顺逆，随时增减更数针

① 转引自赵鹿军《郑和牵星图考释及复原》文中“辑自福建省惠安县崇武公社靖海渔业大队占伙木收藏的《针路簿》，郑和研究，1993 年第 3 期。

② 《天妃之神灵应碑》。

位，或山屿远近、高低形势、探水浅深、牵星为准，的实无差，保得无虞矣”①。此时，“惟观日月升坠，以辨西东，星斗高低，度量远近”②。可见当时天文导航已成为在大洋中保证船舶安全航行的重要手段。其时所用的观测天体高度的仪器是牵星板，对它的考证和研究成为研究中国古代航海技术史的一项重要内容。

1．牵星板及其量度

(1) 牵星板的形制和工作原理。明代李诩（1505～1593）（诩字厚德，江阴人）在《戒庵老人漫笔》卷一“周髀算尺”条中，记有：“苏州马怀德牵星板一副十二片，乌木为之，自小渐大。大者长七寸余，标为一指二指以至十二指，俱有细刻若分寸然。又有象牙一块，长二寸，四角皆缺，上有半指半角三角等字，颠倒相向，盖周髀算尺也。”③

据严敦杰先生考证：“牵星板最大的一块每边长约24厘米（合明尺七寸七分强）叫十二指。……这样每块递减二厘米，到最小的一块每边长约二厘米，叫一指。”并认为：木板中心穿一根绳子，这绳子的长度是自眼到手执木板间的距离（手臂撑直），大约七十二厘米左右。④ 使用时，左手持木板，右手牵紧绳子，眼睛顺右手的绳端向木板看去，使木板上缘对准星体，下边缘对准海平线，这样即可量出星体高度（图10-26）。

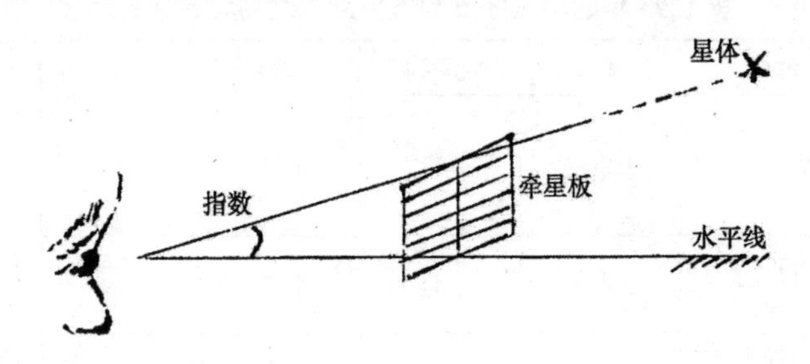

图10-26 用牵星板观测天体

其工作原理如图所示，如果忽略其中眼高差及蒙气差，则求其高度公式如下：

$$\tan（指数）=\frac{板长}{绳长}$$

有关上述这副牵星板是否有测绳，以及绳的长度若何，学术界尚有歧义。据张奕汀先生论述：“其绳长应为中等人材手臂长度，约60厘米左右，而且近似于明尺整数单位”。并将不同绳长（从62厘米至53厘米）求出各指数相应的角度及间隔。对《郑和航海图》中注明指数的26个地点的纬度作了验算，相合的占20个⑤。

郑和时代在大洋中航行，是“惟望日月升坠，以辨西东，星斗高低，度量远近”，所用的过洋牵星术是以测量星体的高度来确定船位距离某地的远近。这与现代天文定位原理很相似，船位在以星下点为中心，90°—星体高度（仰角）为球面半径的小圆圈，即船位圆上的某一点（参见图10-27）。星体高度愈高，船位圆半径愈小，船位靠近星下点。当测量东面

① 向达校注，《指南正法·序》（《两种航道经》），中华书局，1982年。

② 明·巩珍，《西洋番国志·序》中华书局。

③ 明·李诩，《戒庵老人漫笔》中华书局，1982年。

④ 金秋鹏，略论牵星板，海交史研究，1996，2。

⑤ 张奕汀，郑和航海图考，集美航海专科学校学报，1984，1。

某星高度愈高，船位愈靠近东方；观测北面、西面、南面的星体，情况亦然。我国古代船舶多在南海东西向航行，如在航线南北侧观测星体高度一致，就说明航船基本上是沿着等纬度圈作东西向航行。

(2) 用牵星板测天的量度单位。郑和时代航海所用的《郑和航海图》和四幅“过洋牵星图”中，对印度洋东西两岸地区地名和星体高度的标注，都以“指”、“角”作为量度单位。多年来，中外学者对此作过许多研究，在折算今日的量度上仍有差异，如所采用的绳长（或臂长）、极星的去极度等不同，因而计算结果也不相同。主要有以下几种论述。

1) 严敦杰先生依据阿拉伯天文航海史料 224 指合 360 度，则 1 指为 1°36′。去极度取 4°45′，绳长 72 厘米①。

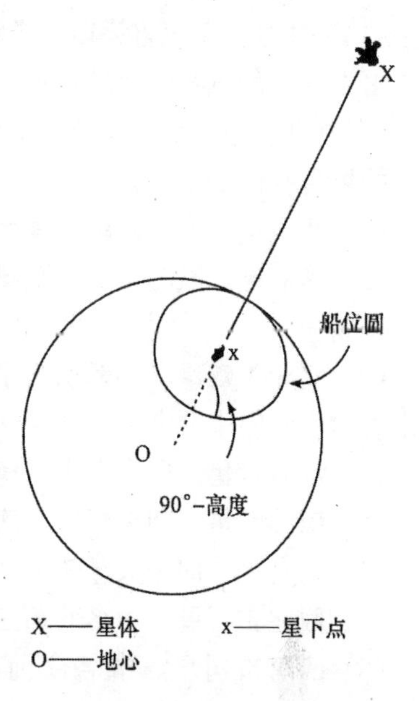

图 10-27 船位圆示意图

2) 据刘南威、李启斌、李竞等先生考证，据马王堆汉墓出土帛书《五星占》和《开元占经》等书有大量用“指”作为纬向量角单位的记载，且有些内容引自《巫咸占》，认为用“指”作角度单位，可能始于战国，是古代传统量角单位。经计算，1 指为 1.9°，取北极星去极度为 2.5°②。

3) 桥本敬造先生的考证思路与第一种有类似之处，因数据处理手法不同，结果有差异。认为 1 指为 1°44′，取极星的极距为 4°③。

4) 张奕汀先生根据北辰与灯笼骨星的角距、北辰与华盖星高度差和接牵板的不同绳长求得指数相应的角度为 1 指为 2°，或 1 指在 1°50′～2°09′7″（按绳长 53～62 厘米）之间，取去极度约 2.5°④。

5) 赵鹿军、杨熺先生基于对《郑和航海图》和“过洋牵星图”中的地名及抵启时间的全面校验，认为 1 指在 1°51′～2°07′之间变化，取北极星的去极度为 3.5°⑤。对于眼到牵星板的距离，经再度计算，其结果约为 55.43 厘米。他们认为“指”与“度”是两种概念不同的量的单位，它们之间只有表值关系，不存在相互换算的条件。指是一种定值长度递增的变化，而度则是从同一点引申出两条射线的夹角，两者是不同范畴的两种量。从牵星板的使用原理上看，“指”和“度”是正切曲线关系，而不是线性正比关系，所以不能进行简单的互代和换算。

2. 过洋牵星图的星名

在《郑和航海图》中附有四幅“过洋牵星图”，其中有两幅是郑和船队往返于今苏门答腊北端至锡兰（今斯里兰卡）横渡孟加拉湾时用的；另两幅则是往返于丁得把昔（今印度西

① 严敦杰，牵星术——我国明代航海天文一瞥，科学史集刊（第九期），1966 年。

② 刘南威等，我国最早记载牵星术的海图，郑和下西洋论文集（第一集），人民交通出版社，1985 年。

③ 孙光圻等，中国的天文航海技术，中国航海科技史，海洋出版社，1991 年。

④ 张奕汀，郑和航海图考，集美航海专科学校学报，1984，1。

⑤ 赵鹿军，杨熺，郑和航海图的“指”“角”考释，中国海交史第三届学术年会会议论文，1985 年。

海岸约 17°N 处）至忽鲁谟斯（今霍尔木兹）横渡阿拉伯海时使用的。

由于这两段航线中海域广阔，无岛屿和陆标可循，只有凭借观测“星斗高低，度量远近”。牵星术就是利用观测天体出水高度来确定航路所在南北纬度的地理位置。牵星图中所记载的星名有以下十个：

（1）北辰星。即北极星，中名勾陈一，今小熊座 α。

（2）华盖星。原图绘有 8 颗星，包括古代北极星座的一部分，主牵为帝星（中名），即小熊座 β。

（3）北斗头双星。一般认为是大熊座中天枢、天璇二星，但在牵星图中，依据高度和方位来看与小熊座中的太一、帝星相合。

（4）灯笼骨星。即今南十字座，主牵为十字架三 β。

（5）南门双星。即今半人马座中的马腹一和南门二。

（6）织女星。即今天琴座 α。

（7）西北布司星。中名北河三，即今双子座 β。“布司”似为此星西名 Pollux 的译音①。

（8）西南布司星。中名南河三，即今小犬座 α。“布司”似为此星西名 Procyon 的译音②。

（9）西南水平星。牵星图上绘成五颗星，并绘在灯笼骨星之西，似指今剑鱼座和网罟座，主牵网罟座夹白二 α，剑鱼座金鱼二 α③。

（10）西边七星。原图绘有七颗星，即昴星团，今金牛座。

以上各星名称，有些名称是中国传统称呼，与民间使用的星座相一致，如北极、织女等；有些如“西北布司”、“西南布司”，因非中国传统名称，中外学者对这些星的定名也众说纷纭。盖郑和船队七下西洋期间，航经阿拉伯诸国，必与该地区海员有所交往，采用此星的西名译音为我所用，亦在情理之中。

3. 过洋牵星图释

过洋牵星图绘制成长方形框图。上北下南，左西右东，与今天地图表示方向的方法一致。图中间绘有三桅帆船，表示回程的图示是帆在桅后，去程则是将帆绘于桅前。对所牵星座按方位分别绘于方框四侧，并注出星名、星座图及指数，这更便于舟师在实际航行中与所观测的星体相互对照以校正针路。

《郑和航海图》所附的四幅牵星图，一、四幅是为往返古里（今印度卡利卡特）至忽鲁谟斯航线时所用。二、三幅为往返于苏门答腊岛北端的龙涎屿（今龙多岛）至锡兰（今斯里兰卡）航线时所使用。

今按照这条航线往返时用图先后程序，将原书附图次序予以变动，并加以简要说明。

（1）龙涎屿往锡兰过洋牵星图（原附图三）④ 原图引言：

> “看东西南北高低远近四面星，收锡兰山。时月往忽鲁、别罗里开洋，牵北斗双星三指，看西南边水平星五指一角。正路，看东南边灯笼骨星下双星，平七指。

---

① 1981 年《航海天文历》中科院紫金山天文台，海军航保部出版。

② 同①。

③ 赵鹿军，郑和牵星图考释及复原，郑和研究，1993，3。

④ 向达整理，郑和航海图，中华书局，1982 年。

正路，看西边五指半平（水）。”

本图是用于自苏门答腊岛北端的龙涎屿（今龙多岛，Pu.Rondo，6°04′N，95°07E）出航，经锡兰西南海岸的别罗里（今贝鲁瓦拉）去忽鲁谟斯时牵星所用。其航行时间，参照明祝允明《前闻记》记载，可确定为郑和第七次下西洋的航行日程。郑和船队于宣德七年（1432）八月十八日到苏门答剌。十月十日开船（行二十六日），十一月六日到锡兰山别罗里。十日开船，行九日，十八日到古里国。

由于此图引文所述的航线与观测地点注语含混不清，引文中所牵星名与牵星图上的星名也有差异，致使有些学者在对此图理解上产生歧义。

首先，引文中提及“看东西南北四面星”，却未注出星名及高度，图中也未绘出东面所牵星名。按此船是自东向西航行，船尾方似不需牵星定向。引文中“北斗双星三指”，而在图中注文却是“北斗头双星三指一角平水”，故有些学者认为“北斗双星”应指大熊星座的天枢、天璇，但此说与指数与原图不合，今用航海索星卡校核，应指今小熊星座的帝星、太一。又按所列各星高度，因未说明出发地与到达地，知其航行方位是在等纬度上。又可以认为此图是在锡兰岛南方别罗里附近海域定位时使用。（参见附图Ⅰ）

(2) 古里往忽鲁谟斯过洋牵星图（原附图一）。原书本图无标题，据原图注文题意补出如上。引言中似有缺文，未说明航线起止地点，原图引言：

……指过洋，看北辰十一指，灯笼骨四指半，看东边织女星七指为母，看西南布司星九指，看西北布司星十一指，丁得把昔开到忽鲁谟斯看北辰星十四指。

本图引言中出现缺文，盖由于收入《郑和航海图》时，只为保留此图而删减了此图前页部分文字所致。据《顺风相送》古里往忽鲁谟斯条：自古里“开船，乾亥（322.5°）离石栏，水十五托，看北辰星四指，灯笼星正十一指半，单亥（330°）五更取白礁。沿山用壬亥（337.5°）四十五更，取丁得把昔。看北辰星七指，看灯笼骨七（八）指半，好风过洋。乾戌（315°）、单戌（300°）一百更姑马山（沙姑马山）”。这段文字指出了在古里（今印度卡利卡特，11°15′N，75°46′E）观测时北辰星为四指，与《郑和航海图》上所注指数一致。在丁得把昔（今丹迪锚地，Dandi Bandar，16°00N，73°03′E）的观测北辰星七指，灯笼骨七（八）指半，则与牵星图中右侧南北所注牵星指数相合。可知引言中阙文即是由丁得把昔启航过洋牵星时的这部分文字。

当时的航路是自印度西海岸丁得把昔横渡阿拉伯海向西北航行，并以阿拉伯半岛东北端的哈德角（Ras al Hadd）附近的海米斯山（即沙姑马山，Jabal Khamis，22°25′N，59°27′E）为望山，然后循岸北行驶抵目的地。原牵星图左上角注文“到沙马姑山看北辰星十四指平水”中有二处讹误，即“沙马姑山”应为“沙姑马山”；“十四指”应为“十一指”，因所牵的北辰与灯笼骨星高度之和应为十五指半，今沙姑马山牵灯笼骨星为四指半，故牵北辰星应为“十一指平水”。这条航线是由东南驶向西北，在东方或东南方分别使用织女星和南门双星校核船位。向西则用西南和西北布司星来导航。由丁得把昔启航时北辰星为七指，向西北行驶，随着纬度增高，当北辰星升高为十一指时，即可到达沙姑马山附近海域。

其航行时间，参照祝允明《前闻记》所记的行程，为宣德七年（1432）十一月“十八日（12月10日）到古里。二十二日（12月14日）开船。行三十五日，十二月二十五日（1433年1月16日）到忽鲁谟斯。”依前面所述各地航程概算，约在1432年12月22日到丁得把昔，在1933年1月9日前后到沙姑马山，1月16日到达忽鲁谟斯。（参见附图Ⅱ）

（3）忽鲁谟斯回古里国过洋牵图（原附图四）。原图引言：

忽鲁谟斯回来，沙姑马开洋，看北辰星十一指，看东边织女星七指为母，看西南布司星八指平。丁得把昔看北辰星七指，看东边织女星七指为母，看西北布司星八指。

本图是在与上图航向相反时使用的牵星图，即航船由忽鲁谟斯返航，沿阿拉伯半岛东北海岸航行，到达今哈德角附近，则以海米斯山（即沙姑马山）为准，转驶东偏南航向，横渡阿拉伯海。航船至印度西海岸丹迪锚地（即丁得把昔），然后循岸南航至卡利卡特（即古里）。所以选择这条航线，是为绕过印度西南海域马尔代夫以北延伸至北纬约15°左右的一系列礁群，以避免海上事故。说明中国古代舟师对这一海区的海洋地理已深为熟悉。两图星位相同，航路相同，故可视为同一季节里使用的牵星图。

参照《前闻记》所记行程，航船在宣德八年二月十八日（1433年3月9日）开船回洋。行二十三日，三月十一日（3月25日）到古里。据此估算，航船约在3月12日到达沙姑马山，21日到丁得把昔。可知往返时间均在同一季度内，故其所牵的星体高度及方位基本上相同。（参见附图Ⅲ）

（4）锡兰山回苏门答剌过洋牵星（原附图二）。原图引言：

时月正回南巫里洋，牵华盖星八指，北辰星一指，灯笼骨星十四指半，南门双星十五指，西北布司星四指为母，东北织女星十一指平兜山。

本图是航船由印度驶出至锡兰西南海域后，转向东航，直驶至苏门答腊岛北端使用的过洋牵星图。“南巫里洋”指锡兰岛以东，孟加拉湾以南的海域，“兜山”为“貌山”的省写，《郑和航海图》中作“帽山”，即今苏门答腊西北端的韦岛（Pulau We）。本图注文中均未注出牵星地点，说明整个航线中所牵星的高度和方位不变，即沿同一纬度线由西向东航行即可。将此图与（1）（原附图三）比较，本图牵“北辰星一指”“灯笼骨星正十四指半平水”；而（1）（原附图三）则是牵“北辰第一小星三指一角平水”，“灯笼骨星七指平水”，可知这条回线的选定比来程航线的纬度偏南。盖因来程航船由东向西行驶，纬度偏高则可利用东北风流，使航船向南偏移；回程相反，可利用西南风流，纬度偏低则可使航船向东北漂移，这样便可驶抵苏门答剌岛的北端（参见附图Ⅴ）。

这一海域的航行时间，参照《前闻记》记载，郑和船在宣德八年（1433）“三月十一日（3月25日）到古里。二十日（1433年4月9日）大䑸船回洋，行十七日，四月六日（4月25日）到苏门答剌。”据此估算，约4月15日左右到锡兰山并由此返航。

对这四幅为郑和船队横渡孟加拉海和阿拉伯海往返使用的过洋牵星图，中外学者做过许多研究，且取得很多成果。在此基础上，有科研人员应用了现代科技手段及电子计算机等新技术和航海学技术理论，对其所牵星名高度和方位及船队航线的经纬度数，进行了复原核算，使这项古代航海科技成就，得到圆满的解释。其研究成果见本章末页所附之四幅过洋牵星图与《牵星图观测经纬度验算表》[①]。

（四）阿拉伯天文航海技术对中国古代天文航海的影响

宋元时期，中国海运规模之大，航行区域之广，远超过以前历代。北宋末年徐兢所著的《宣和奉使高丽图经》（1124），书中详记了高丽的历史沿革，山川风情，海上航路，海洋地

① 赵鹿军，郑和牵星图考及复原，郑和研究，1993，3。

理，航行历程；周去非的《岭外代答》(1179) 记载了南洋诸岛及亚非各国的风土民情及航线；赵汝适的《诸蕃志》(1225)，所记国家计五十有八，东自日本，南止印度尼西亚各群岛，西达非洲及意大利之西西里岛；北至中亚及小亚细亚。地域之广，为同时期同类著作所不及。所记各国物产，种类之多，记叙之详，亦超越他书。但这只能说明，宋代对当时的地理知识和见闻已超出前人，而对航海技术的记述，地理图志的资料尚嫌不足。南宋末年学者金履详，曾向朝廷进献海道北攻之策，并附有海运图。宋亡后，这些图志皆为元所有。

元初为继承宋人航海成就，大规模海运，于是更着意搜集阿拉伯人航海图籍。据元王士点、商企翁所编《元秘书监志》(卷四《纂修》) 记载："至元二十四年 (1287) 二月二十六日，奉秘书监台旨：福建道骗海行船回回们，有知道回回文剌那麻，具呈中书省行下合属取索者。奉此。"文中"剌那麻"是波斯语 rahnama 的音译，阿拉伯语作 Rahnami/Rahmani，意为指南，用于航海即指"航海指南"[①]。从中可知，在 1287 年以前，阿拉伯—伊斯兰的航海者已持有航海指南一类书籍。

当 1291 年，马可·波罗乘船从泉州放洋西航至波斯时，船上已使用罗针，也必将在航海中参照阿拉伯人的航行技术。元亡后，其秘书监藏的图籍很可能被收入明廷，可以设想，郑和航海期间也会汲取阿拉伯航海术中的先进成就，从而对中国航海技术产生过一定影响。

明代，郑和在下西洋之前，即着意为大规模船队航行进行准备工作，除建造必备的船舶外，如考察航路、搜集资料、征募各类技术人才等也同时积极进行。

首先，郑和奉命亲自参加了航路考察。据史载："永乐元年 (1403)，奉使差官郑和、李恺、杨敏等出使异域，躬往东西二洋等处，开输贡累累，校正牵星图样，海岛、山屿、山势图形一本。务要选取能识山形水势，日夜无歧误也。"[②] 可知在明初郑和在远航之前中国航海舟师已使用了牵星板测视天体，故有郑和对牵星图样在实践中进行校核之举。又记："一开谕后，下文索图。"[③] 可知郑和在航路考察中，还注意收集各地航路图式。《顺风相送·序》也提到："永乐元年 (1403)，奉差前往西洋等国开诏，累次校正针路，牵星图样，海屿水势山形图画一本，山 (删) 为微簿。务要选取能谙深浅更筹，能观牵星山屿，探打水色浅深之人在船。深要宜用心，反复仔细推详，莫作泛常，必不误也。"[④] 以上所引，都提到郑和为做好下西洋准备工作，从一开始就注意招聘熟悉航路，能掌握海上定位和操驾技术的火长、舵工、班碇手、水手。同时还招募各类技术辅助工匠，包括铁锚匠、木捻匠、搭材匠等等。据史载："始则预行福建广浙，选取驾船民梢中有习惯下海者称为火长，用作船师。"[⑤] 还选用"凡天文生、医生有缺，各尽世代补外，仍行天下访取。到日，天文生督同钦天监堂上官，医生督同太医院堂上官，各考验收用。"[⑥] 其中阴阳官林贵人"泛西海，入诸夷邦，往返辄数年。"[⑦] 为福建福清人，是惟一见诸载籍的一员。

当时，郑和还广聘了国内的阿拉伯后裔和通晓西域语言人员充任通事翻译、宗教人士及

---

① 黄时鉴主编，中西关系史年表，浙江人民出版社，1994 年，第 301 页。
② 集美航海学院收集的《福建渔民航海针路簿》转引自金秋鹏《略论牵星板》，海交史研究，1996，2。
③ 转引自张波，《郑和下西洋与海洋世纪的中国》"泉州发现的手抄本《海底簿》"，郑和研究，1997，3。
④ 向达校注，两种海道针经·顺风相送序，中华书局，1982 年。
⑤ 明·巩珍，《西洋番国志》，中华书局，1982 年。
⑥ 《明会典》卷 104。
⑦ 转引自郑鹤声《郑和下西洋资料汇编》(上)，齐鲁书社，1980 年。

航海人员。如蒲和日（又作蒲日和），是宋末提举泉州市舶使阿拉伯人蒲寿庚之侄，熟悉西域风情，晚年随郑和出使西洋，远达忽鲁谟斯诸国。著名通事人员有浙江会稽人马欢、杭州人郭崇礼，皆信奉西域天方教。“二君善通番语，遂膺三随轶轺，跋涉万里”。马欢还著有《瀛涯胜览》。费信，吴郡昆山人。于永乐、宣德间，随郑和至海外四次，经历诸国，二十余年，历览国外风情，著成《星槎胜览》。巩珍，应天人（今南京），在第七次下西洋时随行，归著《西洋番国志》，此外，郑和还从西安大清静寺聘通译阿语的掌教哈三为随行人员。一支有统一领导的回回人、阿拉伯人和中国驾船民梢、火长以及天文、气象、医药等高级技术人员群体，在郑和船队出使西洋过程中，不仅有利于东西方文化交流，而且对阿拉伯海区的航路探索，航海资料的收集和汲取先进的航海技术方面发挥着重要作用。

由于郑和船队西行时，自苏门答腊岛以西即需横渡印度洋和阿拉伯海，在这一海域，航路漫长，绵邈弥茫，水天连接。“惟观日月升坠，以辨西东，星斗高低，度量远近”[①]。采取天文导航是最好的选择。或因中国民间海员在这一海区使用传统量天尺测天的经验积累不多，从而因地制宜汲取和借鉴了阿拉伯航海家使用牵星板测量天体的技术。我国最早发现牵星板的文字资料，并对其进行研究的，是已故科学史家严敦杰先生，他从李诩（1505～1592）《戒庵老人漫笔》辑收的明万历三十四年《藏说小萃》卷一“周髀算尺”条中，发现了关于牵星板的记载[②]，并著文介绍阿拉伯的两种牵星板（Kamal）及其使用方法[③]。一种记载于16世纪阿拉伯航海家西迪·阿里（Sidi Ali）著的《印度洋航海》（1554～1558）第一章五节“释器”中：“古代用九块板，第一的长度约为人们的一小指长，把它分而为四，每一分叫一指，即第一块板是四指，这四指刚好是五车二与Dobban星间的距离。其次每一块依次递增一指，以至于第九块为十二指。板中心有一线，使用时左手执板，右手执线，左手伸直，这样便可通过观测求得所在地的位置。”[④] 这是一种板长不固定，而绳长固定的牵星板。

另一种是在帕林赛卜（J·Prinsep）文章中谈到的，只用一块板，板中心穿一根绳，将此绳以板长度的五倍再十二分之，离板最近十二分之一处打一个结，叫十二指，离板最近十一分处打一结叫十一指。这样一直算到四指，绳上共打九个结（也可以打十二个结，算到一指）。这是一种板长固定，绳长不固定的牵星板[⑤]。

近年来，国内外学者对牵星板观测天体出水高度所采用的“指”“角”计量单位及其来源，也进行了研究。

向达先生指出：“菲利普斯根据法国M.Reinaud所译Geographie d'Abeulfeda一书的序论里所说，以为阿拉伯天文学上有所谓的Issaba，其意为手指头的指，一指又等于八个Zam。阿拉伯的一指相当于地图上的一度三十六分。因此菲氏认为航海图上的一指与阿拉伯的一指距离大致相等。”[⑥] 据此，一个正圆含224Issaba，1Issaba＝1°36′，1zam＝12′3″。

严敦杰先生通过与阿拉伯天文航海比较，认为马怀德牵星板与阿拉伯航海中所用牵星板（Kamal）相似，以“指”为测量星体高度的计量单位，当受阿拉伯影响。但马怀德牵星板

---

① 明·巩珍，《西洋番志·自序》，中华书局，1982年。

② 金秋鹏，略论牵星板，海交史研究，1996，2。

③ 严敦杰，牵星述——我国明代航海天文知识一瞥，科学史集刊（第九期），科学出版社，1966年。

④ 转引自孙光圻等，中国古代的天文航海技术，中国航海科技史，海洋出版社，1991年。

⑤ 同④。

⑥ 向达整理，郑和航海图，中华书局，1961年。

为一至十二块，“俱有细刻，若分寸然”，似已吸取了量天尺刻度法，加以改进而中国化了。

另一种意见，来自由华南师范学院，北京天文台、广州造船厂、上海海运学院组成的航海天文调研小组，认为：“指”是我国古代角度测量单位之一。最早见于马王堆三号汉墓出土帛书《五星占》的占文，又见于唐代成书的《乙巳占》和《开元占经》这两部书中，有大量用“指”作为纬向量角单位的记载。由于其有关内容引自战国时代的《巫咸占》，所以用“指”作角度单位可能最早出现于战国时代。经过对古代星占距离的计算，得出一“指”相当于1.9°①。

航海本身是具有外向性、交流性和世界性的一种事业，故可以认为，郑和航海图中所使用的测星量度“指”和“角”，是来源于中国民间航海传统测天计量法，即一掌为四指，约8寸（20公分，约22°38′），则一指约2寸（5公分，约5°44′）②，后与阿拉伯人的航海测天技术相交融并加以改进而形成的（如将阿拉伯的一指为八角，改一指为四角）。且在阿拉伯海域国际航行中更为切合实用。

三　中国航海事业的衰落

马克思在《资本论》第三卷第二十章中讲到地理大发现与世界市场的影响时，指出这种影响是在已经创造出来的资本主义生产方式的基础上发生的。英国就是在地理大发现以前出现资本主义生产关系的国家之一③。15世纪，西欧的封建社会日益瓦解，到15世纪末期资本主义社会已经形成，大城市相继出现，商业贸易蓬勃发展起来。在商业交易过程中，需要大批流通货币，对黄金需求迫切。恩格斯曾对此说过：“葡萄牙人在非洲海岸，在印度及整个远东地区搜寻着黄金；黄金两个字变成了驱使西班牙人远渡大西洋的符咒；黄金也是白种人刚踏上新发现的海岸时所追求的头一项的东西。”④ 这便是15世纪末年西欧人从海上探寻通向东方航路的动因。

西人东来时正值明朝立国的前期。朱元璋洪武元年（1368）建立明王朝时，中国已进入封建制社会衰落期，对待开发海洋已无唐宋两代的远见与壮志。

中国的封建社会约始于公元前475年，当时推翻了奴隶制度，政治、经济、文化一片蓬勃生气，人们热心于新兴封建秩序的建立和巩固。在科学技术方面，便带有更多解决实际问题的务实特色，经历战国，到秦汉时期各门学科已独具一格，初步形成体系，并伴随着中国封建社会的发展而发展，到宋元达到高峰。到明清以后，又随着封建社会的衰败而停滞不前，面对新兴的欧洲近代科学技术，逐步相形见绌。中国古代科学技术体系的发生、发展和衰落，是与中国封建社会的总体进程休戚相关的。封建社会末期，各种社会弊端丛生且愈演愈烈，再加上西方殖民主义者的外来侵略，成了对科学技术发展的严重障碍，这是近代科学技术未能在中国产生的根本内、外原因。

从长远的时间和整个社会的范围来观察，科学技术发展的迅速或是滞缓，起决定作用的依然是掌握社会经济基础和政治制度的国家权力机构。这是已被古往今来世界各国科学技术

① 刘南威等，我国最早记载牵星术的海图，郑和下西洋论文集（第一集），人民交通出版社，1985年。

② 韩振华，我国航海用的量天尺，文物集刊，1980，(2)。

③ 张云鹏，关于地理大发现前英国资本主义关系产生的两个问题，引自武汉大学世界史丛刊之一。

④ ［德］恩格斯，论封建制度的解体及资产阶级，引自马克思恩格斯全集第21卷450页。

发展的历史反复证实了的，中国科学技术发展史，也充分证明了这一点。

（一）明王朝统治时期的禁海政策

恩格斯曾经把国家权力对经济发展的反作用归纳为三种可能：“它可以沿着同一方向起作用，……它可以沿着相反方向起作用，……或者是它可以阻碍经济发展沿着某些方向走，而推动它沿着另一方向走，……”[①] 处于海上竞争中的各国政府，对本国海上势力的发展，同样存在着这三种不同的作用。西欧的葡萄牙、西班牙政府，以及后来英国的都铎王朝，都是与本国海上势力的发展，沿着同一方向起作用的，是加速了本国夺取世界海上霸权，向海外扩张和资本原始积累的重要因素。

中国当时建立的朱明王朝，已进入封建制度腐朽没落阶段，立国伊始即推行抑商政策，宣布“片板不许下海”；严申海禁，将此作为祖宗成宪遵守不渝。明文规定“官民人等擅造二桅违式大船，将带违禁货物下海，前往番国买卖……正犯处以极刑，全家发边卫充军”。同时推行“朝贡贸易”制度，限定周边17个国家、民族或三四年来华“朝贡”一次，每次限来“贡船”二三艘、“贡使”若干人。“海船载货皆免征（税）”。“朝贡无论疏、数，厚往薄来”，“赍予之物宜厚，以示怀柔之意”[②]。永乐三年（1405）至宣德八年（1433），郑和率250余艘巨舶，27 500余人的庞大船队七次远航西洋，满载着金、银、丝绸奉命到西洋各国，带着“赍币往赍之，所以宣德化而柔远人”[③]。到了古里国，“诏敕其王诰命、银印、给赐升赏各头目品级冠带”[④]。到爪哇国，“诏敕赏赐国王、王妃、头目”。到榜葛剌国，“其王恭礼拜迎诏敕，叩谢加额。开读赏赐”[⑤]。他所到之处，奉旨加官封爵，贵买贱卖，免费奉送，忠心执行的“朝贡贸易”亏赔巨大。据《明实录》所载，“连年四方朝贡之使，相望于道，实罢（疲）中国”。《续文献通考》记侍讲邹缉指明朝廷遣内官下番：“收货所出常数十万，而所取曾不及一二。且钱出海外国自昔有禁，今乃竭天下所有以与之，可谓失其宜矣。”下西洋的赏赐开支巨大，致使国库枯竭，财政短绌，长此下去终会导致经济崩溃。下西洋之举终于在宣德八年（1433）被下令停罢。

郑和在毕生远洋航海活动中，系统地总结了自宋、元以来中国航海技术经验，把定量航海术推进到一个新的历史时期，依然显示着中国科学技术体系经验性、描述性科学形态的总特点，比文艺复兴以前的西方高过一筹。

（二）16世纪西方殖民者的东侵

郑和朝贡贸易船队撤出印度洋与西太平洋海区以后64年，即1497年（明弘治十年）葡萄牙的达·伽马（Vasco da Gama），受葡萄牙政府派遣，率100吨级船1艘、120吨级1艘、50吨级2艘，共计4艘船160人探寻经印度通向东方的航路。说明在15世纪末，西欧新兴的资本主义政府已急不可待地寻求通向遍地黄金的东方。他绕过好望角到达印度科泽科特，他把在那里“用两倍那么重的银子买来的中国瓷器献给皇后，就已引起了葡萄牙殖民者对中

---

① 马克思恩格斯选集（第4卷），人民出版社，1972年，第483页。

② 《明实录》。

③ 福建长乐县南山寺郑和下西洋所立之碑文、石碑今存长乐县文庙内。

④ 马欢，瀛涯胜览“古里条”。

⑤ 费信，星槎胜览“爪哇条”、“榜葛剌条”。

国的艳羡和向往。”①

明正德年间（1506～1521），正值16世纪初东西方资本主义萌芽时期。自古以来根据自然环境和贸易传统形成的西太平洋、印度洋、地中海、波罗的海四个大航海贸易区，基本是平行发展的，特别是亚洲和欧洲间，还没有直接的航海贸易关系。随着东西方航海业的发展，这种平行传统局面被打破了。1508年（正德三年），塞克拉从里斯本率舰队到满剌加进行掠夺性远航，葡王指令他到达满剌加以后，就近搜集有关中国的情报，注意关于中国的一切消息。1511年（正德六年），侵占印度果阿的葡萄牙总督阿尔布克尔克（Alfon Sodc Aibueyquc），率战舰18艘，攻占了满剌加。与停留在满剌加的中国船主接触，探听到中国的虚实，向葡王做了报告。1514年（正德九年），阿尔瓦雷斯（Goygs Alvares）率领船队侵入中国领海，明政府拒其登陆，但准其出售船载货物。1517年（正德十二年），葡萄牙使臣皮莱资（Thomas Piyoz）率船队自西海突入东莞县界，以满剌加佛郎机国（Farangi）名义贡方物请领“朝贡贸易”勘合。广东镇巡等官以海南诸番国无所谓“佛郎机国”，乃报北京交礼部议处。查《大明会典》朝贡贸易中无佛郎机国之名。正德十三年（1518）得旨，诏给方物之直（值），遣还②。葡萄牙要求通商遭到明朝庭拒绝后，便发舰队侵占广州湾屯门岛，构筑工事盘踞不去。正德十六年（1521），海道副使汪鋐率领军民驱逐葡萄牙侵略军。第二年，即嘉靖元年（1522）收复屯门岛。葡萄牙侵略者退占广州湾外的浪白澳、福建漳州海外的峿屿岛以及宁波海外的双屿岛，盘踞骚扰。同时日本朝贡使内讧，倭人劫掠仓库，攻城杀人，造成宁波城乡大乱。事后，明朝廷宣布海禁，对民间航运严加禁止，据《大明律》海禁规定，不论造船、租船运货前往外国，或装外货进口，轻则充军，重者斩绞。是为明代海禁最为严酷的时期。

嘉靖前期的海禁，对外仍以“朝贡贸易”的格局，限制外国来华船数、次数，根本不了解此时国际关系已发生了质的变化：从印度到南洋一带的国家和地区，大部分已沦为西方侵略者的殖民地，与明王朝已不能再保持“朝贡贸易”关系。同时，对西方殖民者在非洲、美洲、南洋各地的掠夺和屠杀行为也还一无所知。当接二连三发生涉外变故时，明朝廷既没有积极抵御西方侵略者的行动，又没应付西太平洋海域风云变化的决策，而是坚持严禁出海，拆沉航海商船，以后索性连沿海渔业捕捞也一律禁止。这种海禁局面一直延续到嘉靖一代结束为止，前后长达44年之久。而这一时期，民间的航海贸易却顺应国际趋势，形成一支新生力量，面对明朝廷禁海，演变成一种无视政府成法的海上走私贸易活动。嘉靖二十六年（1547）明水军捣毁双屿港后，开始武装缉捕海上走私，指诬走私海商为“倭寇海盗”，由而激起民间海商的武装对抗，终于演变成嘉靖后期二十多年的海上国内战争。关于这一时期的中国“海盗”，与西方殖民者资本原始积累的亦商亦盗两重性格的海盗不同，虽然也有商盗并存的现象，但它形成的原因不单纯为资本原始积累，更主要的是对明封建政府武装禁海政策的对抗。这一情形已被当时一些奉命主持武装“禁海防倭”的当事人看清楚了，奉命防倭的刑部主事唐枢指出：“寇与商同是人也，市通则寇转而为商；市禁则商转而为寇。”③ 引句中的“是”字即指“同一个人”之意，说明海盗、海商只是一字之变，是随开海或禁海而转

① 《明史·佛郎机传》笺证P5。
② 《明实录》正德十三年春正月壬寅条；《明史·佛郎机传》。
③ 《筹海图编·叙倭原》。

化的。浙江巡抚提督海防军务的胡宗宪，主剿数年，他说："向之商舶，悉变为寇舶矣。"①徐光启在其《海防迂说》中说："商转为盗，盗而后得为商。"都是对明代航海商人"开则为商，禁则为盗"，商盗转化契机的破的之言。

（三）15～17世纪国家权利对航海贸易的作用

在15～17世纪中叶，航海贸易作为资本原始积累的手段之一，同其他资本原始积累一样，也需要"利用国家权利，也就是利用集中的有组织的社会暴力，来大力促进从封建生产方式向资本主义生产方式的转变过程，缩短过渡时间。"② 因此国家权力对待航海贸易的态度，便对其发展具有非常重要的作用。而这一态度主要是表现在国家政策上。

15世纪，西欧各国王权实行着代表商业资本利益的重商政策，注重发展海外贸易。正如马克思所指出的"重商主义把世界贸易以及国民劳动中同世界贸易直接有关的特殊部分当作财富或货币的惟一真正源泉。"③ 所以西欧各国王权都注意采取一些有利于本国航海贸易的措施：

（1）实行限制输入和奖励输出的保护关税制度。

（2）免除船主各种捐税，按吨补助津贴鼓励造船。

（3）颁布排他性航海法令，禁止外国船舶经营本国及殖民地的航运。

（4）发展渔业，以扩大航海人员的来源。

（5）专门设立航海学校，招徕航海、数学、天文学、地理等各类专家培训航海人才，改进造船技术，绘制航海地图。大力推动航海贸易的发展。

（6）为战胜海上竞争者，树立本国垄断航海贸易的霸主地位，建立强大的海军为后盾，为占领殖民地，在殖民地政权统一组织领导下，进行有计划、有组织的掠夺航海贸易活动。

在东方，15～17世纪中叶，正值明永乐元年至清康熙初期。中国封建朝廷仍旧执行"重农轻商"的根本政策，把它作为"祖宗成宪遵守不渝"。严禁货物下海，前往番国买卖。违者处以极刑④。

作为航海贸易后盾的明王朝海军无疑是强大的，郑和舰队固不待言，就是在西方葡萄牙殖民者侵入我国海域以后，决不比西欧各殖民者的海军弱小。澳门、台湾被占，并非明海军不能敌，而是明王朝国家权力机构不愿敌。明海军是贯彻对内海禁政策的工具，主要职责是在沿海缉捕走私船只，拦堵中国人向海外发展。至于说利用这些内战水军向海外扩建殖民地，明王朝的皇帝从来就没有这种想法。朱元璋有句名言可以说明这个问题，他说："海外蛮夷之国……得其地不足以供给，得其民不足以使令。"⑤ 因为朱元璋是一位封建主义重农抑商者，他的社会属性局限他不具备资本主义的资本原始积累意识，把殖民地反而会看作是一个累赘。明清两代的朝廷对侨居海外的华人也采取歧视态度，诬其为"不良之徒"。包括中国私人航海贸易势力，在西太平洋海域活动，只能是自发的，分散的，彼此没有联系，形不成有组织的力量，又得不到明、清王朝国家权力的支持。例如1593年（万历二十一年），

---

① 《筹海图编·叙倭原》。

② 马克思恩格斯选集（第2卷），人民出版社，1972年，第255～256页。

③ ［德］马克思，政治经济批判，马克思恩格斯全集（第13卷），人民出版社，1965年，第148页。

④ 朱纨，《议处夷贼以明典刑以消祸患疏》（明经世文编）。

⑤ 《明实录》洪武四年九月辛未条。

旅居菲律宾的华侨潘和五及250名华侨被西班牙驻吕宋总督朗雷强征随军抢占摩鹿加群岛，行军途中备受虐待。潘和五率华人击毙朗雷及监押军人，夺船驶归中国，中途遇风漂至越南，率众留居不归。事后西班牙人派传教士来中国“申诉”。福建巡抚许孚远不仅不据理驳斥，反诬潘和五等人是“无赖之徒”。认为“杀其酋长，夺其宝货，逃之交南，我民狠毒亦已甚矣”。1603年（万历三十一年），马尼拉西班牙当局屠杀华人25 000人，深怕明王朝兴兵复仇，乃致书漳州地方长官探询明王朝动向。漳州地方官奉敕表示“中国皇帝，宽怀大度，对于屠杀华人一节，决不兴师问罪”，并要西班牙人“对此次惨杀事，勿容畏惧。对于在境华人，因多系不良之徒，亦勿容爱怜”[①]。中国在西太平洋海域的航海贸易优势，正是在这种内外勾结腹背受敌的逆境中不断走向衰落的。清朝重臣谭廷襄公然诬蔑旅外侨商为不安分的“浪民”、“游民”，拒绝给以支持和保护[②]。

明朝灭亡后，东北满族进关入主中原，建立清王朝。以郑成功为首的东南沿海人民群起抗清，清郑之间对抗长达三十几年。清朝廷为隔离郑成功与沿海人民结合，从顺治十二年（1655）下令禁海。但准建双桅以上大船。至于单桅小船，也准民人领给执照，于沿海附近处捕鱼取薪，营汛官兵不许扰累[③]。可见海禁并不甚严。顺治十三年（1656），郑成功的叛将黄梧向清军献“剿寇五策”[④]，建议将山东、江苏、浙江、福建、广东沿海居民，尽徙入内地，设立边界，布置防守，将沿海船只悉行烧毁，寸板不许下海，违者死无赦[⑤]，可不攻而消灭郑成功抵抗力量。

顺治十八年（1661），郑成功收复台湾后，清廷下令强迫沿海居民内迁三十里。康熙元年至三年（1662～1664）再两次迁海，远之再远之，凡三迁至五十里，限日搬移，房屋庐舍及物重不易搬运者，悉纵火禁毁。居民野栖露宿，多有死伤。据新安县志所记，事经两迁，一县只余2172口，对沿海生产、物业破坏极为严重。康熙二十二年（1683）统一台湾后方始解禁。

明、清两代朝廷禁海和遏制航商的政策，对我国航海贸易活动造成了极大的破坏。自康熙二十二年到鸦片战争（1840）以前，虽有156年的相对稳定局面，中国航海实力经历了一定复苏和发展，但其活动范围已经大大缩小，再也无力做西出马六甲海峡的远航了。

四　西方航海技术的发展与传入

15世纪，西欧主要国家随着商品经济的发展和资本主义的萌芽，航海贸易的发展已成必然，而发展航海贸易，首先急切需要解决造船和船舶在海上定位、避碰的安全航行技术。正如马克思、恩格斯所说：“经济上的需要曾经是，而且愈来愈是对自然界的认识进展的主要动力。”[⑥]“社会一旦有技术的需要，则这种需要就会比十所大学更能把科学推向前进”[⑦]。15世纪末年到19世纪中期的造船和航海仪器的制造都是在社会需要下发展起来的。其间的

---

① 菲律·乔治，西班牙与漳州之初期通商，南洋问题资料译丛，1957，4：49。

② Martin，*Cycle Cathay*，引自李长傅《中国殖民史》。

③ 光绪，《大清会典·事例》卷62。

④ 魏源，《圣武记》卷8。

⑤ 《台湾外纪》卷1。

⑥ 马克思恩格斯全集（第37卷），人民出版社，1965年，第489页。

⑦ 马克思恩格斯全集（第39卷），人民出版社，1965年，第198页。

重大事例有：

（一）西方导航仪器及本初子午线的确定

16 世纪末英国探险家戴维斯（John Davis，1550～1605）发明了四分仪，又称背日测天仪（Back Staff）。1703 年，航海六分仪由美国人托马斯·哥德弗莱（Thomas Godfrey）研制成功。

1675 年，英国为求得世界各地理想经度，建立了格林尼治天文台。

1714 年，英国国会悬奖征求误差不超过 2 分钟的精确天文钟。供海上使用。

1731 年，约翰·哈里森（John Harrison）试制成功第一台天文钟，实船试验误差 $1\frac{1}{2}'$。以后继续改进，终于在 1763 年制成哈里森四号钟，误差小于 30′而获得成功奖。

1766 年，英国经度委员会刊行《天文航海位置推算表》，不久改称为《航海历》。

1871 年，召开国际会议，确定参加国所用海图的大洋部分，15 年内均以格林尼治天文台作为本初子午线。

1884 年 10 月 13 日，在美国华盛顿会议上，决定以英国格林尼治天文台向南北极延伸经度线为世界各国统用的本初子午线。一月一日以子时至午时为计日标准。

以上导航仪器的发明及本初子午线的确定，解决了海上航船的定位，为开辟洲际远洋往复最佳航线提供了技术条件。

（二）西方航海科技的传入

鸦片战争（1840）以前，早在 16 世纪末期，1582 年（明万历十年）西欧科学家利玛窦来华；其后 1613 年艾儒略（Aeleni Giulio）来华，留华 30 年。1622 年（明天启二年）汤若望（Schall Von Bell Adam）来华，1636 年任钦天监监正。1659 年（清顺治十六年）南怀仁（Verbiest Ferdiand）来华，次年任汤若望的助手。他们将天文、数学、地学、物理、火器等科学技术传入中国，由于当时的小农经济生产方式对此没有迫切需要，因而未能普及。到清雍正元年（1723）以后，清廷对这些耶苏会士极为反感，除任职于钦天监者外，其余一律驱至澳门看管，使西欧科学技术的传入一度中断了百年之久。

从鸦片战争开始，各帝国主义者三番五次发动武装入侵，强迫清朝廷签订下若干丧权辱国的不平等条约，举国上下同仇敌忾。所谓中国近代史上的“洋务运动”，就是在这种历史背景下发生的，这是我国早期争取向工业化转变的影响比较大的活动。当时参与“洋务运动”的人物以其认识和动机来分约有三种。一种是大清封建王朝的皇帝和朝堂重臣中的顽固人物。侵略者需要豢养这样一群掌握国家暴力权柄的内奸，镇压人民的反帝革命运动，保护其在华既得权益；清封建朝廷在当时的太平天国革命战争火焰面前，也需求英、美军舰参战助剿。清廷皇帝于 1862 年（同治元年）2 月 8 日手谕：“借师助剿一节，……现据薛焕奏，英、法文武各员颇为出力，且法国轮船为我开炮击贼，是真心和好，固已信而有征。……其事后如有必须酬谢之说，亦可酌量定议，以资联络。”① 他们为维持半封建、半殖民地社会秩序，内外相互勾结在一起，引进的近代西方科学技术偏重于军工。如 1861 年创办的安庆军械所，1867 年在上海高昌庙创建的江南制造局，都是以巩固清王朝封建专制政权为目的

① 范文澜，中国近代史上册，人民出版社，1955 年，第 134 页引文。

的军工企业。对当时传入的西方先进科学技术却严禁流入民间，李鸿章在致北京总理衙门信函中，告诫朝廷的洋务派说："倘山陬海隅，有不肖之徒，潜师洋法，独出心意，一旦辍耕太息，出其精能，官府陈陈相因之兵器，孰能御之。"① 建议对懂洋法"善造枪炮在官人役"，"随时设法羁縻"。因此西方先进科学技术便被封锢而不准流传。

第二种洋务派人物，是在外商洋行任职的翻译买办，所谓"沪地百货阗集，中外贸易，惟凭通事一言，半皆粤人为之，顷刻间千金赤手可致"，他们便将所得投入利润最厚的外资航运公司。如美商旗昌轮船公司，买办投资白银33万两，占总资本1/3；英商怡和公司资金137万两，买办占45万两。另外有挂洋商招牌的公正、北华、华海、扬子四家公司，总资本98.9万两，全为买办投资。这些买办资本家中如怡和买办唐廷枢，宝顺公司买办徐润，太古公司的买办郑观应，即是公司买办、经理、又是股东。他们有对近代工企业的经营管理经验，又懂与洋人相处之道。后来这些买办洋务派人物，都被李鸿章看做不可多得的"熟悉生意，殷实明干"的洋务人才，罗致在身边，倍加依重，都是同治十一年（1872）创办官督商办轮船招商局的骨干力量。后来虽有官办、商办及南京国民政府国营等翻新花样，而其始为封建官僚、买办合流，终于演变成了官僚买办资产阶级。李鸿章解说举办轮船航运业的目的是："无事时运官粮、官货；有事装载援兵、军火"，而且轮船"无处不到，获利厚甚"②。说明其目的就是运兵和筹饷。

第三种洋务派人物，是一群爱国知识分子，如林则徐、魏源、龚自珍等人，鼓吹"经世救国"思想，搜集和翻译西方科技图书和社会科学著述，提出"师夷以制夷"的主张。其"师夷长技"有三条：一战舰、二火器、三练兵。建议聘用洋人技师建造西洋战舰火轮舟。林则徐整顿广东水师，购英国1080吨"甘米力治"号轮船一艘，装火炮34门改成战舰；仿造西式战船组成一支新式水军，在广东抗英海战中多有战绩。林、魏二人的言行，对清廷重边轻海和畏敌自守政策产生了巨大冲击。1866年12月23日，林则徐的崇拜者左宗棠向清廷奏准，在福建马尾创建船政局，下设中国第一所海军学校。学校分为前、后两个学堂培养造船人才，后学堂培养船舶驾驶和轮机工程人才。聘用法国员工担任教学和技术指导，合同规定必须5年将中国学生培训到能独立工作水平，到1874年合同期满，洋教习离职，中国人已基本掌握了技术，能自己造船和驾驶。1869年造成第一艘军舰"万年青"号，排水量1370吨。到1907年，共造军舰40艘。

左宗棠调离后，由沈葆桢继任。其间1872～1875年在容闳热心筹划下，向美国派遣留学生120人，其中17人回国后担任海军将领，2人任海军医官，另外詹天佑回国后先在船政学堂任教，后为闻名中外的铁路工程师。沈葆桢任职后，先派魏瀚、刘步蟾等赴法国见习，到1885年前后共派往德、法、英等国留学生89人，其中学海军与造船者约有80人，后来有许多学生成为我国近代史上的知名人士，如甲午战争中殉国的刘步蟾、黄建勋、林泰曾、林永升；杰出造船家魏瀚、陈兆翱；海军将领叶祖珪、萨镇冰、李鼎新；著名思想家、翻译家严复；著名外交家马建忠；还有中国第一批建造蒸汽机轮船的徐寿、华蘅芳、徐建寅（徐寿之子）等。这些人士，包括像容闳、沈葆桢等筹划、组织者，都是我国近代海军、近代航海事业、近代航海教育的启蒙先驱。

---

① 李鸿章，《李文忠全集·奏稿》卷25。
② 同①。

第十一章　内河水运技术

内河水运，是指利用天然河流进行的水上运输。我国的江河众多，流域面积占100平方公里以上的大小河流有50 000多条，主干江河均自西向东流入海洋。可长年通航的河流有5600余条，总通航里程107 801公里。其中的中深航道有57 472公里，占总通航里程的53%；可通航1000吨级以上船舶的航道有4500余公里，占总里程的4.2%。从内河的航运条件来看，它与海洋航路有很大的不同，在一条河流的全程水道内，并不是任一河段都是顺直不变的，例如河道的宽窄、河槽的曲直、河水的流速与深浅等，都会影响对船舶的操驾措施。其引航操作，必须根据具体河段的航行条件，采取与海上航行不同的方法。内河的航段比海上短而多变，在防止与他船相撞、碰岸、触礁和搁浅等方面，比海上航行更需加倍注意。操驾人员对内河水道特点应有充分的了解，才能恰如其分地驾船避航，保证安全航行。

第一节　内河水道的特点

一　航道尺度的限度

所谓内河航道尺度，是标示航道适航性的重要指标。

（一）航道深度

航道水深的尺度，与船舶在航行中满载吃水深度有密切的关系。一般对航道深度的要求，应是航行于该航段的大型船舶的满载吃水与剩余水深（船底至河底间深度）之和。但一条河流并不是每一区段都能达到这一标准水深。因此，对每条通航河流或同一河流的不同河段，均要熟知其基本深度。

（二）航道宽度

每一河段的宽窄不同，为保证航行安全，应根据航运的繁忙程度、船舶尺度等情况规定出航道标准宽度，一般是不小于该河段内通行船舶宽度的8倍。以利于上下船舶交会时安全通过，及单船安全调头回旋。

（三）航道弯曲半径

从弯曲航道的溪线（即最深线或最高流速线）到弯曲中心的距离，即为航道的弯曲半径，以它的大小，说明航道的弯曲程度。航道的弯曲，除了增加船舶操纵的复杂性外，还密切关系着船舶的长度。一般说，为了保证船舶能在其中顺利航行，航道的弯曲半径不宜小于船舶长度的五倍，最少也须有2～3倍。但同时在操驾方法上也须相应的改变，保证船舶安全通过。

（四）净空高度

内河水道上方，常有桥梁，或架空横跨物体。这些横跨物的下缘与水面之间的距离高度，叫做净空高度。一般要求船舶通过其下时，船舶之最高点与横跨物之间应有不少于1.5米的剩余净空高度。

二　河槽变迁

每条河流，不论其流经在山区或平原，河槽总是在不断地变化着，时常在河道两岸之间摆动，并且时而变浅，时而变深。只有河床抗蚀能力大于或平衡于水流冲刷力时，这种变化才进行得十分缓慢，甚至在短时期内不易察觉出来。河槽变迁的原因有几种：

（一）河水对河槽的重力作用

水质体受到地心引力作用产生了重力 G，它指向地心，其分力 T 垂直于河底，另一分力 P 则平行于河底，并指向下游。分力 P 使水质体向下游流动，河底倾斜越大，分力 P 也越大，水质体以更快的速度冲刷河槽使之变形。

（二）河水对河槽的离心力作用

水质体流经弯曲河槽时，则沿其弯曲作曲线运动，产生离心力 $C=\frac{MV^2}{R}$（M=水质量，V=流速，R=弯曲半径），从式中可见离心力与流速的平方成正比，而与弯曲半径大小成反比。当河段弯曲越大，离心力则越大，且其作用方向是背向曲率中心的，所以，离心力作用于凹岸，久之河道便发生变化。

（三）地球自转的影响

河水流动中，因受地球自转的影响，产生一种附加的惯性力（科里奥利力）：其值为：$f=2mv\omega\sin\alpha$。m=水质量，v=流速，ω=地球自转角速度，α=地理纬度。它的作用方向，在北半球，不论是南北流或东西流，均作用于顺流的右岸；若在南半球则作用于左岸。我国地处北半球，河流多东西流向，其右岸均受科氏力的冲刷。例如长江中下游均为南岸塌陷，北岸淤涨。据北宋太平兴国年间（977～984）的地理书《太平环宇记》载，扬州与镇江之间，江宽40余里。但在地球自转科氏力作用下，南岸塌陷，北岸淤涨，据清人顾祖禹（1631～1692）《读史方舆纪要》说，北岸淤涨成陆，六七百年间扬州已离江岸30里。

（四）河水在河槽内流动的影响

液体的流动有层流与紊流两种形态。在天然河流中，几乎没有层流，基本上都是紊流。河槽的冲刷及河水的挟沙力，均与紊流的强度有密切关系。

通过实际观测，河水在河槽中流动迹线，呈各种复杂的曲线形状，当投影在河槽的横断面上，就成为一个或数个闭合环流圈。称作“水内环流”。又由于河槽断面的几何形状的不同和水位的变化，水内环流还可区别为下列几种形式：

1. 水面对流、水底背流

在流速较小、水浅而河槽横断面中部稍深的河道中，就出现表面水流由两岸向中央聚集，在水底则由中央向两岸分散的环流。这种环流也出现在退水的直河段里，在它的作用下，河槽中央被冲刷，而两岸边则被淤积。

2. 水面背流、水底对流

环流之方向与以上水流相反。它出现在流速较大、近岸处的深水流中，或在涨水的直河段里。在其作用下，河床两岸受到冲刷，而在河的中央又形成淤积。

3. 单向环流

在弯曲河槽中，水流基本上是单向环流，它使凹岸受冲刷，凸岸淤积。当直河段的河槽内出有横斜底地时，也能产生这种单向环（横）流。

4. 混合环流

是由以上三种环流混合而成。常出现在双河槽或过渡段（或称转向段）里。

河水在流动过程中，对河床进行冲刷和搬运泥沙。在一定条件下，泥沙被河水冲起并携之顺流而下，在宽阔或比降减小河段，流速减缓，泥沙便淤沉河底，当水位、流速有所变化时，又重新冲刷到以下另一河段沉积。这些冲积物易于流迁，变化无常，对船舶航行影响很大。

三　流速分布的不均衡

水流在单位时间内流经的距离，称为流速，一般以米/秒为计算单位。在天然河流中，水流为不规则的紊流，水流中的任一点的速度和流向均在不断变化。所以平常所称的流速，是指某个时间内，或某段距离内的平均流速。这个平均流速，在河槽平面内的分布，有着一定的规律，这是内河水道的基本特点。河床的纵比降与河槽的粗糙度，是影响流速的主要因素。

流速在河段内的分布情况，有平面分布和垂直分布两个方面。

平面分布：

在河底与两岸附近，流速最小。

水面的流速在两岸最小，水深处流速增大。

在陡岸边的流速大，平坦岸边的流速小。

垂直分布：

最大流速在垂线上端离水面约 1/3 水深的范围内。最小流速则在河底。

在不同的水文年度，河段流速也有所不同。在枯水季节，弯曲河段之流速较小，浅滩河段流速较大，深水河段流速平缓。在洪水季节则恰恰相反，巨量水流进入弯曲河段，先是流速减缓，水位上升，加大了与下游河段的比降，而后流速相对加快，对河床冲刷加快，引起河槽变迁。由此可见流速分布不均与变化不定，是内河水道的基本特点之一。与木帆船操驾有着直接的关系。

对木帆船航行有密切关系的河流最高流速线，也就是河流表层的最大流速带，即是驾驶实践中所称的主流或中泓。木帆船下水航行可趁此主流提高航速。总而言之，内河水道的流速的平面分布不均衡，主流、缓流同时存在，木帆船在航行中对其掌握得好与不好，航行效果则有显然的不同。

四　水位涨落的影响

每条天然河流，水面在河槽内的涨落位置，是随季节变化的，其原因以河水所得的补充多少为准。所以水位的涨落与船舶航行有着密切关系。

（一）河水的补给

当河水来源充足时，水位上涨，反之则下降。河水补给有四个来源，即地面水、地下水、混合补给和人工补给。但主要是靠自然降水，所以在雨季则出现高水位，旱季则出现低水位。

（二）水位涨落与船舶航行

当水位上升时，水色较浑，河心线水面较两侧稍高，水面漂浮渣滓较多且分布在两侧随水下流，说明水位上升，行船注意。若水位上涨已到淹没岸坪时，从船上看去一片汪洋，天然物标被没，同时流速增大，不正常水流增多，不利于船舶航行。若见水色较清，河心一线较两侧水为低，水面漂浮物多在河心随流而下，则说明水位正在下落。

水位枯浅时，河槽变窄，流速减缓，河心沙洲、沙嘴。礁石露出水面，航道尺度大为减小，航行困难。故水位涨落，航道在河槽内的位置会产生变化，特别是上水航道的改变更大。因水位涨落而产生的河槽冲淤变化，也会影响到航道的变化。

五　内河水流特征及船舶操驾事故

内河水流受着航道尺度的宽窄、河槽曲直的变迁、流速分布的失衡以及水位涨落的影响等因素的制约，形成若干状态，基本上可分作正常水流和不正常水流两种。水流状态即是船舶的航行条件，在各种航行条件下的操驾不当，都能导致船损事故。

（一）正常水流与不正常水流

1. 正常水流

任何状态的河道中都具有主流和两侧近岸的缓流。在顺直河段，主流多在河道中心位置，流速最大，两侧为明显的缓流区。但在河道中出现岸嘴、矶头、山角时，都会影响主流的位置，靠近主流的一岸，岸边流速较高，冲刷力大，岸形较陡；离主流较远的对岸地势平缓，甚至有淤积的边滩。在弯曲河段，主流一般偏近凹岸，但其离凹岸的远近，要视凹岸弯曲的程度而异。在河槽曲径较大时，主流离凹岸较远；曲径较小时，主流离凹岸较近。但在曲径特小时，主流反向凸岸靠近，并冲刷凸岸，形成“撇弯”与“切滩”。

2. 不正常水流

各种不正常水流的形成，是由于河槽几何形态骤变，或不同水流互相汇合冲击的结果。对内河木帆船航行有显著影响，甚至造成木帆船航行事故。不正常水流主要有回流、泡水、漩水、急流、横流、夹堰水、扫湾水等七种。

(1) 回流的成因。回流是在河面作回转倒行的水流。当河槽断面有显著的变形，在能引起水流速度变化和流速分离的河段里，则可产生回流，如凸岸嘴、矶头的上下方、河心洲的尾部、支流河的下方、岸形凹进的沱内，都可产生回流。在粗糙度较大的河槽里，对水流的阻力较大，回流区相应的减小；在水深较大的情况下，回流区也较大。回流区的大小与流速无关，但流速的大小却与回流的强度有密切关系。

(2) 漩水的成因。在水平面上旋转着集中于一处，并形成凹陷漏斗状的水流，称作漩水。船工通常简称为漩，或称作漩涡。是在两股水流以不同的流向向一处汇流时，形成分界面，引起压力的变化而形成旋转力偶，使其附近的水体转动而发展成为漩水。另外，当河水流速加大时，带动回流的强度增大到一定程度后，也会发展成为漩水。由此可知，漩水常出现在两股不同流向的水流汇合处，并且略偏于流速较小的一侧。至于漩水的旋转方向，则是发生在主流之左的漩水常做逆时针方向旋转；在主流之右者，则常做顺时针方向旋转。

(3) 泡水的成因。泡水，是在天然河道，特别是在山区河流里，常见到一种由水底向水面翻涌的水流。它是局部的高速水流，在其紊动流动过程中，受到障碍物阻挡，或受另一不同流速、不同流向水流的影响而形成的。其中涌出水面翻腾得较强者称作泡水；弱者称作翻花水。

当两股较大水流，以较大角度相互冲击汇合时，引起流向急剧改变所出现的泡水，俗称“枕头泡”，在山区急流滩下的泡水即属此类。当高速水流冲击岸壁所形成泡水，只有半个泡水的形状，俗称作“出泡”。当高速水流与相对静止的水流突然汇合，也能形成泡水。但由于高速水流的摆动或脉动，这时所形成的泡水时有时无，俗称之谓“冷泡”。总之，出现泡水的原因虽有多种，但高速水流的急剧转向，实为形成泡水的根本原因。

(4) 急流的成因。急流是一种妨碍船舶航行的高速水流。常产生在由水位影响提高了河流纵比降的河段；或产生在枯水期的礁浅河段、洪水期的弯曲河段以及峡谷束窄河段的下口。在两岸或一岸有岸嘴伸入的河槽中，也时有急流产生。

(5) 横流的成因。流向与航向形成一个角度的水流，叫做横流。常出现在岛屿、礁石或河心洲的上、下方；或在浅滩河段、分支流口和堤坝的决口附近。在洪水期水流漫滩时，表层流对原河槽的航线也为横流。在山区河流内的“出水”、“斜流”、“内拖水”，都是这类具有横推作用的不正常水流。

木帆船在航行中，由于受横流的推压，会产生偏移，导致船舶离出正常航道，发生船损事故。

(6) 夹堰水的成因。夹堰水是由两股不同流向的水流互相冲击而形成。常出现在河心洲、岛屿的尾部、支流河口的上岸嘴附近，或回流与顺流的交汇处（即不连续面）附近。

夹堰水常与漩水相邻出现，但两者又有明显的差别。夹堰水呈带状，而漩水则近似圆或椭圆形状，两者极易辨识。夹堰区的水流速度较主流为缓，木帆船可靠近夹堰区上行，以利提高航速。

夹堰水像回流一样，都是产生在不连续面附近的不正常水流。不连续面附近的流向、流压、流速的分布是复杂多变的。木帆船驶入此区后，即会出现摇摆和航向偏转不稳，甚至发生“打张”的事故。

(7) 扫弯水的成因。河水流经弯曲河段时，由于离心力作用，形成单向环流，表面水流压向凹岸，即称扫弯水。扫弯水具有横流和强流的两种特性，其流向沿程变化，随河槽的弯曲而异。

(二) 河船操驾事故

1. 背脑、落湾

当下水木帆船通过急弯河段驶至弯道上口位置时，将受到横流推压，应把船位置于主流的右侧；当驶至弯道顶部附近，又受到横流向凹岸推压，即应把船位移置主流之左侧。若在凸岸上方船位偏于主流之左，可能使船搁浅于凸岸沙嘴上，发生这种航行事故，俗称背脑。若在弯曲顶部位置附近，把船位置于主流之右，致使船撞凹岸，俗称落湾。

2. 打张

上水木帆船进入回流后，由于两舷外的流向和流压不同，使船向外发生偏转。此时两舷的舵效不同，向回流一侧转舵时，舵效明显低于外舷，船首外舷立即受到回流的横向推压，使船首向岸边回转。若此时舵效较大，外舷舵能很快使船脱出回流，但此时回流又冲击船尾外舷，使船向河心倒头。这种操作失误，船工称之谓打张。

3. 打抢

下水的木帆船若把航线选择得过于靠近回流下驶，船体一旦进入回流区，船首右舷和船尾左舷同受回流的推压，若在较窄河道中，船将被推离航道发生撞岸，这种操驾事故，船工称之谓打抢。若在宽阔的河道中，回流又具有较大强度的条件下，下水船被回流推压掉头作一个回转后，可重新驶入正流继续下驶。

4. 钻套

当上水木帆船在浅滩河段循缓流驶至沙嘴附近时，由于沙嘴尾部有延伸很远的沙角，沙角上有横流，下方深潭又有回流，上水船至此会受回流的影响，以较大的速度进入潭内搁浅。这种事故俗称钻套。

5. 挖簧

木帆船沿急流岸嘴转角时，应与岸嘴保持适当距离，转大弯前进，且忌贪图捷径近岸嘴急转弯，失去控制造成撞岸事故，叫做挖簧。木帆船逆水上驶陷入回流，船首撞岸，或因在山区急流航道走扣、接旺航行，由操舵失当而撞岸，这两种事故也都称作挖簧。

六　内河木帆船的航行作业

当19世纪末至20世纪初，机动船尚未进入我国内河时期，我国内河木帆船船工，根据各种河段的航行条件，练就了一套高深的操驾技艺，按其在航行中的操作来分，大致可分为“河船离靠”、“河船操舵”、“河船航行”、“河船驶风”四项，在此依序记述如下：

（一）河船离靠

1. 开航

又称启航，俗称开头。船从停泊状态转为航行状态的过程。木帆船的开航作业，包括解缆、起锚、操舵、升帆和使用篙、橹、桨等操作。在逆流、逆风或侧风中开航，应先升帆，但不使帆面迎风，起锚后，再转脚受风航行。如是逆流、顺风，则应起锚以后升帆，若此时风力不大，可以同时起锚升帆。

系缆靠泊的木帆船，要根据风向、流向依次解缆。一般是先解尾缆，以利于控制船舶。

2. 靠泊

船舶驶抵码头或岸边时，从航行状态转为停泊状态的过程。木帆船靠泊作业，包括用篙、橹、桨、操舵、落帆和抛锚、出岸锚、打桩系缆、插篙等操作。船舶靠泊作业，一般均应顶流。凡在驶风中靠泊时，一般都应先落帆。顺流逆风中靠泊，应先掉头再落帆。顺流、顺风中靠泊，可以同时落帆和掉头。

3. 顺岸或顶岸靠泊

顺岸靠泊是船身与河岸平行的靠泊。一般在水流较急的河道中采用。船首朝向上游，除抛锚外，必要时并打桩系缆。外舷可以数船并列，用缆绳系连。

顶岸靠泊是船身与河岸垂直，用船头顶着岸边靠泊。一般在平水、缓流、避风湾或泊位有限的情况下采用。除下头锚和打桩系缆外，还需下艄锚，以免船尾摆动。多船并列顶岸靠泊时，要用缆绳系连。

4. 抛锚

使船舶停泊的操作。即将铁锚抛入水底，依靠其重量和抓力，使船舶停泊于一定的位置。有时，抛锚也是使船舶降速，避免与码头或其他船舶发生碰撞的一种措施。应选择水深适宜、水流正常、河底为粘土质或泥沙质、有回旋余地，并且不妨碍他船航行的地方抛锚。锚链不应扭曲，并放出适当的长度，使下面一段锚链卧于水底，以增加系驻力。在有流速的泥沙河床抛锚，如计划停泊时间较长，可在锚头环上系一短绳，另一头系上木块，使其能随流飘摇摆动，以避免锚卧处泥沙淤积，便于起锚。

5. 下头锚与下艄锚

下头锚又称下主锚。木帆船靠泊时，在船首前方抛下一只大锚的操作。对固定船舶位置起主要作用。

下艄锚，木帆船靠泊时，在船尾后方抛下一只锚的操作。多用于较大的船，或顶岸靠泊，或有大风及泊位水流不正常，辅助头锚固定船舶位置。

6. 出岸锚

木帆船靠泊时，将锚卧于岸上，通过锚链或锚缆连到船上的操作。所用的锚有犁锚或较小的四爪锚，必要时还须在锚爪处拦插木桩以加强拉力。大船出岸锚是用以辅助头锚的。小船临时靠泊可单独用出岸锚。

7. 打桩系缆

木帆船靠泊时，在岸上打木桩，用缆绳连于系缆桩以固定船舶的操作。根据水流及风力、风向情况，打一根或两根桩，系连船首或船尾，可起抛锚的辅助作用，也可单独使用。单用打桩系缆时，往往与支杠或支篙配合。

8. 下梭杠

长江宜昌以上急流河道上的木帆船靠泊时，为防止触岸危险而采用的一种紧急安全措施。用梭杠由三人操作：一人拿住梭杠尾部短柄掌握角度，一人拿杠身将杠头迅速梭入水底或岸边，一人将短柄上系的尾绳，绕过预设在首甲板的横梁舷外端系紧，使梭杠固定，并顶住船身，船的惯性冲力即被克服，避免了船舶碰岸之灾。

9. 支杠

木帆船在山区急流河道靠泊时，配合打桩系缆的一种操作。从船的里舷（靠岸舷）用支杠一端顶住岸边，一端顶住船舷上部，再用缆绳穿过舷边小孔拉紧拴住。船身受到系缆的拉力和支杠的支撑力，即可固定。

10. 支篙

在静水、缓流航区，木帆船靠泊时，配合打桩系缆固定船位的一种操作。一般在有风时使用。参见“支杠”。

11. 插篙

木帆船泊岸时，用篙或长木从插篙孔垂直插入河床，用以固定船位的操作。适用于小船在浅水缓流的泥沙底河床地段使用。有首插篙和首、尾双插篙。要插到适当的深度，以免松动。

12. 接相缆

木帆船顺岸停泊的里、外档船之间，或顶岸停泊的左、右邻船之间，首尾桩分别用缆绳连接。加强船位的固定，避免邻船间相互碰撞。

（二）河船操舵

1. 操舵

操舵又称掌舵。木帆船掌握航向的主要手段，一般由驾长担任。根据航行需要，使用正舵或一定的舵角，稳定或改变航向。船速快时，推舵不宜太快，以免发生倾覆事故。在急流险滩航道航行时，要根据水流情况，随时变换舵角。

2. 正舵

舵柄和舵叶处在船纵中线上的状态。没有舵角，舵叶两边所受水流压力相等，航向稳定。木帆船在静水中或船向与流向平行前进时用正舵。

3. 舵角

舵叶与船纵中线的水平夹角。木帆船向左或向右推动舵柄，带动舵柱转动舵叶而形成一定的舵角。此时水流作用在舵叶上产生压力，使船产生回转效应，船首朝着与舵柄方向相反、舵叶方向相同的一侧转动。舵效与一定船速及舵角大小成正比；与舵叶面积大小及入水深浅也成正比。木帆船最大有效舵角一般不大于50°，长方形舵的最大舵角可达60°。顺水或驶风快速航行时，最大舵角不宜超过35°，在某些情况下，如航向与流向有夹角，或驶偏风、拉纤、撑篙、摇橹、划桨而使两舷受力不平衡时，会影响舵向不稳，应适时调整舵角。

4. 里舵、外舵

木帆船操舵术语。在河道中近岸航行时，船身靠岸侧的一舷，称作里舷，向河心一侧则称外舷。船近岸航行，向里舷推舵柄，使舵叶转到外舷，船头向河心驶去。称为“里舵”；反之则称“外舵”，船头向河岸驶去。在矶头、险滩处使用里、外舵要适当，用里舵过大或延续时间过长，易造成“打张”事故；外舵过大又延续时间过长，易造成“挖簧”事故。也可以面向船首为准，分别左舵、右舵。

5. 橹前舵、橹后舵

内河使用琵琶橹代舵的木帆船，橹设置在船尾右侧，用舵时向右推橹柄称橹前舵；反之，则称橹后舵。

6. 上风舵、下风舵

木帆船驶风时，朝上风舷推舵柄，使舵叶转到下风舷，船头转向下风舷航行，称作上风舵；反之则称下风舵，船头转向上风舷航行。

7. 掌天舵

驾长站在艄楼顶或货堆跳板上进行掌舵的操作。木帆船单船或双帮船装运轻泡货物时，由于舱面货堆过高，影响驾长视线，便站在艄楼顶或货堆上，并临时套接加高舵柱，接长舵柄并使舵柄前端向上斜翘，提高舵柄高度，也可以利用舵绠两端，分别穿过两舷边的滑车装置接引到艄楼顶上，驾长拉动左边或右边的绠端，带动舵柄转动。用掌天舵要特别谨慎小心，转舵角不要太大、太快。

8. 接倒灌

又称操反舵、叉水舵。木帆船顺流行驶而流速大于船速时，或船在顺流逆风行驶，航速低于流速，或者遇到强泡水、回流阻挡，形成水流从后面推进船体，即称倒灌的现象。此时要反向操舵，使船首右转应右推舵柄，左转则应左推舵柄。这种反向操舵法则称“接倒灌”。

9. 扳招

用招掌握船的航向。木帆船在山区弯曲、急流航道顺流行驶时，由于航速快，惯性冲力大，单用尾舵难以控制航向，必须用头招配合。“招”形似京剧武将所持之长杆大刀。用整根长木做“招”杆，杆之中部贴小木块做“招塾”，杆之首端接刀型“招叶”。使用时，将招塾置于船头正中的招桩上，招叶向前与水面成30°夹角伸入水中，由数名船工手握招柄，根据水流情况和船舶转向需要，与舵密切配合，向左或右扳动招柄，招叶在水中与航向形成适当的角度，从而产生压力差，使船首即朝与招叶扳向相反的一侧转变航向。无舵小船设有首尾两支招，以尾招代舵，而首招起主要作用。由于招的尺度长大，扳招产生的导向效应也大，故船工有“一招顶三舵”之说。宋代《清明上河图》中有用招控制船舶航向的生动画面，可参阅。

10. 扳梢

用梢掌握船的航向。木帆船在顺流或逆流中航行都可使用。形状近似招，作用同于舵。操作方法与扳招类似。有的大型木帆船上装有首尾两支大梢，头梢用处为助舵，作用与招相同；尾梢代舵。

11. 挂梢

将头梢伸入水中，与船纵中线保持水平交角，稳住梢柄不动的操作。挂梢多用于逆流驶风遇到回流的场合。如船需要避开左侧的回流，则将舵柄推到左舷，梢叶挂在右舷，由船首、尾水压力的作用，使船向右方或右前方横移避开左侧的回流。若要避开右侧的回流，则反向操作。

12. 摇梢

摇动梢柄以掌握航向，并配合划桨推进木帆船的操作。福建闽江无舵的小木船摇梢的操作方法是：船尾部的船工一人，一手握一侧桨，一手握一尾梢。桨作划进动作，梢叶不出水则偏斜作左右摇动，灵活变换摇幅和梢的角度，使梢像橹一样起定向和推进的双重作用。

（三）河船航行

1. 淌流

又称坐艄流。顺流木帆船随流下淌的航行操作。在河面宽阔、水流缓慢、无乱水的河段，不张帆，不用桨、橹，只操舵掌握航向，船随流下淌。在急流、滩口和狭窄航道处不能采用这种航行办法。

2. 迎浪

又称顶浪。顶着风浪的航行操作。木帆船航行中遇大风浪及大轮船兴起的大浪时，及时调整航向，使船首顶着波峰前进。此时船身随浪起伏，操作适当可保安全。若顺波峰航行，易陷入波谷，在风浪较大时船身有发生横向倾覆的危险。

3. 倒行

木帆船尾部朝前逆流或顺流的一种航行操作。山区支流小船逆流拉纤或撑篙倒行，借以减少阻力；急流航道顺流倒行，则借以增加阻力降低航速，以保安全。逆流倒行的船一般是船尾尖翘，顺流倒行的船一般是尾舷弧较大。黄河开封以下的“锅底”船，顺流航行有时也倒行，但其主要目的是避免船被泥沙淤住。倒行时，需将船舵提出水面，用桨或招掌握航向。

4. 下绕子

木帆船顺流拖链的一种航行操作。顺流木帆船在流速太大的河段，用一二铁链或粗篾缆，一端系于尾桩，一端从尾部投入水中拖到河底。将河床和流水对铁链、篾缆的摩擦力与水阻力，转化成对船舶的阻力，可降低船舶的航速和纵摇，有利在操驾中控制航向。也可系一装石块的筐篓，从船尾下到水里，起降低船速的作用。

5. 走扣

木帆船逆流靠河边航行方法。在山区急流航道，木帆船逆流航行时避开主流沿其边缘缓流上驶，有利减小前进阻力。这种航道边缘往往有礁石、碛翅；流态复杂，船工需熟悉航道情况，谨慎操驾避免触礁、擦浅、挖簧之险。

6. 接旺

木帆船逆水上驶走礁石下游缓流区的航行方法。旺指旺水，即山区航道河心石礁或碛坝下方的一片平缓水域。逆流木帆船避开主流，选择旺水区行驶，以提高航速。由于驶出旺水区便是急流，因此不应过分贪行旺水。出旺时所经水域的流态复杂，要谨慎操驾，防止触礁、擦浅。

7. 摺弯接嘴

又称走小弯。木帆船逆水上驶，不顺弯行驶而直驶的航行方法。逆流木帆船在河面宽阔而弯曲度大的河段，采取丢弯取直，船首朝向岸嘴上行，以缩短航距。摺弯应以适当角度斜穿主流，接嘴时防止张头，并注意顺流来船。

8. 借水过河

木帆船逆水上驶时利用回流过河的航行方法，木帆船在航道较狭，而两岸回流范围较大的逆流航段，多借助回流上行，即借回流水势和船的惯性，迅速斜越中间主流，驶到对岸。

9. 赶潮

又称赶流水。木帆船在河道入海口航段，利用潮流航行提高航速的操作。河道入海口航段，在低潮转流时，流速分布发生了变化，落潮流速逐渐降低，同时并在两岸旁首先出现涨潮流。弯曲河段凸岸旁的涨潮流出现得比凹岸早。所以低潮转流时的上水船航线应在岸旁或凸岸旁边顺流上驶，下水船的航线仍在河心顺流下驶。待全河面出现涨潮流时，上水船航线即转改到河心，在弯曲河段则靠近凹岸一侧仍可顺流上驶。下水船航线则反之，应沿岸边或凸岸顺流下驶。这段赶潮时间，中间经过高潮转流期，一直到河面完全出现落潮流时为止。

10. 进鳃、出鳃

进鳃，是木帆船驶入湾沱靠泊的一种航行操作。湾沱是河岸内凹较深广的水域，有回流，流态似鱼鳃。木帆船借主流推力和船的惯性，将船首对着回流来向迅速穿过。进沱后再调整航向，进入泊位。

出鳃，是顺流木帆船从湾沱返回主流的航行操作。将船首对着上游，即逆主流的航向，借回流的推力和船的惯性进入主流，再借主流推力操舵转头航行。若直接顺主流流向出鳃，会发生翻船危险。

11. 下张锚

黄河中、下游渡口木帆船，在不能驶风时的渡河航行操作。船首两舷各挂一只特制的四爪锚，这种锚的锚爪弯曲度较小，其中有一爪较长，和锚杆顶端锚环连接的锚链则系在船尾上。起锚绳通过头桅顶端滑车下垂，用以起锚。渡船离岸驶入主流时，船头斜对着上游，与水流略呈交角，将上游一舷的锚抛入水底，借水流冲力和锚链的牵制作用，配合操舵，使船首向对岸驶去。驶到一定距离时，迅速起锚，调整航向，照前法再将锚抛下行驶，反复照样操作几次，直到越过主流后，用人力操作靠岸。返航时，则抛另一舷的锚，如上法操作。

12. 接应缆

俗称跑子。供船舶通过支流汇入干流的急流河口收拉上驶用的缆绳。即在急流河口的干流上游岸上，固定设置一根粗缆绳，缆绳的另一端系一小舟或漂浮物，延伸至河口的干流下游，在干流的近河口一岸逆流航行的木帆船，在此既不能摇橹，又不能拉纤，便拉收接应缆越过河口。

13. 摇橹

摆动橹柄，使橹叶在水中沿一定弧段左右摆动，以推动木帆船的操作。不论是摇艄橹或腰橹、头橹，都是先将橹垫的球形膛套在橹支钮上，再把橹柄通过一定长度的橹索与甲板相连。艄橹、腰橹、头橹的橹叶，从舷侧或船尾伸水中，由一人或多人站在橹柄一侧或对站两侧，手摇橹柄操作。如果多人对摇腰橹或头橹时，外侧的船工，须站在临时伸出舷外加设的橹跳（板）上。

橹，相当于可操纵的单叶螺旋推进器。当向左摆动橹柄时，水中橹叶向右移动，同时由于橹支钮和橹索的作用，橹叶做顺时针方向转动一定的角度；反之，当橹叶向右移动到一定距离，转而向右摆动橹柄，橹叶向左移动时，橹叶做逆时针方向转动一定角度。这种来回摆动的夹角在50°内，转动角可达120°，两者配合，使橹叶的两面发生水压力差异，从而产生推力和扭力，通过橹支钮传递到船体，推船前进。如果摇橹时适当调整橹叶角度，使产生横向推力，还能转变航向。

(1) 橹头。指挥多人摇一橹的为首者称作橹头，又称掌梭。在设有双橹以上的多橹大型木帆船上，有多位橹头，他们掌握橹柄上端领导众人操作。为使各橹用力一致，有人领唱号子，动作齐整，避免船体摇摆和航向不稳，发挥摇橹的最大推进效率。

（2）推艄。“扳”艄的对称。艄橹助舵或代舵掌握航向的操作。装置在尾端右舷的艄橹，橹头船工站在橹左，向右推则船首左转；左扳则船首右转。这两种操作即称作推艄或扳艄。

14. 划桨

也称荡桨。划动入水桨叶，推动木帆船、划子、舢板前进。划长桨时，桨手面对船首，如一人操双桨，两手分握各桨拐，桨柄交叉于胸前，举双臂自后向前推动桨柄，身体随之前倾，此时入水桨叶以一定角度向后划动，桨叶压水，水以同量反作用力压桨叶，通过桨桩传递此力使船体前进。桨叶向后划到一定距离时，顺势下按桨柄使桨叶露出水面，回拉桨柄使桨叶向前平移，当桨叶前移到与船纵中线成锐角时，再举臂前推，桨叶再次入水。如此反复操作，使船不停地前进。当左右桨反向划动，可使船首转向。划短桨不用桨桩，一人一桨两手分别握住桨拐和桨柄中下部，依自己的腕力和臂力，从舷外用桨叶向后划水，使船前进。

15. 推桡

划动桡叶推动木帆船前进。操作方式与划桨同。长江上游的多桡船是面向船尾操作，一人一桡，左右舷交错排列，各桡动作一致，由舵工指挥，往往还唱号子。回拉桡柄时，桡叶入水向尾部划动，产生前进推力。前推桡柄，则桡叶出水向首部回到原处，并再次入水，大型的船上有用二、三人划动一支的大桡。

16. 用篙

（1）撑篙。将篙插到水底对篙用力使船前进。通常用独钻篙。在木帆船离开码头或航行浅水航道时，船工面对船首或船尾，将篙插到水底，身体前倾，以胸侧或肩胛抵住篙杆顶端，双脚蹬住舷甲板，向前用力，并向前走动，使船借反作用力作纵向或横向运动。第一篙撑完后，拖篙返回原处再撑第二篙。撑篙操作，一般是在两舷多篙同时进行。在山区急流还有后撑式操作方法，即将篙钻从船尾斜插入水底，转身面对篙端，篙身贴在腰侧，身体后倾，屈腿，双手向后用力，随着船身前进，双手交替一把把移向篙的顶端。第一篙撑完后，再照原法撑第二篙。

（2）投挽。又称排挽。篙端装有铁制的独钻和挽钩，投挽即古代水战中所说用篙对敌船钩（挽）拉近便于接船近战。拒（投）即拒敌船接近。民船即将挽篙投伸到岸边或邻船，撑住或钩住固定的物体，或推或拉邻近的船作纵向或横向运动。若在近陡岸急流中航行时，瞄准岸边固定物体，出篙紧紧钩住拉船前进。投挽是木帆船工的一项重要操作技术，需有强壮的臂力和熟练的技巧。要求投得轻巧、快速、准确，避免投空、卡死而将人带下水，或投误而伤邻船人员和设备。

（3）码篙。又称打急索。木帆船航行或靠岸中，为克服船体运动惯性，以避碰撞的一种应急操作技术。在航行中，突遇礁石等障碍物，用操舵、撑篙的办法已不能避开的场合，立将篙伸出抵住，同时将船首上的码辫用力甩缠在篙身上，一手掌握篙的角度，一手拉住码辫尾端逐渐带紧，通过码辫的摩擦力和篙的支撑力，可迅速克服船的前冲惯性停止前进，或从障碍物侧边驶过。码篙要求船工机智灵活，动作迅速，根据风向、水流和船与碍航物的相对位置，选择适当的下篙角度，达到收效省力。

(4) 点篙。木帆船航行中用篙钻顶住前方礁石避碰的措施。航行中的木帆船，突遇前方礁石，由了头船工用篙点住礁石，配合驾长操舵，使船从礁侧驶过。若因顺流航速快，点篙力小于惯性时，应立即采取码篙措施。

(5) 排篙。木帆船驶偏风近浅水区时，多篙横撑避浅的操作。扬帆驶偏风的木帆船，遇近岸浅水区而偏风又来外舷，即由多名船工在船首里舷一齐用篙横撑，配合偏风力量推进，以免船身横漂撞岸搁浅。

(6) 排篙越嘴。木帆船逆流拉纤上驶时配合多人撑篙过岸嘴的操作。在木帆船不能驶风逆流上驶的情况下，近岸拉纤经过急流岸嘴转角处时，由数名船工在里舷撑篙配合，避免船身贴岸。越过岸嘴后，将船拉住，配合操舵转向，再继续前进。

(7) 拦头，又称撑头。撑篙调整航向的操作。一是木帆船顺流突遇前方浅滩，由多名船工在浅滩近侧，一齐猛撑几篙，使船首避开浅滩驶入正流。二是木帆船逆流近岸撑篙前进出现船首外张时，由部分船工转到船首外舷撑篙，保持船的正确航向，使船不驶入深水区。三是近岸拉纤航行出现船首向里舷偏转时，由船工在船首里舷撑篙，避免船体贴岸。

(8) 互帮篙。联合撑篙分次上急流滩的操作。两艘或多艘木帆船结队上急流滩时，集中各船船工于一起，分次一艘艘地撑过急流滩。

17. 拉纤航行

(1) 纤道。沿河岸供木帆船拉纤用的道路。有的山区航道两岸是悬岩峭壁，须修建专用纤道，一般约一米宽，有的地段外侧设安全石栏，里侧设供扶手用的铁索。

(2) 引纤绳，俗称坐簟绳。套在桅顶滑车上，通过一个连接构件与纤绳后端或冲子连接的绳索，长度为桅长的二三倍，有些船的引纤绳即拉桅索，一物两用。

(3) 冲子。木帆船拉纤时连接纤绳的一根铁丝。长度相当于桅杆的一倍半，两头扭有环圈。拉纤时，两头分别通过卡花将纤绳与引纤绳相连。

(4) 卡花。引纤绳与冲子及纤绳的连接构件。有铁制或木制两种。

(5) 拉纤，又称背纤。用人力背挽纤绳牵引木帆船前进的操作。适用于逆流与平水航道。拉纤船工由一名至多名组成。将纤绳一端通过卡花与引纤绳或冲子系连，另一端牵到岸上沿纤道放开，各纤工肩上套背纤板或纤带，保持适当距离，将拉绳搭接在纤绳上，身体前倾，步调一致地拉船前进。通过纤工的拉力大于水流阻力带船航行。最前面的一名纤工兼管引路和收放纤绳；最后一名纤工兼管排除纤绳遇到的障碍和与船上联系。拉船的力点在船的前部，而且总有一定的纤角。为使船沿航向直线前进，必须适当操里舵，使船首适当向外张。

(6) 呆纤活篙。拉纤操作术语。短时间内稳住纤绳，以撑篙助航过浅滩的操作。拉纤行驶的木帆船，所经过近岸的一侧有浅滩航段，不宜于下到浅滩上拉纤时，为避免因水平纤角太大以致船横向搁浅，采取在首部里舷撑篙助航，抵消拉纤所产生的横向分力，使船沿直线前进。因此时纤角受到限制不能调小，而篙可以灵活运用，故称作呆纤活篙。

(7) 倒拉。拉纤操作术语。木帆船逆流行驶，因陡岸无纤道或有碍航物不能拉纤时，将纤绳放长，拴到前方岸边牢固的树干或岩石上，船工在船上收拉纤绳带船前进。船近拴纤绳处后，用缆绳系住船，再将纤绳拴到前方倒拉。在经过停船多或水流急的地方时，也常采用倒拉办法。

(8) 放张。拉纤操作术语，又称外参。拉纤木帆船行驶中，遇坡降过大流速过高的急流滩不能驶上时，则采取“放张”法过滩。放张开始，先将纤绳紧拴在主桅下部，另一端拴在滩前方一定距离的岸上。以岸上拴绳点为圆心，以拴绳点到船上的纤绳长度为半径，操作时先操舵使船首外张摆向河之中心。然后转舵向岸回驶，回驶中纤绳松弛，纤工迅速收拉纤绳，牵引船舶借急流对里舷的冲力，使船斜向上驶过滩。若一次放张仅上驶了一段距离时，要迅速操舵使船首向拴绳岸侧回转，同时从船上将纤绳收短拴住，再次放张，直到过滩为止。放张操作的关键是操舵准确、及时，须由富有经验的驾长掌握。同时纤绳要结实，滩上拴绳点要牢固。

(9) 互帮纤、放吊。联合拉纤分次上行驶过急流滩的操作。两艘或多艘木帆船，集中纤工分次一艘艘拉上急流滩。互帮纤用一根纤绳，有时也用上下两根纤绳，上纤长，从桅顶引出，下纤较短，从桅下部或前系缆桩引出。多船下急流滩时，为减速避险也采取互帮倒拉纤。这种操作又称作“放吊”。明代宋应星所著的《天工开物》一书中，记福建闽江上游支流木帆船下急流滩时，五艘船的纤工互帮，“从船尾曳缆，以缓其急下趋势”，即是对放吊的记述。

18. 落位

木帆船航行操驾术语。木帆船的驾驶技术，大致分为基本操驾方法与内河引航方法两种。当船舶操驾人员，已经根据航行条件和船舶自身性能，正确安全地操驾着船舶航行在既定的航线上时，船工习称落位。否则称不落位。

19. 开梁

木帆船运输杂竹、木料等货物时，为充分利用船舶载重量的临时技术措施。俗称出担子、挂篓子。在舱面绑扎几道横木，两端适当伸出舷外，除货舱、甲板和横木上面装货外，舷外横木下面也可挂绑适量货物。一般可以增加装载量 30%左右。开梁装载的宽度和高度，视航道、桥梁、过船建筑物和船舶自身稳性条件而定，要求下宽上窄，上轻下重，前后左右平衡。

20. 双帮

木帆船装运轻泡货物时，在河道宽度许可下，充分利用船舶载重量的一种临时技术措施。将两艘型制相同，载重量与干舷大致相等的船并在一起，中间稍留间隙，尾部间距略大，用几根横木扎成一体，横木两端略伸出舷外。必要时纵向铺以木板或木条，上面装货。装货注意事项与开梁同。双帮比开梁稳性好。

21. 三帮

在一艘较大的木帆船两侧，以适当的相等间距各绑一艘划子，前后用几根横木扎连成一体。两侧的划子可以减轻船舶航行时的横摇。用于湖泊、水库等宽阔水域在大风时作抢险、救助的浮运工具。

（四）河船驶风

1. 桅

又称桅杆。古代也称樯、檣。最早见于东汉刘熙所著《释名》一书。木帆船竖立于船上用作挂帆驶风的粗木杆。多用顺直的圆杉木制成。桅木长度不足时，可以纵向搭接，再用多道铁箍紧固。桅下部两侧削成平面以贴靠桅夹，根端做成榫状插入桅舱的桅底座。顶部开风门或装带环的铁箍以系吊挂帆的滑车装置。

一根桅的最大载帆面积有一定的限度，当船的排水量较大时，便需增加桅数，从而增加载帆总面积以获得必要的驶风推力。但桅数又受船体水平面积的限制，不得任意增加，因而较大木帆船常增加辅帆，达到不增桅而增加载帆总面积的目的。三国时有七桅船，明代有九桅船用于远洋航海。现代木帆船一般从单桅到三桅，沿海木帆船最多配置五桅，太湖中有用于捕鱼的七桅木帆船。

（1）主桅，又称大桅。双桅以上木帆船上，尺度最大起主要作用的一根桅。设置在船身由后向前十分之六处的纵中线上，船体“四六分舱”，就是以主桅所在位置而定的。单桅船多设置在从后向前十分之七处。

（2）头桅。多桅木帆船设置甲板中间尺度小于主桅的桅，在主桅前面，与主桅的最小间距，以挂帆驶风时互不干扰为度。

（3）尾桅。多桅木帆船设置在尾部纵中线上的一根桅。尺度小于头桅。

（4）提头桅。五桅木帆船设置在头桅前方舷侧的一根小辅桅。挂帆配合头帆受风。

（5）插艄桅。五桅木帆船设置在尾桅后方舷侧的一根小辅桅。挂帆配合尾帆受风。它与提头桅必须分别设在左、右两舷，以保持驶风时船体平衡。并利于发挥舵效。

（6）人字桅。南方某些支流木帆船的一种独特的挂帆装置，与双脚索帆配套。用两根圆杉木作桅杆，上端以20°左右角相交，开一横孔用硬木栓或铁螺栓，穿连成一体，使两桅木张开作成人字桅，中间设两三根横档木加固，桅的两根部分置在船身由后向前3/4处面梁的两舷，再用铁栓将两桅根固定。人字桅竖起时保持适当的前倾角，再在桅前，桅后各用一两根篾缆，从桅上端斜拉到船首和船尾，拉固桅身。这种桅只能挂横帆驶顺风和斜顺风。只适用于特定的内河航道。

（7）桅尺度。木帆船桅的长度和直径。由于桅长决定帆高，而帆高又必须使较大帆面积和较低风压中心这对矛盾的处理得当，因此选桅材主要着眼其长度和其直径大小及其抗折强度。主桅长度与船长有一定比例。明代方以智《物理小识》记：“桅之长少于舟之长五十分之一。”徐兢《宣和奉使高丽图经》记：“大樯高十丈，头樯高八丈。”宋应星《天工开物》则称：“头桅尺寸及中桅之半。”都是指当时某种船的桅长。现代木帆船的桅长，也与此数近似。主桅长度一般为船长的0.8或等于船长，头桅长度为主桅0.6～0.8，尾桅长为主桅的0.5左右。其他小辅桅的长度又在各桅之下。

（8）桅倾角。木帆船的桅竖起后，与船体基平面垂直线的夹角。主桅通常略后倾，倾角在3°以内，作用是驶偏风和打戗时便于受风和转脚，同时便于升、落帆。尾桅后倾，倾角与主桅一致。头桅距主桅较近，为利于主帆、头帆配合受风而不互相干扰，并使首甲板有适当的操作空间，一般前倾角较大，为10°～30°。

2. 帆

又称蓬。木帆船张挂在桅上的驶风装置，利用风对帆面的压力推船前进。东汉刘熙所著《释名》一书："随风张幔曰帆，使舟疾泛泛然也。"古代帆有竹篾帆、蒲草帆、卢头木叶帆，现代用布帆。中国船帆是独有的竖长方矩形，上下两端称顶边和底边。纵向左右两边，系帆脚索一边称后边，另一边称前边。按其在船上所处的位置和作用分为主帆、头帆和尾帆，按其帆类分为硬帆、软帆。软帆又分作头巾中顶帆和三角帆。按其驶风悬挂方式分为平衡帆、不平衡帆和半平衡帆。

（1）主帆，即主桅悬挂的帆。主帆尺度大于其他各帆。主帆处于船体重心的前方，驶风时起主要作用。

（2）头帆，即头桅悬挂的帆。驶风时配合主帆增加受风面积和降低风压中心高度，提高航速和稳性。特别在驶偏风或打戗时，能使船转向灵活。在突遇大风时，迅速降主帆，用头帆使船转为顺风靠岸，以保安全。

（3）尾帆，即尾桅悬挂的帆。除配合主帆、头帆增加受风面积外，还能使操舵省力，提高帆船操纵的灵活性，打戗时可减小曲折航行的幅度，从而减少与其他帆船相互干扰的可能性，利于航行安全。

（4）帆尺度。木帆船帆的长度、宽度与面积。木帆船帆的长度受桅高的限制，帆底边须在桅夹以上，以不妨碍驾长视线为度。顶边须低于桅顶吊帆滑车，但斜顶边帆的尖峰可高于桅顶，海船斜顶边帆的斜度可达50°，尖锋可高出桅顶2米以上，可充分利用上方风力。头帆、尾帆与主帆的长度比值分别为0.7和0.5左右。帆的宽度，明代海船有"篷宽等于船身之阔"的记载。现代木帆船主帆宽度都大于船宽。不平衡式主帆一般为船宽的2倍至2.5倍，用以在帆的长度受到限制的条件下，尽可能增加帆宽以增加帆面积。头帆宽度一般为主帆的0.5左右，尾帆为0.3左右。各帆的总面积与船的满载排水量保持一定比例关系，一般在3～4（平方米/每载重吨）。头帆的帆面积与主帆面积比为0.3～0.4，尾帆为0.1～0.2。

3. 帆结构

（1）帆竹，又称帆竿，篷竹。硬帆横向撑帆面的竹竿。一帆有若干帆竹均匀分布在帆的两面，无论哪一面迎风强度一样。帆底边的一根较粗，称帆底桁。帆竹穿过每道帆纵筋的索环与帆边筋系结。帆面装置帆竹后，使帆面横向平整张开，使作用于帆上的子脚索拉力分布均匀，能更有效地利用风力，并便于转角。帆竹虽增加了帆的自重，但遇急风时，能借帆重迅速落帆。船工到桅顶作业时，也可利用帆竹作攀登梯用。

（2）帆纵筋。竖向缝在帆面上的若干棕绳，间距约为40厘米。用以加强帆的垂直强度。

（3）帆边筋，又称帆网索。镶在帆四边，用以加强帆的抗拉强度和固定帆竹位置的绳索。一般用棕绳镶缝，四边外侧称外边筋，裹缝在布里的称内边筋。较大的帆通常由左右两幅拼接，纵中线有一道内外中筋，称纵中筋。

（4）抱桅绳。围抱在桅杆一侧，保持帆面与桅杆贴近的绳索。也有用竹竿、竹片或藤条抱桅的。每根帆竹的前半端都有一根平行的抱桅绳，围过桅杆系结在帆边筋和帆竹上。

（5）帆脚索，又称缭索。牵拉住风帆用以掌握风帆迎风角度和承受风的横向推力的绳索组。分子脚索和总脚索两部分。

（6）吊帆索，又称杆索。悬吊帆的绳索。分前后两根，桅前边的一根，一端系结在帆底边的粗帆竹上，另一端向上穿过桅顶滑车后倾斜垂向后边，系结在滑车上与后边一根相连。桅后边的一根，一端系结在帆底边粗帆竹的近帆后边处，另一端倾斜向上穿过与前边一根相连的滑车后，再下垂以活扣系接在桅的下部，升满帆、半帆或落帆时，相应将这一端放长或收短。使用半平衡帆的大型帆船，桅后部分的帆面较宽，后边须用两根至三根吊帆索，各通过一个滑车，最末一根的一端才用活扣系结在桅的下部。升帆时，吊帆索用以兜住帆面；落帆后，吊帆索负荷帆的重量。

（7）挂帆形状。

1）平衡帆。升帆后，帆面纵中线在桅杆处，帆面两边处于基本对称的帆。这种帆一般为平项长方形，用于某些河面狭窄、行船驶风不能打戗的河段。

2）半平衡帆。升帆后，桅处在帆前边与纵中线之间，也即驶偏风时帆面大部分处在桅后的帆。是我国木帆船普遍的挂帆形式。半平衡帆通常是斜顶边，尖锋在桅后，由于帆的重心在后，转脚操纵灵活，适宜驶风打戗。

3）不平衡帆。升帆后，桅处于帆面边线上的帆。这种帆都是软帆，多为平顶长方形，多为内河支流小船采用。

4）蝴蝶帆。驶风时两帆后边分别处于左右舷位置的一种挂帆形状。双桅船驶顺风时，主帆和头帆的后边分别处在左右舷，都保持90°帆角，形同展翼的蝴蝶，使主、头两帆都能充分受风，最有效地发挥驶风效率；而且两舷风压较为平衡，船身平稳。如是三桅船驶顺风，应使尾帆与头帆的后边同处于一舷。

4．河船驶风

河船驶风又称跑风、打风。木帆船升帆利用风力推船前进的一种方法。船工在历代相传的长期实践中，创造了驶八面风、打戗等驶风操作技术。驶风航速受多种因素影响，除风力、风角和帆角处置是否得当外，与相对的水流流向、流速和船型，帆面积大小以及操驾技术都有密切关系。据测算，满载排水量36吨的湖南倒扒子型双桅木帆船，主帆与头帆的总面积76平方米，在6级顺风、流速0.5/秒的顺流中驶风，航速可达16公里/小时。

（1）驶八面风。木帆船利用各种风向驶风航行的操驾技术。八面风指相对于航向的八种风向，即顺风，逆风，左、右侧风（横风），左、右斜顺风，左、右斜逆风。驶八面风的要领，主要是操纵帆脚索，适当地变换帆角，借以最有效地利用风力，同时操舵和下披水板等配合（顺风不下披水板）。在驶逆风和风角为135°以上的斜逆风时，还须打戗驶风。

（2）驶偏风，又称打偏风。船在偏风中扬帆航行的操驾技术。偏风指吹向左舷或右舷的风，即是除顺风、逆风以外的各种风向。由于在逆风中打戗时，船首偏斜于航向前进，使逆风变成一定的斜逆风，因而也是驶偏风。驶偏风时的帆角总是保持一定的锐角，帆的后边即系帆脚索的一边偏在下风舷，船身也朝下风侧横倾，满帆时容许最大横倾角可达30°。操纵帆脚索时，要根据帆面处于桅后或桅前的情况，适当提紧或放松总脚索，使帆面充分受风，以提高驶风航速。

（3）风角。风向与船纵中线的夹角。是木帆船驶风时使用帆角大小的依据。正顺风的风角为0°，正逆风的风角为180°，斜顺风、侧风、斜逆风的风角，依次在0°～180°。在风力和其他各种条件相同情况下，风角越大，则帆角越小，驶风航速越低。

（4）帆角。木帆船驶风时，帆面与船纵中线的夹角。帆角是驶风效率的主要因素，为有效地利用风力，应选取最有利帆角，获得最大的推进力。最大有利帆角，即是帆面与风向的夹角，当正顺风风角为0°时，最大有利帆角即为90°。风角以等差级数递增时，相应的最有利帆角以等级级数递减，即风角越大，最有利帆角越小。当斜逆风达到135°时，最有利帆角为22.5°。达到驶风最小的有效帆角，所获得的推力最小，航速最低。在此情况下，必须使船身受横向风增大有利帆角，采取打戗航行。请参见第十章第一节图10-3。

（5）打戗，又称打抢。木帆船逆风扬帆行驶的一种操驾技术。木帆船在逆风或风角为135°以上的斜逆风中驶风时，顺航向取曲折航线以减小风角，尽可能利用风力前进。打戗是行船驶风技术的一大发展。三国时代吴国朱应著《南州导物志》，记当时海船“四帆不正前向，皆使邪移相聚以取风”打戗行船。16世纪明代成书的《筹海图编》、《兵录》指出木帆船“能调戗驶斗风”、“顺风直行，逆风戗走”，戗即斜行之意。打戗由于是面对前方来风，又要取曲折之字形航线，一般是在海上或内河静水，顺流或逆水流速不大的宽深航道上采用。

打戗操驾方法是：船头向左或向右偏斜前进，使用最有利帆角，并略推下风舵，使船首略迎风向，放下风舷披水板；当航行到预定航道边缘时，快速加大下风舵角，放松头帆脚索，使船以大角度迎风转到另一方向斜行，下风舷与上风舷互易，帆也随着迎风面变化自然转脚。转向后，帆将受风时，回到正舵阻挡船体在转向中的惯性；帆已受风后，收紧头帆脚索，再略推下风舵，使船首略迎风向，提上风舷披水板，放下风舷披水板。船即是如此反复曲折前进。打戗的操作技术要求较高，驾长须有较丰富的航行经验，全体船工要很好地通力合作，才能将前后工序紧密配合，步步合拍，圆满地完成打戗航行。

以上本节的第一至五目，阐述了内河航道的航行条件；第六目，是择要阐述了在内河特定的航行条件下，所实施的特定操驾方法。在具体河段中，当时当地哪些条件有利于航行可以利用；哪些条件妨碍航行，应注意预防和克服，结合船舶性能综合考虑。保证航行安全。

第二节　不同河道的船舶驾驶基本要点

河船在河道航行途中的驾驶技术有两个内容：一是航行方法；二是船体操纵。

航行方法：又称引航方法。即是在明确自己船位的基础上，根据航行条件（航道尺度、河槽变迁、流速分布、水位涨落、不正常水流）和本船的性能，正确地选择航向与航线位置。

船体操纵：即是将船驶入和保持在既定的航线上。

以上这两项驾驶技术要求，与海船驾驶技术完全一致，不过由于内河水道情况比海上航路复杂，对河船的驾驶操纵方法，要比海船严格和细致得多。并且在各个不同河段，又各有其不同的操作措施。

不同内河河段的航行条件虽然多种多样，各有特点，但由于各段又同在一条河流中，相对的也存在共性，大致可归纳为顺直河段、弯曲河段、浅滩河段、河口河段、山区河段五种类型。

一 顺直河段

河槽在较长距离内保持顺直形状的河段，是河流形态的基本组成部分之一。

（一）顺直河段的特点

河段中水流平顺，河槽断面形势基本是对称的，主流一般是在河槽的中央，水深和流速的分布情况也接近理想。从船舶驾驶的角度来说，在顺直流河段航行，可减少许多复杂的操作，而且航道宽、深，可充分发挥船舶运载的效率。顺直河槽中有时也有礁石或河心沙洲碍航，不过礁石只是产生在行经丘陵地带的河槽段内；沙洲常出现在宽阔河槽段内，这种河段的特点，是河心洲将河槽分隔成几条汊道，使航道尺度变小。在河心洲之上下端会有横流，船舶行经此处，会引起船位偏移。以上这两种情况，在整条顺直河段中所占的比例很小，总的来说，顺直河段的主流位置清晰，水流平稳，有利于航行的条件占多数。

（二）顺直河段的船舶驾驶操作

由于顺直河段的航行条件好，能较好地发挥船舶运输效率，所以在此河段中，要针对这一有利条件，设计相应的引航与操驾措施。

1. 妥善选择航向

船舶在下水航行中，最理想的是航行于主流范围内，使船的首尾线与流向平行，船舶充分利用航道主流，达到最大的航速。如果航向选择不当，船的首尾线与主流流向之间则形成一个夹角，不可避免地船舶将离出主流，进入流速较小的缓流区，这对下水船来说是不相宜的。

在妥善选择航向中，包括拉长航向的要求，既要拉长航向，又要保持航向始终与流向平行一致。但在天然河流中，即是在顺直河段，因受河槽各形地势的影响，主流流向有时也不一定与河槽形势完全一致。所以当河槽形势不具备拉长航向的条件时，不宜勉强拉长，以免由于多次调动舵叶，使航迹弯弯曲曲，延长了航程，增多了航时，降低了航速。若必须用舵时，也应尽量用小舵角，即所谓少用舵，用小舵。

对于上水航行的船舶来说，不宜拉长航向，应尽量避离主流，最有利的是抱滩走夹循着近岸一边的缓流逆水上行。拉长航向反而脱离许多缓流，降低了航速。木帆船溯流上行时，更是要靠近航道边界，充分利用缓流区航行，有时适当地拉长航向还是可能的。

2. 取岸距离适当

船舶航行的离岸距离要取得恰当，这是船舶落位的主要要求之一。一般说下水船紧趁主流航行；上水船则尽力避离主流，在缓流中航行。但不论上水或下水，都是把判断主流位置作为确定离岸距离的根据，在顺直河段的主流位置，一般可以用以下方法判断：

（1）按河段形势判断。看河段上端主流的流角偏向哪一岸，河心洲附近哪条汊道的流量最大即是主泓道，有些地方沿岸有分流口或支流口，有些足以影响主流位置的岸嘴、矶头、山角等。根据这类河段具体形势，自上而下分析判断其对主流的影响，连贯起来，也可以大致推测到该河段的主流位置。

(2) 观察岸形。主流靠近的一岸，岸旁的流速较高，有较大冲刷力，岸形较陡；离其较远一岸则反之，岸形平缓，可能淤有边滩。利用岸形特征条件可从上述已得概念，进行校核，判定主流的位置。

(3) “对称法”观察。若对主流一时不易辨认时，可采用“对称法”观察。一般说，河流两岸旁的水深和流速，有对称分置于主流两侧的特点，在两岸向河中观察比较对称的水面波纹，不同于两侧波纹的中间一条，即为主流。

主流位置既已判明，下水船要抓主流提高航速，并以其目测的主流位置以选定离岸距离，一般常按河宽比例表示，或“正中分心”，“船位在河心行使”；或“四六分心”、“三七分心”，即船位在河心略偏一侧，占河宽四六或三七成。上水船在判明主流位置后，利用缓流航行。这即所谓体现“抓主流又丢主流”的要求，在充分利用缓流航道的前提下，上水船可恰当地选择离岸距离，一般常以本船之长或宽作为度量标准。

3. 充分利用缓流航道

顺直河段的两岸边的水流，多为缓流区，是上水船理想的航线位置。但缓流区流速小，水深也浅，阻力显著较大，木帆船要求水深不小于本船吃水深的1.5倍，因此对缓流航道的利用便有着一定的限度。并且不要单纯贪求缓流，有时会因浅水阻力增大，船速减慢，增多航时，反而得不偿失，所以利用缓流时，要注意针对具体情况，适可而止。

在选择缓流区航道时，还应注意缓流区的宽度，如其小于船宽，船体会产生一个回转力矩，航向不易稳定。从驾驶实践来说，上水船一般都是选在有较大宽度的缓流区内航行。

上水船在顺直河段中选择缓流航线时，应尽量避免在河之两岸间穿插赶趁。因过河必须横过主流区，而横驶的航程自然增加在两港之间的设计航程之内，延长了航程，额外增加了航行成本。但是由于河槽形势和水流情况的限制，有时又不能绝对不过河。所以应根据具体情况，可过可不过河时，坚决不过；若过河后所取得的效果抵不上因过河所付出的工力时，亦坚决不过；如果必须过河时，则应选一个既“安全”又“经济”两者兼顾的地点渡过。

4. 风浪中的船舶驾驶

大风虽常出现在海面上，但五六级以上的风，在内河也时有出现，它对吃水浅而体型较小的内河木船的威胁，几与海船在海上遭遇大风无异。尤其在顺直河段，常使吃水浅，受风面积大的河船，轻则发生偏转、摇摆或漂移，重则被风吹起的大浪掀翻。

在顺直河段有5～6级正对流向的逆风时，水流与风的相对速度，是两者的向量之和，整个航道发生大浪，在主流附近的浪峰碎裂，水花飞溅，小型木船航行有很大困难。在此条件下，下水船若顶浪航行，当航向与浪峰接近垂直时，船舶航向稳定性较正常，但船前部受浪猛烈冲击，强度较差的木船，可能发生渗漏或碎裂。当航向与浪峰间有偏角时，船舶航向就不易稳定。此时下水船的航线位置不宜选在主流附近，应选在浪头较小的缓流区外侧，并以上风岸一侧为妥。

上水船在顺直河段遇到大风浪时，顺浪航行，风从后方吹来，推动船尾，引起船体偏转摆动。此时应把航线位置选在波浪较小的缓流区内的上风岸一侧，使航向具有一个风压角，借以抵减风浪的推压。当需要横驶过河时，竭力避免航向与波峰平行，以防止在横浪冲击及其他不利因素下酿成翻船事故。尤其在大风浪中船舶回转掉头时，切忌操驾中使用急转的大舵角，造成船体向外舷倾斜过大，此时若船体正处于横浪中，则有倾覆沉没的危险。

在一般情况下，木船不是在航行中突然遭遇大风的话，基本上都是泊港避风，待风浪平静再行。

5. 船舶会让

在顺直河段，航道宽阔，有足够的水域供船舶会让。在一般情况下，对驶船宜各自靠右避让，互从左舷通过。在顺直流河段，上水船总驶于缓流中，下水船总驶于主流。但缓流区可能在主流之左，亦可能在其右，故在顺直河段驶船会让时，可能从左舷通过，亦可能从右舷通过。由于上水船受与水流相对速度作用，舵效应灵敏度高于下水船，故首先由上水船主动避让，将下水航道让出。

不论上下水船，速度较快之船追越慢船时，为保证安全，追越船应从河心一侧驶过，并使两船之间保持有较大的间距。当前方有横驶船时，则从其尾后驶过，称为“撩艄走”。当前方船正侧风行驶时，则就其上风侧驶过，称“走上风”。

二 弯曲河段

河段的水道弯曲，是水流长期冲刷的结果。为河流形态的基本组成部分之一。

（一）弯曲河段的航行条件

弯曲河段通常都是深水河段，不过宽度较一般顺直河段为窄。

弯曲河段的河槽断面是不对称抛物线状（图 11-1）。由于经常受单向环流的冲刷，岸壁时常崩塌，使岸壁土块坐溜入水。大量泥沙淤积，形成沙嘴下部底流流向凸岸，把凹岸崩塌的泥沙带到凸岸旁，淤积成沙嘴，同时在水下附有沙齿、沙角，伸入河床甚远，出现横流和内侧回流等不正常水流，上水船行经其旁时，会引起船首偏摆，甚至会使船体坐搁其上，还常导致上行船发生“钻套”事故。

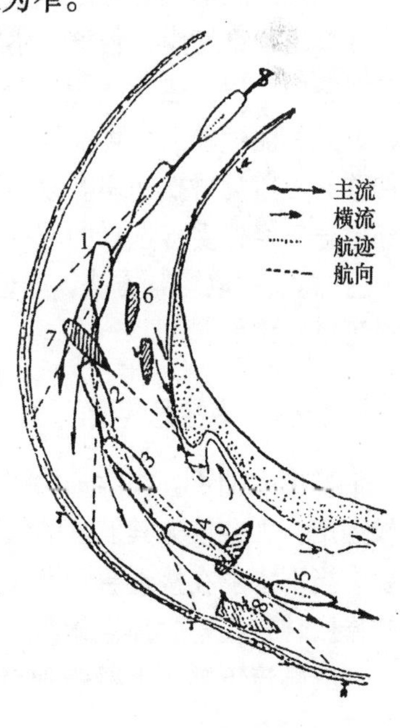

图 11-1 弯曲河段

弯曲河段的流向分布，是单向环流，表层水流向凹岸，而底层水则流向凸岸。表层水推压凹岸，称作“扫湾水”，它迫船体脱离航线向凹岸偏移。它又是冲刷凹岸的主要力量，也是使岸壁土块以坐溜入水方式进行崩塌的主要原因。

弯曲河段的主流一般偏近凹岸，河槽曲径较大时，主流离凹岸较远；当曲径等于或小于河槽宽度时，主流反而向凸岸靠近，开始冲刷凸岸。这种现象叫做“撇弯”与“切滩”。

（二）弯曲河段的船舶驾驶操作

在弯曲河段，船舶驾驶的基本方法是：

1. 挂高取矮法

弯曲河段内，水流是单向环流，表层流形成向凹岸推压的横流，称作“扫湾水”。船舶驶经此处，易被推向凹岸贴靠，发生扫碰岸边的事故。为防止此类事故发生，应使船位偏高一些，称作“挂高”，使船位偏于横流（扫湾水）的上方（向凸岸的一侧）下驶过湾。

所谓“取矮”，为“挂高”之反义，即使船头朝向横流的下方，航迹宜与下方岸的形势相吻合，使船能以较好的航向、船位，顺主流下驶。

“挂高”规定了船舶驶经弯曲河段时的航线位置。“取矮”规定了船舶的航向，二者结合可使船位高而航向不闭，顺利驶过弯曲河段。应注意，无论“挂高”或“取矮”，都是以主流为主，下水船航行时的正确航线应在主流线上，如离开主流一味以上方岸为据“挂高”，以下方岸为据“取矮”，极易产生航行事故。因此，所谓“挂高”，就是使船位略偏于主流之内侧（横流上方），以保证在横流推压下发生船舶偏移时，仍能行驶于主流范围之内不致偏离航线。所谓“取矮”，即是将船舶航迹保持在主流范围之内。否则驶离主流，将会发生碰岸事故。

下水船驶过急弯河段时，对“挂高、取矮”法的具体运用，综合起来说就是：当船下驶至弯道上口时，由于横流向凸岸推压，应把船位置于主流右侧，但在驶近弯曲航道顶部时，表面流又向凹岸推压，此时船位应改置于主流之左侧。这些操驾措施，均属于“挂高”法的应用。否则，船舶进入弯道不久，便会搁浅于凸岸的沙嘴上，俗称“背脑”；即使侥幸驶过，又会在弯道顶部撞岸，俗称“落湾”。至于航向“取矮”，应使船首朝向凹岸，随船之驶进逐次及时转向，以防船首逼近凹岸，略保持扬头之势。但又切忌扬头过甚，而把船首转向凸岸，若此时船速较大，可能驶入凸岸之缓流或回流，造成“打抢”搁浅。若船速较慢，则船舶偏移又被落湾碰扫凹岸。故对于船首向的选择，应做到使船速与扫弯水流速的合速度方向正好重合于经过妥善选择的航线上。

“挂高”、“取矮”方法，非但可用于平原河流的急弯河段，对于山区和小河的急弯河段同样可以使用。

2. 缩减航线的曲度

俗称拉大档子。实际是设法加大航迹的弯曲半径。船舶在一个急弯河段有限水域内回转比较困难，因此放大其航迹的弯曲半径，无异于扩大了回转水域，这对上水或下水船都十分重要。当下水船在接近急弯河段之前，应把船带到离开主流，驶向凹岸之上肩部附近，然后向凸岸回转，在弯曲顶点附近，再取道主流与沙嘴之间下驶，待驶过弯曲顶点逐渐进入主流，继续顺流下驶。上行船驶至弯曲顶点之下方时，即将船靠近弯曲顶点的凸岸边的航道驶过。

弯曲河段的上行船利用缓流区航道时，因紧靠凸岸，有缩短航程之利。但弯曲河段的缓流，不一定都在凸岸附近，当航道弯曲半径甚小时，主流多靠近凸岸流动，缓流反而在凹岸附近。

在前一节河水对河槽的作用中，曾提到作用于水质体上的力有重力、地球偏转力与离心力。以水流的流向为准，在北半球其偏转力（科里奥利力）f 经常冲刷右岸，离心力 C 则随弯曲之方向而异，当河道向右弯时冲刷左岸；当河道向左弯时则冲刷右岸。总之，离心力是作用凹岸，且河道的弯曲越大，流向凹岸的表层水的推压力也越大，船舶下行，稍一不慎，可能被压拢于凹岸，船身偏移，发生船尾触岸事故。

例如长江忠县下距宜昌 398.5 公里的折尾滩，面对江心折尾碛，折尾碛将江流一分为二。折尾滩在南岸（即顺主流右岸）弯曲河段凹处，在科里奥力冲刷右岸与离心力推扫凹岸的作用下，下水船一时不慎常被推于凹岸，发生船只触岸折尾而得名。

三　浅滩河段

在河槽中，有形似沙岗的泥沙冲积物体的河段，称为浅滩河段。它是河流的基本组成部分之一。

（一）浅滩的组成（图 11-2）

（1）上深槽。浅滩上游的深水河槽。

（2）下深槽。浅滩下游的深水河槽。

（3）上沙嘴。在上深槽旁与岸相连的楔形浅水地带，枯水期时，一部分露出水面。

（4）下沙嘴。在下深槽旁与岸相接的楔形冲积形成物。

（5）沙鞍。它包括前坡、后坡、沙脊等部分，是浅滩淹水部分的总称。

（6）鞍槽是沙鞍上水位最深的部分。一般即为航道的位置。

（7）前坡，亦称迎水坡，即沙鞍正对水流方向的部分。

（8）后坡，亦称背水坡，坡根。即沙鞍背后顺水流的一面。

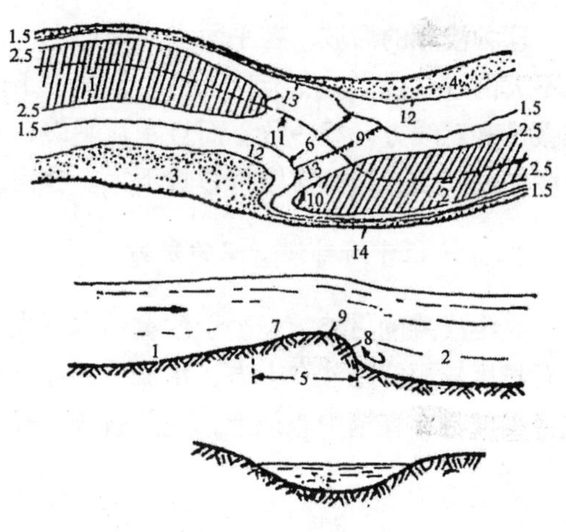

图 11-2　浅滩的组成

1. 上深槽；2. 下深槽；3. 上沙嘴；4. 下沙嘴；5. 沙鞍；6. 鞍槽；7. 前坡；8. 后坡；9. 沙脊；10. 下深槽尖潭；11. 航线位置；12. 水抹线；13. 等深线；14. 下陡岸

（9）沙脊是沙鞍的最高部，亦即水深最浅处。

（10）下深槽尖潭，即下深槽深入上沙嘴尾部的尖端。

流经在浅滩河道的水深和流速的分布状况，有与其他河段不同的形态特点。

从水深状况来说，由于沙脊横置于河槽中，分隔了上下两个互不联通的深槽，浅滩前坡坡度平缓上升，后坡坡度陡峭下降。故水深从坡之前缘开始，随坡度逐步升高，水深逐步变浅，到沙脊处，水深达到最浅；后坡从沙脊开始，一过沙脊，越过陡峭，随后坡度急降，水位突然增深。至于浅滩上的流速分布，也较其他河段复杂。浅滩上的上层水流速，从上深槽向下游逐步增大，到沙脊处达到最高速度，过沙脊后又逐步恢复正常。而底层水流则在上深槽至沙脊间的流速是逐步减小，到沙脊时达到最小。而流过沙脊至背水坡处，由于下陡岸单向环流及水流的分离作用，形成负速（逆流）。所以说浅滩鞍槽上的流速分布较为复杂。

枯水季节时，浅滩上的水深不大，而流速较快，水流流向也较为复杂。面流经过上沙嘴尾部，形成横流，流向凹岸又沉入水底成为底流，分为两支，一支经上沙嘴尾部，与来自下陡岸的底流会合，沿后坡流去；另一支则沿浅滩鞍槽，汇合下陡岸来的底流，沿下沙嘴流去。

浅滩上的流向分布极为复杂，它的面流对船只航行影响很大。而底流则对浅滩成型有密切的关系。

（二）浅滩河段的航行条件

浅滩的分类有多种，有依浅滩形成的原因分类的，有依其形态演变情况或生成位置分类的，而船舶驾引人员以航行条件为依据的分类法，更切合航行实用。

船舶驾引人员按浅滩后坡的形状和在河槽中的位置将浅滩分作六种：

1. 后坡平缓的浅滩

这种浅滩的后坡，在平面上或断面上都是平缓的，与河槽轴线近乎正交。它常形成在弯曲不大的过渡段上、支流口、河心洲的上下端等位置上，且水深较大，滩上表面流向，与浅滩鞍槽和航线方向相一致，而且水流平缓，在上沙嘴尾部与下沙嘴头部的横流很小。从驾驶角度来说，此类浅滩对航行影响不大。在河道中，这类浅滩占有很大的比例。

2. 后坡位于对峙沙嘴间的浅滩

这类浅滩的后坡，是由于沙嘴的水下大沙齿与上沙嘴的大沙角对峙而形成。鞍槽一般较深而长度较短。在沙脊上方，水流受相互对峙的水下沙嘴限制，而流向鞍槽的中心线，船舶能稳妥航行在鞍槽中心线上，为航行条件较好的浅滩。

3. 凸后坡浅滩

这类浅滩多成于河槽弯曲过渡段较短，而其下游的弯曲度又较大的河段。浅滩后坡呈凸形，鞍槽中间部分水深很小，沙脊上水流呈扇形扩散。下陡岸受较大冲刷，具有弯曲河段凹岸形势。沙脊常发展成河心洲又将鞍槽一分为二，浅滩上下端均有横流，上沙嘴下常有长大的尖潭，上水船在此很易发生钻套事故。这是一种航行条件不良浅滩。

4. 后坡位于两个交错大沙嘴的浅滩

这类浅滩，两岸沙嘴较长，并互相交错相对，乃致浅滩鞍槽十分弯曲，有一部分甚至可与河槽接近垂直。上沙嘴靠航道一侧成陡峭形，水流经该处成为流向下深槽的横流，船舶经此会发生显著的偏摆而有被搁浅于下沙嘴上的危险。这种浅滩很不稳定，常出现在河心洲。

5. 后坡位于陡沙嘴下面的浅滩

这类浅滩，犹如有两个后坡，一个在上沙嘴之下方，另一个在下沙嘴的下方，而以后者为主要后坡。此类浅滩的鞍槽长而窄，其进出口的航道甚为弯曲，水深较大而且稳定，但水流流向混乱，在浅滩上端有向下沙嘴头部冲压的横流，在中部左方有横流压向陡沙嘴，而右侧陡沙嘴上方又有横流注入鞍槽，在鞍槽下口也有横流分别流向陡沙嘴尾及下沙嘴外缘。这种浅滩的航行条件比较复杂。

6. 双后坡浅滩

这类浅滩有两个距离很近的后坡，以下方的后坡为主。这种浅滩的构成很不稳定，当河心洲下移，或岔流流量与流向发生变化时，均能引起浅滩的显著变化。因岔流而形成的横流，对航行中的船舶有显著的推压作用。这种浅滩航道，不仅多变，多弯曲和有强力横流，而且还要在很近距离内连续克服两道沙脊障碍，是一种航行条件最困难的航道。

以上这一分类方法，在河面较窄，流量较小的河流中，应用起来十分方便。特别是这种分类法是根据浅滩后坡特征来划分的，而船驶过浅滩的驾驶方法也是取决于浅滩后坡特征进行操驾的。故为驾引人员所乐于采用。

（三）浅滩河段的船舶驾驶操作

不论哪一类浅滩，其妨碍航行最突出的难点归纳起来不过有四个，即是：浅滩沙脊、浅滩横流、变迁中的浅水区、浅滩上的弯曲航道。只要准确地识别浅滩的类型和其水流的特征，掌握住相应的正确操驾方法，即可安全驶过。

1. 浅滩沙脊驶过

木帆船在浅滩河段航行时，沙脊是一种主要障碍。此处的相对水深最浅，相对流速最大。船上行驶近沙脊后坡时，船头所排开的水受到后坡阻挡，产生壅水推力，将船头推向下陡岸偏转，不能准确驶过沙脊。因此在驾驶操作上，必须做到下列要点：

(1) 交角要大。船过沙脊时，力求将首尾线与沙脊棱线处于垂直状态，一面减少因后坡回波引起的船体偏转摆动；一方面又能使船舶以最小的船中横断面积，选择沙脊上水深最大的鞍部最低点处驶过。下水船驶过沙脊时，因沙脊的陡峭后坡对其影响小于上水船，对船的操驾，可以采取斜交状态驶过沙脊。

(2) 航向力求平行于流向。上水船在驶过沙脊时，应使航向平行于流向，大交角驶上沙脊。一方面是为了避免增加行驶阻力；另一方面也为了防止船舶在沙脊上偏移，使航向与流向间形成不利的交角，造成一个反向的回转力矩，阻滞船舶掉向，驶上沙脊，并使船体沿沙脊后坡偏移，发生搁浅事故。

下水船驶过沙脊时，对航向与流向的平行程度，不必做过分的要求。

2. 迎横流行驶

浅滩上的航槽甚窄，木帆船通过时，受到横流推压，即会越出航道界限，发生搁浅事故。一般说，浅滩上的横流分布的位置有三处：一是在鞍槽下端，其横流向下沙嘴上方推压；二是在鞍槽下端，其横流越过上沙嘴尾部后，注入下深槽的尖潭；三是在鞍槽中部，有自上游一侧流向下沙嘴上侧的横流。这些横流，多在河心洲有水下冲积物组成的大交角浅滩上，对船舶航行危害最为严重。

在横流中的船舶驾驶，主要是对航线与航向的选择。其操驾要点有二：一是船位必须偏在横流上方，而航向须有一个偏航角以抑制偏移，但不宜过大，谨防陷入“逼向”的困境；二是在行驶的过程中，横流的推压作用将自这一舷转换到另一舷，操驾者稍有疏忽便会造成船舶失控的危险。因此，在用舵使偏航角由这一舷转换到另一舷过程中，当偏航角接近零度（船首尾线与流向一致）时，不得任其继续回转，应及时回舵控制转势，使船舶及时稳向。

3. 变迁中浅水区的驶过

变迁中的浅水区，系指有相当范围正在变迁中的河段，一般是指浅滩正在成型时期的状态。这种河段的特点是河槽极不稳定，河底形态时变，时而出现沙包，时而又被冲毁。另一特点是水深偏浅，不易选定航线，航行十分困难。在这种河段的驾驶方法，首先是尽力缓行，防止宽短型船擦浅，瘦长型船拖底。所以应随时测深，慢速前进。当抵触沙包时，操驾人员应立即加力撑划增大前进力量，将尚在变迁不定的沙包冲毁，船舶则可勉力驶过。但不可以快速冲击，以防在沙包被毁前的瞬间，致使船体经受强烈震动产生损伤。

4. 浅滩弯曲航道的驶过

在后坡位于两交错大沙嘴间的浅滩和大交角浅滩上，航线特别弯曲，船舶航行至此，不论上水或下水，均应按照通过弯曲河段的驾驶要点进行操驾。在驶入浅滩以前，减慢行驶，以利缩小实际航迹的弯曲度；弯曲顶点的航线，一定要靠近航道的内侧，既能提高船位又能加大弯曲半径，减小操作上的困难。上水船为了保证能适时地正确驶上沙脊，应事先获得一个适量的回转角速度，以抵制由后坡及高速水流造成的不利影响；下水船减速进槽后，在驶近沙脊即将开始大角度转向前，应加用后梢与前招加快航速，增加舵力，提高回转能力，造成较大的水流侧压力，以防止船舶向下陡岸侧移而造成危险事故。

5. 浅滩船舶会让

浅滩在出浅碍航期间，属单向航道。船舶不能在此河段交互会让。据宋人范成大所著《吴船录》卷下记，为指挥单向依次过船，“帅司遣卒执旗，次第立山之上，下一舟平安（通过），则簸旗以招船”。不论上下水船，当发现对驶船已进入槽口（船工对困难河段的习称），即暂停于槽口外等候。下水船待让时还须进行掉头逆水锚泊，待上水船出槽后再掉头下驶。

当浅滩航道尺度较宽，尚可作双向航行时，就可在航道中会让。对驶时，下水船位置应在横流上方，上水船则在其下方驶过，对在浅滩航道中的同向行驶船舶，不准追越。

四 河口河段

河口河段，包括流入干流的支流河口和流入海洋的入海河口。

（一）支流河口段的航行

1. 支流河口段的航行条件

支流河口段，一般是指从支、干流汇合处起，到洪水期回水终点为止的这一段很短的河道。

支流汇入干流的形势有三种，即支流以直角形势汇入干流；以钝角形势汇入干流；以锐角形势汇入干流。由于干支河流相通并互相影响，当干流水位上涨时，支流在一定范围内产生壅水，泥沙沉淤，形成河心滩、沙洲；当干流水位低于支流时，支流河口则产生强流，虽有利于冲刷河口，但增加了上行船的航行困难。在两河汇合处，常出现回流和夹堰水两种不正常水流。夹堰水出现在两种流向不同的水流汇合处，回流则出现在支流入干流河口的下方。这两种不正常水流对木帆船航行有很大影响，船驶入夹堰水区，即出现摇摆不稳和航向偏转，甚至发生“打张”事故。回流可使船失去控制撞岸（图11-3）。

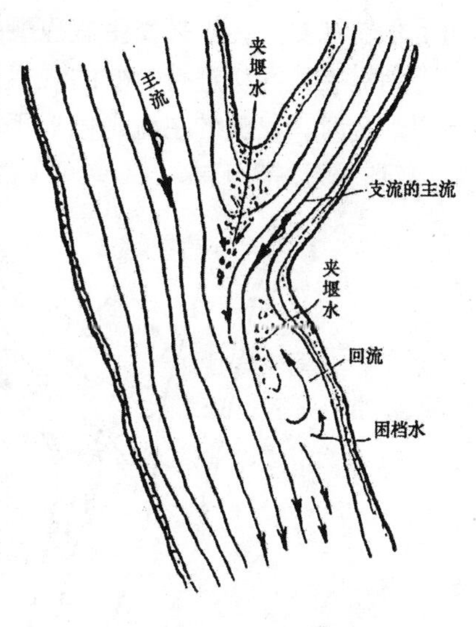

图11-3　夹堰水与回流

当支流以不同角度注入干流时，其主流位置各有显著的不同。支流以锐角注入干流时，其主流在支流左岸；支流以钝角注入干流时，其主流在支流右岸；支流以直角注入干流时，其主流略近中线位置。这对船舶进出汇合口时，选择相宜的航线位置有密切的关系。

2．支流河口段的船舶驾驶操作

(1) 由支流驶入干流的驾驶要点（图11-4）。必须注意支流与干流汇合的交角大小；出支流后，在干流中将作逆流航行，或是顺流航行。

当船舶驶出支流进入干流作逆流航行时，航线应选在夹堰水的边缘，驶入干流的上水航线中，但注意不宜驶入夹堰水区，以免船身发生倾斜，若已驶进该区，应加大舵角，以便尽快调顺船身驶入干流的上水航线。

当准备将船驶出支流，进入干流作顺水航行前，应将船先驶离支流的主流，趁二流水（主流两侧流速较小水流）驶入干流的下水航线。先入二流水再进入干流下行的优点，是防止与趁回流上行的船碰撞，并可扩大视野，加强自船的操驾确保航行安全。

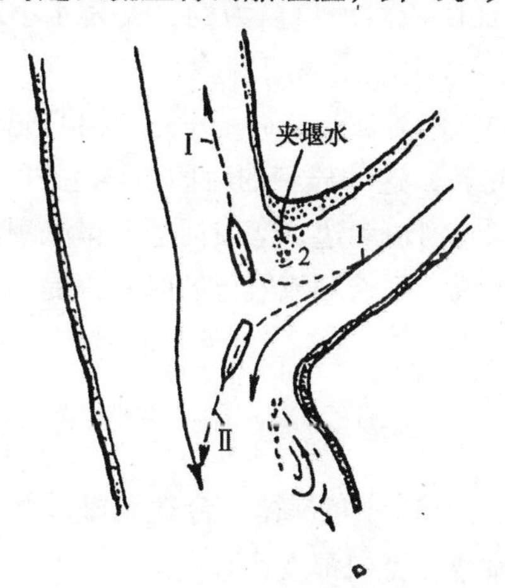

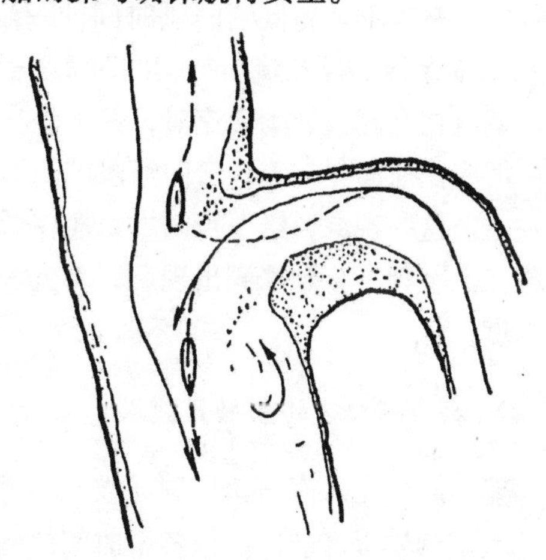

图11-4　船由支流驶入干流

(2) 船舶由干流驶入支流时的驾驶要点（图11-5）。首先是把船舶引至上水航线上。因船在干流中勿论是上行或下行，当其进至支流河口时，均成为上水逆流航行。若支流以锐角与干流汇合时，支流的主流偏近其左岸，这便使经回流上行之船，在驶至支流河口时，与支流的下水航线相交，极易发生碰撞事故。所以上水船应在下岸嘴附近拉大离岸距离，扩大视阈，有利对支流河口进行有效的观察，对由支流驶出的船舶采取及时的避让。若支流以钝角与干流汇合时，支流的主流则偏近于其右岸，这时从干流上游来进支流的船舶，更应注意在支流河口的避让措施。

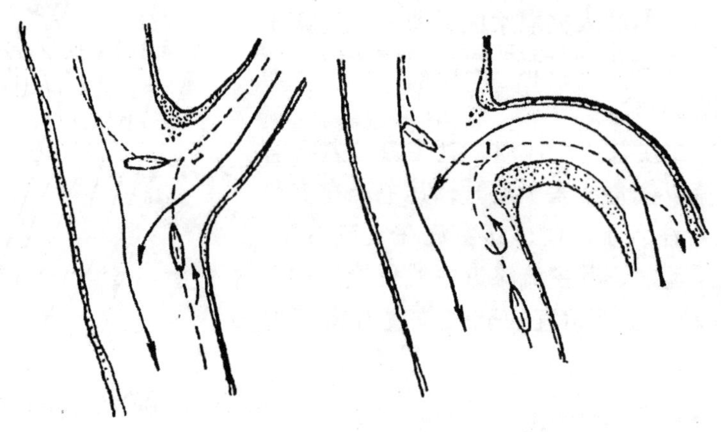

图 11-5　船由干流驶入支流

（二）入海河口段的航行

1. 入海河口段的航行条件

入海河口段的航道尺度比一般河段宽，并可利用潮汐涨落的水深变化，使大型河船趁潮进出入海河口段的支流小港，且能借涨潮水有效地提高船舶载重量和航速。战国时成书的《禹贡》上，便有入海河口的船，“趁彼逆流，朔河而上”的记载。上潮时的溯江流，持续时间较短，有时不及高低潮间隔时间的一半，以长江口至江阴入海河口段为例，仅为 4 小时 15 分。而落潮的顺江流所持续的时间可达 8 小时 10 分钟，流速也较溯江流大。

潮流在高潮或低潮转流时，并不是在河槽的整个断面内同时发生，而是岸边比河心先转流，河底比河面先转流，弯曲河段的凸岸边又比凹岸边先转，这个先转的时间可早达 30 分钟左右。这一现象，给上行的木帆船在低潮转流时，借顺直河道岸边，弯曲河道凹岸涨潮前的溯江流上驶，直到涨潮出现后，将上水船位立即置于正流，延长顺流航行的时间，提高航行速度。

2. 入海河口段的船舶驾驶操作

船舶航行在入海河口段时，要充分掌握潮流转流时的流速分布规律，合理调整航线位置，利用潮汐提高航速。但各个时间的潮流分布状况、流速、流向都变换不同。

（1）落潮流。最大流速在河心一线。弯曲河段最大流速偏近凹岸。这时上水船航线应选在岸边缓流区，若在弯曲河段则应选在凸岸。下水船则顺高流速线而下。

（2）低潮转流。到低潮转流时，落潮流速逐渐降低，在两岸边首先出现涨潮流。在弯曲河段，凸岸涨潮流比凹岸出现的早，这时上水船航线应选在凸岸边，下水船航线应选在河心。

(3) 涨潮流。全河面出现涨潮流时，上水船航线应选在河心，在弯曲河段应靠近凹岸；下水船应沿岸边或凸岸下驶。

(4) 高潮转流。上水船在河心驶行，下水船仍沿岸行驶，一直到河面出现落潮流时为止。

若要在航行中利用潮汐，首先要了解并掌握高低潮时、潮高、流速以及“溯江流”和“顺江流”出没的时刻与持续时间，方可比较准确地利用高潮水位和流向，满足船舶吃水深度，选择合适的航线，提高船舶载重量，随潮流不经倒载通过浅水区，进入内河支流港，以避免倒载过驳，减低运费成本开支。

五　山区河段

山区河段，是指河流在山岳峡谷的河段而言。它可能位于河流的上游，也可能在中下游。如长江宜昌以上的河道与宜宾以上金沙江河道，都是典型的山区河流。山区河流的航道弯曲狭窄，河床由岩层、块石、卵石组成，岩礁星罗棋布礁浅多，水势汹勇急流险滩多，水位暴涨暴落不正常水流多，河槽稳定少变。上述六个特点，除最后一个河槽稳定少变外，其余五个特点都对航运不利。这五个不利，归纳起来即是不正常水流和急流险滩两种。针对这两种不利的航行条件，须用两种驾驶操作方法。

(一) 山区河段不正常水流中的船舶驾驶操作

与内河航行关系密切的不正常水流有回流、泡水、漩水、急流、横流等数种。这些不正常水流在其他河段也会出现，但其强度以及对航行船舶为害的程度，远不及山区河段不正常水流那样严重。

1. 山区河段回流中的船舶驾驶操作

上水船进入回流区后，立刻感到舵效降低和操纵欠灵，将会产生下列几种情况：一是由于两舷外的流向和流压不同，促使船舶向外偏转；二是两舷的舵效不同，此时若向回流一侧转舵时，舵效显著地低于外舷；三是当船刚进入回流区时，船首外舷受到回流的横向推压，迫使船首向岸边回转，船工称作“打抢”。而当驶出回流区时，回流又冲击船尾外舷，迫使船向河心倒头。船工称作“打张”。这两种现象在山区河流极为常见，稍有不慎则发生事故。

因此，上水船驶进回流区应向河心用舵，防止船首被推压打抢。驰出回流区则向岸边用舵，防止“打张”。

下水应尽力远离回流区，若所选航线不当，过于靠近回流下驶，操驾一旦失慎进入回流区，因下行船速较快，难以及时用舵调整航向，受到回流的推压，会造成船舶撞岸事故。

若遇较大范围的强力回流，可迫使船舶掉头作一次大回转后，才能重新驶回正航线继续下驶。

2. 山区河段漩水中的船舶驾驶操作

在漩水的漩涡范围内，越接近漩涡流速越快，压力越低。在其半径范围内由边缘向中心压力急剧下降，因此当船在其外缘一侧通过时，便会发生大角度的横向倾斜，受到向漩涡中心的横向推压，使船舶急剧偏离航线。如果漩涡范围较大且有较大的强度，这种偏航现象很难及时制止。船舶如从其中心穿过，便会发生显著的纵摇。对木帆船来说，如遇沙漩（挟带泥沙的漩水，又称走沙水）便有被吞没的危险。

船舶在通过漩水区时，航线选择是否相宜，对于航行安危至关重要。因此船舶尽可能避绕而过。假若由于航道限制必须由漩水区驶过时，要注意在主流左侧的漩水做逆时针方向旋转；在主流之右者作顺时针方向旋转。然后把航向选在顺漩水回转方向一侧通过，才能保证航行安全。

3. 山区河段泡水中的船舶驾驶操作

由于泡水的水流是自中心流向四周的，因此船舶在其一侧通过时，横向推压作用甚为显著，可使船舶发生不同的偏航，先是推船首偏离航向，继之是推船腰使船体平行外移，最后又推船尾偏离航向。这种偏移现象，常能导致严重的海损事故。

船舶航经泡水的正确操作方法是：当船首驶近泡水时，将舵叶转向迎泡水的一侧，使船首获得抵制泡水横推的力。到船驶至与泡水正横时，舵回至正中。当船舶驶出泡水前，将舵叶转向背泡水的一侧，使船尾获得抵制泡水横推的力。如操作的舵角适宜，就能有效地防止船体偏转而保持在既定航线上航驶。

但在航行中，各处航道又有其不同的特殊情况，操驾方法也须因地制宜。如对正挡于航道上的泡水可穿泡而过，对于排列航道两侧的泡水，可从两泡之间驶过。当泡水与漩水毗邻同存于航道时，俗称谓“卧槽”，两者结合对船舶的危害性更大，应尽力避绕而过，若受航道所限无法回避时，只得小心应变，谨慎驶过。

4. 急流

急流，是指妨碍船舶安全航行的一种高速水流。山区河流的急流对船舶的安全影响甚大，它使上水船航驶困难，有时甚至无法上行。对下水船航速加快，惯性加大，增加了操驾上的困难。至于急流中具体操驾方法，将在本章以后的急流险滩驾驶方法中一并叙述。在此暂略。

5. 山区河段横流中的船舶驾驶操作

山区河流中以局部横流最为常见，如“出水”、“斜流”、“内拖水”及其他具有横推作用的不正常水流都是。

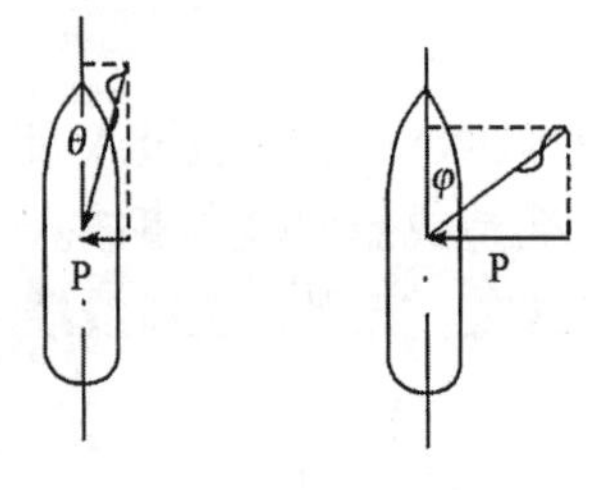

图 11-6　船舶首尾线与横流流向夹角

关于驶过横流区的具体操作，可分为两个要点：

(1) 不论上行船或下行船，也不论是航行在山区河流或是平原河流，首先必须把航线选在横流的上方，这样可为船舶偏移留有余地，即使由于横流的推压发生偏斜时，也能使船舶仍在航道范围内航行。而且船舶首尾线应与横流流向有一相应的夹角（图 11-6），夹角宜小。

(2) 横流的横向推力是与夹角大小成正比的，欲减小横推力，就应减小夹角。但航行中的船舶，它必须按一定航线行驶，故上水与下水船的夹角应有所不同。上水船的航向与横流流向的夹角（图 11-7），必小于横流与航线间的夹角，并随横流的增强而减小。

下水船则相反，它的航向与横流流向的夹角必大于横流与航线间的夹角，且随横流的增强而加大。船舶实际航线方向，是船舶前进力和横流的合力方向，只有根据本船的前进力大小和横流强度大小以及流向来调整本船的航向与横流间的夹角，才能使本船航行于既定航线上。

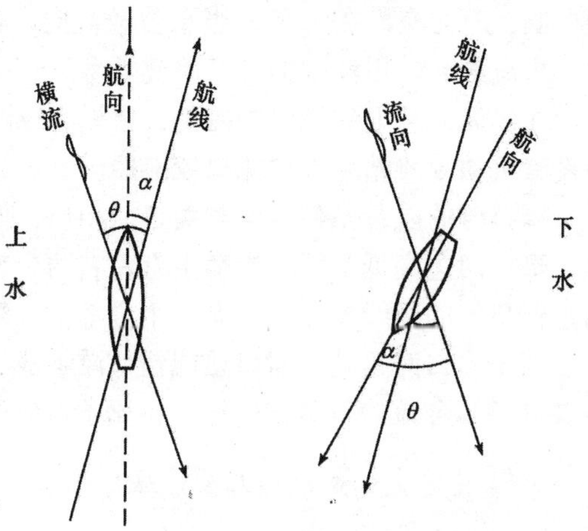

图 11-7 上、下水船的航向与横流流向夹角

（二）山区急流险滩中的船舶驾驶操作

急流险滩，实际上就是山区河道中急流成险的特殊河段。例如在川江有些险滩河段的水流，枯水期时流速可达 19.4 公里/时，洪水期可达 24 公里/时，这不是木帆船所能自行顺利驶过的，这些急流险滩按其航行条件来看，可以分作三类。即对口滩、错口滩和多口滩。

1. 急流险滩河段的航行条件

对口滩是由两个相对的岸嘴，从两岸伸入河槽对峙而成；错口滩是由两岸两个交错斜对或仅一个岸嘴伸入河槽拦阻水流而成；多口滩是由多个对口滩或错口滩组成的险滩河段。这三类急流险滩都是以突入河槽的岸嘴组成，其水性和航行条件基本相似，只是碍航程度略有不同。认清对口滩的航行条件，便可概见其他两类。

（1）河槽全部由原生基岩或大卵石构成，对船体有严重的危害，操驾中必须确实掌握其分布情况，方能恰当地选取航线。

（2）在险滩范围内，有一系列的回流、急流、泡水、漩水、夹堰水和横流等不正常水流，操驾中必须掌握各种水流的位置、强度，以便选定航线和操作措施。

（3）险滩上的流速分布情况特殊，平面分布很不均匀。在呈“V”形滩舌处是高速流区，其下两侧则为缓流或回流，是上水船航线的合理位置。滩舌边缘，两斜交水梗的流速同于河心流速，河水垂线最大流速常在水面下 1/5～1/4 水深处，上水船通过这里，很难以上驶。

（4）由于岸嘴束窄，河槽形成壅水，使急流滩出现集中的大比降，如川江某些急流滩水面比降高达 0.6%～1%，上水船除要克服高速水流的阻力外，还需克服坡降阻力。但水面比降的分布并不是一样大小，在岸嘴附近较大，离岸渐远，比降渐小。因此，在对口滩，河心一线的比降最小；在错口滩，则以对岸附近水面的比降为最小。这种比降的分布特点，为上行的船提供了有利条件。

（5）急流险滩的汹恶程度，随河流水位而异，当突出河心的岸嘴较高，尚未被洪水淹没时，水位愈高，急流愈强愈汹，水位上升到刚淹没岸嘴时为最强最汹险。当水位继续上涨至淹没时，急流反而转弱，川江中瞿塘峡的滟预堆等许多中水位滩多属这种类型。另一种是岸嘴很低，通常淹没在水下，当水位较高时，急流反而不强，但随水位下降而增强，水位愈枯，水流愈急。川江中的青滩属此类型。

在船无力驶上的急流险滩处，常设有绞滩设备，协助船舶过滩。旧时以人力绞滩，现代则设有机动绞滩站和不少滩口绞滩船。

错口滩的航行条件，虽与对口滩相仿，但其不正常水流不是对称分布的，水面有显著的横比降，两边高低不同；岸嘴下有左右两个较大的回流区，并常上下错开分置。因此上水船通过错口滩的航线位置，只有一个方案，一般总是从位置较高的回流区上驶。

由于多口滩是几个对口滩或错口滩组成，如川江的观音滩、牛心滩就是这种类型。其航行条件是各种滩航行条件的综合，比单口滩更为复杂。

2. 急流险滩河段的船舶驾驶操作

(1) 利用缓流。急流险滩是以流急滩险为主要碍航因素，因此要充分利用缓流行驶。

上水船驶过急流险滩时，除早用回流、夹堰水等大面积缓流以提高航速外，还在于驶过滩头最大流速区时，会不会利用局部小缓流，是能否驶过滩头的关键。因为缓流常深入到岸嘴下方，高速水流在边岸的强度比河心弱，而缓流区在这里又以最大限度靠近了岸嘴，这便给船舶沿缓流冲上较狭的最小流速带提供了条件。因此局部小缓流，是上水船驶过急流险滩的合理航路。

(2) 摆出上急流。当上水船无法驶过比降较高之急流滩时，就应设法把船摆出上急流，将航线调整到坡降比例较小的位置上驶。一般对口滩的河心一带的坡降较小；错口滩的岸嘴外方总比对岸的坡降大。所以上水船过对口滩时偏向河心上驶，过错口滩时偏向岸嘴对岸驶过，这都是最佳的航线。但在摆出急流时，舵角切忌过大。流向与船向的夹角也切忌过大。以免降低对船的控制能力，发生事故。

(3) 驶出角要小。从凸岸嘴下方回流中驶出并进入急流区时，船之首尾线与急流流向夹角不宜过大，否则船首迎流，一舷受急流推压，船尾另一舷又受回流推送，船体会向下游掉头，产生“打张”险情。在操驾中，有几点值得注意的事项：

1) 防止过大的驶出角。首先是避免过多地利用回流，应在距岸嘴下方有一定的距离时，便偏离回流，沿着夹堰水上驶。

2) 万一发生“打张”，欲进行掉头操作防止事故扩大时，切忌操舵过急，致使船舶在作曲线运行产生离心力的情况下，作用于船体水线以上的离心力与作用于水线以下的急流横向推力，形成倾斜力偶，使船体发生大角度倾斜，造成翻船危险。

3) 上水船在急流险滩沿凸岸嘴上驶时，必须谨防发生“挖簧”事故。“挖簧”有两种情况：一是船在岸嘴下搭上二流水时，由于船首进入岸嘴下方泡水（枕头泡）的内侧，事先未及时转舵抵迎，及至水流推迫船首撞在岸嘴下方，造成“挖簧”事故；另一种是在船舶转过岸嘴后，航向不当，斜向岸边，受背脑水推压，被迫触岸，造成“打抢”。因此，在船驶出时，既要防船向与流向的夹角过大而“打张”，也要防夹角过小而“挖簧”。

当上水船自身无力驶过急流险滩时，通常是借请纤工拉船上滩。关于拉纤航行的具体驾驶操作，已于本章第一节六“内河木帆船的航行操作”（三）“河船航行·17 拉纤航行”中作过详细叙述，请参阅。

下水船在通过急流险滩时，由于这里的航线弯曲，流速湍急和不正常水流多，必须有效地控制航速，选定最佳的航线位置和航向，保证船在既定航线上安全驶过。在具体操作中，务必注意把船头调“活”，不宜过稳过呆，宜将转舵的时机恰当地微量提前，防止误失转舵时机，发生航行事故。

（三）山区礁浅河段的船舶驾驶操作

礁浅河段，是指礁石星罗棋布的石质浅水河段。

1. 山区礁浅河段的航行条件

礁浅河段的礁石，有的露出水面，有的隐于水下，致使河槽断面缩小，流速偏高并随水位涨落变化，航道甚为弯曲复杂，船须避绕航行。

（1）浅礁河道的水流，因受明、暗礁石的阻碍，常产生横流、泡水、漩水、夹堰水、回流等不正常水流，并有急促变化不定的特点。

（2）隐伏于水下的礁石，一时不易判定其确切位置，对航行危害甚大，船工们根据多年的观察和航行实践，总结经验，概括成“花三泡四梗八尺”这样一句口诀，根据水面形态、水深、流速三者之间的关系，指明水流遇暗礁则在水面翻起花水，由此便可知暗礁约在花水上游的三尺深处；见泡水，则知暗礁在泡水上游四尺深处；有梗水的地方，则在其上游八尺处有暗礁。这一口诀有一定的参考价值。

（3）在石盘、石梁等大型礁石周围的不正常水流形态变化多样。①当礁浅河段的水位低，流量小流速也低时，各种不正常水流俱都消失；反之，则相继在礁石头部出现横流（俗称斜流），可将船推离礁石；尾部也有横流（俗称内拖水），可能将船拉入尾后。尾后有回流、缓流，上行船在航行中可适当利用。②当礁浅河段水位上升时，在水位刚淹没礁石顶部，出现了漫顶而过的横流（俗称滑梁水），同时水位尚不足航行深度，并且各种不正常水流丛生，这时对航行的妨碍最大。待水位上升淹没礁石后，各种不正常水流消失，在礁石下游出现既宽又长的“旺水”区，“旺水”流速甚大，而且其流向与河水相反，水势汹涌，对船舶航行的威胁很大。如能对河道礁石的位置十分清楚的话，上水船在航行中有适当利用“旺水”的可能性。

礁浅河道是由卵石碛、礁石组成，水深不足，过水断面小，流速大。船舶驶入这种航道，航速和舵效都会显著降低。当浅水航道的距离较长时，这里既无主流与缓流的明显差别，也无回流可供上水船利用，常有强力横流的干扰，所以说这种河道的航行条件很差。

2. 山区礁浅河段的船舶驾驶操作

在礁浅河段航行，首先要探明和掌握浅礁的位置、大小和深浅，再结合附近不正常水流的状况，然后选定合理的航线位置和正确的操驾方法，否则常易发生航行事故。针对浅礁河段的航行条件，其驾驶操作归纳起来有以下几项。

（1）“接旺”与绕礁驶过。“接旺”是上水船驶过礁浅区的常用操驾方法，利用适当可提高航速，利用不当常易出事。当礁石尚未被淹没时，其后方有对称小漩涡组成的“旺水”，中间汇成一股回流，其强度随水位上升而增强。在水位淹过礁石 2 米以上时，“旺水”最强，面积长宽也最大，上水船可利用它提高航速，但切忌为图快行入“旺水”过久，尤其在旺水强又对礁位不易辨清时，发生撞礁事故。宜适时驶出“旺水”绕礁上行，此时礁嘴下的回流、缓流还可充分利用，但驶出角宜妥慎选择，与礁嘴上斜出流水的夹角切忌过大，不然会引起“打张”事故。

不论上水或下水船在水位不深不能越礁驶过时，须远离礁石绕礁驶过，如取距过近，有可能发生滑困礁（嘴）上搁浅的危险。

（2）过碛浅河段。上水船通过卵石碛浅河段时，驾驶操作技艺甚少，主要是靠篙撑、桨划通过。在碛浅河道中，浅水的阻力是随流速航速以高次方增长的，若航速增长，船底流速的阻力更大。船工从长期操驾实践中发现，在浅水区有快船走不动，慢船反而走得动的反常现象。所以上水船过浅碛河段，其驾驶操作，应根据当时水深、流速具体安排。

下水船过碛浅河段，要注意防止横流推压。船在驶入浅水以后，船体吃水显著增加，下水船比上水船增加更多，并且舵效应降低，因此为防止船底擦浅事故和保持足够的回转性，应放慢船行速度。由于浅水区段的高速流水具有横流的特性，船要紧抱横流上方下驶，注意防止发生“逼向”事故。

（3）山区急弯河段的船舶驾驶操作。河道狭窄弯曲，是山区河流的主要特征。而山区河流的急弯航道，又常出现了急流险滩或礁浅河段内。这类急弯航道，对于上水的木帆船来说，由于船速缓慢能稳得住船，尚易掌握，但对下水船来说，情况便大不相同，稍有不慎即发生打抢，或落弯扫碰凹岸。在这里下水船的操驾困难较大。

下水船通过山区急弯航道的基本操作要点有“三防”，就是防背（脑）、防抢（打抢）、防垮（落弯）。为达到“三防”的目的，常用“挂高取矮”和回舵“提尾”法操作。根据船工长期操驾经验总结出的“三防”是下水船驶过山区急流弯道操驾的共性中心环节，应是：

1）正确运用“挂高取矮”（参阅本章第二节二“弯曲河段的船舶驾驶操作），使船位处于水势较高的一侧，船向与流向的夹角要小，航迹应有较大的弯曲半径，其优点有：

减少驶过急弯顶点的转向角度，使转向角不再集中在顶点附近，降低了操作的复杂性，有效地起到“防垮”作用。

有利于提前转舵，并能防止“背脑”（被横流斜向推船撞向凸岸嘴）。

即使航线稍有偏移，也可因船位较高，有较好的挽回条件，可保航行安全。

由于“取向矮”，对“防抢”有保证作用。

2）用舵的要求：

在“挂高取矮”的前提下，适当提前操舵转向，要求在急弯顶部以前转向基本完成，以便于在急弯顶部附近回舵“提尾”。

当船腰接近顶部时，就回舵“提尾”。这一操作可减小流向与船尾线的夹角，抑制船向凹岸（下方）偏移，还可防止船首进入凸岸下方回流区和防止船尾的横扫凹岸，收到既可“防抢”又可“防垮”两种效果。

“提尾”所用舵角的大小，宜视船舶当时的转势而定。如原来转势较大，舵角就宜大些，甚至用大角度（满舵）反舵。反之，则宜用小些。其最后结果应该使船的偏移较少，船首不进入回流区，船尾得到控制，而且船仍具有相宜的转势，并转完必须的角度。

结合当时当地水情，用相宜的舵角来迎抵斜流、泡水、内拖水等不正常水流，以取得“右舵左转”、“左舵右转”、“舵动船不动”、“一边舵”等效果，确保船舶航行在既定的航线上。

总之，下水船驶过山区急弯河段时，操驾人员应驾船在上方进槽前就拉大档子，然后利用有利条件提前操舵转向，尽可能在到达急弯前基本完成转向过程。这样操作的优点，是在急弯附近就可进行回舵提尾或稳舵提尾操作，既有利于克服不正常水流的影响，又能调顺船向达到“矮取向”。还可因用反舵而减少向凹岸推移。所以在急弯处采取“提尾”的操作，是极为合理和必须的。操驾人员在上方进槽时，应竭力创造这一有利条件。

上述所见和所提及的驾驶操作方法，主要是万里长江上广大船工驾驶技艺的总成。长江是我国第一大河，也是世界的第三大河，其全程 6300 余公里，几乎将自然界各种类型的河道特征包罗无余，在这样一条河流上经千百年航行实践所产生的对各种航道的操驾技术，至今仍为广大驾驶人员所沿用。近年来，经过航政部门从理论分析和复原实船测定后，验证了其各项技术有很高的科学性和实用性，虽然是长江木帆船工和现代机动船驾驶人员所惯用的操作方法，其合理性也可为其他江河的舟船操驾者所借鉴。

第十二章　运河水运工程

中国的地形是西高、东低，所有的山脉基本上是东西走向。这些东西横断山脉成了中国一些源远流长的大江、大河的分水岭，挟着像珠江、长江、淮河、济水、黄河、海河这些大河，一齐从西向东奔流入海，并且使它们之间互不相通，自成一个独立的水系。这是中国主干江河流向的基本状况。

水运有运载量大且不费牛马之力的优点，早在夏、商、周三代时已被人们所重视，那时只能利用天然河道航行，同时也受着天然河道流向和流程的限制，还不能随心所欲无往不至。其后，随着中原的黄河流域、荆楚的江汉流域、吴越的江淮流域三个地区生产力的发展，各自形成了一个独立、繁荣、兴盛的政治、经济中心。但由于各主干江河互不相通阻碍了南北经济、文化相互交流。为排除这种交通上的阻碍，自会有人想到开凿沟通各水系的人工河道，补充自然水道的不足，从而便促成了人工运河的诞生。这是中国江河水运交通在利用自然和改造自然过程中的一个飞跃，是中国古代社会文明进步的一个重要标志。

第一节　先秦人工运河的开创时期

中国是世界上开凿人工运河较早的国家之一，早期的人工运河见于春秋末期。当时，各诸侯国之间交相侵伐，开凿运河主要是为了漕运军需粮饷①。这时所开的运河一般流程不远，主要散见于远离中原的吴、楚、蜀等边远的诸侯国境内，是中国人工运河的萌芽时代。到战国时，中国的人工运河已由萌芽发展到体系化的时代。这时在中国东部和中原地区，已把古称四渎的长江、淮河、黄河、济水的中、下游，借人工运河串连在一起，克服了天然河道的局限，构成了初步的运河网络，沟通了南北水路联系，对全国范围的水运交流产生了广泛的影响。以后，自秦、汉至魏、晋南北朝，前后800年间的运河，基本是沿袭着战国以来的规模略加扩展与改进而成的，其中有几条便成了后世历代运河布局所依循的河道。

（一）扬水运河

扬水运河又名江汉运河。春秋时，楚、吴争霸于长江，楚灵王（公元前540～前529年）为军运所需，借长江与汉水之间的扬水凿成了扬水运河，成为“漕运所由”的重要通道。这条运河自今湖北江陵西北承赤湖水，东南流经江陵城北，又东北流至潜江县北入于沔水（汉水），全长140里，比原来绕道汉口缩短了1292里水程，是中国最早开凿的一条运河。西晋时，杜预又利用古扬水扩展运渠，向南“达巴陵千余里，外通零、桂之漕”②，构成洞庭、湘江水运交通网。南北朝刘宋元嘉年间（425～453），为广通漕运又相继加以浚治。至北宋，河道湮废，端拱元年（988），再次疏浚，以通荆南至汉水襄阳（今襄樊）漕运，可

---

① 唐·房玄龄等，《晋书·杜预传》。

② 同①。

通二百斛漕舟，改称为荆南漕河。北宋末年，因拒蒙军南下，决河以水代兵，江汉之间顿成泽国，河道、村镇湮没无存。明代，江陵以下的沙市，汉水泽口以上之沙洋相继发展成城镇，重浚河道的入江口移至沙市，入汉水之口移到沙洋，因此又改称为两沙运河。清代嘉庆、光绪年间曾进行过疏浚，辛亥革命后年久失修。

（二）胥溪

又名胥河、胥渎。沟通太湖与长江的运道。春秋周敬王十四年（前506），吴王阖闾为西征楚国，命伍子胥凿渠以通军运，故名。东起自太湖西岸，历今江苏宜兴、溧阳、高淳等县境，西至安徽芜湖市入长江。渠成，为吴国水军入江便道。明代洪武二十五年（1392），重加疏浚以达石臼湖。次年，再由石臼湖向北，凿通胭脂岗，浙江漕船由太湖经此渠可直达京师金陵（今南京）。

（三）胥浦

春秋时吴国所开太湖向东通海的运河。周敬王二十五年（前495），吴王夫差继位后，命伍子胥督役修浚而成，故名。西起太湖长泖，接界泾而东，历经惠高、鼓港、处士、沥渎诸水而入海。此渠经太湖与西岸的胥溪相连而成西达长江，东出东海的捷径。

（四）吴古故水道

吴古故水道，（见记于《越绝书·吴地传》）是从苏州西北行，过漕湖经大伯渎、无锡至常州以北的利港汇入长江的一条河道。后来又由苏州沿太湖水网地区向南延伸，与今浙江海宁县盐官镇西南45里的百尺渎接通，再经百尺渎南接钱塘江，沿途利用天然河道稍事疏浚而成。开凿时间最迟不晚于春秋时期[①]，具体年月不详。当时由“吴古故水道”形成的这条运河，走向虽与今之江南运河稍有差异，但已粗具规模，为后世南北大运河江南区段的形成和发展奠定了基础。

（五）邗沟

邗沟又名韩江、邗江、邗溟沟、渠水、中渎水、山阳渎。春秋末期周敬王三十四年（前486），吴王夫差为与齐国争霸中原，在江苏扬州东南筑城，开邗口，凿沟引长江水北流，穿樊梁湖，出湖后再入博支湖，经马长汀出湖东北行入射阳湖，西北出，经白马湖至淮阴。再转向东行入山阳池，出池东北行至淮安末口汇入淮河。长约三百八十里[②]。东汉建安元年（196），由广陵（今扬州）太守陈登主持改凿新道，自高邮向北直达淮安，大致即今里运河一线，长三百四十里。魏、晋时淤浅，复绕射阳湖。隋代开皇七年（587）所开山阳渎，仍沿吴国故道。大业元年（605），又发民夫十万，按东汉建安陈登所开故道重加整治，不再向东绕行。

（六）菏水

菏水又名深沟。春秋末年，吴王夫差在征服越国，打败楚、齐两国后，又与晋国争霸中

---

① 张沛文，江南运河工程史初探，中国水运史研究，1987，(1)。

② 清·刘宝楠，《宝应图经》引自《扬州古港史》6。

原。为准备率军北上与晋定公会于黄池（今河南封丘南），继开凿邗沟之后，于夫差十四年（前482），又在商（今河南商丘）、鲁（今山东曲阜）之间开凿了一条沟通济水和泗水的运渠，即从今定陶县东北的古菏泽引水东流，至今鱼台县北注入古泗水。这条运渠是邗沟继续向北的延伸，使江、淮、河流域的水运得以沟通。

（七）济淄运河

战国末年，齐国为沟通淄水与济水所开的运河。齐国都城因临近淄水而以临淄为名。淄水在临淄城外经过流向东北，中途纳时水后流入渤海。而济水流至齐国境内，在临淄城西北六十里处向东流入渤海。济、淄两水的入海口与时水汇入淄水处相距甚近。当时即利用这条时水稍加疏浚再接通济水，开成了济淄运河。《史记·河渠志》所见："于齐则通淄济之间"，就是指的这条运渠。此渠虽流程甚短，却沟通了齐国与中原以及江、淮地区的水运联系。

（八）鸿沟

战国时，魏国从安邑迁都大梁（今河南开封）后所开的通向东南的运河。魏惠王十年（公元前361），先在古黄河南岸荥阳古荥镇之衍氏开渠引济水为源，注入圃田泽。三十一年（公元前340），又凿渠引泽水东流，经中牟县北抵大梁，名为大沟。由大梁分流南下者，至陈（今河南淮阳）合颍水入淮河。渠成，颍水以上至大沟统称为鸿沟。由大梁分流而东者，接汳水流经兰考、商丘接获水再经虞城、砀山，在徐州以北合泗水入淮河。鸿沟的开辟，串联了济、濮、汴、睢、颍、涡、汝、泗、菏等水，初步形成了黄淮平原上的水道交通网。汉以后鸿沟改称浪荡渠。魏、晋以后，又改称蔡河。东行的汳水，因古人避忌"汳"字，中有"反"字，便借"汳"与"汴"为同音异体字，改称为汴水或称汴渠。

（九）检江与郫江

战国末年从都江堰通往成都的两条运河。秦孝文王元年（前250），李冰任蜀守，筑都江堰，开成都两江以利行舟。

一为检江，又称走马河。从灌县南门外分沱江水，正南流经聚源、崇义入郫县境内，又东南入今成都市界，过城南与郫江合流，至彭山入岷江。

一为郫江，今名油子河。在灌县崇义铺分检江水成河，经郫县竹瓦铺折而南流，以下改称府河，又东南流经两路口，至今通惠门折而东流，历故城南，至南河口汇入南河（检江）。

检、郫二江，以成都为基准，检江在外，又称外江；郫江在内，又称内江。这两江在古时舟船畅通，航运兴盛，今城西南市桥门郫江岸边是货物装卸码头。城南检江万里桥，是客船靠泊码头。

第二节　历代人工运河的发展和演变

前一节提到了春秋末年吴、越在太湖地区开的百尺渎、吴古故水道，已为南接钱塘江，北连长江的人工运河奠定了基础。至吴王夫差开凿了邗沟，接通了长江与淮河，继又开菏水，将人工运河延伸到商、鲁之间。到战国时期，魏惠王开鸿沟，引济水为源，东行接泗水，南行入淮河。至此南起钱塘江，中经江、淮、济水北连黄河，沟通东南江浙与中原的两大地区人工运河网已基本构成。只是在当时各封建诸侯国割据争霸的战乱干扰下，绝无统一贯通的可能。此时，黄河流域的中原地区，江汉流域的荆楚地区，江淮流域的吴越地区之间的商贾贩运，必须行经各诸侯国境和边界，多次缴纳关税，多次车、船转运，多次受规范不同的度、量、衡器的折算盘剥，虽有运河或天然河道相通，但因以上各种不利于商业流通的弊端，使商贾贩运备受阻挠，不胜其苦。墨子把这种现象称作“关梁之难”①；荀子为此呼吁“平关市之征”②；同时《禹贡》一书借论大禹治水事迹，设计了一幅突破当时封建领主割据的全国水运交通蓝图③，反映了人民要求全国统一的强烈愿望。秦始皇在全国人民渴望“定于一”的历史背景下，兼并了六国，建立了全国统一的秦朝，将中国推进到一个崭新的历史时期。秦王朝从开创全国统一后水陆交通无远不至的局面着眼，将“堕毁城郭，决通川防”，广修驿道，开凿运河，视为必须励行的大政国策。由此促进秦汉两代进入人工运河的发展时期。

一　秦、汉发展时期的主干运河

公元前221年，秦始皇兼并了六国，建立了统一全国的秦王朝，颁布了车同轨，书同文字，一法度、量、衡的法令，同时除对沟通长江、淮河、黄河三大水系的运河进行了疏浚外，还开凿了一条灵渠。

（一）开凿灵渠

秦始皇二十八年（公元前219），发兵统一岭南，为转运军需粮饷，在今广西壮族自治区兴安县，引湘江上源凿灵渠，接通漓江，全长66.8里。这条越岭人工运河虽短，但以兴安为基点，它的南端经漓江西南行可达桂林，再接桂江东南行到梧州，东行入西江，经珠江到达广州。它的北端兴安渠首分流入湘江，中经永州、衡阳、长沙北上汇入洞庭湖，在北岸城陵矶接通长江。这短短的66.8里的人工运河，却把珠江与长江连通，使珠江流域与江、淮、河流域联络成一片水运网络，从全国内河水运的作用来说，它是一条关键性的人工运河。

（二）疏浚江南运河

秦始皇三十七年（公元前210）南巡，由云梦顺江而下至于丹阳，令赭衣徒凿京口岘山南坑，南接丹阳大小夹冈，开通今丹阳至镇江的运河渠道④。继则在苏州以南由嘉兴（由拳）“治陵水道至钱塘越地（今杭州西灵隐山下）”⑤。“陵水道”，即开河筑堤形成的水陆并行的通道。秦始皇所开的这段渠道，即是杭嘉运河的前身。西汉武帝元封元年（公元前110），为征调闽越贡赋，北起苏州开河一百余里，南接杭嘉运河，基本形成了人工疏凿江南

① 春秋·墨翟，《墨子·贵义》。
② 战国·荀况，《荀子·富国》。
③ 《禹贡·导水》。
④ 武同举，《江输送水利全书》卷27《江南运河》。
⑤ 《越绝书·武灵地传》。

运河的初始线路[①]。

（三）西汉关中漕渠

公元前210年秦始皇病逝，三年后，秦朝覆亡，其未竟之业由汉王朝接续完成。西汉继秦立国时，关于定都何处多有争议，张良建言说："关中左殽函，右陇蜀，沃野千里，南有巴蜀之饶，北有胡苑之利。阻三面而守，独以一面专制诸侯。诸侯安定，河渭漕挽天下，西给京师。诸侯有变，顺流而下，足以委输，此所谓金城千里，天府之国也"[②]。张良建都的指导思想进退有据，除关中有丰富资源外，还可依靠渭水、黄河通向全国各地，征收赋贡补给京都，并可借运河和天然河道控制全国的政治、经济局势。张良的建议终被采纳，西汉京都定于长安。

武帝时，国家基础稳定，内行建设，外行拓边，粮饷用量大增，原有漕运数十万石已不足用，积极要求提高漕运能力。武帝元光六年（公元前129），大司农郑当时建议说：原来以渭水运"漕，水道九百余里，时有难处，引渭穿渠，起长安，并南山下，至河三百余里，径，易漕"[③]。武帝乃发工数万人开渠，三年而成，全长三百余里，名关中漕渠（图12-1）。可行长五至十丈装五百至七百石大船，年运粮四百万石，元封年间（公元前110～前115）增至六百万石[④]。

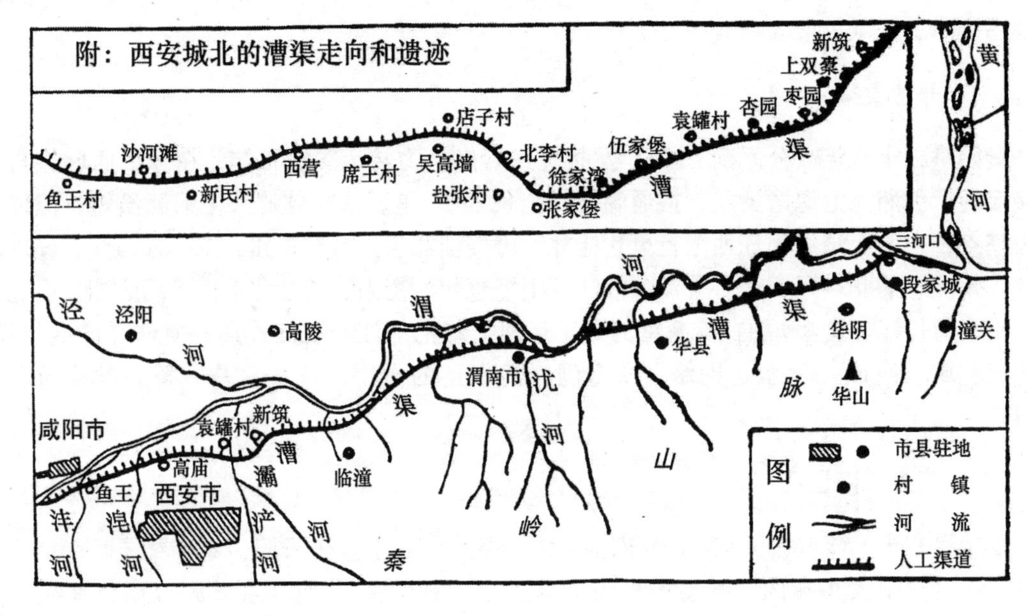

图12-1　关中漕渠图

据现代实地勘察所见，渠道遗迹清晰可辨。渠道在今西安市北郊的鱼王村，引渭水东流，中经今新民村、西营、建树村、张道口、魏家湾、武家堡、至袁雒村横穿灞河而过，又

---

① 《越绝书·吴地传》。
② 西汉·司马迁，《史记·留侯世家》。
③ 西汉·司马迁，《史记·河渠书》。
④ 西汉·司马迁，《史记·平准书》；东汉·班固，《汉书·食货志》。

流经今枣园、三义村、半坡村、万胜堡、蒲家村，然后经临潼、渭南、华阴、至三河雒以西重又汇入渭水，东通黄河。据实地勘察所见，以后隋文帝开皇四年（584）所开的广通渠（又名富民渠、永通渠），唐天宝三载（744）所开的漕渠，唐大和年间（827～835）所开的兴成渠，都是在西汉关中漕渠的遗址上重又修浚而成，除引水渠首稍有变迁外，其渠道线路和尾闾基本上都是沿用关中漕渠，没有重开过第二条渠道线路①。

（四）东汉至东晋的邗沟

东汉建都洛阳，地处于黄河与洛水之间。东汉王朝，通过阳渠、洛水和黄河，把京城洛阳与全国主要地区联系起来。当时由洛阳绕黄河入汴渠东行，至徐州汇入泗水通于淮，达于扬州而过江至于江南，是东汉以后漕运的主干水道。

沟通江淮的邗沟在广陵辖区，西汉时属吴王刘濞的封地。封地内有铜山，东靠大海，自然资源丰富。刘濞为繁荣当地经济，流通财货，在城东北20里茱萸湾（今湾头）引邗沟开盐运河，向东通广陵仓（今泰州）及如皋礓溪，东南置白浦，捍盐通商。江、淮贡赋通过邗沟、汴渠北运，入黄河可达长安，东汉时则入黄河经洛水至京师洛阳。《水经·谷水注》引洛阳建春门石桥右柱诏文说：洛阳“城下漕渠，东通河、济，南引江、淮，方贡委输，所由而至”。显见邗沟在东汉时仍是转输江南贡赋的主干渠道。它从邗城（今扬州）西南引长江水为源，至湾头折向北流，经武广、陆阳二湖之间，北入樊良湖。再折向东北穿过博芝、射阳二湖，西北行至末口（淮安北五里）入淮河。这条线路纡远且多风涛之险，一般称为东线。建安二年（197），陈登出任广陵太守，先在广陵城西筑塘，周围90里储水济运，又开邗沟西线，经樊良湖改道向北下注津湖，又由津湖向北开新渠下注白马湖，再出湖北上末口入淮。改道后的邗沟南北径直，改善了航行条件，大致即今里运河一线。从而奠定了大运河的基础。

东晋永和年间（345～356），江都（扬州）以下淤浅断水，航运不通，遂向西在仪征东北，引江水入欧阳埭，向西向东，经扬子桥北上，60里至江都。至此，南至杭州的航路复又全程贯通。

（五）东晋、六朝时的浙东运河

浙江运河的成渠时间不详，最迟在六朝时已有此渠。当时渠首西陵（今浙江西兴）已设立了征收过堰船税的机构。此运河的渠首，隔钱塘江与江南运河南端渠口相对，向东经萧山、绍兴、曹娥至上虞以东的通明坝与余姚江相接，然后经余姚、宁波与甬江相汇，在今镇海县南入海。这条运河，只有在西兴至通明坝之间的250里一段是人工渠道，其余都是借自然河道通航。这条运河一直到明代，都是杭州交通海外的贸易通道。日本、朝鲜的海商船出入，均“不由大江，惟泛余姚小江，易舟浮运河而达杭越”②。尤其在南宋时，成为南宋立国的生命线。

---

① 渭河水运和关中漕渠，陕西师范大学学报，1983年。

② 《西兴丛话》卷上。

二　汉代黄河、海河、滦河间的主干运河

东汉末年，曹操为沟通黄河、海河水系，开凿运渠，兴建了许多大型工程。

（一）白沟运河

东汉建安九年（204），曹操伐袁尚时所开的一条运河。先在淇水入黄河口（今河南淇县卫贤镇）以北数里，以“铁柱、木石参用”筑枋头堰，栏淇水向东北流入白沟。再东行有宛水汇入，流至浚县西南二十里处，有宿胥渎水汇入，至馆陶县南，又有利漕渠引漳水汇入白沟。一路因有多条河补水济运，故此也有将利漕口以下的白沟运渠称作漳水者。

白沟纳漳水后，下游分为两支：一支在今河北省黄骅县流入渤海；另一支继向东北流至泉州县（旧武清县东南），汇入滹沱河。

（二）平虏渠

建安十一年，曹操为追剿袁尚残余势力，北征乌桓（今辽宁省西部地区单于蹋顿部），令董昭开平虏渠和泉州渠。

关于平虏渠的起止地点和走向有若干说法，比较准确的是据文献所载，当白沟下游主流在黄骅县汇入渤海后，其下游的另一支东北流，北会滹沱河、沽河至泉州县①。正与平虏渠走向一致，很可能是曹军借白沟下游的别支加以疏导而成，并非专开的新渠。

（三）泉州渠

汉代的泉州县，在今之天津市区西北部和武清县南部这一带。曹操在此开泉州渠，是为了上接平虏渠向辽东转运军需粮饷，所以它的南渠口设在今天津市东南 24 里处海河北岸，西距平虏渠北口约 76 里。泉州渠的北渠口，在天津市北宝坻县城南洵河与潞河（鲍丘水，又名白河）交汇处。同时又从此开新河渠，向东接通滦河（濡水，河口在今秦皇岛西侧）。

平虏渠、泉州渠、新河渠三段运渠形成一条向北而转东的弧线，与渤海北岸基本平行，可避海运风涛之险。曹操用兵辽东时，便可以黄河为中央转输纽带，联接江、淮广大屯田农场的粮秣供给，使军前永无亏乏之虞。更重要的是，由以上三渠南接白沟为主干运河，从而沟通了华北平原的黄河、海河和滦河三大水系。从此以后，历朝京都，都可利用黄河作中间传输带，将黄河以南的灵渠、鸿沟、汴渠、江南运河，和黄河以北的白沟、平虏渠、泉州渠、新河渠，再接主干自然河道，构成了一个四通八达的水运交通网。

三　隋、唐、宋繁盛时期的主干运河

隋、唐两代是中国封建社会的发展时期，全国政权统一，社会安定，经济繁荣。前代秦汉发展时期，沟通江、淮、河、海、珠五大水系的运河干线已初步形成，为隋代兴建交通全

① 武汉水利电力学院、水利水电科学研究院《中国水利史稿》编写组，中国水利史稿（上册），水利电力出版社，1979 年，第 272～273 页。

国主要地区的主干运河奠定了基础。隋代兴建人工运河始于文帝杨坚，成于炀帝杨广。隋代定都长安，初年，关中“地少人众，衣食不给”，“遣仓部侍郎韦瓒，向蒲陕以东，募人能于洛阳运米四十石，经砥柱之险达于常平（仓）者，免其征戍”[①]。京都缺粮断饷，迫使隋朝立国之初，便把开凿运河收取江南财赋，扩大关中供给来源，视作首要任务。同时在平定了江南陈朝实现了隋朝全国大统一以后，为有效地控制江南割据势力霸地自王，巩固统一，开凿运河加强水陆交通，也是势所必行的措施。隋代兴建人工运河网，是中国历史发展的必然。隋定都长安后，首先开凿的运河是广通渠。

（一）广通渠

隋建都长安，关中物产不敷京城消费，必须从关东和江南转运漕粮接济京师。西汉武帝元光六年（公元前129）曾开凿过一条“关中漕渠”。隋文帝开皇四年（584）所开的广通渠，便是在西汉所开的“关中漕渠”遗址上，重新疏浚而成的，定名广通渠。

其后，唐代天宝三载（744）及大和年间（827～835）又两次在原址疏浚运河。这两次疏浚的渭水运河，也是沿袭着西汉“关中漕渠”遗址未变，只是将渠名先改称“漕渠”，又改称“兴城渠”。入渭河口仍在华阴三河口。隋、唐两代时，因为渭河河道北移，河床下切引水困难，便将渠首引水口，移到咸阳西南18里处的短阴原沣河入渭口处。除此以外几无变化。

（二）通济渠各区段的主干运河

隋炀帝所开的运河共有四条，永济渠通向黄河以北华北平原的涿郡，自成一个系统；通济渠中经邗沟、江南运河贯通了长江三角洲和太湖流域。

1. 通济渠

通济渠是联系黄河、淮河、长江、钱塘江四大水系的纽带，建于大业元年（605），其起点由两段组成，第一段是从河南洛阳引谷、洛二水，循东汉时阳渠故道，经偃师至巩县的洛口入黄河。这一段只开了部分运渠，作了局部拓浚，工程量不大。第二段是引河通淮工程，首先在今河南荥阳县汜水镇东北35里的板渚引黄河水，沿汉、魏汴渠故道流至浚仪（今开封），然后与原汴渠分道，另开新渠直趋东南，经陈留、雍邱（今杞县）、襄邑（睢县）、宁陵、宋城（今商丘）、谷熟（商丘东南）、永城、临涣（永城东南）、埇桥（宿县）、夏邱（泗县）、至盱眙以北注入淮河。

这条运河第一段引谷洛二水入河，并不是补水济黄，而是为把江南运回的漕粮、布帛等各种贡赋，从板渚经黄河输存到巩县河口的洛口仓、洛阳的含嘉仓、回洛仓，以备“锡赉勋庸”之用。

2. 山阳渎（邗沟）

隋代曾两次开挖江淮间的运河。第一次是在隋文帝开皇七年（587），“于扬州开山阳渎，

---

① 唐·魏徵等，《隋书·食货志》。

以通运漕"[①]。这是按邗沟线路，出射阳湖后向南，避开博芝、樊梁等湖，一直南下到宜陵，接西汉吴王刘濞所开的盐运河，转向西行经湾头（茱萸湾）汇入邗沟。新浚的这条运渠，南起江都扬子津，北至山阳（淮安），取名山阳渎，其实就是将原来的邗沟东线稍加修改而成。

第二次是在大业元年（605），隋炀帝在开通济渠同时，为沟通江淮运道，"又疏浚邗沟西线，引江水入淮，南起扬子津（今仪征东南），北达山阳（淮安），运道南北取直，为后世运道径直之始"[②]。

通济渠（图 12-2）从洛阳东下黄河，南渡淮河，至江都入江，总长 2200 余里，宽四十步（约 67 米），沿渠皆筑御道，植以柳树，全部工程在河南、淮北、淮南一百多万民工辛勤劳动下，从大业元年（605）三月开工，至当年八月竣工，如此巨大工程仅历时五个月，进度之快可称奇迹。

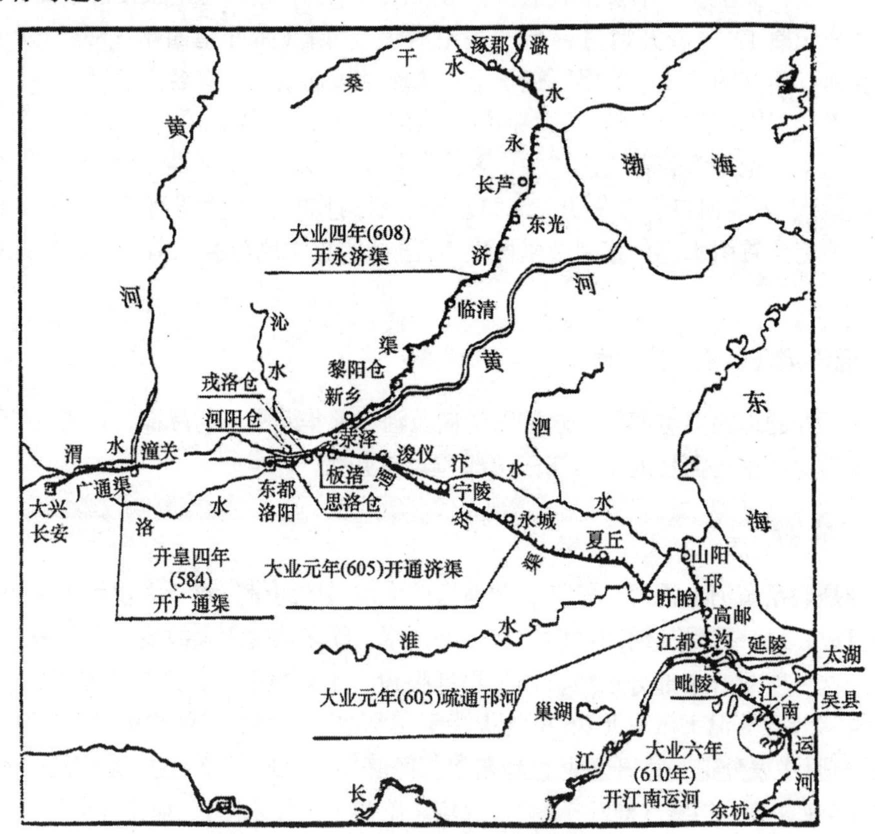

图 12-2 永济渠与通济渠示意图

唐代将通济渠改称广济渠；宋代改称汴渠。全渠走向没有变化，渠尾仍在盱眙。渠道引水口门，在唐代除原有的板渚渠口外，还与古汴渠的石门口交替使用[③]。宋代时主要以石门汴口引水，熙宁四年（1071）又开訾家口引黄济汴。元丰二年（1079）"自任村沙（谷）口

① 唐·魏徵等，《隋书·高祖纪》。

② 《江苏水利全书》卷 1，《江北运河》。

③ 宋·欧阳修等，《新唐书·地理志》；宋·王溥等，《唐会要·漕运》。

至河阴瓦亭子，并汜水关北通黄河，接运河五十一里，两岸为堤长一百三里，引洛入汴”[①]，为引洛避黄，设上下闸并开渠以通黄汴船筏，断水不断航，保持汴河畅通，称为清汴。

唐代中叶时，瓜洲并岸，扬州城南向外淤出了20余里。开元二十一年（733），为缩短漕船在江面上的航程，从今扬子桥到瓜洲镇之间，开凿了长25里的伊娄河，为邗沟增加一处新运口，以后为长江北岸的重要运口之一。

宋熙宁年间（984～987），为避淮河山阳湾水流迅急之险，在淮安末口到淮阴磨盘口之间，开凿了长40里的沙河。后来又继续向西开洪泽渠49里，元丰六年（1083）又从洪泽镇西南开龟山运河57里。先后共凿成近146里的引河，使淮南运口与汴渠运口对直，漕船出邗沟后，可横渡过淮河直接进入汴河。天禧三年（1019）河决入淮，淮河淤积，淮水外溢形成洪泽湖，南宋绍熙五年（1194），黄河再决于阳武，灌封丘东流，至徐州夺泗水而入淮，淮水出路顿失，经洪泽湖改道经扬州而入长江。淮河水道被黄河夺占入海的大势已成定局，此后治淮、治黄、治运三者密切交织在一起。

3. 江南运河

江南运河始于春秋，后经历代开发，从无河到有河，从分段通航到全线贯通，逾时千年。

据《资治通鉴·隋纪》所载，隋炀帝在开通通济渠和永济渠以后，于大业六年（610）冬十二月，“敕穿江南河，自京口（今镇江）至余杭（今杭州），八百余里，广十余丈（约40米）”。其走向是北起镇江，东南行经丹阳、吕城、奔牛、常州、无锡、望亭、苏州、吴江、平望、嘉兴再折向西南，经石门、崇福、长安、临平，然后经上塘河至杭州西南大通桥附近入钱塘江。其水源，常州以北靠江潮灌注；常州以南靠太湖济运。

江南运河流经江南水网地区，水源丰富，是唐宋两代以汴河为主干的运河水运大动脉的南端，线路很少变化，是航运条件最好的河段。全长800余里，连通济渠共长3000余里。

（三）永济渠

大业四年（608），隋炀帝为加强对北方边防，巩固对华北的统治，征发河北诸军百余万人开永济渠（图12-2）。这一工程是在曹魏旧渠的基础上并利用部分天然河道建成的。渠首在黄河板渚通济渠首对岸的武陟，先开渠引沁水通黄河，再分沁水一部分接入东汉末年曹操所开的白沟故道，东经新乡、汲县、黎阳（今浚县境）、临河、内黄，在内黄以东所行的渠道较曹魏白沟旧渠偏东，向东北经馆陶、临清、清河、武城、德州（长河）、东光、南皮、至清池（沧县东南），利用清漳水道到天津。自天津以后再接潞河至武清县（雍奴），入永定河（漯水）到达涿郡所在的蓟城（今北京市区西南）。全长2000余里，其规模与通济渠相差无几。

永济、通济两渠总长5000余里，流经今河北、山东、河南、安徽、江苏、浙江六省，沟通了海河、黄河、淮河、长江、钱塘江五大东西横向水系，形成了一个全国水上交通网，把我国中部沿海六省与隋、唐、宋三代的政治中心长安、洛阳、开封联结一起。对我国运河的发展来说，隋炀帝做出了不可磨灭的贡献。但其在位十四年的短暂时间内，急于功利，超

---

① 元·脱脱等，《宋史·河渠志》。

越了人民的承受能力，又破坏了人民正常的乐业安居。正如唐代文人皮日体在《汴河怀古》一诗所说："尽道隋亡为此河，至今千里赖通波。若无水殿龙舟事，共禹论功不较多。"此诗既指出其不顾人民生死之过；又肯定了其开发运河的功绩可与大禹治水媲美。实为罪在一时，功及后世，对其评价可谓恰如其分。

到唐代开元年间（713～741），黄河以北的魏（今大名）、邢（今邢台）、贝（今清河）、博（今聊城）已开垦为粮食基地，永济渠的通运作用日益重要。唐代又以永济渠为主干，开辟了一些通往各产地的支线，如沟通永济渠与滹沱河水运的长丰渠；自天津与军粮城之间开渠连结渔阳（今蓟县）军事要地的平虏渠[①]。形成了一个华北平源的水运交通网。

宋代建都河南开封，永济渠改称御河，基本上利用原河道，由卫州（今汲县附近）沙河引黄河水，北经大名、德州、南皮、沧县至天津经海河入海。庆历八年（1048），黄河决口于澶州商胡埽，改道北流，夺运河水道到天津经海河而入于渤海。熙宁四年（1071），因沙河湮没，遂改由王供埽（卫州东30里）引黄河水以通漕运。是时北宋与契丹辽国以白沟、大清河、海河一线划为界河南北对峙，一直到北宋灭亡。金兵进占黄河流域以后，永济渠连同汴河的航运作用，随着形势的变化而败落消没了。

四 元、明、清时期的京杭大运河

（一）元代对大运河的改造

1279（元至元十六年），元世祖忽必烈灭南宋后，分裂了一百多年的中国重又统一，建都城于大都，即今之北京，政治中心随之北移到隋代之涿郡地区，京都所需仍如前代各朝一样，"无不仰给于江南"，原来的汴河与永济渠已嫌纡远，便改造运河的走向，建立了一条南北走向的京杭大运河。这项运河改造工程，大体上是分作三次进行的。

第一次：至元二十年（1283），开山东安山与济宁间的济州河，长150里，南端由济宁接入泗水南流，会黄河入淮以通江淮运河。使南来漕船北达安山，再下济水（今大清河）至利津出海，转运至直沽（今天津）。

第二次：至元二十六（1289）开会通河长250余里，南与济州河相接，北至临清接入御河（即永济渠旧道）。东北行至天津再接通州运粮河（即北运河），最后达于京东的通县。

第三次：至元二十八年（1291），上引昌平神山泉，下引玉泉诸水，自大都西门入都城，南汇为积水潭，北起今德胜门西，东南至北海，中间无物，汪洋如海。自积水潭引水出文明门（今崇文门北），东至通县高丽庄，全长140里，接入通州运粮河。至元三十年（1293）秋，元帝忽必烈"过积水潭，见舳舻蔽水"，大喜，对这最后一段运河欣然赐名"通惠河"。至此南北京杭大运河全线贯通，这条大运河除一部分新辟河段外，还承袭了前代的运河故道，也有的河段是利用了自然河道，在黄河南夺泗水、淮河入海后，还有以黄代运的新河段，总括起来说，元代京杭大运河由以下九段组成：

（1）通惠河，又名大都运粮河，自昌平神山麓穿北京城至通州高丽庄，全长140里。

（2）通州运粮河，又名潞河、白河，即今北运河，从通州南下经杨村至天津入大沽河，西接御河，长240里。

---

① 宋·欧阳修等，《新唐书·姜师度传》与曹操所开平虏渠同名，但河道线路不同。

（3）御河，即隋代之永济渠。自天津中经清州、南皮、德州至临清，接会通河。长900余里。

（4）会通河，自临清经东昌（今聊城）、寿张至须城安山接济州河。长250里。

（5）济州河，从安山到济州（今济宁）入泗水。长150里。

（6）泗水，自济宁经鲁桥、南阳、湖陵城（鱼台东）、沛县、留城，至徐州北之茶城入黄河。长390里。

（7）黄河漕道，从徐州经邳州、宿迁、泗阳至淮阴会淮河，然后至淮安入山阳渎。长600里。

（8）山阳渎，又名扬州运河，即古邗沟西道，今里运河前身。自淮安经宝应、高邮、扬州至瓜洲入长江。长300里。

（9）江南运里，自长江南岸镇江起，经丹阳、常州、无锡、苏州、平望、嘉兴到杭州。长800里。

以上为元代京杭大运河的各段，总长3770余里。

（二）明、清两代对京杭大运河的改善

1368年，朱元璋削平群雄建立明王朝，定都金陵（今南京），“江南贡赋，由江以达京师，道近而易”①。京杭大运河停运。

明成祖朱棣即位，改元永乐，十三年（1415）迁都北京，政治中心重又北移，南粮北调的任务日重。先行海运，后又行水陆联运，终因“海运多险，陆运亦艰”，于是重议修复京杭大运河，“漕运直达通州，而海、陆运俱废”②。经此次疏浚整修后的京杭大运河，较元代时益加完善。1644年，明亡，清朝入关后仍定都北京，依如前代一样，一应供给仰仗江南，十分重视对京杭大运河的治理，对河道走向实施过几次较大的改造工程。经明清整治和改造过的京杭大运河，共由八个河段组成。

（1）通惠河。从北京东便门大通桥起，东行至通州入北运河，长约40里。

（2）北运河。又名潞河，自通州接通惠河后，东南行经张家湾、河西务、杨村、北仓到达天津丁字沽，即今天津北关三岔河，是北运河与南运河及海河三条河的汇合处。长约320里。

（3）河北南运河。“南运河”是对天津以北的“北运河”而言。又冠以“河北”以别黄河以南的“山东南运河”。河北南运河是自三岔河绕行过天津市西，中经杨柳青、独流镇、静海、到沧县转向西南，经泊头、东光、吴桥入山东境到德州，再经四女寺、武城到达临清后接入会通河。长约968里。

（4）会通河。起点在临清城西南与河北南运河相接，运河在这里转向东南，经清平、聊城、东阿、寿张、到达安山。道光五年（1825），黄河决口铜瓦厢，改道北徙，截于会通河止于黄河以北之位山。长约240里。

（5）山东南运河。从位山黄河南岸至台儿庄的南运河。由元代会通河的一部分及济州河、明代的夏镇新河和泇河所组成。自黄河南十里铺，沿东平湖西岸南行，经安山、汶山

① 清·张廷玉等，《明史·食货志》。

② 同①。

县，嘉祥县抵济宁。由济宁东南流经鲁桥、南阳至满口，沿微山湖东岸，过夏镇到韩庄，东南行到台儿庄接中运河。长约 590 里。

（6）中运河。中运河在邳县以北为明代所开泇河的尾段。上接合儿庄，东南行 12 里，跨过苏鲁交界黄道桥进入江苏省境，到达邳县。南流经礓湾再沿骆马湖西岸南行到皂河镇，由此以下的运河与黄河并行东南流，经宿迁、泗阳到淮阴杨庄与里运河相接。长约 382 里。

（7）里运河，又称淮扬运河，是由两段河道组成：淮阴至淮安一段，即借北宋雍熙年间所开的沙河；淮安至扬州一段为古邗沟。北起于淮阴杨庄，南到扬州的瓜洲汇入长江。长约 380 里。

（8）江南运河，从镇江到杭州的运河。在镇江沿岸，有五个通江引水口，即大京口、小京口、甘露港、丹徒口、谏壁口。大京口直对江北里运河的瓜洲运口。

江南运河的河道线路和走向，自古以来几无变动，大体上自镇江东南行，经丹阳、奔牛、常州、戚墅堰、无锡、过望亭，经浒墅关到达苏州。自戚墅堰以下，直抵苏、杭，皆清流顺轨不烦疏浚，是航行条件良好的河段。运河自苏州南经吴江、平望镇便进入杭嘉湖平原，从此去杭州有三条河道：江南运河故道为东线，由苏浙交界的王江泾入浙，南行到达嘉兴，转向西南经石门、崇德至塘栖，到武林头，过拱宸桥进入杭州。西线及中线分别经南浔、湖州进入杭州，到达京杭运河的终点。长约 688 里。

明清京杭大运河共八段，自北京到杭州，全程总长 3578 里。

元、明、清三代所修浚的京杭大运河，只有以上第 4、5、6 三段河道，是由元代所开的济州河、会通河，明清两代所开的泇河、中运河所组成。其余河段，基本上是因循着隋代南北大运河复浚和部分改建而成。而隋代南北大运河，又是在春秋以来各历史时期的运河基础上综合利用、修缮、演变而成。由此可知，我国的南北大运河，基本上是历代一脉相承的。

清代在继承元、明运河的基础上，对河道多有改进，最重要的是开凿了台儿庄南运河、中运河，使运河与 600 里黄河漕道分离，摆脱了黄河对运河的干扰。至此，南北大运河的河道工程日臻完善。并把京杭大运河，大致按行政区划分作四段，在对运河河道整治维修和漕运运输管理上已设置了专职的机构和职官，达到了规范治理的水平。

（1）直隶运河，北京至德州。由大通河（元代之通惠河）、白河、卫河组成。大通河自北京东便门大通桥东行，至通州接白河，到天津三岔口接卫河，至山东冀鲁交界的德州桑园镇上，长约 700 余里。

（2）山东运河，德州至鲁苏交界的黄林庄。由卫河、会通河、南阳新河、泇河组成。自桑园镇沿卫河至临清接会通河，抵济宁南行接南阳新河，至夏镇南入泇河，沿微山湖东岸到韩庄，转向东流到台儿庄，再南流至鲁苏交界之黄林庄。长约 1125 里。

（3）中运河，黄林庄至淮阴杨庄，由泇河下段与中河组成。自黄林庄沿泇河南行，至邳州南出泇河入中河口，经上中河至宿迁 130 里入下中河，再行 35 里至杨庄清口，转入南运口接里运河（又称淮扬运河）。长约 305 里。

（4）里运河（淮扬运河），自杨庄至扬州。由两段组成，杨庄至淮安一段称清江浦；淮安以南至扬州一段称里运河。习惯把两段统称作里运河，中运河漕船自杨庄北运口入黄河漕道，进行 12 里过清口入南运口，从西南马头镇绕道 24 里入清江浦接里运河，东行 45 里抵淮安，再由淮安转而南下，经宝应、高邮而到扬州瓜洲入长江。长约 336 里。

此外江南运河与明代无异。长约 688 里。

清代的京杭大运河全程3154里。

第三节 引水、蓄水济运工程与河道整治

一 渠首引水工程

人工运河是无源之河，它首先要选择渠口开源引水，同时还须沿途利用湖泊、河溪补充水量。例如春秋时楚国的扬水运河，在汉水的泽口引水为源，吴国的邗沟运河引江水为源，战国时期魏国的鸿沟引济水为源。这一时期所开的运河分布在南北各地，又因其他地理条件不同，引水渠首的工程设置也有所不同。

（一）鸿沟的渠首工程

鸿沟引水口的所在地，自古多有论述，据《水经注·渠水》中所记："渠水（鸿沟）自河与沛（济）乱流，东荥泽北，东南分沛（济）。"这就是说鸿沟与济水同由一个渠口引黄河水为源，混在一起流了50里路到荥泽以北后，济水东流，鸿沟在此由济水南侧分出向东南流。据《水经注·渠水》条的说明，是两水同源混流，但到了分离时，又怎知济中无鸿，鸿中无济呢？这或是由于古人忽视了鸿沟自身无源，却把济水与无源的运河同等视之而产生的误解。同时还把黄河北岸的一条支流北济水与南岸的黄河分流济水，错视为横穿黄河的一条完整的河流。实际南济水是黄河由多支漫流归成大河干流时，遗存下来的一条分流支派，它在古代是与长江、淮河、黄河并称为四渎之一的大河，流程沿途纳百川而入于渤海，是径流量很大的一条河流。根据谭其骧先生主编的《中国历史地图》第一册35～36页"战国韩、魏地图"所示，济水在广武由黄河分流，东南行50里后，到荥阳邑（今荥阳县古荥镇）东南50里处的衍氏，鸿沟即在这里引出，标明鸿沟引济水为源的渠道所在地。《汉书·地理志》卷八上"河南郡荥阳"条也记载说："有浪荡渠（鸿沟），首受济，东南流，至陈入颍(水)"。以上文献、史籍所载，说明鸿沟是在济水引流，不是以黄河为源。

汉代早期的文献如《史记·河渠书》，说到大禹治水，"九川既疏，九泽既洒，诸夏艾安"，大功告成，"自是之后，荥阳下引河东南为鸿沟"。汉代的《汉书·沟洫志》不照应与同书地理志的记述，反而跟着《史记·河渠书》的原文照录，自相矛盾，致使其后史籍所见，多说鸿沟以黄河为源，引水口在广武济水分流口东北的荥口。若从黄河、济水、鸿沟三条水的地理位置来看，黄河在北，济水在中，鸿沟在南。济水正处在黄河与鸿沟中间的地理位置。鸿沟若从黄河引水，必在中途横穿济水，正如《水经注》中所论的"阴沟"，说是"阴沟首受大河于卷县"，中途过济水，"东南经大梁城北，左屈与鸿沟合"。像这种横穿济水的河道，在阴沟以外还有两条：一条是"上承河水于卷县北，南越济水入荥泽"的济隧；另一条是《水经注·渠水》所记"又有一渎自酸枣受河，导自濮渎，历酸枣经阳武南出，世谓之十字沟，属于渠"。这条十字沟的引水口是濮渎口，引黄河水南下，越过济水入中牟圃田泽而济鸿沟运河[①]。但从河流的水性来讲，从黄河引水，以平交式穿过天然河道济水，在交叉口假若没有控制工程设置是难以实现的，况且以当时的技术水平来说，还不具备建筑两河交

① 北魏·郦道元，《水经注·济水》；《河南航运史》16～17。

叉平交工程的条件，由此看来十字沟、阴沟由黄河到济水的一段河道，盖属于济水成河时由黄河分流出来的几股叉道，而后汇入济水，并不一定就是人工开成的引水渠道。否则现放着就近水量充沛的济水清流足可以作鸿沟的补充水源之用，反而远引泥沙混浊的黄水来添麻烦，即是愚者也不会取此下策。而从济水南岸通鸿沟的阴沟和十字沟河道，才是人工开凿的济运渠道[①]。以《水经注·渠水》与其记十字沟、阴沟的经文对照，便可以确定鸿沟只是引济水为源。它虽未从黄河引水，但在引济通黄的中原地区，构成了一个“荥播河、济，往复径通”[②] 的人工运河交通网。

按常规来说，鸿沟引济渠首处应有水门设施，但可惜在所见文献中无详实记述。只是《汉书·沟洫志》中如淳注“贾让三议”荥阳漕渠（鸿沟）引水时，说到：“言作水门通水流不为害也。”又见《汉书·召信臣传》上说：“开通沟渎，起水门、堤阏（堰）”，可证鸿沟引水渠首当有水门设施。

（二）都江堰的渠首工程

秦惠文王四年（公元前316）并吞了西蜀。秦昭襄王五十二年（公元前255），任李冰为蜀守，主持兴建都江堰（图12-3）。李冰在前人开凿离堆的（即宝瓶口）的基础上，继续加以整治，节制流水，壅水沉沙，首要是为引水灌溉农田，同时注意防洪减灾，兼及到以利通航。历经两千多年来世代相继不辍的扩建和维修，成都平原得有水旱从人，不知饥馑，时无荒年，有“天府”之称[③]。

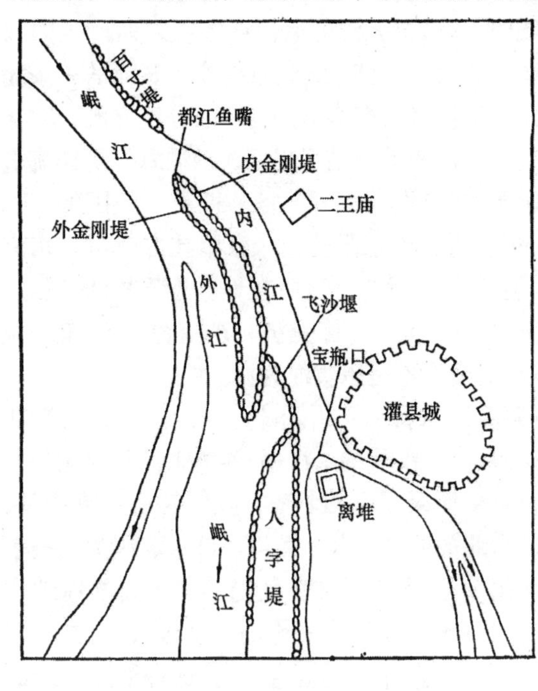

图12-3　都江堰工程示意图

都江堰之名始于宋代，古称湔堋，又有湔堰，都江大堰等名。据《华阳国志·蜀志》说：“冰乃壅江作堋”，“堋”即分水的堤堰。又利用泯江东岸的湔山扼制江水，改变岷江流向，减缓流速，将岷江分流为内、外二江，这是都江堰也称湔堋的缘由。外江为岷江主流，内江水通过宝瓶口流入成都平原。据现时所见，都江堰的渠道的枢纽工程，沿岷江自上而下顺序来看，有百丈堤、都江鱼嘴、金刚堤、飞沙堰、人字堤和宝瓶口六大部分，其中的分水鱼嘴、飞沙堰、宝瓶口是渠首工程的主体。李冰整治都江堰时，主体部分的这三处工程建筑应已具备，否则都江堰无法进行运作。

百丈堤，建在泯江东岸，起引导水流和防护江岸的作用，其下紧接分水鱼嘴（即是李冰壅江所作的堋）—相当于灵渠渠首的分水铧嘴。在鱼嘴两侧有内金刚堤和外金刚堤，将岷江

---

① 温守平，鸿沟通河工程初探，中国水运史研究，1987，专刊（二）。

② 《水经注校》卷22，715，上海人民出版社，1984年。

③ 晋·常璩，《华阳国志·蜀志》。

分作内、外二江。由内金刚堤南端，接飞沙堰、人字堤，将内江江水导至宝瓶口。

飞沙堰是由内江向外江分洪减淤的工程，长约180米，是用装石的竹笼砌成的溢水低堰，洪水时，内江水可由堰顶溢入外江，若水洪过大，使可冲垮低堰直泄入江，确保灌溉区的安全。事后将装石竹笼重新堆砌起来，即可恢复使用。它与宝瓶口配合运用，保证了内江灌区水少不缺，水大不淹。旧说飞沙堰就是唐代龙朔年间（661～663）修建的侍郎堰，后人见由于宝瓶口壅水，以及堰前一段内江为弯道，上游来水，泥沙下沉，产生弯道环流，飞沙堰在弯道凸岸，可将挟泥沙的底流向堰外排沙，使进入宝瓶口的水流较清。由于此堰有正面取水，侧面排沙的功效，便名之谓飞沙堰。

堰堤的建筑材料，在唐代时是破竹为笼，圆径三尺，长十丈，以石实中，垒而壅水[①] 这种方法一直沿用至今（图12-4）。现在所用的竹笼，长约三丈，直径为一尺七寸，内装石块，重约百斤。这种竹笼在建筑性能上有“重而不陷，击而不反”、“硬而不刚”、“散而不乱”四种特点。飞沙堰以下还有人字堤，也用竹笼装石筑成，在宝瓶口右侧，下接离堆，在洪水过大时从堤顶溢流，补飞沙堰之不足，起护岸作用。

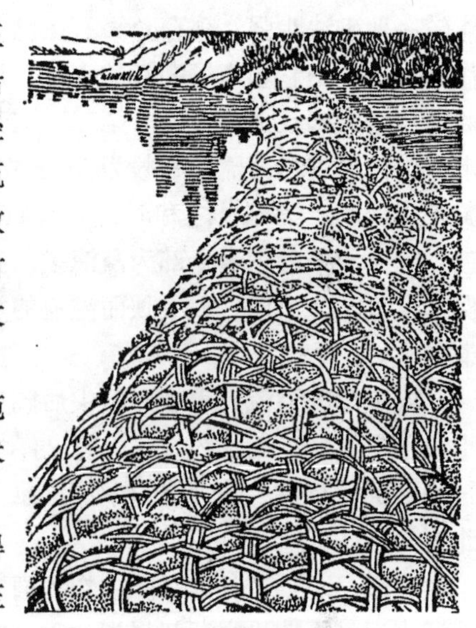

图12-4 都江堰的堤堰竹笼

这种设施，体现了我国数千年来的就地取材，施工简易，费省效宏的科学思维方式，对后世工程技术设计仍有启迪意义。

宝瓶口是控制内江流量的咽喉，因形如瓶口而得名。瓶口引水通道宽20米，高40米，长80米。口左为玉垒山，口右是离堆，为李冰所开。又“穿二江成都之中”[②]。一是郫江，即今之柏条河，过成都称府河，两江在东南汇流后，流至彭山入岷江。二是检江，自宝瓶口引水河道的下游分水，今名走马河，过成都后称南河，又名锦江。宝瓶口下游另一支，东流至金堂县赵渡与绵洛水合流，即今沱江上游的一支。

在平原地区开渠，渠首多采取无坝引水的型式。都江堰修在岷江由山谷河道进入成都冲积平原的地方，渠道就是采取无坝引水，只设一个分水鱼嘴。在都江堰灌区之内的各干、支渠道的分水口，基本都是采取这种无坝取水方式。

（三）灵渠渠首工程

秦始皇二十六年（公元前221）统一六国后，发兵开发岭南，为输送军队和粮食，于二十八年（公元前219年）在湘桂山区地带，令监禄开渠，即为灵渠。

灵渠，又名陡河，在广西壮族自治区兴安县境内。兴安县位于南岭山脉分水岭的最低处，具体说，这段分水岭呈南北走向，最低处就是灵渠凿开的太史庙山，这里也是分水岭的最薄弱处，东西宽度在400米左右。在这里，湘江上源海阳河发源于分水岭东侧山麓，所以

---

① 唐·李吉甫，《元和郡县图志》。

② 汉·司马迁，《史记·河渠志》。

湘江向东北流；漓江上源支流始安水发源于分水岭西侧山腰，所以漓水向西南流。湘、漓江两水上源的直线距离只有 3.4 里，但在两源最近处，湘源的高程比漓源低得太多，直接沟通两水显然难以成功。于是便有湘江上源海阳河上溯 4.6 里处选作灵渠渠首的地点。此地与漓源始安水的高程差仅有 6 米左右，可以用拦河壅水的办法，提高水位，引湘注漓。

灵渠渠首的引湘注漓的工程是一座人字形的溢流坝。引向南渠的一侧叫小天平，长 127 米；引向北渠的一侧叫大天平，长 343.3 米。坝体内高外低，顶面由临水面向背水面倾斜。临水面以巨石平铺，宽约 2 米，石块间有锲形铁锭连接，基础为密排木桩。溢流面为大片面石层层嵌砌，直立插下，块间紧密挤靠，形如鱼鳞，称为鱼鳞石。坝顶溢流时，它的抗冲性能较一般砌法为强，现存鱼鳞石虽已磨蚀严重，但整体仍很坚固。大小天平在灵渠工程中的作用，首先是它壅高了湘江的水位，形成了一个小水库，称作渼潭。把水位提高到 6 米，使湘江分水入漓江成为可能。第二，与其辅助建筑物铧嘴相配合，合理地分配南渠和北渠的进水量。南渠进口处流量一般为 5～6 立方米/秒，北渠进口处流量为 11～12 立方米/秒，在上游来水低于二渠流量之和时，则大致为三七分水，以保证南、北渠有相应的通航水量。第三：大小天平的坝身全部为溢流段，当来水超过上述流量时，则在天平顶面自行溢流，以确保渠道安全。第四：天平顶面溢流的水量，则泄入湘江故道，使水有所归，避免漫堤冲决渠道之灾。

人字形的溢流天平坝，前尖后阔如铧，古称铧堤。为使其分水导水的作用可靠，在大、小天平交点前，用长约 5 尺，宽、厚均为二三尺的长方石块，筑成高 7 尺，长 40 丈的一建筑物，称作铧嘴，伸入渼潭中流深泓中，将上游来水一分为二，沿大小天平分别流入南渠和北渠[①]。

在南、北渠口各设一陡，作为南渠和北渠的进水节制闸。南渠即为灵渠。由于天平坝截储湘水后，不能再由湘江越坝行舟，便在湘江故道之右，人工开凿北渠，渠道逶迤曲折，借以平缓水势，全长 7 里，其下仍汇入湘江通航。当来水能满足两渠需要时，南、北陡同时敞开，当水量小时，则关北陡以蓄水，增加水深以应灵渠（南渠）通航。在枯水季节，南、北陡交替启闭，可保证灵渠、湘江的正常通航。

近代所见的灵渠工程设施，共有分水铧嘴、大小天平、南、北渠道和船闸、斗门等部分。这些设施盖自唐宋以来时有改进和补充，不过灵渠所在地的地形无变，其越岭人工运河的性质和通航作用依旧，其他辅助设施虽然日益求精，但与其初始的工程布局之间不至于有根本性的重大变化。

灵渠，从铧嘴到接漓江的大溶口（灵河口），全长 66.8 里，渠道工程可以分为三段。第一段：从分水塘到与漓江支流始安水相接处，长 7.8 里，是将太史庙分水岭凿穿而成，两岸高达 15 米，成 V 字河谷型的全人工渠道。第二段：从始安水相接处到清水河汇入灵渠处，长 13.4 里，是将始安水的天然河道，在开灵渠时进行开宽和浚深的半人工渠道。第三段：从清水河汇入处到大溶江口接入漓江的最后一段，长 44.8 里。原来的天然河道较宽，中常流量 30 立方米/秒以上，只是浅滩较多，历代多次疏浚，是一段经过人工整治的天然河道。

民国时期，灵渠仍承担着联系珠江与长江两大流域的重大任务。1937 年 7 月抗日战争爆发，珠江流域成为抗战后方基地之一。1938 年 3 月，扬子江水利委员会曾组织勘测队查

---

① 郑连第，灵渠工程及其演进，中国水运史研究，1987，(2)：104。

勘湘桂水道，1939年12月提出了《整理湘桂水道工程计划》，包括对灵渠和漓江的全面整治方案，但由于受当时条件所限未能实行。1941年粤汉和湘桂两条铁路通车后，灵渠的航运逐渐停止。中华人民共和国成立后，1952年开始对灵渠运河进行改造，相继修建了支灵、桂峡、五里峡等水库，将两千年来著名的灵渠运河，改造成以灌溉为主的综合水利工程。

二　蓄水与引水济运工程

储水或引水济运，具体说便是以湖泊为水库，并在运河行经的沿途汇聚泉溪之水，补济运河水量的不足，以资航运畅通的重要设施。

（一）鸿沟的引水及以湖济运工程

鸿沟以济水为源，南行至陈（今河南淮阳）故城东南的项城（今河南沈丘槐店），汇入颍水，全长780里。鸿沟水系的主干和分支所流经的黄淮平原地带，地势由西向东南倾斜，自商丘、淮阳、上蔡一线的西侧，海拔不过200米；此线以东地区，海拔则在50米以下。这种地势条件，对开凿人工运河十分有利。在这一带，除有淮河北岸的一些支流纵横交错外，颍水以北、泗水以西、济水以南，还星罗棋布着许多大小湖泊，开凿鸿沟时所选取的河道线路，便利用了低凹倾斜的地势和众多的湖泊、支流这些有利条件。鸿沟引水口附近的荥泽，即是鸿沟渠首的一个天然蓄水库，它对调节引水和沉淀泥沙有一定作用。鸿沟东流所经过的中牟圃田泽，是东西四十多里，南北二十多里的一个大湖，上下有“二十四浦津，津流迳通，渊潭相接”，“水盛则北注，渠溢则南播”，当鸿沟水大时即蓄于圃田泽，水量不足时，又由圃田泽水补充。过大梁（今开封）南流途中，有梁王吹台以北方一十五里的蒲关泽，还有大梁与尉氏之间的逢泽，这两处泽水，共同蓄泄，使鸿沟中途水量有所补给。在经鄢陵、扶沟、西华等县境时，还先后汇纳了一些沟溪河川。鸿沟运河全程借助天然湖泊、河溪，分段补充，保证了充沛水量，航行顺畅。

（二）元、明、清时期南北大运河的引水济运工程

元、明、清三代的南北大运河，南起杭州，北至北京，全长3700余里。沟通了五大水系，经过多种地理条件的地区，通航的工程措施各有特点，分段标准也不同，据《明史·河渠志》所载，按漕运所行的河道划分，则有浙漕、江漕、湖漕、河漕、闸漕、卫漕、白漕七个区段，全程总称为漕河。其中与引水济运有关者是浙漕、湖漕、河漕、闸漕四段，最具有显明的代表性。

1. 浙漕：江南运河的建澳济运工程

实指江南运河，自杭州东北行至嘉兴，转北至苏州后再西北行抵达镇江汇入长江。其线路走向，自古以来几乎无所变动。全程除丹阳到镇江一段地势较高以外，其余均在江南平原上。水源南段来自钱塘江与太湖，北段来自长江。浙漕一名是以江南运河所在的地理位置而定的，若按这段运河沿途济运水源工程多赖湖泊、溪流补给来说，实际江南运河也应属于湖漕区段。这段地区自古是“其川三江，其浸五湖”的水网纵横、河湖相连的水乡泽国，地势平坦，湖泊罗列，水流柔缓。

江南运河首受杭州西湖济运，至嘉兴又有南湖，至王江泾过莺脰湖。最大者是太湖，面积有2420平方公里，是我国第三大湖，为江南水网中心，容纳运河两侧若干大小湖泊，经由小溪沟壕相串通，都可给运河各段补充用水。在镇江高地运河段西侧的丹阳还有一个练湖。周围四十余里，分上下两湖，界以中梗，有石闸三座，引上湖之水以达下湖。更有石闸三座，石础一座，引下湖水济运，有“开放湖水一寸，则可添（运）河水一尺”之效。《元史·河渠志二》记说：“镇江运河全籍练湖之水为上源，官司漕运供应京师，及商贾贩载，农民来往，其舟楫莫不由此。”所以江南运河沿途因有以湖为水库的优势，从来没有缺水碍运之虞。

在镇江高地通江的京口附近，还有人工开凿的济运水澳。澳，即是运河闸旁人工修建的济运蓄水池。早在北宋元符二年（1099），在长安闸旁“易闸旁民田以浚两澳，环以堤。上澳九十八亩，下澳百二十二亩，水多则蓄于两澳，旱则决以注闸”①。澳又分作两式，一式是积水澳，由澳开一条小渠通入闸室，设水门控制水量，补充船舶过闸用水。在船闸下游挖一归水澳，回收船舶过闸时下泄的水量，然后再由人用水车把回收的水注入积水澳中，以备重复使用。到南宋嘉定十一年（1218）史弥坚重修京口闸时，将原有的归水澳加以深浚扩大成新的积水澳。将水澳以西的转搬仓扩建，环绕仓场开挖壕堑，分别与运河、水澳接通，漕船可直抵转搬仓装卸。又从积水澳朝东北方向开渠通向甘露港，经关河北出长江，南行过府城又可入运河。另在甘露港利用积水澳与秋月潭水，在入河口上下设两闸组成一座单级船闸外，同时在下闸之外辟有避风港，以纳外江来船等待过闸和避风。使重新扩建的积水澳工程，将航运、蓄水、仓储、避风组成一个整体水运设施。并分流一部分漕船由甘露港过往，减轻了镇江港的通航压力，加快了漕船周转②。

2．湖漕：里运河的湖泊引水济运工程

里运河位于苏北平原，它流经线路自淮阴杨庄对岸之鸭陈口至淮安一段为北宋雍熙年（984～987）所开的沙河故道，经明代陈瑄在淮安城西的管家湖引水为源，整治修复后称作清江浦运河以避黄河之险。淮安至扬州的一段，即是古邗沟西道。里运河除引长江为源外，沿途所经的是地卑积水汇成泽国地区，可资济运的大小湖泊星罗棋布，因此称作湖漕。

南宋端平元年（1234），蒙军在开封以北寸金淀决河灌宋军。黄河溃决，分三股，一股经鹿邑、亳州会涡河入淮；一股经归德、徐州夺泗水入淮；一股由杞县、太康经陈州夺颍水入淮。元朝泰定元年（1324），黄河又改道从古汴河至徐州东北，合泗水入淮。从此黄河东南行夺淮入海之势已成定局。黄河在徐州夺泗水河道南流，再夺淮河东流入海，致使北端的沂河、沭河无路下泄，潴成骆马湖和黄墩湖，成为中运河的济运水柜。南端使淮水壅聚于古洪泽小湖群，汇聚成2069平方公里的全国第四大淡水洪泽湖，淮水便中经高邮湖，在江苏江都县三江营汇入长江。这些新增大小湖泊都成为里运河的水源。

淮安至瓜洲一段，在淮安有管家、射阳二湖，至宝应有白马、氾光二湖，其下又有高邮、石臼、甓社、武安、邵伯五湖。古代即以湖区通运，后世运河也常利用湖作为航道。但因湖区时有风涛之险，自宋代已有在湖旁作堤之举，将航道与广阔的湖区隔离，以策航运安

---

① 南宋咸淳，《临安志》卷93。

② 南宋嘉定，《镇江志》卷6。

全。明洪武九年（1376），砌高邮、宝应湖堤60里。洪武二十八年（1395），又从宝应县南20里开渠为航道，兴建了多处湖河分离工程。宣德七年（1432），陈瑄筑高邮、宝应、汜光、白马诸湖长堤。并在高邮湖堤内开渠40里，自杭家嘴至张家沟，广十丈，深丈余，首尾设闸与高邮湖相通，岸东设四闸一涵，遇湖水盛时得以宣泄，因河形如弯月，俗称月河，自是人船得以康济，名为康济河。万历十二年（1584），仿康济河式开宝应县汜光湖月河，并在闸外加拦河坝与束水堤，名为弘济河。如此多次整治，使漕船过湖的通航条件大为改善。在扬州河段，历代都靠修筑水塘蓄水济运，共建有蓄水库五处，称作扬州五塘。其中陈公塘最大，周围90余里；勾城塘周围十余里；上、下雷塘周围各六、七里；小新塘周围二、三里，有渠引水至扬州接济运河用水。

3. 河漕

又称黄河漕道。自南宋端平元年（1234），蒙军在开封以北决河，灌封丘而东，至徐州夺泗水下游河道合淮入海以后，从徐州、邳州、宿迁、泗阳至杨庄清口会淮这一段夺泗水的黄河，即称黄河漕道。河槽水流量变化无常，河道中又有徐洪、吕梁洪急流险滩，巨石盘踞，惊涛奔浪一瞬数里，水底怪石暗礁丛列，常为舟楫之患，为南北运道的至险河段。

4. 闸漕：会通河的引汶济运工程

会通河为京杭大运河的闸漕区段，因沿途缺水，多设闸门调节水量。据《明史·河渠志》所记："自南旺分水北至临清三百里，地降九十尺，为闸二十有一；南至镇口三百九十里，地降十有六尺，为闸二十有七；其外又有积水、进水、减水、平水之闸五十有四。"即总计设闸102座，故有闸河之称。从元至元二十年（1283）开济州河起，到泰定二年（1325），前后历时36年，京杭大运河始得顺利贯通。后把会通河、济州河、泗水至茶城这三段运河统称为会通河。

会通河位于鲁中南的低山丘陵（海拔500米）与鲁西平原（海拔70米上下）前缘相交的西北走向断裂凹陷地带。从京杭大运河的全线来说，会通河又正处在地势最高的河段，其中南旺地段是该河段的最高点，史称"南旺水脊"。来自丘陵高地的溪流，汇注凹陷地带成湖。在济宁以北汇有马场、南旺（周围150余里）、蜀山、马踏、安山（周围83里）等湖，史称北五湖；济宁以南的南阳、独山、昭阳（周围80余里），微山（周围70余里），史称南四湖。一说金明昌五年（1194）河决武阳，至徐州夺泗水河道经淮河入海时。泗水失出路，上游壅滞，潴扩为南四湖。下游河道则淹没无闻。元代开会通河时便以汶水和运渠附近的湖水、泉水为源，引水口在堽城，筑堰拦汶水入洸河，又在兖州城东泗水上筑金口坝拦泗水西入洸河，并沿途汇泉水至济宁会源闸分流南北济运，但由于济宁比南旺低4-5米，北分水量虽可越过南旺，但流量甚微无济于事。明永乐九年（1411），明成祖诏令宋礼主持疏浚会通河道，宋礼见会通河以汶水为主源，而元代引汶济运的分水口设于济宁不当，遂将济运水口改在南旺，其地在今汶上县西南35里。将汶水引至南旺后使之南北分流，会通河可全流畅通。宋礼采纳了汶上老人白英的建议，仍在堽城筑坝，但与元代筑坝截汶水进洸水在济宁入运不同，而是借新堽城坝遏断汶水入洸水之路，使汶水恢复旧道。根据白英的建议，再在东平县东60里戴村的汶水河道上筑起一道戴村坝，阻遏汶水转向西南，至南旺入河济运。同时在戴村东留坎河口不坝，只用刮沙板作一沙坝，平时拦汶水全部入运，若遇洪水，则冲垮沙坝泄入大清河入海。又于戴村建闸，冬、春水小而清，则开闸放水济运；伏、秋水大而混，则闭闸泄水以入海。这样一来，庶民田无淹没之患，运河收利济之功，这种引水渠首布置，可以把引水济运、防洪、排除泥沙三个问题一齐解决，显示了当时人们掌握自然和利用自然的知识和本领。

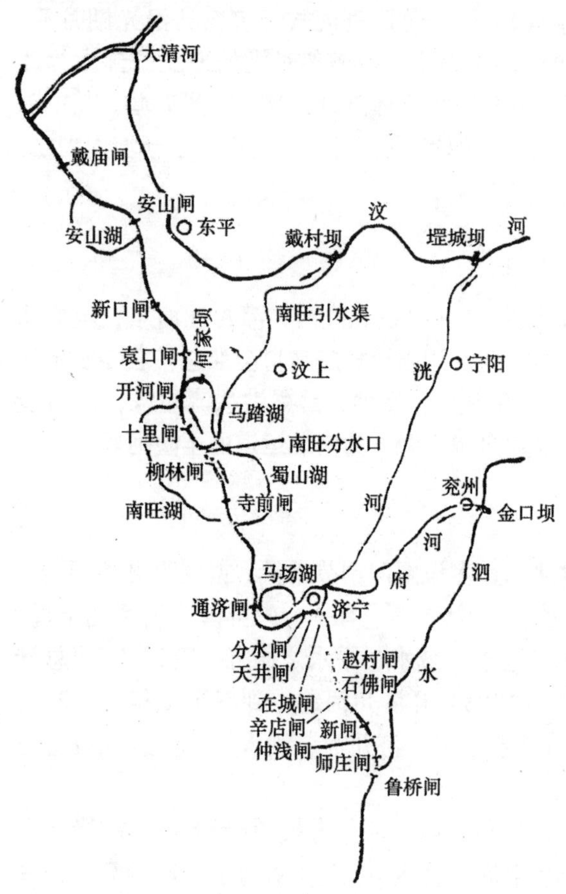

图 12-5 南旺分水枢纽

戴村坝完成了自汶水引水的任务，相继还有一个在南旺分水的任务和相应的工程设施（图 12-5）。即将南旺河段的运河纵贯在南旺湖中间，把湖分为南旺东湖和南旺西湖二部分。汶水引到运河南旺分水口先横穿东湖，又将东湖一分为二，北为马踏湖，南为蜀山湖，分水口则处于三湖包围之中。为配合南旺分水枢纽工程，三个湖都建起了围湖堤，以增大蓄水容积。东二湖的围堤之间留有渠道，引汶水直达分水口济运。南旺东二湖的西围堤即成为此段运河的东岸；南旺西湖的东围堤即为运河的西岸。正如《山东通志》所记："南旺湖在汶上县，周 150 里，漕渠贯其中，西岸（南旺）为西湖，东岸为（南旺）东湖，汶水自东北来，界分东湖为二湖。中设长堤二，西堤设斗门，为减水闸十有八，随时启闭。"文中所说的"中设长堤二"，即是指夹于运河两侧的东、西湖的围堤。

南旺分水枢纽初建时，分水口尚未设闸控制水量。至明成化十七年（1481），在分水口以南建柳林闸，以北建十里闸，这两座闸是控制南旺分水量的关键建筑。后又在柳林闸以南加建寺前闸，十里闸以北加建了开河闸，作为柳林、十里两闸辅助设施。以上各闸都是叠梁闸门，以板数来控制水量。分水口南北各闸的启闭也定有管理办法：柳林闸为南运的第一闸，南旺以南的湖水甚多，不虞缺水，柳林闸可以常闭；南旺以北全靠分水接济，宜将十里闸、开河闸常开，使漕船一过柳林闸，便可直达袁家口。《居济一得》卷二说："南望分水，最宜斟酌。如春月重运盛行之时，南边浅阻，则多放水往南；北边浅阻，则多放水往北。若遇伏秋水长，运河水大，重运在北则水往南放；重运在南，则水往北放。盖使水势常平，粮船易行。"分水口的水位要常年保持六尺水深，不足六尺时，则将十里闸下板数块提高水位；超过常规水位，则酌量提启闸板，盖以六尺为率，相机启闭。若遇汶河发水，则柳林闸与十里闸下板闭闸，使洪水通过西堤斗门泄入南旺西湖，蓄以备用。"又于汶上、东平、济宁、沛县近湖地段设置水柜、陡门。在运河以西者曰水柜，以东者曰陡门。柜以蓄泉，门以泄涨。"①

① 清·张廷玉等，《明史·河渠志》。

在山东境内的济运泉源有五派：“曰分水者，汶水派也，泉四十有五。曰天井者，济河派也，泉九十有六。曰鲁桥者，泗水派也，泉二十有六。曰沙河者，新河派也，泉二十有八。曰邳州者，沂河派也，泉十有六”。以上共有泉源211眼，“诸泉所汇为湖，其浸十五”，形成了南旺、安山、南阳、微山、马场等十五个济运水柜。明宣德和正统年间（1426～1449），都曾浚湖塘以引山泉，疏泉置闸，对泉源屡加疏治。清康熙年间，发掘出一批新泉，连前共有一千四百三十处[①]，全部导入运河系统的济运湖泊。

这是以南旺分水枢纽为核心，将河道、闸坝、泉源、湖泊组合成的一项水工技术较高的运河系统工程。

三　运河河道改造工程

历代建于黄、淮平原地区的运河，时受黄河泛滥及泥沙淤塞的干扰，不利漕运。因此，历朝均设专职官员，常对运河进行改道工程或定时维修，以保证运河畅通。

（一）宋代对汴河的改造与避黄新河

1. 对汴河的维护与导洛通汴

906年，宋朝建国，定都开封。时有惠民、金水、五丈、汴河四渠会于京都，舟船相接，赡给公私，从无匮乏。其中惟汴水横亘中国，首承大河，漕引江湖，利尽南海，一半天下财赋则由汴河输进京城。正如宋太宗赵炅所说：“东京养甲兵数十万，居人百万家，天下转漕，仰给在此一渠水，朕安得不顾？”[②] 足以说明宋王朝与汴河相依相存的关系。

汴河渠首在河南河阴县引黄河水为源，而河水多沙善淤使汴河时遭淤浅。宋代为维持漕运畅通，据《宋史·河渠志三》记载，当时在汴口设有“勾当汴口”专职官员，“每岁自春及冬，常于河口均调水势，止深六尺，以通过重载为准”。并对汴口水门的启闭及汴口附近河段的疏浚订立了相应的规定。在汴河全程河道上，除责成州县地方官员兼管河道维修外，还设立了“提举汴河堤岸司”、“都提举汴河岸”等官署，负责总理汴河修防工作。大宋祥符八年（1015），令“自今后汴水添涨至七尺五寸，即遣禁兵三千，沿河防护”；当京师重地“水增七尺五寸，则京师集禁兵、八作、排岸兵，负土列河上以防河”。嘉祐六年（1061）时，汴河水浅，漕运不畅，便实行木岸狭河，即在“岸阔浅漫”的河段上，用木材密排打入河中连接成岸，将河道排直缩窄，扼束水势急驶，使河道冲刷加深。“曲滩漫流，悉为驶直平夷，操舟往便之”[③]，并规定三年进行一次疏浚。久之，疏浚之工渐少，主管官徒挂虚名，竟二十年不浚，岁岁淤淀，自京城下至雍丘（今杞县）、襄邑（今睢县）河底高出平地一丈二尺多。为根治汴河通航条件，始有导洛通汴之议。

元丰元年（1078）五月，都水监丞范子渊献导洛水通汴河之策，建议：“以河、洛湍缓不同，得其盈余，可以相补。犹虑不足，则旁堤为塘，渗取河水。每百里置木闸一，以限水势。两旁沟、湖、陂、泺，皆可引以为助。……大约汴舟入水不过四尺，今深五尺，可济漕

① 崔群、朱亚非，明清时期山东运河的水源治理，中国水运史研究，15：69。
② 元·脱脱等，《宋史·河渠志三》。
③ 同②。

运。”[①] 元丰帝重视此议，遣供奉宋用臣复勘。回奏可为，并提出导洛通汴的工程计划：第一步先闭塞黄河上的汴口，再从任村谷口至汴口开渠50里，导伊、洛水入汴河，每20里设一用草木扎成的刍楗，束节水势，使渠水深一丈，以通漕运。二是当伊、洛入汴河前，先要穿过汜水。但为防黄河干扰，在汜水关开渠五百五十步穿汜水接通汴河，在交叉口通黄河一段河道内建上下两闸，平时闭闸，汜水注入汴河，若汴舟入黄河，先开上闸进入闸室，然后闭上闸，开下闸船便驶进黄河。过船时轮流启闭，既可汴、黄通航，又可防止黄水灌入汴河。又引古索河水注入三十六陂潴水为塘，以备缺水时济运。还在洛河旧口置水硊（溢流坝)，以备伊、洛水涨时泄入黄河。宋用臣的“导洛通汴”的工程计划，预计用工九十万七千有余，宋神宗派宋用臣提举“导洛通汴”工程，于元丰二年（1079）三月二十一日兴工。该工程以引为主，蓄泄并举，于六月十七日完成，七月闭汴口断引黄水，改引洛水并通漕运，称为清汴。至元祐年间（1086～1094)，曾一度引黄入汴，不久又引洛入汴，直至北宋末年仍以引洛为主。元丰以前，汴口冬闲春启，疏浚河道，一年通漕不过二百余日。引洛济汴后，“四时行流不绝”，航运效益十分显著。充分显示了改变汴河，由伊、洛河引水的优越性。

金灭北宋，南宋偏安江南，战乱不已，汴河随形势的变迁也一蹶不振，终至汴水断流，而致湮没。

2．宋代所开的龟山运河

北宋时汴河至盱眙入淮河，至淮安接淮扬运河（邗沟)。行经淮河时有两处险道有碍航

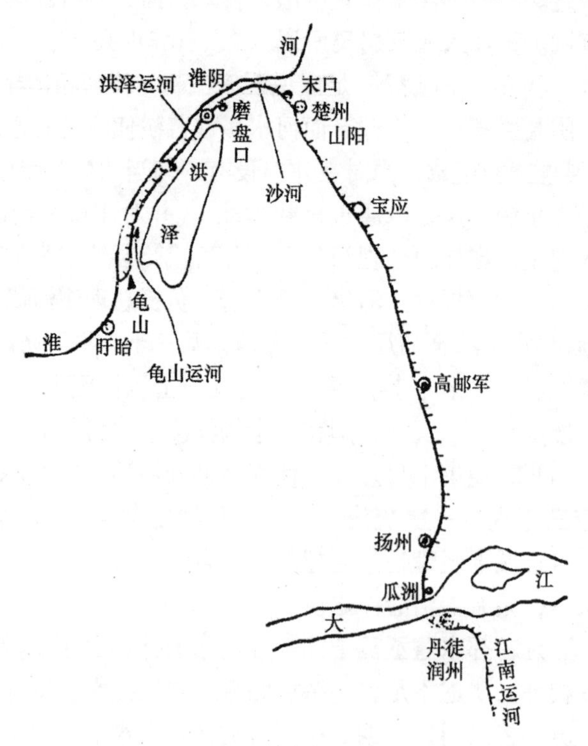

图12-6 龟山运河与淮扬运河示意图

① 元·脱脱等，《宋史·河渠志四》。

行安全。一处是山阳湾，水流迅急不便行舟；一是由汴河入淮后，经洪泽镇向东折入淮扬运河，风浪险恶，漕船经此常遭覆没。为避这两段运道之险，北宋时曾先后自淮安末口至龟山开挖了一条运河（图 12-6），这条人工漕渠先后分三段开成。

第一段：沙河。于雍熙元年（984），由转运使刘蟠和乔维岳主持开成。自淮安末口至淮阴磨盘口，长 40 里。开这段新运河的目的是为避山阳湾的险阻，渠成后，舟行称便。

第二段：洪泽运河。于嘉祐年间（1056～1063）由发运使许元主持开成，后来淤浅。熙宁四年（1071）皮公弼又重疏浚，自淮阴接沙河，至洪泽镇，长 49 里。目的为避淮河风浪。

第三段：龟山运河。于元丰三年（1080）由江淮发运司建议开凿。元丰六年（1083）十一月动工，次年二月开成。自龟山蛇浦（今盱眙县东北）至洪泽镇与洪泽运河相接，长 57 里，宽 15 丈，深 1 丈 5 尺。

以上三段共长 146 里，统称为龟山河。

（二）明、清两代黄河漕道的改建工程

元、明时期，行驶在徐州至淮阴杨庄清口这一河段的漕船，是借黄河行运，即“黄河漕道”。这段河道，是黄河决口后，黄水在徐州冲入泗水河道，南下夺淮河入海后形成的，全长 600 余里，是京杭运河全程中问题最多的河段。明代黄河决溢频繁，运河时遭泛滥淤塞而陷于瘫痪。当时负责治理黄河的官员，大部分人主张治黄首先考虑通运。据《明史·河渠志一》记载：正统十三年（1448），黄河决于新乡八柳树，自临清以南至徐州运河淤浅。徐有贞奉命疏浚运道，筑堰控制河水旁流，蓄水于低处以济运河。

弘治二年（1489），黄河决于开封金龙口，淤塞运河张秋河段。刑部尚书白昂受命治河，筑阳武长堤以卫张秋，引决河自陈州经颍水入淮河①。

弘治五年（1492），黄河决口于张秋，运河淤阻，副都御史刘大夏奉命治河，堵塞决口。七年（1494），黄河复决口于张秋，刘大夏乃于次年正月，筑塞黄陵冈及荆隆等决口七处，并在北岸筑长堤 360 里，黄河上流复兰阳、考城，分流经“黄河漕道”过徐州、宿迁南会淮河东注于海②。

从以上这些治河的活动中，可以看到明代前期治黄是以保持南北运河顺利通航为前提的，但仍未能跳出元代维持黄河夺泗、淮而入海的局面。黄河泛滥，“淮先受病，淮病而运亦病”的痼疾依然未除，运河频被淤塞断运。明中后期，在一些致力于治黄保运的水利工作者中，逐渐产生了避离黄河通运的设想。

嘉靖五、六年间（1526～1527），黄河决于武城，沛县以北一片汪洋，运道被阻。河道都御史盛应期建议于昭阳湖东，北进汪家口，南出溜城口（今沛县东南），开渠 140 余里，北引运河戴村坝的汶水和金口坝的泗水，东引沙河、薛河和汇聚山东诸泉为源。盛应期的计划，使运道移到湖东，以湖拦堵黄河泛滥之水，防止冲淤运河，并以湖储存洪水济运。这个计划虽然还未提及避离黄河漕道的措施，但已标志着避黄治运新设想。这个可行方案经明朝廷批准施工，但终因反对者的阻挠，在工程进行过半的情况下被迫停工，盛应期也遭罢官

---

① 清·张廷玉等，《明史·河渠志一》。

② 同①。

处分[①]。

事隔三十年后的嘉靖四十四年（1565），河决沛县，运河上下200里俱淤。工部尚书兼理河漕朱衡见黄河屡次决口，沛县一带已成沼泽，运河此段成沼泽无法浚治，盛应期所开河道的旧迹犹存，在湖东高阜，黄河至昭阳湖已不能再向东侵。便循旧河施工，于隆庆元年（1567）五月竣工，名为南阳新河。南来漕船由境山进河，经溜山至南阳出口，全长194里，河水通满，航行无阻[②]。从此运河再不走湖西。南阳至溜山间航道虽得到改善，但溜山以南航道仍未解决黄河泛滥的威胁。

隆庆三年（1569）七月，河决沛县，徐州以北，茶城淤塞，漕船阻于邳州。工部及总河御史翁大立请开泇河，远离黄河。四年秋，黄河暴至，茶城复淤。同年九月，河决邳州，漕船受阻不得进。翁大立再建议开泇河，以远避河势。

隆庆五年（1571）四月，自灵璧双沟而下，黄河北决三口，南决七口，邳州匙头湾80里被淤。总河左都御使潘季驯发丁夫5万，塞11口，复匙头湾故道，筑缕堤三万余丈，漕船行经新溜多被湮没。潘季训被罢职[③]。自此以后，河决侵运屡有发生。

万历三年（1575），总河御史傅希挚再次上言开泇河改建新运道。他的建议见记于《行水金鉴》卷12，说："治河当视大势，虑患务求其永图。顷见徐、邳一带，河身垫淤，壅决变徙之患，不在今秋，则在来岁，幸而决于徐、吕之下犹可言也；若决于肖、砀之上，则闸河中断，两洪俱涸矣。幸而决于南岸犹可为也；若决于北岸，则不走张秋，必射丰、沛矣。""今以资河为漕，故强水性以从吾，虽神禹亦难底绩。惟开创泇河，置黄河于度外，庶为永图耳。"开泇河，"自西北而东南，计长五百余里，比之黄河漕道近八十里，河渠湖塘十居八九，源头活水，脉络贯通，此天之所资漕也。""若拚十年治河之费以成泇河，黄河无虑壅决矣，茶城无虑填淤矣，二洪无虑艰险矣，运艘无虑漂损矣，洋山之支河可无开，境山之闸座可无建，徐口之洪夫可尽省，家桥之堤工可中辍。今日不赀之费，他日所省尚有余抵也。"[④]傅希挚的这一建议第一次正面提出"置黄河于度外，庶为永图"的主张。并把开泇河离黄河的规划、效益和必要性阐述得十分清楚，由此赢得了多方的支持。但主张治黄济运者以此规划工期过长，影响治黄为由，反对避黄通运。傅氏之议未得实施。

万历二十一年（1593），济宁、徐州一带大水泛滥成灾，运河堤岸溃决200余里，洪水壅滞于微山湖一带，运河停航。万历二十二年（1594），总理河道舒应龙在微山湖东岸韩庄闸开韩庄渠40里，经彭河水道东南行，至台儿庄接泇河以泄各湖积水，把微山等湖区与泇河联系起来，成为后来泇运河的一段[⑤]。万历二十五年（1597），黄河在单县黄堌口决口南徙，徐州二洪以下的黄河漕道几近断流，此时开泇河避黄通运的呼声大起。万历二十八年（1600），总理河道刘东星奉命开泇河，他循舒应龙所开韩庄渠故道开修，工程未及一半，刘东星病卒[⑥]，开泇河事半途而废。万历三十二年（1604），总河侍郎李化龙继承前人舒、刘未竟之工，由夏镇以南的李家口引水合彭河，经韩庄湖口，达于邳州直河口再入黄河漕道，

① 《行水金鉴》，引自《明世宗实录》。

② 同①。

③ 清·张廷玉等：《明史·河渠志一》。

④ 《行水金鉴》卷120，引《明神宗实录》，转抄自《水利史下》149。

⑤ 《明神宗实录》卷227"万历二十二年戊戌"。

⑥ 清·张廷玉等，《明史·河渠志三》。

同时兴建韩庄、台儿庄、候迁、顿庙、丁庙、万年、张庄、德胜等八座闸节制运河用水，全长260余里，避行黄河漕道300余里。泇运河始得功成[①]。

泇运河开成，使运河远离了徐州以下的黄河漕道，避免了黄河泛滥淤塞运河的干扰，漕船大部分改行泇河。自翁大立创议开泇运河避离黄河以来，至李化龙告成为止，几经波折，历时三十多年才得实现。黄河漕道仍保留未废。万历三十九年（1611），总河都御史刘志忠对两河通运做了具体规定："每年三月初，则开泇河坝，令粮船及官、民船由直河进。至九月内，则开召公坝入黄河，以便空回及官、民船往来，至次年二月中塞之。半年由泇，半年由黄。"[②] 由此可见黄河漕道已降为辅助河道。

明末清初，运河工程集中在黄、淮、运三条河的交会点直河口上。明代天启三年(1623)，漕储参政在直河口以北中运河的马颊河口，开了一条斜穿骆马湖的通济新河，在骆马湖口通入黄河。天启五年（1625）竣工，河长五十七里，筑堤八千七百四十七丈。六年，总河侍郎李从心再由骆马湖口以下，开河十里，将入河口置于宿迁县之陈口。由于骆马湖与黄河水源不同，洪枯变化剧烈，相互灌注，骆马湖口与陈口相继淤废。延至清初改行宿迁县城西北二十里处的董口，顺治十五年（1658）董口又淤。康熙十九年（1680），总河靳辅开皂河四十里，直河口与董口之间的皂河为口通黄河。又由皂河口向北偏西开河，至窑湾接通泇河，并在新开皂河两岸筑堤，以防骆马湖水与西侧坡水的干扰。康熙二十年（1681）皂河口又淤，靳辅又于皂河向东开支河三千丈，使泇河至张庄入黄河，称张庄运口。在张庄运口建成后，还有180里运道在黄河漕道上运行。重载漕船溯河北上，每船需雇纤夫二、三十人，日行不过数里，所费四、五十金，行期约需两月有奇。因此，仍须仿效明代开泇运河离黄河的办法，另开新河行运。康熙二十五年（1686），靳辅在遥堤与缕堤之间再开中运河(图12-7)，上自张庄运口接泇河，下并骆马湖清水，经宿迁、泗阳，至淮阴清口。康熙二十七年（1688）正月竣工。从此京杭运河除与黄河交叉处以外，完全与黄河脱离，原来所称谓的河漕已不复存在。连年重载漕船北上，一出清口即在黄河中通行七里，由仲家庄闸进入中运河，接泇河北上，沿途再无阻险，较历年提前一个多月到达北京。

康熙三十八年（1699），总河于成龙以中运河南岸低洼的北堤作为南堤，另筑北堤，在新南、北两堤间开新中运河。第二年总河张鹏翮见新中河敝坏多弯道，不如旧中河深广，便重新整修旧中河上截与新中河下截合而为一河，中运河的航道自此定形。康熙四十二年（1703），将运口改在下游的杨庄，从此中运河的终点移在杨庄清口。

（三）弯道代闸的河道工程

在运河行经坡度较大的河段时，水性直下，对航行船舶不利，对此多采用增加河道弯曲，降低河床坡度，减缓水速，借以保证行船安全。

1. 京杭运河的弯道代闸工程

京杭运河德州至临清的一段，坡度较大，河道便修建得十分弯曲。李钧所著的《转漕日记》中记载说："过郑家口后，河流曲折，大率皆对头弯。苏家楼村口旧有一楼，舟行三次

① 靳辅，《治河方略·漕运考》。

② 清·张廷玉等，《明史·河渠志五》。

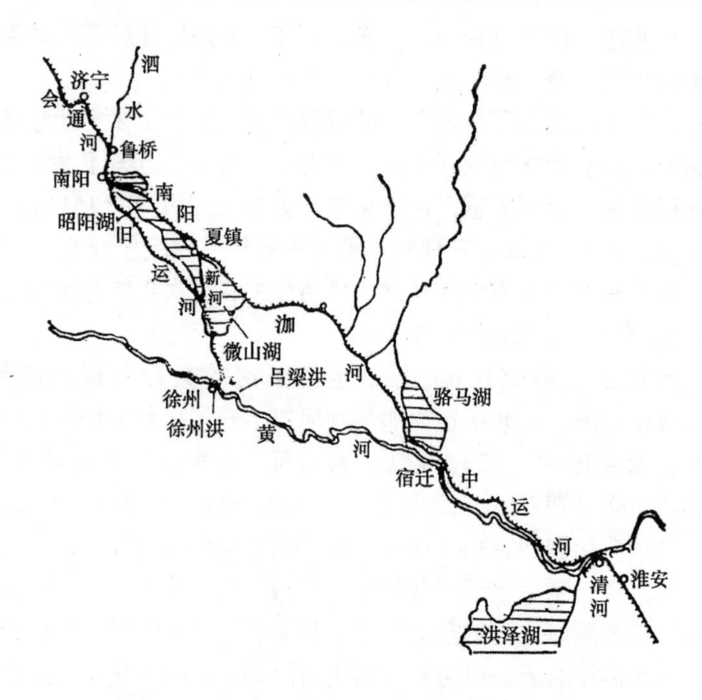

图 12-7　南阳新河、泇河、中运河示意图

见之，故有‘三望苏家楼之谚’”。这些弯道是人工有意开成，用延长河道距离的办法降低河床坡度，滞缓水流。在临清以上的河道中不设船闸，开河时依地形设弯道，曲以代闸，故有“三弯抵一闸”之说。

京杭运河至淮阴杨庄与里运河的清江浦河段相接，这里是黄、淮会合处，称作杨庄清口。里运河在此先向西南延伸，至码头镇又调回头来向东北流，中间通过惠济、通济、福兴三座闸又回到杨庄，然后转而东流，接入里运河。当年先反向延长河道，而后回头形成大迂回河段，主要是为防止黄河倒灌和减缓水流而有意设计的对头弯道。

当里运河行至扬州城南的文峰塔至花园庄之间时，进入著名“扬州三弯”。船行此地，但见文峰塔时而在左，时而在右，水回舟转有原地徘徊之感。这一人为的弯道，实际也是为“三弯抵一闸”而设的。

2. 灵渠运河的弯道代闸工程

灵渠，又名兴安运河，是秦代开凿的一条山区越岭人工运河，从渠首到汇入大溶江的灵河口，共长 66.8 里，河道坡度甚大。古代灵渠工程，就是以多弯缓减坡度，来改善河道的航行条件。

为叙述方便，把现存灵渠铧嘴顶端作为南渠和北渠的桩号零点，来看当年灵渠这一段南、北渠弯道减缓坡度措施的技术水平，至今仍令中外人士叹为观止。自 9 + 400～10 + 000 一段共长 600 米，其直线距离只有 300 米左右，共有接近 180°弯道七八处。自 10 + 030 至 10 + 90 间，渠长 60 米，直线距离只有 20 米。自 13 + 180 至 13 + 900 间，渠长 700 多米，直线距离只有 20 米。这三段的地势陡峻，坡降很大，水流汹涌湍急，河道开成多弯，即为延缓坡度，平稳水流而设。

灵渠渠首向右，过北陡为北渠，全段为人工开成，最后仍汇入湘江。为平缓坡降，渠道转了两个180°的大弯，全长7里，而直线距离不到4.5里。如果把北渠取直线几与湘江故道等长，则因北渠坡度大，水流湍急，不仅不利于航行，而且还会使入南渠的水量减少，甚至断流。北渠虽无南渠多种渠化关键工程，但却是灵渠运河整体工程中不可缺少的一部分。重开北渠，布置弯曲河道而不沿用湘江故道，对保证南渠通航的定线设计有很高的科技水平。

弯道代闸是中国古代运河工程中的杰出创造。但从现代运河工程水平来说，南运河四女寺河段长86里，直线距离只有60里，弯道半径一般在100～200米；自天津至临清，弯弯曲曲长达960余里，弯道过多反而不利于泄水和航运，裁弯取直可缩短里程280多里。所以如用现代船闸全面渠化来改造灵渠，显然没有设过多弯道的必要。根据1938年《整理湘桂水道工程计划》的设计，对灵渠改造所定渠线有多处裁弯取直，其中规模最大的在原北渠入湘江口至大湾陡之间，原来行船要走14里。如果直接连北渠入湘江口以下的干子堰，距离不过2里多路，所以《工程计划》决定，新的渠线将裁掉经分水塘的大弯道，由干子堰直通大湾陡。裁弯取直已为现代整治运河航道工程的一项重要措施。

第四节　运河渠化工程中的埭、堰、闸

人工运河开凿时，其河道借用天然河流的地方甚多，天然河流往往有许多情况不利漕船航行，必须进行整治。在整治过程中，常见的有浅水道的疏浚、开宽、裁弯，以及运河梯级通航工程等，总称为渠化工程。其目的是改善运河的通航条件，增强运河的运输能力。象埭、堰闸、船闸，即属于梯级通航范围的具体工程。根据古代生产技术条件的局限，在运河上最早出现的蓄水助航设施是埭。

一　筑埭蓄水

人工运河是引天然河水为源，因此对河水的流失十分重视，故有“水贵似金”之说，一旦对河水的调节或控制不当，会有河道干涸之患。在古代对运河渠化工程中，最简易可行的办法是“筑埭蓄水”。沈括《梦溪笔谈》中曾说：“筑埭蓄水，不知始于何时”[①]。可见筑埭蓄水由来甚古。

（一）埭的出现

三国时期，东吴立国，初定都于京口（今镇江），后迁都建业（今南京）。江南输京城的漕运为避长江风浪之险，于赤乌八年（245），孙权命陈勋率屯田兵三万人开句容中道，俗称破岗渎。起于小其（今句容东南），向西经方山渎接秦淮河，入建业城东北的仓城；向东爬过山岗到镇江境，在丹阳的云阳西城（今丹阳县延陵镇南）与江南运河相接。渠长不过四、五十里，设埭十四处[②]，平均三、四里即有一处。其中最有名的是破岗渎东端的长岗埭，西端的破岗埭、方山埭，是见于文献记载最早的埭。埭是横拦渠道的坝，在渠道纵坡太陡的地

① 宋·沈括，《梦溪笔谈》卷12。
② 宋·李昉等，《太平御览》卷73堰埭条。

段，用埭分成若干梯级，有防止河水走泄、调节比降和抬高水位保证通航的作用。船过埭时，用人力或畜力将船拖上埭顶，然后再滑放于相邻段内，依次逐段通过。在破岗渎建棣通航后，相继在多处运河中建立了埭。著名的有镇江的丁卯埭，建于东晋元帝时（317～323）。太子司马裒镇守广陵（今扬州），运粮出京口，时值水涸不利行舟，遂建埭行运，适时于丁卯日竣工，因以丁卯埭名之。另有会稽到吴兴河道上的南津埭、北津埭、西陵埭、柳浦埭[①]，邗沟南端的真州欧阳埭，镇江京口埭，瓜洲伊娄埭等。这种比较原始的过船设施，在船闸出现以前，一直是运河渠化通航中被广泛采用的水工建筑。

（二）船舶过埭

埭是用草土筑成，为方便船舶过埭，将埭的上、下游两面延伸到水中，做成双向平滑斜坡，日浇水其上，令软滑而不伤船。并在埭顶装置绞盘，当船舶过埭时，先用缆绳一端将船系牢，一端系在绞盘上，再用人力或畜力推动绞盘将船拉上埭顶，然后借船体自重沿另一面斜坡滑入上游或下游[②]。如此滑上滑下，往返过埭。如遇船大载重，还须要卸载倒驳。随着不同地方埭的高低或船的大小不同，所用的人力畜力多少也有所不同。如瓜洲埭是一处大埭，较大船舶过埭时，须用牛二十二头拉拽绞盘，故有牛埭之称[③]。这种过船办法极为烦费，并且经常有反复装卸，人畜伤亡，船体扭折磨损等事故发生。另外官府借埭有拦断河道船舶无法逾越的特点，设卡聚敛苛捐杂税。南齐时，将四处牛埭作为皇室挥霍开支的财源，每年敛收八百万钱[④]。并向埭上出工民丁折收现钱，民丁散离，埭工无人维持[⑤]，船舶过埭皆需自觅劳工拖船[⑥]。设埭过多，弊端丛生，使过往船户、行商、迫切期待革弊兴利，改进运河通船办法，遂有斗门之设。

（三）堰埭有别

在一些文献或文章中，时见堰、埭同称视为一物的现象。实际埭与堰是两种不同的渠道工程设施。以上说过，埭是横截河渠起防止河水走泄，调节比降和抬高水位的水工设施，一如现代之拦水坝。而堰是保持水位稳定于设计标准的水工设施，常把超过要求水位的水量排除于河道之外，起着维护航道及河岸安全的作用。堰始见于公元前 120 年汉武帝所建昆明池中的石础、水础及石础堰。堰一如现代借以引导水流改变流向，起保护河岸作用的顺坝，或称作溢洪堰（坝）。因不是拦河坝，所以不能与埭视为同一水工建筑物。

据《宋史·河渠志》记载，至道元年（995），大理寺丞皇甫选在泾渠（水利灌溉渠）见“旧有石堰，修广皆百步，捍水雄壮，谓之将军翣，废坏已久”。所指即唐代在泾渠用块石砌筑的石堰，是顺岸护渠的一种捍水溢洪堰。敦煌石窟发现的唐代写本（残本）《水部式》中也有关于泾渠的记载：“泾、渭、白渠及诸大渠用水灌溉之处，皆安斗门。”并指明在安斗门时“须累石及安木旁壁，仰使牢固，不得当渠造堰”。再从灵渠保存下来的古水工建筑物中

---

① 梁·萧子显，《南齐书·顾宪之传》。
② 宋·沈约，《宋书·郭世道传》。
③ ［日］僧人成寻，《参天台五台山记》载于日本佛教会书卷 15～16。
④ 梁·萧子显，《南齐书·顾宪之传》。
⑤ 梁·萧子显，《南齐书·东昏侯纪》。
⑥ 宋·沈约，《宋书·郭世道传》。

来看，所有的堰，都是顺灵渠流向为准，都建在顺河道的右岸，计有马嘶桥溢洪堰、黄龙堤溢洪堰、竹枝溢洪堰、回龙堤溢洪堰。在灵渠中称作堤的不一定是通常所说的堤。以上所提到的黄龙堤、回龙堤，都是侧向溢洪堰，海阳堤则是护岸建筑，在灵渠中真正称得上堤的，只有一条秦堤。

二　运河的通航堰闸和陡门

当人们认识到水沿着人工运河流动而能加以利用后，随后自然会想到设计一种可以由人操纵的拦水设施来控制水量。于是由低级到高级，分三个阶段，从堰闸，到斗门，最后进一步演化成通航船闸。

（一）堰闸的起源

在说堰闸的起源时，首先要从运河源头的引水口门说起。

最早的《史记·河渠志》中，没有提到过渠首引水口门有无节制水量的设施，据理而论，一条人工运河，从一条大江巨河旁侧引水为源却没有任何节制，几乎是不可思议的。据《汉书·沟洫志》记载，东汉哀帝时曾下诏求治黄河之策，贾让应诏上治河三策，其中策是关于开建灌溉水渠网的设计，其中说："今可从淇口以东为石堤，多张水门"从黄河引水。但有人怀疑从黄河开口引水会引起决河泛滥。贾让为释其疑虑，举鸿沟渠首引水口门为证说："其水门但用木与土"建造尚且无患，何况"今据坚地，作石堤，势必完安。冀州渠首尽当卬（仰）此水门……旱则开东方下门溉冀州；水则开西方高门分流"。说明贾让所说鸿沟的水门是可以启闭的控制水闸，这种水闸设在水源河的顺岸一侧，故被称为堰闸。并装有可以调节和控制水量的闸门板。与《水部式》所记"泾、渭、白渠及诸大渠"的斗门极为相似。这种堰闸和斗门，若移在运河河道中即可视为通航闸门的雏形。《水部式》也记有在江淮运河（邗沟）南端的扬子津地段设"斗门二所"，这显然不是为灌溉而设，而是为了蓄水通航过船移置在河道中的斗门。

（二）灵渠上的堰坝

灵渠运河的河道分为人工河道、半人工河道和天然河道三部分。

在人工、半人工河段，影响航行的主要问题是缺水，于是建了二十几个陡（斗门、船闸）来调节通航水量。在星桥陡以下即是天然河道区段。天然河道的主要问题不是缺水，而是河道多浅滩、礁石，水流湍急而散漫，有碍航行。若在这个河段的渠化工程中大量建陡，不仅所费不赀，而且也不合这一河段的地势条件，因此采取了堰坝这样一种独特的水工建筑形式。为什么取名堰坝则无从考究，或者由于堰闸是顺岸而有闸门的水工建筑，而坝是拦断水道无门的壅水工程，既然在这段河道上要壅水提高水深，又要设闸门有利于漕船通航，需要把两种水工建筑特点结合在一起，完成一个通航目的，于是就将堰坝合而名之了。这样既解决了通航，也为两岸农田灌溉提供了方便。

堰坝是用大木做成长方形的框架，横断在天然河道水流散漫水浅的河段上，在其较深处留出一个堰门。在木框架两面用长木桩密排深钉加以固定，框架内堆砌大形卵石、块石，构成一个木笼结构，高为1米，宽3～4米，顶面可以溢流。留置的堰门为船舶通航口门，用松木桩四根，分别竖在堰门两侧，每边的两根松木，再用横木方串联，固定在石笼框架上做为门框，构成一个宽4～5米的堰门。平时由船工跳下水去，用直径0.3米，长5～6米大松木叠梁逐根横放在堰口上将堰门封闭。过船开启堰门时，又须将叠梁逐一搬开，操作十分笨重。丰水季节则不闭堰门蓄水，船只可随时往来，这种堰坝是早期出现的通航闸门。

（三）灵渠上的陡

灵渠上的陡，又称斗、斗门，但与灌溉渠的斗门型制不同。它是一种节制运河通航水量的建筑物，与现代通航闸门的作用一样，但启闭闸门的设施却完全不同。灵渠自成渠以来就水量不足，为保证航运畅通，最早时建陡34座，唐、宋时期曾达到36座，至今尚有数座明代石陡门遗存。

灵渠运河上最早的陡建于唐代宝历元年（825），再修于唐咸通九年（868）。九月兴工，次年十月告成，“悉用坚木排竖”。至晚在明代初年改为石料结构，现在所见者是明代的建筑，也有清代陆续重修或改建的。这些陡是用加过工的巨型条石，在渠道流浅水急之处的两侧砌筑成两个陡门墩台，形状有圆角方形、半椭圆形、梯形、月牙形等等不一，没有统一的定式，但以半圆形者为多。在较宽河道中的墩台一侧，还加一段减水坝与岸相接。在墩台上凿有安放陡杠的槽口和石嘴，还有拴定塞陡设备绳的牛鼻孔。岸上装有系船的将军柱。

陡门墩台建在修整过的岩基上，口门底板多为修整过的礁石。有用块石补砌成平面代作底板，个别也有用卵石砌铺底板的。陡门墩台高1.5～2.0米，宽度最大者7.3米，最窄者仅有4.0米，大部分在5.5～6.0米之间。相邻两陡之间的距离不一，最远者在4里以上，最近者仅150米左右。两个近距离的陡构成了一座单级船闸，有时在一段短河道中，有三、四个陡，它们之间的距离都在150～200米左右，构成了一座多级河闸雏形（图12-8）。这在世界船闸工程上是一项变革性的创举。

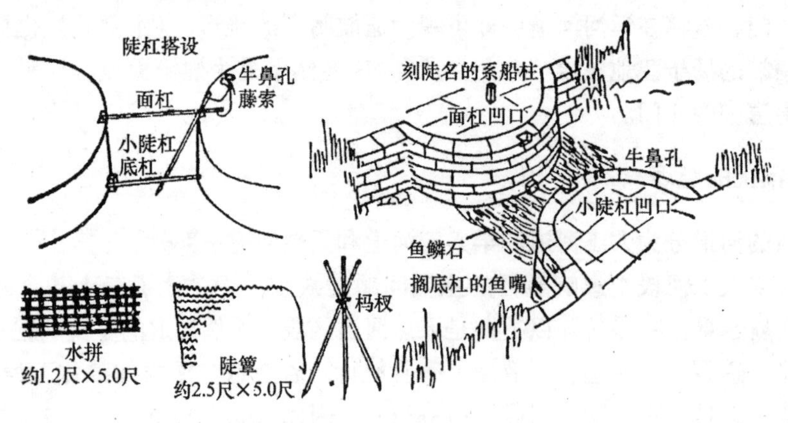

图12-8　陡门及开关方法示意图

据现在所见，灵渠陡门过船的启闭操作，与叠梁闸门过船操作完全不同。灵渠陡门的启闭不用叠梁，也不同闸门板，而是用一套轻便的塞陡工具，计有面杠、底杠、小陡杠、马杈（三条木棒作腿的支架）、水拼（长竹片编制的大方孔竹篱）、陡簟（竹席）等。关闭陡门时，先把小陡杠下端插入石墩台下方的石孔内，上端斜嵌在右墩台上面的槽口内；再把底杠一端搁在左墩台下方的石嘴上，另一端横架在小陡杠的下端；而后将面杠一端架在左墩台上部石孔中，另一端交叉架在小陡杠上端；然后把马杈架在陡杠后侧，再把宽约一尺长约五尺的水拼横贴在马杈上；最后将宽约三尺长约六尺的陡簟贴在水拼上，把陡封闭起来，使河水蓄积水位增高。过船时，用力将小陡杠上端敲出槽口，这时面杠、底杠失却依托，在陡簟上水压力的冲压下，整套拦水用具一齐倒向下游，陡门大开，船舶趁势顺流通过陡门。这种办法陡门启闭方便，维修简单，一直被用到灵渠全河停运时为止。

灵渠上早期的陡门、堰坝，是在唐代宝应元年（825）李渤重修灵渠时，以竹木结构“杂束篠为堰，间散木为门”兴建起来的。到咸通九年（868）鱼孟威再修灵渠时，“且禁其杂束篠，悉用坚木排竖为门”[①]。堰坝用大木为框架，用松木为堰门。又用整棵大木增建陡门十八重，“切禁其间散材”。至于何处建陡，何处建堰，都是从不同河道渠化工程的要求着眼，采取不同的结构形式。陡门、堰坝这两种通航闸门，在灵渠这条山区越岭运河中，一直保持到清代相沿未变。清雍正年间（1723～1735）鄂尔泰修灵渠时，在通航建筑中，建陡门十八座，堰坝三十七处。对“昔人创造所有便民生者，善始而复善成之，则其迹之犹存，维持保护，且不废焉”[②]。

三　运河上的船闸

中国船闸始建于唐代，北宋时出现了复闸和澳闸。这些新技术从创建到南宋覆亡(825～1279)的四百五十多年间，还只限于在黄河以南地区运用，直到元代开会通河和通惠河时，才把这一技术推广到黄河以北的运河段上，并在会通河上派生出一种特殊作用的通航隘闸。

船闸解决了复杂地形的通航和供水的难题，是人工运河渠化工程中的一大创举。

（一）运河船闸

运河设闸始于唐代，开元十九年（731），“扬子津设二斗门”。开元二十六年（738），润州刺史齐浣在瓜洲开伊娄河二十五里，在通江口门处建伊娄埭，同时在埭旁设一斗门。江潮顶托时，开斗门引船入埭，潮退时关斗门以防河水走泄，一般平水位时，斗门打开舟船畅通[③]。这是一种简单的初期通航闸门。通航时闸门一开，由水差产生的急流，使船只上行如负重爬梯，下行似脱弦之箭，稍有不慎，便船毁人亡。在宋代水运事业大发展的局面下，这种单闸已不适于生产要求，人们便在唐代节制水量的单闸基础上，创造了复式船闸，它的出现最迟不晚于北宋熙宁元年（1068）。是年二月，淮南转运使乔维岳见淮河三里湾的水势湍急，漕船过此时有覆溺；又见淮安城北淮扬运河入淮处的末口五堰，时常发生船毁粮损事故，便开故沙湖引水，开河四十里，自末口至淮阴磨盘口，以避淮河之险。同时在末口西河第二堰建两座船闸，史称西河闸，两闸之间的闸室长五十步（约 76 米）。是可升降的平板悬门闸。当闸室水位与上、下游的水位相平时，便分别开启上闸门或下闸门平水过船。闸室两

---

① 《鱼孟威·灵渠记》。

② 《重修桂林府东西二陡河记》。

③ 武汉水利水电学院、水利水电科学研究院《中国水利史稿》编写组，中国水利史稿（中册），水利电力出版社，1979年，第21页。

岸筑土累石以固其基，在闸上建桥连结两岸，便于对船闸的管理和维修[①]。自是尽革其弊，而漕船往来均无阻滞。

船闸代替了埭、堰，既克服了运河上的地形限制，减少了水耗，调节了水位差，又减免了过埭的盘驳牵挽之劳，从而提高了漕运能力。沈括（1023～1095）见到船闸时，曾在其所著的《梦溪笔谈》中说："监真州排岸司右待禁陶鉴始议为复闸节水，以省舟船过埭之劳"，"旧法舟载米不过三百石，闸成始为四百石船。其后所载浸多，官船至七百石，私船至八百余囊，囊二石"，并且"岁省冗卒五百人，杂费百二十五万"。北宋时新兴的船闸很快便普及到各地。天圣四年（1026）建真州（今仪征）闸及运河入淮的北神闸，天圣七年（1029）建邵伯闸。这三处都是在原有的埭旁开引河修建的船闸，构成近似于现代坝旁建船闸的布局。熙宁五年（1072），日本和尚成寻来华，四月至十月在运河中随船北上，所经船闸具有两座。到元祐四年（1089），"吕城堰置上、下闸，以时启闭"，随后瓜州、京口、奔牛等地也改堰为闸[②]。重和元年（1118），自杭州至泗水1000多里的运河上，共建闸79座，便全部以闸代堰了[③]。从船闸出现以后，"商旅息滞淫之叹，公私无怵迫之劳"，"岁省之费甚多，邦储之运益办"，行客船工"沾沾相喜"[④]，运河上呈现着一派繁荣兴旺景象。

（二）船闸过船程序

1. 船闸过船

船闸由上、下两道闸门和闸室组成。闸室长约100米左右，闸门有叠梁式和悬门式两种。悬门式比叠梁式优越，但建造和管理、维修都比较繁细，不易普及，所以大多还是采用叠梁式。船闸的使用，是根据"水涨船高"，"船随水落"的道理。当上游来船时，上闸打开，使闸室内的水与上游水位相平，来船平水进入闸室，随关闭上闸，曳起下闸，使闸室水位与下游水平，来船则平水出闸。下游来船时，其过闸程序与此相反。

宋熙宁五年（1072），日本僧人成寻来华求法时，曾在大运河中乘船北上，对船闸的运用作过生动的记述："九月十六日戌时，通八十里至楚州（淮安）留宿。十七日巳时出船，回州城至闸头，……至巳时，过十里至闸头，依潮干不开水闸……戌时，依潮升开水闸，先入船百余只，其间经一时，亥时出船，依次开第二水门，船在闸内宿。十八日天晴颇翳，终日在闸头市前。戌时开水闸出船。"成寻所见是第二天（十七日）戌时，闸下游淮河潮涨，待潮水平后遂开下闸门，先放淮河内的来船进闸，随之将下闸门关闭，共用一个时辰（两个小时）。然后开上游闸门，水平淮船出闸，接着让上游来船进闸，这时淮河潮已落，上游来船只得在闸室内过夜待潮。到第三天（十八日）戌时潮至水平，开下闸门，先放闸内船出闸渡淮北上，接着放淮河船入闸，以后便是重复昨天的运作程序，开上游闸出船、进船，夜宿待潮。这种在大江、河出入口受潮水影响的船闸，又称作潮闸。所谓"月动所向，潮势随大，上连漕渠，平若置梁"的潮闸，不仅过船便捷，而且节省运河水量消耗，效益显著。

成寻八月二十五过长安堰船闸时，"天晴，卯时出船，午时至盐官县长安堰。未时知县

---

① 宋·李焘，《续资治通鉴长编》卷20；元·脱脱等，《宋史·乔维岳传》。

② 元·脱脱等，《宋史·河渠志》。

③ 同②。

④ 胡宿，《文恭集·真州水闸记》。

来，于长安亭点茶。申时开水门两处出船，船出了，关木（关木即叠梁枋木）曳塞了。又开第三水门关木出船，次河面水下五尺许，开门之后，上河落，水面平，即出船也”。值得注意的是，这次所过的是有三个闸门的二级船闸。这种设施等于两个船闸并用，更能节省水量，多建在坡度较陡落差较大的河段上。二级船闸的出现，是船闸技术的进一步发展和提高。

2．隘闸过船和石则

元代开会通河和通惠河后，京杭运河全线开通。但由于会通河段的水源规划得不完善，河道浅涩，较大的漕船通行艰难，时常搁塞于河中，妨碍其他船只往来。延祐元年（1314）二月，中书省奏称：会通河“始开河时，闸口阔限二丈，止许行百五十料（石）船，近年权势之人，并富商大贾，贪食货利，造三四百料或五百料船，于此河行驾，以致阻滞官、民舟楫，如于沽头置小石闸一，止许行百五十料船便。臣等议，宜依所言。……于沽头置小闸一，及于临清相视宜置闸处，亦置小闸一，禁约二百料以上船，不许入河行运。”上从之，同年八月十五日兴工，九月二十五日工毕，限制船宽的隘闸的其他尺寸不变，只有闸口仅阔九尺[①]，比一般闸口隘窄且有关隘之责，是以称作隘闸（图 12-9）。

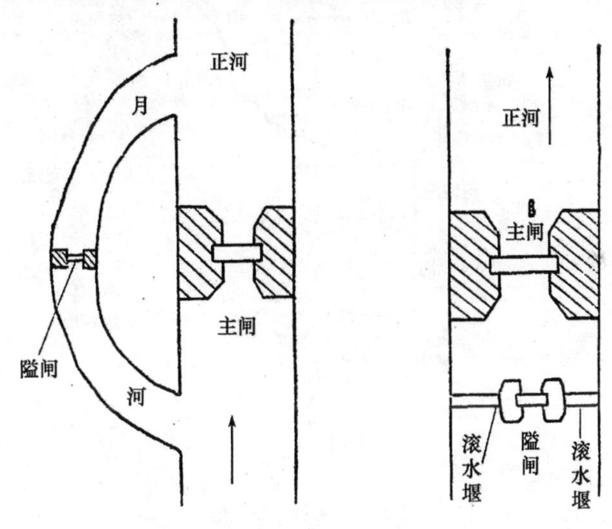

图 12-9　隘闸示意图

延祐二年（1315），在沽头闸上增置一座隘闸以限巨舟，延祐六年，雨多水溢，月河、土堰、石闸雁翅土石相离，于沽头月河内修堰闸一所，更将隘闸移至金沟闸月河或沽头闸月河内。水大则大闸俱开，使得通流；水小则闭金沟大闸，上开隘闸；枯水则闭隘闸，而启正闸行舟。如此岁省修治之费，亦可免丁夫冬寒入水之苦，诚为一劳永逸。在正河道上建隘闸，遇汛期对行泄洪水不利，时有河岸决溢之患。若在主闸前开月河分流至主闸下游，可以增加泄水能力，又可平衡主闸上下游水位。这种旁开月河，并在月河内建隘闸的办法称作连环闸。月河与主河轮替行船，也便于维修正闸。水涨则开大小三闸，水落则闭大闸，只于隘闸通舟[②]。从隘闸和连环闸的相继出现，可以看到元代京杭大运河在闸座布置和使用上，均

① 明·宋濂等，《元史·河渠志一》。
② 同①。

比宋代有所发展和创新。

泰定四年（1327）四月，巡河御史奏称："都水监原立南北隘闸各阔九尺，二百料以下船梁头（漕船最大宽度部位）八尺五寸，可以入闸。愚民嗜利无厌，为隘闸所限，改造减舷添仓长船至八九十尺、甚至百尺，皆五六百料，入至闸内不能回转，动则搁浅，阻碍徐舟。盖缘隘闸法，不能限其长短。"巡河御史"问得造船作头，称过闸船梁头八尺五寸，该长六丈五尺，计二百料"。乃在隘闸前八十步远的运河岸边立二石则（标），中间相距六十五尺，验量行舟。过隘闸的船只先至石则量其长短，不逾尺寸者再过隘闸。违者不准过闸并予处罚[①]。

由于元代会通河的水源不足，地形坡降陡缓不一，将闸座设置的距离远近不等（图12-10）。为了节制水量，减少流失，加大航深，限制漕船大小，吃水深浅，而创建隘闸和连环闸。可见元代京杭大运河在闸座布置和使用上，均比宋代更多样化，从而进一步发挥了船闸的功能。

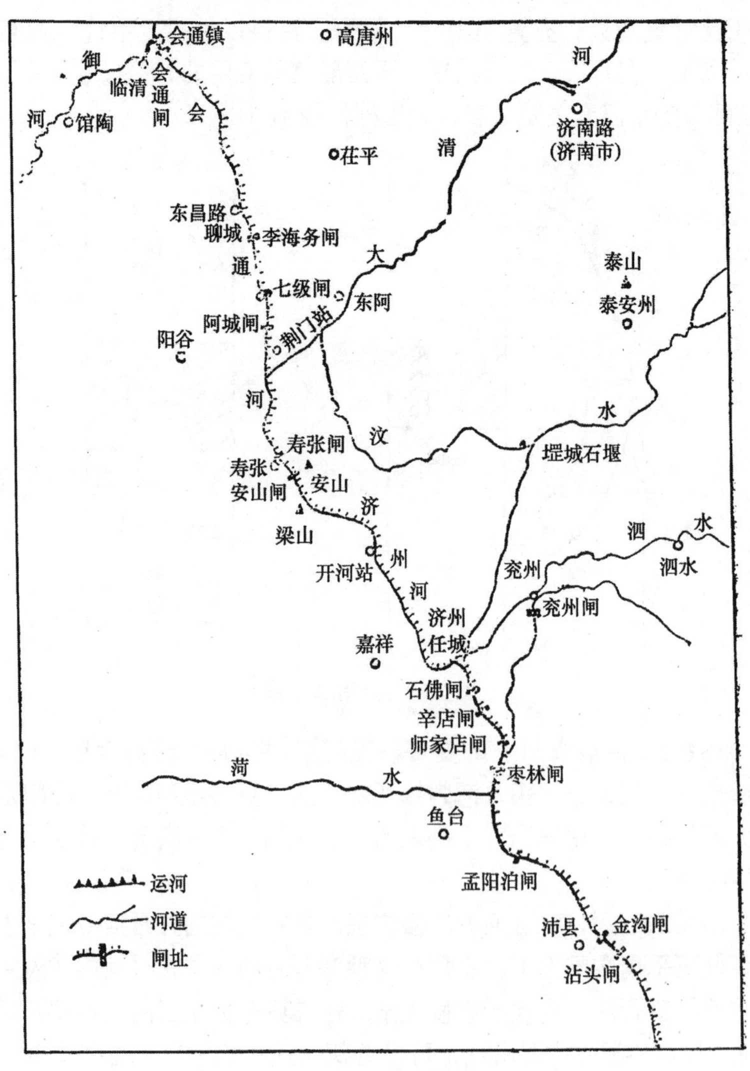

图 12-10　元代会通河闸坝位置示意图

① 明·宋濂等，《元史·河渠志一》。

（三）船闸的建筑工程

船闸初创时，施工、用料等还比较简单，仅是一种“于岸筑土累石以固其趾”的土木结构建筑物。但在长期使用中，有些闸座经常复修和重建，在反复修建过程中，人们在船闸整体布置、用料和技术等方面，总结出了一套严格的规范和标准。在元代建、修船闸的碑刻和明代《漕河图志》、历代史书的河渠志中，都有一些关于水工建筑技术记载。

元代京航大运河上的船闸，从早期的土木结构，逐渐改建为石闸座；明代则将石闸座作为建筑船闸的定制，对船闸的结构和制式，用工用料量等都做了细致的规定。将船闸的结构分作基础和上部两大部分：

上部：由底板、闸墙和闸门几个部分构成。上部各主要部分的尺寸，以会通闸为例，“头闸长一百尺，阔八十尺，两址直身各长四十尺。两雁翅各斜长三十尺，高二丈，闸空阔二丈”①。文中所说的直身即安置闸门的直墙；雁翅是紧接直墙向上下游成扇形展开的八字墙；雁翅之后，一般还再接长三、四十尺的“石防”，使闸座构成一个石砌整体，“以御水之洄伏冲薄”②。

基础：至治元年（1321）改建会元闸。首先进行施工导流，修筑围堰，“导水东行，埸拦水土堰其上下而竭其中”；然后进行清理地基，“扨枝闸，责坳泓，徙其二十尺，降七尺以为基”。即先将闸基地挖深七尺，而后进行基础部分的打墙和砌筑，“下错植栗木如列星，贯以长松，实以白灰，概视其他有无罅漏”。上面的砌筑则“爰琢爰甃，犬牙相入，直以白麻，固以石胶，关以劲铁”，务必使其砌筑坚牢可靠。

明代时，“凡建闸于河之中流，穴地深入，以固闸基。用海漫石、雁翅石、金口石、闸底石、衬石、万年枋木、地钉椿板、石灰、糯米、铁锭。官厅库房皆视闸之大小而计其功”。这是指建一座叠梁闸的上部与基础时，在工程上和用料上的要求。其下又说到悬门闸的基础与叠梁闸相同，只是上部需用“车耳木、闸板、铁环、大缆、板绳、绞关木、拖桥并更鼓等器”。这些建闸所需的材料、工量，都由“官厅库房皆视闸之大小而计其工”③。

当时每座石闸的施工所用的人力和物资，以重修会源闸为例，计用石工一百六十人，木工十人，金工、土工各五人，杂工一千四百二十人；用大木料一万根，大块石五千块，铁二万斤，石灰三百多万斤④。

第五节　运河漕运管理与职官

元代，京杭大运河（图 12-11）全线开通后，由于水源规划尚不完善，漕运能力还不太大。明初沿用元制，在南京设都漕运司总理漕政。洪武十四年（1381）又将都漕运司撤废。永乐建元（1403），迁都北京，浚复京杭大运河。十五年（1417）派平江伯陈瑄，首任漕运总兵官，掌漕运河道之事。此后逐年整治河道，并逐步完善了漕运管理制度。后因漕务日

---

① 明·宋濂等，《元史·河渠志》。
② 元·揭傒斯，《揭文安公全集》卷 12《重修济州会源闸碑记》。
③ 《漕海图志》之一“漕河经用”。
④ 同②。

重，景泰二年（1451）设漕运总督与运粮总兵官共领漕政。漕运总督驻扬州，河道总兵驻徐州。成化七年（1471），改设总理河道，专职主持运河、黄河修守；设漕运总督专理漕政，总河与总漕平行，从此河道与漕司始分成两个体系。

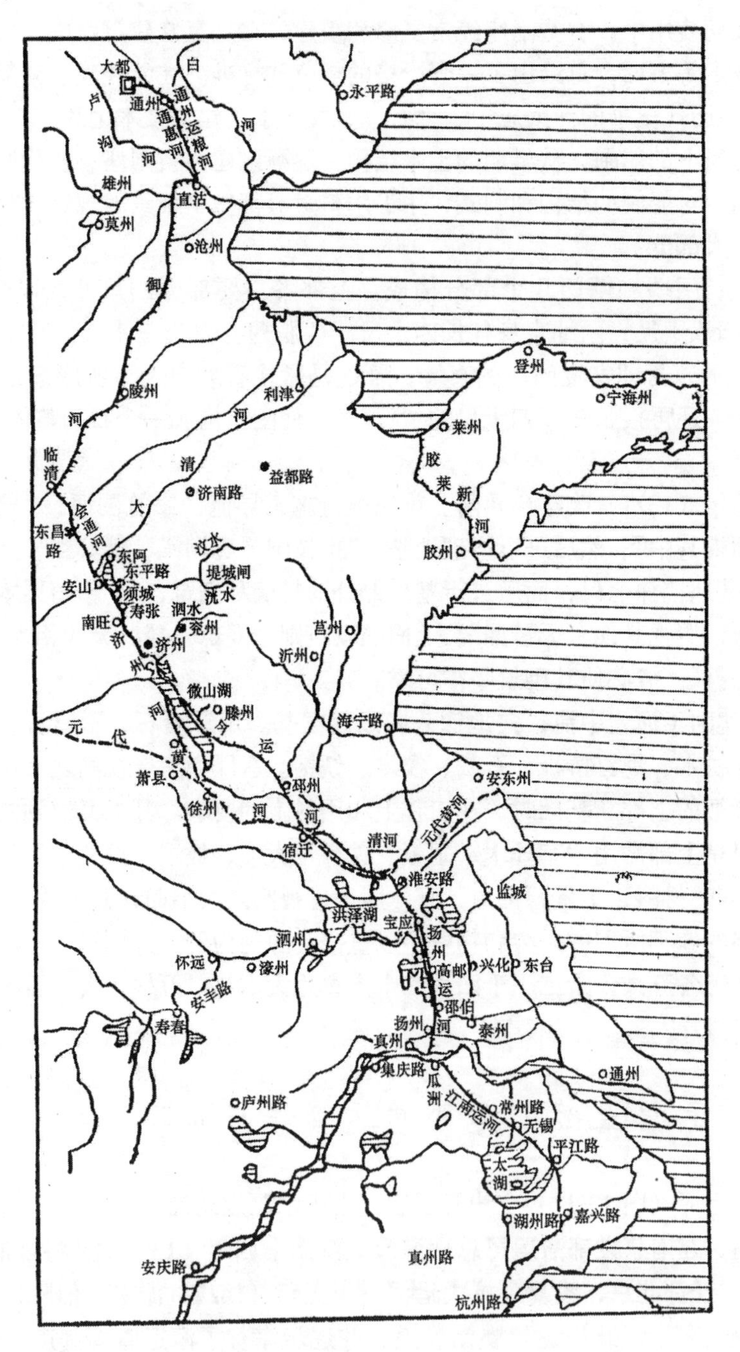

图 12-11　元代京杭大运河示意图

一　漕运管理体系

（一）漕运总督

明、清两代由宫廷大臣出任主管漕政的职官。明初仿元代万户府之制，以总兵督漕。后以漕务日重，粮运时有不继。景泰二年（1451）始设漕运总督，驻淮安，兼巡抚淮、阳、庐、凤四府及徐、和、滁三州。后遂与总兵、参将同司漕务，每年正月，总督巡察扬州、瓜洲及淮安；总兵则驻徐、邳督漕船过洪入闸。成化七年（1471），置总河侍郎后，与漕运总督分理河、漕。弘治间（1488～1505），二职分合不常。万历五年（1577）前，漕督一度兼理河道，至万历三十年（1602），中间曾三分三合。嘉靖四十年（1561），漕督又兼提督军务，延至崇祯年间未改。清代康熙二十二年（1683），派正二品尚书衔从一品官总督漕运，驻淮安。每年粮船过淮后，总督须随运船北上，入京述职。

（二）督粮道

明、清两代委派于各省催督漕运的职官。明代曾于十三（省）布政司各置督粮道一员，驻省城。弘治七年（1494），令两京户部差主事等官于湖广、江西、浙江、山东、河南及直隶等府催督监兑民粮。至清代，置督粮道于江南二人，山东、河南、江西、浙江、湖南、湖北各一人，官秩正四品，职掌监兑漕粮，督押船只。乾隆四十八年（1783），命各省粮道，俱押本省粮船抵临清交兑，验收后方回本任。

（三）管粮同知、通判

清代监兑漕粮的地方官吏。清初，漕粮交接实行官收官兑，由各府推官监兑。至康熙六年（1667）改委同知、通判管理。共委管粮同知六人，官秩正五品；通判三十三人，官秩正六品。监督收兑粮质好坏，兑运迟延以及整肃运军苛求，衙役需索，包揽掺杂等弊端。

（四）押运同知、通判

清代押运漕粮的官员。由漕运总督会同各省督抚选委押运同知、通判十六人，官秩正六品。掌管督押漕船，管束运军，禁止沿途迟延、需索苛求之弊。当漕船运抵通州，由仓场侍郎送部引见，由户部发给限单，然后管押空船返回淮安。经漕运总督考察其劳绩，逾限者受参处。

（五）总督仓场户部右侍郎

清代总稽漕运粮米的官员。简称仓场侍郎，顺治元年（1644）始设。驻通州新城，总理粮务，掌管稽核一年漕粮收入，按官俸禄米和军饷需求分别储存，并总领南北运河粮船的管理与调遣。顺治十五年（1658）设满、汉侍郎各一人，此后成为定例。

（六）漕运总兵官

明代早期任命武装统领海道及运河漕运的职官。永乐二年（1404），仿元代海运万户府旧制，设总兵、副总兵统领官军运漕。下辖把总十二人，分驻南京、江南直隶、江北直隶、中都、浙江、山东、湖广、江西等地，分别统领卫、所共一百六十二卫，官兵 121 500 人，船 11 777 艘。宣德三年（1428），令各都司、卫、所选委指挥官专职运输漕粮，不得参与军政。每年八月令漕运总兵官随同巡抚、侍郎赴京会议来年漕运事宜。

明代运河漕运，前后实行过三种方式，即是永乐十三年（1415）行支运：规定各地粮户，将漕粮运至淮安、徐州、临清、德州等仓交兑，然后再由官军分各仓运至通州，军民各占一半。但实际上多强使民船直运到通州，往返经年，多失农时，因耗民力过重，宣德六年（1431）改行兑运。

兑运：由粮户将漕粮运至就近州、县水路卫所，贴给耗粮，再由卫所交给官军运至京都。但官军兑收时，往往仗势勒索粮户，成化七年（1471）又改行长运。

长运：由粮户按规定加耗粮外，每石再加渡江费一斗，便可于就近河边交兑。再由官府向官军拨船，支给使费，发给行粮，由官军直接运至京都。遂成定制。

清初，康熙三十五年（1696）裁革运粮总兵官，设河兵营。原随船的督漕参将，改称“漕标副将”，运粮把总改称“领运守备”，率河营兵，领漕船 7692 艘运漕。嘉庆以后逐渐裁革。

（七）漕运监督

明代漕政管理的监察机构。其职官称巡漕御史，由朝廷于京官中派任。有时也派锦衣卫太监出任。巡漕御史驻淮安，掌管监察河道、漕运二司的吏治。清初一度停废。后鉴于“粮船夹带禁物，官吏需索陋规”，于雍正七年（1729）又复设巡漕御史二员，分驻淮安与通州。乾隆二年（1737），又增到四员，分驻淮安、济宁、天津、通州。

二　河道管理系统

明初不设总理河道之官，若遇黄河泛滥，运河浅阻，事连各省重大灾情时，朝廷任命大臣往治，事毕回京交差。成化七年（1471）始设总理河道官职，与漕运总督平行。河道与漕司遂分为两个系统。

（一）河道总督

明、清两代主管疏浚运河、防治黄河的官员，明代称作总理河道，简称总河。分江南、山东河南、直隶三个地段，各设兵部尚书、右都御史衔的总理河道侍郎一人。成化十三年（1477），改分为二段，以山东济宁为界，各设工部都水郎中一员管理。万历时又分为四段，各设郎中一员主持。清代运河管理机构大体沿袭明制，明代总河，改称河道总督。康熙前期驻山东济宁，后驻江苏清江浦。雍正时分设四河道总督，由朝廷选派兵部尚书、侍郎或右副都御史充任，驻北京，总管河道或主持河道大修；江南河道总督，驻淮安，主管黄河、淮河会流入海，引黄济运，泄水通漕及疏浚堤防，简称南河；河东河道总督，驻山东济宁，主管黄河南下，汶水分流，运河水量蓄泄，简称东河，并与江南河道总督，综合治理运河黄河；直隶河道总督，驻天津，主管导漳、卫二水入运河济运，永定河疏浚，简称北河。有清一代由河道总督专司治河，地方官再无防河之责。

（二）坐粮厅

清代主管北运河疏浚和管理粮船的官署。主事官称坐粮厅司官。掌管北运河浚浅、修筑堤岸、闸坝、催督粮船抵仓及回空，兼管库银出纳，通州税收，顺治元年（1644）设置。由给事中、御史、各部郎中、员外郎等司员中选任，任期二年，设满汉司官各一人。康熙二十六年（1687）遂为定制。

（三）闸官

负责管理运河水闸的小吏。又称闸官、河堤员吏、斗门长。元代始有闸官之称，官职未入流。清代共设闸官四十三人，江南有十四闸，设官十一人；山东有四十八闸，设官三十一人；直隶设官一人。掌管运河水量蓄泄，按时启闭闸门，以利舟船通航。

（四）夫役

明、清从事河道防、修的夫役。编制以甲为单位，每甲十人，设年高有德的老人或总甲头目任长。夫役按工分作七类：曰浅夫，专事疏浚河道，在易淤河段设浅铺宿住，漕运期间导引过往船只。曰闸夫，管理运河闸门启闭，组织漕船过闸。曰坝夫，经管堰坝及上游河道，挽漕船过坝。曰堤夫，巡守运河岸堤，种草植树护岸，沿河每一里设三铺，每铺宿住堤夫3人，日夜守护。曰溜夫，专司纤船过浅，或纤拉逆水上行漕船。曰泉夫，管理疏导泉水归入运河济运，每泉设泉夫4～10人，老人1名。曰塘夫（或湖夫），专职疏浚湖、塘，导引漕船过湖，守护湖、塘，防止盗引湖水，私采芦苇。除以上常设夫役外，若遇大修大建工程，则由主事者临时征调民夫或招雇募夫。据《漕河图志》卷三“漕河夫数”所载，明前期有常设夫役4704人。

明代的漕运管理，是由地方、漕司、河道三家机构各司其职，互相制约。据《明史·食货志》记述三者的职责说：“米不备，军卫船不备，过淮误期者，责在巡抚。米具、船备，不即验收，非河梗而压帮停泊，过洪误期，因而漂冻者，责在漕司。粮船依限，河渠淤浅，疏浚无法，闸座启闭失时，不得过洪抵湾者，责在河道。”

三　运河工程管理

明永乐十三年（1415）废海运漕粮后，京杭运河则为南北漕运干线。随着河道通航各项工程日渐完善，相应的管理法规、制度也逐渐建立起来，保证了大运河全线畅通。

（一）闸坝管理

运河上拦河修建的闸、坝，用以节制水量，调节航深；顺河一侧的闸、坝，多与天然河流、湖泊相通，或引或泄调节水量济运。前者主要用于河道船舶通航，有严格的启闭制度和维修工程规范。会通河有闸河之称，以其为例，可见闸、坝管理之制。

人工运河为无源之河，自古惜水如金。闸门启闭，依序上启下闭，或下启上闭。“漕船到闸，须上下会牌俱到，始行启板。如河水充足，相机启闭，以速漕运，不得两闸齐启，过泄水势"[①]。船舶过闸后，上下游相邻闸门均闭，通过会牌传递启闭指令，以节省水量，防止多泄。闸门多为叠梁式，启闭方式以闸门所处位置的河道纵比降，与水流流向的不同而异。"上自南旺以至临清四百余里，地势建瓴，止是一脉水源，历二十一闸……必须启板浮送。下闸闭而上闸启，水微之时亦可使深；下闸启而上闸闭，水旺之日不免浅"。但须注意，当漕船"北上，板宜常闭，不宜轻启；南下，板宜勤启，不宜久闭"[②]。

闸门启闭一次，漕船应结队编组同过，不宜单船过闸，以减少启闭次数，避免泄水过多。当过南旺柳林闸时，须积船二百余只方可启板；启完即速过船，船过完即速闭板[③]。并在闸板间用草席等物贴边塞缝，尽量减少水耗。

河道最低积水的深浅，也对闸门启闭的次数产生影响。在天旱水浅时，船舶到闸，必须等待积水六七板时，方许开闸放船。为解决枯水期运河水浅，明代人万恭根据漕船重载入水最深三尺五寸，船宽一丈五尺的标准，将闸门口挖深不过四尺，宽不得过四丈，"务令舟底仅余浮舟之水，船旁绝无闲旷之渠。"闸门段过水断面减少，必然增加了河道段水深，达到节水通航的效果。万恭将这一经验总结为："以少浅治多浅，以下水束上水。"[④]

（二）运河河道疏浚管理

运河河道管理，主要有河道疏浚与堤防维修两大部分。

河道疏浚大修时与堤防修筑同时并举。岁修称小挑。大修称大挑，是指对正河挑浚，二年一次。挑浚时河道筑坝断流，船由月河绕行。岁修称小挑，河道水不断流，船舶仍由正河通航。山东南旺河段，为会通河的重点挑浚河段，无大小挑之分，定例每年正月十五日兴工，二月中旬完工，此间船舶停航。明万历四年（1576），在这一段增开了月河，遂有大小挑之分，至清代沿袭未变，使南旺段在疏浚时，船舶照常航行，有利于漕船回空，民船南返。运河的黄河漕道，每年疏浚，工程量最大。长江与运河交会的仪征、瓜洲运口，靠长江潮流济运，江水泥沙随潮入运河，运口淤浅，终致"潮不登坝，船不得过"。这一段定例三年一大挑，闸、坝维修同时并举。

河道的日常管理，主要内容是浅铺管理和堤防修守。

浅铺职责有捞浅和起驳两项。捞浅是在分管的河段进行日常疏浚，适时淘挖有碍通航的淤浅，或在长年通航的湖区进行常规性捞浅。《明史·河渠志三》记淮扬运河有闸 23 座，浅段 51 处，各处设捞浅船 2 艘，捞浅夫 10 人，共 510 人，长年从事河道疏浚和船货起驳。捞浅船在水位低浅时，供漕船、商船过驳转运之用。据《清史稿·食货志》记载，在德州、恩县、武城、夏津、临清及通州通惠河段，都备有浅船，在水源不足，闸门不开时驳运漕粮。漕船过浅，不是专靠浅船过驳，主要还是依靠沿途铺舍的浅夫"水涩舟胶，俾之导行"。天津以北运河还设有标夫，专职经管浅滩竖立标志，导引船舶安全航行。

运河大堤的修防，由沿河卫、所的军夫负责。所管范围有明确的分界。"设官划地而守"。康熙十七年（1678），在运河沿线，按里设兵分驻运河堤上。每兵各管两岸河堤九

---

① 清·赵尔巽等，《清史稿·食货志》。

② 朱之锡，《河防疏略》。

③ 张伯行，《居济一得》卷 2。

④ 万恭，《治水筌蹄》。

十丈。雍正八年（1730）改为堤堡制，二里设一堡，每堡住二人，驻堤巡守，远近互为声援。

四　运河运输管理及规章

为了保障运河畅通，明清两代对运河中的舟船运力、运输交通管理、漕粮运输时限，都定有一套完整的制度和法规，保证了漕运、官运、商运顺利进行，维持了南北大运河四百多年通运的兴盛局面。

（一）运河漕运舟船运力概况

《漕船图志》卷八记载：明代永乐年间，有漕船 11 427 艘，运粮官军 114 500 人。《明史·食货志》记载：天顺年间（1457～1464）有漕船 17 770 艘，运粮官军 120 000 人。《清会典》记载：乾隆时有漕船 17 692 艘。嘉庆十七年（1812）有漕船 6200 艘，白粮（御用粳、糯米）民船 7892 艘，共计 14 092 艘。明清两代所运漕粮数相当，约计四百万石，白粮十七、八万石。此外还有运送皇家御用时鲜的贡船 162 艘，承运官用建筑材料的官船、民间商船，运送官员和邮件的快船多艘。清代将白粮改为官督民运，分作五帮，每帮设千总二名、武举人一名领运。其中苏州、太仓船为一帮，松江、常州、嘉州、湖州船各为一帮，分帮承运。淮河以北河道狭窄，水位较浅，对船只停靠、起泊、交会有严格要求，在春季漕运盛期，规定重船一律由南而北，不准空船逆行。漕船以地区划帮编组，各组分时开行。改行长运后，漕船体型加大，改用四百石平底船，吃水六挐（约 1 米余）。雍正七年（1729），改用大型漕船载重五百石外带土产一百石。到嘉庆时，漕船益大，总数减至 4000 艘，过浅过闸全仗浅船过驳。由此过驳浅船数大增，仅天津至北京一段运河上，便有过驳浅船25 000艘。其外还有私营驳船和商船自带的驳船，增加了漕船过浅过闸的时间，延误了运期。

（二）漕船限时运输

明清两代，为了确保四百万石漕粮按时运到北京，对漕船的沿途运行时限做了严格的规定。

时限，即是漕船在运行中，到达沿途各站的规定时间，以限制漕船沿途滞留，防止押运人员沿途靠泊贩运经商。成化年间（1465～1487），始定立各地漕船到达北京的时限。正德年间（1506～1521）制定了“水程图格”，并给关文，由漕船领收，按日填写行止的站地，由各关的巡漕稽查。违限迟到的漕船，令入德州仓“寄囤”，以免阻碍后随之船队。嘉靖时（1522～1566），又增定了漕船北上过淮的限制。明代后期，采用漕运“格单”，由沿途州、县的河道官员填写。“格单”以仟字文的“天、地、玄、黄”编号，以月为纲，以日为目，每月下有六十格，填注每日漕船起止地点和里数。如有意外情况，须注明原因。根据“格单”记载，察验漕船是否按规定时限到港，对违限滞期漕船视其情况予以相应的处罚，起到河道与漕司相互监督的作用，并借以催趱漕船按期速行。清代对漕船行期的管理，基本沿用明代后期办法，漕船备有“限单”，亦由沿途州、县河道官员填写。漕船到达通州或北京后，限三个月内交米入仓，入仓十日后即行离京回空。乾隆时漕运总督顾琮仁在《筹办漕运七事》中提出：“漕船过淮后，分员催趱，以速漕运”。此外还增加了漕船回空之限，规定通州至天津限七日，天津至德州限十二日，德州至峄县限三十日。

清代除了时限以外，还规定了里程之限，每日的运程规定是重载漕船逆流航行二十里，顺流四十里；回空漕船逆流航行三十里，顺流五十里。

漕运时限在一定程度上保障了漕运的正常运行，但由于黄河决溢冲坏运河河道，造成淤浅和闸坝工程破坏；或由河道、漕司人员贪污腐化，漕政败坏等原因，使漕船仍时有违限滞期的事情发生。

（三）运河运输法规

京杭大运河畅通后，为维护漕运正常运行，又相应的制定了一些规章和制度。对这类的规章，明清两代时称作“漕河禁例”。

宣德四年（1429），行在都察院右副都御史雇佐，在奉天门宣读皇帝圣旨说：“沿河闸官都不尽堤防水利，往往为权豪所胁，不时将闸开放，以致强梁泼皮的得以抢先过去，本分良善的动经旬日不得过。甚至争闹厮打，淹死人也不顾，十分无理。”因此命都察院出榜晓谕多人知道：“除进用紧要的船（贡船）不在禁外，其他运粮、解送官物、官员、商贾船到闸，务待积水至六、七板方许开放。若公差、内外官员事务紧急，就于所在驿站供给马、驴过去，不许违例开闸。若有权豪势要逼凌闸官及厮争厮闹争先过去的，许闸官将人拿送所在巡官或巡安监督御史处，依律治罪。沿河闸官以后不再用心依法照管，仍任权豪势要之人逼胁，启闭不时，致水走泄，阻滞舟船，都拿来重罪不饶。”

宣德年间在运河上所出现的违法犯禁的事，还不过是权豪仗势逼凌闸官不守规定开闸，或是无赖市痞抢先过闸，喧闹厮斗，妨碍正常通航。但到二十几年以后，天顺年间（1457～1464），事态发展已起了性质上的变化。

天顺元年（1457），兵部奉皇帝圣旨宣布的“漕河禁例”，已不是禁止恃强抢先，而是严禁内外公差人员在运河上违法犯禁，恣意妄为：“有递运官物的官员索要船夫银两者；有借装载官货之便，装官货三分，带私货七分营利者；有沿途责打官吏多派人夫，逼要茶钱者。似此奸弊，难以枚举，苦害军民，搅扰公私。由而增定禁例，张挂禁约……违者许所在官司指实具奏，若违例应付者一体治罪，凡私带及求索之物尽数入官。事情重者奏发充军。其差使内外人员，敢有仍蹈前非，不遵榜文者，许被害去处申奏拿问，处于重罪不饶。”

成化九年（1473）二月，兵部尚书白圭，拟定了南京各衙门法定时鲜贡船数，装载物品名称、数量，并漕河禁例十七条。这一禁例主要包括八项内容。

（1）时鲜贡船规定。贡船162艘，起运时鲜贡品三十起，不许夹带额外船只。各闸见时鲜贡船随到随启。

（2）闸门开启规定。漕船、官船、商船到闸，各处按积水规定开启闸门，船只依先后次序通过。对强逼开闸者，由闸官拿送巡河衙门论罪；若积水已够标准，下闸已闭，管闸人员借故不开启闸门者亦治罪。

（3）河道与漕运官吏处罚规定。为避免豪权势要恃权报复，规定凡是管河、管闸及漕运官吏犯罪，只准由巡河御史等官处理，地方官员不得干预漕河事务。

（4）对漕河官吏、工役及工料、经费的规定。凡府、州、县管河通判、主簿及管闸、洪、坝主事等，不许另有委任、差遣；漕河夫役不得一人充多人之役；过路官、商船只，不得任意招呼溜夫、浅夫纤船，妨碍漕船航行；漕河工料、经费地方不得任意停免、擅支。

（5）济运水源管理。盗引、盗决运河水源湖、塘、泉、河，首犯充军，军人徙于边卫。

（6）船只准带私货的限制。漕船每艘许带土产十石，作为沿途换取柴盐等生活必需品之用。超载货物并沿途滞留者，没收私货并治罪。马快官船准带食米一石。由京回空返程，可加带货物三百斤。若有超带，附搭客人、私盐者，没收货物并治罪。

（7）官船乘员限制。官船自京返回，由兵部发给印信、揭帖、注明船只数，驾船小甲姓名，附搭官吏姓名。擅乘人员及私返官员一律查究治罪。

（8）其他规定。运河两岸不许侵占纤路修筑房屋，河道不许遗弃尸体。除贡船外，一切船只禁止使用响器。

以上条例是成化九年由兵部尚书白圭题奏，经皇帝御批“是，钦此”而后颁布执行的。条例清楚，针对性强。但历来官府文告言之谆谆，而官吏则听之藐藐，视作废话。事隔四年后，即成化十三年（1477）五月，都察院又奉皇帝圣旨：“近闻两京公差人员装载官物，应给官快等船，有等玩法之徒，恃势多讨船只，受要各船小甲财物，纵容附搭私货，装载私盐，沿途索要人夫，措取银两，恃强越过巡司，抢开洪闸，军民受害不可胜言。运粮官仿效成风，回还船只广载私盐，阻坏盐法……许管河、管闸官员并军卫、有司巡捕官兵严加盘诘，应拿问者，就便拿问，如律照律发落。若管河管闸等官容情不举，坐视民患，事发一体究治。”这道圣旨仍为一纸废文，官吏赃滥，愈演愈烈。

九年以后，即成化二十二年（1486）六月，都察院右都御史屠庸奉皇帝圣旨，并由都察院出示榜文，张挂四方，晓谕禁约。同时行文给各巡抚、巡按、巡河、巡盐、管河、管闸官员及分巡风宪官，严督所属巡司官吏经常往来巡视。这道圣旨说：有回原籍省祭、丁忧、起复、升迁的文武官员，依势通知前途起拨舟船，受要廪米、酒肉、蔬菜等物，河道有司科用民财，阿意奉承。也有随贩货财者，满舟满船，擅起军民拽运，一遇闸坝、浅滩，开泄水利，人夫受害，漕运迟滞。又有一种公差，多讨马快船只，贩载私盐，附搭私货，纵容随从无籍之徒，先往船站，虚张声势，加倍要夫，有司一时措办不及，辄被辱骂、锁绑受打，熬刑不过，只得科敛民财，擅出官库银两馈送。其不才官吏乘机盗取，实际上下相贪，形成河道、漕司、地方官吏与权豪势家合为一体，侵蚀漕政。到明代中、后期，运河漕运到了不可收拾的地步。

到清代，除大体上沿袭明代的禁例、规章外，顺治十二年（1655）制定了《漕粮二道考成则例》，康熙年间（1662～1722）又定立了有关漕粮运输过程中的奖惩条款：

（1）漕船过江遇风涛漂没，由催运汛地官员勘验，总督、巡抚复勘确认属实后奏免。诈报漂没，或部分漂没而乘机侵盗至六百石者问斩。不足六百石者，按数照赔，并充军极边。

（2）漕船过淮后失事，或照赔损失，或就近卖船上余粮，粮银带回，重补新漕粮。

（3）漕船失火，地方官员不协助救援，不申报者，与押运官以失职论处，俱降级调用。遇冰凌、雷击等自然灾害沉溺，免赔。

（4）过（长）江、（黄）河、海的漕船漂没，领运弁军获生者，官员按军功晋级赐金；身故者，按军功阵亡例褒奖，兵士给予葬银。

明清的漕运管理设官立法周密，但由于政出多门，吏治腐化，漕运机构成为贪污腐败、贿赂公行最为猖獗的部门。《清史稿·食货志》说：“河运驳浅有费，过闸、过淮有费，催趱通仓又有费，下复出百余万帮费，民生日蹙，国计日贫。”漕政腐败，这是封建社会千载难复的顽症痼疾。

清咸丰五年（1855）六月十九日，黄河在今兰考县铜瓦厢决口，二十日全河夺溜，漫水泛滥至山东张秋镇，冲塞运河，夺大清河河道至山东利津县注入渤海。当朝重臣或主堵复故道，或主顺流改行山东。到同治十二年（1873）已争议了18年尚无结果。李鸿章上书建言，当时铜瓦厢决口已展到10里路宽，新河槽已经冲刷成型，再行堵复为时已晚。至于漕运则以“当今沿海数千里，洋船骈集，为千古以来之创局，已不能封关自治，正不妨借海运转输之便，逐渐推广，以扩商路，而实军储。”[①] 力主放弃修复运河，改由海运。一直到光绪十三年（1887），争议了32年之久，清朝廷才做出了“故道一议，可暂作缓图”的决定。但清朝廷仍出于“以备外海或有不虞，犹可持此一线”的愿望，令沿运河各地分别进行疏浚，但黄河南北的运河多年泛滥冲淤已夷为平地，已到无力修复的地步。光绪二十六（1900）设漕运总局，改为商办，次年停征漕粮，改征现银。二十八年（1902）撤销运河河道官员，全归商办。随着京山、京汉、津浦、沪杭铁路相继建成和海运的发展，京杭大运河南粮北调的作用已由铁路和海运轮船所代替，运河漕运始告结束。

① 《再续行水金鉴》引《李文忠公全集》。

第十三章　航路指南及水道图

航路指南和水道图（航海图）是海上航行必要的参考资料，是保障船舶航行安全的重要工具。历史上航路指南一类文字资料的产生早于水道图，后来在这类文字中附有简单的水道图，而早期的水道图上也往往注记着有关的航路资料。到 14、15 世纪以后，航路指南与航海图才正式分别编制，互相配合使用。由于航海图形象、直观，使用方便，它在航行中的作用逐渐超过了航路指南。

本章主要论述中国古代航路指南和航海图的形成和发展，并兼及江河水道图的发展历史。

第一节　航路指南的形成和发展

航路指南主要记述海区和港口情况，是具有导航意义的参考资料，主要供航海人员使用。现代航路指南的内容有：海区概况（包括水深、底质、港湾锚地、航标等分布情况）、海区气象水文情况（包括风、气压、降水、雾、能见度、海流、潮汐、风浪等）及沿岸的分段航路资料（包括航标、航道、障碍物、航法、码头、泊位等）三部分。古代航路指南的内容没有现代航路指南这样完善，但其基本性质是相同的。中国古代的航路指南称作“针经”，船家俗称为“水路簿”、“针路簿”，也有称作“更路簿”者。多数成于明、清时期，至今尚未发现元代以前编撰的类似有航路指南性质的专书。但是在一些典籍中可以见到有关海上航线的记载，或是对航海具有指导意义的文字。这些文字有的散见于史书或地理著作中，可作为航海史料来研究，有的是比较集中的航海活动的叙述，其中有些近似于指南的内容。下面在论述中国古代航路指南的形成和发展时，对元代以前典籍中有关记载先做一分析。

一　元代以前典籍中有关导航意义的海上航路

（一）《汉书·地理志》所记的“徐闻、合浦南海道”

《汉书·地理志》记有一条“自日南障塞徐闻合浦”至“巳程不国”的航线，史称“徐闻、合浦南海道”。该航线的起点为当时日南郡边境（今越南广治附近）或徐闻（今属广东，在雷州半岛南端）、合浦（今属广西，位于北部湾北岸），终点巳程不国，即今斯里兰卡。这段文字记述了汉代商船从南方港口出发，经马来半岛东岸、马六甲海峡，到印度东岸及斯里兰卡的航线，对沿途主要港口及航行时间都记载得比较详细。这是中国古代典籍中最早记述的远洋航线，也是一段有导航作用的文字。

东汉班固编纂的《汉书·地理志》，其正文的主体部分，记述了汉平帝元始二年（公元2）时 103 个郡国和 1587 个县邑道国的名称。其前序部分照录《尚书·禹贡》和《周礼·职方》两篇文章；其附录部分则采辑成帝时刘向所写的《域分》和朱赣所条的《风俗》。“徐闻、合浦南海道”这段文字属于《汉书·地理志》的附录部分，按其内容分析，显然不属于

《风俗》，故其取材当源于刘向的《域分》。刘向（公元前 79～前 8 年）① 的《域分》虽已失传，但可以肯定是在公元前一世纪时撰写的，所以“徐闻、合浦南海道”是公元前一世纪所记载有导航意义的文字。

（二）唐贾耽所记海道

唐代杰出的地理学家贾耽（730～805），曾绘制了《海内华夷图》等地图，编写了《皇华四达记》、《郡国县道四夷述》等地理著作，今都已失传。但在《新唐书·地理志》中，曾引述了贾耽所记唐代交通域外的七条路线，其中两条是海道，即“登州海行入高丽渤海道”与“广州通海夷道”。

“登州海行入高丽渤海道”是唐代北方的海上航线。登州始建于唐武德四年（621），治所设在文登县，而有登州之名。神龙三年（707）治所迁至蓬莱，即今山东蓬莱市；高丽指朝鲜半岛；渤海指今辽宁、吉林及黑龙江省南部一带粟末靺鞨部落所建之地方政权，王城故地在今黑龙江宁安县，唐开元二年（714）受唐册封为渤海国，故有此称。航线系从登州（今蓬莱）出发，经今庙岛群岛渡海至都里镇（今旅顺附近），再东行至鸭绿江口；从此分南北两路，一由鸭绿江河道北航，再转陆路往渤海王城；另一路沿海岸西南行至唐恩浦口（今朝鲜仁川附近）。文中记述沿途经过的岛屿、港口等地名二十余个。

“广州通海夷道”是唐代南方的远洋航线，系从广州出发，经南海、印度洋至波斯湾及非洲东岸，文中记述沿途经过的地区、国家和航程十分详细。

贾耽所记海道，是当时航海经验的总结，显然对后世的航海有其重要的指导意义。

（三）宋《宣和奉使高丽图经》

《宣和奉使高丽图经》为宋代徐兢撰。徐兢于宣和四年（1122）奉使高丽（今朝鲜半岛），归国后，就其见闻于宣和六年（1124）撰成此书。全书 40 卷，分 28 门，详载高丽之历史沿革、城邑、宫殿、民族、人物、典章、制度以及出使高丽的舟楫和海道等，并绘有图。后经靖康之变，图失文存。

《宣和奉使高丽图经·海道》有六卷（卷三十四至卷三十九），叙述甚详。其“海道一”（卷三十四），首列一篇序文性质的文字，论述潮汐的理论和海区海水涨落情况，并对地形的术语作了说明：“如海中之地，可以合聚落者，则曰洲，十洲之类是也。小于洲而亦可居者，则曰岛，三岛之类是也。……”文末云：“今既论潮候之大概详于前，谨列夫神舟所经岛、洲、苫、屿，而为之图。”六卷“海道”正文分列 46 个条目，除两个条目记舟楫（神舟、客舟）外，其余条目，标题均为地理名称，文字则是记述航经该地的时间、所见山形、天气及海况等，如：

> 半洋焦，舟行过蓬莱山之后，水深碧色如玻璃，浪势益大。洋中有石，曰半洋焦。舟触焦则覆溺，故篙师最畏之。是日午后，南风益急，加野狐帆。制帆之意，以浪来迎舟，恐不能胜其势，故加小帆于大帆之上，使之提挈而行。是夜，洋中不可住维，视星斗前迈，若晦冥，则用指南浮针，以揆南北。入夜举火，八舟皆应。夜分风转西北，其势甚亟。虽已落篷，而飐动扬摇，瓶盎皆倾。一舟之人，震恐胆

---

① 刘向的生卒年有多种说法，今据 1992 年周茹燕、李衍玲的考证。

落。黎明稍缓，人心向宁，依前张帆而进。

可以看出，《宣和奉使高丽图经·海道》是出使高丽的详细航行记录，且独立成篇，已具有航行指南的雏形，故《中国大百科全书·交通》（1986）称它为“中国现存最早的类似航路指南的著作”。

二　中国沿海海区航路指南的形成

中国古代劳动人民早就在沿岸海上活动，但在元代以前很少固定的航行路线，因而不太可能产生航路指南一类的专书。

到了元代，全国政治中心北移至大都（今北京），而经济最发达的区域则在南方。为了把江南的财赋、粮米运至北京，在元初京杭大运河尚未贯通前，则大规模地施行“海运”。明初因明太祖建都南京，江南财赋、漕粮就近运抵金陵，京杭运河失修，对驻防在辽东防军的军需粮饷仍用“海运”。至永乐十三年（1415）迁都北京后，大运河整理通航，始罢“海运”。长期频繁的“海运”，积累了中国沿岸海区航行的经验，逐渐形成了中国沿岸海区航路指南性质的专书。早期有元代的《大元海运记》及明初的《海道经》。

（一）《大元海运记》

《大元海运记》是现在所见最早详细记述元代“海运”情况的专书。该书原收辑在至顺二年（1331）编成的《皇朝经世大典》中。《皇朝经世大典》全书八百八十卷，已散失，只有篇目及各篇的叙录流传下来；其中《大元海运记》幸被收入《永乐大典》卷15949、15950。清代学者胡敬又从《永乐大典》中辑出，分二卷，题为《大元海运记》，署“元天历中官撰”。1915年由罗振玉收入《雪堂丛刻》而得流传。上卷为分年记事，是元代“海运”档案性质的记录；下卷分类记事，有“漕运水程”、“记标指浅”、“潮候潮汛应验”等，是具有航路指南性质的重要资料。其中“漕运水程”详细记述了海运的具体路线、航程及浅沙等。如：

> 自刘家港开洋，遇东南水疾，一日可至撑脚沙。彼有浅沙，日行夜泊。守伺西南便风，转过沙嘴，一日到三沙洋子江。再遇西南风色，一日至扁担沙大洪抛泊。来朝探洪行驾，一日可过万里长滩。透渊才方开放大洋。先得西南顺风，一昼夜约行一千余里，到青水洋。得值东南风，三昼夜过黑水洋，望见沿津岛大山。再得东南风，一日夜可见成山，一日夜至刘岛，又一日夜至芝罘岛，再一日夜至沙门岛。守得东南便风，可放莱州大洋，三日三夜方到界河口。

《大元海运记·记标指浅》记述在航道浅处设置标记，以保证航行安全。这种标记相当于现代的航标。下面是记述延祐四年（1317）十二月有关人员呈报在龙山庙设标一事的文字：

> 延祐四年十二月，海道府承奉江浙行省劄付，准中书省咨送户部，呈奉省判御史台备监察御史呈，每年春夏二次海运粮储，万里海程，渺无边际，皆以成山为标准。俱各定北行使，得至成山，转放沙门岛莱州等洋，约量可到直沽海口。为无卓望，不能入河，多有沙涌淤泥去处，损坏船只。合准所言，设立标望。于龙山庙前高筑土堆，四傍石砌，以布为幡。每年四月十五日为始，有司差夫添力竖起。日间于上挂布幡，夜则悬点灯火，庶几运粮海船，得以瞻望。

《大元海运记·潮候潮汛应验》部分前面有一段引言说：

海道都漕运万户府前照磨徐泰亨，曾经下海押粮赴北交卸。本官纪录，切见万里海洋，渺无涯际，阴晴风雨，出于不测，惟凭针路定向行船。仰观天象，以卜明晦。故船主高价召募惯熟梢工，使司其事。凡在船官粮人命，皆所系焉，少有差失，为害甚大。泰亨因而询访，得潮汛、风信、观象，略节次第。虽是俗说，屡验皆应。不避讥哂，缀成口诀，以期便记诵尔。

其正文即是有关潮汐、风信、观象的口诀。例如：

潮汐

前月起水二十五，二十八日大汛至。
次月初五是下岸，潮汛不曾差今古。
……

风信

春后雪花落不止，四个月日有风水。
二月十八潘婆飓，三月十八一般起。
……

观象

日落生耳于南北，必起风雨莫疑惑。
落日犹如糖饼红，无雨必须忌风伯。
……

需要着重指出的是，在《大元海运记·潮候潮汛应验》前面一段文字中，出现了对中国古代航路指南有重大意义的术语——“针路”。所谓“针路”，就是用指南针（罗盘）定向来确定的航路。我国早在11、12世纪时，已在海船上使用指南针，宋朱彧所撰《萍州可谈》云：“夜则观星，昼则观日，阴晦观指南针。”徐兢《宣和奉使高丽图经》中也说到在夜间航行时，“视星斗前迈，若晦冥，则用指南浮针，以揆南北。”但两书只说到用指南针定向，还没提到针路。章巽认为在所见航海史料中出现“针路”这一术语，以《大元海运记》为最早①。但《大元海运记·漕运水程》中对航路以“几日夜（或几日）到某地”的基本句式来表达，还没有使用具体的“针路”，与以后用具体针位表述航路的内容有明显的区别，这也说明“针路”的使用，也有一个发展和积累的过程，这在后面再谈。

（二）《海道经》

《海道经》也是记述“海运”的专书。现在所见最早的《海道经》版本，是收入明代嘉靖二十九年（1550）袁褧所辑的《金声玉振集》本子，无撰者姓名。袁氏注明是根据两个版本刻印的，但所据的两个版本刊于何时，未作说明。清代永瑢等于乾隆五十四年（1795）撰成的《四库全书总目》卷七五有两则《海道经》的提要如下：

海道经一卷（浙江范懋桂家天一阁藏本），不著撰人名氏，惟书中扬子江一条，自称其名曰璠，其姓则不可考。前有嘉靖中应良序，疑为元初人所撰，而后人增修之。今观书末附

① 章巽，《大元海运记》之“漕运水程”及“记标指浅”，辑入《章巽文集》，86～94，海洋出版社，1986年。

朱晞颜鲸背诗三十三首，晞颜为元人，则此书亦出元人可知矣。其书言海路要害，及占风雨潮汛诸事，大抵皆为海运而作。其后歌诀，与今人所说亦同，然未免失之于太简。

海道经一卷（户部尚书王际华家藏本），不著撰人名氏。纪海运道里之数，自南京历刘家港开洋，抵直沽，及闽浙来往海道。凡舵泊远近，险要宜避之地，皆详志之。又有占天、占云、占风、占月、占虹、占雾、占电、占海、占潮各门。盖航海以风色为主，故备列其占候之术。疑舟师习海事者所录，词虽不文，而语颇可据。考海运惟元代有之，则亦元人书也。后有海道指南图，乃龙江至直沽针路。嘉靖中袁褧以二本参校，刻入所编《金声玉振集》。复录元延祐间海道都漕运万户府海运则例图，至正间周伯琦供祀记二碑，附于其末。

据此可知，清代编纂《四库全书》时仍有《金声玉振集》本以外的两个《海道经》版本存在，且这两个版本即是袁氏所据的本子。上引提要中还谈到《海道经》出自元人，而《金声玉振集》本《海道经》有记述明初续办海运的内容，故章巽考证《海道经》成书年代为明永乐九年（1411）至永乐十三年（1415）之间[1]。又据明嘉靖三十五年（1553）至四十年（1561）间成书的《筹海图编》，其目录凡例“参过图籍”中，列有《海道经》一书，著者为张一厚。张为兵备副使，此明代《海道经》必有所本，恐非张之首撰，录此聊备一说。

《海道经》的基本内容可分为“海道”及“占验”两部分。“海道”部分共分四段航道：1. 南京至刘家港；2. 刘家港经成山至辽东及由直沽返长江口；3. 辽河口至刘家港；4. 福建长乐港至山东半岛靖海卫。叙述的内容比《大元海运记》详细。例如：

> 刘家港开船，出扬子江，靠南岸径使，候潮长，沿西岸行驶，好风半日到白茆港。在江待之，潮平，带蓬橹摇。遇撑脚沙尖，转过崇明沙嘴，挑不了水，望正东行使，无碍。南有未入沙、婆婆沙、三脚沙，可须避之。
>
> ……
>
> 直沽开洋，望东挑南一字行使，一日一夜见半边山，便有沙门岛。若挑南字多了，必见莱州三山，便挑东北行使，半日便见沙门岛。若挑北字多，必见砣矶山，往南收登州卫。

这些“海道”的叙述，除航程外，还谈到候潮行船、应避之浅处等。对航行时间仍以“几日几夜”来表述；航向的说明则除东、西、南、北等基本方位词外，已有以“针路”表示的内容，如“望东挑南一字行驶”、“正北带东一字行驶”等。古代罗盘针以24个汉字表示方向，一个字相当于15°。“望东挑南一字”即航向为东偏南15°；“正北带东一字”即北偏东15°。这种“针路”的表述方式，最早见于南宋成书的《诸蕃志》和《梦粱录》比《大元海运记》表述的航路详细、准确得多。

《海道经》的“占验”部分如前引“提要”所云，分占天、占云、占风、占日、占虹、占雾、占电、占潮、占海等九门，具体内容如：

> 占风门：
>
> 秋冬东南风，雨下不相逢。春夏西北风，下来雨不从。汛头风不长，汛后风雨毒。……
>
> 占雾门：
>
> 晓雾即收，晴天可求。雾收不起，细雨不止。三日雾濛，必起狂风。白虹下

[1] 章巽，论《海道经》，辑入《章巽文集》，海洋出版社，1986年，第95～106页。

降，恶雾必散。

这些关于气象及海洋水文的谚语，都是与航海有密切关系的，其内容比《大元海运记》更为丰富。

综上所述，《海道经》是明初一册内容比较完整的中国沿岸海区的航海指南。其中“占验”这一部分，若用现代气象学原理逐条加以验证的话，基本上与现代原理相符合。这些歌谣，汇集了千百年沿海渔民、船工生产经验的知识结晶，并且根据预测天气的需要提出了九种分类的方法，在今天仍有其参考价值。

三　明代中国至东西洋的航路指南

（一）概况

东洋和西洋是历史地理的概念。明代张燮《东西洋考》卷五对东洋、西洋的分界曾说：“文莱即婆罗国，东洋尽处，西洋所自起也。”《明史·外国传·占婆》延用其说，而其东洋只限于马六甲海峡以东狭小的范围。此书仅以耳闻而作，以《东西洋考》为名，极易使人与郑和下西洋联系在一起，致人误入歧途，实际明代东西洋的航路即是泛指当时中国的远洋航路。

明代时，由于航海业的发展，中国至东西洋的航路指南也随之发展起来了，现存的古籍中有较多的记载，而其中常为多种典籍所引述的是《渡海方程》和《海道针经》。如明代《筹海图编》便把这两本书列入参考书目；同时刊行的《郑开阳杂著》，也从这两本书中辑录出“太仓往日本针路”、“福建往日本针路”两部分，合编为《使倭针经图说》。明嘉靖三十五年（1556），郑舜功奉命出使日本，以其亲身经历，撰写了渡日的航路指南《日本一鉴·桴海图经》一书，书中也提到《渡海方程》和《海道针经》这两本书，并指出两者是“同出而异名”，同时还提到，当时所见的航路指南，还有《铖谱》、《四海指南》二书。此外，在明黄省曾的《西洋朝贡典录》自序中谈到，其著书时所据的有费信的《星槎胜览》，马欢的《瀛涯胜览》、《铖位》（或称《铖位编》）三本书；《东西洋考》凡例中曾提到的“船人旧有《航海针经》”，书里有“舟师”篇等。以上这些书都具有航路指南的性质。向达先生1961年校注的《两种海道针经》中，包括《顺风相送》、《指南正法》两种明代的航路指南，在《顺风相送》序中所提到的“罗经针簿”，是另一种航路指南。此外，在明代的《海国广记》一书中，也辑录了通往海外诸国的众多针路，在各地方志中也多有针路的记载。

以上所述有关古籍中所提到的《渡海方程》、《海道针经》（《海道经书》）、《四海指南》、《铖位编》、《航海针经》、《罗经针簿》等，大多没有原本流传下来。下面根据有关资料，对几种主要的明代东西洋航路指南分别作一叙述。

（二）《渡海方程》、《顺风相送》、《指南正法》

前面谈到的《渡海方程》、《海道针经》是被引述较多的两种明代航路指南，且两者是“同出而异名”。《顺风相送》、《指南正法》因由向达校注后合并成一册命名为《两种海道针经》而为大家所熟知。向达校注本的原稿，是根据英国牛津大学波德林图书馆藏劳德主教所搜集的145号和578号两册抄本。第145号手抄本，原无书名，因其首页题有传统祝词“顺风相送”一语，向达校注付印时，便借此补为书名。田汝康认为，“所谓《顺风相送》实际就是水路簿《渡海方程》的传抄本”，因此，在这里便将《渡海方程》、《顺风相送》、《指南正法》三者联系在一起进行论述。由于《渡海方程》没有原书流传下来，为了论述方便起见，先将明代董谷《碧里杂存》中有关《渡海方程》的一段记载引述如下：

余于癸丑岁（1553）见有《渡海方程》，嘉靖十六年（1537）福建漳州府诏安县人吴朴所著。其书上卷述海中诸国道里之数。南自太仓刘家河开洋，至某山若干里，皆以山为标准。海中山甚多，皆有名，并图其形，山下可泊舟或不可泊皆详备。每至一国，则云此与中国某地方相对，可于此置都护府以制之。直至云南之外，忽鲁谟斯国止，凡四万余里。且云至某国回视北斗离地止有几指，又至某国视牵牛星离地则二指半矣。北亦从刘家河开洋，亦以山纪之，所对之国亦设都护府以制之，直至朵颜三卫鸭绿江尽处而止，亦约四万余里云。下卷言二事，其一言蛮夷之情，与之交则喜悦，拒之严反怨怒。请于灵山、成山二处，各开市舶司以通有无，中国之利也。其二言自山东抵北直隶濒海数千里，皆沮洳膏腴之地，今皆弃于无用。合于其地，特置一户部衙门，专管屯田之务，募民耕之。臣颇谙区田之法，又传得外国金稷米种，见在每种一亩可比十亩。如是数年得谷不可胜计，则江南漕运可免。其言如此，虽未知可用与否，亦有志之士也。据其所言，则至忽鲁谟斯国当别有一天星斗矣。永乐中太史奏南极老人星现，廷臣称贺。南极入地三十六度，不可见。岂即其地欤？则所言牵牛止有二指，又何疑哉！南极乃远而不可见，非入地也。《程氏遗书》言天地升降在八万里中，岂亦自星而验之欤？

以上引文，充分说明《渡海方程》是一本航路指南性质的书籍。下面对《渡海方程》、《顺风相送》、《指南正法》这几种航路指南书，从其成书时间、基本内容和针路的表述方式等几个方面进行讨论和分析：

1. 成书时间

上引《碧里杂存》的记载，明确指出《渡海方程》是吴朴所撰，成书时间是嘉靖十六年(1537)。

《顺风相送》，即波德林图书馆所收的145号手抄本，成书时间有不同的说法。田汝康对此作了简要介绍，今转引如下：

1936年，向达教授对这本水路簿作鉴定时，推测其年代约在隆庆、万历之间（1567～1619）。但波德林图书馆的休斯（E. R. Hughes）则认为其与十五世纪初年郑和多次远洋航行有关。戴文达（J. J. L. Duyvendak）依据该书无署名、无年代，序言的内容，支持休斯的意见，同样认为这是明代初年郑和七次海外航行的产物。

1960年当向达将这本《水路簿》手稿与波德林图书馆后库第578号另一部中文水路簿手稿《指南正法》合并，以《两种海道针经》为名刊印时，向达做出另一结论，认为《顺风相送》完成于16世纪。李约瑟博士则把这本水路簿的完成年代推溯到15世纪上半叶，即郑和远洋航行的末期。

田汝康则认为《顺风相送》就是《渡海方程》的传抄本。而《渡海方程》又是在15世纪上半叶郑和远洋航行之前，由一些水路簿编纂成书的，首次刻印的时间是明嘉靖十六年(1537)。此外，张崇根根据对《顺风相送》中有关“佛郎”、“佛朗番”的分析，提出其成书时间为16世纪末叶，“其上限不超过1571年”，下限“定于16世纪九十年代”；他并进一步指出：“《顺风相送》的成书，并不是某人在某一时间写成的。它是长期流传在民间的一种航海针经，它的祖本可以追溯到明初，其后，经过几代舟师的补充修正，到了16世纪末叶，才有人将它修订成今天所见到的本子。”郭永芳也有类似的看法，他认为《顺风相送》的最早的编纂人是永乐初期的舟师，后经几代舟师的传抄补充，大约成书于16世纪。我们认为，把《顺风相送》的成书时间定在16世纪末叶比较合理。

《两种海道针经》中的《指南正法》虽是根据波德林图书馆的手抄稿刊印的，书名是抄本上原有的，此书并见于清卢承恩、吕磻所辑《兵钤》一书的附录。《指南正法》的成书时间，向达根据书中有关“日清”纪年的考订，推测为“清康熙末年即18世纪初期”。张崇根对此提出异议，他根据书中有关“思明”、“东都”、“王城”等地名来分析，并结合重新考订的“日清”纪年，认为其成书时间应在17世纪中叶明清交替之际，上限不超过1619年，下限在1664年前后。张说比较有说服力。

2. 基本内容

《顺风相送》和《指南正法》的基本内容大致相同，总括起来可分四部分。

(1) 记述航行中下针、定向、计程所用的方法。《顺风相送》有“地罗经下针神文”、“行船更数法”、“下针法”等，在《指南正法》中称作“定罗经中针祝文”、“定舡行定数”、“（下）针方法”，与《指南正法》所列，除标题稍有用字的差异外，方法上毫无二致之处。

(2) 有关天文、气象、潮汐等观测方法及歌诀。如《顺风相送》的“逐月恶风法”、“定潮水消长时候”、“论四季电歌”、“四方电候歌”、“观星法”、“定太阳出没歌”、“定太阴出没歌”等。在《指南正法》中，除标题的个别用字稍有不同外，分题及内容完全一致。

(3) 有关航道沿途山形水势的记载。《顺风相送》有“各处州府山形水势深浅、泥沙地、礁石之图”、“灵山往爪哇山形水势之图”等，按标题所示，这部分应为图文对照，但实际所见已是文存图失；另外一些标题如“爪哇回灵山来路”等也是记载沿途山形水势，理应图文并列，今标题中也已无“图”字。下举《顺风相送》“彭坑山形水势之图”为例：

彭坑山形水势之图

斗屿　船身东边过，五更船是彭坊港口也。

铁钻屿　斗屿相望。

打造船山　铁钻屿对此山是大形尖长高，不当对开。北边有断屿，仔细。南边连大山，下屿有树木，边看似船帆，连生坤身拖尾。

坤身　船连寻坤身，坤身上有多南尾去远看亦似沙处，是彭坊港口，亦是大小船出入。

彭亨港口　东边有沙，惟港口浅，过南正路二十半托，东南边处是苎盘山，打水四托，抛船妙[①]。

这“彭坑山形水势之图”即是文存图失的例证。

《指南正法》中，有关航道沿途山形水势的记载，是否有图也不提起。如“东洋山形水

① 引文中“打水四托”之“托”为深度单位，据《东西洋考》卷96：“谓长如两手分开者为一托。”合旧尺五尺，合今约1.7米。

势”、“泉州往邦仔系兰山形水势”，标题均无“图”字，但从正文来看，原来也应是图文对照的。又如“双口至宿雾山形水势”中，正文仅刊出岛屿名称，而无山形水势的描述，有可能是舟师对此段水路十分熟悉，在传抄过程中有意省略而造成的。但在航行时，为从月建上选取吉日良辰，对这些不可知的迷信因素，便设置了一幅“六合出行定图”。为了解所到各港地理相对位置，即方位差，如“卯酉对坐”即方位差180°东西相对，便设置了一幅“对座图”，以便掌握各港的相对地理位置以利航行。

（4）往返针路与其表述方式。这是两本书的主要内容，所占篇幅最多，针路的范围包括东洋针路和西洋针路。东洋针路包括中国沿海至吕宋、日本各地的往返针路；西洋针路包括至暹罗、爪哇、印度、忽鲁谟斯等地的往返针路等。《指南正法》还有“日清”的内容，是逐日记载航行针路及其他有关情况。针路记载的具体内容将在后面结合针路的表述方式再作介绍。

《渡海方程》虽无原书流传，但据前引《碧里杂存》所记，可知其上卷的基本内容是山形水势和航行针路。针路中除自刘家港至鸭绿江的是中国沿岸的航线外，主要是刘家港至忽鲁谟斯的西洋针路，与《顺风相送》、《指南正法》的针路范围有相同之处。另据《郑开阳杂著》、《筹海图编》辑自《渡海方程》的“使倭针经图说”，得见《渡海方程》所记通向日本的针路，其所经的山屿名称及针位，与《顺风相送》的记载有很多相同之处。

《渡海方程》、《顺风相送》、《指南正法》三种航路指南针路的表述方式基本相同，兹各引一段如下：

《郑开阳杂著·日本图纂》辑自《渡海方程》之“使倭针经图说”：

> 梅花东外山开船，用单辰针、乙辰针或用辰巽针，十更，船取小琉球。小琉球套北过船，见鸡笼屿及花屿、彭嘉山。彭嘉山北边过船，遇正南风用乙卯针，或用单卯针，或用单乙针；西南风用单卯针；东南风用乙卯针，十更，船取钓鱼屿。
>
> ……

《顺风相送》之“赤坎往柬埔寨针”：

> 赤坎开船，用坤申针四更取鹤顶山，沿山使船打水七八托。用庚酉针二更取员屿。用单庚针二更沿山打水七八托，硬沙地，平小山嘴。贴山有一派石栏不出水，行船仔细。……

《指南正法》之“广东往长崎针”：

> 尖笔罗开驾，单寅五更、艮寅四十二更取大星，艮寅十五更取南澳，单寅十五更取圭笼头大山。艮寅三十三更、单寅见天堂妙。

以上引文中的“单辰”、“乙辰”、“辰巽”、“艮寅”、“单卯”、“乙卯”等字均表示针位。这是因为古代罗盘不是用360°分列方位，而是用八卦中的“乾、坤、艮、巽”四卦，天干中的“甲、乙、丙、丁、庚、辛、壬、癸”八干，以及“子、丑、寅、卯、辰、巳、午、未、申、酉、戌、亥”十二地支，共二十四个字，围着磁针排成一个圆圈，每个字都表示一个具体罗经方位。这样指向分为二十四个方位，每个方位相当于15°（图13-1）。在使用中逐渐感其过于粗略，便在两字之间添一个方位，称作夹缝针，简称缝针，相当于7.5°，罗盘指向增为四十八向位，精度有所提高。此后用一个方位字表示的针位便称“单针”，也称“丹针”，如“单子”为正北（0°），“单辰”为东南偏东（120°）；用两个方位字表示的针位便称“缝针”，可精确到7.5°，如“辰巽”相当127.5°。引文中还有一个“更”字，“更”

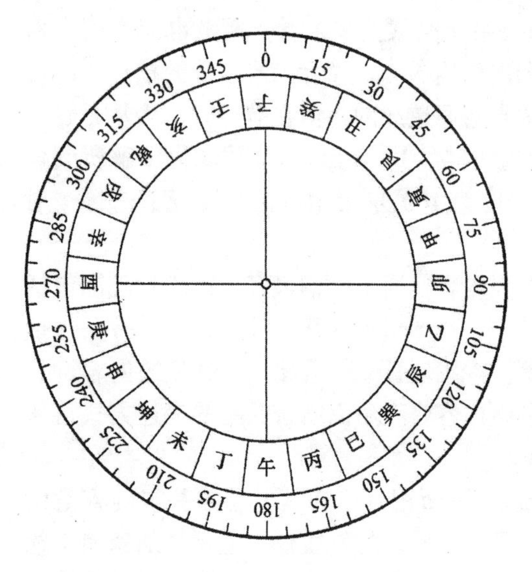

图 13-1　二十四向罗经

有两个含义，一是作计时单位，如《筹海图编》卷二说："每昼夜分为十更，以焚香支数为度。"二是作计程单位，即船在一更时间内所航行的里程。关于一更的具体里数，各家著述中的说法不一，如明黄省曾《西洋朝贡典录》卷上云："海行之法，六十里为一更。"清徐葆光《中山传信录》云："海中船行里数，皆以更计，或云百里为一更，或云六十里为一更，或云分昼夜为十更。今问海舶伙长，皆云六十里之说为近。"清王大海《海岛逸志》则说："每更五十里。"《顺风相送·行船更数法》记为"每一更二点半约有一站，每站者计六十里"。《指南正法》亦有类似说法。对此今人也有不同的理解，有一更合四十里（朱鉴秋）、一更合四十八里（章巽）、一更合六十里（范中义、王振华）多种意见。实际航行中"更"所代表的具体里程还与风向、风速及海流有关。清陈伦炯《海国闻见录》说："以风大小顺逆较更数，每更约水程六十里，风大而顺则倍累之，潮顶风逆则减退之。"《顺风相送·行船更数法》说："凡行船先看风汛急慢，流水顺逆。可明其法，则将片柴从船头丢下与人齐至船尾，可准更数。"因而，对"更"所代表的具体里程应具体分析，"百里"、"六十里"、"五十里"等说，可能是各家在其所见的情况下所作的概数。

从以上引文分析可以看出，《渡海方程》、《顺风相送》、《指南正法》对针路的表述比《大元海运记》、《海道经》有了较大的发展，其表述的针路更为详细，针位、航程更为精确。这表明到明代时，中国航路指南的撰写已发展到相当完善的阶段。

（三）《日本一鉴·桴海图经》

《日本一鉴·桴海图经》三卷，为明郑舜功于嘉靖三十五年（1556）奉使日本归国后所撰。卷一除序言性质的文字外，主要内容为"万里长歌"，这是用诗歌形式记述奉使日本往返的海道和经历，并有详细的注文，注文中详述了针路及与航海有关的资料。例如：

永宁、东觅乌邱侧有马行之是准则。

原注：永宁，卫名，约去金门廿余里。乌邱，山名，在兴化海中约去永宁百五十里。"海航秘诀"乃于乌邱取道日本挨里马，即有马岛寄音押利迈。若西南风用艮寅缝针，东南风甲卯缝针，西北风正丑针，西风正艮针，径取有马。此盖行彼上海。夫针之论更次，凡一更者，针着经盘之底又更换也。每一更针若值顺风，约行六十里。凡一昼夜烧香为度，计约十更，计六百里。验风迟疾，可约计针更数。又按：验风迟疾之法，先取小薪之于船头，掷于波上，疾行船尾，按薪先后，则知迟疾，一约计针更数矣。

故"万里长歌"可以看做是另具一格的"航路指南"。卷二为"沧海津镜"，是绘制的简易海道图。卷三为"天使纪程"，是详记日本各地之距离及各岛屿、港口的地理情况，有的还述及避风、停泊及针路等内容。例如：

种岛（大业懦世迈）：孤山，古大隅四郡地方。人烟颇多，岛产牛马等兽，人目之曰大隅洲，港产佳鱼（阙文易阿），屋久、萨摩皆有之。本港多礁，不堪停泊。山溪之水流入于海，间咸淡，水常产泽鬼，人浴于此，遭食腹肠。惟上田（乌刺太）自港可避西风。本岛南风用艮寅缝针约六十一更半径取其都。本岛南风三百五十里渡至山河，三百六十里渡至棒津①。

郑舜功的《日本一鉴·桴海图经》一书，是在参考了以前有关针路资料的基础上，并结合其亲身经历撰写而成的，故书中所记内容丰富，述事可靠，是明代中国至日本最为详实的航路指南。

（四）《海国广记》

《海国广记》明代慎懋赏编著，辑入近人郑振铎所编的《玄览堂丛书续集》第九十四册至一百零三册。该书总名《四夷广记》，主要是为记述中国周边诸国的情况而作，其中有关海外诸国的部分称《海国广记》。该书并不是航路指南一类的专著，但作者在叙述各国的地理方位和与中国的交通状况时，常述及有关的针路与水程，因此，保留了不少有关航海的资料。该书作者慎懋赏，系浙江湖州归安人，出身官宦之家书香门第，其父慎学为明御史。其著述除《四夷广记》外，尚有《慎子解》、《慎我交往集》等。《四夷广记》本书未记成书年代，亦无序跋等。据喻常森考证成书于明万历年间。

在《海国广记》中记有针路的国家和地区有琉球、安南、真腊、占城、爪哇、满剌加、三佛齐、暹罗等；记述水程的国家和地区有暹罗、古里、榜葛剌、默德那、佛郎机、天方等。书中对一个国家往来的针路常有许多条，如对“暹罗国”的海上往来针路，就有“广东东莞县至暹罗针路”、“广东往暹罗针路”、“暹罗回广东针路”、“暹罗往跤趾针路”、“跤趾回暹罗针路”、“暹罗往东边路沿山使收苎麻山（针路）”等。书中称作“水程”的记录，与“针路”记录有明显的区别，内容比较简略，仅记录由某地至另一地的航行日期或共记航行天数，如正统六年行人吴惠由“广东航抵占城水程”：

十二月二十三日发东莞县。二十四日过乌猪洋。二十五日过七洲洋，了见铜鼓山。二十六日至独猪山，了见大周山。二十七日至交趾界，有巨洲横截海中，怪石廉利，风横舟触即靡碎。舟人甚恐，须臾风急过之。二十八日至古城外罗洋校杯墅中。至七年五月十五日归东莞。

再如“柯枝国往古里路程”的记录更为简略，只提到一句：

自柯枝国港口往西北行三日可到其国。

在《海国广记》中标题为“针路”的记录，对航路的记述便比较详细，其表述方式与《顺风相送》的针路表述方式基本相同。例如“暹罗回广东针路”：

离浅用丙巳针，平陈翁屿。用丙午针，拾更，船平笔架山，远放洋，用单丙针及丙巳针，贰拾伍更，船取小横山。在帆铺边，用丙巳针，伍更，船平大横山。帆铺户边，用单辰针，拾更，船取真屿山。在铺边，用申卯针及单卯针，拾叁更，船取大昆仑山。在马户边，用单丑及丑癸针，拾伍更，船取赤坎山。若船身开，恐犯玳瑁洲。若船身陇，恐犯玳瑁鸭、玳瑁礁。用单丑，五更，船取罗湾长。用单丑及

① 引文括号是原注的“寄音”。

丑癸针，伍更，船取伽蓝貌。用单子针，叁更，船平大佛灵山……

从以上引文可以看出，《海国广记》的针路和水程，是从当时所见的航路指南一类的资料辑录而成的。

四　古代航路指南形成发展的过程

古代航路指南的形成和发展主要有两个途径：一种是由沿海渔民、水手口传心受流传下来的航海经验，后经有心人加工整理而形成的航路指南；另一种是出使海外诸国的官员记录和搜集的针路，并经不断充实而形成的较为完善的航路指南。

（一）民间水路簿加工成的航路指南

古代沿海的渔民、水手，把他们的航海经验除以师带徒心传口授外，为便于记忆或查对，也多把其主要经验用文字记录下来，装订成册，即黄叔璥《台海使槎录》中所提到的“舟子各洋皆有秘本”。所谓秘本即俗称的“水路簿”，有的是记单条航线，有的是记一个海区的多条航线，从近年搜集的“水路簿”，“更路簿”所见，记述都比较简单，并因各地方言所限，舟人记录同一地名、术语时，各按其方言，用假借同音异字记写，故同一水域的“水路簿”，多不能通用。这些古代原始的导航资料，必须按普通话正音，再改正同音字，才可以读识。

1974年广东省博物馆和海南行政区文化局的文化考古工作者，在调查西沙群岛文物时，

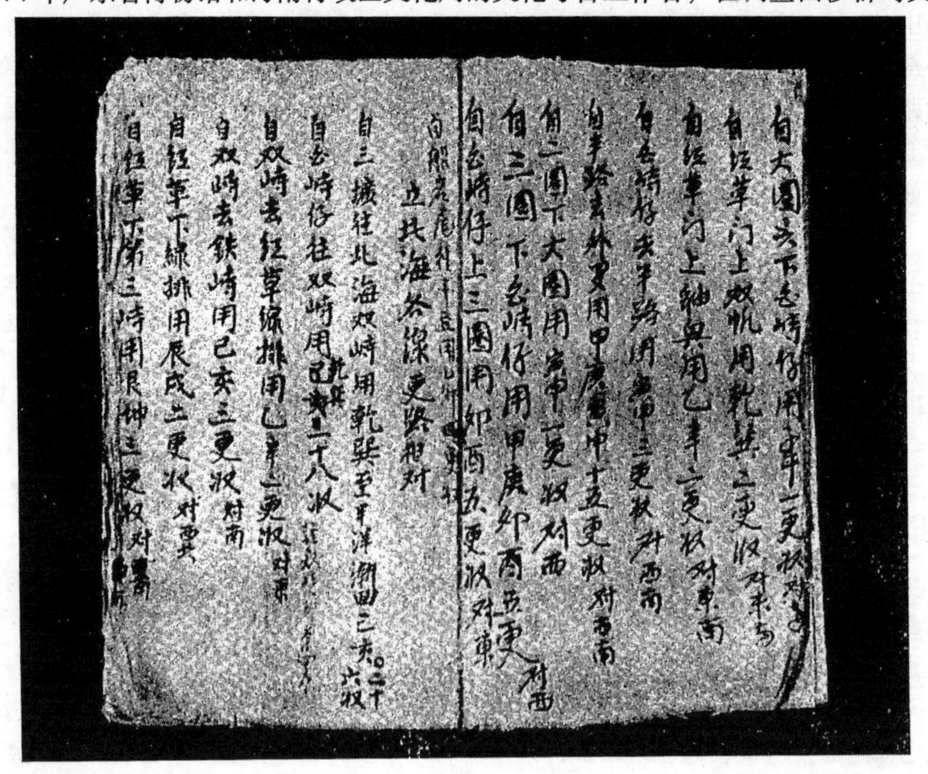
自大圈去下乡峙仔用寅申一更收对[illegible]
自红草门上双帆用乾巽二更收对东南
自红草门上[illegible]用乙辛一更收对东南
自乡峙仔去半路用寅申三更收对西南
自半路去外罗用甲庚兼寅申十五更收对西南
自三圈下大圈用寅申一更收对西
自三圈下乡峙仔用甲庚卯酉五更对西
自乡峙仔上三圈用卯酉五更收对东
[illegible]
立共海各线更路相对
自三擸往北海双峙用乾巽至半洋潮回[illegible]二十六收
自乡峙仔往双峙用乙辛兼乾巽二十八收
自双峙去红草线排用乙辛二更收对东
自双峙去铁峙用巳亥三更收对南
自红草下线排用辰戌二更收对东
自红草下第三峙用艮坤二更收对[illegible]

图13-2　1975年广东省博物馆收集的“水路簿”之一页

曾收集到几种民间流传的"水路簿"（图 13-2），其中有琼海县潭门公社草塘大队老渔民苏德卿所献的水路簿，是他 13 岁时（1921）抄写的。这本民间传抄的"水路簿"，记载海南渔民往西沙群岛等地使用的导航资料，计有八篇文字：第一篇"立东海更路"；第二篇"立北海各线更路相对"，第三篇"驶船更路定例"；第四至第八篇为大潭往广东沿岸、海南岛沿岸、西沙群岛、中南半岛、南洋群岛及新加坡等地的更路。文字的句式比较简单，如：

立东海更路

自大潭过，用乾巽使到十二时（更），使半转，回乾亥、己亥，约有十五更。

自三峙下干豆，南风甲庚，北风乙辛，三更收。对西使。

自三峙下石塘，用艮坤、寅申，三更半收，对西南……①

我们把这些民间流传的"水路簿"，与现存的如《顺风相送》一类的古代航路指南相比较，可以清楚地看出两者的表述形式风格极为类似。可以认为《顺风相送》等一类的航路指南，正是根据当时民间的"水路簿"经过加工整理而成的。

（二）出使海外官员的针路记载所形成的航路指南

我国古代与周边海外各国时相往来，特别自明代以降，政府常派官员出使海外诸国。这些渡海出使的官员收集、记录了有关全海程的针路，回国后进行整理，便成为航行于这一段海程的航路指南。以中国至琉球航路指南的形成和发展为例，在明代中末期与清代初期时，中国与琉球国（今日本琉球群岛）建有宗藩国关系，明、清政府为册封琉球王曾多次派员出使琉球。这些官员归国后多人撰写了出使录，编印成书，较为完整地保存至今。其中便包括着航海日程及针路的记录。

明嘉靖十三年（1534）四月，陈侃奉命出使琉球册封尚清为王，归国后撰成《使琉球录》；嘉靖四十年（1561）五月，郭汝霖奉命出使琉球册封尚元为王，归国后也撰成一册《使琉球录》。这两册使录均是按日记事，有关航海的内容比较简略，仅记某日达某地，见某山等日程。例如陈侃《使琉球录》云：

八日出海口，方一望汪洋矣……九日隐隐见一小山，乃小琉球。十日南风甚迅，舟行如飞，顺流而下，亦不甚动。过平嘉山，过钓鱼屿，过黄毛屿，过赤屿，目不暇接，一昼夜兼三日之路……十一日夕见古米山，乃属琉球者……二十五日方达泊船之所，名曰那霸港。

明万历七年（1579）五月，萧崇业奉命出使琉球册封尚永为王，归国后，也撰过一册《使琉球录》，此书对航海日程所记较简略，但书中附有《琉球过海图》，图上绘有航线，并注记着针路：

梅花头，正南风，东沙山，用单辰针，六更。船又用辰巽针，二更，取小琉球头。乙卯针，四更，船（取）彭佳山。单卯针，十更，船取钓鱼屿。又用乙卯针，四更，船取黄尾屿。又用卯针，五更，船取赤屿。用单卯针伍更，船取姑米山。又乙卯针，六更，船取马齿山，直到琉球，大吉。

其导航的作用明显高于以前的出使记录。

万历三十年（1602）五月，夏子阳奉命出使琉球册封尚宁为王，归国后，撰成《使琉球

---

① 韩振华主编，我国南海诸岛史料汇编，东方出版社，1988 年，第 359～399 页。

录》，附《琉球过海图》。图上所记针路比前述萧崇业"琉球过海图"详细：

> 梅花头开洋，过白犬屿，又取东沙屿。丁风，用辰巽针，八更，船取小琉球。未风，乙卯针，二更，船取鸡笼。申酉风，用甲卯针，四更，船取彭佳山。亥风，用乙卯针，三更船；未风，用乙卯针，三更，船取花瓶屿……

明代所成的几本《使琉球录》，对返程的航路和针路都无具体记述。直到清康熙五十八年（1719），徐葆光奉使琉球册封尚敬为王，次年归国后撰成《中山传信录》一书，详记了往返琉球的航程及针路，其返程航程针路为：

> 二月十六日癸丑，巳刻封舟自琉球那霸开洋……是日晴明，南风送帆。用乾亥针一更半，单乾针四更，过马齿、安根、呢度、那奇等山……日入见姑米山……夜转丁未西南风，十三漏转坤未风，用乾戌三更半……十七日甲寅，日出，龙二见于船左右，水沸立二三丈。转西北风，用单子针一更。日入至十四漏转坤未风，用乾戌一更。夜见月，至明……

引文中"漏"字是一种计时单位，一昼夜约分为24漏，一漏相当于现今一小时。在航行海船上以漏壶计时，是以日出为始点的。

周煌于乾隆二十二年（1757）作为副使，随正使全魁出使琉球册封尚穆为王，归回后据其见闻辑成《琉球国志略》一书。全书共十六卷，其中记录有关航海资料的主要有首卷中所载的"封舟图"、"玻璃漏图"、"罗星图"、"针路图"及简要的往返针路标注。卷五中记录有"潮候"、"风信"和"针路"。

"潮候"一节即介绍潮汐的理论，更着重叙述琉球附近海区的潮汐，指出"福州与各直省潮水，率皆与月为进退，琉球独较福州每潮率后三辰。望日福州午时潮满，琉球则满以戌时……"

"风信"一节对从中国去琉球如何利用季风航行作了分析，并对冬月风信作了介绍。如"正、二、三、四月多飓，五、六、七、八月多台。飓骤发而倏至，台渐作而多日。九月北风或至连月……十月以后多北风"。此外，还列出"暴期"，即各月的大风暴日期。

"针路"一节论述中国去琉球的针路概况，辑录了陈侃、郭汝霖、萧崇业、夏子阳、张学礼、汪辑、徐葆光等出使琉球所记的航程或针路及本书的往返航程和针路。

对比明、清历次出使琉球官员所记的航海资料，可以看出航路指南形成和发展的过程。

五　具有近代特点的清代后期航路指南

19世纪后半叶，英国已经系统编制了世界各主要通航海域的航海图，同时也编制了相应的航海指南及灯标表，与海图配合使用。到19世纪40年代，英国舰船开始对中国沿海海域进行测量，编制了中国海区的航海图，于19世纪60年代出版了《中国海航路指南》(China Sea Directory)。该书于光绪二十二年（1896）由美国金楷理口译，中国王德均笔述，出版了中译本，译名为《海道图说》（附《长江图说》）。这可以说是清后期首次从国外"引进"的具有近代特点的航路指南。

《海道图说》卷首为凡例及罗盘图。凡例对经度、纬度的起算，距离、水深的单位，地形述语，航海图的分类，罗经方位等均作了说明。正文共十五卷，卷一是对中国附近海区的气象、海流及航行注意事项的说明。卷二至卷十五，是对各海区自然地理特点及航行水道、港口、码头的分述。附卷《长江图说》是对长江口至洞庭湖、岳州府范围内长江航道的特点及航行有关的叙述。

英国出版的航路指南每隔十余年则更新一次。《中国海航路指南》（China Sea Directory）于1894年出第三版，其中译本于1896年由陈寿彭译成，1901年出版，定名为《中国江海险要图志》。陈寿彭在该书的“译例”中指出：

志乘愈修愈备，后本必胜于前本。往者王氏德均所译《海道图说》，似系西人初辑之本，故间有不详者。今此原书乃其第三次所增广者，据云所增仅二百四十二条，细按之，实较《海道图说》多逾一半。

《中国江海险要图志》英版原书计十卷，译书分为二十二卷。译书卷首为叙文及译例，卷一为英国海道测量局原叙、英国历届测量人员姓氏官职年份表、原书目、原例、航海要略等。“原例”对海图、灯标表、志书（指航路指南）分别作了介绍。“航海要略”十四款，分别就海区测量、制图、航行等有关问题作了说明。第二、三卷总述中国沿海气象、海洋水文及各港口航程等。第四至二十二卷分段叙述中国海区有关情况，及珠江、西江、长江（吴淞口至重庆）、黄河、辽河等内河水道情况。这是一部清代翻译出版的中国海区完整的航路指南。

除上述译书以外，还有朱正元编撰的具有近代特点的航路指南。朱正元在清光绪二十四年十二月（1898年初）至二十八年（1902）夏，检测、编制《江浙闽沿海全图》的同时，还根据实地调查和海图资料，撰写了三省的沿海图说，即于光绪二十五年（1899）刊印的《江苏沿海图说》、《浙江沿海图说》，及光绪二十八年（1902）刊印的《福建沿海图说》。

三省的沿海图说均分区详述各地的水道、潮汐、沙礁、岛屿、城镇、形势及异名等。其中“水道”包括水域深浅及通行情况等，如《江苏沿海图说》吴淞之“水道”：

口门两旁均有浅沙，东有灯船，西有浮筒，以为行船标准。灯船与浮筒间亦仅深三拓，故吃水稍深之船须乘潮出入。口内深五六拓至七八拓不等。近西岸一带均可泊船。惟距吴淞镇内约三里有浅滩，潮退止深十三四尺，名曰内滩。海关因于西面设有传号处，以报潮汐涨落，俾吃水稍深之船得以乘潮过此①。

此外，各省沿海图说均附海岛表，表中详载各岛屿的名称、距离、长度、阔度、居民、船只、锚地等情况。所以这三册沿海图说已具有近代航路指南的完整内容和表述方式。

第二节　航海图的发展历史

一　明代以前有关海图的记载

唐、宋时期，我国的地图学已有很大发展，出现了一些著名的地图作品。虽然至今尚未发现过唐、宋时期的海图，但在历史文献中，却有关于海图的记载。

贾耽（730～805）是唐代中期著名的地理学家，曾编绘过《海内华夷图》一卷。该图“广三丈，纵三丈三尺，率以一寸折成百里。别章甫左衽，奠高山大川。缩四极于纤缟，分百郡于作绘。宇宙虽广，舒之不盈庭。舟车所通，览之咸在目”。若从“舟车所通，览之咸

---

① 引文中“拓”即英寸，“尺”实指英尺。

在目”句来分析，该图应是标示了水陆交通路线的。

到宋、元时期，已有关于海图的明确记载。宋宣和五年（1123），徐兢出使高丽（今朝鲜半岛），回国后撰成《宣和奉使高丽图经》。该书卷三十四至卷三十九为“海道”，详细记述了从中国甬江口招宝山出发到朝鲜半岛沿途所经各地及航道，卷三十四记载了“神舟所经岛洲苫屿而为之图”。虽然后来经过“靖康之变”，图已亡佚，但结合这几卷的文字内容来看，可知所佚的是表示沿途山屿岛礁的原始海道图。宋代王应麟《玉海》卷十五载有“（绍兴）二年（1132）五月辛酉，枢密院令：据探报，敌人分屯淮阳、海州，窃以轻舟南来，震惊江浙，缘苏洋之南，海道甚快，可以往趋浙江，诏两浙路帅司，速遣官相度控扼次第，图本闻奏”。其中所说“图本”，应为海道图。《宋史》卷四七五有绍兴五年（1135）十月，刘豫献海道图及战船本样于金主亶的记载。又据《新元史》卷二三四所载，南宋末年元兵围困襄樊时，学者金履祥曾向南宋政府“进牵制捣虚之策，请重兵由海道直趋燕蓟，则襄樊之师不攻自解。且备叙海舶所经，凡州县及海中岛屿，难易远近，历历可据以行。廷臣不能用。伯颜师入临安得其书及图，乃命以宋库藏及图籍仪器由海道运燕京，其后朱清、张瑄献海漕之策，所由海道，视履祥图书，咫尺无异”。可见南宋时已有足资实用的海道图。

二　明代的航海图

（一）《海道指南图》

《海道指南图》（图 13-3）是明代《海道经》中的附图，是现存最早的航海图。《海道经》刊于明初，其所附的《海道指南图》，很可能是博采宋、元时的海道图抄本，汇总整理而成。

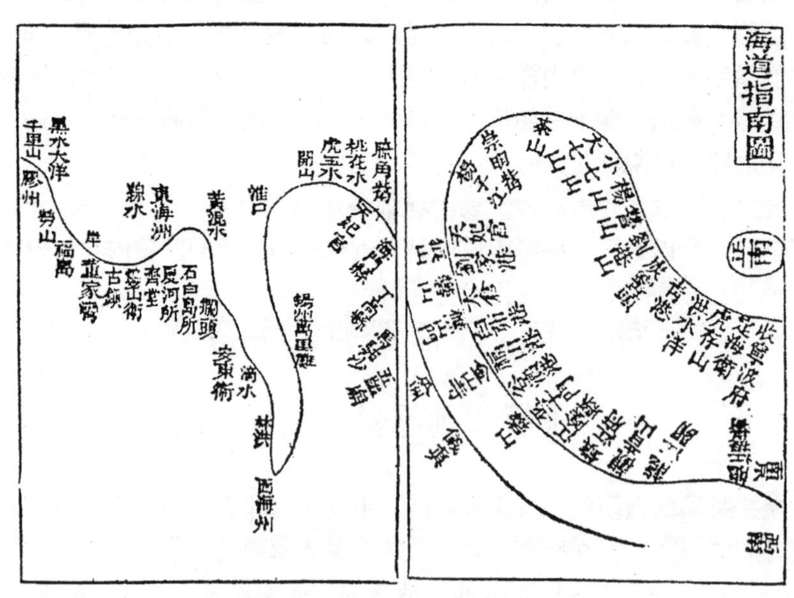

图 13-3　海道指南图

《海道指南图》有三个双页，共计 6 幅，可拼接。图幅方位为右南、左北、上东、下西。制图范围自南京龙江关（今南京下关附近）开始，沿江出海，向南至宁波府，向北沿海岸经成山头至直沽口（今天津）及辽东半岛。

《海道指南图》表示的内容比较简单。图上绘出江岸及海岸，沿岸注记各种地名。如地名（镇江府、江阴县）、山名（如观音山）、港名（如刘家港）、岬角名（如崇明嘴）及地物名称（如天妃宫）等。

此外还有少量有关航行的说明注记，如“白蓬头急浪如雪，见则回避”等。该图不能独立指导航海，必须与《海道经》中“海道”篇的文字叙述对照使用。

（二）山屿岛礁图及针路图

在明代航路指南性质的专书中，保留有两种不同形式的古航海图，一种是山屿岛礁图（图 13-4），如郑若曾《日本图纂·使倭针经图说》所附的图；第二种是针路图，如萧崇业《使琉球录》中的《琉球过海图》（图 13－5）。

《日本图纂·使倭针经图说》是介绍由中国去日本的航路，由“太仓使往日本针路”及

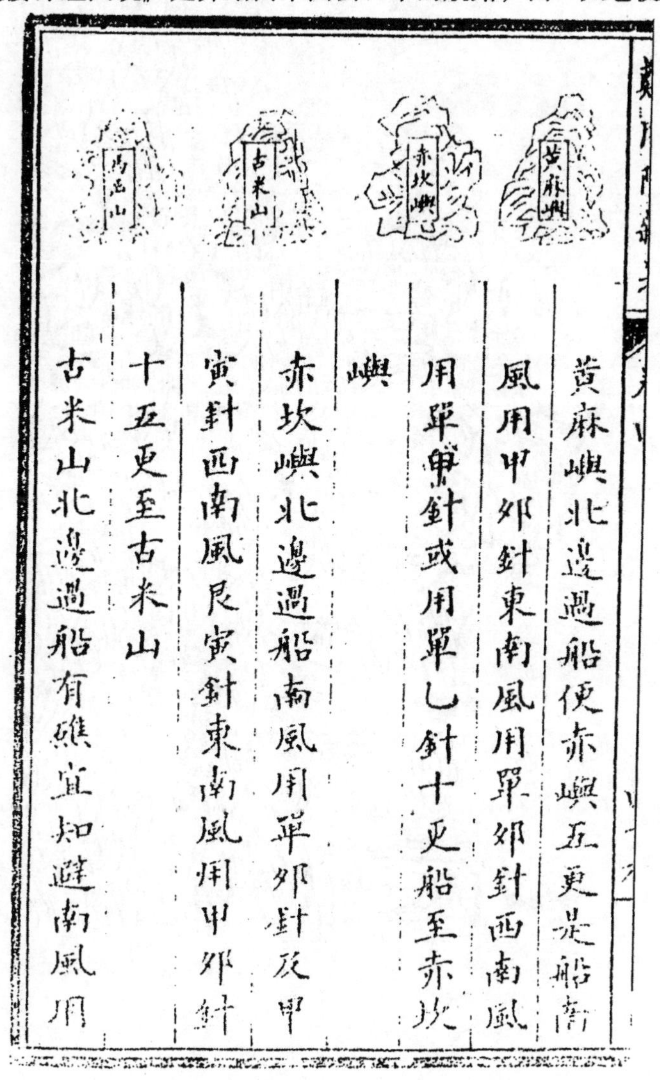

黃麻嶼北邊過船便赤嶼五更是船南
風用甲卯針東南風用單卯針西南風
用單甲針或用單乙針十更船至赤坎
嶼
赤坎嶼北邊過船南風用單卯針及甲
寅針西南風艮寅針東南風用甲卯針
十五更至古米山
古米山北邊過船有礁宜知避南風用

图 13-4　山屿岛礁图

图13-5　明代萧崇业琉球过海图

“福建使往日本针路”两部分组成。其形式是上图下文，上方是山屿岛礁的图形，下方是针路的文字叙述。山屿岛礁图共33幅，这些图用简单的线条勾勒出山体的侧面轮廓，中间画框注记名称。

《日本图纂》成书于嘉靖三十年（1551），其中所辑的《使倭针经图说》正文前有“见渡海方程及海道针（经）”的说明，文末又有作者加注的按语说：“已上针路乃历代以来及本朝国内中使入番国之故道也。”可见《使倭针经图说》原有底本，其山屿岛礁图的形成时间要比《日本图纂》早得多。另外，《使倭针经图说》的性质及其表述方式，与宋代的《宣和奉使高丽图经》十分近似，显见明代山屿岛礁图式有其前代渊源，可据《使倭针经图说》之图的表示方式，推知《宣和奉使图经》亡佚之图。

萧崇业于明万历七年（1579）奉命出使琉球，归国后撰成《使琉球录》，书中附有《琉球过海图》。图为长幅，其方位为左东、右西、上南、下北，描绘了从福建梅花所（今福建梅花镇）至琉球那霸港之针路，并注有其具体针位。所绘之针路是由西向东走向，针路北侧绘有东沙山、东涌山和南己山的山形图，南侧绘有平佳山、鸡笼屿和钓鱼屿等十多个山屿图。

很显然，这种针路图比山屿岛礁图进了一大步，它虽然也绘着沿航路的山屿图形，但已不再是孤立的排列，而是用针路把它们有机地联系起来。

（三）《郑和航海图》

1.《郑和航海图》的成图时间

《郑和航海图》原载于明代的《武备志》。《武备志》是一部兵书集，由茅元仪广采历代兵书两千余种，于明天启元年（1621）辑成，共二百四十卷，分作五部。其第五部分“占度载·航海”中，有茅元仪所撰序言，142字；序后即图，题名为“自宝船厂开船从龙江关出水直抵外国诸番图”，后人省称为《郑和航海图》。图共44幅（22个双页），计航海图40幅，过洋牵星图4幅。这些图如拼接起来，总长约有630厘米，即成为一字型长卷。

关于《郑和航海图》的成图时间，据茅元仪《武备志》卷二百四十航海卷的序言说：“明起于东，故文皇帝航海之使不知其几十万里……当是时，臣为内竖郑和，亦不辱命焉。其图刊道里国土，详而不诬，载以诏来世，志武功也。”这里清楚地表明了这幅航海图与郑和远航的关系。在成图时间上可以说成于“当是时”的永乐或宣德年间均无不可。但近年学术界对《郑和航海图》的具体成图时间，有些不同的看法。如向达先生认为：这一部地图所标志的航程和地理环境，就是宣德五年（1430）郑和第七次下西洋的时间和航程，且与祝允明《前闻记》所记这一次下西洋的经历相合。由而假定这幅航海图为15世纪中叶留传下来的。台湾周钰森先生则根据图中标绘有南京静海寺，而未标示天方国，由而认为该图始成于洪熙元年（1425）静海寺落成之后、郑和第七次下西洋之前，具体时间，则推论到1425年至1430年第六次下西洋后，永乐帝病逝，郑和守备南京之时。当时会同全部驻泊舟师，各以自船经历，合并记录，构成一幅下西洋全图。惜这种推论言之成理，但持之无据。其实，从明代航海专书《顺风相送》序言中“永乐元年奉差前往西洋等国开诏，累次较正针路、牵星图样、海屿水势山形，图画一本……”的一段话来看，郑和船队远航以前已有了下西洋的航海图蓝本。而且水势、山形、针路、牵星图样无所不备，与《武备志》所辑的郑和海图几无二致。综上所述，《郑和航海图》是在继承前代航海舟人的成就，再经郑和船队船员长期远航实践的积累与探索，以郑和最后一次下西洋的路线为基本依据，经过整理加工而绘成的。1433 年郑和逝世，下西洋也在同年结束。据此而论，图约成于 15 世纪初期，最迟不会晚于 15 世纪中期。

2.《郑和航海图》的基本特点

《郑和航海图》（图 13-6）全面反映了郑和下西洋所经历区域的地理概貌及航行路线，其范围从中国东南沿海，经中南半岛、印度半岛沿海，最西到达非洲东岸，包括南海及印度洋等海域。从航海学及地图学的观点来说，《郑和航海图》具有以下五个主要特点：

（1）图幅的内容丰富，并突出了与航行有关的要素。《郑和航海图》40 幅航行图继承了中国原始类型航海图特点，图中的山川地物，用中国传统山水画技法描绘。内容主要有岸线、岛屿、浅滩、礁石、港口、江河口，沿海的城镇、山峰，陆地上可作航行目标的地物如宝塔、寺庙、桥梁、旗杆等，可分作地理名称和地物名称。地理名称种类按自然地理分的，

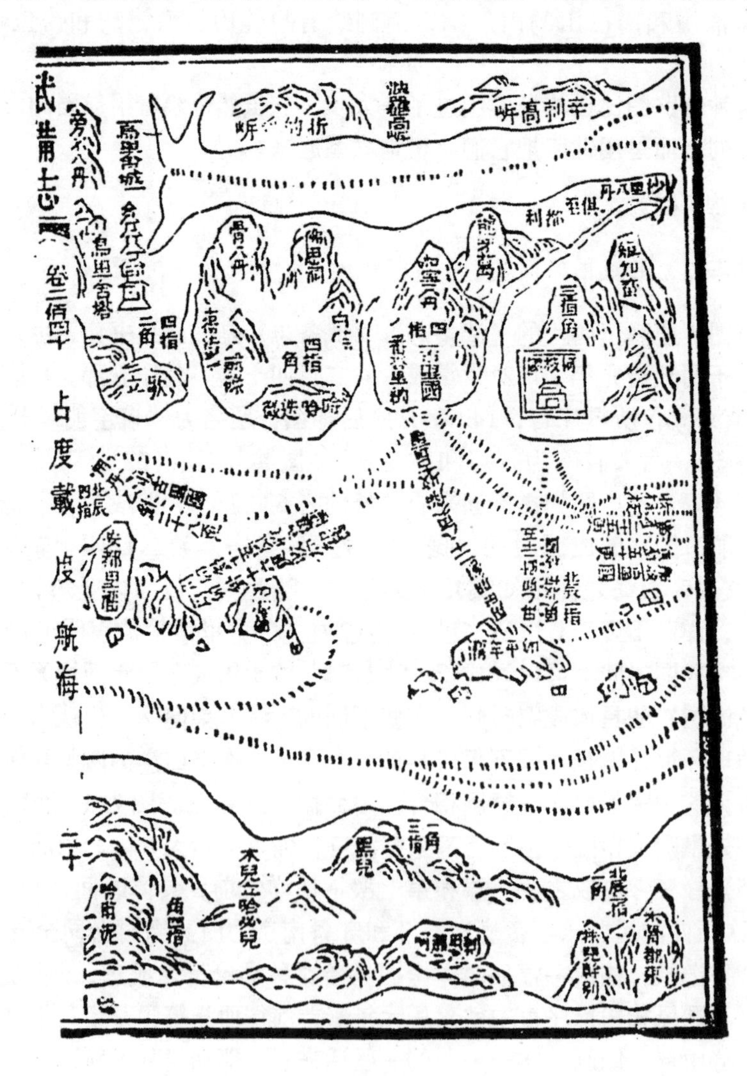

图 13-6　郑和航海图之一幅

计有山名、水域名、港湾名、航门水道名、岛屿名、礁石名、岬角名等；按行政等级分的则有国名，省会名，州、县名及卫、所、巡检司名等。地物名称如宫殿名、寺庙名、桥梁名、工厂名和城门名等。此外，图上还绘有航线，其上注记着针位（航向、方位）和更数（航程、距离）等。《郑和航海图》如此丰富的内容，体现了一个总的特点，就是突出表示与航海有关的各种要素。

（2）不同图幅内容有差异，反映出区域不同的航行特点。《郑和航海图》不同图幅表示的内容种类不是相同的，同样大小的图幅所包含的地理范围大小也不同，这与不同区域的航行特点有关。

以其所表示内容种类来说，如南京至太仓港的图幅上绘有航线，没有针路注记；长江口至锡兰山（今斯里兰卡岛）图幅的航线上注有针路，但没有牵星数据；锡兰山至忽鲁谟斯（在今霍尔木兹海峡内）图幅的航线上既注针路，又注牵星数据。内容的不同，反映出不同区域的航行特点。因为自南京到太仓港是江河航行，船员需顺着河道不断改变航向，速度一般也较慢，且两岸有较多的航行物标，故图上不注针路；自太仓港至锡兰山航段，大都是沿海岸航行，基本上是用罗经导航，因而图上航线表示得比较详细，并注记针路。而从锡兰山至忽鲁谟斯在印度洋航行时，是以罗经配合“牵星术”（天文定位）导航，故其图上注记航线针路，又注记牵星数据，并同时对陆上的一些山峰地物也加注了牵星数据。

至于不同区域的图幅所包含的地理范围大小不同，也就是各图幅的比例尺不一致，这也是由于各区域的航行特点不同所致。如长江航段由于航行条件比较复杂，表示的内容详细，致使同样大小的图幅所含的地理范围就小（比例尺相对较大）；如在印度洋航行时，定位次数较少，图幅表示的内容比较概略，同样大小图幅所含地理范围就大（比例尺相对较小）。

（3）图幅的排列配置以航线为中心，方位不统一。现在地图的方位是上北下南，左西右东，而《郑和航海图》各图幅的方位是不相同的，如南京至太仓的图幅是上南下北。出长江口后中国内地沿岸图幅，又为上西下东，若据此来识阅《郑和航海图》便会迷惑不解。这是由图幅的排列配置以航线为中心所决定的。《郑和航海图》原是一字展开的手卷式，收入《武备志》改成书本式。其所示从南京宝船厂至忽鲁谟斯的整个航线，是从右至左连贯表示的，而这些航线与实际方向是不同的，若以船的右舷向岸为准，出长江口后，将船之右舷对准大陆沿岸，航线基本则由北向南，沿途以右舷对岸，一直航行到西洋，所欲到达的港口都可准确无误，这是以航线为中心来配置的图幅，虽然图幅的方位不统一，但从船队航行本身来说，是十分便于阅读和使用的。

（4）针路注记详细而准确。《郑和航海图》的针路注记，一般包括从某地开船，什么针位、多少航程至某地。如：“太仓港口开船，用丹乙针一更船平吴淞口。”“满剌加开船，用辰巽针五更船平射箭山。”

《郑和航海图》上注记的往返针路共有 100 多处，有的针路注记还包括有关航道深浅、礁石分布及其他航行说明等。如：“船见大、小七山打水七托”，“对九山西南边有一沉礁打浪”，“船取昆仑山外过”等。所以，《郑和航海图》的针路注记比较详细，且与前述明代航路指南《顺风相送》的针路有相似之处。如把这些针路记载与现代航海图相应的方位、航程作一比较的话，证明《郑和航海图》的注记也是相当准确的。

（5）配置有天文导航的“过洋牵星图”。《郑海航海图》配置有 4 幅“过洋牵星图”。古代的过洋牵星，是指船舶航行途中，用牵星板观测天体的高度，以确定船舶位置和航向的导航方法。拿现代的术语来说，就是天文导航。据此可知“过洋牵星图”就是古代的天文导航专用图。详见第十章第二节二。

3.《郑和航海图》的意义

《郑和航海图》的意义是多方面的：

从历史学方面来说，《郑和航海图》表示了郑和下西洋的具体航线及所经区域的地理概况，是中国古代系统地显示“海上丝绸之路”的惟一图籍，是研究郑和下西洋及中西海上交通史的珍贵史料。

从航海学方面来说，《郑和航海图》显示了明代的远洋航行已达到运用海洋知识和多种航海技术的世界领先水平。例如：图上所表示的各种导航目标、针路注记，构成了陆标定位数据；图上的牵星图构成了天文定位数据；针路注记中的深度、底质主注成为测深定位的依据。又如：注记中有预先将风压差、流压差的修正量配在航线设计之内，使原设计航向角根据实际需要偏小或偏大，在船体航行中同时随横漂逐渐弥补差量，最终到达目的港，说明明代远洋海船已掌握了修正风压差和流压差的技术。

从航海图的发展来说，《郑和航海图》是中国航海图发展史上一个光辉的里程碑，是中国最早不依附航路指南而能独立指导航海的地图。同时《郑和航海图》不是一幅小范围的简单航海图，而是一册系统的航海图集。外国地图学著作认为荷兰瓦赫纳尔（L. J. Wagheneer）绘制的《航海明镜》（Spiegnel der Zeeveart，共两卷，第一卷1584年出版，第二卷1585年出版）是世界最早的航海图集，其实就其成图时间而论，《郑和航海图》比它早一百多年，因而《郑和航海图》是世界上最早的系统航海图集。如拿《郑和航海图》与同时期西方的航海图——波托兰（Portolan）海图相比较，虽然《郑和航海图》的数学精度较波托兰海图差，但其制图范围较波托兰海图广，实用性较波托兰海图强。例如：《郑和航海图》所注针路是实践的总结，已包含了磁针偏差的影响和风、流压差的影响，可直接使用。而波托兰海图上引绘的方位线，只能据其求得航线的理论位置线，因为这些方位线还没有注意到磁针的偏差。

三　明代的海防图和海运图

明代除了原始类型的航海图（山屿岛礁图和针路图）及系统的《郑和航海图》外，还绘制了与航海密切相关的其他海图，主要有海防图和海运图。

（一）明代海防图

海防图是一种沿海军事地图。明代以前的军事地图主要是陆地边防、要塞之图，明代为了防御倭寇的骚扰，开始加强海防，重视沿海自然地理及军事地理的研究，从而产生了一种新的沿海军事地图——海防图。

明代著名的军事地理学家郑若曾，字伯鲁，号开阳，昆山人，嘉靖初贡生。著有《万里海防图论》2卷、《海防一览图》1卷和《筹海图编》13卷等。

《万里海防图论》成书于嘉靖四十年（1561），书中有沿海海防图72幅，南起自广东，经福建、浙江、直隶（江苏）、山东，北止于辽东。清康熙三十年（1691）刊本《海防一览图》，又称“海防图论”，计图 12 幅，是《万里海防图论》的初稿。于康熙三十二年（1693）辑入《郑开阳杂著》中。这两种海防图详略不同，一起被流传下来。

《筹海图编》，成书于嘉靖四十一年（1562），是一部抗倭、防倭的海防专著。卷一中的“沿海山沙图”72 幅，内容与《万里海防图论》之海防图基本相同。

明代在郑若曾绘制海防图以前，已有海防图出现，《筹海图编》卷首所列的参考书目中，就有侍郎钱邦彦的《沿海七边图》，兵部郎郭仁的《两浙海防图》，都御史周伦的《浙东海防图》，总兵俞大猷的《浙海图》，把总指挥陈习的《苏松海防图》等。这些图从图名看，大多只限于局部地区，都未能流传下来。在郑若曾以后至于明末，海防图虽经多次重绘，但多是以郑氏海防图为蓝本增删而成。故后世就以郑氏所著为明海防图的代表作。

明代海防图（图 13-7）主要有以下几个特点：

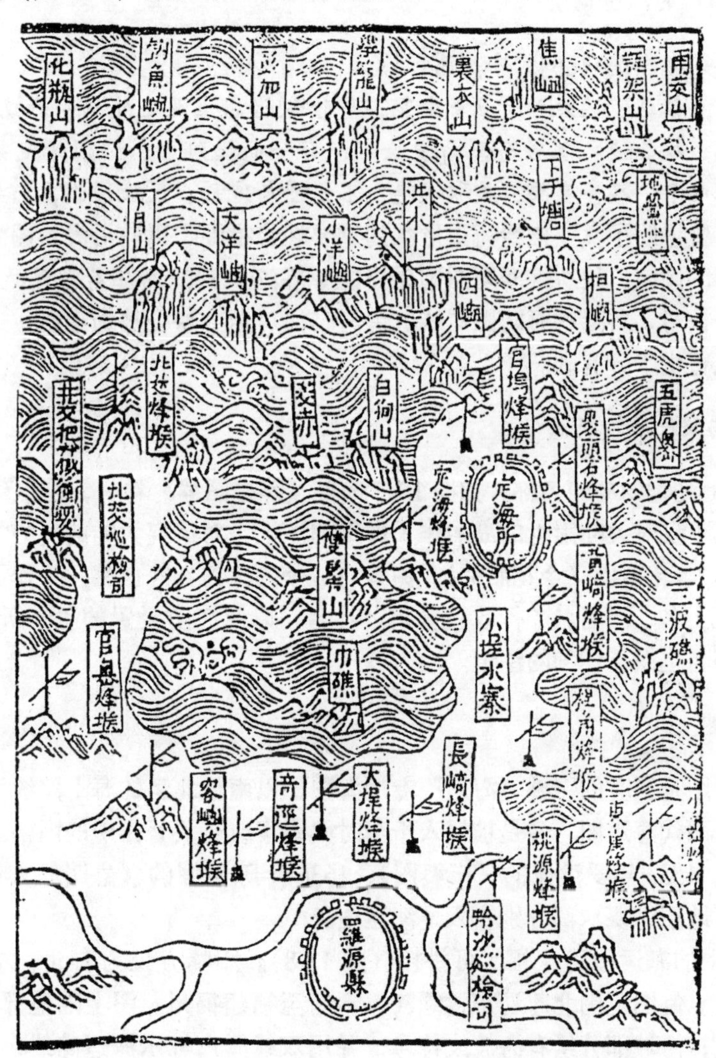

图 13-7　明代《海防图》之一幅

1. 图幅配置以海岸线为中心

郑若曾海防图的海岸线均配置在图幅中央附近，上方为海，下方为陆，相邻的多幅海防图可以拼接成长幅，则全国的海防图可相互连成长卷。在当时还没有精确的测量控制作基础的情况下，绘制沿海图采用这种方式有一定的优点，既便于各图幅拼接使用，又使各图幅海陆面积的配置比较合理；既有利于显示沿海的陆地有关要素，又利于显示沿海岛屿、礁的分布。缺点是各图幅只有大致的方位，但各图幅的方位不尽相同，甚至在同一幅图上方位也有差异。郑若曾的海防图以广东为起点，即以右为南，故海域排列在上方；但明代的海防图也有辽东为起点的，即以右为北，则将陆地排列在上方。

2. 海岸线形状的准确描绘

郑若曾在《筹海图编·凡例》中写道：

> 边海自粤抵辽，延袤八千五百余里，皆倭奴诸岛出没之处。地形或凸入海中，或凹入内地，故备倭之制当有三面设险者，有一面设险者，必因地定策，非出悬断。世之图此者，类齐直画，徒取观美，不知图与地别，策缘图误，何益哉！

在这里郑若曾说明了真实描绘海岸形状的重要性，批评了以前沿海地图海岸线表示得简单划一而不真实的倾向。他所绘海防图则尽可能革除这一弊病。郑若曾广泛收集编图资料，甚至亲到实地去核对，所绘的海防图岸线、港湾、河口地方特征甚为准确，这不仅有利海防设险，对海上航行也十分有利。

3. 沿海岛屿及陆地均有注记

《海防图》上注记的岛屿名称，如图 13-7 选自《筹海图编》卷一，是福建省罗源县附近的海防图，图上不仅对大陆附近的岛屿作了详细的注记，对远离大陆的岛屿如彭加山（今台湾北部之彭佳屿）、化瓶山（今花瓶屿）、钓鱼屿（今钓鱼岛）等也都一一作了注记。海防图上对沿海陆地的山名、江河名、行政建置州、县名，以及海防设置的卫、所、关寨、营堡、巡检司、烽堠等名也做了详细的注记。

（二）海运图

明代的海运图是当时的一种“海运”专用海图，以南粮北运的海上路线为主要内容。现在所见到的明清两代海运图，多是被辑入于当时舆图集或有关著作中的图幅。如明代郑若曾的《海运图说》、1555 年罗洪先的《广舆图》、1636 年陈祖绶的《皇明职方地图》、1645 年吴学俨等编的《地图综要》都分别辑入了海运图。

《广舆图》中的海运图为 4 幅，可拼接（图 13-8）。图幅方位为右北、左南，陆地在上方，海域在下方。制图范围北起辽东鸭绿江口，南至福建福州。图上陆地部分绘有大河口、沿海主要居民地；海域部分绘有海波纹符号，并用双线露白标示海运路线，画框标出岛名，其他海运图的内容及表示方法与此大致相似。

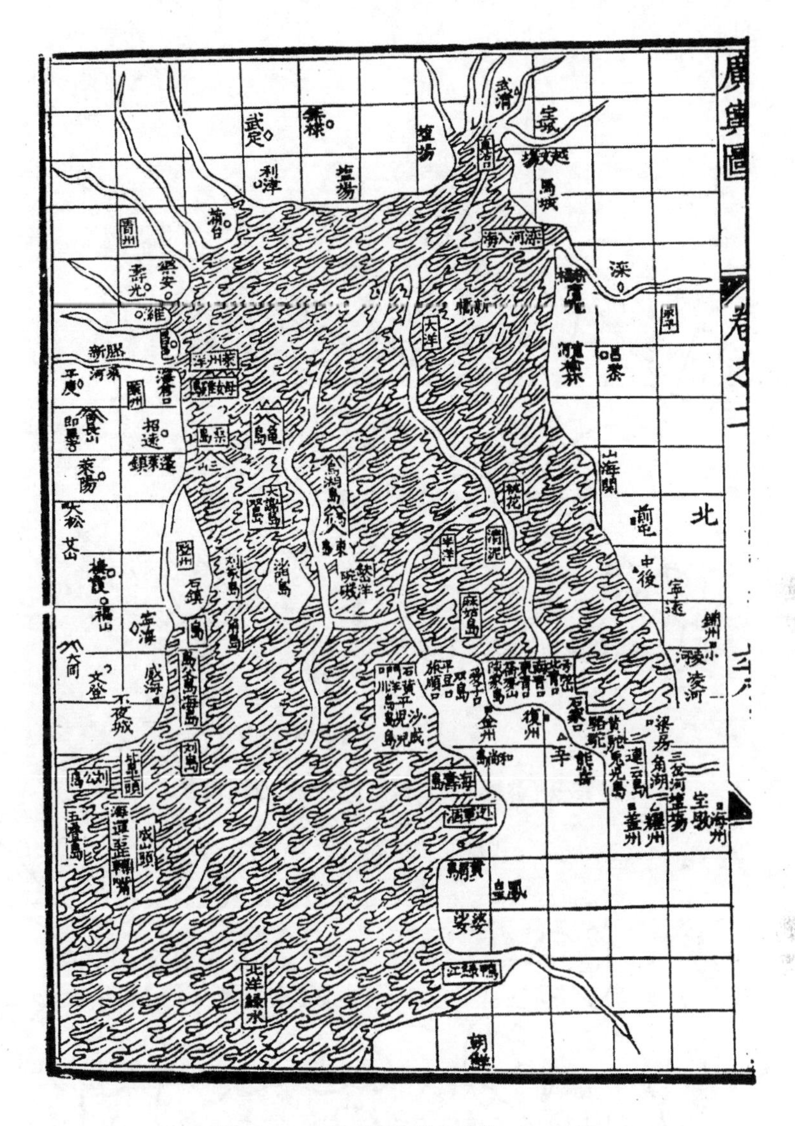

图 13-8　《广舆图·海运图》之一幅

四　清代早期的航海图

清代是中国古代社会向近代社会发展的时期，清代的航海图也由古航海图向近代航海图过渡。近代航海图最主要的标志，是有严格的数学基础和系统的水深测量数据。清代早期的航海图基本上是因袭着明代航海图的形式，还没有近代航海图的特征。

1956 年，章巽先生由上海来青阁购得浙江吴兴民间收藏的古海图手抄本（图 13-9～图 13-11），经过逐幅考释后，将图全部影印，以《古航海图考释》为名，于 1980 年由海洋出版社出版。这册手抄本古航海图共有图 69 幅，原有编号，其中“图十二”重号，“图六十六”号缺图。图幅横 28 厘米，纵 27 厘米。图册所示的地理区域，北起辽东湾，南至珠江口外。包括了中国内地沿岸的主要航线。这册古航海图的成图时间，据章巽考证，约在“17 世纪后期至 18 世纪早期”。

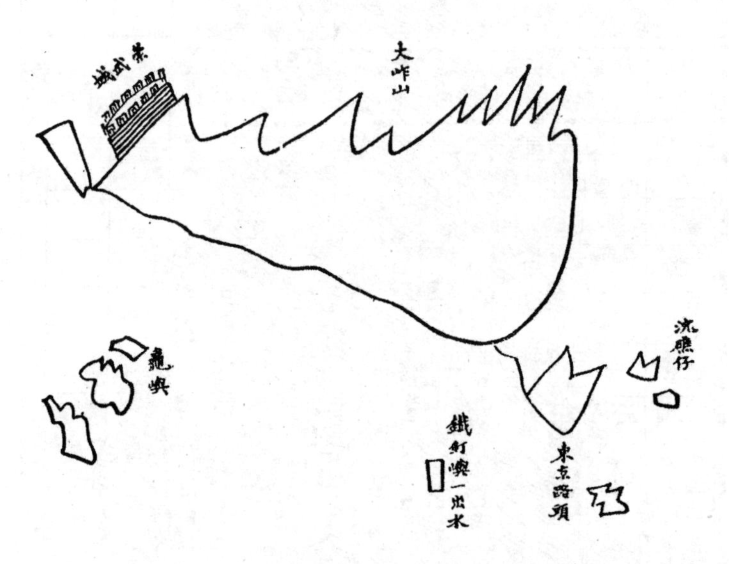

图 13-9　“抄本古航海图”之一，泉州地方

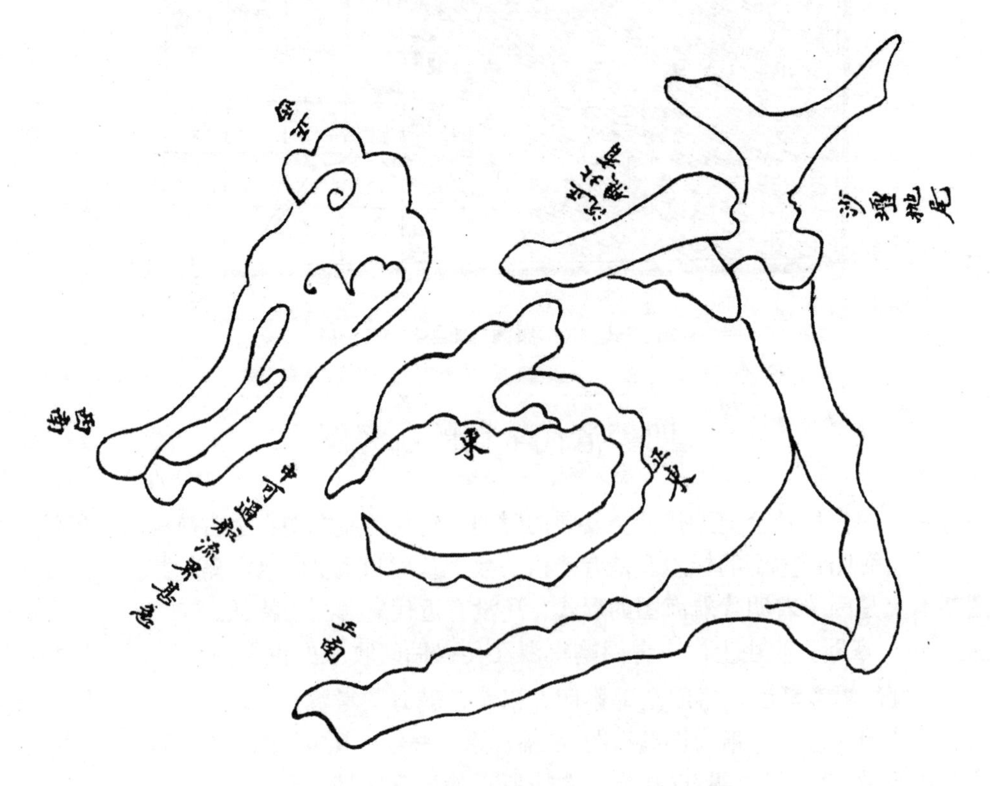

图 13-10　“抄本古航海图”之二，东沙岛附近

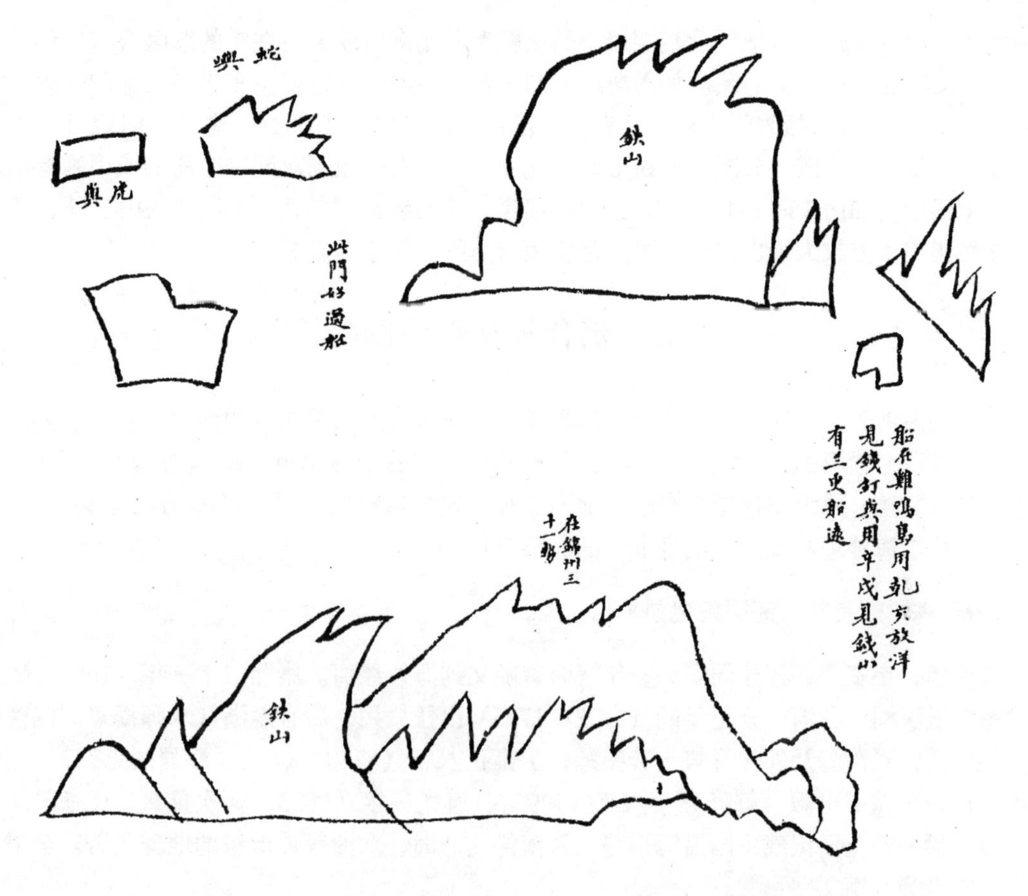

图 13-11　“抄本古航海图”之三——主图与附图的原始形态

“抄本古航海图”上对山、屿、岛、礁只以简单的线条绘出侧面图形；海岸线仅绘出航道上所能见的部分，没有作连续的描绘，因而往往要根据注记才能判别是岛屿还是大陆。图册最后一幅图，是以平面轮廓表示岛屿，这幅图没有地名注记，按图形对照，应是今之东沙岛及其附近海域。由于东沙岛低平，侧面图形难以表示，该图对这特殊的地理景观采用平面形状的表示方法，不仅表示了东沙岛及东沙礁的轮廓范围，还显示出了水下礁脉的延伸及礁湖的基本特征。这是在航海图绘制方法上的一个进步。

“抄本古航海图”的图幅是按地区排列的，不能连贯拼接。但图幅数量的分配合理，并且已具有总图与分图，主图与附图的原始形状。

在这 69 幅古航海图中，属今辽东湾的有 4 幅，渤海海峡的 3 幅，山东半岛沿岸的 14 幅，江苏、上海沿岸的 3 幅，浙江沿岸的 15 幅，福建沿岸的 24 幅，广东沿岸及东沙岛附近的 6 幅。这样的图幅配置，表面看来不同区域图幅数量相差很多，似乎与区域的大小不成比例，但这是由各个区域的航海特点所决定的。例如：浙江、福建沿岸岛屿众多，沿海陆地又多山地、丘陵。在岛屿区域航行比较复杂，而沿海山峰正可作为航行目标，在这一区域图幅便配置得较多；在江苏连云港至长江口一带，陆地上少有明显的高地，沿岸又有大片泥滩，船只在该海区航行时，往往远离海岸航行，看不到陆地地形，故该区域配置的图幅就较少。这是合乎现代海图制图原理的。

这册古航海图中，相同大小的图幅所包含的地理区域却有大有小，可以把包含范围较大的图幅看作比例尺较小，把包含范围较小的图幅看做比例尺较大。在有的海区既有比例尺较小的图，又有比例尺较大的图。如图册之“图十六”制图区域包括山东半岛南部胶州湾南方一带，“图十七”仅包括胶州湾口，后者的范围仅是前者的一小部分。这两幅图就可以看做是现在海图编制时总图与分图的原始形态。此外，图册有的图幅对同一个岛屿或山峰有不同大小两个图形，如图 13-11 所示，图上除按相应的比例绘出“铁山”（今老铁山）外，又将此山在图幅右下方放大绘出。这也可说是主图与附图的原始形态。

五　清代沿海形势图

清代的沿海形势图，是指清代绘制的以表示沿海形势为主要内容的地图，它们的具体名称不一，或称“沿海图”，或称“全洋图”。这种形势图始于陈伦炯所著《海国闻见录》，后又多次校订重绘，成为清代颇有影响的地图品种。这种形势图与明代的海防图有共同之点，是研究清代沿海地理和我国海图发展史的重要资料。

（一）陈伦炯及其《海国闻见录》

陈伦炯，字资斋，福建同安人，年轻时曾随父到海外经商。康熙二十一年（1682）随施琅将军东征澎湖、台湾。雍正年间（1723～1735）出任总兵，后官至浙江水师提督。他曾校勘有关图籍，对沿海及外洋形势十分熟悉，于雍正八年（1730）著成《海国闻见录》。乾隆九年（1744）该书出版，乾隆五十八年（1793）、道光三年（1823）两次重刻。《海国闻见录》是清代一部全面记载中国沿海形势，及南洋、非洲、欧洲等地形势的地理名著。全书共二卷，上卷为 8 篇文字：

（1）《天下沿海形势录》，记述中国沿海形势，对浙江、福建、广东沿海山川、岛礁、风潮等记载尤详。

（2）《东洋记》，记述朝鲜、日本及琉球等。

（3）《东南洋记》，记述台湾岛、菲律宾群岛及加里曼丹岛等。

（4）《南洋记》，记述中南半岛、马来半岛及其他群岛。

（5）《小西洋记》，记述南亚、西亚及中亚等地。

（6）《大西洋记》，记述非洲及欧洲的部分国家。

（7）《昆仑》，记述南海昆仑岛。

（8）《南澳气》，记述南海诸岛。

下卷为 6 幅图：

（1）《四海总图》，即东半球图。

（2）《沿海全图》，即中国内地沿海图，起自奉天府（今辽宁省）鸭绿江口，止于钦州交趾界（今中国广西与越南分界处）。

（3）《台湾图》，即台湾岛西海岸图。

（4）《台湾后山图》，即台湾岛东海岸图。

（5）《澎湖图》，即澎湖列岛图。

（6）《琼州图》，即海南岛图。

这些图原来是长卷式的，刻印成书时改为书本式，各图所占篇幅为：《四海总图》占 1

个单页，《沿海全图》占17个双页，《台湾后山图》占1.5个双页，其余3图各占2个双页。6幅图除第1幅外，均是表示中国沿海形势的。

（二）清代其他沿海形势图

其他清代沿海形势图，多是以《海国闻见录》的地图为底本进行校订重绘的，有多种版本流传。如北京图书馆藏的乾隆五十五年（1790）墨绘本《七省沿海图》，嘉庆三年（1798）重校色绘本《盛朝七省洋图》；上海图书馆藏的彩绘本《七省全洋图》等。这几种图没有绘制年份，据考证是清代晚期咸丰年间（1851～1861）绘制的。《盛朝七省洋图》、《七省全洋图》图卷各长约9米，宽约30厘米，且各有6幅图。两卷图的基本内容相同，图前均有简短的序文，并列有关于形势图的五项说明，具体图幅另有说明文，而将《海国闻见录·天下沿海形势录》的主要内容，分段注于《沿海全图》的相应位置。6幅图的排列与《海国闻见录》卷二的排列略有不同，其次序为：《环海全图》、《沿海全图》、《琼州图》、《澎湖图》、《台湾图》、《台湾后山图》。

此外，道光二十七年（1847）成图的邵延烈《七省沿海全图》，也属于这种沿海形势图，其内容包括东半球图（名为《地平上半面天球纬线一百八十度内方域全图》）、《沿海全图》、《江东形势图》和《吴淞口放洋图》。其《沿海全图》的具体内容比以前的几种有所增删。光绪二十七年（1901）上海中西测绘馆石印本《七省沿海要隘全图》，也是在以前沿海形势图的基础上校订重绘的，序文及几种图的排列与《盛朝七省洋图》、《七省全洋图》相同。但其中《四海总图》改为《五洲各国统属全图》，以东半球图、西半球图的形式表示世界大洲、大洋的总形势。

（三）清代沿海形势图的基本特点

清代沿海形势图沿袭了明代海防图的传统绘法，将全国大陆以长卷来表示。但又有其特点，主要表现在以下几个方面：

（1）沿海形势图冠以《四海总图》，或名《环海全图》、《地平上半面天球纬线一百八十度内方域全图》，这些图在以前的航海图或海防图中都没有过。在《七省全洋图》序文中曾谈到《环海全图》的作用时说："卷首冠以二十四等分向环海全图，于以先见中华地之沿海大势，如此后阅口岸细图，其远近险易更加清晰。"在《环海全图》的图幅说明文中，对此又作了进一步的说明："右环海全图以中华为主，立二十四向分四海……此图尚只坤舆全地之半面，合之天球纬线内一百八十度内之地……且此卷第为中华沿海形，用此圆图冠首，欲以先见七省通边方隅大局，暨环拱外洋各国所由定向取程耳。"

由于明末外国传教士来华，艾儒略《职方外纪》、利玛窦《坤舆万国全图》的出版，拓展了清初中国人对世界地域的认识。《四海总图》的出现，正是这种进步在海图上的反映。虽然《四海总图》在当时仅能概略而不甚精确地表示出地球东半球各国和海洋的分布状况，但从此使中国人了解到自己的国土在地球东半部的地理位置，了解到从中国沿海去"东洋"、"南洋"、"小西洋"、"大西洋"等有关国家和地区的大致方向。

（2）在《沿海全图》后面配置有《台湾图》、《台湾后山图》、《澎湖图》、《琼州图》4幅图，把中国沿海形势，包括大陆沿海及主要岛屿沿海的形势完整地显示出来。从现在地图学的观点来看，《台湾图》等4幅图是《沿海全图》的局部扩大图。在《沿海全图》的相应位

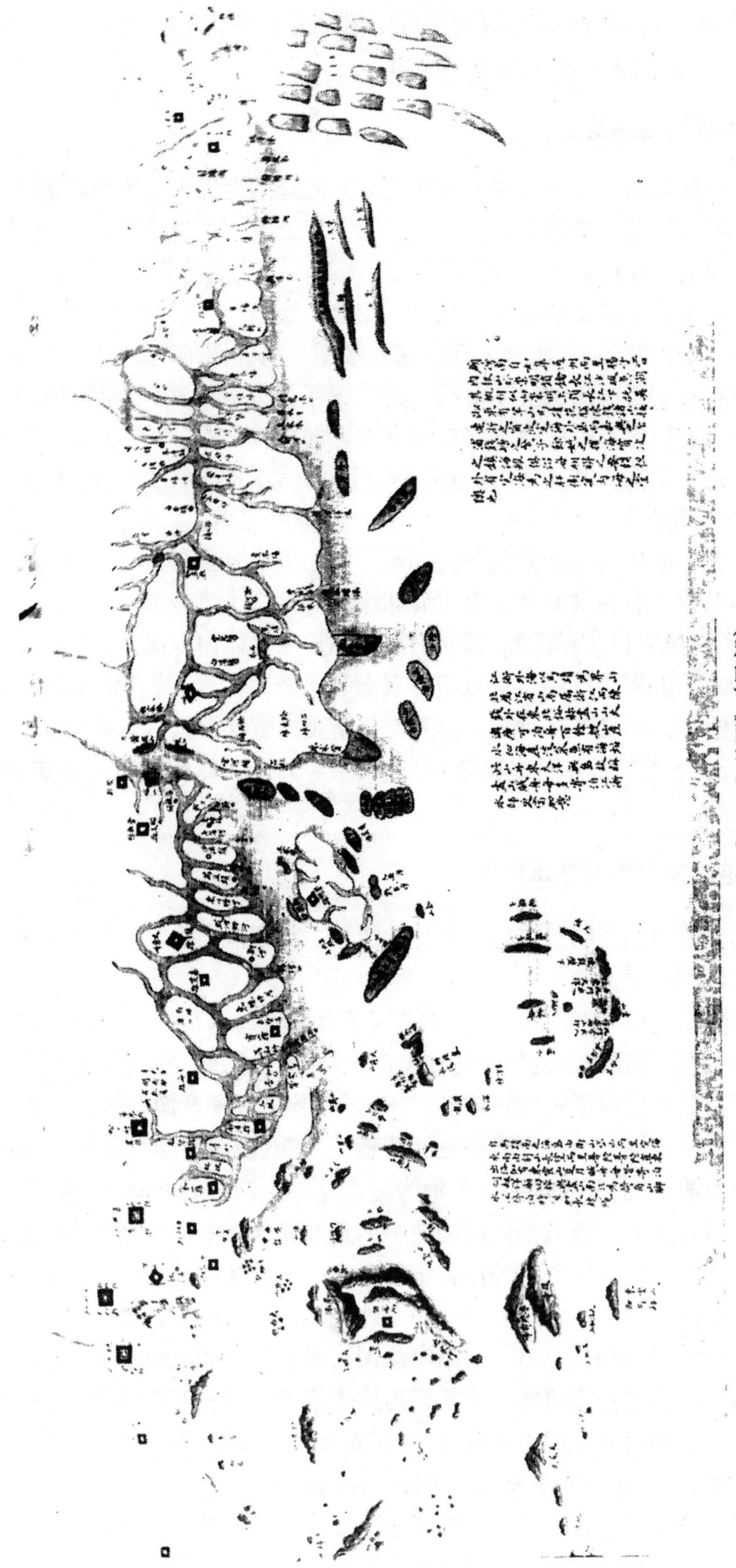

图13-12　《七省全洋图》(局部)

置还加注了有关说明。如“台湾府”附近注记“卷之末另有前后山形势图”；“澎湖”附近注“图附后”；“琼州”注有“琼州并所属细图另附后”。清代沿海形势图这种图幅配置形式，是海图设计的一个进步。

(3) 沿海形势图表示的地理内容，比明代海图表示得更为完备和准确。一般说来，图幅表示的地理内容，是与地图的用途相适应的。明代海防图主要用于海防，所以表示海岸和岛屿的同时，主要表示沿海建置和设施，而清代沿海形势图的用途比较广泛，《七省全洋图》(图 13-12) 序中说：

今则皇舆整肃，海宇澄清，内备塘工以捍潮患，煮卤以益民生；外则招徕怀远，异产珍错，并各洋鱼虾、蠃蚌、苔藓、藻蛰……当先审诸形势焉。

这说明清代沿海形势图用于航运、盐业、水产、海岸工程等诸多方面。为了满足多种用途，图上对沿海陆地的水系、山峰、居民地以及海岸、岛礁等表示得都较为完备。

图幅内容绘制得是否准确，则与制图资料和制图技术有关。就拿海岸线的表示来说，由于清代初期在全国进行过实地测量工作，绘制沿海形势图时使用了实测资料，因此对岸线形状、岛屿分布的绘制都是有实测依据的。所以比明代海防图表示的准确。

(4) 描绘精细，表示方法多样。各种版本沿海形势图的描绘手法虽有差异，但表示方法大体相同。图上以双线表示江河的入海口与沿海的河网分布；山峰则以写景的人字形结构表示；低平岛屿一般绘平面轮廓，山体岛屿以侧面山形表示。图上还以特殊符号表示水下浅滩和礁；居民地则用不同符号区分府、州、县及其他居民地的行政区划等级；陆地重要地物如宝塔、桥梁、重要建筑物用象形符号表示。还有一种彩绘的沿海形势图，如《七省全洋图》上居民地、建筑物着为红色，山屿为黄色、绿色，双线河水域及沿陆地的浅海水域染蓝灰色，浅滩为棕色，注记为黑色。这样分别着色，大大地提高了图的表现力，增加了图的清晰程度。

六 清代中后期的航海图

清代中期以后，随着西方近代航海图测绘方法及图式的东传，中国绘制的航海图，在内容和形式上也发生了变化，逐渐向近代航海图发展。下面所介绍在发展过程中出现的航海图，没有严格按成图的时间分刊先后，而是按其所含近代航海图成分的多少为序。其中有代表性的几套海图是：

(一)《中国江海险要图志》之海图

《中国江海险要图志》在本章第一节曾经提到是由陈寿彭译自英版《中国海航路指南》(China Sea Directory) 第三版。陈寿彭字绎如，毕业于福州马尾船政后学堂驾驶班，海上航行实践二年后又游学外国，故既熟航海又通英语。他所据的英版航路指南原无海图，仅在有关章节注明关系图号。为使读者便于图文对照，陈寿彭收集了中国沿海的英版海图重新编绘，作为译书的一部分。故《江海险要图志》除有 22 卷文字外，另有图 5 卷，计 208 幅。

第一卷有图 41 幅。图 1 为罗经图，图 2 为中国沿海总图（图名为“中国海滨及长江一带至中国海南洋群岛”）；图 3 至图 41 为广东至香港的图幅（包括珠江、西江及海南岛等）。

第二卷，图 42 至图 89，为福建沿海及台湾的图幅，包括闽江、台湾海峡、澎湖列岛等。

第三卷，图 90 至图 124，为浙江、江苏沿海的图幅。

第四卷，图 125 至图 165，为长江的图幅，自长江口至重庆，包括鄱阳湖、赣江等。

第五卷，图 166 至图 208，为山东、直隶、盛京沿海的图幅。

这些航海图按类型可分为总图、分区图、水道图、港图等。图幅方位均为上北、下南、左西、右东。图上详细表示出岸线、岛屿、浅滩、水道等。岛名、港名、水道名注记得比较详细，既有中国固有的名称，又有英文音译的名称。陆地则以晕渲法表示山形。

这些图绘制时所据的英版海图原有经纬线和比例尺，重绘时均未表示。原英版图虽是“山有高低尺数，水有深浅拓数”，但陈寿彭认为“此图乃补志之所不及，若山高水线之说，志中已举要领，图上奚用另标？悉去之”（《中国江海险要图志·图叙》）。同样，原来图上有关的灯标、潮流等内容也被省略了。

图上详细表示深度的注记等内容，是近代航海图的主要特征之一。深度注记不仅表示海区的深浅，而且有其具体位置，不是图志的文字所能替代的。因此，《中国江海险要图志》的海图，虽然是根据有实测资料为基础的英版近代航海图重绘的，但其本身并不具有近代航海图的特征，只能算做中国古代航海图向近代航海图发展过程中的一种过渡形式。

（二）《大清一统海道总图》

《大清一统海道总图》是中国近代航海图中较早的航海图之一，用宣纸石印，未注出版年份。但其“第六号图”上的注记：“或云同治四年查得闽江口流沙成滩未载此图内”。同治四年为 1865 年，故此图的绘制出版当在这年之后。其图的表示形式，仅总图有标题，图中水深注记、高程注记均用中文数字等，都不如《八省沿海全图》先进，可见绘制时间比《八省沿海全图》早。据此分析，此“一统海道总图”的绘制时间约在 19 世纪 70 年代。

这套航海图共 13 幅，计总图 1 幅，分区图 12 幅。分区图无标题，总图左上方直行题有“大清一统海道总图”字样，故以此作为全部航海图的总名。总图标题下方分两行字注记：“自北极出地三十二度三十分至四十一度零六分；自偏西三度五十分至偏东一十一度一十五分。”此注记即制图区域的纬度区间和经度区间。纬度自赤道起算，经度以通过北京的经线为准偏东、偏西计算。12 幅分区图图幅大小基本相同，外图廓横长约 50 厘米，纵长约 60 厘米；未注比例尺，但有经纬网格。有的图幅还配置了“分图”，相当今之“附图”。各分区图所包含的地理范围及分图配置，如表 13-1 所示。

这套航海图是根据英版航海图编制而成的。高程、水深的注记数字的量词为英制计量单位，如砣矶岛注“六百十三尺”，实际上是英尺的数据；地名有的是中国名，有的是英文名的音译，如“第一号”分区图上“砣矶岛”等是固有名称，“额里牙司山”、“海司卜尔石”等是英文名音译。陆地地貌以晕渲法表示，以符号表示居民地、河流等，并有各种说明注记，如“闻见有二河”，“一带平原多农田村庄”等。海域除水深注记外，有的图上还注记底质和潮汐的说明，如总图注记“泥沙蛤壳”、“黑沙软泥”等底质，在温州湾外注文有“潮涨于八小时三十分，大潮高十七尺”。此外，12 号分区图“上川”采用破图廓表示；1 号分区图的“之罘岛”附图上绘有方位引示线，并注记“视指石与崆峒岛西南角成直线”。这两种表示方式在航海图上延用至今。

表 13-1　《大清一统海道总图》图幅范围及分图的配置

顺序号	地理范围	纬　度	经　度	分　图
0	大清一统海道总图	21°03′～41°06′	西 3°50′～东 11°15′	
1	直隶、山东	36°30′～41°00′	东 0°50′～5°00′	金堡澳、之罘岛港泊船处、大沽河
2	盛京、山东、朝鲜	36°30′～41°00′	东 5°00′～10°00′	海洋岛、紫发岛
3	舟山列岛	29°30′～31°00′	东 4°55′～6°25′	
4	韭山至温州	27°55′～29°30′	东 4°30′～6°00′	
5	温州至福州	26°30′～28°00′	东 3°30′～5°00′	
6	福州至南日屿	24°55′～26°30′	东 2°00′～东 3°30′	
7	福州至台湾	25°00′～26°30′	东 3°25′～5°00′	
8	泉州至台湾	23°30′～25°00′	东 1°55′～3°30′	
9	厦门至诏安	13°10′～14°40′	东 1°29′～2°00′	红澳、浮头澳
10	汕头至碣石镇	22°30′～24°00′	西 0°55′～东 0°30′	甲子港、海门、猛浪角
11	捷胜所至香港	21°30′～23°00′	西 2°31′～西 1°00′	汕尾
12	香港至广州府	21°35′～23°05′	西 4°00′～西 2°30′	

（三）清代后期的《八省沿海全图》

清代后期的《八省沿海全图》（图 13-13），虽有“沿海全图”之名，但它与前面介绍的清代沿海形势图不是同一类型的图，而是中国近代的航海图。

《八省沿海全图》系石印本，其编绘、出版时间约为 19 世纪 80 年代。共 79 幅，可分为总图、分区图、港图及江图。按区域分：中国沿海总图 1 幅，奉天（今辽宁）沿海 6 幅，直隶（今河北、天津）沿海 5 幅，山东沿海 5 幅，江苏（今江苏、上海）沿海 3 幅，长江 7 幅，浙江沿海 12 幅，福建沿海 12 幅，台湾沿海 5 幅，广东（今广东、广西、海南岛、香港）沿海及珠江、西江 23 幅。

《八省沿海全图》是根据英国出版的中国沿海航海图改绘的，其基本形式和表示的内容与英版海图相同，具有完整的近代航海图的特征。

就数学基础而言，图幅一般绘有经纬网，经纬度注记用阿拉伯数字，比例尺较大的港图则不绘经纬网。《八省沿海全图》上没有注明坐标系统、没有投影和比例尺，图廓上注明是以格林威治天文台的经线为起始经线。图幅为墨卡托平面图，根据经纬线的分划间隔的长度也可算出比例尺。有的图幅注明控制点的大地坐标，如“庙岛港图”上注有：“庙岛测量处纬度三十七度五十九分七秒，经度百二十度四十一分四十秒东。”不绘经纬网的图幅图上绘有直线比例尺，以海里为单位，细分为 1/10 海里。

就图幅内容及表示方法而言，《八省沿海全图》上表示岸线、岛屿、干出滩、水深、等深线、底质、陆地水系和沿海（或沿江）居民地等，水深用阿拉伯数字注出，计量单位为英制的英寸或英尺，图上配置有标题、方位圈（罗经圈）等。有的图幅用晕滃或晕渲法表示陆地地貌。地名注记一般用汉字注出，有少数用中、英两种文字注出。此外，图上有潮汐的说明和有关航行的说明、注记等。

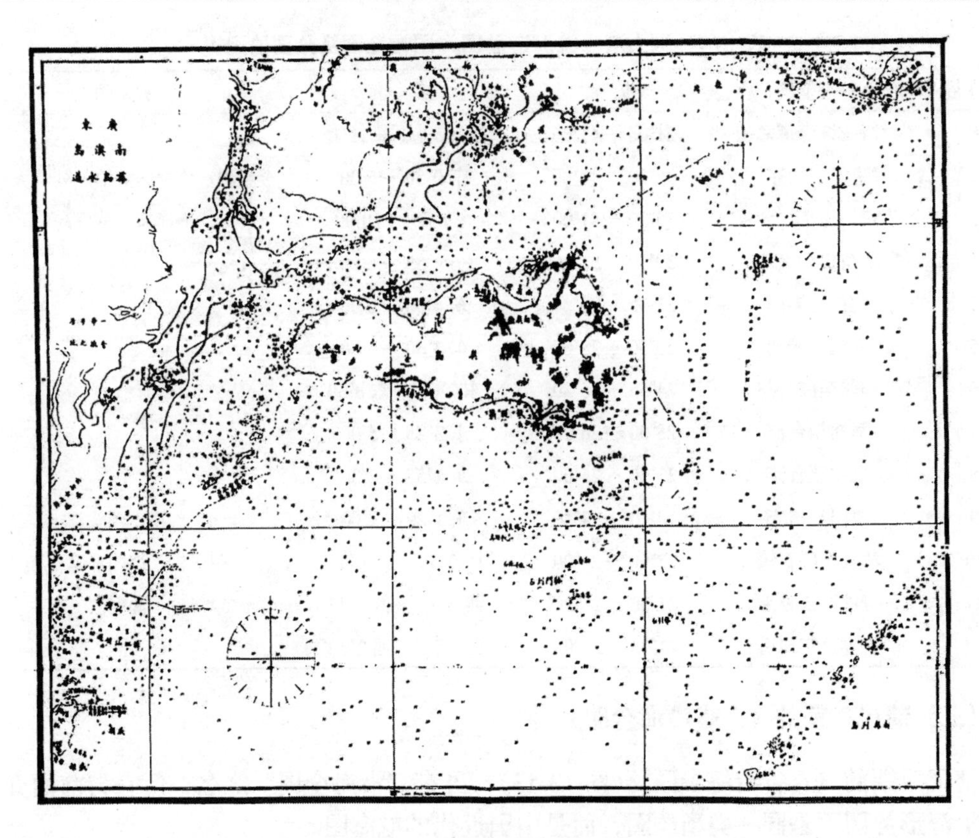

图 13-13 《八省沿海全图》之一幅

（四）朱正元《江浙闽沿海全图》

《江浙闽沿海全图》是朱正元在光绪二十四年十二月（1898 年初）至二十八年（1902）夏季期间，以英国出版中国沿海航海图为基础，经过实地检测后重新编制而成的。此图曾进呈清朝皇帝看过，故又名《御览江浙闽沿海全图》。按其成图先后，计浙江沿海图 12 幅，江苏沿海图 7 幅，福建沿海图 17 幅；三省并各有沿海图说一卷。朱正元完成《江浙闽沿海全图》后，还曾继续向北部沿海检测，后因积劳成疾，测行至大沽口时病亡，故山东沿海等地的图稿未能整理出版。

清代后期英版航海图在中国已比较普遍地使用，并且也有了根据英版航海图编译的中文版中国沿海航海图。但朱正元却认为："盖舆图之事百闻不如一见，智者之闻固不敌愚者之见也……既见矣，则是非详略，当境毕呈，又乌能震于西人之名而为了敛乎哉？"（见《江浙闽沿海全图·序言》）这种不迷洋人，勇于实践的实事求是作风，是难能可贵的。据当时跟随朱正元在山东沿海检测的童世亨记载说：

> 朱吉臣（正元）先生始持西图赴沿海一带补测海岸，调查地名，成江浙闽图若干幅，说若干篇，为空前绝作。适赴山东沿海，世亨亦往从之游。险要若胶州湾，若成山头，若威海卫；名胜若琅琊山，若田横岛，若芝罘岛，先生必策马偕往，攀峦绝顶，不避艰险。时或因求一礁名称，泛舟于怒涛雪浪之中而无所畏惧。

这段文字不仅高度评价了朱正元的成果，同时反映了朱正元在检测海岸、调查地名时，不畏艰险的工作精神。

正因为《江浙闽沿海全图》是经过实地调查、检测后重新编制的，所以要比按英版航海图改绘的中文航海图的质量有较大提高，其具体特点表现如下：

1. 投影及编号

图上明确注明“系用圆柱画法”，即采用墨卡托投影法，以北京钦天监观象台的经线（即格林威治天文台起算的东经116°28′38″）作为起始经线，图廓经线注记形式为“东四度三十分”、“东五度”等。

图幅编号采用“千字文”的汉字。按当时的历史条件来说，当时能使用海图的人士对千字文都十分稔熟。具体地说，浙江沿海图12幅的编号是：天、地、元（玄）[①]、黄、宇、宙、洪、荒、日、月、盈、昃；江苏沿海图7幅的编号是：晨、宿、列、张、寒、来、暑；福建沿海图17幅的编号是：往、秋、收、冬、藏、闰、馀、成、岁、律、吕、调、阳、云、腾、致、雨。

2. 图例

“天字”号图配置有图例，原名为“凡例”。计三部分：第一部分八条“水陆公例”，具体内容是关于这套图分幅、编号、经纬线、投影、计量单位、罗经偏差、表示方法等总的说明。其余两部分，为“陆路例”和“水道例”，是关于陆路要素和水域要素的制图符号及其说明。这是中国最早的航海图系统图例。

3. 内容要素

图幅水域要素表示得详细，体现了近代航海图的基本特点。主要有：岸线、水深（以英寸、英尺为单位）、等深线、潮流、海流、锚地、急流、旋涡、灯塔、灯船、沙滩、暗礁、浮筒、海底电缆等。

图幅上对陆地要素的表示也十分重视，主要有：水系、山峰、炮台、铁路、大路、小路、桥、塔、居民地、种植田、海防驻地等，且对炮台、旧炮台、土炮台分别加以标示。还用不同符号，分级表示居民户数、渔民户数和船舶艘数。

4. 地名

图幅的地名，经过实地调查一律注中国本名。对原来英版海图上所注地名的“译名之非，为之正者十之五”。对那些“海外荒岛”，“向为士大夫所不屑道，志乘之所不及载”[②]者，图上尽皆收入，详细注记名称，这是朱正元先生一大功绩。

---

① “玄”字因避康熙帝玄烨名讳而改为“元”。

② 朱正元，《江浙闽沿海全图·序言》。

第三节　江河图的绘制

一　明代以前的江河图

水道图包括航海图和江河图两大类。中国古代早就利用江河开展航运和灌溉，在公元前一世纪就出现了记述江河的专著《水经》。人们在利用江河的过程中，还绘制了各种江河图。这些江河图有的用于航行，有的侧重于河道整治或用于军事，但它们之间并无严格的界限，差别也不大。据《隋书·经籍志》记载，隋代已有“江图一卷，张氏撰”，“江图二卷，刘氏撰”。古代一般称长江为“江”，这里的“江图”显然是长江之图，既有“一卷”、“二卷”之数，可见是比较详细的江河图。但这些图未能流传下来，具体内容则无从查考。

从现存的古地图看，1986年出土的放马滩一号秦墓木板地图，河流是主要内容（图13-14）；南宋绍兴七年（1137）的石刻地图“华夷图”、“禹迹图”也都表示了陆地水系。但这些地图仅表示河流的分布概况，不是专门的江河图。

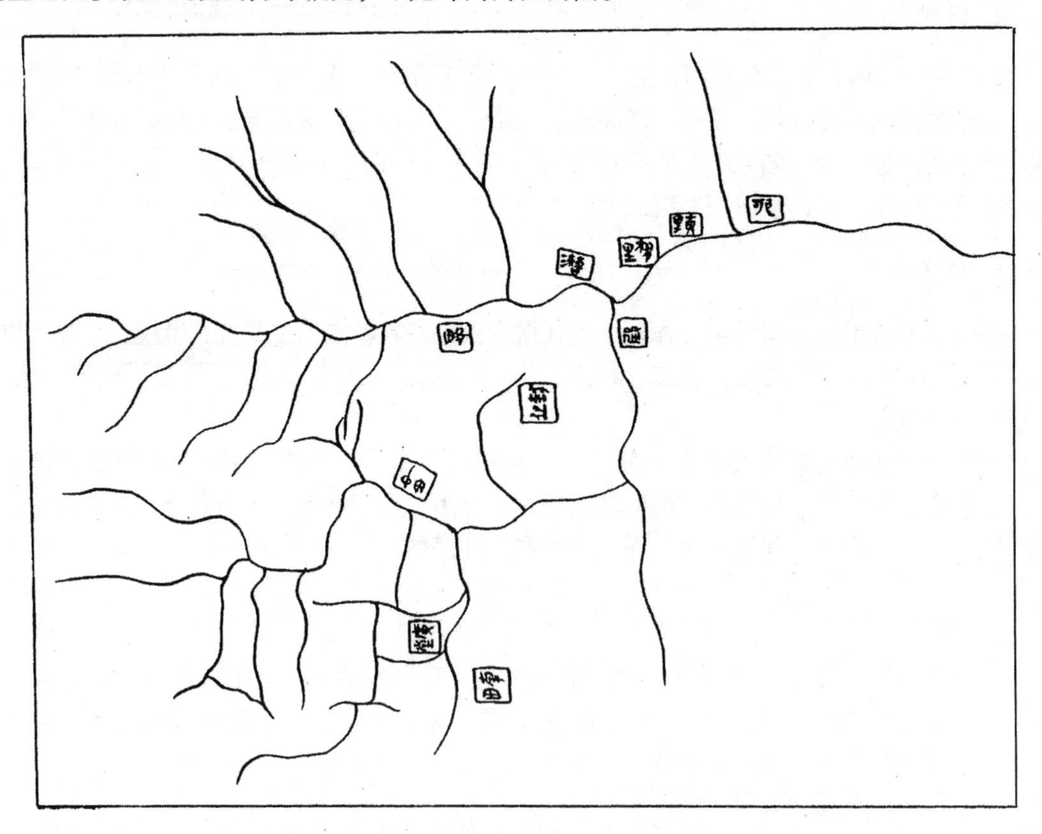

图 13-14　放马滩一号秦墓出土木板地图

宋代不少对地理著作《禹贡》进行研究的专著中，也绘有江河图。如程大昌的《禹贡山川地理图》中，有江河图三十幅，其中第一幅为“九州山川实证总要图”，其余各幅分别表示各江河。又如傅寅的《禹贡说断》有江河图四幅，这两书主要是反映著者对《禹贡》的见解，并非有关水运和水利的专著。

南宋《景定建康志》所附的《沿江大阃所部图》（图 13-15），是明代以前内容最为详细的江河图。《景定建康志》五十卷为宋马光祖修，周应合纂，成书于南宋景定二年（1261）。此书宋本已佚，现有清嘉庆六年（1801）重刻本。其所附《沿江大阃所部图》有上、下两幅，制图范围为长江下游真州（今仪征）至马当山一段。图上详细表示江岸形状，河汊、沙洲的分布及沿岸的居民地和山形等，地名注记详细，并附注兵船屯泊的情况。

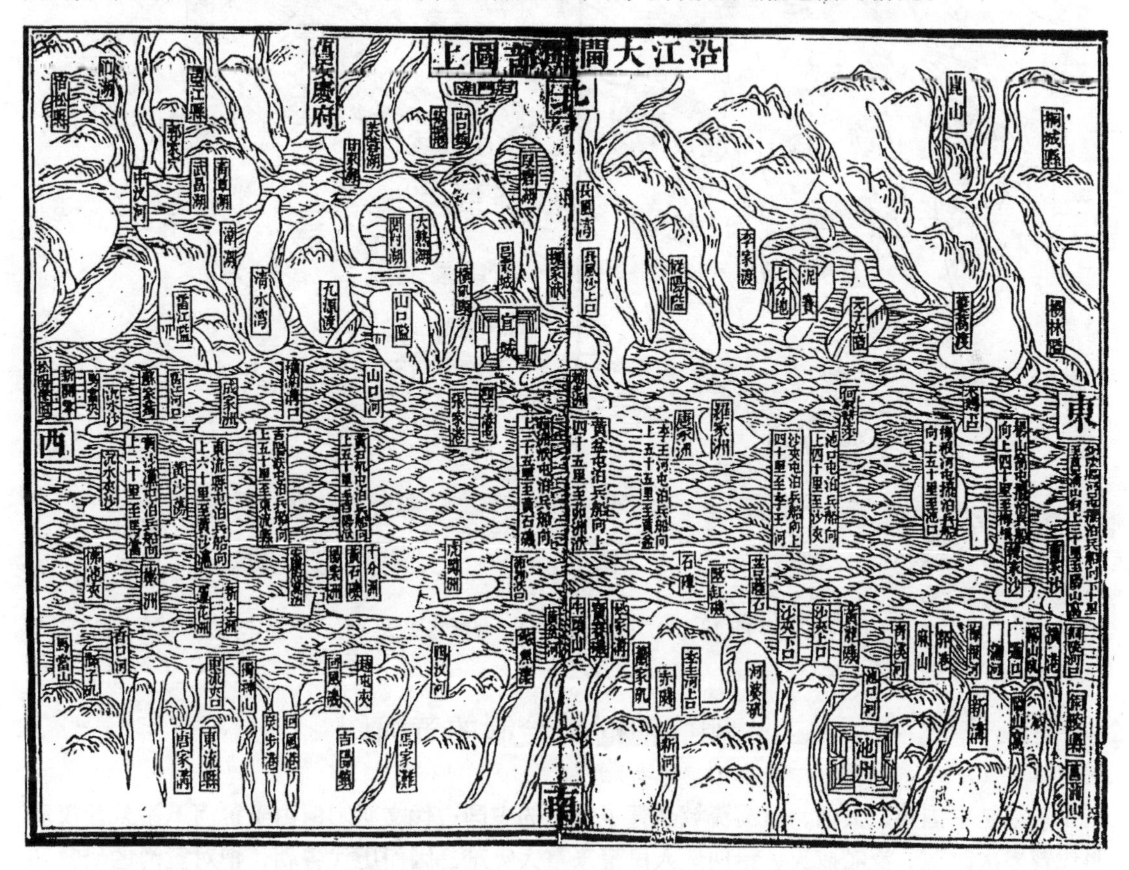

图 13-15　《景定建康志》所附“沿江大阃所部图”之上幅

上图是一幅建康府（今南京）辖区的江防图，对研究宋代长江下游的地理状况和航运条件有重要价值。

元代王喜的《治河图略》是一部治理黄河的专著，成书时间约在至元年间（1341～1368），有黄河图六幅。前三幅“禹河之图”、“汉河之图”、“宋河之图”是黄河的历史图。第四幅“今河之图”即当时（元代）的黄河图（图 13-16）。第五幅“治河之图”，表示黄河的治理情况。第六幅“河源之图”，表示黄河的源头。关于黄河源，元世祖曾派都实率众进行实地考察，以星宿海为黄河之源。元代人陶宗仪撰《辍耕录》所录“黄河源”条目附有“河源图”，是最早的河源之图。王喜的“河源之图”，仍因袭都实的见解，以星宿海为黄河源。

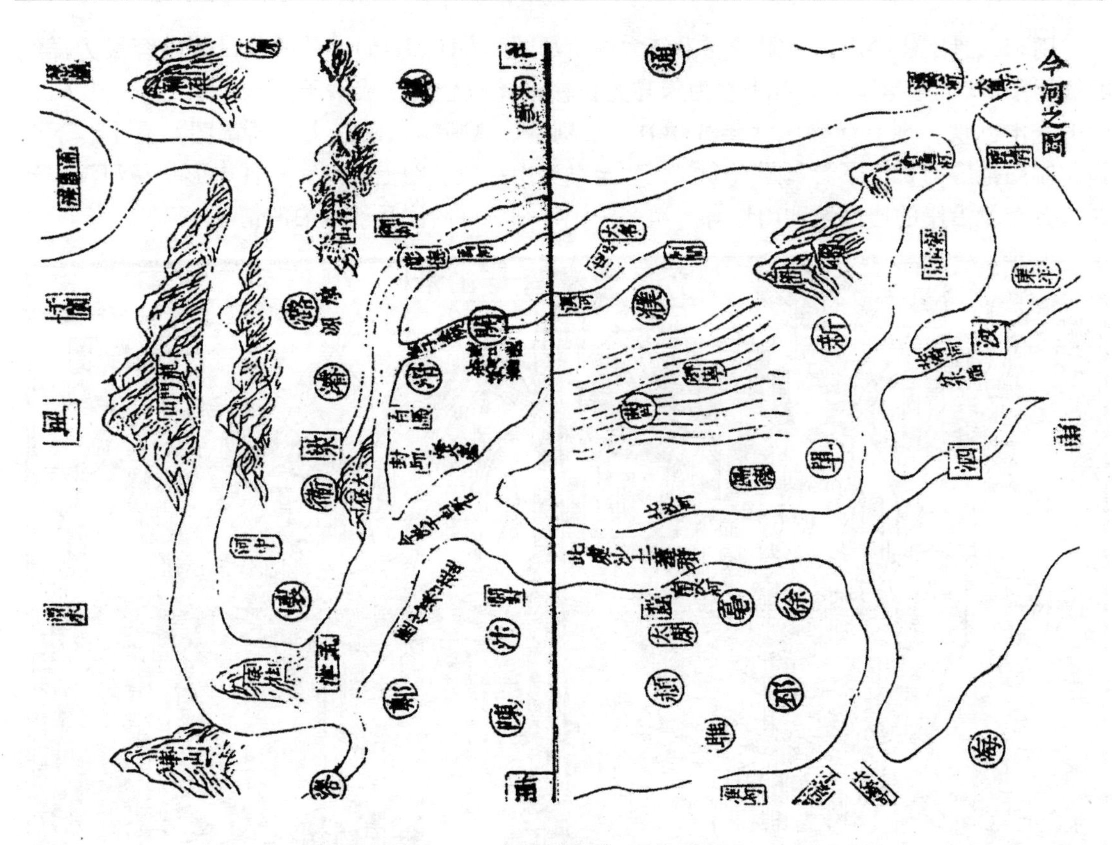

图 13-16　《治河图略》“今河之图”

二　明、清时期绘制的黄河图

黄河是中国第二大河，黄河流域孕育了灿烂的中国古代文明。但由于黄河下游从西汉至明代曾多次改道，泛滥成灾，给两岸人民带来重大灾难，因而历代各朝，把对黄河的研究和治理视作立国安邦之大计，由而产生了不少治河的专著，其中大多绘有黄河图，前述元代的《治河图略》即是一例。明清时期绘制的黄河图益见其多，择其要者则有：

（一）明代《黄河图说》碑及《河防一览》之黄河图

1.《黄河图说》碑

《黄河图说》为明代治河专家刘天和所著。刘天和为正德三年（1508）进士，湖北麻城人，嘉靖十三年（1534）出任总河，嘉靖十五年（1536）改任兵部侍郎，总制陕西三边军务。在陕任职期间总结治河经验，撰成《河水集》一书，同时刻《黄河图说》碑，现存于西安碑林。该碑有图有文，图居中，以传统的写景法表示山形，以波纹表示海水，河流采用双线描绘，并用粗曲线表示防洪大堤。该图反映了明中期黄河及运河的基本状况。图说文字3700余字，分作三组。左上角刻文主要叙述洪武二十四年（1391）至嘉靖十三年（1534）黄河五次入运河的情况；右上角刻文为“古今治河要略”；右下角刻文叙述刘天和本人的治河意见。

2.《河防一览》之黄河图

《河防一览》为明潘季训所撰治河专书。潘季训为嘉靖二十九年（1550）进士，授九江推官，先后四次出任总理河道之官，是明代刘天和之后的著名治河专家。所著《河防一览》十四卷，既辑录了前人治河之要点，更着重总结了作者治河的经验教训，详细阐述作者所考察的各河段的地理条件及治理方案等。卷一有“两河全图说”89 幅，其中 64 幅是详细的黄河图，其余为运河图。

《河防一览》之黄河图从星宿海绘至入海口（图 13-17）。图幅把黄河置于中央位置，用双线表示，主流水域绘大波纹，支流水域绘小波纹；防洪堤用黑线表示，地名区分州、府、县。图注说明的内容包括历史上黄河决溢的地点和日期，筑堤及修复的时间，河堤的险要地段等。

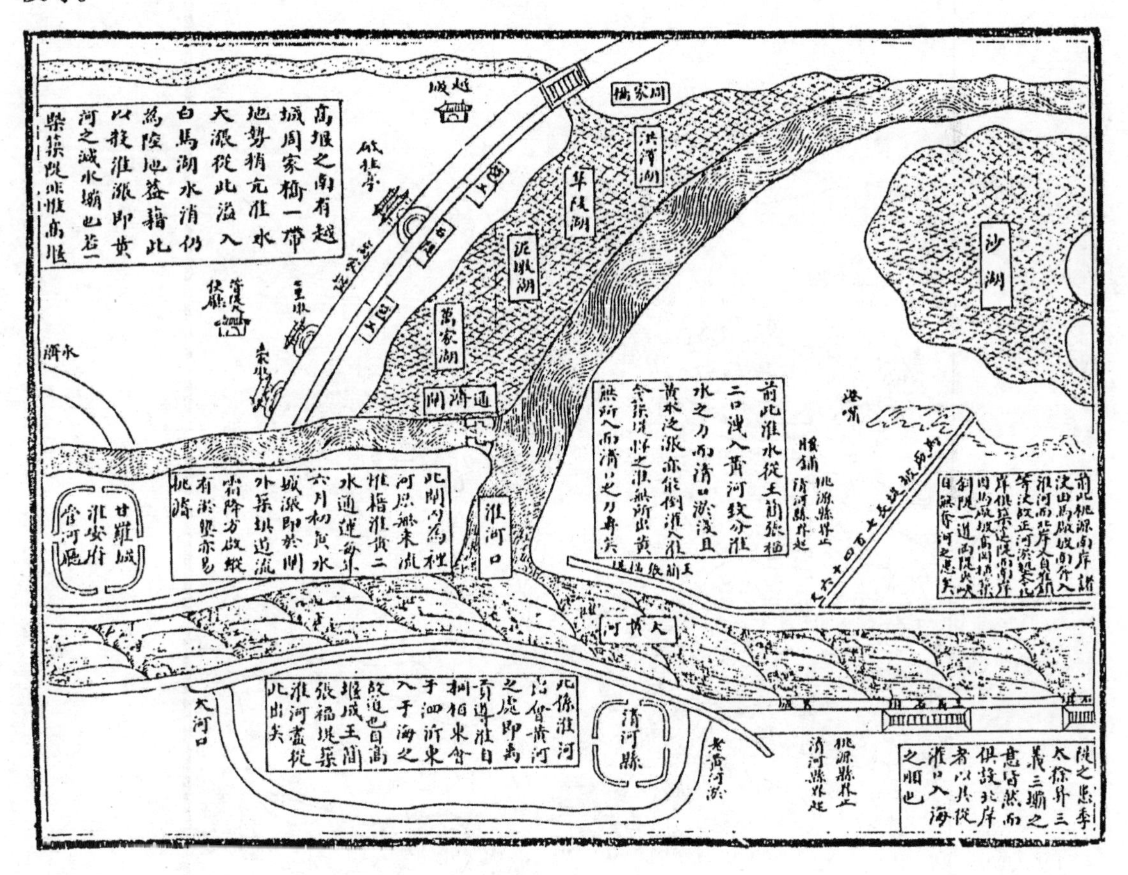

图 13-17　《河防一览》之黄河图（局部）

（二）明代舆图集中之黄河图

罗洪先编纂的《广舆图》，1555 年第一次刊刻，以后又多次重刻，是明代最早的舆图集。有“计里画方”式黄河图 3 幅，绘出从入海口至源头的黄河全貌。图上之黄河及支流用双线表示，堤用粗点表示，并标出两岸的主要山形及重要居民地等。

明末陈祖绥主持编纂的《皇明职方地图》四卷，崇祯九年（1636）刊刻，中有“河岳图”3幅，展示了黄河的概貌。另有“漕黄沿迹图”5幅，着重表示黄河与运河的治理工程。明末吴学俨等编辑的《地图综要》于清顺治二年（1645）刊行问世，书中亦附有黄河图。这些地图集中的黄河图，大多是根据原有的黄河图绘制的。

（三）清代《河口图说》及《行水金鉴》之黄河图

1.《河口图说》

《河口图说》是清代绘制的黄河图中较有特色的一种，清道光二十年（1840）刊行。作者麟庆。共有图10幅，除第一幅为明代嘉靖年间（1522～1566）的黄河河口图外，其余9

图13-18　《行水金鉴》黄河图（局部）

幅分别为清代康熙十一年（1672）、十五年（1676）、三十四年（1695）的3幅，乾隆三十年（1765）、四十一年（1776）、五十年（1785）的3幅，嘉庆十三年（1808）的1幅，道光七年（1827）、十八年（1838）的2幅。这9幅河口图，比较详细地标示了黄河下游河口区的水道、堤坝、水闸等治河水利工程建设，图上还注记了两岸的县、镇、寺庙名称。是一册表示明嘉靖至清道光之间黄河河口演变状况的历史地图册。作者在该书的自叙中说，为了编绘这一图册，“乃亲履河湖，测量地势高下，详询古今情况，考诸简牍，访之幕僚”而始成书。因而《河口图说》内容比较详实，对研究黄河水道的沿革有其价值。

2．《行水金鉴》中之黄河图

《行水金鉴》署傅泽洪纂，实际编辑者为郑元庆，清雍正三年（1725）刊行。是一部有关水道、水利的书。全书文字175卷，记载了黄河、长江、淮河、运河等水道的源流、变迁与其治理经过。卷首为诸江河的地图，其中首刊“河水图”，即黄河图（图13-18），并附“古今黄河通塞图”。计“河水图”26幅（占13个双页），每个图幅面宽13厘米，高18厘米，拼接起来总长约240厘米，表示的范围西起星宿海，东至黄河入海口。

图中以双线表示海岸，水域加绘水纹，以写景法表示两岸陆地的山峰、树木、桥梁、城墙与房屋，并注记了居民地、山、闸的名称。“古今黄河通塞图”独占一个双页，表示武陟县以下河段，并同时表示与黄河相通的淮河、运河诸水道。

三　明、清时期绘制的长江图

长江是中国第一大江。长江流域自然条件优越，资源丰富，是中华民族发祥地之一。人们在开发利用长江的过程中，绘制了各种长江图。但现在所见到的较为详细完整的长江图，多为明代以来所绘。

（一）《郑和航海图》的长江航段图幅

《郑和航海图》的40幅航行图中，从南京宝船厂至太仓卫属于长江航段的图幅，计5幅。图幅配置大致以长江居中，南岸在上，北岸在下。图幅内容着重表示江中的沙洲、岛屿及两岸的山形和地物，并注记港湾名称及沿岸地名。这几幅图对南京附近表示得最详细，图幅采用的制图符号也多，如有岸线、山峰、城门、桥梁、城墙、树木、寺庙、宫殿、工厂；对镇江至江阴一段表示得比较概略。各图没有统一的比例。

（二）江防图

明代倭患严重，经常骚扰沿海各地，并沿江而上，犯及内陆。为此，明政府在加强海防的同时，还加强了长江的防御。“江防图”就是在这种情况下产生的。

明代的江防图著作，首推郑若曾的《江防图考》。据《四库全书总目》记述：“江防图考一卷，明郑若曾撰。若曾既图海防，复为此书，起九江至金山卫，凡为图十有九。”而现今所见辑入康熙三十二年（1693）所刊《郑开阳杂著》的《江防图考》（图13-19），从九江至金山卫共有江防图46幅。此差数可能由于不同版本对图幅幅面大小划分不同所致。这些图幅均以江居中，南岸在上，北岸在下。图上除表示江中沙洲、岛屿及沿岸的居民地等一般地理要素外，还详细标出了航道、港口、江防要冲、沿岸的军事建制与所辖区域，并图注有关防御的说明。

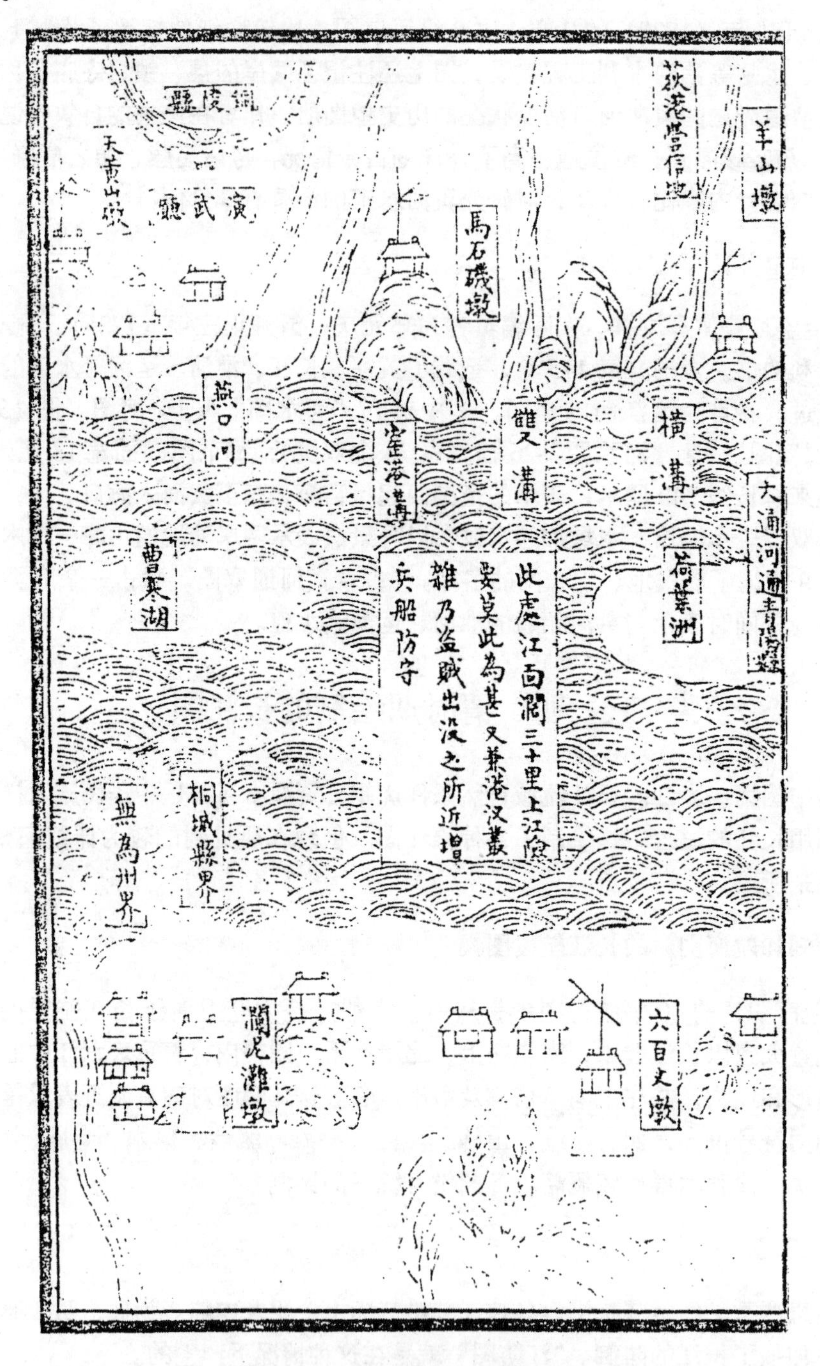

图 13-19　《郑开阳杂著》江防图之一幅

另外，郑若曾所撰《江南经略》中也有部分江防图，如“苏常镇江防图”是苏州、常州、镇江一带的江防图，计 24 幅。图幅数量较《江防图考》相应江段为多，其内容表示得更为详细。

明末吴学俨等编制并于清顺治二年（1645）刊行的《地图综要》中，有江防图 72 幅，制图范围自四川岷山至金山卫入海口。其中九江至金山卫的 46 幅与《江防图考》基本相同，仅雕版手法有异。如《江防图考》两岸所绘建筑物、旗杆等图形，都是底在下，顶朝上；而《地图综要》的江防图上，两岸建筑物等图形以不同的方向绘出，底部近岸线，顶分别向上或向下，盖假设人在江船上，以其所见两岸物体的透视方法绘出。《地图综要》中四川岷山至九江的江防图，则为《江防图考》所无。所以，《地图综要》的江防图应属明代最完整的江防图，也为至今所见最早的完整长江图。

此外，明陈祖绶编制的《皇明职方地图》中的“江防信地营图”也属长江的江防图。该图范围西起九江，东至金山，共计 20 幅，图形比较简单，而注记较详。

（三）《行水金鉴》之“汉江二水图”

《行水金鉴》卷首的江河图中，有“汉江二水图”，是关于长江及其相通江河的地图，计“东汉水图”10 幅，“江水图”20 幅，范围起自太仓州入海口，出于四川松潘卫，并附“西汉水图”5 幅、“洞庭湖图”2 幅、“鄱阳湖图”2 幅。在“江水图”上，长江水域绘有波纹线，陆上以写景绘出山形、县城及楼台、宝塔、旗望、桥梁等，并详细注记了州县地名。

（四）《七省沿海全图》所附之“江东形胜图”

《七省沿海全图》邵延烈编。清道光二十三年（1843）刊行。陆嵩在该书跋文中说：“邵君子显，留心经世之学者也……现既得相国所藏《七省沿海图》校勘梓行，而以为由海入江之路尤近日所切究，于是复购得‘吴淞口放洋图’一帙，并补绘金陵至江阴以下数百里之沙岛险要，名之曰‘江东形胜图’，附梓其后。

《七省沿海全图》所补绘的“江东形胜图”，计 4 幅，范围自南京龙江关至江阴杨舍堡。图上详细表示岛屿、沙洲，岸上绘出山峰、城堡，对河汊、水道的注记特别详细。

《七省沿海图》另附的“吴淞口放洋图”2 幅，详细表示了长江吴淞口的形势，岸上的海神庙、天后宫、水师房、吴淞口炮台等。

（五）马徵麟《长江图说》

《长江图说》是清代有关长江图的专著。清同治间（1862～1874），长江水师提督黄翼升，鉴于以往的长江图“远近广狭之不分，东西南朔之莫辨”①，乃请马徵麟编制《长江图说》。马精于舆图之学，为绘制长江图，广泛收集资料，沿江跋涉进行实地考察。书稿形成过程中，有王香倬参编，黄翼升审定，于同治十年（1871）刊行问世，共 12 卷。卷首为“例言”与“长江图目”；卷一、卷二为防御辖区，未付印；卷三至卷八为长江图 6 册；卷九至卷二二为杂说，叙述长江形势、水道变迁，分论各地水道情况及其治理。

6 册长江图，每册 12 幅，西起岳州（今岳阳），东至大海。此图与以前的长江图相比，有以下几个特点：

（1）图幅方位统一。以前的长江图基本上是长卷式，都是把长江配置在图幅中央，将迂回曲折的长江，从总的方向上绘成东西走向，各图幅表示的方位并不一致，岸线的曲折也有

① 黄翼升“长江图说叙”，见于马徵麟《长江图说》。

失真之处。而《长江图说》所有图幅的方位表示与现今地图相同，严格按上北、下南、左西、右东的方位绘制。

(2) 图幅有统一的比例尺。以前的长江图，各图幅绘制的比例多不一致，有的航段绘制得详细，比例尺相对较大；有的航段绘制得较概略，比例尺相对较小。《长江图说》的图幅均按一定的比例绘制，采用“计里画方”方法，每幅图都有红色的方格网，纵横各 32 格，每格边长为 0.85 厘米，并注明“每方五里”，即 0.85 厘米相当于实地 5 里，按此计算，图幅比例尺约为 1∶30 万。

(3) 图幅规格统一。《长江图说》图幅的大小规格统一，图幅编排可按需要拼接、组合。每一册的 12 幅图所表示的为同一纬度带；且各幅图的经差范围也是固定的，用现在地图来校核，按 1∶30 万的比例尺计算，可确定各图幅所含的经度值、纬度值均为 45°。全部制图区域的范围为北纬 28°15′至 32°45′，东经 112°00′至 121°00′。《长江图说》的全部图幅可拼接成长江中、下游的地图，也可像现在使用地形图那样，按需要将若干邻接的图幅拼接起来。6 册长江图中，有 38 幅为长江未曾流经的区域，所以仅绘有方格网，而没有具体地理内容。

(4) 地名以江中所见为向背相向标注，即北岸的注记字头大体向北，南岸的注记字头大体向南。地名注记有的还注出古名，对一地数名者，有的还注出又名。对沿岸各港汊之间距，还标注相距的里数。

(六)《峡江图考》

清代的《峡江图考》又名《行川必要图考》。江国璋著，光绪十五年（1889）刊印，为长江上游航行图集。长江自湖北宜昌向西为上游，其主流在四川境内，故名川江。因著名的“三峡”——西陵峡、巫峡、瞿塘峡就在这一航段，又名峡江。峡内重峦叠嶂，绝壁对峙，滩多水急，礁石林立，自古以为航行险要之处。按《峡江图考》序所记，作者在四川为官三十余年，8 次行经峡江，认真进行过调查研究，详细记录过有碍航行的险要之处，收集了峡江地图，增绘了原有图本注录不详的航段，编成这部完整的《峡江图考》。书分上、下两册。上册为“宜昌至夔府”，计图 53 幅；下册为“夔府至重庆”，计图 44 幅。图上详细表示礁石、浅滩，岸上绘出相向的山形图，注记地名、距离及有关水势的说明等。上册图前有“宜昌至夔府水道程途”5 页，下册图前有“夔府至重庆水道程途”6 页，相当于现今的水里程表。同时还在每册图后也配置了相反方向的“水道程途”：上册从末页逆起为“重庆至夔府水道程途”，下册同样有“夔府至宜昌水道程途”。这样的配置便于上、下水时分别使用。

(七)《中国江海险要图志》之长江图

《中国江海险要图志》在第二节之六已说明，系清代陈寿彭译自英国海军的航路指南第三版，原书无图，陈寿彭为使读者便于图文对照，收集了相关的英版海图和江河图，重新绘制作为译书的附图。计有长江图 34 幅，另有长江总图 4 幅。

《中国江海险要图志》之长江图，包括长江口至重庆的全程，内容基本上保留了外版实测图的原貌。但译者在重新编绘时将原有的经纬度、水深数据等均舍而不用。

（八）清代长江图绘本

清代有不少未曾刊行的绘本长江图。如：

《长江图》（自入海口至九江），清代色绘本，作者佚名。

《长江图》（自宝应至洞庭），清代色绘长卷，作者佚名。

《长江图》（自九江至入海口），清代绘本长卷，淡描设色，间注沿江形势险隘，作者佚名。

《长江图》，清代光绪年间（1875～1908）绘本，董恂绘制，一册。

《长江大观全图》，清代墨绘本，一册。作者佚名。子目为：长江胜景图（自江苏镇江至湖北荆河口），洞庭湖潇湘八景图，湖口县经洪河至江西省水道图，湖口镇经鄱阳湖至饶州府水道图，长江总程图，休宁至汉口水陆路程图。

以上绘本现藏于北京图书馆。

四　明、清时期绘制的运河图

京杭大运河，简称大运河，运河。北起北京，南至杭州，沟通了海河、黄河、淮河、长江和钱塘江五大水系。为元、明、清三代漕运的要道，于今所见的运河图，主要是明代以来所绘的。

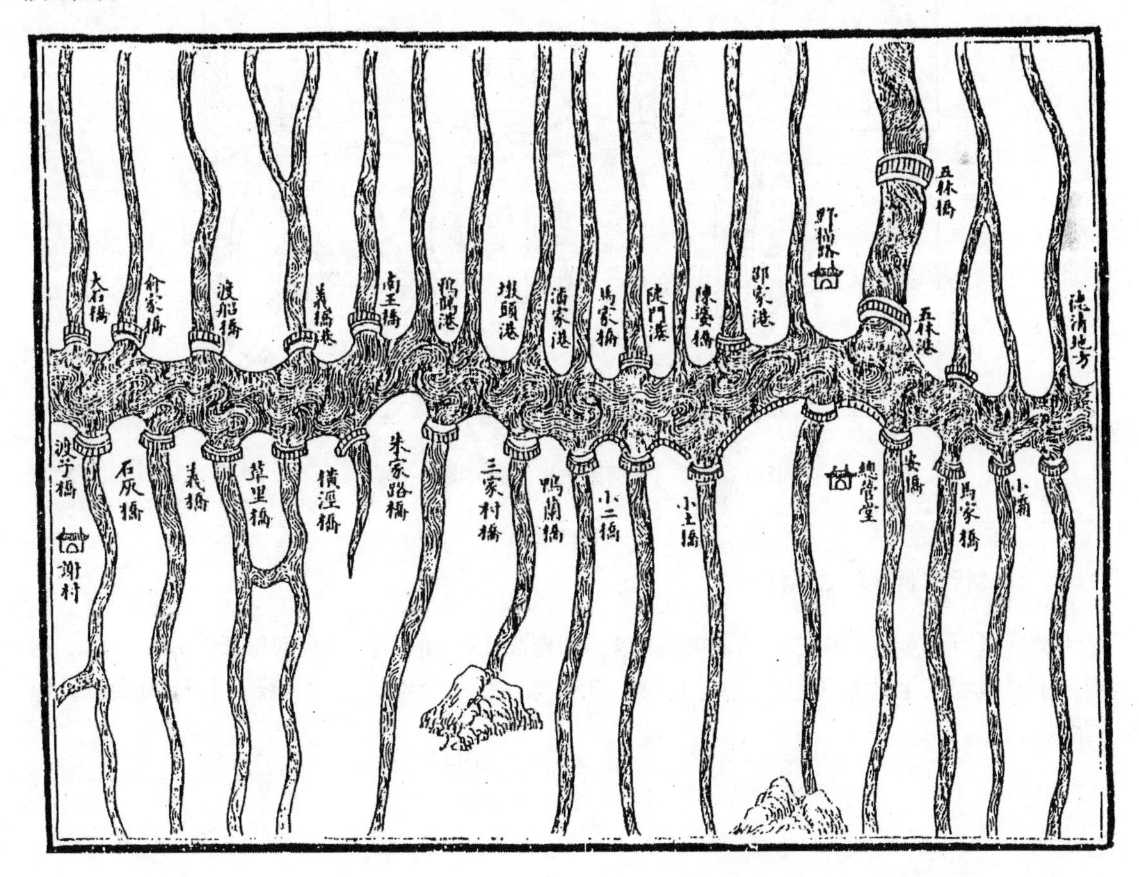

图 13-20　《河防一览》之运河图（局部）

明代潘季训的《河防一览》卷一中有“两河全图说”，收录有运河图 25 幅（图 13-20）。明代一些舆图集中，如《广舆图》、《地图综要》中的“漕运图”皆为运河图；《皇明职方地图》中的“漕黄沿迹图”，也包含运河图在内。明代有关运河的专著《漕河图志》中有专绘的运河图。清代的《行水金鉴》中，也有完整而详明的运河图。

（一）明《漕河图志》的运河图

《漕运图志》，明代王琼撰。琼字德华，太原人，成化年间（1465～1487）进士，官至吏部尚书。弘治九年（1496）任工部郎中时，管理河道，以王恕的《漕运通志》四十卷为底本，删改后写成《漕河图志》八卷。卷一有“漕河之图”十一幅（图 13-21），“是现在能见到的最早运河图”①。漕河之图右北右南，制图范围起自都城（北京）至仪真（今仪征），图上表示运河及其相交的水系，详注各河、湖的名称与沿岸三府、十一州、三十七县、二十二卫及守御千户所的名称，还表示沿运河修建的闸、坝、桥、涵及两岸的浅铺等。

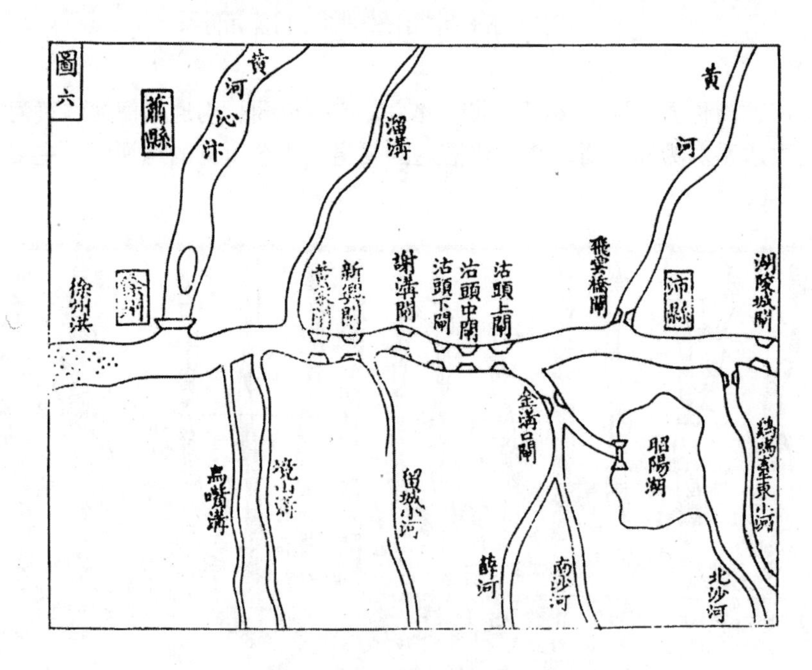

图 13-21 《漕河图志》之运河图（一幅）

（二）《行水金鉴》之运河图

清代《行水金鉴》中之运河图共 64 幅，图框高 18 厘米，拼接起来总长约 864 厘米。制图范围自钱塘江至皇城（今北京），其表示方法与《行水金鉴》之黄河图、长江图类似，以写景法为主。

① 姚汉源，《地图综要》，漕河图志评价，见《漕河图志》（中国水利古籍丛本），附录四。

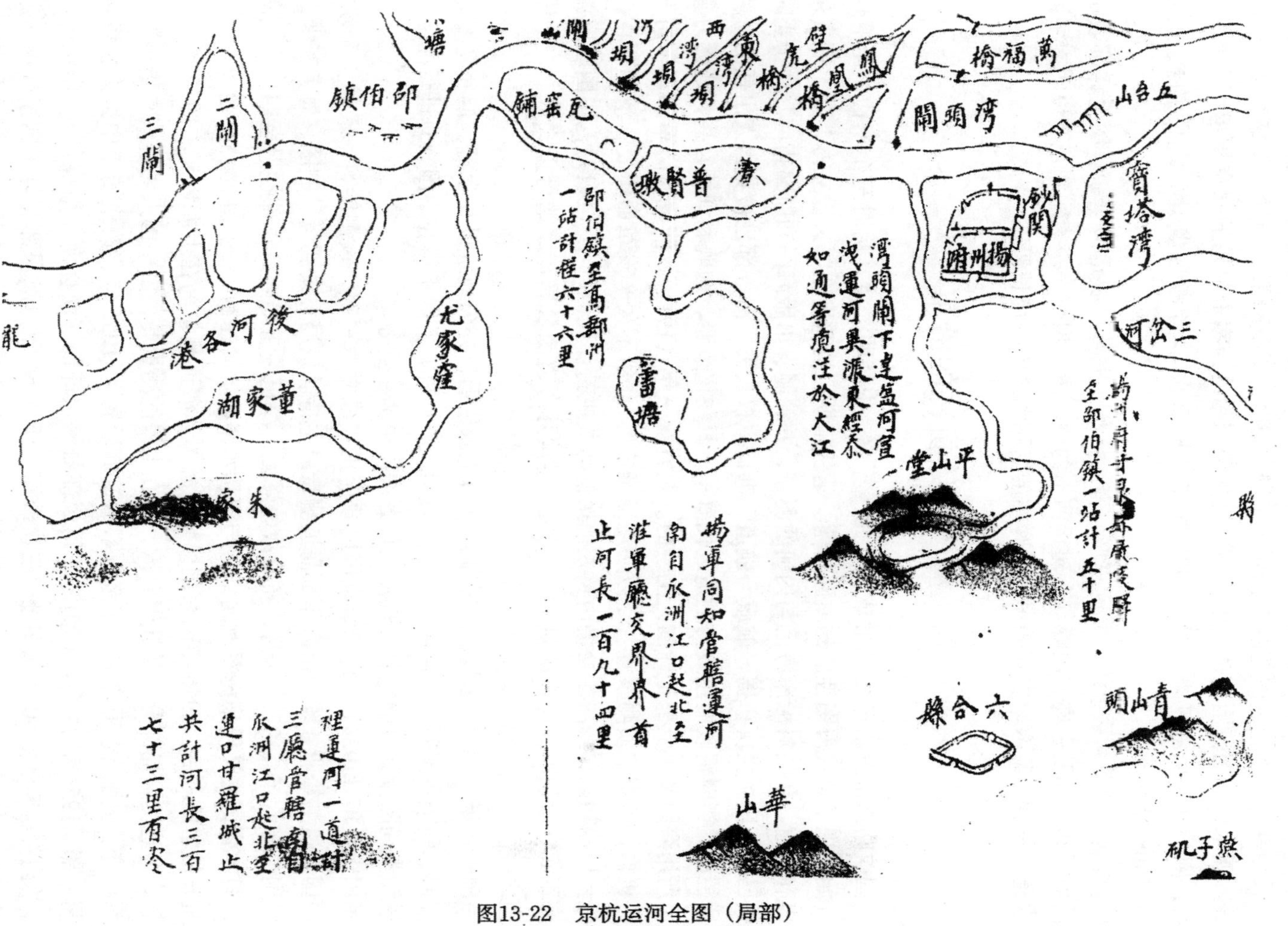

图13-22 京杭运河全图（局部）

（三）清代绘本运河图

清代有多种运河图绘本流传下来。如北京图书馆藏《运河全图》，色绘，图廓高 24 厘米，总长 860.2 厘米，制图范围自杭州至京城；《运河水道全图》，色绘，图廓高 22.3 厘米，总长 546 厘米，制图范围自镇江至京城。又如国家测绘档案资料馆的《京杭运河全图》（图 13-22），图廓高 19.8 厘米，总长 789 厘米，据有关学者考证鉴定，此图约成于光绪(1875～1908)初年。

《京杭运河全图》系色绘，北起京城，南至杭州，完整反映运河全貌。图上详细表示了两岸的府、州、县及古迹、山峰等，对运河上的桥、闸、坝也一一表示，还有说明文字记载运河水道的长度，某两地之间的里程，驿站的名称和湖泊的周长等。

五　海图测绘机构的沿革

中国航路指南及水道图的形成，自元代算起，中经明、清，历时三个朝代，至清代后期，开始出现了近代海图性质的航路指南。清代末期，清政府在海关设立海务部，职责是管理港口和航道，包括对沿岸海区与内河的测量，并编制、出版海图和航路指南。由于当时中国海关已被帝国主义所窃据，航政、航道、港口主权丧失，海务部已被英国人出任的海关税务司所控制。当时清政府正致力创造近代海军，只注重造船、购舰和训练官兵，还无力测绘海图，所用海图基本上都是外国人测绘的。至宣统三年（1911），清政府海军部军学司下设一临时机构，负责“侦测事宜”，“以期逐渐推广”。此后不久辛亥革命爆发，清朝覆亡，未能实施。民国初期，海图测绘仍由英人把执的海关主持。民国八年（1919），中国政府派遣驻英海军武官参加国际海道测量大会。1921 年国际海道测量局在摩纳哥正式成立，中国为创建国之一。

民国十一年（1922）2 月，海军部设立海道测量局，办公地址设在上海。同年 7 月，由外交部照会驻华各国使团，声明以后未经我国政府许可，各国不得在中国领海进行测绘。同时海道测量局陆续配置测量艇，选派人员开展海道测绘业务。

民国十八年（1929）5 月，南京国民政府正式成立海军部，设测绘科，隶属于海政司。从此中国水道测绘业务统一由海军部海道测量局主持。该局下设测量、制图、海务三课。

民国二十六年（1937）7 月，抗日战争爆发，海道测量局随海军部撤退至四川。上海沦陷后，日本帝国主义侵华海军航路部，与汪伪水路测量局控制了一些水道测量业务。

抗日战争胜利后，1946 年南京国民政府海军部海道测量局在上海恢复。1949 年 5 月上海解放，海道测量局部分人员迁退台湾，留在上海的测量局，由中国人民解放军华东军区人民海军接管，6 月成立了“华东军区海军海道测量局”。1951 年，改隶属于中国人民解放军海军司令部。1959 年 11 月改称为海军司令部航海保证部（简称海司航保部）。新中国成立以来，从 1950 年至 1980 年海图经过三次改革，于 1986 年由航保部制订了国家标准《航海图编绘规范》与《海图图式》，1990 年经国家技术监督局批准，于同年 12 月颁布实施，此后又制订了国家标准《航路指南编写规范》。从此，我国编制的航海图和航路指南，向标准化、国际化迈进，并具有了明确的法律地位。

第十四章　古代的海运管理制度

在古老的中国，对外航海贸易与运输是一个同样古老的话题。大量的考古与文献资料业已证实，早在悠远的上古时代，中华民族的先民们便开始了“狩于海”的征服海洋活动，并同海外各民族发生了互通有无的间断性航海贸易关系。随着社会生产力的持续发展和航海技术的长足进步，这种早期偶发的对外航海贸易行为渐趋稳定和深化，对外航海贸易的规模日益扩展，终于达到了令中国历代执政者再也不能熟视无睹的程度。因此，为了更有效地推进并控制对外航海贸易活动，中央政权遂插手其间，中国古代对外航海贸易及其运输管理制度也应运而生。

第一节　中国古代的海运管理机构

在中国古代的海运管理制度体系中，专门性的海运管理机构居有重要的地位。一方面，它是海运管理的具体贯彻与执行者；另一方面，它本身又往往参与了有关海运管理政策的制订。为此，专门性的海运管理机构的出现与成熟，实是古代海运管理制度不可或缺的一个层面。

一　古代海运管理机构的沿革

在封建时代，掌握与经管海外贸易是一项无本万利的买卖，主持者往往可以轻而易举地从中捞取巨额财富。流行于东晋南朝的俗语说广州刺史“经城门一过，便得三千万钱”。不过在初期的一般情况下，每年进入港口交易的外国船舶“不过三数”，最多时也才“岁十余至”。况且由于古代帆船必须要仰仗季风航行，来华时间往往集中在一二个月内，而一年的大部分时间则无船可来，这也给管理造成了很大的不便。因此，朝廷很难派遣专门官员长年负责此事。如此一来，沿海州郡地方官员们便“近水楼台”，顺理成章地握有了辖属港口的对外航海贸易与运输管理权。《唐六典》卷二提到的“并郡县主之，而不别置官吏”，就说明了这一点。

由地方官员负责管理对外航海贸易的局面，在唐代前期曾持续了相当一段时间。但是，随着中外航海贸易与运输的日益扩大，这种由地方官员兼职的非专业管理模式便显得越来越不适合实际业务的需要了。于是，一种专门负责对外航海贸易管理事务的官员——市舶使，也就应运而生了。

（一）唐代市舶机构的初创时期

最早的海外贸易与运输管理专职官员，是在唐代中前期出现的。

《唐会要·谏诤》：“开元二年（714）十二月，岭南市舶司、右威卫中郎将周庆立、波斯僧及烈等，广造奇器以进。”《旧唐书·玄宗纪》亦提到了开元二年十二月“时右威卫中郎将周庆立为安南市舶使"之事，则开元二年已经有市舶使的设置，实属确凿无疑。同时，据《唐会要》的行文来看，开元二年十二月绝非市舶使的创设时间（周庆立业已在任履职），其设立必定是在此之前。具体地讲，就是在证圣元年（695）王方庆调离广州都督以后至开元二年十二月以前的武后、中宗、睿宗、玄宗四朝之间。然而考稽文献，唐玄宗先天元年（712）上台伊始，"始欲为治，能自刻历节俭"，提倡省费，为此曾严下制敕禁止奢侈。《资治通鉴·玄宗开元二年》："秋，七月，乙未，制：'乘舆服御、金银器玩，宜令有司销毁，以供军国之用；其珠玉，锦绣，焚于殿前；后妃以下，皆毋得服珠玉锦绣。'戊戌，敕：'……自今天下更毋得采珠玉，织锦绣等物，违者杖一百，工人减一等。'"既然玄宗抑制奢侈之风的决心是如此之大，那就不可能在登基初年，设立专门为内廷提供海外舶来消费奢侈品的市舶使，这是显而易见的。如此一来，市舶使的设立当进一步前推至武后、中宗、睿宗三朝。

虽然市舶使名目在武后至睿宗之间已经出现，但直至开元初年，它很可能还处于一种"有事于外，则命使臣，否则止罢"的临时出使阶段，并不固定。当周庆立以"广造奇巧"遭到弹劾并"由是免"之后，这个职务或许就被撤销了。所以当开元四年（716）又有外国航海贸易商人"上言海南多珠翠奇宝，可往营致，因言市舶之利"的时候，唐玄宗只得临时派遣监察御史杨范臣前去"与胡人偕往求之"，实际上就是充任市舶使职务。不料这次出使市舶遭到了杨范臣本人的强烈反对，以为"彼市舶与商贾争利，殆非王者之体"，迫使玄宗罢停了这次市舶出使。这也从一个方面反映了早期市舶使因事而置的临时性质。

然而，任何事物都不会是一成不变的。随着中外航海贸易的日趋频繁，"海外诸国，日以通商"，客观上要求唐王朝进一步加强对海外贸易的控制与管理，以获取更多的"市舶之利"。可是，囿于出使的临时性质，旧有市舶使职权已无法与这种新的海外贸易形势相适应。为了改变这种管理滞后的状况，市舶使开始由临时改为常设，最终演变成为专门管理海外贸易事务的固定使职。其演变的契机，或即在开元十年（722）左右。

《全唐文·内给事谏议大夫韦公神道碑》："开元十年，解褐授内府局丞，……官以课迁，寻充市舶使，至于广府，赕赆纳贡，宝贝委积，上甚嘉之。每宣谕诸道，曾无宁岁，敷扬诏旨，人皆悦服。天宝初，拜朝议郎、判宫闱令。……"

文中的韦某从开元十年（722）以后即出任广州市舶使职务，一直干到天宝初年返回朝廷为止，前后历时近二十年之久，任使时间之长殊为罕见。继其之后，有关市舶使的资料史不绝载：天宝（742～756）中期卢奂任南海太守时的"中人之市舶者亦不敢干其法"；代宗广德元年（763）的"宦官广州市舶使吕太一"等等。可见市舶使一职已由早期废置不常的临时性转化而为一种常设的固定使职了。

值得注意的是，唐代始终没有"市舶司"这样的机构名称。但是，这并不等于当时的市舶使就没有一个相应的机构配置。随着市舶使由临时而固定，其拥有机构亦属情理之中。这在唐代贞元年间（785～804）王处休给皇帝的奏表中可以反映出来：

《全唐文·进岭南王馆市舶使院图表》："伏以承前虽有命使之名，而无责成之实，但拱手监临大略而已，素无簿书，不恒其所。自臣亲承圣旨，革划前弊，御府珍贡，归臣有司。则郡国之外，职臣所理，敢回天造，出臣匪躬。……"

综观上文文意，很可能就是从王处休上任"革划前弊"起，以前的市舶使那种"但拱手监临大略而已，素无簿书，不恒其所"的不规范状况便得到了改变，拥有了簿书恒所，则市舶机构的设置自然也就水到渠成了。这一机构的名称，即为前引《进岭南王馆市舶使院图表》中提到的“市舶使院”。

（二）宋元两代市舶机构的成熟时期

唐代出现的市舶使及其机构，经过近200年的发展，到宋代进一步得到了完善。整个宋代三百年时间里，曾经先后在近十个对外航海贸易港口设立过大小十三个名目不同的市舶管理机构（包括重复设置）。依地域区划，可以大致分为广南、福建、两浙三大区域，所谓“三方亦迭盛衰”。

早在北宋开宝四年（471）灭南汉以后，同年六月，宋朝廷即下令“初于广州置司”，正式建立了宋王朝第一个市舶机构广州市舶司。咸平二年（999），宋王朝又“诏杭、明州各置市舶司”。此后直到北宋晚期之前，宋代的海运管理机构基本上是由杭、明、广三个州级市舶司（合称“三司”）组成。密州也曾短期设置过市舶司机构，采用一级管理体制，并无相应的上、下级机构。

崇宁二年（1103），宋王朝开始对海运管理机构进行调整，在广州所在的广南东路、明州与杭州所在的两浙路，以及福建路新增设了三个路级市舶司，《萍洲可谈》所谓“崇宁初，三路各置提举市舶官”，指的就是这个变化。随着路级市舶司的出现，原来的州级市舶司被降格为“市舶务”，海运管理机构遂形成了路级市舶司、州级市舶务两级管理体制。其中两浙路市舶司下辖杭州、明州、秀州华亭、温州、江阴军五处市舶务；广南路市舶司下辖广州市舶务；福建路市舶司下辖泉州市舶务。南宋绍兴二十九年（1159）御史台检法官张阐所言“福建、广南各置务于一州，两浙市舶务仍分建于五所”，即提到了这种情况。

南宋乾道二年（1166），宋朝廷又以“两浙路置官，委是冗蠹”为由，罢废了两浙路市舶司机构，其原辖的五处市舶务改由两浙转运司兼管。而广东、福建两路的市舶司则基本上没有变动，直到宋末。

与宋代路市舶司和州市舶务的二级市舶管理体制不同，元代在广州、泉州、庆元三处港口设置的市舶司（上海、澉浦、温州、杭州也曾一度设置过市舶司），采用一级管理体制，没有常设下属机构，较少机构重叠之弊病。但是，元代市舶司不像宋代市舶司那样相对独立地行使权力，而是经常受到政府派定的某些机构之领导或者指导。这种情形在元代前期尤为明显。“至元十四年（1277）立市舶司一处于泉州，令忙古觪领之，立市舶司三处于庆元、上海、澉浦，令福建安抚使杨发督之”。这就是说，时任闽广大都督行元帅府事的忙古觪和福建安抚使杨发二位地方大员，分别担任了市舶司的兼管工作。随后又以蒙古管军万户伯家奴为海外诸蕃宣慰使兼福建道市舶提举；广东的盐课市舶提举司也“隶广东宣慰司”，仍属地方大员兼管。到至元二十三年（1286）八月，“以市舶司隶泉府司”，市舶司便脱离了地方管辖，改属负责官营商业事务的泉府司进行管理。然而，大德元年（1297），元王朝“罢行泉府司”，次年“并澉浦、上海入庆元市舶提举司，直隶中书省”，重新恢复了地方行省（中书省为行中书省之误）市舶司的兼管权。这种情形持续了十年左右，至大元年（1308），朝廷下令“复立泉府院，整治市舶司事”，再次以泉府院（泉府司之升格）主持市舶司机构的整顿与领导。可是好景不长，至大二年（1309），元中央政府又诏命“罢行泉府院，以市舶提举司隶行省”。自此以后，市舶司提举司便一直在本地行省的领导下，因而延祐元年（1314）改订的市舶法规也就名正言顺地规定：“公验后空纸八张，行省用讫缝印于上”，船舶封堵由“行省市舶司官”担任，即把以前由泉府司承担的职责全部改为行省负责。这种局面一直维持到元代末期。

与此同时，元代早期的市舶司还往往和盐课、转运诸机构合并为一，兼有市舶、盐课、转输多项职掌。即以泉州市舶机构为例，至元十四年（1277），立福建市舶司，“兼办盐课”。“至元二十一年（1284），设市舶都转运司于杭、泉二府；九月，并市舶入盐运司，立福建等处盐课市舶都转运司。二十二年正月，又诏立市舶都转运司；六月，又省市舶入转运司。二十三年……十二月，复置泉州市舶提举司。二十四年闰二月，改福建市舶都转运司为都转运盐司”。直到至元二十五年四月，元政府才又应行泉府司沙布鼎乌玛喇之请，设置了单独的市舶司机构。另一处外贸港口广州的市舶机构亦是这样，至元二十三年（1286），“并广东盐司及市舶提举司为广东盐课市舶提举司，每岁办盐一万一千七百二十五引”。如此看来，至元时期市舶司与盐运司的合署办公，确为当时比较普遍的一种现象。

（三）明代市舶机构的衰弱时期

早在明王朝尚未统一中国的时候，吴元年（1367）底，当时，元朝旧有三大市舶司港口之一的浙江宁波刚刚被明军攻占月余，福建泉州与广东广州仍在蒙元残余势力的控制之下，明朝政府首先于京城附近的太仓黄渡设置市舶机构，以加强对外航海贸易的管制，亦实属不得已而为之之举。随着洪武二年（1369）的海上倭寇连续进扰苏州、温州等江浙沿海地区，太仓这种靠近京师的地理位置便开始暴露出其易生肘腋之变的弱点，引起了明朝统治者的疑惧。与此同时，明王朝在广东、福建、浙江等地的统治却日趋稳定，也具备了重新恢复元朝旧有市舶司的条件。明王朝遂于洪武三年（1370）二月罢弃太仓黄渡市舶司，“凡番舶至太仓者，令军卫有司同封籍其数，送赴京师”，又将市舶司机构“复设于宁波、泉州、广州”。然而到了洪武七年（1374）九月，不知出于何种原因，明朝廷又突然下令“罢福建之泉州、浙江之明州、广东之广州三市舶司”，宁波市舶司遂遭三十年左右的停罢。直至明成祖朱棣上台后，政府为了招徕外国商使，更为了加强对“附至番货”的外国使团之管理，再次于永乐元年（1403）八月设置浙江、福建、广东三市舶司。浙江市舶司治宁波；福建市舶司先治泉州，成化十年（1474）迁往福州；广东市舶司治广州。嘉靖年间（1522～1566），浙江市舶司废弃；万历八年（1580），福建市舶司废并；只有广东市舶司一直维持到明末。

二　古代海运管理机构的人员配置

（一）唐代市舶使之人选

唐代管理对外航海贸易的专职官员，从开元二年（714）首次见诸史载，直到唐代末期，基本上都是称作市舶使。职称虽没有改变，但其四次录选的人员却不断发生着变化。

最初的市舶使，其充任者为朝廷临时任命的臣僚士人。开元二年的周庆立和开元四年的杨范臣（未成行），是有右威卫中郎将、监察御史身份的官员。右威卫中郎将为正四品下的高级武官，担负宿卫宫廷之要责；监察御史虽为正八品下的低级文官，但其“分察百寮，巡按州县，狱讼、军戎、祭祀、营作、太府出纳皆莅焉”，系朝廷的耳目之臣。这种以皇帝亲近的文臣武将出任市舶使之职的现象，实际上就反映了其负有为皇室搜罗珠翠奇宝、上贡珍异之责。

但是，文臣武将如何亲近，毕竟没有皇帝的家奴——宦官使用起来得心应手，而这一点对于当时以“赕赆纳贡，宝贝委积”为任的市舶使来说殊为重要。所以随着开元十年（722）左右市舶使由废置不常的游动状态中渐渐固定下来，其人选亦发生了变更，从皇帝的亲信臣僚出任转而让位给了宦官。于是，开元十年以来的韦某、广德元年的吕太一等一些宦官市舶使便粉墨登场了。他们“口衔天宪”，依仗皇帝家奴的特殊身份作威作福，甚至不把岭南地方军政长官节度使放在眼里，以至于卢奂当政时“中人之市舶者亦不敢干其法”，竟然被封建史家们作为一个特殊的例子而大加称颂。

然而，天宝十四载（755），渔阳的隆隆战鼓声打碎了唐王朝歌舞升平的迷梦，唐帝国从此由极盛走向衰落。与此同时，那种由皇帝专门任命一个亲信家奴主持市舶交易的局面被打破，宦官市舶使的地位被地方上的军、民、财权“事无所不统”的节度使所取代，随之建立起市舶使人选例由藩镇兼掌的体制。自此以后，岭南节度使大多“且专二使”，同时还兼任市舶使职务，号称“御府珍贡，归臣有司，则郡国之外，职臣所理”，具体承担起了市舶使的海外贸易管理全权。虽然在个别的情况下，曾有安南置市舶中使（未果）、岭南宦官监军使兼任市舶使的现象出现，但这都是节度使“请监军领市舶使，已一不干预”，即由其上奏朝廷自愿放弃兼任市舶使的结果。有鉴于此，清人吴廷燮遂在《唐方镇年表》中明言“岭南东道节度观察处置押蕃舶等使、兼广州刺史”，干脆就以市舶使的异名“押蕃舶使”作为岭南节度使的当然兼职了。

（二）宋代市舶司的人员编制

与唐代市舶使的精干配置不同，宋代市舶机构官员往往或专或兼，人数冗多。最早设立的广州市舶机构，就是“命同知广州潘美、尹崇珂并充市舶使，以驾部员外郎通判广州谢处玭兼市舶判官”，拥有两个市舶使。以后，为了加强市舶事务的管理，又在诸市舶司机构分别安排了三名专职市舶官员，以“京朝官、三班内侍三人专领之”。到了景祐年间（1034～1038），“三司”之中的广州市舶司遂以知州“奉敕管勾市舶司，使臣三人、通判二人亦是管勾市舶司名衔”。仅仅一处即有“管勾市舶司”名衔的专、兼职官员六人，可见其市舶官员人数之多。至于市舶司机构属下具体办事的吏人，则有专库、手分等名目，惟其人数不详，当亦不会少于官员的人数。

宋徽宗崇宁（1102～1106）以后，随着路级市舶机构的出现，开始了诸路提举市舶司及其属下市舶务的二级管理体制，市舶官吏的配置更为复杂。提举市舶司官员数目不详，只知道拥有专职提举、专职干办公事（勾当公事）、兼职的主管市舶职事等官员。相反地，提举市舶司吏人额数却比较清楚，共有“都吏、前后行、贴司、书表、客司共一十一名”。提举市舶司属下的市舶务，其官员和吏人配置则各自不一，“监官之或专或兼，人吏之或多或寡”，彼此间颇有差异。如明州市舶务拥有专、兼职主管官员各2人，吏人10余人；而江阴军市舶务仅拥有2名兼职主管，吏人3人。这种市舶务官吏配置数额悬殊的现象，是由于诸市舶务的业务闲剧的不同造成的。

（三）元代市舶司官吏配置

元代早期的市舶主官，多以地方机构的大员兼领或监督。至元十四年（1277）所立的四处市舶司，即分别由闽广大都督忙古觮和福建安抚使杨发二位地方要员“领之”、“兼之”，出任市舶司主管。同时，市舶司机构还有各种名目的其他官员。以上海市舶司为例，元初有

“措置上海市舶”费寀，至元十七年又有“上海市舶司招船提控”王楠，二人都为市舶司专门官员。

到元世祖至元后期，市舶司主管开始不再由他官兼任，而是改为政府任命的官员专任。按照《元史·百官志》的记载：“每司提举二员，从五品；同提举二员，从六品；副提举二员，从七品；知事一员。”由此可见市舶司专官的人数颇多，主管与次官的配置、官员的品级也都十分正规，趋于固定化，已经彻底摆脱了宋代市舶机构官员以他官差遣担任所造成的员数和品级不定之混乱现象。

另外，每当夏季舶船回帆之时，市舶司所在地方行省也需要临时选派官员参与交易活动的监督管理和征收关税事宜，以应付市舶业务增加的局面。王克敬便在延祐、泰定年间(1314～1328)，分别以江浙行省左右司都事、绍兴路总管的身份两次前赴宁波“抽分舶货”。这种临时差员参与海外贸易管理的现象，实为古代航海贸易季节性所带来的忙闲不均的结果。

（四）明代市舶司的官吏编制

明太祖朱元璋时期，在太仓、宁波、广州、泉州四地设置的市舶司，其官员配备情况史籍没有记载。据《太宗实录》卷二十一介绍：永乐元年（1403）八月丁巳，“上以海外番国朝贡之使附带货物前来贸易者，须有官专主之。遂令吏部依洪武初制，于浙江、福建、广东设市舶提举司，隶布政司。每司置提举一员，从五品；副提举二员，从六品；吏目一员，从九品。”

自从永乐定制以后，明政府对市舶提举司官员的配属人数、品级等再也没有进行过改动。但是在实际上，由于市舶提举司“惟理贡船，不复开海市”，往往被视为闲冗机构，一干官员的配置便很难全部到位。高岐《福建市舶提举司志》即提道：“副提举遂未铨授矣，吏目闲来任亦虚设耳。虽有正提举，责至经理之，此外他无事事。”福建市舶司只有提举一人，其官员空缺情景也就可想而知了。

与此同时，市舶提举司属下的吏役配置亦遭受了相似的命运。永乐初期，浙江市舶提举司配属司吏二名、祗禁十名、弓兵二十名、工脚一百名、库子二十名、称子十名、合干人二名、行人一百名，共计有二百六十四名吏役。福建也有祗候十人、弓兵十二人、门子四人、冠带土通事四人、牙行二十四人、看厂并解运方物六人、马夫等八人，合计六十八名吏役。可见市舶司属下吏役队伍之庞大。然而，随着浙、闽市舶司的无事可做，这支队伍开始被裁员。以福建为例：“冠带土通事，原设四名，嘉靖二十五年（1546）革退一员，今只用三名；牙行原设二十四名，各年份不等，革去十九名，今只存五名；看厂并解运方物殷实户，原额六名，已前年分革去三名，今只存三名。”浙江也曾在正统元年（1436）一次性裁减掉三分之一的官吏役人。市舶司配置人员急剧萎缩下去，终于连市舶司也不复存在。

综观以市舶机构为中心的古代海运管理机构及其人员配置情况，我们大致可以看出如下特点：

第一，随着时间的推移，其机构本身大致经历了唐代初创、宋代发展、元明定型这样一个沿革过程，并且日益规范化制度化。但是“物极必反”，规范化的机构也往往易僵化而失去生命力。明代市舶机构的消失堪为之下了一个鲜活生动的注脚。

第二，在市舶机构的管理上，往往存在中央直辖或地方兼管两条路子，其中又以地方兼管更为常见。即使是在中央直辖的情况下，也大多不排斥地方的参与，以充分发挥地方的积极性。

第三，市舶机构的主官人选，往往是在宦官人选与士人人选之间摇摆。这一方面是与市舶机构负责舶来奢侈品的上贡（由宦官充任）这一职掌有关；另一方面，中央与地方此消彼长的权力划分也从中起了重要作用。

第二节　船舶进出港口的管理制度

从时空演进的角度来看，外贸港口的出现与发展，应该是和对外航海贸易管理的产生与完善相伴而行的。这是因为对外航海贸易系流通领域的一种活动，船舶一旦投入营运状态，除了运用通讯工具与其联络外，有关机构便很难采用其他方式对之实施直接而又有效的管理；只有当船舶驶泊于某个港口的时候，这种管理才有可能是具体而直接的。至于在海上通讯手段极不发达的古代，有关机构对航海贸易活动的控制和管理自然更惟有在港口实施之一途了。

一　唐代船舶进出港口的管理体制

由于唐代市舶制度尚处于草创阶段，故而有关的港口管理制度还显得不太规范和不尽完善。依唐代有关史料所见，其大体上可以分为对官方船舶的接待和对民间商船的检查两个方面。

（一）对外国航海使团船队的接待

唐代官方规定，外国使团船队到中国朝贡，必须要由港口所在地方“即依式例，安置供给”。这个“式例”通常是指下列程序：

（1）勘验海外诸国使团的信符“铜鱼”。这种铜鱼“雄雌相合，各十二只（对），皆铭其国名，第一至十二，雄者留在内，雌者付本国”。只有雌雄相合，才能够“依常礼待之”，予以接待；否则，要“推按闻奏”，加以处罚。

（2）对入京朝贡的使团人数加以限制。“由海路朝者，广州择首领一人、左右二人人朝”。凡是海外诸国使团的一般随从人员，只允许一半人随同上京，余下的人员停在广州，由市舶使管制。

（3）供给外国使团粮食等生活必需品。其多按照所在国的路程远近“各分等第供给”。西亚的“南天竺、北天竺、波斯、大食等国使，宜给六个月粮”；东南亚的“尸利佛誓、真腊、诃陵等国使，给五个月粮”；交州旁边的“林邑国使，给三个月粮”。

（二）对民间商船的查验

为了防止外国商船的透漏走私行为，维护政府的市舶税收，唐王朝对入港商船实行检查与货物登记的制度。外国商船一靠抵广州码头，市舶使便带领部属登船，开始履行检查与登记手续：

（1）外国船主要举行“阅货之宴”，即设宴招待市舶使一行。席间，外商须将船上货物分类拿出样品，交由市舶使审核，同时贿赂市舶官吏，史称“犀珠磊落，贿及仆隶”。市舶使及其属下遂借机大发其财。

(2) 阅货宴毕，市舶使一班人就比照样品对货物逐项加以登记。《唐国史补》称为“有蕃长为主领，市舶使籍其名物”；王虔休《市舶使院图表》则提到“临而存之”、“辨其名物”，指的都是这种货物登记手续。

(3) 与此同时，市舶使和手下还要在船上搜查有无藏匿偷漏物品，其常常和登记手续一道进行，故被合称为“检阅”。一旦发现私藏行为，就要按照唐王朝法律予以处分，以至于外国航海贸易商人经常“有以欺诈入牢狱者”。可见唐政府对偷藏船货的惩罚相当地严厉。

(4) 履行货物检查与登记手续完毕，即将船货全部搬入港口附近的官方仓库加以封存，等到同一季风期最后一条商船的船货也移进仓库，就开始对各类舶来品确定一个公平合理的牌价。阿拉伯海商曾对此记载道：“海员从海上来到他们（指唐王朝）的国土，中国人便把商品存入货栈，保管六个月，直到最后一船海商到达时为止。”

二　宋代船舶进出港口的管理

与唐代相比，宋代市舶司对船舶进出港口的管理制度更加明确和条理化。具体而言，宋代对航海贸易船舶的进出港管理，主要包括船舶航海文件的审批与签发、船只回航住舶规定两方面的内容。

（一）船舶航海文件的审批与签发

商船出海进行贸易，必须向有关机构申请航行许可证，否则便属于非法行为，要依例予以惩治。这种官府颁发的航行许可证就是“公凭”。

公凭，又称公据、引、券。宋代公凭的格式和内容，在中国史籍中已无记载，但在日本文献《朝野群载》中却完整地保存了下来。据崇宁四年（1105）提举两浙路市舶司颁发给泉州海商李充的公凭来看，该航行许可证书主要开列了以下五项内容：第一，逐条登记船只、人员和货物。诸如船只数目及其主人、普通船员（分为三甲）与高级船员（包括职务名称）姓名名单、货物的品种和数量，都要详细写明。第二，登记防盗兵器的种类和数量。第三，开列为商船担保的本州物力户三人名单。第四，官府授予的临时执法符信“杖”、“印”数目。第五，详细登录有关船舶出海航行的敕条规定（主要是一些航海限制条文），以便船员们照章办理。另外，在公凭证书的最后，又有明州市舶务官员四人和吏员八人的签判画押。从以上项目内容中，可见宋代的公凭已经称得上是一种相当成熟的船舶航海文件了。

不过，公凭这种航行许可证书并非任何官府都能够签发，只有某些由政府授权的港口所在地区及其相关机构才有这样的权力。早在端拱二年（989）五月，宋廷即诏令：“自今商旅出海外番国贩易者，须于两浙市舶司陈牒，请官给券以行，违者没入其宝货。”此后至宋仁宗庆历年间（1041～1048），朝廷放宽了公凭签发的地区限制，海商们“须于发地州军，先经官司投状”，经过官府检查合格，即可获得公凭。如此一来，宋王朝沿海的大部分州军都拥有了公凭发放权，可以自主发遣商船去海外贸易了。到宋神宗熙宁、元丰年间（1068～1085），中央政府再次明确规定：“诸非广州市舶辄发过南蕃纲舶船，非明州市舶司而发过日本、高丽者，以违制论。”将南、北二大区域的航海公凭发放权分别授予了广州和明州市舶司。到了元丰八年（1085），宋政府重新下诏："诸非杭、明、广州而辄发海商船舶者，以违制论。"既增加了一个公凭发放地区杭州，又取消了公凭发放权的区域限制。至元祐五年（1090），随着密州和泉州二地的新置市舶司，宋王朝再次规定：只要海商将"入舶物货名数、所诣去处"申报本州，有物力户三人做保，本州考验是实，即可"牒送愿发舶州，置簿给公据，听行"。其中颁发公据的"愿发舶州"当指广州、明州、杭州、泉州、密州五处市舶司机构。崇宁（1102～1106）以后，公凭的发放改由广南、福建、两浙三路的市舶提举司负责，史称"三路舶船各有置司去处，旧法召保给公凭起发"。乾道二年（1166）罢弃两浙路市舶司的时候，其颁发公凭的权力恐怕即下放给相对独立的杭、明、温、秀、江阴五处市舶务了。南宋后期，设在杭州的中央户部甚至也一度拥有颁发"兴贩海南物货公凭"的权力。针对两浙路地区公凭颁授机构过滥的现象，南宋嘉定六年（1213）遂下诏令："户部今后不得出给兴贩海南物货公凭"，"客人日后欲陈乞往海南州军兴贩，止许经庆元府给公凭，申转运司照条施行。自余州军不得出给"。即在两浙路只保留了明州（庆元府）一处的公凭颁发权力，取消了其他机构的发舶权。这种明、泉、广三处发放公凭的格局，一直持续到宋朝灭亡。

另外，按照宋代的规定，海商们申请公凭证书也有一定的程序：第一，要到本人居住的州军官府投状，申报准备运往海外的货物品种、数量，以及想要去的国家或地区。还需要有本州物力户三人充当保人。第二，本州的官府衙门要对海商申报的材料逐项核实，有时候还要审查申请人的财产资格（五千缗以上者）。没有发现问题，就可将有关材料用公函形式送到发放公凭的港口市舶机构。第三，市舶机构收到海商所在州的公函牒文之后，再次核对货物的品种数量、船员名数、航行目的地，即"检校所去之物及一行人口之数，所诣诸国"，还有"随船防盗之具"的种类和数目。然后建立底簿，将上项事物详细登录于底簿上，船员们还要在其中"付次捺印"，即按手印，以备归航之时复核。第四，船主和船员们完成以上手续之后，市舶机构的吏人便可以造作公凭证书，将人船货物等依项填写，再由有关吏人和官员签字判押，然后就可以将这些公凭颁发给商船的纲首（约相当于船长）收执。

拿到公凭的海船启航的时候，还要由转运司临时选派一名与市舶业务无关的"不干碍"官员，会同市舶司官员一道登船，根据公凭和底簿的内容逐项清点、检查，搜索违禁品。该转运司官员"点检"完毕，再指派州府的一名通判登船进行二次检索，称为"覆视"，然后亲自监看商船出港"放洋"，才能够离去。由此可见，宋代船舶的出港检查制度确实是相当地严格缜密。

（二）商船回航住舶规定

既然宋代对出海商船签发航行公凭有相应的港口市舶机构限制，同样，返航商船的挂靠港口也不可随意选择，而是有具体规定的。

早在太平兴国七年（982），宋政府就曾下令："今以下项香药止禁榷广南、漳、泉等州舶船上，不得侵越州府界，紊乱条法。"似乎已经有了回航地点的限制。咸平二年（999），政府又命令"杭、明州各置司，听蕃客从便，若舶至明州定海县，监官封船答堵送州"。这就是说，海商们可以在设置市舶司的杭、明州两个港口（再加上设市舶司的广州港）自由选择停泊地点，除此以外，别的港口（即使是明州属下的定海县）也不准停靠。一直到宋神宗熙宁（1068～1077）以前，"惟广州、杭州、明州市舶司为买纳之处，往还搜检，条制甚严，尚不得取便至他州也”，即商船返航停泊港口仅仅限定于广州、杭州、明州三个有市舶司之处。然而，这种不顾一切地把返航商船硬性限制在三处港口的做法，给海商造成了极大的不便。所以在熙宁七年（1074），朝廷专门颁布了一项补充性规定：商船倘若遇到“风信不便”时，也可以漂抵附近的非市舶司港口停泊交易；如果船上载有禁榷物品，仍必须“封堵，差人押赴随近市舶司勾收抽买”，至元丰三年（1080）八月，宋政府进而规定：前往南海和印度洋各国贸易的商船返航时“只得却赴广州抽解”，往日本和高丽的商船也仅能在明州抽解。换言之，返航的贸易船必须要回到颁发公凭的启航港停泊纳税。但这种严格界定返航港口的做法持续时间不长，便又重新“许于非元发舶州住舶抽买”，恢复了商船在设置市舶的港口之间自由停靠的旧做法。这样一来，市舶诸港口争相招诱商船停住在本港抽买，以增加本市舶司的收入，遂导致了“大生奸弊，亏损课额”的两败俱伤局面。于是在崇宁五年（1106），朝廷又下令“将元丰三年（1080）八月旧条与后来续降冲改参详，从长立法”，很可能又采用了元丰三年的办法。

南宋高宗时期（1127～1162），由于“两浙市舶司事争利，申请令随便住舶变卖”，得到中央政府同意，商船重又可以“住舶于非发舶之所”了。两浙路市舶司借机招诱从泉、广二地启航的船舶，自然就引起了福建、广东路市舶司的不满。经过一番明争暗斗，宋孝宗隆兴二年（1164），两浙路提举市舶司又自己上奏，请求恢复“回日缴纳（公凭），仍各归发舶处抽解”的老办法，朝廷随即予以采纳实行。乾道三年（1167），中央政府又进一步严格规定：“广南、两浙市舶司所发船，回日内有妄托风水不便、船身破漏、樯舵损坏，（福建舶司）即不得拘截抽解。若有别路市舶所发船前来泉州，亦不得拘截，即委官押发离岸，回元来请公验去处抽解。”这就是说，即使商船以海难为理由到非发舶港口请求停泊卸货，该港口市舶机构也不得容纳接待，必须将其遣送回原来启航港口住舶。如此一来，也就从根本上断绝了商船到非发舶港口停住的可能性。可是到了开禧元年（1205），由于泉、广二舶司官吏尅扣和赊欠海商的货物或本钱，导致了海商们“诈作飘风，前来明、秀、江阴舶司，巧作他物抽解，收税私卖”。这一次，中央政府只是下令明州等市舶机构对禁榷物品全部收购，“不得容令私卖”，却未提商船在非发舶港口住泊的问题，表明其很可能已经默许了商船在非发舶港口停靠卸货的行为。

在返航商船进入政府指定港口的过程中，还要依法接受有关机构的管制和监督：首先，商船一驶近港口周围海域，便有巡检司加以接待，随后巡检司派遣兵丁“防护”商船一同进入港口。其次，船舶在港区抛锚停泊之后，又有专门的港口巡检司派遣兵丁登船监视，称为“编栏”。第三，再由专职和兼职的市舶官吏登船查验公凭，检验货物的品种和数量，称为“阅实”。经过“阅实”的船舶，政府遂进行抽解和博买。最后海商便可以卸货上岸自由交易了。

尚需指出的是，在出海贸易商船的返航时间上，南宋政府也曾有过相应的规定，所谓“商贾由海道兴贩诸蕃及海南州县，近立限回舶”。但是，由于商船在航行途中危险重重，“或有盗贼、风波、逃亡事故，不能如期”，难以在较短的时间内返回。因此，孝宗隆兴二年（1164），南宋朝廷又进一步规定：“自给公凭日为始，若在五月内回舶，与优饶抽税；如满一年之内，不在饶税之限；一年以上，许从本司根究，责罚施行。”这种商船返航时间的限制性规定，一方面是为了防止海商在他处非法进行转贩活动，加快船只周转率，以增加政府海运收入；另一方面则主要是与宋王朝派商船应差的政策有关，否则，官府便可能会无差船可用。

三　元代商船进出港口的规定

在宋代已有基础之上，元代对商船出入港口的管理更加规范化和制度化了。

（一）商船发遣程序

元王朝沿用宋代旧制，仍然要求商船在出海前必须到有关机构办理手续，否则视同非法，当予以追究。但是，在办理出海手续的具体措施上，元代与前朝相比，则有所不同。

按照元朝的法律规定：首先，海商在向市舶司申请出航证书之前，必须要找到专门的担保中介人“保舶牙人”为其承保。担保的项目是“保明某人招集人伴几名，下舶船收买物货，往某处经纪”。其次，海商将有担保的申请文状递到市舶司，经过审查无误之后，市舶司再送报于上级机构“总司衙门”，由其颁下公验和公凭。再次，商船招募来的纲首、直库、杂事等有职务人员需要“各从便具名呈市舶司申给文凭”，其他下海人员也得五人结成一甲，互相监督做保。最后，商船启航之际，由市舶司派遣提举一人，带同其他官吏亲自登船检查有无违禁之物，“如无夹带，即时放令开洋”。执行检查的市舶提举还要立下“重甘罢职结罪文状”，以示无私。显然，元代的发舶程序比较简单，并不像宋代那样烦琐。

另外，在航海证书的形式和内容方面，元朝亦与两宋颇不相同。宋代航海证书只有公凭（又称公据）一种，元代则分为公验、公凭二种证书，合称公据。出海商船要请领公验，其主要开列以下项目：第一，全体船员的名单及其职务；第二，商船的某些技术数字，包括“船只力胜若干，樯高若干，船面阔若干，船身长若干”；第三，附属小艇的某些技术数字，条目与商船相同；第四，为商船担保的物力户姓名、船上人员的保甲情况；第五，公验后面附有钤盖官印的空白纸八张，“先行开写贩去货物各名件，斤重若干”，即登录船上的货物。按照规定，公验采用勘合形式，“立定字号”，上盖骑缝印信，剖为二半，一半“付纲首某人收执”，另一半“半印勘合文簿”由行泉府司（延祐改为行省）保管，商船返航时要二半相并，验对骑缝印信，以防假冒。至于公凭，则是商船随行小艇的专用航海证书，其项目比较简单，主要开列小艇之长宽桅高诸技术数字、船员姓名及其保甲情况等。出海船只必须同时请领公验和公凭，缺一不可。“如无公验或无公凭，及数外多余将带，即是私贩”，要予以处罚。

（二）商船进出港口规则

为了防止走私透漏的现象，元代对返航商船的管理较宋代更为严格，形成了一整套入港规则：第一，每东南风起的回舶季节，中央与行省机构便命令“沿海州县，出榜晓谕屿澳等处镇守军官巡尉人等”，对经过的商船“常切巡捉催赶”，不许久停。尤其是地处海外贸易前沿的海南海北、广东道滨海州县城镇，更需要“军民官司用心关防，如遇回舶船只到岸，严切催赶起离”，禁止停泊。第二，行省、市舶司官员于每年四月的“斟酌舶船回帆之时”，即提前来到港口。商船一抵达官府指定的锚地“年例停泊去处”，便与等候在附近的官员取得联系，由市舶司选派经验丰富的官吏登船封钉舱门，然后亲自监押船只前赴发舶港口。为了预防船舶与陆地勾结走私，官府指定的锚地往往选择在距离港口稍微远一些的海域，例如庆元港就是“次年回帆，温州白汰门封舶”，再到“水次抽分”的。即把锚地定在距离港口上百里外。第三，船舶靠上码头，又另行选派官吏上船，监督役夫把船舶内的货物全部搬入陆地的市舶仓库里，同时搜检船舱内外，以免漏掉某些商货。最后再对滞留于船上的商舶乘员逐一搜身，“搜检在船人等怀空”，如果没有发现夹带，“方始放令上岸”。接下去便是对存于库房的货物进行抽分，余货并发还给舶商本人。元贞元年（1295），鉴于“舶船到岸，隐漏物货者多”，又下令市舶司官员“就海中逆而阅之”，于是就有了庆元市舶司官员长途跋涉数千里至广东潮州海面“封堵坐押赴元发市舶司”的现象，这既进一步堵塞了市舶管理上的漏洞，同时也使元代的商船入港规则更加严密了。

元代关于商船返航之目的港，始终限制为发舶港口。至元（1271～1294）市舶法即明文规定：“次年夏讯南风回帆，止赴原请验凭发船舶司抽分，不许越投他处。各舶司亦不许互拈他处舶司舶商。”后来的延祐（1314～1320）市舶法又进而补充道：“各处市舶司，如不系本司元发船只，亦不得信从风水不便，巧说事故，一面抽分”，倘若违令，市舶司主管官员要“决伍拾柒下，解见（现）任，因而受财者以枉法论”。这样一来，无论发生何种特殊情况，商船都必须返归启航港。

需要指出的是，元代对商船出入港口的管理，在同时期阿拉伯文献中也有所提及。曾于十四世纪中叶来华的阿拉伯著名旅行家伊本·白图泰便根据自己的亲身经历写道：“中国的律例是一只艟克如要出海，船舶管理率其录事登船，将同船出发的弓箭手、仆役和水手一一登记，才准拔锚出发。该船归来时，他们再行上船，根据原登记名册查对人数，如有不符惟船主是问。船主对此必须提出证据，以证明其死亡或潜逃等事，否则予以法办。核对完毕，由船主将船上大小货物据实申报以后才许下船。官吏对所申报货物巡视检查，如发现隐藏不报者，全艟克所载货物一概充公。”上项船舶进出港登记律例均能够在元代市舶法规中找到对应的条文。可见元朝的商船出入管理制度在海外各国亦是颇有影响的。

四　明代商船进出港口的管理

随着明王朝海禁政策的厉行与松弛交替变化，相关的船舶进出港管理办法也前后有所不同。大致上可以分为两个阶段：嘉靖以前主要针对勘合贸易船实施了一系列港口管理措施；隆庆以后则以中外民间商船为主要对象，推行了一系列新商船的进出港口管理办法。

（一）勘合制度下官方船舶的港口管理规定

明代前期，朝廷一改宋元时期的航海贸易开放性政策，对中外民间的航海交往活动一概禁止，只允许中外官府间的勘合贸易存在。勘合贸易，又称朝贡贸易，即明朝推行的一种以勘合制度为核心的中外官府间海上贸易形式。通常情况下，勘合贸易对于外国航海使团来华的时间、人数、抵达港口、所持文件证书甚至附带的贡物，都有一系列的严格规定，有一项不合即视为违法，禁止入口。

1. 朝贡时间、停泊港口规定

早在推行勘合制度之前，明王朝便因为外国使团航海朝贡的次数过于频繁，以至于政府的“赏赉”负担日益增大，遂三令五申限制朝贡次数。洪武五年（1372）九月，下令高丽“宜令遵三年一聘之礼，或比年一来，所贡方物止以所产之布十四足矣”，并将这种办法转告给其他与明王朝建立朝贡关系的国家。洪武七年，明太祖又再次诏谕大臣："惟高丽颇知礼乐，故令三年一贡。他远国如占城、安南、西洋琐里、爪哇、浡泥、三佛齐、暹罗、真腊诸国，入贡既频，劳费太甚，今不必复尔，其移牒诸国俾知之。"以后这种贡期、人数、船数的限制，又被《大明会典》进一步确定下来：安南、占城、高丽、真腊、爪哇等国，每三年一朝贡；琉球国每二年一朝贡，每船百人，多不过一百五十人。鉴于日本"叛服不常，故独限其期为十年，人数为三百，舟为二艘"。

可以说，明朝历代政府大多认真执行上述限制性规定。弘治五年（1492）十月，"户部会议各处巡抚都御史所陈事宜：……一、各番进贡年限，乞行广东布政使出给榜文于怀远驿张挂，使各夷依限来贡"。嘉靖元年（1522）五月，明世宗宣布："自今外夷来贡，必验有符信，且及贡期，方如例榷税。"甚至如洪武二十三年（1390）安南"不从所谕，又复入贡"而拒绝接待，将其遣返。但是，由于朝贡贸易本身具有"厚往薄来"的性质，所以海外各国使团仍旧不顾规定，"来者不止"。即以暹罗为例，洪武三年至三十一年（1370～1398）之间，朝贡就达三十五次，超过规定次数的一倍还多。日本也是这样，从永乐二年至八年（1404～1410），共六次前来明朝朝贡，船只则达到三十八条之多，均大大超过了规定。可见明王朝上述限制措施往往不被遵守，形同具文。

除了对朝贡使团的贡期、人数、船数等予以限制性规定外，明王朝还为不同国家使团规定了各自的停泊港口："宁波通日本，泉州通琉球，广州通占城、暹罗、西洋诸国。"违令者一律不准予以接待。其后除了琉球停泊港口在成化年间（1465～1487）由泉州迁往福州外，广州、宁波的接待对象则始终未变，有关外国贡使停泊港口的规定基本上得到了遵守。

2. 进出港检查与管理程式

关于明代朝贡使团船队的进港停泊与卸货手续，《福建提举市舶司志·宾贡》曾有详细的记载。现介绍如下：

首先，每当琉球朝贡船队驶抵闽江口外，巡检司就立即向各上级衙门申报，同时通知把总选派千户或百户一名，统带战船前去监督与防范，指定琉球船只进入锚地停泊。另外，都指挥使司还要委派指挥一名，与地方衙门协同负责锚地附近沿岸的巡逻把守，以防走私。

其次，都、布、按三司接到申报后，随即委派三司官员各一人，会同市舶提举司掌印官一道，带领土通事并"合用匠作人等"前往锚地，一边查验和抄录贡船所持"彼国符文执照"，一边将货舱舱门钉死，贴上封条，接下去由"原委指挥"监督驶抵码头附近。随后，参与封舱的有关官员，还要将封舱经过以及抄录下来的"符文执照"申报三司衙门备案复核。

再次，上述"原委官员"仍旧登上贡船，监督打开封舱，然后由专门的站船将货物驳运至进贡厂河下码头停泊，站船货舱也得"如法封钉固密"，还要"取具船户领状附卷"。至于朝贡使团人员的行李，则"见数搬运"至柔远驿加以保管。

最后，根据贡使提出的申请，由都察院（或为巡抚福建御史）通知布政使司择定日期"会盘"，即点验货物。是日，各大小衙门官员亲自到进贡厂，先由原经手官员验封开舱，市舶提举司行文闽、侯官、怀三县，依照旧规调拨役夫和搬运工具，把货物从船舱装卸到进贡厂。会盘开始时，贡使到场，由市舶提举司官员向三司主管转呈"夷使参见行礼事宜手本、方物文册"。接着委派几名土通事引导贡使以外的其他使团人员前赴柔远驿安歇。随后在贡使与明朝大小官员的共同审视之下，又将苏木、胡椒等各种朝贡物品先后依次运入大厅之中，由专门的行匠当众查验报告明白，再由民夫尽行搬进市舶司仓库封存。然后贡使告辞离去，会盘完毕。另外，在会盘过程中，都指挥使司要命令“左、右、中三司取拨金鼓、旗、吹鼓、铳手、军士，排列队伍”，以防突发事件；布政使司也得“行福州府闽、候官、怀三县，照依上年事例备办酒席，宴待夷官，赏犒夷众”。

浙江的情形又与福建略有不同。据日本《允澎入唐记》的介绍：景泰四年（1453）由东洋允澎率领的朝贡船队经双屿港抵达普陀山，在莲花洋停泊下来。宁波官府即派出彩船百余艘前去环绕迎接使船，同时向他们馈送淡水、酒、粮食等生活用品。待使船进抵沈家门时，又有官员乘坐画舫五十余艘，吹角打鼓前往迎接。随后由巡检司派官船引航，经定海驶入宁波港。码头上有内官迎候，并引导一行人赴嘉宾馆休息。同时把消息申报朝廷。不久，浙江布政使、按察使等地方要员也专程从杭州赶赴宁波会见使团人员，并多次在勤政堂、观光堂设宴招待。仪式完毕，由市舶司官员负责依次卸下每条贡船的货物，随即三司官员与市舶司一道“会盘”点检货物。除进贡货物外，贡使一干人附带的货物亦由官府收买。由此看来，宁波的朝贡船入港手续虽然比福州更为简单，欢迎仪式却隆重热烈。

朝贡使团完成任务后，仍旧需要从原来港口归国。启航以前，照例应遵守下列程序：首先，由朝廷指派鸿胪寺序班（或礼部郎中、主事等官）一员从京城沿途监视护送，至市舶港口的馆驿安歇；其次，还要像来时一样地设宴款待使团成员；再次，由市舶提举司派土通事核准“夷官离驿日期、缘由”，向布政司汇报；最后，由布政司选调一名官员，率同市舶司吏员、土通事各一名，将朝贡使团成员逐个搜身检查，随护送监督船只驶出港口，乘风回国。此外，贡船归航途中经过的有关巡检司机构，还得向上级衙门缴呈“不致纵容登岸、收买违禁货物、并夹带人口等项结状”，以防走私。

（二）民间船舶进出港口管理

明代后期，尽管政府实行对中外民间商船开放海禁，但与宋元时代相比，这种“开禁”仍然十分有限。具体表现在：第一，外国民间商船之进出只能集中于广东省（主要为澳门、广州）；第二，中国民间商船之出入亦严格限定在福建漳州月港一处。这两地港口管理制度的具体措施是：

1. 外国民间商船进出港口程序

按照《明武宗实录》卷48的记载：正德年间（1506～1521），广东地方当局已经对所谓的“风泊番船”实行抽分。这事实上就承认了非朝贡船只前来贸易的合法性。后来，由于欧洲的葡萄牙殖民者冒充满剌加船舶“突至省城，擅违则例，不服抽分”，遂发生了嘉靖初年的再次禁止非朝贡船舶入口贸易。直至嘉靖八年（1529），两广巡抚林富重新上疏要求复开番舶之禁，获得了朝廷批准。于是除葡萄牙等西方殖民者外，其他国家的民间商船便又可以自由前来广东贸易。嘉靖后期，葡萄牙殖民者开始集中在澳门一处贸易，随之将该地作为欧洲国家在东方开展航海贸易的国际中继站，澳门也就成了广州的主要外港。

与朝贡贸易只限于广州一港不同，外国民间商船可以停泊在珠江口周围的众多海湾里进行贸易。《筹海图编》卷12即云：“商舶乃西洋原贡诸夷载货舶（泊）广东之私澳，官税而贸易之。”这些私澳的情形，嘉靖《广东通志》卷六十六曾有介绍：“布政司查得递年暹罗国并该国管下甘蒲沥、六坤州与满剌加、顺搭占城各国夷船，或湾泊新宁广海、望峒，或新会奇潭、香山浪白、濠镜、十字门，或东莞鸡栖、屯门、虎头门等处海澳，湾泊不一。”可见其数目之众。

关于外国商船进出港口的程序，嘉靖四十三年（1564）广东巡抚庞尚鹏曾上疏奏称：“往年夷人入贡，附至货物，照例抽盘。其余番商私赍货物至者，守澳官验实，申海道，闻于抚按衙门，始放入澳，候委封籍，提其十之一二，乃听贸易焉。”清初《广东赋役全书》记载澳门之程序亦颇为详尽：“年年洋船到澳，该管官具报香山县，通详布政司并海道俱批。市舶司会同香山县诣船丈抽，照例算饷，详报司道批回该司，照征饷银。各彝办纳饷银，驾船来省，经香山县盘明照册，报道及关，报该司照数收完饷银贮库。”据此可见，外国商船进入港口大致要经过以下手续：

第一，商船驶抵港口附近时，先要由驻在港口的明朝官员验明其身份国籍，以及船上货物、人员等其他情况，然后将有关材料申报于港口所在地县令，同时上达海道副使和布政使司。按这些常驻港口的官员，明代史料或称之为“守澳官”，或称之为“该管官”，很可能就是海防系统的巡检、指挥等武官。叶权《贤博编》便提到：“守澳武职，及抽分官。”《殊域周咨录》卷九则记载：“有东莞县白沙巡检何儒，前因委抽分曾到佛郎机船。”可见负责缉查走私的巡检确曾参与了航海贸易的管理工作。

第二，海道副使与布政使司接到报告后，随即下令允许商船进入港口，封钉货舱，谓之“封堵”。另据《广志绎》卷四记载：“每一舶至，……先截其桅与柁，而后入澳。”则有关官员还要暂时没收商船的舵、桅，以防其避税逃逸。同时，海道副使和布政使专门委派市舶司官员、府县官员一道前往，主持征税活动。

第三，征税开始，官员们登船开舱点检货物，并依照一定的比例（多为百分之二十）抽取实物税，这一过程称为“抽盘”。嘉靖十七年（1538），番禺县令李恺被抽调到东莞港口主持抽分，曾采取“不封堵，不抽盘，责令自报其数而验之”的办法，大大减少了有关手续。后来，“明隆庆五年（1571），以夷人报货奸欺难于查验，改定丈抽之例”，即按照船舶的大小分别征税，仍要由“海防同知、市舶提举司及香山县官三面往同丈量估验”，然后将结果“上（报）海道，转闻督抚，待报征收”。

第四，征纳关税完毕，外国商船便可以同港口附近的中国商民开展交易了。但是在这一过程中，起初并不准许船上的乘员登岸，《郭给谏疏稿》卷一所谓：“查夷人市易，原在浪白外洋”，即指此事。以后，由于“浪白等澳，限隔海浪，水土甚恶，难于久驻，守澳官权令搭篷栖息”。再往后来，其中的葡萄牙殖民者又贿赂港口官员，在壕镜澳附近岸上盖楼建屋，“高栋飞甍，栉比相望”，干脆定居下来了。

第五，外国商船（主要为葡萄牙商船）如果要转口到广州港贸易，还须先在澳门“经香山县盘明造册，报道及关”，随后驶抵广州，由市舶司“照数收完饷银贮库”即征收货物进口关税，便可以“听其入城与百姓交易”。万历二十九年（1601）赴广州公干的王临亨就在《粤剑篇》卷三中提到：“余驻省时，见有三舟至，舟各赍白金三十万投税司纳税，听其入城与百姓交易。”三十万白银的数目虽然有所夸大，但其大致情形还是可以从中概见的。

当外国商船启航归国之时，需要再次通知市舶司，由其负责检查船货是否交纳过出口关税，以及其中是否挟带有禁止出口的物品或者明朝百姓。万历四十二年（1614）立于澳门的《海道禁约》便有“禁买人口”、“禁接买私货”专条，一经发现违禁商船，将依照明朝法律

"一并究治"。如果盘验之后没有发现问题，商船就可以拔锚启航了。

2. 本国民间商船进出港口手续

明代后期中国民间商船的对外航海贸易，只限于漳州月港一处。按照当局的规定，商船在进、出港口的过程中，要分别履行登记、检查与纳税等一系列手续，否则即被视为非法，由官府予以追究。

(1) 出港口手续。大体说来，商船出海之前，必须要经过以下程序：

第一，明代后期，在漳州月港设立专管海商的机构，称作"督饷馆"。商船出海先要由邻里担保，到督饷馆申请"船引"即航行许可证书。如审查合格，督饷馆便将船引以及"印信官单"即盖有官印的货物登记簿，一并发给商人。曾经有一段时期，督饷馆出于自己方便，往往把船引交由专门的保人承包，以至于"积年市猾，每每包引包保至五六船者"，再由其转手倒给商人，从中渔利。万历四十四年（1616），推官萧基下令"今后引从商人自给，保取里邻实保"，取消了保人"包引给引"的办法。

第二，商人领到船引和印信官单以后，便在上面如实填报商船的大小、货物种类与数量、所诣国家等项内容，即所谓"商船量报梁头登引，而本海道发印信官单一本发与商人，以备登报各舱货物"。随之送交督饷馆依条核实。"经馆验船，经县盖印"。一旦发现"所报有差错，船没官；物货斤数不同，货没官"。

第三，商船启航之时，依例要到厦门的督饷公馆，接受二名官员的盘验检查。如果没有发现问题，便盖印放行，"移驻曾家澳候风开驾"。万历四十五年（1617），督饷官王起宗又将公馆移圭屿，此后的商船盘验遂改在圭屿进行。

第四，商船南去中途，还得接受金门、东山两岛之游兵的盘问考验，然后才能够扬帆远航。在这一过程中，官兵们经常借机对商船"尽行留难，总哨目兵，次第苞苴，藉声措诈，阻滞拖延"，令商人苦不堪言。

(2) 入港口手续。相对出港而言，商船的入港手续更为繁杂严格，大致有如下几点：

第一，商船返航途中，必须由官方指定的航线经过，沿途水寨或巡检司要派兵船交替护送，以防止走私透漏货物。《东西洋考》卷 7 所谓"贾客扬帆归抵海外，经过南澳、浯、铜诸寨及岛尾、濠门、海门各巡司，随报饷馆，逐程遣舟护送，以防寇掠，实欲稽察隐匿宝货云"，即为此制。

第二，与此同时，禁止巡拦澳甲之船靠近商船，"在大担内者，只就海畔了望，不许近泊商船。在本港者，从溪边巡视，不许在商船边往来"。另外，设于厦门或者圭屿的督饷馆公馆同样是"船之回港也，亦便了望"，负有监视之责。

第三，商船在重重监视之下驶入港口停泊，便有官员前往督责封钉货舱，所谓"入港先委官封钉"，以防止走私透漏货物。同时，海商要到督饷馆缴还船引，申报装载货物种类和数量，等候检核。

第四，紧接着，由督饷官员指派差役前去打开货舱，将其中装载的货物一一清点统计出来，然后再报请督饷官员登船检验。在这个过程中，衙役们往往趁机勒索商人，"乾没无算"。为此，万历四十五年（1617），督饷官王起宗改革旧的办法，亲自登船主持货物之清点统计，"斯窦随塞"，杜绝了差役的非法掠取行为。另外，鉴于差役经常借故拖延检验清点时间，"不饱欲壑，不为禀验"，推官萧基在万历四十四年（1616）明确限定检查时间："船至即行抽验，限以三日为期，不得逾期刁难，违者究治。”

第五，货物检点完毕，督饷官员便将应缴税额开出号票，给予专门收买舶货的铺商，由其到商船上当面完纳税款，然后才可以卸下货物。所谓“禁船商无先起货，以铺商接买货物，应税之数给号票，令就船完饷而后听其转运焉”，指的就是这一规定。

第六，在纳税完毕之前，商船乘员们如果要上岸办事，可以乘坐指定的小艇来回，而且还得依例搜身，以防挟带私货。即“倘商梢登岸，止用小艇渡载，而搜检有夹带货者，究没”。万历三十年（1602）商船返航之后，中使高寀曾下令“一人不许上岸，必完饷毕，始听抵家”，结果激起民变，“声言欲杀寀，缚其参随，至海中沈之”，迫使高寀连夜逃跑。船员们又重新获得了停泊待卸期间的上岸权利。

第三节　古代对外航海贸易的赋税征收

历代中央与地方政府对中外航海贸易实施管理的目的，就是为了攫取税赋收入，这是一个不争的事实。中国古代对水上贸易运输实行征税的制度起源颇早，根据1957年安徽寿县出土的鄂君启金节上“见其金节则毋政（征）”、“不见其金节则政（征）”的铭文，说明战国时期楚国业已在其境内对江河航行的船只加以征税了。而对外航海运输贸易的征税制度此时还是一片空白。造成这种现象的原因十分简单：当时海外贸易重心地带的岭南地区尚不在中原政权的掌握之内。这种局面直至汉武帝统一岭南后才从根本上得到了扭转，汉、晋时开始对航海贸易实施征税。

一　汉晋时期对外航海贸易之税收

（一）商船税

商船税是汉政府根据船只的长短大小而征收的一种税。《汉书·食货志》：“商贾人轺车一算，船五丈以上一算。”当时从事中外航海贸易的外国商船是否也征收商船税，目前限于材料，还不十分清楚。不过，从事航海贸易的中国商船当依例征收此税。需要指出的是，商船税征收只是在西汉武帝时期实行过，其间曾遭致了水上运输商人们的消极抵抗。所谓“船有算，商者少，物贵”，不利于社会稳定，故武帝之后即被撤销了。

（二）估较

又做“辜较”、“辜榷”，汉晋时期对商品交易实行禁榷或博买的一种名目。《后汉书·孝灵帝纪》：“（光和）四年（181）春正月，初置騄骥厩丞，领受郡国调马。豪右辜榷，马一匹二百万。”注引《前书音义》曰：“辜，障也。榷，专也。谓障余人买卖而自取其利。”即凭借权势阻止它人自由买卖某种货物，而由权势者自己攫取其交易之利。在航海贸易领域，“估较”应用更为普遍。

《晋书·南蛮传》：“初，徼外诸国尝持宝物自海路来贸货，而交州刺史、日南太守多贪利侵侮，十折二三。至刺史姜壮时，使韩戢领日南太守，戢估较太半，又伐船调枪（桴），声云征伐，由是诸国恚愤。”这里提到了地方长官对海外贸易货物的“估较”数量：在一般情况下为“十折二三”，即“估较”其货物总数（或价值）的20%～30%。对于这一比例，外商还能够忍受；而后来又“估较太半”，即“估较”其货物总数的50%以上，实在过重，外商难以承受，遂致“诸国恚愤”，从而诱发了南方邻国林邑的入侵。

关于隋以前历代政府在海外贸易中实施“估较”的具体内容，《梁书》给我们提供了一些资料：《梁书·王僧孺传》：“(南海）郡常有高凉生口及海舶每岁数至，外国贾人以通货易，旧时州郡以半价就市，又买而即卖，其利数倍，历政以为常。”可见“估较”的基本内容就是岭南沿海港口所在的州郡，以低于市场的价格强制购买某种舶来品之全部或部分，然后转手在市场上高价倒卖，从而牟取暴利。这样，由岭南州郡出面对海外输入品实行的“估较”，实际上也是对中外航海贸易商人的一种变相税收。

（三）贡献

即进奉、进贡，中国古代常指地方把物品进献给天子的一种行为。《周礼·天官·太宰》：“五曰赋贡。”唐陆德明释文：“赋，上之所求于下；贡，下之所纳于上。”便为此意。进贡的物品多为当地土特产，所以又有“任土作贡”的说法。岭南地区作为古代中国对外航海贸易的重心，是海外舶来品的集散地，以“犀、象、毒冒、珠、玑、银、铜、果布之凑”闻名于中原，其进献给朝廷的物品便离不开珠玑犀象等这些其他地区罕见的舶来品。

岭南地区向朝廷的正式贡献始于秦汉时期在该地设置郡县以后，《后汉书·郑弘传》已有“交趾七郡，贡献转运，皆自东冶泛海而至”之语，其中就包括了“珠贝、象犀”等舶物。惟其贡献数额多少，恐怕并无定制，所谓“军国所需杂物，随土所出，临时折课市取，乃无恒法定令。列州郡县，制其任土所出，以为征赋”，是因时而异、因人而异的。

二　唐代对海商及其货物的税收

对海外来华商船课以诸税，是唐王朝在岭南地区设置市舶使的主要目的之一。关于唐代海外贸易税收的具体种类，一般多以《太和三年疾愈德音》记载的“舶脚、收市、进奉”为最详备。现就针对三种税收分别叙述如下：

（一）舶脚

这是以船为课税对象的一种税收。“舶脚”之名，在唐代史料中曾经出现过两次。《唐国史补》：“南海舶，……市舶使籍其名物，纳舶脚，禁珍异。”《太和三年疾愈德音》：“除舶脚、收市、进奉外，任其来往。”上述史料均仅存“舶脚”之名，没有提到其具体内容。目前通行的观点以为舶脚是按照商船吨位征收的一种进口税，亦即是现代意义上的吨税。惟唐代舶脚的税率和税收额，史籍缺载，实况尚不得而知。

另外，《昌黎先生集·正议大夫尚书左丞孔公墓志铭》记载：“蕃舶之至泊步，有下碇之税。”步，即埠头、或称码头，则外国商船靠上码头之后，还需征收“下碇税”。目前，海交史学界对“下碇税”存在着两种理解：大多数人认为下碇税就是舶脚，两者仅叫法不同而已；还有的学者认为下碇税与舶脚为不同的两种税名，但其详情却不得而知。如果以下碇税为单独的税目，顾名思义，即是以船只为单位对其靠泊下锚征收的一种税费，颇类于现代港口税费中的系泊费。

（二）收市

收市，就是唐朝对某些外国进口商货的优先收购行为。由于官府在这一购买过程中往往采取强制性限价，“上珍而酬以下直”，故这种收购实属一种变相的市舶税收，与宋代市舶制度中的博买颇为相似。

这种“上珍而酬以下直”的不等价交换，唐代政府攫取了大量的货物差价之利，故历代均对“收市”乐此不辍。除了上面提到的显庆诏敕外，贞元年间（785～805）的岭南节度使即“欲差判官就安南收市”，太和年间（827～835）也有“除舶脚、收市、进奉外，任其来往”的政策，从中可见唐政府对“收市”是相当重视的。至于“收市”商品的具体数额，阿拉伯文献《中国印度见闻录》对此所记颇详：“他们提取十分之三的货物，把其余的十分之七交还商人。这是政府所需要的商品，用最高的价格现钱购买，这一点是没有差错的。”抛开其中的“最高的价格现钱购买”等虚假夸张成分，则阿拉伯海商提到的“提取十分之三的货物”，或即为唐王朝对外国舶来品的一般“收市”比例。

值得注意的是，在当时的“收市”中，很可能还包括有对某些进口商货完全由官府专买专卖的“禁榷”内容。唐代史料对此即有所反映：《旧唐书·王锷传》：“锷能计居人之业而榷其利，……西南大海中诸国舶至，则尽没其利。”《文苑英华·献南海崔尚书书》：“南海实管榷之地，有金珠、贝甲、修牙、文犀之货。”

其中提到的“尽没其利”、“管榷”等就说明了这种专买专卖制度的存在。只是王锷“尽没其利”的做法或属一时之制；而大部分时间里仅仅对金珠、修牙、文犀等某些“珍异”商品实行禁榷，对其他舶来品则还是允许外商“来往通流，自为交易”的。

（三）进奉

“进奉”之名，曾屡见于唐代史料，指的是全国各地州县或某个专使向朝廷进献财物。至于海外贸易之中的“进奉”，学者们均以为系指外国船商将珍异货物呈献于唐朝皇室，其根据就是《太和三年疾愈德音》提到了“除舶脚、收市、进奉外，任其来往”一语。将两个“进奉”概念加以比较便可看出，双方的区别在于施为者分属唐朝官员与外国海商。从这个角度来理解，以“进奉”作为唐王朝海外贸易的一种变相税收，自然是顺理成章的。

除了以上由唐政府规定的几种税目外，唐代岭南地区参与海外贸易管理的地方官员也经常征敛于海商。史称“帅与监舶使必搂其伟异，而以比弊抑偿之”，即指此事。其手段和政府的“收市”大同小异：依仗权势，强行挑选上佳值钱的舶来品，“贱售其珍”，用大大低于舶货价值的物品或货币充做报酬。这种征求往往有一定的规则惯例，所谓“旧帅作法兴利以致富”，其也需要“作法”。从这个意义上说，这种征索颇似后来的规费，只是其不像规费那样的公开化、等级化而已。

三　宋代进口货物征税与专卖规则

按照《宋史·职官志》的说法：“提举市舶司，掌蕃货海舶征榷贸易之事，以来远人，通远物。”这就是说，对进口货物实行“征榷贸易”管理是市舶司的主要职责之一。宋代的蕃货征榷之制，通常包括抽解、博买和禁榷三项内容，当时的史料往往将其合称为“抽解博买”，简称“抽买”。另外，对舶来品进行“和买”以及依船舶吨位大小缴纳税金，也都是宋王朝曾经在外贸港口等处实行的重要制度。

（一）抽解

抽解是宋代对外国商货征收的一种进口税，所谓“凡舶至，帅漕与市舶监官莅阅其货而征之，谓之‘抽解’”。其具体实施办法是：以不同课税对象的重量、件数、容积或面积为标准，由宋朝政府按照一定的比例单位无偿取走其中的若干部分，亦即采取从量实物税形式。

宋代最早的抽解制度开始于宋太宗淳化二年（991），《文献通考·市籴考一》便提到：“淳化二年，始立抽解二分，然利殊薄。”这个“抽解二分”的制度颇为苛重，足以令中外海舶望而却步，贸易者稀少，遂造成了政府“利殊薄”的局面。一二十年后，宋真宗及其继任者宋仁宗改变了这一做法，把抽解比例由十分之二（20%）降低为十分之一（10%）。到了宋神宗在位的时候，又对上述“十取其一”的抽解比例进一步做出调整，所谓“抽解旧法十五取一”，当指新的抽解税率。但“十五取一”抽解比例实行时间不长，在宋徽宗当政的时期，又采取了新的抽解制度：“以十分为率，真珠龙脑凡细色抽一分，玳瑁苏木凡粗色抽三分。”其中既首次将进口货物按照价值和体积大小分为粗、细二大类别，各自拥有不同的税率；又在整体上提高了货物抽解比例，使海商们的负担大为增加。

南宋初年，为了筹措庞大的军费，又开始“择其良者谓如犀象，十分抽二分，又博买四分，真珠十分抽一分，又博买六分之类”。即在细色中又分为抽解二分、一分等不同的抽解档次。至于粗色，其抽解比例则大为降低，“并以十五分抽解一分”。绍兴十四年（1144），南宋政府再次大幅度提高细色抽解比例，“一时措置抽解四分”。但由于海商们的强烈抵制，绍兴十七年便重新颁布了“龙脑、沉香、丁香、白豆蔻四色，并依旧抽解一分，余数依旧法施行”的抽解条例，基本上恢复了南宋初年的细色依二分、一分两种档次抽解的办法。在隆兴二年（1164），又采取了新的细色降税措施，“十分抽解一分，更不博买”，即对细色实行十分抽一的单一税率，直至宋末。

综观整个宋代的抽解制度演变过程，可见其大致具有以下特点：第一，首次将课税对象划分为粗、细二色，按照不同的税率实行抽解。第二，政府虽然力图增加税收比例，但也必须在商人能够承受的范围之内，即不超过十分之二税率。否则“舶商不来”，反而会引起海外贸易的衰退，导致税收不足。第三，就粗、细二色货物各自的抽解比例高低变化而言，细货总的趋势是抽解比例日渐提高，粗色货物则呈日益下降之势。

（二）博买

博买就是宋朝政府按照官方价格收购进口船货的一种措施。由于政府的收购官价往往低于市场价格，因而博买实际上是一种变相的进口税。其具体方式为：先由政府选定某些利润较高的舶来品，抽解之后，再分别按照不同的比例，以官价强行收购。

早在淳化二年（991）四月，宋朝廷便发布诏书：“自今除禁榷货外，他货择良者止市其半，如时价给之，粗恶者恣其卖，勿禁。”亦即官府按照当时的市场价格，收购某些种类舶货的二分之一，从中倒卖谋利。至真宗咸平年间（998～1003），又为“十算其一，市其三四”，博买比例由十分之五降到十分之三、四了。仁宗执政时（1023～1063），进一步削减舶货的博买比例，“十算一而市其三”。只是收购价格已经从早先公平的“如时价给之”，渐渐蜕变为“官市价微，又准他货与之，多折阅，故商病之”。巧取豪夺的情形显然加剧了。

南宋初年，由于国家财政支出困难，政府开始大幅度提高舶货的博买比例。其中，“择其良者谓如犀象，十分抽二分，又博买四分；真珠十分抽一分，又博买六分之类”，即被政府博买的货物达到十分之四至十分之六，这个比例是相当高的。如此一来，又造成了“舶户惧抽买数多，所贩止是粗色杂货”的局面，反而影响到政府的市舶收入。于是在隆兴二年(1164)，南宋朝廷改变了上述高比例抽解和博买的做法，“十分抽解一分，更不博买”，亦即完全取消了对进口货物实施博买的制度，直至宋末。

（三）禁榷

禁榷就是国家对某些舶来品按照官方价格全部予以收购的一种措施。由于进口货物的禁榷方式和博买一样，所以它实际上是特殊的博买，也具有变相进口税的性质。

宋代初期，曾经实行过对所有舶来品加以禁榷的制度。但是，宋初这种对进口商货一概“官尽增常价买之”的禁榷做法，往往造成了购入舶货的“良苦相杂”，结果使得政府“官益少利”或无利可图。有鉴于此，宋政府遂在太平兴国七年（982）下令：“凡禁榷物八种：珠贝、玳瑁、牙犀、宾铁、鼊皮、珊瑚、玛瑙、乳香，放通行药物三十七种：……”只保留对少数舶货的禁榷规定，而解除了大部分舶来品的禁榷措施。后来，这一禁榷舶货名单又增加了紫矿，达到九种。宋真宗大中祥符二年（1009），又诏“杭、广、明州市舶司，自今蕃商赍鍮石至者，官为收市，斤给钱五百，以初立禁科也”。将鍮石也列入了禁榷舶货名单。可是自此以后，政府的禁榷舶货种类便很可能陆续有所减少。元祐三年（1088）的范锷上奏即有“象犀、乳香珍异之物，虽尝禁榷，未免欺隐”之语。记录崇宁时事的《萍洲可谈》也提及：“象牙重及三十斤并乳香，抽外尽官市，盖榷货也。”可见北宋末期的禁榷舶货仅为乳香和象犀两种了。南宋初期，出于对北方金国战争的需要，又增加了舶来品中军用物资的禁榷。据《宋会要辑稿》记载：绍兴四年（1134）“户部言：勘会三路市舶除依条抽解外，蕃商贩到乳香一色及牛皮筋角堪造军器之物，自当尽行博买”，则“牛皮筋角堪造军器之物”也成了禁榷物货。

在上述禁榷的舶货当中，宋政府对乳香一色的专买尤为重视。《宋史·食货志》云：“宋之经费，茶、盐、矾之外，惟香之为利博，故以官为市焉。”可见禁榷乳香实为宋王朝一大财源。因此，乳香禁榷数量的多少便成了考核市舶司官员工作的主要标准之一。“番商贸易至，舶司视香之多少为殿最”。然而，市舶机构在专卖过程中往往“官方价微，又准他货与之”，定价大大低于市场价格，有时还甚至“不随时支还本钱，或官吏除克”，结果令海商们叫苦不迭。“致有规避博买”之举。可以说，禁榷制度对海外贸易的发展是不利的。

（四）和买

和买是指宋代外贸港口有关官吏以低价强行收购舶货的一种行为，即“所隶官司择其精者，售以低价，诸司官属复相嘱托，名曰‘和买’”。颇类似于清代海关的规费。这一政策亦同样经历了一个从非法到合法的过程。

市舶官员假借职务之便低价收买舶货的行为，早在宋初即已有之。北宋政府于至道元年(995）就以“所买香药多亏价值”为由，下令禁止市舶司监官和知州、通判等收买舶货。然而，政府的诏令并未真正得到贯彻执行。宋英宗时期（1064～1067）的泉州便是“有蕃舶之饶，杂货山积，时官于州者私与为市，价十不偿一。惟知州关泳与（杜）纯无私买”，可见地方官员非法“私买”的盛行。延至隆兴二年（1164），遂有“迩来州郡官吏趣办抽解之外，又多名色”之载，则包括和买在内的名色渐渐趋于公开化了。到了嘉定年间（1208～1224），泉州已是“浮海之商以死易货，至则使者、郡太守以下，惟所欲括取之，命曰和买，实不给一钱”。明州庆元府更是形成了制度：“各人物货分作一十五分，舶务抽一分起发上供，纲首抽一分为船脚縻费，本府又抽三分低价和买，两倅厅各抽一分低价和买。”这样一来，知府和通判用低价“和买”的舶货比例竟达到总数的三分之一，远远超过了政府十五分之一的正式税收比例。

（五）格纳税

与上述以进口货物为对象的税收不同，宋王朝还曾经在海南州军实行过依海船吨位高低而征税的格纳制度，所谓“较船之丈尺，谓之‘格纳’”，与今天对船舶征收的吨税颇为近似。

最早提到海南实行格纳制度的记载，是《宋史·食货志》引用的琼州地方官员奏言。其详细内容如下：

“琼管奏：‘海南收税，较船之丈尺，谓之格纳。其法分三等，有所较无几，而输钱多寡十倍。贾物自泉、福、两浙、湖、广至者，皆金银物帛，直或至万余缗；自高、化至者，唯米包、瓦器、牛畜之类，直才百一，而概收以丈尺。故高、化商人不至，海南遂乏牛米。请自今用物贵贱多寡计税，官给文凭，听鬻于部内。否则许纠告，以船货给赏。’诏如所奏。”

按，这一上奏的时间为元丰三年（1080）左右，然观其文意，格纳制度当在此前已实行了很长的时间。通过这段奏言，我们还可以看出：第一，格纳系以船舶本身为课税对象，其办法是“较船之丈尺”，即对船舶的大小尺度进行丈量，然后依照规定收税。第二，格纳标准共分为三个等级，彼此之间差距颇大，高、低档甚至能够达到“输钱多寡十倍”的悬殊程度。第三，格纳与货税是不同的税，输格纳不能免抽货物之税，反之亦然。第四，格纳“输钱”即收受货币，而不采取实物税形式，由此可以说格纳即是船舶吨税。

虽然元丰三年的琼管奏文提到了废除格纳而改以“用物贵贱多寡计税”，且获得了朝廷的批准，但海南州军的格纳之制似乎并未从此取消。成书于南宋宝庆元年（1225）的《诸蕃志》便记载道：琼州“属邑五，琼山、澄迈、临高、文昌、乐会，皆有市舶，于舶舟之中分三等，上等为舶，中等为包头，下等名蜑船。至则津务申州，差官打量丈尺，有经册以格税钱，本州官吏兵卒仰此以赡”。可见海南琼州仍旧有依船舶大小分三等纳税的制度。值得注意的是，其中还提及“有经册以格税钱”，则该“经册”记录的当为船舶尺度大小与税额高低的对照标准无疑。

四　元代商船税收办法

在市舶税的征收办法上，元朝采取了与宋代颇为不同的税收形式，即取消禁榷和博买这二种变相市舶税，保留了抽分（抽解）之制。另外，元代又新增加了一种舶税名目，这也是宋代未曾有过的。

(一) 抽分

元代初期的海外贸易管理制度多沿自宋朝，所谓“大抵皆因宋旧制而为之法焉”。其中的抽解（抽分）内容很可能亦不例外，继续采用宋末的细色十分取一比例。《元史·食货志》的“元自世祖定江南，凡邻海诸郡与蕃国往还互易舶货者，其货以十分取一，粗者十五分取一，以市舶官主之”，指的就是这一内容。到了至元二十年（1283）六月，元政府再次“定市舶抽分例，舶货精者取十之一，粗者十五之一”，这实际上是将该比例用法令的形态正式确定了下来。在至元三十年（1293）颁布的市舶则法二十三条中，也还是“目今定例抽分，粗货十五分中一分，细货十分中一分”，没有改变这一抽分比例。

然而，元成宗铁穆耳执政后，上述百分之十的抽分比例发生了变化。元贞元年至大德元年之间（1295～1297），市舶抽分比例已经由十取之一增加到十取其三了。直至延祐元年（1314），元王朝又在修订的市舶法中重新规定了抽分比例：“抽分则例：粗货拾伍分中抽贰分，细货拾分中抽贰分。”这一抽分比例虽然较至元市舶法增加了一倍，但它毕竟是用法律形式确定下来的，并且整顿了成宗以来市舶抽分有章难循的混乱局面。自此之后，元政府在对海船的抽分中便始终遵循着这个“细物十分抽二，粗物十五分抽二”的比例原则。成书于元代末期的《至正四明志》就提到“抽分舶商物货，细色十分抽二分，粗色十五分抽二分”，可见一直至元末仍无变化。

《元典章》户部八《泉福物货单抽分》条的记载：至元十七年（1280）二月，行中书省呈进上海市舶司招船提控王楠的状告：“凡有客船自泉、福等郡短贩土贩（货）吉布、条铁等货物到舶抽分，却非番货，蒙官司照元文凭番货体例双抽，为此客少。参详吉布、条铁等货即系本处土产物货，若依体例双抽，似乎太重，客旅生受。今后兴贩泉、福物货，依数单抽。”这一建议得到了朝廷的批准。所谓“双抽”，也就是元王朝三令五申的粗货十五取一、细货十分取一的抽分比例；所谓“单抽”，指的则是在舶来品粗货十五取一的基础上，对元王朝本土产品在国内的海路贩运再减免一倍抽分，即三十取一。可以说，元政府实行的对国货和舶来品分别制定抽分比例的政策，既推进了本国沿海地区的物资交流，同时也进一步繁荣了元王朝业已发达的沿海海运事业，实在称得上是中国海运管理史上的一件创举。

(二) 舶税

与抽分不同，舶税是元王朝独创的一种市舶税目。早在至元三十年（1293）之前，泉州市舶司已经有了“这般抽分了的后头，又三十分里官要一分税来”的制度。到至元三十年，新制订的“市舶则法二十三条”遂明确提到：“所据广东、温州、澉浦、上海、庆元等处市舶司，舶商回帆已经抽解讫货物，并依泉州见行体例，从市舶司更于抽讫货物内，以三十分为率，抽要舶税钱一分。”此处正式冠以“舶税”名目，并由泉州推广到了所有的市舶港口。舶税不以船舶尺寸为依据，而是从抽解后的舶货中再抽一分。成宗元贞年间（1295～1297），仍旧遵行这种三十税一的舶税制度。据前引《史公神道碑》的记载：“高丽王遣周侍郎浮海来商，有司求比泉广市舶，十取其三。公曰：王于副为副车，且内附久，岂可同海内外不臣之国，惟如令三十税一。”可为之证。在延祐元年（1314）修订的市舶法规中，又再次申明：“据舶商回帆已经抽解讫物货，市舶司并依旧例，于抽讫物货内，以叁拾分为率，抽要舶税壹分。”其后的《至正四明志》亦提到：“抽分舶商物货，细色十分抽二分，粗色十五分抽二分，再于货内抽税三十分取一。”可见直至元末，这种三十抽一的舶税制度始终未有变化。

最后还需要指出的一点是，元代舶税与抽分之征收，在具体操作上并非一次性同时进行，而是被分为前后两个过程：首先将货物依照粗、细种类分别划成十五或十等分，由政府拿取其中的一分（或二分），此为抽分（征取实物）；然后，再将经过抽分的剩余货物重新合并，分成三十等分，政府从中又抽走一分，此乃舶税（折取货币）。所谓“于抽讫货物内，以三十分为率，抽要舶税钱一分”，即是此意。这样，舶税三十取一的具体数额自然就会有所减少，无形之中亦多少减轻了舶商的一些负担。

（三）转口税

这是元王朝针对国内港口间转口贸易货物开征的一项税目。早在至元十八年（1281），元政府便曾规定：“商贾物货已经泉州抽分者，诸处贸易，止令输税。”这里的“输税”很可能就具有转贩商税的功能。到了至元二十九年（1292）十一月，元朝中书省又进一步明确指出：“凡泉、福等处已抽之物，于本省有市舶司之地卖者，细货于二十五分之中取一，粗色于三十分之中取一，免其输税。其就市舶司买者，止于卖处征税，而不再抽。”这里提到的就是土货与番货的转贩征税办法。一般说来，如果行商将货物从一处市舶司港口转运到另一处市舶司港口，则须实施转贩抽分，由市舶司负责征收；倘若把货物从一处市舶司港口运输到另一处不设市舶司的港口，则要缴纳商税，由税务机构征收。然而，无论转贩抽分或者商税，两者的实际税收比例却是相同的。《元典章·户部·杂课》即提道：大德元年（1297）八月“马合谋行泉府司折到降真、象牙等香货官物，付价三千定，该纳税钞一百定”。《至正四明志》也记载道：“抽分舶商物货，细色十分抽二分，粗色十五分抽二分，再于货内抽税三十分取一。又一项，本司每遇客商于泉广等处兴贩已经抽舶物货，三十分取一。”可见转贩税中的抽分和商税的比例均为三十取一，只不过前者是征收实物，而后者交纳现钞而已。

综上所述，元代的市舶税收无论是在项目设置上，还是在单项税收比率额度的稳定性上，确实都比宋代更胜一筹，使得中国古代的市舶税收制度达到了比较成熟的阶段。

五　明代船货征税办法

明代船货征税的办法比较复杂，既有朝贡贸易船的征税办法，又有对外国民间商船的征税办法，还有对国内民间商船的征税办法。

（一）朝贡贸易船之税收管理

明代对朝贡贸易施以某种形式的“有偿”税收，最早始于洪武二年（1369）。据《太祖实录》卷四十五记载：“其诸番国及四夷土官朝贡，……若附至番货，欲与中国贸易者，官抽六分，给价以偿之，仍除其税。”即采取了由官府有偿征收百分之六十舶来品的做法。实际上，明王朝尽管在这里套用了宋元时期的“抽分”之名，但其具体内容却更像是宋元时期的“博买”，并没有无偿抽取之意。若抽取百分之六十，任何商船都难以承受。所以明政府在“官抽六分，给价以偿之”的后面，紧接着又提到了“仍除其税”即免掉税收，也就是这个意思。

然而，即使这个以抽分之名行博买之实的办法，明王朝也没有认真推行过。明代史料就曾提到，洪武四年（1371）免征占城、三佛齐舶货，永乐十五年（1417）、永乐二十一年（1423）免征琉球、暹罗舶货，类似的例子在明朝一代比比皆是。

显然，明政府出于"怀柔远人"的政治目的，往往并不计较经济上的得失与否，"官抽六分，给价以偿之"的做法也就形同具文了。直至弘治年间（1488～1505），明朝廷又规定："凡番国进贡内，国王、王妃及使臣人等附至货物，以十分为率，五分抽分入官，五分给还价值。"即取消了对抽分货物"给价以偿之"的内容。可是，这种无偿抽取一半实物的高额税收足以吓退任何朝贡使团，从经济角度来看是很难推行的，或者仍为给价收买的有偿"抽分"了。

（二）外国商船之税收管理

与朝贡贸易之政治性相反，明政府有限开放民间贸易之目的就是为了解决财政困难，因而一开始便采取了对商船无偿征取关税的办法，直至明亡。

起初之时，明王朝对外国商船，实行照进口货物按比例无偿征取实物税办法。据《天下郡国利病书》卷一百二十的介绍："正德四年（1509）后，镇巡等官都御史陈金等题，要将暹罗、满剌加国、年结阐国夷船货物，俱以十分抽三，该部将贡细解京，粗重变卖，留备军饷。"即对舶来品无偿抽取百分之三十作为实物税。可是征收未久，广东布政司参议陈伯献又于正德九年（1514）提出了"宜亟杜绝"的反对意见，并为朝廷采纳。到了正德十二年，广东布政使吴廷举再次上奏要求抽分，中央政府同意，惟将抽分额度由十分之三降为十分之二了。

然而，当抽分制推行了一段时间之后，外商们便渐渐抓住封建官府昏聩无能的弱点，大肆走私进口货物，以规避抽分。两广提督吴桂芳所谓"其互市之初，番舶数少，法令维新，各夷遵守抽盘，中国颇资其利。比至事久人玩，抽盘抗拒，年甚一年"，就反映出这一变化。面对着实物税征取总额不断减少的情形，明政府遂于隆庆五年（1571）废除了旧的抽分制度，代之以新的丈抽办法。《粤海关志》卷二十二就此记载道："明隆庆五年，以夷人报货奸欺，难于查验，改定丈抽之例，按船大小以为额税。西洋船定为九等，后因夷人屡请，量减抽三分。东洋船定为四等"。即依照商船的大小分等征税。明代关税的课纳对象自此便由进口货物转变为商船本身，课纳形式亦从实物税演变为货币税了。至于丈抽的具体办法，万历《广东通志》卷六十九曾经有所叙述："每一舶从首尾两艕丈阔若干，长若干；验其舶中积载，出水若干，谓之水号；即时命工将艕刻定，估其舶中载货重若干，计货若干，该纳银若干，即封籍其数，上海道，转闻督抚，待报征收。如刻记后水号微有不同，即为走匿，仍可勘验船号出水分寸又若干，定估走匿若干，仍治以罪。"这种将船舶的长宽与吃水深度结合起来考察的办法显然更为简单和客观，外商很难再利用制度本身的漏洞来逃免税收。

值得注意的是，明政府在大力推行"丈抽"制度的同时，很可能还继续保留了对进口货物某种形式的税收。据前引万历四十二年（1614）《海道禁约》碑的记载："凡夷趁贸易货物，俱赴省城公卖输饷。"同时期的《泾林续记》也提道："每一舶至，常持万金，并海外珍异诸物，多有至数万者。……而额外隐漏，所得不赀，其报官纳税者，不过十之二三而已。"观其文意，所指必非针对船舶的"丈抽"而言，当是专指抽舶货的实物税收无疑。

（三）国内商船之税收办法

随着隆庆元年（1557）明王朝对国内海商开放海禁，福建地方政府遂在漳州月港设立了专门管理国内海商的海防馆——督饷馆机构。明代督饷馆制度下的舶税开征，主要有引税、水饷、陆饷、加增饷四种，此外还有名目繁多的“常例”杂税。

1. 引税

即航运许可证税。按照规定，商船出海之前，必须要到督饷馆（早期为海防馆）申请“商引”，即航行许可证书。其中“填写限定器械、货物、姓名、年貌、户籍、住址、向往处所、回销限期，俱开载明白”。在颁发商引的时候，督响馆需“每引征税有差，名曰引税”。引税的具体数额为：万历三年（1575），东西洋每引税银三两，鸡笼、淡水每引税银一两；以后又在此基础上各增加1倍，即东西洋每引税银6两，鸡笼、淡水每引税银2两。万历二十一年（1593），发放东西洋百引可得600两白银，加上鸡笼、淡水的十引20两白银，当年的引税总额可达620两白银。尽管和其他税收相比，这一数目还不是很大，但其毕竟是明代首创的一种税费，因而在中国对外航海贸易管理史上自当占有独特的一席。

2. 水饷

水饷系根据商船的大小尺度而向海商征收的一种船税，所谓“水饷者，以船广狭为准，其饷出于船商”。与今天的船舶吨税颇为类似。按照万历三年（1575）福建巡抚刘尧诲制订的《东西洋船水饷等第规则》：“西洋船面阔一丈六尺以上者，征饷五两，每多一尺加银五钱。东洋船颇小，量减西洋十分之三。……鸡笼、淡水地近船小，每船面阔一尺，征水饷五钱。”这就是说，针对前往西洋、东洋与台湾岛之商船在大小尺度和航程长短上的明显差异，明政府分别规定了三个不同的水饷征收标准，详细情况载于《明万历三年漳州月港水饷等第规则表》（表14-1）①。到万历十七年（1589）以前，水饷的征收标准又有所提高：“西洋舡阔一尺，税银六两，东洋舡阔一尺，税银四两二钱。”则东洋仍旧比西洋减征3/10。

表14-1　明万历三年漳州月港水饷等第规则表

船宽（尺）	每尺税银（两）		实征银两（两）	
	东洋	西洋	东洋	西洋
16	5.00	3.50	80.00	56.00
17	5.50	3.85	93.50	65.45
18	6.00	4.20	108.00	75.60
19	6.50	4.55	123.50	86.45
20	7.00	4.90	140.00	98.00
21	7.50	5.25	157.50	110.25
22	8.00	5.60	176.00	123.20
23	8.50	5.95	195.50	136.85
24	9.00	6.30	216.00	151.20
25	9.50	6.65	237.50	166.25
26	10.00	7.00	260.00	182.00

① 《东西洋考·纳税考》。

值得注意的是，水饷的征收标准虽然有西洋、东洋以及台湾之别，但其征收形式却均采用了累进税率的计征方法，因而实际税额往往较高。即以万历二十二年（1594）为例，据有的学者估算，在当年二万九千余两的饷税收入中，水饷达一万一千七百八十两，约占饷税总数的百分之四十多。其数目之大、地位之重要，也就可见一斑了。

3．陆饷

陆饷系依进口货物的价值而向坐商（铺商）征收的一种货物进口税，所谓“陆饷者，以货多寡计值征输，其饷出于铺商”。陆饷的征收标准是：“每货值一两者税银二分”，即按照货物各自价值的百分之二征收银两，属于从价税性质。考虑到进口货物价格时常随着市场供求关系的变化而上下波动，明朝政府在隆庆元年（1567）开禁之后，便曾经根据百分之二的税率对货物具体征银数额进行了四次调整。

最早的陆饷始自隆庆六年（1573），计征象牙、胡椒、片脑、生铁等五十五种商品。万历三年（1575），福建巡抚刘尧海再次颁布了陆饷则例，对以前的货物税额进行了修订。其后“因货物高下，时价不等”，巡抚周寀又于万历十七年（1589）颁布了新的《陆饷货物抽税则例》，其中涉及的商品达八十余种之多。到了万历四十三年（1615），朝廷下诏“减关税三分之一”。而福建当局鉴于“洋商罗大海之重利，即不减犹可支持”，因此仅免除了三千六百八十八两税银，并重新改订了《货物抽税见（现）行则例》（表14-2），其中近八十种货物的进口税比以前有所降低。下面，我们就随机抽取十种商品，以观其在不同时期的进口税变化情况：

表14-2　隆庆元年至万历四十三年部分货物抽税则例表

货名	单位/斤	征税数额/两		
		隆庆六年	万历十七年	万历四十三年
胡椒	100	0.300	0.250	0.216
象牙（成器者）	100	0.700	1.000	0.864
象牙（不成器者）	100	0.400	0.500	0.432
沉香	10	0.100	0.160	0.138
乳香	100	0.250	0.200	0.173
番锡	100	0.030	0.160	0.138
乌木	100	0.010	0.018	0.015
牛角	100	0.020	0.020	0.018
白藤	100	0.020	0.016	0.014
槟榔	100	0.020	0.024	0.021
竹布	1匹	0.003	0.008	0.007

由上表可见，万历十七年的商品进口税大多比隆庆六年有所增加，万历四十三年的商品进口税又比万历十七年普遍减少，其变化轨迹大体上呈抛物线型。曾经有个别学者推算，在万历二十二年（1593）的29 000余两饷税收入中，陆饷为11 500两，仅比水饷少得280两，也约占饷税总额的近40%。如此看来，陆饷堪称是与水饷并列的两大海外贸易税收支柱了。

4. 加增饷

加增饷系针对前往吕宋贸易之商船开征的一种特殊附加税。明政府鉴于吕宋回船除银元外无物可带，难以照章征纳货物进口税，为此特地开征加增饷来做为货税的一种补充。所谓"加增饷者，东洋吕宋，地无他产，夷人悉用银钱易货，故归船自银钱外，无他携来，即有货亦无几。故商人回澳，征水陆二饷外，属吕宋船者，每船更追银百五十两，谓之加征"。其征收标准为：凡是归自吕宋的商船，不论大小，一律征收白银一百五十两。这一数目在当时等同于六万斤胡椒的陆饷抽税，显然是太高了，故而海商们怨声载道。万历十八年(1590)，政府遂将税额减少 30 两白银，改为每船开征 120 两白银。此后再也没有变化。

5. 常例

常例系海防馆（或督饷馆）官员私自向商人征取的诸项杂费总称。因其收取时亦有相对固定的名目和标准，沿延不变，故而得名。大体上，这些名目繁多的常例可以被归纳为两种类型：一种是加大正税的实际征收数额，例如陆饷征纳便有"加起"的名目："报道本船一千担，共加起作一千二三百者有之，甚则加起作一千五六百者有之"；另一种则是纯粹自立名目："迩因有常例，有加增，有果子银，有头鬃费，名目不等，俱从商首取给，任其科索。"据当时人的介绍，在船只入港过程中，商人要付给有关官吏大量的常例："称验查而常例不赀，称押送而常例不赀，称封钉而常例又不赀"。以至于官吏们"一有奉委，骤以富名"。可见常例当为数不少。

总之，明代督饷馆体制下的关税征稽，明显具有与以前历代不同的新特点：

第一，税目齐全。以水饷和陆饷为主体，包括引税和加增饷在内，构成了一个比较完备的关税税收体系。尤其是水饷和引税，自宋元以来首次被纳入关税范畴，从而大大增加了关税的适用范围。

第二，征税标准和税率呈现多样化之势。即以征税标准而言，除了保留旧有的从量税之外，还首次在陆饷征收中采取了"其货物以见在时价裒益剂量"的从价税方法；在税率上，既保留了以前的比例税率和定额税率，又在水饷征收中首先推行了累进税率的计征办法。所有这一切，都大大丰富了关税的内涵。

第三，更为重要的是，税收形式由实物税演变为货币税。上述引税、水饷、陆饷、加增饷四种税目，无一例外地废弃了以前的抽取实物做法，全部改而征收白银。这一变革大大简化了关税的稽核、解纳等项手续，也使得关税征稽的可操作性大为增强。

第四节　古代海运管理中的走私缉查制度

为了保障国家的经济和政治利益不受侵害，中国历代王朝在对外海运管理中还制定了一系列的走私缉查制度。其中大致有进出口物资之查禁、非法航海活动之取缔两个方面内容。

一　进出口物资之查禁

（一）汉晋时期进出口违禁物品规定

中国历代王朝均以自己的政治和经济利益为标准，对中外交往中进出口货物种类进行一些限制性规定，这也是中国古代对外航海贸易管理的一项重要内容。汉晋时期就有这方面的禁令，其中明确记载的禁止输出品是生产和战争中常用的铁器、马匹，而珠、玉等高档奢侈品亦在禁止输出之例。

1. 铁器

众所周知，中华民族是世界上发明冶铁技术最早的民族之一。中原王朝铁制生产工具与兵器的耐用和锋利，是海外各部族或国家所望尘莫及的。所以为了垄断这种生产和军事上的优势，汉政府便颁布法令："胡市，吏民不得持兵器及铁出关。"严禁对海外诸国出口铁器。

2. 马匹

由于马匹在古代社会是一种高效率的生产和战争用牲畜，所以也是汉王朝明令不许出关的违禁品。《汉书·景帝纪》："御史大夫（卫）绾奏禁马高五尺九寸以上，齿未平，不得出关。"直到隋代仍禁止向外输出马匹。

3. 珠玑

在古代中国，珠玑是一种相当贵重的物品，通常情况下是禁止出口的。这方面的规定最早见于秦代，据1975年在湖北省云梦县出土的秦墓竹简："盗出朱（珠）玉邦关及买（卖）于客者，上朱（珠）玉内史，内史材鼠（予）购。"即禁止运输和贩卖珠、玉至他国。直至三国时期，仍禁止珍珠出口。

（二）唐代进出口违禁物品规定

唐代继续沿用汉晋的办法，对可能有损于王朝政治、经济利益的某些物品严禁交易和输出，为此在法律上对互市商品有着明文的限制。《唐律疏议》就记载道："禁物者，谓禁兵器及诸禁物，并私家不应有者。""依关市令：锦、绫、罗、縠、紬、绵、绢、丝、布、犛牛尾、真珠、金、银、铁，并不得度西边、北边诸关及至缘边诸州兴易。"上述唐高宗时期（650～683）制定的禁物法律，在唐玄宗开元年间又以皇帝敕命的形式再次给予了重申："开元二年（714）闰三月敕：诸锦、绫、罗、縠、绣、织成紬绢丝、犛牛尾、真珠、金、铁，并不得与诸蕃互市，及将入番。金铁之物，亦不得将度西北诸关。"

从上可见，这些不得"至缘边诸州兴易"或者"将入番"的禁止品，包括有丝织和纺织成品、金银贵金属、铁和铁制品、珍珠、武器，以及内容不详的"诸禁物"等等，范围比汉晋时代显然要广泛许多。中唐以后，随着客观形势的变化与社会进步，又陆续地把铜钱出口和奴婢买卖列入了这一违禁品名单，《册府元龟》就提及建中元年（780）敕令："银、铜、铁、奴婢等不得与诸蕃互市。"

（三）宋代进出口物资之查禁

根据宋王朝的法律规定，当商船出海驶往外国的时候，禁止携带或载运下列物品离境：马匹，“淳熙二年（1175），严马禁，不得售外番”；书籍，“大观（1107～1110）初，贡使至京乞市书籍，有司言法不许”；兵器及其原材料，“毋得参带兵器或可造兵器及违禁之物”；铜和铜钱，“诏广、泉、明、秀漏泄铜钱，坐其守臣”；以及粮食、“女口、奸细并逃亡军人”等等。至于进口货物的管制，因为宋政府禁榷专卖制度的存在，乳香、大象牙、犀角等一大批舶来品亦被归入禁止民间自由交易之例。为了执行对上项进出口货物的限制性规定，宋王朝曾经专门制订了一整套针对进出港商船的严格检查手续制度。

（四）元代出口货物的限制性规定

有元一代，不再采用两宋时期广泛推行的对舶来品禁榷与博买制度，自然也就取消了有关进口货物的查禁管制办法。至于出口货物，元政府则和历代封建王朝一样，仍旧实行禁止部分货物下海的管制措施。

元朝初期，朝廷对出口货物采取放任自流的政策。至元十四年（1277），“日本遣商人持金来易铜钱，许之”。至元十九年（1282），又采用耿左丞的建议，“以钞易铜钱，令市舶司以钱易海外金珠货物，仍听舶户通贩抽分”。历代严禁的铜钱及金银出口尚且如此，可见当时的元政府并没有建立起出口货物查禁制度。这种政府全面放开出口货物限制的情况，是在至元二十年（1283）才开始有所改变。是年十月，福建行省首脑忙古觲上言“舶商皆以金银易香木”，不利于元朝。遂下令禁止金、银的出口，“惟铁不禁”。至元二十三年（1286）又规定“禁海外博易者毋用铜钱”。至元二十八年（1291）再下令禁止泉州等地的海船运载蒙古男女下海。这样一来，金、银、铜钱、蒙古人口都被列入了禁止出口之列。等到至元三十年（1293），新颁布的市舶法专门规定：“金银铜铁货、男子妇女人口并不许下海私贩。”在延祐元年（1314）修订的市舶法里，禁运范围更加扩大：“金、银、铜钱、铁货、男子妇女人口、丝绵缎匹、销金绫罗、米粮、军器，并不许下海私贩诸番”。则丝绸、粮食、军器、人口尽被划入禁运品内。另外，据《元史·刑法志》的记载：“辄以中国生口、宝货、戎器、马匹遗外番者，从廉访司察之”，马匹亦属于禁运品之一。

（五）明代有关海运贸易禁令

依照《大明律》的规定：“凡将马、牛、军需、铁货、铜钱、段匹、细绢、丝绵私出外境货卖及下海者杖一百。”可见上述货物是严禁出口的，当然也就不允许外商收购贩卖了。后来，针对葡萄牙殖民者“骄悍不法”的行为，两广总督张鸣冈等人又于万历四十二年（1614）专门在澳门设立了《海道禁约》碑，其内容是：

“一、禁畜养倭奴。凡新旧夷商，敢有仍前畜养倭奴，顺搭洋舡贸易者，许当事历事之人前报严拿，处以军法。若不举，一并重治。”

“一、禁买人口。凡新旧夷商，不许收买唐人子女，倘有故违，举觉而占吝不法者，按名追究，仍治以罪。”

“一、禁兵船编（骗）饷。凡番舶到澳，许即进港听候丈抽。如有抛泊大调环、马骝洲等处外洋，即系奸刁，定将本船人货焚戮。”

“一、禁接买私货。凡夷趁贸易货物，俱赴省城公卖输饷，如有奸徒潜运到澳与夷，执送提调司报道，将所获之货，尽行给赏首报者，船器没官。敢有违禁接买，一并究治。”

对于上述禁令，葡萄牙等西方殖民者置若罔闻。他们驶抵澳门后，“并不进港，抛泊大调环、马骝洲等处，逃避丈抽，私卖私买，不赴货场，并设小艇于澳门海面，护我私济之船以入澳”，半公开地进行走私活动，给明王朝税收造成了很大的损失。

二　海上走私行为之处罚办法

早在汉唐时期，中国封建王朝已经对非法出口违禁物的海上走私进行打击。汉代对私自出口铁器者，一次“坐当死者五百余人”。唐代外国船商也有为此“以欺诈入牢狱者”。至于处置海运走私比较完善的办法，是到宋代才出现的。

（一）宋代海商走私处罚规则

1. 宋代私自交易违禁物资处分办法

舶商经过长期的与官府周旋，自然也摸索出了不少走私偷税的具体办法。《李充公凭》提到的“曲避作匿、托故易名、前期传送、私自赁易”，便是海商们时常采用的走私方式。

针对走私行为猖獗的局面，宋政府也并非无所作为，而是采取了一系列的处罚措施。太平兴国元年（976）规定：“敢与蕃客货易，计其直满一百文以上，量科其罪过，十五千以上黥面、配海岛，过此数者押送赴阙。妇人犯者配充针工。”淳化五年（994）再次申明禁令：与蕃客货易“四贯以上，徒一年，递加二十贯以上，黥面，配本地充役兵”。《李充公凭》记载的处分更为详细：“诸商贾贩诸蕃间应抽买辄隐避者，纲首、杂事、部领、稍工各徒贰年，配本城”；“即在船人私自犯，准纲法坐之，纲首、部领、稍工、同保人不觉者，杖壹佰以上”，所有人的货物尽行没官。可见宋政府对本国商人的走私处分是颇为严厉的。相形之下，宋朝廷对外国海商走私行为的处理却显得比较轻微。以日本海商为例，明州市舶务“每岁官吏、牙侩罗织倭人，指为漏舶，自行罚纳之金，衮为岁课”。此举虽属栽赃性质，但也可见日本商人的“漏舶”只须缴纳一笔罚金了事。只有当外商走私偷税的行为十分严重的时候，才会给予没收全部货物乃至追究其刑事责任的处罚。宋政府对中外海商的走私行为量刑尺度不一的做法，其实是朝廷招徕外商的一种手段。

2. 未请公凭擅行海外之处分

有些海商为了逃避政府的高额税收，还干脆不向政府的有关管理机构申请航行许可证“公凭”，便擅自出海贸易，这更是宋王朝所极力禁止的。端拱二年（989）诏令就提道：“自今商旅出海外蕃国贩易者，须于两浙市舶司陈牒，请官给券以行，违者没入其宝货。”元祐五年（1090），宋政府又进一步规定：“即不请公据而擅行，或乘船自海道入界河，及往登、莱州界者徒二年”，将不申请公凭而擅行的行为与“冒至所禁州”的行为科以同等刑罚。由简单的全部没收船货到追究当事者的责任，显然大大增加了对不请公凭者的惩治力度。可是，由于非法私自下海往往可以逃避政府的税收征榷，牟取暴利，因而许多民间海商甘愿铤而走险，遂造成了不请公凭便擅自下海而屡禁不止的状况。

3. 私自前往禁运国之处理

众所周知，赵宋王朝是中国历史上有名的“积贫积弱”帝国。在这一时期，东北地区先后兴起的辽、金政权虎视眈眈，都曾对宋朝廷构成了极大的威胁。这种情况必然要影响到当时的对外航海贸易活动。辽、金的邻国高丽以及日本就不可避免地受到波及，成为禁运国家。

与上述禁运命令相配合，宋王朝又制定了针对违禁海商的严厉惩治条例：“往高丽、新罗、登莱州界者，徒二年，五百里编管”；“往大辽国者徒三年”，配一千里；图谋前往而未成行之人“徒一年，邻州编管”，并予以没收船货。即使违禁商船上“非船物主”的普通乘客，也需要“各杖捌拾已（以）上”，为商船担保的三名物力户则“减犯人叁等”。可见对违禁船员的处罚确实是相当重的。但是，为厚利驱使的海商们照旧不顾朝廷的严刑峻法，偷偷航海前去禁运国家贸易。即以高丽为例，航海而至的宋朝商人和水手，仅文宗九年（1054）一次被高丽政府宴请者就有 240 人。

（二）元代对走私行为之处罚

1. 违禁品出口之处分

根据元代出访海外者的观察，官府规定的禁物多为外国人民喜爱的畅销货，海外市场需求量很大，导致走私屡禁不止。为此，元朝政府专门规定：“诸海滨豪民，辄与番商交通贸易铜钱下海者，杖一百七”，“违者，舶商、船主、纲首、事头、火长，各决壹佰柒下，船物俱行没官”。试图通过严刑峻法来阻止上述禁物流出海外。直至延祐七年（1320），又“以下蕃之人将丝银细物易于外国，又并提举司罢之”，采取罢免市舶司和禁止对外航海贸易的极端措施。

2. 其他非法海外贸易行为之处罚

除了上述偷运禁物出境的非法活动以外，元王朝针对下列海上走私与欺诈行为也分别做出了处罚规定：

第一，非法到第三国进行贸易的行为。

按照元代的制度，不许前往公验登录国家之外的第三国进行贸易。延祐市舶法规定：“如不于元指所往番邦经纪，转投别国博易物货，虽称风水不便，并不凭准，船物尽行没官，舶商、船主、纲首、事头、火长各杖壹佰柒下。”另外，有的商船由于误脱风信而在海外滞留，趁机前往第三国买卖，也要受到追究，即除了对上述职事人员各杖一百零七下外，“同船梢水人等各决柒拾柒下，船物尽行没官，”以儆效尤。

第二，航海证书不全或无证书便出海贸易的行为。

不向市舶司请领航海证书，实际上也就是未经官府允许的，元政府对这种非法航海行为专门做出规定：“海商不请验凭，擅自发船，并许诸人告捕，舶商、船主、纲首、事头、火长各杖壹伯柒下，船物俱行没官。”即使违法者已经离开了市舶司所在港口，仍要下令“沿路所在官司告捕，依上追断”。如果商船“有公验或无公凭”，即航海证书不全，亦必须处以“犯人决壹佰柒下，船物俱没官”的惩罚。

第三，不详尽填报交易品种类和数量的行为。

商船持有的公验后面还附带了钤盖官印的空白纸八张，由纲首负责“于空纸内就于地头即时日逐批写所博到物货名件色数”，以备归航时抽分之参考，否则就有隐瞒逃避之嫌。因此延祐市舶法规定：“抄填不尽，或因事败露到官，即从漏舶法，决杖壹伯柒下，财物没官。”

第四，夹带未经官府登记之货物下海的行为。

私自携带公据证书上没有登记的货物下海，即使其不属于禁物，也将被视为一种非法举动。延祐市舶法为此规定：“数外多余将带，即是私贩，许诸人告捕，得实，犯人决壹伯柒下，船物俱没官。”

第五，未经抽分便偷运货物上岸的行为。

这种行为多发生在两种场合：一是当商船在沿途岛屿海岸临时停泊补充给养期间，“梢碇、水手、搭客等人乘时怀袖偷藏贵细物货”上岸进行交易；二是在商船即将驶进市舶司港口的时候，由事先等候的人员“私用小船推送食米接应船舶，却行般取贵细物货，不行抽解”。依照规定，这些都被称做“渗泄”行为，“并听诸人告捕，全行断没，犯人杖壹伯柒下。”

第六，在船上藏匿货物以规避抽分的行为。

元人把这种行为叫做“漏舶”。延祐市舶法规定：“海商自番国及海南收贩物货到国，已赴市舶司抽分而在船巧为藏匿者，即系漏舶，并行没官”，犯人杖一百零七下。

第七，冒称海难事故的欺诈行为。

这种非法活动比较少见，给政府造成的税收损失却十分严重，所以处罚面广泛：“若妄称遭风被劫事故，私般物货，欺谩官司，送所属勘问是实，舶商、船主、纲首、事头、火长，各决壹佰柒下，同船梢水人等各决柒拾柒下，船物尽行没官。”

综上所述，元代对各种非法行为的划分还是比较细致严密的。其判罚亦颇具特点：在处罚对象上，往往采用连带责任制，即除了犯人本身外，仍要追究海船职事人员的领导与管理责任；处罚方式上，一概采用没收货物、施加杖刑两种办法；在量刑标准上，大多是杖刑一百零七下，少数为七十七下，货物则全部予以没收。这种很少或根本不考虑情节轻重的判罚办法，显然是比较落后的。而且动辄没收全部货物的量刑标准也实在过于苛刻了一些。伊本·白图泰在其《游记》中便曾对此评论道：“官吏对所申报货物巡视检查，如发现隐藏不报者，全艟克所载货物一概充公。这是一种暴政，是我在异教徒或穆斯林地区所未见过的。”元朝政府对非法海外贸易行为量刑之苛重，由此可见一斑。

（三）明代有关海运的禁令

隆庆元年（1567）开放海禁以后，遂允许民间商船前往东、西洋地区贸易。用《东西洋考》的说法：“盖东洋若吕宋、苏禄诸国，西洋若交趾、占城、暹罗诸国，皆我羁縻外臣，无侵叛。”所以可以通航。惟独日本依旧严禁前往，所谓“而特严禁贩倭奴者，比于通番接济之例”。到万历四十年（1612），明政府又专门颁布了《禁下海通番律例》，其内容如下：

“凡沿海军民私往倭国贸易，将中国违制犯禁之物，餽献倭王及头目人等，为首比照谋叛律斩，乃枭首，为从者俱发烟瘴地面充军。”

“凡奸民希图重利，伙同私造海船，将紬绢等项货物，擅自下海，船头上假冒势官牌额，前往倭国贸易者，哨守巡获，船货尽行入官，为首者用一百斤枷枷号二个月，发烟瘴地面永远充军。为从者枷号一个月，俱发边卫充军。其造船工匠枷号一个月，所得工钱坐赃论罪。”

“凡势豪之家出本办货，附奸民下海，身不行，坐家分利者，亦发边卫充军，货尽入官。”

“凡歇家窝顿奸商货物装运下海者，比照窃盗主问罪，乃枷号二个月，邻里知情与牙埠通同不行举首，各问罪，枷号一个月发落。”

“凡关津港口巡哨官兵不行盘诘，纵放奸民通贩倭国者，各以受财枉法从重究治。”

“凡福建、浙江海船装运货物往来，俱着沙埕地方更换，如有违者，船货尽行入官，比照越渡沿边关塞律问罪。其普陀进香人船，俱要在本籍告引照身，关津验明，方许放行，违者以私渡关津论。巡哨官兵不严行盘诘者，各与同罪。”

可见其禁令之严，处罚之重。然而，由于日本方面往往以厚利招诱海商；“射利之徒率多潜往，倭辄厚结之，欲以诱我”，因此仍有不少海商“往往托引东番，输货日本”，令明政府防不胜防。

为了制止出海商船偷贩日本的行为，明当局还严格规定商船的回航时间。一般说来，西洋路程遥远，须每年十一、二月出发，次年六月以内回港销引；东洋较近，则在初春前去，五月之内回港缴还船引。一旦发生逾期不归的“压冬”情形，就要将船员家属拘留监管，即使证明其并没有偷渡日本，亦得以违期不归论罪。

综上各节所述，可见我国市舶司之制始于唐代开元二年（714），对我国海外贸易按比例税率，实行抽取实物税收形式的管理制度，历经以后各代，至明隆庆六年（1572）为止，前后八百余年相延未改。明代后期，到隆庆六年关税征稽改行货币税收制度，与以前历代有明显的不同，且税目齐全，丰富了关税计征的内涵。这些新的变化，是在明代中后期，整个东南沿海地区商品经济迅速发展的大形势之下，民间航海贸易突破历代官方或半官方模式的限制，逐步转变成单纯以赢利为目的之商业行为，并且成为东南沿海地区商品经济整体的组成部分。作为其上层建筑的海外贸易管理体制，自然也会发生相应的变动。隆庆六年出现的督饷馆及其饷税制度，在一定程度上体现了这一划时代的变革，是为中国海外贸易管理制度的一种过渡形式。督饷馆制度宣告了唐、宋、元、明四代旧的市舶体制的终结，同时又开启了清代迄今新的海关体系之先河，因而在中国对外航海贸易史上，占有承上启下的特殊地位。

清康熙二十二年（1683），施琅率水军攻灭郑氏政权，二十三年康熙帝下诏开海，二十四年清廷下令“置江、浙、闽、粤四海关。江之云台山（后改上海）、浙之宁波、闽之厦门、粤之澳门（后改黄埔）并为市地，各设监督，司榷政”，首次出现了以“海关”命名的对外航海贸易行政管理机构。自此以后，虽然历经封建时期的常关，近代帝国主义控制下的洋关，及新中国海关三个不同阶段的变革，但海关之名却一直保留下来相沿至今，从而形成了中国古代市舶司以及近现代海关两大体系前后相接的对外航海贸易管理制度格局。

第三篇　陆路交通史

第十五章　夏代至西周的陆路交通

第一节　夏代的陆路交通

路是人走出来的。远古时代的人们过着采集和渔猎的生活，经常到一个地方去，走的时间长了，走的人多了，就形成了路。可以说，路的最初出现是无意识的。人们开始有意识的修路，应该是在人们聚居生活以后。相传在尧舜时已有“康衢”，也就是大路。

到了夏代，交通状况便出现了根本性的转变，交通的开启已成为当时整个社会的共识和集体行为。

《史记·夏本纪》载：禹“命诸侯百姓兴人徒以傅土，行山表木，定高山大川。……陆行乘车，水行乘船，泥行乘橇，山行乘辇，左准绳、右规矩，载四时，以开九州，通九道，陂九泽，度九山。”《国语·周语》中也记载：“其后伯禹念前之非度，厘改制量，象物天地，比类百则，仪之于民，而度之于群生。共之从孙四狱佐之，高高下下，疏川导滞，钟水丰物，封崇九山，决汨九川，陂障九泽，丰殖九薮，汨越九原，宅居九隩，合通四海。”禹以决壅通川，治理洪水为契机，运用已掌握的公共权力，组织起较大规模的人力和财力，在治水的同时，在大范围内根据山川地理形势规度若干条水陆通道，反映具有一定的交通地理知识。

夏代由于为了巩固自己的政权和进行领土的扩张，刺激了交通地理知识的增加。

据史书记载，夏王朝与周边的方国进行了频繁的战争，诸夷也怀着各种不同的目的而与之交往。例如：

《大戴礼记·少闲》：“（禹）修德使力，民明教通于四海，海之外肃慎、北发、渠搜、氐、羌来服。”

《战国策·魏策》：“禹攻三苗，而东夷之民不起。”

《尚书大传·夏》：“夏成五服，外薄四海。”

又《竹书纪年》：“（帝相）七年，于夷来宾。”

“少康即位，方夷来宾。”

“后芬即位，三年，九夷来御，曰畎夷、于夷、方夷、黄夷、白夷、赤夷、玄夷、风夷、阳夷。”

“后荒即位，元年，以玄珪宾于河，命九夷东狩于海，获大鸟。”

“后泄二十一年，命畎夷、白夷、赤夷、玄夷、风夷、阳夷。”

“后发即位，元年，诸夷宾于王门，再保庸会于上池，诸夷入舞。”

这些交往和战争无形中扩大了人们的地理视野，也增强了对交通路线的了解，积累了更多关于交通地理的知识。

据《左传·宣公三年》记载：“……昔夏之方有德也，远方图物，贡金九牧，铸鼎象物，百物而为之备，使民知神奸。故民入川泽山林，不逢不若。魑魅魍魉，莫能逢之，用能协于上下，以承天休。”明杨慎对此段有解释，他在《山海经补注·序》中说：“收九牧之金，以铸鼎。鼎象物，则取远方之图，山之奇、水之奇、草之奇、木之奇、禽之奇、兽之奇，说其形，别其性，分其类，其神其殊汇，骇视警听者，或见或闻，或恒有，或时有，或不必有，皆一一画焉。盖其径而可守者，具有《禹贡》奇而不发者，则备在九鼎。九鼎既成，以观万国。”杨慎的解释有助于我们对《左传》此段话的理解，但他渲染得过于厉害了一点。从明代瓷器上的《九鼎图》也可推测夏代的《九鼎图》一定不会详细，但是有一点是可以确定的，即图上标出了名山的位置，大川的源流。这种图是便于交通使用的。

夏代铺筑的道路颇为可观。山西夏县东下冯遗址发掘出一条属于夏史纪年范围内的道路，路面宽1.2～2米，厚5厘米，系用陶片和碎石子铺垫，其道宽超过了前代。偃师二里头夏末都城遗址，南北1500米，东西2500米，面积约有3.75平方公里。除了有由鹅卵石铺成的石子路及红烧土路外，还发现了一条铺设讲究的石甬路，路面宽0.35～0.60米，甬路西部由石板铺砌，东部用鹅卵石砌成，路面平整，两侧保存有较硬的路土。这种道路的铺筑规格在当时是相当高的，据说其附近还发现了宫殿建筑遗迹，因此它很可能属于都邑内专为贵族统治者服务的生活设施，与一般平民通行的土石路相比，具有明显的等级差异。

聚落之间应有道路相接。《尚书大传·虞传》记载：“古八家而为邻，三邻而为朋，三朋而为里，五里而为邑，十邑而为都，十都而为师，州十有二师焉。”虽然其行政区域未必会如此规整，但有一定的组织应是可以肯定的。这些聚落组织之间的联系，则是由道路来连接的。

夏代的商业也有一定的水平，货物可以运至很远的距离。《尚书大传·夏传·禹贡》记载：“夏成五服，外薄四海。东海鱼须，鱼目；南海鱼革，珠、玑、大贝；西海鱼骨、鱼干、鱼胁；北海鱼剑、鱼石、出瑱、出间。河魭、江鲜、大龟，五湖玄唐，巨野菱，巨定菱，济中詹诸，孟诸灵龟，降谷玄玉，大都鲢鱼，鮿咸会于中国。”四面八方的货物都汇集于中原地区，没有道路的畅通是不可能实现的。

由于夏代交通网络拓展到广阔领域，如何穿越河流水道也就显得至为重要，公共桥梁的架设应运而生。《国语·周语》引《夏令》说：“九月除道，十月成梁。其时儆曰：收而场功，偫而畚梮，营室之中，土功其始。火之初见，期于司里。”此举为后世诸国所继承，在周代称为“先王之教”。《国语》中还载：“雨毕而除道，水涸而成梁”。韦昭注：“夏令，夏后氏之令，周所因也。除道所以便行旅，成梁所以便民，使不涉也。”《礼记·明堂》谓“季秋除道致梁”。《左传·庄公四年》载楚令尹斗祁和莫敖屈重“除道梁溠”。四川青川郝家坪战国墓出土木牍有文曰：“九月，大除道及阪险；十月，为桥，修波隄，利津梁，鲜草离。非除道之时，而有陷败不可行，辄为之。”可见开道与架梁并重，由来已久。

最早的桥称为“梁”。《说文解字》曰：“梁，水桥也。”段玉裁注：“用木跨水，则今之桥也。……见于经传者，言梁不言桥也。”《初学记》卷七曰：“凡桥有木梁、石梁；舟梁——谓浮梁，即《诗》所谓造舟为梁者也。”早期的梁桥多数是木梁，因为木梁的架设比石梁轻便。由自然倒下的树木形成的梁桥而发展成砍伐树木架作桥梁，再由木梁发展成石梁。

第二节　商代的陆路交通

关于殷商时期的交通记载更多一些，说明这一时期的交通有了新的发展。

一　商代陆路交通概况

（一）开辟交通路线的传说

《列子·汤问》中有一著名的“愚公移山”的故事：太行、王屋两座大山，方圆七百里，高度达万仞，本来位于冀州之南、河阳之北。有位北山愚公，年近九十，面山而居，深感出行不便，于是决心挖掉这两座山，以图“指通豫南，达于汉阴”。亲率子孙“叩石垦壤，箕畚运于渤海之尾”。此事为“操蛇之神闻之，惧其不已也，造之于帝。帝感其诚，命夸娥氏二子负二山，一厝朔东，一厝雍南。自此，冀之南，汉之阴，无陇断焉。”此事未必真有，但由此可以折射反映出早期交通建设的事迹。到了商代，人们可能不满足于自然的道路，而是根据自己的意愿开山辟路。

（二）从传世文献看商代的陆路交通

商王朝管辖的范围为王室直接统治的王畿和诸侯方国控制的地域两部分。若就纳贡地域来说则可分为三个层次：一是王畿内的贵族，他们多在王室中担任一定的职务；二是商王室封在王畿外的诸侯；三是臣服于王室的方国。这三个层次之间的社会活动是以四通八达的交通路线为基础的。《今本竹书纪年》记载成汤之时，“诸侯八译而朝者千八百国，奇肱氏以车至……”《尚书·洪范》记武王向亡殷贵族箕子请教，箕子曾用“王道荡荡”、“王道平平”、“王道正直”喻政。这些都说明王室内、王室与诸侯、方国之间建立起了巨大的交通网络。

商代的道路交通众多是缘民间往来而开通的。《孟子·尽心》说：“山径之蹊，间介然用之而成路。”所谓路为人走出，古今中外皆然。《尚书·酒诰》中有谓殷的妹土之人“肇牵车牛远服贾”，孔《传》认为“牵车牛载其所有，求易所无，远行贾卖。”《管子·轻重》说：“殷人之王，立帛牢，服牛马，以为民利，而天下化之。”《山海经·大荒东经》也说：“王亥托于有易河伯仆牛。”《天问》则有：“恒秉季德，焉得夫朴牛，何往营班禄，不但还来。”这些史料集中表明：商代部族与部族之间，人与人之间的交往和物物交换，打破了地域间的封闭状况，使得交通网络向多层面发展。

（三）从考古材料看商代陆路交通

考古工作者在河南殷墟——商王朝的中心地区发现了很多鲸鱼骨、朱砂、咸水贝、绿松石以及占卜用的龟甲等，这些都是距殷墟很远的地方的产物，有的产于大海之中。商代的青铜器在西至陕西，东至山东，南至江西、湖南，北至河北、内蒙古等广大地区内部有发现，这也表明，商王朝与各地区之间有着巨大的物质文化交流。

二　殷商时期交通干线的修筑、保护和服务设施

（一）交通干线的修筑

甲骨文中有“行”字和诸多从“行”的字，字形作卝，正像东西南北交叉的十字道路之形，它的本义是“道路”之意。《诗·豳风·七月》有“遵彼微行”的诗句，“微行”指小路，那么“行”当是“大路”之意。《诗·小弁》中有“行有死人，尚或墐之”，它如《卷

耳》、《鹿鸣》和《大东》等中的“周行”，这“行”字便是指“大路官道”。甲骨文中的“行”字除有作人名外，大都为交通大路之意，如“乙巳卜，出贞；王行逐［兕］：乙巳卜，出贞；逐六兕，禽。”（《后》上 30、10）此为狩猎之辞，“行逐”者，以车循大道而追逐。又如“贞：弓（勿也）行出；贞；行出；”（《乙》7771）此贞问商王由大路出行还是不由大路出行。再如“弜用义行，弗遘方，戌叀义行，遘羌方，有戋：”（《后》下 1.35）是卜问沿大路行军，能否遇上敌人，是胜利还是伤害自己的部属。

商代的道路修筑有三个大的特点：

第一是王邑内的道路为全国楷模。商人曾一再自赞“商邑翼翼，四方之极”[①] 整饬的王朝国都，是四方的表率。河南偃师尸乡沟发现的早商都城遗址，面积约有 190 多万平方米，城内道路纵横交错，已发现大路 11 条：东西向 5 条，南北向 6 条。路面一般宽约 6 米，最宽的达 10 米。道路与城门方位大体对应，构成棋盘式的交通网络。城内道路主次相配，主干大道宽敞平直，路土坚硬细密，土质纯净，厚达半米左右；路面中间微鼓，两边稍低，便于雨水外淌。主干大道一般直贯城门。城门的门道路土之下，还铺有木板盖顶的石壁排水沟，沟底用石板铺砌，内高外低，相互叠砌，呈鱼鳞状，叠压顺序与水流方向一致。出城之后，沿城墙还有宽 4.5 米的顺城路。城内另有与主干大道相连的斜坡状“马道”，可以直登城墙之上。这样一座经过严格规划而兴建的商王都，其道路的完善堪为全国之最。

第二是方国也重视道路的修筑。如江西清江吴城商代遗址发现一段长近百米，宽 3～6 米的道路，与一“长廊路”相连，后者残长 39 米，宽 1～2 米，路面结构类似三合土，而且有排列有序的柱洞。似为地方贵族的生活便利而筑。由此可见方国的道路修筑水平不低。

第三是商代晚期已形成以殷墟王邑为中心的东西横向、南北纵向的国家道路网络。据研究，这种全国性的交通干道有六条：

东南行——为通往徐淮地区的大道，即甲骨文中关于征人方的往返路径，有的地段可能与今陇海路郑州至徐州、津浦路徐州至淮河北相合。东北行——为通往今卢龙及其以远至辽宁朝阳等地的交通干道。东行——此道与山东益都古蒲姑有要道相通，另有水路可沿古黄河或济水而下。南行——此道与今湖北、湖南、江西等当时的国族之间干道相连。西行——此道通往陕西，沿渭水可直至周邑丰镐或别的方国部落。周武王曾由此道伐商。西北行——为逾太行的要衢。商与西北𢀛方、土方等交战常用此道。

（二）交通干线的保护和服务设施

古代王朝筑治的交通干道备受重视和保护。《诗·周颂·天作》说：“彼徂矣岐，有夷之行，子孙保之。”这是周朝统治者申诫子孙要世代保护好平坦的岐道。实际上早在商代，统治者对道路网络便相当重视。《韩非子·内储说》载有“殷之法，弃灰于公道者，断其手。”惩罚是够重的。又据史书记载：今河南三门峡，山岩险峻，为东西大道所必经，从山上流下的涧水常常冲坏路面。商王便让一批服刑的奴隶常年在那里筑护[②]。殷商王朝建立了一套相关护道保护措施。

武丁王朝之后统治者在干线上常设的军事据点——桀陮。甲骨文中有记载：“辛巳贞，

① 《诗·商颂·殷武》。
② 《尚书·说命》。

王惟癸未步自桒隹。"(《粹》1034)"癸亥贞，王惟今日伐，王夕步自桒三隹。"(《安明》2675)"癸亥贞，王其伐卢羊，告自大乙。甲子自上甲告十示又一牛。兹用。在桒四隹。"(《屯南》994)桒隹的设置，以数目为序，编至四站，首站单称"桒隹"第二站未见，第三、四站分别称为"桒三隹"和"桒四隹"。各站间保持有一定的距离，从上举后二辞看，桒三隹和桒四隹的间隔距离有一日之程。如按《韩非子·难势》所说"良马固车，五十里而一置"，则自首站至第四站可控路段约有200～250里左右，从而形成交通道上有机防范网络。

道路上的服务设施为羁。关于羁，古书上载有多种。《逸周书·大聚解》谓周观殷政，"辟开修道，五里有郊，十里有井，二十里有舍，远旅来至，关人易资，舍有委。"《周礼·地官·遗人》曰："凡国野之道，十里有庐，庐有饮食；三十里有宿，宿有路室，路室有委；五十里有市，市有候馆，候馆有积。""舍"、"宿"等均为羁的别称。"二十里有舍"、"三十里有宿"记载说明羁与羁间大体保持二三十里的距离。这样第五羁便已踞王都有一百五十余里。商代道路交通呈中心向四外平射状，如果王都通往四方的各条干道都设有羁舍，可以想见商王朝直接控制区其直径为二三百里。在此范围内的过行食宿寄止，可由王朝专设的羁舍提供。

(三)驿传制度

因消息的传报和使者的往来而形成驿传制度。这种制度的形成，体现了商王朝对下属各地统治或对周边地区羁縻的具体措施。驿传在甲骨文中称之为"逹"，也写作"�"，其辞说："贞卲其右示飨葬，逹来归。"(《合集》296)"己未贞，王令逹……于西土，亡戋。"(《屯南》1049)可见当时专门负责出入驿传者也称为"逹"，以职相称。逹传地域所及范围广大，有一片祖庚祖甲时的卜辞说："己亥卜，中贞惟枫。丁亥逹……。"(《合集》23674)"枫"是黄昏掌灯时分。己亥日黄昏下达使命，直至丁亥日传到，前后相隔了48天。以一天二三十里计，单程约有1200里左右，离王都可谓遥远。若算为往返里程，也在600里开外。另一片帝乙帝辛时卜辞说："醜其逹至于攸，若。王占曰：大吉。"(《合集》32824)"醜"是殷商东方盟国，在今山东益都瀰河流域一带。"攸"在今河南永城和安徽宿县、蒙城之间。殷墟商王都、醜、攸三地，平面直线距离都在700里左右，犹如一等边三角形。由此足可看出殷商时期驿传地域之大。

第三节　西周时代的陆路交通

西周王朝是中国历史上一个幅员辽阔的国家。周王室为了实施统治，非常重视道路的开辟和维护。《逸周书·大聚解》说："维武王胜殷，抚国绥民，乃观于殷政……"周公曾告之以"道别其阴阳之利，相土地之宜，水土之便，营邑制，命之曰大聚。……辟开修道……"周武王得江山后在统治国家方面处处学习前朝的经验，吸取前朝的教训。周公则告武王要重视"辟开修道"。

一　对道路的维修与管理及新道路的开辟与扩展

（一）对道路的维修与管理

西周道路建设由司空兼管，对修路架桥的时令也有规定[①]“司空以时平易道路”、“季春三月，令司空官周视原野，开辟道路，毋有障塞”[②]，“雨毕而除道，水涸而成梁”，“九月除道，十月成梁”[③]。“岁十一月徒杠成，十二月舆梁成”[④]。对道旁植树等也有规定：“周制有之曰：列树以表道，立鄙食以守路”[⑤]。周代甚至将道路维修与国势兴亡联系起来，如周定王的卿士单襄公到陈国，看到陈国“道茀不可行也，候不在疆，司空不视涂”、“川石梁”、“道无列树”，回来后对定王说：“陈国必亡”[⑥]。

管理道路的官还有“量人”、“司险”。周礼夏官下设“量人”、“司险”。量人负责道路途数的调查统计，“书而藏之”。司险“掌九州之图”，全面了解境内的地理形势，提出边防宜通宜塞的建议。另外“匠人”则专管城邑内外径途、纬道、环途及桥梁的修建。地官下设“遂人”、“遂师”二职。遂人“掌邦之野”，即专管鄙野道路的规划修治。鄙野为井田的所在处，有邻、里、酇、鄙、县、遂等行政组织。里有司里，《国语·周语》韦昭注：“司里，司宰也，掌授客馆”，即遂人有直接、间接管理野途中客馆的职责。“遂师”掌管“政令戒严”、“巡视道路”，即负责维持交通秩序及一遂之内道路的管护。

（二）道路的开辟与扩展

周人在周原上披荆斩棘，疆理田亩，招纳部众，营建宫室城邑，开辟道路。“柞棫拔矣，行道兑矣”，《诗·大雅·绵》记述了周人开辟道路的情况。《诗·大雅·皇矣》中也说：“启之辟之”，“其柽其椐”，意思是开辟道路，保持其畅通无阻。

周王朝不仅在自己管辖的范围内开辟道路，而且还探求通行于周边的道路。《穆天子传》记载周穆王出巡历时717天，行程约35 000里。公元前约10世纪，穆王即位后的第12年10月，穆天子一行由成周（今洛阳东）启程东行，在嚣氏（今河南荥阳县东北）跨黄河到野王（今河南沁阳县），北越太行山进入今山西，经现晋城、高平、长治抵漳河。循漳河河谷北上（约经今左权、和顺、昔阳）到达今平定县东的“盘石”。因雨（雪）在钘山（今河北井陉西）狩猎。由钘山西北行，到达滹沱河，沿河经今盂县、五台、定襄、忻县、原平，在“隃之关隥”（今代县雁门关一带）进入雁北。再西北行到达河宗氏（今河套地区），和当地部族举行了亲善活动。由河宗氏又西行，曾到达“旷原之野”（中亚细亚）。回国途中，得到了徐国叛乱的消息，于是昼夜兼程，经雷首山（今中条山）迳绝翟道，升太行山，南渡黄河，回到成周。由穆王出巡的路线可以看出当时中原通西北道路的轮廓。

---

① 《左传·襄公十三年》。
② 《周礼·月令》。
③ 《国语·周语》。
④ 《孟子·离娄》。
⑤ 《国语·周语》。
⑥ 《国语·周语》。

二　道路的类型

西周的道路有陆路（又分城道、国道、诸侯道、乡间田野道等）、水路。

1. 城道

据《考工记》记载：西周的城均为方形，每面开三个城门，门有三途。由各城门分别通向城内共九条街道纵横交错（南北之道谓之经途，东西之道谓之纬途）。镐京城最大，街道也最宽，每条街道可并行马车九辆。周的轨宽为八尺（每尺为0.231米），则街道宽为72尺（折今16.63米）。据说规定男女分左右两行，车由中央，可见其规模。《诗·小雅·皇皇者华》载："我马维骐，六辔如丝，载驰载驱，周爰咨谋。我马维骆，六辔沃若，载驰载驱，周爰咨度。"它描写的是各地诸侯贵族乘着宝马良车往来周京的情景。

2. 国道

西周的国道称"周行"、"周道"①。"周行"一词在《诗》中出现三次："嗟我怀人，寘彼周行。"（《周南·卷耳》）"人之好我，示我周行。"（《小雅·鹿鸣》）"佻佻公子，行彼周行。"（《小雅·大东》）。"周道"一词在古籍上出现六次，其中《诗》中五次："匪风发兮，匪车偈兮。顾瞻周道，中心怛兮。匪风飘兮，匪车嘌兮。顾瞻周道，中心吊兮。"（《桧风·匪风》）"四牡騑騑，周道倭迟。"（《小雅·四牡》）"踧踧周道，鞫为茂草。"（《小雅·小弁》）"周道如砥，其直如矢。"（《小雅·大东》）"有栈之车，行彼周道。"（《小雅·何草不黄》）《左传》中出现一次："周道挺挺，我心扃扃。"（《左传·襄公五年》）另在出土金文中也出现一次："封于周道"（《散氏盘》）。

道路前冠以"周"，无疑是与周王室有关。所谓"周道"应是指周王室修筑，通向各诸侯国境内的一种道路，即今所谓"国道"。"周道"有如下特点：

平直——《小雅·小弁》"踧踧周道"，毛传："踧踧，平易也。"《左传·襄公五年》"周道挺挺"，杜注："挺挺，正直也。"《小雅·大东》诗中说得更为明白："周道如砥，其直如矢。"它形容"周道"像磨刀石一样平坦，像箭杆一样端直。

宽阔——《小雅·四牡》"四牡騑騑，周道倭迟。"牡，公马。騑騑，高亨《诗经今译》释为"马行不停貌。"倭迟，毛传释为"历远之貌"，《集传》释为"回远之貌"，高亨释为"道路迂回遥远之貌"。这里是描写行者乘着用四马驾的车，不停地奔驰在一望无垠的大道上。《小雅·何草不黄》"有栈之车，行彼周道"中的栈车，毛传释为役车，郑笺为辇车，用人拉，为战争时的辎重车。《桧风·匪风》中的"车偈"、"车嘌"，《集传》释："偈，疾驱貌"，"嘌，漂摇不安之貌。"由上述可见，周道上可以行车，道路应较宽阔。

列树表道——《诗·大雅·绵》说："柞棫拔矣，行道兑矣。"拔，郑笺孔疏说为生长之义。笺云"柞，棫生柯叶之时"为拔；孔颖达疏云："柞、棫生柯叶拔然。"周道旁种树以作标识，《国语·周语》可证："周制有之曰'列树以表道'"。《周礼·野庐氏》中也说："掌达国道路，至于四畿，比国郊及野之道路，宿息井树。"井树，郑注"井共饮食，树为蕃蔽"，是

① 《国语·周语》。

种树为遮阴纳凉之用。《周礼·司险》中还说“树之林以为阻固”，即道旁种树是为了防止人横越。

备有食宿——《逸周书·大聚解》云：“辟开修道，五里有郊，十里有井，二十里有舍……舍有委。”委，即委积，以供行人饮食之用。《周礼·地官·遗人》说得更具体：“凡国野之道，十里有庐，庐有饮食。三十里有宿，宿有路室，路室有委。五十里有市，市有侯馆，侯馆有积”。如此整齐划一的制度在西周不一定全存在，但也并非全属虚构。春秋时人说西周时有在道上“立鄙食以守路”之制，即反映了当时备有食宿的情况。

周道的形成具有不可低估的历史作用。《墨子·兼爱》引诗对其评价说：“王道荡荡，不偏不党；王道平平，不党不偏。其直如矢，其易若底。君子之所履，小人之所视。”

诸侯道　周厉王时期的《散氏盘》中有“封于刍道、封于原道、封于周道、封于眉道”记载。其中刍、原、眉均为诸侯所在邑的地名。各地诸侯也重视修路，《诗·大雅·崧高》说：“王命召伯，彻申伯土田”；“王命召伯，彻申伯土疆”。《大雅·江汉》也说：“王命名虎，……彻我疆土”。“彻”的意思就是“通”，即通大小道路。文献中记载有著名的“鲁道”，这条道北通齐国营丘（临淄），西达洛邑，南通吴越。当时的人们这样歌咏它：“汶水汤汤，行人彭彭。鲁道有荡，齐子翱翔。汶水滔滔，行人儦儦。鲁道有荡，齐子游遨。”①意思是：在坦荡的鲁道上，行人像潮水般来来往往，热闹之极，繁盛之极。

田间道路　西周时期田间道路的规制与水利设施的沟洫是相辅相成的。由于沟渠深宽不一，有大有小，故道路也随着有窄有宽，有长有短。《周礼·地官·遂人》载：“凡治野，夫间有遂，遂上有径；十夫有沟，沟上有畛；百夫有渠，渠上有涂；千夫有浍，浍上有道；万夫有川，川上有路，以达于畿。”在遂、沟、洫、浍、川等宽深不一的水渠旁，有相应的径、畛、涂、道、路。《诗·小雅·信南山》中“我疆我理，南东其亩”也是指田间路界。据研究，径宽5尺，为步道，可通牛马而不能行车；畛容大车，约宽7尺；涂容乘车，约宽8尺；道容二轨，约宽16尺；路容三轨，约宽24尺。

---

① 《诗·载驱》。

第十六章　春秋战国时期的陆路交通

春秋战国时期是中国历史上社会制度发生重大变革的时期。随着井田制的瓦解及土地私有制的形成，手工业及商业领域也发生了重大的变化。铁制工具的使用促进了手工业技术的提高。手工业也使商业活动增多，各地区之间的经济联系加强了，进而带动了交通运输业的发展。

由于运河的修建受环境条件的制约较强，而且它又多集中于水道纵横的南方地区，因此在中国的大部分地区，尤其是北方，交通运输主要依靠陆上道路。春秋战国时期，生产力的发展为道路的建设提供了可能性和物质基础。频繁的战争促进了道路的建设，诸侯林立的政治格局形成了春秋战国时期各自为政的道路基础，道路交通事业迅速发展。

第一节　陆路交通网的形成

早在西周时，道路的建设就已经初具规模，并初步形成了道路等级系统。据《周礼》记载，当时的道路分为五个等级："凡治野，夫间有遂，遂上有径；十夫有沟，沟上有畛；百夫有洫，洫上有涂；千夫有浍，浍上有道；万夫有川，川上有路，以达于畿。"[①] 据汉郑元注："径、畛、涂、道、路，皆所以通车徒于国都也。径容牛马，畛容大车，涂容乘车一轨（注：为八尺宽），道容二轨，路容三轨。"道路建设水平也有明显提高，《诗经》中"周道如砥，其直如矢"[②] 的描述反映出道路修建的质量。而且，据《国语·周语》的记载，当时已在道路两旁种植树木作为标志："周制有之曰，列树以表道，立鄙食以守路。"[③]

关于春秋战国时期的道路分布情况，史书中并没有专门的记载。春秋时期战争频繁，战争方式多为车战；到了战国时期，战车在战争中仍发挥着重要的作用。战车对道路条件的要求较高，频繁的战争说明当时已经有了一定的道路交通条件。同时，民族交往增多，经济交流频繁也都有赖于一定的交通条件。现代学者多通过《战国策》、《国语》、《史记》、《左传》等古籍中有关春秋战国时期战争中行军路线、政治交往等的记载，分析总结出了这一时期道路交通的主要格局[④]，也有学者通过出土文物论证了当时的交通状况[⑤]。

战争和贸易使春秋战国时期道路交通的发展有了质的飞跃，一是道路建设已由东西向的发展转向南北向的延伸[⑥]，北方已达现在的内蒙古南部和辽宁省南部一带，南方到现在的云

---

① 《周礼·地官司徒·遂人》。

② 《诗经·小雅·大东》。

③ 《国语卷二·周语中》。

④ 参见：史念海，春秋以前的交通道路，中国历史地理论丛，1990年，第三辑。史念海，战国时代的交通道路，中国历史地理论丛，1991 (1)。卢云，战国时期主要陆路交通线初探，历史地理研究，1，复旦大学出版社，1986年。

⑤ 朱活，从山东出土的齐币看齐国的商业与交通，文物，1972，5；谭其骧，鄂君启节铭文释地，长水集下，人民出版社，1987年；黄盛璋，关于鄂君启节地理考证与交通路线的复原问题，历史地理论集，人民出版社，1982年。

⑥ 白寿彝，中国交通史，商务印书馆，1993年，第10页。

南、广西省北部；二是形成了四通八达的交通网。而地处中原地区的诸侯国，由于地势平坦、位置居中，交通更加发达。《战国策》中描述魏国的交通道路就是："诸侯四通，条达幅凑。"[①] 这一时期，道路的建设已经成为国家盛衰的标志。据《国语》记载，周使臣路经陈国（今河南淮阳），看到道路一片荒凉，预见到陈国将亡："今陈国道路不可知，田在草间……是弃先王之法制也"，"道茀不可行也，候不在疆，司空不视涂，泽不陂，川不梁，……道无列树，垦田若艺，膳宰不致饩，司里不授馆，国无寄寓，县无施舍"[②]。春秋战国时期的交通道路，多由连接主要政治都会和经济中心的交通干线组成。以大都市为中心形成了向外辐射的交通道路网，他们带动了周围地区经济建设的发展。同时这些道路互相连接，形成了连接中原各国的道路网，交通十分便利。中原地区的主要交通干线有以下几条：

自现在的咸阳、西安向东，经秦岭之北、渭河之南的东西狭长走廊，出函谷关，经洛阳，向东延伸通往中原各国的东西道路。这条道路一条经大梁（今河南开封）向东北直达临淄（今山东淄博附近）；另一条经大梁、睢阳（今河南商丘）至彭城（今江苏徐州）。这是连接东西交通的主干线，在当时道路交通上占有重要的地位。

自洛阳向北，沿太行山东麓的山前冲积扇地带上分布着许多大城市，向北延伸的另一条南北向的交通干线连接着这些城市。它沿着现在的河南温县、新乡、安阳，以及河北邯郸、石家庄、保定等城市附近，最后到达现北京市西南部，这里是当时燕国的国都。由这里折向东，仍沿着山前冲积扇地带，这条道路出山海关，通往辽西走廊、辽河平原和辽东半岛一带。

以上两条道路是当时最重要的交通干线，也是当时秦国与中原各国联系的重要通道。秦国西部，与中原各国的交往除经函谷关外，还在今陕西商南附近设立武关，它是仅次于函谷关的另一条重要关口，连接着关中与楚国鄢郢地区（今南阳盆地、江汉平原一带）。

出南阳盆地向东的大道是楚国与中原各国交往的重要通道。一条道路出方城，向东达豫中平原；另一条出方城向北连接洛阳。

太行山径道。太行山是隔绝东西交通的天然屏障，因此山间的许多东西向的峡谷便成为连接太行山两侧的交通径道。晋郭缘生的《述征记》中记载有太行八径，战国时期虽然这些径道的名称多未出现，但都已发挥了交通运输的作用[③]。

除以上的交通干线外，春秋战国时期还有一条著名的道路——褒斜栈道。这是中国历史上最古老的道路之一，它在中国交通史上占有重要的地位。据《国语·晋语》记载："周幽王伐有褒"，这里的"褒"即指褒斜道南口[④]。它沿褒斜古道北上，经留坝越分水岭再沿斜水直至眉县西南，全长470里[⑤]。虽然褒斜道早已通行，但直到春秋战国时期才对它进行了较大规模的修筑，并使之成为中国历史上重要的通道。战国中期，秦惠王为了伐蜀，开凿成可以通军队车马的栈道。"栈道千里，通于蜀汉"[⑥]，即是对当时栈道的生动写照。

除上述主要交通道路外，当时还有许多道路，如太行山西侧连接一系列山间盆地的南北

---

① 《战国策·魏策》。
② 《国语卷二·周语中》。
③ 卢云，战国时期主要陆路交通线初探，历史地理研究，(1)，复旦大学出版社，1986年。
④ 郭清华，浅谈褒斜栈道在历代战争中的运用，成都大学学报社科版，1986，(1)。
⑤ 殷克勤，褒斜道早期的历史小议，《石门》，总第2期。
⑥ 《战国策·秦策》。

向道路、东部连接齐与吴、越各国的滨海大道等等，这些道路或是在两国之间、或是在一国内部，均发挥着重要的作用。“桥梁之作，周时虽有，而未多见。至战国时始渐表现。”[①] 桥梁的兴建，也反映出春秋战国时期道路建设的发展。

第二节 陆路交通设施与管理

交通道路的发展促进了经济的往来、物资的流通、民族的融合乃至国家的统一，同时也促进了各国之间的信息交流。因此经济、政治、军事、文化各个方面都离不开交通事业的发展，而交通设施的兴建与交通管理制度的完善又是交通发达的重要保证，也是道路交通发展水平的主要标志。春秋战国时期车辆是主要的交通工具。车辆密度的加大、邮传网络的形成、相应的交通设施的建立和道路管理制度的制定，是春秋战国时期交通发达的一个重要标志。

春秋战国时期建立邮传制度主要是出于政治和军事战争的需要，邮或传舍完全是由国家设立的，因此只负责传递公文而不允许传递私人信件。当时的邮传已经形成了网络，而且由于道路的畅通，邮传速度很快。孔子就曾用邮传速度比喻德政的传播速度：“德之流行，速于置邮而传命。”[②] 可见当时邮传速度之快。

专职人员的出现是邮传制度建立的重要标志。这一时期各国已设有专职人员——行夫、行人、驿使、递夫等负责公文等的传递[③]。通信的方式也分得很详细，“步行之邮称为传，乘车马谓之驿，轻车急行特称遽，接力传递谓之‘传’”[④]。邮传组织已有了相应的管理制度，据《管子》记载，当时的齐国：“三十里置遽委焉，有司职之。从诸侯欲通，吏从行者，令一人为负以车；若宿者，令人养其马，食其委；客与有司别契，至国八契。费义数而不当，有罪。凡庶人欲通，乡吏不通，七日，囚。出欲通，吏不通，五日，囚。贵人子欲通，吏不通，三日，囚。”[⑤] 每30里就有传舍，舍内积存有粮草，并有专人管理。他们有明确的职责，如果失职将会受到严厉的惩罚，管理制度还是相当严格的。尽管各诸侯国邮传的名称不尽相同，传舍间的距离标准不同，但邮传管理制度却十分相似。

春秋战国时期人员往来频繁，因此需要馆舍以接待来往行人，馆舍的设置势在必行。尽管负责邮传的传舍也可住宿，但是否允许普通旅客住宿无可考证。从《礼记·曾子问》的记载中可以看出，早期的馆舍可以大致分为公馆和私馆两类[⑥]。但不论公馆还是私馆，皆为专供招待国家官员或贵族等个别人士的，而非营业性质。

随着诸侯国之间官方交往的增多，馆舍的数量增多，职能也更加具体。“凡国野之道，十里有庐，庐有饮食；三十里有宿，宿有路室，路室有委。五十里有市，市有候馆，候馆有积。”[⑦] 这是因当时交通发展的需要设置的，庐舍候馆均是由国家设置、国家提供经费的。

---

① 王倬，交通史，商务印书馆，1923年，第11页。

② 《孟子·公孙丑上》。

③ 陈鸿彝，中华交通史话，中华书局，1992年，第46页。

④ 陈鸿彝，中华交通史话，中华书局，1992年，第47页。

⑤ 《管子·大匡》。

⑥ “凡所使之国，有司所授舍，则公馆已。……自卿大夫之家回私馆。公馆与公所为曰公馆”。

⑦ 《周礼·地官司徒·遗人》。

它专门负责国家官员的接待任务，并且有专职人员——野庐氏负责。野庐氏是负责庐舍候馆管理的官员，他的主要职责是："宿息、井树。若有宾客，则令守涂之人聚柝之。有相翔者，诛之。"[①] 从这一记载我们可以看出，庐舍候馆的管理主要是囤积足够的交通物资、为国家官员提供食住条件以及保证他们的住宿安全等。

春秋战国时期伴随着道路交通的发展，具有营业性质的，供云游者、商人等居住的私人宾馆也很普遍。私人宾馆的兴盛，方便了游客的往来，但也为国家治安带来了麻烦。因此也需要国家加强管理。春秋战国时期相应的管理法规已经建立起来。据史书记载，商鞅被秦惠王追捕，"亡至关下，欲宿客舍。客人不知其是商君也，曰：商君之法，舍人无验者，坐之"[②]。说明当时对私人宾馆的管理法规非常严格，而且也很普及，连远在边关的客舍经营者也很清楚。

道路的修建必须有相应的管理措施与之配套，才能保证交通的畅通无阻。春秋战国时期交通管理事业发展很快，已经有了专门的管理机构和专职管理人员——合方氏、野庐氏等，他们主要负责交通道路的管理。管理的内容也很全面，既负责"雨毕而涂道，水涸而成梁"等道路的修整工作[③]，又包括关卡的设置等管理工作。

野庐氏除负责管理庐舍候馆外，还要"掌达国道路至于四畿"。据《周礼》记载，他们的职责是："比国郊及野之道路，……。凡道路之舟车擊互者，叙而行之。凡有节者，及有爵者，至则为之辟。禁野之横行径逾者。凡国之大事，比修除道路者。掌凡道禁。邦之大师，则令埽道路。且以几禁行作不时者，不物者。"[④] 可见野庐氏交通管理的职责是保证道路的畅通、维持交通秩序，修复平整道路，稽查过往行人的通行证件以及有无携带违禁物品等。这一记载基本上反映出了当时交通管理的状况。

第三节 交通道路与地方经济的关系

春秋战国时期特殊的政治、军事及历史背景，都是影响交通事业发展的重要因素。但是道路交通还有其特殊的经济价值，因此同其他历史时期一样，春秋战国时期的交通建设与经济和社会生活之间也存在着密切的关系。

经济发展的水平影响着道路的修建。"经济结构形态的一系列变化和国民经济体系的形成，主要发生在战国时期，……其中最主要的条件是交通的开发"[⑤]。尽管春秋战国时期许多道路的建设与战争密切相关，但经济发展的需要则决定了道路的价值和生命力。只有那些连接着大的经济城市的道路才能成为重要的干道，并能长期发挥作用。例如，褒斜栈道虽因战争的需要而兴建，但由于它连接着两个经济发达的地区，并是当时秦国重要的物资来源地，因此它在历史上一直发挥着重要的作用。

另一方面，安全便利的交通运输又为经济发展提供了物质条件。主要的交通干线不但连接着政治都市，同时还连接着经济中心。四通八达的道路打破了狭窄的地域界限，促进了物

① 《周礼·秋官司寇·野庐氏》。
② 《史记·商君列传》。
③ 《国语卷二·周语中》。
④ 同①。
⑤ 傅筑夫，中国古代经济史概论，中国社会科学出版社，1981 年。

资和信息的交流。

中国虽以自给自足的小农业经济为主，但道路的发展也对农业生产有着促进作用。尤其是春秋战国时期已经有了多余的农副产品，便利的交通为农副产品的交换提供了可能。中国幅员广阔，资源虽很丰富但区域分布并不平衡，地区农业经济的水平更是千差万别，因此物资的交流显得更为重要。交通的发展促进了不同地区物资的良性循环，从而也对农业起到了积极的促进作用。

城市经济在中国古代经济中占有重要地位。而城市经济是以手工业和商业为基础的，这些与交通道路的关系更为密切。“燕之涿蓟，赵之邯郸，魏之魏、轵，韩之荥阳，齐之临淄，楚之宛丘，郑之阳翟，三川之二周，富冠海内，皆为天下名都。非有助之耕其野而田其地者也，居五诸侯之衢，跨街冲之路也”[①]。由于商品交换的发达及经济的发展，春秋战国时期出现了许多万家之邑的大都市。城市从规模和数量上都扩大了。“古者四海之内，分为万国，城虽大，无过三百丈者，人虽众，无过三千家者”，“今千丈之城，万家之邑相望也”[②]。

城市一般都建立在交通线上，这有利于城乡物资的交流，促进了城市经济的发展。洛阳“东贾齐鲁，南贾梁楚”[③]，其交通上的重要性使其在政治中心之外，又成为一个经济中心。“……争名者于朝，争利者于市。今三川周室，天下之朝市也”[④]。春秋战国时期像洛阳这样的大都市还有很多，交通的便利不但促进了这些都市经济的发展，城市的繁荣，也促进了道路的改善和修建。当时已初步形成了以大都市为中心、向四面八方辐射的交通网。

交通道路与地方经济之间的关系是相辅而行的，经济的发展为道路建设提供了物质基础，同时交通道路的发展也是地区开发的先决条件和物质基础。春秋战国时期交通的发展，从一个侧面反映出了当时经济的繁荣。春秋战国时期交通区域的开拓、道路的建设、交通设施水平的不断提高以及道路管理措施的形成，为中国交通事业的发展打下了基础。秦统一中国后，在全国范围内统一修建的驰道，就是在春秋战国时期道路的基础上建立的。

① 《盐铁论·通有》。
② 《战国策·赵三》。
③ 《史记·货殖列传》。
④ 《战国策·秦策》。

第十七章　秦汉时期的陆路交通

第一节　陆路交通线路布局

一　秦代以咸阳为中心的陆路交通网

战国时期，战争频繁，但各主要国家的道路和交通运输事业，仍随着战争规模的扩大和交战各国政治、军事、经济关系的变化而得到发展。而秦国正是当时最重视道路交通建设的国家。范睢相秦，“栈道千里，通于蜀汉，使天下皆畏秦”①，就是很好的说明。所以如此，是因为，发动十万、二十万以至四十、六十万大军参加的战争，所需要的巨额粮食和物资供应，没有良好的道路和运输设备是无法保证的。另外，合纵、连横情况下各国君主、将相、使臣的频繁交聘、会盟，也需要相应的交通条件和设备。当然，这时各国的道路建设都是从本国的需要和条件考虑的，线路布局多以本国首都为中心，规格质量也难得一致。尤其在与邻国接壤的边远地区，为了防备对方的进攻，又多依靠有利的地形修城建堡，挖沟开濠，构筑各种防御工事，从而对彼此间的交通造成巨大的障碍。

秦始皇灭亡六国，统一全境后，就立即开始按照秦国的道路制度，对新统治地区的道路交通进行大规模的整修改造。主要表现为“决通川防，夷去险阻”，铲除六国在边境人为制造的交通阻碍以“治驰道”②。所谓驰道，也就是驰马走车所行之道。《礼·曲礼》疏曰：“驰道，正道，如今御路也。是君驰走车马之处，故曰驰道也。”《汉书·贾山传》中贾山的《至言》讲到秦朝驰道的一些情况，曰：“（秦）为驰道于天下，东穷燕齐，南极吴楚，江湖之上，濒海之观毕至。道广五十步，三丈而树，厚筑其外，隐以金椎，树以青松，为驰道之丽至于此。”用“治驰道”使以国都咸阳为中心的道路网，把全国各地紧密联系在一起。为改善关中与北边的交通条件，同时又修筑了一条被称为“直道”的国防捷径，作为全国驰道网的重要补充。直道由于道路较直而得名。秦朝修筑的驰道、直道，奠定了国内道路系统的基础。

以首都咸阳为中心通向四面八方的，由秦国原有道路、新修的驰道和直道联成的秦朝陆路交通网，大致由以下主要道路构成。

（1）从咸阳向西，经秦国旧都雍（今陕西省凤翔县），转西北越陇山，经上邽（今甘肃省天水市）到陇西郡治所狄道（今临洮县）。狄道突出于秦昭王所筑斜贯陇西、北地、上郡的长城西端转折处，为西北边防重镇。公元前220年秦始皇统一全国后第一次出巡视察西边，即循此道③。不过也有学者认为不是由咸阳出发，而是巡边返回时由此线入咸阳④。

---

① 汉·司马迁，《史记·范睢蔡泽列传》。

② 汉·司马迁，《史记·秦始皇本纪》。

③ 同②。

④ 王京阳，《关于秦始皇几次出巡路线的探讨》，人文杂志，1980，(3)。

（2）从咸阳西北云阳县的甘泉宫（今陕西省淳化县北）向西北，到北地郡治所义渠县（今甘肃省宁县西北）。秦始皇公元前220年西巡陇西、北地，“出鸡头山，过回中”①。鸡头山又称笄头山，为陇山一支，位于泾水发源处，汉代属安定郡（治所在今宁夏自治区固原县），而回中古人亦称在安定。附近又为秦昭王长城所经，长城内侧当有大道。主张秦始皇此次西巡先北地、后陇西的学者即以先出鸡头关，后过回中为根据。

（3）从云阳甘泉宫北通九原郡九原县（今内蒙自治区包头市）的直道。这是蒙恬北逐匈奴后，于公元前212年修筑的军事通道。史称“堑山堙谷，直通之”②，故称直道。其南段由甘泉宫向北而稍偏西，沿子午岭而行。北段稍折东北，过鄂尔多斯草原。秦始皇在公元前210年东巡病死沙丘，灵车即由此道回咸阳。《史记》作者司马迁后来亦曾随汉武帝巡行在这条道路上。

（4）从咸阳向北经雕阴（今陕西省富县）、高奴（今延安市）至上郡治所肤施县（今榆林市南）。肤施以北，可能还会沿昭王时所筑长城延伸到河套东北云中郡的治所云中县（今内蒙自治区托克托县东北）。秦昭王于公元前287年“之上郡、北河”。秦王政于公元前228年“之邯郸”，“还从太原、上郡归”，公元前215年北巡“从上郡入”，均循此道③。

（5）从咸阳向东北过黄河，经河东郡治所安邑县（今山西省夏县西北）、太原郡治所晋阳县（今太原市西南），到雁门郡治所善无县（今右玉县）。此线涉及战国以来秦与韩、赵、魏三国争夺的要地。如安邑曾为魏的国都，晋阳曾为赵的都城。统一后则在防御匈奴南侵中具有重要意义。从安邑向东北，经上党郡治所长子县（今长子县）可至邯郸郡治所邯郸（今河北省邯郸市）。从晋阳县向东可至恒山郡治所东垣县（今石家庄市东）。秦始皇于公元前218年东巡之罘，“道上党入”，即循此道南段。公元前210年东巡病死沙丘，遗体“从井陉抵九原”，当循此道北段④。

（6）从咸阳向东出函谷关（今河南省灵宝县东），经三川郡治所洛阳（今洛阳市）、荥阳（今河南省荥阳县）、大梁（今开封市）、彭城（今江苏省徐州市）到东海郡的朐县（今连云港市）。此为秦通关东各地的主要线路。秦始皇“立石东海上朐县中以为秦东门”，说明对这条道路的重视。公元前219年东巡“上泰山”、“禅梁父”、“穷成山，登之罘”，留琅邪三月，“还过彭城”。来回当都曾经过此线的一部分。公元前218年再次东巡之罘，遇刺博浪沙（今河南中牟县西北），当亦经过此线西段⑤。

此线经过的洛阳，曾为周天子之都。由洛阳向东北经河内郡治所怀县（今武陟县西南）、邯郸郡治所邯郸县、恒山郡治所东垣县、广阳郡治所蓟县（今北京市），到渔阳郡治所渔阳县（今北京市密云县西南），则为秦朝通往东北及滨海地区的主要通道。秦王政公元前228年“之邯郸”经此道南段，公元前218年“之碣石”，“巡北边”，当亦经此线⑥。

从洛阳向东南至颍川郡治所阳翟（今河南省禹县）、陈郡治所陈县（今淮阳县）、九江郡治所寿阳县（今安徽省寿县）。阳翟曾为韩国国都。陈县又称郢陈，与寿春均曾为楚国国都。

---

① 汉·司马迁，《史记·秦始皇本纪》。
② 同①。
③ 汉·司马迁，《史记·秦本纪》、《史记·秦始皇本纪》。
④ 同①。
⑤ 同①。
⑥ 同①。

秦王政于公元前223年曾“游至郢陈”。所以灭亡六国后所修“东至燕齐、南极吴楚”的驰道，也可能经过此地。由寿春往东南至历阳（今安徽省和县）过长江，则与公元前210年出武关、游云梦，沿江而下，过丹阳（今安徽省马鞍山市东南），临浙江以登会稽（今浙江省绍兴市）的路线相合①。

荥阳当济水与黄河分流之处，为洛阳以东的险阨，敖仓在焉。从此向东北经东郡、济北郡至临淄郡的治所临淄县（今山东省临淄县北），为关中通齐要道。据《水经注》，其间的长垣县（今河南省长垣县）、聊城县（今山东省聊城市）均有秦汉驰道②。而临淄即为齐国国都。

(7) 从咸阳向东南出武关经南阳郡到南郡治所江陵县（今湖北省荆州市）。江陵为楚国旧都。自此沿长江而下可通江南沿海各郡，溯湘江而上可通岭南各郡。秦始皇公元前219年东巡，归途沿江而上，即由此路回咸阳。公元前210年出游云梦，上会稽山，则系由此路而出③。

(8) 从咸阳向西南去汉中、巴、蜀等郡，其南段汉中郡治所南郑县（今陕西省汉中市）与蜀郡治所成都县（今四川省成都市）间，只有一条被称为金牛道的大路，而北段咸阳南郑间则已有子午、褒斜、堂光、散关各道④，而大路则属散关道，也称故道。其得名当因此道沿嘉陵江东源故道川而行，又经过散关和故道县（今陕西省凤县境）。咸阳通巴蜀道路通过秦岭、巴山峡谷之中，有相当段落为旁缘绝壁，下临深渊的栈道，也称栈阁、桥阁、阁道或桥阁道。其路面宽度当然不能与平原驰道“广五十步”的情况相比。但基本上仍然是可以通行车辆的大道，而且修凿建造工程的艰辛，道路质量的精良都是令人赞叹的。

由于秦都咸阳在全国的位置偏西，所以从咸阳向东方辐射的驰道也相对较长，经过的重要城市也较多。而北方既少水道联系，又有防备匈奴南侵的任务。所以从咸阳向东辐射道路上各重要城市之间，又形成两三条东西或南北向的联系线，呈弧形拱卫着咸阳，构成以咸阳为中心的陆路交通网（图17-1）。

北方缘边联系线循长城内侧东西伸展。西起九原之西，河套西境，向东经云中、雁门、代郡、上谷、渔阳、右北平以至辽西、辽东等郡。此道上的九原、云中、雁门等郡，均以驰道或直道通咸阳。而上谷、渔阳、右北平和辽东、辽西各郡与咸阳的联系，当均通过广阳郡的治所蓟县。

北方第二条东西联系线大致从临淄向西北，经济北郡、巨鹿郡到恒山郡治所东垣县，会从洛阳向东北去蓟县线，再向西到太原郡治所晋阳县，会从咸阳经河东郡通雁门郡线，再向西到上郡治所肤施县。秦始皇最后一次出巡，从荣城山（今山东省荣城市）、之罘（今烟台市）并海西至平原津（今平原县西）而病，“崩于沙丘平台”（今河北省广宗县西），遗体“从井陉抵九原”，经历了本线东部大半。而其公元前228年东巡邯郸，“还从太原、上郡归咸阳”，则经历了此线的西段大半⑤。

东方最边一条南北联系线被称为并海线。具体线路大致是南起会稽郡会稽山（今浙江省

---

① 汉·司马迁，《史记·秦始皇本纪》。

② 北魏·郦道元，《水经注》卷8《济水》。

③ 同①。

④ 《石门颂》。

⑤ 同①。

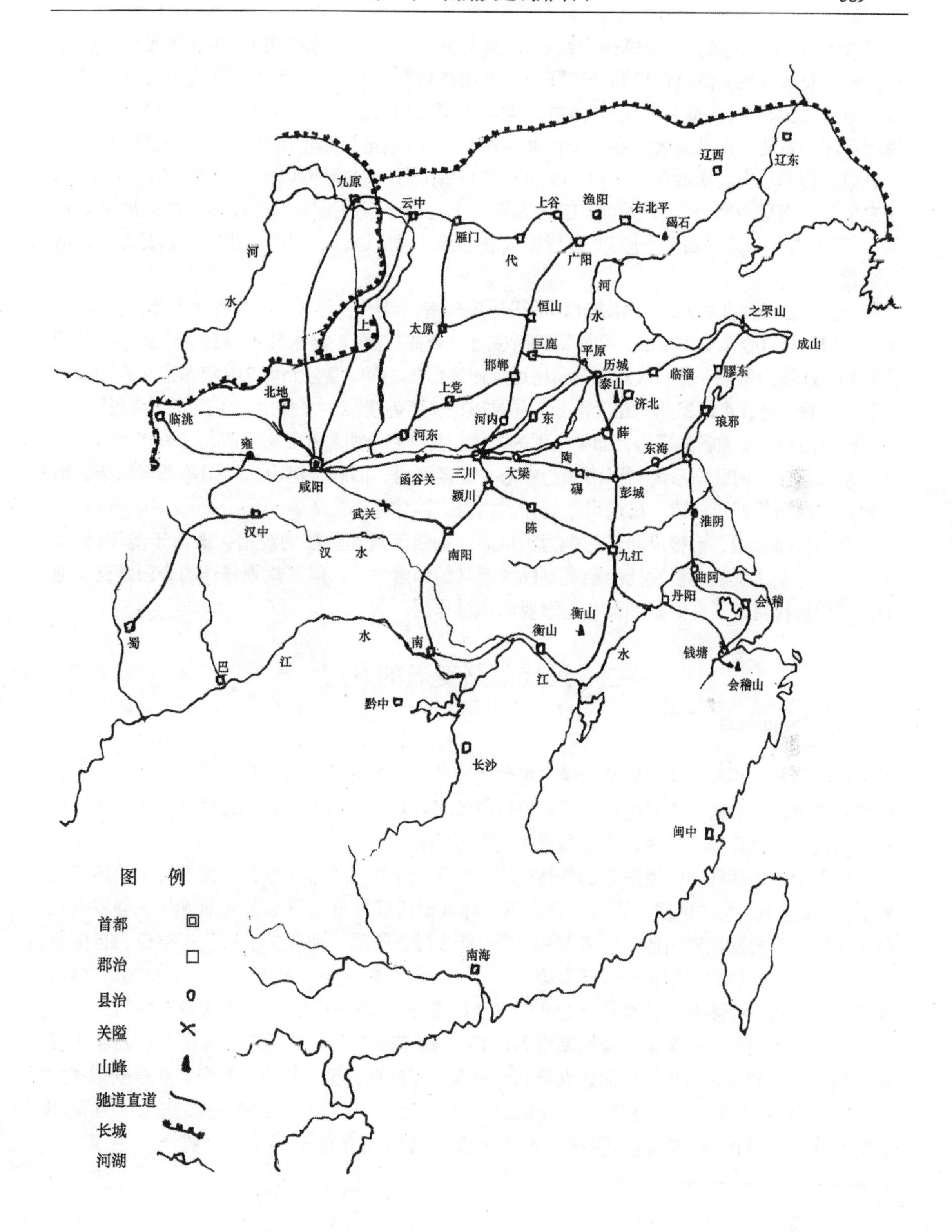

图 17-1　秦代驰道、直道分布示意图

绍兴市南），西绕钱塘县（今杭州市），东北绕吴县（今江苏省苏州市），西北过长江，再折东北至东海郡朐县。然后绕琅邪郡琅邪台（今山东省胶南县南），经膠东郡成山（今荣城市成山角）、之罘山（今烟台市北）、黄县，至临淄郡治所临淄县，再北绕济北、巨野、广阳、渔阳等郡至右北平郡治所无终县（今河北省蓟县），折东至辽西郡的碣石山（今昌黎县北），并进而延伸向辽东。秦始皇公元前219年东巡封泰山后，“并渤海以东，过黄、腄，穷成山，登之罘”，“南登琅邪台”。公元前210年东巡“上会稽，祭大禹”，“还过吴”，“并海上至琅邪”，又由之罘“并海西至平原津”，皆循此线。秦二世出巡，也曾循此线从“碣石并海，南至会稽”①。

东方第二条南北联系线当由济北郡的平原津向南，经历城县（今山东省济南市西），济北郡治所博阳县（今泰安市东南）和薛郡治所鲁县（今曲阜县）、泗水郡彭城县（今江苏省徐州市）到九江郡治所寿春县。从寿春县向南可延伸到长江。秦始皇公元前219年东巡封泰山，禅梁文，过黄、腄，可能经此线北段部分，还过彭城，西南渡淮水之衡山，当经此线南段②。因为秦时衡山指今安徽省的霍山，而衡山郡的治所邾县则在今湖北省黄岗县西北，长江之滨。

东方第三条南北联系线则以洛阳为中心，北经河内、邯郸、恒山、广阳等郡至渔阳，南经颍川、南阳等郡至江陵。再南可通长沙、南海、桂林等郡。

秦始皇修长城、治驰道的目的是为了巩固、加强其封建集权的统治，而由于滥用民力，法令严酷，使之反成为引发社会动乱农民大起义的因素之一。但其规划修建的全国陆路交通网，却为后代奠定了良好基础，有着重要的积极作用。

二 汉代陆路交通的发展

（一）西汉时期

汉承秦制，西汉时期的陆路交通在秦朝的基础上又有发展，尤其是在汉武帝逐匈奴、通西域、平南越、通西南夷的过程中，不仅中原地区的陆路交通网络得到修整、充实，更为完善，周边地区也开辟了许多重要交通路线（图17-2）。

关于中原地区陆路交通网络的修整充实，如汉武帝于公元前130年“发卒万人治雁门阻险”，公元前107年“通回中道”，“发数万人作褒斜道五百余里”③。公元前5年王莽发人役通子午道，自杜陵绝南山通汉中诸事④。关于皇帝行幸所至，则有文帝以代王继位，自中都（今山西省平遥县南）“诣长安，至高陵（今陕西省高陵县）止”。匈奴侵边，派兵迎击之外，又亲“自甘泉（今陕西省甘泉县）之高奴（今延安市），因幸太原”⑤。汉武帝曾东行“用事华山，至于中岳，亲登崇嵩（今河南省嵩山）”。“遂东巡海上”，“还登封泰山”。“自泰山复东巡海上，至碣石。自辽西历北边九原归于甘泉。”“南巡狩至于盛唐（地名，在今安徽省六安市南），望祀虞舜。” “登灊（今安徽省霍山县北）天柱山”，祀南岳。东北“自夏阳（今陕西省韩城市南）东幸汾阴（今山西省万荣县西南），立后土祠于汾阴睢上”。后又“幸

① 汉·司马迁，《史记·秦始皇本记》。
② 同①。
③ 汉·司马迁，《史记·河渠书》。
④ 汉·班固，《汉书·王莽传》。
⑤ 同④。

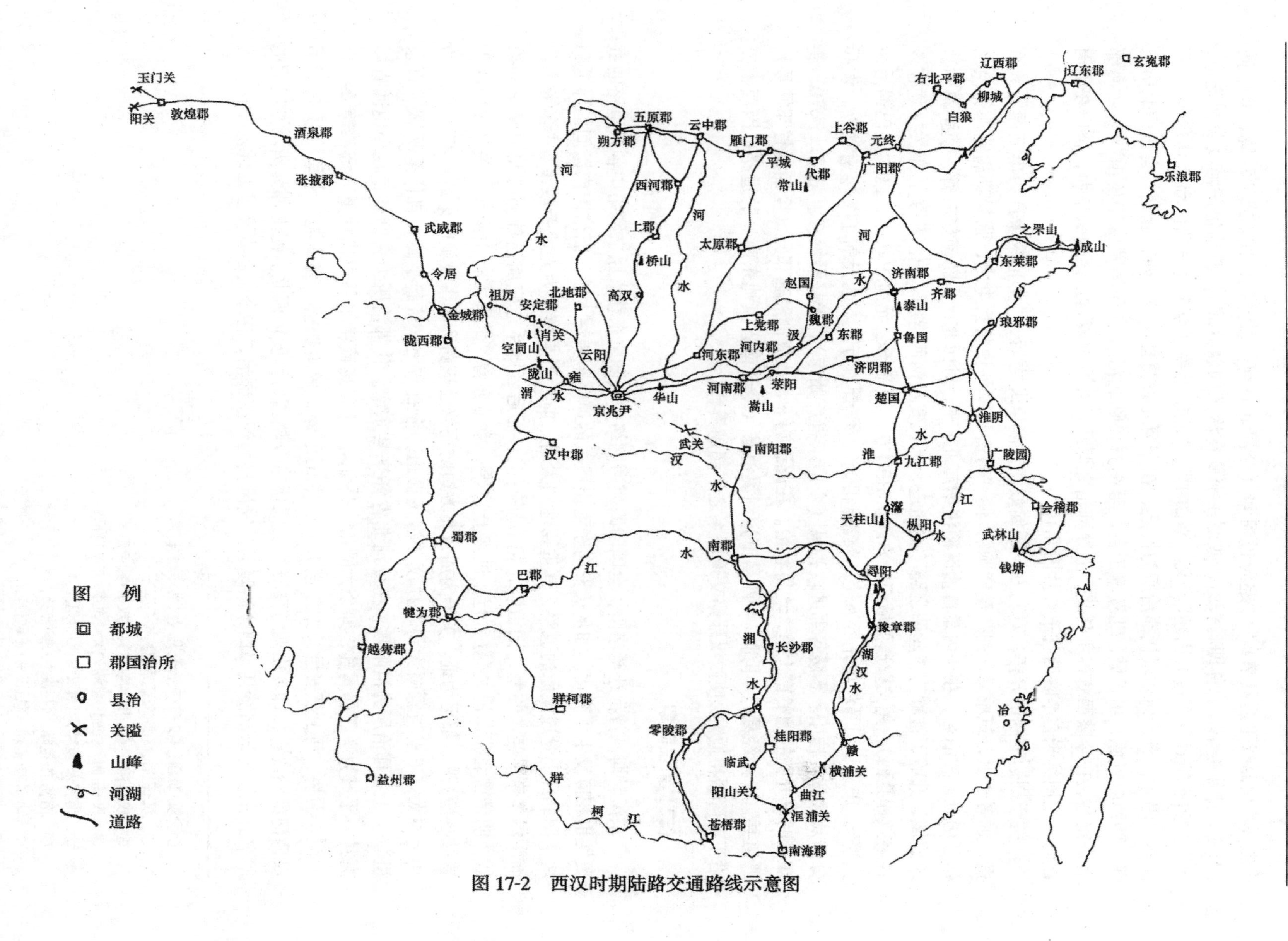

图 17-2　西汉时期陆路交通路线示意图

中都（今山西省平遥县南）。”“巡狩过河间（今河北省河间县）”①。西北或“踰陇，登空同（山名，亦作崆峒，或称即鸡头山，或谓在宁夏自治区固原县北），西临祖厉河（黄河支流，在今甘肃省靖远县东南）而还”。又“幸回中”，“北出肖关（今宁夏自治区固原县东南）。历独鹿、鸣泽，自代而还（代郡治所为代县，在今河北省蔚县北）”。向正北则“自云阳北历上郡、西河、五原，出长城，北登单于台，至朔方，临北河”，“还祠黄帝于桥山”②。西河郡治平定县，在今陕西省神木县北，五原郡治九原县，在今内蒙自治区包头市西，桥山在阳周县南（阳周县当在今陕西省子长县西北）。

关于周边道路的开拓，对北方，逐匈奴于大漠以北之后，“使光禄徐自为出五原塞数百里，远者千里，筑城障，列亭至庐朐”，使“游击将军韩说将兵屯之，强弩都尉路博德筑居延（居延，湖泊名，在今内蒙自治区额济纳旗北）”③。对西北，为断匈奴右臂，使张骞两次通西域，开辟了被称为“丝绸之路”的通道，从长安经河西走廊，出玉门关、阳关（均在今甘肃敦煌县西），越戈壁通西域三十六国。在南方，武帝于公元前130年，已“发巴蜀治南夷道”。唐蒙、司马相如先后为使，“载转相饷”，作者数万人。公元前112年南越反，发兵分道从豫章、桂阳、零陵等郡进攻番禺（今广东省广州市）。于是沿赣江、湘江、耒江、漓江秦时已开辟的通岭南大道，均得整治。在此影响下，从成都经临邛县（今四川省邛崃县）、严道县（今荥经县）、邛都（今西昌市）到滇池县（今云南省滇池东南）的道路也因西南夷诸王的降服得通④，使西汉陆路交通联系之广超越秦代。

（二）东汉时期

东汉时期，首都迁至洛阳，全国陆路交通网络中心随之东移，原来网络中各条道路的重要性也相应发生了变化。如从长安向东南出武关的道路重要性大减，而洛阳南阳间的驿道和从洛阳北经上党通太原的道路，其重要性则大增。前者当与南阳为光武帝故乡，“多帝亲”，而东汉各帝又经常临幸，谒祖陵，祀旧居有关，而后者则系适应加强首都与北边联系的缘故。明帝曾北渡黄河，“登太行，进幸上党”⑤，章帝亦曾“北登太行山至天井关（今山西省晋城县南）”⑥，都可为证。关于为加强北方边防而修建道路和军事设施的记载还有：公元37年上谷太守王霸与骠骑大将军杜茂“治飞狐道，堆石布土，筑起亭障，自代至平城三百余里”⑦。上谷郡治所为沮阳县，在今河北省怀来县东南。代郡治所为高柳县，在今山西省阳高县。平城为雁门郡属县，即今大同市。公元41年，扬武将军马成代杜茂“缮治障塞，自西河至渭桥、河上至安邑、太原至井陉、中山至邺，皆筑保壁，起烽燧，十里一候”⑧。后汉西河郡治离石，即今山西省离石县。渭桥在今陕西省西安市西北。河上郡为两汉左冯翊的原名，东汉时治高陵县，即今高陵县。安邑县为河东郡治，在今山西省夏县西北。中山，国

---

① 汉·班固，《汉书·武帝纪》、《汉书·外戚传》。
② 汉·班固，《汉书·武帝纪》。
③ 汉·班固，《汉书·匈奴传》、《汉书·武帝纪》。
④ 汉·班固，《汉书·武帝纪》、《汉书·西南夷传》。
⑤ 南朝宋·范晔，《后汉书·明帝纪》。
⑥ 南朝宋·范晔，《后汉书·章帝纪》。
⑦ 南朝宋·范晔，《后汉书·王霸传》。
⑧ 南朝宋·范晔，《后汉书·马成传》。

名，都卢奴县，即今河北省定县。邺县，魏郡治所，在今河北省临漳县西南。在南方，光武帝时伏波将军马援南征，目合浦向交趾，缘海“随山刊道千余里”①，合浦郡治所合浦县在今广西自治区合浦县东北。交趾郡治所龙编县，在今越南社会主义民主共和国河内东北。桂阳太守卫飒凿山道五百余里，“列亭传，置邮驿”，以通浈阳等县②。桂阳郡治郴县，即今湖南省郴县，浈阳为桂阳郡最南一县，在今广东省英德县。明帝时大司农郑弘又夷通“零陵、桂阳峤道”，以除旧时“交趾七郡贡献转运，皆从东冶汎海而至，风波艰阻，沈溺相係”之弊③。在西域地区，也“立屯田于膏腴之地，列邮置于要害之路，驰命走驿不绝于时月，商胡贩客，日款于塞下”④。更为突出的是关于长安巴蜀间栈道的开凿整修，尤其是褒斜道的

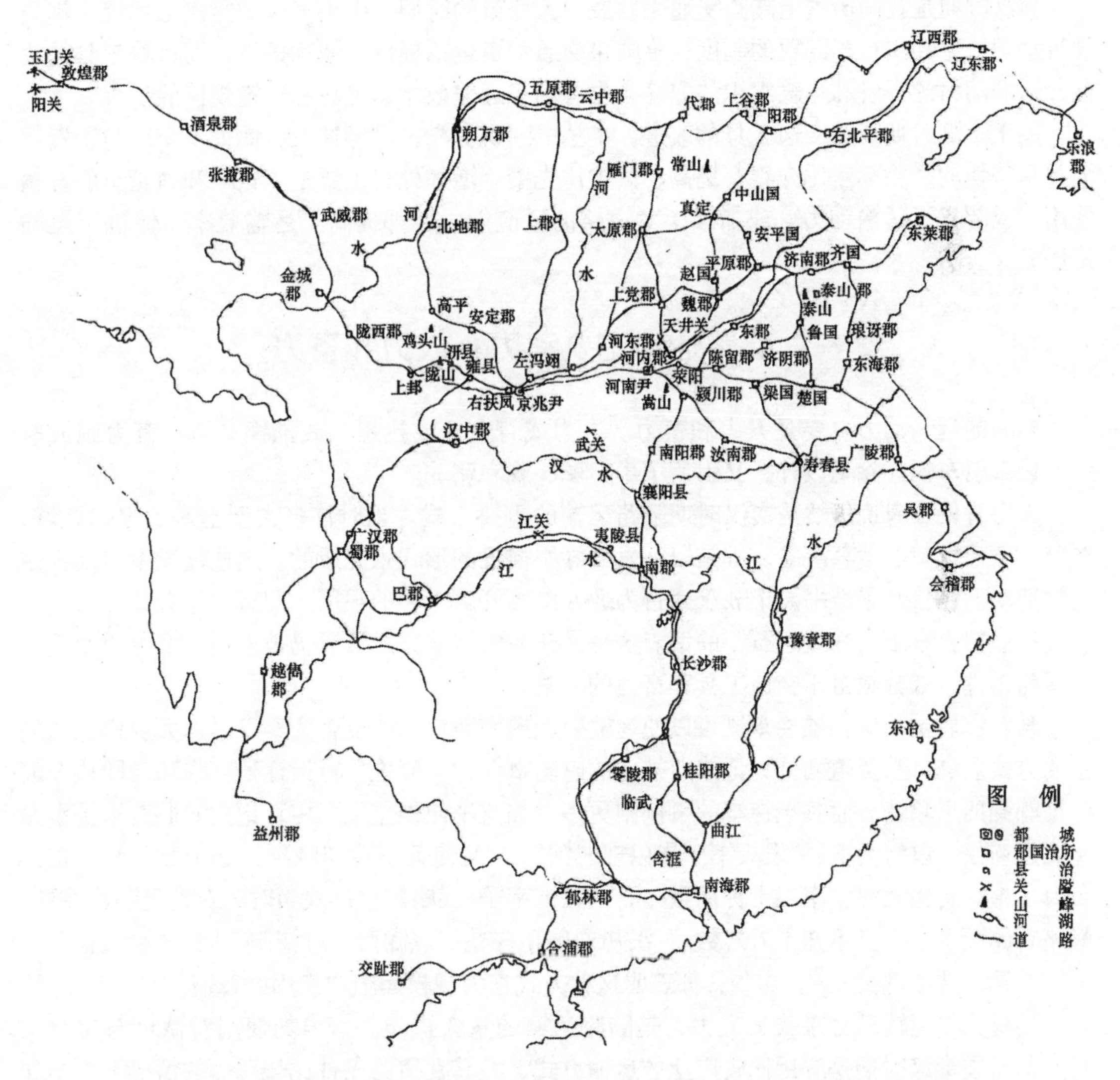

图 17-3　东汉时期陆路交通路线示意图（据史念海《河山集》第四集图 33 简化）

① 南朝宋·范晔，《后汉书·马援传》。
② 南朝宋·范晔，《后汉书·循吏传·卫飒》。
③ 南朝宋·范晔，《后汉书·郑弘传》。
④ 南朝宋·范晔，《后汉书·西域传》。

整修，以及世界最早通车隧道石门的开凿。现存汉中博物馆汉魏十三品中的《鄐君开通褒斜道摩崖》、《故司隶校尉楗为杨君颂》（又名《石门颂》）、《李君表记》、《杨淮、杨弼表记》等宝贵摩崖石刻，分别记载了东汉时期多次整修褒斜道的史实。而故道一带也有《郙阁颂》、《西狭颂》等有关整修栈道的磨崖石刻。至于其他有关拓片、录文就更多了。所以，东汉王朝的国力虽不及西汉，但当时的陆路交通还是仍在继续发展的（图 17-3）。

第二节　陆路物资运输[①]

秦汉时期是我国历史上陆路交通大发展、大变革的时期。中央集权的封建王朝统一规划修筑全国道路和实行车同轨的制度，给陆路交通物资运输提供了便利条件，而运输工具的改良、运输动力的开发和运输组织的完善，也有利于运输效率的提高和运输规模的扩大。

关于秦汉时期陆路交通工具的改进，本丛书《机械卷》已经述及，此处不赘。与物资运输关系密切的，除车速比先秦有提高、载重比先秦有增加外，主要是双辕车和独轮车的普遍使用，或节省了运输动力，或加强了对道路的适应能力，都提高了运输效率、促进了运输发展。

一　陆路运输主要动力：人力和畜力

当时的运输动力主要是人力和畜力。人力或背负、或挑担、或推挽车辆。畜力则或驮负，或牵引车辆。除马以外，又引用了牛、驴、骡和骆驼。

人力背负、肩挑仍然是秦汉时期陆路运输的重要方式。当时许多大型土木工程如修城、筑路、营建宫室、陵墓等等，都是以征发百姓服徭役的形式来完成的。这些徭役中包括许多运输劳动。《史记·平准书》记载汉武帝为通西南夷开路工程的艰巨，即有“作者数万人，千里负担馈粮，率十余钟致一石”的话。这种最落后的运输方式所以仍被采用，部分原因是由于道路条件，部分是由于交通工具和畜力的缺乏。

与背负肩挑相比，推挽车辆可以使运输效能提高数倍，所以曾为秦汉时期大规模运输的主要方式。《史记·货殖列传》记战败被虏的赵国卓氏“夫妻推辇行诣迁处”临邛，即从今河北邯郸到四川邛崃。而关于挽车的事例则更多。如《平津侯主父列传》记主父偃曾指责秦始皇北逐匈奴，以河为境，“发天下丁男以守北河”，“又使天下蜚刍輓粟，起于黄、腄、琅邪负海之郡，转输北河，率三十钟而致一石。”《淮南子·兵略》也反映当时“百姓之随逮肆刑，輓辂首路死者，一旦不知千万之数。”汉初刘敬还曾在“戍陇西，过洛阳”时，“脱輓辂”而进言，请刘邦改都关中[②]。这些，都表明这种方式在大规模运输中使用的普遍。

用畜力作运输动力来代替人力，是陆路运输的重大进步。畜力的使用有驮负与拉车两种。前者在秦汉时期是应用比较广泛的运输方式，尤其在道路条件比较恶劣的情况下更是如此。汉通西域过程中曾有用“驴畜负粮”、“驴负食”的记载[③]。对西羌的战争中，也曾考虑

---

① 本节和下节主要参考王子今《秦汉交通史稿》，中共中央党校出版社，1994 年。

② 汉·司马迁，《史记·刘敬传》。

③ 汉·班固，《汉书·西域传》。

到用马驮口粮长途出击的利弊[①]。《后汉书·虞诩传》言及武都郡的交通条件时说："运道艰险，舟车不通，驴马负载，僦五致一。"后者作为当时最先进的运输方式，不仅对道路有较高的要求，而作为动力的畜种，又有马、驴、骡、牛之分。马之良者多被选作骑兵的坐骑，或为皇帝、贵戚、官僚骑乘輓车之用，难得用来牵引一般运输物资的车辆，驴、牛、骡，尤其是牛、驴就因数量众多而成为当时陆路交通中最重要、最普遍的运输动力。东汉初年，杜茂屯田北边，驱"驴车輓运"[②]。邓训奏罢开滹沱、石臼等河通漕之役，"更用驴辇，岁省亿万计，全活徒士数千人"。西汉中叶，大司农田延年为昭常平陵运渭河之沙，"取民牛车三万辆为僦"，都是例证。

二　建筑工程、军事行为等中的陆路物资运输

秦汉时期实行重农抑商政策，除汉初几十年外，与商业贩运有关的私营运输业也因政府法令限制和重税盘剥而发展受挫。为平陵运沙而"取民牛车三万两为僦"的"僦"字，虽然说明提供车牛的人民是得到了运输费用的，但其参与却不是出于自愿的一般雇佣关系，而是被官府强迫征用的。当时统治者其他大型活动，情况也是如此。仅为平陵运沙一项一次就征用牛车3万辆，其他皇帝规模更大的陵墓，如高帝长陵、武帝茂陵、宣帝杜陵，尤其是秦代动用数十万徒卒前后多年修筑的始皇陵动用的运输力量会更大，自然是不言而喻的了。而更多的宫殿建筑工程，如秦在咸阳北坂仿效六国宫殿而兴建的宫殿群，渭河以南的阿房宫以及与之相连从南山延伸至骊山的宫殿群，汉初萧何修建的长安城未央宫等宫殿，以及汉武帝修建的被称为千门万户的建章宫等等。唐人杜牧《阿房宫赋》中"蜀山兀，阿房出"的话虽属夸大，但也反映了这些建筑物所费土木砖石等物料以及所需运输量的巨大，实是难以数计的。

军事方面，西汉与匈奴、西羌的战争中都有相当比例的大量的辎重车辆存在。如公元前119年卫青、霍去病将十万骑攻匈奴，"步兵转者踵军数十万"说明负责转运供应物资辎重人员的数量超过作战人员的数倍。东汉窦宪率骁骑三万征匈奴，军车亦有三千余乘[③]。黄巾起义军张梁与皇甫嵩广宗战败，死八万人，被焚车重三万余辆。汉军如此，匈奴和西羌的军队中亦有大量辎重车队存在。西汉赵充国破西羌一战，曾俘敌"车四千余辆"。东汉耿夔破南匈奴三千人，即"获穹庐车重千余辆。"[④]

战事稍息，边备仍严。秦修长城，筑障塞，北河沙碛，南越五岭，均屯兵驻守，内地千里餽粮。"行十余年，丁男被甲，丁女转输，苦不聊生，自经于道树，死者相望"。"戍者死于边，输者偾于道，秦民见行，如往弃市。"[⑤] 除派兵驻守外，又"发谪徙边"，即实行强迫人民迁居边远地区的政策。汉承秦制，此等政策仍在继续实行。如汉武帝败匈奴，"收河南地，置朔方、五原郡"，即"募民徙朔方十万口"[⑥]。旋于"上郡、朔方、西河、河西开田

① 汉·班固，《汉书·赵充国传》。
② 南朝宋·范晔，《后汉书·杜茂传》。
③ 南朝宋·范晔，《后汉书·窦宪传》。
④ 南朝宋·范晔，《后汉书·皇甫嵩传》、《后汉书·耿夔传》；班固，《汉书·赵充国传》。
⑤ 汉·司马迁，《史记·平津侯主父列传》；班固，《汉书·晁错传》。
⑥ 汉·班固，《汉书·武帝纪》。

官，斥塞卒六十万人戍田之。中国缮道餽粮，远者三千，近者千余里，皆仰给大农”[①]。与徙民实边相对应的，秦汉时期还有“强干弱枝”政策的实行。即把一些地方的贵族豪强强行迁移到秦汉王朝的政治中心及统治力量最强的首都长安附近的政策。如秦始皇统一六国后，即“徙天下豪富于咸阳十二万户”，汉高祖刘邦灭项羽之后，听取刘敬的建议徙都关中，并依其言徙“齐诸田，楚昭、屈、景，燕、赵、韩、魏后及豪杰名家居关中十余万口。”其后还世世徙吏二千石、高赀富人及豪杰兼并之家于诸陵。及至东汉末期，由于西羌势强，边疆不安，“二千石令长皆多内郡人，并无守战意，皆争上徙郡县以避寇难，朝廷从之。”于是，西北边疆的安定郡由原来的治所临泾（今甘肃省泾川县）徙于美阳（今陕西省扶风县东）。北地郡由原来的治所富平县（今宁夏自治区吴忠县西南）徙于池阳（今陕西省泾阳县西），西河郡由原来的治所平定（今陕西神木县北）徙于离石（今山西省离石县），上郡由原来的治所肤施县（今榆林市东南）徙于衙（今白水县北）、夏阳（今韩城市）[②]。诸如此类一次又一次数十万人的长途大迁徙，自然也会造成一次又一次大规模的运输洪流。

因强干弱枝政策迅速膨胀起来的首都长安及其附近的关中地区，需要日益增加的大量粮食和有关物资，不断从全国各地远道运来以供消费。著名文士枚乘即曾说“汉并二十四郡、十七诸侯，方输错出，运行数千里不绝于道”，“转粟西向，陆行不绝，水行满河”[③]。仅粮食每年就要四百万石。以当时“一车载二十斛”的运载量计，需车二十四万辆。武帝时，桑弘羊为治粟都尉，以“往者郡国各以其方物贡输，往来频杂，物多苦恶，或不偿其费。故郡置均输官，以相给运，而便远方之贡。故曰均输”。与均输官同时并置的又有平准。据《史记·平准书》载，桑弘羊“请置大农部丞四十八人，分部主郡国，各往往县置均输盐铁官，令远商各以其物贵时商贾所转贩者为赋，而相灌输。置平准于京师，都受天下委输。召工官治车诸器皆仰给大农。大农之诸官尽笼天下之货物，贵则卖之，贱则买之。如此，富商大贾无所牟大利，则反本，而万物不得踊贵”。所以，王子今认为，均输主要是一个负责运送全国各地贡赋以供中央支用的运输管理机构。与以往官营运输机构不同的是，它改变了以往运输贡赋时不认真核算，不注意运输质量的简单、盲目做法，尽力讲求运输生产实际效益，并与同时设立管理全国物价、商业的机构平准署密切合作，利用政府机构信息方便的有利条件，及时组织全国物资的调运。避免了以往不合理、不经济的重复运输、过远运输等等，运赢补缺，徙贱就贵，以求保证全国物资的均衡供应和物价平稳，制止富商大贾囤积居奇、哄抬物价、牟取暴利的目的[④]。物资调配运输管理的合理化大大提高了运输质量，使全国的物资供应和财政状况为之改观，一时“太仓、甘泉仓满，边余谷、诸物均输帛五百万匹，民不益赋而天下用饶”[⑤]。但是官营运输的劳动力仍是征用民夫，所以对人民来说仍是难以承受的苛重负担。

均输、平准制度是汉代抑商政策的一部分。由于均输这种官营运输排挤民营运输，而同时实行的重税、告缗制度，对商贾的车船加倍收税。隐瞒不报或呈报不实，不但没收其车船，还要罚户主戍边一年，遂使民营运输业的发展受到很大打击。但包括陆路运输业在内的

① 汉·司马迁，《史记·平准书》。
② 南朝宋·范晔，《后汉书·西羌传》、《后汉书·顺帝纪》。
③ 汉·班固，《汉书·枚乘传》。
④ 王子今，秦汉交通史稿“秦汉运输业”，中共中央党校出版社，1994年。
⑤ 汉·司马迁，《史记·平准书》。

私营商业，作为社会基本生产生活行业之一，是不可能被完全扼杀，而是依然在困难条件下发展的。据王子今研究，作为官营运输机构的均输，后来也不仅用官车，而同时用僦资雇佣私人车辆从事运输了。这种以私车为他人运输以赚取僦资的专业人员当时被称为“僦人”，而有的“僦人”并不亲自驾车营运，而雇佣被称为“将车人”为之驾车营运的现象，也已经出现了①。

至于秦汉时期对匈奴、西羌各族和西域各国的道路交通，由于要穿过人烟稀少的沙漠、草原，虽有丝绸之路存在，有些段落实际并无人工修筑可供车行的大道，物资运输多仰仗马、驴、骡、牛以及骆驼的驮运。有的地方，驮运也极艰难，如《汉书·西域传》所说，“历大头痛、小头痛之山，赤土、身热之阪，令人身热无色，头痛呕吐，驴畜尽然。又有三池、盘石阪道，狭者尺六七寸，长者径三十里，临峥嵘不测之深，行者骑步相持，绳索相引，二千余里乃到悬度。畜坠未半坑谷尽靡碎，人坠势不得相收视，险阻危害，不可胜言。”所以往来运输的物资只能是价格昂贵而体积小、重量轻的丝绸等特产了。

第三节　道路修筑管理制度

秦汉时期，由于社会生产力的发展，铁制工具的普遍使用，建筑技术相应提高。适应社会发展和统治阶级的特殊需要，在道路建设中也出现了各式各样的创造。除前面提到的驰道、直道外，还有复道、甬道、栈道和亭障坞堡道等等，说明这时道路修建的技术发展、质量提高。

一　驰道、复道、甬道的修筑

作为当时全国主要交通干线的驰道，实际上是皇帝及其特许官吏驰行的具有隔离设施的多车道快车道路。其修筑方法和形制，《汉书·贾山传》的记载是：“道广五十步，三丈而树，厚筑其外，隐以金椎，树以青松。为驰道之丽至于此，使其后世曾不得邪径而讬足焉。”“道广五十步”相当于今69米。“三丈而树”，古人的解释是，处于宽五十步驰道中央的三丈路面，“惟皇帝得行”，“诸侯有制得行驰道中者行旁道，无得行中央三丈”。所以在这三丈中道的两侧，树立有隔离标志。此种隔离标志的形制，《太平御览》卷一九五引陆机《洛阳记》的如下记载可供参考：“宫门及城中大道皆分作三：中央御道，两边筑土墙高四尺余，外分之。唯公卿、尚书章服从中道，凡人皆行左右。”“厚筑其外，隐以金椎”，则为使用金属工具，通过多层夯筑，使整个路面坚实且隆于地表。“树以青松”，则说驰道两旁要种植松树，进行绿化。由于驰道宽阔、平整、坚实，所以夜间也可行车。《史记·秦始皇本纪》载公元前211年“使者从关东夜过华阴平舒道”，就是说明当地驰道质量高、路况好的例证。

直道是专为加强咸阳北方边境防务而兴建的军事通道，自当具有适应大规模军事行动通行辎重车辆运输军用物资的条件，要求坚实、宽阔、平坦、顺直。虽然有黄土高原上子午岭顶比较平缓、顺直的自然条件可供利用，但“堑山堙谷直通之”的历史记载，说明这条道路的修筑工程还是十分艰巨的。陕西交通史志工作者考察发现，今富县、旬邑县境子午岭上若

① 王子今，秦汉交通史稿“秦汉运输业”，中共中央党校出版社，1994年。

千古道遗迹，路面多在30～40米以上，且有宽达50～60米者。说明当时直道的质量要求，不亚于驰道。

复道，《史记·留侯世家》裴骃《集解》引如淳的话解释为“上下有道”。应是上下两层楼阁式的高架桥式的道路或长廊，有人也称为阁道，多修筑于京都宫殿中或宫殿与宫殿间。如果上下两层道路的方向不一致，就成为立体交叉桥道了。如惠帝时建造联系未央宫和长乐宫东西向的复道，跨越了长安城安门和厨门间的南北大道。武帝时修筑联系未央宫与建章宫东西向的阁道，跨越了南北向的长安城西城墙、城濠和有关道路。

甬道。《史记·秦始皇本纪》多次言及秦始皇在咸阳一带建筑宫殿群时曾“筑甬道”之事。裴骃《史记集解》引应劭曰：“筑垣墙如街巷”。张守节《史记正义》引应劭云：“谓于驰道外筑墙，天子于中行，外人不见。”目的是保证行动的秘密与保卫安全。在战争中战场上也常被应用，作为掩护军事行动，隐蔽军事运输，以避免、阻挡敌军袭击的工事。

二　栈道、隧道等的修筑

栈道，也称阁道、桥道或桥阁道。但它与前言都城宫殿楼阁互相连属的阁道或复道形式相近而实不相同，是一种为克服山区谷深水急崖陡而修建的傍崖架空的桥道。行人车马只能在上层通过，下层则为谷石与流水。据古代字书所言，“栈”字可解释为栅、棚、阁或小桥。棚、栅是指用木材搭盖以豢养牲畜或积存什物的地方，而阁则为楼的一种，只是它的四面并不一定用墙来封闭，而似上下多层的亭台。栈道既是架木而成，上层又不一定都建成亭阁形式，所以称之为栈道、桥道似乎比阁道之名更贴切些，也便于和都城宫殿间的阁道、复道相区别。

栈道的结构和做法，唐司马贞《史记索隐》引北魏崔浩的话说，是“险绝之处，傍凿山岩而施板梁为阁”。颜师古注《汉书》说：“栈，即阁也，今谓之阁道，盖架木为之”。据考古文物工作者实地调查研究，其做法和基本形制是：在河面狭窄，水流湍急，两岸壁立的悬崖峭壁上，较常水位略高处，凿出石洞，穿以横梁，并在梁下相应的河底岩石上凿出一至四五个数目不等的竖洞，插立木柱以作横梁的支撑。然后在相邻两条横梁上铺以木板。两梁一间，间间相连。人马车辆就可沿崖在木板上通过。郦道元《水经注·褒水》篇引诸葛亮给其兄诸葛瑾的信中所说：“其阁梁一头入山腹，其一头立柱于水中”的褒斜道赤崖附近的栈道，在228年蜀魏祁山、箕谷之战以前就是这种形制，也可以说是标准形制。横梁的长度也就是栈道的宽度，大约都在六米以上，足够两辆大车或轿子迎面通过或同向、并列而行。栈道建于常水位以上是为了避免夏季洪水冲毁，但亦不能超出常水位过多，这是因为那样将会大大增加建筑的困难，而需用的木材数量也会随之加巨、质量要求也会相应提高，给供应造成困难，而栈道的牢固程度反会因之降低。著名的《郙阁颂》称析里大桥栈道长“三百余丈，接木相连，号称万柱”。如果一丈为一间，三百余丈即三百多间，已需万柱。褒斜道上的栈道动称数千间，所需木材数量之巨，更可想而知了。这还只是说柱，如再加上质量要求更高的横梁、横梁与横梁之间铺设的方木或木板，以及其他附属机构如栏杆、顶棚等等，所需要的木料就更多了。于是为了坚固和节省木料，后来就出现以石为梁的石质栈道。

另一种结构比较简单的栈道，被《水经注》称为“千梁无柱式”。即只有横梁，梁下并无立柱支撑。前引诸葛亮的信中所指赤崖以北，因“赵子龙退军烧毁”，赤崖以南因“大水暴出”“悉坏”其后复修的栈道就是如此。不安立柱的原因，据说是“水大而急，不得安柱”。横梁不得立柱支撑，其牢固程度、安全可靠性当然会大受影响，以致“迳涉者浮梁振动，无不摇心眩目”。为了弥补没有立柱支撑横梁的缺陷，有的地方在横梁之下的崖壁上打斜孔，安斜柱来支撑横梁，多少能起一点增加稳固性的作用。

还有被文物考古工作者称为依坡搭架式的栈道，多建造于崖壁不那么陡峭而稍有倾斜的地方，因而不需在崖壁上打孔，只需在河底山坡立柱就可以架横梁，并在横梁上铺板成路了。

在这三种栈道的横梁上，有的在邻河一面增设防备人马车辆外逸的栏杆，有的并在栈道上增设防备日晒雨淋或山坡土石下坠砸伤人畜的顶棚。人行其中，有如从楼阁中经过，远远望去，也真好像是一串串楼阁了。飞阁、云栈、连云栈道等名称当即由此而来。

文物考古工作者在调查研究中还发现，有的崖壁上开凿容纳横梁的梁孔，外部稍高，内里稍低，略呈斜坡。推测这是为了提高横梁外端压力，增加横梁牢固程度，以保安全的。有的梁孔底部凿有方形小孔，估计是为与横梁底部特制的木榫卯合，用以固定横梁，以防其活动、脱落的。这种巧妙、简单而可靠的设计，体现出秦汉时期栈道设计、施工人员非凡的智慧。

褒斜栈道南端的石门，是世界上人工开凿最早用为通行车辆的隧道。《石门颂》有“至于永平，其有四年，诏书开斜，凿通石门”之言。永平四年为公元61年。但稍后的《鄐阁颂》又有“念高帝之开石门，元功不朽”的话。如果所说的也是这个石门的话，那么石门的开凿年代就要上推200多年到西汉初年的高祖刘邦在位时期（公元前206～前195）了。石门长15～16.5米，宽4.1～4.2米。隧道内并未发现斧凿痕迹，传说是用火锻水激开成，说明其在修路技术上的进步。石门内及附近有汉魏以来磨崖石刻多处，其最著名的石门十三品等，则已在水库兴修，石门将淹前，被剥迁至汉中市博物馆保存。

栈道可以说是战国秦汉时期道路修筑技术的伟大创造之一，对改善南方多雨山区的交通条件有重要作用。几丈栈道即可免数十里山路跋涉，所以在西南山区得到广泛利用。但“栈道千里，通于蜀汉”的话，并不是说千里蜀道，均由栈道构成，而只是说这里的路上有部分栈道。一般而言，长安汉中间穿越秦岭的五六百里山区道路中，不论故道、褒斜道、子午道或傥骆道，实际栈道的长度，都不会超过各该道路的1/4。

亭障坞堡道的性质与直道相同，也是军事通道，但更多防御工事性质，和长城相近似，当由主要道路和一系列有关城寨、坞堡、沟濠、障塞、烽燧、亭台等军事防御设施和通讯设备组成。据古代字书的解释，障指边境堡垒，塞为国之险阨，亭为行人止息之处或边境哨所，堡指土筑小城，坞指小城或军营，壁指垣墙、军垒，堠指土堡或记里土堆，烽燧为边境报警施放烟火的设施，亦称烽火台。这些设施与道路联系在一起，既是抵抗敌人进攻的防御工事，又有加强军事通讯、维护物资储运、保障军事供应的职能。在内地兴建众多附加如此重要军事设备的道路，当系战争期间的应急措施，而非和平时期的永久性建筑。后代的军台路、塘汛路、卡伦路和重要道路上设置保护交通维护秩序的墩台等等，可能都与此有一定的联系。

上述主要道路的修筑，多属政府行为。或由皇帝亲自决策，朝廷重臣负责规划指挥，征调数万以至数十万民夫、军卒来完成。如秦代驰道的修筑，丞相李斯是主要负责人，直道的修筑由大将蒙恬负责。汉代两次大修褒斜道都曾经过朝廷反复讨论研究。所以能够在短期内组织大量人力，应用先进工具，采取先进技术，迅速完成各种高质量道路的修筑，而且对道路的选线布局也能作到规划合理，为后代所遵循。如秦汉由咸阳长安向东西伸展的驰道，2000多年一直是有关王朝重要的驿道，现在的陇海铁路即基本沿此线而行。洛阳北通太原、南通南阳、襄阳的驿道也与今日的铁路线相近。可见其规划设计水平。

三　道路交通管理、护养等制度

周朝有“司空视涂”之制[①]。春秋战国时期各国均置司空以掌营建城邑宫室、修筑道路、平整水土等土木工程的政令。秦汉时期，一些重要道路的修筑，虽如前述，常由皇帝委任中央或地方人员亲予主持，以示慎重。而中央政府负责道路修筑管理政令的机关和主管官员，当为将作少府或称将作大匠。《汉书·百官公卿表》载：“将作少府，秦官。掌治宫室。有两丞、左右中候。景帝中六年更名将作大匠。属官有石库、东园、主章、左右前后中校七令丞。”《后汉书·百官志》载：“将作大匠一人，二千石。本注曰：……掌修作宗庙、路寝、宫室、陵园木土之功，并树桐梓之类列于道侧。丞一人，六百石。左校令一人，六百石。本注曰：掌左工徒。丞一人。右校令一人，六百石。本注曰：掌右工徒。丞一人。”以后历代相沿。北魏时期，朝廷应梁、秦二州刺史羊祉之请，重修褒斜道，仍命左校令贾三德领刑徒万人，石师百人前往施工。见于汉中褒斜石门汉魏十三品中之《石门铭》。物资运输的组织调拨，当为治粟内史或称大司农及其所属的均输官职掌。《汉书·百官公卿表》称：“治粟内史，秦官。掌谷货。有两丞。景帝后元年更名大农令。武帝太初元年更名大司农。属官有太仓、均输、平准、都内、籍田五令丞。”注引“孟康曰：均输谓诸当所有输于官者，皆令输其地土所饶，平其所在时贾，官更于它处卖之。输者既便而官有利也。”《后汉书·百官志》载：“大司农卿一人，中二千石。本注曰：掌诸钱谷、金帛、诸货币。郡国四时上月旦现钱谷簿。其逋未毕各具别之。边郡诸官请调度者皆为报给，损多益寡，取相给足。”首都及其附近郡县的交通管理可能由“掌循徼京师”的中尉，后称执金吾，和“掌徒隶而巡察”、“持节掌察举百官以下及京师近郡犯法者”的司隶校尉负责[②]。

皇帝出巡，“郡国皆预治道”[③]。“道不治”，当地长官获罪。如义纵为右内史，以“道不治”为武帝所衔，当年即因故被杀[④]。陵县“桥坏”，“道路苦恶”，太常遭贬斥。当亦由陵县不属郡而由中央掌管宗庙、祀仪的太常兼管的缘故[⑤]。至于郡县的道路维修与交通管理，当均由郡太守、县令长负责。其下有的郡县还设有以“道桥缘”为名的专官[⑥]。

关于秦汉时期道路交通的管理、养护制度和法令，结合历史文献和考古资料，可见下列数事。

---

① 《国语·周语》。

② 汉·班固，《汉书·百官公卿表》。

③ 汉·班固，《汉书·食货志下》。

④ 汉·班固，《汉书·酷吏传·义纵》。

⑤ 汉·班固，《汉书·高惠高后文功臣表》；《汉书·百官公卿表》。

⑥ 见《隶释》卷15《蜀郡属国辛通达李仲曾造桥碑》、《隶续》卷11《武都太守耿勳碑》、《武都太守李翕天井道碑》、卷15《汉长安长陈君阁道碑》。

（一）交通分离

秦汉时期在京城内外建造立体交叉道路复道及专用道路甬道、驰道，使皇帝、达官贵人行车与社会一般车辆分离行驶。既为区别贵贱等级，也可减少避让时间。

（二）交通流量均分

西汉长安四面十二城门，每门各通三道。这种一门三道的办法，正是为了推行单向交通。旁侧两道，一往一来，以实现交通流量均分。东汉洛阳也是如此。还在三道之间筑有高四尺的土墙从事间隔。

（三）按速度划分车道

秦汉驰道是区别于一般道路的高速道路。驰道中央三丈为皇帝专用车道。这除了显示皇帝尊贵特权外，也有按不同车速划分车道的意义。因为皇帝御车特别坚固轻巧，御马肥大壮实，且一车系有四马、六马，行驶速度自然会远远超过一般车辆。

（四）警跸制度

指皇帝出行，“止人清道”，以保证其优先使用交通条件的特权。当然除了显示帝王的特权和威武以外，还包含着保证其安全的内容。皇帝以下，高官显贵出行，也有前导后卫，左右护持，使卑避尊的制度①。

（五）交通违章处理

古人行为举止，都有礼法制度规范。失礼违制，必受处罚。而某些失礼违制行为，实际上也是交通违章行为。如西汉时高宛侯丙信“坐出入属车间免”②。高平侯魏弘“坐酎宗庙骑至司马门，不敬，削爵一级，为关内侯”③。未央卫尉韦玄成侍祀孝惠庙“不驾驷马车而骑至庙下”，“削爵为关内侯”④ 等均是其例。

（六）严禁夜行

秦汉都市甚至郊区都有禁夜行的制度。《文选》卷28鲍照《放歌行》“钟鸣犹未归”句下，李善注引汉安帝永宁年间的诏书说：“钟鸣漏尽，洛阳城中不得有行者”。《史记·李将军传》也记其“尝夜从一骑出，从人田间饮，还至霸陵亭。霸陵尉醉，呵止广。广骑曰：‘故李将军’。尉曰：‘今将军尚不得夜行，何乃故也。’止广宿亭下。”

（七）依定时整修

古代对道路除要求经常性护理和随时因事整修外，还有依季节大修的优良传统。《国语·

① 汉·司马迁，《史记·梁孝王传》注引《汉旧仪》；孟轲：《孟子·离娄》赵岐注。
② 汉·班固，《汉书·高惠高后文功臣表》。
③ 汉·班固，《汉书·外戚恩译表》。
④ 汉·班固，《汉书·韦玄成传》。

周语》中单襄公曾引《夏令》说："九月除道，十月成梁。"又引先王之教说："雨毕而除道，水涸而成梁。"秦汉时期继续执行这种制度。四川青川县郝家坪50号战国墓出土的秦国更修为田律木牍即有"九月大除道及阪险。十月为桥，修波（陂）隄，利津沱（渡），鲜草离。非除道之时而有陷败不可行，辄为之"的规定。

（八）道旁植树

这是中国古代又一优良传统。《国语·周语》记单襄公称"周制"有"列树以表道"的规定。秦汉时期这种制度亦在贯彻执行。贾山《至言》说秦驰道两侧都"树以青松"。《史记·孝景本纪》也曾记"伐驰道树殖兰池"之事。实际当时用为行道树的并不仅是松树。还有柏、梓、桐、槐、桧、榆等。《后汉书·百官志》记将作大匠的职责，即有掌"木土之功，并树桐梓之类列于道侧"的话。

（九）道路里程标志——堠的使用

道路里程标志是适应道路发展和行人的需要而出现的。中国古代的里程标志被称为堠。五里单堠，十里双堠。实际上堠就是在路旁封土而成的土堆。至晚在汉代时，就已经出现了堠。《后汉书·和帝纪》即有"旧南海献龙眼、荔枝，十里一置，五里一堠"之言。《西羌传》亦称在汉安帝年间，曾诏魏郡、赵国、常山、中山等郡国"缮作坞堠"。这种制度后代一直沿用。唐、宋、元、明人们的诗中常有咏吟。

第十八章　三国两晋南北朝时期的陆路交通

魏晋南北朝时期，中国境内各割据政权之间纷争不已，然而相互间的政府交往与民间往来，则从未断绝。秦汉高度发达、高度一体化的交通事业，虽然时常遭受破坏，但是仍有着强大的生命力，有些交通线，即使一时被阻绝、被破坏，不久也就重新恢复。同时，秦汉间建立起来的道路交通管理条例、体制，也一直在发挥作用。因此，尽管政权对立，陆路交通仍然是相通的，商旅往返，无论南北东西，无论氐羌胡汉，都接受大体相同的管理。与此同时，政权的纷争，也给更多的城市以发挥交通枢纽作用的机遇。以各政权中心城市为枢纽的陆路交通格局散布全国，是这一时期陆路交通的一大特色。在驿运组织方面：结束了秦汉时代的传驿分设，开创了隋唐时代的馆驿合一；出现了中国第一部邮驿专门法规《邮驿令》；晋室东渡，使中国邮驿突破了以北方为中心的局限①。

第一节　三国时期的陆路交通

魏蜀吴三国鼎立时，孙吴与曹魏之间，东过合肥北上，西过南郡北上，与许昌，与邺下之间，商旅使节不绝于道。曹魏与蜀汉之间，主要通道在三秦与汉中之间，两汉时的子午道、褒斜道等仍然发挥着作用。三国时的陆路干线，大体都是秦汉时开辟的，但是经东汉末年军阀混战遭受惨重破坏之后，魏蜀吴三家都曾为了政治、军事和经济活动的需要进行艰巨的恢复与重建工作，并都在各自的统治区内开拓了一些新的道路。在陆路交通方面，曹魏的努力最大、成果最为突出。

一　曹魏的陆路交通

当曹操统一黄河中下游地区时，他所面对的是一副残破凋零的局面。西汉的交通中心长安和东汉的交通枢纽洛阳，都已被东汉末的军阀董卓（？～192）及其余党焚掠一空。秦汉以来高度发达的关中等地区，变成了荒无人烟的空旷之区，“宫室烧尽，街陌荒芜，百官披荆棘，依丘墙间”②。建国于这片土地上的曹魏集团，在大力恢复生产、安定民生的同时，开始整治交通环境。曹魏集团承用汉代的交通管理模式。曾当过城门尉的曹操十分熟悉汉代的交通管理方式。他的爱子曹植曾因“私开金马门”而被其严厉责备。魏太和时任敦煌太守的仓慈一到任，即开始整治社会和交通秩序，“欲诣洛者，为封过所，欲从郡还者，官为平取，辄以府见物与共交市，使吏民护送道路”③。

曹魏集团在统一黄河中下游的过程中，逐渐建立起以长安、谯（今安徽亳县）、许昌、

---

① 河南省公路管理处史志编审委员会编，河南公路运输史，人民交通出版社，1991年，第53页。

② 晋·陈寿，《三国志·董卓传》。

③ 晋·陈寿，《三国志·仓桑传》。

邺、洛阳为中心的交通网，并且开辟和修复了一些道路。

（一）卢龙道

自今河北蓟县东北经遵化，循滦河河谷，折东趋大凌河流域，是河北平原通向东北的交通要道。东汉建安十二年（207），曹操亲率大军北征乌恒作战时，出师所经道路。据《三国志·田畴传》记载：

> 太祖（曹操）北征乌丸，……时方夏水雨，而滨海洿下，泞滞不通。……太祖患之，以问畴。畴曰："此道秋夏每常有水，浅不通车马，深不载舟船，为难久矣。旧北平郡治在平冈，道出卢龙，达于柳城。自建武以来，陷坏断绝，垂二百载，而尚有微径可从。……若嘿回军，从卢龙口越白檀之险，出空虚之地，路近而便。……太祖令畴将其众为向导，上徐无山，出卢龙，历平冈，登白狼堆，去柳城二百余里，……"

卢龙道因曹操北征三郡乌桓而闻名，成为古代东北重要的交通道路之一[①]。

（二）通西域道

曹魏时期，对西域的经营规模虽不能与汉代相比，但是这个时期西域与中原的在政治和经济上的交往还是比较频繁的。《三国志·魏书·乌丸鲜卑东夷传》称："魏兴，西域虽不能尽至，其大国龟兹、于阗、康居、乌松、疏勒、月氏、鄯善、车师之属，无岁不奉朝贡，略如汉氏故事。"文帝时，西域诸国商贾屡屡冒充使者来魏。政治和经济的交往，极大地促进了曹魏时期中原与西域陆路交通的发展。据《魏略·西戎传》记载曹魏时通西域的路线为："从敦煌玉门关入西域，前有二道，今有三道。从玉门关西出，经婼羌转西，越葱岭，经县度，入大月氏，为南道。从玉门关西出，发都护井，回三陇沙北头，经居庐仓，从沙西井转西北，过龙堆，到故楼兰，转西诣龟兹，至葱岭，为中道。从玉门关西北出，经横坑，辟三陇沙及龙堆，出五船北，到车师界戊巳校尉所治高昌，转西与中道合龟兹，为新道。"将上述记载与《汉书·西域传》比较可发现三点不同：

（1）曹魏时南道赴鄯善所经婼羌，而汉时不经过；

（2）在西汉武帝时已有的"中道"在和《汉书·西域传》和《后汉书·西域传》均没有作为通西域的路线来记载，这表明今楼兰古城遗址一带在曹魏时较汉代受到更大的重视，这显然因该地成为了西域长史的治所；

（3）《汉书》和《后汉书》中的"北道"大致包括了《魏略》所言"新道"和"北道"，其"新"仅在于衔接玉门关与"北道"的一段路线[②]。

为了确保与西域的交通，大将军曹真还率队开通了"新北道"。这条道路从内蒙阴山山麓开始，西去河套，穿过居延泽绿地西行，进入今新疆北部，直指中亚，进抵里海之滨，从而打通了古代中国与古罗马之间的陆上交往的新路线[③]。

---

① 王绵厚等，东北古代交通，沈阳出版社，1990年，第51～56页。

② 余太山，两汉魏晋南北朝与西域关系史研究，中国社会科学出版社，1995年，第140～144、229～230页。

③ 陈鸿彝，中华交通史话，中华书局，1992年，第107页。

（三）阴平道和左担道

甘肃与成都间的道路。阴平道自今甘肃文县穿越岷山山脉，经四川平武、江油等，绕出剑阁之西，直抵成都。此路虽险阻，但最径捷。左担道自今甘肃文县东南至四川平武东。因山径险窄，自北而南，担在左肩而不得易右肩，故名。这两条山道都是三国时战将邓艾进兵蜀地所开。《三国志·邓艾传》云：景元四年（263）“冬十月，艾自阴平道行无人之地七百余里，凿山通道，造作桥阁。山高谷深，至为艰险。”《水经注·涪水》亦记此事：“邓艾自阴平景谷步道，悬兵束马，入蜀迳江油广汉者也。”正是由于邓艾开辟了这条荒凉冷僻的阴平道，才避开了蜀方大军驻守的剑阁之险，取得入蜀战役的胜利。

（四）通巴汉的北道

曹操所开从嵴山至巴汉的一条道路。据《水经注·河水》记载：“河水又东，千嵴之水注焉，水南导于千嵴之山，其水北流，缠络二道，汉建安（190～220），曹公西讨巴汉，恶南路之险，故更开北道，自后行旅多从之”。可见，曹操所开北道较古老的南道更为便利，因此成为沟通中原地区与巴蜀之地的大道。

（五）襄平通东部山区的道路

曹魏正始五年至六年（244～245），幽州刺史毋丘俭两次出兵高句丽，不仅开拓了襄平至丸都城的路线，而且打通了从丸都经今吉林和龙、延吉、珲春至汪清的路线[①]。

二　蜀汉和孙吴的陆路交通

蜀汉集团在经营大西南的过程中，对陆路交通亦较重视。蜀建国之后，便一面重建与中原的联系，一面发展与东吴的联系，同时又致力于开发蜀地特别是西南少数民族地区。诸葛亮治蜀，很重视“官府、次舍、桥梁、道路”[②]的修齐整肃，仅从成都到白水门（今四川广元北）就建有亭舍四百余座。建兴三年（225），诸葛亮亲率三路大军南征。马忠一路由平夷（今毕节）攻牂牁，率军趋益州（今云南滇池）；一路由李恢率领进军昆明，战败敌军，追逐北上，南到盘江，东接牂牁，与马忠会师。平定南中之后，不仅恢复了成都至牂牁与昆明的道路，而且沟通了盘江地区与牂牁间的道路，形成了以成都为中心通建宁、牂牁的西南道路网。从此，南中“出其金银丹漆、耕牛战马为军国之用”[③]，陆路交通呈现出前所未有的繁忙景象。

蜀汉集团开辟的重要道路有：

（一）剑阁道

诸葛亮为加强北方防务，便利巴蜀与汉中之间的军事联系，主持开凿剑山，并架设阁道（即栈道）30里。《重修剑州志》中记载：“诸葛亮相蜀，凿石架空为梁阁道，以便行旅，并

---

① 辽宁公路处史志编审委员会，辽宁公路交通史，人民交通出版社，1988年，第12页。

② 晋·陈寿，《三国志·蜀志》。

③ 晋·常璩，《华阳国志·南中志》。

于山之中断处，立剑门关”。剑山位于今四川剑阁东北，古称梁山，东西长230余里，群山高耸入云，峭壁中断，两岸依天，严若剑戟。正如唐代诗人李白诗云：“一夫当关，万夫莫开”。剑阁道成为川、陕间的主要通道，向为兵家必争之地。

（二）旄牛道

张嶷任越巂太守时，重开成都至西昌的“旄牛道”，密切了大西南与内地的联系。《三国志·张嶷传》云：“郡有旧道，经旄牛中至成都，既平且近，自旄牛绝道，已百余年，更由安上，既险且远。嶷遣左右齐货币赐路，……开通旧道，千里肃清，复古亭驿。”

东吴建国都于建业（今南京市）。历经50余年，建成以建业为中心的交通道路，开发了新亭大路、方山大道、石头城路、钟山路、白马城路、金城路，贯通了小丹阳路。在全国交通方面，以开发水运交通网为主的孙吴集团，在经营长江中下游江南地区时，对其地的陆路交通尤其上山区道路亦有贡献。他们在丹阳郡、吴郡、会稽郡、豫章郡等地，大力推广和组织军屯、民屯，使江南经济迅速发展起来，水陆交通网密布于州郡之间，纵横交错[①]。

第二节　两晋十六国时期的陆路交通

由门阀地主拥立的西晋政权，虽国力衰颓，但在交通体制方面，却依然维持西汉成规，道路上遍设邮亭馆驿。因商业之发达，私人经营旅馆的数量甚至超过官营旅馆的数量。而晋室东渡，则突破了中国邮驿以北方为中心的局限。东晋时，开辟了建康（今南京市）北郊的道路，并修筑了通竹里、京口等多条军事道路。东晋咸康二年（336），广州刺史邓岳派都护王随及新昌太守陶苏协带兵经邕州收复夜郎、兴古两郡，沟通了邕州至两郡的道路，贵州南北干道向南延伸。咸康五年，邓岳伐蜀，将李寿逐出宁州，东西干道全线复通[②]。

西晋灭亡之后，十六国相争，黄河流域纷纷扰扰，各政权虽无暇振兴经济，但对交通建设却都较为关注。后赵（319～352）时，极为重视邮驿建设和管理，“自寿阳（今安徽寿县）至琅琊（今江苏句容北），城壁相望，其间远者百余里，一城见攻，众城必救。……（东晋）大军未至，声息久闻，而贼（后赵）之邮驿，一日千里，河北之骑，足以来赴，非惟邻城相救而已”[③] 氐族苻氏领导的前秦（351～394）在占据长安后，即开始整治驿亭、道路等交通设施，“王猛整齐风俗，……自长安至于诸州，皆夹路树槐柳，二十里一亭，四十里一驿，旅行者取给于途，工商贸贩于道”[④]。前燕景昭元玺二年（353），鲜卑慕容隽时兵中原时“遣将军步浑治龙塞道，焚山刊石”[⑤]。

第三节　南北朝时期的陆路交通

在南方与北方政权对峙的南北朝时期，双方虽时有战争，而和平往来时期则更多，大商

① 江苏省南京市公路管理处史志编审委员会，南京古代道路史，江苏科学技术出版社，1987年，第97页。

② 贵州公路处史志编审委员会，贵州公路史，人民交通出版社，1989年，第5页。

③ 唐·房玄龄，《晋书·蔡谟传》。

④ 唐·房玄龄，《晋书·苻坚载传》。

⑤ 南朝宋·郦道元，《水经注·濡水》。

贾与国家使团往来不绝，边界线上的南北互市也大体在进行。南朝注重对国内陆路交通的建设：全方位地开拓以国都建康为中心的交通网络，开通了山区道路；重视水陆衔接；对道路在考虑军事利用的同时，亦注重其对经济文化的促进作用。南朝梁曾开“新子午道”，将西汉王莽所开子午道略向西移，自今西安市而南至宁陕县，是关中至汉中的南北通道。

这一时期对陆路交通最为重视且成绩最大的是崛起于漠北的北魏人。他们在南进中原的过程中，对长城内外的交通致力尤多。据《魏书》记载：孝文帝太和五年（481）南巡信都还；十七年南征济河；十八年北巡出朔州；十九年南征济淮，巡而东将临长江折而返，绕彭城东鲁归；二十二年北巡出云中，南征观兵襄沔。由此可见北魏道路交通之便利。北魏创造了以平城（今山西大同）为中心的四通八达的交通网络[①]。

一　北魏平城赴漠北与西域的交通路线

平城赴漠北的交通路线主要有如下四条（图 18-1）：

第一，自于延水（今桑干河支流东洋河）以东向张北或张北东北方向进发，然后前往沙漠地区。

第二，自于延水上游的长川出发，翻越张北台地西部，然后继续北上。天兴二年（399）

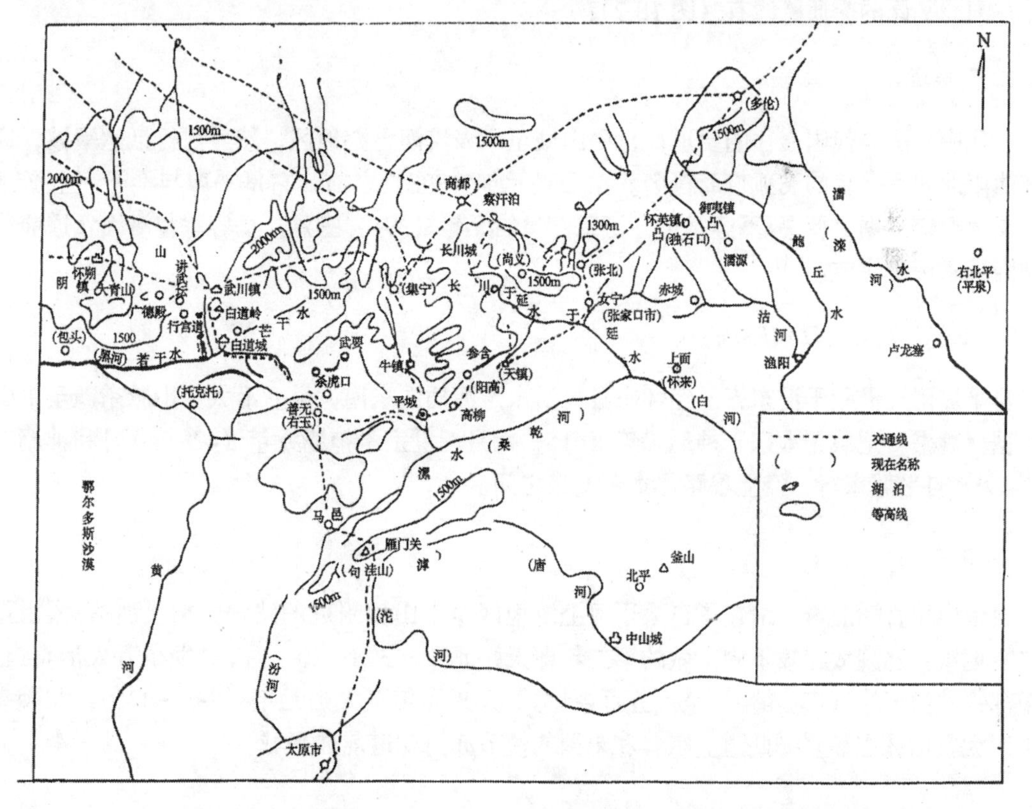

图 18-1　平城至漠北交通路线图（采自：[日] 前田正名《平城历史地理学研究》中译本第 120 页）

---

① [日] 前田正名，平城历史地理学研究，李凭等译，书目文献出版社，1994 年。书中第四章对以“平城为中心的交通网”进行了极为详尽的研讨，笔者仅综述其主要的成果。

太祖出击高车大军中大将军常山王遵所率三军①，以及始光二年（425）世祖征伐大军中汝阴公长孙道生所率兵马②，就取此道。

第三，自平城出发，沿正北方向，经今丰镇、集宁县等地，自东翻越阴山山脉，继续北上。

第四，自平城西北行，经善无至云中，通过白道前往漠北。此条路线是这些路线中最重要的一条。天兴二年（399）太祖出击高车大军中镇北将军高凉王乐真第七军③，即取此道。

平城通西域最主要的交通路线是：从姑臧东南下，经秦州、平凉、安定，往东北行，过白于山南麓，至无定河上游，再经鄂尔多斯沙漠缘路，最后至平城。这一道路连接河西走廊与山西高原北部、桑干河流域、阴山山脉东部，是北魏定都平城时代，西域诸国使者和商人自河西走廊前往平城的必经之路。自太延二年（436），北魏讨伐了阻挠往平城朝贡道路的白龙之后，西域各国“相继而来不间于岁，国使亦数十辈矣。”④

二　北魏平城至河北平原与东北一带的陆路交通路线

（一）平城至河北平原的陆路交通路线

皇始三年（398），北魏攻陷后燕都城中山城后，定州的治所——中山城由于控制着平城前往河北平原的咽喉而成为北魏经营河北和山东一带的重镇。这一时期，以中山城为交通枢纽前往河北平原的交通路线有（图 18-2）：

1. 飞狐道

古代中山国与代国交往的要道，自中山城至今壶流河上游地区，然后西行抵达平城，因途经曲阳北四百余里的飞狐口而得名。在天兴元年（398）之前，它是平城与桑干河上游地区的交通要道。据《晋书·慕容垂传》记载：皇始元年（396）三月，慕容垂曾沿飞狐道前往平城附近求援慕容宝。

2. 经由上谷路的迂回路线

自平城附近沿桑干河东行，经怀来县再沿永定河插向东南，最后沿太行山脉东麓至中山城。据《魏书》记载：太宗于神瑞二年（415）六月、世宗于神麛元年（428）八月和神麛三年（430）自平城东行，经上谷路往来于温泉之间。

3. 直道

自中山城直插北方，缩短了自桑干河上游地区至中山城附近的路程。据《魏书·太祖纪第二》记载：北魏太祖攻下中山城的第二年即天兴元年（398）春正月，“发卒万人治直道。自望都铁关凿恒岭（广昌岭），至代五百余里。”天兴元年至太延元年（398～435），北魏皇帝出巡太行山脉东麓多循此道。东晋和宋国的使节亦沿此道前往平城。

---

① 北齐·魏收，《魏书·帝纪第二》。
② 北齐·魏收，《魏书·蠕蠕传》。
③ 北齐·魏收，《魏书·帝纪第二》。
④ 北齐·魏收，《魏书·西域传》。

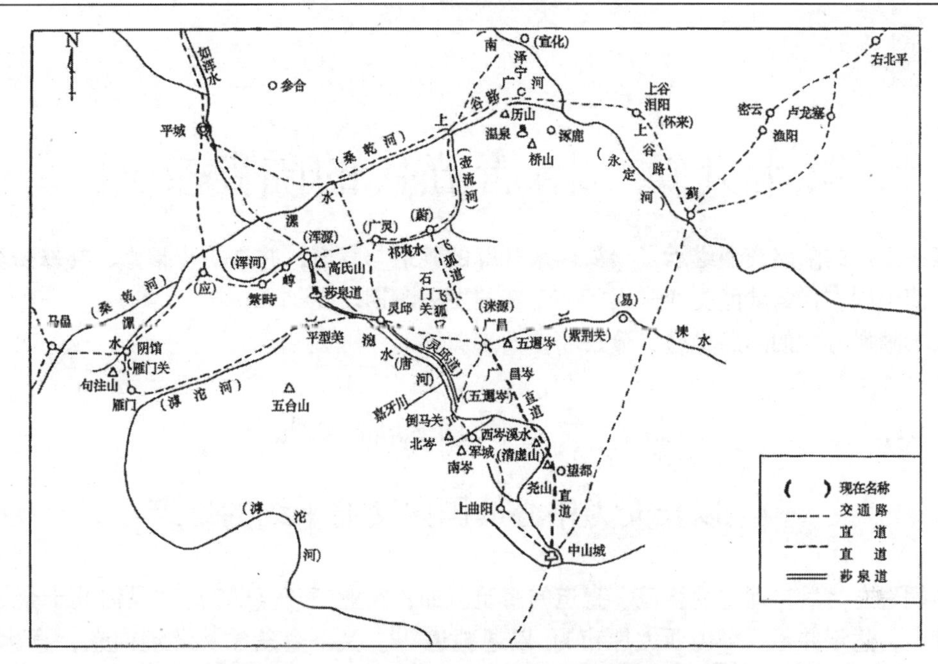

图 18-2　中山城与桑干河上游之间交通路线图

（采自：［日］前田正名《平城历史地理学研究中译本》第 182 页）

4．莎泉道（灵丘道）

北魏开辟的一条比直道更加直接连接平城与中山城的捷径。据《魏书·世祖纪第四》记载：太延二年（435）“诏广平公张黎发定州七郡一万二千人，通莎泉道。”此道沿滱水流域西北行，过灵丘，经莎泉、浑源县，抵平城。因途经莎泉、灵丘，故有莎泉道和灵丘道之称。在北魏迁都洛阳之前，这条道路上人马往还，络绎不绝。据《魏书·高祖第七上》记载：为确保灵丘境各条道路的畅通，太和六年（482）二月，高祖诏曰：“灵丘郡土既褊堉，又诸州路冲，官私所经，供费非一，往年巡行，见其劳瘁，可复民租调十五年”。同年七月，又“发州郡五万人，治灵丘道”。

（二）平城至东北一带的陆路交通路线

在统一华北以前，北魏对经略东北的消极态度，与它对鄂尔多斯沙漠方面、河西走廊以及西域地方表现的积极发展态度，形成了鲜明的对比。自兴安二年（453）以后，东北地方各国开始向北魏朝贡。北魏时，龙城（今朝阳县）是平城与东北间的交通枢纽，亦是辽东一带进入中原时必经的交通要冲。当时，东北各国前往平城时，先至龙城，再西行，经平刚至密云，再至上谷，然后沿桑干河西行达平城。另有一条崎岖险峻的道路，它自龙城西行经过密云经北到张家口市附近，然后经今天镇县、阳高县抵平城。

（三）自平城南下的陆路交通路线

北魏自平城南下，前往黄河中游的重要交通路线是：自平城向西南进发，至桑干河干流盆地，在雁门关与入塞道交会，然后翻越雁门关南下。雁门关成为纵贯山西台地中央的南北大干线之上的重要关口。

第十九章　隋唐五代的陆路交通

隋唐五代的陆路交通继承了秦汉以来开辟的驰道与直道，并进一步整修、补修乃至重新开凿，使中国古代的陆路交通进入了一个新的发展时期。

关于隋唐五代的陆路交通，分三个方面来叙述。

第一节　国内陆路交通

一　以长安为中心的国内交通干线的修筑

隋朝建立之后，即重视驰道、直道的修筑。如：大业三年（607），“发河北十余郡丁男凿太行山，达于并州（今山西太原市），以通驰道”①。又下令从榆林北境向东，直达蓟县，修一条长三千余里，宽一百步的驰道。又在太行山开直道九十里，以便从太原南下，越太行山经济源县去洛阳②。

唐朝国内交通干线，被称为“贡路”。贡路的中轴线仍然是长安——洛阳一线，并以长安、洛阳为东西中心，向四面八方辐射。再加上水陆联运，便构成了覆盖全国的交通网络。

根据《元和郡县志》的记载，西部以长安为中心有六条道路：

（1）从[1]长安西北行，经关内道[2]邠（今陕西彬县）、[3]泾（今甘肃泾川）、[4]原（今宁夏固原）、[5]会州（今甘肃靖远），陇右道[6]兰（今兰州市）至陇右道[7]鄯州（今青海乐都）。东北行至[8]凉州（今甘肃武威）；西北行至[9]甘州（今张掖）；又西行至[10]肃（今酒泉）、[11]瓜（今安西境）、[12]沙州（今敦煌）；又北行至[13]伊州（今新疆哈密）；更西南行经[14]西州（今吐鲁番）达于[15]安西都护府（今库车）（图19-1）③。

（2）从[1]长安西行经山南西道[2]凤州（今陕西凤县），陇右道[3]成（今甘肃西和）、[4]武州（今武都），至剑南道[5]文（今文县）、[6]扶（今四川南坪）、[7]松州（今四川松潘）（图19-1）。

（3）从长安西南行经山南西道兴（今陕西略阳）、利州（今四川广元），剑南道剑（今剑阁）、绵（今绵阳）、汉（今广汉）至益州（今四川成都市）。南行通眉（今眉山）、嘉（今乐山）、戎州（今宜宾市）；北行经汉州（今广汉）更西南行至彭（今彭县）、蜀（今崇庆）、邛（今邛崃）、雅（今雅安）、黎（今汉源北）、巂（今西昌）、姚州（今云南姚安）（图19-1）。

（4）从长安东北行经京畿道同州（今陕西大荔）至河东道河中府（今山西永济）。入河东道北行至绛（今山西新绛）、晋州（今临汾）；又东北行至汾州（今汾阳）、太原府（今太原市）、忻（今忻县）、代州（今代县）；又西北行至朔州（今朔县），通关内道单于都护府（今内蒙古和林格尔北）；又自代州东北行至蔚州（今山西灵丘），通天成军（今天镇）；另自

① 唐·魏徵等，《隋书·炀帝纪》。

② 陈鸿彝，中华交通史话，中华书局，1992年，第139～140页。

③ 文中1、2、3……15等序号可与图19-1所示一一对应。

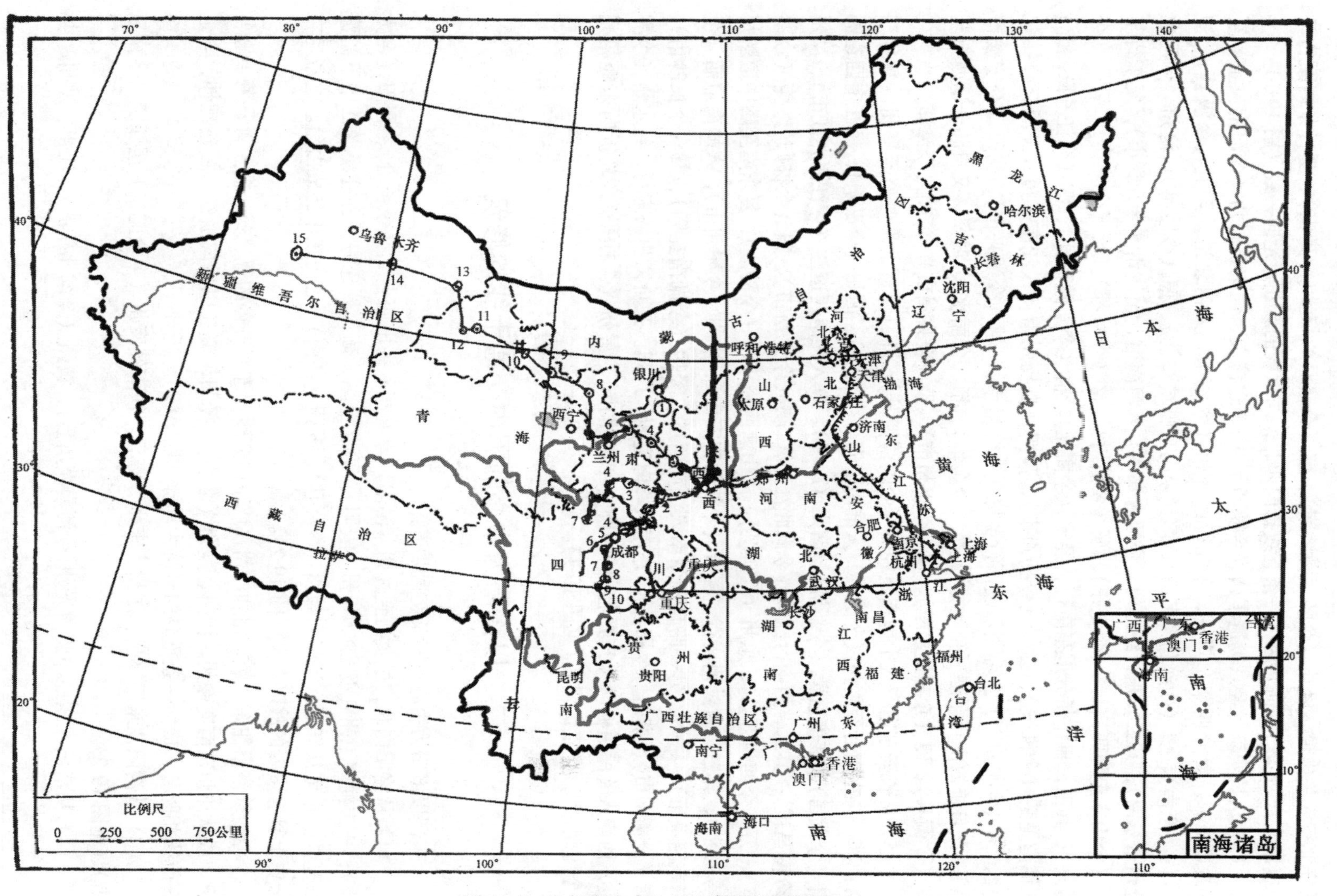

图 19-1　以长安为中心的六条道路示意图

长安北行入关内道，经坊（今陕西黄陵南）、鄜（今富县）、延（今延安）、夏（今内蒙古乌审旗南）抵河套。过河套后，一条支线折向西北，与六朝的新北道走向一致（图 19-1）。

（5）从长安东行经京畿道华州（今陕西华县）、过潼关、河南道虢州（今河南灵宝）至都畿道东部。复分四路：其一，东北行经怀州（今沁阳）入河北道，至卫（今汲县）、澶（今内黄东南）、魏（今河北大名山）、博（今山东聊城东北）、德（今陵县）、沧州（今河北沧州市东南）；其二，东行经郑州（今河南郑州）入河南道，至汴州（今开封市），复东行至曹（今山东定陶西）、兖（今兖州）、淄（今淄川）、青（今益都）、莱（今掖县）、登州（今蓬莱）；其三，自汴州分道东南行，经宋（今商丘）、宿（今安徽宿县）、泗（今江苏盱眙北）入淮南道楚（今淮安）、扬州（今扬州市）；其四，自扬州南行入江南东道，经润（今镇江市）、常（今常州市）至苏州。复南行至杭（今杭州市）、越（今绍兴市）、明州（今宁波市南）。又自杭西南行至睦（今建德）、婺（今金华）、括（今丽水）、温州。又自睦分道西行至衢（今衢县）、建（今福建建瓯）、福（今福州市）、泉（今泉州市）、漳州（今漳浦）。

（6）从长安东南行入山南东道经商（今陕西商县）、邓（今湖北邓县）至襄州。复分三路：其一，东南行经隋州（今随县）入淮南道安（今安陆）、沔州（今汉阳），经江南西道鄂州（今武昌），淮南道黄（今新洲）、蕲州（蕲春），复入江南西道江（今江西九江市）、洪州（今南昌市）；其二，西南行经荆（今湖北江陵）、峡（今宜昌市）、归（今秭归）、夔（今奉节）、万（今四川万县）、忠州（今忠县），入山南西路涪州（今涪陵），复东南至黔中道黔州（今彭水）；其三，自洪州南行，经吉（今江西吉安市）、虔州（今赣州市），入岭南道韶（今广东韶关市）、广州。另一路自荆州南入江南西道，经岳（今湖南丘阳）、潭（今长沙市）、衡（今衡阳市）、郴州（今郴县），东南入岭南道韶、广州。又自衡州西南行，经永州（今零陵）西南入岭南道桂（今广西桂林）、柳（今柳州市）、浔州（今桂平），复折向东经梧州（今梧州市），合于广州[①]（见图 19-1）。

二　以洛阳为中心的国内交通干线的修筑

东部以洛阳为中心有五条交通要道：

（1）从洛阳向北，过黄河到怀州（沁阳）分道，一去山西上党（今长治）、晋阳（今太原）；一去河内卫州（汲县）、相州（安阳），再北上幽、蓟，转辽海，并往黑龙江中下游流域延伸。也可从怀州、卫州向魏州（今冀县）、齐州（济南），去山东半岛成山角。这条道在历史上具有重要的战略意义（图 19-2）。

（2）从洛阳往东，经郑州到汴州，或东向兖州，连接齐鲁的曹、兖、淄、青、莱、登各州。或从汴州东南向徐州、泗州、楚州（淮阴）、扬州，渡江以后向浙江、福建延伸，与近海航线相配合，成为一条重要的经济大动脉（图 19-2）。

（3）从洛阳往东经郑州、汴州、宋州、寿春，往南经庐州（今合肥市）至江宁（今南京市）（见图 19-2）。

（4）从洛阳往东经汴州向光州(今河南潢川县)、黄州（今湖北新洲）、江州、洪州、虔

① 王育民，中国历史地理概论（上册），人民教育出版社，1987 年，第 407～408 页。

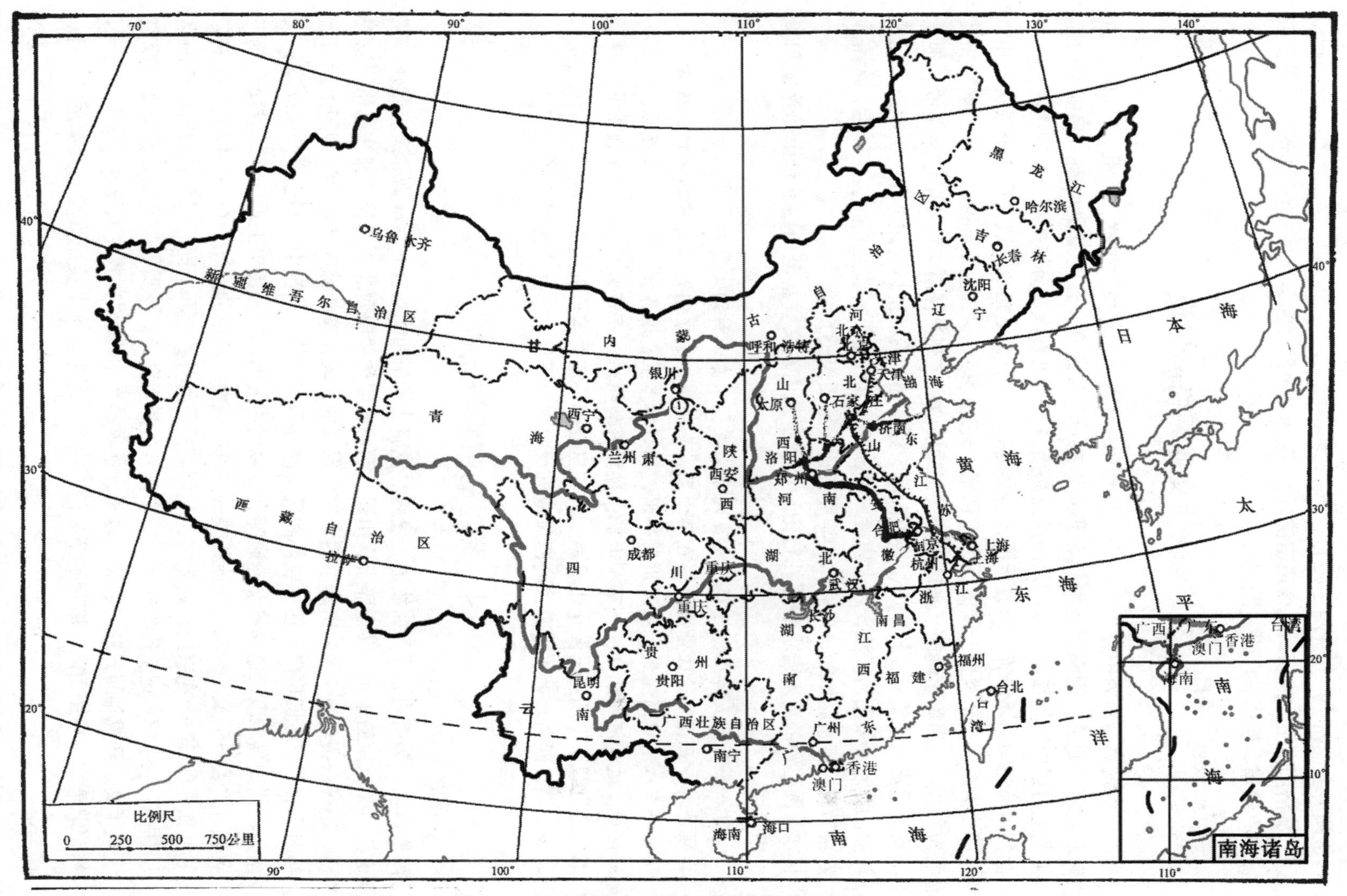

图 19-2 以洛阳为中心的五条交通要道示意图

州，过大庾岭去韶州、广州（图 19-2）。

（5）从洛阳南下，经信州（今河南沈丘）、随州（今湖北随县）、安陆、鄂州、岳州、潭州、衡州、永州、桂州、广州（图 19-2）。

三 地区性交通网络的建设

如果以各地大城市为中心，也有地区性的交通网络。如成都、江陵、扬州、广州等。由广州向东有滨海通道，把潮州、漳州、泉州、福州联接起来，这是黄巢由闽入粤的交通路线。再北上可以直达长江口。从广州向西傍海而进，可以直达安南都护府（今越南河内）。

在各州郡之间，还修筑了地方干道；各县之间，也有大道相通。这样由几个层次，几个级别的道路构成了一个覆盖全国的巨大而稠密的交通网络。再加上水陆联运，江海航行，其交通更为方便。如唐朝李翱的《来南录》就记载了他去广州上任所走的水陆联运路线。他从洛阳出发，循洛水入黄河，转汴渠，接山阳渎，经扬州，沿江南运河过苏州、杭州，又溯钱塘江转信江，渡鄱阳湖入赣江，越大庾岭，循浈江和北江南下，直达广州。这样走，水路为主，陆路为次。走水路坐船，自然比走旱路舒适（见图 19-3）。

日本人圆仁写的《入唐求法巡礼行记》记载了从山东文登县至山西五台山的路线和里程。书中写道：

> 过八个州到五台山，计二千九百九十来里；从赤山村到文登县，百三十里；过县到登州，五百里；从登州行二百二十里，到莱州；从莱州行五百里到青州；从青州行一百八十里到淄州；从淄州到齐州，一百零八里；过齐州到郓州，三百里，从郓州行，过黄河到魏府，一百八十里；过魏府到镇州，五百来里，应到五台山①。

书中还记载了中国当时设立在道路上的“里程碑”：“唐国行五里立一候子，行十里立二候子。筑土堆，四角，上狭下阔，高四尺或五尺、六尺不定，曰唤之为‘里隔柱’”②。

四 蜀道的整修与新辟

隋唐时期，蜀道的北段，如故道、褒斜、傥骆、子午四线均被先后辟为驿道。此外，在褒斜道江口镇以南的东侧，又开辟了文川道；西侧由武休关向西北，修筑了通往凤州、散关的驿道；还有一条名为“太白山路”的大道。蜀道的南段，隋初修改了金牛道剑阁附近的险段，唐时则利州（今四川广元县）成都间又有南北两道并行。从汉中南通巴中的米仓道，从西乡南通涪州的荔枝道，也都曾设驿通邮。所以隋唐时期蜀道是历史上最繁盛的时期。

唐朝有关褒斜道及与褒斜道相连各线的整修、恢复、改线的情况，在一些历史文献中有些记载。如：《旧唐书·宪宗纪》记宪宗元和年间重置斜谷路馆驿，同时对驿路进行必要的整修。《旧唐书·敬宗纪》记宝历年间裴度等奏修斜谷道及驿馆。刘禹锡的《山南西道新修驿路记》记载了文宗开成年间归融修散关、凤州、褒城、汉中线。“自散关抵褒城，次舍十有五，牙门将贾黯董之。自褒而南，逾利州至剑门，次舍十有七，同节度副大使石文颖董之。”前

① ［日］圆仁，入唐求法巡礼行记，上海古籍出版社，1986 年，第 68 页。

② 同①，第 85 页。

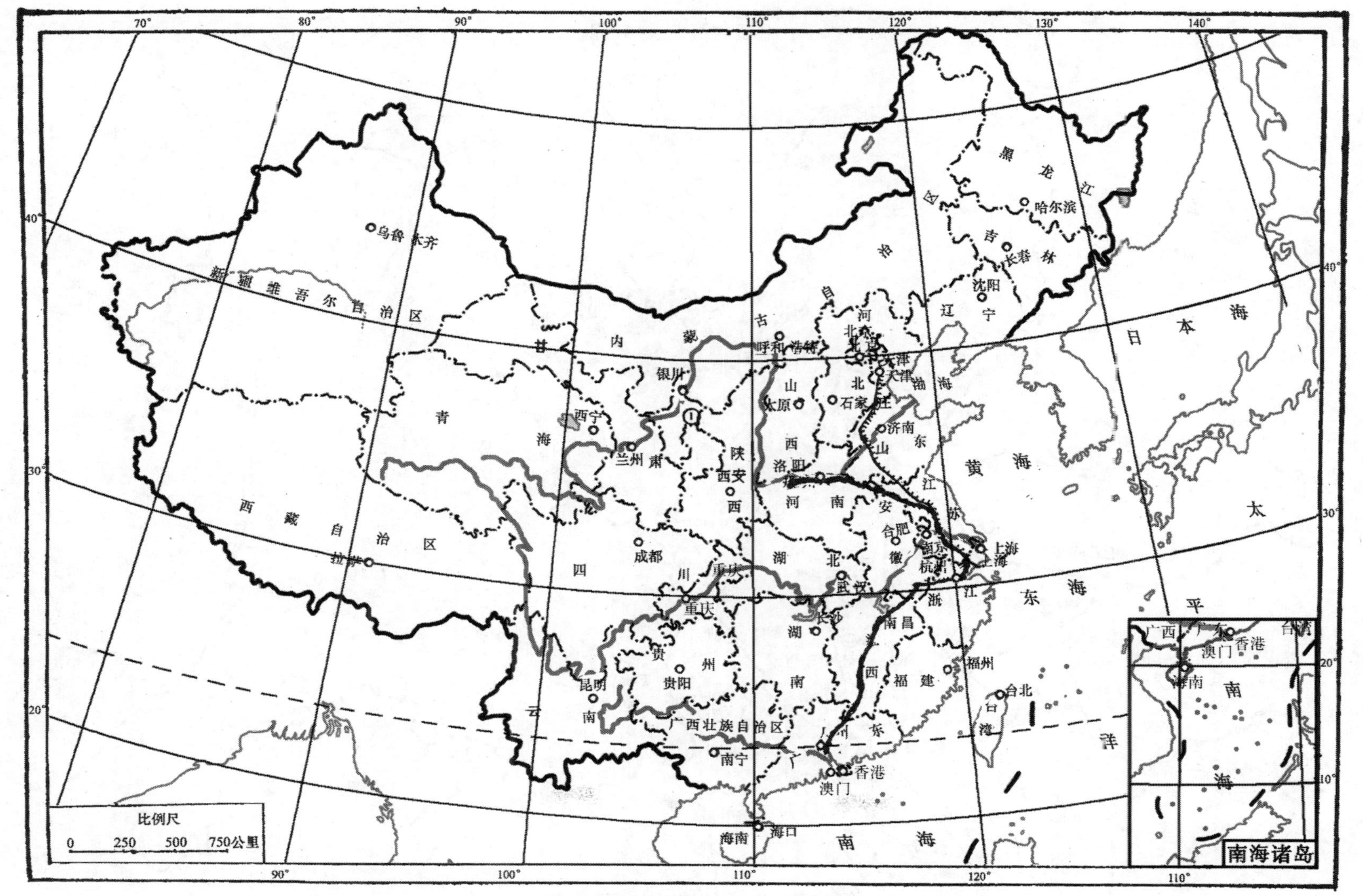

图 19-3　李翱从洛阳去广州水陆联运路线示意图

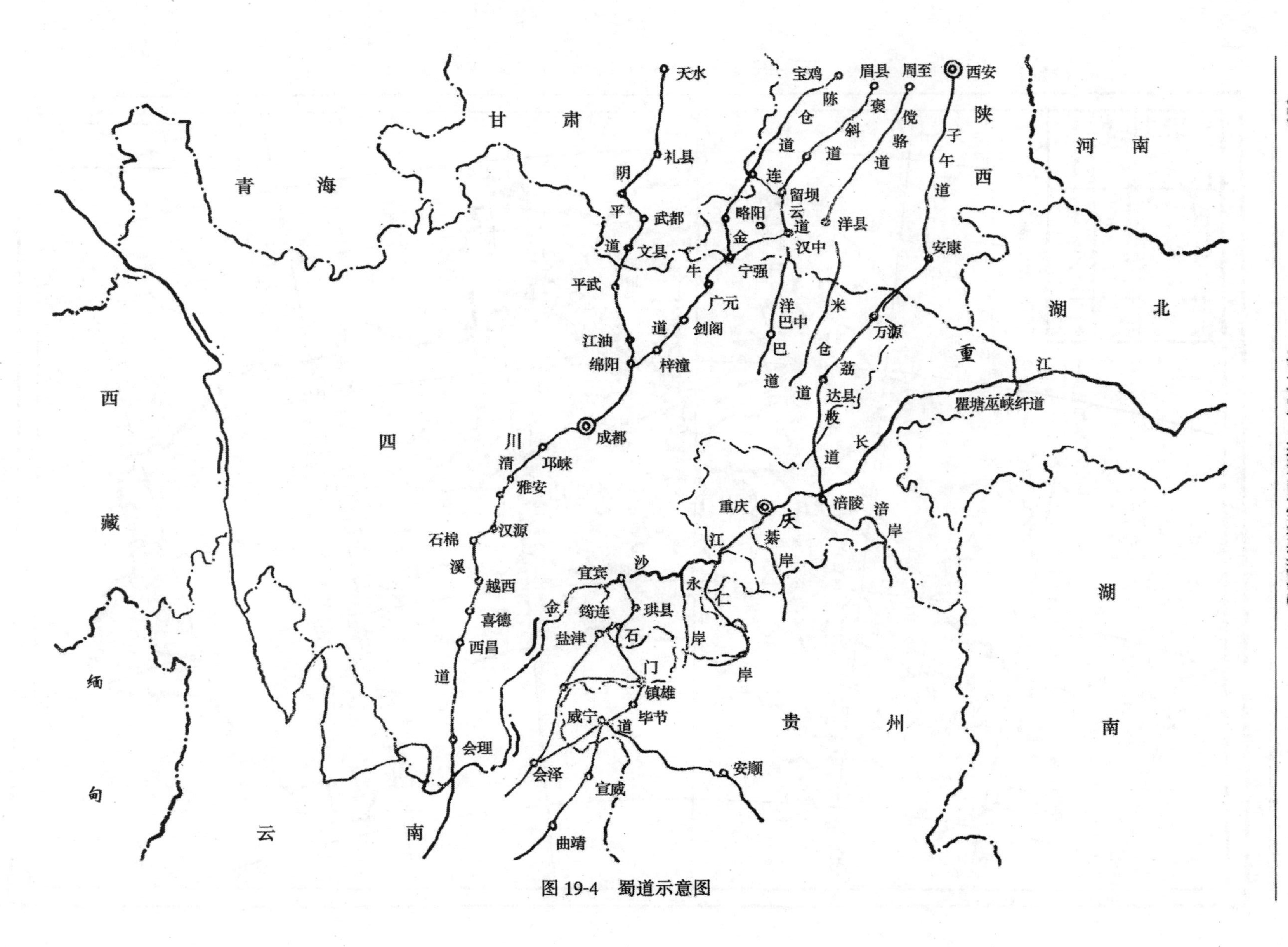
河南
湖北
湖南
陕西
西安
子午道
安康
周至
傥骆道
眉县
褒斜道
洋县
宝鸡
陈仓道
留坝
连云道
汉中
略阳
金牛道
宁强
广元
剑阁
梓潼
米仓道
巴中
万源
达县
荔枝道
瞿塘巫峡纤道
长江
涪陵
重庆
天水
礼县
武都
文县
阴平道
平武
江油
绵阳
成都
邛崃
雅安
清溪道
汉源
石棉
越西
喜德
西昌
会理
宜宾
珙县
筠连
盐津
石门道
镇雄
毕节
威宁
会泽
宣威
曲靖
安顺
贵州
四川
甘肃
青海
西藏
云南
缅甸

图 19-4　蜀道示意图

者就是后来的连云栈道，当时亦称为褒斜道或斜谷道。后者则是金牛道或石牛道的北段。修整后的驿道，交通情况大为改观（图 19-4）。

《唐会要》86“道路”门记载了宣宗大中年间新开文川道的情况。文川道在山南西道境内，共设有 11 个驿馆。此书又记宣宗大中四年（850）封敖修复斜谷路的情况，后代的连云栈道。

《考古》1983 年第 10 期晋晖墓志铭记载僖宗光启年间（885～888）晋晖修斜谷栈道。

五　驿传与关隘的职责

唐朝的驿道乃专为官吏而设，大致是每 30 里为一驿，全国有 1639 个驿站[①]。每个驿站有驿长一人，主管驿务。陆驿备马一匹，给地四十亩，驿侧有牧地着减五亩。传送马每匹给田 20 亩[②]，便于官吏往来与文书传递。水驿备船，全国有水驿 260 所[③]。不仅内地设驿，边境地区也设驿。

唐朝驿传的业务范围比较广，一共有六项：

（1）传递军政信息：诸如皇帝的诏书、边境的军情、州郡的奏章等均由邮驿传送。十分紧急或特别重要的文书，由专使传送，沿途也要由驿传供养。

（2）官吏进京、赴任、出使，一律按规定乘坐驿马（船），驿传按品级高低予以接待，提供食宿车马等方便，但不许超额支给。

（3）朝廷特命征召的贤士、僧道、女尼，或贬谪官员、追捕罪犯，或传首报捷等，通常也由驿站负责依次传送，安排车马食宿。

（4）地方贡品及其他小件物品，也有交由驿站办理的。如杨贵妃吃的荔枝，就专设驿马，从今四川涪陵飞送长安，奔驰数千里，色味不变。有时也递送贡花、贡茶、建材、木料等。

（5）传递情报。唐代各地州县长官要定期向中央汇报地方民情政情，在京期间就租赁旅店住宿。后来唐太宗专造邸舍，接待进京人员，再往后成了一种定制，各地在京均有邸舍（驻京办事处）。为互通音信，邸店创办了《邸报》，报道京师动向，包括军事活动，皇帝起居、将相任免等。邸报也通过邮驿运往全国。

（6）有时也为某些社会名流、政府官员通讯往来服务，传递某些私人信件。但这是违法的，法律上不允许用驿为私。唐代私人通讯政府不管。

驿舍建筑比较讲究，宏敞华丽不亚于官府。高墙深院，有厩有厨，有仓库、宿舍，有亭台楼阁。驿旁有客舍食店，方便行旅。

驿传不完全是官办，也有私办的。如唐朝定州人何明远，主管官家三个驿站，他在驿站边建造客店，接待商旅，发了大财。

唐朝还有一套管理道路，维修道路的办法。为此，政府设置了驾部郎中，主管国家的舆辇、车乘、传驿、厩牧、马牛杂畜之籍。度支郎中主管国家转运、征敛、送纳之事。舟车水

---

① 《大唐六典五》。

② 唐·杜佑，《通典二》。

③ 陈鸿彝，中华交通史话，中华书局，1992 年，第 167 页。

陆运载，都定下路途运费，以程途远近，货物轻重贵贱，道路平坦艰险等来确定“脚值”。要求：陆路，马一天七十里，驴五十里：步行五十里，车三十里。

陆路交通上设有关。关既是军事上的重要设施，也是国家或地区安全的重要设施。唐朝开元末年（741）有26个关，分上、中、下三等。上关六个，位于京城长安四面，有驿道通过。它们是蓝田关、潼关、蒲津关、散关、大震关、陇山关。中关十三个：子午关、骆谷关、库谷关、龙门关、会宁关、木峡关、孟门关、合河关、邛莱关、蚕崖关、铁门关、兴城关、渭津关。下关七个：甘亭关、百牢关、凤林关、石门关、永和关、松岭关、涪水关。番客通过这些关时，守关人员要査阅其行李包裹，看有无危险违禁品。凡犯禁者，没收其货物，处罚当事人；凡捡到失落的东西，公开陈列于本司门外，说明来历，满一年后无人认领，就予以没收。商旅过关，先在京师所属各省办理手续，领取“过所”；外地由各州发给“过所”，凭此出入关门。

第二节 边境陆路交通

一 通北方边境及新疆的陆路交通线

中国北方边境陆路交通情况，《太平寰宇记》卷49引《冀州图经》云：

自周、秦、汉、魏以来，出师北伐，唯有三道：中道正北发太原，经雁门、马邑、云中，出五原塞，直向龙城，即匈奴单于十月大会祭天之所。一道东北发向中山，经北平、渔阳，向白檀、辽西，历平冈，出卢龙塞，直向匈奴左地，即左贤王所理之处。一道西北发自陇西，经武威、张掖、酒泉、敦煌，历伊吾塞，向匈奴右地，即右贤王所理之处。

隋唐五代也是如此，没有大的改变。

《八塞图》载：“至大宁城（今山西大宁），当涿郡怀戎县北三百里也；从大宁西北行百里至怀荒镇，又北行七百里至榆阙，又北行二百里至松林，又北行千里至瀚海。又一道从平城（今山西大同市）西北行五百里至云中（今内蒙古托克托县东北），又西北五百里至五原（今内蒙古包头市西北），又西北行二百五十里至沃野镇（今内蒙古鄂尔多斯右翼后旗附近），又西北行二百五十里至高阙，又西北行二百五十里至郎君戍，又西北行三百里至燕然山，又北行千里至瀚海。”①

《新唐书》卷40删丹县载：“北渡张掖河，西北行，出合黎山峡口，傍河东壖，屈曲东北行千里，有宁寇军，故同城守捉也……军东北有居延海，又北三百里有花门山堡，又东北千里至回鹘衙帐。”

在王仲荦著的《敦煌石室地志残卷考释》② 中，《西州图经》残卷记道路十一条：赤亭道（伊西道）、新开道、花谷道、移摩道、萨捍道、突波道、大海道、乌骨道、他地道、白水涧道、银山道。道路状况记载比较详细，如：

花谷道：“道出蒲昌县（今新疆鄯善）界，西合柳中，向庭州七百三十里，丰

① 乐史，《太平寰宇记》卷49引。

② 敦煌石室地志残卷考释，上海古籍出版社，1993年。

水草，通人马。”

移摩道：“道出蒲昌县界，移摩谷，西北合柳谷，向庭州七百四十里，足水草，通人马车牛。”

萨捍道：“道出蒲昌县界萨捍谷，西北合柳谷，向庭州七百二十里，足水草，通人马车牛。”

突波道：“道出蒲昌县界突波谷，西北合柳谷，向庭州七百三十里，足水草，通人马车牛。”

大海道：“道出柳中县（今新疆鄯善西南之鲁克沁）界，东南向沙州一千三百六十里，常流沙，人行迷误。有泉井，咸苦。无草，行旅负水担粮，履践沙石，往来困弊。”

乌骨道：“道出高昌县（今新疆吐鲁番东南）界北乌骨山，向庭州四百里，足水草，峻险石粗，唯通人径，马行多损。”

他地道：“道出交河县（今新疆吐鲁番西北）界，至西北向柳谷，通庭州四百五十里，足水草，唯通人，马行多损。”

白水涧道：“道出交河县界，西北向处月已西诸番，足水草，通车马。”即由今雅尔通往乌鲁木齐之一道也。

银山道：“道出天山县（今新疆托克逊）界，西南向焉耆国七百里，多沙碛滷，唯近烽足水草，通车马行。”

此外还记有寺、院、塔。

《西州图经》虽仅残存五十六行，但此书存于天壤之间者只此一种，十一道述南北东西往来通路，足补《新唐书·地理志》之缺，弥可宝贵也。由此可知，各地地方志也会记载当地的交通路线，只是隋唐五代的地方志能流传至今者极为稀少，所以这方面的资料无法弥补。

二　通西藏及云南的陆路交通线

（一）与西藏的陆路交通

内地与西藏的陆路交通，根据《旧唐书·吐蕃传》的记载，大致有两条：一条是从青海经河源地区去西藏；一条是从四川过大渡河入西藏。具体道路有三条：

（1）西山路：从成都北上，经茂州（今茂汶）、翼州（镇江关东）、松州（今松潘）、积石军（今临夏西）、鄯州（今乐都）、翻过日月山，大致沿今湟源到玉树的公路，到玉树后折向西，至吐蕃首府逻些城（今拉萨市）。

（2）和川路：从成都经雅安、合川镇、罗岩州（今泸定北）、会野（今康定）等州，折向西北去松城（今康定西北），然后向西，大致走今川藏公路一线到逻些城。

（3）灵关路：从成都经雅州、芦山、灵关镇，向东北至维州（今理县东北），向西北至逋租（今川北大渡河东岸）。再向西大致走今川藏公路到达逻些城[①]（图19-5）。

据《新唐书·地理志》记载，陇右道鄯城（今青海西宁市）有入西藏的道路，从河源军

---

① 马正林主编，中国历史地理简论，陕西人民出版社，1987年，第422页。

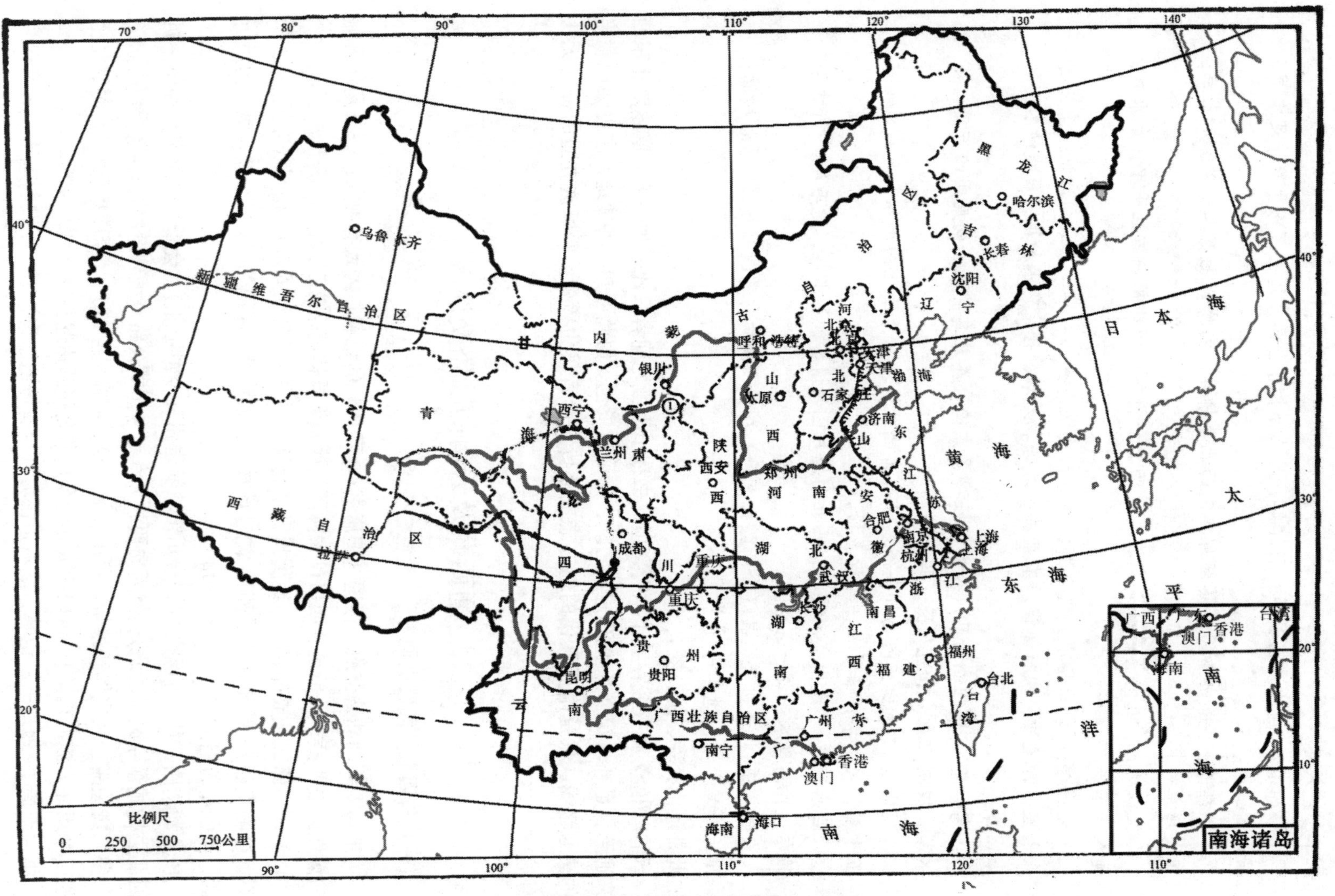

图 19-5　隋唐五代去西藏、云南的道路示意图

西去"六十里有临蕃城，又西六十里有白水军、绥戎城，又西南六十里有定戎城。又南隔涧七里有天威军。又西二十里至赤岭，其西吐蕃，有开元中分界碑。自振武（即天威军）经尉迟川、苦拔海、王孝杰米栅，九十里至莫离驿。又经公主佛堂、大非川二百八十里至那录驿，吐浑界也。又经暖泉、烈漠海，四百四十里渡黄河，又四百七十里至众龙驿。又渡西月河，二百一十里至多弥国西界。又经犛牛河度藤桥，百里至列驿。又经食堂、吐蕃村、截支桥，两石南北相当，又经截支川，四百四十里至婆驿。乃度大月河罗桥，经潭池、鱼池，五百三十里至悉诺罗驿。又经乞量宁水桥，又经大速水桥，三百二十里至鹘莽驿，唐使入蕃，公主每使人迎劳于此。又经鹘莽峡十余里，两山相崟……百里至野马驿。又经乐桥汤，四百里至阁川驿。又经恕谌海，百三十里至蛤不烂驿，旁有三罗骨山，积雪不消。又六十里至突录济驿，唐使至，赞普每遣使慰劳于此。又经汤罗叶遗山及赞普祭神所，二百五十里至农歌驿。逻些（今拉萨）在东南，距农歌二百里，唐使至，吐蕃宰相每遣使迎候于此。"这条入藏路线讲得非常详细。

（二）与云南的陆路交通

唐朝从四川去云南的道路有十条，主要是南路、北路和沐川源三条：

北路，从成都经雅州（今雅安）、黎州（今汉源北）、嶲州（今西昌）、姚州（今云南姚安）、石桥城（今云南大理南）、永昌（今保山市）、诸葛亮城（今保山西南）至腾充城（今腾冲）。

南路，从成都经嘉州（今乐山）、戎州（今宜宾）、曲州（今云南昭通）、南宁州（今曲靖）、昆州（今昆明）、化州（今楚雄西北）、丘州（今南华）至姚州西南的佉龙驿与北路相会。

沐川源路，实际上是南北二道之间的叉道，从南路的犍为折向西南，越过雪坡（大凉山），至嶲州与北道相接[①]（见图19-5）。

《新唐书·地理志》记载剑南道越嶲郡有去南诏（今云南大理）的道路。

"自清溪关南经大定城百一十里至达仕城，西南经菁口百二十里至永安城，城当滇、笮要冲。又南经水口西南度木瓜岭二百二十里至台登城。又九十里至苏祁县，又南八十里至嶲州。又经沙野二百六十里至羌浪驿。又经阳蓬岭百余里至俄准添馆。阳蓬岭北嶲州境，其南诏境。又经菁口、会川四百三十里至河子镇城，又三十里渡泸水，又五百四十里至姚州，又南九十里至外沴荡馆。又百里至佉龙驿，与戎州往羊苴咩城路合。贞元十四年，内侍刘希昂使南诏由此。"

唐朝人樊绰著的《云南志》（自定名为《蛮志》）卷一讲了交趾、安宁间之日程，只有天数，无里数。又讲了"自西川成都府至云南蛮王府、州、县、馆、驿、江、岭关塞，并里计数二千七百二十里。"府、州、县、驿之间标明里数，比如"从府城至双流县二江驿四十里，至蜀州新津县三江驿四十里，至延贡驿四十里，至临邛驿四十里，至顺城驿五十里……"等。

---

① 马正林主编，中国历史地理简论，陕西人民出版社，1987年，第420～422页。

第三节 国际陆路交通

隋朝裴矩的《西域图记》记载了当时从敦煌经新疆去中亚、西亚、南亚各国的道路。《隋书·裴矩传》引《西域图记·序》曰：

发自敦煌，至于西海，凡为三道，各有襟带。北道从伊吾（今新疆哈密），经蒲类海（今巴里坤）铁勒部，突厥可汗庭（今巴勒喀什湖之南），度北流河水（今锡尔河），至拂菻国，达于西海。其中道从高昌、焉耆、龟兹（今库车）、疏勒度葱岭，又经钹汗、苏对沙那国、康国、曹国、何国、大小安国、穆国，至波斯，达于西海。其南道从鄯善，于阗（今和田）、朱俱波、喝槃陀，度葱岭，又经护密、吐火罗、挹怛、忛延、漕国，至北婆罗门（今北印度），达于西海。其三道诸国，亦各自有路，南北交通。”这里讲的三个西海，其涵义是不一样的：南道之“西海”，指印度洋；中道之“西海”，指波斯湾；北道之“西海”，则指地中海①。

唐朝贾耽的《皇华四达记》记载了当时的五条国际陆路交通路线：

（1）营州入安东（今辽宁丹东）道，即从范阳（今北京市）、营州前行，或通朝鲜半岛，或通黑龙江下游。

（2）大同云中道，通往奚、契丹和突厥。

（3）中受降城（今内蒙古包头市西南）入回纥道，这是从河套以北直通蒙古人民共和国的道路。还可以通往中亚及西伯利亚地区。

（4）安西（今甘肃临潭）入西域道，从今新疆库车通往中亚、西亚和南亚各国，甚至可达地中海、红海与波斯湾沿岸地区。

（5）安南（今越南河内）通天竺道，一是由交阯西北上，进入今广西、云南，转缅甸、孟加拉、印度。一是由交趾西南走，横穿今老挝、泰国与缅甸去印度半岛诸国②。

唐玄奘的《大唐西域记》，具体记录了他由长安去印度取经的来回路程。

根据义净《大唐西域求法高僧传》的记载，唐朝从吐著（今西藏）到印度的道路有两条：一条经泥波罗（今尼泊尔）到中印度，此道最捷；一条西北行到北印度，此道多不为人所知③。

唐朝道宣的《释迦方志》“遗迹篇第四”记载了唐朝去印度的三条道路：南道、中道和北道。其中北道与玄奘赴印的路线基本相同。

总之，隋唐五代，特别是唐代的交通是非常发达的。除陆路外，还有海路、内河航路、运河航路等。水陆交通交织成这个时期细密而繁忙的交通运输网络，给政治、军事、经济、旅游、中外交流等带来了极为方便的条件，从一个侧面反映了这个时期经济的发展，文化和中外交流的繁荣。

---

① 岑仲勉，隋唐史（上册），中华书局，1982年，第47页。

② 欧阳修等，《新唐书·地理志》引。

③ 义净著、王邦维校注，大唐西域求法高僧传校注，中华书局，1988年，第43页。

第二十章　宋辽金西夏元时期的陆路交通

第一节　主要陆路交通线路

一　北宋以开封为中心的驿道建设

北宋因袭五代之旧，亦都东京开封府（今河南省开封市），而以洛阳为西京河南府（今河南省洛阳市），又设南京应天府（今河南省商丘县），北京大名府（今河北省大名县），并称四京。定都开封与开封的水陆交通便利有很大关系。因为开封处于黄淮平原之中，道路四达，中央禁军屯驻，足以控扼四方。而汴河联系黄河、济水、淮河、长江，水运便利，全国尤其是经济日益发展的江南地区的物资源源而至，可供宋王朝日益庞大的官僚机构的巨大开支。其优越性是洛阳和长安无法比拟的。

全国政治中心由长安、洛阳转至开封，自然不能不引起各主要道路和全国交通网发生重要变化。这种变化的主要表现有：

(1) 原以长安、洛阳为中心向四面八方辐射的驿道有的失去其重要地位，甚至失去驿道地位。如从长安向东南去南阳的驿道和从洛阳向南去南阳的驿道。又如长安、汉中间的驿道由子午、褒斜、傥路、故道等多条，逐渐缩减为故道一条，汉中、巴蜀间的驿道也由金牛、荔枝两道而缩减为金牛道一条。

(2) 原不当驿道的一些府州有了与首都开封相通的驿道。如从开封向南开辟了经颍昌府（今河南许昌市）到南阳、襄阳的驿路，从开封向正南开辟了经陈州（今河南淮阳县）、蔡州（今汝阳县）、光州（今潢川县）到黄州（今湖北省黄岗县）以达江南的驿路，从开封府向正北，经开德府（今河南省濮阳市）、北京大名府、河间府（今河北省河间县）以达边陲重镇雄州（今河北省雄县）等地的驿路等等。

(3) 有些驿道的线路发生了重大改变。如秦汉时代从今北京市向西南沿太行山东侧通洛阳的大路到相州（今河南安阳市）一带就稍转东南去开封，从今山西太原一带南通洛阳的大道也从怀州（今河南省沁阳县）就折东去开封，而从长安洛阳东北通向齐鲁滨海地区的大路也改为从开封才与东通徐州以至江南的大路分途了。

(4) 由于防备辽和西夏的侵扰，联系从开封向北、向西北驿道上重要城市如河间府、真定府（今河北省正定县）、太原府、延安府（今陕西省延安市）以及庆州（今甘肃省庆阳县）、环州（今环县）的驿道联结线，其重要性也更为突出。

由上述变化而形成的，北宋以东京开封为中心的全国驿道网络的布局情况是（图20-1）：

(1) 从开封向西，经西京河南府、永兴军路治所京兆府长安城，即唐代的两京大驿道。再由长安城向西经凤翔府（陕西省凤翔县）、秦凤路治所秦州（今甘肃省天水市）、熙州（今陇西县）、河州（今临夏市），以至西宁州（今青海省西宁市）以通吐蕃（今西藏自治区）和西域（今新疆维吾尔自治区）。即汉唐丝绸之路的南线。此线又有支线北通西夏，西南通巴蜀，军事政治意义突出，而黄河、渭河水道艰阻，所以特受重视，而长安尤为此线的枢纽和

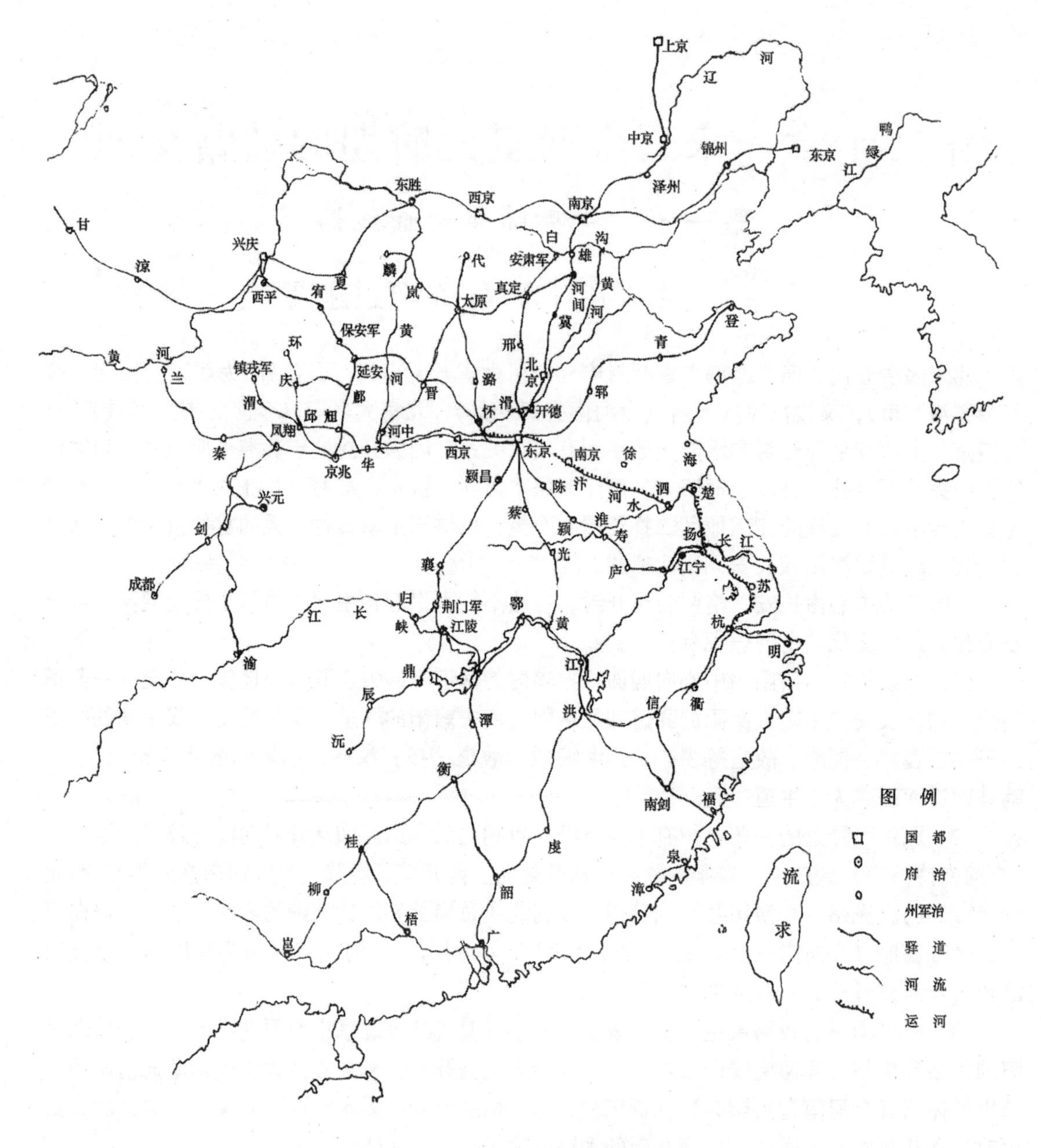

图 20-1　北宋时期主要驿路示意图

重镇。宋太祖、真宗时期曾多次对此路的开封、长安段进行整修①。

北侧支线。首先是从开封以西的荥阳折西北到怀州，折北越太行山经泽州（今山西省晋城县）、隆德府（今长治市）而达太原。太原府为河东路治所，防辽和西夏的军事重镇。北通忻、代（今忻县、代县），西北通岚州（今岚县北）和麟州（今陕西省神木县北）。更有驿道东越太行山通真定府，西越黄河通延安府（今延安市），构成北边第二道边防线。

其次是从长安向北，经耀州（今耀县）、鄜州（今富县）到延安府。延安府为北宋防西

① 徐松等，《宋会要辑稿·方域·道路》，中华书局影印本第八册，第 7474～7477 页。

夏重镇。北经绥德军（今绥德县）与西夏银州（今米脂县西北）夏州（今靖边县北）相接，西北经保安军（今志丹县）与西夏洪州（今靖边县西南）、宥州（今内蒙自治区鄂托克旗东南）相接。而后一路线，则是战争时期的“西夏犯边要路”，又是和平时期北宋与西夏使臣往来的指定路线，被称为“国信驿路”。

从长安向西北经咸阳、乾州（今陕西省乾县）到邠州（今彬县）。从邠州分路，一支向北经庆州、环州去西夏西平府（今宁夏自治区吴忠县东北）和兴庆府（今宁夏回族自治区银川市）；一支向西北经泾州（今甘肃泾川县）、渭州（今平凉县）、镇戎军（今宁夏自治区固原县）通西夏兴庆府，二者都是重要军事通道。而从邠州向东至宁谷镇转东南，经耀州、富平县（今陕西省今县）至渭南县（今渭南市），又有一条驿道，呈弧形，遮长安城北、西北、东北三面。起着加强联系，保障长安城北方安全的作用。

南侧支线，乐史《太平寰宇记》卷25曾载从长安向南循库谷路通金州（今安康市）里程，而宋敏求《长安志》卷15、卷18则记有长安、洋州（今县）间傥骆道上若干驿馆名称，可能宋初都曾一度通驿。最重要的驿道则是从凤翔府向西南经凤州（今凤县西北）、兴州（今略阳县）通兴元府（今汉中市）再经利州（今四川省广元市）、剑州（今剑阁县）、绵州（今绵阳市）通成都府的入川大道。此线栈道逾十万间，又属西南地区向开封贡献财帛和支援西北边防物资转输的重要通道，所以栈道的修整，线路的改善，成为朝廷经常关注的重要问题①。

（2）向北经开德府、北京大名府、恩州（今河北省恩县）、冀州（今冀县）、河间府到雄州（今县）以通辽国南京的驿道。这既是和平时期宋辽两国使臣往来的国信驿道，也是宋朝备御辽军南侵的最捷近的军事通道。但这条纵贯河北平原的近捷驿道，在北宋中期因几次黄河决口而时生隔阻，所以在宋神宗熙宁五年（1072年）以后，国信驿道就转移到由开封向西北，经滑州（今河南省滑县）、相州（今安阳市）、邢州（今河北省邢台市）、真定府，折东北经祁州（今祁县）到河间府转雄州北去的路线了。这后一道路的相州至真定府段以及其向北延伸的段落，原为汉唐时期的大驿道，北宋时仍为重要驿道之一。国信驿道西移后所以仍要东折而不取其北段，既与两国国信驿道的法定过境口岸在雄州以北的白沟渡口有关，又因此段关系边防甚巨，有意防备边防情况会因辽使的往来而外泄的缘故。

（3）从开封向东北去京东东路的齐（今山东济南市）、淄（今淄川县）、青（今益都县）、潍（今潍坊市）、登（今掖县）、莱（今蓬莱市）等州驿道，也是高丽等国朝聘的驿道。齐州以西路线不详。1008年真宗东封泰山，来往均绕澶州即开德府、郓州（今山东省东平县）、兖州（今兖州市），可能另有原因，而并非开封东北通登、莱等州的正途。

（4）从开封向东南有两路。一路大致沿汴河经南京应天府、徐州（今江苏省徐州市）、楚州（今淮安县）、扬州（今扬州市）、润州（今镇江市）、苏州（今苏州市）至两浙路治所杭州（今浙江省杭州市）。从杭州向东经越州（今绍兴市）到明州（今宁波市）出海，向西南经睦州（今建德县东）、衢州（今衢州市）、信州（今江西省上饶市）至江南西路治所洪州（今江西省南昌市），或由信州折南经建州（今福建省建瓯县）、南剑州（今南平市）至福建路治所福州（今福州市）。从福州滨海而南可至泉州（今泉州市）、漳州（今漳州市）。一路大致沿蔡河而下，经陈州（今河南省淮阳县）、颍州（今安徽省阜阳市）至淮南路治所寿州

① 徐松等，《宋会要辑稿·方域·道路》，中华书局影印本第八册。

(今寿县)、庐州（今合肥市)、和州（今和县）过江至江宁府（今江苏省南京市）或宣州(今安徽省宣城)。

(5) 从开封向南，经蔡州、光州、黄州，转东南经蕲州（今湖北省蕲春县）过长江至江州（今江西省九江市)、洪州。从洪州向南经吉州（今吉安市)、赣州（今赣州市)、韶州(今广东省韶关市)、英州（今英德县）到广南东路治所广州（今广东省广州市)。从洪州有支线向东南经抚州（今江西省临川市)、邵武军（今福建省邵武县)、南剑州，亦可至福州。从光州西南折黄州黄陂县（今湖北省黄陂县）至鄂州（今湖北省武汉市武昌)、岳州（今湖南省岳阳市）至荆湖南路治所潭州（今长沙市)。从潭州再南至衡州（今衡阳市)，折西南经永州（今零陵县）全州（今广西壮族自治区全县）到桂州（今桂林市)。从桂州南经昭州(今乐平县）到梧州（今梧州市)，西南经柳州（今柳州市)、宾州（今宾阳县）到邕州（今南宁市)。从衡州南经郴州（今湖南省郴州市）亦可至韶州，通广州。

(6) 从开封向西南，经颍昌府、南阳府（今河南省南阳市)，到京西南路治所襄阳府(今湖北省襄樊市)。从襄阳府南经荆门军（今湖北省荆门市）即至荆湖北路治所江陵府（今荆沙市)。从江陵府折西南经澧州（今湖南省澧县)、鼎州（今常德市)、辰州（今沅陵县)、沅州（今芷江县）则通西南许多少数民族聚居区。

二　南宋的陆路交通

南宋与金以淮河秦岭为界，以行在所临安府为国都，统治地区不是北宋的十五路，而先后分设为十六路、十七路。境内交通运输，虽以水运为主，而对道路建设，亦甚注意，颇有发展。主要道路布局，一反前代从长安、洛阳、开封向四面八方辐射的格局，而变为由临安向西、向西南扇形辐射的形势（图 20-2)，而对于临安附近和淮河、秦岭一线的军事道路，尤为重视。这是由于临安偏处全境东北，而北方又常受武力强劲的金军威胁的缘故。

在临安府，除原有的东北经秀州（今浙江者嘉兴县)、苏州、润州以达淮南东路治所扬州和楚州，西南经严州、衢州、信州通江南西路治所洪州和福建路治所福州的驿路外，又有北经湖州（今浙江省湖州市）通江宁府（今江苏省南京市)，向西北经千秋岭通宣州，宣州向北亦通江宁府，向西北通淮南西路治所庐州以及沿淮各州。向西经池州（今安徽省贵池县)、舒州（今潜山县)、蕲州（今湖北省蕲春县)、黄州（今黄岗县)、鄂州（今武汉市)、德安府（今安陆县)、随州（今随州市）以至京西南路治所襄阳府。从襄阳府向西北经房州(今房县)、金州（今陕西省安康市)、洋州（今洋县）到利州东路治所兴元府。再西北至兴州（后改沔州，今略阳县)，为利州西路治所。此线所经多西北边防重镇。而由鄂州又有西经荆湖北路治所江陵府、峡州（今湖北省宜昌市)、归州（今秭归县)、夔州（今四川省奉节县)、万州（今万县市)、渠州（今流江县)、果州（今南充市)、潼川府（今三台市）到成都府路治所成都府的驿道。前者所经多为与抗金军事有关的边防重镇，后者则在加强首都临安与长江上游的联系上有重要作用。

此外，从江南西路洪州西南的清江军经袁州（今宜春市）至潭州的储州（今湖南省株洲市)，也开辟了驿道，以联系沿赣江和湘江南北行的驿道，显示出从首州临安府向西南扇形辐射驿道网的完善。著名文学家范成大自苏州、杭州前往广南西路治所静江府就任经略安抚

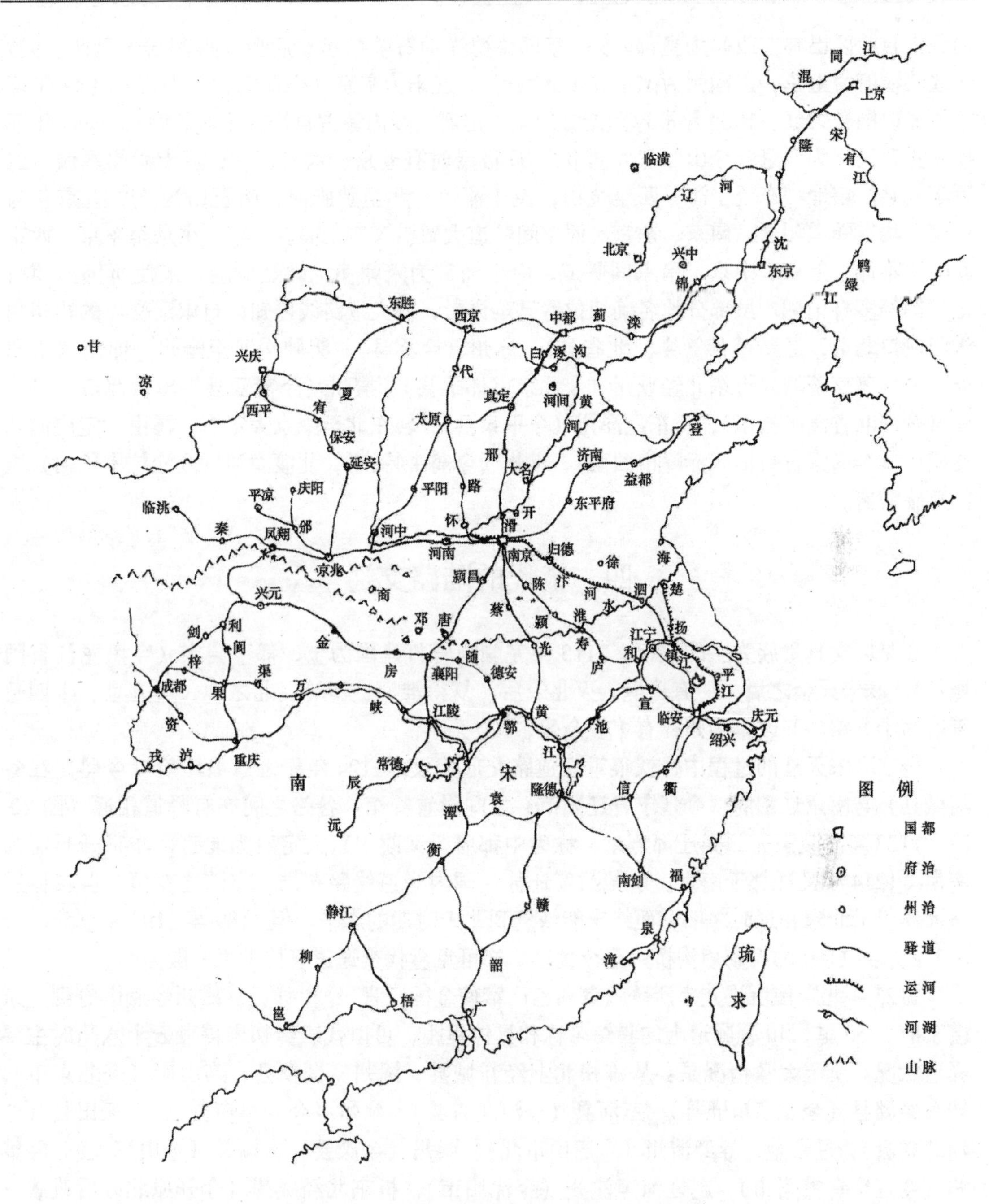

图 20-2　南宋与金对立时期主要驿道示意图

使即由此路前往①。

三　辽代的陆路交通

辽是以契丹贵族为主的政权。914 年耶律阿保机称帝，以族名契丹为国号，以临潢（今

---

①　宋·范成大，《骖鸾录》。

内蒙古自治区巴林左旗）为皇都。936年耶律德光助石敬瑭建立后晋，得燕云十六州。937年改临潢府为上京，以幽州为南京（今北京市），辽阳为东京（今辽宁省辽阳市）。947年耶律德光改国号为辽。1004年耶律隆绪城中京大定府（今内蒙古自治区宁城县西），1044年耶律宗真改云州为西京（今山西省大同市）。辽极盛时有五京、六府、一百五十六州军城、二百零九县。辖地“东至于海，西至金山，及于流沙，北至胪朐河，南至白沟。”[①] 五京各为一道，均有驿道相通。南京、东京、西京间驿道大致沿汉唐之旧。上京、中京至东京、西京间驿道不详。上京、中京、南京间驿道，由于经常为宋朝使臣聘辽所经，宋使所撰出使行记、图经多有记载。虽部分地名确切位置已难详考，而大致路线可知：自宋辽交界的雄州白沟河渡口北上，经新城县（今河北省县）、涿州（今涿县）、渡胪沟河至幽州，即南京折津府，亦称燕京子城。再东北经顺州（今北京市怀柔县）、檀州（今密云县）出古北口，过滦州（今河北省滦平县东），折东经泽州（今平泉县），转东北至中京大定府。再由大定府向北经松山（今内蒙古自治区赤峰市西南）、丰州（今翁牛特旗），北渡潢河（今沙拉木伦河）至上京临潢府。

四　金代的陆路交通

金是以女真贵族为主的政权。1115年完颜阿骨打建国为金，都于会宁（今黑龙江省阿城县）。联宋灭金之后，尽有辽境。灭北宋后，复得淮河、秦岭以北之地，建五京、十四总管府为十九路。又改军为州，有170余州、700余县。

金在联宋灭辽的过程中，就很重视道路交通建设。1124年于上京会宁府（今黑龙江省阿城县）与南京辽阳府（今辽宁省辽阳市）之间设置驿馆。各路之间亦有驿道相通（图20-2）。1153年海陵王完颜亮迁都燕京，称为中都府，又改中京大定府为北京，汴京开封府为南京。1214年又迁都于南京。京城数度迁徙，国内驿道线路布局，亦随之变更。但具体线路大体仍沿北宋和辽时之旧，而终未能恢复到北宋时期的水平。但1189至1192年修建的长212.2米共11孔的石砌卢沟桥，至今犹存，亦可见金代交通建筑技术之一般。

1125年北宋使臣许亢宗所著《宣和乙已奉使金国行程录》[②] 详记从雄州经燕山府到上京会宁府2750里、40程驿道上的驿馆名称和具体里距，可以代表金初未得燕云十六州时主要驿道状况。所记大致情况是：从雄州北上经新城县、涿州、良乡县、燕山府（今北京市），转东经潞县（今北京市通县）、三河县（今河北省县）、蓟州（今天津市蓟县）、玉田县（今河北省县），过宋金边界经清州（今唐山市北）、滦州（今滦县）出榆关（今山海关），经锦州（今辽宁省锦州市），越辽河至沈州（今沈阳市），折东北经威州（今开原北，后改咸平府）、信州（今吉林省长春市西南）、黄龙府（今农安县，后称隆州），到上京会宁府。

《大金国志》卷40附录张棣《金虏图经》，详载金中期世宗完颜雍大定年间（1161～1193）从上京会宁府经中都大兴府（今北京市）、南京开封府至宋金交界的泗州（今安徽盱眙县北，已没于洪泽湖）间5400里、120程的驿馆名称和相互里距。其中京名2，府名2，县名22，镇名6，驿名1，铺名22。所指中都到南京的线路，略为宋辽国信驿道的西路，而

① 元·脱脱等，《辽史·地理志》。
② 《靖康稗史》；《大金国志》附录。

中山府以北并不弯向雄州。南京泗州间的驿道则循汴河而行。南宋与金使臣交聘道路也都如此。据宋使范成大《揽辔录》和记行诗反映的1171年使金路程，先后经泗州、宿州（今安徽省宿州市）、归德府（今河南省商邱县）、睢州（今睢县）、陈留县（今开封市南）、南京开封府、汤阴县（今县）、滑州（今滑县）、相州、邯郸县（今河北省邯郸市）、邢州、真定府、保州（今保定市）、安肃州（今县）、涿州至金朝中都大兴府燕山城。

五　西夏的陆路交通

西夏是以党项贵族为主的割据政权。990年，李继迁受辽封为夏国王，随后攻陷宋朝灵州（今宁夏回族自治区灵武县西南），改为西平府，又攻陷西凉府（今甘肃省武威市）。其子李德明时，兼受宋辽两国封号，辖“地东尽黄河、西界玉门、南接肖关、北控大漠，方二万余里”[①]。1038年，孙李元昊继立，自称皇帝，建都兴庆府，辖地包括今宁夏自治区和甘肃河西、陕西北部、内蒙南部一带。设二十二州，十二军司。陆路交通网以兴庆府为中心向四方辐射。据称有“东西二十五驿，南北十驿，自河以东北十有二驿而达契丹之境”[②]。清张鉴编《西夏纪事本末》，附有据说从旧本《范文正公（仲淹）集》中转绘的《西夏地形图》。图上标有西夏至契丹驿道和十二驿站名称，其线路走向大致是从兴庆府向东北越黄河、穿毛乌素沙漠到今内蒙古自治区与陕西、山西二省交界附近。图上又标有从兴庆府向东南，经白池、乌池、宥州（今内蒙古鄂托克前旗东南成川附近）、洪州（今陕西省靖边县西南）到宋境保安军（今陕西省志丹县）的宋夏“国信驿路”、“夏人犯边要路”。此外还分别标绘了从兴庆府向北通黑山威福军司（今内蒙古自治区河套西北），向西北通黑水镇燕军司（今额济纳旗），向西通凉州（今甘肃省武威市）、甘州（今张掖市）、肃州（今酒泉市）、瓜州（今安西县东南）、沙州（今敦煌县）以至玉门关，向西南通卓啰和南军司（今兰州市和永登县间）的道路。而在从兴庆府向东通往夏州（今陕西省靖边县北白城子）、石州祥祐军司、银州（今陕西省米脂县西北）以至宋境的驿道上就标绘了将近二十个地名。

六　元代以大都为中心的驿道建设

蒙古族以游牧为生，逐水草而居。成吉思汗时期的驿递设施，可能处于和军事相联的半临时状态。窝阔台汗定都和林（今蒙古人民共和国哈尔和林），正式辟驿道，设驿站，以加强与各地的联系，巩固横跨欧亚大帝国的统治。《蒙古秘史》第二七九节记窝阔台与察哈台提出在和林和各汗国间建立驿传事宜时，“察哈台听了这话，都道是。”并说，“我自这里起，教巴秃自那里起，接着我立的站。”这里当指察哈台汗首府阿里麻里（今新疆自治区霍城），巴秃指成吉思汗长孙钦察汗首领，那里当指钦察汗国首府萨莱（今俄罗斯里海北岸的阿斯特拉罕）。《史集》也记载了窝阔台从和林到“汉地”，即中原地区建立了名为伯颜和纳怜的两条驿道之事：“他在斡尔寒河岸上建造一座大城，称之为哈喇和林。从汉地到此城的路上，除伯颜站以外，还设置了另一些驿站并称为纳怜站。每隔五程一驿站，设立了三十七个驿

---

① 元·脱脱等，《宋史·夏国传》。

② 宋·曾巩，《隆平集》。

站。每一段驿程都有千户来护卫驿站。”斡尔寒河当为斡尔浑河，即今色楞格河上源之一的鄂尔浑河之误。

《元史·地理志》于中书省和各行省下均注以本地所设驿站数目，岭北行省下注说：“北方立站帖里干、木怜、纳怜等一百一十九处。”据陈得芝同志《元代岭北行省诸驿道考》，解释“帖里干（蒙语车），木怜（蒙语马），纳怜（蒙语小），是中原通往岭北的三条驿道名称，而不是站名。”“帖里干道有五十七站，木怜道有三十八站，纳怜道有二十四站，通计一百一十九站。”“三道中的纳怜道是‘专备军情急务’而设的，规定只许‘悬带金银字牌面，通报军情重要机密使臣’经行”。《史集》既未说明伯颜、纳怜二路经行何处，止于何地，也不知伯颜是否为帖里干或木怜的异译。至于陈文考证帖里干、木怜等驿路的起点或终点皆为大都，当是反映元朝迁都北京之后的情况，并非蒙古窝阔台汗时期的事实。

1260年忽必烈称帝于开平，即以为都，1264年改称上都，1267年迁都燕京大兴府，改称大都，开始营建以大都为中心的全国驿道网。主要驿道从大都向南、向东、向西北三个方向辐射。向南的驿道通河南、江浙、湖广、江西、陕西、四川、云南等行省，向东的驿道通辽阳行省、征东行省远至东北滨海各部，向西北的驿道则通蒙古各部以至西域各地。其特点主要表现于两方面：

第一，由于元朝的疆域远迈汉唐，所以其驿道到达的地区也远远超出汉唐各代。历代驿道所不及的东北、西北、西南边疆，在元代都兴建了驿道。只是元代关于蒙古各部驿交通政令，以事涉军事机密，均由蒙古官吏掌管，汉族官员不得涉及。元朝末年，明军北伐，元帝北逃，档案资料，或携之以去，或焚毁无余，不得而详。明编《元史》和《永乐大典》转录《经世大典》、《析津志·天下站名》有关驿道部分，也多属中原地区。

第二，由于元代大都的地理位置偏于中原地区的东北隅，所以以大都为中心向中原地区辐射的主要驿道，呈扇形由东北向西南展开，逾远分支越多。因而全国驿道网的结构、形态与秦汉、隋唐、北宋时期主要驿道以长安、洛阳、开封为中心向四面八方辐射的情况大异其趣，却为以后明清两代的驿道分布格局奠定了基础。虽然从一些具体驿道说，其选线和走向仍多沿前代之归，而又有某些修改、增置。

兹据《永乐大典》所引《经世大典》和《析津志》有关资料，简单介绍元代从大都向南、东、西北三方面辐射的主要驿道于次（图20-3）：

（1）南路驿道。从大都向南经中书省直辖区分三支，一支通江浙行省，一支通河南、湖广、江西、云南行省，一支通陕西、四川行省。具体走向是：

驿道出大都到涿州，分二支，一支西南去保定府，一经雄州、河间路、献州、景州、陵州（山东德州市）、高唐州、东平路、济宁路、徐州、泗州（安徽盱眙）、扬州路、镇江路、常州路、无锡州、平江路（江苏苏州市）、吴江州到江浙行省治所杭州路。

从杭州路向西南，经建德路、兰溪州、衢州路、信州路（江西上饶）、铅山州、建宁路（福建建瓯市）、延平府（福建南平市）、福州路、福清州、兴化路（莆田）、泉州路、漳州路通江西行省潮州路。

从此线的陵州向东有支线经德州（陵县）、济南路、益都路（青州市）、潍州（潍坊市）、莱州、登州（蓬莱市）、宁海州（文登市）至山东半岛东端成山角。

徐州向东南有支线沿运河经邳州、淮安路、高邮府至扬州路。

杭州向东有支线经绍兴路至庆元路（浙江宁波市）。

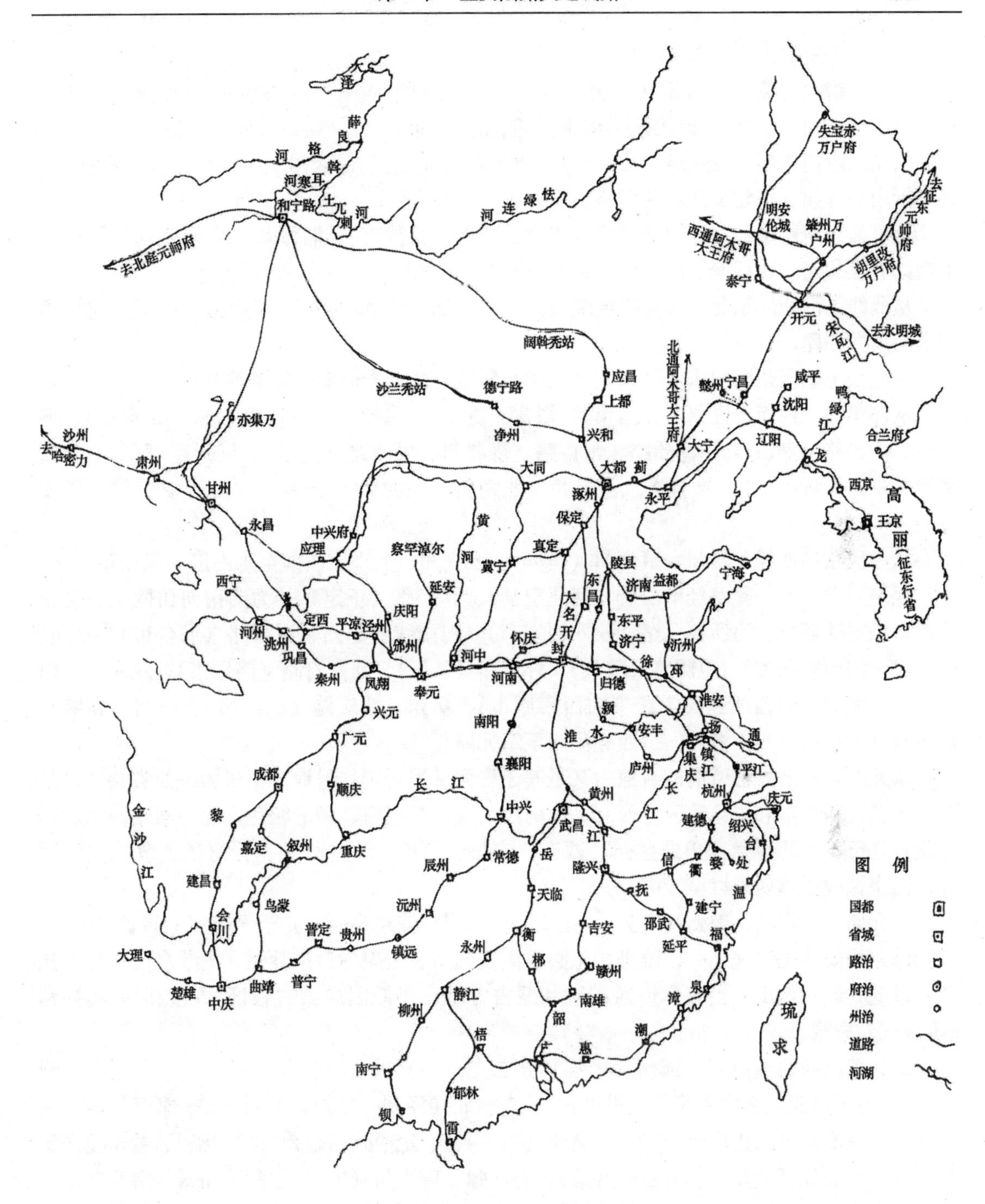

图 20-3　元代驿站道路示意图

兰溪州有支线向东南经婺州路（金华市）、处州路（丽水市）至温州路。

从涿州向西南至保定路，驿道又分二支，一支继续西南至真定路（河北正定），一支向南经蠡州、深州（深泽）、冀州、大名路、滑州至河南江北行省治所汴梁路（河南开封市）。

从汴梁路向南经汝宁府（汝阳）、信阳州（罗山）、金竹站至湖广行省治所武昌路（湖北武汉市）。从金竹站向东南经黄州、蕲州路（蕲春）、江州路（江西九江市）、建昌州（永修）

到江西行省治所龙兴路（南昌市）。

从龙兴路向南偏西经富州（丰城）、临江路（樟树市西南）、吉安路、太和州（泰和）、赣州路、南安州（大余）、南雄州（南雄）、韶州路（韶关市）、英德州至广州路。

从龙兴府向东南经抚州路（临江市）、建昌路（南城）、邵武路既可通延平路、福州路，又可折南经汀州（福建长汀）通潮州。

从武昌路向西南经岳州（湖南岳阳市）、潭州（长沙市）、湘潭州、衡州路（衡阳市）、永州路、全州路、静江府（广西桂林市）、柳州路、宾州（滨阳）、南宁路。

从此线的潭州向东北，有支线经醴陵州、袁州路（江西宜春）、瑞州路（高安）通江西行省治所龙兴路。

从此线上的衡州路向东南经耒阳州、郴州路通江西行省的韶州路去广州路。

从汴梁路向西南经许州（许昌市）、裕州（方城）、南阳府、襄阳路（湖北襄樊市）、荆门州、中兴路（荆沙市）、澧州路、常德路、桃源州、辰州路（沅陵）、沅州路（芷江）、镇远府、贵州（贵阳市）、晋宁路、普定路、曲靖路、马龙州至云南行省治所中庆路（昆明市）。

从中庆路向西经楚雄州、镇南州（南华）、云南州、大理路西南至永昌府（保山市）。

保定府向西南，驿路经中山府（河北定县）、真定路（正定）分为向南向西两支，会于潼关，西通陕西行省治所奉元路（陕西西安市）。向南线经赵州、顺德路（邢台市）、磁州、彰德府（河南安阳市）、卫辉路（汲县）、怀庆路（沁阳）、河南府路（洛阳市）、陕州（三门峡市）入潼关。向西线经冀宁路（山西太原市）、霍州、晋宁路（临汾市）、绛州（新绛）、河中府（永济市西）入潼关，折西经华州至奉元路。

奉元路为忽必烈称帝前的封地，又是其子安西王忙哥剌的封地，不仅为陕西省会，也是西北重镇，当大都和中原地区与西北、西南广大地区的枢纽，驿道四达。北经察罕淖尔联河套蒙古各部，西北经六盘山通兰州、西宁、宁夏、西域，西过临洮、青海通宣政院辖地西藏，西南循栈道通四川以至云南。

奉元路北经耀州、鄜州（富县）、延安路、塞门（安塞县西北）至无定河上的察罕淖尔。察罕淖尔为安西王牧地之一，蒙哥、忽必烈南征四川、云南均自东胜州（内蒙自治区托克托县）过此处趋六盘山，当有驿道通东胜和蒙古等地，可能因属蒙古牧区，《经世大典》和《析津志》失载。

奉元路向西北经乾州、邠州（彬县）分二支，一支折北经宁州、庆阳府、环州、灵州（宁夏自治区灵武）至中兴路（银川市），一支西北经泾州（甘肃泾川县）、平凉府瓦亭站又分二支：一支西过六盘山经静宁州、会州（会宁县）、定西州、金州（榆中县）、兰州至西宁州；一支折北经开成州（宁夏固原县南）、鸣沙州、应理州（中卫）、西凉州（甘肃武威市）、永昌路、甘州路（张掖市）、肃州路（酒泉市）、沙州路（敦煌市）通哈密以至西域各地。

奉元路西行经凤翔府驿道分三支：一支北去泾州，一支西经陇州、秦州（甘肃天水市）、巩昌路（陇西）、临洮府至宣政院所辖河州路（临夏市）。从河州路西经积石州、贵德州、脱思麻路、杂甘思等地可通乌思藏纳里苏古鲁逊等三宣慰司首府和乌思藏军民万户府驻地萨思迦，即今西藏自治区日喀则地区的萨戛县。另一支折西南经凤州、兴元府（陕西汉中市）、沔州（勉县东）、广元路、剑州、绵州（四川绵阳市）、汉州（广汉市）至四川行省首府成都。

从成都路西南经雅州（雅安市）、黎州（汉源县）、建昌路（西昌市）、会州路（会理县）

武定路和南经嘉定路（乐山市）、叙州路（宜宾市）、乌蒙路（云南昭通市）、乌撒路（贵州威宁县）、曲靖路均可通云南。从广元路沿嘉陵江而下，陆路亦可经保宁府（四川阆中市）、顺庆路（南充市）、合州（合川市）以达重庆路。

（2）东路驿道。出中书省直辖区通辽阳行省各路及所统女直、兀者、水达达等部远的驿道至鲸海之滨。

从大都向东经通州、蓟州、惠州（河北平泉县）至大宁路北京站（今辽宁宁城县境）阿木哥大王府。驿道至此分二支：一支北行经高州（内蒙古敖汉旗西北）通岭北行省东部诸王封地，一支东北至懿州懿安站（辽宁阜新市北）。驿道至此又分二支。一支东南经沈阳路至辽阳行省治所辽阳路东京站。从辽阳继续向东南，经连山（本溪市连山关）、开州（凤城县）等站通朝鲜西京平壤城。一支继续东北行，经宁昌路（法库县境）、咸平府（开原北）、开元路黄龙府（吉林农安）、祥州站、肇州万户府（黑龙江哈尔滨市），沿松花江、黑龙江而下，经胡里改万户府（依兰东北）、孛苦江万户府（富锦）、兀者吉烈迷万户府至征东元帅府奴儿干城（今俄罗斯特林）。

从此线的开元路向东，支线通唆吉（今吉林敦化）以及开元万户府、永明城（今俄罗斯海参威）和南京万户府（今吉林延吉市东）和双城总管府（今朝鲜永兴）。

从此线的祥州站向西北，支线经泰宁路（今辽宁白城市）分为两路。东北至黑龙江畔的失宝赤万户府（黑龙江瑷珲南）通兀者各部，西北通岭北行省东部蒙古后王封地。

（3）西北路驿道。指从大都和上都通往岭北行省蒙古各部和西域各地的驿道。由于前面提到的原因，今所知者主要是已提到的帖里干、木怜、纳林三道，陈得芝教授曾考证其大致走向。

帖里干站道从大都起向西北经昌平县，至榆林驿（当在今河北省怀来县官厅水库东）分两道，一道向北经赤城站、云州（赤城县北）、独石站（今独石口）、云需府明安站（沽原县东北）、李陵台站、桓州（内蒙多伦县西）至上都开平。此线为元世祖忽必烈称帝后新开的“捷径”，原来只许有急速公事携带海青牌者行走，因而被称为海青站，后来成为大都上都间的正站，即帖里干站道的第一段。另一道由榆林驿经怀来县、宣德府（宣化县）、出野狐岭（张家口市东北），经孛老站折东北，经兴和路（张北县）、宝昌州（张北县与内蒙自治区太仆寺县间）合前线经桓州至上都。在海青站开辟前，此线为大都上都间的正站。

从上都向北，帖里干站道经应昌路鱼儿泊（内蒙自治区克什腾旗西达里诺尔）及盖图、失儿古鲁（内蒙自治区阿巴哈纳尔旗）、阔斡秃、伯只剌、憨赤海等站至怯绿连河（即今蒙古人民共和国境的克鲁伦河）上游河曲，折西经土拉河上游至岭北行省治所和宁路，即蒙古旧都和林。

从和林向西北，有驿道通叶尼塞河流域的外剌和吉里吉斯以及鄂毕河流域的八邻部。更为重要的是从和林向西通往西域察哈台汗国首府亦力巴里（新疆维吾尔自治区霍城）的驿道。成吉思汗西征期间，长春真人邱处机奉诏乘驿往谒，其徒李自常撰《长春真人西游记》，记其行程是西行抵金山即阿尔泰山东北，约行四程，连度五岭，过乌隆古河，越地皆黑石的白骨甸，抵准噶尔沙漠南沿、天山北麓的鳖思马大城，即后来的别失八里都元帅府，唐朝的北庭都护府（新疆维吾尔自治区吉木萨尔县北），再西经轮台（米泉）、昌八剌（昌吉），过天池（塞里木湖），越阴山（塔勒奇山）至阿里麻里城（霍城）。窝阔台汗时察哈台所修亦力巴里去和林的驿道当即沿此线。另外，过金山后顺乌隆古河而西，沿准噶尔沙漠北沿，经叶里密（额敏）、阿剌（博乐）、塞里木湖而南，亦有驿道。蒙哥汗时常德以旭烈兀分地彰德府课税使驰西往伊儿汗国觐见，即取此途。

木怜站道，陈得芝教授考证此线大致从帖里干站道上的李陵台站，经兴和路（治今河北省张北县）境的宝昌州、苦盐泊（内蒙自治区商都县南）、威宁县和大同路境的燕只哥赤斤站（卓资县北）、丰州（呼和浩特市东），北折由甸城谷越天山（大青山），过净州路（四子王旗西北），出砂井总管府（达茂联合旗东北）入川（即沙漠），经沙兰秃等站、汪吉河（翁金河）上游至和林。汪吉河上游为蒙古大汗的冬营地。

查核上述各地的具体方位，陈教授所谈木怜道大都至砂井间的走向似乎绕道太多，不甚经济、不甚合理。因为李陵台站与砂井总管府的纬度基本相当，而宝昌州、兴和路、威宁县、丰州、净州路均在其南，丰州且在其南百余公里（直线距离）。这样从上都取木怜道去砂井，就要先向西南，再折西北绕道数百里了。如从上都取此线就要先向西北至李陵台站，再折西南，复折西北，更多一番往返周折，更不经济、不合理了。而从大都到李陵台站，取海青道约计七百多里，如走前期正站野狐岭孛老站道，里程近千。所以，取木怜道从李陵台站去砂井，当有向西的近道，而不必南绕兴和路、丰州等地。《天下站名》李陵台站下的注释："正西三十六站入和林"的"正西"二字，已给我们提供了消息。这样，不论从大都或上都取木怜道去砂井，都可以不绕道了。当然，从大都经宣化府、大同路、下水（凉城岱海）去丰州的驿路北越大山去净州、砂井，也是顺途而不需绕道的。

纳怜站道，陈得芝教授认为是指从大都西通西域驿道的东胜（托克托）以西段，"其路线大致是出东胜，溯黄河而西，穿过甘肃北部，直达西北边境。因为这条道路上的大多数驿站都在甘肃行省境内，故常被称为"甘肃纳怜驿"。而周清澍教授《蒙元时期的中西陆路交通》则认为纳怜道但指"甘肃行省中兴宁夏府（今宁夏自治区银川市）向西越沙漠至亦集乃（内蒙额济纳旗）的道路，不包括中兴路至东胜一段"。但这两种说法似乎都有些不够确切，全面。因为《元史·地理志》岭北行省的注释明言："北方立站帖里干、木怜、纳怜等一百一十九站。"而《经世大典·站赤》亦言"木岭道三十八站"、"纳怜站道二十四站"、"帖里干五十七站"，合计正一百一十九站。这说明，包括纳林站道在内的这三条站道，至少都应有一段驿道、部分驿站处于岭北行省境内。当首都在和林的蒙古帝国时期，这部分可以说是各该驿道开始一段，当首都迁至大都和上都时期，这部分可以说是各该驿道的最后一段，那就应是从和林向南至亦集乃路（或向东南至中兴路或黄河后套附近的兀剌海路）的岭北行省境内那段驿道。著名旅行家意大利人马可波罗东来时，就是取此路从甘州经亦集乃去和林和上都的。

大都通向西域各地的驿道，周清澍教授考证其路线大致是从帖里干站道上的宣德府站向西，经天成、白登（山西阳高县南）、大同路至东胜，自此驿道分为二支。一支过黄河西南经故夏州（陕西靖边县北白城子）、故盐州（宁夏自治区盐池县）、灵州、鸣沙州西去应理州。从鸣沙州向南可通六盘山开成府。而从东胜到六盘山，是蒙元从漠北通往西南的要道。忽必烈南征大理，蒙哥汗南征四川均取此线，而成吉思汗由西域回师灭西夏，亦曾在此驻跸。忽必烈之子安西王的夏都即建于此。而故夏州附近的察罕淖尔，亦为安西王的封地。另一支缘黄河北岸西行，经兀剌海、旧新安州、中兴路亦至应理州。由应理州西越沙漠经西凉府、永昌路、山丹州至甘州路。由中兴路西过沙漠经亦集乃路亦可至甘州。由甘州路西北经肃州路至沙州路（敦煌县）。从沙州向西北经哈密力（新疆维吾尔自治区哈密市）北越天山西经别失八里北庭元帅府、彰八里、昌吉县等地即至察哈台汗国的都城阿里麻里。从哈密力西行经哈剌火州（新疆自治区吐鲁番市）再越天山也可经彰八里至阿里麻里。蒙古以至元朝初期，太原路、山丹州均为察哈台系诸王封地，修有从太原路北越太和岭西经山丹州至阿里麻里的驿道，可能即沿此线。从沙州向西南越沙漠，沿昆仑山北麓，沙漠南沿，西经斡端（和田）、鸭儿看（莎车）可至可失哈尔（喀什噶尔）。而从可失哈尔西越葱岭，则可通察哈台汗国西部都城那黑沙不（乌兹别克的卡尔希）。马可波罗东来，就是取道此线。

第二节　道路修筑管理制度的改进

一　宋代道路修筑管理制度

古代礼仪制度中有“道路街巷贱避贵，少避长，轻避重，去避来”的规定。后代制为法令，强制执行，称为“仪制令”。“仪制令”实际上也可以说是当时的交通管理法规。五代后唐长兴二年（931）曾命“三京诸道府州各遍下县镇”，将仪制令“于道路分明刻牌于要会坊门及诸桥柱，委本界所由官司共加巡察。有违犯者，科违敕之罪”①。此种制度北宋时也在严格执行。《事物记原》卷七《州郡·方域部》第七《仪制令》条引《谈苑》说：“太平兴国中（976～983），孔承蕃为大理正，上言：仪制令贱避贵，少避长，轻避重，去避来。望令于两京诸州要害处刻榜以揭。所以兴礼逊，厚风俗。从之，令京师诸门关亭皆有之，而所在道途双堠处皆刻之。盖自本朝孔承蕃始也。”20 世纪 50 年代以来在陕西省宁强县阳平关和福建省都曾发现了宋代石刻仪制令实物。

道旁植树制度，宋代也在大力推行。并制定了一系列相应的统计、检查、奖惩制度，加强管理。如真宗大中祥符五年（1012）曾应河北安抚司之请，令“沿边官路左右及时栽种榆柳。”“九年（1031），因太常博士范应建议，令诸路马递铺卒夹官道植榆柳或随土所宜杂木”，以供官用，并望于“炎夏之日”，“荫及行人”。仁宗庆历三年间（1043）兴元府褒城县窦充“乞于入川路沿官道两旁令逐铺兵士每年栽种地土所宜林木，准备向去修葺桥阁，仍委管辖使臣、逐县令佐提举栽种。年终栽到数目，批上历子，理为劳绩，免致缓急阻妨人马纲运。诏令陕西及益州路转运司相度施行。”徽宗政和六年（1116），中央工部在接到福州路转运使知福州黄裳报告，“经专牒委所属建、汀、南剑、邵武等军州知州军官员指挥所属知县令丞劝谕乡保，遍于驿路及通州县官路两畔栽种杉、松、冬青、杨柳等木。续据申遍于官驿道路两畔共栽植到杉松等木三十三万八千六百株，渐次长茂，已置籍拘管。缘辄采伐官驿道路株木，即未有明文。伏望添补立法”的请求后，研究制定了三项管理奖惩办法，并经皇帝批准在全国施行。这三条是：①道旁树木所有权、经营权、采伐权都属官有，适用“诸官有山林，所属州县籍其长阔四至，不得令人承佃。官司兴造须采伐者，报所属”的《政和令》。②违法采伐官道林木的惩罚办法方面，适用“诸系官山林辄采伐者杖八十。许人告”的《政和敕》。③奖励告发者方面，适用“告获辄伐官山林者，罚钱二十贯”的《政和格》②。

对于道路的修葺管理，宋代亦甚注意。据《宋会要辑稿·方域·道路》所载，当时修路之

① 宋·王溥，《五代会要》卷25《道路》。

② 清·徐松等，《宋会要辑稿·方域·道路》。

事遍于各路府州，而且注意因地制宜。如河北比岁阴雨，毁坏道途，就要求“堑官路两旁阔五尺，深七尺”，为沟渠以泄水。杭州城郊等地，为防“穷冬雨雪冰冻，春雨梅霖淖泞”，则“用石板铺砌为可通车马之路”①。而在衢州、婺州一百九十里间，还有私家出资筑砌的“砖街”，使往来行人“无复泥途之忧”②。

对于川陕间栈道的整修，宋王朝尤其注意。早在宋太祖即位初，进兵伐前蜀时，就特设缘边巡检濠砦桥梁使、凤州路濠砦都监等官，“伐木除道”，为大军开路③。平蜀之后，又以遣使治道，费多扰民而“道益不修”，特“命川峡诸州长吏、通判并兼桥道事”，真宗时又应剑州之请，令“俱当驿路”的梓潼等县，“各增置主簿一员”管理道路。还特派武臣充钤辖，统领人夫，专一巡视道路。并明令规定，重要栈道的整修事宜，地方官员“无得专擅”，必须具述经久利害，提出申请，然后由朝廷和有关方面反复讨论研究，并经皇帝批准，然后施行，以昭慎重，而免地方官员、使臣借修路以邀功希赏之弊。如宋神宗熙宁七年（1074）利州路提点刑狱范百禄建言川陕驿路由故道改循褒斜道之事，到元丰元年十一月，前后四五年，先后经过秦凤路、利州路、成都府路提刑按察司官员和使臣李稷、刘忱以及有权直接向朝廷奏报的知三泉县事黄裳等，就两线里程长短、驿馆多少、路况好坏、科差轻重、修葺难易以及兼顾川茶运输等等问题，多方考虑，终于又把大驿道从褒斜道移回故道上来。而凤州河池县与兴州长举县间栈道路线的改易，即从青泥道变为白水道，也经过反复周折④。

因军事原因而阻塞道路的例子，北宋时期有河北路为防御辽兵入侵而修筑的塘砾，南宋时期有利州西路为防御金兵入侵而修的地网。

“塘水……右塘水之北，画河为界圻以限南北，谨障塞也。初淳化中（990～994）雄州何承矩制置沿边屯田，以大理丞黄懋判官。懋于河北大兴作水田，缘山导泉，倍省工力。以陂塘甚多，引水溉田，公私获利。因诏承矩领护之，发戍兵万八千人给其役。承矩于顺安军西开易河蒲口，引水东注至海，东西三百余里，南北五十七里，滋其陂泽，筑堤蓄水，为屯田以助要害，捍蕃骑侵轶。时多为将帅所阻，云甲马雄盛，不宜示弱，殊不知地利者，兵之助也。又顺安至西山，地跨数军，不遥百里，纵有丘陵冈阜，而多泉渎。因而广之，审地势而制塘埭，令沧州乾宁军常督壕砦吏专视斗门水口，旦夕俟海潮至，放水入御河东，置塘以益塘水。由是顺安军东濒于海，广袤数百里，悉为稻田。……太宗以为渠田之役，制胡马之长技，又以安抚司专制缘边，浚陂塘，筑堤道，具为条式，画图以付边郡屯田司，东自泥姑海口，凡一百六十里，西尽边吴泊，凡历七州军”。

“自敌陷陕西，天水、长道并当边面，地势平衍，敌骑四布，纵横无碍，步兵不能捍御。隆兴中（1163～1164）四川宣抚吴璘乃创地网。其制于平田间纵横凿为渠，每渠阔八尺，深丈余，连绵不断，如布网然。明年敌犯天水，碍以地网，始不得肆。天水元管三百六十条，后增为五百五四十条。四川制司、利西帅每岁农隙差民间淘”⑤。

---

① 清·徐松等，《宋会要辑稿·方域·道路》。

② 宋·范成大，《骖鸾录》。

③ 元·脱脱等，《宋史·张晖传》、《宋史·田仁朗传》、《宋史·王全斌传》。

④ 清·徐松等，《宋会要辑稿·方域·道路》；《金石萃编·大宋州新开白水路记》。

⑤ 宋·曾公亮，《武经总要·前集》卷16；《方舆胜览》卷66。

而在作为行在临安府西北障屏的天目山千秋岭一带，战时曾一度大部分被掘断以防金兵南进。

建炎四年（1130）十月四日，提举两浙市舶刘无极言：知宁州李光状为临安府于潜知县陆行可将千秋岭路掘断事，无极相度：千秋岭通彻太平、宣州、广德军、建康府，正系重要控扼去处，东西两山上阔一千余丈。万一贼马奔冲，直趋本府至越州，或取严州直趋温、台、明、越州。如不掘断，临时措置不及。又恐传送机密文字、纲运往来不便。欲开掘中间量留三五丈，以通传送文字、纲运、商旅。稍有警急，并工掘断。从之①。

此外，还有因封建迷信等情况而停罢驿路改线工程之事。如真宗大中祥符二年（1009）二月十二日，诏曰："昨议京西驿路改出永安县。且永安县，陵邑也。如闻徙之，则秦、蜀行旅、戎夷入贡悉由此。神道当静，非所宜也。其亟罢之。"②

二 元代道路修筑管理制度

蒙古以武立国，在征战过程中，军队前进及其与后方的联系需仰赖于道路的开辟和邮传的设置，邮驿当时称为站赤。所以史籍记载当时蒙古军队开路建桥的事迹不少。早在成吉思汗从蒙古草原出击西域时期，"扈从西游"的耶律楚材在其《西游录》中即曾记载大军"道过金山，时方盛夏，山峰飞雪，积冰千尺许。上命砍雪为道以度师。"这里所谈的金山，当指阿尔泰山，开路处当为其北段的蒙古人民共和国和俄罗斯交界处的乌兰达坂一带。

李志常随其师邱处机应成吉思汗之召赴西域觐见，所写《长春真人西游记》也记载了成吉思汗第三子窝阔台金山开道之事：

"辛巳（1221）……中秋日，抵金山东北稍驻，复南行。其山高大，深谷长阪，车不可行。三太子出军，始辟其路。乃命百骑輓绳，悬辕以上，缚轮以下。约行四程，连度五岭，南出山前，临河止泊。从官连幕为营，因水草便以待铺牛驿骑。"

这里所谈的金山，当指阿尔泰山南段乌伦古河上游处的一个达坂。而成吉思汗的第二子察哈台也曾从阿里马城（即阿里麻里，今新疆霍城）越阴山修通天池险路。阴山指今伊犁北面的塔勒奇山，天池即赛里木湖。《西游记》记其事说：天池以南，"左右峰峦峭拔，松桦阴森，高踰百尺。自颠及麓，何啻万株。众流入峡，奔腾汹涌，曲折湾环，可六七十里。二太子扈从西征，始凿石理道，坎木为四十八桥，桥可并车。"

其后蒙古在与金和南宋争夺中原的战争中，也有一些关于开辟和整修道路的记载。如1231年窝阔台命拖雷假道南宋以伐金的过程中，拖雷就曾于褒斜道上"攻武关，开生山，凿焦崖，出武休东南而围兴元"③ 1253年宁宗蒙哥取道陕西伐南宋，入四川，命汪良臣"治桥梁，营舟车"以转运粮饷，"水陆无虞，储蓄充牣"，"有旨赐黄金、弓矢"④。1247年忽必烈攻南宋四川，亦曾"发巩昌、凤翔、京兆等处未占籍户一千修四川山路、桥梁、栈道"。1274~1276年间，云南开乌蒙道，大将受鲁"帅师至玉连等州，所过城砦未附者尽下之，

① 清·徐松等，《宋会要辑稿·方域·道路》。
② 同①。
③ 清·毕沅，《续资治通鉴》卷165。
④ 元·脱脱等，《元史·汪良臣传》。

水陆皆置驿道”[1]。1285 年四川左丞汪惟正率军出黔中平蛮獠，“诸将凿山开道，绵亘千里”[2]。

元朝统一全国之后，仍视水陆交通为国家要政，重要驿道的修筑和邮传管理，虽曾一度沿先朝旧制，命兵部和工部分别负责。但更多时期更大程度上是沿蒙古旧制，另设专门机构诸站诸统领使司，后来改称通政院以总领之。通政院长官位从二品，后升正二品，比中书六部长官（正三品）还要高两级。在地方则由蒙古色目人担任的掌管军民政务实权的路级达鲁花赤管理，府州县长官均不得干预。各驿设驿令、驿丞、提调等只应公事，管理站户。还于重要驿道的“关会之地”设立脱脱禾孙一职，“以辨奸伪”，查禁越制违法情事。重要驿道的兴修、改线，多由行省长官呈请中央审查核定。但经常性维护工作，仍由各地府州县官员负责管理。《元史·刑法志》记有“诸有司桥道不修，道途不治，虽修治而不牢强者按治及监临官究治之”的规定。

另外，历代行之有效的旁道植树制度，元代也仍在推行。《大元圣政典章》卷五九规定：“自大都随路府州县城郊，河渠两旁，急递铺舍道店，各随地宜种植榆柳槐树”。意大利旅行家马可波罗在其游记中亦曾反映说：“在大汗的治国方针中，还有另一种既可点缀风景，又极为实用的规划。他令命在大路两旁，广泛种植一种会长得很高大的树木，每株间距不得超过两步。他们除了在夏季可收成荫遮凉的益处外，还可在冬季大雪封路时，起路标的作用。这种措施，给旅客的旅途生活带来许多利益和使他们舒适。”

---

① 《元史·世祖纪》；姚遂《牧庵集》。

② 清·毕沅，《续资治通鉴》卷 187。

第二十一章　明清时期的陆路交通

第一节　明清陆路交通概况

修道路，通驿传，以便传递军情，运输物资，是保证军事进展的重要条件，明王朝的创建者太祖朱元璋在统一战争中对之十分注意。进军之前，每有派大臣修路设驿之事。全国统一之后，朱元璋为了集大权于皇帝一身，废除了中书省、行中书省和丞相、平章等机构和官职。中央六部直属皇帝。地方则设中央直辖区应天等府和十三布政使司，分辖各府州县。各布政使司军事由都指挥使司和行都指挥使司负责，上属中央五军都督府。从京师到各布政使司及各布政使司之间都有驿道相通，而各布政使司与其下的府州县，也有次一级的驿道相连，形成以首都南京为中心的全国驿道网。为此驿道网的建设与完善，朱元璋倾注了极大精力。除明令“天下府州县修治桥梁道路”外，还先后派遣大臣前往四川、陕西、云南、贵州等地区修治道路。并命儒臣编纂了记载“天下道里之数”，也就是全国驿道里程的专书《寰宇通衢》。

明成祖改北平为北京，后又迁都北京，称为京师，而在南京仍保留一套中央机构。加上后来增设的贵州布政使司，明朝的地方行政区划遂成为南北两直隶和十三布政使司，而全国驿道交通网络也改为以南北两京为中心交差辐射的新格局了。

元朝统治者被逐出大都、上都后，被称为北元。虽因明军多次北伐而势力日衰，但仍以和林为基地，不断越大漠南犯明边。及北元灭亡，瓦剌又兴，势力更强，对建都于北京的明朝北边，造成极大威胁。如何保证首都的安全，成为明朝严重问题。为此，明朝沿燕山、大马群山等和毛乌素、腾格里等沙漠南缘，东起鸭绿江，西止嘉峪关，修筑了包有辽河平原和河西走廊的万里长城，当时叫做边墙，来从事防御。边墙有大边二边之分，长城有内外之别，有的地方甚至修筑了三道。各道长城间的距离少者南北数里，多者数十里甚至数百里。在长城沿线及其内外，又建造一系列大小堡寨、烽燧、墩台，挖沟剷崖，修筑道路，构成一套设备完善的纵深军事防御体系，同时也是一条系统的军事交通网络。对西南边疆少数民族地区的道路交通，明朝也给予应有注意，使之有长足的发展。

另外，处于中国封建社会末期的明代，由于经济发展、商业繁荣、社会分工越来越细，商品货币关系增强，发达城市集镇中出现了资本主义的萌芽，使各地区和各城市间的人员交往、商品流通更为频繁而密切，对道路交通的依赖也更突出，对道路发展的要求更迫切更强烈。从而使关于道路的建设逐渐超越统治者考虑的范围，而吸引众多私人的参与。商贾富家为其事业的发展而从事修路建桥的事例也日益增多，这对当时陆路交通的发起也产生了相当大的积极作用。

清朝依明朝制度，中央设立殿阁大学士、六部、九卿，地方分两直隶十三布政使司为十八省，即分南直隶为江苏、安徽，陕西为陕西、甘肃，湖广为湖南、湖北省，分别以江宁府、安庆府、西安府、兰州府、武昌府、长沙府为省会。每省设巡抚一人，下辖布政、按察二司理民刑各政，而军事则由提督专管。两三省之上亦间设总督一人提督军务，管辖地方。由首都北京至各督、抚治所，均有主要驿道，而省际、省内驿道交通，亦较明代有所加强，增密。

清军入关之初，满洲各部军民大量内徙，关东居民甚为稀少。但清朝却视之为龙兴发祥重地，列为禁区，不准蒙汉等族人民阑入，仅于盛京设留守大臣一员管理。元明时期的路府州县、驿道站赤，均有所废弛。致使沙俄殖民势力，趁机从西伯利亚侵入黑龙江流域。康熙初年，为了加强东北边防，元明时期从盛京北通吉林、宁古塔（今黑龙江省宁安市）、三姓（今依兰）、齐齐哈尔、瑷珲、呼伦贝尔（今内蒙古自治区海拉尔）等地的驿道交通，也因军事需要而得以恢复。

清朝把天山南北称为西域新疆，特设镇守伊犁等处将军作为军政长官驻守伊犁九城地区。除临近甘肃的北疆东部分设府州县官外，其他各城分设参赞、办事、领队大臣驻守。并且开屯田、设驿站、军台、塘汛、卡伦，以加强边防，便利交通。对西藏地区，也分别从成都和西宁开辟了通向拉萨的驿道。清代的国势，于此达于极盛，而以驿道为代表的陆路交通的发展，也超过以往各代。及至鸦片战争失败，西方资本主义列强侵略势力深入内地，火车、轮船、汽车、电车种种新式机器交通工具传入，铁路、公路随之出现，驿道制度日益废弛，而中国陆路交通的格局，也因而发生了巨大的变化，进入一个新的历史时期。但驿站的正式全部裁撤，则是清朝灭亡第二年的事了。

第二节 主要陆路交通线路

一 明代主要陆路交通线路

明代初都南京，南京在全国的地理位置偏于东部，所以从南京通向各地的驿道就呈扇形向西、北、南三方辐射。明太祖末年所编详记“天下道里之数”的《寰宇通衢》未得寓目，《明太祖实录》仅摘要记载了从南京到十三布政使司及四面八方边防要地的里程及其各类驿站的数目，并未具体介绍驿路所经过的地点。而所记各驿道的里程既与《明史·地理志》所记出入甚大，某些驿道的方位也与实际情况不甚符合。如所记南京至辽东都指挥使司陆驿3944里，水陆兼行3045里，而《明史》则称由辽东都指挥使司“海道至山东布政使司2150里，距南京1400里”。所记南京“南踰广州崖州水陆6653里，而《明史》则称广州距南京4300里”，琼州府东北距（广东）布政司1750里，崖州北距（琼州）府1410里，共7530里。《寰宇通衢》还把辽东都指挥使司说成在南京的东方，而又称同一方向的三万卫为东北。漳州本在南京的正南而稍偏西，却指为东南。崖州本在西南却称为南。所以很难据以恢复明初的全国驿道网络。

明成祖迁都的北京位于全国北部而偏东。全国主要驿道改由北京向南、西南、东北辐射。再加成祖放弃大宁（今内蒙古自治区宁城县）、东胜（今内蒙古自治区托克托县）等卫，宣宗移开平卫（今内蒙古自治区多伦县）于喜峰口，世宗再弃哈密和河套，北部边疆内缩，所以全国陆路驿道的形式也随之发生变化。穆宗时黄汴编写的《天下水陆路程》，也称《一统路程图记》，系统反映了明朝道路交通及其变化情况。此书共八卷。第一二卷分别记北京、南京通各布政使司的主要驿道，第三卷记各布政使司通各府州县的次一级驿道，第四卷记北边长城沿线重要军事通道，第五、六、七、八卷则主要是记南方各重要城市间商贸往来的水路交通。稍加调整归并，大致可见当时从两京通往各地的主要驿道共有15条。

(一) 以北京为中心的驿道

从北京通往各布政使司和有关都指挥使司、行都指挥使司的七条驿道及其所经府州是：

(1) 北京至南京、浙江、福建线。由北京经涿州、河间府、德州、汶上县、兖州或济宁州、徐州、宿州、凤阳府、滁州至南京，再经镇江府、苏州府至浙江布政使司治所杭州府，再经严州府（今浙江建德县东，已沈入富顺江水库）、衢州府、广信府（今江西上饶市）、建宁府（今福建建瓯县）、延平府（今南平市）至福建布政使司治所福州府。从福州府再经兴化府、泉州府至漳州府。

(2) 北京至江西、广东线。由北京同前线至凤阳府，再经庐州府（今安徽合肥市）、太湖县、黄梅县、九江府至南昌府江西布政使司治所。再经临江府（今樟树市西南）、吉安府、赣州府、南安府、南雄府、韶州府（今广东韶关市）至广东布政使司治所广州府。由广州府再经肇庆府、高州府（今茂名市）、雷州府、琼州府、儋州至崖州（今海南三亚市西）。

(3) 北京至湖广、广西线。由北京经涿州、保定府、真定府（今河北正定县）、顺德府(今邢台市)、卫辉府至河南布政使司治所开封府。从开封府再经汝宁府（今河南汝宁县）、罗山县、麻城县、黄陂县至湖广布政使司治所武昌府（今湖北武汉市）。由武昌府经岳州府(今湖南岳阳市)、长沙府、衡州府（今衡阳市）、永州府、全州至广西布政使司治所桂林府。由桂林府经柳州府、宾州（今广西宾阳县）至南宁府。从此线的真定府向西经平定州、寿阳县即至山西布政使司治所太原府。而从太原府向西南经霍州、平阳府、侯马、蒲州（今山西永济县西）至潼关卫去西安府。由麻城县向东南经蕲州（今湖北蕲春县）、黄梅可通九江，由衡州府向南经郴州可通韶州府连北京至江西广东线。

(4) 北京至贵州、云南线。从北京同前线至卫辉府。再由卫辉府经郑州、裕州（今河南方城县）、南阳府、襄阳府（今湖北襄樊市）、荆门州、荆州府（今荆沙市）、澧州、常德府、辰州府（今湖南沅陵县）、沅州（今芷江县）、镇远府至贵州布政使司治所贵阳府。再由贵阳府经安顺州、镇宁州、普安州、曲靖府至云南布政使司治所云南府（今昆明市）。由云南府再经楚雄府、大理府至永昌府（今保山县）金齿卫。

(5) 北京至陕西、四川线。从北京同前线至卫辉府，再由卫辉府经怀庆府（今河南沁阳县）、河南府（今洛阳市）、陕州、华州到陕西布政使司治所西安府，再经凤翔府、凤州、汉中府、宁羌州、保宁府（今四川阆中县）、潼川州（今三台县）至四川布政使司治所成都府。从成都府向南经邛州、雅州（今雅安县）、四川行都指挥使司（今西昌市）、会川卫（今会理县）、武定府可至云南府，经眉州（今眉山县）、嘉定府（今乐山市）、叙州（今宜宾县）、泸州、永宁卫（今叙永县）、赤水卫、毕节卫可至贵阳府。而从此线上的西安府向北，经耀州、鄜州（今陕西富县）、延安府、绥德州至榆林镇，而西北经乾州、邠州（今彬县）、庆阳府、环县至宁夏镇，邠州、泾州（今甘肃泾川县）、平凉府至固原州陕西镇，均连西北长城边墙路。从此线的凤翔府向西经陇州、秦州（今天水市）、巩昌府（今陇西县）、临洮府至河州(今临夏市)，或由巩昌府至兰州，亦通西北长城边墙路。

(6) 北京沿长城边墙至辽东都指挥使司线。由北京经通州至蓟州镇，再经永平府（今河北卢龙县）、山海关、宁远卫（今辽宁兴城县）、广宁卫（今北镇县）、海州卫至辽东都指挥使司治所辽阳镇。再东北经沈阳卫、铁岭卫至三万卫开原城。

(7) 北京沿长城边墙各镇卫所至陕西行都指挥使司线。由北京经怀来卫、保安州至宣府镇（今河北宣化县）。再经天成卫、阳和卫至大同镇。再经威远卫、平鲁卫、偏头关。再经清水营、神木堡、高家堡至榆林镇。再经靖边营、新安边营、石涝池堡、甜水堡、镇戎所、西安所、靖虏卫、兰州、庄浪卫（今永登县）、古浪卫（今古浪县）、凉州卫（今武威市）、永昌卫、山丹卫至陕西行都指挥使司治所甘肃镇（今张掖市）。再往西经高台所、镇夷所至肃州卫（今酒泉市）、嘉峪关。从此线上的大同镇向南经应州、代州、忻州至太原镇，从榆林镇向南经鱼河堡、米脂县至绥德州，即原延绥镇。太原镇与绥德州之间，亦有驿路经汾州（今山西汾阳县）、永宁州（今离石县）相联系。从边墙线上的靖边营沿外边经归安边营、定边营、花马池（今宁夏自治区盐池县）、兴武营（今灵武县东北长城内侧）至宁夏镇。由宁夏镇向南经宁夏中卫、镇戎所（今同心县东南）即到九边重镇之一的陕西镇固原州，连通向平凉府、西安府的驿道。

（二）以南京为中心的驿道

从南京通往各布政使司的驿道八条是：

（1）南京至河南、山西线。从南京向西北经滁州、凤阳府、宿州、归德府至河南布政使司治所开封府。再由开封府经郑州、怀庆府、泽州（今山西晋城市）、潞安府（今长治市）、沁州至山西布政使司治所太原府。

（2）南京至陕西、四川线。从南京依前线至郑州后，再西如从北京通陕西、四川线。

（3）南京经淮、邳至山东线。从南京向东北经仪真县、扬州府、淮安府、折西北经邳州、徐州府、兖州府、宁阳县、长清县至山东布政使司治所济南府。由济南府向北经德州可至北京。

（4）南京经登莱至辽东线。从南京依前线到淮安府，再东北经海州（今江苏连云港市）、日照县、高密县、莱州府、登州府（今山东蓬莱市）越海经金州卫、盖州卫、海州卫至辽东都指挥使司辽东镇。

（5）南京至江西、广东路。从南京向西南至朱石（今安徽马鞍山市南）渡长江经和州至庐州，以下同北京至江西、广东线。

（6）南京至湖广、广西线。从南京依前线至黄梅，经蕲州、黄州府、武昌府，以后同北京至湖广、广西线。

（7）南京至贵州、云南线。从南京依前线至岳州府，再向西经澧州，以后同北京至云南、贵州线。

（8）南京经湖广至四川线。此又可分三线。一依前线至岳州府，再西经荆州府、夷陵州（今湖北宜昌市）、归州（今姊归县）、夔州府（今四川奉节县）、重庆府至成都。一依前线至武昌府，西北经孝感县、京山县、承天府（今湖北钟祥市）、荆门州、夷陵州，以后如前线至成都府。一线从南京经滁州、寿州、霍丘县、光州（今河南潢川县）、信阳州、襄阳府、荆门州、夷陵州，以后如前线至成都府。从成都府向北稍偏西，经威州（今四川汶川县）、茂州至松潘卫。

（三）明代五横五纵全国驿道网

上述从两京向各地辐射的驿道，构成了明代全国驿道网五纵五横的主干（图 21-1）。

五纵指北京向南驿道至黄河以南分成的：

（1）淮安府、镇江府、杭州府、福州府线；
（2）徐州府、庐州府、南昌府、广州府线；
（3）开封府、武昌府、衡州府、桂林府线；
（4）郑州、南阳府、荆州府、贵阳府、云南府线；
（5）西安府、汉中府、成都府、四川行都指挥使司、云南府线。

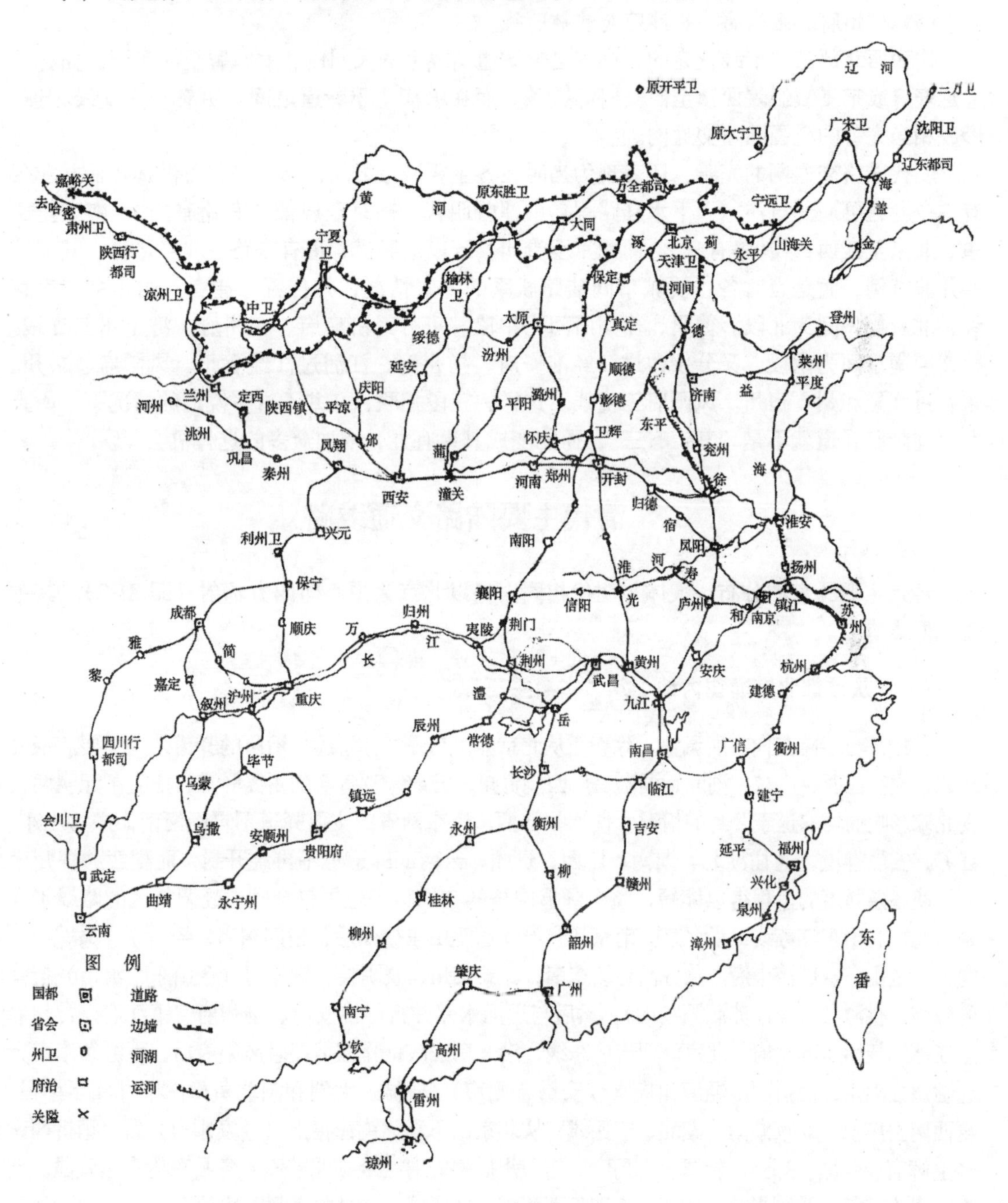

图 21-1　明代主要驿道示意图

五横则为：

(1) 以北京为中心，东至辽东，西至嘉峪关的长城边墙线；

(2) 作为长城边防线后卫的真定府、太原府、绥德州、延安府、庆阳府线；

(3) 淮安府、徐州府、开封府、西安府至河州线；

(4) 镇江府、南京、武昌府、荆州府至成都府线；

(5) 杭州府、南昌府、长沙府至桂林府线。

作为西北部南北干线补充的，则有自长城边墙线上的大同镇、太原镇至河南府，榆林镇经延安府或宁夏镇经陕西镇至西安府等数条。而在纵横主干驿道之间，更有众多支线相连，形成相当完善的全国陆路交通网。

明代陆路交通网的完善，还表现为当时在各主要城市之间，已有多条可供选择而并非仅有一条驿道可通。黄汴《天下水陆路程》中即曾明言，南京至成都“其路有四”，南京至山东，北京至江西，“其路有三”。而两京至贵州、云南的驿道，也有东路、北路之分。其实这些并非特例，而是当时各主要城市间陆路联系的一般情况，并且更有甚者。如北京与南京线，北京德州间为北段。德州、徐州府间为中段，可分经济南府、兖州府、济宁州三支线。徐州府南京间为南段，又分仪徵过江经淮安府、扬州府，江浦过江经滁州、凤阳府、宿州，采石过江经和州、宿州、凤阳府三支线。这样，三段相联，在并不过多绕道的情况下，南京北京间陆路驿道就不是“其道有三”，而能变成其道有九，增加众多的选择机会了。

二　清代主要陆路交通线路

清代主要驿道的分布，大体与明代相同，仍以北京为中心向四方辐射（图 21-2)。其主要不同点有三。

（一）从首都北京通往内地十八省省会主要驿道

其中部分线路走向有所调整。除新增从北京经山东去江苏省巡抚治所的驿道外，主要表现在从北京通往江西、广东、湖北、湖南、广西、贵州、云南等省省会的主要驿道，摆脱了元明两代受北宋影响而均取道于开封的情况，使通往江西、广东两省的主要驿道不再经河南而东移山东、江苏、安徽省境，通往湖北、湖南、广西、贵州、云南的驿道也不再绕开封，而稍西移郑州南下，使各条驿道的里程得以缩短，整个驿道网络的布局疏密也更趋合理。经调整后的路线走向是：北京、山东江苏线，沿北京去南京江宁府驿道至山东德州后，稍偏东南，经平原、禹城、齐河折东至山东省城济南府。从齐河继续东南，经泰安州、蒙阴县、沂州府（今山东临沂市）折南经郯城、桃源县（今江苏泗阳县南），然后与运河水路并行经淮安府、扬州府、镇江府、常州府至江苏巡抚治所苏州府。北京江西、广东线，沿北京去南京驿道至安徽凤阳府后，不继续东南行经滁州去南京，而折西南经庐州府（今安徽合肥市）、桐城、太湖和湖北黄梅南下九江至南昌，再西南去广州。北京湖南、湖北、广西线，从北京南下至河南彰德府（今安阳市）后，稍折西南经卫辉府、荥泽、郑州、新郑、许昌府、信阳州插德安府（今湖北陆安）各县东境直达武昌。北京、贵州、云南线则自前线的新郑县即折而西南，经襄城、叶县去南阳以达云贵。

此外，从北京通向陕西、甘肃、四川省城西安、兰州、成都的主要驿道，也改变了元明时期由北京南过直隶、河南，经彰德府、卫辉府、怀庆府（河南沁阳）、河南府（洛阳市）

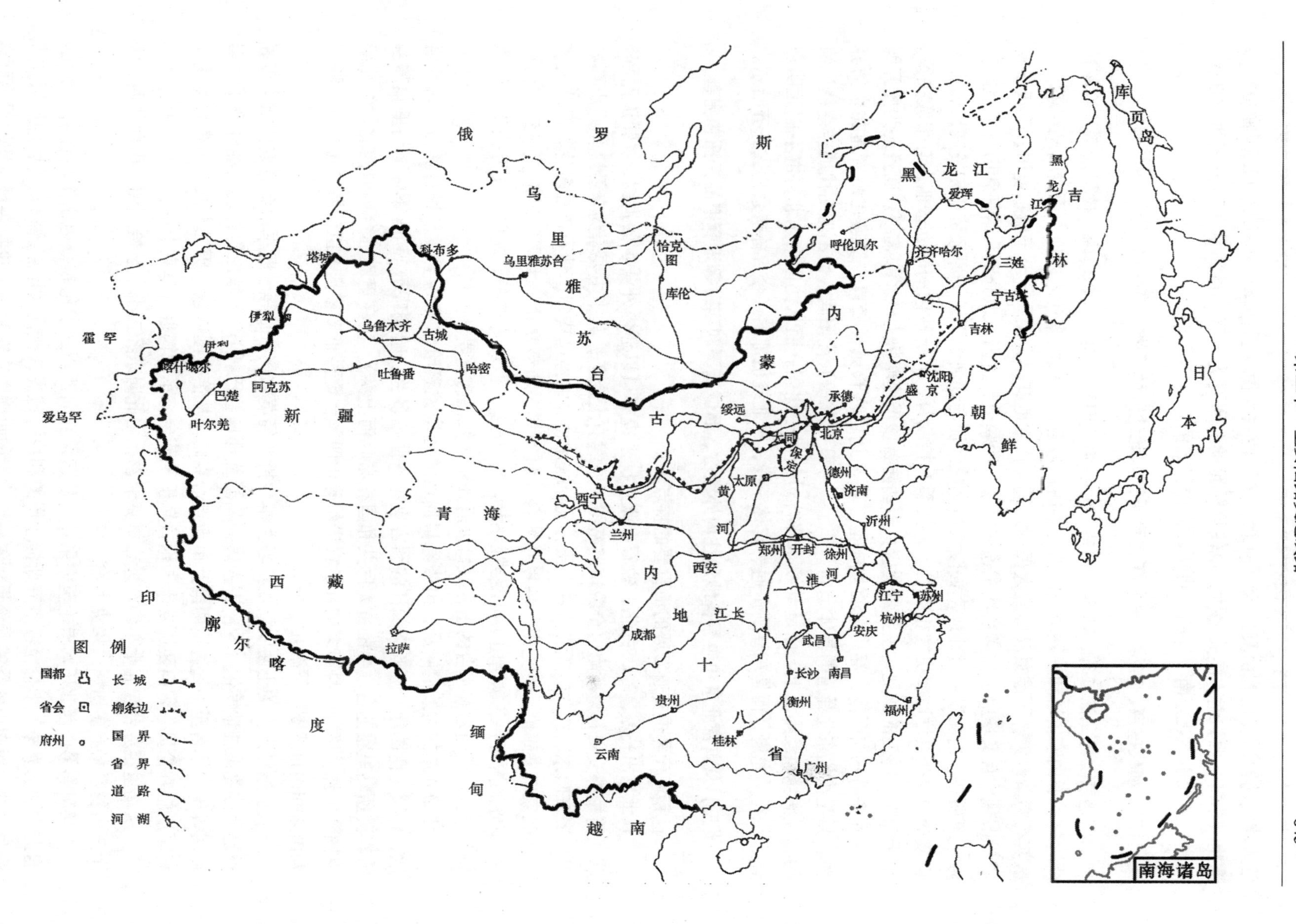

俄罗斯
乌里雅苏台
科布多
塔城
乌里雅苏台
恰克图
库伦
伊犁
乌鲁木齐
古城
吐鲁番
哈密
喀什噶尔
阿克苏
巴楚
叶尔羌
新疆
霍罕
爱乌罕
内蒙古
绥远
承德
北京
大同
保定
太原
沈阳
盛京
吉林
宁古塔
三姓
齐齐哈尔
呼伦贝尔
爱珲
黑龙江
吉林
库页岛
日本
朝鲜
德州
济南
沂州
西宁
兰州
黄河
青海
西藏
郑州
开封
徐州
淮河
西安
内地十八省
长江
成都
拉萨
江宁
苏州
杭州
安庆
武昌
南昌
长沙
衡州
福州
贵州
桂林
云南
广州
印度
廓尔喀
缅甸
越南
南海诸岛
图例
国都
省会
府州
长城
柳条边
国界
省界
道路
河湖

西入潼关的旧道，而改由真定府（河北正定）西去太原，折西南经平阳府（山西临汾市）。蒲州（永济县西）南入潼关之线，也使得驿路的分布更为合理。虽然从北京去陕西、甘肃、四川，清代也不乏先南下郑州，再折西去西安之例。

（二）清代盛京、吉林、黑龙江将军所辖东北地区的驿道

在盛京、黑龙江二省，基本上维持了元明两代旧规，而在吉林境内，仅保留了从将军治所吉林城通向宁古塔和三姓两段。这与当时满族各部人民大多迁入内地，而清朝又对东北地区实行封禁政策，不准蒙汉等族人民闯入其发祥之地有很大关系。至于盛京境内，不仅维持明代旧规，且又增辟了从盛京往东通向兴京一段驿道，这因二地分别为陪都和旧京，祖宗宫殿陵墓所在，清朝皇帝时往巡幸谒陵祭祖之故。而与辽河中下游平原经济比较发展，满汉人口较众，府州县厅政权机构相应较多，又系东控朝鲜，北抗沙俄的后方基地，有很大关系。至于黑龙江驿道的恢复，主要是适应反击和防备沙俄侵略势力的军事需要。而且还为此开辟了从齐齐哈尔向西南，穿内蒙哲里木盟、昭乌达盟入长城喜峰口，经遵化州直通北京的驿路。只是清代东北驿道的具体走向，广宁（今辽宁北镇）沈阳间，已不似明代那样南绕辽河河套经海城、辽阳北上，而是继续东北行过新民去沈阳。而从沈阳向东北，也不似元明那样，绕行黄龙府，而是东移到伊通、吉林一线，再北绕伯都纳（今吉林扶余）去齐齐哈尔。

（三）从首都北京和中原各地通往内外蒙古、西域新疆和西藏等地驿道的开拓和完善

这是清代驿道交通发展的最重要的特点。

从北京出长城喜峰、古北、独石、张家、杀虎等口以通内外蒙古的道路，《驿道路程》和《清季外交史料》所附《全蒙道路略图》所载有十余条，其中主要者为东经遵化州出喜峰口去齐齐哈尔，东北经顺义、密云出古北口去承德，北经延庆州出独石口去多伦，西北经宣化出张家口去库伦、恰克图、乌里雅苏台、科布多，和经宣化、大同，出杀虎口经归化城（内蒙呼和浩特）北越阴山去外蒙或西绕河套去宁夏、西域等五条。尤以总长万余里，被称为北路驿站或阿尔泰军台的出张家口以通外蒙之线最为重要。

北路驿站的大致走向是，出张家口向西北经内蒙察哈尔和乌兰察布盟的泌岱、乌兰哈达，外蒙土谢图汗、三音诺颜汗的图古里克、他拉多兰、哈喇呢敦等 64 军台至乌里雅苏台将军驻所乌里雅苏台（今蒙古人民共和国札布噶河上游）。由乌里雅苏台再向西北。经扎萨克图汗的珠勒库珠、科布多的杜尔根诺尔等十四军台至科布多参赞大臣治所科布多（今蒙古人民共和国布彦图河下游）。

从上述驿道上的土谢图汗他拉多兰军台折北经莫敦、布哈等十四军台至黄教首领哲布尊丹巴胡图克图驻地库伦（今蒙古人民共和国首都乌兰巴托）。从库伦再往北，经呼齐干、努克图等十二军台至中俄边境两国互市地点恰克图。从恰克图向东，历二十八卡伦东联黑龙江将军所辖呼伦贝尔，向西历二十卡伦接乌里雅苏台将军所辖近吉里克卡伦。

从乌里雅苏台向北十军台至近吉里克卡伦，由此向东经二十卡至恰克图，由此往西，经十三卡伦至科布多所属索果克卡伦。

从科布多向西北历八卡伦至索果克，从索果克向西历六卡伦越奎屯山至昌吉斯台卡伦。自此向西历夏季三卡伦至额尔齐斯河东岸的和尼迈拉虎，接河对岸新疆塔城所属的辉迈拉虎卡伦，或向西南历冬季三卡伦至额尔齐斯北岸的吗呢图克图勒干卡伦接塔城所属河对岸同名卡伦。从科布多向西南越阿尔泰山历八卡伦接新疆古城（今奇台县）所属的搜吉卡伦。

从北京通往新疆（伊犁将军驻地）伊犁惠远城（今伊宁市西）的驿道沿北京通成都的驿道至陕西省城西安后，折西北经乾州、邠州、平凉府、静宁州到甘肃省城兰州府，再西北经河西走廊的凉州府（武威）、甘州府（张掖）、肃州（酒泉）、安西州至新疆哈密，分为南北二线。南线西经吐鲁番越天山至迪化州（乌鲁木齐），北路北越天山经镇西府（巴里坤）、古城至迪化州。再西经玛纳斯、库尔喀拉乌苏、晶河（精河），折南越塔勒奇山至伊犁。而捷报处所设从北京通伊犁的台站则是由北京沿长城内之线经宣化、大同、朔州、偏关、府谷、榆林、定边、盐池、宁夏、中卫、红水河、凉州府合前述驿道线。从此线上的古城向北接科布多西南卡伦，从此线的库尔喀拉乌苏历军台通塔城，而塔城则北历夏卡伦、东历冬卡伦通科布多，西南也有卡伦经博尔塔拉（博乐）通伊犁。从此线的吐鲁番，捷报处所设军台经喀剌沙尔（今焉耆回族自治县）、库尔勒、库车、阿克苏、巴尔楚克（巴楚）、叶尔羌（莎车）、英吉沙尔以达南疆重镇喀什噶尔。而从伊犁亦北有卡伦经博尔塔拉通塔城以至外蒙，南有军台逾天山通阿克苏以联南疆。

从北京通向西藏首府拉萨的驿道也有两条，一条从四川省城成都向西南经邛州、雅安府、青溪县，折西北至打箭炉（康定）转西，经理塘、巴塘、江卡再折西北，经乍丫至察木多（昌都），再折西而稍偏南，经洛隆宗、拉里（嘉黎）、江达宗、墨竹工卡至拉萨。一路从甘肃省城兰州府向西，经碾伯至西宁府，过日月山，西南经巴彦诺尔、恰布恰（青海共和县）、越阿尔玛乡山，过琐力麻川（玛多县黄河沿）、绕鄂陵湖、扎陵湖南，经喇嘛托罗海川口，过巴颜喀喇山、渡通天河至东布拉（杂多县北），再经多兰巴图、越唐古拉山，经巴哈努木汗、喀拉乌苏（西藏那曲县）、达目（当雄县）、浪塘（朗塘县）以至拉萨。

总之，清代驿道交通的发达，驿道网络布局之严整，线路选择之合理，都超过了我国历史上以往朝代，以致近代兴修铁路、公路，其选线、布局，多仍其驿道旧迹。

第三节　道路修筑管理制度的完善

一　明代道路修筑管理制度

明代道路修筑管理政令，仍沿前代之制，由中央工部负责，要求各级地方政府对“道路津梁，时其葺治”①，“务令坚固平坦”，并且制定了如“若损坏失于修理，阻碍经行者，提调官吏笞三十”的律令②。对于北京和南京街区道路和有关沟渠、桥梁，更要求坚完，严禁“官民人等作践。间有街道低洼，桥梁损坏，沟渠淤塞”之处，要求工部“自行随时计工成造修理，或即督地方火即人等并力填修”③。对于重大修路工程，每由中央特派大员主持，或令当地主要官员负责，发动广大军民施工。如明太祖洪武十七年（1384），曾“命天下府州县修治桥梁道路”④。二十四年（1391）“命景川侯曹震往四川治道路”⑤。二十五年

① 明·张廷玉等，《明史·职官志》。

② 《明会典》卷172《刑部·律例·河防》。

③ 《明会典》卷200《工部·河渠·桥道》。

④ 《明太祖实录》卷162。

⑤ 《明太祖实录》卷214；张廷玉等《明史》卷132《曹震传》。

(1392)又“命普安侯陈桓往陕西修连云栈道入四川。都督王成往贵州平险阻，治沟，架桥梁以修道路”①。此等事例，其他各朝亦有。如宣宗宣德七年（1432）“开平凉府开城县迭烈孙道路”②，英宗“正统四年（1439），令各府州县提调官时常巡视桥梁道路，但有损坏，随时修理坚完，毋阻经行”③。宪宗成化时（1465～1487）福建地方官开辟汀州府和漳州府之间的西路，“比之东路，减其三分之一，又少险阻。既易且近，行者安之”④。世宗“嘉靖中（1522～1566），徐九思为句容知县。县东西通衢七十里，尘土积三尺，雨雪泥没股。九思节公费，甃以石，行旅便之。……句容民为建祠茅山”⑤。神宗万历时（1573～1619）丁宾为南京工部尚书，“自上元至丹阳，道路尽易以石，行旅便之”⑥。

随着社会经济的发展，工商业的兴盛，商品流通对道路的依赖和要求越来越大、越高，明代在道路修筑上也出现了一些引人注目的变化，如：

（一）道路的修筑在一定程度上突破了为官府职责、官员政绩的传统

商贾富家从事兴修道路桥梁这种便利商品流、社会公益事业的事例越来越多了。如歙商方如琪“与郑滂石甃金陵孔道以达芜湖”⑦。休宁富商查杰捐赀“置石会渡，砌石埠于姑熟，甃南陵道百里”⑧。邵武富民李文通父子捐赀兴建福建光泽县北通江浙的平济桥，“高十丈，长百丈。桥上复为联屋，所费将近万两”⑨。歙商刘正宾亦为扬州“修龙门桥，费万金”⑩。就是在商品货币关系发展相对落后的西北地区，也有关于商人捐资建桥修路的记载，如陕西西安府秦渡镇丰河上的广济桥，明时毁圮，即由知县王九皋捐银50万为倡，盐商李至贵捐银二百万重建，“广二寻有奇，可容并轨”，事见雍正敕修《陕西通志》卷3《广济桥记》。卷16则称明万历二十四年（1596）知县王九皋重造木桥，“长亘里许，为百空，高三丈余，阔二丈。今废。”

（二）道路修筑技术有提高，路面质量有改善

主要表现为南方多雨多水地区多修为石质路面。前面介绍官、商修路建桥事迹中多次谈到各地泥质道路“甃之石”、“甃以石”，都是实例，而修砌石路的地区多在经济发达，商业繁盛的南直隶应天府、镇江府、苏州府、太平府、宁国府等地。与之相近的浙江杭、嘉、湖等府可能也有相似情况。尤其值得注意的是川陕栈道的变化。明初普安侯陈桓修陕西连云栈道二千余间，栈道既以间计，说明属传统木质结构。但景川侯曹震在四川修路，则以广元千佛岩一带“古作栈阁，连岁修葺，工费甚多。相形势，辟取山石，从河镇砌，阔四五尺，自

---

① 《明太祖实录》卷219。
② 《明会典》卷75《道路》引《昭代典则》。
③ 《明会典》卷200《工部·河渠·桥道》。
④ 田汝成，《田叔禾小集》卷4《漳南开道路记》。
⑤ 清·张廷玉等，《明史·循吏传》。
⑥ 清·张廷玉等，《明史·丁宾传》。
⑦ 道光《安徽通志》卷196《义行》。
⑧ 宋·宋应星，《天工开物》中卷《舟车第九》。
⑨ 嘉靖《邵武府志》卷6《水利》。
⑩ 康熙《扬州府志》卷52《义行》

四川而陕西无难焉”[1]。也就是说曹震在这里把木质栈道改修为石路或在靠河一侧砌有石质护岸的土石碥路。所谓碥路，当为随河谷形势、就山坡转折上下，削崖填土砌石修筑的傍崖土石坡道。这种道路，虽然由于转折上下而增加部分里程和攀登之苦，不如栈道之平直近捷。但道路质量、坚固程度、安全系数，却都比木质栈道要求优越多了。明代中期的武宗正德年间，剑州知州李壁在修筑川陕栈道南段梓潼、昭化间三百里驿道时，多以石板铺面，路面有的宽达两丈。路旁并栽种柏树十万株，被称为“三百长程十万株”的翠云廊。

神宗万历年间的学者王士性更以其亲身经历反映，当时四川保宁府（今阆中县）至汉州（今广汉市）间五百多里的大驿道甚至附近村落市镇间的道路，都是“剡石平甃”的石道了[2]。

四川如此，陕西境内的栈道也有相似情况。唐代大散关附近秦岭南北原来都有许多栈道，王维诗篇和《资治通鉴》中都有反映。但到明代中期，栈道却从草凉驿开始，说明从草凉驿至宝鸡这100多里中，栈道也早已为碥道所代替了。至于仍被称为栈道的草凉驿以南，经凤县至褒城的400多里间，王士性在所著《广志驿》中就有“自古称栈道险，今殊不然，屡年修砌，可并行二轿四马”。并发出“今栈道非昔比也”之叹。指出今栈道“特开路于诸岭之上，由是陟降而行，无复昔日沿山架木，而栈道遂废”。栈道系“架木”而成，而土石路面的碥道则需要“修砌”，这是两者的根本区别。草凉驿以南的川陕连云栈道既然需要“屡年修砌”，就说明这些名为栈道的道路，实际上已经不是木构桥阁而多是土石路面的碥道了。

（三）东北地区的“路台”建设

从山海关到开原城近二千里间，又有近似于汉代坞堡路的建设，沿线设立“路台”二三百座，以保护行旅。嘉靖《全辽志》卷二《边防志·路台》记事说：“嘉靖二十八年，巡抚薛应奎自山海关直抵开原，每五里设台一座，历任巡抚吉隆、王之诰于险要处增设加密。每台上盖更楼一座，黄旗一面，器械俱全。台下有圈，设军夫五名常川瞭望，以便趋避”。这种“路台”，虽系在不设州县官员，民户甚少的边疆卫、所军户地区，为保护行旅，维护交通安全而设，后亦有可能推广到内地。清代的内地各省水陆孔道，均有此种设施。《嘉庆会典事例·兵部》详载清代事例，可能即从明代因袭而来。

“职方清吏司，……掌……巡防之事……。设营汛墩堡，以控制险要，令各分兵而守之。……各省督、抚、提、镇……于沿边、沿海、沿江处所及大道之旁，皆按段置立墩堡，分驻弁兵，是为差防兵”。

“康熙七年题准：各省孔道，均设墩台、营房，拨兵看守。如有紧急军机，接递传报”。

“雍正十二年议准：墩台营房，该管官会同地方文职，按汛地建造，加谨保护。……”

“乾隆三年奉旨，各省水陆孔道之道，设立墩台，驻宿兵丁，所以护卫行人，稽查匪类。……”

---

① 《叙永文钞》，曹震《开永宁河碑记》。

② 王士性《五岳游草》卷五上《蜀游·入蜀记》：“甲戌出保宁，又行大山中不断，至汉州乃止。然皆大道剡石平甃，即村落市镇皆然。”《广志绎》卷之五《西南诸省》：“川北保宁、顺庆二府，不论乡村城市，咸石板甃地。当时垦石之初，人力何以至此！天下道路之饬，无踰此者”。（分别见《王士性地理分三种》第108页和374页）

“嘉庆四年谕，各省设立塘汛，额设弁兵，原为稽查奸匪，缉拏盗贼，护送差使，理应一律整齐，以壮观瞻，而严稽查。……”

“嘉庆十七年谕，直省驿路通衢，设立塘汛，亭墩相望。即间有盗贼伏伺，而兵役巡逻，声气联络，不难立即擒捕。规制最为周密。”

直到清末同治年间，陕甘总督左宗棠所修甘肃省境的驿道仍是五一里一卡，十里一哨，百里一营，“每十里建兵房三间，旗竿台一，土墩五，标明里程”①。

二 清代道路修筑管理制度

清代的驿道修筑，邮递交通管理，仍沿明代之制，在中央由工部和兵部分司其责。《清通考》卷81职官工部的“都水清吏司……掌水利、河防、桥道、舟车、券契、量衡之制”。《清史稿》卷114《职官志》工部项下也说：“都水掌河渠、舟航、道路、关梁、公私水事”。《大清会典》卷60工部更详言“都水清吏司掌天下河渠、关梁、川涂之政。凡京师城以内、城以外各经以街衢、环以河濠、疏以沟渠、达以桥梁。岁修则报于部。”在地方则省级长官巡抚以下，按察司负责邮传事务，或专设驿传道以司其事，或委之于各府州县官兼理。并要求各级地方官员按时修理桥道，违者给以处罚。如：上引《清会典》说：“凡各省桥道皆令以时修治焉”。“各省桥道有损坏者，地方官查明随宜建置，由该督抚查明办理报部核销。”

《大清会典事例》卷854刑部工律河防门《修理桥梁道路》条说：“凡桥梁道路，府州县佐贰职专提调，于农隙之时，常加点视修理。桥梁务要坚完，道路务要平坦。若损坏失了修理，阻碍经行者，提调官吏笞三十。若津渡之处应造桥梁而不造，应置渡船而不置者，笞四十”。

兵部与道路交通的关系则《清史稿》卷11称兵部车驾清吏司“掌牧马政令以裕戎备。凡置邮曰驿、站、塘、台、所、铺均属之”。《大清会典》兵部“职方清吏司掌巡防之事，设营、汛、墩、堡以控制险要，令各分兵而守之。迂沿边、沿海、沿江各处及大路之旁，皆按段里置墩堡，分驻弁兵”。

关于城市的道路建设、交通管理，以首都北京为例，上引诸书也都明言工部都水清吏司下设有专门管理机构，或称督理街道衙门，或称街道厅，专门掌管“平治道途，经理沟洫”等事。规定“凡侵占街基道路而起盖房屋及为园圃者，杖六十，令各复旧。穿墙而出污秽之物于街巷者，笞四十。”“在京内外街道，若有作践掘成坑坎、淤塞沟渠、盖房侵占，或旁城使车、撒放牲口、损坏城脚……，俱问罪，枷号一月发落。”

清代重要驿道的兴建、改线、大修等，多由总督巡抚等地方大员奏请朝廷审核批准，然后监督施行。其间勘察、设计、估价、施工、验收、报销等层层手续甚为严密，目的是既防经手官吏贪冒，又防其借机扰民。经费来源除朝廷拨款外，也或出自地方公费、官员捐廉、富民义助等。而地方公费一项，又复各种各样，五花八门，名目繁多。而由朝廷尤其是皇帝提出兴建的重要工程，经费则多是由中央负担，或拨专款，或由地方应缴中央的款项中扣除充用。兹举《大清会典事例》卷932所记雍正七年（1729）整修包括直隶、山东、江南（即江苏）三省的北京苏州间驿道的北京淮安段一事为例，说明当时修路情况之一般。

① 清·裴景福，《河海昆仑录》。

首先是皇帝从路政的重要性和此路损坏的严重情况出发，命令特遣大员勘察设计，提出报告：

“平治道路，王道所先。……今直隶至江南大道，车轮马迹，践压岁久，致通衢竟成沟堑。两旁之土，高出如谷。一遇雨水，众流汇归，积涝难退。行人每苦泥泞，或至守候时日，朕心甚为轸念。但此通行大道，久成洼下，势难培筑增高，而道旁高阜甚多。若于大道相近之处，别开一道，工力似属易施。其间或有地形断续，应修建桥梁；或沟塍淤积，应疏浚水道；或所开之径有借用民田者，应补给价值。或绕行之路，有远隔村庄旅舍者，应引归故道，使有顿宿。特遣大员于今年夏秋之交，自京师起程，由良乡至宿迁大道，一路踏勘，将作何别开新道，详悉议定，估计工价，绘图呈览”。

接着是负责勘察官员拟定的施工规划主要项目：“遵旨查勘山东、江南三省道路，自宛平县（今北京市丰台区）长新店（即长辛店）至景州（今河北省景县）刘智庙，应修道路长五万五百五十丈，修建桥梁四十八座。自刘智庙至郯城县红花埠驿，应修道路长四万二千十九丈，修建桥梁九十四座。自宿迁、桃源（今江苏泗阳县老泗阳）至清河县（今清江市）王家营，应修道路长一万一千八百十二丈，修建桥梁二十座。并责令该州县于道旁补栽柳树，春秋亲往查勘。”

引文中的刘智海为驿站之一，处于直隶和山东省交界，红花埠驿则处于山东和江苏两省交界。

其后是施工计划被批准，令命三省分别组织施工，要求按期完成，并规定了完成后的一系列维护任务。“奉旨：工部即行文三省，动正项钱粮，乘此农隙之时，委官作速兴工，务于明春雨水前告竣，仍差官往勘。其修过桥梁道路，交各该地方官随时修整。并令新旧交待。永著为例”。

修路工程完工，经过验收，准予报销。但朝廷对这条道路的关心，并未就此为止。三四年后，仍在对各地修路工程的优劣，维护的情况，分别予以表扬、批评、训诫。

“（雍正）十一年（1733）谕：由京师至江南道路，朕于雍正七年（1729）特遣大臣官员前往，督率地方官员修理平治，不惜帑金，成功迅速。又令道旁种树，以为行人憩息之所。比时河东总督董率河南官种树茂密，较胜他省。经过之人皆共见之。凡此道路树木，皆朕降旨交与地方官随时留心保护者。近闻官吏怠忽，日渐废弛。低洼之处，每多积水，桥梁亦渐折陷，车辆难行。道旁所种柳株，残缺未补。且有附近兵民砍伐为薪者，此皆有司漫不经心，而大吏又不稽查训诫之故。著传谕该督抚等转饬有司照旧修理，务令平坦整齐。或于雨水泥潦，随损随修，不得迟缓。其应补柳株之处，按时补种。并令文武官弁禁约兵民，不得任意戕害。傥有不遵，将官弁题参议处，兵民从重治罪。”

此外，统观清代的道路修筑和交通管理情况，以下各点值得注意。

（一）川陕大驿道上的木质栈道，已基本上为土石路面的碥道所代替

经过明末清初数十年的战乱，川陕地方残破，栈道毁坏，交通大受影响。1664 年陕西巡抚贾汉复首先大力整修陕境宝鸡褒城间六百里被称为北栈或连云栈的驿道，基本上废除了傍崖临水的木质栈道而代之以被称为碥道的随山坡上下的土石坡道。这从党崇雅所写的《贾大司马修栈道记》中对有关工程的统计可以推知。

修险碥凡五千二百丈有奇；险石路凡二万三千八百九十丈有奇：险土路凡一千

七百八十一丈有奇：修偏桥一百一十八处，计一百五十七丈；去偏桥而垒石以补之者，自江面至岸高三丈许，共长六十五丈二尺，凡十五处；修水渠一百四十五道；煅石三十二处，共一百五十六丈；去当路山根大石二百八十九处；修垒木栏杆一百二十三处，凡九百三十八丈有奇；合营兵、驿夫、民夫、各匠计六万九千八十三工。

上述统计的工程项目已不是栈阁若干间，使用的筑路材料也不是木材为主，而是以丈计的土石路了。

1690年，四川巡抚噶尔图也对川陕驿道的四川段进行了大修，实际是进行了数百里的改线。彭遵泗《蜀故·蜀道》记其事说："剑门驿路自明末寇乱，久为榛莽。入蜀由苍溪、阆中、盐亭、潼州（三台）以达汉州（广汉），率皆鸟道。康熙二十九年（1690）四月，四川巡抚噶尔图上疏：自广元县遁南，历园山等十二台站始达汉州，计程八百二十里，多崇山峻岭，曲折难行。查剑关旧路仅六百二十里。臣乘农隙，刊木伐石，搭桥造船，以通行旅，遂成坦途。裁省驿马六十八匹，岁省银二千五十六两。计新路经牛山，亦首险。"其后乾隆、道光年间，又经过多次整修。虽然有关记载中并未明言修路改线中已把木质栈道改为土石碥道，但从有关工程项目、材料、和工艺要求来看，也是进行了变木质栈道为土石碥道的改革，则是毫无异议的。请看同治《昭化县志》卷二八所载乾隆年间所定施工条例：

凡临流、临崖、坎高岸深者，外砌石墙以防之。其路本狭窄，不便修墙砌路者，外加木防之。凡路窄而险者，凿石壁扩之。其当内凿之处悬崖难施者，外用石灌浆培之。若高深不可培者，架木为栈补之。凡自然碥坡滑跌者，即石凿梯正之。自然石渣出梗路者，铲平之。石壁石包有子母石，俗谓之麻渣石，形如千万金卵，生漆胶粘金卵。有龙骨、牛心、油光诸坚石，非锤斧所能凿，以火烧煅令热，沃以醋水，俟其爆酥铲之。每煅一次，铲出一寸或八九分。每宽厚一丈一尺，折见一方。用柴三十斤，醋五斤，石匠一工。凡拦马石墙，高一丈八寸，底宽一尺五寸，顶宽一尺。每墙一丈，用石灰六十斤，糯米市斗一斗，白矾六斤，桐油八斤。匠人、小工各二工。修补者半之。凡石匠培补，每宽一丈，长高各一丈，用石灰二百斤，糯米市斗三斗，合白矾一斤四两，桐油十斤。匠人、小工各十工。凡旧路翻砌令平者，每长一丈，宽八尺，厚五寸，用匠人、小工各二工。其物料价值，随时价造报。

这里所用的匠人也多石工，泥工而很少木工。所用物料也多为石、石灰、桐油、生漆、白矾、糯米而少及木材。自然也可以说明当时所修的驿道已经不是木质栈道，而应是削崖顺坡修建的土石碥道了。

（二）石砌硬质路面有扩展

在南方雨水较多地区，石铺路面，南宋时期已经见于记载。其后逐渐发展，城市、村镇多有铺设。但在北方，除皇帝、官员的宫殿、园囿、庙宇、宅第等处所外，并不多见。而到清朝，北方也已有了显著发展。以北京为例，内城九门附近，正阳门大街以至天桥和永定门外，广宁门（即广安门）至西小井村，西直门至高梁桥、畅春园，米禄仓至朝阳门，朝阳门至通州等处都已铺设了石道。还有"京仓之道，一概整修石道，保固三年"的记载。在这些石道中，如果说畅春园、高梁桥等处可能是专为皇室贵戚游玩观赏方便而设，京仓等处石道是适应转运从南方漕运来的粮食的需要，京城各门以及上述正阳门大街、天桥等处石道的修筑，就当是适应社会经济发展，京师工商业繁盛，物资运输量大，人员车马往来众多的客观需要了。石道的规制，除两侧均伴以土路外，朝阳门至通州的石道明言可容两车并行，广宁门外的石道明言两侧加以“护土木钉”和作为隔离带的“荆笆”。“悉令平坦坚固，保固三年”。三年后检查，损坏及时整修。可见质量要求相当高，而保护维修制度也相当完善、严密。

除了京城及有关城京街道、郊区重要路段铺以石面外，北方长途驿道中也有一些相当长的段落被砌成石道。例如，1836年湘军统帅左宗棠出任陕甘总督，在进军新疆过程中，曾对陕西、甘肃、新疆的驿道，尤其甘肃境内的驿道，进行大规模的整修，以保证其粮饷和军事物资的运输。其中平凉三关口以西，滨临泾河，常被冲毁的四十余里旧路，被另行改筑为石路。平番县（永登）境的澜泥湾段，也全部被改建为石路，保证了行人、车辆、物资运输的安全（见《左文襄公在西北》）。

（三）依车轻重分道的交通管理制度出现

前已提及，秦汉时期京城内已出现依车分道交通分流的管理制度。但那主要是以贵贱尊卑封建等级制度为标准的，皇帝贵族的高车驷马行中道，黎民百姓行旁道的制度。但清代的按车分道制度，贵贱尊卑封建等级色彩已经大大的减轻了。前面介绍的中间石道、两侧土路，就是这时按车分道的模式之一。如果说这是特殊情况，京仓石道是专为运粮而设，可京城重要街道的土路也多分为三列。光绪《大清会典》卷62工部都水清吏司督理街道衙门条规定，京城“大街中间，量培土埂，厚数寸，宽数尺，轻车从土埂上走，重车从两旁行走。其道旁开设摊棚，不得有碍车辙，以利遄行”。《大清会典事例》卷932载：“乾隆五十年（1785年）奏准：外城大街高燥处悉令照旧，低下处量培土埂，高数寸，宽一丈，轻车行人由中道土埂上行，重车埂边左右分行”。虽然此时还限于低下处，但后来载入会典，作为督理街道衙门官员职掌之一，有可能是逐渐推广了。而轻重车分道行驶，应该说比古代《仪制令》中的“轻避重”，也是前进了一大步，是交通管理制度的发展。

（四）保固维修制度的推行

对于包括桥梁、道路在内的建筑工程，清代已经实行保固制度，即在工程完工后，要求负责建设者为之保固三年。政府“按季派员查勘，如有限内（三年）损坏者，著落水承修官员照数赔补”。三年期满之后，“仍交地方官三年一次查勘。如有地塌，报部修理。”土路则要求低处垫土，积高处挖刨，堆积处消除，甚至要求“随时平整车辙”。并规定土路“隔年修整一次”，“如雨水稀少，隔二三年修整。如雨水过多，低洼不堪，仍隔年修整。”“木板桥三年拆修一次，竹缆索桥一年修补一次。”

有时还将筑路造桥的节余款项或其他特拨款项作为道路桥梁的维修基金，发商生息，以备桥道维修时使用。如1757年乾隆西巡华阴，事毕，特拨西巡经费余息银一万两，令陕西凤翔、汉中两府的宝鸡、南郑等县，“交当商营运，每月一分交息，按季汇解府库，专供修理栈道工费。责成汉兴道总理其事。凡栈道工程，责成各州县巡检、典史、驿丞，按其所管封桩道里，分定经管。遇有倾圮残缺应行修理者，即通报道府，饬该州县确加查勘。如些小残缺，约需工料无多者，州县捐资修理。如工料在十两以上者，即详明动用拨息银兴修。年终将各州县动拨修理工程，汇造册结，由道缴移藩司转请奏销。除岁修外，所余息银递年积存，迂有必应拆换大加修治之年，确估奏明动用。”

由此可以看出，在驿道的维修管理，基金的使用上，从基金的日常经管，道路损坏情况的上报和查核、小修、岁修、大修动用款项的申请和结算手续，省级衙门藩司和道府州县长官及其下巡检、典史、驿丞的责任等等，都规定的十分详悉。

又如，1779 年“盛京商人捐修承德（沈阳市）广宁（北镇县）二县桥梁，余胜银四千六百九十六两零，交商每月一分二厘生息。遇有桥道损坏，动用息银办理，造册报部缴销。年终将所收息银数目报部查缴”。则除反映修桥筑路节余费用可以移作桥道维修基金外，也说明明代以来商人富户捐资修筑桥道之事，已经不仅限于江南经济发展地区，而是在逐渐扩展，甚至扩展到边远地区了。如《洛阳交通志》附录吕履《平治崿岭口路碑》记，在洛阳经商的山西泽州人段润色捐资募工，因地势，随高山，“扩狭隘，示险阻，补坎岂”，修成阔则丈有余尺，长则五百余丈的山间坦道于偃师县境。甘肃也有一例。据《甘肃公路交通史》载，靖远县石门乡小口村黄河索桥渡口附近，有一座为旅居附近哈斯吉的商人胡正宽等捐资补修渡口和附近道路而建立的功德碑《山陕修路碑》。该碑建于乾隆年间，其上刊有山西、陕西两省、七府、三州、卅余县的捐资商号一百八十余家。而甘肃武威一县的脚行如骡马店也有七家之多。

（五）道旁植树继续受关切

行道种树，为我国古代优良传统，清朝政府也很注意，多次通令府州县官吏认真执行，省级大员总督巡抚随时检查督促。如前言 1729 年整修直隶、山东、江南驿道，即令“各该州县于道旁补栽柳树”。次年修路完工，又令“三省各州县补栽柳株以庇行旅”。1733 年检查，于表扬河东总督董率河南官吏种树较密之后，又批评官吏怠忽，有些地方“道旁所种柳株，残缺未补。且有附近兵民砍伐为薪者”。指出“此皆有司漫不经心，而大吏又不稽查训诫之故”。要求“传谕该督抚等转饬有司照旧修理，……其应补柳株之处按时补种。并令文武官弁禁约兵民，不得任意戕害。傥有不遵，将官弁题参议处，兵民从重治罪”。

另如前言 1866 年，左宗棠整修陕甘驿路时，也非常注意道旁植树问题。要求在驿道两旁分别植树一二行或四五行，所植以柳树为多，也间有杨树。认为这样一则可以巩固路基，二则可以“限戎马之行”，保护路旁庄稼免受践踏损害，三是可以供行人荫凉。据统计，从陕西长武到甘肃省城兰州六百多里间，植树约二十六万余株，被称为“左公柳”。“左公柳”成为甘陕驿道上一重要景观。十余年后，其部下杨昌濬因公西行，触景生情，感怀赋诗：“大将西征尚未还，湖湘子弟满天山。新栽杨柳三千里，引得春风度玉关”。时人传为美谈。至于京城附近，皇帝时常经过的地区，道路两侧的植树，要求就更为严格。《大清会典事例》卷 933 工部都水清吏司下专列有“御道种树”一项，如说所栽之树须“高一丈二尺，径二寸五分，栽深二尺，清明栽完，五日浇灌一次，根下用枣茨围护”。“西北二城、大兴、宛平二县各该地方分四段看守。”“工部仍会同内务府步军统领、顺天府尹巡查”。“种植令保活三年。如三年内有枯焦者，原种植官补种。如各该地方不谨敬看守，以致树木被人折坏，牲畜啮伤及偷盗者，并令各该地方官补种。”“其应赔种树官内有不能赔补者，著落本部堂官赔种”，如此等等。

参 考 文 献

原始文献

毕沅(清). 1957. 续资治通鉴. 北京: 中华书局
伯杭 (元). 1985. 大元通制条格. 杭州: 浙江古籍出版社
陈侃 (明). 1937. 使琉球录. 丛书集成初编. 上海: 商务印书馆
陈梦雷, 蒋廷锡 (清). 1988. 古今图书集成. 北京: 中华书局影印版
陈寿彭 (清). 1901. 中国沿海险要图志. 光绪二十七年刊本
鼎澧逸民 (宋), 朱希祖考证. 1935. 杨么事迹考证. 上海: 商务印书馆
范成大 (宋). 1936. 骖鸾录. 丛书集成初编. 上海: 商务印书馆
高士奇 (清). 1979. 左传纪事本末. 北京: 中华书局
谷应泰 (清). 1977. 明史纪事本末. 北京: 中华书局
顾祖禹 (清). 1955. 读史方舆纪要. 北京: 中华书局
贺长岭 (清). 江苏海运全案. 道光六年. 1826. 刊行. 光绪元年重印本
胡书农 (清). 大元海运记. 雪堂丛刻本
傅泽洪, 邵元庆 (清). 1725. 行水金鉴. 雍正三年刊本
黄汴 (明). 新刻水陆路程便览. 士商必要本
李昉 (宋) 等. 1960. 太平御览. 北京: 中华书局
李吉甫 (唐). 1983. 元和郡县图志. 北京: 中华书局
李筌 (唐). 1988. 太白阴经. 守山阁丛书子集. 中国兵书集成. 北京: 解放军出版社, 沈阳: 辽沈书社联合影印版
李焘 (宋). 1979. 续资治通鉴长编. 北京: 中华书局
李心传 (宋). 1936. 建炎以来系年要录. 丛书集成初编. 上海: 商务印书馆
李诩 (明). 1982. 戒庵老人漫笔. 北京: 中华书局
李肇 (唐). 1957. 唐国史补. 上海: 上海古籍出版社
郦道元 (北魏). 1984. 水经注. 上海: 上海人民出版社
麟庆 (清). 1841. 河口图说. 道光二十一年刊本
刘熙 (汉) 撰. 释名. 王先谦 (清) 撰集. 1984. 释名疏证补. 上海: 上海古籍出版社
刘向 (汉). 1966. 说苑. 四部备要本. 台北: 中华书局
刘恂 (唐). 岭表录异. 武英殿聚珍本
陆游 (宋). 入蜀记. 知不足斋丛书
陆游 (宋) 撰, 李剑雄点评. 1979. 老学庵笔记. 北京: 中华书局
罗懋登 (明). 1994. 西洋记. 长沙: 岳麓书社
马欢 (明) 撰, 冯承钧校注. 1935. 瀛涯胜览校注. 上海: 商务印书馆
马端临 (元). 1935. 文献通考. 上海: 商务印书馆
马可·波罗 [意] 著, 梁生智译. 1988. 马可·波罗游记. 北京: 中国文史出版社
马征麟 (清). 1871. 长江图说. 同治十年刊本
茅元仪 (明). 1621. 武备志. 天启辛酉年刻本
孟元老 (宋) 撰, 邓元诚注. 1982. 东京梦华录注. 北京: 中华书局
欧阳询 (唐) 等. 1982. 艺文类聚. 上海: 上海古籍出版社

清朝通典. 1936. 上海：商务印书馆
清朝文献通考. 1936. 上海：商务印书馆
沈括（宋）. 1937. 补梦溪笔谈. 长沙：商务印书馆
沉括（宋）. 1975. 元刊梦溪笔谈. 北京：文物出版社
邵延烈（清）. 1866. 七省沿海全图. 同治五年重刻本
十三经注疏. 1980. 北京：中华书局
司马迁（汉）等. 1972～1976. 二十五史. 北京：中华书局
司马光（宋）. 1956. 资治通鉴. 北京：中华书局
宋应星（明）. 1959. 天工开物. 上海：中华书局
苏莱曼［阿拉伯］. 1983. 中国印度见闻录. 北京：中华书局
谈迁（清）撰，张宗祥校点. 1958. 国榷. 上海：上海古籍出版社
王溥（宋）. 1955. 唐会要. 北京：中华书局
王溥（宋）. 1978. 五代会要. 北京：中华书局
王国璋（清）. 1919. 峡江图考. 民国八年再版本
王圻（明）. 1936. 钦定续文献通考. 上海：商务印书馆
吴学俨（明）. 1645. 地图综要. 顺治二年刊本
熊克（宋）. 1936. 中兴小记. 丛书集成初编. 上海：商务印书馆
徐兢（宋）. 1931. 宜和奉使高丽图经. 北平：故宫博物院影印本
徐松（清）等. 1957. 宋会要辑稿. 北京：中华书局影印本
伊本·白图泰［阿拉伯］. 1985. 伊本·白图泰游记. 银川：宁夏人民出版社
严从简（明）. 1993. 殊域周咨录. 北京：中华书局
元典章. 1978. 台湾故宫博物院影印
玄奘（唐）. 1977. 大唐西域记. 上海：上海人民出版社
越绝书. 四部丛刊本
乐史（宋）. 1960. 太平寰宇记. 北京：中华书局
张舜民（宋）. 1935. 画墁集. 丛书集成初编. 上海：商务印书馆
张学礼（清）. 1937. 使琉球纪. 丛书集成初编. 上海：商务印书馆
张择端（宋）绘，张安治著文. 1979. 清明上河图. 北京：人民美术出版社
赞宁（宋）. 1987. 宋高僧传. 北京：中华书局
郑若曾（明）. 1683，郑开阳杂著. 康熙二十二年刊本
郑若曾（明）. 1691. 筹海图编. 康熙三十年重刻本
郑舜功（明）. 1929. 日本一览. 桴海图经. 民国十八年影印本
曾公亮（宋）. 1988. 武经总要. 中国兵书集成（3）. 北京：解放军出版社. 沈阳：辽沈书社联合出版
中西测绘馆（清）. 1901. 七省沿海要隘图. 光绪二十七年石印本
周去非（宋）. 1936. 岭外代答. 丛书集成初编. 上海：商务印书馆
朱彧（宋）. 萍洲可谈. 1939. 石林燕语（一）. 上海：商务印书馆
朱正元（清）. 1875. 江浙沿海全图. 光绪刊本
撰人未详（明）. 1936. 海道经. 丛书集成初编. 上海：商务印书馆

研 究 文 献

白寿彝. 1993. 中国交通史. 北京：商务印书馆
本宫泰彦［日］著. 胡锡年译. 1980. 日中文化交流史. 北京：商务印书馆
伯希和［法］著. 冯承钧译. 1935. 郑和下西洋考. 上海：商务印书馆

勃拉哥维辛斯基［苏］著，魏东升等译．1959．船舶摇摆．北京：高等教育出版社
长江航史编委会．1991．长江上游航道史．武汉：武汉出版社
长江航史编委会．1989．长江中游航道史．内部发行本
长江航史编委会．1991．长江下游航道史．武汉：武汉出版社
陈高华、吴泰．1981．宋元时期的海外贸易．天津：天津人民出版社
陈鸿彝．1992．中华交通史话．北京：中华书店
陈佳荣．1987．中外交通史．香港：学津书店
陈通章．1986．马尾船政大事记．福建省航海学会
陈希育．1991．中国帆船与海外贸易．厦门：厦门大学出版社
D. 伯奇［美］．1991．应急航海术．北京：人民交通出版社
邓端本．1986．广州港史（古代部分）．北京：海洋出版社
杜石然等．1982．中国科学技术史稿．北京：科学出版社
恩格斯［德］．1972．家庭、私有制和国家的起源．马克思恩格斯选集（第4卷）．北京：人民出版社
范文涛．1934．郑和航海图考．重庆：商务印书馆
冯承钧译．1936．马可·波罗行纪．上海：商务印书馆
冯铁城．1980．船舶摇摆与操纵．北京：国防工业出版社
福建省泉州海外交通史博物馆编．1987．泉州湾宋代海船的发掘与研究．北京：海洋出版社
广东省地方史志编纂委员会编．2000．广东省志·船舶工业志．广州：广东人民出版社
郭宝钧．1959．山彪镇与琉璃阁．北京：科学出版社
郭沫若．出土文物二三事．北京：人民出版社
韩国文化公报部文化财管理局．1984．新安海底遗物（资料编11）．汉城：三星文化印刷社（朝鲜文）
韩国文化公报部文化财管理局．1988．新安海底遗物（综合编）．汉城：高丽书籍株式会社（朝鲜文）
韩振华．1998．我国南海诸岛资料汇编．上海：东方出版社
贺昌群．1956．古代西域交通与法显印度巡礼．武汉：湖北人民出版社
黄义．1991．长江下游航道史．武汉：武汉出版社
侯景纯，郑承龙主编．1988．黑龙江航运史．北京：人民交通出版社
姜锋．1996．姜锋文存——近代中国洋务运动与资本主义论丛．长春：吉林人民出版社
姜鸣．1991．龙旗飘扬下的舰队——中国近代海军兴衰史．上海：上海交通大学出版社
姜鸣．1994．中国近代海军史事日记（1860～1911）．北京：生活·读书·新知三联书店
金秋鹏．1985．中国古代的造船与航海．北京：中国青年出版社
金毓黻．1982．渤海国志长编．长春：社会科学战线杂志社
金在瑾［韩］．1984．韩国船舶史研究．汉城大学校出版部（朝鲜文）
金在瑾［韩］．1994．续韩国船舶史研究．汉城大学校出版部（朝鲜文）
李士厚．1937．郑和家谱考释，自刊本．同年有云南正中书局版本
李洵 1982．明史食货志校注．北京：中华书局
李约瑟［英］．1990．中国科学技术史．第一卷．北京：科学出版社
林庆元．1986．福建船政局史稿．福州：福建人民出版社
辽宁公路处史志编审委员会．1988．辽宁公路交通史．北京：人民交通出版社
刘迎胜．1995．丝路文化·海上卷．杭州：浙江人民出版社
罗传栋．1991．长江航运史．北京：人民交通出版社
马正林主编．1987．中国历史地理简论．西安：陕西人民出版社
梅雪等．1995．湖北航运史．北京：人民交通出版社
摩尔根［美］．1977．古代社会．北京：商务印书馆

木宫泰彦［日］著、胡锡年译．1980．日中文化交流史．北京：商务印书馆
南京市公路管理处．1989．南京道路交通史．南京：江苏科学技术出版社
彼得·肯姆［英］，黄民生，孙光圻译．1989．船舶与航海百科全书．大连：大连海运学院出版社
欧阳洪．1988．京杭运河工程史考．南京：江苏航海学会内部资料
潘吉星主编．1986．李约瑟文集．沈阳：辽宁科学技术出版社
裴文中．1954．中国石器时代的文化．北京：中国青年出版社
彭德清．1988．中国航海史．北京：人民交通出版社
丘光明．1992．中国历代度量衡考．北京：科学出版社
泉州海外交通史博物馆．1987．泉州湾宋代海船发掘与研究．北京：海洋出版社
秦皇岛港史编委会．1985．秦皇岛港史．北京：人民交通出版社
上野喜一郎［日］．1980．船の世界史（上卷）．东京：舵社
上海师范大学．1981．中国自然地理．北京：人民教育出版社
桑原骘藏［日］著，陈裕菁译．1929，蒲寿庚考．上海：中华书局
沈兴敬．1991．江西内河航运史．北京：人民交通出版社
斯波义信［日］．1968．宋代商业史研究．东京：风间书店
石健主编．1994．中国近代舰艇工业史料集．上海：上海人民出版社
宋正海．1995．东方蓝色文化——中国海洋文化传统．广州：广州教育出版社
水运技术词典编辑委员会．1980．水运技术词典·古代水运与木帆船分册．北京：人民交通出版社
寺田隆信［日］著，庄景辉译．1985．郑和——联系中国与伊斯兰世界的航海家．北京：海洋出版社
孙光圻．1989．中国古代航海史．北京：海洋出版社
孙嘉良主编．1994．辽宁近代船舶工业史料．大连：大连理工大学出版社
孙述诚．1991．九江港史．北京：人民交通出版社
孙毓堂．1986．中国近代工业史资料，北京：科学出版社
唐宋运河考察队．1986．运河访古．上海：上海人民出版社
唐兆民．1982．灵渠文献粹编．北京：中华书局
唐志拔．1989．中国舰船史．北京：海军出版社
天津港史编委会．1986．天津港史．北京：人民交通出版社
武汉河运学校．1977．河船驾驶教材．北京：人民交通出版社
王冠倬．1991．中国古船．北京：海洋出版社
王绵厚等．1990．东北古代交通．沈阳：沈阳出版社
王琼．1990．漕河图志．北京：水力电力出版社
王荣生，陈芳启．1989．发展中的中国船舶工业．北京：机械工业出版社
王轼刚．1993．长江航道史．北京：人民交通出版社
王绍筌．1989．四川内河航运史．成都：四川人民出版社
王育民．1987．中国历史地理概论．北京：人民教育出版社
王子今．1994．秦汉交通史稿．北京：中央党校出版社
王志毅．1986．中国近代造船史．北京：海洋出版社
王倬．1923．交通史．上海：商务印书馆
向达．1961．郑和航海图（校注）．北京：中华书局
向达．1982．两种海道针经（校注）．北京：中华书局
吴家兴等．1988．扬州古港史．北京：人民交通出版社
吴振华．1989．杭州古港史．北京：人民交通出版社
席龙飞，冯恩德等．1978．船舶设计基础．武汉：武汉水运工程学院出版社

席龙飞. 2000. 中国造船史. 武汉：湖北教育出版社
辛元欧. 1999. 中国近代船舶工业史. 上海：上海古籍出版社
姚楠等. 1990. 七海扬帆. 香港：中华书局有限公司
叶显恩. 1989. 广东航运史. 北京：人民交通出版社
余太山. 1995. 两汉魏晋南北朝与西域关系史研究. 北京：中国社会科学出版社
张德荫等. 1977. 广州市志·船舶工业志. 广州：广州船舶工业公司
张圣成，张哲宇. 1989. 河南航运史. 北京：人民交通出版社
张铁牛，高晓星. 1993. 中国古代海军史. 北京：八一出版社
张星烺撰，朱杰勤校订. 1997. 中西交通史料汇编. 北京：中华书局
张志建. 1995. 严复学术思想研究. 北京：商务印书馆
章巽. 1980. 古航海图考释. 北京：海洋出版社
章巽. 1985. 法显传校注. 上海：上海古籍出版社
章巽. 1986. 我国古代的海上交通. 北京：商务印书馆
章巽主编. 1991. 中国航海技术史. 北京：海洋出版社
郑鹤声，郑一钧. 1980. 郑和下西洋资料汇编. 济南：齐鲁书社
郑鹤声编. 1947. 郑和遗事汇编，上海：中华书局
郑连第. 1986. 灵渠工程史述略. 北京：水利电力出版社
中国古代潮汐史料整理研究组. 1980. 中国古代潮汐论著选译. 北京：科学出版社
中国航海学会. 1988. 中国航海史（古代航海史）. 北京：人民交通出版社
中国航海学会. 1989. 中国航海史（近代航海史）. 北京：人民交通出版社
中国航海史研究会. 1985. 郑和下西洋论文集（第一集）. 北京：人民交通出版社
中国航海史研究会. 1985. 郑和研究资料选编. 北京：人民交通出版社
中华人民共和国船舶检验局. 1981. 海船稳性规范. 北京：人民交通出版社
朱鉴秋，李万权. 1988. 新编郑和航海图集. 北京：人民交通出版社
朱江. 1986. 海上丝绸之路的著名港口——扬州. 北京：海洋出版社
周魁一等. 1990. 二十五史河渠志注释. 北京：中国书店

索　引

人 名 索 引

A

B

C

T

W

X

Z

书 名 索 引

T

总　跋

凡是听到编著《中国科学技术史》计划的人士，都称道这是一个宏大的学术工程和文化工程。确实，要完成一部30卷本、2000余万字的学术专著，不论是在科学史界，还是在科学界都是一件大事。经过同仁们10年的艰辛努力，现在这一宏大的工程终于完成，本书得以与大家见面了。此时此刻，我们在兴奋、激动之余，脑海中思绪万千，感到有很多话要说，又不知从何说起。

可以说，这一宏大的工程凝聚着几代人的关切和期望，经历过曲折的历程。早在1956年，中国自然科学史研究委员会曾专门召开会议，讨论有关的编写问题，但由于三年困难、"四清"、"文革"，这个计划尚未实施就夭折了。1975年，邓小平同志主持国务院工作时，中国自然科学史研究室演变为自然科学史研究所，并恢复工作，这个打算又被提到议事日程，专门为此开会讨论。而年底的"反右倾翻案风"，又使设想落空。打倒"四人帮"后，自然科学史研究所再次提出编著《中国科学技术史丛书》的计划，被列入中国科学院哲学社会科学部的重点项目，作了一些安排和分工，也编写和出版了几部著作，如《中国科学技术史稿》、《中国天文学史》、《中国古代地理学史》、《中国古代生物学史》、《中国古代建筑技术史》、《中国古桥技术史》、《中国纺织科学技术史(古代部分)》等，但因没有统一的组织协调，《丛书》计划半途而废。1978年，中国社会科学院成立，自然科学史研究所划归中国科学院，仍一如既往为实现这一工程而努力。80年代初期，在《中国科学技术史稿》完成之后，自然科学史研究所科学技术通史研究室就曾制订编著断代体多卷本《中国科学技术史》的计划，并被列入中国科学院重点课题，但由于种种原因而未能实施。1987年，科学技术通史研究室又一次提出了编著系列性《中国科学技术史丛书》(现定名《中国科学技术史》)的设想和计划。经广泛征询，反复论证，多方协商，周详筹备，1991年终于在中国科学院、院基础局、院计划局、院出版委领导的支持下，列为中国科学院重点项目，落实了经费，使这一工程得以全面实施。我们的老院长、副委员长卢嘉锡慨然出任本书总主编，自始至终关心这一工程的实施。

我们不会忘记，这一工程在筹备和实施过程中，一直得到科学界和科学史界前辈们的鼓励和支持。他们在百忙之中，或致书，或出席论证会，或出任顾问，提出了许多宝贵的意见和建议。特别是他们关心科学事业，热爱科学事业的精神，更是一种无形的力量，激励着我们克服重重困难，为完成肩负的重任而奋斗。

我们不会忘记，作为这一工程的发起和组织单位的自然科学史研究所，历届领导都予以高度重视和大力支持。他们把这一工程作为研究所的第一大事，在人力、物力、时间等方面都给予必要的保证，对实施过程进行督促，帮助解决所遇到的问题。所图书馆、办公室、科研处、行政处以及全所的同仁，也都给予热情的支持和帮助。

这样一个宏大的工程，单靠一个单位的力量是不可能完成的。在实施过程中，我们得到了北京大学、中国人民解放军军事科学院、中国科学院上海硅酸盐研究所、中国水利水电科学研究院、铁道部大桥管理局、北京科技大学、复旦大学、东南大学、大连海事大学、武汉交通科技大学、中国社会科学院考古研究所、温州大学等单位的大力支持，他们为本单位参加编撰人员提供了种种方便，保证了编著任务的完成。

为了保证这一宏大工程得以顺利进行，中国科学院基础局还指派了李满园、刘佩华二位同志，与自然科学史研究所领导(陈美东、王渝生先后参加)及科研处负责人(周嘉华参加)组成协调小组，负责协调、监督工作。他们花了大量心血，提出了很多建议和意见，协助解决了不少困难，为本工程的完成做出了重要贡献。

在本工程进行的关键时刻，我们遇到经费方面的严重困难。对此，国家自然科学基金委员会给予了大力资助，促成了本工程的顺利完成。

要完成这样一个宏大的工程，离不开出版社的通力合作。科学出版社在克服经费困难的同时，组织精干的专门编辑班子，以最好的纸张，最好的质量出版本书。编辑们不辞辛劳，对书稿进行认真地编辑加工，并提出了很多很好的修改意见。因此，本书能够以高水平的编辑，高质量的印刷，精美的装帧，奉献给读者。

我们还要提到的是，这一宏大工程，从设想的提出，意见的征询，可行性的论证，规划的制订，组织分工，到规划的实施，中国科学院自然科学史研究所科技通史研究室的全体同仁，特别是杜石然先生，做了大量的工作，作出了巨大的贡献。参加本书编撰和组织工作的全体人员，在长达10年的时间内，同心协力，兢兢业业，无私奉献，付出了大量的心血和精力。他们的敬业精神和道德学风，是值得赞扬和敬佩的。

在此，我们谨对关心、支持、参与本书编撰的人士表示衷心的感谢，对已离我们而去的顾问和编写人员表达我们深切的哀思。

要将本书编写成一部高水平的学术著作，是参与编撰人员的共识，为此还形成了共同的质量要求：

1. 学术性。要求有史有论，史论结合，同时把本学科的内史和外史结合起来。通过史论结合，内外史结合，尽可能地总结中国科学技术发展的经验和教训，尽可能把中国有关的科技成就和科技事件，放在世界范围内进行考察，通过中外对比，阐明中国历史上科学技术在世界上的地位和作用。整部著作都要求言之有据，言之成理，经得起时间的考验。

2. 可读性。要求尽量地做到深入浅出，力争文字生动流畅。

3. 总结性。要求容纳古今中外的研究成果，特别是吸收国内外最新的研究成果，以及最新的考古文物发现，使本书充分地反映国内外现有的研究水平，对近百年来有关中国科学技术史的研究作一次总结。

4. 准确性。要求所征引的史料和史实准确有据，所得的结论真实可信。

5. 系统性。要求每卷既有自己的系统，整部著作又形成一个统一的系统。

在编写过程中，大家都是朝着这一方向努力的。当然，要圆满地完成这些要求，难度很大，在目前的条件下也难以完全做到。至于做得如何，那只有请广大读者来评定了。编写这样一部大型著作，缺陷和错讹在所难免，我们殷切地期待着各界人士能够给予批评指正，并提出宝贵意见。

《中国科学技术史》编委会

1997年7月